Der Dammbau

Grundlagen und Geotechnik
der Stau- und Verkehrsdämme

Von

Dr.-Ing. Karl Keil
Professor für Ingenieurgeologie und Geotechnik
an der Hochschule für Verkehrswesen Dresden

Zweite völlig neubearbeitete Auflage

Mit 600 Abbildungen

Springer-Verlag

Berlin / Göttingen / Heidelberg

1954

ISBN 978-3-642-52922-1   ISBN 978-3-642-52921-4 (eBook)
DOI 10.1007/978-3-642-52921-4

Vorwort zur zweiten Auflage.

Die zweite Auflage dieses Buches erscheint in völlig neuer Bearbeitung und Gestaltung wenige Monate, nachdem in der Schweiz die hervorragendsten Vertreter von Wissenschaft und Praxis der ganzen Welt im Wahrzeichen des „Staudammes" zum 3. Internationalen Kongreß für Bodenmechanik und Grundbau versammelt waren.

War die erste Auflage im Zuge des Baues der deutschen Autobahnen ausschließlich den Verkehrsdämmen, insbesondere des Straßenbaues, gewidmet, so hat seit jener Zeit der Staudamm infolge der sprunghaften Fortentwicklung der Geotechnik ,als ein der Staumauer gleichwertiges, vielfach billigeres, gegen Bombenangriffe sichereres Bauwerk und damit zugleich als das klassische Forschungs- und hervorragende Anwendungsgebiet der Geotechnik außerordentlich an Aktualität gewonnen. Die Bedeutung der Geotechnik als umfassender technischer Wissenschaft bei der Ausführung von Erdbauwerken und Gründungen und als Bindeglied von Ingenieur- und geologischer Wissenschaft hebt kein geringerer als der bekannte Baugrundforscher A. CASAGRANDE in seinem Generalbericht zum 3. Internationalen Kongreß für Bodenmechanik- und Grundbau 1953 nachdrücklich hervor. Eine Neubearbeitung des Dammbaues kann daher an diesen Tatsachen nicht vorbeigehen, um der Geotechnik Sinn und Geltung zu verschaffen. Sie verlangt vielmehr eine umfassende Berücksichtigung dieses ungemein wichtigen, über den Erdbau üblicher Begrenzung weit hinausgehenden Arbeitsfeldes. Diese Forderung wird zugleich durch die Tatsache unterstrichen, daß in Deutschland kein neuzeitliches Fachbuch über den den Verkehrsdammbau weitaus überragenden Staudammbau vorliegt.

Der Staudammbau hat seit der Dammbruchkatastrophe des Fort Peck-Dammes vor rd. 16 Jahren in der Trockenbauweise der sog. Walzdämme besonders in den USA einen ungeahnten Aufschwung erfahren. Dabei sind in der systematischen Erforschung der Grundlagen und der darauf basierenden zweckmäßigen Geotechnik wesentliche Fortschritte an diesem bedeutendsten aller Erdbauwerke zu verzeichnen. Die zahlreichen Berichte des 2. Internationalen Kongresses 1948 in Rotterdam und des 3. Internationalen Kongresses 1953 in Zürich legen davon ein beredtes Zeugnis ab. Inzwischen sind weitere und zugleich sehr verheißungsvolle Fortschritte zu verzeichnen. Diese gestatten u. a. die Dichtungsfrage unabhängig von natürlichen Dichtungsstoffen eleganter, wirtschaftlicher, stabiler und zugleich unter wesentlicher Zeitersparnis der Bauausführung zu lösen.

Dadurch erhält der Staudammbau neue Impulse und Möglichkeiten, erfolgreich gegenüber Staumauern gerade in Gebirgsgegenden in Wettbewerb zu treten, wo der Mangel an natürlichen Dichtungsstoffen bisher vorwiegend zur Wahl einer Staumauer zwang.

Wir stehen damit erst am Anfang der sich für den Staudammbau anbahnenden, umwälzenden technischen und konstruktiven Auswirkungen.

Bei der Neubearbeitung, unter Berücksichtigung der Staudämme, mußte der enge und begrenzte Rahmen im Bestreben, das Buch inhaltlich auf den neuesten Stand zu bringen und es zum geotechnischen Handbuch der Praxis zu erweitern, gesprengt werden. Der „Dammbau" nimmt damit zugleich seine endgültige, geschlossene Form an. Verkehrsdamm und Staudamm werden gemeinsam behandelt, wobei indessen das Schwergewicht auf der Darstellung der Problematik des Staudammbaues liegt.

Da das Wasser als kostbarster Rohstoff und zugleich Mangelware in vielen übervölkerten Ländern eine haushälterische Bewirtschaftung fordert, gewinnen die Staudämme für seine Speicherung und geregelte Verteilung mehr und mehr an Bedeutung, ohne daß dabei die Grenzen größter Dimensionen nach Höhe, Breite und Ausdehnung bereits erreicht sind. Ihre Bedeutung übertrifft die der Staumauern im klassischen Land der Stauanlagen, den USA, bereits seit einer Reihe von Jahren erheblich.

Wie bisher zerfällt das Buch in zwei Hauptteile, in die Grundlagen und die Geotechnik. In den Grundlagen, dem ersten Teil, werden die unentbehrlichen Voraussetzungen für eine zweckmäßige Entwurfsarbeit, Konstruktion und Dammbauorganisation dargestellt. Der Theoretiker wird dabei vergeblich nach schwierigen und umfangreichen mathematischen Ableitungen suchen. Im Sinne von JUSTIN, HINDS und GREAGER sind genaue und höhere mathematische Formulierungen für den Entwurf und die Analyse der mannigfaltigen Konstruktionsaufgaben selten gerechtfertigt, da Annahme und Praxis meist nicht genügend übereinstimmen.

Daher liegt das Schwergewicht auf dem zweiten und wichtigeren Teil, der Geotechnik, auf dem praktischen Dammbau, um die zweckmäßige praktische Ausführung damit von außen zu erhellen. Eine knapp gefaßte Darstellung der Beziehungen zwischen Damm und Untergrund, des Deichbaues und der Dammschäden sollen den Inhalt vervollständigen.

Mehr als jeder andere Damm ist der Staudamm ein feingliedriges, im gewissen Sinne feinnerviges Kunstbauwerk ersten Ranges, dessen besondere geotechnische Schwierigkeiten in der bestmöglichen Abstimmung von Kraft und Stoff, wechselnder Beanspruchung und Dammkonstruktion aufeinander im Sinne wirtschaftlicher Ausführung liegen.

Einige Kürzungen gegenüber der 1. Auflage lassen die Geschlossenheit der Neubearbeitung erkennen. So sind die Ausführungen über die Dammbaustoffe, über die wichtigsten physikalischen Begriffe der Grundlagen fallengelassen. Diese sollten heute jedem, der sich mit dem Dammbau befaßt, geläufig sein. Darüber hinaus findet der Leser im Buch „Ingenieurgeologie und Geotechnik" des Verfassers in umfassender Weise erschöpfende Auskunft darüber. Das bisherige Einteilungsprinzip der Dammbaustoffe in „feste" und „veränderlichfeste" Gesteine, dabei getrennt nach Steinen und Erdarten, hat der Verfasser beibehalten. Es wird den Forderungen und Ansprüchen des Ingenieurs nach Festigkeitsverhältnissen des Werkstoffes „Erde" und zugleich der Geotechnik in jeder Weise gerecht. Es hat sich bewährt und wird immer mehr angewandt.

Im Bestreben, die auf dem Gebiete des Staudammbaues neuzeitlicher geotechnischer Gestaltung fühlbare Lücke eines in gleicher Weise Wissenschaft und Praxis behandelnden Stoffgebietes auszufüllen, fand der Verfasser die

Unterstützung zahlreicher Fachkollegen und Dienststellen. Es ist ihm ein aufrichtiges Bedürfnis, an dieser Stelle dem inzwischen leider viel zu früh verstorbenen überragenden Wissenschaftler Herrn Professor J. Ohde vom Baugrundforschungsinstitut der Technischen Hochschule in Dresden für seine großzügige Unterstützung bei der Beschaffung unentbehrlicher ausländischer Literatur seinen Dank auszusprechen. Im gleichen Maße fand der Verfasser in sehr entgegenkommender Weise die Unterstützung durch Herrn Dipl.-Ing. Torben von Rothe, den Bearbeiter des Schrifttums für „Die Bautechnik". Weiter stellte Herr Oberregierungsbaurat Dr.-Ing. G. Gerstenberger dem Verfasser seine wertvollen Aufzeichnungen über Dammbauten zur Verfügung. Ebenso wurde er durch die Zentralstelle für wissenschaftliche Literatur in Berlin bestens beraten und gefördert. Durch Hinweise auf wichtiges ausländisches Schrifttum ermöglichte Herr Direktor Schaad der Sol-Experts in Zürich dem Verfasser die Wege zu mancher wichtigen, in Deutschland nicht vorhandenen Fachliteratur. Herr Dr.-Ing. Goerner, Schriftleiter der Zeitschrift „Straße und Autobahn", unterstützte den Verfasser durch Überlassung wichtiger Veröffentlichungen und Hinweise auf Fachaufsätze in großzügiger Weise. Schließlich gewährte der Springer-Verlag dem Verfasser bei seiner umfassenden Neubearbeitung jede nur mögliche Unterstützung in der Einsichtnahme und bei der Beschaffung ausländischen neuesten Schrifttums. Allen vorgenannten Herren und Stellen dafür den aufrichtigen Dank auszusprechen, ist dem Verfasser eine angenehme Pflicht.

In der eingehenden, kritischen Durchsicht des gesamten Manuskriptes fand der Verfasser in seinem früheren Mitarbeiter am Werk „Ingenieurgeologie und Geotechnik", Herrn Regierungsbaurat R. Fischer, wiederum bewährte fachmännische Beratung, die sich auf eine jahrzehntelange Tätigkeit als Referent einer Straßen- und Wasserbaudirektion gründet. Manche wertvolle Ergänzung konnte dabei gebracht werden. Durch freundliche Überlassung der Setzungsdiagramme der bekanntesten deutschen Staudämme von Anbeginn der Messungen bis in die jüngste Zeit ermöglichten Herr Regierungsbaumeister a. D. Schatz in Aachen und Herr Baudirektor Schulze in Hildesheim die Berücksichtigung dieser sehr wertvollen Erfahrungen für die Praxis. Herr Oberschulrat Dr. phil. Hedicke unterstützte den Verfasser in dankenswerter Weise beim Lesen der umfangreichen Korrekturen. Der Springer-Verlag hat über die Literatur hinaus dem Verfasser in jeder Weise bei seiner schwierigen Arbeit die Wege geebnet. Durch das großzügige Entgegenkommen konnte das Werk in seinem stark erweiterten Umfang mit einer großen Anzahl instruktiver Abbildungen ausgestattet werden, wofür dem Verlag der besondere Dank des Verfassers gebührt.

Quedlinburg, den 1. 4. 1954.

Karl Keil.

Inhaltsverzeichnis.

Erster Teil.

Grundlagen.

1. Abschnitt. Einleitung.

2. Abschnitt. Der Dammkörper.

Inhaltsverzeichnis.

3. Abschnitt. Die Dammbaustoffe.

4. Abschnitt. Eigenschaften der Dammbaustoffe.

Inhaltsverzeichnis.

Inhaltsverzeichnis. XV

Grundlagen.

1. Abschnitt.

Einleitung.

1. Geschichtliches.

Zu den ältesten kulturellen Schöpfungen und Bauwerken der Menschheit gehören Straßen- und Staudämme. Bereits vor rund 5500 Jahren wurde der gewaltige Staudamm des Mörrissees in Ägypten begonnen und in mühevoller Arbeit dreier Generationen vollendet. Mit einem Stauinhalt von rd. 12 Milliarden Kubikmeter und einer überstauten Fläche von 2000 km² zählt dieses Bauwerk, eins der sog. Sieben Weltwunder der Alten Welt, zu den größten Stauanlagen aller Zeiten [466][1].

In Deutschland sind die im Zusammenhang mit dem Erzbergbau im Mittelalter errichteten Staudämme im Harz und Erzgebirge geschichtliche Zeugen der Dammbaukunst früherer Baumeister. Sie zeichnen sich durch ihre kühne Querschnittsgestaltung und Dammgliederung unter Verwendung von Moos und Rasensoden als Dichtungsmaterial, als Kern- und wasserseitige Dichtung allein oder zwischen Granitbrocken (Abb. 1, 2) aus und haben ihre jahrhundertalte Bewährungsprobe erfolgreich bestanden [80].

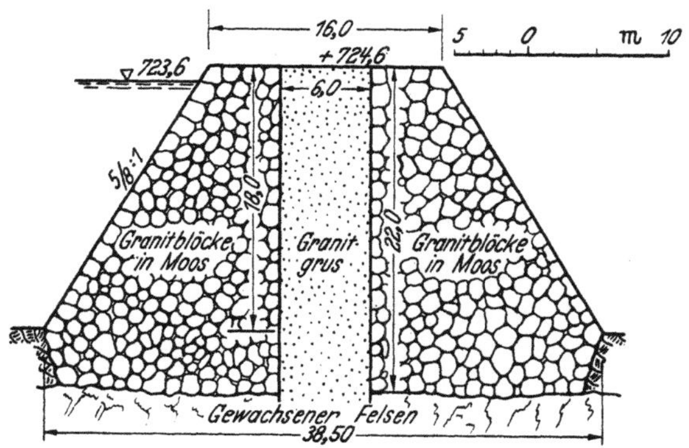

Abb. 1. Querschnitt des Oderdeiches im Harz, erbaut von 1714 bis 1721, ergänzt 1765, Granitblöcke des Stützkörpers, in dichtendes Moos gebettet. (Nach EHRENBERG [80].)

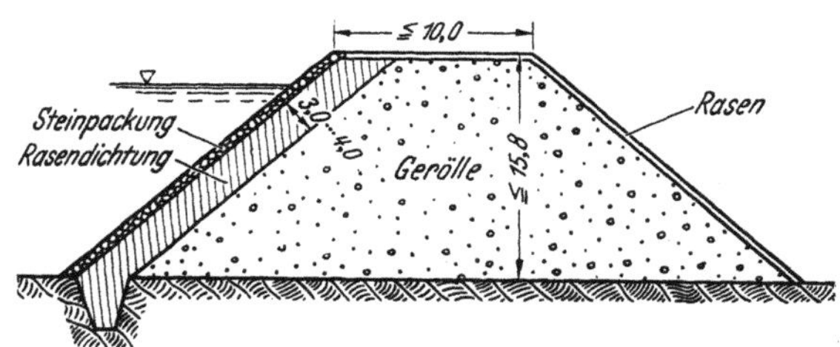

Abb. 2. Harzdeich älterer Bauweise mit wasserseitiger Rasendichtung. (Nach EHRENBERG [80].)

Ebenso wie die Stauanlagen sind Straßendämme in vorchristlicher Zeit von den Römern, Phöniziern, Chinesen und anderen vorderasiatischen Völkern ausgeführt worden und aus Schriften der alten Römer (Tacitus: Germania, Caesar: Bellum Gallicum, Herodot usw.) überliefert [392]. Wenn auch über die Bauweisen

---

[1] Die zwischen den Klammern schräg gedruckten Zahlen beziehen sich auf die entsprechenden des Literaturverzeichnisses am Schluß des Buches.

früherer Dämme, mit Ausnahme der Knüppeldämme, wenig bekannt ist, so sind doch die Staudämme deutscher Dammbaumeister des Mittelalters Zeugen einer kunstvollen, noch heute Achtung gebietenden stabilen Bauweise, da doch von Technik im modernen Sinne nicht gesprochen werden kann. Es herrschte meist primitive Handarbeit vor, wie sie in kolonialen Gegenden, aber auch in Indien noch heute unter Verwendung billiger Arbeitskräfte üblich ist, die früher bei mangelhaften bodenmechanischen Kenntnissen der Baustoffe jeden technischen Maschineneinsatz vermissen lassen und die Verfestigung dem Faktor Zeit überließen.

Zu denjenigen Gebieten des Bauwesens, die in den letzten Jahrzehnten eine umfassende wissenschaftlich-technische Durchdringung und Erforschung der Grundlagen erfahren haben, gehört nun zweifellos der Dammbau als wesentliches Teilgebiet des umfassenden Erd-, Straßen- und auch Wasserbaues. Als Frucht dieser Arbeiten zeichnet sich die auf neuzeitlicher bodenmechanischer Grundlage beruhende Dammbautechnik der Verkehrs- wie ganz besonders der Stauanlagen ab.

Die Impulse zur systematischen und methodischen Neuausrichtung des Dammbaues liegen vor allem in den Forschungsergebnissen der neuzeitlichen Erdbaumechanik begründet, die zugleich Grundlage einer planvoll gelenkten Geotechnik ist. Für Deutschland ist der Bau der Sösetal- und Koberbachtalsperre vor etwa 25 Jahren die Wende und zugleich Abkehr von früheren Dammbauweisen [51, 133]. Die Ausführung des 57,3 m hohen Dammes der Sösetalsperre ist für Deutschland schlechthin bahnbrechend. Der unbestreitbare Erfolg spiegelt sich in der Bewährung dieses Staudammes während dieses Zeitraumes wider, wofür die geringen Setzungen und sonstigen Verlagerungen (vgl. Abschnitt 8) einen überzeugenden Beweis liefern. Seitdem wird in Deutschland kein Damm ohne Berücksichtigung der Grundlagen und Gesetze der Erdbaumechanik ausgeführt. Diese technisch-wissenschaftliche Fundierung aller Baumaßnahmen und der hierfür erforderlichen Pläne und Entwürfe ist heute eine wesentliche Voraussetzung für die praktische Ausführung.

Für den Dammbau der Verkehrsanlagen gab in Deutschland der kurzfristig für den Auftrag sehr verlagerungsempfindlicher Betondecken zu bewältigende Dammbau der Autobahnen vor rd. 20 Jahren die entscheidende Wende zur Klärung der Wechselbeziehungen zwischen Stoff (Erdbaustoff) und Kraft (Verdichtungswirkung der neuzeitlichen Verdichtungsgeräte), die zu einer eingehenden praktischen Untersuchungsarbeit über die zweckmäßige Verdichtungsart führten [151/152, 233 bis 238]. Trotz dieser bahnbrechenden geotechnischen Fortschritte fehlt bis heute noch eine umfassende Dammbauorganisation, wie sie beispielsweise für die riesigen Staudämme in den USA von staatlicher Seite verwirklicht ist; denn nach den zahlreichen vorliegenden Berichten [233 bis 238] ist hier die Synthese zwischen Erdbaumechanik und Geotechnik der Dammbautechnik in engen verpflichtenden Vorschriften und Richtlinien zur letzten Konsequenz durchgeführt worden, die begründet in den riesigen Staudämmen uns Europäern vielleicht zu sehr mechanisiert und standardisiert erscheinen mag, jedoch zur Nachahmung im Rahmen der gegebenen Verhältnisse anregt. Trotz der vergleichsweise in Deutschland vorherrschenden Freizügigkeit der Verdichtung wurden die den Erdbau revolutionierenden Forderungen des Autobahnbaues kurzfristiger und stabiler Ausführung gelöst. Die verlagerungssichere Verdichtung der Dämme für die kostbaren dünnen und empfindlichen Deckenbeläge der Autobahnen war die Hauptaufgabe. Hierfür wurde eine Reihe von neuen Verdichtungsgeräten entwickelt. Dabei war die zweckmäßige Verwendung der Verdichtungsgeräte und der Bereich der verschiedensten Erdarten als Dammbaustoffe mit Rücksicht auf deren bestmögliche Verdichtung und Einbauweise abzuklären. Diese Anforderungen führten zu vielseitigen Lösungen in der Wahl der Geräte und Einbauweisen, die jedoch zufriedenstellende Ergebnisse lieferten. Auch hierin darf man die günstige Auswirkung praktischer geotechnischer Forschungsarbeit erkennen. Das bisher übliche „Überwintern" zur Stabilisierung von Dammschüttungen ist endgültig überholt. Ein weiterer und sehr kräftiger Impuls zur Anwendung neuzeitlicher Geotechnik zeichnet sich als Folge des letzten Weltkrieges mit der durch den Wiederaufbau begründeten Wohnungs- und Wassernot ab, die vor allem in Deutschland, infolge erheblich vergrößerter Siedlungsdichte, besonders fühlbar ist. Die für den Hausbau erforderlichen Kunstbaustoffe zwingen zur verstärkten Anwendung der natürlichen Erdbaustoffe in der Errichtung zahlreicher Stauanlagen, um die Trink- und Gebrauchswasserversorgung der „Mangelware Wasser" in geordnete Bahnen zu lenken und befriedigend zu lösen.

Die Unterschiede des Dammbaues gegenüber früher bestehen dabei kurz zusammengefaßt im folgenden [*155, 173*]:

1. Grundsätzlich wird jedes anorganische Gestein (Locker- oder Felsgestein), mit Ausnahme der wasserlöslichen Salze, als Baustoff verwendet.

2. Der Entwurf eines Staudammes erfolgt grundsätzlich nach Prüfung der geotechnischen Eigenschaften der verschiedenen Dammbaustoffe und unter Berücksichtigung der zweckmäßigen Behandlung.

3. Die Ausführung eines Erddammes in Trockenbauweise wird stets mit mechanischen Verdichtungsgeräten durchgeführt.

4. Der Einbau und die Verdichtung erfolgt dabei unter Kontrolle der zweckmäßigen Verdichtungswirkung.

5. Jeder Dammbau größeren Ausmaßes wird durch eine Feldprüfstelle betreut.

6. Ziel jeder Ausführung ist ein während der Ausführung stabilisiertes, weitgehend gegen Verlagerungen gesichertes, dem Kunstbauwerk gleichendes Erdbauwerk.

2. Problematik.

Da die in der Eigenfestigkeit der Erdbaustoffe beruhenden Gütewerte gegenüber den verschiedenen Kunstbaustoffen, wie Stahl, Stahlbeton und Beton, sehr viel geringer sind (Abb. 3), gilt es, die verschiedenen, die Ausführung beeinträchtigenden Einflüsse durch eine entsprechende, den jeweiligen Dammbaustoffen angepaßte Geotechnik zu meistern. Hierfür sind in jedem Einzelfalle systematische Untersuchungen an den so vielfältig zusammengesetzten Erdbaustoffen erforderlich. Daher ist auch das Ziel, ein in sich gefügefestes unveränderliches Kunstbauwerk zu errichten, sehr viel schwieriger zu erreichen als an anderen Kunstbauwerken, deren Gleichgewichtsbedingungen allein durch die sinnvolle Verbindung bestimmter Bauelemente genormter Festigkeitswerte gegeben sind.

Eine Normung, geschweige denn eine Berechnung der Gütewerte ist an den Erdbaustoffen nicht möglich. Nur ihr Verhalten kann unter Annahme bestimmter Zustandsformen und Spannungsveränderungen erforscht werden. Daher muß der Ingenieur und Techniker durch geschickten Einsatz seiner technischen Hilfsmittel stets darauf bedacht sein, die Dammbaustoffe im Sinne der Festigung und Steigerung der inneren, erhaltenden und stützenden stofflichen Kräfte für die Stabilität des Dammes gegenüber den äußeren, vielfach schwächenden und abbauenden Einflüssen zweckmäßig zu verwenden. Dies begründet bei der Vielfalt der Baustoffe die Entwicklung verschiedener Bauverfahren, wie sie in gleicher Weise wohl an keinem anderen Bauwerk zu verzeichnen sind. Daher kann infolge der verschiedenartigen Baustoffe kein allgemeingültiges Dammbauverfahren festgelegt werden. Die Richtlinien [341/342] für die Staudämme müssen sich den verschiedenen, mit den verschiedenen Bauweisen möglichen Ausführungen anpassen, denn auch die in dieser Richtung von amerikanischer Seite zur Klärung der Frage genormter Bauausführungen durchgeführten Untersuchungen haben nur zu zwei Teilergebnissen geführt [219, 326]. Es ist möglich, mit einem bestimmten Bauverfahren bestimmten Anforderungen zu genügen, und es ist in diesem Zusammenhang weiterhin möglich, das Verhalten eines Dammes (Stau-) in einem bestimmten Ausmaße vorauszusagen. Diese ebenso vielseitige wie interessante Problematik, die nur durch die methodische Beschreibung und Darstellung der Einflüsse auf die Gestaltung eines in sich gefestigten Dammes erfaßt werden kann, umreißt ein überaus schwieriges Gebiet geotechnischer Arbeit. Ihre Darstellung für den Dammbau der Verkehrs- und Stauanlagen beschäftigt sich daher mit der Erforschung der Gleichgewichtsverhältnisse und der Beschreibung aller hierbei mitwirkenden Einflüsse sowie vor allem der zweckmäßigen praktischen Lösung für den Dammbau, der eigentlichen Dammbautechnik als klassischen Anwendungsgebietes neuzeitlicher Geotechnik.

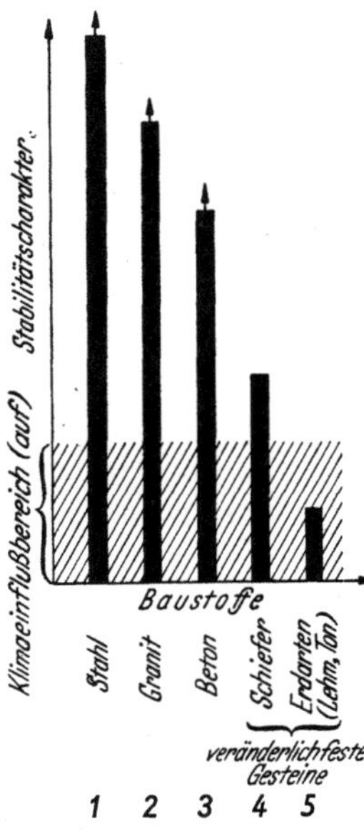

Abb. 3. Schematische Darstellung des mehr oder weniger großen Klimaeinflusses auf den Stabilitätscharakter an verschiedenen Baustoffen. An 1 bis 3 begründet die hohe Stabilität die Dauerfestigkeit, an 4 u. 5 unterliegt er stark dem Klimaeinfluß.

2. Abschnitt.

Der Dammkörper.

I. Der Verkehrsdamm.

1. Wesen und Zweck des Dammes.

„*Unter einem Verkehrsdamm versteht man eine Schüttung von Gesteinen (Erdarten und Steinen) gleichartiger oder verschiedener stofflicher Zusammensetzung, meist unterschiedlicher Korngrößen und Kornformen, die nach der Art der Ausführung und Formgebung als Unterbau für einen bestimmten Oberbau (Decke oder*

Gleisanlage) eines Verkehrsmittels (Straße oder Eisenbahn) dient"[1]. Seine Gestalt und Höhe wird durch die jeweiligen, im Zuge einer Verkehrsplanung gegebenen Gelände- und Trassierungsverhältnisse bestimmt, wobei die Tendenz einer beschränkten Dammhöhe unverkennbar ist, deren Geringstausmaß durch Kreuzungsbauwerke und Hochwasserverhältnisse sowie Flutwirkung (Syltdamm) vorgeschrieben ist, indessen Höhen in besonderen Fällen von mehr als 100 m erreicht (z. B. Eisenbahn im Geiseltal durch alte Braunkohlentagebaue). Zu den Dämmen in weiterem Sinne gehören auch Erdkörper, die durch seitlichen Abtrag der Massen aus dem Gelände herauswachsen, dabei die Form eines Dammes annehmen und als Damm wirken (auch Hanganschnitte).

2. Verhältnis von Damm zur Brücke.

Man schüttet gewöhnlich Dämme dort, wo es infolge natürlicher Geländevertiefungen, z. B. Talmulden, nicht möglich ist, im Rahmen der vorgeschriebenen Trassierungselemente, Kurven, Kuppen- und Muldenausrundungshalbmesser einen Verkehrsweg durchgängig den Vertiefungen des Geländes anzupassen. Der Damm ist dabei der billige Ersatz einer Brücke. Allerdings muß unter Umständen bei schlechtem Baugrund (Rutschgefahr oder Wasser) eine tiefgründige Brücke einer sonst wirtschaftlicheren Dammschüttung vorgezogen werden. Der Damm unterscheidet sich von der

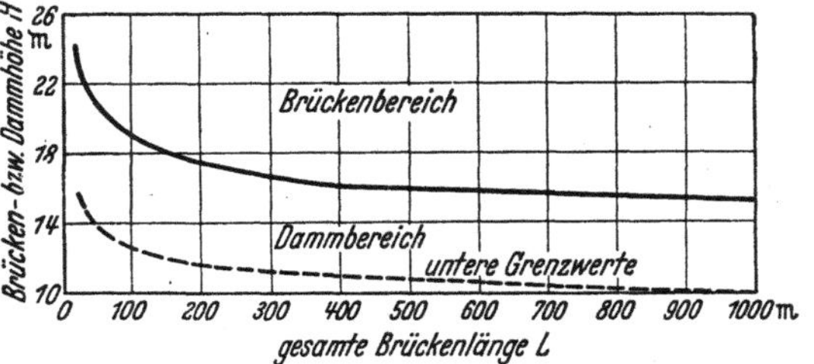

Abb. 4. Mittelwerte wirtschaftlicher Stahlbetonbrücken. (Nach OLSEN [290a].)

Brücke durch den Baustoff und die bauliche Gestaltung. Der Damm steht mit dem Baugrund längs seiner Sohle, also seiner gesamten Grundfläche, in Verbindung, die Brücke durch Pfeiler und Widerlagen nur an wenigen Punkten.

Die technisch-wirtschaftliche Untersuchung über die Wahl einer Brücke oder eines Dammes in Abhängigkeit von der Höhe und Länge (Abb. 4) hat OLSEN [290a] unter Berücksichtigung der billigsten Brückenart (Stahlbetonbrücke) durchgeführt. Abgesehen davon sind aber bei der Anlage neuer Verkehrslinien auch die Fragen der Landschaftsgestaltung zu berücksichtigen. Ferner sind die klimatischen Auswirkungen [204] von Dämmen zu beachten (Abb. 5). Man müßte im vorliegenden Falle gegen den durch den Damm verursachten „Kaltluftsee" nachträglich auf 1 km Länge den Damm mit Durchlässen versehen. In diesem Falle wäre wohl eine leichte Brücke zweckmäßiger gewesen. Im übrigen kann die wirtschaftliche Grenze zwischen beiden Bauwerken gewissen Schwankungen unterliegen (Flachland und Gebirge, kurze oder lange Dämme). Auch spielen die Beschaffung der Dammassen, die Kosten für Gewinnung, Förderung und Einbau eine wichtige Rolle. In gebirgigen Gegenden dürfte die Grenze im allgemeinen bei 14 bis 15 m, im Flachlande mit meist leichter und billiger zu gewinnenden Massen bei 18 bis 20 m Höhe liegen. Derartig hohe Dämme wirken wie eine Trennwand und sind bei Ortsdurchquerungen meist nicht zu empfehlen, sondern man wählt dann eine niedrige leichte Brückenausführung.

---

[1] Die Ausnahme dieser Begriffsbestimmung bildet Abb. 571, S. 489.

3. Die Form des Verkehrsdammes.

Grundsätzliches. Bei keinem Bauwerk ist, begründet durch den Baustoff, die Form im Laufe der Zeiten so wenig Wandlungen unterworfen worden wie im Verkehrsdammbau. Während man im übrigen Bauwesen zu immer gewagteren Bauausführungen unter Anwendung verbesserter Bauverfahren bei sparsamstem Stoffverbrauch und Wahl veredelter Baustoffe (hochwertige Baustähle, vorgespannter Stahlbeton, Stahlbeton, Stahlskelettbau) schritt, ist die Form des Dammquerschnittes im wesentlichen unverändert geblieben. Dabei hat man jedoch in den letzten Jahrzehnten sowohl den Forderungen der Erdbaumechanik, der Geomorphologie und der zweckmäßigen Landschaftsgestaltungen, den Abrundungen der Böschungen und der Ausrundung der Dammfüße mehr und mehr entsprochen.

Die ursprüngliche Form des Querschnittes ist durch die Trapezform gegeben. Die erwähnten Abrundungen ändern an dieser Grundform wenig. Sie entspricht erfahrungsgemäß den größten Stabilitätsansprüchen bei sparsamstem Massenbedarf, d. h. geringsten Baukosten. Das Festhalten an dieser Standardform wird durch die Baustoffe vorgeschrieben. Im Gegensatz zu dem übrigen Kunstbau ist es hier nicht möglich, die Baustoffe nach einer bestimmten Formgebung auszusuchen, insbesondere ist im Dammbau die unterschiedliche Qualität der Baustoffe und

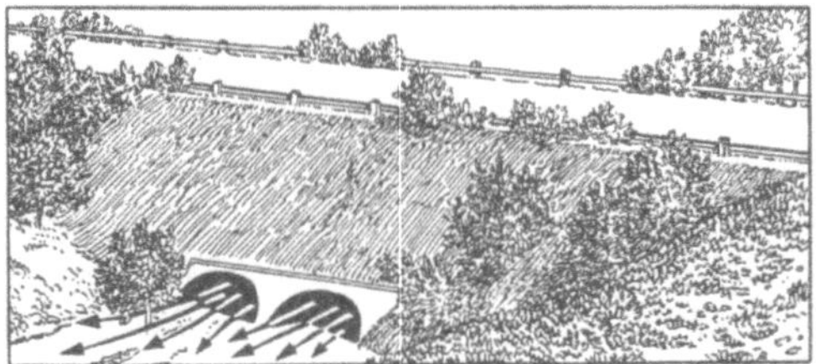

Abb. 5. Kaltluftstau und -abfluß.
(Nach Kruedener [204].)

Oberes Bild. Durch einen neu gebauten Straßendamm ist ein Tal abgeriegelt worden. In sternenklaren Nächten nach warmen Tagen sinkt die kalte Luft zu Tal und bildet einen Kaltluftstausee. Der Rohrdurchlaß ist zu eng, als daß die Kaltluft abfließen könnte. Gemüse- und Obstkulturen erleiden Frostschäden.
Unteres Bild. Genügend weite Durchlaßöffnungen lassen die Kaltluft abfließen, es bildet sich kein Kaltluftstausee.

deren Verhalten für die Formgebung das entscheidende.

Damit ist die Möglichkeit des Dammbaues in der äußeren Formgebung im Gegensatz zum übrigen Bauwesen stark beschränkt, nicht aber in der baulichen Anordnung der verschiedenen Baustoffe. Diese ist eine wahre Kunst, die sich auf langjährige praktische Erfahrung und auf genaue physikalische Kenntnisse der Dammbaustoffe gründet.

Abweichungen von der Trapezform sind selten zu beobachten und nur von der Geländeneigung und der harmonischen Eingliederung eines Dammes in das Landschaftsbild bestimmt.

4. Einzelteile und Glieder des Verkehrsdammes.

Am Verkehrsdamm können (Abb. 6) folgende Teile, von unten nach oben betrachtet, unterschieden werden: Die Dammsohle (Dammbasis) mit dem Dammfuß (Dammzehe) an den äußeren Dammenden der Basis erstreckt sich über die gesamte Dammbreite an der Berührungsfläche mit dem Baugrund. Anschließend folgt in der Dammitte der Dammkern, begrenzt nach außen durch die Dammböschungen. Nach oben schließt die Dammkrone (seltener Dammkopf genannt) mit den Dammschultern (Dammrändern) den Damm ab. Man bezieht die Dammhöhe auf die Dammitte oder bezeichnet damit an geneigtem Gelände den größten senkrechten Abstand zwischen einer Dammschulter und dem

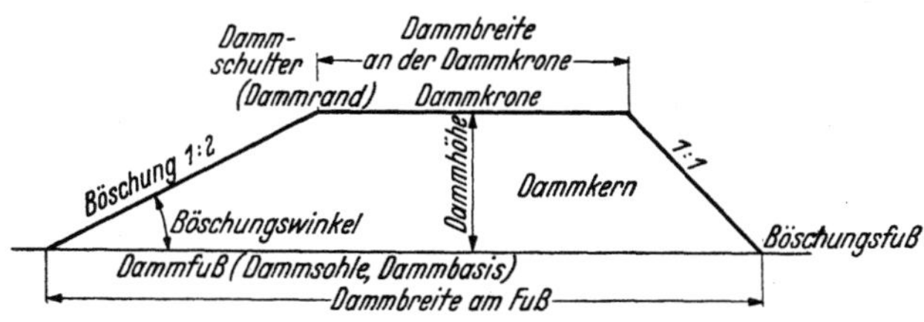

Abb. 6. Übersicht über die verschiedenen Glieder und Dammteile am Verkehrsdamm.

Gelände. Die Dammbreite wird für die Dammsohle, Dammitte und Dammkrone getrennt angegeben.

Die Dammachse verläuft in der Dammitte in Richtung des Dammes. Die Breite eines Dammes wird allein durch die Anzahl der Verkehrsanlagen (Bahnen) auf der Dammkrone bestimmt. Die Dammkrone nimmt den Oberbau (Decke, Schienenstränge) auf und läuft in Kurven bei ebenem Gelände oder im geneigten Gelände und in geraden Strecken infolge der vorgeschriebenen Überhöhung nicht mit der Dammsohle parallel. Der Dammquerschnitt wird damit zum unregelmäßigen Viereck (Abb. 7).

Gliederung des Verkehrsdammes. Unter einem Dammglied versteht man gewöhnlich einen bestimmten

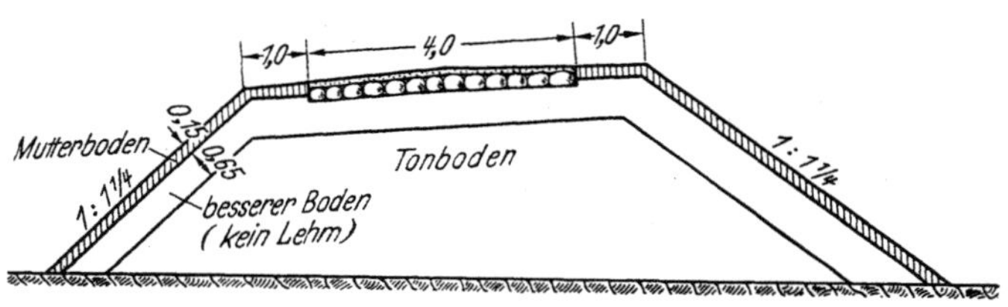

Abb. 7. Gegliederter Aufbau eines Verkehrsdammes. Der wasser- und wetterempfindliche frostgefährliche Ton ist im Schutz wetterfesten Materials im Kern angeordnet. (Nach MÜLLER [268].)

Dammteil für bestimmte Aufgaben, von bestimmter Festigkeit und auch Zusammensetzung. Diese besonderen Aufgaben erwachsen z. B. dem Staudammbau durch die Dichtung und die Stützung. Daraus ergeben sich aber auch verschiedene Ausführungen unter Verwendung der hierfür geeigneten Dammbaustoffe. Eine derartige, durch die Aufgabe vorgeschriebene Gliederung ist im Verkehrsdammbau nicht üblich. Indessen kann man von einer Gliederung dann sprechen, wenn z. B. die setzungsempfindlichen, bindigen, haftenden Erdarten zwecks rascher Konsolidation im unteren Dammteil eingebaut werden und die nichthaftenden an den Dammschultern (Abb. 7), im Bereich der Dammkrone und an den Bauwerksanschlüssen, da diese gegen klimatische und Verkehrseinflüsse meist unveränderlich sind [155, 180, 363].

II. Der Staudamm.

1. Wesen und Zweck.

„Staudämme sind nach neuzeitlichen physikalischen, mechanischen und geotechnischen Prüfverfahren und Erfahrungen vorherrschend in Trockenbauweise ausgeführte verdichtete Schüttungen von Erdbaustoffen, die in ihrer Anordnung und Einbauweise die Erfüllung der ihnen zugedachten Aufgabe des Wasserstaues gewährleisten." Staudämme haben die Aufgabe, mit der gleichen Sicherheit wie Staumauern die Sperrung von Flüssigkeiten (Wasser) und Suspensionen (Schlämmen) in Stauräumen oder Sammelbecken zu ermöglichen. Im einzelnen dienen sie:

1. dem Hochwasserschutz,
2. der Bewässerung,
3. der Schiffahrtserhaltung,
4. der Krafterzeugung,
5. der Trinkwasserversorgung,
6. der Erholung,
7. der Fischerei,
8. der Entsandung,
9. der Entsalzung des Grundwassers,
10. der Verhinderung der Versalzung,
11. dem Absatz, der Speicherung und Vortrocknung von Schlammablagerungen aller Art (Kohlen-, Erzaufbereitung, Wasserwerke) [*173, 219*].

Der Staudamm hat den Druck des angestauten Wassers aufzunehmen und durch sein Gewicht auf den Talgrund zu übertragen. Zur Erfüllung dieser Aufgaben müssen die Staudämme gegen unzulässige Durchsickerungen genügend dicht und verlagerungsfest ausgeführt werden. Sie müssen ferner dem seitlichen Staudruck bei verschiedener und in kurzer Zeit veränderlicher Stauhöhe mit entsprechender Sicherheit gewachsen sein, d. h. kurzfristige Änderungen der Porenwasserströmung und des Druckes mit genügender Gleitsicherheit der beanspruchten Böschungen ohne Gefährdung oder Verlust der Stabilität im bestimmten Umfang ermöglichen.

2. Form des Staudammes.

Die äußere Gestaltung hängt von dem Schubwiderstand des Dammaterials ab. Gegenüber der mehr oder weniger üblichen Trapezform mit steilen Böschungen früherer Zeiten (Abb. 8) nähert sich der Staudammquerschnitt der Neuzeit immer mehr der Dreiecksform [*80, 466, 468*] mit einer ungewöhnlich breiten Basis an den Erddämmen. Beispiel: ANDERSON-RANGE-Damm, USA (Abb. 9) Böschungsneigungen: Wasserseite 1 : 2,5 bis 1 : 20 (GARRISON-Damm), Luftseite 1 : 4 bis 1,8. Diese gestreckte Form wird in den USA mit Rücksicht auf

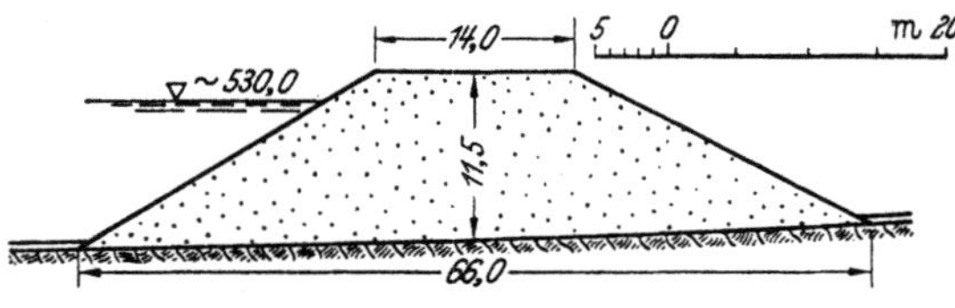

Abb. 8. Typischer trapezförmiger Querschnitt an einem älteren Staudamm, oberer Großhartmannsdorfer Teich bei Freiberg in Sachsen. (Nach EHRENBERG [*80*].)

1. Auftrieb,
2. Erdbeben

gewählt. Ferner sollen bei gegebenem Dammaterial in der gewählten Querschnittsform folgende Forderungen erfüllt sein:

1. Die Sickerverluste durch den Damm dürfen eine wirtschaftliche Grenze nicht überschreiten. Der Wert des Wassers ist im Einzelfall maßgebend.

2. Die Sickerströmung: Stärke und Umfang darf keine Ausschlämmung verursachen.

3. Der Damm muß bei einem Sicherheitsfaktor von 1,3 bis 1,5 (in den USA) allen Belastungsfällen gewachsen sein, die aus der Auflast längs einer ungünstigsten Gleitfläche resultieren. Ungünstige Belastungsfälle sind:

a) für Wasserseite: Sperre gefüllt, dann plötzlich abgesenkt.
b) für Talseite: Sperre gefüllt.

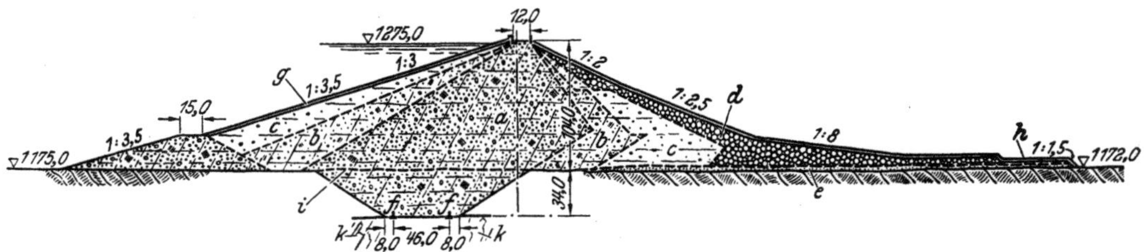

Abb. 9. Charakteristische Querschnittsform eines neuzeitlichen Staudammes mit der langgestreckten flachwirkenden Dreiecksform am ANDERSON-RANGE-Damm.
a undurchlässiges, gewalztes Material im Dichtungskern, b halbdurchlässiges Material, c durchlässiges Material, d schwere Steinschüttung (Stützkörper der Luftseite), e Kiesfilteranlage, f Herdmauern aus Beton, g Steinpackung 1m; h 0,6 m Lavasteine, i Geländeoberfläche k anstehender Felsgrund.
(Nach TÖLKE [466].)

Für die Bemessung des Querschnittes können keine allgemeingültigen Richtlinien gegeben werden, da eine genaue Angabe der Spannungsverteilung so lange unmöglich ist [31, 33], als

a) Strömungsverhältnisse und Porenwasserdruck nicht genau erfaßt werden können und

b) keine allgemeingültige Beziehung zwischen den Spannungen und der Formänderung des Dammaterials besteht oder angenommen werden kann.

Dabei ändern sich Strömungsdruck und Porenwasserdruck mit

a) dem jeweiligen Dammaterial,
b) dem jeweiligen Dammquerschnitt,
c) der jeweiligen Ausführungsart des Dammes.

Nur die Steindämme erwecken in ihrer gedrungenen Querschnittsform, vor allem als Steinsetzdämme, mehr den Eindruck einer Zwischenstellung zwischen Erddamm und Massivmauer (Abb. 10, 11). Die Dammkrone mit nur wenigen Meter Breite meist ist erheblich schmaler als die der Verkehrsdämme, die ja eine breite Dammkrone verlangen. Doch bildet man neuerdings als Schutz gegen Bombenangriffe die Krone bis zu mehr als 40 m Breite an besonders hohen Dämmen aus. Die an Verkehrsdämmen einheitlich glatten Böschungen werden im

Staudammquerschnitt durch die Einschaltung von mehrere Meter breiten Bermen in verschiedenen Abständen, an den älteren Dämmen an der Wasser- und Luftseite, neuerdings nur noch an der Luftseite, unterbrochen, wodurch aber auch bei

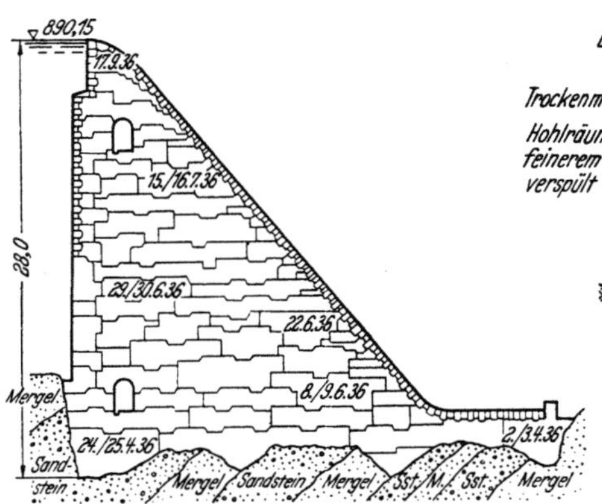

Abb. 10. Gewichtsstaumauer in den Schlagen. Nach TÖLKE [466]. Sie ähnelt in der Querschnittsform sehr dem gedrängten Steindamm Laurenti in Italien Abb. 37, S. 22.

Abb. 11. Querschnitt des kombinierten Steinsetz-(rock-fill-)Dammes am Stanislausfluß in Kalifornien. (Nach Trans. Am. Soc. Civil., Engrs. Vol. 75, 1912, S. 55.)

etwas breiterer Dammkrone der dreiecksähnliche Querschnitt nicht verlorengeht. Bermen ersetzen eine gleichmäßige, durchgehende, flachere Neigung der Dammböschungen, erleichtern deren Wartung und Pflege und ermäßigen damit den Aufwand an Baustoffen und verhindern weitgehend die Erosion der Böschungen (Abb. 12, 13). Indessen zeigen die Abb. 14 bis 17, daß Bermen an steilen und flachen Dammböschungen entbehrlich sind, insbesondere bei Verwendung felsigen Dammaterials.

Abb. 12. Querschnitt des Watauga-Dammes: Tonkern mit beiderseitigen durch Stufenfilter getrennten Stückkörpern aus Felsstücken. a Felsstücke, b Stufenfilter, c Dichtungskern aus Ton, d Drän. (Nach RODRIGUEZ [356].) Bemerkenswert sind die zahlreichen Bermen an beiden Böschungen.

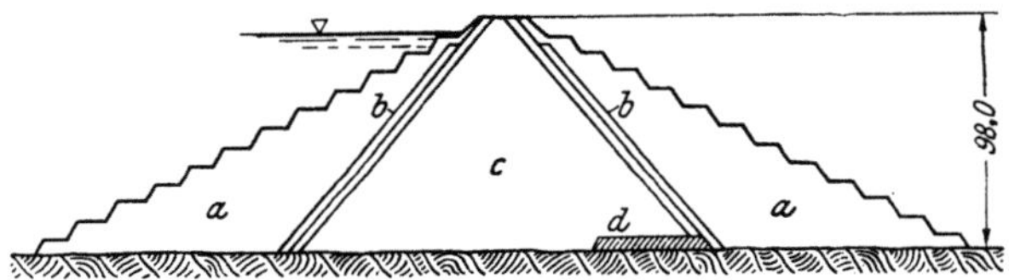

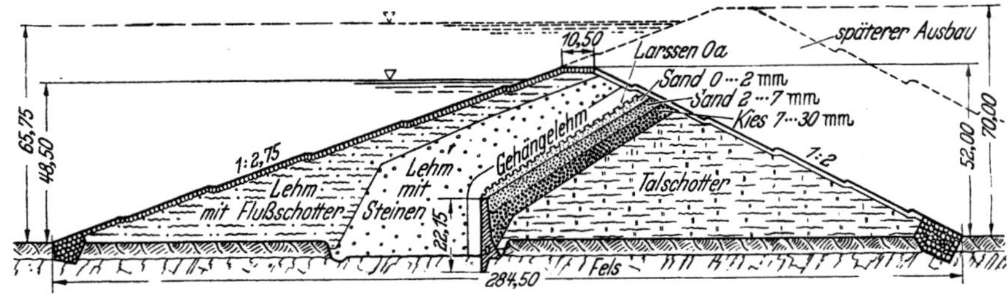

Abb. 13. Querschnitt des Staudammes Schwammenauel. Gegliederter Erddamm mit Filterschichten und schräger, halbelastischer gewellter Stahlblechdichtung sowie der sog. LUDINschen Dammzehe am luftseitigen Böschungsfuß.

Abb. 14. Querschnitt eines ungegliederten Staudammes in der sog. pisé-Bauweise: Westdamm des Julesburgbeckens bei Sedgwick in Colorado. (Nach SCHATZ u. BOESTEN [365].)

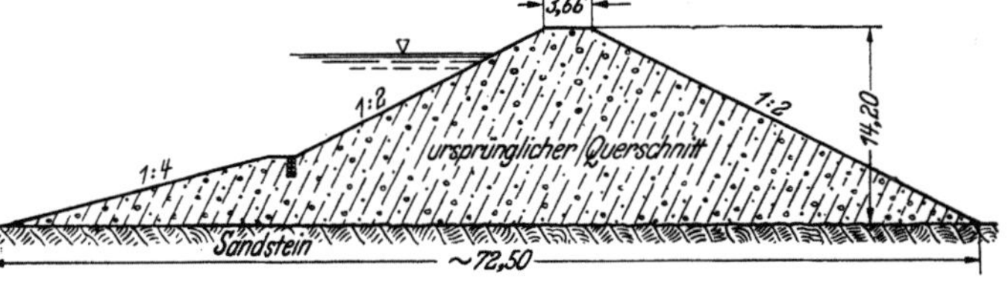

3. Einzelteile des Staudammes.

Grundsätzlich gelten für die äußeren Teile und Glieder des Staudammes die gleichen Bezeichnungen wie am Verkehrsdamm: Dammsohle, Dammfuß, Dammzehe (LUDINsche) (Abb. 13), Dammböschungen, Dammschultern, Damm-krone, Dammitte, Damm-achse, wobei aber nach Längs-achse und Querachse unter-schieden wird.

Kronenbreite: Sie beträgt an den Staudämmen der USA in der Regel 6 bis 12 m. Sie wird mit Rücksicht auf Bom-benschäden [*501*] jetzt im all-gemeinen größer gehalten, nach den deutschen Richt-linien [*342*] soll sie 3 m nicht unterschreiten.

Freibordhöhe: Höchste Spiegellage und Dammkro-nenhöhe: Nach der STEVEN-SONschen Formel gilt:

$$h = 2,5 + 1,5\,\sqrt{d} - \sqrt[4]{d};$$

$h =$ Wellenhöhe von Berg zu Tal in Fuß, d ist die dem Winde ausgesetzte Länge in englischen Meilen. Nach [*342*] soll die Dammkrone zumin-dest 2 m über dem Hochwas-serspiegel liegen.

4. Gliederung des Staudammes.

Man teilt die Dämme ein in ungegliederte und geglie-derte. Bei der ersteren, selte-neren und auf kleine Dämme beschränkten sog. pisé-Aus-führung gewährleistet der Schüttstoff Dichtung und Stützung des Dammes (Ab-

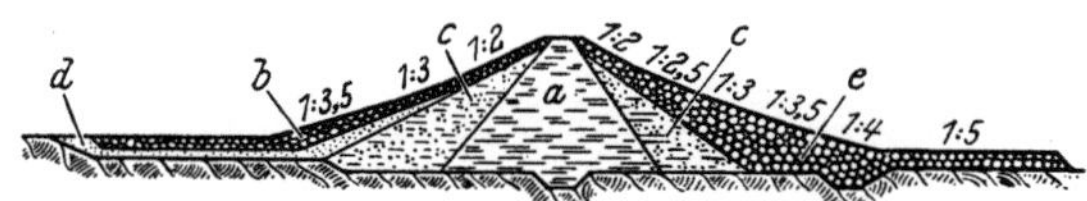

Abb. 15. Querschnitt des Mohawk-Dammes, Beispiel eines ge-gliederten Staudammes mit Kerndichtung und beiderseitigem filterförmigem Aufbau.

a Dichtungskern, *b* Steinpackung, *c* Füllkörper, *d* Filter-teppich, *e* Stützkörper aus grobem felsigem Material.

(Nach BRETH [*31*].)

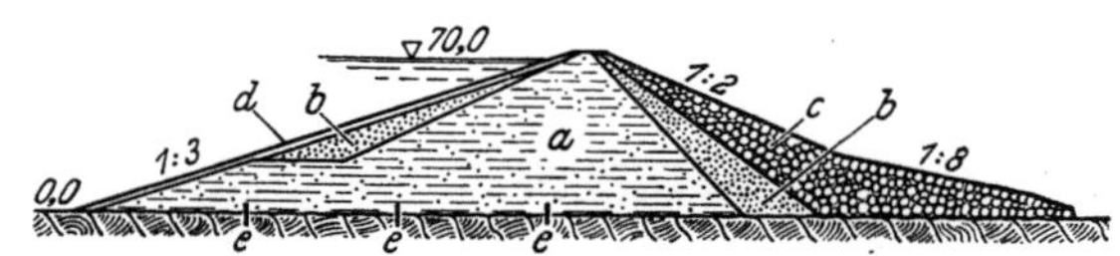

Abb. 16. Querschnitt des Green-Mountain-Dammes. Beispiel einer kombinierten Kern- und wasserseitigen Dichtung mit filter-förmiger Dammgliederung nach der Luftseite.

a Dichtungskörper, *b* Filter- und Sickerschicht, *c* Steinschüt-tung des starken Stützkörpers, *d* wasserseitige Steinpackung, *e* Herdmauern.

(Nach BRETH [*31*].)

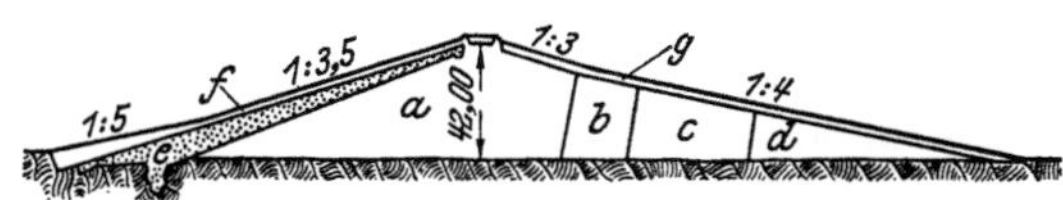

Abb. 17. Querschnitt des Staudammes für das Pumpspeicher-becken Niederwartha bei Dresden, ein für deutsche Verhält-nisse außergewöhnlich flacher Staudamm: Wasserseitige Dich-tung aus Lößlehm.

a sandiger Lehm, *b* Kies, *c* grober Kies mit Syenitsteinen, *d* Steinschüttung aus Syenitbrocken, *e* Dichtungskörper, *f* Stein-schüttung und Oberflächenpflaster, *g* Rasen.

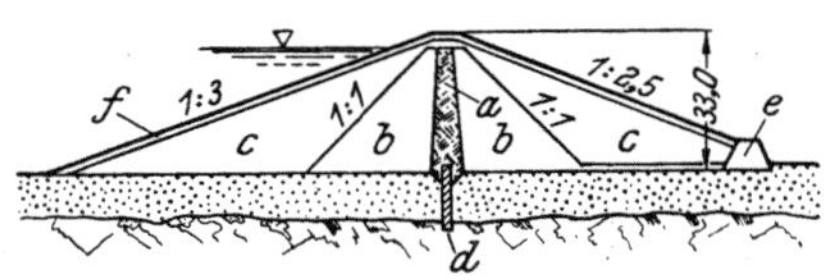

Abb. 18. Querschnitt des MAC KAY-Dammes in Mexiko. Homo-gener filterförmiger Aufbau.

a bemerkenswerte sehr schmale Kerndichtung (etwa 5 m mäch-tig an Basis) *b* beiderseitiger Füllkörper, *c* Stützkörper aus groben Steinen, *d* Betonherdmauer, *e* Steinschüttung in Art der LUDINschen Dammzehe, *f* Steinpackung der wasserseitigen Böschung.

(Nach BRETH [*31*].)

bildung 14). An den überwiegend stark gegliederten Staudämmen (Abb. 15 bis 30) herrscht die einer Filterbauweise entsprechende Unterteilung der verschiedenen Dammglieder (Stütz- und Dichtungsteil) mit mehr oder weniger steilgeneigten oder gar senkrechten Grenzflächen vor. Diese Gliederung entspricht unter weit-

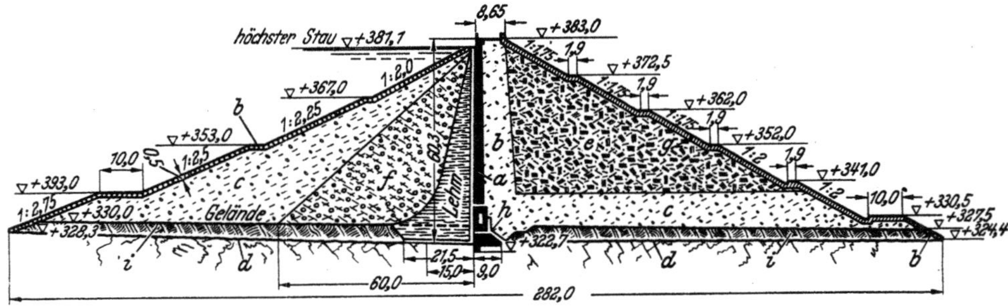

Abb. 19. Querschnitt des 60,3 m hohen Oderstaudammes im Harz, Betonkerndichtung mit starker dichtender Lehmvorlage.

a Betonkern, *b* Steinpackung, *c* Schotter, *d* anstehender Felsgrund, *e* Erdschüttung, *f* Mischgestein aus Schotter und Erde, *g* Rasen, *h* 2 Horizontalfugen im Betonkern mit Kontrollgang, *i* Talauffüllung aus Lockergestein.

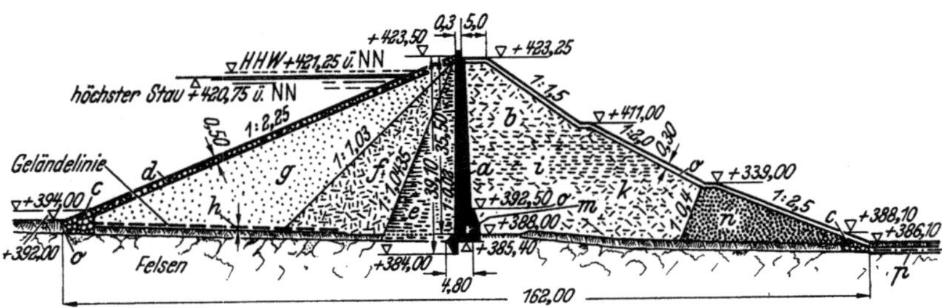

Abb. 20. Querschnitt des Kallbachtal-Staudammes bei Aachen. Starke Kerndichtung aus Beton mit einer Gleitfuge und Dichtungsvorlage aus Verwitterungslehm wie bei Abb. 19.

a starker Betonkern, *b* fest eingebaute Felsbruchsteine des Stützkörpers, *c* Rigole aus Schotter, *d* grobe Steinpackung der wasserseitigen Böschung. *e* Lehmvorlage vor dem Betonkern *f* Füllkörper aus stark zersetztem feinbrüchigem Tonschiefer, *g* frischer Tonschiefer als wasserseitiger Stützkörper, *h* ausgekofferter Talboden. *i* gewalzter Dammteil, *k* Stützkörperteil aus Schiefer und Quarzgeröllen, *l* Bewegungsfuge, *m* Kontrollgang, *n* sehr grobstückiges Material der Dammzehe, *o* Rasendecke, *p* Rohrleitung der Rigole.

(Nach BRETH [*31*].)

Abb. 21. Querschnitt des Staudammes Ottmachau in Schlesien. Beispiel eines Übergangs von Kern- zur wasserseitig angeordneten Dichtung.

a schräge Tondichtung eingebracht in offene Schlitzbaugrube unter starker Deckschicht *f*, *b* anstehender Ton, *c* alluviale Auffüllung aus Kies, Sand und Lehm, *d* Füllkörper wenig durchlässiger Stützkörper, *f* ungegliederter Erd- bzw. Steinbewurf, *g* Steinpackung.

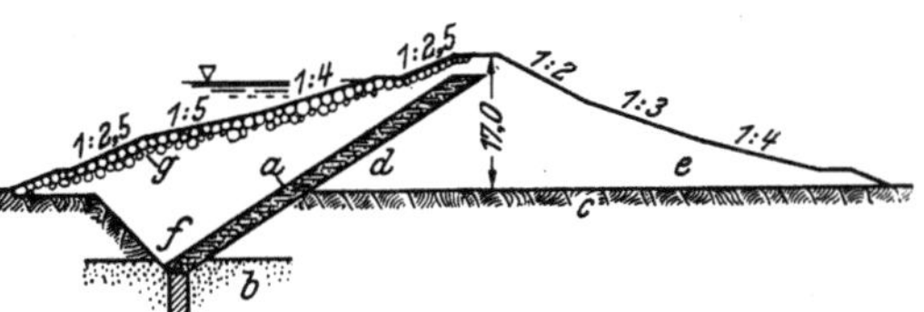

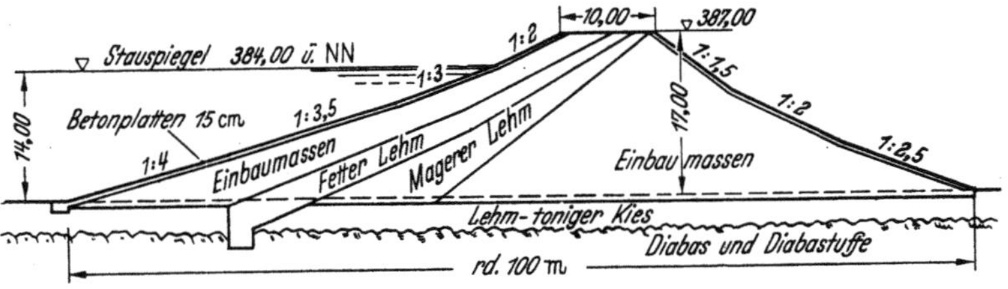

Abb. 22. Querschnitt des Staudammes der Weißen Elster bei Pirk (Sa.). Beispiel einer wasserseitigen Dichtung mit ungegliederter Deckschicht, jedoch gegliedertem Dammquerschnitt.

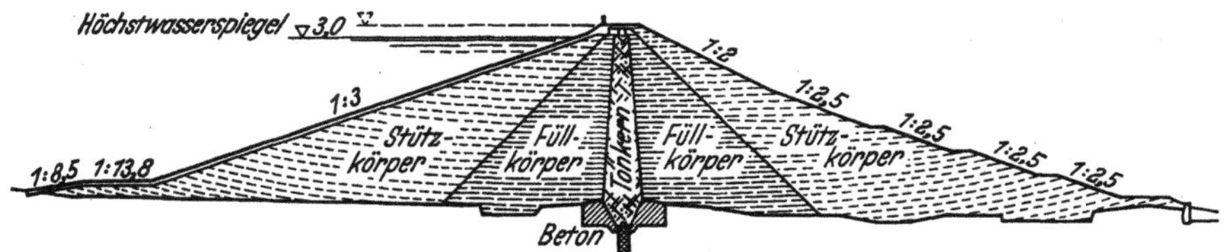

Abb. 23. Querschnitt des Digley-Staudammes. Beispiel eines gleichmäßig gegliederten Staudammes mit Kerndichtung aus Ton, beiderseitigem Füll- und Stützkörper. Anschluß der Tondichtung an Betonfundament mit Herdmauer. Nach [444].) Bemerkenswert die Anordnung der Bermen nur an der Luftseite im Gegensatz zu Abb. 12 und auch 13.

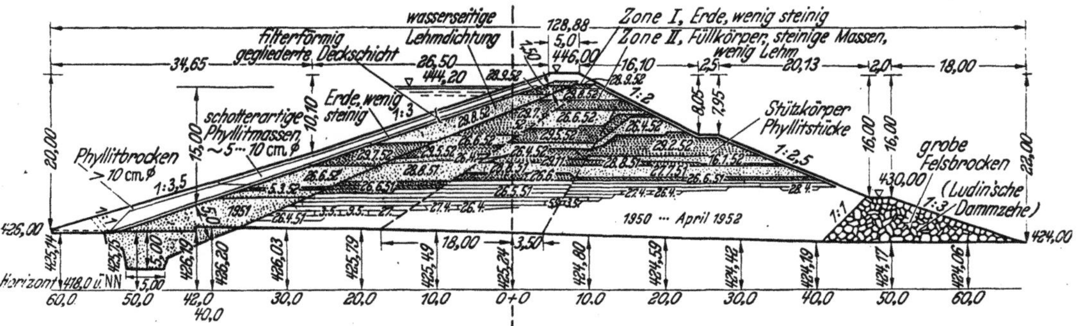

Abb. 24. Querschnitt des Staudammes Stollberg (Sa.). Beispiel einer gleichzeitigen feinmosaikartigen Ausführung eines Staudammes mit dreifach gegliederter Deckschicht aus Erde, schotterartigem Phyllit und Phyllitbrocken, eines filterförmig ausgebildeten Dammes mit zwei Füllkörperzonen I und II als Zwischenglieder der wasserseitigen Dichtungsschürze und des starken Stützkörpers mit Ausbildung der luftseitigen Dammzehe durch grobe Felsbrocken. (LUDINsche Dammzehe), Bauzeit 1949 bis 1952.

gehender Wahrung des Filterprinzips mit Rücksicht durch das gestaute Wasser dem hierfür erforderlichen Sicherheitsanspruch. Man unterscheidet zumindest zwei (Dichtungs- und Stützkörper) oder meist drei Stütz-, Füll- oder Filterkörper und Dichtungsteil als durchlässige, halbdurchlässige und dichtende Dammglieder in ihrer verschiedenartigen gegenseitigen Anordnung (Abbildung 13, 15 bis 17), wobei zumindest ein Teil des Stützkörpers stets der Luftseite zugewendet sein muß (Abb. 18, 21, 22), der Dichtungskörper dagegen zwischen wasserseitiger Anordnung und Kernlage wechseln kann (Abb. 9, 17, 24, 26, 27) und der Füllkörper

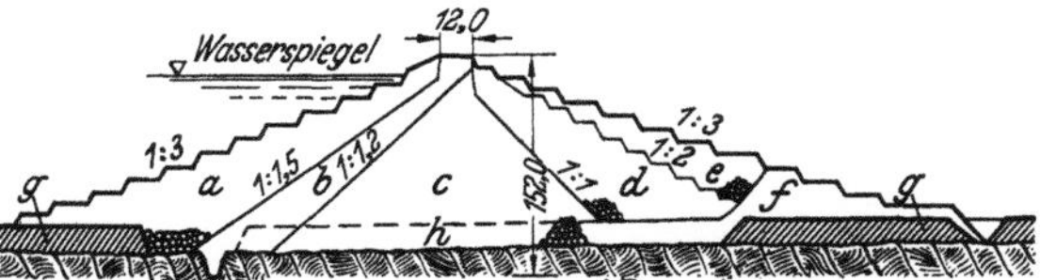

Abb. 25. Querschnitt des St.-Gabriel-Staudammes mit bemerkenswerter Ausbildung von Bermen an beiden Dammböschungen. Sehr stark gegliederter Staudamm.

a Stützkörper aus Felsschüttung, über halbdurchlässigen Füllkörper *b* auf Dichtungskern *c*, *d* Filter aus kleineren und mittleren Felsbrocken, *e* grobe Felsbrocken, *f* grobe gesetzte Felsbrocken, *g* anstehender Boden, *h* ausgekofferter Talboden. (Nach RODRIGUEZ [356].)

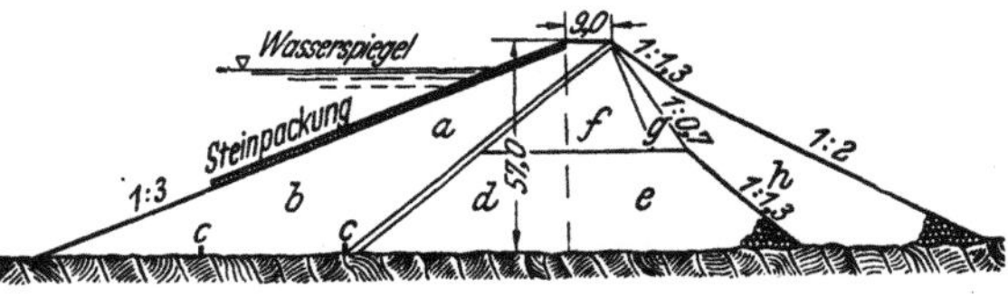

Abb. 26. Querschnitt des starkgegliederten Staudammes von Inland USA.

a abgesiebte Steine in Mindeststärke von 1,5 m eingebaut, *b* Tondichtung, eingewalzt in Lagen von 15 cm, *c* Herdmauern, *d* Grobschlag von 12 bis 75 mm ∅, *e* Felsbrocken von 75 bis 375 mm ∅, *f* Steinschüttung bestehend zu 45% aus >250 mm ∅, zu 25% aus 75 bis 250 mm ∅, zu 30% aus 22 bis 75 mm ∅ Schüttmaterial. *g* gebrochene Steine, *h* unklassierte Steine. (Nach RODRIGUEZ [356].)

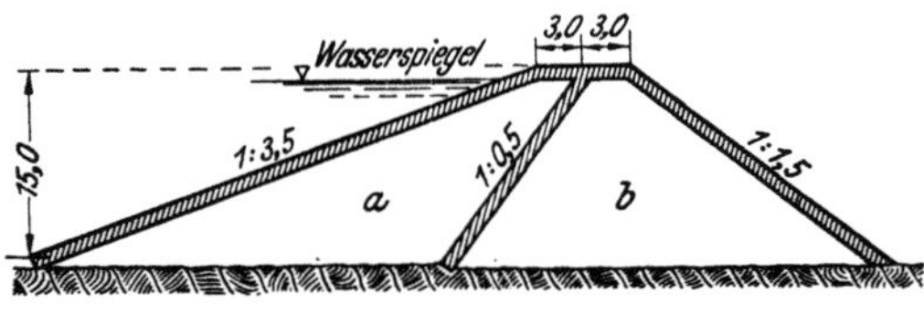

Abb. 27. Querschnitt durch den Staudamm des Pecos-Tales.

a Erde, *b* Stützkörper aus Felsbrocken, getrennt durch Filterschicht.

bzw. die Filterteppiche den Übergang zu den beiden Hauptgliedern bilden. Dazu tritt bei der wasserseitigen Anordnung der Dichtungskörper als unentbehrliches weiteres Glied die ebenfalls filterförmig gegliederte Deckschicht (Abb. 24). Diese wird bei Kerndichtungen zugleich als starker Stützkörper ausgebildet (Abb. 18 bis 20, 23, 25, 28 bis 30), erfüllt somit Stützung und Schutz gegen einen unmittelbaren Wasserangriff. Dichtungs- (Abb. 31) und Filterteppiche und Sickeranlagen (Dränagen und Sickerteppiche) an der

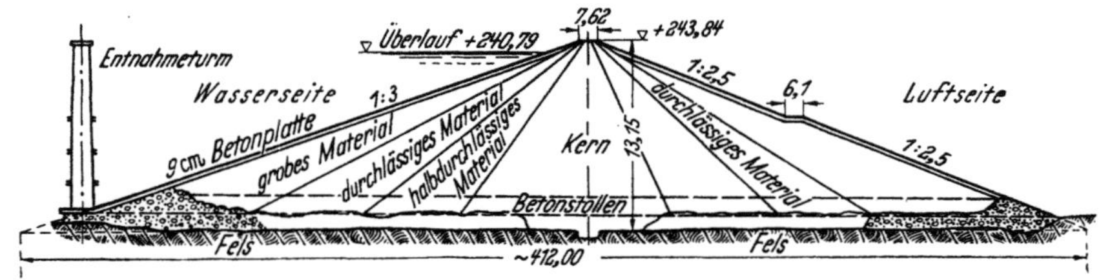

Abb. 28. Querschnitt des Calaveras-Dammes in Kalifornien. Beispiel eines beiderseitig gegliederten Staudammes mit Kerndichtung und einer Betondichtung an der wasserseitigen Böschung. (Nach SCHATZ und BOESTEN [*365*].)

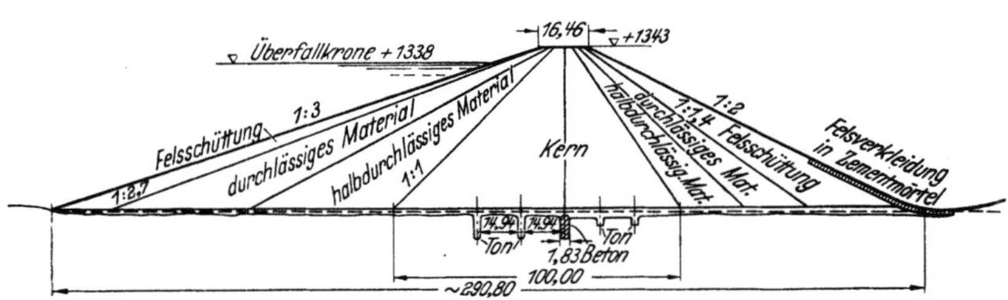

Abb. 29. Querschnitt des Necaxa-Dammes in Mexiko. Kerndichtung aus Ton mit beiderseitigem filterförmig gegliedertem Aufbau wie Abb. 28. (Nach SCHATZ und BOESTEN [*365*].)

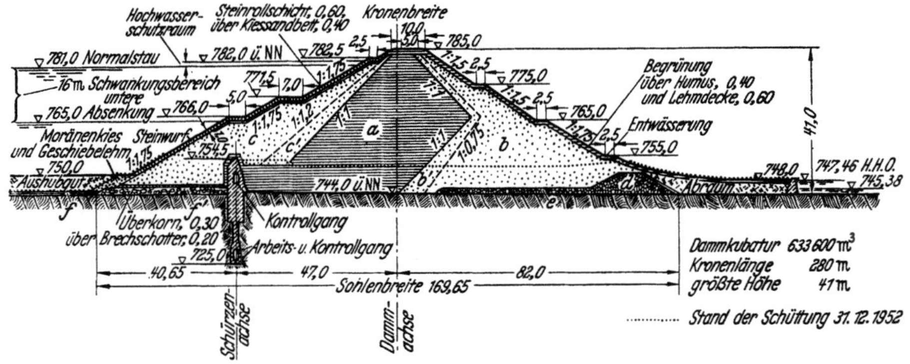

Abb. 30. Querschnitt des Staudammes Roßhaupten (Bayern), Beispiel einer trotz eines sehr mächtigen Dichtungskernes aus Geschiebelehm stark gegliederten Ausführung, Dichtungskern

a in Lagen mit Schaffußwalzen verdichtet, *b'*, *c'* beiderseitige Filter aus Lechkies, *b*, *c* Stützkörper aus Moränen- und Lechkies, eingerüttelt, *d* Steinfuß aus Sandstein, *e* Sandsteinbrocken als Sohlendränage, *f'* Steingerüst-Lehmdecke vor dem Damm als Dichtungsteppich, *f* Lehmdecke vor dem Damm.

Dammsohle (Abb. 60, 61, S. 34) und im Staudamm vervollständigen in ihrer verschiedenen Ausbildung und Anordnung die oft sehr verwickelt erscheinende Innenarchitektonik eines Staudammes, der mehr, als seine einfachen äußeren Konturen verraten, ein Kunstbauwerk ersten Ranges in der Beherrschung der verschiedenen möglichen Beanspruchungen durch die auf erdbaumechanischer Grundlage gestützte geotechnische Ausführung dieses so einfach erscheinenden Bauwerkes aus „Erde" ist.

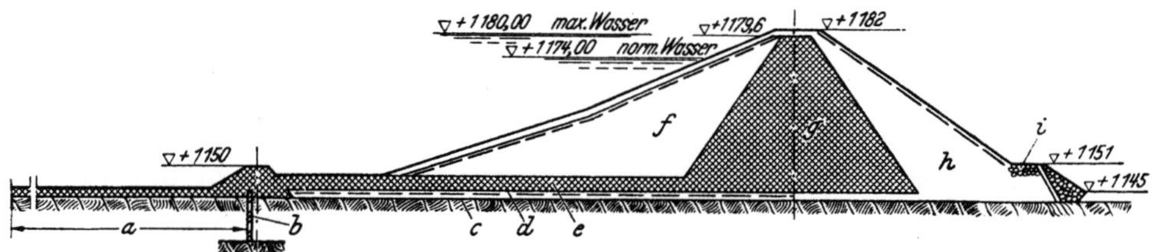

Abb. 31. Querschnitt des John-Martin-Staudammes. Kerndichtung mit zusätzlichem weit in den Stauraum vorgeschobenem Dichtungsteppich (457 m!).
a und *e* Dichtungsteppich, *b* Stahlspundwand, *c* Geländeoberfläche nach Bodenabtrag, *d* Sandfilterteppich, *f* Stützkörper aus Sand, Schotter und Steinen gewalzt. *g* Dichtungskern aus gewalztem Lehm, *h* Stützkörper aus Schotter und Sand, *i* Steindränage.
(Nach Breth [*31*].)

Mehr als am Verkehrsdamm bestimmen Stauhöhe und Baustoffe die jeweilige Gestaltung (Gliederung und Form) der Stauanlagen aus Erde und Stein, wie die bisherigen und folgenden Abbildungen zeigen. Daher sind auch die Querschnittsformen größeren Schwankungen unterworfen als an den Verkehrsdämmen, wie überhaupt die Gestaltung und Formgebung eines Staudammes größere Unterschiede zuläßt. Darin kommt jedoch stets der technisch-wirtschaftlichste Bauplan unter Berücksichtigung der verschiedenen Beanspruchungen des Staudammes zum Ausdruck.

5. Verhältnis des Verkehrs- zum Staudamm in ihren Beanspruchungen.

Am Verkehrsdamm wird der Dammkörper durch Eigengewicht und Verkehrsdynamik (Stöße und Schwingungen) fast vorherrschend in senkrechter Richtung, wenn auch mit wechselnder Intensität je nach der Verkehrsbelastung und -frequenz beansprucht. Dieser vertikale Richtungssinn der Beanspruchung führt daher stets zu einer sehr kurzfristigen Stabilisierung durch Setzungen, Verbreiterung und zur Verfestigung

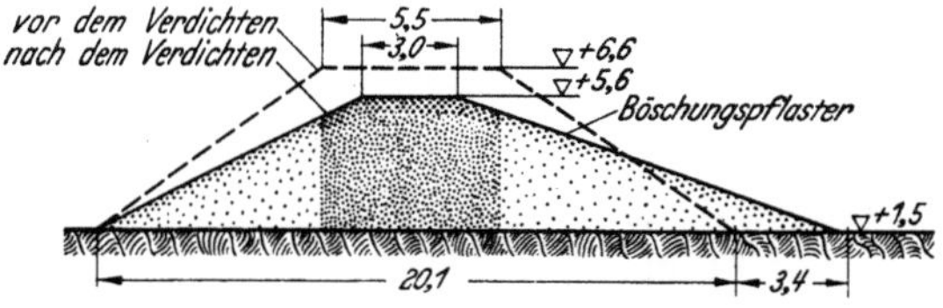

Abb. 32. Veränderung der Dammform eines nicht verdichteten Verkehrsdammes unter Auflast und Verkehrsbeanspruchung bis zur stabilen Dammform. (Nach Rappert [*330*].)

des Dammes (Abb. 32). Daher wurden Eisenbahndämme bisher niemals verdichtet. Die vorwiegend sandigen Schüttmassen wurden sehr rasch dicht eingerüttelt, die Gleise ließen sich durch entsprechendes Unterstopfen mühelos heben.

6. Die Beanspruchung im Staudamm.

Folgende Kräfte wirken am Staudamm:

1. Das Eigengewicht der Dammlast, die auf eine seitliche Verbreiterung und Dammverflachung hindrängt, weshalb Bewegungsmessungen an Dammbermen und Dammschultern meist zu ungünstige Werte liefern.

2. Der Staudruck des Wassers. Er belastet den Damm auf der gesamten benetzten Fläche nach der Gleichung $\frac{1}{2} h^2 b \gamma_w$

$h =$ Stauhöhe,

$b =$ benetzte mittlere Dammbreite;

$\gamma_w =$ spezifisches Gewicht des Wassers.

3. Der Auftrieb des unterströmenden Wassers im Damm, der vertikal nach oben gerichtete Strömungsdruck (Porenwasserdruck).

4. Das durch den Damm durchsickernde Wasser beansprucht den Damm durch Auftrieb und Erosionswirkung.

5. Stauspiegelsenkungen belasten infolge des Porenwasserüberdruckes die wasserseitigen Böschungen besonders stark, die dabei bei ungenügender Sicherung abgleiten können.

6. Sickerwasseraustritt an der luftseitigen Böschung bei ungenügender Absenkung der Sickerlinie im Damm führt zu Dammbrüchen.

Der Staudamm ist selten Verkehrserschütterungen, d. h. dynamischen Belastungen, ausgesetzt. Indessen sind die wechselnden hydrostatischen und hydrodynamischen Beanspruchungen viel gefährlicher und schwerwiegender, da sie im Damminnern selbst schädigend wirken können. Während die Beanspruchungen am Verkehrsdamm stets von außen erfolgen und sich die Lasten und Schwingungen in einer Verfestigung auswirken, ist der Strömungsdruck, die Erosionsgefahr und die Durchsickerung mit allen gefährlichen Folgen auch an der Dammsohle und im Tragkörperbereich des Staudammes vorhanden.

Allerdings muß der gedrungene Verkehrsdamm gegen äußere klimatische und tierische Schäden stärker geschützt werden als der hierzu bedeutend massigere und daher sicherere Staudamm. Somit wirken äußere und innere, durch das Stauwasser ausgelöste Kräfte am festen Gefüge eines Staudammes, der daher stärker gefährdet ist als ein Verkehrsdamm und deshalb auch eine gegen alle diese Gefahreneinflüsse gesicherte konstruktive und technische Lösung verlangt.

7. Verhältnis von Staudamm zur Staumauer.

Nach dem Urteil des Altmeisters im Wasserbau FRANZIUS [51] gilt hierzu folgendes:

„Die Frage, ob ein Damm oder eine Mauer den Vorzug verdient, kann nach dem heutigen Stande der Erfahrung allgemein so beantwortet werden, daß beide Bauwerke rein technisch dann gleichwertig sind, wenn die Möglichkeit zu ihrer Ausführung gegeben ist. Rein statisch und rein betriebstechnisch hat die Mauer keinen Vorzug vor dem Damm, wenn der Damm mit der gleichen Sorgfalt hergestellt wird wie die Mauer."

Die Wahl zwischen Staumauer und Damm ist daher nicht eine Frage der Materialverschiedenheit im Vergleich mit den Kunstbauwerken, sondern allein der Bereitstellung und Ausführungsmöglichkeit unter gleichzeitiger Erforschung und Abklärung der zweckmäßigen wirtschaftlichen Ausführung. Sie wird daher nicht durch naturgegebene Vorteile der Materialien bei der Ausführung der Staumauern bestimmt, sondern allein von der technisch-wirtschaftlichen Gestaltung.

Die neuzeitliche Geotechnik führt in den USA [*40, 420, 466*], einem Lande, das mehr Staudämme ausführt als die übrige Welt zusammen [*216/217*], in zunehmendem Maße zur Wahl der Staudämme. Die Gründe für die besondere Bevorzugung von Staudämmen sind nach RABE [*326*] folgende:

1. Die neueren Erkenntnisse der Bodenmechanik und über die Wasserbewegungen im Dammkörper und im Untergrunde.

2. Der günstige Umstand, daß die für die Ausführung der Staudämme benötigten Baustoffe meist in unmittelbarer Nähe der Baustelle vorhanden sind.

3. Die Entwicklung zweckmäßiger Dammbauweisen und Schaffung leistungsfähiger und geeigneter Großgeräte für den Einbau und die Verdichtung der Massen und ferner für die bessere Überwachung.

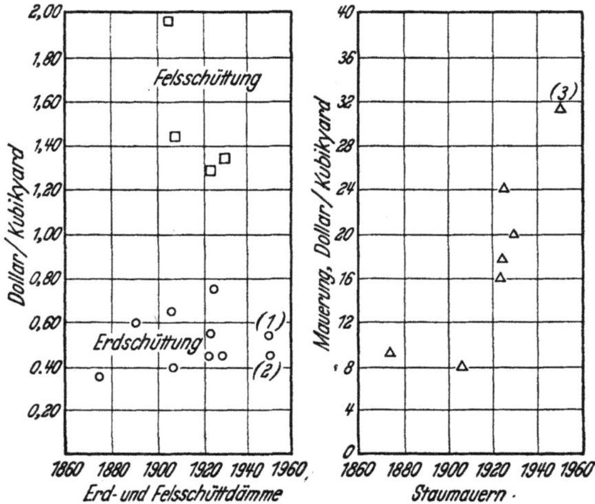

Abb. 33a und b. Kostenvergleich zwischen Erd- und Felsdämmen sowie Betonstaumauern in Kubikyard während der letzten 100 Jahre (nach MIDDLEBROOKS [*262*a]). Während die Erddämme trotz der erheblich gestiegenen Kosten fast unveränderlich niedrige Einheitspreise zeigen, bewegen sich die Kosten für Betonstaumauern in steil ansteigender Linie. Infolgedessen können in den USA die Erddämme trotz erheblich größerer Massenbewegung mit den Betonstaumauern erfolgreich in Wettbewerb treten.

4. Die Fortschritte bei der Gründung der Bauwerke.

5. Die größere Sicherheit der Erd- und Steindämme in ihrem Verhalten bei Erdbeben.

Das stabile Verhalten von Erddämmen während schwerer Erdbeben hat nach MIDDLEBROOKS [*262*a] die allgemeinen Erwartungen übertroffen. Bei dem Erdbeben von San Franzisko 1906 wurden drei in der Bebenzone gelegene Erddämme wenig beschädigt, insbesondere der St.-Andreas-Damm, der die berüchtigte St.-Andreas-Bruchlinie [*173*] berührt, die dabei verändert wurde.

Diese Feststellungen werden durch neuere von MIDDLEBROOKS (1952) dahingehend ergänzt, daß die Kosten für Erddämme seit 100 Jahren konstant geblieben sind, sogar etwas gefallen sind, obwohl der allgemeine Preisindex um das 2,5- bis 3fache gestiegen ist. Die geringen Kosten sind die Folge der Vervollkommnung der Geotechnik in den USA (Abb. 33a).

Demgegenüber sind die Preise für Mauerwerk in den letzten 50 Jahren um das 2,5fache gestiegen, ohne daß eine Kostenermäßigung durch technische Verbesserungen eintrat und damit das Preisniveau konstant gehalten werden konnte (Abb. 33b).

Ferner gelten außer den von amerikanischer Seite angeführten Vorzügen für die Wahl der Dammbauweise folgende [*31, 173*]:

1. Die Verwendungsmöglichkeit aller nicht wasserlöslichen anorganischen Fels- und Lockergesteine.

2. Dämme verlangen somit weder ausgesuchten felsigen Baugrund noch ausgesuchte teure Baustoffe, um in gleicher Weise wie eine Mauer ihre Aufgabe zu erfüllen. Sie besitzen die höchste Anpassungsfähigkeit an den Baugrund.

3. Die größere Grundbruchsicherheit bei Erdbeben gegenüber den Staumauern.

4. Dämme erfordern geringere Gründungskosten und sind unempfindlicher gegenüber Setzungen; sie lassen sich daher auch auf nachgiebigem Baugrund ausführen.

5. Dämme sind infolge neuer Dichtungsverfahren (Hydratonverfahren, Steingerüsttonbauweise) weitgehend unabhängig von der Beschaffung besonderer Dichtungsstoffe, z. B. natürlicher Lehm oder Ton.

6. Die geringeren Kosten für die Gewinnung, Transport und auch Einbau in schwer zugänglichem, gebirgigem Gelände, wofür sonst besondere Verkehrswege angelegt werden müssen. Die Baukosten eines Erddammes sind niedriger als die einer gleich hohen Mauer.

7. Steindämme lassen sich zu jeder Jahreszeit, also auch während strengen Frostes ausführen [*108, 383*].

8. Die Sicherheit in der Bauausführung und Standfestigkeit wird durch die speziellen, auf erdbaumechanischer Grundlage beruhenden Prüfverfahren gewährleistet.

9. Dämme lassen sich meist bequem, ohne allzu große Kosten erhöhen und ermöglichen den stufenweisen und schrittweisen Ausbau von Wasserkraft- und Trinkwasserversorgungsanlagen (Abb. 13, S. 10, 35, S. 22).

10. Die Beschäftigungsmöglichkeit ungelernter Arbeiter zur Bekämpfung der Arbeitslosigkeit.

11. Dämme sind unempfindlicher gegenüber Kriegsschäden (Bomben) [*367*].

12. Bei Verwendung genügender Großgeräte und neuerer Bauverfahren ist trotz größerer Massenbewältigung die Bauzeit kürzer als an Staumauern.

Die zunehmende Bedeutung der Staudämme in der Wahl und Ausführung gegen Staumauern während der letzten Jahrzehnte in den USA zeigen folgende Zahlen [*216*].

Von 241 mehr als 16 m hohen Talsperren sind ausgeführt als

Schwergewichtsmauern .	87
Betonbogenmauern	2
Betonpfeilermauern. . . .	3
Bogenstaumauern . . .	19
	111

Erddämme (Walzdämme)	132
Steinschüttdämme	6
Spüldämme	2
	140

Nach den neuesten Ermittlungen werden etwa 75% aller Stauanlagen als Staudämme ausgeführt, und dieser Prozentsatz ändert sich von Jahr zu Jahr zugunsten der Erddämme [216, 467]. Die Ursachen hierfür liegen nach MIDDLEBROOKS [262a] in folgenden Tatsachen:

1. Die Erkenntnisse der Bodenmechanik gestatten, Erddämme mit gleicher Sicherheit wie andere Stauanlagen zu bauen.

2. Die Preisspanne zwischen Erddämmen und Betonmauern spricht zugunsten der Erddämme und wird von Jahr zu Jahr günstiger.

3. Betonmauern sind nur dort zu empfehlen, wo die Erdbaustoffe schwierig zu beschaffen sind.

Wenn so in den letzten 20 Jahren die zunehmende Bedeutung der Staudämme unverkennbar wird, so kommen für die USA [326] als besonderer Grund hierfür noch folgende Erwägungen in Frage:

Geeignete Baustellen für Betonstaumauern werden immer seltener. Um so mehr Aufmerksamkeit wendet man den Staudämmen durch eine gewissenhafte Planung und sorgfältige Ausführung zu.

Der Staudamm muß drei Bedingungen erfüllen [136/137]:

1. Er muß „auto"stabil sein.

2. Er muß so weit undurchlässig sein, um den gestellten Aufgaben zu genügen.

3. Er muß seine Form wahren und die Stabilisierung (Setzungen) muß in beschränkten Grenzen verlaufen.

Nach MIDDLEBROOKS [262a] gelten folgende Überlegungen beim Entwurf von der Ausführung von Erddämmen:

1. Die Entlastungsanlagen müssen dem höchsten Wasserabfluß genügen.

2. Baugrund und Dammfluß müssen scherfest verbunden sein.

3. Die Durchsickerung durch den Damm muß unter Verwendung von Filteranlagen oder Dräns kontrolliert werden. Dränagen im Damm selbst sind abzulehnen.

4. Durchsickerungen längs der Dammsohle müssen durch geeignete Maßnahmen verhindert (Herdmauern) und der Ausfluß an der Luftseite in Entlastungsbrunnen oder Dränschlitzen kontrolliert werden.

5. Wasserleitungen müssen sorgfältig mit Rücksicht auf Bruch, Undichtigkeiten und Sickerströmung längs der Rohrleitungen ausgeführt werden.

6. Der Böschungsschutz als Felsschüttung an Stelle von handgesetztem Böschungspflaster soll bis zur Dammkrone reichen, um die Dammbruchgefahr zu mindern.

7. Der Dichtungskern soll so gut gesichert werden, daß bei der Dammsättigung keine zusätzliche Setzung eintritt.

8. Der Einbau der dünnen Lagen ist sorgfältig unter Beachtung der Verbindung mit den tieferen Lagen, dem Baugrund, dem Anschluß an Herdmauern und unter Kontrolle gleichmäßigen Materials durchzuführen, um Durchsickerungen auszuschließen.

9. Der Gefahr der Rißbildung bei Setzungen und Gründungen muß in jeder Bauphase durch wirkungsvolles Verfüllen und Dichten dieser Gefahrenstellen begegnet werden. Insbesondere muß der Dichtungskern so bildsam sein, um sich ohne Rißerscheinungen verformen zu können.

Bisher wurden in den USA Walzdämme von 138 m Höhe (Anderson-Range-Damm), von fast 35 Millionen cbm Schüttmassen (Garrison-Damm) und mehr als 20 km Länge (Baker-Damm) erfolgreich ausgeführt.

8. Dammtypen.

Im Gegensatz zu den Verkehrsdämmen werden an den Staudämmen je nach der bevorzugten Verwendung besonderer Baustoffe und deren Einbauverfahren verschiedene Dammtypen unterschieden. Diese Unterteilung ergibt sich aber auch in der Gliederung. Gegenüber den in Frankreich früher vielfach in der sog. pisé-Bauweise, d. h. der dichtesten ungegliederten Packung, mit „Eigendichtung" ausgeführten Staudämmen und den Deichen der Emschergenossenschaft herrschen die gegliederten mit „Fremddichtung" vor. Diese Entwicklung ist die Frucht der erdbaumechanischen Forschungen und der wachsenden Kenntnisse über die hydromechanischen Vorgänge im Damminnern. Der Staudamm gleicht ja dabei einem feingegliederten Kunstbauwerk, das entsprechend den vielseitigen Beanspruchungen in der Aufteilung, d. h. der Gliederung unter Kosten- und Materialbeschränkung, jedem einzelnen Glied eine besondere Aufgabe zuweist, um diesen verschiedenen Beanspruchungen in besonderer Weise zu begegnen. Staudammtypen und Statik der Dämme hängen daher zusammen und bedingen sich gegenseitig. Weder die in den zahlreichen Bildbeispielen gegebenen Baumuster können als verbindliche Lösungen bezeichnet werden, noch können die späteren Beispiele gebrochener Dämme als abschreckende Beispiele gelten. Letztere sollen vor allem zeigen, daß trotz richtiger Entwurfsbearbeitung Fehler in der Ausführung gemacht wurden oder andere Ursachen eine durchaus gültige Ausführungsmöglichkeit zum Fall brachten.

Stets ist daher von folgenden Gesichtspunkten beim Entwurf und der Ausführung auszugehen. An allen Dammtypen bestimmen drei Elemente die jeweilige Form und Ausführung: 1. Der Baustoff Erde oder Stein, 2. die jeweilige Höchstbeanspruchung und 3. der Baugrund. Die Lösung der Dichtungsfrage beeinflußt dabei entscheidend die Dammkonstruktion.

Man unterscheidet nach dem Baumaterial:

1. *Die Steindämme*
   a) Die Steinsetzdämme (Trockenmauerdämme).
   b) Die Steinschüttdämme (Gerölldämme und Felsschüttungen).

2. *Die Erddämme*
   a) Die Spüldämme.
   b) Die Trockenerddämme.

9. Die Merkmale der verschiedenen Stein- und Erddämme.

Die Steindämme.

a) Die Steinsetzdämme (vgl. Abb. 11, S. 10).

Die Dämme werden fast ausschließlich aus sauber gewaschenen Felsstücken mehr oder weniger kunstvoll, vor allem in Trockenmauerbauweise mit Hilfe von Steinsetzkränen zusammengesetzt. Sie zeichnen sich durch steile Dammböschungen und damit den Massivstaumauern nahekommende gedrungene Querschnittsformen wie an keinem anderen Staudamm aus und werden bei festem Baugrund vorherrschend durch eine wasserseitige, mehr oder weniger starre oder halbelastische dünne Dichtungsauflage aus Asphaltbeton, Stahl-, Stahlbeton- und Betonplatten oder auch zum Teil nur provisorisch oder dauernd durch Holzabdeckung gedichtet. Der Hohlraumgehalt im Damm ist mit 0,20 bis 0,30 [227] gegenüber 0,40 bis 45% bei den geschütteten amerikanischen Staudämmen sehr niedrig. Hohe Standfestigkeit und sehr geringe Setzungen sind ihre besonderen Vorzüge. Die teure und zeitraubende Herstellung infolge der Handarbeit muß dabei in Kauf genommen werden. Infolge der gedrungenen Ausführung verlangen Steindämme aufgerauhten Felsgrund. Sohlreibung und Tragfähigkeit bestimmen hier ganz besonders die Neigungen und damit Dammabmessungen.

Das Verhältnis Breite zur Höhe ist 2,3 an den nordafrikanischen gegenüber der höchsten amerikanischen von Salt-Springs, Kalifornien, 99 m Höhe mit 2,75. In Italien besteht die Vorschrift: Höhe : Sohlenbreite mindestens 1 : 2. Da hier indessen das Versetzen ausschließlich durch Hand erfolgt, kann ein kleines Verhältnis von $b : h$, nämlich 1,95 bis 1,70, erreicht werden.

Nach [227] wird in Italien der Querschnitt oft nach der

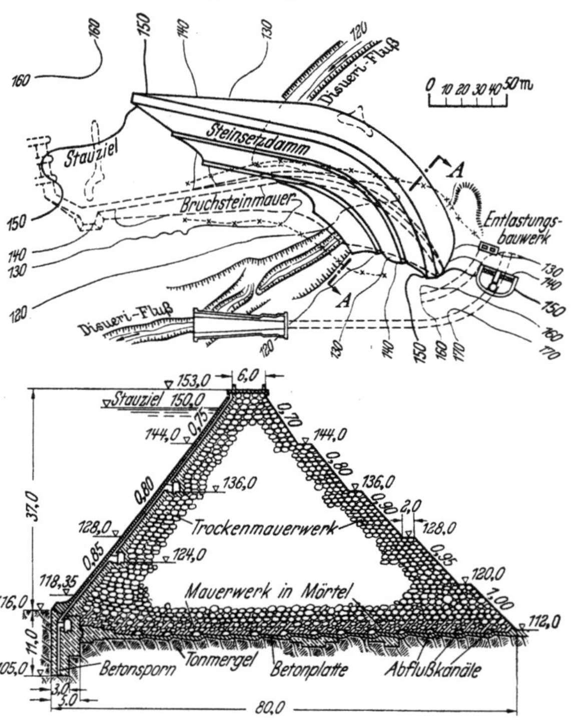

Abb. 34. Der Steinsetzdamm Gela in Italien. Lageplan und Querschnitt. (Nach Link [227].)

Bedingung entworfen, daß die Resultierende aus Eigengewicht und Wasserdruck durch den Mittelpunkt der Grundlinie gehen soll, um die Druckverteilung gleichmäßig und unveränderlich zu halten und damit die Setzungen möglichst gleichmäßig zu verteilen. Daraus ergibt sich ein gleichseitiges Dreieck mit Seitenneigungen von 0,707 und $b : h = 1,41$, vermehrt um die Kronen- und eventuell Bermenbreiten.

Beispiele: 1. An der „*Diga-di-Gela-Talsperre*" (Abb. 34) [227, *466*] wurden die Setzungen nach dem Volleinstau mit 0,7% gemessen, während die waagerechte Dammzusammendrückung 8 cm betrug. Die im Hinblick auf die starre, bewehrte Betondichtungsdecke mit 30 cm eingeschätzten Bewegungen sind dabei sehr vorsichtig angenommen und lassen noch einen weiteren Spielraum offen.

2. Ein weiteres Beispiel dieser sehr dichten Bauausführung unter Einschränkung des Hohlraumgehaltes zeigt das Bild der Talsperre *Pian Palù* [227] (Abb. 35), das zugleich die an einer Betonmauer nicht möglichen verschiedenen Ausbau-

stufen erkennen läßt. Diese Dammbauweise ersetzt und vertritt hier die Betonmauern bei unterschiedlich gutem Baugrund, der auch erhebliche Setzungen
erwarten läßt [227, 466]. Daher wurde auch die Gela-Talsperre als Steindamm
ausgeführt, weil die Gründungskosten bei einer Betonmauer 50% teurer gewesen wären.

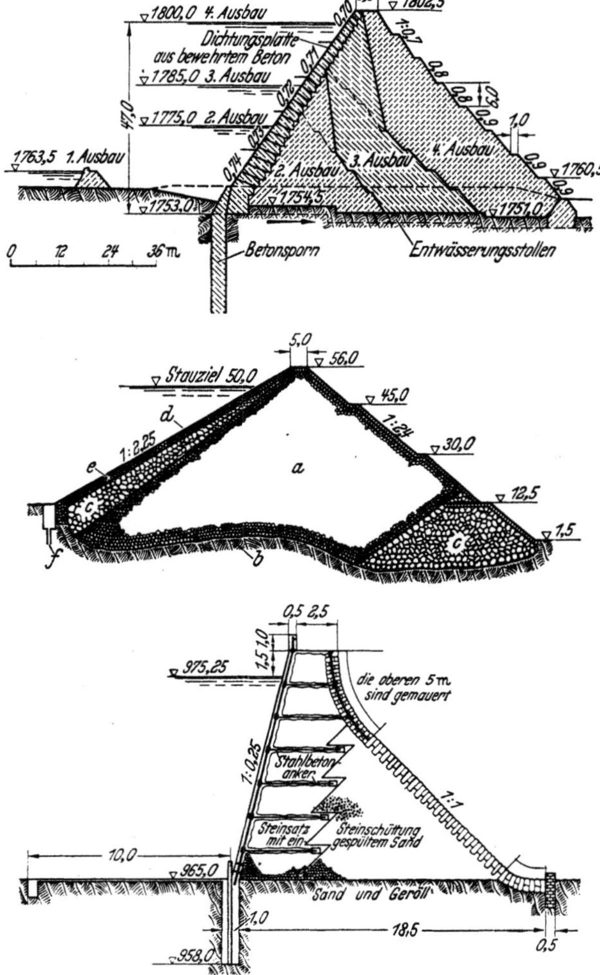

Abb. 35. Querschnitt des gedrungenen Steinsetzdammes von
Pian Palù in Italien. (Nach LINK
[227].) Beispiel eines Steinsetzdammes mit stufenförmig fortschreitendem Ausbau. Bemerkenswert die bewehrte Betondichtung unmittelbar an der
Wasserseite als unmittelbare
Fortsetzung des Betondichtungs-
schleiers im Untergrund.

Abb. 36. Querschnitt des Stein-
schütt- und Steinsetzdammes
im Sadotale in Portugal.

a Felsschüttung, b Baugrund
aus quarzitischem Schiefer,
c Felspackung aus großen Blök-
ken, d 6 mm dicke Stahlblechdichtung in Zementmörtel auf
10 cm starker Betonunterlage,
e Mauerwerk in Zementmörtel,
f Dichtungsschleier aus Zement
durch Injektion.

(Nach BRETH [31].) Bemerkenswert die bei dieser Dichtung
notwendige sorgfältige Vorbereitung der Unlage ähnlich
wie bei den Asphaltbetondichtungen.

Abb. 37. Querschnitt des einer
Massivstaumauer ähnelnden
stark gedrungenen Steindammes
Laurenti in Italien.

(Nach LINK [227].) Bemerkens-
wert die sehr steile, wasserseitige
Neigung und Verankerung der
Dichtung im Damm durch
Stahlanker in verschiedenen
Höhen, weit in den Damm
hineinreichend.

Die Steinsetzdämme stellen das Zwischenglied zwischen den Betonmauern
und den Steinschüttdämmen dar, wobei zwischen den beiden Arten der Steindämme (Abb. 11, 36, 37) alle möglichen Übergänge bestehen. Aber es gibt auch
kombinierte Erd- und Steinsetzdämme (Abb. 41).

b) Die Steinschüttdämme (Gerölldämme) (Abb. 38 bis 44).

Sie bestehen aus sauberem, abgespültem, felsigem Schüttmaterial, das in
vielfach mehrere Meter hohen Schüttlagen (Terrassenschüttung) bis zu 8 m
Schütthöhe eingebaut wird. In der Fachwelt bezeichnet man diese Dämme als
„Rock-fill-Dämme".

Merkmale:

1. Steile wasserseitige Böschungen mit fast stets wasserseitig angeordneten Kunstdichtungen, z. B. Asphaltbetondichtungsdecke an der Genkeltalsperre, Ghribsperre [*406*], Bakhadda, Bou Hanifia [*223, 224*], soweit die wasserseitige Böschung kunstvoll gesetzt wird.

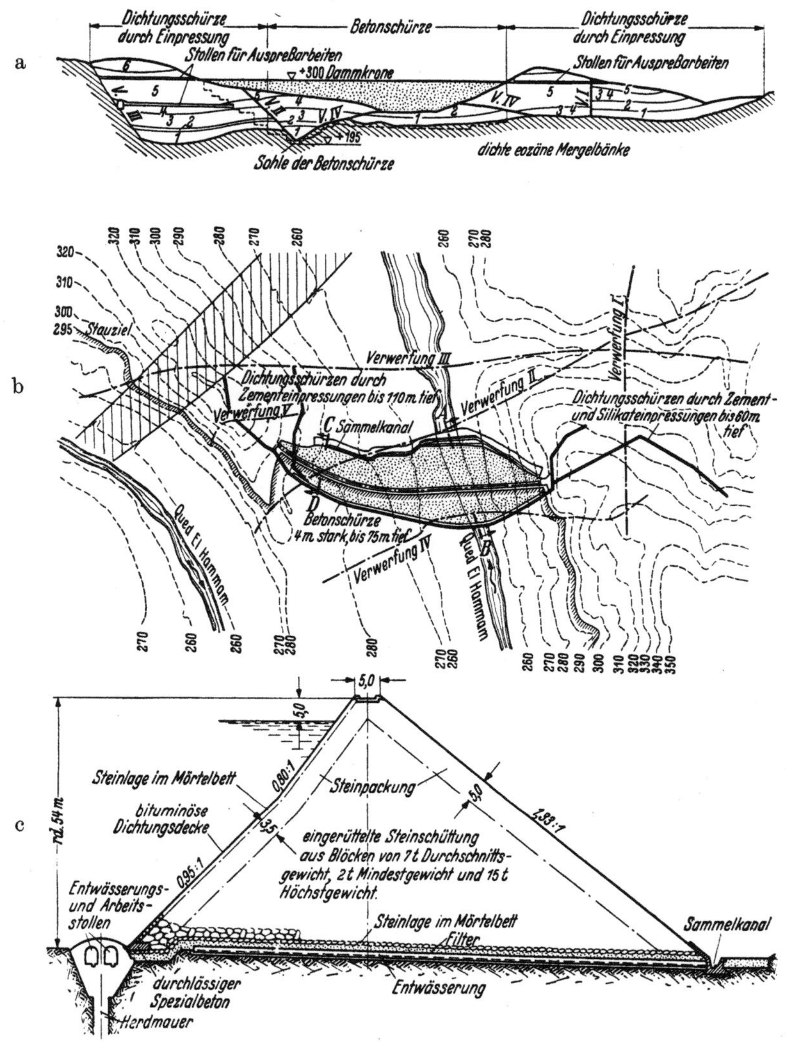

Abb. 38 a—c. Übersicht über die Anlage des Bou-Hanifia-Staudammes in Algerien.
38 a Lageplan, 38 b Längsschnitt mit der Angabe der Dichtungsschürzen beträchtlicher Seiten- und Tiefenerstreckung, 38 c Querschnitt des Steindammes mit wasserseitiger Asphaltbetondichtung steiler Neigung.

2. Klimatisch nicht beeinträchtigte Ausführung.

Beispiel: In Schweden verwendet man den Granitausbruch der unterirdisch angelegten Kraftwerke, der bei Temperaturen bis —30° eingebaut wird [*108, 419, 437, 489*].

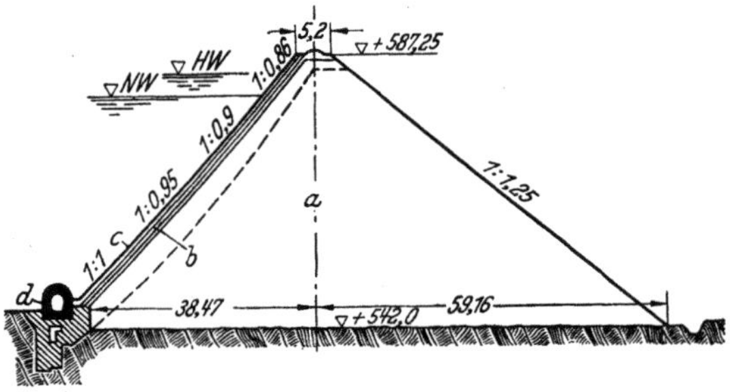

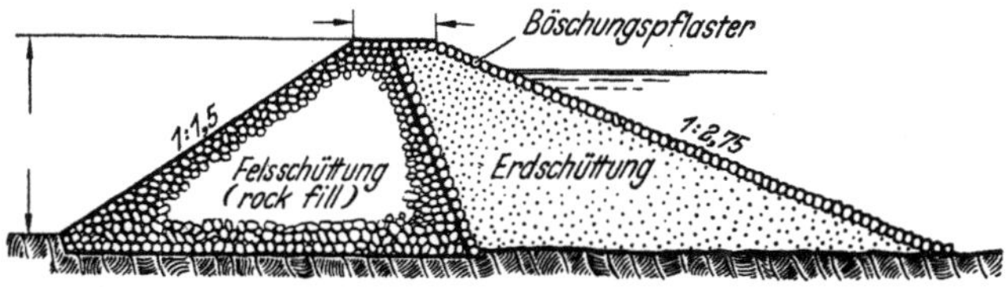

Abb. 39a und b. Querschnitt des Staudammes Bakhadda, Nordafrika,

39a *a* Steinschüttung, *b* Steinpackung, *c* Stahlbetondichtung, *d* Beobachtungsstollen über der Herdmauer. 39b, c Einzelheiten in der Ausbildung der Stahlbetondichtung dieser Stauanlage.

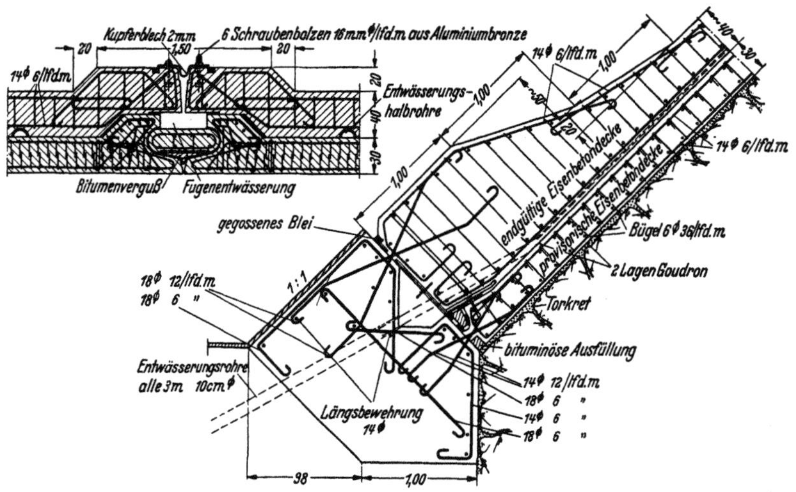

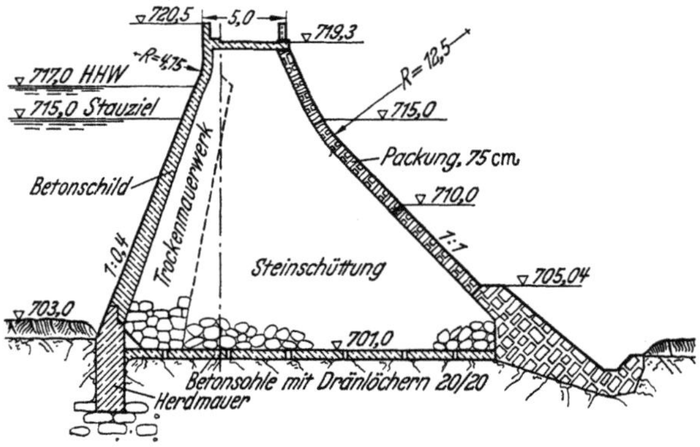

Abb. 40. Querschnitt des Steinschüttdammes Chammet in Frankreich mit wasserseitiger steil geneigter starker Betondichtung. Diese Ausführung ähnelt ebenfalls wie die der Abb. 37 einer Massivstaumauer älteren Typs. (Nach LINK [228].)

Abb. 41. Querschnitt des MacMillan-Staudammes am Pecos-Fluß in Neumexiko. Kombinierter Felsschütt- (Rock-fill-Damm) und Erddamm. (Nach [148].)

Vorteile:

1. Sie beanspruchen weniger Zeit und sind billiger als Setzdämme.

2. Die Setzungen an den Steinschüttdämmen sind gering. Sie betragen im Mittel an 11 amerikanischen Steindämmen (Rock-fill-Dämme) 1,27 % (vgl. S. 437).

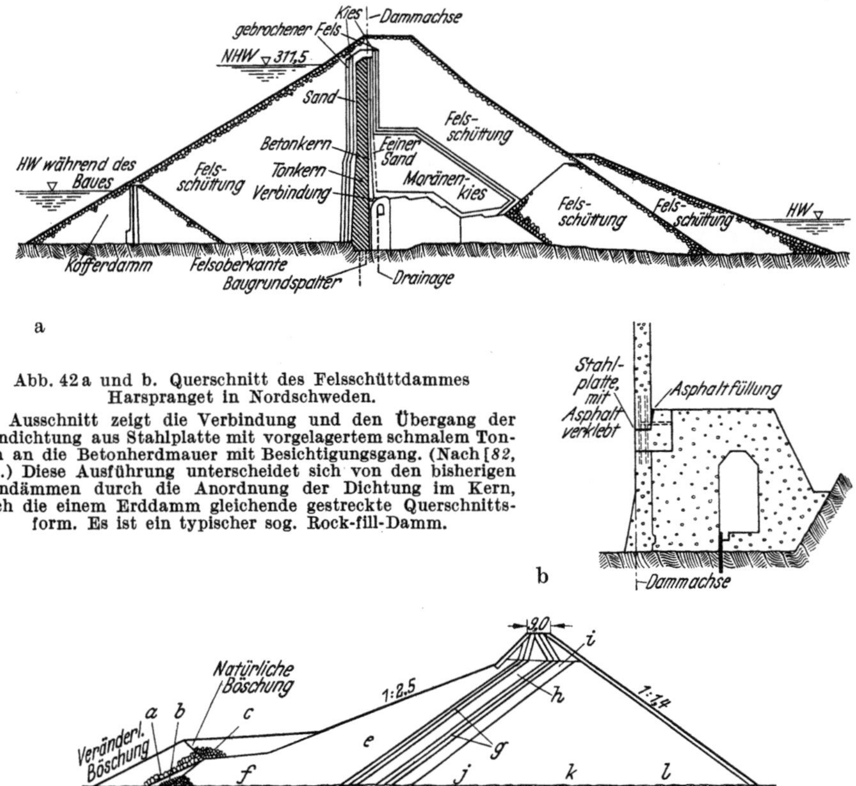

Abb. 42 a und b. Querschnitt des Felsschüttdammes Harspranget in Nordschweden.

42 b Ausschnitt zeigt die Verbindung und den Übergang der Kerndichtung aus Stahlplatte mit vorgelagertem schmalem Tonkern an die Betonherdmauer mit Besichtigungsgang. (Nach [82, 489].) Diese Ausführung unterscheidet sich von den bisherigen Steindämmen durch die Anordnung der Dichtung im Kern, durch die einem Erddamm gleichende gestreckte Querschnittsform. Es ist ein typischer sog. Rock-fill-Damm.

Abb. 43. Querschnitt des Felsschütt- (Rock-fill-) Dammes Nantahala in USA. Bemerkenswert das schmale schräg angeordnete filterförmig beiderseitig ummantelte Dichtungselement aus gewalztem Ton unter einer stark belastenden Deckschicht.

a gebrochene Steine, *b* Dichtungsmaterial, *c* Steinbruchabfall, *e* unsortiertes Felsmaterial, *f* Splitt 7,5 bis 12,5 mm Ø, *g* Sandfilter und Felsstücke von 75 bis 220 mm Ø, *h* Dichtungskörper, *j*, *k*, *l* kleine, mittlere und große Steine. — (Nach RODRIGUEZ [336].)

3. Nach [*108, 383*] ist in Nordschweden für die Wahl und Ausführung die Frage der Bau- und Unterhaltungskosten entscheidend. Bei 20 m Dammhöhe verhalten sich die Kosten einer Massivmauer, einer Skelettsperre und eines Steindammes wie 4 : 3 : 2. Sie wachsen proportional mit zunehmender Dammhöhe. Die Unterhaltungskosten stellen sich jährlich im Verhältnis 1,5 : 1, 3 : 1 % der Anlagekosten und lassen — ein weiterer Vorzug der Steindämme — jederzeit Schäden ausbessern.

4. Ihre besondere Stabilität gegenüber Betonmauern im Kriegsfalle ist bemerkenswert.

Danach kann man unterscheiden Rock-fill-Dämme mit Übergang zu den Steindämmen. Sie weisen stets steile wasserseitige Neigung auf und besitzen wasserseitige Außendichtung auf gesetztem Steinunterbau (Abb. 38, 39) und Rock-

fill-Dämme mit Übergang zu Erddämmen diesen ähnliche, in der Anordnung
der Dichtung als wasserseitige Innen- (Abb. 43) oder auch Kerndichtung (Abbildung 42). Die Böschungen bewegen sich an den schwedischen und mit Erddichtung versehenen Steindämmen in den üblichen Grenzen zwischen 1 : 3 und
1 : 2, während die Kunstdichtungen ein Neigungsverhältnis 1 : 0,70 zulassen.

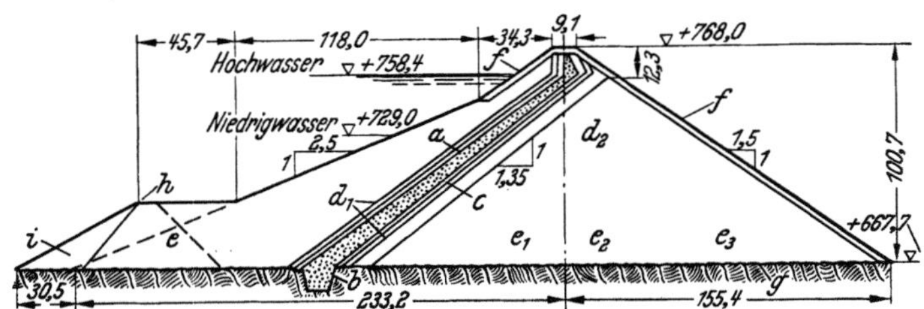

Abb. 44. Querschnitt des Ambuclao-Staudammes auf den Philippinen. Bemerkenswert die zur Dammhöhe
von 100,7 m geradezu membranartig wirkende dünne schräg angeordnete und zugleich durch Stufenfilter
ummantelte nur 5 m starke Dichtung.

a Dichtungskörper aus gewalztem Ton, *b* Schlitzbaugrube bis auf frischen Felsen, *c*, d_1, d_2 Stufenfilter
aus: *c* Sand, d_1 Steinen von $1/2$ bis $3''\,\varnothing$, d_2 Steinen von 3 bis $10''\,\varnothing$, *e*, e_1, e_2, e_3 Stützkörper aus
Steinen verschiedenere Größe: e_1 kleine, e_2 mittlere, e_3 große Steine, *f* ausgesuchte schwere Felsbrocken,
g Felsoberfläche nach Abtrag, *h* Fangedamm, *i* Tonkippe.

(Nach BRETH [*31*].)

Zusammenfassung: 1. *Die Vorteile* der Steindämme beruhen in folgendem:
gedrungene Ausführung, dichte, stabile Bauweise mit hoher innerer Reibung (μ),
feste, felsige Baustoffe, hohes Raumgewicht, hohe Standfestigkeit, geringe
Setzungen, minimale seitliche Verdrückung, unschädliche Einwirkung des Auftriebes, kein Porenwasserüberdruck, kein Strömungsdruck bei rascher Stauspiegelsenkung (Böschungen). Die steilen Profillinien von vielfach steiler als 45°
werden bei sonst einwandfreiem Baugrund durch die Güte des Steinmaterials
bestimmt und umgekehrt. Am besten ist dabei eine rauhe, zackige, unruhige
Felssohle [*245, 464, 466*]. Steindämme lassen sich mit geradem und gekrümmtem
Achsenverlauf ausführen (Abb. 34, S. 21). Sie werden bisher besonders in den Ländern angewandt, in denen die Beschaffung natürlichen Dichtungsmaterials für die
Erddämme Schwierigkeiten verursacht: Portugal, Italien, Nordafrika, Spanien,
Nordschweden, z. T. USA. Bekannte Beispiele außer den genannten sind die
Talsperren Nordafrikas: Bou Hanifia, Bakhadda, Salt Springs, Nantahala in USA
[*148, 219, 223, 224*].

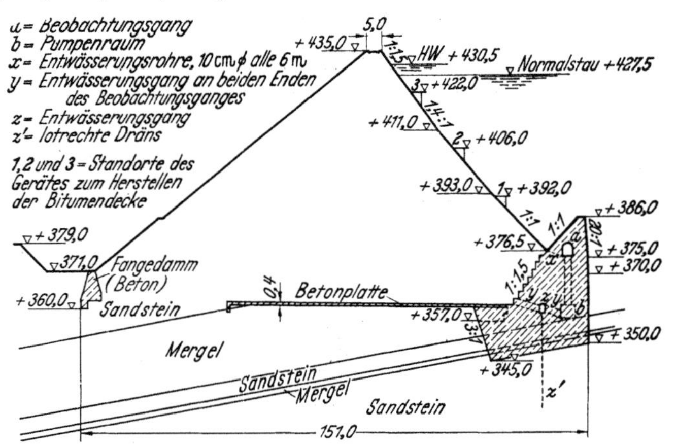

Abb. 45. Querschnitt des Steindammes von El Ghrib in Nordafrika. Bemerkenswert die starke Betonschwelle am wasserseitigen Dammfuß als Stütze für die Asphaltbetondecke mit Kontrollgang zur Beobachtung der Sickerverluste und zur Entwässerung.

Die Rock-fill-Dämme von Harspranget, Nantahala und Ambuclao eröffnen indessen neue Perspektiven im Staudammbau. Am Staudamm Nantahala wurde erstmalig an Stelle der starren wasserseitigen Dichtungen eine starke Erddichtung, geschützt durch Filterbett und Steinbewurf, unter Verzicht auf eine mechanische Verdichtung angewandt. Damit wird den unvermeidlichen Schäden der starren Dichtungen, wie sie an dem 100 m hohen Salt-Springs-Staudamm wiederholt an der Betondichtung auftraten [148, 216], wirkungsvoll begegnet. Die Erdmassen folgen den etwaigen an diesen Dämmen im übrigen sehr geringen Setzungen elastisch.

2. Die Nachteile: Der Vorteil steiler Böschungen (Abbildung 45, 46) mit Kunstdichtungen wird erkauft

a) mit einem erheblichen Baustellenaufwand und

b) den besonderen Schwierigkeiten des Aufbringens der starren Dichtungen an der Wasserseite (Abb. 46) einer Präzisionsausführung (Abbildung 47),

c) mit ihrer leichten Beschädigungsgefahr und

d) der Notwendigkeit einer besonders sorgfältigen Ausführung des Dammanschlusses an einen starren Baugrund (Abb. 45).

Wirtschaftlichkeit gegenüber Betonmauern [216, 326]. Bei einem Kostenverhältnis von 3 : 1 zwischen Betonmauer und Erddamm in Deutschland,

Abb. 46a Einzelheiten der technisch schwierigen Ausführung der wasserseitigen Asphaltbetondichtung an dem Staudamm von El Ghrib.

Abb. 46b Ausführung der Asphaltbetondichtung am Steindamm Bou-Hanifia in Algerien (Nach OTT [294a].)

dagegen einem günstigeren von 9 : 1 in den USA (1938: 40 : 1) [326], bietet der Dammbau dort größere Möglichkeiten seiner Anwendung als in Deutschland, da sich die Volumina der Steindämme zu denen der Betonmauern etwa wie 3 : 1 verhalten. Das bedeutet, daß die Kosten in Deutschland gleich sind und in den USA unter günstigen Verhältnissen nur $^1/_3$ betragen. Aber auch in Schweden sind die Kosten für die Steindämme geringer als in Deutschland, und diese können daher hier erfolgreich mit den Staumauern in Wettbewerb treten auf der Grundlage eines hohen Sicherheitsgrades. Nach Ansicht schwedischer Fachleute bietet der zur Zeit im Vordergrund des Interesses stehende Erd- oder Steindamm bei gleicher, oft sogar erhöhter Sicherheit (Kriegsschäden) gegenüber einer Betonsperre wirtschaftliche Vorteile, z. B. in der Ausführung auch bei Frost, ohne Arbeitsunterbrechung. Daher sind Erddämme in letzter Zeit auch an Stellen errichtet worden, wo der Fels in erreichbarer Tiefe als Unterlage für massive Sperren erreichbar gewesen wäre. Durch die Fortschritte der Geotechnik: Erdbaumechanik, Einsatz hochleistungsfähiger Erdbaugeräte und Transporteinrichtungen ist die wirtschaftliche Grenze zwischen geschütteten Dämmen und Massivbauwerken zugunsten der Dämme verschoben worden. Die Entwicklung in dieser Richtung

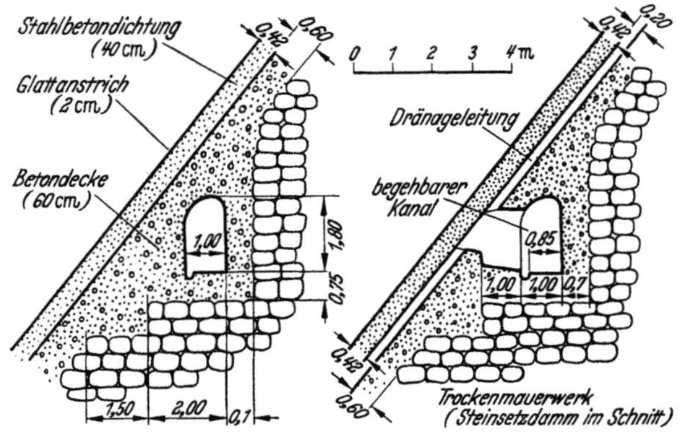

Abb. 47. Ausschnitt und Einzelheiten der Ausführung der wasserseitigen Stahlbetondichtung am Steindamm Gela in Italien.
(Nach Tölke [466].)
Bei Asphalt- und Stahlbetondichtung bedarf es im Gegensatz zu allen anderen Dichtungen stets einer sehr sorgfältigen Vorbereitung des Unterbettes als mehr oder weniger verlagerungssicheren Fundaments, daher auch stets die starken Betonschwellen an den Dammfüßen (Abb. 45, 67).

ist nicht zuletzt durch die Vereinfachung der Dichtung zugunsten der Dämme noch im Fluß. Ihre Anwendung ist infolgedessen gerechtfertigt, wenn es darum geht, pausenlos, ohne Rücksicht auf die Jahreszeit, einen wichtigen Staudamm auszuführen und im übrigen infolge Zementmangels die Durchführung einer Betonmauer erschwert, wenn nicht sogar in Frage gestellt ist. Ganz abgesehen davon, bieten die neueren Dichtungsverfahren die Möglichkeiten einer wirtschaftlicheren Lösung des Staudammbaues. (Steingerüsttonbauweise [Abb. 30] Hydratonverfahren).

Die Erddämme.

Erddämme werden entweder naßmechanisch als Spüldämme auf halb- oder vollhydraulischem Wege oder als unverdichtete, mit teilweiser Verdichtung oder als sorgfältig mechanisch verdichtete Bauwerke in Trockenbauweise ausgeführt. Eisenbahndämme werden vergleichsweise, auch heute noch, vielfach ohne Verdichtung geschüttet, Straßendämme hochwertiger Verkehrsanlagen dagegen niemals. In Deutschland haben Spüldämme im Gegensatz zur Sowjetunion und den USA keine Bedeutung erlangt. Als Beispiel hierfür kann der Damm des Mittellandkanals genannt werden [461].

a) Die Spüldämme (Abb. 48 bis 51) [148, 246, 405, 418, 479].

Erstmalig wurden Spüldämme im Bergbau angewandt. Sie beherrschten bis zur Dammbruchkatastrophe des Fort-Peck-Dammes im September 1938 die

Ausführung der großen Steindämme in den 20er und 30er Jahren in den USA. Dieser, einer der größten Dämme mit fast 100 Mio m³ Inhalt, wurde als einer der letzten durch Spülen eines breiten Kernes errichtet.

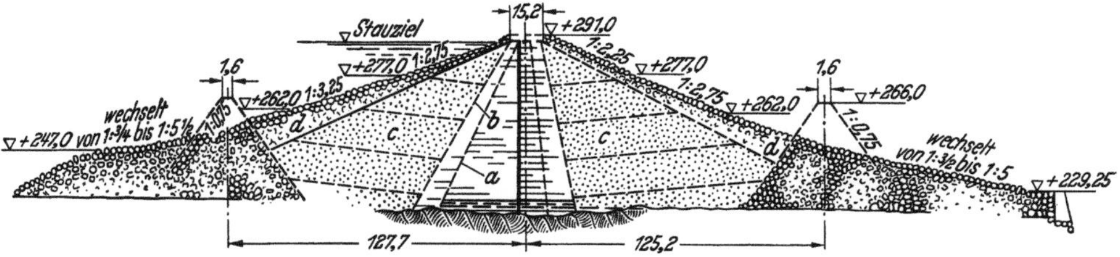

Abb. 48. Querschnitt des Cobble Mountain-Spüldammes.
a Mindest-, *b* Höchstkerngrenze, *c* eingespülter Füllkörper, *d* Steinschüttung mit beiderseitigem starkem Böschungsfuß aus Felsbrocken zur Stützung des gespülten Dammteiles.
(Nach [148].)

Die konstruktiven Elemente an den Spüldämmen sind in engen Grenzen festgelegt: sie weisen stets eine eingespülte Kerndichtung auf, deren Basisbreite nicht größer als $^1/_4$ bis $^1/_5$ der gesamten Dammbreite betragen darf. An den Kern schließt sich der halbdurchlässige Füllkörper oder die Filterzone, nach außen folgt der stark durchlässige, belastende und damit sichernde Stützkörper als Stein- oder Felsschüttung (Abb. 48).

Bemerkenswerterweise sind Böschungen der Spüldämme im Gegensatz zu den Steindämmen sehr flach (Abb. 48 bis 50). Die Baumuster sind einförmig. In-

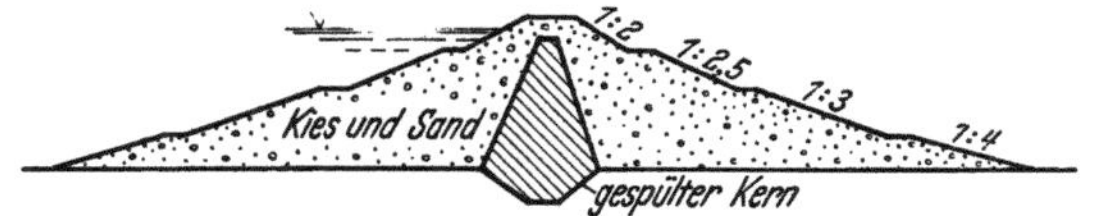

Abb. 49. Querschnitt des Spüldammes von Miami.
(Nach Ch. H. Paul, Trans. Amer. Soc. Civ. Engrs. V, 85, S. 1181.)

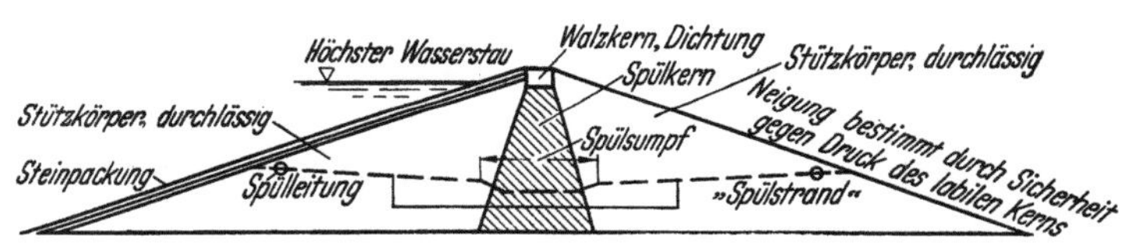

Abb. 50. Konstruktionsschema eines Spüldammes.
(Nach Hinds, Justin und Greager [148].)

folge des labilen Kernes und der Drücke der belastenden Seitendämme ist die konstruktive Gliederung in drei Teile mit steilen Böschungen niemals einzuhalten, sondern unterliegt außerordentlich großen Abweichungen (Abb. 51a bis d). Dadurch entsteht ein Dammgefüge starker Labilität schwankenden Ausmaßes.

Die *Vorteile* der Spüldämme liegen ausschließlich in der beschränkten Ausführungszeit. An keinem anderen Damm lassen sich die Massen so umfangreich bewältigen unter weitestgehender Vollmechanisierung, d. h. unter Verzicht auf teure Menschenkraft, als an den Spüldämmen. Höchstleistungen von 120000 m³ pro Tag eingebrachter Massen stehen nur Höchstleistungen von reichlich einem Drittel Umfang an den Trockenerddämmen der USA entgegen. In der Sowjet-

union wurden Saug-Spülbagger mit 1000 m³/h Leistung eingesetzt, die das
Material aus 17 m Tiefe ansaugen, 4 km weit und 80 m hoch fördern. Je Jahr
wurden am Don 3 Mio m³ befördert und 15000 Arbeiter eingespart. Die Bedienung je Aggregat erfordert 18 Mann. Die Bodenmassen werden mit einem
20 at starken Wasserstrahl gelöst.

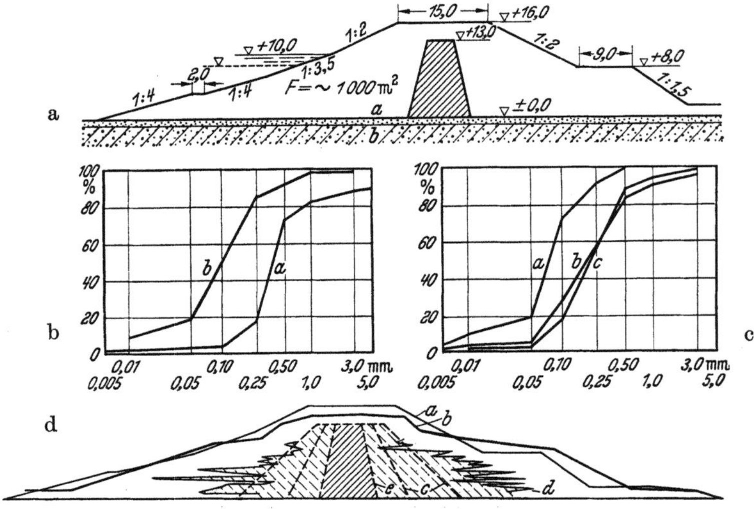

Abb. 51 a—d. Querschnitt eines Spüldammes in der SU.

51 a Querschnitt des Entwurfes. 51 b Kornverteilungskurven der entnommenen Proben des eingespülten
Materials, *a* aus Schicht Nr. 1, *b* aus Schicht Nr. 2. 51 c des Materials *a* aus dem Kern, *b* aus der Über-
gangszone, *c* aus dem Stützkörper in Höhe von 0 bis 3 m. 51 d Querschnitt des vollendeten Spüldammes,
a Entwurf, *b* Profil durch den gespülten Teil, *c* Stauungsgrenze nach Entwurf (Stützkörpergrenze), *d* tat-
sächlicher Grenzverlauf während des Einspülens, *e* vorgesehene Kerngrenze.
(Nach DEHNERT [60].)

Nachteil: Jedoch ist der große *Nachteil* die unberechenbare Labilität. Die
Dichtungsstoffe befinden sich noch jahrelang in einem labilen halbflüssigen Zustand, wozu vor allem die Feinkörnigkeit der als Dichtungsstoffe eingespülten
Massen entscheidend beiträgt. Drohende Gefahren der Dammrutschungen können,
soweit hier überhaupt eine Schutzmaßnahme möglich ist, nur durch umfang-
reiches Gefrieren gebannt werden [407, 146]. Spüldämme herrschen heute noch
in der Sowjetunion vor.

Trotz der außerordentlichen Vorzüge der Vollmechanisierung und der
größeren Leistungsfähigkeit sind auf Grund amerikanischer Untersuchungen die
Spüldämme nicht billiger, eher teurer als die Walzdämme amerikanischen Typs
[262a], eine sehr beachtenswerte Feststellung, während die Sicherheit größer ist,
als man bisher auf Grund der Dammbruchkatastrophe von Fort Peck annahm.

b) Die Trockenstaudämme.

Allgemeines: Die Erddämme in Trockenbauweise haben stets eine besondere
Rolle im Staudammbau, auch in den USA, gespielt. Ihre bevorzugte Anwendung
in den letzten 10 Jahren hat eine ungeahnte Bedeutung auf dem Gebiete der
Erddämme erlangt, die auch die der früheren Spüldämme nach Umfang und
Größe in den Hintergrund treten läßt [36, 359, 427]. An Stelle der Spüldämme
sind die „Walzdämme" in den USA getreten, bezeichnet nach der ausschließ-

lichen Verdichtungsarbeit durch Schaffuß- u. Gummiwalzen. Die Bauweise und Bauausführung der Erddämme weist die größten Varianten in der Ausführung der verschiedenen Dammglieder [*64, 65, 87, 108*] auf. Sie erfordert zugleich die größte Sorgfalt in den verschiedenen Dammgliedern während jeder Bauphase, die nur durch eine reibungslose Dammbauorganisation und Kontrolltätigkeit der hierfür unerläßlichen Feldprüfstellen gewährleistet wird.

Diese Dämme [*444*] sind die erdbaumechanisch interessantesten Bauwerke überhaupt, da die Wechselwirkungen von Wasser und Erdbaustoff in ihren vielseitigen Varianten genau berücksichtigt werden müssen und auch der Lufteinfluß nicht vernachlässigt werden darf [*99, 110, 362, 468, 469*]. Typen der

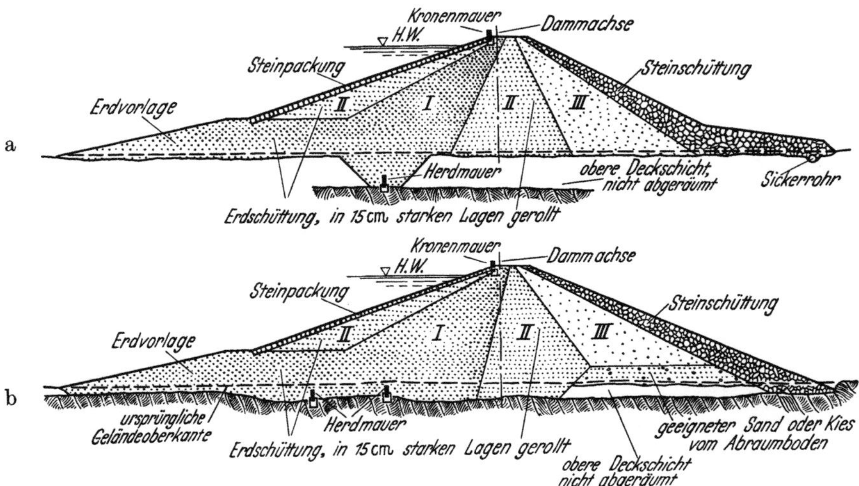

Abb. 52a u. b. Regelquerschnitte älterer Ausführung für Erddämme in den USA.
I. Dammaterial geringer Durchlässigkeit für den Dichtungskörper, II. mittlerer Durchlässigkeit für den Füllkörper. III. durchlässiges Material für Stützkörper. 52a Ausbildung bei Anwesenheit einer mächtigen durchlässigen Deckschicht, 52b Ausbildung bei schwacher Deckschicht über Felsen. Bemerkenswer tist die Verbindung von Kern- mit wasserseitigem Dichtungselement.
(Nach RABE [*326*].)

Trockenerddämme aufzustellen, ist verschiedene Male versucht worden. Aber die Dammbaukonstruktion hat nicht daran starr festgehalten und verschiedene Varianten eingeführt, wie die beiden höchsten Stäudämme der Erde, der Anderson-Damm und der geplante Göschenenalp-Staudamm (Schweiz) deutlich zeigen.

Die Beispiele der Abb. 52 bis 64 geben einen Querschnitt der zahlreichen Versuche, zu einer endgültigen, noch nicht gefundenen Standardlösung zu gelangen. Es ist daher schwer, eine Unterteilung nach verschiedenen Mustern zu finden. Je nach den während der Dammausführung vorherrschenden Ansichten über die günstigste und sicherste Lösung spiegelt sich darin die Wandlung der Anschauungen im Laufe der Zeit wider. Während beispielsweise RABE vor 15 Jahren nach Abb. 52a u. b die damals gültigen Dammbautypen beschrieb, bringen die Abb. 53a—d einige zur Zeit in den USA vom Corps der Ingenieure, der größten staatlichen Wasserbaubehörde in Washington, empfohlene Muster der verschiedenen Ausführungsmöglichkeit als Walzdämme. Kerndichtungen, starke Bevorzugung und Anwendung entspannender Filteranlagen bilden das beherrschende konstruktive Prinzip, wobei der Dichtungskern zum Dichtungsteppich in den Stauraum verlängert werden kann. An Stelle der Spülkerne treten die Walzkerne oder Kerndichtungen aus Beton. Diese Anwendung bietet die größte Stabilität des äußerlich wenig veränderlichen Dammquerschnittes, vergleichbar der ebenfalls wenig veränderlichen kubischen Form eines Hauses mit seinen so mannigfaltigen innenarchitektonischen Gestaltungsmöglichkeiten. Auffallend sind an den älteren Dämmen die starken, mächtigen Dichtungskörper; auch der erwähnte Anderson-Damm unterscheidet sich hiervon nicht. Demgegenüber lassen die Staudämme des Ambuclao-Dammes (Abb. 44) auf den Philippinen und der Mac Kay-Damm (Abb. 18) [31] einen ungewöhnlich schmalen Tondichtungskörper erkennen. Diese schmalen Dichtungskörper natürlicher Dichtungsstoffe nähern sich ganz augenscheinlich der membranartigen Stärke der Kunstdichtungen aus Beton oder Stahl (Abb. 13, 61—64). Auch die pisé-Bauweise im Verein mit Filteranlagen ist vertreten.

Dieser große Spielraum in der konstruktiven Durchbildung der Erddämme unterscheidet sie zugleich grundlegend von den bisher beschriebenen Dammtypen der Fels- und Spüldämme, wo die Verfahrensart zwangsläufig zu einem engbegrenz-

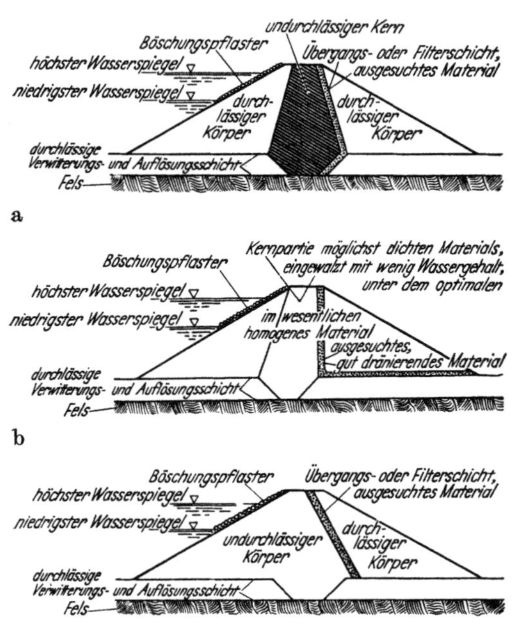

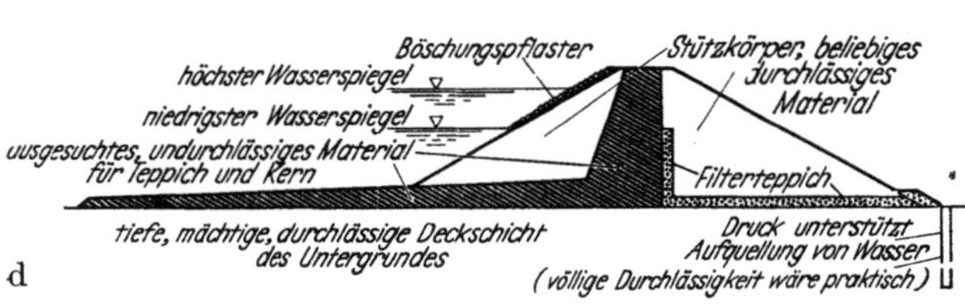

Abb. 53 a—d. Neuere Regelquerschnitte für Staudämme nach dem Corps of Engineers in den USA.

53 a Starker Dichtungskern Dammhöhe zu Basisbreite der Dichtung nach dem Corps of Engineers 4 : 1 und weniger. Filterbauweise an der Luftseite des Dichtungskernes. 53 b Anlehnung an die pisé-Bauweise, Kern jedoch aus möglichst dichtem Material, dazu Filterschichten (-teppich) senkrecht und waagerecht im luftseitigen Stützkörper. 53 c Wasserseitiger Dichtungskörper, getrennt durch ein rel. schmales Filter gegen den luftseitig starken Stützkörper. Prinzip der einseitigen Filterbauweise. 53 d Starker Dichtungskern mit weit nach der Wasserseite vorgestrecktem Dichtungsteppich. Filterteppich im luftseitigen Teil.

(Nach MIDDLEBROOKS [262 a].)

ten Rahmen in der Ausführung führt, wenngleich Abb. 42, S. 25, an dem nordschwedischen Felsschüttdamm mit schmaler Betonkerndichtung eine Durchbrechung dieses Bauprinzips erkennen läßt, und auch der Nantahaladamm (Abb. 43) hiervon abweicht. An diesen Staudämmen kann man den Übergang zu den eigentlichen Erddämmen erblicken.

Ohne daher bestimmte und zugleich bemerkenswerte Beispiele in der möglichen Gliederung bei der Ausführung dieser Dämme aufzustellen, sollen die

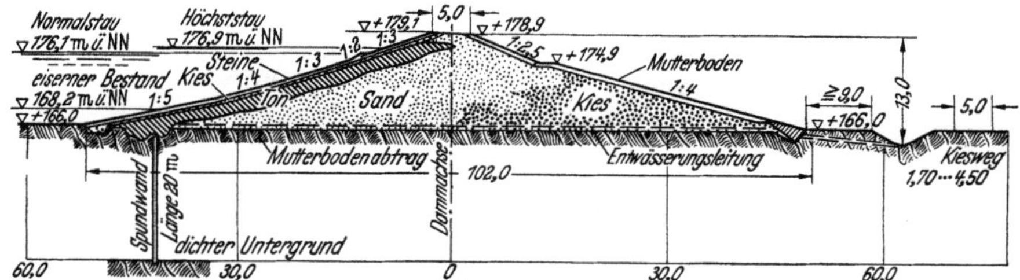

Abb. 54. Querschnitt eines Staudammes mit doppelt filterförmig gegliedertem Querschnitt: Wasserseitig angeordnete Dichtung, Sandfüllkörper und luftseitig anschließender Kiesstützkörper sowie filterförmig gegliederter Aufbau des Erdbewurfes aus Kies auf dem Dichtungskörper geschützt durch Steinbewurf an der Wasserseite. (Nach [173].)

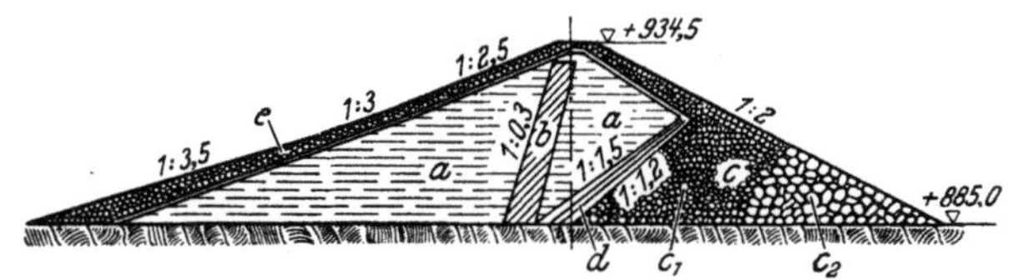

Abb. 55. Glenville-Staudamm-Querschnitt in den USA.

a Füllkörper durchlässig, b Tonkern, c Stützkörper aus kleinen (c_1) und großen (c_2) Steinen, d Stufenfilter aus Sand (Kies) ≤ 12 mm $\varnothing$, Splitt 12—75 mm $\varnothing$ und größeren Steinen von 75 bis 250 mm $\varnothing$ je 0,6 m stark, e wasserseitiger Steinbewurf aus Schotter und Steinen.
(Nach BRETH [31].)

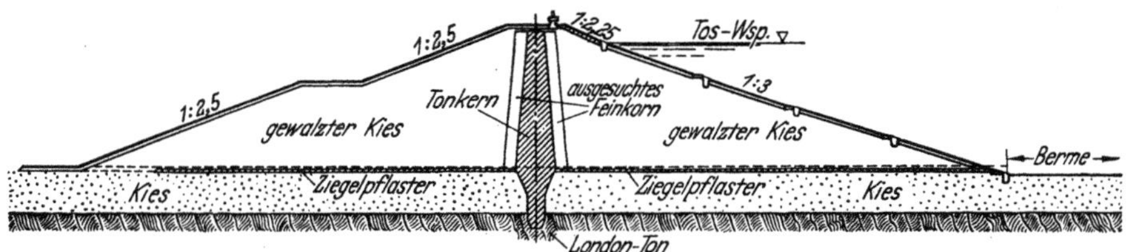

Abb. 56. Querschnitt des Walton-Staudammes in England. Schmaler Dichtungskern, geschützt durch beiderseitig angeordnete Filter, gestützt durch ebenfalls beiderseitig anschließenden Stützkörper aus Kies. Prinzip der doppelten Filterbauweise bei Kerndichtungen. Außerdem wasserseitiger Böschungsschutz durch eine 15 cm starke Betondecke. Dieser verstärkte Schutz findet sich in vielfacher Ausbildung vor allem im Senkungsbereich des Stauspiegels an der wasserseitigen Böschung anderer Staudämme.

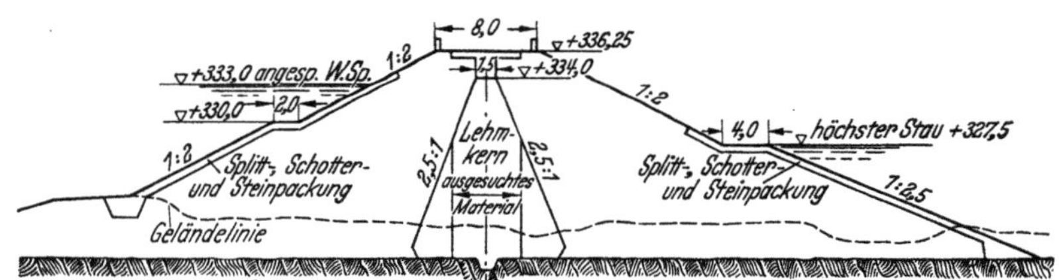

Abb. 57. Querschnitt des Vordammes der Sösetalsperre. Er ähnelt dem Walton-Staudamm.
(Nach COLLORIO [51].)

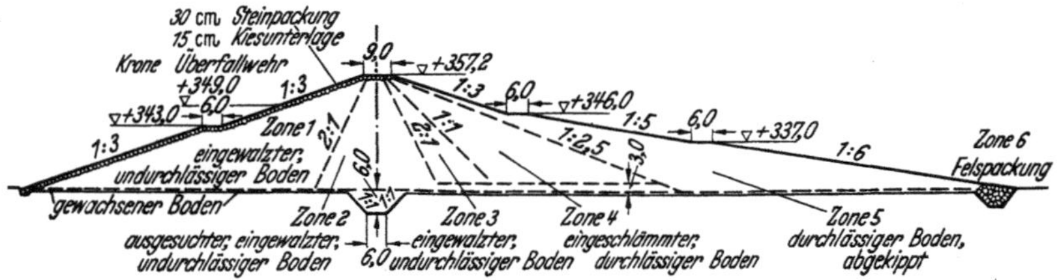

Abb. 58. Querschnitt des Hansen-Walzdammes in den USA. (Nach RABE [326].)
Bemerkenswert ist die flache Neigung trotz weitgehender filterförmiger Gliederung an der Wasserseite ähnlich Abb. 9, S. 9.

Keil, Dammbau. 2. Aufl. 3

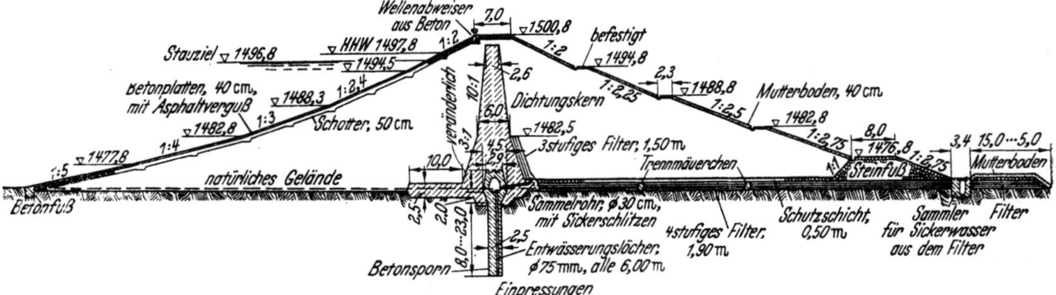

Abb. 59. Querschnitt des Erddammes St. Valentin in Italien. Tondichtung im Kern mit zum Teil Stufenfilter an der Luftseite in Verbindung mit einem Filterteppich an der luftseitigen Dammsohle, feste Ummantelung des Betonspornes (Herdmauer) mit Besichtigungsgang. Herdmauern und Steinfuß erscheinen als übervorsichtige Maßnahme. Dagegen erscheint gegenüber Abb. 56/57 erstmalig ein Filterteppich an der Dammsohle. (Nach LINK [227].)

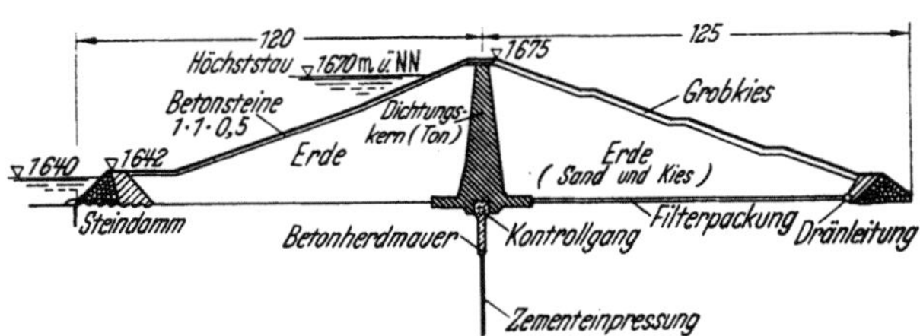

Abb. 60. Querschnitt des Staudammes von Vernago. Ähnlich der Abb. 59. Tonkern mit Betonherdmauer, enthaltend den Besichtigungsgang zur Kontrolle, ebenfalls findet sich der Filterteppich an der Dammsohle im luftseitigen Dammbereich. (Nach LINK [227].)

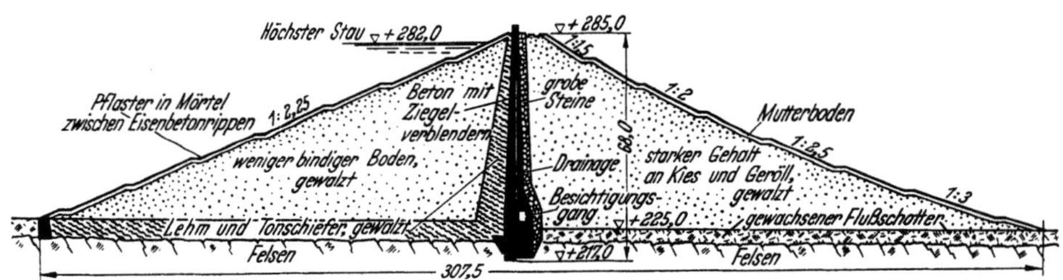

Abb. 61. Querschnitt des Staudammes der Sorpe bei Arnsberg in Westfalen. Starke Betonkerndichtung mit Ziegelverblendung und zusätzlich an der Wasserseite vorgelagerter Lehmdichtung, teppichartig nach der Wasserseite an der Dammsohle vorgezogen. Natürlicher Filterteppich an der luftseitigen Dammsohle aus Flußschotter. Zu der Kerndichtung aus Ton der bisherigen Beispiele tritt die Kerndichtung aus Beton als wesentliches Dammelement.

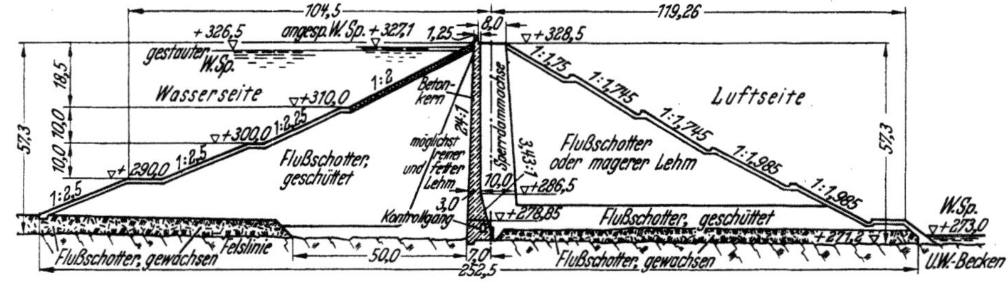

Abb. 62. Querschnitt des Hauptdammes der Sösetalsperre im Südharz. Betonkerndichtung mit Kontrollgang, vorgelagerter zusätzlicher Lehmdichtungskörper wie an Abb. 61, ebenfalls an der Dammsohle nach der Wasserseite vorgezogen. Künstlicher Filterteppich an der luftseitigen Dammsohle. An beiden Dämmen außerdem Bermen an der Wasser- und Luftseite, gewöhnlich jetzt nur noch an der Luftseite.

Abb. 54 bis 64 außer den Abb. 12 bis 44 einen weitgehenden Überblick der Konstruktionsprinzipien dieser Dämme geben. Ein wesentliches Merkmal ist jedoch an allen diesen Dämmen zu erkennen. Die Filterbauweise, ganz gleichgültig, ob eine Kern- oder eine wasserseitige Dichtung gewählt wurde, ob die Dichtung

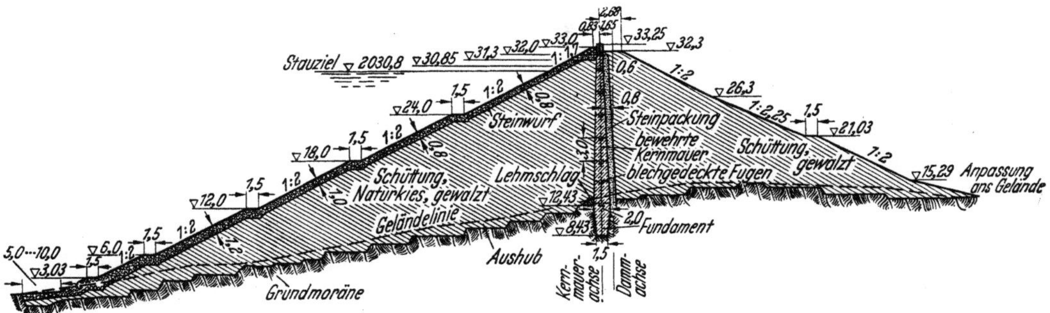

Abb. 63. Querschnitt des Biehler Staudammes in Österreich. Bemerkenswert die bewehrte schmale Kernmauer mit blechgedeckten Bewegungsfugen ohne zusätzliche Lehm- oder Tondichtung, im Gegensatz zu Abb. 61, 62 nur ein geringer Lehmschlag an der Basis. (Nach LINK [229].)

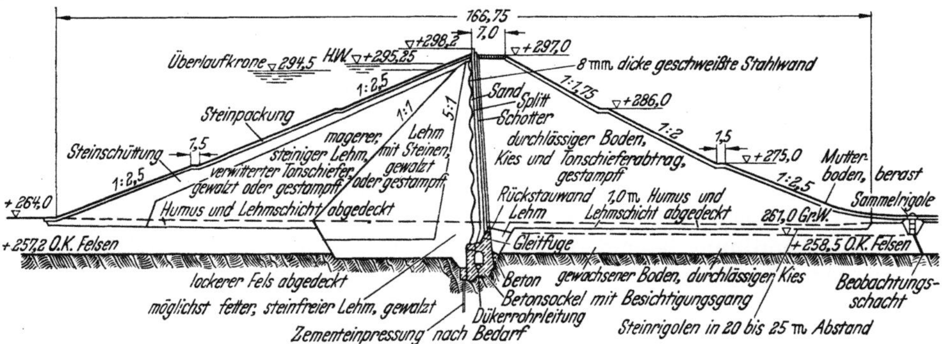

Abb. 64. Querschnitt des Staudammes der Bevertalsperre. Kerndichtung aus geschweißter, gewellter Stahlblechwand mit Lehmvorlage wie an Abb. 61, 62. Diese Dichtung bindet in eine breite Herdmauer aus Beton als Stützsockel ein, außerdem luftseitig angeordneter Sohlensickerteppich wie in Abb. 61, 62.

aus Kunststoffen: Stahl, Beton oder aus natürlichen Dichtungserden, wie Ton und Lehm, besteht. Dieses Prinzip, begründet in der unerläßlichen Stabilitätsforderung wird auch fernerhin für die Ausführung dieser verbreitetsten Dammbauart bestimmend bleiben, denn sie ist untrennbar verbunden mit einer stabilen Bauweise.

Vorherrschend ist das Prinzip der Filterbauweise, die alle Varianten in der gegenseitigen Anordnung der verschiedenen Dammbauglieder in einfacher oder mehrfacher Filterbauweise zeigt (Abb. 15, 16, 18, 22 bis 26, 28, 29, 30, 53, 54, 56, 58).

Gleich geblieben im Laufe der Zeiten sind die flachen Dammböschungen, wobei allerdings die Bermen an Einfluß gegenüber früheren Dämmen verloren haben; indessen ist die gedrungene Dreiecksform mehr einer gestreckten flacheren Form mit größerer Basis gewichen, die Proportionen zwischen Dammhöhe zu Dammbasis haben sich von 1 : 5,5 bis auf 1 : 7 bis 8 vergrößert (Abb. 9, 17, 54, 58) Dabei fallen vor allem die weitgestreckten Dammfüße auf, die durch besondere Erdvorlage ergänzt werden, um die Durchsickerung längs der Dammsohle zu verhindern. Sie gelten der betonten Sicherung gegen Auftrieb und Unterströmung. Alle diese verschiedenen Beispiele der Dammquerschnitte in ihrer vielseitigen und kaum einander gleichenden Gestaltung des Dammaufbaues zeigen die verschiedenen Möglichkeiten, um den Baustoff Erde in seiner verschiedenen Zusammensetzung zu einem stabilen Erdbauwerk größten Ausmaßes und größter wirtschaftlicher Bedeutung fest zusammenzufügen.

Insbesondere ist an dieser Dammbauart die Eigengesetzlichkeit der konstruktiven Gliederung bei Wahrung einer wenig veränderten Dammform bemerkenswert. Sie beruht aber letzten Endes nur in der Beherrschung der erdbaumechanischen Eigenschaften und in der geotechnischen Meisterung des Baustoffes Erde bei der Ausführung.

Zusammenfassung: Folgende Merkmale der neuzeitlichen Gliederung bei der Ausführung der Trockenerddämme sind besonders bemerkenswert:

1. Die Tendenz der Anordnung der Dichtung im Kern, wodurch die Gleitsicherheit nach der Wasserseite und die ausreichende Entspannung nach der Luftseite unter dem doppelten Filterschutz der stützenden Deckschichten erreicht werden.

2. Die Tendenz, den Dichtungskern ungewöhnlicher Breite und Mächtigkeit, z. B. am Anderson-Damm, auf eine notwendige Mindestbreite und Stärke zu beschränken.

3. Die starke Verflachung der Dammböschungen zur wirkungsvollen Entspannung des Strömungsdruckes bei Verzicht auf Dichtungsschleier im Untergrund.

4. Die betont starke steinige Deckschicht im Bereich der wahrscheinlichen Stauspiegelsenkungshöhe an der Wasserseite und ihre Beschränkung oder ihr Verzicht am flacher abgeböschten Dammfuß.

5. Die Anordnung besonderer Filterlagen (Filterteppiche) an der Dammsohle [*337*] (Abb. 59, 60, 62).

Abschließend läßt sich sonst feststellen: die verschiedenen Bilder bemerkenswerter Dammquerschnitte zeigen die Schwierigkeiten, zu einer Standardisierung oder gar Normung der Dammkonstruktion zu gelangen. Letzten Endes wird die Form und die Gliederung eben stets von den Baustoffen und den Beanspruchungen bestimmt, wobei als Folge dieser Gliederung die verschiedenen Aufgaben der Sicherung durch die Dammteile in verschiedenem Ausmaße gewährleistet werden. Diese Lockerung und Unterteilung bedeutet Vorzug und Sicherheit bei sorgfältiger Ausführung, setzt indessen eine jeweilige eingehende Analyse der Gleichgewichtsverhältnisse voraus, deren Aufgabe darin besteht, die statischen Bedingungen des Bauwerkes zu erforschen und diese im günstigsten Sinne zu lösen. Die der Entwurfsbearbeitung zugrunde gelegten Voraussetzungen sind aber nur dann für die Sicherheit des Dammes gültig, wenn sie in einer sorgfältig organisierten Ausführung unter dauernder Kontrolle gewährleistet bleiben.

10. Einzelheiten und Statik der Dammkonstruktion in Trockenbauweise.

a) Verkehrsdamm.

An den Verkehrsdämmen ist durch die fast ausschließlich in Schwerkraftrichtung wirkende Beanspruchung bei einem Böschungsverhältnis von 1 : 1 ··· 1 : 2 und einigermaßen tragfähigen Baugrund die Stabilität gewahrt. Eine besondere statische Untersuchung wird daher erfahrungsgemäß nicht durchgeführt, denn die Böschungen im Bereich der durch den Reibungswinkel der Schüttmassen gewährleisteten Standfestigkeit verhindern eine schädliche oder gefährliche Veränderung des Dammgefüges.

b) Staudamm.

An den Staudämmen dagegen ist der Wassereinfluß für die unabdingbaren statischen Untersuchungen der Dammglieder in ihrer konstruktiven Planung und technischen Gestaltung entscheidend. Sie haben die Aufgabe, hinreichende Stabilität und unveränderliche Dichte zu gewährleisten. Dichtung und Stützung sind daher die Hauptelemente der Dammkonstruktion.

1. Die Dichtung

Aufgabe: Die Dichtung eines Staudammes hat folgende Aufgaben zu erfüllen [51]:

a) Verhinderung der Bildung durchgehender Wasseradern und als deren Folge allmählicher anwachsender Auszehrung und Verminderung der Stabilität des Dammbaugefüges.

b) Abführung von Spaltenwasser, Ausschaltung von Durchquellungen an der Luftseite, Absenkung der Sickerlinie.

c) Keinen Bodenwiderstand aufnehmen, also möglichst sehr elastisch sein, um allen Dammverformungen durch Bewegungen in verschiedener Richtung ohne Undichtigkeiten zu folgen. Diese Bedingung gilt indessen nur für die nichtstarren Dichtungen.

Die Höhe der zulässigen Sickerverluste und damit Wasserdurchlässigkeit wird in den USA [148, 326] vom Wert des Stauwassers und den eventuellen Werten der völligen Wassersperrung bestimmt (vgl. S. 49). Oberstes Prinzip ist dabei: Stabilität geht über Wasserdurchlässigkeit eines Staudammes.

Lage der Dichtung. Die Dichtung befindet sich entweder in unmittelbarer Nähe der wasserseitigen Böschung als Außen- (Abb. 2, 17, 54), Schalen- oder wasserseitige Teppichdichtung (Abb. 31, 53d), oder sie wird im Bereich des Dammkernes als eigentliche Kerndichtung angeordnet und bildet dabei auch eine Außen- und Kerndichtung (Abb. 52). Die Vor- und Nachteile der verschiedenen Anordnung ergeben sich aus folgendem:

Wasserseitige (Außen-) Dichtung (Abb. 2, 17, 24, 34 bis 40, 45 bis 47, 54).

Vorteile: Das in den Damm eindringende Wasser wird unmittelbar an der Wasserseite abgewehrt [397a]. Der gesamte Damm kann als stützendes Element gegen den Staudamm ausgenutzt und in Rechnung gestellt werden. Dies ermöglicht die Versteilung der luftseitigen Böschung unter erheblicher Massenbeschränkung und damit entsprechender Kostensenkung.

Nachteile: Bei unmittelbarer Berührung mit dem Wasser kann der empfindliche Dichtungskörper durch die Wassereinwirkung, durch Eistrieb, durch Pflanzenwuchs, Frost, Wechsel der klimatischen (thermischen) und Feuchtigkeitsbedingungen in kurzer Zeit beschädigt werden und bedarf dann dauernder Ausbesserungen. Unter der üblichen Deckschicht aus meist filterförmig gegliedertem Steinbewurf und Erde ist der Porenwasserüberdruck an Dichtungskörpern aus natürlichen Dichtungsstoffen (Lehm oder Ton) bei Stauspiegelveränderungen nachteilig und erhöht die Gleitgefahr. Daher muß die Deckschicht in ihrer Stärke

Tabelle 1. *Grundelemente der gegliederten Staudämme.*

Dammglied (Bezeichnung)	Lage	Stoff (Zusammensetzung Durchlässigkeitsforderung)		
		starr	weniger elastisch	elastisch
1. Dichtung	Wasserseite bis Kernseite	1. Beton 2. Stahlbeton 3. Mauerung 4. Stahlplatten Anspruch an Dichtigkeit: $<1 \cdot 10^{-7}$ cm/s	1. Stahlblech 2. Holz 3. Asphaltbeton 4. Steingerüst-Tonbauweise	1. natürliche Erdarten: Lehm, Ton 2. veredelte Erdarten: Kies bis Ton als Hydraton 3. Kunststofffolien 4. Bitumenbahnen
2. Füllkörper	zwischen Dichtung und Stützkörper	Durchlässigkeit: $<1 \cdot 10^{-3}$ cm/s bis $>1 \cdot 10^{-7}$ cm/s		
3. Stützkörper	stets ein Teil an der Luftseite unter 1. und 2., an der Wasserseite über 2.	Durchlässigkeit $>1 \cdot 10^{-3}$ cm/s		
4. Deckschicht	Wasserseite auf Dichtung, Kerndichtung geschützt durch Füll- und Stützkörper	Erde, Felsschutt, Felsstücke filterförmig über wasserseitiger Dichtung, außerdem an Stelle der Felsstücke: Pflaster oder Steinpackung		
5. Filteranlagen	an Stelle von Füllkörper als senkrechte, horizontal und/oder schräg angeordnete Stufen- oder Mischfilter an Dammsohle, Luft-, Wasserseite und Kernpartie eng mit Dichtungselement der nicht veredelten Dichtungsstoffe verbunden			
6. Dränrohre	Luftseite an Dammsohle bis z. T. in den Dammkern reichend			

unter Berücksichtigung der voraussichtlich größten Stauspiegelsenkung stark ausgebildet werden.

Der Materialaufwand für Dichtung aus Lehm und Ton ist stets größer als bei der Wahl gleich starker Kerndichtungen.

Kerndichtung (Abb. 9, 12, 13, 15, 18 bis 20, 23, 25, 28 bis 31, 42, 48 bis 51, 53a, 55 bis 64).

Vor- und Nachteile: Die Innendichtung als Kerndichtung ist gegen nachteilige Einwirkung klimatischer und Wassereinflüsse geschützt. Vor allem ist ihre Gleitsicherheit weniger den Stauspiegelschwankungen und damit dem veränderlichen, die Gleitsicherheit vermindernden Porenwasserdruck unterworfen, da sie stets durch das hohe Gewicht einer weitgehend kompensierenden und zugleich stützenden Auflast geschützt wird. Dies ist ein wesentlicher Vorteil und dürfte als hohes stabiles Dammelement ausschlaggebend für die bevorzugte Anwendung der Innendichtung, insbesondere auch in den USA sein. Sie beschränkt den Bedarf der meist schwer zu beschaffenden Dichtungsstoffe.

Beispiel: Staudamm Marmorera/Schweiz (Abb. 263, S. 203) [425, 499]. Die Kerndichtung wurde der wasserseitigen Dichtung vorgezogen, da der Verlauf der dichten Felsunterlage hier in geringerer Tiefe einen dichten Anschluß ermöglicht und daher billiger ist. Allerdings werden dafür etwas mehr Massen für den breiteren luftseitigen Stützkörper benötigt, der allein dem Damm die erforderliche Stütze geben muß.

Abb. 31 zeigt die starke Kerndichtung in Verbindung mit einem mehrere hundert Meter in den Stauraum vorgestreckten Dichtungsteppich. Der besondere Anlaß dürfte stark durchlässiger Baugrund sein mit dem Ziel, Auftrieb und Sickerverluste zu ermäßigen.

Die *Kerndichtung aus Kunstbaustoffen* (Beton) bildet einen Fremdkörper und bedarf sehr sorgfältiger Ausführung, vor allem in Verbindung mit dem nachgiebigen Untergrund. Die Dammassen könnten sich an ihr aufhängen, außerdem ist außenmittige Beanspruchung nicht selten (vgl. S. 417). Wohl nicht zuletzt auch aus diesem Grunde wurde auf dem 4. Kongreß in Neu-Delhi 1951 vorgeschlagen, die Betonkerndichtung durch einen Erdkern zu ersetzen [440].

Dichtungsstoffe und Dichtungsarten: Man hat zu unterscheiden zwischen starren, wenig elastischen und stark elastischen Dichtungen. Die starren bestehen aus:

1. Stahlplatten mit Beton (Abb. 37),
2. bewehrtem (Stahlbeton) (Abb. 34, 39a—c, 47) und unbewehrtem Beton, seltener Mauerwerk (Abb. 40, 61, 62), die wenig elastischen gliedern sich in

1. Holzausführung, (Abb. 65, 66)
2. Asphaltbeton (Abb. 38a—c, 45, 46) und
3. Steingerüsttonbauweise,

die stark elastischen, die im Dammbau zumeist vorherrschen, verwenden 1. natürliche Dichtungsstoffe (Lehm und Ton), 2. in veredelter Form (nach dem Hydratonverfahren) jede durchlässige Erdart (Gesteinsgrus, Kiessand, steinigen Lehm, Talschutt, mageren Lehm, Löß, Lößlehm, Verwitterungslehm, Gesteinsgrus als sog. „Hydraton" usw.) als erosionsbeständige, hochdichtende Massen, 3. Bitumenbahnen und 4. Kunststoffolien.

Grundsätzlich gilt:

1. Kerndichtungen aus Mauerwerk, Beton, Stahlbeton sind Fremdkörper.
2. Solange Lehm und Ton in genügendem Umfange bereitsteht, ist diese Dichtungsart den Kunstdichtungen unbedingt vorzuziehen.

3. Durch die Anwendung der Steingerüsttonbauweise und des Hydratonverfahrens kann die Forderung unter 2. in jedem Fall mit jedem Güteanspruch erfüllt werden. Mischungen des Materials verschiedener Entnahmestellen oder Zusatz teuren Betonites, wie am Göschenenalpdamm oder Vernagodamm (Italien), wird überflüssig.

Die starren Dichtungen (Abb. 19, 20, 34 bis 37, 40, 61 bis 63). Ihre Anwendung beschränkt sich an den Steindämmen mit wenig Ausnahmen auf die Außenseite (Abb. 34 bis 37, 40) der wasserseitigen Böschung [*148, 227, 438*]. Meist werden sie kombiniert mit einer elastischen Lehmvorlage als Kerndichtungen an Erddämmen angewendet (Abb. 19, 20, 42a, 61, 62) [*31, 51, 173*].

Aufbau: Die Dichtungen sind mehr oder weniger starr und nur in einem sehr geringen Maße elastisch verformbar, so daß explosionsartige Berstungsgeräusche während der Konsolidation nicht selten sind (El Ghrib). Sie bestehen aus starren bewehrten und nichtbewehrten Betontafeln und -körpern als wasserseitige Dichtung auf Steindämmen oder als schräge oder senkrechte Kerndichtungen, mit oder ohne Fugen, zugleich mit und ohne Lehmvorlagen in Felsschüttdämmen oder noch häufiger in Trockenerddämmen, und zwar vor allem bei Gründung der Stauanlage auf felsigem Baugrund. Um etwaige Überbeanspruchungen und Verlagerungen durch Setzungen, Kippen und Rißbildungen elastisch auszugleichen, wendet man diese wasserseitige Dichtungsvorlage aus Lehm an.

Diese Maßnahme hat sich jedoch als übertriebene Vorsicht herausgestellt. Insofern zeigt Abb. 63 die Folgerung aus dieser Tatsache, nämlich den Verzicht auf eine ganzflächige Lehmvorlage, nur an der Basis ist etwas Lehmschlag vorhanden.

Die starren Dichtungen dienen vor allem der Unterbindung der Ausschlämmung etwaiger dichtender Vorlagen.

Die praktische Anlage besteht in einer mehr oder weniger durch Fugen aufgeteilten Felderausführung an der Wasserseite auf einer durch Beton abgeglichenen Unterlage (Abb. 47) oder durch gelenkige Verlagerung (Abb. 42b) und Einbettung des Dichtungskernes in einen Sockel, wofür OHDE ein Bett von Ton oder Lehm ähnlich Abb. 23 vorschlägt, jedoch in der Weise, daß der Kern aus Beton und der Sockel aus Ton bestehen soll. Dadurch soll dem starren Dichtungselement, ohne zugleich die geforderte dichtende Wirkung zu gefährden, die erforderliche Bewegungsfreiheit ohne Überbeanspruchung im Staudamm nach verschiedenen Richtungen gegeben werden.

Kernmauer [*80*] (Abb. 42a, b, 61, 62). „Die Kernwand besteht aus einem kräftigen Sockel, der in das feste Gestein eingelassen ist und sich an den Talhängen hochzieht, und der aufgehenden schlanken Wand. Darin wird der Besichtigungsgang angeordnet. Von hieraus können die Dichtigkeit des Dammes nachgeprüft, Injektionen durchgeführt, Messungen zur Feststellung waagerechter Verschiebung von Dammteilen, von Setzungen von Dammschichten, von Boden- und Wasserdrucken im Damminnern vorgenommen werden. Diese Wand über dem Sockel hat bei den neueren Ausführungen in Deutschland durch Anordnung von senkrechten Fugen und eines (Abb. 61, 62) oder zweier Gelenke (Abb. 19) (Oder—Harz) über dem Sockel eine gewisse Beweglichkeit erhalten, so daß sie sich den Bewegungen, die in den Dammassen während des Baues oder beim Einstau auftreten, anpassen kann. Besonders beim Einstau wird der luftseitige Teil des Dammes durch die waagerechten Teilkräfte des Wasserdruckes eine talwärts gerichtete Verschiebung erfahren, bis der zur Aufnahme des Druckes erforderliche Erdwiderstand erreicht ist." Eine gute Verdichtung des landseitigen Dammteiles verringert die Größe dieser Verschiebungen, die am Staudamm Schwammenauel unter dem Einstau Null waren, und damit die Beanspruchungen des Betonkernes, der den waagerechten Verformungen folgen muß. Die Beanspruchungen können aber auch erheblich wachsen, daß sie zum Bruch des Betonkernes führen. Diese Fugen über dem Sockel haben den Vorteil, daß die von der Wand auf den Sockel übertragenen Biegungsmomente geringer werden. Sie sind bei den Harztalsperren (Söse und Oder) waagerecht, bei der Kall-, Schwammenauel-Talsperre am Hang geneigt.

„Man muß beachten, daß die Betonwand ein Fremdkörper im Damm ist, da sie durch ihre Starrheit sich in lotrechter Richtung nur unwesentlich verkürzt. Durch die Reibung der sich unter ihrem Eigengewicht setzenden Erdkörper erfährt also die Betonwand eine sehr erhebliche Beanspruchung, die sie auf den Sockel überträgt (Belastung). Andererseits werden die Massen an der Betonwand am Setzen und damit an genügender Verdichtung gehindert. Hinter der Betonwand wird eine Schicht aus lehmfreien Gesteinen angeordnet, um das etwa durch die Wand dringende Wasser dem Kontrollgang zuzuführen.

Bei der Ausbildung der Sockel ist darauf zu achten, daß durch die Reibung der sich setzenden Bodenmassen an dem starren Betonkern sehr erhebliche Drücke auf den Sockel übertragen werden. Ferner wird durch den sehr starken Seitendruck der Lehmdichtung, die den natürlichen Seitendruck des Stützkörpers überwiegt, und später durch den Staudruck bei gefülltem Becken eine Verdichtung des Stützkörpers in waagerechter Richtung und damit eine Verschiebung des Betonkerns hervorgerufen.

Wenn der Betonkern eine waagerechte Fuge hat, kann er sich auf dieser unter geringer Drehung luftseitig verschieben. Hierbei wird der Sockel außenmittig belastet, und zwar bei der Odertalsperre mit ihrem Doppelgelenk weniger, bei der Sösetalsperre, die kein Gelenk besitzt, wesentlich mehr.

Die Beanspruchungen des Sockels durch diese Kräfte können sehr stark werden. Es empfiehlt sich daher, ihn nicht zu hoch zu machen, damit die durch die starke Reibung im Gelenk übertragene Horizontalkraft kein zu großes Kippmoment auf den Sockel ausübt.

Man wird den luftseitigen Fuß des Sockels weit genug vorziehen, damit die auf den Sockel wirkenden Kräfte in dessen Sohle keine unzulässigen Spannungen erzeugen. Der vorspringende Fuß des Sockels muß gegen Abscheren genügend gesichert sein. Es werden allerdings bei einem Bruch die Bewegungen eines Bauwerkes immer noch relativ gering bleiben, da bei der Verdrängung und Verdichtung des Bodens durch die zum Kanten neigenden Sockel sofort die Widerstände im Boden geweckt werden, die schnell steigen und die Bewegung bald begrenzen. Insofern bildet die Lösung nach Abb. 42 a, b einen bemerkenswerten Fortschritt in dieser Richtung [80]".

Der Sockel der Talsperre Schwammenauel (Abb. 13) ist etwas kräftiger in den Felsen eingebunden und gegen Verkanten besonders gesichert. Auch der Sockel der Bevertalsperre (Abb. 64) ist mit einem kurzen Sporn in den Felsen eingebunden und gegen die Kippbewegungen durch eine Magerbetonschicht auf der Luftseite gegen den zum Teil verwitterten Felsen abgestützt.

Vor- und Nachteile: Die Ausführung als Stahlbetondichtung (Abb. 40b) ist kompliziert und teuer.

Die Felderunterteilung an der Wasserseite kann zu Undichtigkeiten durch unterschiedliches Bewegungsspiel einzelner Dichtungsfelder, z. B. durch Aufklaffen der Fugen, führen. Bei Mangel an Bewegungsspiel können Risse und Brüche auftreten, wofür u. a. die 100 m hohe Salt-Springs-Talsperre und der durch seinen Setzungssprung bekannte 76 m hohe St.-Gabriel-Staudamm in Kalifornien ein warnendes Beispiel sind [*36, 38, 39, 286*].

Diese Dichtungen unterscheiden sich von den natürlichen Dichtungsstoffen durch ihre hohe, in der Zusammensetzung begründeten Dichtigkeit, in der verhältnismäßig sehr geringen, die Bewegungsfreiheit begünstigenden Stärke von wenigen dcm und ihre bevorzugte Anwendung an steilen Böschungen oder als schmale Kerndichtungen in mehr oder weniger gelenkiger Ausbildung [*80*]. An den Spüldämmen scheiden sie aus, an den Setzdämmen sind die starren Dichtungen gegenüber den stark und weniger elastischen Dichtungen bevorzugt angewendet worden. In den neueren Dichtungsarten der Steingerüsttonbauweise und des Hydratonverfahrens sowie den Kunststoffolien ergeben sich jedoch günstige Perspektiven für eine technisch vereinfachte Gestaltung und zugleich wesentliche Verbilligung gegenüber diesen sehr teuren Dichtungsanlagen im Staudammbau. Diese Auswirkungen sind noch nicht abzuschätzen.

1. *Wasserseitige starre Dichtungen: Beton und Stahlbeton.* Feldergröße, Stärke der Dichtung und Fugenanordnung richten sich nach den zu erwartenden Setzungen [*231*].

Nach CONTESSINI [*51a*] erhalten Trockenmauerwerk-Talsperren fast durchweg dichtende Abdeckungen aus Stahlbeton mit Fugen, welche die Setzungen und Wärmedehnungen berücksichtigen. Ganz selten sind metallische und bituminöse Dichtungen. Stahlbetondecken sind etwa 1 % der Wassersäule stark, mit geringsten Stärken von 25 cm oder bei Eiseinwirkung auch stärker.

Unter der Stahlbetondecke wird zweckmäßig Magerbeton oder Mauerwerk zur besseren Auflage und Druckverteilung angeordnet. Die unbedingte Notwendigkeit eines direkten Zuganges an die Unterseite der Dichtung liegt jedoch nur in besonders schwierigen Fällen vor.

2. *Kerndichtung:* In *Schweden* bevorzugt man dünne, nachgiebige, stark bewehrte Membranen (Stahlbeton). Sie bindet ohne Sockel in Felsen ein. Kontrollgang wird seitlich neben Kernmauer gesetzt (Abb. 42a, b).

In *Deutschland:* Dicke, schwach und unbewehrte Kernmauern waren üblich (Abb. 19, 20, 61, 62).

In den *USA:* Die Staudämme der Stadt New York werden ausnahmslos mit Betonkernmauern versehen [*216*].

Nach [*80*] empfiehlt sich fugenlose Ausführung, wie an der Sorpetalsperre, solange die Kernmauer dünn und biegsam ist und nur dichten soll. Waagerechte Gleit- und Gleitwälzfugen sind überflüssig.

Der Betonkern soll möglichst nicht gekrümmt sein [*225*], da sonst eine Überbelastung eintritt, der Stützkörper entlastet und die Zusammenarbeit der

Dammglieder erschwert wird. Schwache Krümmungen sind nur insofern statthaft, als sie der Selbstbegradigung dienen.

Die wenig oder halbelastischen Dichtungen. Die halbelastischen Dichtungen können aus einem Stoff oder einem Stoffgemisch durch Vereinigung von starren mit elastischen Dichtungsstoffen bestehen.

Man hat vier Ausführungsarten zu unterscheiden:

1. Die Holzdichtung, die zum Teil nur interimistisch vorgesehene *Holzabdeckung* (Abb. 66) [*31, 115a, 227, 412*] an der Wasserseite von Steindämmen, bis zum Ausklingen der Setzungen. Beispiel St.-Gabriel-Damm in Californien. Auch am Steindamm Bakhadda wurde, wenn auch nicht in Holz, eine interimistische wasser-

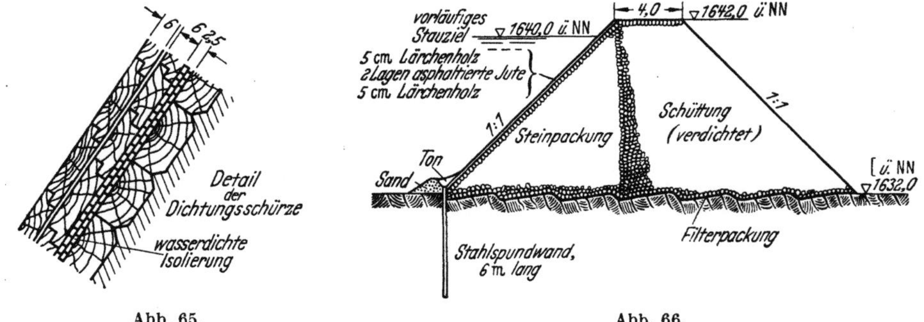

<table>
<tr><td>Abb. 65.</td><td>Abb. 66.</td></tr>
</table>

Abb. 65. Ausschnitt aus dem Aufbau einer wasserseitigen Holzdichtung eines Steinschüttdammes der SU. Der Belag besteht aus 3 Lagen Bohlen, 20 × 6 cm, die auf einer Betonschicht als Unterlage ruhen. Die Isolierung besteht aus einer 1 cm starken Bitumendecke und zwei Schichten Ruberoid. Die beiden oberen Bohlenlagen sind mit Bitumenemulsion gestrichen. Die Fugen sind vergossen. Die Bohlen hat man an Verankerungsbalken, die in das Sohlenmauerwerk eingelassen sind, befestigt. [Nach GRISCHIN [*115a*].)

Abb. 66. Querschnitt des Vordammes (Steindamm) von Vernago mit wasserseitiger auf 30 Jahre Haltbarkeit bemessener Holzdichtung aus Lärchenholz. (Nach LINK [*227*].)

seitige Dichtung aus gleichen Gründen aufgebracht. An Stelle der vorgesehenen Stahlbetondecke wurde der Steindamm von Vernago durch eine Holzdichtung geschützt. Sie hat sich nach 2 Jahren Betrieb bewährt und ist auf 30 Jahre vorgesehen (Abb. 66).

Sie ruht auf in Abstand von je 1 m im Steindamm eingelassenen Balken von 15 × 20 cm Querschnitt, besteht aus 5 cm starken, durch Falz untereinander verbundenen Bohlen und ist mit einer doppelten asphaltierten Juteschicht gedichtet.

Auch in der Sowjetunion sind Steindämme durch Holz an der Wasserseite gedichtet worden (Abb. 65).

Holzdichtungen sind elastischer als Betondichtungen. Sie sind indessen bei wiederholtem Wechsel der Stauspiegelhöhen dem Fäulnisprozeß ausgesetzt und werden daher meist nur als eine zwischenzeitliche Dichtung bis zur Beruhigung der Staudämme (Steindämme) an der wasserseitigen Böschung verwendet. Beispiel: 100 m hoher Salt-Spring-Staudamm, der als Steinschüttdamm trotz ungenügender Eigenkonsolidation zunächst eine starre Betondecke erhielt [*148*].

2. Die Asphaltbetondichtung. Im Auslande sind mit gutem Erfolg hohe Steindämme mit *Asphaltbetondecken* gedichtet worden, um Abschlußwerke für Staubecken zu schaffen (Abb. 38, 45, 46). Die Dämme sind aus schweren, gut untereinander verzwickten Steinblöcken verschiedener Größe aufgebaut. Hohe Erddämme mit Asphaltbetondecken zu schützen, setzt völlig verlagerungssicheren Damm voraus. Dies ist sehr schwer an den Außenböschungen zu erreichen. Man wird immer bei einem starken Durchfließen des Dammes mit Ausspülungen im Boden rechnen müssen. An den Rändern, soweit sie von Wasser berührt werden, müssen sie an Betonsockel anschließen(Abb.45,67). Der Asphaltbeton leitet zu den starren Dichtungen über.

Wohl das schwierigste Anwendungsgebiet der Asphaltbauweisen ist die Dichtung von Erddämmen.

Jedoch ähneln die Asphaltbetondichtungen weitgehend bei allerdings feinerem Gefüge den Steingerüsttondichtungen: in beiden Fällen besteht die Dichtung aus einem festen Steingerüst und einer elastischen Füll- und Dichtungsmasse, dem Lehm bzw. den Bitumen. Diese Dichtungen werden in einzelnen Tafeln in einem Stück durch Warmabwalzen angefertigt (Abbildung 46).

Vor- und Nachteile: Durch genaue Abstufung der verschiedenen Körnungen werden sehr stark dichtende Decken von wenigen dcm Stärke hergestellt, deren Zusammensetzung für jedes Bauwerk auf dem Versuchswege genau festgelegt wird und höchsten Dichtungsansprüchen mit einer praktisch sehr geringen Durchlässigkeit genügen muß.

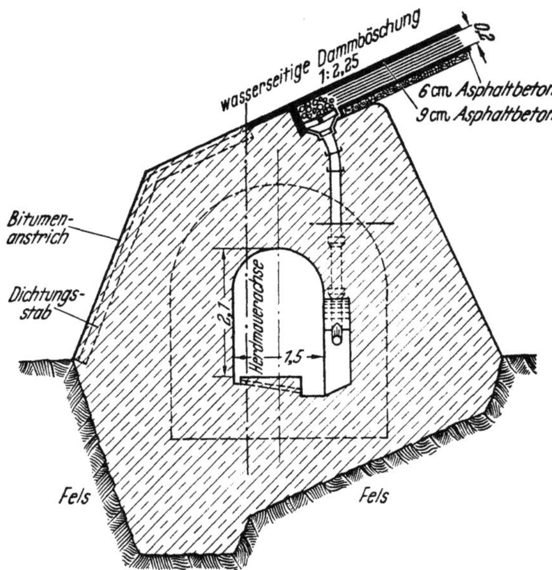

Abb. 67. Ausbildung der Asphaltbetondichtung mit Anschluß an die Herdmauer, mit Kontrollgang an der Genkeltalsperre. (Nach Lohmeyer [232].)

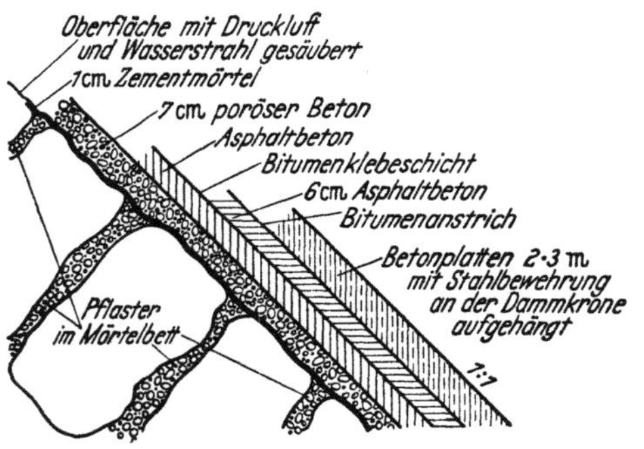

Abb. 68. Ausschnitt und Einzelheiten des Aufbaues der zweischichtigen Asphaltbetondichtung an der Genkeltalsperre in Westfalen. Man erkennt die außerordentlich sorgfältige Ausführung, die für den robusten Betrieb eines Felsschüttdammes sehr bemerkenswert ist.

Das Aufbringen ist technisch schwierig, umständlich und erfordert meist besonderen Aufwand am Unterbau [232,466] (Abb. 68), wodurch die Kosten hierfür sehr hoch werden. Ebenso ist der Anschluß an den erforderlichen verlagerungssicheren Untergrund meist nicht einfach zu lösen. Sie weisen als durchgehende Decke eine gewisse Empfindlichkeit gegenüber klimatischen Einwirkungen auf, bedürfen infolge der Alterung öfters einer Überarbeitung und Ausbesserung. Bei ungleichen Dammbewegungen ist die Gefahr der Verlagerungen einzelner Tafeln bzw. von Rißbildungen und Undichtigkeit der fugenlosen Dichtungsdecke durchaus gegeben (Abb. 561, S. 477). Sie werden daher nicht selten getrennt durch eine Filterschicht in doppelter Ausführung, wie an der Genkeltalsperre in West-falen, verlegt [*67, 68, 69*]. Obwohl Lehm- und Tondichtung mehrere m, der Asphaltbeton nur mehrere dcm stark ist, scheiden in allen Fällen, wo Lehm oder Ton im geeigneten Maße anfällt, nach Ansicht von JÖDICKE und SICHARDT Asphaltdichtungen aus. Durch die neueren Dichtungsverfahren wird dieser Vor-teil der natürlichen und veredelten Dichtungsstoffe weiter erhalten bleiben.

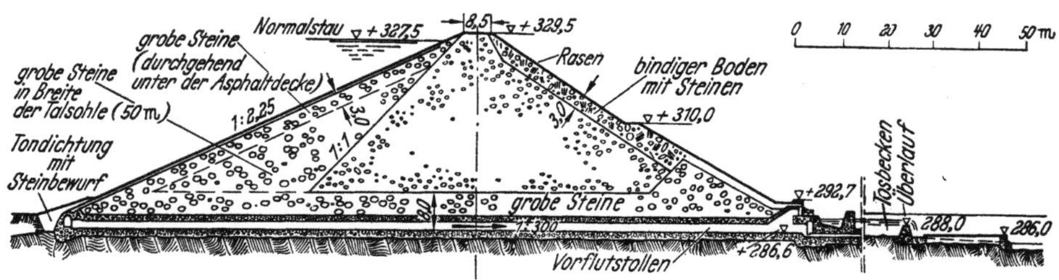

Abb. 69. Querschnitt des Felsschüttdammes der Genkeltalsperre mit wasserseitiger Asphaltbetondichtung. Bemerkenswert die grobe Steinpackung am wasserseitigen Böschungsfuß unter der Dichtung als Stütz-körper bei evtl. Verletzung und Undichtigkeit und zugleich als Stützgerüst gegen Dammbruchgefahr bei Bombenschäden. Sonst wird der Stützkörper zur Absenkung der Sickerlinie besonders an dem luftseitigen Dammteil (LUDINsche Dammzehe) aus groben Felsstücken ausgebildet [*232*].

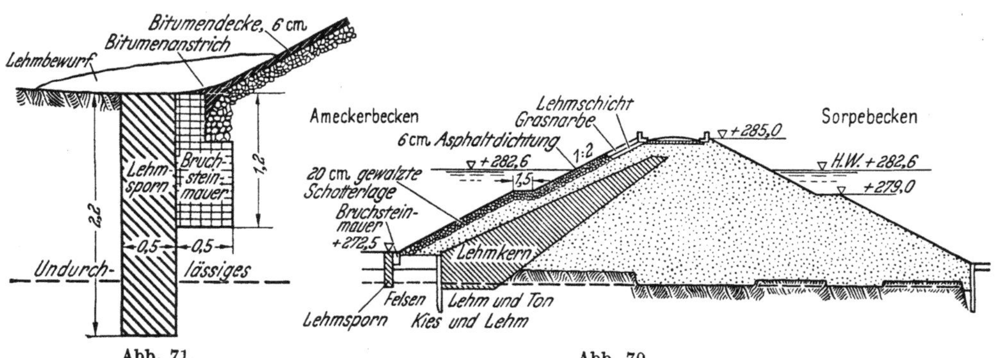

Abb. 71.   Abb. 70.

Abb. 70. Querschnitt des Ameckerdammes mit wasserseitiger starker Lehmdichtung und zusätzlicher 6 cm starker Asphaltdichtung auf der Deckschicht.

Abb. 71. Einzelheit der Ausbildung und des Anschlusses der Asphaltdichtung an die Herdmauer am Ameckerdamm.

Bemerkenswerterweise sind im klassischen Lande der Staudämme, den USA, bisher keinerlei Asphaltbetondichtungen weder an Stein- noch an Erddämmen ausgeführt worden [*262a*], obwohl gerade hier wie kaum woanders die Grund-stoffe hierfür in überreichlichem Ausmaße vorhanden sind. Dies gibt im Hinblick auf das Urteil von JÖDIKE und SICHARDT zu denken.

Die untere Grenze der Wirtschaftlichkeit von Asphaltdichtungen liegt bei Flächen von 10 bis 15000 m². Ansprüche der Dichtung: a) Wasseraufnahme < 1 Vol.-%. b) Keine merkliche Kantenverschiebung während 24 Stunden und unter 60° C eines Probekörpers auf einer unter 1 : 1,5 geneigten Fläche.

Asphaltbetondecken in doppelter Ausbildung, getrennt durch Filterzwischen-schicht, werden bevorzugt als Außendichtung von Steindämmen (Nordafrika:

Bakhadda-, El Ghrib- (Abb. 45, 46a), Bou-Hanifia-Damm (Abb. 46b), in Deutschland: Genkel-, Ottmachau-, Amecker-Sorpe-Damm (Abb. 67—70).

Beispiele

1. **Bou-Hanifia-Staudamm**, 56 m Höhe, nachgiebiger Untergrund. 700000m³ Fels gesetzt (mittels Steinsetzkran). (Abb. 46b.)

Asphaltbetondecke. *Zusammensetzung:* Zwei Schichten zu je 6 cm Asphaltbetondecke auf Ausgleichschicht von Magerton. Neigung 1 : 0,80 bis 1 : 0,95; darauf Stahlbeton zum Schutz gegen Temperaturen über 45° C aufgebracht (70°C).

2. **Schevelinger Damm:** 6 cm Asphaltbeton in zwei Lagen zu je 3 cm Neigung 1 : 1,75 (Abb. 70).

3. **Genkeltalsperre** (Abb. 67 u. 69) [*232*]. Die doppelte Asphaltbetondecke der Genkeltalsperre umfaßt 12000 m². Die obere äußere Asphaltbetonschicht ist 9 cm, die untere 6 cm stark. Dazwischen liegt eine 20 cm dicke Schicht aus bituminiertem Basaltschotter von 4 ··· 7 cm Korngröße. Auf die Steinböschung, die abgerammt, verzwickt und mit Beton befestigt ist, wurde zunächst, um alle Unebenheiten auszugleichen, eine 8 cm hohe Schotterschicht von 4 bis 6 cm Korngröße aufgebracht, die mit Bitumen abgespritzt und unter Einbringen von Splitt abgewalzt wurde, worauf dann noch eine Asphaltbindermasse als Unterlage für den Asphaltbeton aufgewalzt wurde. Die 6 cm dicke Asphaltbetonschicht wurde in zwei Lagen eingebaut. Über ihr bildet ein Anstrich von Asphaltmastix und ein Asphaltsplittbelag den Übergang zu der Schotterdränschicht, auf die eine Asphaltbindemasse aufgebracht ist. Diese Schicht wurde in drei Lagen hergestellt, mit Asphaltmastix gestrichen und mit Asphaltsplitt abgedeckt. Diese Asphaltdecke erhielt keinen Steinbewurf. Der Anschluß der Asphaltdecke an die Herdmauer wurde durch eine Metallfolie überdeckt. Darüber wurde bis zum Felsen reichend eine Tonschicht mit Steinbewurf gelegt.

Man erkennt die ebenso sorgfältige, wie mühevolle, in zahlreiche Arbeitsgänge zerfallende Ausführung, wodurch der Quadratmeterpreis von DM 90,— begründet ist.

3. Die Steingerüsttonbauweise [*466*]. Die Steingerüsttonbauweise (vgl. S. 269), die sich auf ein fest eingerütteltes Steingerüst und satte Verfüllung der Hohlräume durch Lehm oder Ton gründet, bedarf stets einer Deckschicht und kann dann als wasserseitige oder Kerndichtung im Damm angewandt werden.

Hochelastisches Material (Lehm — Ton) ist mit starrem Material (sauber gewaschenen Felsbrocken) aufs engste verbunden. Beide durchdringen sich gewissermaßen gegenseitig. Der Bedarf an Ton kann dabei auf $^2/_5$ des üblichen Aufwandes eingeschränkt werden. Dadurch werden die höheren Einbaukosten reichlich wettgemacht (Abb. 72).

Vor- und Nachteile: Durch diese kombinierte Ausführung wird unter Verzicht auf eine hohe Elastizität beträchtlich an dem oft so schwierig zu beschaffenden Dichtungston gespart, zugleich aber eine sehr stabile Dichtung geschaffen, deren Dichtewerte etwa im Bereich von $k = 10^{-6} \cdots 10^{-7}$ cm/s liegen. Beachtlich ist aber die hohe Gleitsicherheit im Vergleich zu den gewöhnlichen Tondichtungen (vgl. S. 272c). Böschungen können ebenso steil wie mit veredelten Dichtungsstoffen angelegt werden. Bei Verwendung nach dem Hydratonverfahren veredelter Erdarten wird die Dichtung nach diesem Verfahren vollkommener, dichter und zugleich beständig gegen die Ausschlämmgefahr, die sonst an der nicht veredelten Lehm- und Tonfüllung vorhanden ist.

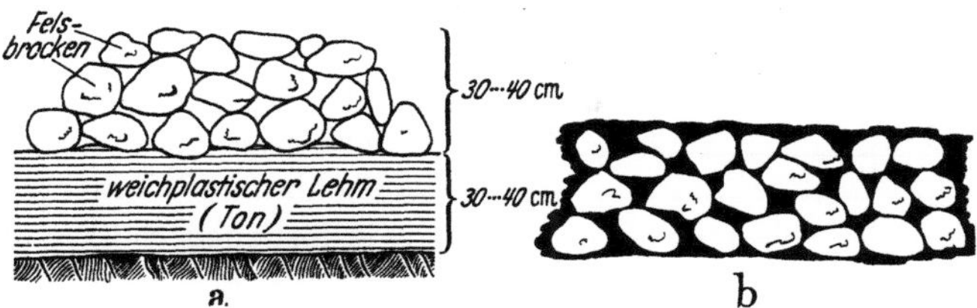

Abb. 72. Schematische Darstellung der Anordnung der Steine und des Lehmes in Wechselschüttung gerade umgekehrt zum üblichen Einbauverfahren an Dämmen bei der Steintongerüstbauweise. a vor dem Einrütteln, b nach dem Einrütteln. Man erreicht eine völlig feste Verlagerung des stützenden Steingerüstes und eine satte dichte Verfüllung mittels Lehm. Die Steine müssen gewaschen, also sauber sein, der Lehm muß eine weichbreiige Konsistenz auf Kosten erhöhter Dichtigkeit haben.

4. Halbelastische Stahlblechdichtungen werden im Damminneren in kombinierter Weise, ähnlich den starren Dichtungskörpern, mit Lehmvorlage an der Wasserseite und Filter an der Luftseite angeordnet [*14, 62*]. Diese Filter sind vorsorglich für den Fall des Durchrostens der Stahlblechwand vorgesehen.

Die Staudämme Bevertal und Schwammenauel (Abb. 13, 64) besitzen eine Kerndichtung aus gewellten und geschweißten Stahlblechwänden. Trotz der Setzungen von 1,9 m an der Bevertalsperre haben sich die Lehmmassen nicht aufgehängt.

Dichtungsmembranen aus gewelltem Stahlblech, wie sie z. B. an dem Staudamm Schwammenauel mit einer Gehängelehmvorlage eingebaut wurden und auch als halbelastische Dichtung geplant waren und deren elastisches Verhalten durch die Lehmvorlage noch erhöht werden sollte, bilden bereits den Übergang zu den starren Dichtungen.

Die elastischen Dichtungen. Man unterscheidet:

1. Natürliche Dichtungen aus Lehm und Ton,
2. Dichtungen aus veredelten Erdarten, aus Hydraton,
3. Kunststoffe: a) Bitumenbahnen, b) Kunststoffolien.

Die elastischen Dichtungen sind die häufigsten und gebräuchlichsten Dichtungen der Erdstaudämme, und zwar in gleicher Weise als Innen- oder Außendichtung. Die Kunststoffe werden indessen bevorzugt an der Wasserseite in Sand gebettet (Abb. 106 b), während die veredelten, hochdichtenden, erosionssicheren Lockergesteine in gleicher Weise wie die unveredelten natürlichen Dichtungsstoffe ihren Platz im Damm wechseln können. Die Bitumengewebebahnen sind im Kanalbau üblich, Bitumendecken treten gegenüber diesen Dichtungsarten zurück.

Die Ansprüche an die natürlichen Dichtungsstoffe. Die wichtigste Forderung ist die genügender Dichte. Wie verhalten sich hierzu die verschiedenen Dichtungsarten und Dichtungsstoffe?

1. Die natürlichen Dichtungsstoffe. Physikalische Anforderungen [*80*]. Ton und Lehm (Auelehm) bilden das älteste und bekannteste Dichtungselement in Staudämmen. Früher wurden auch Moos, Torf, Rasensoden und mit Kalk getränkte Erde benutzt.

1. *Kornverteilungskurve.* Um dem Dichtungsanspruch zu genügen, sollen sie mehr als 10 ⋯ 50% Feinstkorn unter 0,002 mm ⌀ und daher mehr als 60% Unterkorn unter 0,06 mm enthalten. HOGENTOGLER [*136*] verlangt mit Rücksicht auf die Standfestigkeit Tonkorn bis etwa 20%. Steine größer als 20 mm ⌀ sollen möglichst nicht anwesend sein, ferner müssen sie frei von organischen und pflanzlichen Resten (Humus, Torf, Faulschlamm, Wurzeln und Holzteilen sowie löslichen Salzen sein.

2. *Die Fließgrenze* soll 80% nicht über-,

3. *die Ausrollgrenze* 20% nicht unterschreiten.

4. *Die Plastizität* soll > 30 sein.

5. *Die Durchlässigkeit* zugleich als Funktion der bisherigen Kennziffern ist wohl die wichtigste physikalische Größe. Nach A. CASAGRANDE [*148*] werden die dichtenden Lockergesteine nach ihren Durchlässigkeitskoeffizienten in undurchlässige und schwer durchlässige Bodenarten unterteilt. Die letzteren zählen ab 10^{-4} cm/s, die ersteren $7 \cdot 10^{-7}$ cm/s. Beide sind nach A. CASAGRANDE als Dichtungsstoffe für Deiche und Dämme geeignet, während die gröberen durchlässigeren für die nichtdichtenden Dammteile Verwendung finden können. Diese Abgrenzung ist sehr weitgehend und findet selbst in den USA (Anderson-Damm) nicht Anwendung. MYSLIVEC gibt die Grenzlinie für die undurchlässigen und durchlässigen [*31, 275*] nach Abb. 72 an. Sie folgt der Forderung von

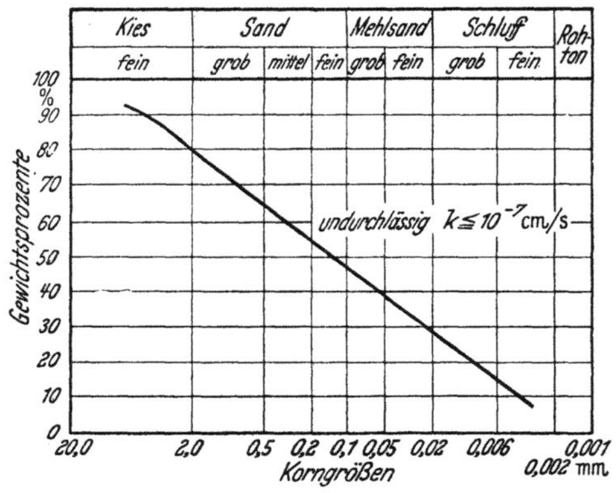

Abb. 73. Grenzlinie der Kornbereiche mit einer Durchlässigkeit unter und über $1 \cdot 10^{-7}$ cm/s. (Nach MYSLIVEC [*275*].)

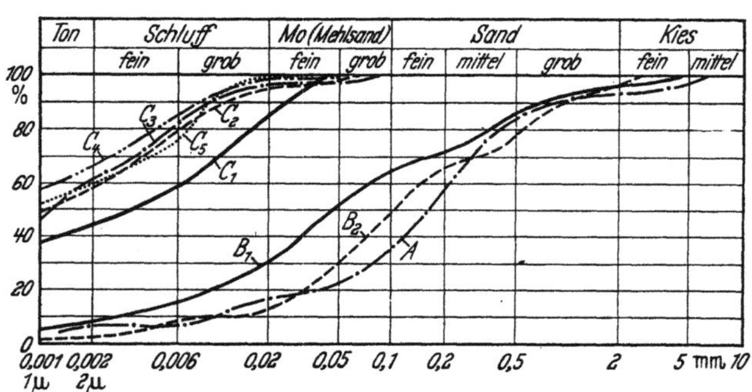

Abb. 74. Kornverteilungskurven der bei der Wiederherstellung der gebrochenen Oderdeiche verwendeten Dichtungsstoffe. (Nach DEHNERT [*60*].)

OHDE, wonach die Dichtungsstoffe eine Mindestdurchlässigkeit von $1 \cdot 10^{-7}$ cm/s und weniger besitzen sollen.

Die Durchlässigkeit soll indessen im eingebauten Zustande nach EHRENBERG $3,0 \cdot 10^{-8}$ cm/s betragen. Die Amerikaner fordern für ihre Staudämme eine jährliche Mindestsickergeschwindigkeit von 18 cm Diese entspricht einer Durchlässigkeit von rd. $5,7 \cdot 10^{-8}$ und ist nach deutschen Verhältnissen sehr gut. Am Anderson-Damm [*422, 466*] wurde diese Bedingung mit nur 15 mm zu 20% überboten, eine ausgezeichnete Dichtungs- und Verdichtungsarbeit, die die Frage nach der Notwendigkeit des an diesem Damm ungewöhnlich starken Dichtungskörper berechtigt erscheinen läßt. In [*139*a] veröffentlicht HOLTZ, der Chef des

Erdbaulaboratorium des Büros of Reclamation, Denver (USA), tabellarisch geordnet die wichtigsten physikalischen Kennziffern der zur Dichtung von Kanälen (Kanaldämmen) verwendbaren Erdarten. Er bezeichnet sie nach den Symbolen in Anlehnung an die CASAGRANDEsche Einteilung, S. 101, und unterscheidet dabei relative Kennziffern der physikalischen Verhältnisse nach Nummern, und zwar fallen hierunter die Durchlässigkeit, Scherfestigkeit und Dichte im verdichteten Zustand, ferner gibt er die relative Eignung für Kanaldichtung an und trennt dabei nach Widerstand gegen Erosion als verdichtete Dichtungsteppiche. Diese Klassifizierung dürfte die letzte Konsequenz in der Differenzierung der verschiedenen Erdarten als Dichtungsmaterialien für die bisher übliche trockenmechanische Einbauweise darstellen.

Tabelle 2. *Durchlässigkeitswerte und Eignung von Erdarten als natürliche Dichtung.*

Erdart	Durchlässigkeit $k = $ cm/s	Eignung
Löß gestört	$0,17 \cdot 10^{-4} \cdots 0,17 \cdot 10^{-6}$	für Spülkerne
Lehm	$0,17 \cdot 10^{-6} \cdots 0,17 \cdot 10^{-7}$	geeignet bei ausreichendem Gehalt an Tonmineralien
Magerer Schluff, Ton . . .	$0,17 \cdot 10^{-7} \cdots 0,17 \cdot 10^{-8}$	geeignet
Fetter Ton	$0,17 \cdot 10^{-8} \cdots 0,17 \cdot 10^{-9}$	besonders für Kerndichtung, weniger für wasserseitige Dichtung infolge hoher Gleitgefahr

Für eine im Mittel 0,50 m starke wasserseitige Lehmdichtung bei einer Dammhöhe von 30 m, einer Damm-Kronenlänge von 300 m beträgt die sekundliche Durchsickerung 0,1 l.

Höchstsickerungen in Abhängigkeit vom Dammzweck (je m² Dammfläche in Liter/Tg.).

1. Staudämme mit Rücksicht auf Standsicherheit . . . . bis 250 l
2. Dämme für Wasserkraftanlagen . . . . 80 ··· 100 l
3. Dämme für Wasserversorgung . . . . bis 40 l
4. Gewöhnliche Dämme im Westen der USA . . . . . . bis 40 l
5. Dichte Dämme im Westen der USA . . . . bis 4 l

Beispiel: Deichdichtungsstoffe für den Oderdamm (Tabelle 3 und Abb. 74) [*61*] und für deutsche Staudämme, Tabelle 4 [*80, 173*].

Tabelle 3.

	C 1 %	C 2 %	C 3 %	C 4 %	C 5 %
Fließgrenze	62,2	92,4	93,0	89,1	95,2
Ausrollgrenze	20,8	39,6	35,8	35,2	30,8
Plastizitätsziffer	48,4	52,8	57,2	53,9	64,4

Die Dichtungsstoffe C ··· C 5: Sie entsprechen mit Ausnahme der Probe C 1 insofern nicht den gestellten Bedingungen, als der Gehalt an reinem Ton nicht mehr als 50% betragen soll, während er sich bei Probe C 2 zu 57%, bei Probe C 3 zu 59%, bei Probe C 4 zu 64% und bei Probe C 5 wieder zu 59% ergeben hat. Das gleiche gilt für die ATTERBERGsche Fließgrenze von höchstens 80%, während die Ausrollgrenze von nicht unter 20% überall eingehalten werden konnte.

Tabelle 4. *Übersicht über die bodenphysikalischen Werte des Dichtungsmaterials einiger deutscher Staudämme [80].*

Talsperren	Höhe d. Dammkrone über Gelände m	Unterkante Dichtung	H_2O-Gehalt natürlicher Zustand	Fließgrenze	Plastizitätszahl	Gehalt an Bestandteilen $2\,\mu$	Schubwiderstand Beiwert μ	Durchlässigkeitsziffer $k = $ cm/sec
Niederwartha .	42	48	16—18	22—24	12—14	19—20	0,40	$1{,}0$—$2{,}6\cdot 10^{-8}$
Sösetalsperre .	50	61	15—20	23—26	10—15	10—20	0,45—0,55	$1{,}1$—$3{,}8\cdot 10^{-8}$
Rursperre . .	52	64	13—15	26—33	10—23	22—30	0,31—0,38	$2{,}5\cdot 10^{-8}$ $2{,}55\cdot 10^{-8}$
Beversperre . .	34	47	13—15	21—28	9—17	13—24	0,42—0,46	$1{,}7$—$8{,}3\cdot 10^{-8}$
Schwarzasperre	25	26,5	15—24	22—36	12—31	20—30	0,37—0,43	$0{,}7$—$1{,}7\cdot 10^{-8}$
Oberkaufung .	14	19	14—16	22—28	—	18	0,50	$6{,}0$—$6{,}9\cdot 10^{-8}$
Ottmachau . .	16	28	20—27	37	34	40	0,25—0,30	$0{,}3$—$1{,}7\cdot 10^{-8}$
Malapanesperre	13	15	10,5—13,5	13—22	3—12	7,0—25,0	0,30—0,48	$0{,}6$—$5{,}0\cdot 10^{-8}$
Gelmkedamm . (Goslar)	13	18,5	17,0—25,0	32—24	30—32	40	0,33—0,35	—
Eiderdamm . .	15	15	29—37	35—39	24—38	20—30	0,42—0,46	$0{,}8$—$2{,}6\cdot 10^{-8}$

Stärke der Dichtung nicht veredelter natürlicher Dichtungsmassen. Die Basisstärke des Dichtungskerns der Staudämme in den USA nach der Forderung der größten staatlichen Wasserbaubehörde, dem Corps of Engineers, soll mindestens $1/_4$ der Dammhöhe erreichen: Beispiel: Dammhöhe 100 m, Basisbreite der Dichtung 25 m.

Bei der von Ohde vertretenen Mindestdurchlässigkeit k von $1\cdot 10^{-7}$ cm/s soll nach den Erfahrungen der ehemaligen preußischen Versuchsanstalt für Wasserbau allerdings die Stärke des Dichtungskörpers, senkrecht zur Böschung gemessen, im Verhältnis zur Dammhöhe wie 1 : 3 stehen. Die Anforderung für diese Bedingung des k-Wertes ist erfüllt, wenn nach Ohde das Verhältnis von Einheitswasserzahl : Breiwasserzahl $w_1/w_2 \leqq 0{,}55$ ist [173, 290]. Ferner wird auf Grund praktischer Erfahrungen von einem Dichtungslehm oder Ton verlangt, daß er bei Wasserlagerung innerhalb 15 Minuten nicht zerfällt.

An der Dammkrone soll die Dichtungsschicht niemals schwächer als $2{,}5 \cdots 3{,}0$ sein.

Man bevorzugt diese Dichtungsstoffe [101] trotz der sehr schwierigen geotechnischen Bearbeitung und gleichmäßigen dichten Einbauweise auch heute noch weitgehend und scheut sich nicht, unter Umständen diese aus größeren Entfernungen von mehr als 20 km durch umständlichen Bahntransport heranzuschaffen, wie an der Talsperre Cranzahl im oberen Erzgebirge im Jahre 1949/51. Dieser Transport birgt allerdings die Gefahr in sich, daß die wichtigen feinkörnigeren, quellfähigen und stark dichtenden Bestandteile zu einem erheblichen Anteil (mehrere Prozente!) verlorengehen und der Dichtungslehm dadurch verschlechtert wird. Neuerdings mehren sich die Beispiele, Bentonit in geringen Anteilen bei Mangel an Dichtungserden vorhandenen Sand oder Kies beizumengen, um einen Dichtungsstoff zu erhalten. In den USA verwendet man

1. einheitliche Erdmischungen (Oststaaten der USA),
2. einen inneren Tonkern mit stützenden Dämmen je nach dem zur Verfügung stehenden Material.

In den meisten Fällen ist es notwendig [*219*], Erdarten aus verschiedenen Entnahmestellen zu mischen, um eine wasserundurchlässige Erdmasse zu bekommen. Steine > 120 mm ⌀ werden dabei ausgeschieden.

Beispiel: 1. *Anderson-Range-Damm* (USA) (Abb. 9) [*422, 466*]. Dichtungsmaterial: sandiger Lehm mit 16% Unterkorn 0,02 mm.

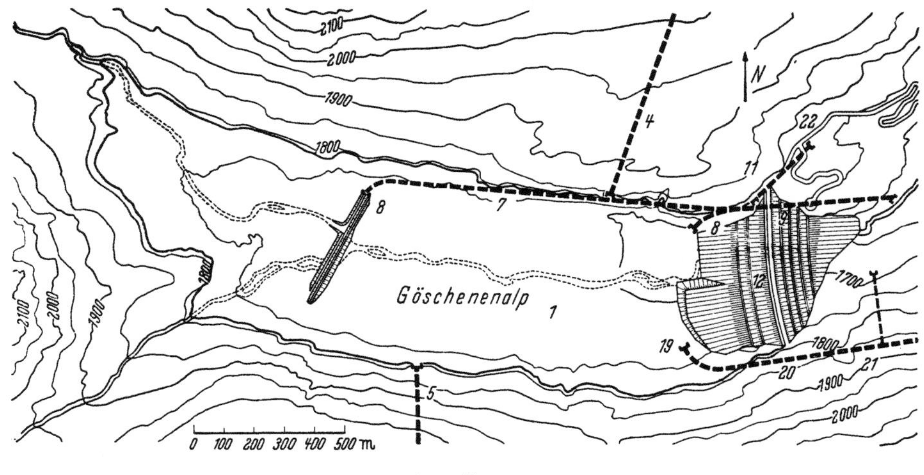

a

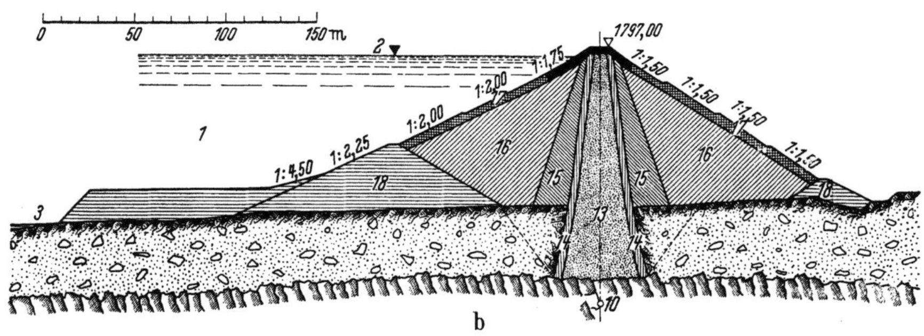

b

Abb. 75 a u. b. Steindamm des Göschenenalp-Staudammes. a) Lageplan; b) geplante Konstruktion (Querschnitt).

1 Stausee Göschenenalp, Nutzinhalt 75 Mio m³, *2* normaler Stauspiegel 1792 m ü. M., *3* tiefster Betriebsspiegel 1700 m ü. M., *4* Zuleitung Voralpertal, *5* Zuleitung hinteres Urserental, *6* Querdamm, *7* provisorischer Umlaufstollen, *8* Grundablaßstollen, *9* Schiebekammer, *10* Injektionsstollen, *11* Hochwasserentlastung, *12* Steindamm, maximale Höhe 134 m, *13* Dichtungskern, *14* Filterschicht, *15* Alluvionmaterial, *16* Bergschuttmaterial, Blöcke max ¼ m³, *17* Bergschuttmaterial, Blöcke max ³/₄ m³, *18* Bergschuttmaterial und Stollenausbruch, Blöcke max ³/₄ m³, *19* Wasserfassung, *20* Drosselklappenkammer, *21* Druckstollen, 1 = 6821 m, *J* = 0,5%, Durchmesser 2,7 m, *22* Zufahrtstraße.

2. *St.-Valentin-Staudamm* (Italien) [*222, 468*]. Dichtungskern besteht aus gesiebter Erde, Unterkorn 60 mm ⌀. Es wurde mit 3% Bentonit gemischt.

3. *Vernago-Damm* (Italien) [*227, 439*]. Lehmkern mit 3% Bentonitzusatz.

4. *Göschenenalp-Damm* (Schweiz) Dichtungskern aus Moränensand mit 4% Bentonit.

2. Die veredelten Lockergesteine als hochwertige Dichtungsstoffe (vgl. S. 268) [*174, 176—178, 181/182, 188*].

Seit Ende 1950 besteht die Möglichkeit, sich von den natürlichen Dichtungsstoffen vollständig zu lösen, ohne dadurch einen schlechteren Dichtungsstoff oder

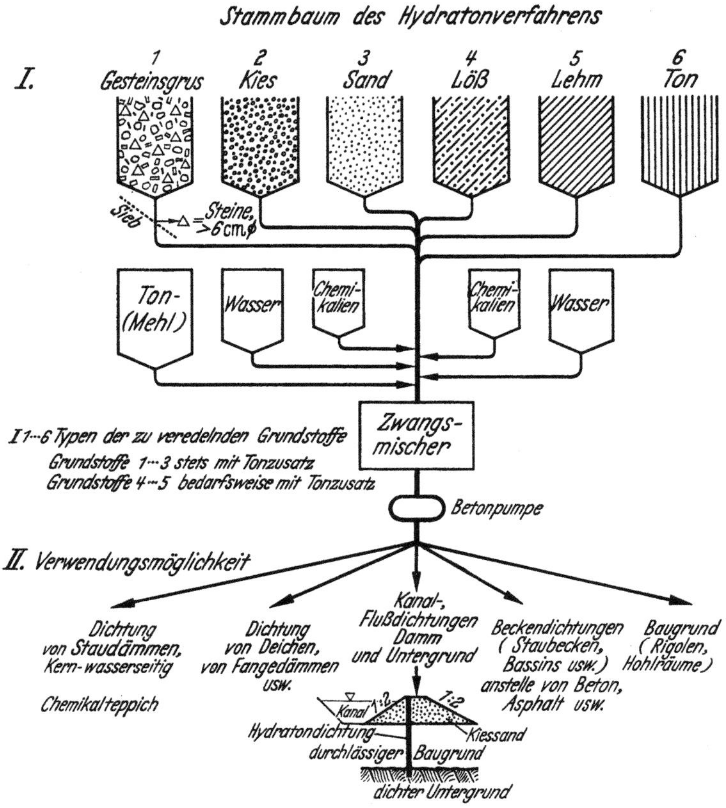

Abb. 76. Stammbaum des Hydratonverfahrens mit Skizze für die Anwendung einer durchgehenden Dichtung von Deichen, Fluß- und Kanaldämmen bis auf den dichten Untergrund.

teuere Aufwendungen durch Bentonitzusatz in Kauf nehmen zu müssen. Auf Grund mehrjähriger ausgedehnter Untersuchungen des Verfassers und Dauerversuche kann heute jedes durchlässige Lockergestein mit einem k-Wert von 10^1 cm/s bis zum Durchlässigkeitswert $k = 1 \cdot 10^{-8}$ cm/s in einen hochwertigen Dichtungsstoff gleichmäßiger Dichte, hoher Elastizität, hoher Gleitsicherheit, $\mu > 0{,}60$, und völliger Stabilität gegen Ausschlämmgefahr im Betonmischer nach dem sog. „Hydratonverfahren" auf anorganische Weise veredelt werden. Die Dichtigkeitswerte schwanken dabei etwa im Bereich von $5 \cdot 10^{-8}$ bis $5 \cdot 10^{-9}$ cm/s und können beim Einbau weitgehend garantiert werden.

Abb. 77. Grundstoff für den Hydraton der Stauanlage Cranzahl/Sa.: grusiger Gneislehm.

Das Hydratonverfahren (Abb. 76 bis 104). Da es sich bei diesem Verfahren um etwas Neuartiges, in dem Schrifttum wenig bekannten technischen Fortschritt handelt, wird es an dieser Stelle an Hand zahlreicher Abbildungen etwas eingehender beschrieben. Unter „veredelten Erdarten"

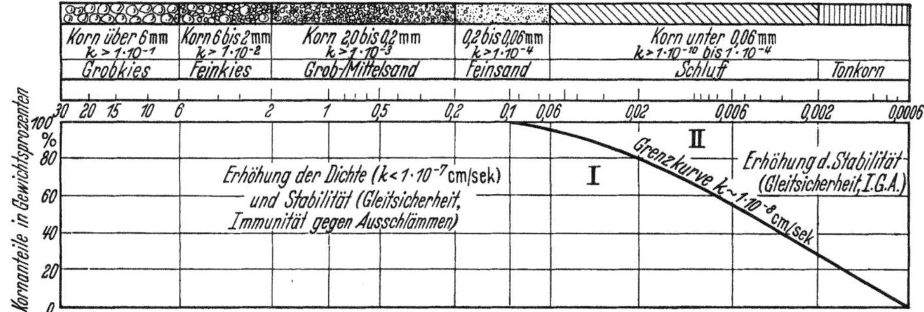

Abb. 78. Kornbereiche der für den Hydraton geeigneten Erdarten mit Grenzkurve für die Zunahme der Dichtigkeit die dichteren Erdarten $k < 1 \cdot 10^{-8}$ cm/s erfahren eine Stabilisierung gegen Ausschlämmen, ihre Gleitsicherheit wird dabei erheblich gesteigert, und zwar unabhängig vom Wassergehalt und Porenwasserdruck.

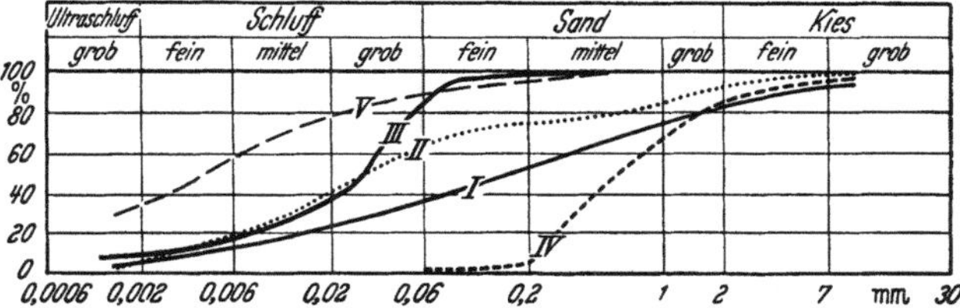

Abb. 79. Kornverteilungskurven verschiedener zu Hydraton verarbeiteter Erdarten.

Abb. 80. Austrag der breiigen, zunächst thixotropen Hydratonmasse aus einem Kaiser-Mischer an der Talsperre Cranzahl nach wenigen Minuten Mischzeit.

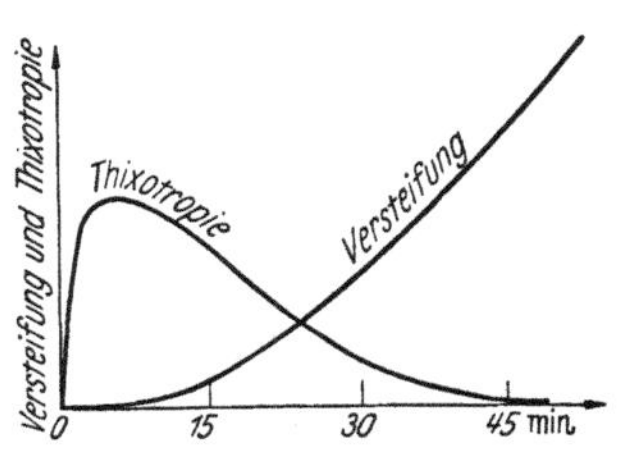

Abb. 81. Überlagerung von Thixotropie und Hydratation mit rasch zunehmender plastischer Versteifung beim Einbau auf trockener Unterlage.

Abb. 82. Proben einer Hydratonmischung in minutlichen Zeitabständen genommen, sie zeigen die rasche Versteifungsmöglichkeit, diese basiert auf der jeweilig gewählten Zusammensetzung des Hydratons.

Abb. 83. Hohe Haftfestigkeit und Gleichsicherheit zeichnet den Hydraton aus.

sind alle nicht bindigen und bindigen Erdbaustoffe zu verstehen, die nach einem vom Verfasser entwickelten Verfahren — dem „*Hydratonverfahren*" — durch Zusatz von Chemikalien und Wasser und bedarfsweise Ton in einen hochwertigen, jedem natürlichen Dichtungsstoff qualitativ überlegenen Dichtungsmaterial zu verbessern sind [181/182]. Hierdurch können also je nach der voraussichtlichen Stärke des Dichtungskörpers, der indessen nur Bruchteile der bisher üblichen zu betragen braucht, sämtliche Lockergesteine von Steingröße bis zur Tonkornfeinheit veredelt werden. Die Vorteile dieses Verfahrens liegen in folgendem begründet:

1. Durch die auf dem Wege einer in doppelter Weise wirksamen *Hydratation* erfolgte halbchemische Bindung der Feinstteilchen mit den gröberen wird die Dichtungsmasse erosionsbeständig, dauerbeständig, unlösbar. Sie ist also *nicht* ausschlämmbar, wie Dauerversuche von etwa einem Jahr unter einem Druckgefälle von etwa 3000 : 1 bewiesen haben. Diese Vergütung ermöglicht die Beschränkung der Stärke der Dichtungsanlage auf Bruchteile der bisher an Dichtungskörpern üblichen auf etwa 10%, d. h., auch in den schwierigsten

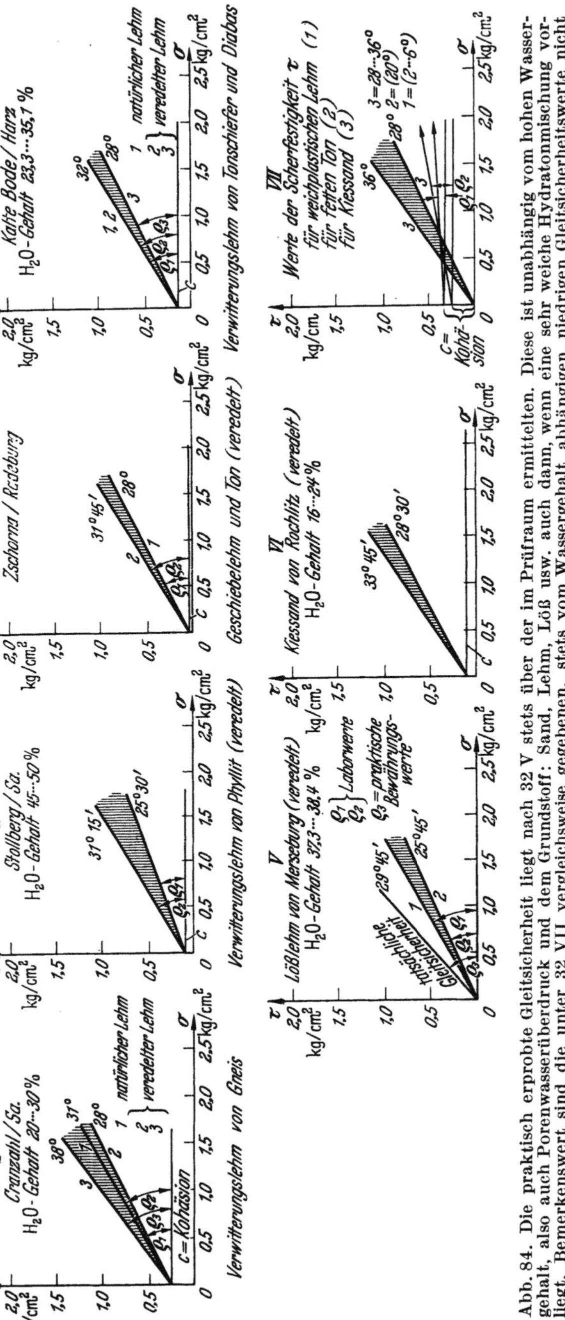

Fällen und an höchsten Dämmen beschränkt sich die Basisbreite auf wenige Meter, bzw. senkrecht zur Böschung bei wasserseitiger Anordnung auf im Mittel 50 cm

bis 4,50 m, ist also sehr viel billiger und verzichtet auf die kostspieligen Filter-anlagen. Diese kosteten an dem Staudamm Schwammenauel z. B. $^1/_2$ Mio DM.

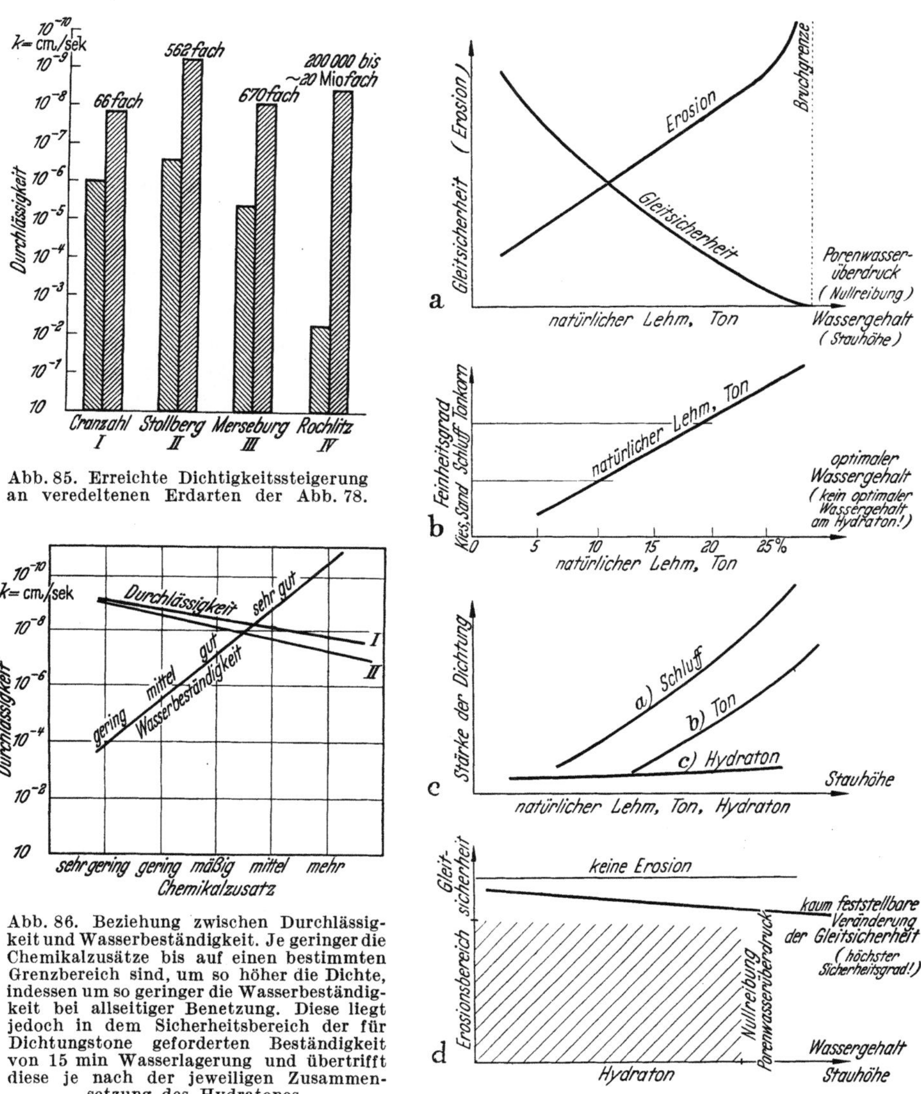

Abb. 85. Erreichte Dichtigkeitssteigerung an veredelten Erdarten der Abb. 78.

Abb. 86. Beziehung zwischen Durchlässig-keit und Wasserbeständigkeit. Je geringer die Chemikalzusätze bis auf einen bestimmten Grenzbereich sind, um so höher die Dichte, indessen um so geringer die Wasserbeständig-keit bei allseitiger Benetzung. Diese liegt jedoch in dem Sicherheitsbereich der für Dichtungstone geforderten Beständigkeit von 15 min Wasserlagerung und übertrifft diese je nach der jeweiligen Zusammen-setzung des Hydratones.

Abb. 87 a—d. a) Schematische Darstellung der wachsen·den Ausschlämmung und Gleitgefahr mit steigendem Wassergehalt an unveredelten Dichtungserden; b) Beziehung zwischen Kornfeinheit und optimalem Wassergehalt an Ton und Lehm. Hydraton ist unabhängig davon; c) Beziehung zwischen Stärke des Dichtungselementes in Abhängigkeit von der Stauhöhe am Schluff, Ton, Hydraton; d) Schematische Darstellung der Beziehung zwischen Wassergehaltsänderung und Gleitsicherheit am Hydraton und Be-rücksichtigung der Immunität gegen Ausschlämmen.

2. Der Bedarf an Lockergesteinen als zu veredelnder Grundstoff sinkt auf ein Mindestmaß herab (Abb. 76 bis 80) und ermöglicht die Anlage von Stau-dämmen auch in gebirgigen Gegenden, wo die natürlichen Dichtungsstoffe selten in ausreichender Qualität und Quantität vorhanden sind.

3. *Die Dichte kann in engen Grenzen im Bereich von 10^{-8} cm/s* (Abb. 85, 86)
gewährleistet werden. Sie kann durch die Variation der im übrigen relativ geringen
Zusätze weitgehend verändert werden.

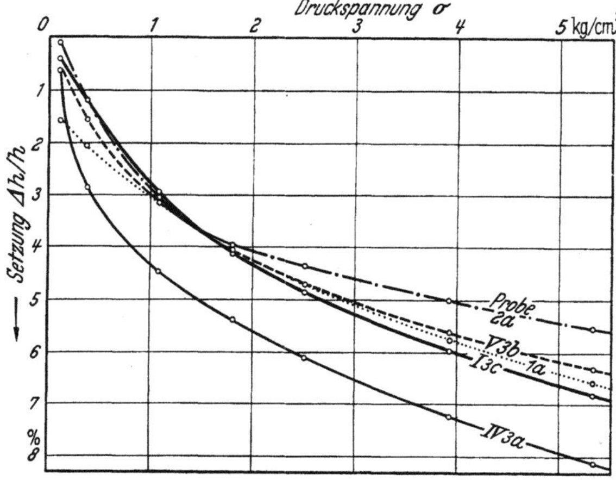

Abb. 88. Steifeziffern verschiedener veredelter Erdarten.

4. *Die Gleitsicherheit* ist dabei *sehr hoch* (Abb. 83, 84), die Massen lassen sich als Dichtungsteppich auf Grund praktischer Erfahrungen auf Neigungen von 1 : 1,5 absolut gleitsicher einbauen, auch dann, wenn der Wasserzusatz eine Konsistenz bewirkt, die im Fließbereich liegt. Zum Beispiel wurde ein Löß mit einer Fließgrenze von 25% Wassergehalt mit einem Wassergehalt von 35···38% während stark niederschlagsreichem Wetter eingebaut. Ebenso können rutschsüchtige Tone durch Zusatz von Chemikalien stabilisiert werden, d. h. mit Neigungen von 1 : 2 und steiler eingebaut werden (Abb. 83).

5. *Optimaler Wassergehalt* und *Porenwasserüberdruck,* jene stabilitätsbeeinflussenden Faktoren sind bedeutungslos.

6. *Die Steifeziffer (der Verformungswiderstand) bewegt sich in Grenzen zwischen etwa 25 ··· 40 kg/cm²,* auch dann, wenn der Anteil an gröberen Erdarten mehr als 70% der Gesamttrockensubstanz beträgt, ist also sehr gut zu bewerten (Abb. 88). Hydraton kann sich allen Dammverlagerungen besser anpassen als natürlicher Ton oder Lehm.

7. *Der Einbau* (Abb. 90 bis 99) *ist im Gegensatz zu dem der Ton-* (Abb. 105) *und Asphaltbetondichtungen* (Abb. 46) *einfach.* Es gestattet höchste Leistungen. Die im Betonmischer (Abb. 76, 80) hergestellte thixotrope Dichtungsmasse (Abb. 90 bis 95) wird als Brei eingebaut und bedarf keiner zeitraubenden mechanischen Verdichtung (Abb. 97 bis 99). Die

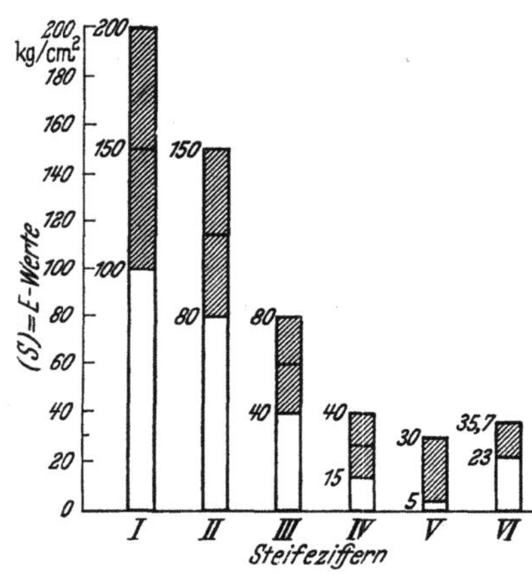

Abb. 89. Steifeziffern an einem lockeren Kiessand *I, II* an einem harten Ton, *III* an einem weichplastischen nicht einbaufähigen Ton, *V* an einem sehr weichen, nicht verwendbaren Ton, *VI* an einem einbaufähigen Hydraton.

thixotrope Konsistenz gewährleistet die gleichmäßige Dichte beim Einbau, die von der im Prüfraum nicht abweicht. Der Einbau ist, wie beim Beton, nur von Frosteinfluß behindert. Er ist also im Gegensatz von Ton und Lehm bei jeder sonstigen Wetterlage ununterbrochen bis zu Bodentemperaturen von 0°C und vor allem auch unter Wasser möglich.

8. Der Einbau bei wasserseitiger Anordnung des Dichtungselementes als dünner „Chemikalteppich" unter einer starken Deckschicht läßt sich bequem

nach Ausführung des eigentlichen Dammkörpers von der Dammkrone unter Einschaltung von Betonpumpen oder Rutschblechen, d. h. von einem festen Standpunkt aus, gleichmäßig durchführen.

Abb. 90. Hydraton löst sich infolge der hohen Oberflächenspannung als steife Masse geschlossen aus dem Kipper.

Abb. 91. Infolge der Thixotropie wird er bei der Bewegung wieder flüssigbreiig. Diese Änderung des Zustandes kann durch Bemessung des Wasserzusatzes weitgehend eingeschränkt werden.

Abb. 92. Höhepunkt der thixotropen Verflüssigung einer wasserreichen Mischung beim Einbau auf einer Neigung 1 : 2,9 an der Talsperre Cranzahl.

Abb. 93. Ausschnitt während des Höhepunktes der thixotropen Verflüssigung einer wasserreichen Mischung beim Einbau an der wasserseitigen Böschung des Staudammes Cranzahl.

Abb. 94. Die Verflüssigung währt sehr kurz, das zuletzt entleerte Material ist bereits wieder steif.

Abb. 95. Ausschnitt der rasch wachsenden Versteifung.

9. Da nach Abschluß der Dammschüttung die Dammsetzungen zum größten Teil vorüber sind, kann der Dichtungsteppich fast in der geringen Stärke einer Asphaltdichtung und zugleich in kürzester Zeit ausgeführt werden.

Rutschungen sind somit bei Beachtung der üblichen Böschungsneigungen ausgeschlossen. Mit diesem Hydratonverfahren (**Hydra**tation[1], **ton**artige

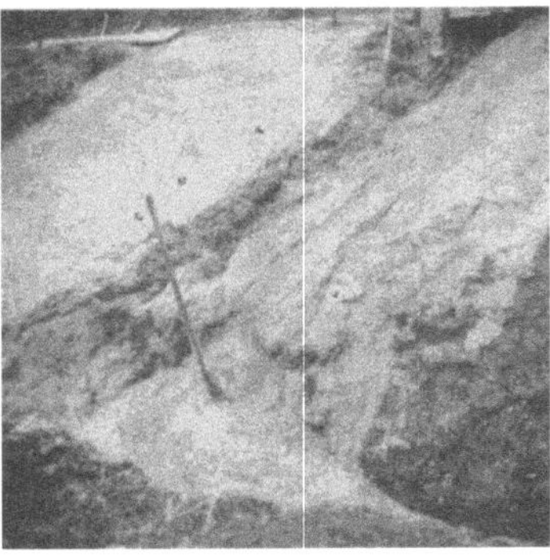

Abb. 96. Während aus dem Kipper von oben noch Hydratonmasse zufließt, steht eine Schaufel senkrecht in der beruhigten eben ausgekippten Hydratonmasse. Dies zeigt deutlich die rasche Versteifung an.

Abb. 97. Einbau des Hydratons als „Chemikalteppich" an dem Staudamm Cranzahl, wo dieses Verfahren vom Verfasser 1950 entwickelt wurde. Der Einbau des zusätzlichen 20 cm starken Dichtungsteppichs gleicht in seiner Ausführung dem Einbau von Betondecken an Straßen. Neigung hier 1 : 2,9.

Abb. 98. Einbau und Glättung des Chemikalteppichs einschichtig in 4 m breiten Streifen an dem Staudamm Cranzahl/Sa. 1951.

Abb. 99. Einbau und Abdecken bei Trockenheit und Sonnenbestrahlung des Chemikalteppichs gegen Schwundrißbildung in Cranzahl durch dünnen Erdbewurf.

Masse) ist die Grundlage geschaffen, unabhängig von der Versorgungslage natürlicher Dichtungsstoffe, also allein bei Nachweis genügender Lockergesteine beliebiger Zusammensetzung, einen ausgezeichneten Dichtungsstoff für jeden Dichtungsanspruch herzustellen. Dadurch wird der Nachweis, die Bereitstellung,

---

[1] Unter Hydratation ist im Sinne von ENDELL und KUHN (vgl. Kolloidchemisches Taschenbuch, Leipzig 1939) als maßgebenden Kolloid- und Mineralchemikern der Tonmineralien die Anlagerung von Wassermolekülen an die unabgesättigten Kristallwachstumsflächen der Tonmineralien zu verstehen. Nach KUHN handelt es sich um sog. „Attraktionswasser". Dies ist wichtig zum Unterschied der Hydratisierung des Zements beim Beton. (Vgl. KEIL: Ingenieurgeologie und Geotechnik, 2. Aufl., S. 141 ff Halle: Knapp, 1954.)

die Prüfung etwaiger Dichtungsmaterialien gegenüber dem im bisherigen Umfange stark eingeschränkt. Der Veredelungsprozeß ermöglicht die Ausführung von Staudämmen auch in ausgesprochen sandigen Gegenden unter Verwendung von Sand als Grundstoff für den Dichtungskörper, oder den Dichtungsbelag an Kanälen. Die Nachprüfung dieser thixotropen Masse nach den üblichen boden-

Abb. 100. Verfüllen und Dichtung von Herdgräben am Staudamm Cranzahl.

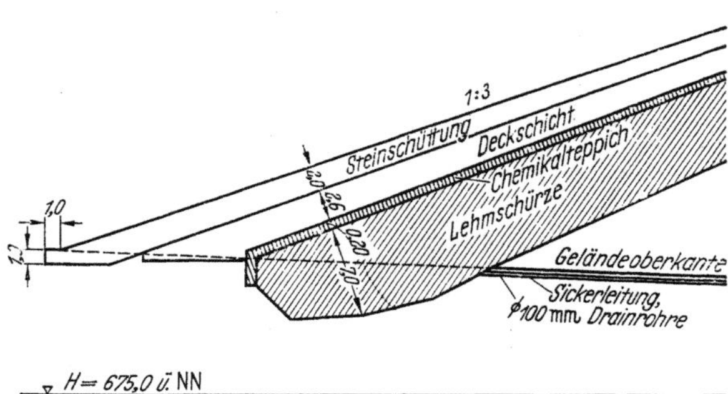

Abb. 101. Querschnitt des Anschlusses an den Untergrund und Ausbildung des Chemikalteppichs in Cranzahl.

physikalischen Prüfverfahren ist nur für die Durchlässigkeit gültig, denn infolge der allerdings nur vorübergehend wirksamen thixotropen Eigenschaft (Abb. 81) werden stets zu niedrige Reibungsziffern erhalten (Abb. 84 V). An einem veredelten

Abb. 102. Der eingebaute Hydraton steht mit senkrechter Wand sofort als Folge der Hydratation, obwohl er noch sehr weich ist und noch nicht begangen werden darf. Er bleibt auch weich, wenn er auf nassem Grunde oder unter Wasser eingebaut wird und wird nur nach Maßgabe einer starken Auflast dabei zusammengedrückt und steifer. Die Zusammendrückung beträgt bis etwa 10%.

Abb. 103. Nach 24 Stunden kann der Hydraton über einer Schutzschicht von 50 cm Stärke bei Mischung gemäß Abb. 80 befahren werden.

Löß lagen sie zwischen 17 und 31°. Eingebaut wurde er völlig gleitsicher mit mehr als 26° ⋯ 37°. Damit ist erstmalig auf chemisch-mechanischem Wege eine sehr billige und bequeme sofortige Veränderung ungünstiger und mangelhafter bodenphysikalischer Eigenschaften von Erdarten aller Körnungen in jeder gewünschten Richtung und für jeden Zweck möglich, deren günstige Auswirkungen auf den Staudammbau wohl noch nicht abzusehen sind.

Beispiele für die praktische Anwendung zeigen Abb. 90 bis 104, Vorschlag für den Staudamm Wemmershoek (Südafrika) (Abb. 106). Zum Beispiel lassen sich die Massenbewegungen von 2,7 Millionen cbm Umfang bei Anwendung des Hydratonverfahrens um rd. 30% ermäßigen. Die Kerndichtung aus gemagertem Lehm im Voranschlag von 412000 m³ werden bei wasserseitiger Dichtung auf rund 70000 m³, bei Anwendung einer Kerndichtung auf 45000 m³ beschränkt. An der Bauzeit kann ein volles Jahr bzw. 25% der vorgesehenen Bauzeit eingespart werden. Folgen von höchster wirtschaftlicher Tragweite.

Als Ausgangsmaterial kommen somit alle durchlässigen gröberen und feinkörnigen anorganischen Bodenarten unterschiedlos in Frage. Aussieben der Erdarten auf Unterkorn von 6 mm oder Bentonitzusätze (vgl. S. 51) entfallen weit-

Abb. 104. Hydratonteppich 25 cm stark, Grundstoff Lößlehm. Wahl 0,25; eingebaut an 1 Wa 0,38, trotzdem sehr stabil, dicht und gleitsicher.

gehend Erdmassen. Allerdings müssen kohäsionslose Sande einen Zusatz hydratationsfähigen Tons erhalten (Abb. 76). Die Kosten je m³ hergestellte und eingebaute Hydratonmasse schwanken etwa zwischen 16—24 DM/m³ bei maschinellem Betrieb, sie verteuert sich entsprechend bei Handbetrieb. Der Bedarf an Chemikalien ist mit 6—8 DM sehr niedrig. Die Hydratondichtung ist billiger als eine doppelte Asphaltbetondecke (Abb. 67, 68, S. 44).

3. Die Kunststoffolien (Abb. 107 a) [*88, 466*] sind nur wenige Millimeter stark, bilden die schwächsten Dichtungen, bestehen aus undurchlässigen organischen Stoffen und sind hochelastisch und unlöslich. Über ihre sichere Einbauweise, Bewährung und Verletzbarkeit im Staudammbau müssen erst Erfahrungen gesammelt werden. Im einzelnen ist zu sagen: Man unterscheidet

a) Oppanol-B-A-Folie) diese sind 4 mm stark, Sand von 1 mm ⌀ drückt
b) Dynagen-Folie, ∫ sich je 1 mm oder 2 mm ein.

Die Druckfestigkeit ist 20 kg/cm², die Bruchdehnung über 300%.

Nach TÖLKE [*466*] gilt folgendes: Sie können im Damm an beliebiger Stelle eingebaut werden, sie werden mit 10 cm starken Feinsandschichten ummantelt. Auf eine Mindeststärke von etwa 1 m beiderseits des Sandpolsters wird ein Steingerüst in ein Ton-, Lehm- oder Schluffbett eingerüttelt. Betonplatten über den

Gesamtdauer	Lagen	Arbeitszeit	Tonfeld = 130 m Arbeitsrichtung →											
			Abschnitt I			Abschnitt II			Abschnitt III			Abschnitt IV		
			Ton	Walzen	Kies	Ton	Walzen	Kies	Ton	Walzen	Kies	Ton	Walzen	Kies
	1.Lage 8 Std.	6…8	T											
		8…10		W_l		T								
		10…12					W_l					T		
		12…14							T				W_r	
	2.Lage 8 Std.	14…16	T							W_r				
		16…18		W_l		T								
		18…20					W_l					T		
		20…22							T				W_r	
48 Std.	3.Lage 8 Std.	22…24	T							W_r				
		0…2		W_l		T								
		2…4					W_l					T		
		4…6							T				W_r	
	4.Lage 8 Std.	6…8	T							W_r				
		8…10		W_l		T								
		10…12					W_l					T		
		12…14							T				W_r	
	5.Lage 8 Std.	14…16								W_l				
		16…18			▨			▨			▨			▨
		18…20			▨			▨			▨			▨
		20…22			▨			▨			▨			▨
		22…24			▨			▨			▨			▨
		0…2			▨			▨	W_l = Böschungswalze, links					▨
		2…4			▨			▨	W_r = Böschungswalze, rechts					▨
		4…6			▨			▨			▨			▨

Abb. 105. Umständlicher Toneinbau und Arbeitsfolge am Mittellandkanal beim mehrschichtigen Einbau und Verdichtung in dünnen Lagen in Gegenüberstellung zum einfachen einschichtigen Einbau von Hydraton.

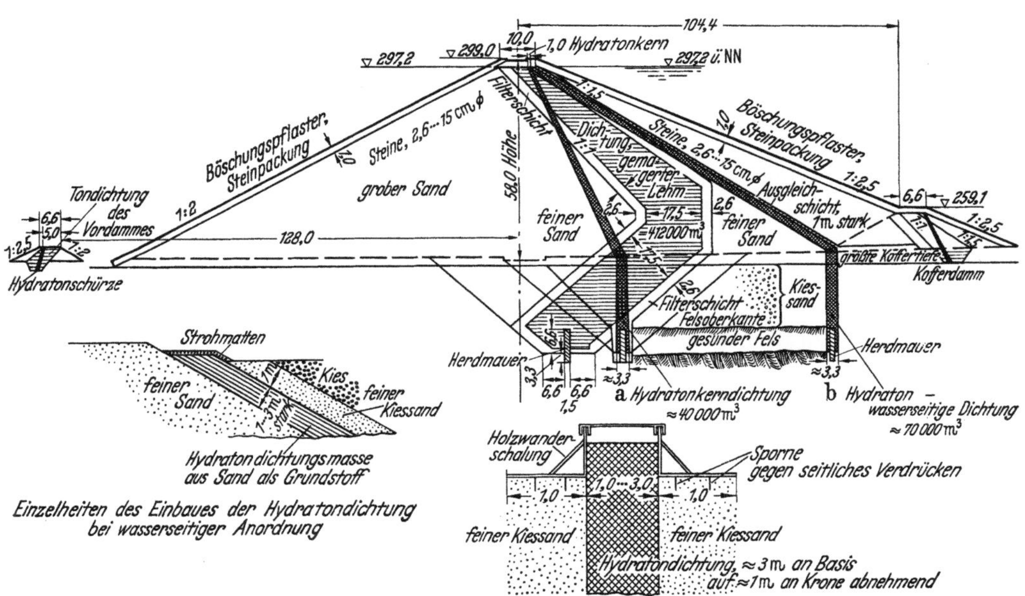

Abb. 106. Vorschlag der Ausbildung der Hydratondichtung am Staudamm Wemmershoek in Südafrika. Darstellung a als Kerndichtung, b als wasserseitige Dichtung in Gegenüberstellung zur tatsächlichen sehr mächtigen Lehmdichtung, die künstlich gemagert werden mußte. Aushub an Material und der Bedarf an Dichtungsmassen werden durch das Hydratonverfahren beschränkt, die Bauzeit ohne Beschränkung durch Wettereinflüsse (Regenzeit) um 25% d. h. ein volles Jahr ermäßigt, die Stauanlage kann ein Jahr früher arbeiten, der Aufwand an Gerätepark, an Baustelleneinrichtung nimmt den geringst möglichen Umfang an.

wasserseitigen waagerechten Sandabdeckungen dienen dem Schutze des Sandpolsters während des Einrüttelns. In vertikaler Richtung kann Sand durch Stufe zu Stufe aufgesetzte Schalungen leicht in Position gehalten werden. Steinpflaster dient als zusätzlicher Schutz gegen Wellenschlag (Abb. 107 b).

Nachteil. Verknautschung beim Einrütteln tritt ein. Dabei haben die schweren Steine das Bestreben des beiderseitigen Kraftschlusses in der gegenseitigen festen Abstützung. Es erhebt sich die Frage, ob trotz der hohen Bruchdehnung diese kartonstarke Folie dem robusten Baubetrieb gewachsen ist, insbesondere bei Anwendung des Rütteldruckverfahrens. Der Sand wird beiseite gedrückt, Steine berühren und beschädigen evtl. die Folie und heben die Wirkung als Dichtungsmembrane auf. Der Einbau erfordert besonders große Sorgfalt, ohne die Gewähr zu bieten, daß die zarten Folien dabei dicht bleiben.

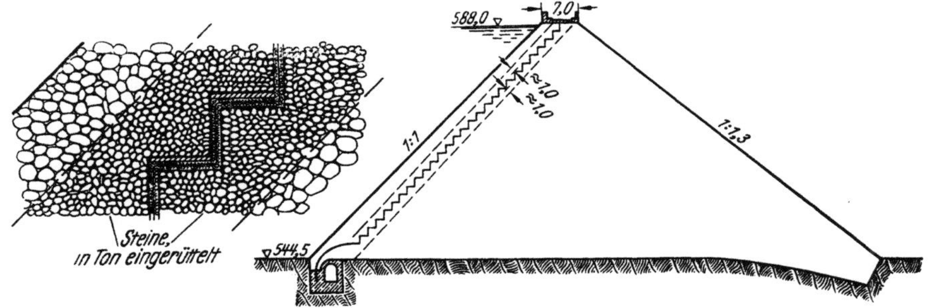

Abb. 107a u. b. Steinrütteldamm mit Oppanol- oder Dynagen-Dichtungsfolie. (Nach TÖLKE [466].)

4. Die Bitumengewebebahnen. In neuerer Zeit wurden in Deutschland Böschungen von geringer Höhe an Einschnitten und Dämmen mit Bitumendecken versehen, die teils zur Dichtung dieser Böschungen gegen den Eintritt von Wasser, teils zu ihrer Sicherung gegen den Angriff von Wasserströmungen und Wellenschlag dienen sollten. Diese Bitumendecken haben sich im allgemeinen gut bewährt, so daß die Verwendung des Bitumens zum Schutze und zur Dichtung von niedrigen Böschungen unter und über Wasser in den meisten Fällen Erfolg verspricht. Nur bei Wasseraustritten an den Böschungen ist das Abdichten mit Bitumen schwierig. Es muß dort für eine gute Ableitung des Wassers gesorgt werden.

Große Elastizität, praktisch völlige Dichtung, bequeme Ausführungsmöglichkeit, jedoch leichte Verletzlichkeit und besonderer Schutzanspruch wie an den Dichtungsfolien stellen diese Dichtungsart den Kunststoffolien in der Eignung gleich. In beiden Fällen ist ihre Dauerwirkung nur von der sorgfältigen dichten Verlegung, weniger von der Zusammensetzung der gleichmäßig dichten Stoffe bedingt.

Die Stärke der Dichtungsschichten. Die oft viele Meter starken Dichtungskerne und -vorlagen aus Dichtungslehm und die nur Millimeter bis Zentimeter dünnen Kunstfolien und Bitumenbahnen sollen in gleicher Weise die Dichtungsaufgabe erfüllen. Die Stärke der Dichtungsanlage wird von dem Grad der Festigkeit, Beständigkeit, Dauerhaftigkeit und Stabilität, der jeweiligen Durchlässigkeit in Abhängigkeit von den Belastungen durch die jeweilige Stauhöhe, dem Druckgefälle, bestimmt. Im übrigen liegt das Gefälle meist unter 10,

Tabelle 5. *Vor- und Nachteile verschiedener Dichtungsarten.*

	Asphaltbeton	Bitumenbahnen	Hydraton	Kunststoffolien	Ton, Lehm
1. *Dammkörper*	mehr oder weniger setzungsfrei verdichtet. Sehr sorgfältige Ausgleichschicht, evtl. Magerbeton, wenig elastisch	trockener Dammkörper sonst wie Asphaltbeton	schwache Ausgleichschicht von wenigen dm, keine besonders hohe Verdichtung, sehr elastisch	umständliche Vorbereitung der Unterlage für die dünnen Folien, schwierige sichere Anordnung, jedoch sehr dehnbar	starke Filterschichten als Stufen- oder Mischfilter zwischen Dichtungs- und Stützkörper erforderlich (sehr teuer!)
2. *Einbau*	schwierig, umständlich, besondere Geräte, genaue Abstimmung der Zusammensetzung der Asphaltdecke	ähnlich Asphaltbeton	relativ einfach wie beim Auftrag einer Betondecke in beliebiger Stärke einschließlich im Fließverfahren	sorgsames Einbetten in Sand, um Beschädigung durch Steine zu verhindern	sehr umständlich, wetterbedingt, erfordert umfassende Dauerkontrolle (optimaler Wassergehalt!) (Porenwasserdruck!)
3. *Anschluß an Untergrund*	fester Anschluß an setzungsfreien Untergrund erforderlich. Teure Vorbereitung der Gründung	ähnlich Asphaltbeton	keine Untergrundvorbereitung erforderlich, kann unter Wasser eingebaut werden	dichter Anschluß wie beim Hydraton an Dichtungschleier	Baugrube muß trockengelegt werden für Walzdämme
4. *Ausführungszeit*	meist während der Bauzeit des Dammes, ihm nacheilend von unten nach oben	ähnlich Asphaltbeton	bei wasserseitiger Dichtung am besten und einfachsten nach Abschluß der Dammschüttung	im Zuge des Dammaufbaues oder nach Dammabschluß	im Zuge des Dammaufbaues
5. *Stärke*	wenige Dezimeter (Genkeltal: 35 cm)	etwa 5—20 cm	wenige Dezimeter: 20 bis etwa 3,50 cm und stärker (je nach Einbauort)	4 mm	stets mehrere m bis viele m stark $b:h = 1:3$ bis $1:4$ an Basis
6. *Porenraum*	~ 1—2%	~ 1—2%	~ 20—45%	$\sim \pm 0$	~ 20—30%
7. *Dichte*	höchstmögliche Dichte	wie Asphaltbeton	Dichte regelbar bis $5 \cdot 10^{-9}$ cm/s gleichmäßig	sehr hoch	wenig gleichmäßig
8. *Erosionssicherheit*	völlig gewährleistet	wie Asphaltbeton	wie Asphaltbeton	wie Asphaltbeton	nicht erosionsbeständig
9. *Neigung der wasserseitigen Böschungen*	steiler als 1:1	etwa 1:2	etwa 1:2	1:1,5	1:2,5 und flacher
10. *Deckschicht*	keine wasserseitige Deckschicht erforderlich	wie Asphaltbeton	wasserseitige Deckschicht erforderlich		
11. *Sicherheit gegen Bomben*	sehr gering, sehr empfindlich	wie Asphaltbeton	bei starker Deckschicht wenig gefährdet, als Kerndichtung stark gesichert	starke Deckschicht erforderlich, sehr empfindlich und gefährdet	wie bei Hydraton
12. *Kosten*	Genkeltalsperre 90 DM/m²	32 DM/m²	16—24 DM/m³	?	≈ 5—15 DM/m³

beträgt aber am Ambuclaodamm 20. Die Stärken wechseln sehr, zwischen wenigen Metern Stärke (Abb. 1, 18, 44, 106) an der Basis bis weit mehr als 150 m (Abb. 9). Die Stärke hängt auch von dem zur Verfügung stehenden Material ab. Absolut undurchlässige Dichtungen können, da sie keine Lasten auszuhalten haben, sehr dünn sein. Die hochelastischen Kunststoffolien und Bitumenbahnen beweisen dies. Die übrigen elastischen Dichtungen sind nicht absolut undurchlässig, jedoch im hohen Grade dichtend. Ihre Stärke hängt dann zunächst von der jeweiligen Durchlässigkeit und Unveränderlichkeit ab. Dichtungskörper mit einer Durchlässigkeit von $1 \cdot 10^{-8}$ cm/s können theoretisch auf 10% der Stärke einer Dichtungsschicht von $1 \cdot 10^{-7}$ cm/s beschränkt werden.

Der Einfluß der Durchsickerung auf den Dichtungskörper. Auf dem Sickerwege durch den Dichtungskörper wird der Sickerstrom wie beim Durchgang durch eine sehr dichte Membrane entspannt; es kann in der Zeiteinheit nur eine bestimmte geringe Menge Wasser durchsickern. Die Stärke der Dichtung bestimmt dann bei unveränderlicher Stabilität des Dichtungskörpers nur die Weglänge, den Sickerweg, die Zeit, den Grad der Entspannung, weniger die durchsickernde Menge. Daher kann ein unveränderlicher, d. h. erosionssicherer Dichtungskörper ohne weiteres sehr viel schwächer ausgeführt werden als die üblichen ausschlämmbaren Lehm- und Tondichtungen. Allerdings zeigt die etwa 5 m starke Kerndichtung des 100 m hohen Ambuclao-Staudammes auf den Philippinen [31] eine bisher fast unvorstellbare schmale Ausführung. Voraussetzung für die Einsparung und Beschränkung an Dichtungsstoff ist die Erosionssicherheit des Dichtungskörpers. Er darf nicht ausschlämmbar sein. Diese Forderung ist jedoch niemals an unveredelten Dichtungsstoffen erfüllbar. Untersuchungen haben ergeben, daß bei entsprechend hohem Gefälle selbst Dichtungserden mit einem k-Wert von $1,4 \cdot 10^{-8}$ cm/s ausgeschlämmt werden können. Die Stärkebemessung verlangt daher ein Mindestmaß, das bei stark ermäßigtem Druckgefälle in der wasserseitigen Hälfte des Dichtungskörpers gerade die feinsten und wesentlichen Bestandteile, die am stärksten erodiert werden, wieder abgesetzt werden und durch die sog. Selbstdichtung [171] die Wirkung der Dichtungsanlage erhöhen. Beispiel für Selbstdichtung: An der Kallsperre gingen nach erfolgter Verpressung die sekundlichen Durchsickerungsmengen von 33 l durch Selbstdichtung auf 19,4, d. h. um rd. 40%, zurück.

Da die Schleppkraft des Sickerwasserstromes im Dichtungskörper auf einem kürzeren Wege gebrochen wird, je dichter eine Dichtungsanlage ist, wird ihre jeweilige Stärke maßgebend durch die Erosionsgefahr bestimmt. Dabei wird aber nicht die Erosion am luftseitigen Ende des Dichtungskörpers verhindert. Auch Filteranlagen bieten keinen Schutz, wie die obige Feststellung beweist.

Erosionssichere Dichtungen (Abb. 107). Alle Kunststoffe und nach dem Hydratonverfahren veredelte anorganische Erdarten unterliegen nicht der Erosion. An letzteren werden gerade die feinsten Bodenteilchen elastisch und erosionsfest im Stoffsystem eingebunden. Daher können diese Dichtungskörper bedeutend schmäler ausgeführt werden als die Dichtungen aus natürlichem unveredelten Lehm und Ton (Abb. 106, 350, S. 268). Hierin ist ein wesentlicher Fortschritt im Verhalten der Dichtungen erreicht, die damit wie die Kunststoffe (Folien, Bitumendecken) wirken.

Jedenfalls bedarf die Frage der Mindeststärke mit Rücksicht auf die damit verbundene erhebliche Kostensenkung auf Grund der neuesten erosionssichernden Verfahren einer besonderen Abklärung. Hier zeigen die verschiedenen Dammquerschnitte und Stärkenbemessungen an den bisherigen Staudämmen, nicht zuletzt an dem Anderson-Damm, trotz seiner einmaligen Höhe von 138 bis 139 m noch ein wahrscheinlich sehr erhebliches Übermaß ($>$ 150 m). Dieses ist nur dann gerechtfertigt, wenn die Dichtungsstoffe mühelos und ohne erheblichen

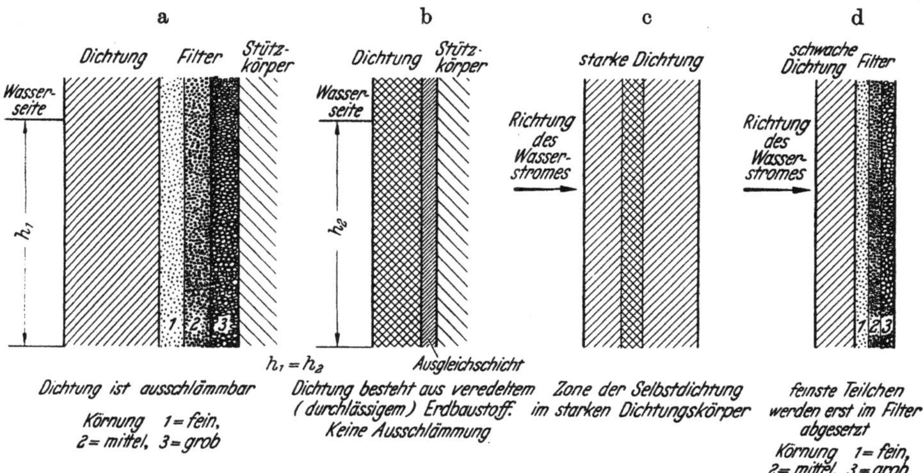

Abb. 108 a u. b. Links bisherige Ausführung der Dichtungen an Staudämmen: starke Dichtung und Stufenfilter, rechts Ausführungsmöglichkeit bei Anwendung des Hydratonverfahrens: schwächere Dichtungskörper, schmale nicht filterförmig gestufte Abgleichschicht gegen grobstückiges Stützkörpermaterial. Teure Filteranlagen entfallen.

Abb. 108 c u. d. Verhalten der Ton- und Lehmdichtungen bisheriger Ausführung. Links starker Dichtungskörper (vgl. Abb. 9, S. 9) mit Selbstdichtung im Dichtungskörper, verhindert nicht die regressive Erosion bei luftseitigem Austritt des Sickerwassers, rechts schwächere Dichtung mit anschließendem Stufenfilter, verhindert ebenfalls nicht die Erosion und verzichtet ggf. auf Selbstdichtung.

Mehraufwand zu beschaffen sind, wie z. B. an der geplanten Breitenbachsperre bei Siegen, bei einer sonst standardisierten Einbau- und Verdichtungsweise, die die erforderliche Sorgfalt in jeder Weise erkennen läßt.

2. Der Stützkörper.

Aufgabe (Abb. 11 bis 13, 15, 16, 23, 27 bis 29). Seine Aufgabe besteht

1. darin, den durch den Dichtungskörper auf ihn übertragenen Staudruck ohne Gefährdung des Dammes aufzunehmen, auf den Baugrund zu übertragen und dadurch dem Damm ein unveränderliches stabiles Gefüge und Dauerfestigkeit zu geben.

2. Zugleich soll in ihm das aus dem Dichtungskörper ausströmende Sickerwasser des Dammes weitgehend entspannt werden und nach unten im steilen Verlauf der Sickerlinie abfallen.

So ergibt sich zunächst die Forderung ausreichender Festigkeit der vorwiegend felsigen und grobkörnigen Baustoffe in fester gegenseitiger Verlagerung und ferner der Anspruch entsprechender Großporigkeit, um im Dichtungskörper weitgehend entspannten Sickerstrom im steilen Abfall nach der Dammsohle des Dammkörpers abzusenken.

Durch seine Auflast, sein hohes Gewicht, werden Kerndichtungen geschützt. Gleichzeitig soll die Konsolidation, die innere Verfestigung der elastischen Dichtungsstoffe beschleunigt und durch seine dauernde Auflast zugleich jede Gleitgefahr bei Stauspiegelsenkungen unmöglich gemacht werden. Grundsätzlich ist danach die Zweigliederung im wasserseitigen Dichtungsteil und luftseitigen Stützkörper oder einem Dichtungskern und beiderseitig auflagerndem Stützkörper für einen Staudamm ausreichend.

Die Massen für die Stützkörper. Sie sollen stark durchlässig sein. Ihr Durchlässigkeitswert muß daher unter $1 \cdot 10^{-3}$ cm/s liegen. Sie müssen einen ausreichenden Gehalt an grobkörnigen Bestandteilen zur Erzielung hoher Standfestigkeit aufweisen. Die Stabilität wird dabei durch den Winkel der inneren Reibung bestimmt, der höher als $45°$ ($\mu \geqq 1$) betragen soll. Nur vorwiegend lehmfreie, feste, steinig-felsige Schüttmassen großer Beständigkeit eignen sich hierfür (Abb. 44, S. 26). Am Staudamm Marmorera (Schweiz) werden die Moränenschotter zu diesem Zwecke vor dem Einbau gewaschen.

3. Der Füllkörper.

Allgemeines (Abb. 23 bis 25, S. 12/13, 28, 29, S. 14). Der Sprung in den Durchlässigkeitswerten zwischen dem Dichtungskörper $<1 \cdot 10^{-7}$ cm/s und dem Stützkörper $>1 \cdot 10^{-3}$ cm/s bietet für die unveredelten angrenzenden Dichtungsstoffe eine latente Gefahr, da bei den unveredelten Dichtungsstoffen auch bei einer geringeren Durchlässigkeit als $1 \cdot 10^{-3}$ cm/s gerade die feinsten Bodenteilchen ausgeschlämmt werden (vgl. S. 65). Infolgedessen werden ausnahmslos halbdurchlässige Zwischenglieder zwischen Dichtungs- und Stützkörper angeordnet. Hierfür dienen entweder die nicht nach bestimmten Körnungen unterteilten und zusammengesetzten Füllkörpermassen oder die entsprechend ausgewählten, nicht selten feingegliederten Filterschichten.

Aufgabe. Der Füllkörper stellt in der Kornzusammensetzung und der Durchlässigkeit als halbdurchlässiges Dammglied die Brücke zwischen den dichten und grobkörnigen Massen dar. Entsprechend obiger Forderung bewegt sich die mittlere Durchlässigkeit im Grenzbereich zwischen $>1 \cdot 10^{-7}$ und $<1 \cdot 10^{-3}$ cm/s, wobei bei stark schwankender Kornzusammensetzung von vornherein auf eine stärkere Ausbildung dieses Zwischengliedes geachtet werden muß, um alle Feinstteilchen, wenn nicht an der Grenze, so doch wenigstens im wasserseitigen Teil des Füllkörpers zum Absetzen zu bringen. Jedenfalls muß der Füllkörper die Schleppkraft des Sickerwasserstromes durch weitere Entspannung und damit Ablagerung der feinsten Bodenteilchen weitgehend brechen.

Als Füllkörpermassen eignen sich feine Sande, durch Gesteinsgrus vergröberter Verwitterungslehm, Mischungen von Sand, Kies und Lehm und Gesteinsgrus und Gesteinsschutt, lehmig-steinige Massen der Zersetzungszone von Felsgesteinen und ähnlich gemischtkörnige, halbdurchlässige Lockergesteine. Nicht selten unterteilt man den Füllkörper bei entsprechendem Massenanfall in die feinkörnigere Zone I und in die steinigere Zone II (Abb. 24, S. 13).

In diesem Falle übernimmt die Zone I in erster Linie die Aufgabe einer zusätzlichen Dichtung, die Zone II die der bevorzugten Stützung. Zweifellos hat der Füllkörper ähnlich wie ein in der pisé-Bauweise ausgeführter Damm die doppelte Aufgabe: zu dichten und zu stützen. Diese spezielle Ausbildung und die

weitere Untergliederung wird maßgebend bestimmt durch den jeweiligen Anfall
der hierfür geeigneten Baustoffe, während die Gesamtstärke des Füllkörpers
durch die mittlere Durchlässigkeit und die erforderliche Entspannung des durchsickernden Wassers (Abfall der Sickerlinie) vorgeschrieben wird.

Verzicht auf Füllkörper. Die erforderlichen Massen sind mitunter nicht oder
nur mit großem Kostenaufwand zu beschaffen. Auf diesen Füllkörper kann indessen nur bei Anwendung der starren und weniger elastischen Dichtungen aus
Kunststoffen oder aus veredelten Füllmassen bei der Steingerüsthydratonbauweise, an den elastischen ebenfalls nur bei Verwendung von Kunststoffen und
veredelten natürlichen Dichtungsstoffen verzichtet werden. Nur dann wird die
Zwischenschaltung der Füllkörpermassen mehr oder weniger überflüssig.

4. Die Filteranlagen (Abb. 13, 43, 44, 52, 55 S. 33), [33, 337, 387].

Aufgabe: Filteranlagen sind im Staudammbau meist unentbehrlich. Sie haben
zweierlei Aufgaben zu erfüllen:

1. Zunächst sollen sie wie der Füllkörper bei Verwendung unveredelter Erdarten als Dichtungsstoffe die Ausschlämmung der feinsten, die Selbstdichtung
verursachenden Mineralteilchen verhindern. Sie dienen dann als Ersatz des Füllkörpers und sind nur vertretbar bei Verzicht auf Füllkörper, jedoch unzweckmäßig und abzulehnen als Zwischenglied zwischen Dichtungs- und Füllkörper
angegebener Kornfeinheit. Ferner sollen sie durch rasche und im Gegensatz zum
Füllkörper kurzwegige Entspannung des Sickerwassers den Verlauf der Sickerlinie im Damm (vgl. S. 76) im steilen Abfalle absenken, wodurch die Stabilität
des Dammes erhöht wird. Die Ansichten hierüber sind in den USA geteilt:

Im Westen der USA wird vom Corps of Engineers eine grobkörnige Dränageschicht unter der luftseitigen Hälfte des Staudammes als Entlastungsschicht eingebaut. Die Sickerlinie wird dadurch heruntergezogen, d. h. abgesenkt. Dann sind
je nach dem Umfang zulässiger Wasserverluste größere Ausflußgeschwindigkeiten, d. h. geringe Dichtigkeit in den Dämmen, erlaubt.

Im Osten der USA vertritt die Wasserbehörde der Stadt New York den
Standpunkt, zur Erhöhung der Wassersperrung einen Betonkern anzuwenden.

Sicker-Filterteppiche sind bei Auftrieb aus dem Untergrund empfehlenswert. Die luftseitige Dammhälfte wird möglichst auf begehbare Filterteppiche gelegt [39]. Die Durchlässigkeit der Filterkörper entspricht durchaus
den Forderungen an einen Füllkörper mit Grenzwerten für k zwischen $1 \cdot 10^{-4}$
bis $1 \cdot 10^{-7}$ cm/s. Hinsichtlich des Aufbaues und der Anwendung der verschiedenen Filter im Staudammbau gelten nach [387] folgende Tatsachen. Man
unterscheidet Filter flächenhafter und solche linienhafter Ausbildung. Beide
finden im Staudammbau zur beschleunigten Entwässerung Anwendung.

Die *Flächenfilter* sind bei unveredelten Dichtungsstoffen als Zwischenglied
zwischen Dichtung und Stützkörper bisher als unentbehrlich (Abb. 109, 110) und
sehr teure Bauglieder verwendet worden. Während SICHARDT [289, 387] sie ablehnt, spricht sich OHDE dafür aus. Durch das Hydratonverfahren wird diese Frage
auf ebenso elegante wie sichere Weise gelöst, da dadurch die Dichtungsstoffe
erosionssicher werden und Filter überflüssig werden (Abb. 106, 350, 351, S. 268/269).

Als *Filterteppiche* auf der Baugrundoberfläche (Abb. 38 c) unter der Dammsohle sorgen sie für die Ableitung und Entspannung in waagerechter, aber auch in schräger (Abb. 110) oder gar senkrechter (Abb. 109) Anordnung an verschiedenen Dammstellen (Abb. 53 a bis d, S. 32). Man rechnet nach [33] für einen 50 m hohen Damm mit 500 m Kronenlänge mit 100000 m³ Sand, Kies und gebrochenen Steinen bei einem Kostenaufwand von 1 Million DM.

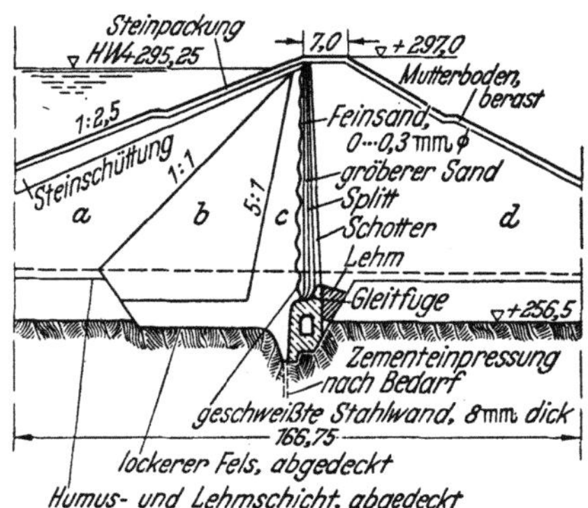

Abb. 109. Abgestufte Kies-Filterschicht auf der Luftseite von Kerndichtungen an der Bevertalsperre, a magerer, steiniger Lehm, verwitterter Tonschiefer, gewalzt und gestampft, b Lehm mit Steinen, gewalzt und gestampft, c fetter, steinfreier Lehm gewalzt, d Kies- und Tonschiefer gestampft. (Nach Sichardt [387].)

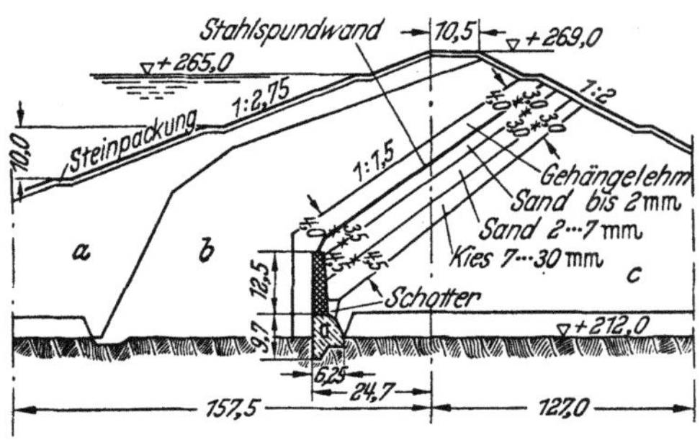

Abb. 110. Abgestufte Kiesfilterschicht an der Luftseite des Staudammes Schwammenauel, a steiniger Lehm, b Lehm mit etwas Steinen, c Talschotter. (Nach Sichardt [387].)

Als *Linienfilter* in Art der filterförmig ummantelten Dränröhren ersetzen sie in südlichen Ländern infolge Materialmangels sehr kostspielige Filterteppiche unter gleich guter Wirkung.

Man unterscheidet an dem Flächenfilter Stufen- und Mischfilter. Im Gegensatz zu den gleichförmigen Filterschichten bestehen die Stufenfilter aus mindestens drei in getrennten Filterlagen übereinander angeordneten, einen bestimmten Korngruppenbereich umfassenden Filterlagen verschiedener sich in einer Richtung gesetzmäßig verändernden Durchlässigkeit. Die Mischfilter enthalten diese verschiedenen Korngruppen in einer Schicht vereinigt (Abb. 112).

Die Abstufung der benachbarten Korngrößenbereiche der Stufenfilter erfolgt nach der Regel, daß die mittlere Korngröße einer Filterschicht etwa viermal so groß wie die mittlere Körnung der anschließenden feineren Schicht sein darf. Bei dem Anschluß der Filter an den Dichtungskörper wird nicht von der kleinsten Korngröße, sondern von der mittleren ausgegangen. Deshalb muß man die Ausschlämmung der feinsten Bodenteilchen in Kauf nehmen, während die gröberen Schluffteilchen nicht ausgespült werden. Nach [387] empfiehlt sich folgende Ausbildung für die Stufenfilter:

Tabelle 6. Stufenfilter [387].

Stufe	Mittlerer Korndurchmesser in mm	Korngrenzen der Stufe in mm	Geeignete Stoffe
I	d_1 0,5	0 ··· 1	lehmhaltiger Sand fein bis grob
II	d_2 2	1 ··· 3	Grobsand und Feinkies
III	d_3 8	3 ··· 15	Mittel- bis Grobkies oder Feinsplitt
IV	d_4 32	15 ··· 50	Schotter oder Grobsplitt

Tabelle 7. *An Stauanlagen ausgeführte Stufenfilter* [387]).

Stufe	Mittlerer Korndurchmesser mm		Korngrenzen der Stufen	
	Bevertalsperre (Abb. 109)	Schwammenauel (Abb. 110)	Bevertalsperre mm	Schwammenauel mm
Fein-boden	Lehmdichtung mit luftseitiger Stahlwand			
Filterschicht				
I	0,25	1	0 ··· 0,5	0 ··· 2
II	1	4,5	0,5 ··· 1,5	2 ··· 7
III	4,5	18,5	2,0 ··· 7,0	7 ··· 30
IV	18.5	—	7,0 ··· 30,0	—
Grob-boden	Kies und Ton-schieferabtrag	Tal-schotter		

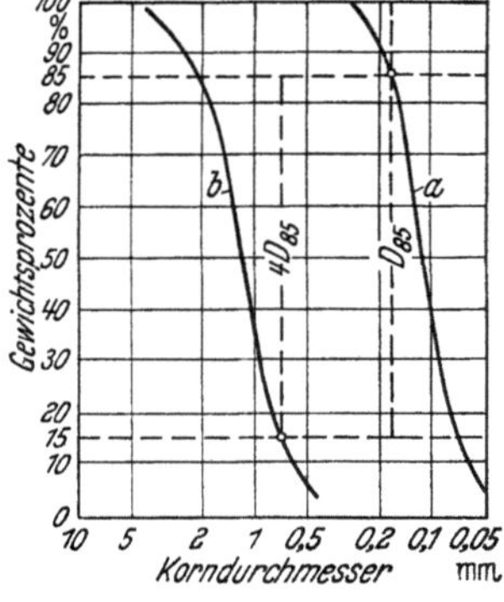

Abb. 111a. Faustformel für die Bestimmung der Kornverteilung eines Filters. a Kornverteilungs-kurve des Bodens, b des Filters. (Nach TERZAGHI.)

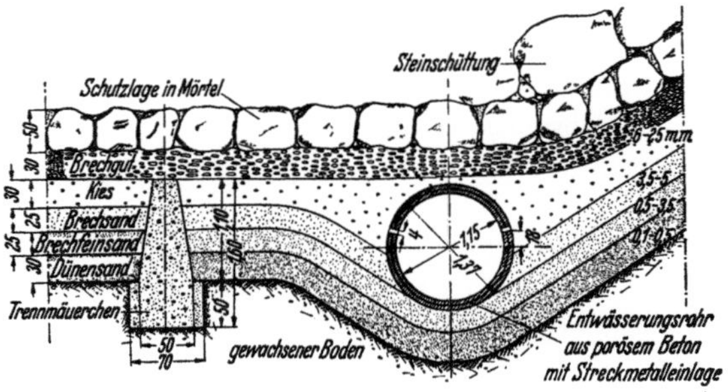

Abb. 111b. Querschnitt durch das TERZAGHI-Filter an der Talsperre Bou-Hanifia. [462.]

Nach der Faustformel von TERZAGHI wird die zweckmäßige Korngliederung nach Abb. 110a gefunden. Abb. 111b zeigt die Ausführung an dem Staudamm Bou-Hanifia. Mischfilter enthalten verschiedene Körnungen nach dem Prinzip der Betonmischung oder mit praktisch brauchbarer Kornverteilung.

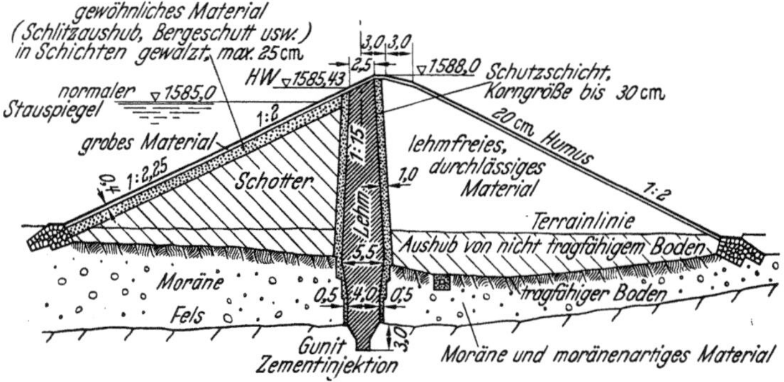

Abb. 112. Lehmdichtungskern des Banalp-Staudammes (Schweiz, mit beiderseitigem Mischfilter). (Nach SICHARDT [387].)

Tabelle 8. *Mischfilter* (Abb. 112), *Anteil der Körnungen nach dem Prinzip der Betonmischung*

Art der Körnung	3 Körnungen Raumanteil m³	Gewichtsanteil %	4 Körnungen Raumanteil m³	Gewichtsanteil %
a) gröbste Körnung	1,00	65	1,00	65
b) nächst feinere Körnung. . .	0,35	23	0,35	23
c) anschließende Körnung . . .	0,12	8	0,12	8
d) evtl. weitere Körnung . . .	—	—	0,04	2,8
	1,47	96	1,51	98,8
Verbleibende Hohlräume . . .	—	4	—	1,2

Tabelle 9. *Mischfilter mit praktisch brauchbarer Kornverteilung* [387].
(Anteil der feineren Körnungen um rd. 100% erhöht.)

	4 Körnungen		3 Körnungen	
	Raumgewicht m³	Gewichtsanteil %	Raumgewicht m³	Gewichtsanteil %
a) grobe Körnung	1,00	62	1,00	62
b) mittlere Körnung	0,35	21	0,35	21
c) feine Körnung	0,15	9	0,28	17
d) feinste Körnung	0,13	8	—	—

Nach [387] gilt weiter:

Mischfilter der Betonmischung: *Durchlässigkeitswert*

$k_m = k$-Wert der Mischung,

$k_0 = k$-Wert des an das Filter anschließenden Feinbodens,

$f \ \ = 4 =$ Filterfaktor,

$$k_m \approx \frac{8+4}{100}\, f^2\, k_0 = 0{,}12 \cdot 16\, k_0 = 2\, k_0 \ \text{für dreifache Mischung,}$$

$$k_m \approx \frac{2{,}8+1{,}2}{100}\, f^2\, k_0 = 0{,}04 \cdot 16\, k_0 = 0{,}64\, k_0.$$

Der angenäherte Durchlässigkeitswert für Mischfilter der praktischen Kornverteilung ergibt sich nach [387] zu

$$k_m \approx \frac{17+9}{100}\, f^2\, k_0 = 0{,}26 \cdot 16\, k_0;\ 4\, k_0 \ \text{bei 3 Körnungen}$$

$$k_m \approx \frac{8+4}{100}\, f^2\, k_0 = 0{,}12 \cdot 16\, k_0;\ 2\, k_0 \ \text{bei 4 Körnungen}$$

Das Porenvolumen der Mischfilter soll im Mittel 0,35 betragen. Daher ist es erforderlich, die zweckmäßige Zusammensetzung im Einzelfalle zu erproben **Mittelsicker** (Abb. 113, 114).

An Stelle der angegebenen, sich auf die feinkörnigeren durchlässigen Erdarten beschränkenden Filteranlagen kann man auch zur Entspannung des Sickerwasserstromes und dessen wirkungsvolle Ablenkung in gegliederten Däm-

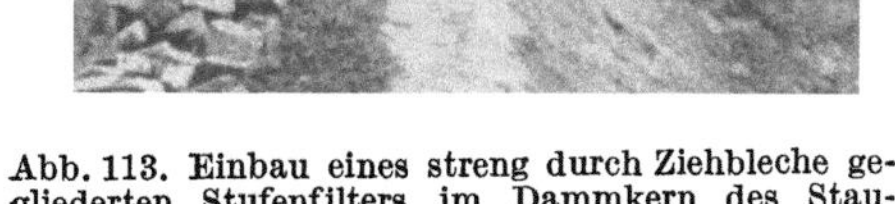

Abb. 113. Einbau eines streng durch Ziehbleche gegliederten Stufenfilters im Dammkern des Staudammes Cranzahl/Sa.

Abb. 114. Einzelheiten und Ausschnitt des mehr als 2,0 m starken Mittelsickers im Dammkörper der Stauanlage Cranzahl/Sa.

men folgende, an der Talsperren Cranzahl (Erzgebirge) angewandte senkrechte Mittelsickeranlage zwischen Füll- und Stützkörper anwenden:

Von der Wasser- zur Luftseite	Korndurchmesser
20 ⋯ 30 cm Stärke	0 ⋯ 1 mm
20 ⋯ 30 cm Stärke	1 ⋯ 2 mm
30 ⋯ 40 cm Stärke	Grobkies (Grobsplitt)
50 ⋯ 75 cm Stärke	Steinpackung
30 ⋯ 40 cm Stärke	Grobkies (Grobsplitt)
20 ⋯ 30 cm Stärke	1 ⋯ 2 mm
20 ⋯ 30 cm Stärke	0 ⋯ 1 mm
Gesamtstärke zwischen . .	2,00 ⋯ 2,75 m

oder die Anordnung nach Abb. 115 wählen.

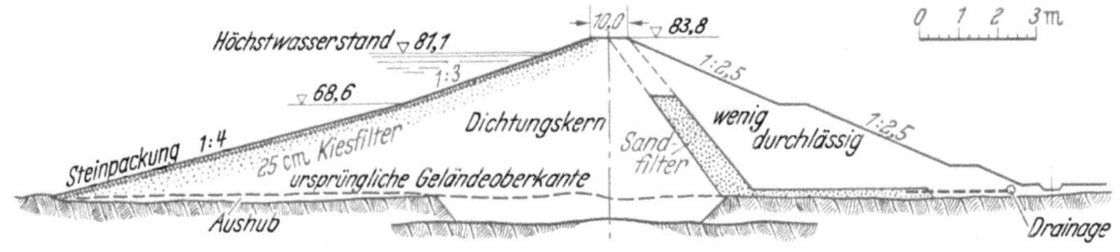

Abb. 115. Querschnitt des Staudammes Gal Oya. (Nach BLEYFUSS [27].)
Bemerkenswert die Kiesfilterschicht unter der wasserseitigen Deckschicht, die schräg angeordnete Filterschicht und der Filterteppich im Stützkörper.

Diese nach Einbauart verschiedenen Filteranlagen (Abb. 113, 114) erfordern in jedem Falle durch Anwendung von Ziehblechen und teurem, gewissenhaftem Handeinbau besondere Kosten, die aber vor allem dann gerechtfertigt sind, wenn aus Stabilitätsgründen die Stauanlage auf die bestmögliche Weise gesichert werden muß, wozu die rasche und eine Dauerwirkung gewährleistende Entspannung des Sickerwasserstromes gehört. Diese Anlage wird an der Dammsohle durch in gegenseitigem Abstand von 5 zu 5 m verlegte, nach der Luftseite führende Linienfilter entwässert, deren Kern aus Dränröhren bestehen, die durch Kiessand filterförmig ummantelt sind.

Kritik. Alle nicht unmittelbar an der Wasserseite angeordneten Dichtungen aus unveredelten natürlichen Dichtungsstoffen erschweren bei Anwendung der erforderlichen filterförmigen Ummantelung den flüssigen Baubetrieb und verteuern vor allem die Baukosten. Infolgedessen bedeutet die Möglichkeit des vollständigen Verzichtes auf die Filterschichten durch die Veredelung und damit Immunisierung der feinsten Bodenteilchen gegen Ausschlämmung nach dem Hydratonverfahren eine entscheidende Vereinfachung und erhebliche Kostensenkung der Bauausführung von Dämmen. Es genügt grundsätzlich, unter Einschaltung einer Ausgleichsschicht von feinkörnigen Erdarten zur Verhinderung des Eindringens der breiigen Dichtungsschicht beim Einbau, diese unmittelbar auf den Stützkörper folgen zu lassen (Abb. 100, 102b, 105).

Abb. 116a. Setzen einer Packlage zur Sickerung des Dammkörpers an der Wasserseite.

Abb. 116b. Meterhohe sehr genau gesetzte Steinpackung aus Phyllitschiefer am wasserseitigen Böschungsfuß der Talsperre Stollberg/Sa. als festes stützendes Fundament gegen die anschließende Deckschicht aus Erde und Fels (vgl. Abb. 24).

5. Die Deckschicht, Schutzschicht.

Aufgabe. Sie ist nur erforderlich zum Schutze wasserseitig angeordneter Dichtungsanlagen aus veredelten und unveredelten natürlichen Dichtungsstoffen, auch bei der Steingerüsttonkernbauweise. Sie verhindert die unmittelbare Berührung der Dichtung durch Wasser, die Beschädigung durch Frost, Wellenschlag und Eisgang, die Erosion durch Wasseranprall und Wassersog, die Erweichung, das Ausschlämmen, den schädlichen Pflanzenwuchs.

Sie vermindert die Schleppkraft nach der Wasserseite und wird daher ebenfalls filterförmig in möglichst drei Kornabstufungen ausgeführt (Abb. 24, S. 13).

Die Gesamtstärke richtet sich nach der Gleitsicherheit, also der Zusammensetzung der Dichtungsschicht, nach dem zum Ausgleich des Porenwasserüberdruckes bei plötzlichen, raschen Stauspiegelsenkungen erforderlichen verspannenden Belastungsdruck, um die Gleitsicherheit in dem Dichtungskörper zu wahren und den Druck auf den Baugrund zu übertragen. Sie hängt ferner von den Wellenhöhen ab. Das Corps of Engineers in den USA empfiehlt bei Wellen von 0 bis 60 cm und steileren Böschungen als 1 : 5 eine lose Steinschüttung aus Steinen bis zu 100 kg. Bei Wellenhöhen bis 2,50 soll die Steinschüttung 75 cm betragen, das Gewicht der Felsbrocken dagegen 1000 kg.

Es hat sich erwiesen, daß eine von Hand gesetzte Packung nicht in gleichem Maße genügt wie eine Felsschüttung. Für die Neigungen zwischen 1 : 5 bis 1 : 20 müssen die Grundlagen mit Rücksicht auf den erforderlichen Böschungsschutz nach Stärke, Ausmaß und Qualität erst noch abgeklärt werden. Sie wird zur wirkungsvollen Erhöhung der Auflast am zweckmäßigsten in gut verzwickter verspannender Packlage gesetzt (Abb. 115, 116), die der Böschung eine größere Dauerfestigkeit als lose aufgeschüttete Felsbrocken geben (Abb. 117). In den USA verwendet man Steinblöcke von

Abb. 117. Lose Felsschüttung von Phyllitschiefer auf der wasserseitigen Böschung eines Staudammes.

60 bis 90 cm Dicke. Die Eisenbetondecke von 18 bis 20 cm Stärke ist teurer. An der Creeksperre wurde die Böschung durch geschweißte Stahlplatten geschützt.

6. Das Böschungspflaster.

Das Böschungspflaster ist, soweit es an Stelle der immer stärker verbreiteten und empfohlenen Steinpackung und Felsschüttung verwendet wird, möglichst auf eine leichte und breite Betonschwelle zu verlagern. Die Dammböschungen an der Wasserseite sollen an den nicht veredelten Dichtungsanlagen in der Regel nicht steiler als 1 : 2,5 sein. Nur bei Steinsetzdämmen und Anwendung von Beton-, Asphalt- und veredelten wasserseitigen Dichtungen können sie die Böschung 1 : 2 unterschreiten. Meist stuft sich die Böschung von 1 : 4, am Fuß über 1 : 3, bis etwa 1 : 2,5 an der Krone ab.

Diese Abstufung empfiehlt sich auch mit Rücksicht auf verlagerungssicheres Pflaster und die geringe Scherfestigkeit einer Tondichtung.

Schutz der luftseitigen Böschung. Die luftseitige Böschung wird — soweit nicht durch die verbreitete Steinpackung — durch Mutterboden und Rasensoden abgedeckt (Abb. 118). Zur weiteren Befestigung dient Bepflanzung durch Sträucher und Bäume.

Abb. 118. Dichte erosionsfeste Rasennarbe auf der Böschung eines Verkehrsdammes Neigung 1 : 1,5.

Die Abdeckung und Begrünung soll möglichst rasch unter Einschaltung von mehrere Meter breiten Bermen erfolgen, um die Abschlämmung der biologischen Nährschicht, des Mutterbodens, bei Regen zu verhindern, die Erosionsgewalt des abströmenden Niederschlagswassers zu brechen. Die Anordnung einer besonderen, bisher an dem luftseitigen Böschungsfuß ausgeführten, bevorzugt grob felsigen Schüttung (sog. LUDINsche Dammzehe) (Abb. 13, S. 10; 24, S. 13) ist auf Grund der neueren Überlegungen über die Sickerwasserströmung in gegliederten Staudämmen nicht mehr erforderlich. Sie stellt eine bei gewissenhafter Ausführung des Stützkörpers übervorsichtige Maßnahme dar und kann daher entfallen.

III. Die hydrodynamischen Beanspruchungen des Staudammes[1].

Die Sickerströmung im Staudamm in ihrem horizontalen und davon abweichenden, nach aufwärts gerichteten Strom und der in ihr waltende Porenwasserdruck, die damit verbundenen Gefahren der Erosion, der Gefügeschwächung, der Zunahme der Sickerverluste, der Verlagerung des Gleichgewichtes, damit der statischen Sicherheit eines Staudammes bestimmen, abgesehen von den Baugrundverhältnissen, die konstruktiven Lösungen in engster Abhängigkeit von den Baustoffen und der in der Stauhöhe sich auswirkenden hydrostatischen und hydrodynamischen Belastung des Dammkörpers. Diesen verschiedenen Einflüssen muß daher bei jedem Entwurf in Abhängigkeit von den hierfür maßgebenden physikalischen und mechanischen Eigenschaften der Baustoffe und des Baugrundes nachgegangen werden.

Die folgenden Ausführungen befassen sich daher mit den verschiedenen Einflüssen.

a) Verlauf und Bedeutung der Sickerlinie im Staudamm. (Sickerwasserströmung im Damm.)

b) Der statische Einfluß der Lage des Wasserspiegels.

c) Die Sicherheit gegen Rutsch- (Gleit-) Gefahr.

d) Der statische Einfluß des Porenwasserüberdruckes.

a) Verlauf und Bedeutung der Sickerströmung im Staudamm [*20, 31, 47, 49, 288*].

Jeder Staudamm weist unter einer bestimmten Stauhöhe ein bestimmtes Strömungsnetz (Abb. 119, 120) auf. Dieses Strömungsbild ist für die Stabilität des Dammes sehr wichtig, denn an ihm kann man das vorhandene Gefälle, die durchströmende Wassermenge, die Sickergeschwindigkeit und schließlich die Reibungs- und Auftriebskräfte ermitteln.

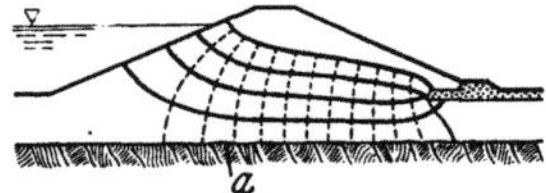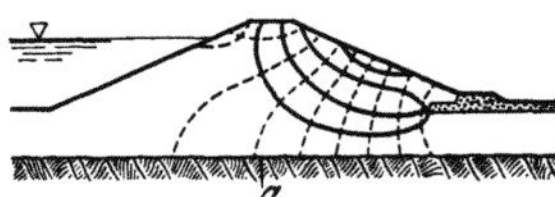

Abb. 119. Strömungsbild und Sickerlinie in einer homogenen, feinsandigen Dammschüttung mit durchlässigem, filterartig gestaltetem Böschungsfuß an der Luftseite. (Nach A. CASAGRANDE.)

Das vorhandene Gefälle ist wichtig in seinem Verhältnis zum kritischen Gefälle, denn nach den Richtlinien für die Anlage und den Betrieb von Stauanlagen [*341, 342*] soll das Verhältnis

$$\frac{J_{\text{kritisch}}}{J_{\text{vorhanden}}} = s \geqq 1$$

sein. Unterschreitet der Sicherheitsfaktor „s" den Wert „1", dann besteht Damm- oder Grundbruchgefahr.

---

[1] [*20, 21, 23, 37* bis *39, 41, 47, 49, 50, 57, 58, 94, 110, 111, 120, 121, 127, 131, 132, 141, 144, 147* bis *149, 185, 199, 253, 276, 301, 314, 337, 341, 342, 455, 459, 469* bis *471.*]

Das im Staudamm sich ausbildende Strömungsnetz kann in die eigentlichen
Stromlinien und die senkrecht dazu verlaufenden Potentiallinien aufgeteilt
werden (Abb. 119, 120).

Die Stromlinie kennzeichnet den Wasserweg des Wasserteilchens im Staudamm. Aus der Lage, dem gegenseitigen Verlauf zweier benachbarter Stromlinien,
ergeben sich wichtige Aufschlüsse über die Sickerströmung im Damm. Die Querschnittsbegrenzungslinien undurchlässigen Baugrundes sind Stromlinien. Bei
parallelem Verlauf ist die Sicker- (auch Filter-) Geschwindigkeit gleich; gehen die
Stromlinien auseinander, dann nimmt diese Geschwindigkeit ab, bei Annäherung
entsprechend zu. Dabei bedeutet „*die Filtergeschwindigkeit*" die für eine Einheitsstrecke in der Zeiteinheit geltende Geschwindigkeit des durchfließenden
Wassers. Die Dichte der Stromlinien kennzeichnet das Maß der Wasserströmung

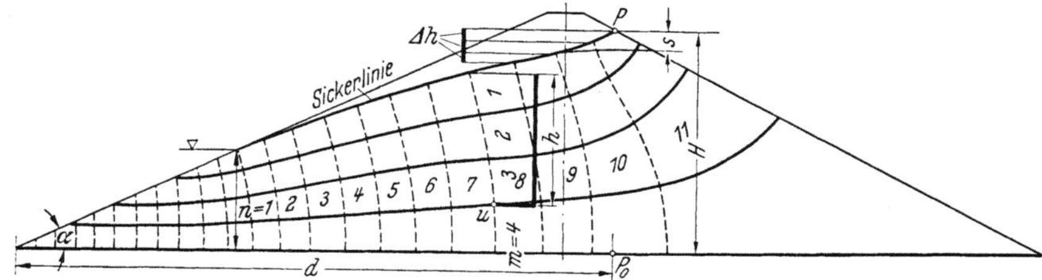

Abb. 120. Sickerlinie und Strömungsbild eines homogenen feinsandigem Dammes auf undurchlässiger Sohle.
(Nach BERETH [*33*].)

$p = \gamma_w \cdot h$ Porenwasserdruck im Punkt u, γ_w = spez. Gewicht des Wassers, h = Wasserstand im Piezometerrohr, $m = 4$, $n = 11$, Formfaktor $f = m/n$, Sickermenge je lfd. m Damm $q = k \cdot H \cdot f$, k = Durchlässigkeit des Dammaterials, H = Wasserstand über Dammsohle.

im Damm, je dichter, um so größer ist der erzeugte Druck. Ist m die Anzahl
der Stromlinien, n die Anzahl der Potentiallinien, k die Durchlässigkeitsziffer
in cm/s, h die Stauhöhe in Meter, so ist die Sickerwassermenge in l/s $Q = (m/n)k\,h$
[*33*].

Potentiallinien [*245, 310*]. Diese stets senkrecht zu den Stromlinien verlaufenden Linien zeigen den zwischen ihnen herrschenden Strömungsdruck bzw.
das Arbeitsvermögen des Wassers an. Potentiallinien bilden die Verbindungslinien gleichen hydrostatischen Druckes. Die Oberflächen durchlässiger Lockergesteine sind Potentiallinien bzw. -flächen. Das Strömungsbild bzw. -netz bildet
die Grundlage zur Ermittlung der den Staudamm durchsickernden Wassermengen. Es ermöglicht in seiner Ausbildung ferner die Feststellung der wirksamen Reibungs- und Auftriebskräfte, wobei die Reibungskraft in Richtung der
Stromlinienbahn, der Auftrieb entlang der Potentiallinie wirkt. Schließlich wird
die Richtung und die ungefähre Größe der Filter- (Sicker-) Geschwindigkeit daraus
entnommen bzw. berechnet. Das Strömungsbild ist jedoch nur in grober Annäherung an Dämmen aus gleichartigen kohäsionslosen Erdarten anwendbar.

b) Die Sickerlinie (Abb. 120 bis 122) [*33, 47, 173, 245, 310*].

Die Sickerlinie bildet die oberste Strömungslinie im wassergesättigten Dammteil und stellt dessen Grundwasserspiegel dar. Sie trennt zwischen durchnäßtem,
durchfeuchtetem und erdfeuchtem Dammteil. Sie verläuft um so steiler, je
durchlässiger das Material ist. Sie ist die maßgebende Einflußgröße für die Querschnittsform und Gliederung des Staudammes; denn oberstes Prinzip hierfür ist,

daß die Sickerlinie stets innerhalb des Dammes verlaufen soll, und zwar möglichst
durch Filter (Abb. 121, 122) rasch abzusenken ist, um die Gefahr eines Damm-
bruches durch Austritt an der luftseitigen Böschung zu vermeiden [*33, 49*]. Der
am meisten gefährdete Punkt der Böschung ist der Schnittpunkt des unteren
Wasserspiegels mit der Böschungslinie. In diesem Punkt wird nämlich die Aus-

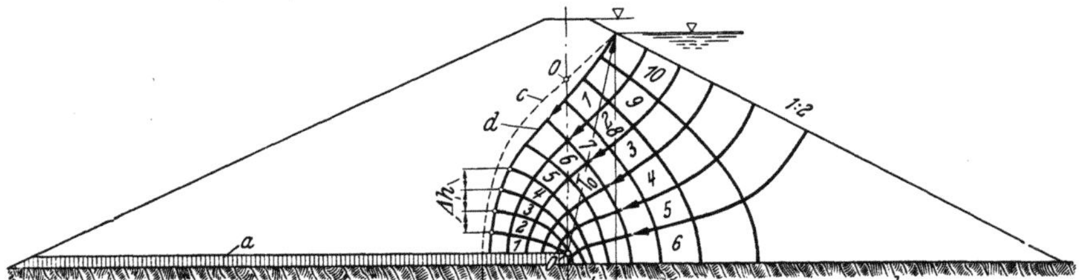

Abb. 121. Steiler Abfall der Sickerlinie in einem feinsandigen Damm mit Filterschicht unter der luftseitigen
Dammhälfte. (Nach BERETH [*31*].)
a Filter, *b* undurchlässige Sohle, *c* Verlauf der Sickerlinie mit Hilfe der konformen Abbildung bei Berücksichtigung der geometrischen Eigenschaften ebener Potentialströmungen.

trittsgeschwindigkeit des Wassers lotrecht zur Böschung theoretisch unendlich
groß, so daß dort Gleichgewichtsstörung (Erosion) unvermeidlich ist, die zum
Dammbruch führt [*57*].

Durch den Damm strömendes Sickerwasser übt durch seine Reibung in den
Poren auf den Baustoff und die Dammteile eine schiebende Wirkung aus. Daher

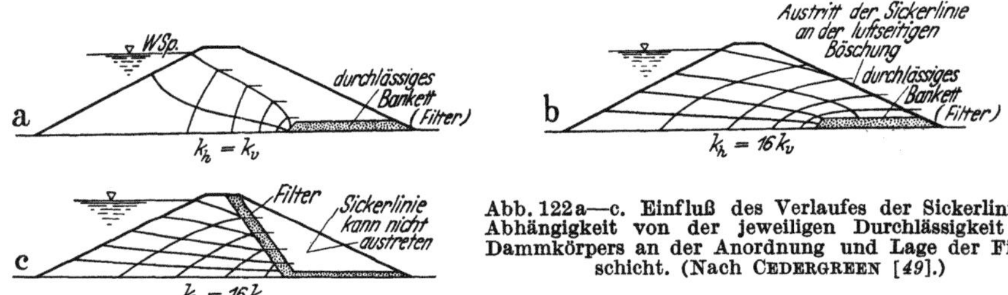

Abb. 122a—c. Einfluß des Verlaufes der Sickerlinie in
Abhängigkeit von der jeweiligen Durchlässigkeit des
Dammkörpers an der Anordnung und Lage der Filter-
schicht. (Nach CEDERGREEN [*49*].)

ist es unbedingt notwendig, diesen Druckverlust im wasserseitigen Teil so weit
durch Absenkung der Sickerlinie zu begünstigen, daß das Wasser beim Austritt
aus dem Damm völlig entspannt ist.

Die Berechnung des Verlaufes der Sickerlinie [*173*]. Ihre Berechnung hat bei
stark dichtenden Füllkörpermassen aus Sicherheitsgründen unter der Annahme
zu erfolgen, daß die wasserseitige Dichtung und der gegebenenfalls darunterliegende Füllkörper gleichermaßen dicht sind. Um den Verlauf der Sickerlinie
im Damm festzustellen, kann das Stromliniennetz nach dem Annäherungsverfahren von L. CASAGRANDE [*47*] unter Beachtung folgender Grenzbedingungen
entworfen werden:

1. Für die Durchströmung ist die Oberfläche der Dichtungs-, Niveau- bzw.
Äquipotentialfläche maßgebend, so daß die Stromlinien senkrecht zu dieser in
den Damm eintreten müssen.

2. Undurchlässiger Baugrund an der Dammsohle entspricht einer Stromlinie, da jede undurchlässige Begrenzungsfläche eines Strömungsfeldes eine
Stromlinie darstellt.

3. Die innere senkrechte Begrenzung eines als Dränage wirkenden Mittelsickers ist ebenfalls eine Stromlinie und muß für den Ausgang der Potentiallinien dieselbe gleichmäßige Teilung besitzen wie die Spiegellinie.

c) Das Näherungsverfahren zur Ermittlung der Sickerung in geschütteten Dämmen auf undurchlässiger Sohle.

1. Bestimmung des Sickerlinien-Austrittspunktes A und der Sickermenge Q [47a]. ,,Führt man in die DARCYsche Gleichung

$$q = k \frac{dy}{dx} y \tag{1}$$

statt des Differentialquotienten dy/dx die wirkliche Sickerlinie dy/ds ein, so lautet mit Vernachlässigung der senkrechten Geschwindigkeitskomponente die Gleichung für die Sickermengen

$$q = k \frac{dy}{ds} y. \tag{2}$$

Integriert man diese Gleichung für den Querschnitt AA_0 (Abb. 123), führt die Grenzbedingungen ein und setzt außerdem in Gl. (2) für $y = y_0 = a \sin\alpha$ und für $a = m - s_0$, so erhält man

$$a = m - \sqrt{m^2 - \frac{h_0^2}{\sin_\alpha^2}} \tag{3}$$

und

$$y_0 = a \sin\alpha = m \sin\alpha - \sqrt{m^2 \sin^2\alpha - h_0^2}. \tag{4}$$

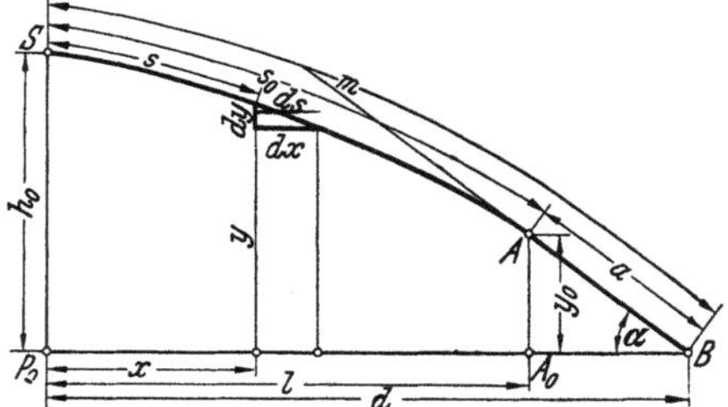

Abb. 123. Verlauf der Sickerlinie in allgemeiner Darstellung. (Nach L. CASAGRANDE.)

In der Gl. (3) bzw. (4) muß der Wert m geschätzt werden; er darf für die erste Annäherung gleich dem Abstande zwischen S und B gewählt werden (Abb. 123). Mit Hilfe des so aus Gl. (4) errechneten Wertes y_0 und der Bedingung, daß der Punkt A auf der Böschung liegen muß, wird man der richtigen Länge von m näherkommen. Hat man einige Übung im Zeichnen von Spiegellinien erlangt, so kann in der Regel schon bei der ersten Schätzung von m genügende Genauigkeit erzielt werden.

Die im Querschnitt AA_0 durchfließende sekundliche Wassermenge je Breiteneinheit beträgt nach Gl. (2)

$$q = k \frac{dy}{ds} y = k y_0 \sin\alpha$$

und wird hier für y_0 der Wert aus Gl. (4) eingeführt, so ergibt sich

$$q = k \sin\alpha \left(m \sin\alpha - \sqrt{m^2 \sin^2\alpha - h_0^2} \right)$$

oder

$$q = k \sin^2\alpha \left(m - \sqrt{m^2 - \frac{h_0^2}{\sin^2\alpha}} \right). \tag{5}$$

Vergleicht man Gl. (4) mit der von SCHAFFERNAK bzw. von ITERSON angegebenen Gleichung:

$$y_0 = -l \, \mathrm{tg}\alpha \sqrt{l^2 \, \mathrm{tg}^2\alpha + h_0^2} \tag{6}$$

oder, noch besser, mit der verbesserten Form dieser Gleichung

$$y_0 = d\,\mathrm{tg}\,\alpha - \sqrt{d^2\,\mathrm{tg}^2\alpha - h_0^2}, \tag{7}$$

so erkennt man den ähnlichen Aufbau in der Form der Gleichungen.

2. Zeichnerische Bestimmung des Austrittspunktes A an flachen Dämmen.
Zur Überführung von Gl. (6) in die brauchbarere Form von Gl. (7) sei von der Grundbedingung

$$y\frac{d\,y}{d\,x} = C_1 \tag{8}$$

ausgegangen, die besagt, daß die Durchflußmenge in jedem Querschnitt des Dammes konstant ist. Durch Integration dieser Gleichung erhält man:

$$\frac{y^2}{2} = C_1\,x + C_2. \tag{9}$$

Aus den Grundbedingungen $x = 0$ und $x = 1$ wird

$$C_2 = \frac{h_0^2}{2} \tag{10}$$

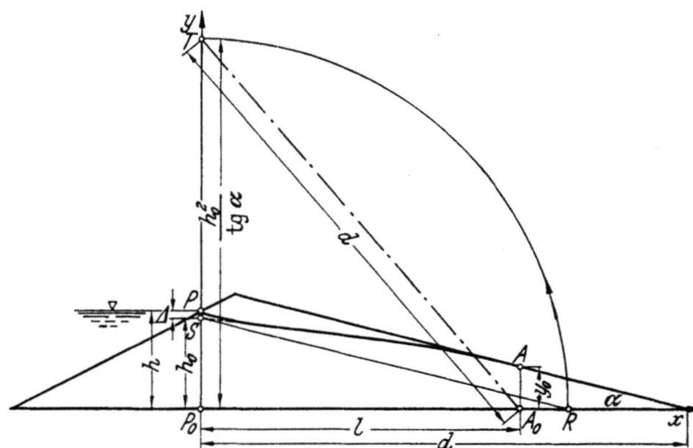

Abb. 124. Zeichnerische Ermittlung der Austrittsstelle der Sickerlinie.

und mit Gl. (8) und (10) erhält man aus Gl. (9) für den Querschnitt AA_0 die Beziehung

$$-\frac{y_0^2}{2} = -l\,y_0\,\mathrm{tg}\,\alpha - \frac{h_0}{2}. \tag{11}$$

daraus durch Einführung von $\mathrm{tg}\,\alpha = \dfrac{y_0}{d-l}$ die Gleichung

$$l = \sqrt{d^2 - \frac{h_0^2}{\mathrm{tg}^2\alpha}}. \tag{12}$$

Wird in Gl. (6) für l die Beziehung (12) eingesetzt, so erhält man

$$y_0 = d\,\mathrm{tg}\,\alpha - \sqrt{d^2\,\mathrm{tg}^2\alpha - h_0^2}. \tag{7}$$

Zieht man in Abb. 124 von S aus eine Parallele zur Böschung, so wird die Strecke $P_0R = \dfrac{h_0^2}{\mathrm{tg}^2\alpha}$; trägt man diese Größe von P_0 aus auf der Senkrechten durch PP_0 auf und schneidet von T aus die Strecke d auf der Dammsohle ab, so ist nach Gl. (12) die Strecke $P_0A_0 = l$ und daher $AA_0 = y_0$.

Es ist somit gezeigt, wie man den Austrittspunkt A bei flachen Dämmen ohne Rechnung, mit Hilfe eines zeichnerischen Verfahrens, auf schnelle Weise finden kann."

3. Festlegung des Verlaufes der Sickerlinie auf zeichnerischem Wege [47a].
Sobald man den Austrittspunkt der Spiegellinie kennt, ist uns damit die Möglichkeit an die Hand gegeben, unter Benutzung von geometrischen Eigenschaften der isometrischen Netze die Spiegellinie zu zeichnen. Auch hier sei, wie bisher, nur der Fall ohne, oder nur mit geringer Unterwasserhöhe behandelt.

Läßt man die Stromlinien und die Linien gleicher Druckhöhe oder Potentiallinien ein Netz von Quadraten bilden, beachtet man ferner, daß der Druckabfall oder Höhenunterschied zwischen aufeinanderfolgenden Potentiallinien konstant sein muß, so ist damit schon der Gedanke einer zeichnerischen Bestimmung des Spiegellinienverlaufes verknüpft.

Wird daher in Abb. 125 der Höhenunterschied zwischen P und A in n gleiche Teile so unterteilt, daß Strom- und Potentiallinien Quadrate bilden, ist leicht einzusehen, daß die Mittellinien dieser Quadrate annähernd gleich den Längen der Spiegellinien von einem Quadrat bis zum nächsten sein müssen. Sobald man sich somit entschieden hat, mit wieviel übereinanderliegenden Quadratreihen man in A beginnen soll oder kann, schätzt man die Höhe h_1 des ersten zu zeichnenden Quadrates mit dem Zirkel und schneidet von A aus mit h_1 zwischen den Zirkelspitzen auf der Waagerechten die Strecke $A—1$ ab.

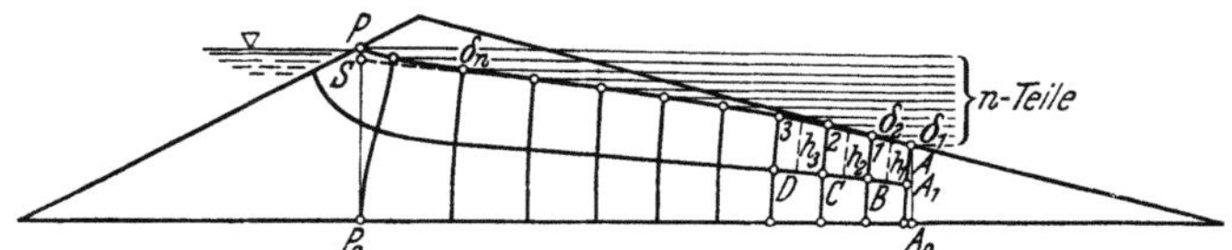

Abb. 125. Zeichnerisches Verfahren zur Festlegung des Sickerlinienverlaufes.

Die Spiegellinie berührt in A, wird daher schon vor A der Böschung sehr nahe kommen. Um das Schätzen von h_1 zu erleichtern, kann man ohne weiteres annehmen, daß die obere Begrenzung $A—1$ des ersten Quadrates in der Dammböschung liegt. Die Konstruktion des Punktes 1 zeigt natürlich, daß dieser Punkt nicht mehr auf der Böschung, sondern schon knapp unter ihr liegt; für die richtige Schätzung von h_1 ist obige Annahme von großer Hilfe. Stellt sich trotzdem heraus, daß man h_1 nicht genau geschätzt hatte, weil die Abmessungen des zu zeichnenden Quadrates nicht festlagen, ist es leicht, durch nochmalige Schätzung von h_1 den begangenen Fehler gutzumachen. Es wird sich jedoch meist ergeben, daß die erste Schätzung von h_1 genau genug war und die Lage des ersten Punktes 1 sich nicht geändert hat. Nach dem Einzeichnen des ersten Quadrates bzw. der ersten Gruppe übereinanderliegender Quadrate schätzt man h_2 und schneidet mit h_2 im Zirkel die Strecke $1—2$ ab usw., bis die so entwickelte Spiegellinie im Punkte S die Senkrechte PP_0 schneidet. Die Spiegellinie tritt bei P senkrecht zur Böschung ein und geht nach scharfer Krümmung allmählich in die konstruierte Spiegellinie über.

In Abb. 125 sind, um ein klareres Bild von der Entwicklung der Konstruktion zu geben, nur zwei übereinanderliegende Quadratreihen gewählt worden. Ein Vergleich mit Spiegellinien, die mit Hilfe von vier und mehr Quadratreihen erhalten wurden, hat gezeigt, daß die Genauigkeit des Entwurfes schon bei zwei oder drei Reihen von Quadraten sehr gut ist. Für eine erste Schätzung gibt sogar eine einzige Quadratreihe ein ziemlich zutreffendes Bild vom Spiegellinienverlauf. Falls man im Gebiete der Oberwasserböschung hierbei auf Schwierigkeiten stößt, kann das Quadratnetz nachträglich unterteilt werden.

Falls man nur am Verlauf der Sickerlinie interessiert ist, läßt sich das angegebene Verfahren noch vereinfachen. Es genügt, die talseitige Böschung aufzuzeichnen, darauf in beliebiger Höhe einen Punkt A zu wählen und, ohne Rücksicht auf eine Anpassung der Anzahl übereinanderliegender Quadratreihen an den Höhenunterschied zwischen P und A, mit einer beliebigen Anzahl von

Quadratreihen zu beginnen. Den Höhenunterschied des nahezu in der Böschung liegenden ersten Quadrates benutzt man, um die äquidistanten waagerechten Linien zu zeichnen. Wenn die Konstruktion der Spiegellinie so weit fortgeschritten ist, daß $\dfrac{h_0}{d} = \dfrac{y}{d-x}$ ungefähr erreicht ist (s. auch Abb. 123), kann man ohne Schwierigkeiten den Dammquerschnitt eintragen. Natürlich kann man in diesem Falle nicht voraussagen, in welchem Maßstabe der Querschnitt erscheinen wird. Ist aber der Verlauf der Spiegellinie bekannt, kann hingegen das ganze Bild in einen schon vorgezeichneten Dammquerschnitt eingetragen werden.

In Abb. 126 ist das isometrische Netz für den Querschnitt eines geschütteten Dammes auf undurchlässiger Sohle nach dem beschriebenen bildlichen Verfahren eingezeichnet worden. Im Eintrittspunkte P der Spiegellinie sei die Böschung

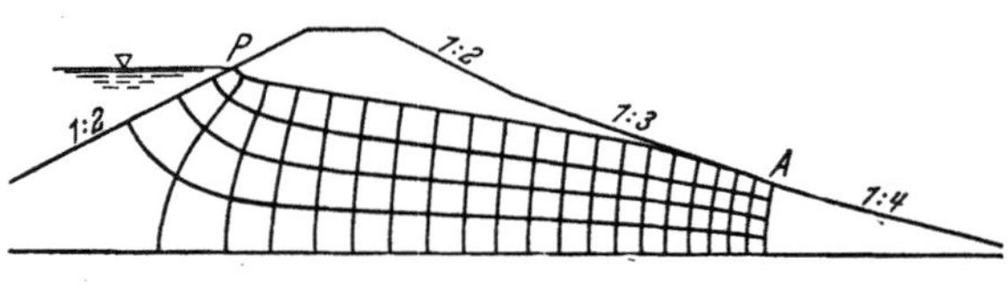

Abb. 126. Isometrisches Netz für ein praktisches Beispiel.
(Nach L. CASAGRANDE [47a].)

mit 1 : 2 gewählt. Falls, wie hier, die Unterwasserböschung verschiedene Neigungen hat, muß darauf Bedacht genommen werden, daß für die Berechnung der Lage von A auch tatsächlich jener Böschungswinkel, der in A vorhanden ist, in Rechnung gestellt wird. Stellt sich heraus, daß trotz der Voraussetzung A nicht auf die Böschung 1 : 3 kommt, so muß eben die Berechnung von A unter Benutzung des neuen Böschungswinkels 1 : 4 wiederholt werden.

4. Anwendung der Ergebnisse auf zusammengesetzte Dammquerschnitte. Ist der Damm aus einzelnen Teilen verschiedener Durchlässigkeit zusammen-

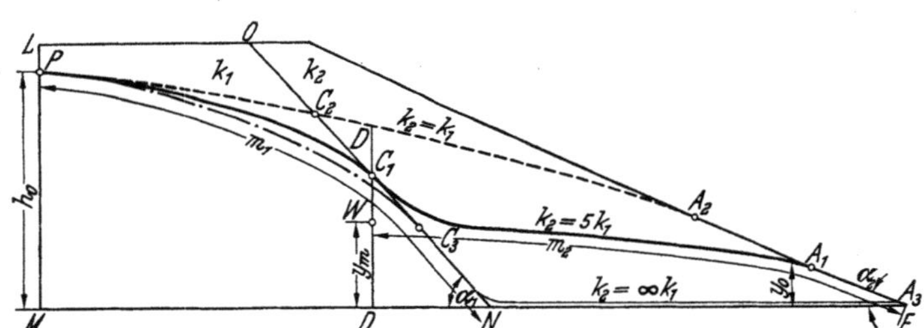

Abb. 127. Sickerlinie in einem zusammengesetzten Damm mit zwei verschiedenen Durchlässigkeitswerten.

gesetzt, so wird die Spiegellinie an jeder Trennungsfläche in ihrem Lauf eine Unstetigkeit aufweisen, deren Art von dem Verhältnis der Durchlässigkeiten der angrenzenden Schüttmaterialien, aber auch davon abhängt, ob die Sickerung an der Trennungsfläche in einen dichteren oder durchlässigeren Körper stattfindet.

Versuche zwischen Glasplatten zeigten, daß der Übertritt der Spiegellinie in ein durchlässigeres Material ($k_2 > k_1$) tangential stattfindet (Abb. 127, 128). Dies gilt natürlich, wie beim freien Austritt aus dem Damm, nur bis zur lotrechten Lage der Trennfläche, für überhängende Trennungsflächen, d. h. für $\gamma > 90^\circ$, bleibt der Übergang, ebenso wie beim freien Austritt lotrecht." [47a.]

An gegliederten Dämmen ist die rechnerische Erfassung schwierig (Abb. 129). Man kann sie nach folgendem Prinzip [47a] durchführen, soweit man die mittlere

Durchlässigkeit der verschiedenen Dammglieder in engen Grenzen einhalten kann.

„Allgemein wurde das Verhalten eines Grundwasserstromes an Grenzflächen zwischen Materialien verschiedener Durchlässigkeit erstmalig von O. HOFFMANN durch das Brechungsgesetz

$$\frac{k_1}{k_2} = \frac{\operatorname{tg}\alpha}{\operatorname{tg}\beta}$$

festgelegt, wobei k_1 und k_2 die Durchlässigkeitskoeffizienten zu beiden Seiten der Trennfläche, α und β die Winkel, die die Stromlinien mit der Flächennormalen

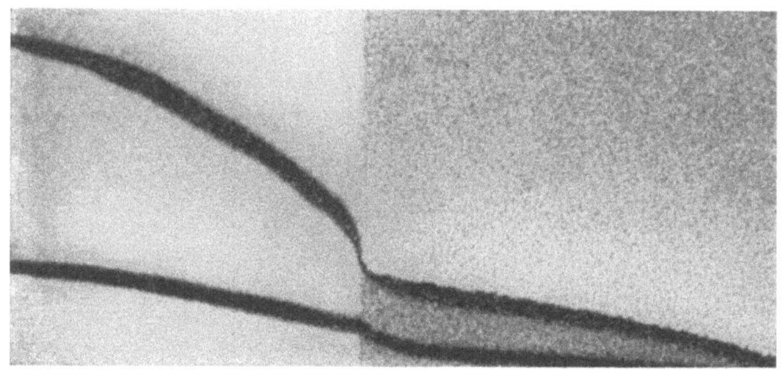

Abb. 128. Übertritt der Sickerlinie in ein durchlässigeres Medium.
(Abbildungen 123 bis 128 nach L. CASAGRANDE [47 a].)

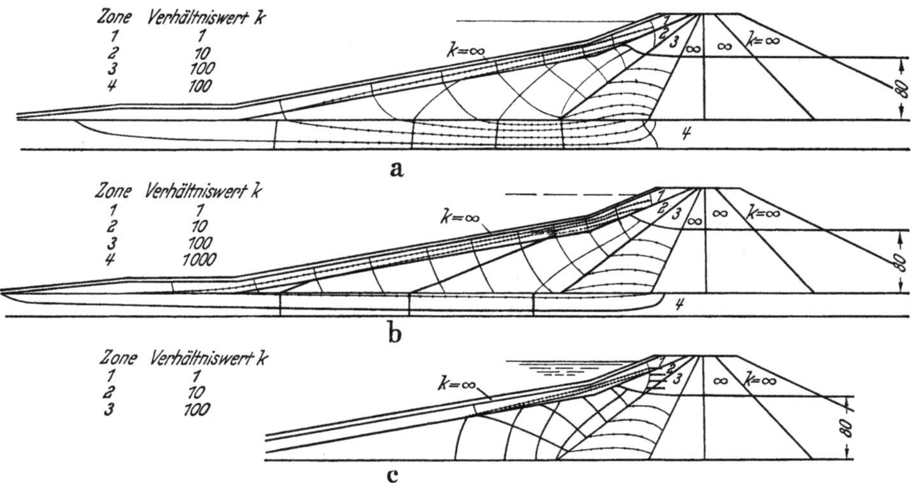

Abb. 129. Strömungsbild in gegliederten Dämmen mit verschiedenen Verhältniswerten für den Durchlässigkeitsfaktor „k“. (Nach CEDERGREEN [49].)

bilden, bezeichnen. Das Brechungsgesetz behält auch für die Spiegellinie seine Gültigkeit, da im Grenzfalle

$$\frac{k_1}{k_2} = \frac{0}{0} \quad \text{bzw.} \quad \frac{\infty}{\infty} \quad \text{wird.}$$

In Abb. 128 ist ein zusammengesetzter Damm dargestellt. Links von der Trennungsfläche herrscht die Durchlässigkeit k_1, rechts davon die Durchlässigkeit k_2, wobei $k_2 > k_1$. Man trennt nun den Querschnitt so, daß man links von NO (Abb. 127) einen Damm $LMNO$ und rechts einen zweiten Damm, durch DD, E begrenzt, erhält. Die durch den Damm $LMNO$ frei fließende Wassermenge ist nach Gl. (5)

$$q = k_1 \sin^2 \alpha_1 \left(m_1 - \sqrt{m_1^2 - \frac{h_0^2}{\sin^2 \alpha_1}} \right).$$

Die derart errechnete, in der Zeiteinheit und Breiteneinheit durchfließende Wassermenge lassen wir nun in den rechten Damm DD, E eintreten und be-

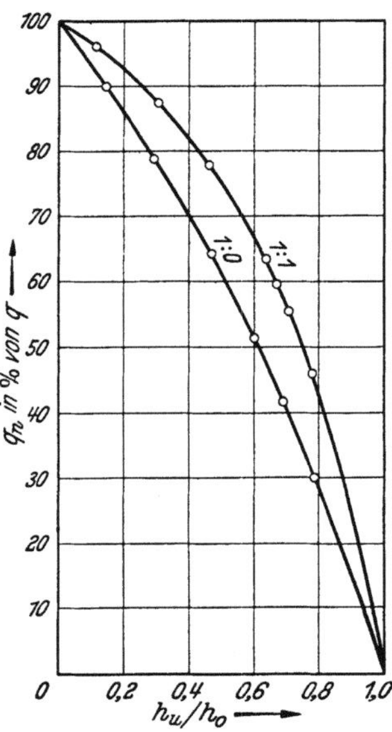

Abb. 130. Verminderung der Sickermenge bei steigendem Unterwasser. (Nach L. CASAGRANDE [47].)

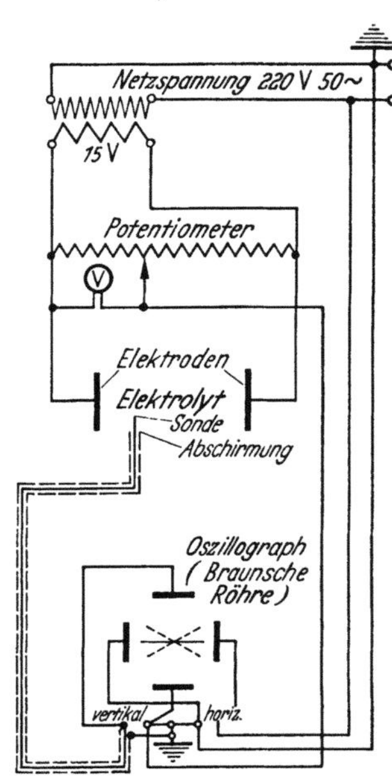

Abb. 131. Hydroelektrodynamisches Analogon, Prinzipschema. (Nach [481].)

stimmen die der Durchlässigkeit k_2 entsprechende Eintrittshöhe y_{m_1}. Die Größe von y_{m_1} erhält man, wenn man

$$q = k_2 \sin^2 \alpha_2 \left(m_2 - \sqrt{m_2^2 - \frac{y_{m1}}{\sin^2 \alpha_2}} \right)$$

setzt. Die Größen m_1 und m_2 werden durch mehrmaliges Schätzen bestimmt. Die Werte α_1 und α_2 sowie h_0 und das Verhältnis k_1/k_2 sind gegeben, so daß der Berechnung von y_{m_1} nichts im Wege steht. Die Größe y_{m_1} stellt andererseits für den Damm $LMNO$ gleichzeitig die Unterwasserhöhe h_u dar. Steigt aber die Höhe des Unterwassers, so fällt die Durchflußmenge q auf q_1. In Abb. 130 ist für die lotrechte Wandung und eine Böschungsneigung von 1 : 1 das Verhältnis von h_u/h_0 (hier gleichbedeutend mit y_m/h_0) zu der Durchflußmenge $q_1 \ldots q_n$ in Prozenten von q auf empirischem Wege ermittelt worden.

Der auf diese Art gefundenen reduzierten Wassermenge q_1 entspricht ein neuer Wert y_{m_2}, diesem wieder eine bestimmte reduzierte Durchflußmenge q_2 usw. Wiederholt man dieses Verfahren einige Male, so nähert man sich einem Grenzzustande, bei dem die Größen y_m und q sich nicht mehr wesentlich ändern werden. Wie oft diese Rechnung wiederholt werden muß, hängt nur von dem Grade der angestrebten Genauigkeit ab; in der Regel wird man schon nach zwei- oder dreimaliger Wiederholung genügend genaue Werte erhalten.

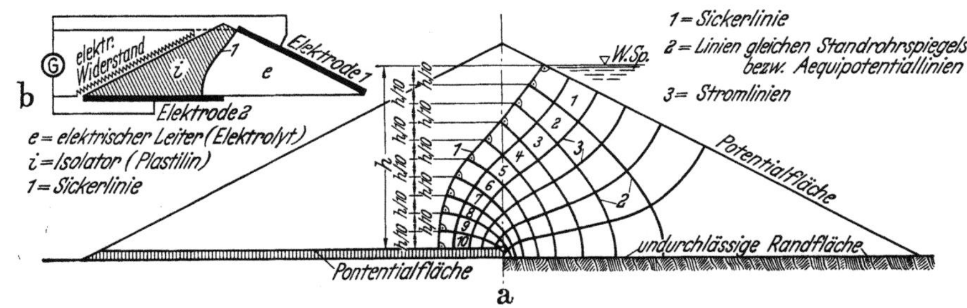

Abb. 132a. Hydroelektrodynamisches Analogon: Geometrische Bedingungen für das Auffinden der Sickerlinie. (Nach [481].)

Abb. 132b. Probierverfahren zur Auffindung der Sickerlinie im analogen elektrischen Modell. (Nach [33] und [481].)

Ist der gewünschte Genauigkeitsgrad erreicht, kann man nach den in früheren Abschnitten beschriebenen Verfahren den Spiegelaustrittspunkt A finden und damit die Frage nach dem Spiegellinienverlauf beantworten."

Wo dies nicht geht, versucht man den Verlauf experimentell mit Hilfe des hydroelektrodynamischen Analogons zu bestimmen (Abb. 131 u. 132). Die neueren Versuchsergebnisse derartiger praktischer Untersuchungen lieferten nach [33] folgende wichtigen Ergebnisse:

1. Die Sickerlinie fällt um so steiler ab, je weiter eine Dränage in das Damminnere reicht. Der Verlauf der Sickerlinie wird nur durch den vor dem Anschlagpunkt liegenden Teil der Dränage mit der wirksamen Breite b (Abb. 133) bestimmt. Der zwischen dem Anschlagpunkt und dem luftseitigen Dammfuß liegende Teil der Dränage ist auf die Sickerwasserströmung ohne Einfluß.

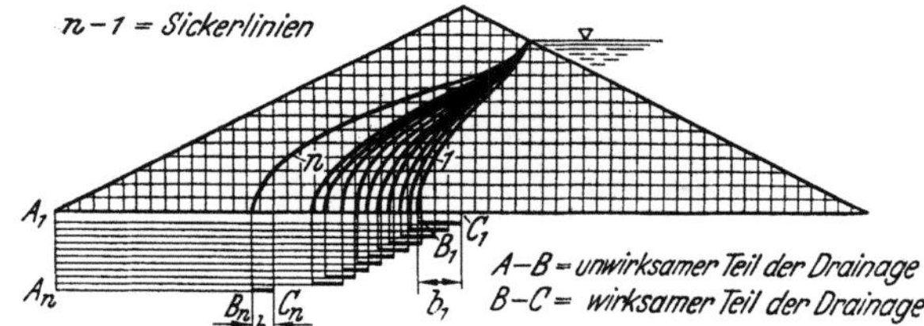

Abb. 133. Abhängigkeit des Verlaufes der Sickerlinie und der wirksamen Breite b von der Reichweite der Sohlendränage ins Damminnere.

2. Die wirksame Breite ändert sich mit der Reichweite der Dränage ins Damminnere und nimmt mit fallendem Außenwasserspiegel ab (Abb. 134).

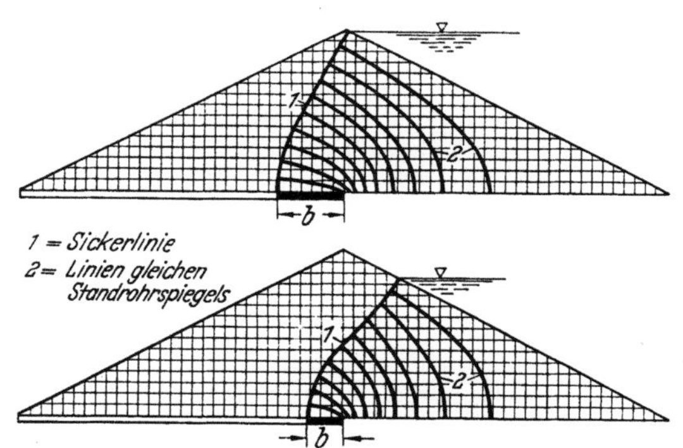

Abb. 134. Abhängigkeit der wirksamen Breite b der Sohlendränage von der Stauspiegelhöhe.

3. Für eine in der Dammitte liegende Dränage ist bei gegebenem Außenwasserstand die Mindestbreite b_{min} erforderlich, damit die Sickerlinie die luftseitige Böschung nicht berührt (Abb. 135).

4. Mit einzelnen wenigen Dränsträngen wird bei entsprechender Anordnung dieselbe Ablenkung der Sickerlinie erzielt wie mit einem Flächenfilter (Abb. 136).

5. Das in amerikanische Dämme oft eingebaute Schrägfilter bringt gegenüber einer horizontal liegenden Dräne keine Vorzüge (Abb. 137); es behindert aber wesentlich den Einbaubetrieb.

6. Die Neigung der Dammböschung auf der Wasserseite beeinflußt den Verlauf der Sickerlinie nur unbedeutend."

Wenn diese Untersuchungen auch mit dem engen Ziel, die besondere Wirkung von Dränagen auf die Sickerwasserströmung zu beweisen, angestellt wurden, so sind sie für die Konstruktion der Staudämme doch wesentlich, da durch relativ einfache Maßnahmen die Absenkung der Sickerlinie beschleunigt und damit die Stabilität des Staudammes wesentlich erhöht werden kann.

Insofern liefern diese neuesten Untersuchungen von Reinius [337] und Breth [33] wesentliche Unterlagen für die zweckmäßige Anlage der Dränagen und Filter unter weitgehenden Kostenermäßigungen und zugleich Erhöhung der Stabilität im Staudamm.

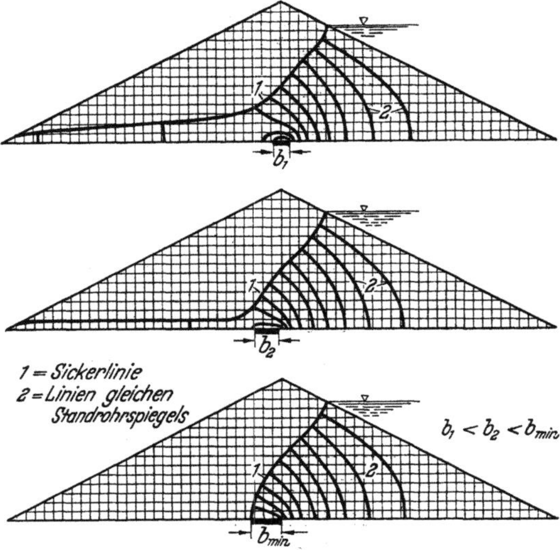

Abb. 135. Erforderliche Mindestbreite der Dränage für die vollkommene Umlenkung der Sickerlinie.

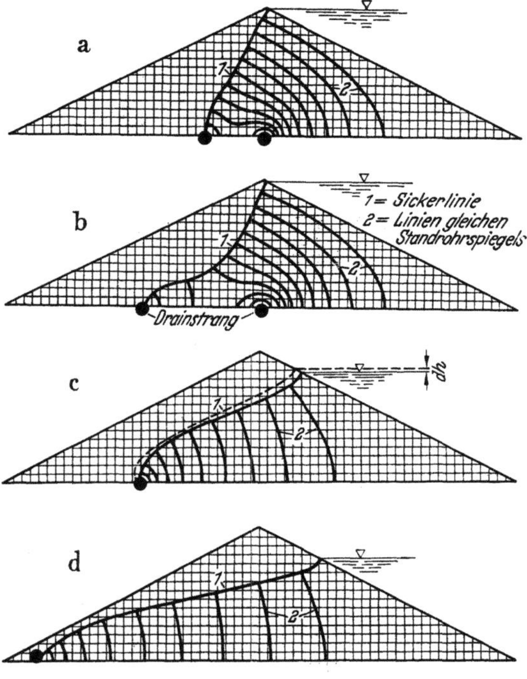

Abb. 136. Die Wirkung einzelner Dränagenstränge auf den Verlauf der Sickerlinie.

d) Der statische Einfluß des Wasserspiegelstandes
[31, 33, 44, 120, 144, 148, 288 u. a.].

Neben der Senkung der Sickerwasserlinie tritt die Aufgabe der Entspannung des Porenwasserdruckes (Abb. 138a u. b), um die Gleitsicherheit an der wasserseitigen Böschung zu erhöhen, in den Vordergrund. Praktisch löst man diese Aufgabe durch die Abflachung der wasserseitigen Böschungen bei wasserseitiger Anordnung der Dichtungskörper

und durch entsprechend starke
und schwere Deckschichten; eine
Aufgabe, die bei der Kerndichtung durch die Stützkörper-
auflasten (Abb. 139) von selbst
sowie durch Einbau von Filter
(Abb. 140 a u. b) gelöst wird. An
der Wasserseite wurden Erddämme in Trockenbauweise bisher selten steiler als 1 : 2,5 ab-
geböscht. Aufgabe der Quer-
schnittsermittlung ist es, den
Sicherheitsgrad einer in Aussicht

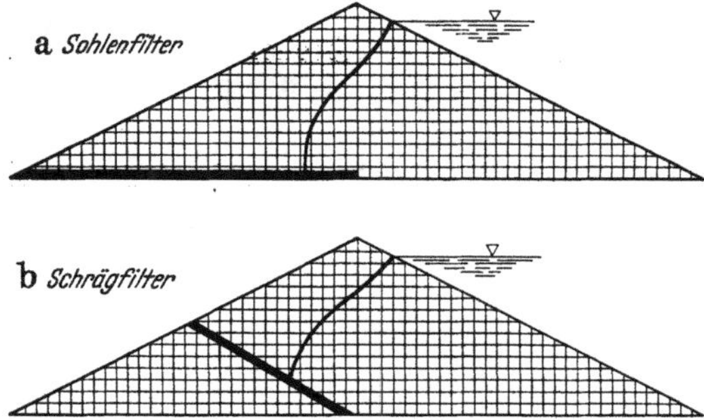

Abb. 137. Einfluß der Neigung der Dränage auf den Verlauf der Sickerlinie.
(Abbildungen 131 bis 137 nach BRETH [33].)

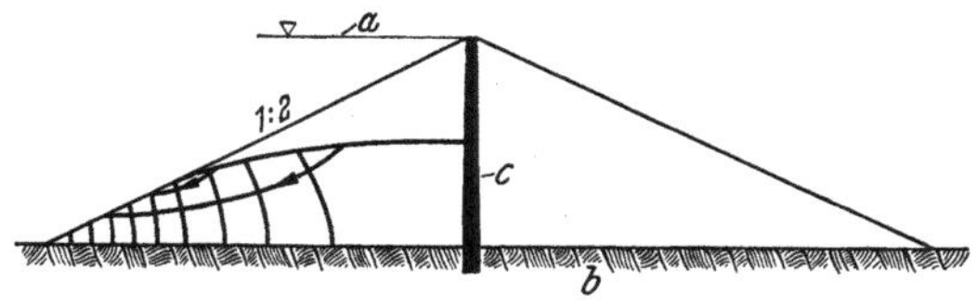

Abb. 138a. Sickerlinie und Porenwasserdruck im wasserseitigen Dammkörper bei schneller Senkung des Außenwasserspiegels. $k\,f/(n\,v_w) = 2{,}5$; k = Durchlässigkeitskoeffizient, v_w = Absenkungsgeschwindigkeit, n = Porenvolumen. a Wasserspiegel vor der Absenkung, b undurchlässige Sohle, c Dichtungskern. (Nach BRETH [31].)

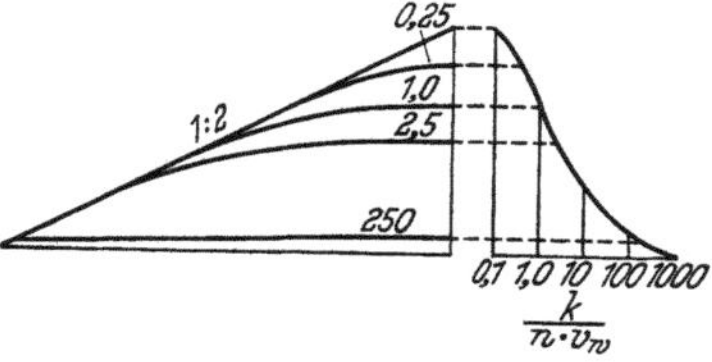

Abb. 138b. Abhängigkeit des Verlaufes der Sickerlinie und des Porenwasserdruckes in der wasserseitigen Dammhälfte vom Verhältniswert $k/(n\,v_w)$.
(Nach REINIUS [337].)

genommenen wasserseitigen Böschung durch
Ermittlung der Sickerwasserströmung, des
Stromlinienbildes und des daraus resultierenden
Porenwasserdruckes zu bestimmen. Man ver-
fährt dabei folgendermaßen:

Wasserseite. Die Standsicherheitsberechnungen werden zweckmäßigerweise nach dem
graphischen Verfahren unter Verwendung der
ermittelten Reibungsbeiwerte ausgeführt. Für
die Standsicherheitsuntersuchungen kreiszylin-

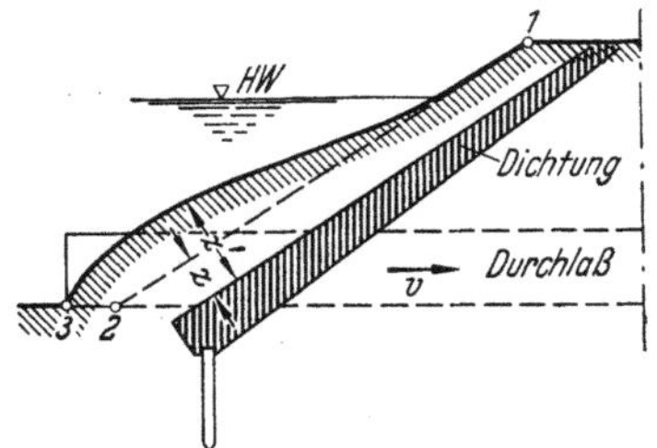

Abb. 139. Starke Deckschicht als Schutz gegen Porenwasserdruck und die dadurch ausgelöste Gleitgefahr.
(Nach WINKEL [494].)

drischer Gleitflächen (Abb. 141) [33] gilt als oberstes Gesetz, daß die Scherfestigkeit des Dammaterials in keinem Punkte der Gleitfläche überschritten
werden darf. Dabei muß das Moment der durch die jeweiligen Dammbaustoffe,
Einbauweise und den Porenwasserdruck in ihrer Größe unterschiedlich bestimmten

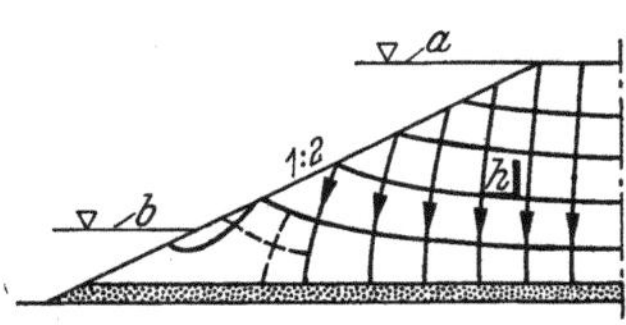

Abb. 140a. Verringerung des Porenwasserdruckes bei rascher Stauspiegelsenkung durch Filter an der Dammsohle. a Wasserspiegel vor, b nach der Absenkung. (Nach REINIUS [337].)

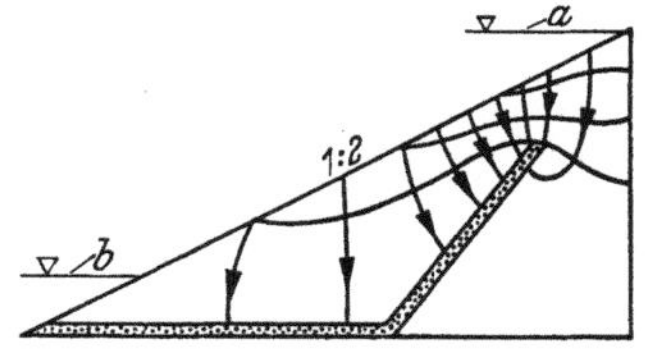

Abb. 140b. In den Damm gerichteter Strömungsdruck bei rascher Spiegelsenkung durch Filter an der Dammsohle. a Wasserspiegel vor, b nach der Absenkung. (Nach REINIUS [337].)

Reibungs- und Kohäsionskräfte in der Gleitfläche um den Drehmittelpunkt das Moment der auf Abscheren (Abgleiten) drängenden Kräfte mit möglichst 1,5facher Sicherheit unter den ungünstigsten Verhältnissen überwiegen. Außerdem ist zu berücksichtigen, daß der Porenwasserdruck außer von den Strömungsverhältnissen und dem Verfestigungszustand des Dammes durch den Umfang und den zeitlichen Verlauf plötzlicher Stauspiegelsenkungen bestimmt wird, und daß er die wirksamen Spannungen im Dammkörper, insbesondere aber den Winkel der inneren Reibung in der Gleitfläche, maßgebend beeinflußt. Seine Größe läßt sich nur abschätzen.

Mängel dieses Verfahrens sind: Die Spannungsverteilung in der Gleitfläche ist unbekannt. Diese wird entweder geschätzt oder die Resultierende wird aus den Gleichgewichtsbedingungen für die auf den Gleitkörper wirkenden Kräfte bestimmt (u. a. OHDE).

Die Standsicherheitsberechnungen können ferner nach ebenen Gleitflächen erfolgen. Die Reibungsziffer μ soll dabei nur mit 0,5 bis 0,6 eingesetzt werden. Sie ist auch nach dem RANKINEschen Sonderfall durchzuführen, wobei die Richtung des auf den Erdkörper gerichteten Enddruckes parallel zur Böschungsfläche verläuft.

Mit Rücksicht auf erhöhte Sicherung der wasserseitigen Böschung sind verschiedene Wasserstände unter Annahme rascher Absenkungen des Stauspiegels bei

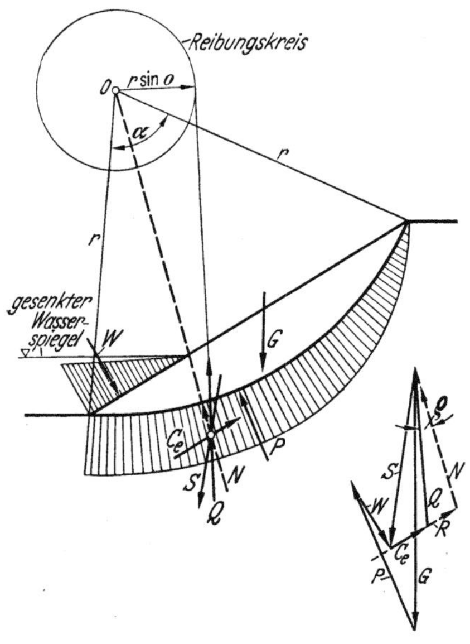

Abb 141. Gleitkreisuntersuchungen einer wasserseitigen Staudammböschung mit Hilfe des Reibungskreises. Spannungszustand auf der Wasserseite nach rascher Spiegelsenkung. (Nach BRETH [31].)
G Gewicht des Gleitkörpers, W Wasserdruck auf den Gleitkörper, P Porenwasserdruck in der Gleitfläche, S resultierende Summenkraft der angreifenden Kräfte, Q Gleitflächensummenkraft, C_e erforderliche Kohäsion in der Gleitfläche, C_v vorhandene Kohäsion in der Gleitfläche, Standsicherheit $n \sim (R + C_v/R + C_e)$.

der Berechnung einzusetzen. Für diese Stauspiegelsenkungen sind bei den Standsicherheitsuntersuchungen die wirksamen Kräfte für den Spannungszuwachs (Porenwasserdruck, Kapillardruck) nach der Senkung mit den Widerstandskräften (Reibung und Kohäsion) vor der Absenkung zu vergleichen.

Die Rutschsicherheit für die praktisch vorkommenden und ungünstigen Wasserspiegelsenkungen muß zwischen derjenigen für plötzliche und sehr langsame Senkung liegen und soll 1,3 bis 1,52 betragen. Wasserspiegelschwankungen entsprechen Belastungsschwankungen; sie wirken sich um so ungünstiger aus,

  1. je trockener das Klima (Sturzregen und Trockenperioden),
  2. je kleiner der Beckeninhalt im Verhältnis zum Umsatz ist,
  3. je unregelmäßiger die Wasserabgabe im weiteren Betrieb vor sich geht.

Dabei ist die Absenkungszeit zu ermitteln, innerhalb welcher an allen Stellen einer wasserseitigen Dichtungsanlage mindestens 50% Porenwasserüberdruck auf das Korngerüst abgegeben wird. Der gefährliche Porenwasserüberdruck darf nicht in Erscheinung treten, der sich an den bindigen Massen in der Zunahme der Belastung der auf Abscheren drängenden Massen nach Maßgabe der sich aus der Höhe der Stauspiegelsenkung resultierenden Kapillardruckwirkungen im entlasteten Dammteil ergibt.

Zweckmäßig angeordnete (Abb. 140a, b) und sachgemäß ausgeführte Filter in der Nähe der wasserseitigen Dammböschungen können den Porenwasserüberdruck rasch entspannen und die während dieser kritischen Überdruckszeit vorhandene geschwächte Standfestigkeit zeitlich und im Ausmaß beschränken. Nach neueren Untersuchungen von BRETH sinkt er indessen (an Schluff!!) rasch auf etwa $15^0/_0$ seines Höchstwertes ab und verliert daher an Gefährlichkeit [*34a*].

Für das Böschungsmaß ist der Gleitwiderstand des Dichtungsmaterials entscheidend, der an Ton geringer als an Lehm ist. Die Neigung der Böschungen unter Wasser darf nur dann steiler als 1 : 2,5 ausgeführt werden, wenn die Zulässigkeit durch Baustoffuntersuchungen und durch Berechnungen nachgewiesen ist.

An *Dämmen mit bindigem Schüttmaterial* herrschen Kapillareffekte vor [*33*]. Strömungs- und Porenwasserdruck sind wenig geklärt. Das Strömungsbild kann nicht zur Bestimmung des Porenwasserdrucks verwendet werden. Der Kapillarraum ist sehr wichtig. Soweit die kapillare Steighöhe die Dammhöhe erreicht oder übersteigt, wird mit unvermindertem Porenwasserdruck gerechnet, und die Steinschüttung dient zur Beschwerung der „Druckbank". Auf der Wasserseite verhindert die Kapillarkraft ein Abfließen des Porenwassers bei Stauspiegelsenkung. Infolgedessen erhöht sich bei raschen Spiegelsenkungen das Gewicht der Dammasse um die Kapillarspannung im Dammkörper, indessen steigt aber der Scherwiderstand im Dichtungskörper nicht in gleichem Maße. Bei raschen und großen Stauspiegelsenkungen werden für *Standsicherheitsuntersuchungen* die aktiven Kräfte für den Spannungszustand *nach* und die Widerstandskräfte für den Zustand *vor* der Absenkung berechnet und *verglichen*.

1. Der statische Einfluß des Wasserspiegels [*288, 288a*]. „Das Wasser in den Poren der Dammassen kann statisch in der verschiedensten Weise wirksam werden, z. B. als Auftrieb oder als Strömungskraft oder auch als Überdruck. Es ist dann meistens von großem (und zwar ungünstigem) Einfluß auf die Standsicherheit geböschter Erdkörper."

Damm- und Grabenböschungen, die sich ständig unter Wasser befinden, sind im Bereiche starker und schneller Wasserspiegelschwankungen sehr rutschgefährdet, weil hierbei vier Ursachen zusammenwirken:

1. Fortfall der Auflast durch das Außenwasser beim Sinken des Wasserspiegels;

2. Gewichtsverminderung der Erdbaustoffe in der Böschung infolge der Auftriebwirkung durch das in den Porenräumen zurückgebliebene Porenwasser;

3. der Scherwiderstand τ der Böschungserde, der eine Rutschbewegung verhindern würde, ist bei nasser Erde kleiner als bei trockener;

4. das in den Porenräumen der Böschungserde noch anfänglich zurückgebliebene Wasser übt von innen nach außen einen hydrostatischen Druck aus.

Diese vier Ursachen wirken sämtlich in demselben Sinne, wodurch sehr leicht eine Rutschbewegung der Graben- oder Dammböschung an den Stellen erfolgt, wo der zuvor längere Zeit in unveränderter Höhe verbliebene Wasserstand aus irgendeinem Grunde schnell gesenkt wird.

Bis zu einem gewissen Grade lassen sich aber auch in solchen Fällen Vorbeugungsmaßnahmen zur Verhinderung einer Rutschung treffen; Abb. 139, S. 85 soll veranschaulichen, in welcher Weise das möglich ist: Zunächst durch eine weitgehende Abflachung der Böschungsneigung mit den zunehmenden Wassertiefen; zweitens durch Verstärken der Deckschicht über der Dichtung im Dammkörper —$z' > z$ nimmt also mit der Wassertiefe stetig zu — vor der steileren Böschung am wasserseitigen Dammfuße (Punkt *3*) kann dann zweckmäßig eine davor eingebrachte Steinschüttung eine Stützschicht bilden" [*494*].

„Bekanntlich ist [*288*] das Raumgewicht der Erde unterhalb des Stauspiegels infolge der Auftriebswirkung des Wassers bedeutend geringer als das Raumgewicht über dem Wasserspiegel. Man macht die übliche und meist zutreffende Annahme, daß der Auftrieb für die unterhalb des Wasserspiegels befindlichen Bodenteilchen voll wirksam ist. Bezeichnet „s" das Stoffgewicht der Erdkörper, ε die Porenziffer und w den mittleren Wassergehalt für die Erde über dem Wasserspiegel, so hat man für das Raumgewicht γ der Erde folgende Formel:

$$\text{über Wasser:} \quad \gamma = s\,\frac{1+w}{1+\varepsilon},$$

$$\text{unter Wasser:} \quad \gamma_0 = \frac{s-1}{1+e}.$$

Die Poren hinreichend bindiger Erde sind fast immer zur Gänze mit Wasser gefüllt; für diesen Fall gilt einfacher:

$$\varepsilon = s\,w \quad \text{und} \quad \gamma = 1 + \gamma_0.$$

Als Beispiel sei der Einfluß eines waagerecht verlaufenden (ruhenden Wasserspiegels) untersucht. Es möge unter der Annahme $k = 0$ die Böschungsneigung gesucht werden, die gerade noch standhaft ist. Ohne vorhandenen Wasserspiegel ist eine unter dem Reibungswinkel anstehende Böschung bekanntlich standfest, weil der Erdwiderstand dem (aktiven) Erddruck gerade noch das Gleichgewicht hält. Ist jedoch ein waagerechter Wasserspiegel vorhanden, so muß die gesuchte größtmögliche Böschungsneigung geringer sein als der ermittelte Reibungswinkel, weil der Erdwiderstand durch den Wasserauftrieb verringert wird. Eine unter dem Reibungswinkel ϱ hergestellte Böschung wird also bei ansteigendem Wasserspiegel ein wenig abrutschen, so daß eine etwas flachere Böschung entsteht. Diese Erscheinung dürfte mit zu der Auffassung beigetragen haben, daß der Reibungswinkel unter Wasser kleiner sei als oberhalb des Wasserspiegels. In Wirklichkeit ist jedoch der Reibungswinkel nicht davon abhängig, denn auch oberhalb ist die Erde normalerweise feucht, insbesondere sind die Berührungspunkte der einzelnen Erdkörner von Haftwasser umgeben. Nur die Auftriebswirkung ist für diese Erscheinung verantwortlich.

Unter Zugrundelegung von kreiszylindrischen Gleitflächen ist der statische Einfluß des Wasserspiegels leicht zu ermitteln. Es ist unschwer einzusehen, daß alle Gleitflächen durch den obersten Böschungspunkt und durch den untersten Endpunkt der gesuchten Böschungsneigung gehen müssen (Abb. 142). Für jede der untersuchten Gleitflächen ermittelt man die Eigengewichte G_1 und G_2 des Gleitkörpers unterhalb *und* ober*halb* des Wasserspiegels und die Lage von deren Mittelkraft G. Letztere muß mit der Gleitflächenkraft Q im Gleichgewicht stehen, woraus die Berechnung des erforderlichen Reibungswertes mit Hilfe der beiden Strecken r und q ohne weiteres folgt. Zur Beantwortung der Frage, in welcher Höhe der ungünstigste Wasserstand anzunehmen ist, wird die Lage von G für eine beliebig angenommene Wasserspiegellage ermittelt und dann der Einfluß einer geringen Höhenänderung dh des Wasserspiegels untersucht. Die Länge der Wasserspiegellinie innerhalb des Gleitkörpers sei l. Sie werde durch G in die Längen l_1 und l_2 aufgeteilt. Durch eine Wasserspiegelabsenkung um dh wird das Gewicht G um $dG = (\gamma - \gamma_0)\,dh\,l$ vermehrt. Dieses kleine Mehrgewicht dG greift in der Mitte der Strecke l an. Ergibt sich nun für den zunächst geschätzten Wasserstand: $l_1 < l_2$, so hat dG vom Kreismittelpunkt aus einen größeren Hebelarm r als die Kraft G. Damit erfordert aber die Mittelkraft $G+dG$ einen etwas größeren Reibungsbeiwert μ als die Kraft G, d. h., durch eine geringe Senkung des Wasserspiegels entsteht für

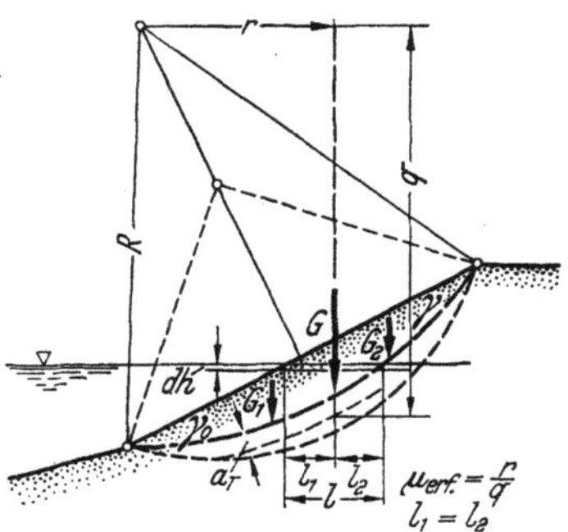

Abb. 142. Gleitkreisuntersuchungen an Staudämmen. (Nach OHDE.)

$l_1 < l_2$ ein etwas ungünstigerer Zustand. Ebenso erhält man für $l_1 > l_2$ durch die Hebung des Wasserspiegels ungünstigere Verhältnisse. Für den ungünstigsten Wasserstand darf weder eine Hebung noch eine Senkung des Wasserspiegels größere μ-Werte erfordern, woraus als Bedingung folgt: $l_1 = l_2$. Der zunächst nach Belieben angenommene Wasserstand ist dieser Bedingung entsprechend zu berichtigen.

Der Einfluß eines waagerechten Wasserspiegels läßt sich auch rechnerisch verfolgen. Hierbei kann man von der genauen Form der Gleitfläche ausgehen, die in Abb. 143 angedeutet ist. Die Mittelkraft Q_m für den mittleren kurvenförmigen Teil der Gleitfläche ist fast genau lotrecht gerichtet. Da sich außerdem die Winkel $\vartheta_a - \beta$ und $\beta - \vartheta_p$ und damit auch die „Wandhöhen" für E_a und E_p annähernd gleich ergeben (E_a und E_p sind der Böschungslinie gleichgerichtet), so ist man berechtigt, den Druck E_a

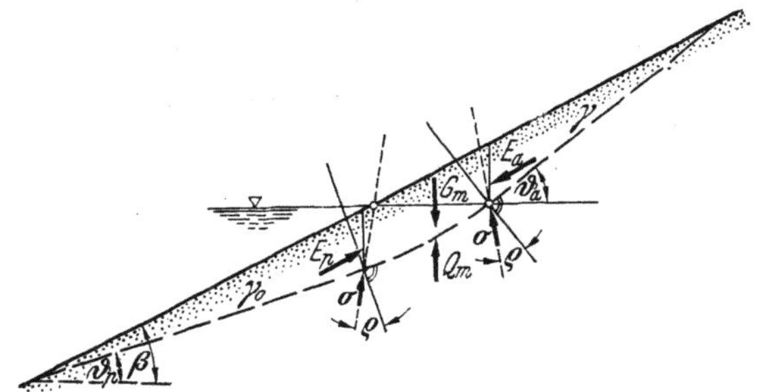

Abb. 143. Standfestigkeitsuntersuchungen von Böschungen. (Nach OHDE.)

der Erde über dem Wasserspiegel und den Erdwiderstand E_p unter Wasser für die gleiche Höhe zu berechnen und beide Werte einander gegenüberzustellen. Nach OHDE, Bautechnik 1938, S. 242, über die Erddruckverteilung kann man mit der Abkürzung $b = \mathrm{tg}\,\beta$ anschreiben:

$$\cos\beta\,E_a = \lambda_a\,\frac{1}{2}\,\gamma\,h^2\,; \qquad \cos\beta\,E_p = \lambda_p\,\frac{1}{2}\,\gamma_0\,h^2$$

mit

$$\lambda_a = \frac{1}{[\sqrt{1+\mu^2}+\sqrt{\mu^2-b^2}]^2}\,; \qquad \lambda_p = \frac{1}{[\sqrt{1+\mu^2}-\sqrt{\mu^2-b^2}]^2}\,.$$

6a

Die Gleichsetzung von E_a und E_p liefert nach kurzer Zwischenrechnung folgende Gleichung für die noch standfeste Böschungsneigung:

$$b \approx \sqrt{\mu^2 - (1+\mu^2)\left(\frac{\sqrt{\gamma:\gamma_0}-1}{\sqrt{\gamma:\gamma_0}+1}\right)^2}\,.$$

(Abb. 144) liefert die zahlenmäßige Auswertung dieser Näherungsrechnung. Für einen Sand mit den Werten: $\mu = 0{,}65$, $\gamma = 1{,}80$ und $\gamma_0 = 1$ erhält man z. B. nach Abb. 144 $b:\mu \approx 0{,}964$ (oder $b = 0{,}964 \cdot 0{,}65 \approx 0{,}626 = 1:1{,}6$), also eine Herabminderung der Böschungsneigung um 3,6%, während man für Ton, der gegebenenfalls die Werte $\mu = 0{,}40$; $\gamma = 1{,}9$; $\gamma_0 = 0{,}9$ besitzen mag, schon ein

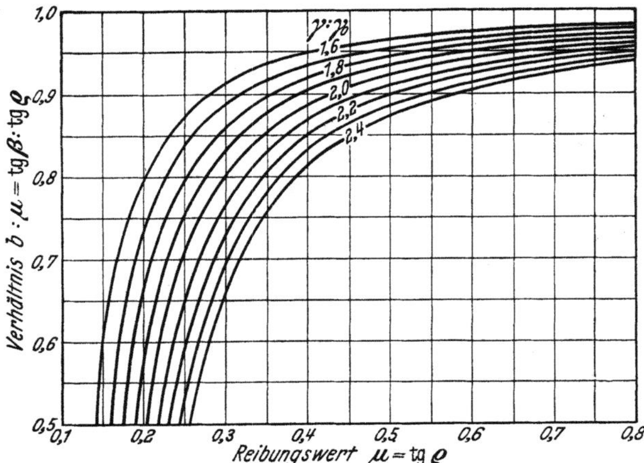

Verhältnis $b:\mu$ von 0,868 oder eine Herabminderung der Böschungsneigung um 13,2% erhält.

Bei Staudämmen ist aus statischen und anderen Gründen häufig eine durchlässige Deckschicht erforderlich. Der ungünstigste Wasserstand kann dabei in ähnlicher Weise ermittelt werden, wie es vorstehend an Hand der Abb. 142 gezeigt wurde. Der einfachste Fall dieser Art ist in Abb. 145 dar-

Abb. 144. Einfluß des Wasserspiegels nach Abb. 143. (Nach Ohde.)

gestellt. (Abrutschen der Deckschicht auf dem bindigen Erdkörper, ebene Gleitflächen.) Nimmt man den Wasserspiegel zunächst wieder nach Gutdünken an, so kann man die Gewichte G_1 und G_2 vorläufig berechnen und das in Abb. 145

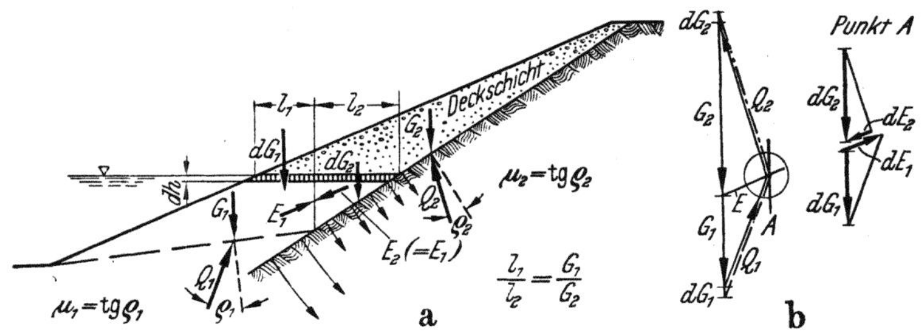

Abb. 145. Ungünstiger Wasserstand für die Deckschicht eines Staudammes. (Nach Ohde.)

dargestellte Krafteck zeichnen. Man nimmt am besten den Reibungswert der Deckschicht (μ_1) als gegeben an (unter Einrechnung einer gewissen Sicherheit, z. B. $\mu_1 \approx 0{,}85\,\mu_{1_{\mathrm{vorh}}}$) und sucht unter Ausnutzung der Gleichgewichtsbedingung $E_1 = E_2$ den für die Oberfläche des bindigen Erdkörpers zur Verhinderung des Abgleitens gerade erforderlichen Reibungswert μ_2. Die Richtung des Erddruckes E ist dabei gleichlaufend zur Böschungslinie anzunehmen. Man befindet sich mit dieser Annahme auf der sicheren Seite, denn in Wirklichkeit ist E noch etwas steiler geneigt als die Böschung, weil die schwereren Erdteile oberhalb des Wasserspiegels auf die unter Wasser befindlichen Erdteile wie eine steilere Böschung wirken. — Denkt man sich den Wasserspiegel wieder um das kleine Maß dh gesenkt, so vergrößern sich dadurch die Gewichte G_1 und G_2 um die Beträge $dGl = (\gamma - \gamma_0)\, dh\, l_1 = C\, l_1$ und $dG_2 = (\gamma - \gamma_1)\, dh\, l_2 = C\, l_2$, also verhältnisgleich den Wasserspiegellängen l_1 und l_2. Diesen Gewichtszunahmen entsprechen die in Abb. 145 angegebenen Erddruckänderungen dE_1 und dE_2. Solange $dE_1 > dE_2$ ist, bringt eine tiefere Lage des Wasserspiegels als die vorläufig angenommene günstigere Ergebnisse; für $dE_1 < dE_2$ ist es umgekehrt. Die gefährlichste Höhenlage des Wasserspiegels folgt demnach aus der Bedingung: $dE_1 = dE_2$ oder unter Beachtung der Ähnlichkeit des kleinen Kraftecks für den Punkt A mit dem ganzen Krafteck für G_1 und G_2 aus:

$$l_1 : l_2 = G_1 : G_2.$$

Trägt man die erforderlichen Reibungsbeiwerte μ_2 für verschiedene Wasserspiegellagen auf, so erhält man die Kurve, deren Größtwert sich an der Stelle des ungünstigsten Wasserspiegels befindet. Da nun aber in der Nähe des Größtwertes einer Funktion fast genau derselbe Wert wie der Größtwert erhalten wird, so folgt, daß man die soeben abgeleite Bedingung für die Lage des ungünstigsten Widerstandes nur mit roher Annäherung zu erfüllen braucht.

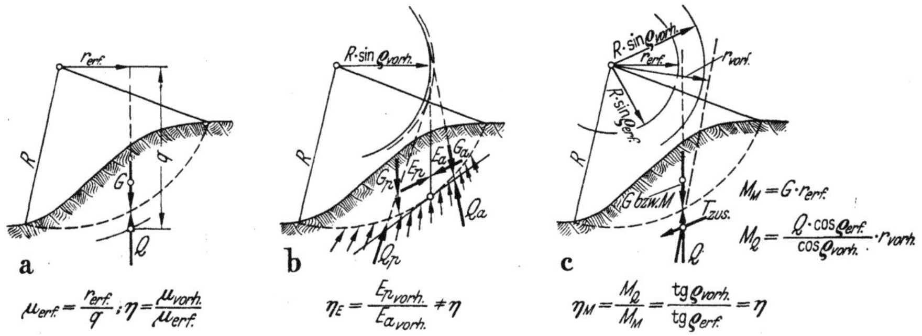

Abb. 146. Verschiedene Ansätze für die Sicherheitszahl η. (Nach OHDE.)

2. Die Sicherheit gegen Gleitgefahr. Für einen Erdkörper, dessen Gleitwiderstand verhältnismäßig mit der Belastung wächst, hat man in dem Verhältnis der vorhandenen, auf dem Versuchswege ermittelten und des erforderlichen, durch die statische Berechnung gefundenen Reibungsbeiwertes (Abb. 146) einen einwandfreien Maßstab für die Sicherheit η gegen die Gefahr des Abgleitens längs der ungünstigsten Gleitfläche:

$$\eta = \frac{\mu_{\text{vorh}}}{\mu_{\text{erf}}}.$$

Es ist noch vielfach üblich, die Sicherheit durch

$$\eta_E = \frac{E_{p\,\text{vorh}}}{E_{a\,\text{vorh}}}$$

anzugeben, wobei $E_{p\,\text{vorh}}$ und $E_{a\,\text{vorh}}$ den wirklich vorhandenen Erdwiderstand und Erddruck bedeuten. Für kurvenförmige Gleitflächen legt man z. B. unter der Neigung μ_{vorh} eine Tangente an die Gleitkurve und berechnet E_p und E_a

für die Lotrechte durch den Berührungspunkt B (Abb. 146), und zwar deshalb, weil die Schrägspannungen σ (längs der Gleitfläche) oberhalb von B zur Vergrößerung von E_a und unterhalb von B zur Vergrößerung von E_p beitragen, die Lotrechte durch B also die aktiven (schiebenden) und passiven (widerstehenden) Teile des Rutschkörpers voneinander trennt.

Es besteht leider zwischen η und η_E keine eindeutige Abhängigkeit in der Weise, daß einem bestimmten η-Wert immer derselbe η_E-Wert zugeordnet ist. Man kann daher mit η_E keine eindeutige Vorstellung der vorhandenen Sicherheit verbinden. Denn daß die Verwendung von η einwandfrei ist, erkennt man sofort, wenn man die angegebenen μ-Werte noch mit dem mittleren Wert v_m des Normaldruckes v längs der Gleitfläche vervielfacht. Man hat dann:

$$\eta = \frac{\mu_{\text{vorh}}\, v_m}{\mu_{\text{erf}}\, v_m} = \frac{\tau_{m\,\text{vorh}}}{\tau_{m\,\text{erf}}}.$$

Durch η wird also die im Bruchfalle vorhandene mittlere Schubspannung $\tau_{m\,\text{vorh}}$ der für Gleichgewicht gerade erforderlichen mittleren Schubspannung $\tau_{m\,\text{erf}}$ gegenübergestellt, was der auch sonst im Bauwesen üblichen Sicherheitsangabe entspricht (z. B. $\eta = \sigma_{\text{Bruch}} : \sigma_{\text{zul}}$). Man sollte deshalb die Gleitsicherheit möglichst selten durch η_E angeben. Ganz wird man η_E allerdings nicht entbehren können, weil bei manchen Berechnungen die Einführung von η_E bequemer ist als von η.

Terzaghi u. a. berechnet die Sicherheitszahl gegen Gleiten aus dem Verhältnis der dem Gleiten widerstrebenden Momente M_Q (volle Widerstandskräfte längs der Gleitfläche) und der das Gleiten fördernden Momente M_M der äußeren Kräfte G, P, W usw.

$$\eta_M = \frac{M_Q}{M_M}\, a$$

Bei Ermittlung von M_Q wird hierbei angenommen, daß die Normalspannungen v unveränderlich bestehenbleiben (gleichbleibendes N); nur die Schubspannungen τ (und damit auch die Kraft T) sind gegenüber dem Gleichgewichtszustand entsprechend den im Bruchfalle vorhandenen Werten größer angesetzt. Damit ist (vgl. auch Abb. 146)

$$Q_{\text{vorh}} = \frac{N}{\cos \varrho_{\text{vorh}}} = \frac{Q_{\text{erf}} \cos \varrho_{\text{erf}}}{\cos \varrho_{\text{vorh}}}$$

und weiter:

$$\eta_M = \frac{M_Q}{M_M} = \frac{Q_{\text{vorh}}\, r_{\text{vorh}}}{Q_{\text{erf}}\, r_{\text{erf}}} = \frac{Q_{\text{erf}} \cos \varrho_{\text{erf}}}{Q_{\text{erf}} \cos \varrho_{\text{vorh}}} \cdot \frac{R \sin \varrho_{\text{vorh}} (1 + v_R)}{R \sin \varrho_{\text{erf}} (1 + v_R)}$$

$$= \frac{\cos \varrho_{\text{erf}} \sin \varrho_{\text{vorh}}}{\cos \varrho_{\text{vorh}} \sin \varrho_{\text{erf}}} = \frac{\operatorname{tg} \varrho_{\text{vorh}}}{\operatorname{tg} \varrho_{\text{erf}}} = \frac{\mu_{\text{vorh}}}{\mu_{\text{erf}}} = \eta,$$

d. h. durch das Verhältnis der widerstrebenden zu den vorhandenen Momenten erhält man dieselbe Sicherheitszahl η wie aus dem Verhältnis der Reibungswerte.

Bei vorhandener Festigkeit k wird die Sicherheit durch

$$\eta = \frac{\tau_{m\,\text{vorh}}}{\tau_{m\,\text{erf}}} = \frac{k_{\text{vorh}} + \mu_{\text{vorh}}\, v_m}{k_{\text{erf}} + \mu_{\text{erf}}\, v_m}$$

angegeben. Der Mittelwert v_m für die v-Spannungen längs der Gleitfläche wird am einfachsten dadurch erhalten, daß μ_{erf} für einige angenommenen k-Werte berechnet wird (oder auch umgekehrt) und die erhaltenen τ_{erf}-Linien dann in einem Schaubilde aufgetragen werden (Abb. 147). Diese τ_{erf}-Linien schneiden sich annähernd alle in einem Punkte, der damit dem wirklichen $\tau_{m\,\mathrm{erf}}$ bzw. v_m entspricht. Wird in das Schaubild noch der vorhandene Gleitwiderstand:

$$\tau = k_{\mathrm{vorh}} + \mu_{\mathrm{vorh}}\, v$$

eingetragen, so lassen sich für v_m die beiden Werte τ_{vorh} und τ_{erf} abgreifen: Ihr Verhältnis liefert die Sicherheitszahl η.

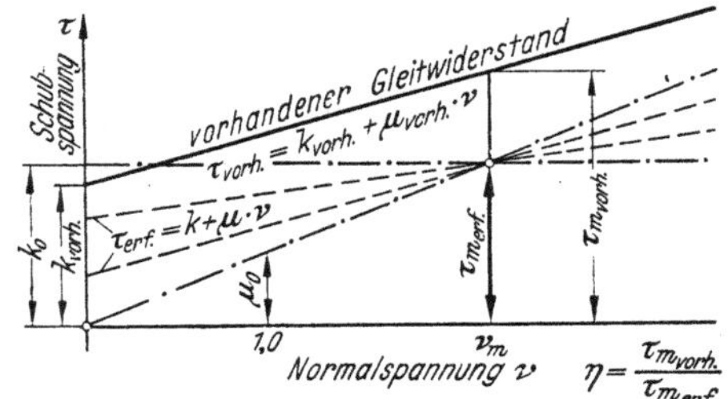

Abb. 147. Sicherheitszahl η bei verschiedener Festigkeit. (Nach OHDE.)

Die Tatsache, daß sich die τ_{erf}-Linien hinreichend genau in einem Punkte schneiden, läßt sich ausnutzen, um die Berechnung zu vereinfachen. Es genügt nämlich, μ_{erf} für $k = 0$ $(= \mu_0)$ und k_{erf} für $\mu = 0$ $(= k_0)$ zu ermitteln. Zunächst gilt dann:

$$k_0 = \mu_0\, v_m \quad \text{oder} \quad v_m = \frac{k_0}{\mu_0}$$

und weiter für die Sicherheitszahl

$$\eta = \frac{k_{\mathrm{vorh}} + \mu_{\mathrm{vorh}}\,\dfrac{k_0}{\mu_0}}{k_0} = \frac{k_{\mathrm{vorh}}}{k_0} + \frac{\mu_{\mathrm{vorh}}}{\mu_0}\,.$$

Der Einfluß der Gleitfestigkeit k auf die Sicherheit ist hiernach in einfacher Weise zu ermitteln: Neben der fast immer notwendigen oder doch erwünschten Ermittlung von μ_0 $(= \mu_{\mathrm{erf}})$ für $k = 0$ hat man die Berechnung nur noch für $\mu = 0$ durchzuführen, um k_0 zu finden. Diese zweite Berechnung ist dadurch besonders einfach, daß Q durch den Kreismittelpunkt geht, so daß die Ermittlung von v_R bzw. die Einführung von Q_k bzw. T_k sich erübrigt. Es ist nur noch darauf zu achten, daß die Kraft K richtig angesetzt wird (nämlich höchstens bis zum $h_{K'''}$-Punkt reichend) und der Gleitkörper nach oben hin durch die $h_{K'''}$-Lotrechte begrenzt wird" [288].

An anderer Stelle hat OHDE darauf hingewiesen, ,,daß man bei Berücksichtigung der Festigkeit eine größere Sicherheit fordern sollte, weil sowohl Gleitwiderstandsuntersuchungen im Versuchsraum im Verein mit gewissen Formänderungsbetrachtungen als auch Nachrechnungen von eingetretenen Gleitungen zeigen, daß die theoretisch für alle Punkte der Gleitfläche vorausgesetzte gleichmäßige und volle Wirkung des Gleitwiderstandes für die Gleitfestigkeit k viel weniger vorhanden ist als für den Reibungsbeiwert μ. Daß k gegenüber äußeren Einflüssen (z. B. Wasseraufnahme) empfindlicher ist als μ, ist ja ohnehin bekannt. Es seien

$$\eta_\mu = \frac{\mu_{\mathrm{vorh}}}{\mu_{\mathrm{erf}}} \quad \text{und} \quad \eta_K = \frac{k_{\mathrm{vorh}}}{k_{\mathrm{erf}}}$$

die einzelnen Sicherheitszahlen gegenüber Reibung und Gleitfestigkeit. Wird nun η_K zugleich dem ψ-fachen von η_μ gesetzt (z. B. $\psi = 1{,}5$), so liefert die Gleichung S. 92 mit $v_m = k_0 : \mu_0$ nach kurzer Zwischenrechnung:

$$\frac{\eta}{\eta_\mu} = 1 + \frac{\psi - 1}{1 + \psi\,\dfrac{k_0}{k_{\mathrm{vorh}}}\,\dfrac{\mu_{\mathrm{vorh}}}{\mu_0}}\,.$$

Nach dieser Gleichung kann die einem η_μ-Wert gleichwertige Sicherheitszahl η für die Gleichung (S. 93 Mitte) berechnet werden, wenn gegen die Überwindung der Gleitfestigkeit eine größere Sicherheit gefordert wird, als gegen die Überwindung der Reibung und das Verhältnis der Sicherheitszahlen: $\psi = \eta_K : \eta_\mu$ bekannt oder vorgeschrieben ist. In einigen Fällen (z. B. bei weichen knetbaren Erdschichten ohne größere Vorlast) scheint die Annahme $\eta_K = \eta_\mu^n$ (n z. B. rd. 2,5) besser zu sein als $\eta_K = \psi\eta_\mu$.

Man hat dann an Stelle der letzten Gleichung

$$\eta = \frac{1 + \dfrac{k_0}{k_{\mathrm{vorh}}}\dfrac{\mu_{\mathrm{vorh}}}{\mu_0}}{\dfrac{1}{\eta_K} + \dfrac{1}{\eta_\mu}\dfrac{k_0}{k_{\mathrm{vorh}}}\dfrac{\mu_{\mathrm{vorh}}}{\mu_0}}.$$

Den Berechnungen der Rutschsicherheit liegt die Annahme zugrunde, daß im Augenblick des Gleitens längs der ganzen Gleitfläche der volle Bruchwert des Gleitwiderstandes vorhanden ist. Diese Annahme ist in Wirklichkeit nur selten genau genug erfüllt, worauf bei der Festsetzung der zu fordernden Sicherheitszahl η besonders Rücksicht zu nehmen ist. Die Ursache des Nichtzutreffens der Annahme der vollen Wirkung des Gleitwiderstandes ist das Absinken des Gleitwiderstandes nach größerem Gleitweg, was durch Versuche eindeutig nachgewiesen ist. Besonders stark ist die Herabminderung des Gleitwiderstandes bei festen Tonen, überhaupt bei Erdarten mit größerer (Kohäsions-) Festigkeit, weshalb bei solchen Erdarten, wie schon erwähnt, eine größere Sicherheit zu fordern ist.

Die Verringerung des Gleitwiderstandes wäre für die Sicherheit gegen Rutschgefahr von weit geringerer Bedeutung, wenn das Gleiten in allen Elementen der Rutschfläche gleichzeitig einsetzen würde. Das ist aber nicht der Fall, weil dem Gleiten Formänderungen vorangehen, deren Auswirkungen auf die einzelnen Bereiche der Gleitfläche ganz verschieden sind. Es wurde schon erwähnt, daß bei vorhandener Rutschneigung am oberen Teil der Böschung seitlich eine Entlastung auftritt, die bekanntlich geringe Ausdehnungen des Erdkörpers zur Folge hat, so daß dort Bruch recht bald erfolgt, während im unteren Teil der Böschung eine größere Zusammendrückung notwendig ist, bevor der Erdwiderstand erreicht wird und Gleiten eintritt. Bei einer Böschung mit einheitlicher Erdart wird demnach die Ausbildung der Gleitflächen von oben nach unten fortschreiten. Terzaghi spricht daher von einem progressiven (fortschreitenden) Bruch [288].

Ebensowenig ist die genaue Spannungsverteilung bekannt. Diese wird entweder nach der Massenverteilung im Gleitkörper geschätzt oder die Gleitflächensummenkraft wird aus den Gleichgewichtsbedingungen für die auf den Gleitkörper wirkenden Kräfte bestimmt [33].

3. Der statische Einfluß des Porenwasserüberdruckes [49, 50, 110, 111, 127, 131, 288, 322, 362]. Wie ausgeführt wurde, ist bei der Berechnung außer dem Eigengewicht und dem Außenwasserdruck vor allem der Porenwasserdruck maßgebend. Er spielt auch bei der Dammausführung, vor allem bei den gespülten Erddämmen, eine Rolle. Aber auch bei rasch geschütteten Erddämmen ist er neben dem Druck der komprimierten eingeschlossenen Luft nicht zu vernachlässigen. (Vgl. S. 397.)

Porenwasserdruck entsteht bekanntlich, wenn durch plötzliche starke Be- und Entlastung (Abb. 138, 140, 148, 149) dem Porenwasser die Möglichkeit genommen wird, sich den neuen Druckverhältnissen sofort anzupassen.

Neben den die Stabilität eines Erddammes [362] begründenden Faktoren:

1. dem Gewicht der Erdmasse, dem Dammkörper,

2. dem Winkel der inneren Reibung,

3. der Kohäsion

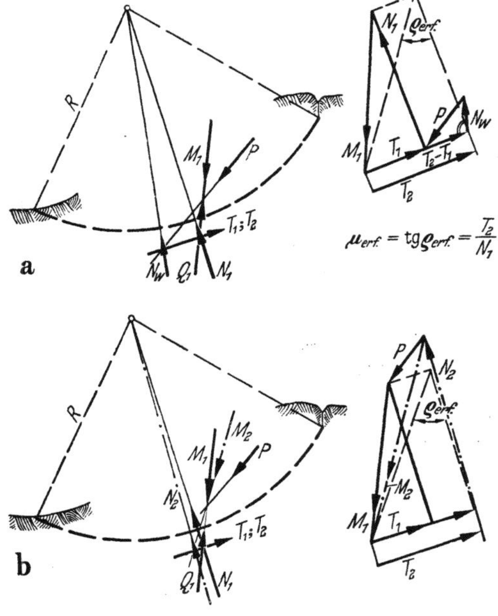

Abb. 148. Der Einfluß des Porenwasserüberdruckes bei plötzlicher Mehrbelastung für kreisförmige Gleitflächen.
(Abb. 142 bis 148 nach OHDE.)

ist 4. der Porendruck der entscheidende Einfluß. Die Werte für 1—3 werden im Prüfraum ermittelt. Die Größe des Porendruckes ist gegeben für die Annahme völliger Durchlässigkeit und abgeschlossener Dammsetzungen durch das Strömungsnetz. Abb. 150 bis 156 zeigen die Abhängig-

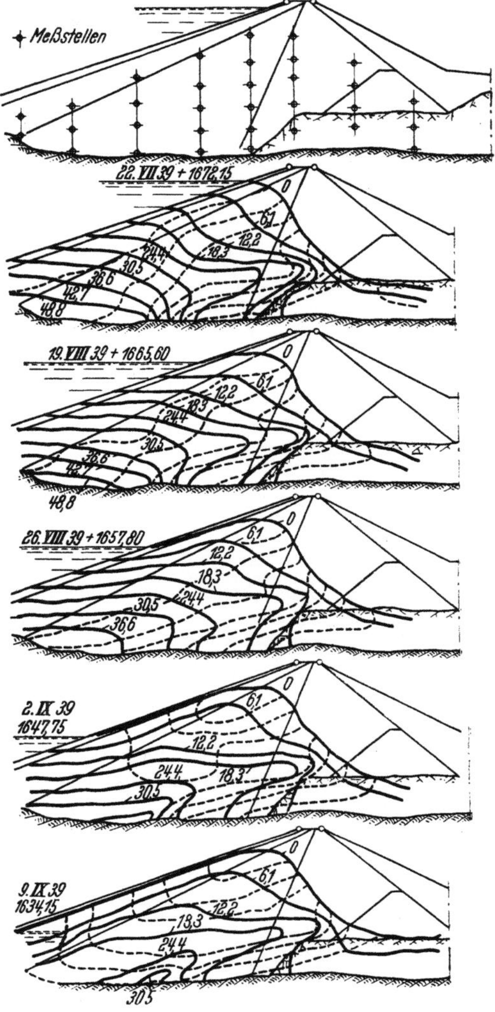

Abb. 149. Gemessene Linien gleichen Wasserdruckes (ausgezogen) und gleichen Standrohrspiegels (gestrichelt) in einem Staudamm bei einer sehr raschen Spiegelsenkung, Spiegelunterschiede 6,1 m.
(Nach GLOVER-GIBBS-DAEHN [110].)

keit des Porendruckes in verschiedenen Dammquerschnitten vom Konsolidations-(Setzungs-) Faktor „c", dessen jeweiliger Wert durch die Formel Abb. 150 bestimmt wird. Je größer dieser Faktor, um so geringer der Porendruck.

Porenwasserdruck. Die Meinungen über den Einfluß des Porenwasser-Innendruckes auf die Stabilität gehen sehr auseinander. Daher wurde auf dem 4. Internationalen Kongreß 1951 [440] in Neu Delhi vorgeschlagen, mehr Beobachtungsmaterial zu sammeln, um den Wert dieses Druckes klar abzuschätzen. Empfohlen wurde ein dichter Erdkern an Stelle eines Betonkernes. Setzungen infolge Porendruckes können praktisch durch dünne Lagenschüttungen während der langsamen Ausführung eliminiert werden.

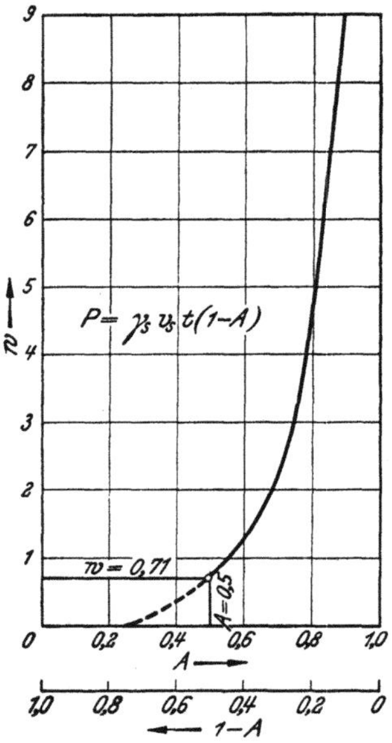

Die Problematik ist indessen noch nicht gelöst.

Dieser Porenwasserüberdruck tritt ähnlich den Setzungsfließerscheinungen [173, 263] bei schnellem Abfall eines Stauspiegels ein. Ein großer Teil der

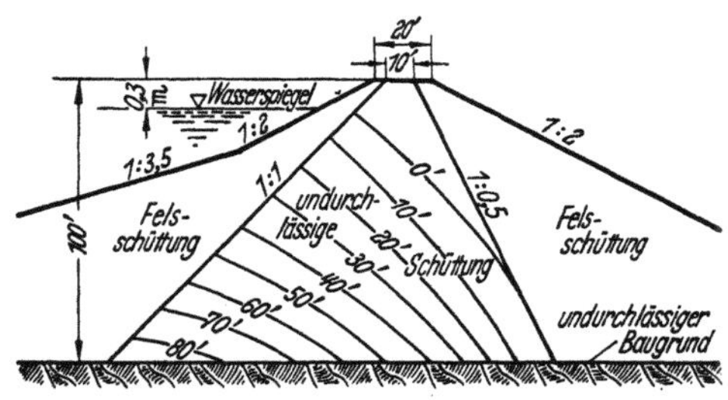

Abb. 151. Porendruck im Strömungsnetz.

benetzten Dammfläche taucht aus dem Wasser; dadurch fällt die Auftriebswirkung weg, es tritt Gewichtsvermehrung auf. Ferner wird die Zusammendrückung an allen feinkörnigen Erdarten durch das vorhandene Porenwasser gehindert. Daher wird bei plötzlicher starker Belastung infolge der geringen Durchlässigkeit der ausschließlich hier in Frage kommenden bindigen Erdarten diese Last zunächst zum sehr beträchtlichen Teil an Stelle vom Korngerüst von dem gespannten Porenwasser aufgenommen, das aber keine Reibung besitzt. Es dauert daher stets eine gewisse Zeit, bis das Gleichgewicht wiederhergestellt ist. Da bei einer plötzlichen Mehrbelastung zunächst das Porenwasser aus den Randpartien und erst nach geraumer Zeit aus dem Inneren der unter Porenwasserdruck stehenden Massen herausströmen kann, fällt die ungünstigste Gleitfläche meist nicht mit der oberen Grenzschicht zusammen, sondern liegt tiefer. Derartige Gleitfäden verlaufen kurvenförmig. Daher muß der Porenwasserdruck unter Berücksichtigung dieses Gleitflächenverlaufes untersucht werden.

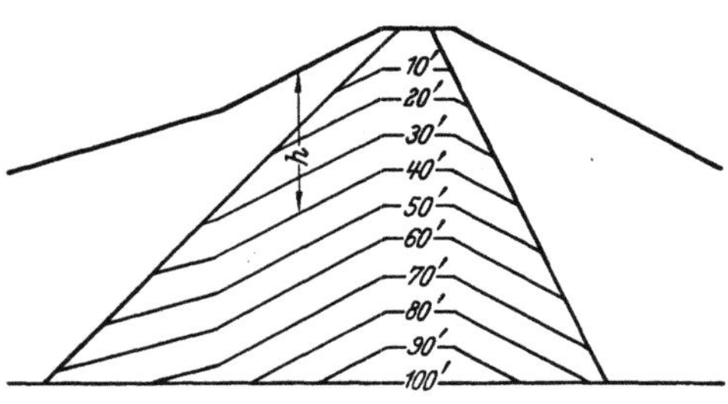

Abb. 152. Porendruck geschätzt zu 1 h.

Abb. 150. Werte für „A" für die Berechnung des Porendruckes. (Nach RUFENACH [362].)

P Porendruck, γ_w spez. Gewicht des Wassers, v_s Schnelligkeit der Verfestigung (Konsolidation), t Beobachtungszeit des Porendruckes.

Man unterscheidet dabei die Annahme der kreisförmigen und der nach einer logarithmischen Spirale angenommenen Gleitflächenausbildung. In den nachstehenden Ausführungen werden in enger Anlehnung an OHDE [288] kreisförmige Gleitflächen betrachtet.

Porenwasserüberdruck für kreisförmige Gleitflächen. Es gelte im Zustande ausgeglichenen Porenwasserdruckes die wirksame Mittelkraft M_1.

Diesem M_1 entspreche die Mittelkraft Q_1 der späteren Gleitfläche (Abb. 148, S. 95). Die Teilkräfte N_1 und T_1 der Kraft Q_1 können ermittelt werden. Kommt nun der Mittelkraft M_1 verhältnismäßig rasch eine neue Kraft P hinzu, so werden die Normalspannungen ν des Korngerüstes in der Gleitfläche zunächst nicht verändert, weil diese Mehrbelastung vorher nur den Druck im Porenwasser vergrößert. Damit bleibt auch die Lage der Normalkraft N_1 unverändert. So-lange sich die einzelnen Normal-spannungen ν nicht verändern, müssen auch die für das Gleiten vorhandenen Schubspannungen τ die gleiche Verteilung behalten, wie sie für T_1 vorausgesetzt wird, so daß auch die nach dem Einsetzen von P erforderlich werdende Schubkraft T_2 die gleiche Lage behält wie T_1. Da-bei ist $T_2 > T_1$, weil unter der Wirkung von P die Schubspannun-gen stärker in Anspruch genommen werden. Die neue Last P wird da-mit von dem Zuwachs $(T_2 - T_1)$ der Schubkraft T und von dem Überdruck N_w des Porenwassers auf-genommen. Der Wasserdruck wirkt in jedem Punkte lotrecht zur Gleit-fläche; die Kraft N_w muß also durch den Kreismittelpunkt hindurch-gehen. Außerdem müssen sich die Wirkungslinien der neuen Kräfte $P,(T_2 - T_1)$ und N_w in einem Punkte schneiden, wenn Gleich-gewicht bestehen soll. Durch diese Bedingungen ist das Kräfteverhält-nis vollständig festgelegt. Man braucht nur P und T zum Schnitt zu bringen und hat in der Verbin-dungslinie dieses Schnittpunktes mit dem Kreismittelpunkt die Wir-kungslinie des Porenwasserüber-druckes N_w (Abb. 148a S. 95). Die

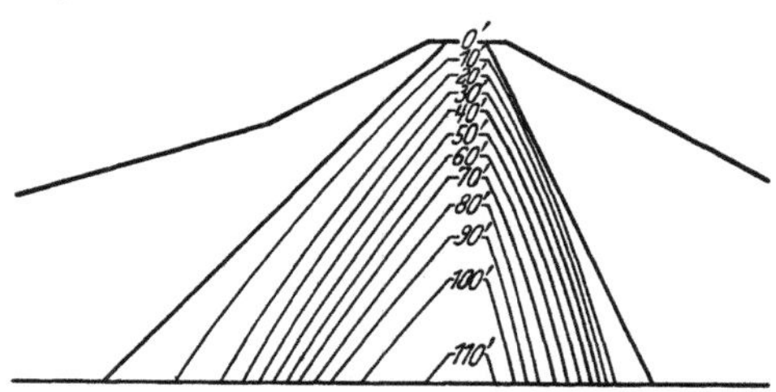

Abb. 153. Porendruck während der Verfestigung.
c Koeffizient der Verfestigung (Konsolidation, Setzung) = 500 Quadratfuß/Jahr, Bauzeit des Dammes 3 Jahre.

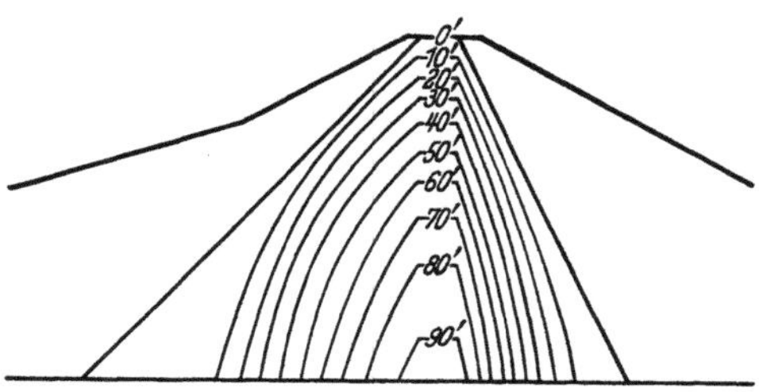

Abb. 154. Porendruck wie Abb. 153.
c = 1000 Quadratfuß/Jahr.

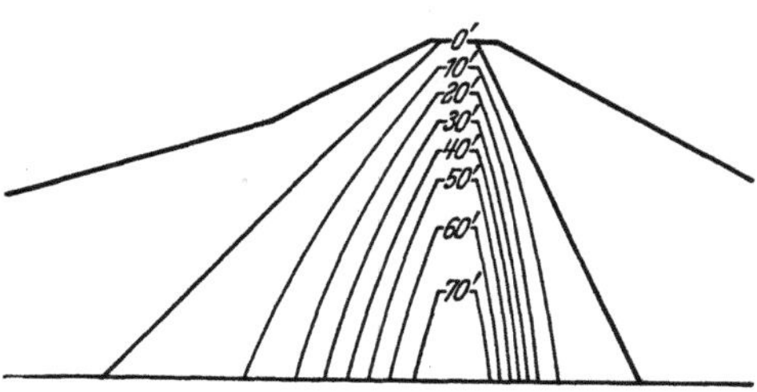

Abb. 155. Porendruck wie Abb. 153.
c = 2000 Quadratfuß/Jahr.

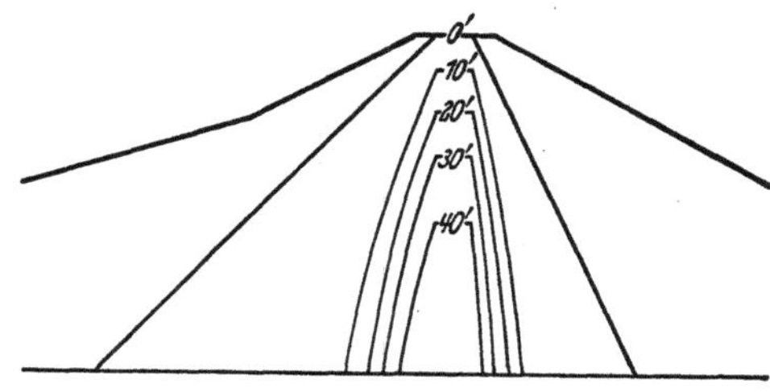

Abb. 156. Porendruck wie Abb. 153,
c = 5000 Quadratfuß/Jahr.
(Abb. 150 bis 156 nach RUFENACHT [362].)

Zerlegung von P in die Richtungen von T und N_w liefert dann auch die Größe der Kräfte N_w und $T_2 - T_1$ und damit die mindestens erforderliche Schubkraft T_2. Da die Normalspannungen ν (also auch die Kraft N_1) nach Voraussetzung

Keil, Dammbau. 2. Aufl. 7

unverändert geblieben sind und die Schubspannungen τ dieselbe Verteilung haben wie im Anfang (nur daß sie dem absoluten Betrage nach größer geworden sind), so hat man für den erforderlichen Reibungsbeiwert ohne weiteres

$$\mu_{\text{erf}} = \frac{T_2}{N_1}.$$

Die erforderliche Schubkraft T_2 läßt sich auch dadurch ermitteln, daß man P und M zur Mittelkraft M_1 zusammensetzt und M_2 dann in die Kräfte T_2 und N_2 (Abb. 148b) zerlegt. N_2 ist dann die Mittelkraft aus N_1 und N_w, geht also ebenfalls durch den Kreismittelpunkt. Durch die obige Gleichung für μ_{erf} folgt ohne weiteres die Richtigkeit der in Abb. 148 eingezeichneten Konstruktion für μ_{erf}" [288].

Auf Grund dieser statischen Voraussetzungen ergibt sich zusammengefaßt für die Ausbildung des Staudammquerschnittes und dessen zweckmäßige Gliederung:

Er muß in allen seinen Teilen ausreichende Stabilität gegen Staudruck, Auftrieb und Porenwasserüberdruck besitzen. Das Gewicht der stützenden Massen muß größer als diese Beanspruchung sein. Dabei sind plötzliche Belastungsänderungen durch raschen Anstau oder Senkung des Stauspiegels in die Berechnung einzubeziehen.

Die Dichte und der Verlauf der Sickerlinie muß den Bedingungen einer weitgehenden Unveränderlichkeit des inneren Dammgefüges entsprechen, schädliche Erosion und Durchsickerung müssen durch zweckentsprechende Gliederung und sachgemäße Ausführung ausgeschlossen sein.

4. **Sicherheit gegen Gleiten.** Infolge der Gefährdung der gesamten Dammmasse beim Versagen seiner Stabilität muß die Sicherheit gegen Gleiten sehr hoch sein [99]. Sie liegt an einem Damm von rd. 66 m Höhe, einer Kronenbreite von 5 m, einer luftseitigen Böschung von 1:1,4 und einem Raumgewicht von 1,6 für losen Felsen einschließlich Wassergewicht bei einem Verhältnis der Dammhöhe zur Dammbreite gleich 1:2,25, 1:2,6 und 1:3 entsprechend 4,5, 5,14 und 6,45 (Verhältnis von Felsgewicht zum Wasserdruck). Diese Beziehungen sind praktisch für alle Dammhöhen konstant. Sie haben besondere Geltung für die Steinschüttdämme, denn in Erddämmen herrscht auch gegebenenfalls Porenwasserdruck im Stützkörper. Die Erde wird in den USA meist so rasch eingewalzt, daß Wasser gar nicht austreten kann. Die Messungen des Porenwasserdruckes haben ergeben, daß dieser Druck viel höher sein kann als der spätere hydrostatische Wasserdruck der Erdsperre, daher muß der Auftrieb durch entsprechend ausgebildete Stützkörper kompensiert werden (s. Merriman-Damm). Diese Maßnahme entfällt beim Hydratonverfahren.

IV. Der Böschungswinkel an Dämmen.

Die Neigung der Böschungen wird üblicherweise nicht in Winkelgraden, sondern durch die Verhältniszahlen der Höhe zur Breite der Basis ausgedrückt, die als Einheit angenommen wird. Man bezeichnet sie entweder als ein-, anderthalb-, zweifüßig usw. oder gibt die Maßzahlen 1:1, 1:1½; 1:2 an (Abb. 6 S. 7) [373, 374].

Unter dem „natürlichen Böschungswinkel" versteht man den Winkel, der sich aus der Neigung der Böschungen gegen die Horizontale an lose geschütteten, nicht bindigen Erdarten und anderen Lockergesteinen einstellt und eine Gleichgewichtslage der äußeren, in der Böschungsnähe abgelagerten Massen darstellt. Die sog. bindigen, haftenden Erdarten und Lockergesteine besitzen keinen „Böschungs- oder Ruhewinkel", der sich von selbst einstellt. Er ist hier von dem jeweiligen Wassergehalt und der Belastung bestimmt, also veränderlich. Aber auch bei den nichtbindigen feinkörnigen Erdarten, wie Dünensanden, gilt der natürliche Böschungswinkel nur für den Zustand der Ruhe und Windstille. Für die experimentelle Ermittlung des Böschungswinkels an Sanden usw. gibt WINKEL ein einfaches Verfahren [495, 496] an. Durch Ausschütten einer größeren Menge Sand auf eine ebene Unterlage und leichte, durch Klopfen bewirkte Erschütterung stellt sich der natürliche Böschungswinkel als Grenzwinkel ein.

Die Kunst des Dammbaues besteht in der Beschränkung der Massen auf das notwendige Mindestmaß. Dies spiegelt sich nicht nur in der entsprechenden Gliederung der Staudämme, sondern auch in der Beschränkung der Dammböschungen wider. Die Böschungsneigung der Erddämme wird bestimmt durch die Haftfestigkeit und den Porenwasserdruck an der Wasserseite. So erhofft man, durch Anwendung der Steingerüsttonbauweise, durch neuere stabile Dichtungen, wie das Hydratonverfahren, eine Ersparnis der Massen bis zu etwa 35% an den Erddämmen, so daß diese gedrungenen Querschnittformen denen der Steindämme ähneln. Die Beziehungen zwischen Dammbaustoff- und Böschungsneigung ergeben sich nach STRECK [263] folgendermaßen:

Tafel 10. *Beziehungen zwischen Dammbaustoff- und Böschungsneigung.*

Dammbaustoff	Böschungsneigung
Feiner Sand	1 : 2 ⋯ 1 : 1,9
Kies	1 : 1,7 ⋯ 1 : 1,5
Lehm, Ton	1 : 1,5 ⋯ 1 : 3,0
Steine, Gerölle	1 : 1,5
Felsen geschüttet	1 : 0,75
Felsen gesetzt	1 : 0,50
Veredelte Erdarten (Hydraton)	1 : 1,5 ⋯ 1 : 2

3. Abschnitt.

Die Dammbaustoffe.

1. Eignung.

Es erhebt sich die praktisch bedeutsame Frage: Welche Gesteine kommen als geeignete Schüttmassen in Frage? Die Dammbaupraxis, wissenschaftliche Forschungsberichte [169, 172, 372, 475] und weitere experimentelle Untersuchungen haben im Laufe der letzten 20 Jahre überzeugend den Nachweis erbracht, daß bei entsprechender Konsistenz jedes nicht wasserlösliche (also salzfreie) anorganische Gestein: Erdart und Stein sich unter Beachtung seiner naturgegebenen physikalisch-chemischen Konstitution als Dammaterial — wenn auch mit unterschiedlicher Eignung — verwenden läßt. Davon ist auch der Löß [*300, 323—325, 475*] nicht ausgeschlossen, gegen dessen Eignung vereinzelt von Geologen fälschlicherweise noch Bedenken erhoben werden. Auch Kesselflugasche und Schlacken [*500*] lassen sich bei Beachtung ihrer physikalischen Eigenschaften verwenden. Die meisten Mißerfolge des Staudammbaues insbesondere sind nicht durch die Wahl und Verwendung ungeeigneter Dammbaustoffe entstanden, sondern infolge gröblicher Mißachtung der in diesen stofflichen Verhältnissen waltenden und vorhandenen ungünstigen Zustandsformen. Die Verwendungsmöglichkeit des Dammbaustoffes richtet sich nach folgenden Forderungen:

Er soll den gestellten Anforderungen als einzelnes Bauelement in der Unveränderlichkeit seiner Güte (Festigkeit, Stabilität) und im Staudammbau auch nach seiner Dichte wie jeder andere Baustoff entsprechen.

2. Die Einteilung der Gesteine[1]

Grundsätzliches.

Im Gegensatz zu dem übrigen Kunstbau kennt man im Erdbau keine einheitliche Benennung der Baustoffe. Schon bei der Frage, ob man sie entsprechend dem Sammelbegriff, wie Gewächs für alle Pflanzen und Hölzer, als „*Gesteine*" bezeichnen soll, entscheiden sich viele Praktiker und Techniker dagegen [*173*]. Dafür sind je nach der persönlichen Einstellung unterschiedliche Bezeichnungen, wie Boden, Bodenart, Erde, Erdart, Erdstoff, Erdbaustoff, Gesteinsmassen, Lockergesteine und Felsmassen üblich.

Ebenso herrscht in der Klassifizierung keinerlei Einheitlichkeit [*173*]. Der Geologe unterscheidet nach genetischen Gesichtspunkten, also allein nach den Bildungsgesetzen, der Bauingenieur spricht von Fels, bindigen und nichtbindigen Bodenarten bzw. Lockergesteinen. Infolge dieser ungeklärten Verhältnisse schlägt die II. Internationale Konferenz für Bodenmechanik Rotterdam 1948 vor: Beim Erfahrungsaustausch nicht nur den Namen der Erdart, sondern stets auch Werte über alle Eigenschaften zu geben, z. B. über die Konsistenz bindiger Erdarten und die Dichte kohäsionsloser Massen.

Infolgedessen bestehen sehr unterschiedliche und zugleich eine Mehrzahl von Klassifizierungen, die aus praktischen, d. h. geotechnischen Erwägungen, z. B. in den USA, den verschiedenen Belangen des Erdbaues (Straßen-, Dammbau, Flugplatzbau) angepaßt sind.

Die Tab. 11 bringt das Einteilungsschema nach A. CASAGRANDE [*3, 44, 76*] für den Straßen- und Flugplatzbau. Daneben haben u. a. TURNBULL [*478*] und PROCTOR [*324*] neuere Vorschläge gemacht.

Zur näheren Erklärung ist folgendes zu sagen: „Alle grobkörnigen Böden enthalten stets weniger als 50% an Korngrößen unter 0,1 mm. Alle Korngrößen, die von dem $^3/_{16}$-Zoll-Sieb zurückgehalten werden, zählen zu den Kiesen (G), Korngrößen, die das $^3/_{16}$-Zoll-Sieb, aber nicht das Sieb Nr. 200 (= 0,074 mm)

---

[1] [*1* bis *5, 11, 18, 18a, 19, 22, 37* bis *39, 44, 68, 69, 76, 78, 83, 92, 110, 115, 124, 136, 137, 148, 168, 172, 241, 242, 247, 252, 258, 265, 302, 304, 321, 301, 393, 456, 459, 460, 468, 470, 495, 500*].

Tabelle 11.

Grundeinteilung	Hauptbodenarten	Abkürzungssymbol	Kennzeichen und Eigenschaft	Abkürz.zeichen	Abgekürzte Bodenkennzeichen
Grobkörnige Erden	Kies und kiesige Erden	G (gravel=Kies)	gut gekörnt, vollkommen rein	W	GW = Gravel-Wellgraded
			gut gekörnt, mit Tonbeimengungen	C	GC = Gravel-Clay
			wenig gekörnt, vollkommen rein	P	GP = Gravel-Poor Graded
			erhebliche Beimengungen an sehr feinem Sand bis Schluff	F	GF = Gravel-Fines
	Sand und sandige Erden	S (sand = Sand)	gut abgestuft, vollkommen rein	W	SW = Sand Wellgraded
			gut gekörnt, mit Tonbeimengungen	C	SC = Sand Clay
			wenig gekörnt, vollkommen rein	P	SP = Sand PoorGraded
			erhebliche Beimengungen an sehr feinem Sand bis Schluff	F	SF = Sand Fines
Feinkörnige Erden	Schluff, sehr feiner Sand, Gesteinsmehl	M (Mo Mjala = Schluff)	wenig zusammendrückbare Schluffe, Gesteinsmehle und tonige feine Sande, Fließgrenze unter 50%	L	ML = Mo-Mjala, low compressibility
			leicht zusammendrückbare, glimmer- oder diatomeenhaltige, feinsandige u. schluffige Erden, Fließgrenze über 50%	H	MH = Mo-Mjala, high compressibility
	anorganische Tone	C (clay = Ton)	wenig zusammendrückbare, schluffige und sandige Tone mit mittlerer Plastizitätsziffer, Fließgrenze unter 50%	L	CL = Clay, low compressibility
			leicht zusammendrückbare, fette und schwere Tone mit hoher Plastizitätsziffer, Fließgrenze über 50%	H	CH = Clay, high compressibility
	organische Schluffe und Tone	O (organic = organischer Boden)	organische Schluffe von geringer Zusammendrückbarkeit und geringer Plastizität, Fließgrenze unter 50%	L	OL = Organic, low compressibility
			leicht zusammendrückbare organische Tone mit mittlerer bis hoher Plastizitätsziffer, Fließgrenze über 50%	H	OH = Organic, high compressibility
Faserige organische Erden	Torf und andere faserige, stark organische moorige Erden	Pt peat = Torf	sehr hohe Zusammendrückbarkeit		Pt = Peat

passieren, gelten als Sande (S). Auf Grund ihres Ungleichförmigkeitsgrades unterscheidet man zwischen gut- (well-graded) und schlechtgekörnten (poor graded) Kiesen und Sanden und kennzeichnet diese ihre Eigenschaften mit den Abkürzungssymbolen W oder P, die man an die Hauptbodenbezeichnung (G, S) als Nachsilbe anhängt (GW, GP oder SW, SP).

Grobkörnige Böden, die tonige Beimengungen von niedriger bis mittlerer Plastizitätsziffer enthalten, werden mit dem zusätzlichen Buchstaben C gekennzeichnet, GC und SC. Beimengungen, die in der Hauptsache aus Schluff und sehr feinem Sand bestehen (containing fines) werden durch das Abkürzungssymbol F kenntlich gemacht, GF und SF.

Alle Bodenarten, die mehr als 50% an Korngrößen unter 0,1 mm enthalten, zählen in dem AC-System zu den feinkörnigen Böden M und C. Auf Grund ihrer Kennziffern, die sich aus der ATTERBERGschen Fließ- und Plastizitätsgrenze ergeben, werden sie in Böden mit geringer bis mittlerer (low compressibility) unterteilt. Die angewandten Abkürzungssymbole H und L werden als Nachsilbe an die Hauptbodenbezeichnung angehängt, also ML, GL, MH und CH. Hierbei bildet die Fließgrenze von 50% die Grenzlinie zwischen den Böden mit großer und geringer bis mittlerer Zusammendrückbarkeit.

Organische Beimengungen in einem Boden verändern weitgehend seine bodenmechanischen Eigenschaften. Schluffe und Tone organischer Natur werden daher in dem AC-System durch das Abkürzungssymbol O zusammengefaßt, die ähnlich wie die organischen Vertreter in solche mit geringer bis mittlerer Zusammendrückbarkeit (OL) und solche mit großer Zusammendrückbarkeit (OH) unterschieden werden. Auch bei ihnen gilt die Fließgrenze von 50% als Grenzlinie zwischen beiden Bodenarten.

Nicht weiter unterschieden sind die Torfe und ähnliche faserige, stark moorige Böden mit dem allgemeinen Abkürzungssymbol Pt, die alle durch eine sehr hohe Zusammendrückbarkeit ausgezeichnet sind.

Das gesamte AC-System ist so aufgebaut, daß es jederzeit durch Hinzufügung weiterer Zeichen oder Zahlen erweitert werden kann, die es gestatten, neue Bodengruppen und Unterteilungen vorzunehmen, ohne dabei das Grundgerüst des Systems zu verändern. Allerdings ist darauf Rücksicht zu nehmen, daß jede Ergänzung im Rahmen der Möglichkeit einer Untersuchung des Bodens an Ort und Stelle vorgenommen wird. Als zweckdienliche Untersuchungen zur Identifizierung der Böden dienen:

1. die Erkennung der Kornabstufung, d. h. des Ungleichförmigkeitsgrades,
2. der Schüttelversuch,
3. die Prüfung der plastischen Eigenschaften, und
4. die Prüfung der Trockenfestigkeit.

Als Ergänzung dazu dient die Bestimmung der Farbe und des Geruches des Bodens, die insbesondere bei den organischen Böden von Wert sind" [*44*, *76*].

b) Die Klassifizierung der Erdbaustoffe für den Dammbau in den USA.

Die Amerikaner unterscheiden im Staudammbau acht Gruppen A 1 bis A 8. Die Unterscheidung erfolgt dabei nach der Körnung, der Plastizität, der Eignung für besonderen Zweck und nach dem Verhalten gegenüber den üblichen Verdichtungsgeräten (Schaffuß- und glatten Walzen oder auch Rammen [*122*]. Die

Gruppe A 8 besteht aus organischer Substanz und kommt daher als Baustoff für Staudämme nicht in Betracht.

Im einzelnen ist folgendes zu sagen:

Die Gruppen A 1 bis A 3 eignen sich für Schüttungen. Sie können, abgesehen von A 3, durch Walzen fest verdichtet werden, A 3, die kohäsionslosen Sande, können durch 10 t schwere Walzen verfestigt werden, ferner naßmechanisch. Meist werden hierfür Rüttler eingesetzt.

A 4 sind für Dämme geeignet, sie verlangen indessen eine für die höchstmögliche Dichte zweckentsprechende Behandlung. (Hierher gehören vor allem sandige Lehme und Schluff.) Mit Schaffußwalzen können sie in befriedigender Weise verdichtet und verfestigt werden. A 5 unterscheidet sich von A 4 durch Führung von Glimmer und Diatomeen, die Kapillarität und hohe Elastizität verursachen. Hohe Porosität mindert ihre Stabilität an Böschungen auch bei bestmöglicher Verdichtung.

In den Gruppen A 6 und A 7 sind die tonigen Bestandteile vorherrschend. Sie können bei optimalem Wassergehalt mit Schaffußwalzen gut verdichtet werden. Dabei sind die Böden der Gruppe A 7 elastischer und poröser.

Die Amerikaner stellen ferner folgende Ansprüche an Dammbaustoffe:

Tabelle 12. Bedingung 1.
Schüttung unter 3 m Höhe, keine starke Überflutung möglich.

Größtes Laboratoriumstrockengewicht in kg/m³ a)	Mindesterfordernis der Feldverfestigung % des Trockengewichts	Hohlräume %
1438,4 und weniger	b)	> 45
1440 ⋯ 1598,4	95	39 ⋯ 45
1600 ⋯ 1760	95	33 ⋯ 39
1760 ⋯ 1920	90	27 ⋯ 33
1920 ⋯ 2080	90	21 ⋯ 27
2080 und mehr	90	21

Tabelle 13. Bedingung 2.
Schüttung höher als 3 m und über längere Zeit vom Wasser überspült.

Größtes Laboratoriumstrockengewicht in kg/m³ a)	Mindesterfordernis der Feldverfestigung % des Trockengewichtes	Hohlräume %
1520 und weniger	c)	> 42
1520 ⋯ 1600	100,0	39 ⋯ 42
1600 ⋯ 1760	100,0	33 ⋯ 39
1720 ⋯ 1960	95,0	27 ⋯ 33
1960 ⋯ 2080	90,0	
2080 und mehr	90,0	

a) Größte Laboratoriumstrockengewichte erhält man durch die verschiedenen Standardverfestigungsproben (PROCTOR, DIETERT usw. vgl. S. 403ff).

b) Erdarten mit größten Trockengewichten von 1440 kg/m³ und weniger oder Hohlräume von über 45% sind unbefriedigend und sollten für Aufschüttungen nicht benutzt werden.

c) Erdarten mit 1520 kg/m³ und weniger oder Hohlräume von über 42% sind für Aufschüttungen unter Bedingung 2 nicht geeignet.

Die angegebenen Gewichte beziehen sich auf ein spezifisches Gewicht der Böden von 2,65.

Weiterhin unterscheidet man nach dem Durchlässigkeitswert folgende drei Gruppen: Die dichten, die halbdurchlässigen, die stark durchlässigen Dammbaustoffe.

Gruppe 1: *die schwer durchlässigen Bodenarten.* Es sind die vorwiegend feinkörnigen Dammbaustoffe für die Dichtungskörper (vgl. S. 49).

Gruppe 2: *die halbdurchlässigen Bodenarten.* Sie weisen einen höheren Grad von Durchlässigkeit auf, der Gehalt an gröberen Bestandteilen steigt auf Kosten der feineren. Diese Gruppe vereinigt geringere Durchlässigkeit mit größerer Scherfestigkeit.

Gruppe 3: *die stark durchlässigen Bodenarten.* Die feineren Bestandteile treten fast völlig oder überhaupt zurück. Dafür nimmt die Durchlässigkeit stark zu. Die Scherfestigkeit erreicht in diesen drei Gruppen den Höchstwert.

Diese vorgenannten Erdarten umfassen die Lockergesteine und stützen sich dabei auf die Untergruppierung mit Hilfe der Kornverteilungskurve als eines wesentlichen Kriteriums in dem physikalisch-mechanischen Verhalten für den jeweiligen Bauzweck. Mit Recht weist BESKOW [22] in seiner vergleichenden Betrachtung der amerikanischen und schwedischen Bodenklassifizierung darauf hin, daß dieses amerikanische Einteilungsprinzip in seiner verschiedenen Spezifikation für Skandinavien nicht geeignet ist. Als Hauptgründe führt BESKOW die größere Einförmigkeit, die einfacheren geologischen und klimatischen Verhältnisse in den USA an. Er setzt sich daher für ein einfacheres, klareres und natürliches System der Bodenklassifikation ein, das sich unter sinngemäßer Berücksichtigung der Entstehung auf die Einzelbestandteile (Mineralchemismus) und die physikalischen Eigenschaften stützt. Er befürwortet damit ein elastischeres Einteilungsprinzip der verschiedenen Erdbaustoffe, das ebenso den Wünschen der Wissenschaftler entspricht wie auch für die verschiedenen technischen Aufgaben anwendbar ist.

Diesem Prinzip genügt jedoch nicht die von Ingenieuren und Bodenmechanikern vielfach durchgeführte Unterteilung der Lockergesteine in felsige, bindige und nichtbindige Erdbaustoffe. Vielmehr muß die wesentlichste Güteeigenschaft des Baustoffes, sein Festigkeitsverhalten, das ja überall in der konstruktiven Technik über den Wert eines Baustoffes entscheidet, auch hier folgerichtig angewandt werden. Die Aufgaben des praktischen Dammbaues fordern vom geotechnischen Standpunkte aus die Beachtung von zwei maßgebenden Gesichtspunkten bei der Einteilung:

c) Die Einteilung nach dem Festigkeitsprinzip nach KEIL [173].

1. Eine Untergliederung nach physikalischen Eigenschaften läßt den klimatischen, im Erdbau im weitesten Umfange maßgeblichen Einfluß auf das Festigkeitsverhalten unberücksichtigt. Daher muß unter allen Umständen die Klassifizierung diesen Einfluß berücksichtigen, denn nicht allein die augenblicklichen Gütewerte eines Dammbaustoffes, wie sie das Prüfverfahren erkennen lassen, sind maßgebend, sondern die in der mineralchemischen Konstitution begründete [498] labile oder stabile Baustruktur eines Dammbaustoffes in seinen hierfür verantwortlich feinsten Baustoffteilchen, den Mineralkörnern, allein wie in ihrer infolge besonderer Gefügeausbildung variierenden gegenseitigen Beeinflussung.

2. Die Dammbaustoffe müssen, dem praktischen Betrieb entsprechend, unter Beachtung der voraussichtlichen Belastungsfälle und deren günstiger und ungünstiger Einflußnahme auf das Verhalten der Erdbaustoffe nach ihren besonderen technischen Vorzügen und Brauchbarkeit, beginnend bei der Gewinnung bis zum vollendeten Einbau im Damm beurteilt und unterteilt werden, um so in jeder Bauphase unter jedem günstigen und ungünstigen klimatischen Einfluß dem Praktiker die erforderlichen Unterlagen für die zweckentsprechende Verwendung und sinngemäße Vorsichtsmaßregeln für eine gesicherte Bauweise zu erleichtern. Hier kann die Erdbaumechanik allein die sich aufdrängenden Fragen als Disziplin der Klärung bestehender Zustandsverhältnisse im Gegensatz zu der Forderung der Praxis nach ihrem Verhalten in einem längeren bestimmten Zeitablauf nicht allein erschöpfend klären. Abgesehen hiervon kann die Erdbaumechanik stets nur das Verhalten bestimmter Korngruppen erfassen, während in der Praxis aber sehr unterschiedliche Dammbaustoffe anfallen, die sich einer genauen Unterordnung nach Kennziffern vielfach nicht fügen. Nur praktische Erfahrung, Kenntnis der chemisch-physikalischen, damit entstehungsgeschichtlich begründete Konstitution im Verein mit den üblichen physikalischen Untersuchungen führen zum Ziel.

Daraus ergeben sich zwei Gruppen der Dammbaustoffe:

1. **Die festen Gesteine** (Erd- und Steinarten), die im Verlauf längerer Zeitspannen ihr physikalisches Festigkeitsverhalten nicht verändern und daher von jedem klimatischen Einfluß als geeigneter Dammbaustoff unabhängig sind.

2. **Die veränderlichfesten (bedingtfesten) Gesteine** (Erd- und Steinarten), die unter den wechselnden klimatischen Erscheinungen mehr oder weniger kurzfristig zerfallen und dabei ihre Gefügefestigkeit verändern. Hierzu gehören alle feinkörnigen Bodenarten unter 0,06 mm ⌀ sowie alle festen Gesteine mit einem nicht allzu hohen Anteil an diesen feinkörnigen wasseraffinen und klimatisch empfindlichen feinkörnigen Mineralarten: Vertreter dieser Gesteine sind die nachgenannten tabellarisch geordneten verschiedenen Gesteine. (Über Einzelheiten dieser umfassenden Einteilung und ihrer speziellen Begründung vgl. [173]).

Im folgenden sind die in ihrer speziellen Auswirkung für den Dammbau erforderlichen besonderen Festigkeitsbedingungen beider Gesteinsgruppen gegeben:

1. **Die festen Gesteine** [173]. Folgende fünf Bedingungen bzw. Voraussetzungen und Eigenschaften kennzeichnen die festen Gesteine als stabile Baustoffe im Dammbau:

a) Fester, unveränderlicher, starrer Raumgitterbau der Mineralteilchen;

b) echte Gefügekohäsion: Haftfestigkeit der Mineralteilchen aneinander größer als die strukturauflockernde Oberflächenenergie des Wassers;

c) Volumenbeständigkeit gegenüber wechselnden klimatischen Einflüssen;

d) Wasserlöslichkeit kleiner als die des Kalksteines;

e) Volumenbeständigkeit im Temperaturbereich von 0 bis 105° C bei Atmosphärendruck.

2. **Die veränderlichfesten (bedingtfesten) Gesteine.** Zu dieser Gruppe gehören Dammbaugesteine, die ausschließlich oder zu einem allerdings nicht sehr hohen Anteil Mineralien folgender Eigenschaften aufweisen:

a) Die Kristallgitter sind innendispers, ausweitbar;

b) die Gitterenergie bzw. Gefügekohäsion der feinsten Mineralkörper in ihrer gegenseitigen Verflechtung ist kleiner als die Oberflächenenergie des Wassers;

c) die Gitterenergie an den äußeren Kristallflächen ist wesentlich kleiner als am Kalkstein.

Daraus ergeben sich zusammenfassend folgende charakteristischen Merkmale für diese Gesteine als Dammbaustoffe:

1. Mineralien mit **ab**-sorbierendem Gittercharakter sind Bestandteile der veränderlichfesten Gesteine (z. B. Tonmineralien);

2. Mineralien mit hoher Wasseranlagerungsfähigkeit, d. h. **ad**-sorbierendem Charakter an den unabgesättigten Kristallgrenzflächen sind bedingt- bzw. veränderlichfeste Mineralien und bilden ebensolche Gesteine (Kaolinit, Beidellit).

3. Mineralien mit lösungsempfindlichem Gitterbau gegen Wasser und Atmosphärilien sind veränderlichfest und bilden wasserlösliche Salze.

Tabelle 14. *Kennzeichen für die festen Gesteine bei der Entstehung.*

Einfluß	Beispiel
1, Hohe Bildungstemperatur und nicht zu rasche Erstarrung,	Kristalline Felsgesteine mit verzahntem Gefüge (Granit, Porphyr, glasfreier Basalt usw.);
2. hohe Druckverhältnisse,	metamorphe Schiefer (Gneis, Glimmerschiefer);
3. dichtes Gefüge (vorwiegend Meeressedimente ohne Ton),	nicht oder schwer wasserlösliche Ausscheidungssedimente (Kalksteine, Dolomit);
4. Abwesenheit wasser-, zerfallsempfindlicher Minerale als Endprodukte der Zersetzung,	Sandsteine ohne Tongehalt, Grauwacken, usw., Brekzien, Konglomerate;
5. Gefügekohäsion größer als Oberflächenenergie.	

Tabelle 15. *Kennzeichnung der veränderlichfesten Felsgesteine*

Entstehung	Beispiel
1. Niedere Temperaturen und terrestre Bildungsräume,	Lettensandsteine, Bröckelschiefer, Bändertone;
2. beschränkte Druckverhältnisse,	Schichtgesteine;
3. poröses, schichtiges Gefüge,	Bröckelschiefer, Tonschiefer;
4. vorherrschend wasseraffine Mineralbestandteile,	Ton und tonähnliche Minerale;
5. zerfallsempfindliche Substanz,	Glassubstanz in Basalten;
6. vorwiegend Absatz in Meeresräumen aus Suspensionen und Aufschlämmungen mit wasseraffinen Zersetzungsendprodukten, z. B. Ton,	Schiefertone, Mergel;
7. Gefügefestigkeit beruht auf veränderlicher Haftfestigkeit.	

Feste Gesteine gehen über in **veränderlichfeste** durch:

1. Verwitterung unter Bildung wasseraffiner Zersetzungsmineralien und Gesteine, wie Serizit, Ton, Kaolin, Verwitterungslehm, lehmiger Gesteinsgrus;

2. starke tektonische Überbeanspruchung und Zermürbung des Gesteinsgefüges (Mylonitisierung) unter Bildung von zerfallsbeschleunigenden Mineralien, wie Serizit, Muskovit, Chlorit, Talk usw.;

3. Freilegen wasser- und luftunbeständiger Mineral- und Gesteinseinschlüsse (Glassubstanz an Basalten, Tongallen in Sandsteinen).

Veränderlichfeste (pseudofeste) Gesteine können in feste Gesteine übergehen durch Hitzeeinfluß: z. B. Tongesteine im Bereich des Magmas auf dem Wege des Sinterns und Schmelzens; Lockergesteine durch Hitze und Druck auf dem Wege der Vergneisung (Kontakt- und Regionalmetamorphose).

Bautechnische Einteilung der Gesteine [168].

Die folgende Aufstellung gibt zunächst andeutungsweise die Einordnung der Fels- und Lockergesteine in dieses bautechnische Einteilungsprinzip der anorganischen, nicht oder wenig wasserlöslichen Gesteine.

Tabelle 16. *I. Felsgesteine.*

1. Die festen:	2. Die veränderlichfesten (pseudofesten):
A. *Plutonische (Erstarrungs-) Gesteine:*	*Glasreiche jüngere Oberflächen- (Erguß-) Gesteine*
Tiefengesteine	Basalte, Trachyte, Liparite, ferner sämtliche stark zersetzten plutonischen Gesteine
Granit	
Syenit	
Diorit	
Gabbro	
Norit	
Oberflächengesteine	
Quarzporphyr Liparit	feste und lockere Tuffgesteine, z. T. z. B. Diabastuffbrekzien
Porphyr Trachyt (glasfrei)	Bimskies
Diabas Andesit	
Melaphyr Basalt (glasfrei)	
und deren Gang- und Spaltungsgesteine (z. B. Pegmatit, Aplit, Kersantit usw.)	
B. *Metamorphe Gesteine:*	
Gneise, Glimmerschiefer, Kontaktschiefer, Hornfelse, Marmor, Serpentin, Phyllit, Amphibolite, Quarzit usw.	Mylonitisierte und stark zersetzte metamorphe Gesteine: Gneise, Glimmerschiefer, Phyllite, Hornblendenschiefer, Serizitschiefer
C. *Sedimentgesteine:*	
kaolin-, ton-, eisen-, aluminium-, hydroxydfreie, tonschieferfreie	Brekzien
Brekzien	Konglomerate
Konglomerate	Sandsteine
Sandsteine	Arkosen
Arkosen	Grauwacken mit tonigem oder tonähnlichem Bindemittel und Gehalt an Tonschieferfragmenten, reichlich Muskovitglimmer, Eisenhydroxyd und Eisen-Aluminiumhydroxyd
grobe Grauwacken mit kalkigem oder kiesigem, jedenfalls nichttonigem, lehmigem Bindemittel	
Kieselgesteine (Hornsteine)	Mergel
Kieselschiefer	Tonschiefer
grobe Grauwackenschiefer	Alaun-, Graphitschiefer
Griffel-Dachschiefer	Bröckelschiefer
Kalkstein	Letten des Rotliegenden, Buntsandstein usw.
Dolomit	Schiefertone, z. T. Schiefermergel

Tabelle 17. *II. Lockergesteine.*

Die nichthaftenden (nichthaftfesten) (kohäsionslosen)	Die haftenden (haftfesten) (kohärenten)
Block	Gesteinsschutt (Verwitterungsschutt)
Gerölle	Gesteinsgrus
Kies	Schluffböden (z. B. Löß)
Sand	mergelige, tonige, lehmige Kiessande, Gerölle
	Ton, Lehm, Mergel (Geschiebemergel), Schieferton
	Allite, Siallite (Bauxit), sämtliche Verwitterungs- und Mischgesteine, z. B. Erdbeton: Mischgestein aus Geröllen, Kies, Sand, Lehm, Schluff und Ton.

Die Gefahren der veränderlichfesten Gesteine. Sie bestehen in der Neigung zu Rutschungen in Einschnitten, ohne daß es an den pseudofesten Felsgesteinen möglich ist, eine bodenmechanische Untersuchung durchzuführen. Sie äußern sich ferner an der hohen Frostveränderlichkeit des Untergrundes. Diese Gesteine, besonders die Schichtgesteine und Tuffbrekzien, zerfallen sehr rasch in Abhängigkeit von der Wasserzuleitung, den hydrostatischen Druckverhältnissen und den Temperaturverhältnissen (tiefe Frosttemperaturen). Während z. B. Tonschiefer als Dammschüttmaterial sich nur sehr langsam zersetzt, verwittert er, wie die Untersuchungen an der Autobahn durch den Thüringer Wald gezeigt haben, innerhalb eines Winters in Einschnitten, die im sprengfesten Tonschiefer hergestellt wurden, vollständig. Die Gefahren als Baustoff bestehen in der Wasseraufnahme und der Gefügeveränderung. Bröckelschiefer zersetzt sich beispielsweise als Dammaterial in Staudämmen bei Einbau ohne nachfolgende mechanische Verdichtung vollständig zu einem Schluffsand.

Als Sicherungsmaßnahme ist in der Praxis oberstes Prinzip: bei der Verwendung dieser natürlichen Baustoffe größtmögliche Dichte unmittelbar nach dem Einbau durch zweckentsprechende Verdichtung zu bewirken und damit den Eintritt von Niederschlagwasser zu verhindern.

Die grundsätzliche Einteilung der Fels- und Lockergesteine im Sinne der bisherigen Ausführungen in feste und veränderlichfeste Baustoffe bildet den Rahmen für eine für die Baupraxis bestimmte und hier dringend notwendige generelle Unterteilung sämtlicher natürlicher Gesteine nach dem Festigkeitsverhalten, wodurch die Sicherheit und die zweckentsprechende bautechnische Disposition maßgebend bestimmt werden.

Somit wird durch die besondere Eigenart, die mineral-chemische Kristallkonstitution der die Baustoffe als feinste Einheiten bildenden Mineralkörnchen, die Frage nach der für den Dammbau zweckmäßigsten Einteilung nach festen oder labilfesten (klimatisch bedingtfesten) Gesteinen entschieden.

Wie groß dieser die Güte, die Veränderlichkeit in Wechselwirkung mit den klimatischen Faktoren bestimmende Einfluß sein kann, beweist die Tatsache, daß bereits im Sinne der Frostgefährlichkeit nach A. CASAGRANDE ein Anteil von 3% der Körnung kleiner als 0,02 mm einen festen, frostunempfindlichen Sand zu einem frostveränderlichen, als veränderlichfesten Gestein werden läßt.

Nur wenige Lockergesteine entsprechen daher den Bedingungen der festen Gesteine. Dies sind sauberer Sand, Kies, Flußschotter, Talschutt. Alle übrigen sind mehr oder weniger veränderlichfest und dabei graduell sehr verschieden.

Vertreter dieser veränderlichfesten Gesteine lassen sich nicht nach der Härte unterscheiden. Sie können hart und fest wie ein Felsen sein und verändern doch bei Wasserzutritt ihre Gefügefestigkeit, die sie dann meist niemals wieder zurückgewinnen. Diese Gesteine sind fast ausnahmslos entstanden in Perioden erdgeschichtlichen Niederganges. Sie umfassen und berücksichtigen daher im Gegensatz zur Erdbaumechanik die Felsgesteine ebenso wie die Lockergesteine. In diesem Zusammenhang verdient die ausschließlich von bestimmten praktischen Gesichtspunkten in den USA übliche Unterteilung der Dammbaustoffe besondere Erwähnung, denn diese vertritt allein das bodenphysikalische und erdbautechnische Prinzip.

Kritik. Dieses Einteilungsprinzip ist relativ neu. Es entspricht den Belangen der Bautechnik, insbesondere der Geotechnik mehr als denen der Geologie. Es bildet aber zugleich eine Brücke zwischen Geologie und Bautechnik, indem die natürlichen Gesteine eine der Baupraxis und ihren Forderungen entsprechende Ausdeutung erfahren. Die Gesteine in dieser für die Bautechnik zweckentsprechenden Neueingruppierung sind damit auch vom Bautechniker leicht ihrer Bedeutung nach zu erfassen. Es interessiert ihn weniger die mineralische Bezeichnung als das Verhalten und die Eignung als Baustoff und Baugrund. Hier gilt es, durch diese im Grundsätzlichen dargebotenen Ausführungen zu einer Nutzanwendung im Unterricht zu schreiten. Mehr als bisher ist das Gewicht auf die Belange der Praxis, nicht auf eine wissenschaftlich erschöpfende, der Praxis fremde Beschreibung der Gesteine für die Bautechnik zu legen.

In dieser Zweiteilung nach dem Festigkeitsverhalten im Laufe der Zeit ist zunächst der grundsätzliche Rahmen für die Einteilung der natürlichen anorganischen Gesteinsbildungen als Baumaterial für die verschiedenen Dämme mit ihren besonderen und sehr hohen Ansprüchen an die Festigkeit aufgezeichnet. Damit wird aber zugleich die Tatsache hervorgehoben, daß die Brauchbarkeit dieser Gesteine bei verschärften Ansprüchen weit über den bisher üblichen Rahmen hinausgeht.

Die veränderlichfeste oder auch bedingtfeste Beschaffenheit vieler, anscheinend unveränderlicher Dammbaustoffe kann indessen durch geschickte Anordnung im Damm, in Verkehrsdämmen beispielsweise durch Einbau im Kern, in Staudämmen im Stützkörper oder Füllkörper oberhalb der Sickerlinie berücksichtigt werden.

Jeder zweckentsprechende fest eingebaute Dammbaustoff ist meist wenig veränderlich, denn die Dammauflast, der Druck des überlagernden Dammkörpers verhindert eine weitgehende Veränderung, die durch Quellen und Auseinanderfließen von tonigen Schüttstoffen oder auch Löß nicht selten befürchtet wird. Die Konsistenz, die für den Dammbau zweckmäßigste Beschaffenheit, ist allerdings eine wichtige Aufgabe und bildet einen wesentlichen Bestandteil neuzeitlicher Geotechnik des Dammbaues. Physik, Chemie und Klima beherrschen somit die Gütemerkmale der verschiedenen Dammbaustoffe.

3. Nachweis, Auswahl und Bewertung der Erdbaustoffe für den Dammbau [173, 295].

Der Dammbau in der neuzeitlichen Kunstbauweise gleicht einer empfindlichen Bauwerkskonstruktion, deren Gelingen in der bestmöglichen Ausschöpfung aller in den verschiedenen Baustoffen enthaltenen günstigen und stabilisierenden mineral-chemischen wie physikalisch-mechanischen Qualitäten begründet liegt. Wie notwendig dies ist, ergibt sich aus den geringen und allein in der zweckentsprechenden Bauweise zu einem Höchstmaß zu steigernden Festigkeitswerten in einem gegen Wassereinfluß möglichst unveränderlich gesicherten Bauwerksverband (Damm) (Abb. 3, S. 4). Die Grundlage hierfür liefert eine vollständige Übersicht über die zur Verwendung gelangenden Dammbaustoffe an den möglichst in Dammnähe gelegenen Gewinnungsstellen (Abb. 157 u. 158). In der gründlichen engmaschigen Untersuchung durch Schürfe und Bohrungen, in der zweckentsprechenden und den verschiedenen Anforderungen vollkommen entsprechenden Bemusterung, Beschreibung und Gliederung, in der zusammenfassenden Übersicht nach Vorkommen der verschiedenen Dammbaustoffe spiegelt sich eine vorsichtige und zugleich unabdingbare, das Gelingen der Ausführung in der vorbereitenden, umfassenden Organisation der Baustoffgewinnung und Anförderung sichernden Vorarbeit wider. Hierfür bieten die DIN 4021 bis DIN 4023 [67—69] die wichtigsten Richtlinien und Unterlagen für eine rechtzeitige, gründliche und damit vollständige Untersuchung[1].

Die Erfassung der Baustoffe und deren zweckmäßige Zusammenstellung und Gliederung, wie sie darüber hinaus nach praktischen Gesichtspunkten gemäß Abb. 157 u. 158 und Tabellen 16 u. 17 erfolgen sollte, gibt die Sicherheit, daß die erforderlichen Erdbaustoffe jederzeit greifbar sind. Vor allem muß eine zusammenfassende Übersicht alle Hinweise über die Gewinnbarkeit der Massen unter Angabe der Mächtigkeit und die zweckmäßige Gewinnungsart enthalten. Hierfür bilden die bodenphysikalischen und erdbaumechanischen Untersuchungen in der Prüfstelle über die spezielle Eignung für die verschiedenen Ansprüche die selbstverständliche, diese Vorarbeit abschließende technisch-wissenschaftliche Fundierung [167], Kornaufbau, Wassergehalt, Raumgewicht, Plastizität, Zusammendrückbarkeit, Durchlässigkeit und Verdichtungsfestigkeit zu klären, sind wesentliche, unabdingbare Aufgaben!

Ist in der das Festigkeitsverhalten unter Wassereinfluß gegebenen Gliederung in feste und veränderlichfeste (bedingtfeste) Dammbaustoffe bereits eine klare Scheidung nach dem Verhalten gegenüber den wechselnden klimatischen Einflüssen gegeben, so verlangt der Dammbau als Verkehrsdamm oder Staudamm, entsprechend seiner verschiedenen Gliederung, seinen verschiedenen Belastungen und Aufgaben in diesen verschiedenen Dammgliedern und -teilen, eine zweckentsprechende weitere Unterteilung der Dammbaustoffe. Folgenden praktischen wichtigen Forderungen muß diese Unterteilung weitgehend gerecht werden:

1. nach der Verwendbarkeit,
2. nach den Belangen der verschiedenen Dämme und deren Gliedern,

---

[1] Im Sinne der Erfahrungen in den USA [473] kommt es vor allem dabei darauf an, „Materialtypen" herauszustellen.

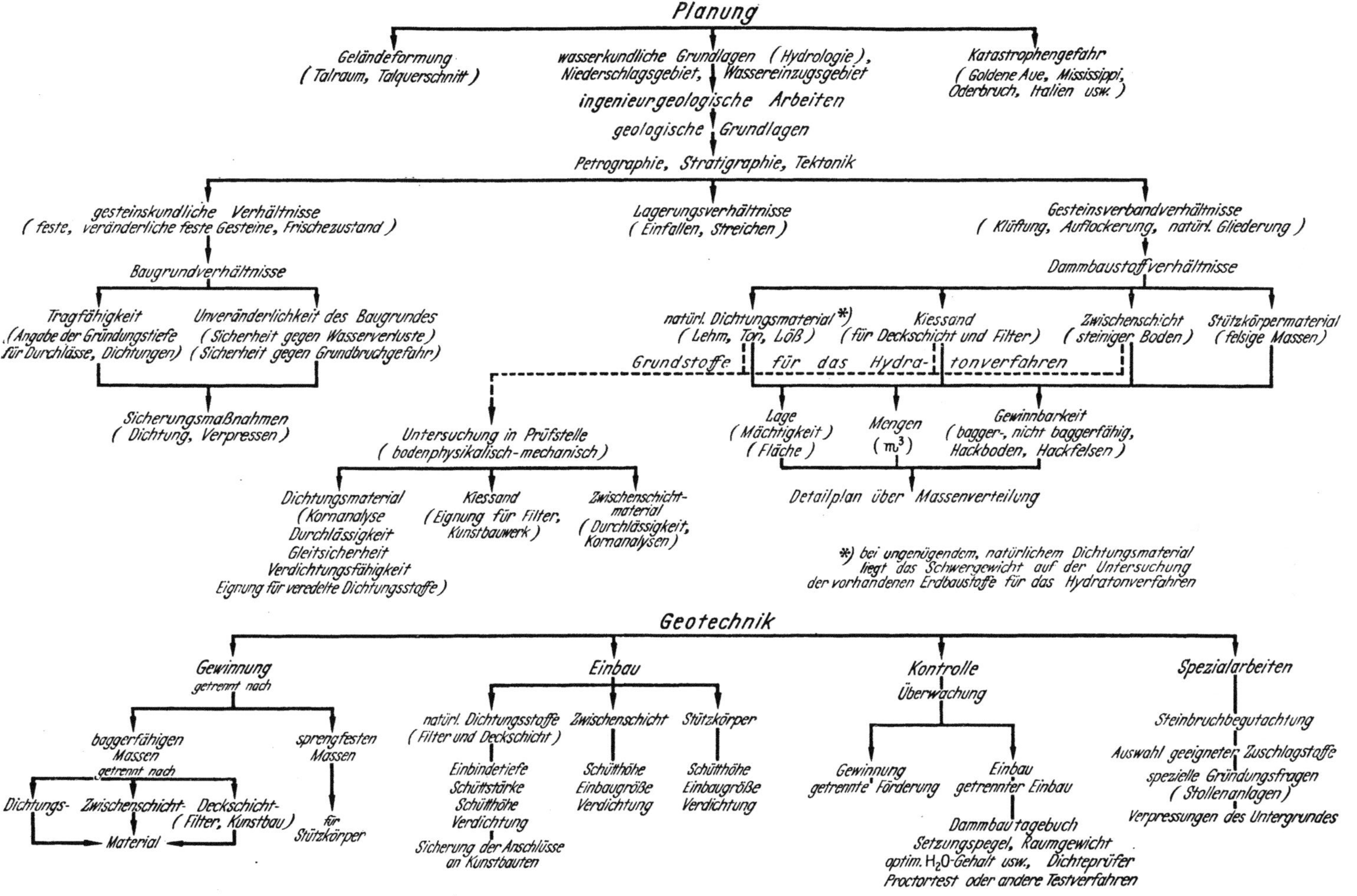

Abb. 157. Stammbaum für die Organisation und den zeitlichen Ablauf der Arbeiten an einem Dammbau. (Nach Keil [173].)

Lageplan und Schichtenverzeichnis für Massenentnahme.

Die Massenentnahme Gemarkung A., Parzelle 7—19./240 zur Verwendung für die Schüttung des Staudammes der Baustelle B., Ort S., Kreis W., enthaltend die Ergebnisse von 75 Schürfungen mit Hand; von 15 Schappen- bzw. Meißelbohrungen und 5 Kernbohrungen mit einer Schurftiefe zwischen 0 und 4 Meter sowie einer Bohrtiefe von 5 bis 10 Meter Tiefe; auf einer untersuchten Fläche von etwa 50000 qm mit voraussichtlich 220000 cbm.

35000 cbm geeignet für Dichtungskörper und Hydratonverfahren
100000 cbm geeignet für Füllkörper
65000 cbm geeignet für Stützkörper
10000 cbm geeignet für Kunstbau (Bruchstein, Schotter)
10000 cbm geeignet für Filter

Davon voraussichtlich

10000 cbm Stich- und Schaufelboden
35000 cbm leichter — mittlerer Hackboden
100000 cbm schwerer Hackboden
65000 cbm Hackfelsen
10000 cbm leichter bis schwerer Sprengfelsen

Davon voraussichtlich ohne zusätzliche Sprengarbeit baggerfähig 145000 cbm sowie 65000 cbm nach Sprengarbeit baggerfähig. Davon möglicherweise 5000 cbm für Kunstbauwerke geeignet.

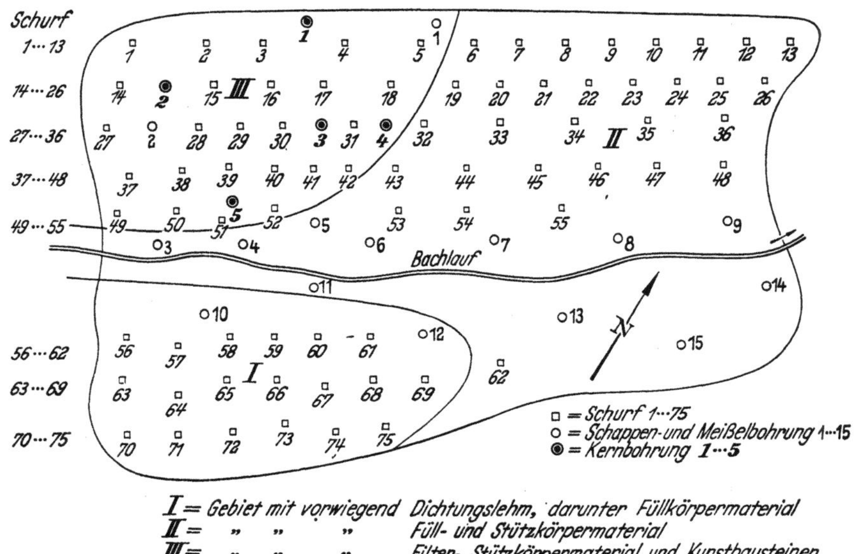

Abb. 158. Übersichtsskizze einer Massenentnahmestelle unter Berücksichtigung der verschiedenen Dammbaustoffe.

3. nach der Eignung als Kunstbaustoffe der mit den Dammbauten verbundenen und zu errichtenden Kunstbauten,

4. nach der Transport- und Ladefähigkeit,

5. nach der Einbaufähigkeit,

6. nach der Verdichtbarkeit.

Die zulässigen Dammbaustoffe lassen sich klassifizieren in

a) die unbeschränkt verwendbaren Gesteine,

b) die beschränkt einbaufähigen Gesteine,

c) die bevorzugt einbaufähigen Gesteine. Darüber hinaus sind

d) die unbrauchbaren Gesteine zu erwähnen.

Tabelle 18. *Beispiele für die Darstellung der Schurfergebnisse.*
(Vorschlag u. Entwurf: Verfasser.)

1 Lfde. Nr. (Sch/Bhrg)	2 Tiefe m	3 Mäch- tigkeit m	4 a) Haupt- gestein b) Beimeng. c) Farbe	5 Be- schaffenheit	6 Gewinn- barkeit Eignung (Festigkeit)	7 Boden- feuchtigkeit Gw.	8 Lagerungs- verhältnisse	9 Be- merkungen
Beispiele: Schurf 31	0,10—3,40	3,3	a) Kiessand b) Lehm c) rötlich- braun	festgelagert („Natur- beton")	schwerer Hackboden für Füllkör- per i. Stau- damm	erdfeucht Gw. —	ungeschich- tet	baggerfähig (Probe 6)
Schurf 57	0,10—1,40	1,30	a) Tonsch. b) schw. lehm c) grau- braun	zersetzt u. aufgelockert feinstückig	mittl. bis schw. Hack- boden für Füll- und Stützkörp.	erdfeucht Gw. —	st. gestört, ohne er- kennb. Lag.	baggerfähig 10 cm Mutterbod.
57	1,40—2,20	0,80	a) Tonsch. b) — c) grau	feinschicht., plattig bis bankig, zer- setzt (fauler Fels) stark klüftig	Hackfelsen infolge st. Zerklüftung noch bagger- fähig, für Stützkörp.	Gw. —	Einf. unter 30° nach SSO (170°)	Einschnitt von Süden n. Norden

Vorschläge für die nähere Angabe der Beschaffenheit:

1. Für Lockergesteine:

krümelig, weich, hart, brök-
kelig, festgelagert, stückig,
(„Naturbeton") schollig
brechend

knetbar, geschichtet,
ungeschichtet

Zu Bemerkungen:

Angabe des Mutterbodens,
Angabe der Baggerfähigkeit, beste
Verhiebrichtung, getrennte Ge-
winnung.

2. Für Felsgesteine:

Frisch, zersetzt, stark zersetzt, völlig zersetzt—grusig,
klein-, grobstückig, block-
artig, kompakt, feinschichtig,
plattig, bankig, grobklotzig,
feinklüftig, grobklüftig, un-
gegliedert, gegliedert — für
Erdbau, für Kunstbau ver-
wendbar.

Vorherige Auflockerung nötig, Untersuchung von Proben. Frostsicher, frostveränderlich (Tonschiefer!) frostgefährlich. Evtl. Angabe der Hauptkluftrichtungen,
der Fugenabstände und der Stärke
der einzelnen Bänke und Lagen
sowie Angabe besonderer Einlagerungen usw.

Für besondere Zwecke des Erdbaues und der Sicherung werden die Baustoffe
weiter unterteilt, z. B. in frostgefährliche und frostsichere Baugesteine, in
rutschempfindliche (rutschsüchtige) und Gesteinsmassen mit hohem und zugleich fast unveränderlichem Scherfestigkeitswert, in stark setzungs- und weniger
stark setzungsempfindliche Gesteine. Sie werden ferner getrennt nach für Kunstbauten geeigneten und solchen, die für den Kunstbau ausscheiden.
Manche Einteilungsprinzipien haben eine praktisch große Bedeutung gewonnen, so vor allem die Unterscheidung der frostveränderlichen (frostempfindlichen und frostgefährlichen) und der frostsicheren Gesteine. Dabei wird frostempfindlich, wie früher ausgeführt ist, im Sinne einer Gefügeveränderung, frostgefährlich im Sinne eines schädigenden Einflusses auf Kunstbauten angewandt.
Frostempfindlich sind bekanntlich alle festen Gesteine: kompakte feste Fels-
jedoch nicht Lockergesteine, frostveränderlich dagegen alle veränderlichfesten:
verfestigte Fels- und Lockergesteine.

Im folgenden sollen vor allem die Merkmale der für den Erdbau als Baustoffe in Betracht kommenden drei Gruppen besprochen werden.

a) Die unbeschränkt verwendbaren Gesteine.

Begrifflich bezieht sich „unbeschränkt verwendbar" sowohl auf das jeweilige Erdbauwerk wie auf die störenden klimatischen Einflüsse. Zu diesen Gesteinen gehören ausnahmslos die festen, kohäsionslosen Lockergesteine. Sie sind mit Ausnahme der Unbrauchbarkeit für Dichtungszwecke hervorragende Baustoffe und sonst in allen Baugliedern und allen speziellen Bauwerksteilen des Erdbaues verwendbar. Ihre Stabilität gegenüber den wechselnden Wetterverhältnissen reiht sie gleichzeitig in die Gruppe der bevorzugt verwendbaren Gesteine ein: Sand, Kies, Gerölle, Schotter gehören hierher. Diese Lockergesteine besitzen unabhängig von der Wetterlage ein Höchstmaß an Scherfestigkeit und sind sehr konservative Gesteinsarten: starr, unnachgiebig, reagieren auf Setzungen mehr oder weniger rasch, sind absolut frostsicher. Sie bilden daher den wertvollsten und zuverlässigsten Baustoff, deren ausschließliche Verwendung weitere Schutzmaßnahmen, wie sie durch Entwässerungsanlagen, Frostschutz und Rutschneigung bedingt sind, unentbehrlich machen. Im Feinkornbereich der sich durch Kapillarwirkungen auszeichnenden Lockergesteine, wie z. B. bei den mittleren und feinen Sanden unter 1,0 mm Korndurchmesser, ist eine gewisse Durchfeuchtung für die bestmögliche Verdichtung erforderlich. Ein Zuwenig und Zuviel des Wassers bedeutet Herabsetzung der Scherfestigkeit und zugleich Vergrößerung der Beweglichkeit. Auch das Schwimmsandphänomen gehört hierher, wenngleich hier die treibende Kraft der Grundwasserauftrieb ist und nicht die Nullreibung infolge der Tendenz der spontanen Kornumlagerung wie an den übersättigten Sanden.

Ihre Setzungsunempfindlichkeit und hohe Scherfestigkeit bestimmt ihre bevorzugte Verwendung an allen setzungsempfindlichen Bauteilen, insbesondere den Dammböschungen, den Bauwerksüberschüttungen und noch mehr den Bauwerkshinterfüllungen. Da hier die Verlagerung durch mechanische (Verkehr) wie hydromechanische Vorgänge ausgelöst wird und diese Gesteine das Tagewasser gut ableiten, ohne eine Gefügeveränderung zu erfahren, ihre Standfestigkeit also bewahren, sind sie die geeigneten Baustoffe für diese Bauwerksteile. Sie bilden den Stützkörper von Staudämmen, die Schutzbekleidungen von allen Uferböschungen in Kanälen und an Stauanlagen, besonders das Material für die Tiefensicker und Filteranlagen, das Auskleidungsmaterial in Schleusen und Filtergräben. Diese festen Gesteine werden verwendet in Größenausmaßen bis zu 1,5 t Stückgewicht, d. h. von mehr als $^{1}/_{2}$ m³ Inhalt, als Bausteine des Zyklopentrockenmauerwerks von Stauanlagen. Hierfür sind die algerischen Staudämme, z. B. die Ghribstauanlage u. a., bekannt. Sie sind im Kunstbau der Stauanlagen der verbreitetste, daher unentbehrlichste Baustoff.

b) Die beschränkt verwendbaren Gesteine.

Begriffliches. *Jedes Gestein, das infolge seiner Wasseraffinität zu einer Gefügeveränderung neigt, ist nur beschränkt verwendbar.* Die beschränkte Verwendungsmöglichkeit ist abhängig von der natürlichen Beschaffenheit bei der Gewinnung von dem möglichen Veränderungseinfluß zwischen Gewinnungsort bis zum vollendeten Einbau, aber auch von der bautechnischen Verbesserungsmöglichkeit und noch Verwendungszweck und -art im Erdbau. Zu dieser Gesteinskategorie gehören grundsätzlich alle veränderlichfesten, insbesondere verfestigten sedimentären und wenig haftfesten Lockergesteine, soweit sie nicht hydrolytisch spaltbar sind. Allein das Verhalten gegenüber wechselnden klimatischen Einflüssen ist für diese Klassifizierung maßgebend. Der Wassergehalt, die mehr oder weniger rasche Veränderung des Gefüges: Verbesserung und Verschlechterung bei Ab- bzw. Zunahme des Wassergehaltes ist entscheidend für die Qualitätsbeurteilung und deren Veränderung. Diese Gesteine sind durchaus ungleichwertig, entsprechend ihrem in großen Grenzen verschiedenen wasseraffinen Charakter. Alle feinkörnigen veränderlichfesten Lockergesteine, die hauptsächlich aus quarzigem Material (auch Feldspat) mit wenig wasseraffinen Neigungen und einem innenkompakten Mineralgefüge bestehen, z. B. Löß, unterliegen einer Konsistenzveränderung viel rascher als ein innendisperses, wasseranlagerungsfähiges, feinstkörniges Gestein (z. B. Ton!). Dieser kann erheblich mehr Wasser an der Außenhaut, an der erheblich größeren wahren Oberfläche anlagern als ein dazu vergleichsweise grobdisperses, veränderlichfestes Lockergestein wie Löß. Infolge verschiedener Wasseraffinität, verschiedener Anlagerungsmöglichkeit und verschieden großer wahrer Gesamtoberfläche eines gleich großen Probewürfels verhalten sich beide Gesteine sehr verschieden.

Bestimmend ist die Klimalage, sind die meteorologischen Verhältnisse für die Frage, welche Baustoffe nach der jeweiligen Konsistenzform unbedenklich zu verwenden sind. Zum Beispiel wird ein Löß bei einem natürlichen Wassergehalt von etwa 22% Wasser bei trockenem Wetter, zumal bei Wind und Sonnenschein, sich ohne weiteres als durchaus geeigneter Baustoff für alle Dammteile verwenden lassen, wenn er genügend verdichtet wird. Da der günstigste Wassergehalt für Löß bei etwa 18% liegt, reicht die Zeit zwischen Gewinnung und Verdichtung in Lagen für die Verdunstung des Wassers bei den obengenannten Wetterverhältnissen durchaus aus, um ihn in der zweckmäßigsten Dichte einzubauen.

An den feinkörnigen Lockergesteinsarten wird dieses Verhältnis, gemessen am Porenvolumen, ungünstiger. Die Verwendung eines Tones mit höherem Wassergehalt ist daher bedeutend schwieriger, da es in gemäßigtem Klima meist nicht gelingt, ihn im Rahmen der kurzen Zeitspanne von der Gewinnung bis zum Einbau auf den erforderlichen günstigen Wassergehalt, der die größte Verdichtung gestattet, zu ermäßigen, denn die Kapillarwirkungen, die Wasserbindung an der festen Stoffgruppe ist erheblich stärker als an den gröberen Lockergesteinen. Abweichend vom günstigsten Wassergehalt ist zu unterscheiden: Der Wassergehalt ist zu niedrig oder der Wassergehalt ist zu hoch. Das Gestein ist zu weich oder auch zu hart. Beide Zustände sind an den haftfesten Lockergesteinen eine Folge des verschiedenen Wassergehaltes. Die verhärteten Gesteine mit irreversibler Konsistenzform zerfallen bei Wasserzutritt durch die Sprengkraft des Kapillardruckes und den Staudruck der komprimierten Luft in einen feinen Schlamm, der beim Austrocknen ein feines, wenig kohärentes Gesteinsmehl oder aber Gesteinsgrus, je nach der Zusammensetzung der Gesteine, bildet. Diese Gesteine sind natürlich stets zwischen Gewinnung und Einbau vor jeglichem Wasserzutritt zu schützen und durch Anwendung von Stampfgeräten zu einer festen Masse zu verdichten, die auch bei unvorhergesehenem Wasserzutritt keine Gefügeveränderung, keinen Zerfall in die einzelnen Bestandteile erfährt.

Um die abweichend von der richtigen Konsistenz befindlichen Massen mit optimalem Wassergehalt einzubauen, gibt es folgende Wege:

1. *Zu harte Konsistenz*, der Wassergehalt ist zu gering. Dies trifft besonders für alle Trockenklimate zu. In diesem Zustande lassen sich die Massen nicht genügend verdichten, insbesondere bei ausschließlicher Knetarbeit mittels Schaffußwalzen. Es bestehen zwei Möglichkeiten, um diese harten Massen auf den optimalen Wassergehalt zu bringen:

1. Man sümpft sie vor der Gewinnung ein; dies empfiehlt sich vor allem bei stark tonigen, das Wasser nur langsam aufsaugenden Massen, oder aber

2. man gewinnt die Massen im trockenen Zustande und besprengt die einzelnen Lagen vor der Verdichtung durch Befahren mittels Sprengwagens.

Aus praktischen Erfahrungen im Staudammbau Amerikas hat sich ergeben, daß die Wasserbehandlung vor der Gewinnung der Massen eine bessere Verteilung und günstigere Durchmischung liefert als die Besprengung kurz vor der Verdichtung, insbesondere bei langsam wasseraufsaugenden Massen. Die Gewinnung, die Zerkleinerung, die Vermischung und der Transport begünstigen besonders die gleichmäßige Wasserverteilung. Erforderlich ist in beiden Fällen eine laufende strenge Kontrolle, da der Wasserfaktor entscheidend für die optimale Dichte ist. In trockenen Klimaperioden und Klimazonen hat sich gezeigt — wie die Beispiele von Staudämmen in Kalifornien erweisen —, daß im Laufe eines Tages die Wasserzugabe variieren muß; am höchsten ist sie in den Mittags- und frühen Nachmittagsstunden, geringer am Abend, am geringsten infolge Taubildung am Morgen. Auch diesen Verhältnissen ist stets Beachtung zu schenken.

2. *Zu weiche Konsistenz.* Schwieriger liegen die Verhältnisse, wenn die Konsistenz zu weich ist. Ein zu hoher Wassergehalt erschwert die Gewinnung, die Geräte bleiben bei Handarbeit kleben, die Löffel des Baggers entleeren ungenügend, die Wagen lassen sich ebenfalls schwer entleeren. In diesem Falle — bei einer Steifeziffer von 0,60 bis 0,70 — ist meist die untere Grenze der Einbaumöglichkeit überhaupt erreicht, weil bereits die Flachbaggergeräte im gleislosen Erdbau bei dieser Konsistenz versinken. Falsch wäre es, die Massen durch Mischen mit magerem, trockenem Material verbessern zu wollen. Man erreicht dadurch keine grundsätzliche Änderung der Verhältnisse. Derartige Lockergesteine binden zu wenig Wasser. Die Zugabe trockenen haftfesten Materials ist ebenso abwegig, da die durch den Kapillardruck von mehr als 100 at verengten Menisken der feinen Porenöffnungen lange Zeit beanspruchen, ehe sie imstande sind, das überschüssige Wasser aufzusaugen. In diesem Falle ist ein Einbau — soweit er überhaupt bei den erwähnten Schwierigkeiten tunlich erscheint — nur möglich durch eine Wechselschüttung von entfilternden Schichten mit diesen weichen Massen. Durch den Wechseleinbau und die wachsende Auflast verteilt sich die überschüssige Feuchtigkeit nach Maßgabe der Durchlässigkeit und des Kapillardruckes. Die optimale Wasserführung wird dann erreicht, wenn bei der vorgesehenen Belastung des wachsenden Dammes die kapillaren Druckkräfte wirken können. Je dünner die Schichten geschüttet werden, um so rascher vollzieht sich ein Feuchtigkeitsausgleich, um so früher erhält ein Damm seine ihm zugedachte Festigkeit. Gleichzeitig sorgen die entfilternden Massen aus festen

Lockergesteinen durch die innige Verzahnung für eine scherfeste Verbindung zwischen den beiden verschiedenen Dammbaumaterialien.

Diesen Wasserfaktor kann man vorausbestimmen, nicht aber die zeitliche Dauer und das Ausmaß der Einwirkung der Filterschichten in der Ableitung des überschüssigen Wassers. Insofern ist man hier auf die praktische Erprobung und die Wahl dieses Sicherungsmittels des Einbaues in Wechsellagerung angewiesen, wobei der kritische Zustand der Nullreibung, damit die hydrodynamische Reibung vermieden wird.

Je empfindlicher ein Baustoff gegenüber Einflüssen von Niederschlägen ist, um so rascher muß er gewonnen werden, um so kürzer muß der Transportweg sein, um so schneller muß der Einbau bei unmittelbarer optimaler Verdichtung erfolgen. Die unkontrollierbaren Witterungseinflüsse können jedes Bauprogramm, jeden Zeitplan zunichte machen. Aus diesem Grunde verlegen die Amerikaner den Bau ihrer großen Staudämme fast ausschließlich auf die trockene Klimaperiode und drängen in diesen wenigen Monaten die Erdarbeiten so zusammen, daß Spitzenleistungen von 45000 m³/Tag Massenbewegung und Einbau unter Verwendung von gleislosen Fördergeräten keine Seltenheit sind (vergl. Tabelle 19). Diese Maßnahme ist nur erfolgversprechend, wenn im übrigen feinkörnige Lockergesteine nach der Verdichtung unmittelbar durch eine glättende Walze abgedichtet werden. Man hat beobachtet, daß gut verdichtende Dämme dann bei starken Niederschlägen so gut wie kein Tageswasser aufnehmen, keine tiefwirkenden Erweichungszonen aufweisen, daß Überflutungen durch plötzliche Hochwasser dem Erdbauwerk auch im unvollendeten Zustande wenig anhaben können, genauso wie eine Überwinterung das Erdbauwerk nicht schädigt, und daß dabei als Folge der Witterungseinflüsse im Winter im allgemeinen nur in geringem Umfange Erdmassen infolge zu starker Aufweichung abzutragen sind.

Tabelle 19. *Beispiele gewalzter Dämme mit Kerndichtung und mittlerer Tagesleistung.*

Staudamm	Höhe[1]	Kronen-länge	Damm-volumen	Staubek-keninhalt	Bauzeit (netto)	Tages-leistung	
USA	m	m	Mio m³	Mio m³	Monate	m³	
South Holston .	89	473	4,5	970	28	9000	
Watauga	97	275	2,7	830	—	—	
Cherokee (ohne Mittelteil) . .	43	1582	2,5	1930	14	10000	
Medicine Creek .	35	1702	3,0	190	24	8000	Betondiaphragma unter Talsohle:
Enders	30	600	1,5	90	15	8000	55 m (Caissons)
Bonny	39	2867	7,5	220	20	20000	46 m (off. Baugrube)
Merriman . . .	53	700	6,0	190	45	27000	31 m (off. Baugrube)
Neversink . . .	55	780	7,3	140	54	30000	
Downsville . . .	60	740	9,0	560	—	—	
Cherry Creek . .	42	4350	10,2	230	26	45000	
Davis (Arizona).	60	390	3,3	2250	10	20000	
Granby (Col.) .	72	265	2,2	670	—	—	
Marmorera . . . (Schweiz)	70	375	2,4	60	24	6000	

[1] Höhe über Talsohle.

Die Verdichtung ist also gerade bei den sehr wasserempfindlichen Massen ein wirksames Schutzmittel gegen Erweichen. Insofern sind diese Gesteine stets nur unter Anwendung besonderer, im einzelnen durch die Konsistenz und die Klimaverhältnisse bei der Gewinnung vorgezeichneten technischen Dispositionen einzubauen.

c) Die bevorzugt verwendeten Gesteine.

Diese Gesteine stellen gewissermaßen eine Auslese beider Gesteinsklassen, der unbeschränkt und der beschränkt verwendbaren Lockergesteine, auch felsiger Massen dar. Für Dichtungszwecke wird man nur Schluff und Ultraschluff (Ton und Lehm) verwenden. Nach den Untersuchungen von ENDELL [67/68] kann man allerdings bei Verwendung von Na-Bentonit diesen im Verhältnis von 1 : 10 mit Sand mischen und ihn noch als gutes Dichtungsmittel einbauen (vgl. auch S. 51). Sande sind bevorzugte Materialien für Filter-, Frostschutzschichten, für die Hinterfüllung setzungsempfindlicher Bauwerksanschlüsse. Felsige Massen finden im Staudammbau als Stützkörper eine bevorzugte Verwendung, wie man hier auch auf Dichtungsanlagen: Schürzen, Teppiche, Kerne und sonstige dichtende Vorlagen aus Schluff oder Ultraschluff angewiesen ist. Bei den Dichtungsmaterialien, künstlich zubereiteten wie natürlich gewonnenen, ist es in jedem Einzelfalle notwendig, die Quellfähigkeit aus dem Wasseraufnahmevermögen, die Wasseraufnahmegeschwindigkeit im ENSLIN-Gerät, ferner die Brei- und Einheitswasserzahl nach OHDE [290] zu ermitteln und aus den Durchlässigkeitswerten im Oedometer die Wasserhaltekraft zu bestimmen.

Bei dem Stützkörpermaterial ist ebenfalls die Wasserprobe notwendig, entweder mittels des ENSLIN-Gerätes oder in einem Wasserglas. Je nach der Geschwindigkeit der Wasseraufnahme und dem Zerfall ist das Gestein brauchbar oder nicht verwendungsfähig. Stützkörpermaterial soll grundsätzlich unveränderlich in Wasser sein.

d) Die unbrauchbaren Gesteine.

Einleitend sind die organischen und anorganischen Gesteine als brauchbar oder unbrauchbar unterteilt worden. Die Konsistenzform ist daher nicht entscheidend für die Beurteilung der Brauchbarkeit, im Gegenteil, es gelingt auf dem Wege der zwischenzeitlichen Ablagerung und künstlichen oder natürlichen Austrocknung, feinstkörnige Massen mit einem Wassergehalt über der Fließgrenze in verhältnismäßig kurzer Zeit zu brauchbaren Dammbaumaterialien zu verbessern. Je größer die Durchlässigkeit, um so geringer die Austrocknungszeit; je geringer die Durchlässigkeit, um so dünner müssen die Massen ausgebreitet werden, um nicht nur oberflächlich auszutrocknen oder gar zu verkrusten.

Als grundsätzlich unbrauchbar verbleiben ferner, wie erwähnt, die wasserlöslichen Gesteine (Salze) und diejenigen Stoffe, deren organischer Anteil 8 % und mehr beträgt.

4. Unterteilung der Erdbaustoffe
nach den Belangen der Dämme und Dammglieder.

a) Verkehrsdamm: Dammschulter, Bauwerksanschlüsse, Dammkrone: Nur vorwiegend wasserunempfindliche feste Erd- und Felsarten (Feinsand bis felsige Massen) lassen sich verwenden.

b) Staudamm: Stützkörper (felsige feste Massen).

Füllkörper: weniger durchlässige, gemischtkörnige Massen, lehmige, steinige Massen.

Dichtungskörper: natürlicher Lehm, Ton oder chemisch veredelte Lockergesteine anorganischer Zusammensetzung bis zur Grobkiesgröße.

Filteranlagen: Ausschließlich fest abgestufte Körnungen fester Erdarten und Lockergesteine.

5. Baustoffe für Kunstbauten.

Sämtliche Fels- und Lockergesteine, die den hierfür geltenden DIN als Baustoffe entsprechen.

6. Der Einfluß der Transport- und Ladefähigkeit.

Für den Transport können die Erdbaugesteine in gut ladefähige und in nicht gut ladefähige unterschieden werden. Zu letzteren gehören die sperrigen Felsbrocken, die sperrigen Schiefergesteine und bei Verwendung der Flachbaggergeräte als Transportmittel vor allem die kohäsionslosen Lockergesteine.

Das Schluckvermögen des Schürfwagens (günstiger an den gedrungenen breiten, als an schmalen langen), die Transportmöglichkeit mittels der Planierraupe ist sehr verschieden, wie Untersuchungen ergeben haben [*210*]. Am besten lassen sich leichthaftfeste bis haftfeste Lockergesteine mit diesen Geräten transportieren. Je feinkörniger ein Sand, je trockener zugleich, um so geringer die Ausnutzung des Transportmittels. Die Kohäsion begünstigt die Füllung, die Gewinnungsfestigkeit ermäßigt sie. So betrug der Füllungsgrad im Sand bei einer Schürfraupe nur 70% gegenüber normal 80% bei haftfesten Lockergesteinen. Sand neigt außerdem zur Bildung von Wellen bei Einsatz von Schürfwagen. Bei den leichteren Lockergesteinen beträgt er bis 80%, bei schwerem Hackboden ermäßigt er sich an den älteren deutschen langen, schmalen auf 53%, an den amerikanischen kurzen, breiten auf 62%. Auch die Bauart ist somit für die Ladefähigkeit entscheidend.

Da die Wirtschaftlichkeit von der unterschiedlichen Ladefähigkeit, dem schwankenden Füllungsgrad abhängt, ist es notwendig, diese bisher stark vernachlässigten Verhältnisse zu beachten, zumal davon die Leistungsfähigkeit der Transportmittel besonders im Nahbereich, d. h. unter 1 km Entfernung zwischen Gewinnungs- und Einbauschwerpunkt, abhängt.

Es sind daher folgende Gesteinsklassen zu trennen:

1. Gut ladefähige für jede Art der Förderung (leicht haftfeste, leicht gewinnbare Lockergesteine), z. B. Löß, Lößlehm, anlehmige Sande (Gewinnungsklasse 3), vgl. S. 190,

2. mäßig ladefähige Erdbaustoffe: Gewinnungsklasse 1 und 4 (vgl. S. 190),

3. schlecht lade- und transportfähige Massen: Sperrige Felsmassen, Schieferbrocken usw.

Man muß dabei unterscheiden zwischen dem gleislosen und Gleisbetrieb. Im Gleisbetrieb läßt sich ein Sand ohne Schwierigkeiten transportieren, im gleislosen nicht; die Ladefähigkeit ist in beiden Fällen mäßig.

7. Die Einbaufähigkeit.

Für die Einbaufähigkeit ist zu trennen das Trocken- und Naß- bzw. naßmechanische Verfahren:

a) Trockeneinbau.

1. Gut einbaufähige Baustoffe: Alle kohäsionslosen, alle Mischgesteins-
massen (Gehänge-Talschutt usw.), ferner leicht haftfeste Gesteinsmassen, alle
Gesteine gedrungener Kornform.

2. Mäßig einbaufähig: Alle groben Erdschollen, harte Lockergesteine und
stückige Felsbrocken.

3. Schlecht einbaufähig: Alle sperrigen, schiefrigen, plattig und tafelig
brechenden, harten Gesteinsmassen, alle grobstückigen Erdbaumassen, z. B.
Felsen und harte, trockene Lockergesteinsbrocken.

b) Naß- bzw. naßmechanischer Einbau.

1. Gut einbaufähig: Alle kohäsionslosen bis leicht kohärenten Lockergesteine
bis zur Körnung eines Feinsandes.

2. Mäßig einbaufähig: Alle aus kohärenten und kohäsionslosen Lockergesteinen gemischten Bodenarten.

3. Nicht einbaufähig: Alle grobkörnigen, felsigen und alle ausgesprochen
feinstkörnigen haftfesten Gesteinsmassen.

8. Die Verdichtungsfähigkeit.

Im Trockeneinbau können folgende verschiedenen Gesteinsklassen unterschieden werden:

1. Felsige Gesteine: Fest oder veränderlichfest: Erfolgreich nur mit Mammutrüttler oder mit Stampfgeräten zu verdichten.

2. Feste, harte (veränderlichfeste) Erdschollen oder Mischgesteine: Erfolgreich nur mit Stampfgeräten mit unmittelbarer Glättung durch Walzen einzubauen.

3. Weiche, plastische bis krümelige: Haftfeste bis wenig haftfeste Lockergesteine (veränderlichfest), mit Stampfgerät und Walzen zu verdichten und
zu glätten. Wassergehalt unter der Rollgrenze
(s. S. 147) oder in deren Nähe.

4. Kohäsionslose Lockergesteine (fest): Mit
allen Geräten, wenn auch unterschiedlich ver-
dichtbar, auch für Naß- bzw. naßmechanischen
Einbau geeignet.

Weitere Unterteilungen beschäftigen sich mit
der Unterteilung nach dem *Setzungsverhalten*:
Alle bindigen oder weichen, also wasserempfindlichen Erdarten werden an der Dammsohle, in
ihrer Nähe und im Dammkern in den Verkehrs-

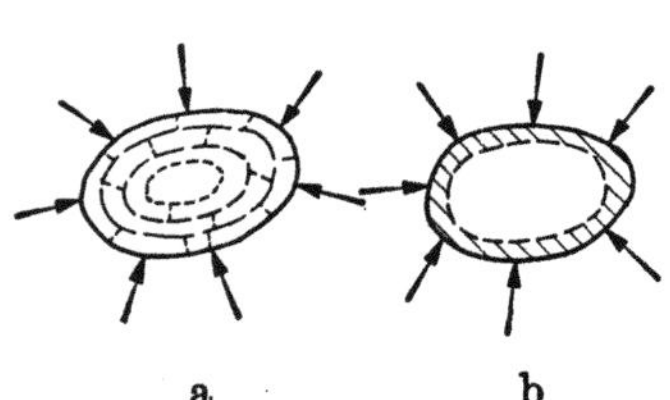

a   b

Abb. 159. Schematische Darstellung
der Zerfallsgeschwindigkeit veränderlichfester Gesteine. a Lehm, b Lettensandstein in Berührung mit Wasser.
Pfeilrichtung Richtung des angreifenden Wassers.

dämmen, also möglichst frühzeitig, eingebaut, um sie während der Bauzeit unter
dem Schutze der auflagernden Massen und unter dem Gewicht der wachsenden Dammlast möglichst rasch zu einem festen Gefüge zusammenzupressen,

zugleich aber auch dem Wassereinfluß zu entziehen, sie zu immunisieren. Schließlich richtet sich der Einbau nach besonderen Schutzansprüchen.

So sind frostempfindliche Locker- und Felsgesteine im Verkehrsdammbau unterhalb der wahrscheinlichen Frostzone, d. h. nur bis zu einer Höhe, die *etwa* 1,0 m unter der Fahrbahnoberkante verläuft, im Damm zu verwenden.

9. Die Prüfung der Dammbaustoffe.

Die Prüfung erfolgt vor allem in bodenphysikalischer Hinsicht, um den verschiedenen erdbaumechanischen Beanspruchungen, denen diese Erdbaustoffe als Werkstoffe im Dammbau in verschiedenem Ausmaße und unter wechselnder Beanspruchung ausgesetzt sind (Verkehrsstöße, Stauspiegelsenkungen), in vollem Maße zu entsprechen.

a) Die festen Gesteine.

Ihre Prüfung ist im allgemeinen leicht und daher meist bereits an der Gewinnungsstelle zu klären. Nur die Möglichkeiten der Verbesserung der Gleitsicherheit und die Stützkörpermassen in ihrem Bedarf zu berechnen, erfordert experimentelle Untersuchungen [*32, 34*].

Allerdings muß der Nachweis eines festen kristallinen Gefüges ohne Gehalt an „wirksamer Stoffgruppe" erbracht sein. Insofern ist die Gewinnungsfestigkeit kein zuverlässiges, vielmehr sogar ein trügerisches Kriterium zur Beantwortung dieser Frage. Die sog. Lettensandsteine des Keupers, sprengfester Felsen mit wirksamer Stoffgruppe und außerordentlich feinporösem Charakter würde bei einem starken Niederschlag im unverdichteten Zustande binnen kurzem in eine weiche, breiige und rutschgefährliche Masse verwandelt werden (Abb. 159), wenn man bedenkt, daß dieser Zerfall sich innerhalb kürzester Zeit (Stunden und Tage) vollzieht und andererseits Niederschläge bis zu fast 70 mm täglich auftreten, wie sie am 13. September 1952 an einer Baustelle einer mitteldeutschen Talsperre gemessen wurden. Die Wasserprobe: Die Zerfallssicherheit bzw. Zerfallserscheinungen bei Wasserlagerung geben hierfür den sichersten Aufschluß. An den Erdarten ist die Kornanalyse neben den sonstigen physikalischen Untersuchungen sehr wichtig.

b) Die veränderlichfesten Erdbaustoffe: Erdarten und Steine.

Die Erdarten: Lehm, Ton, Schluffton, Löß usw.

Die physikalischen Prüfverfahren in der Prüfstelle klären die jeweilige Beschaffenheit mit Hilfe der Kornanalyse, ferner die Konsistenzwerte (Fließ-Ausrollgrenze, die Plastizität, die Einheits- und Breiwasserzahl), die Scherfestigkeit, die Durchlässigkeit, die Verdichtungsfähigkeit, den frostempfindlichen oder frostgefährlichen Charakter, die Veredelungsfähigkeit nach dem Hydratonverfahren (vgl. S. 42) und den optimalen Wassergehalt, d. h. die bestmögliche Verdichtungsart (Abb. 160). Alle diese Kennziffern gaben Aufschluß über das erdbaumechanische Verhalten dieser Erdarten mit einem bestimmten Wassergehalt für einen bestimmten Dammanspruch. Denn diese Stoffgruppe wird in ihrem Verhalten und damit ihrer Eignung als Bau- und Werkstoff durch die Beziehung: Festsubstanz zu Wasser beherrscht.

Wesentlich ist, den Einfluß des schwankenden Wassergehaltes zu prüfen, denn für die Einbaufähigkeit ist der optimale Wassergehalt im Verein mit der Plasti-

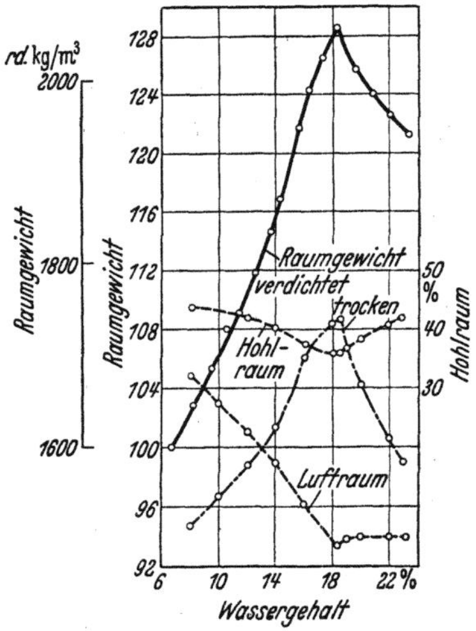

Abb. 160. Beziehung zwischen Wasser-gehalt, Raumgewicht, Luftporenanteil und Porengehalt an verdichtenden Boden. (Nach einem Bericht von PETERMANN [299].)

zitätsziffer der maßgebende Gradmesser für die Empfindlichkeit eines Erdbaustoffes gegen Stabilitätsverlust (Abb. 161, 162, 163).

Je niedriger der Wassergehalt ist, je mehr er dem optimalen Gehalt entspricht, und je größer die Plastizitätsziffer ist, um so geeigneter und unempfindlicher ist eine Erdart für den Einbau. Je kleiner die Plastizitätsziffer ist und je näher der Wassergehalt an der Fließgrenze liegt, um so empfindlicher ist der Baustoff gegen Wasserzutritt während des Einbaues. Allerdings geben diese meist schluffigen Bodenarten ihr Wasser bedeutend rascher ab und lassen sich daher bei trockenem Wetter (vgl. S. 473) unbedenklich einbauen (Abb. 161, 162). Nach des Verfassers Erfahrung sind diese meist quarzreichen Erdarten ohne weiteres dann zu verwenden, wenn das Verhältnis zwischen Wassergehalt und Porenvolumen sich wie 1 : 2 verhält. Liegt aber der Wassergehalt eines Materials (Abb. 163) im plastischen Bereich, dann ist es als Baustoff schwieriger zu behandeln.

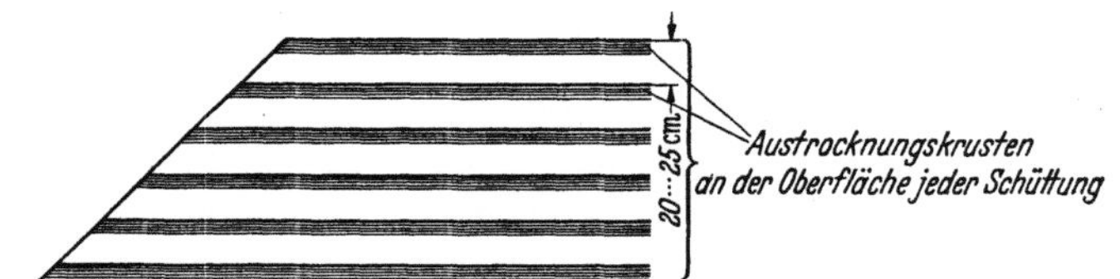

Abb. 161. Darstellung der Austrocknungskrusten an haftenden Erdarten bei trockenem Wetter und An-wendung der dünnen Lagenschüttung im Dammbau.

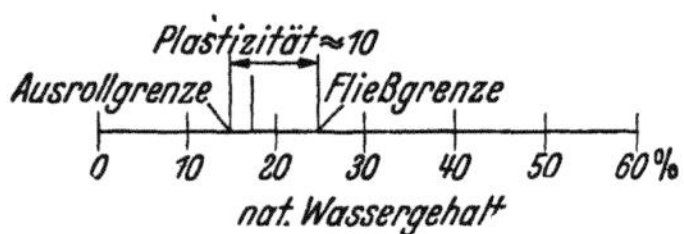

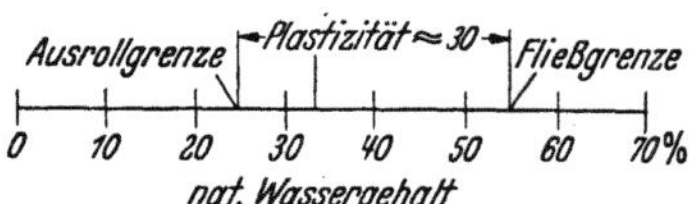

Abb. 162. Plastizitätsziffer an einem Lößlehm, rascher Wechsel der Konsistenz im Plastizitätsbereich bei geringer Veränderung des Wassergehaltes. Daher fließen diese vornehmlich schluffigen Erdarten leicht, trocknen aber auch bedeutend rascher aus als ein magerer Ton und sind daher als Dammbaustoffe ohne weiteres sehr geeignet.

Abb. 163. Höhere Plastizitätsziffer an einem Ton, der wesentlich schwerer Wasser aufnimmt und ab-gibt, daher als nasser Baustoff schwerer im Damm-bau zu verwenden ist als ein Schluff, im trockenen Zustand sehr hart wird und erheblich mehr mecha-nische Verdichtungsarbeit für einen festen und dichten Einbau beansprucht.

10. Aussetzen von Erdbaustoffen.

Alle für den Einbau grundsätzlich geeigneten Erdbaustoffe sollen zügig im Damm eingebaut werden. Ist dies infolge zu nassen Wetters und damit zu feuchter Konsistenz nicht möglich, so sollen diese Entnahmestellen möglichst liegen-bleiben, bis trockeneres Wetter herrscht. Ist aber im Zuge einer Verkehrsanlage aus Zeitnot die Gewinnung unbedingt erforderlich, so müssen sie möglichst in Höhe der Einbaustelle zwischengelagert werden. Aussetzen der Massen verteuert den Dammbau. Denn die Zwischenlagerung erfordert höheren Zeit- und Arbeits-aufwand. Man sollte diesen Ausweg nur dann beschreiten, wenn zwingende

Gründe dazu Anlaß geben und der Einbau und die Verdichtung in diesem Zustande unmöglich ist. Zwischenzeitliches Aussetzen ist vor allem im Winter und Frühjahr mitunter nicht zu umgehen. Dieser Ausweg hat sich nach des Verfassers jahrelanger Erfahrung bestens bewährt. Beispiel: 1952 konnte der überwinterte, feuchte Dichtungslehm an der Talsperre Stollberg/Sa. nicht im Sporn im März eingebaut werden. Mit dem Einbau wurde etwa 3 Wochen gewartet, bis bessere Jahreszeit eintrat. Es wäre nicht zu verantworten gewesen, mit künstlichen Mitteln eine andere Lösung zu suchen.

Liegt der natürliche Wassergehalt über dem optimalen, so bedeutet dies zunächst kein Hindernis, diese Massen zu gewinnen und einzubauen (vgl. S. 116), da allein durch die Verdunstung die erforderlichen Voraussetzungen geschaffen werden können.

11. Die Geotechnik des Dammbaues in den USA und in Deutschland.

Wenn man die wesentlichen Gesichtspunkte der Amerikaner bei ihrer Unterteilung für den praktischen Dammbau herausstellt, denen man in Deutschland bisher nichts Gleichwertiges gegenüberzustellen hat, dann fällt folgendes besonders auf:

1. Es werden als Materialtypen die üblichen nichtbindigen und bindigen Erdarten für den Dammbau bevorzugt, wobei ihr Verhalten nach ihrer Verdichtungsfähigkeit durch Walzen besonders stark betont wird.

2. Die z. B. in deutschen Mittelgebirgslagen vielfach anfallenden felsigen Schüttmassen finden weniger Beachtung.

3. Die Mindestverdichtung wird durch ein Mindesttrockengewicht, also ein besonderes Gütekriterium, sichergestellt.

Hierin mag ein gewisser Schematismus zu erblicken sein, jedoch verlangt der in engen Bahnen geregelte, fast völlig standardisierte Dammbau der Amerikaner eine derartige Bedingung, der die ungeklärte und auch nicht durch Vorschriften oder durch DIN-Normen einheitlich geregelte individualistische Geotechnik des Dammbaues in Deutschland gegenübersteht.

Jeder weitgehendst mechanisierte, kontinuierliche Arbeitsprozeß, abgestimmt auf Bedingungen eines fabrikmäßigen Fließbetriebes, verlangt eine derartige in Deutschland bisher unmögliche Auslese, Beschränkung der Dammbaustoffe, die z. B. in den USA und Italien gegebenenfalls auf die wünschenswerte Körnung abgesiebt werden.

Vielfältigkeit und Individualität beherrschen den Dammbau in Deutschland; Tempo, standardisierte Ausrichtung, Menschenleere unter weitgehender gleichzeitiger Mechanisierung sind die Kennzeichen dieser auf Dammbaustoffauslese infolge Materialüberflusses, wenn nicht sogar Materialvergeudung in den USA gegründeten Geotechnik. Materialausschöpfung und Anpassung im weitgehenden Umfange treten dagegen in Deutschland in den Vordergrund. Erst Auswahl der Baustoffe in den USA, dann Ausführung in den USA, erst Entwurf, dann Disposition nach den vorhandenen Baustoffen und entsprechende Gliederung in Deutschland. Der deutsche Dammbau ist daher interessanter, vielfältiger, mehr ein Kunstbauwerk, der amerikanische ähnelt einer „Serienproduktion", gemäß den für verschiedene Baustoffe im engen Rahmen vorgezeichneten Ausführungsmöglichkeiten [*100, 243, 356, 379, 377*].

4. Abschnitt

Eigenschaften der Dammbaustoffe.

I. Die physikalischen Eigenschaften der Dammbaustoffe
[18, 18a, 19, 118, 155, 173, 190, 265, 266, 279, 280, 370, 458—460].

Der Staudammbau verlangt zumindest dreierlei Baustoffe: Dichtungs-, Filter- und stützende Stoffe.

Der Verkehrsdammbau ist weniger auf eine derartige Unterteilung angewiesen, wenn er auch an den besonders empfindlichen Dammstellen, der Dammkrone, den Dammböschungen und den Bauwerksanschlüssen an starre Brückenbauwerke vornehmlich den Einbau der festen, den klimatischen Einflüssen nicht unterworfenen Baustoffe fordert (Abb. 8, S. 8).

Erdbaustoffe sind Werkstoffe. Ihre Güte wird durch die Eigenfestigkeit der feinsten mineralischen Stoffteilchen und durch die Affinität zu Wasser beherrscht: durch die Gruppierung der feinsten Baustoffteilchen im Kristallgitter und den dabei sich ergebenden Empfindlichkeitsgrad gegenüber dem Wasser als wichtigstem äußeren Einfluß des Klimas (Aufnahme und Entzug). Im wesentlichen sind zwei Zustandsformen der Gesteine als Baustoffe zu unterscheiden:

1. der wasserfreie: Festsubstanz und Luft,
2. der wasserhaltige: Festsubstanz und Luft und Wasser.

Ersterer ist an den festen, letzterer an den veränderlichfesten vorherrschend. Da indessen die festen, nichthaftenden Erdarten gegenüber den haftenden und vielfach gemischtkörnigen im Dammbau erheblich zurücktreten — abgesehen von den Steindämmen —, ist das wesentliche physikalisch-mechanische Verhalten durch die als Dreistoffsystem zu betrachtenden feinkörnigen haftenden Erdbaustoffe bestimmt.

1. Das Einstoffsystem: Festsubstanz.

Die Bedeutung der Festsubstanz als Einstoffsystem. 1. Struktur und Scherfestigkeit bestimmen neben der Affinität zu Wasser die Qualität der festen mineralischen Substanz. Am besten sind gedrungene, rundliche, weniger gut stenglig-prismatische und am ungleichwertigsten die schüppchenförmigen Strukturformen mit nach verschiedenen Richtungen am stärksten variierenden Scherfestigkeitswerten, als Ausdruck der wahren Kohäsion zugleich als Wertmaßstab der molekularen Zerreißfestigkeit des Einzelmineralteilchens. In der gegenseitigen dichten und durch die Gesteinsentstehung begründeten gegenseitigen Verwachsung der feinsten Mineralteilchen als feinster homogener Bausteine in der räumlichen Anordnung und damit in der Gefügekohäsion 2. Ordnung bieten sich diese Massen als Felsen, als Felsbrocken, als feste Steine für die Dämme dar. In ihrer losen, das Zweistoffsystem kennzeichnenden Anhäufung erscheinen sie in der Praxis des Dammbaues. Die festen und veränderlichfesten Gesteine unterscheiden sich in der Gefügekohäsion 1. und 2. Ordnung nur graduell, und zwar entscheidend in dem Verhalten zu Wasser. Die Ursache ist in der Anwesenheit feinster wasserempfindlicher Mineralteilchen zu suchen, die das Verhalten, den mehr oder weniger raschen Zerfall bei Wasserzutritt entscheidend bestimmen.

2. Das Zweistoffsystem: Festsubstanz und Luft.

Während die festen Gesteine als Fels- und Lockergesteine vertreten sind, kommen die veränderlichfesten Gesteine nur als Felsgesteine in diesem System vor.

Es wird daher unterschieden:

a) zwischen den porösen Felsgesteinen und der Anhäufung von Steinen,

b) den porösen kohäsionslosen Lockergesteinen: den losen, nichthaftenden Lockergesteinen.

a) Man muß unterscheiden zwischen porösen Felsbrocken und zwischen porösen Steinanhäufungen und zwischen Anhäufungen nichtporöser Felsgesteine.

1. Poröse Felsbrocken. An den festen Gesteinen sind es Lavagesteine, wie Bimsstein, Tuffe, Travertin, Lavalit, die bei der Entstehung Gaseinschlüsse enthalten und daher als mehr oder weniger poröse, aber durch eine ausgezeichnete Gefügekohäsion 2. Ordnung im festen Gefügeverband erhalten werden. Als künstliche Gesteine sind die als Pflastersteine berühmten Mansfelder Schlackengesteine zu nennen.

Durch geringeres Gewicht, durch guten Wärmeschutz zeichnen sie sich gegenüber den porenfreien festen Gesteinen aus, von denen sie sich in der Güte als wetterfeste Dammbaustoffe nicht unterscheiden. In der Anhäufung von Steinen als Felsschüttdämme besteht zwischen den porösen und nichtporösen kein Festigkeitsunterschied, nur im Gewicht (z. B. Schlackendamm am Chiemsee).

Die veränderlichfesten Steine. Sie haben als druckverfestigte Steine nur eine auf dieser Berührungsfestigkeit, nicht aber auf eine enge durch Schmelzfluß und gegenseitige Verzahnung bei der Mineralbildung beruhende Gefügefestigkeit, die zudem noch nach verschiedenen Richtungen verschieden groß ist. Als typische Vertreter sind zu nennen: Tonschiefer, tonige Sandsteine, glimmerreiche Sandsteine, Mergelkalke, Kalktonsandsteine usw., aber auch Sonnenbrennerbasalte, Trachyte und glasreiche Laven jüngerer Ergußgesteine.

2. Die kohäsionslosen Lockergesteine. Sand, Kies, Gerölle, Gesteinsschutt, felsiger Steinbruchabraum, Dünensande, Kiessande, Gesteinsblöcke, Steinschüttungen.

Weit größere Bedeutung als die Felsgesteine besitzen die losen Anhäufungen fester Gesteine, die sog. nichtbindigen Böden oder nichthaftenden Lockergesteine als qualifizierte, wetterfeste Erdbaustoffe.

Es gehören hierzu alle Erdbaustoffe mit Körnungen ausschließlich größer als 0,06 mm ⌀. Durch teilweise Verkieselung, wie sie oft zu beobachten ist, gehen die porösen Festgesteine (Lockergesteine) in die porösen Felsgesteine und schließlich in die kompakten Felsgesteine, durch Beimischung von feinkörnigeren Bestandteilen unter 0,06 mm ⌀ (Schluffkorn und Ultraschluff-Tonkornbestandteilen) in die veränderlichfesten Lockergesteine über.

Somit besteht auch hier keine scharfe, von der Natur gegebene Trennung, sondern es gibt alle möglichen Übergänge von einem zum anderen Gesteinstyp und Erdbaustoff im weitesten Sinne.

Die physikalischen Eigenschaften eines derartigen Zweistoffsystems hängen im einzelnen von den Festigkeitseigenschaften der Einzelkörner (Festsubstanz), deren gegenseitiger Anordnung und den an den Berührungspunkten und -flächen wirksamen Kräften ab. Es fehlt diesen Lockergesteinen in ihrer Anhäufung das entscheidend festigende Bindeglied der Gefügekohäsion 2. Ordnung, das nur an gewachsenen Felsen vorhanden ist. Ebensowenig haften die Gesteinsbrocken mangels Kohäsion aneinander.

Zwei physikalische Eigenschaften sind für den Dammbau von Bedeutung: die Dichte der Lagerung, die sich im Hohlraumgehalt im Porenvolumen bzw. der Porenziffer ausdrückt und die Verlagerungsfestigkeit, die wiederum die Gleitsicherheit, die stabile Bauausführung, gemessen am Grade der Scherfestigkeit bzw. dem Schubwiderstand, in ihrem wechselnden Ausmaße bestimmt.

a) Die Dichte der Lagerung (Raumgewicht, Porenvolumen, Porenziffer).

Das Raumgewicht. γ in g/cm³ ist das Gesamtgewicht einer Raumeinheit Bodenprobe einschließlich der Hohlräume und ihrer Füllung (Abb. 164). Seine geotechnische Bedeutung besteht darin, daß bei bekanntem Hohlraumgehalt aus seiner Größe auf die Stabilität einer Schüttung geschlossen werden kann. Dieses Kriterium ist daher sehr wichtig und von großer praktischer Bedeutung bei der Überprüfung der Verdichtung (vgl. S. 381). Sie ermöglicht zugleich bei gleichem Wassergehalt die Feststellung der Überverdichtung im Vergleich zum gewachsenen Boden, einer Größe, die für die Abrechnung der eingebauten Massen von wirtschaftlicher Tragweite ist.

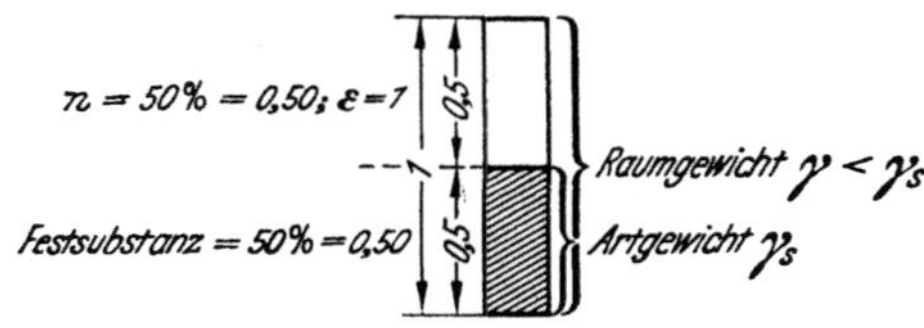

Abb. 164. Beziehung zwischen Porenziffer ε, Porenvolumen n und Festsubstanz einer Erdprobe.

Die praktische Bedeutung des Raumgewichtes besteht darin, daß als Güteziffern der Verdichtung, z. B. in den USA, ein Mindestraumgewicht von 2,0 bis 2,2 vorgeschrieben wird. Wie klein der verbliebene Hohlraumgehalt dabei ist, ergibt sich aus folgender Rechnung: Angenommen das spezifische Gewicht des Schüttmaterials beträgt 2,65, die Schüttung sei trocken, das Gewicht der in den Poren enthaltenen Luft sei zu vernachlässigen, dann entspricht einem Raumgewicht von 2,2 eine Raumerfüllung durch die Festsubstanz zu 83%, der Hohlraum beträgt 17%, bei 2,0 stellen sich die Werte wie 75,47 : 23,53, bei 1,8 indessen nur wie 68 : 32.

Die Forderung der Praxis geht aber dahin, den Hohlraumgehalt im verdichteten Dammkörper möglichst auf einem Wert unter 25% zu halten.

b) Raumgewichte von Lockergesteinen.

Sand, locker 1,3
Kiessand, dicht 2,0

Das Raumgewicht wird auf verschiedene Weise ermittelt, u. a. durch das Volumenometer von ERDMENGER-MANN (vgl. [173]).

Spezifisches Gewicht $\gamma_s \geqq \gamma = $ g/cm³ = Gewicht des Rauminhaltes der Festsubstanz.

c) Das Porenvolumen.

Je dichter die Lagerung einer Schüttung, um so geringer das Porenvolumen, das in „n" das Verhältnis ausdrückt von:

$$n = \frac{\text{Volumen der Hohlräume einer Bodenprobe}}{\text{Gesamtvolumen der Bodenprobe}} \,,$$

$$n = \frac{V\gamma_s - G}{V\gamma} \, 100 = \frac{V - \dfrac{G}{\gamma_s}}{V} \, 100 \text{ in } \% \,,$$

$$n = \frac{(1 - G)}{V\gamma_s} \, 100 = \frac{(1 - \gamma)}{\gamma_s} \, 100 .$$

(V = Volumen der Probe; G = Gewicht der Probe.)

Porenvolumina von Lockergesteinen.

Kies . . . . 30 ··· 35%
Sand . . . . 20 ··· 45%

Geotechnische Bedeutung des Porenvolumens. Je geringer das Porenvolumen, um so größer das Raumgewicht, die Dichte der Lagerung, die Festigkeit und Stabilität der Schüttungen des Dammes. Infolgedessen ist sie eine der wichtigsten Kennziffern für die Güte der Verdichtung im Dammbau.

d) Die Porenziffer = ε.

Sie stellt das Verhältnis des Porengehaltes zum Rauminhalt der festen Bestandteile dar (Abb. 164, S. 126).

Sie ergibt sich aus der Beziehung $\varepsilon = \dfrac{n}{1 - n}$.

Zwischen der Porenziffer und dem Porenvolumen bestehen folgende Beziehungen:

ε	n	ε	n
0,11	10%	1,0	50%
0,25	20%	1,5	60%
0,50	33%	3,0	75%
0,67	40%		

Abb. 165. Loseste Packung kugelförmiger gleich großer Körnchen mit einem Porenraum von 47, 64 (rd. 0,48).

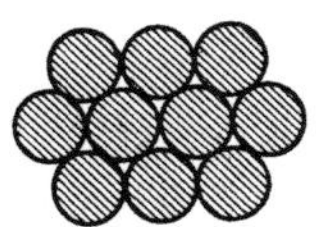

Abb. 166. Dichteste Packung kugelförmig gedachter Körnchen, Porenraum 25,96 (rd. 0,26).

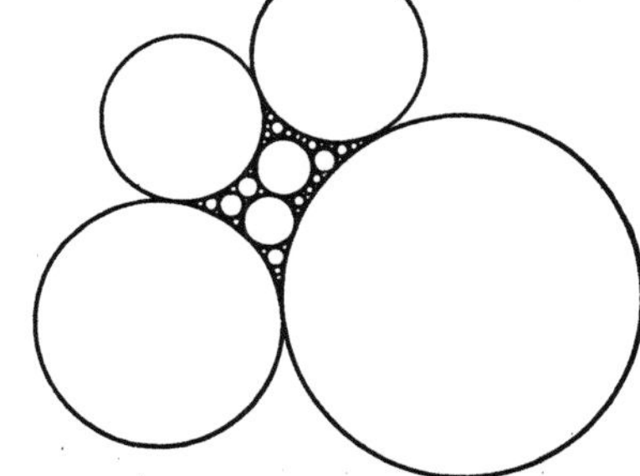

Abb. 167. Beispiel einer dichtesten Packung verschieden großer kugelförmig gedachter Körnchen, Porenraum kleiner als 0,25. Porenziffer kleiner als 0,35.

Betrachtet man die Gesteinsteilchen als gleich große Kugeln, so gibt es zwei Grenzfälle der Dichte, die lockerste und dichteste Kugelpackung (Abb. 165 und 166) mit dem Porenvolumen von 47,64% und 25,95%. Die Porenziffer nimmt auf 0,35 ab.

Geotechnische Folgerungen für den Dammbau. Es gibt keine feststehende Norm für die größte Lagerungsdichte einer von der Kugelform abweichenden Körnung unterschiedlicher Zusammensetzung. Trotzdem sind diese Kennziffern für die Nachprüfung der Verdichtung im Dammbau unentbehrlich (vgl. S. 375).

Will man die Veränderung der Schütthöhe im Dammbau nachprüfen, dann wird man die Porenziffer als Außenmaß anwenden. Will man indessen die erreichte Verdichtung, den Verdichtungsgrad, gemessen an der Veränderung des tatsächlich nur durch die Verdichtung veränderlichen Hohlraumgehaltes, ermitteln, dann muß man das Porenvolumen als Innenmaß feststellen. Das Porenvolumen gibt in seinem prozentualen Anteil am Gesamtraum eine klarere Vorstellung von der Veränderung der Dichte, dem Zuwachs an Festigkeit als die Porenziffer. Bei der Nachprüfung der Verdichtung kommt es in erster Linie darauf an, die erzielte Verdichtung als Porenvolumenverminderung = Zunahme der Kornpackung zu erfahren [*173, 470*].

Der Dichtegrad D (die Verdichtungsziffer $= p_v$). Sie dient als relativer Vergleichsmaßstab zu einer praktisch im Prüfraum erzielten höchstmöglichen dichten Kornpackung.

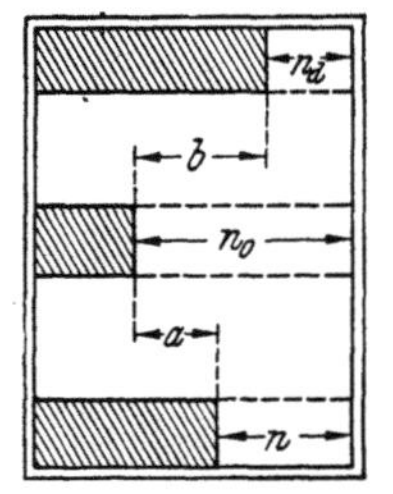

$$D = \frac{\varepsilon_0 - \varepsilon}{\varepsilon_0 - \varepsilon_d} \quad \text{(Abb. 168).}$$

n_0 ist das Porenvolumen und ε_0 die Porenziffer der lockersten Lagerung (unverdichteter Schüttung),

n das Porenvolumen und ε die Porenziffer der verdichteten Schüttung beim Dammbau,

n_d das Porenvolumen und ε_d die Porenziffer der praktisch im Prüfraum erzielten größtmöglichen Verdichtung.

Abb.168. Beziehung zwischen n (natürliche Lagerungsdichte), n_0 (lockerste Lagerung) und n_d (dichteste Lagerung) in einer Erdart. (Nach TROPP [*470*.])

Nach den Erfahrungen der Praxis ist das Mindestmaß der im Dammbau erforderlichen Verdichtung 50% gegenüber der lockersten Lagerung. LEUSSINK regt [*214*] an, für kohäsionslose Erdarten im Verkehrsdammbau eine Mindestdichte von $D = 90$ bis 100 zu fordern.

Man drückt den Verdichtungsgrad in Prozenten von 1 bis 100 aus und teilt dann unter in locker, mäßig dicht und dicht (Abb. 169). Loos schlägt auf Grund seiner Versuche [*232—238*] für ungleichförmige Sande eine Mindestverdichtung von

$$D = p_v = 50 \text{ bis } 70\%,$$

für gleichförmige von

$$D = p_v = 40 \text{ bis } 50\% \text{ vor.}$$

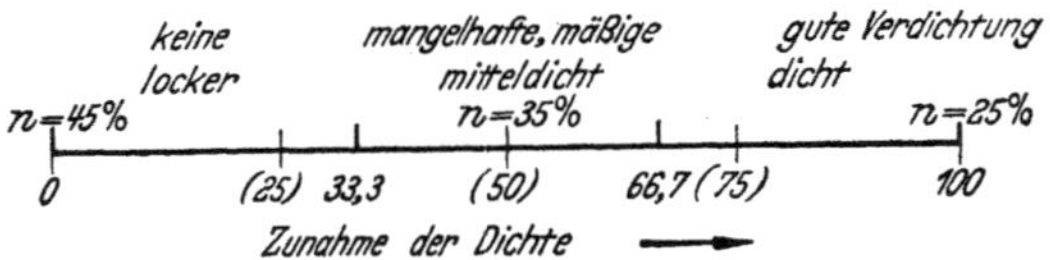

Abb. 169. Die verschiedenen Bereiche des Verdichtungsgrades.

Die Grenzwerte der losesten und dichtesten Lagerung [*470*] eines Sandes sind in Abb. 170 als Diagramm in Abhängigkeit vom Wasser aufgetragen. Unter Berücksichtigung des Wassereinflusses ergeben sich drei Fälle [*470*]:

a) „Intervall der losesten und dichtesten Lagerung, die an einem verschieden feuchten Boden überhaupt erreichbar ist. Loseste Lagerung mit einem Minimum bei etwa 5% Wassergehalt (w) mit $n_0 = 68\%$ für den in Abb. 170 angegebenen Boden und dichteste Lagerung mit einem Maximum bei etwa $w = 10\%$ mit $n_d = 26\%$ gleichen Bodens. Intervall $69 - 26 = 42\%$;

$$\text{Porenvolumenbereich} = \frac{68 + 26}{2} = 47\% = \text{konstant.}$$

b) Intervall aus losester und dichtester Lagerung eines Bodens, ermittelt im Feuchtigkeitszustand zur Zeit der Verdichtung. Intervall und Porenvolumen-bereich ist bei jedem Wassergehalt veränderlich.

c) Intervall aus losester und dichtester Lagerung, festgestellt am trockenen, losen Boden. Intervall $= 47 - 27,5 = 19,5\%$;

$$\text{Porenvolumenbereich} = \frac{47 + 27,5}{2} = 33,75\% = \text{konstant}".$$

Je nach dem Ausgangswert der losesten sperrigen Lagerung ergibt sich ein verschiedener Wert der erreichten Dichte und damit der Verdichtungsziffern. Insofern stellen diese Ergebnisse keine absoluten Kennziffern, sondern nur relative Dichtewerte je nach dem Ausgangszustand der Schüttung dar.

Beispiele (gleiches Schüttmaterial, gleiche Körnung):

$$\frac{n_0 - n}{n_0 - n_d} = \frac{65 - 35}{65 - 20} \cdot 100 = 75\%$$
(sehr gute Verdichtung)
$$= \frac{65 - 45}{65 - 20} \cdot 100 = 44\%$$
(mäßige Verdichtung).

Verdichtungsfähigkeit Vf. Man muß zwischen der relativen Dichte und der Verdichtungsfähigkeit unterscheiden. Die Verdichtungsfähigkeit Vf drückt den jeweils höchstmöglichen Verdichtungsgrad aus, die relative Dichte den praktisch als Hundertsatz davon erzielten; n_d entspricht der Ziffer Vf. Sie beinhaltet: die Möglichkeit der Verdichtung, die zweckmäßige Verdichtungsart, aber auch den Grad der Verdichtung [219]. Sie wird auch durch die Formel ausgedrückt:

$$\frac{\varepsilon_0 - \varepsilon_d}{\varepsilon_d} = \frac{n_0 - n_d}{n_d(1 - n_0)}$$

ε_0 lockerste Lagerung 0,7 bis 1,0,
ε natürliche Lagerung,
ε_d dichteste Lagerung 0,45 bis 0,65.

Nach Terzaghi [336] schwankt die Verdichtungsfähigkeit je nach der Beschaffenheit der Körner und Gleichförmigkeit im ganzen von 0,35 bis 0,70, d. h. um fast 100%.

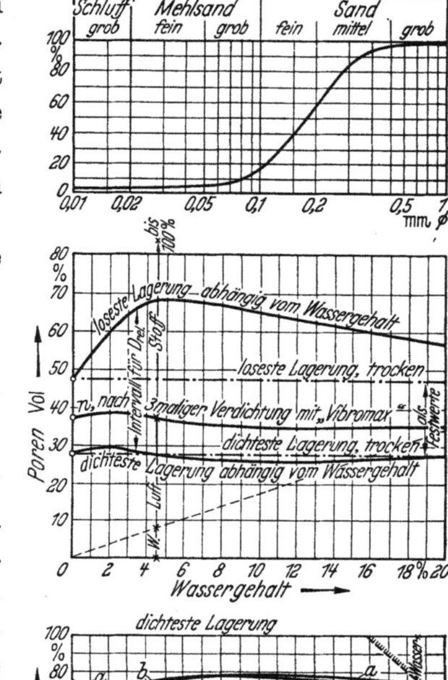

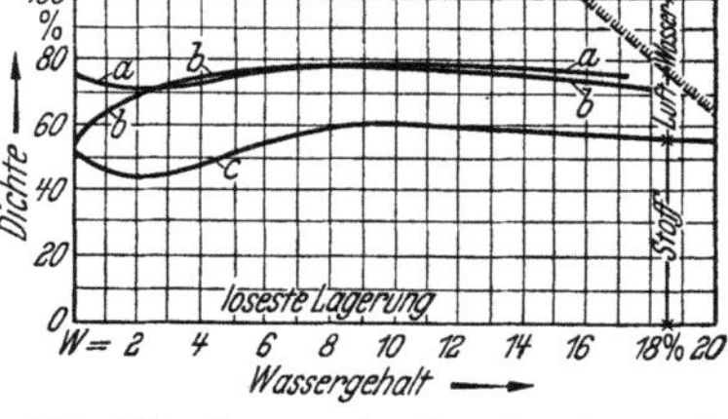

Abb. 170. Grenzwerte der losesten und dichtesten Lagerung eines Sandes und die sich hieraus ergebenden Bezugswerte der rel. Dichte. (Nach Tropp [470].)
Abb. 170b. Abhängigkeit der Kurven der rel. Dichte $(D) = \dfrac{n_0 - n}{n - n_d}$ in Abhängigkeit vom Wassergehalt.
Kurve a Intervall bezogen auf die Höchstwerte aller losesten und dichtesten Lagerungen. Kurve b Intervall bezogen auf die absoluten Werte der losesten und dichtesten Lagerungen. Kurve c Intervall bezogen auf die Festwerte der losesten und dichtesten Lagerungen des unter 105° C getrockneten losen Sandes. (Nach Tropp [470].)

e) Die Kornverteilungskurve.

Wenn man von der höchstmöglichen Dichte als Maßstab der größtmöglichen Festigkeit eines Dammes ausgeht, so bildet die Kornverteilungskurve (Abb. 171), ähnlich der Fuller-Kurve im Betonbau, einen weiteren relativen Maßstab für die günstigen oder ungünstigen Voraussetzungen, einen dichten Damm bei gegebenem Schüttmaterial durch Umlagerung und Verformung ohne Zertrümmerung der Gesteinsteilchen oder nur unter weitergehender Zertrümmerung durch mechanische Verdichtung zu erzielen.

Die Kornverteilungskurve gibt die Anteile der in einer Lockergesteinsmischung vorhandenen verschiedenen Korngrößen und Korngruppen bestimmten Korngrößenintervalls an. Die Korngröße erstreckt sich auf den Durchmesser (d), einer dem Bodenkorn äquivalenten Kugel, die beim Sieben das gleiche Sieb passiert wie das Bodenkorn und beim Schlämmen dieselbe Absetzgeschwindigkeit besitzt. Man teilt die Körnungen in Steine, Kies, Sand-, Schluff- und Tonkorn ein (Abb. 171). Bis zur Größe von 0,06 reicht der Bereich der

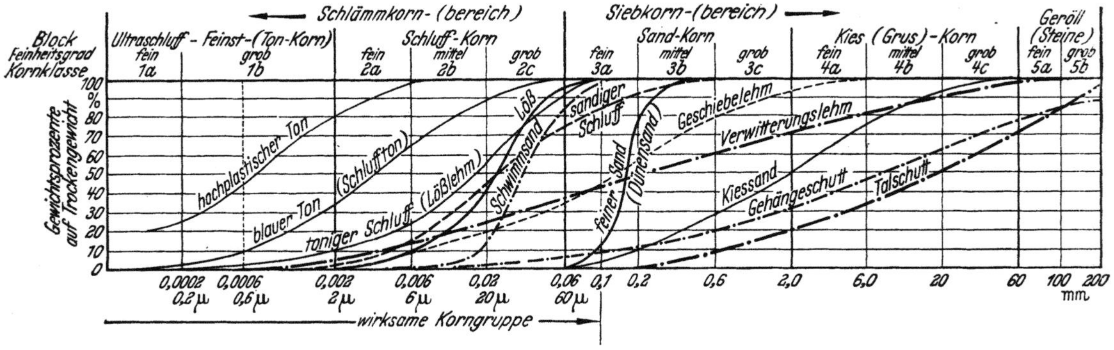

Abb. 171. Kornverteilungskurven fester und veränderlichfester Erdarten.

kohäsionslosen Lockergesteine, die allein durch das trockenmechanische Sieben klassiert werden, darunter beginnen die haftfesten Bestandteile, an denen die Oberflächenenergie mit wachsender Kornfeinheit das Gefüge und die physikalisch-mechanischen Eigenschaften bestimmen. Diese lassen sich nur naßmechanisch durch Schlämmen klassieren. Die weitere Unterteilung der verschiedenen Korngruppen erfolgt stets nach der Zweier- und Sechser-Potenz. Die kohäsionslosen Lockergesteine sind — wenn auch in verschiedener lockerer Gruppierung — stets im Einzelkorngefüge miteinander vereinigt. Dieses Bild enthält eine Anzahl von Kornverteilungskurven verschiedener geologisch bekannter Bodenarten, die durch die Kornanalyse in ihre Korngrößenanteile untergliedert werden, ohne den Einfluß der verschiedenen mineral-chemischen Bestandteile, die wesentlich die physikalischen Eigenschaften bestimmen, zu erfassen. Insofern ist die Kornanalyse stets nur ein Teilkriterium für die Beschreibung einer beliebigen Erdart. Die Kornverteilungskurve gibt nur eine allgemeine Charakteristik. Sie ist unentbehrlich für den Erdbau und gehört zu den wichtigsten physikalischen Kennziffern, denn sie ermöglicht die Unterscheidung, ob feste oder unveränderlichfeste, frostgefährliche oder frostsichere, dichtende oder durchlässige Bodenarten vorliegen. Sie ist aber nur an den entsprechend fein aufgeschlossenen Erdarten anwendbar und versagt als Kriterium dafür an den Felsgesteinen. Im Kornbereich der festen Bestandteile, also an allen festen Lockergesteinen, überwiegt die Schwerkraft die Adhäsionskraft, wodurch die Behandlung der Bodenarten und ihre Verwendung als Baustoffe viel einfacher wird, da der mit der Oberflächenenergie eng verbundene Einfluß des Wassers hierbei die Geotechnik nur begünstigen, jedoch nicht beeinträchtigen kann.

f) Die wirksame Korngruppe und Stoffgruppe [*155, 173, 391a*].

Sie stellt jenen oft nur wenige Prozent der gesamten Körnung umfassenden Anteil an feinstkörnigen Mineralteilchen dar, die durch ihre hohe Empfindlichkeit gegen jede klimatische Änderung: Hitze und Trockenheit, Regen und Nässe, Frost und Kälte das Verhalten der gesamten Schüttung als Baustoff entscheidend bestimmen.

Beispiel. Nimmt man an, daß in einem würfeligen Erdkörper von 1 cm Kantenlänge nur 3 % Kornanteil von 0,10 mm ⌀ enthalten sind, dann besitzt dieser Anteil eine wasserempfindliche reaktionsfähige Oberfläche von rund 20 cm² gegenüber dem gesamten Würfel von nur 6 cm² (Tab. 20, S. 136). Daraus geht ganz überzeugend die beherrschende Einflußnahme dieser wasserempfindlichen Bestandteile auf die Gefügefestigkeit des Erdwürfels hervor. Die spezifische Wirkung wird außer von der Kornfeinheit durch die mineral-chemische Konstitution bestimmt, wobei die typischen Tonmineralien wie Kaolinit, Beidellit und besonders der Monmorillonitdie stärksten Veränderungen im Vergleich zu dem hierzu sehr immunen Quarz aufweisen. Daran erkennt man den spezifischen Einfluß des Mineralchemismus (Abb. 172). Da das Verhältnis der wirksamen Korn- und Stoffgruppe (mineral-chemisch) in keinem Lockergestein gleichartig ist, wechselt das Verhalten der Schüttungen dieser Gesteine je nach deren spezifischem Empfindlichkeitsgrad, ausgedrückt im Anteil und

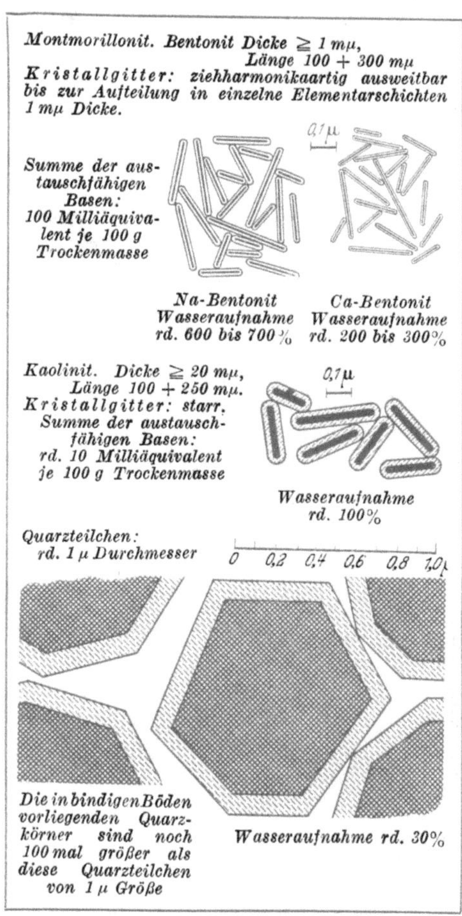

Abb. 172. Schematische Darstellung der Adhäsionswasserhüllen an Tonmineralien und am Quarz. (Nach ENDELL.)

der Verteilung der wirksamen Korn- und der wirksamen Stoffgruppe. Die Korngruppe gibt dabei die allgemeine, die Stoffgruppe die spezifische Charakteristik an, denn auch Quarzteilchen unter 0,06 mm ⌀ gehören zur wirksamen Korn-, weniger aber zur wirksamen Stoffgruppe. SKEMPTON unterscheidet in diesem Zusammenhang neuerdings die „Aktivität von Ton" und unterstreicht somit die Bedeutung der vom Verfasser bereits vor 16 Jahren herausgestellten wirksamen Korngruppe.

In der Auswirkung dieser Verhältnisse auf das erdbaumechanische Verhalten steht man erst am Anfang der Forschung. Hier fehlt noch die spezielle Differenzierung in der Auswirkung auf die erdbaumechanischen Eigenschaften und eine quantitative Abklärung.

Nach ALLEN HAZEN ergibt sich der Ungleichförmigkeitsgrad zu

$$U = \frac{d_{60}}{d_{10}}$$

d_{10} bzw. d_{60} entsprechen der Körnung, die die Summenlinie bei 10% und 60% teilt.
$U < 5$ bilden gleichförmige Erdarten,
$U = 5$ bis 15 bilden mittlere gleichförmige Erdarten,
$U > 15$ sind ungleichförmige Erdarten.

g) Die Scherfestigkeit
[*26, 32, 34, 35, 42, 43, 50, 54, 71, 83—86, 106, 109, 110, 111, 113, 120, 195, 247, 248, 252, 268, 285, 288, 457, 493—495*].

Sie ist die wichtigste mechanische Kennziffer für die Stabilität eines Dammes, also einer verfestigten Schüttung größten Ausmaßes. Die Begründung liegt darin, daß man im Gegensatz zu dem Kunstbau nicht nach genau festgelegten Festigkeitswerten dimensionieren kann (Druck-, Biege-, Zugfestigkeit); denn die Erdbaustoffe werden in buntgewürfelter Zusammensetzung und Größe angeliefert. Sie werden verfestigt durch verschiedene Energieformen: Druck, Stoß, Erschütterung. Die einzelnen Gesteinsteilchen berühren sich dabei mehr oder minder dicht und fest. Die Gefügefestigkeit ist daher entscheidend für das Ausmaß der Stabilität, die nur durch die Scherfestigkeit überprüft werden kann; denn im Vergleich zur Druckfestigkeit sind die Dammkörper empfindlicher gegen Gleitbeanspruchung.

Während der Scherwiderstand im Einstoffsystem von der Art und dem Grade der Beanspruchung fast unabhängig ist, wird die Scherfestigkeit in den Schüttungen loser, fester Gesteine im Sinne des COULOMBschen Gesetzes von der Belastung (Außendruck und Eigengewicht) sowie der Kornoberflächenentwicklung (Oberflächenspannung im Zusammenwirken mit Wasser) beeinflußt und ist dem Flächendruck ziemlich proportional. Nur bei höheren Drücken nimmt der Reibungswinkel, der dem Scherwinkel entspricht (Abb. 173), wieder leicht ab. Die Gesteine bleiben also auch in der praktisch dichtesten und zugleich stabilsten Packung „Lockergesteine" im wahrsten Sinne des Wortes, denn sie weisen auch in dieser festesten Packung ein feines Porennetz

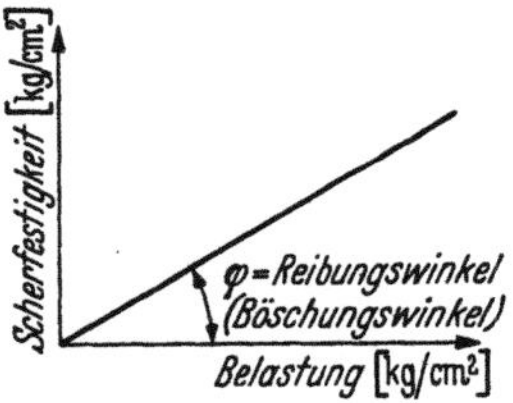

Abb. 173. Schematische Darstellung der Zunahme der Scherfestigkeit mit wachsender Belastung an festen Erdarten, z. B. Sand.

auf (Abb. 167, 168) und bestehen dabei aus Festsubstanz, dem Mineralkorngerüst, dem Wasser und gegebenenfalls Luft.

Der Reibungswinkel ϱ ist verschieden, er drückt den Widerstand gegenüber Umlagerungen (R_1) und Verschiebung (R_2) der feinsten Gesteinsteilchen längs einer Gleitfläche aus. Er entspricht an groben Steinen dem Scherwiderstand. Es gelten folgende, für den Staudammbau besonders wichtige Beziehungen.

$$\mu = \frac{\tau}{\sigma} = \frac{R_1 + R_2}{P} = \tau \, \mathrm{tg}\, \varrho$$

τ Scherspannung (Scherfestigkeit), ϱ Winkel der inneren Reibung,
P Auflast, R_2 der Widerstand der Gefügeauflockerung,
σ spez. Auflast, R_1 der Widerstand gegen Gleiten.
μ Reibungsziffer,

Die Scherfestigkeit (τ) wächst allein proportional der Belastung (σ), also der Druckkraft (P).

Die Sicherheit gegen Gleitbewegungen des Dammes längs der Dammsohle wird in diesem Zusammenhang bestimmt durch den Auflagedruck (P) des Dammes, vermindert um den Auftrieb und durch μ. Je größer der Auftrieb, je kleiner μ, um so größer *muß* der Stützkörper, je kleiner der Auftrieb, je größer μ, um so gedrungener *kann* der Stützkörper ausfallen.

Je gröber das Korn, je unebener und größer die Kornoberfläche, um so mehr Formänderungsarbeit in der Umlagerungsauflockerung muß aufgewendet werden, um eine Bewegung beim Abscheren zu erzwingen. Daher wächst der Reibungswinkel, der sich aus dem Widerstand gegenüber der Auflockerung (R_1) und der Bewegung (R_2) zusammensetzt, mit der wachsenden Körnung.

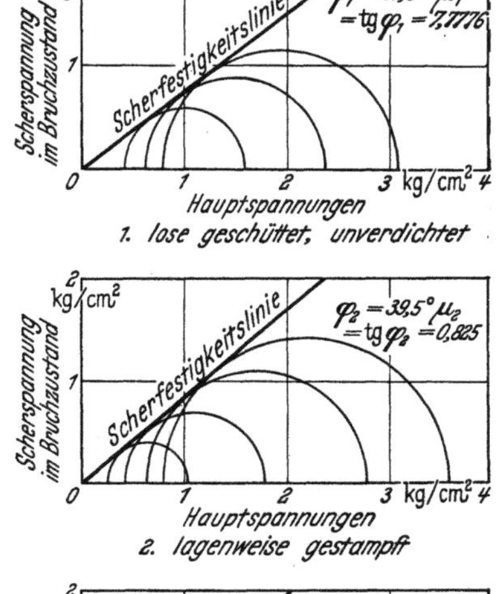

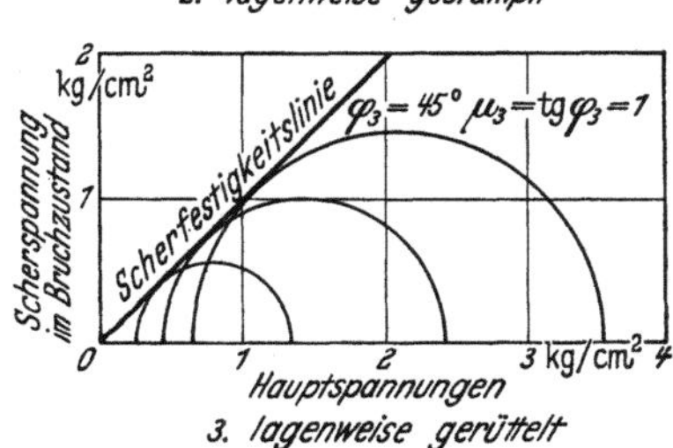

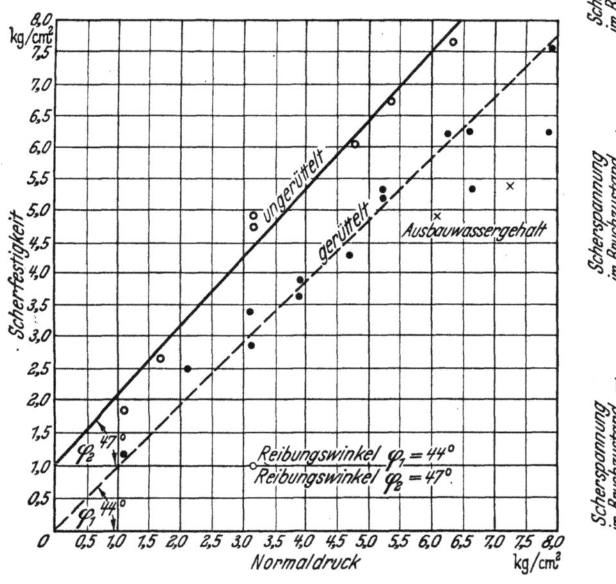

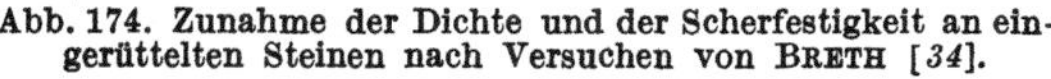

Abb. 174. Zunahme der Dichte und der Scherfestigkeit an eingerüttelten Steinen nach Versuchen von BRETH [*34*].

Abb. 175. Reibungswinkel φ = Neigungslinie der Scherfestigkeitslinie. (Nach BRETH [*34*].)

Er ist am Ton am kleinsten, am groben Gestein am höchsten und erreicht hier an Schüttungen aus Steinen an den eingerütelten Steindämmen Werte, die über 45° hinausgehen [*32, 34*] (vgl. Abb. 174, 175).

An den festen Lockergesteinen ist der natürliche Böschungswinkel zugleich der Reibungswinkel der aufgelockerten Schüttmassen. An den feinkörnigen Lockergesteinen gelten Winkelwerte von etwa 26° bis 35°. Diese bestimmen zugleich die zweckmäßige Böschungsneigung, die stets in diesem Grenzbereich verbleiben muß (vgl. S. 99).

Geotechnische Folgerungen für den Dammbau. 1. Bewegungen längs der Dammsohle werden bei Staudämmen außer von der Dammlast bei gegebenem Stauwerk und Auftrieb vom Reibungsbeiwert μ bestimmt.

2. Daraus ergibt sich für die Stützkörper, daß die hier verwendeten groben Felsmassen zwei Vorzüge aufweisen. Sie sind stark durchlässig und weisen einen sehr hohen Gleitwiderstand auf.

3. In der dichtesten Packung ist die größte Stabilität gegeben.

4. Die feinkörnigen kohäsionslosen Lockergesteine sind sehr beweglich (Dünensande!). Ihre hohe Bewegungsempfindlichkeit hat zur Konstruktion besonderer Verdichtungsgeräte geführt, die diese Massen sehr leicht verdichten können und den Gleitwiderstand erheblich vergrößern.

Beziehung zwischen Dichte und Scherfestigkeit. Alle die für die Dichteangabe einer Schüttung möglichen physikalischen Kennziffern geben stets nur relative Gütewerte an. Sie sind aber niemals **exakte Kennziffern für die Größe des Scherwiderstandes**, als der entscheidenden Größe der Stabilität. Diese Feststellung verdient um so größere Beachtung, als bisher kein Verfahren gefunden wurde, diese Frage genau im voraus zu klären, vielmehr ist die Erfahrung, das statistische Material über das Verhalten der Dämme unter gegebenen Gütewerten entscheidend. Die dichteste Lagerung der locker zusammengefügten Dammmassen — daher auch der Name Lockergesteine — in mehr oder weniger dichter Packung läßt sich nur durch eine möglichst intensive Verdichtung erreichen, die diese erforderliche Stabilität gewährleistet. Hohe Dichte entspricht hohem Gewicht, tiefer Schwerpunktlage, großer Scherfestigkeit, größter Dammfestigkeit gegenüber erzwungener Verlagerung, einer Beanspruchung, wie sie durch den Wassereinstau und Verkehrserschütterungen dauernd im Dammkörper sich auswirkt.

h) Der Formänderungswiderstand.

Im Staudammbau ist der Formänderungswiderstand, die seitliche Zusammendrückung und Verdrückung oder Verlagerung der eingebauten Massen ebenso wichtig wie im Verkehrsdamm die vertikale Veränderung. Hier fehlen exakte Kennziffern. Beispielsweise traten an dem etwa 60 m hohen Steinsetzdamm der Talsperre Ghrib an den fest als Trockenmauerwerk gesetzten Steinen aus Kalkstein und Dolomit Berstungserscheinungen auf, ein Beweis für die geringe Druckfestigkeit dieses Gesteinsmaterials und der Gefügefestigkeit unter der Dammauflast. Ebenso wachsen und ändern sich die elastischen Konstanten. Für Sand sind die E-Werte im Grenzbereich zwischen 100 bis 1000 kg/cm² bekannt für ein Druckintervall von 0

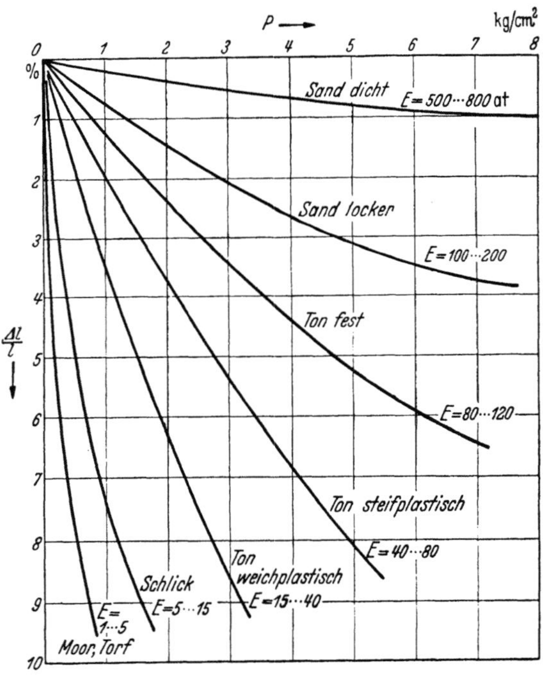

Abb. 176. **Steifeziffern verschiedener Erdarten im Bereich einer Belastung von 0 bis 8 kg/cm².**

bis 8 kg/cm³ (Abb. 176) unter der Voraussetzung seitlich behinderter Ausdehnung. Diese Voraussetzung mag für einen Staudamm eher gelten als für einen schmalen Verkehrsdamm.

3. Das Dreistoffsystem: Festsubstanz — Luft — Wasser.

A. Die festen Erdarten.

a) Der Wassergehalt.

Die festen Lockergesteine sind vorwiegend erdfeucht oder auch trocken. Jedenfalls beeinflußt der geringe Wassergehalt im allgemeinen die physikalischen Eigenschaften wenig. Daher gelten für diese Erdbaustoffe in erster Linie die Eigenschaften des Zweistoffsystems. Jedoch leiten im gewissen Sinne die Körnungen zwischen 2 mm und 0,06 mm zu den veränderlichfesten Gesteinen über, die die echten und hauptsächlichsten Vertreter dieses Dreistoffsystems sind (vgl. S. 130). Hier werden z. B. — und dies im markantesten Gegensatz zu den festen Lockergesteinen — die Gefügeformen vom Elektrolytgehalt des Wassers bei der Ablagerung beeinflußt. Wasser ist ein wesentlicher Bestandteil dieser Erdarten, die ohne Wasser in der Natur niemals vorkommen und ohne das ihre jeweilige Festigkeit bestimmende Wasser nicht verwendet werden. Wir betrachten zunächst diesen Einfluß im Dreistoffsystem der festen Lockergesteine, vor allem im Bereich des Sandkornes.

Ermittlung des Wassergehaltes. Die bei einem bestimmten physikalischen Wirkungsgrad im Kornsystem vorhandene Wassermenge ermittelt man folgendermaßen: Das natürliche, bei 105° C verdampfende (Poren- und teilweise Adhäsions-) Wasser (vgl. S. 143) eines Kornsystems ergibt sich nach der Formel:

$$\frac{A-B}{B-C} = \frac{\text{Wassergewicht}}{\text{Trockengewicht}} \, 100 \text{ in \%}$$

Darin bedeuten:

A die feuchtnasse Probe,
B das Trockengewicht der Probe und Tara,
C das Gewicht der Tara (Glasschalen und Klemme).

Eine Schnellmethode gibt ALLEN [5] an: Eine kleine Probe von 25 bis 35 g wird dreimal mit Alkohol gemischt und angezündet. Aus der Differenz zwischen Feucht- und Trockengemisch ergibt sich der Wassergehalt.

Feste und veränderlichfeste Erdarten:

a) *Wassergesättigter Porenraum:* b) *Nicht wassergesättigter Porenraum:*

$$n = \frac{G_w - G_t}{V\,\gamma_w} \qquad\qquad w = \frac{n_w\,n\,\gamma_w}{(1-n)\,\gamma_s}$$

$$w = \frac{n\,\gamma_w}{(1-n)\,\gamma_1}\,; \quad \varepsilon = \frac{w\,\gamma_w}{\gamma_s} \qquad f = \frac{w\,\gamma_s(1-n)}{n\,\gamma_w} = \frac{w\,\gamma_s}{\varepsilon}$$

G_w = Gewicht der feuchten Probe,
G_t = Gewicht der trockenen Probe,
γ_w = 1 = Stoffgewicht des Wassers,
w = Wassergehalt,
ε = Porenziffer,
f = Feuchtigkeitsgrad = Verhältnis des Wassers in den Poren zum gesamten Porenvolumen.

Werte von f für Sand:

fast trockener Sand . . . . 0,0 ··· 0,10
feuchter Sand . . . . 0,10 ··· 0,25
sehr feuchter Sand . . . . 0,25 ··· 0,50
nasser Sand . . . . 0,50 ··· 0,75
sehr nasser Sand . . . . 0,75 ··· 1,0
wassergesättigter Sand 1,0   (vgl. S. 140)

b) Das Verhalten der mineralischen Festsubstanz zu Wasser [*150, 196*].

Zwei wichtige Eigenschaften, die für die Geotechnik des Dammbaues und für den Bau und Betrieb von Staudämmen eine wesentliche Rolle spielen, sind zu erläutern:

1. Die Kapillarität [*150*].
2. Die Durchlässigkeit.

Beide Eigenschaften umreißen das Verhalten dieser Korngruppe zu Wasser. Ihr Verhalten als wasserabweisende Erdbaustoffe kennzeichnend, ist der Einfluß des Wassers nur an den feineren Körnungen mit kapillarem Durchmesser der Porenöffnungen wirksam, wodurch die Kapillarität ausgelöst, die Durchlässigkeit und die Stabilität je nach dem Dammbaustoff beeinflußt wird.

1. Die Kapillarität. Trockene Schüttung von Sand. Bringt man einen Tropfen Wasser auf einen porenfreien Stein, dann behält er seinen konkaven Meniskus als Zeichen geringer Wasseraffinität zum Stein bedeutend länger bei, als etwa auf einer trockenen Schüttung von Sand. Kurze Zeit, nachdem sich der Meniskus aus-

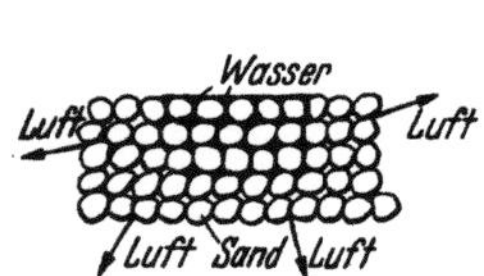

Abb. 177. Verhalten eines Wassertropfens bei Benetzung eines feinen, trockenen Sandes.

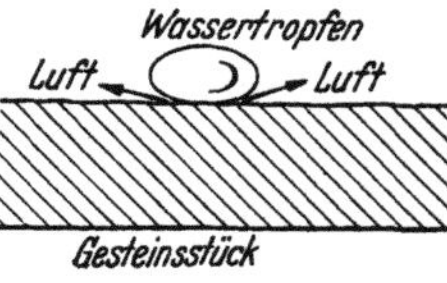

Abb. 178. Verhalten eines Wassertropfens bei Benetzung eines festen Gesteinsstückchens.

gebildet hat, wird dieser Wassertropfen spontan vom Sand aufgesogen, während sich die Tropfenform auf dem Stein wenig verändert hat (Abb. 177, 178).

Die Ursache hierfür ist die verschieden große Oberflächenenergie. Infolge des Benetzungswiderstandes, der durch die Lufthülle um die feinsten Sandkörnchen bestimmt wird, kann das Wasser erst nach Verdrängung dieser Luft infolge der Haftwasserspannung der Kapillarität in den Sand eindringen. Es bewegt sich dabei unabhängig von der Schwerkraftrichtung nach den Seiten, nach unten und nach oben, also nach allen Richtungen. Je feiner der Sand, um so größer die Oberflächenspannung, die ihren

Tabelle 20. *Grenzflächenwachstum eines Würfels bei zunehmender Zerteilung* (nach ENDELL [*84*]).

Seitenlänge		Anzahl der Würfel	Gesamtoberfläche
Grenze zwischen Fein- und Schluff	1 cm	1	6 cm²
	1 mm	10^3	60 cm²
	0,1 mm	10^6	600 cm²
	0,01 mm	10^9	6000 cm²
Bereich des Ultraschluffes und der Kolloide	0,001 mm	10^{12}	6 m²
	0,0001 mm	10^{15}	60 m²
	0,00001 mm	10^{18}	600 m²
	0,000001 mm	10^{21}	6000 m²
1 Ångström	0,0000001 mm	10^{24}	60000 m²

überzeugendsten Ausdruck in der Kapillarität findet: Kapillarität ist somit gleichbedeutend mit Wasseradhäsion.

Je feinkörniger ein Sand oder Erdbaustoff, um so größer die spezifische Oberfläche für dieses Saugwasser (z. B. 600 cm² für 0,1 mm ⌀, Tabelle 20), um so größer auch die Kapillarität. Es besteht eine enge Beziehung zwischen Korn-

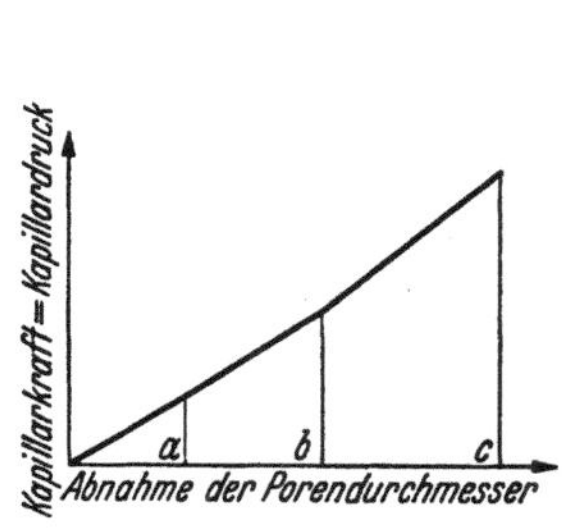

Abb. 179. Schematische Darstellung der Zunahme der Kapillardruckkraft mit der Abnahme des Porendurchmessers feinkörniger Erdarten.

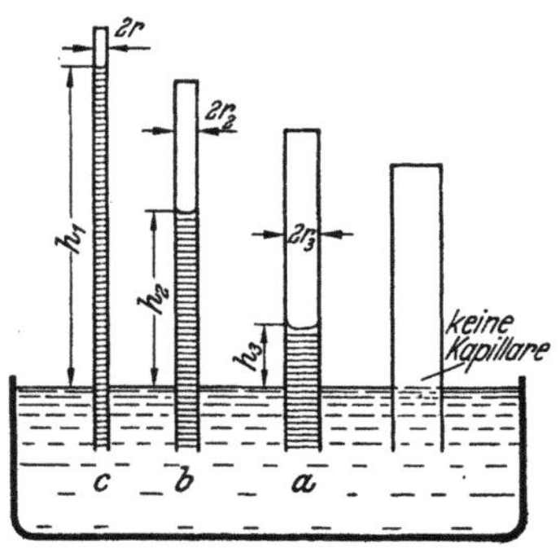

Abb. 180. Verschiedene kapillare Steighöhen.

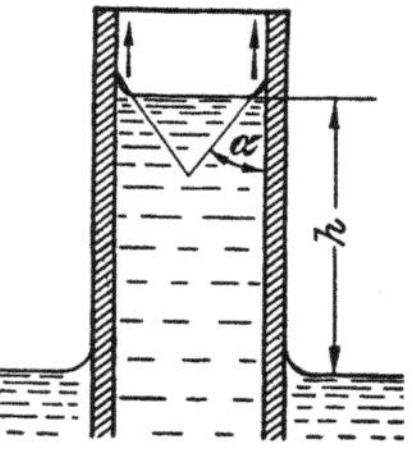

Abb. 181. Kapillardruck. Wasser hängt sich mit dem Meniskus an die Wandung und sucht nach oben zu steigen ↑. Es drückt mit der gleichen Kraft auf die Wandung und sucht diese zusammenzudrücken ↓.

feinheit und kapillarer Steighöhe, der Bewegungsrichtung und Steigkraft des Wassers in Poren kapillaren Durchmessers entgegen der Schwerkraftrichtung. Die Größe dieser Kraft ergibt sich aus der Beziehung:
$2\,r\,\pi\,\tau = r^2\,h\,g\,\tau\,\gamma_w$ (Abb. 179 bis 181).

r Radius der Porenöffnung als kreisrunde Öffnung gedacht,
h kapillare Steighöhe,
τ Adhäsionskraft,
g Erdbeschleunigung 9,81 m/s²,
γ_w spezifisches Gewicht des Wassers.

An der kleinsten Korngruppe des Feinstsandes (0,05 bis 0,10 mm) beträgt die kapillare Steighöhe 530 mm in 24 Stunden.

Die geotechnische Bedeutung für den Dammbau beruht in folgendem:

1. Die Saugwirkung des kapillar durchfeuchteten Sandes führt zu einer sehr starken Verfestigung und Versteifung des Sandes (Abb. 182), z. B. werden auf diesen, nur

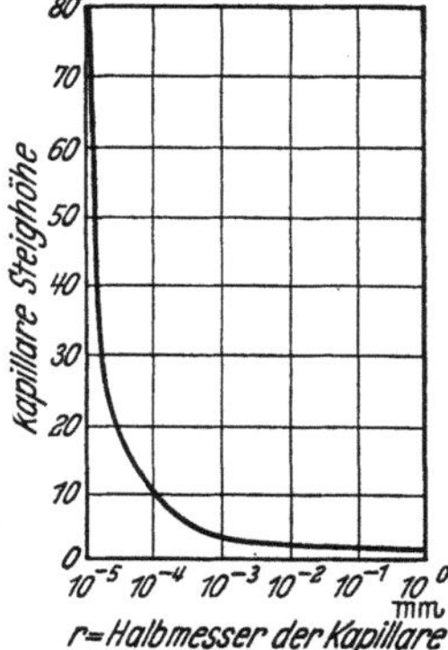

Abb. 182. Kapillare Steighöhe als Funktion der kapillaren Durchmesser.

durch Kapillarwasser verfestigten Sanden am Strande von Florida die schwersten Autorennen ausgetragen. Der Sand ist im gewissen Sinne steinhart, unbeweglich (REYNOLDscher Versuch). Die Sandkörnchen werden, da die Menisken sich entlang der Kornoberfläche auszubreiten suchen, nach Maßgabe dieser Zugkraft fest aneinander durch die als Reaktionskraft sich auswirkende kapillare Druckkraft fest zusammengepreßt (Abb. 183 bis 186). Im Sinne des COULOMBschen Gesetzes bedeutet diese Wirkung Erhöhung der Scherfestigkeit (Abb. 173), die um so größer wird, je stärker die Oberflächenenergie sich auswirken kann, also mit wachsender Kornfeinheit bei bestimmter Durchlässigkeit im auftriebsfreien Kornsystem.

Die kapillare Durchfeuchtung bewirkt dabei eine Verfestigung der gesamten Sandschüttung, also eines Dammes aus reinem Sand, die durch keinen noch so großen mechanischen Aufwand in dieser allseitigen, durch die gesamte Schüttung sich erstreckenden Wirkung erreicht werden kann. Daher ist Sand stets im feuchten Zustande einzubauen.

2. Bei verschiedenem Feuchtigkeitsgehalt mehrerer Schüttungen findet durch den auf kapillarem Wege sich vollziehenden Feuchtigkeitsausgleich eine in allen

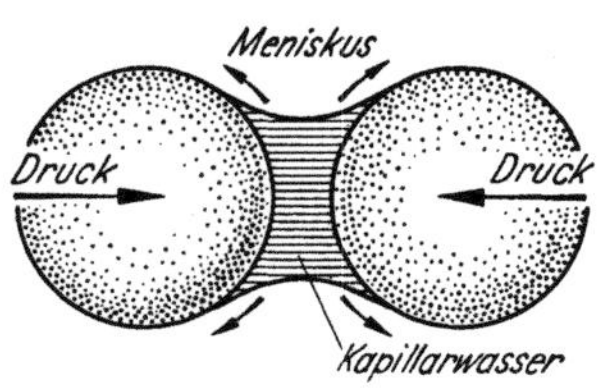

Abb. 183. Infolge der Oberflächenspannung versucht das Wasser sich rings um die kugelig gedachten Bodenkörnchen auszubreiten (Pfeilrichtung!),dadurch entsteht der Kapillardruck, die beiden Körnchen werden aneinandergepreßt [173].

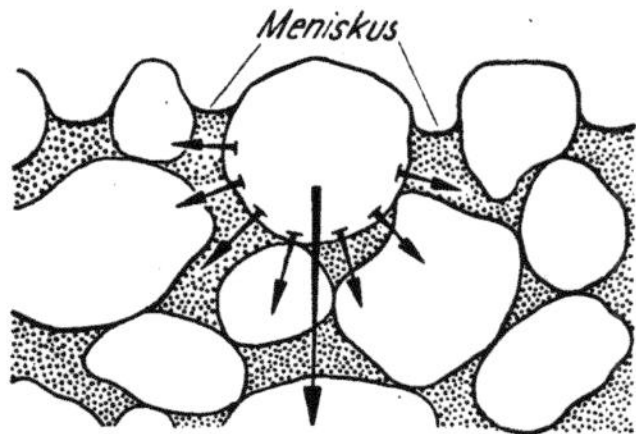

Abb. 184. Schematische Darstellung der verdichtenden Wirkung eines kapillardurchfeuchteten Bodens. (Nach KASTNER [150].)

Teilen des Kornsystems gleichartige Kapillarverfestigung statt. Diese verschwindet indessen bei Austrocknung oder gar bei Überflutung (Abb. 185). Sie besteht also nur so lange, als die Schüttung (der Damm) kapillar durchfeuchtet ist. Diesen Feuchtigkeitsgrad muß man in der Praxis beim Einbau beachten, um möglichst fest einzubauen. Zugleich schützt man sich gegen Windabtrieb.

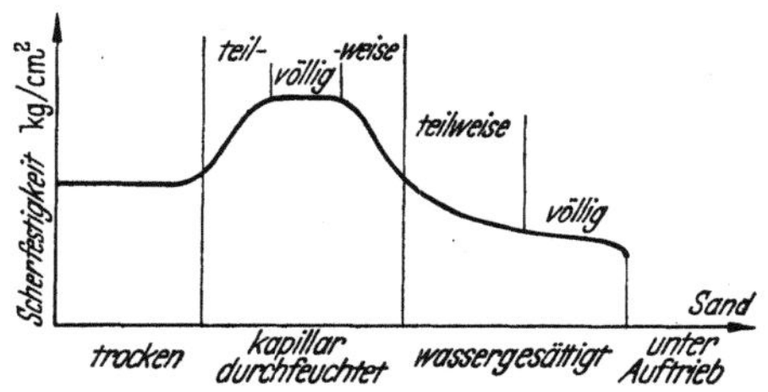

Abb. 185. Schematische Darstellung der Scherfestigkeitsveränderungen an einem Sand mit Zunahme des Wassergehaltes.

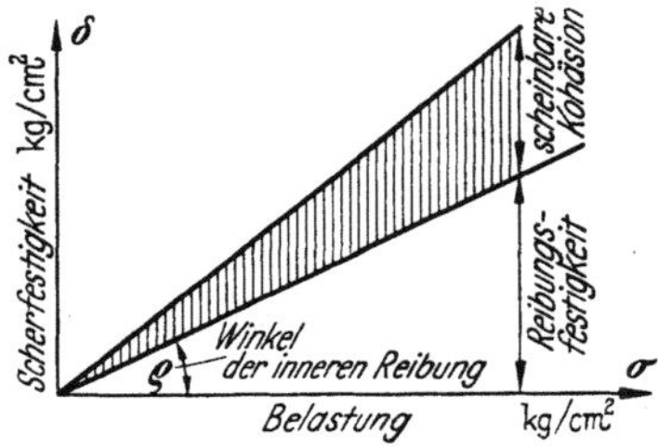

Abb. 186. Reibungs- und Haftfestigkeit an einer gestörten veränderlichfesten Erdart.

Die gröberen Körnungen, wie Kies, sind nicht mehr kapillar, sondern kapillarbrechend, d. h. eine kapillare Wasserbewegung findet nicht mehr oder nur in sehr geringem, örtlich von der Dichte bestimmtem Ausmaße statt. Diese gröberen Körnungen spielen daher zur Sicherung der Straßendecken gegen Frostauftrieb eine bedeutsame Rolle.

2. **Die Durchlässigkeit.** Wie auf S. 67 ff. ausgeführt wurde, sind feste Lockergesteine (Sand, Kies, Schotter) zum Aufbau von Stufen- und Mischfiltern unentbehrlich. Die Durchlässigkeit von Kies und Sand, an denen das DARCYSche Gesetz nur bedingt Gültigkeit hat, hält sich in folgenden Werten:

Kies 4 bis 8 mm $\varnothing$	$k = 3{,}5$ cm/s,
Kies 2 bis 4 mm $\varnothing$	$k = 2{,}5$ bis $3{,}0$ cm/s,
grober Sand	$k = 1 \cdot 10^{-1}$ bis $1 \cdot 10^{-2}$ cm/s,
feiner Sand	$k = 1 \cdot 10^{-2}$ bis $1 \cdot 10^{-3}$ cm/s.

In durchfeuchtetem Sand versickert 1 cm Wassersäule in 6 bis 10 Sekunden. Diese genügt, um jeden größeren Niederschlag der nördlichen gemäßigten Klimazone von 20 mm in kürzester Zeit im Sand aufzusaugen.

Geotechnische Bedeutung für den Dammbau:

1. Kies und Sand sind unentbehrlich als Filterstoffe im Staudammbau (Flächenfilter, Röhrenfilter).

2. Kies und Sand werden als Dammbaustoffe infolge der hohen Durchlässigkeit im Verein mit der kapillaren Druckverfestigung am zweckmäßigsten naßmechanisch (Rütteldruckverfahren) zu einem Höchstmaß an praktisch erreichbarer, verlagerungssicherer Kornpackung eingebaut und verdichtet.

3. Infolge der hohen Durchlässigkeiten können diese Massen bei jedem nassen Wetter eingebaut werden.

c) Auftriebswirkung des Wassers.

Eine Kornveränderung findet durch den als Auftrieb bekannten, entgegen der Schwerkraft wirkenden Strömungsdruck nicht statt. Dagegen wird das Gefüge in dem Maße aufgelockert, als die Auftriebskraft der Schwerkraft entgegenwirkt. So können auch grobe Gerölle vom Auftrieb erfaßt und in schwimmenden Zustand gebracht werden. Als schwimmender Zustand gilt jene Gefügeauflockerung, bei der die Reibung Null ist, die Festteilchen beliebige Bewegungsfreiheit haben.

d) Die Scherfestigkeit.

Durch die kapillare Durchfeuchtung wird die Scherfestigkeit nach der Beziehung

$$\tau = \sigma\, \mathrm{tg}\,\varrho \text{ erhöht,}$$
$$\sigma = \sigma_0 + \sigma_k + \sigma_A,$$
$$\sigma_0 = \text{Gewicht der Festmasse,}$$
$$\sigma_k = \text{kapillare Druckwirkung,}$$
$$\sigma_A = \text{Auflast.}$$

Der kapillare Druck, die Widerstandskraft gegen Gleiten (Beispiel durchfeuchtete Sandböschungen am Strand) bewahren ihre senkrechte Böschung, solange sie kapillar durchfeuchtet sind. Sie verflachen sich auf den natürlichen Böschungswinkel, sobald der Sand austrocknet; das Wasser in den kapillaren Poren verdunstet dabei.

Klimatische Einwirkungen. Nur an feinkörnigem Sand ist der Wind als Klimaeinfluß infolge des Windabtriebes von gewisser Bedeutung. Bei Verdunstung des Porenwassers lockert sich das Gefüge des kapillar durchfeuchteten und fest verspannten Sandes auf. Bei Frost gefriert Wasser in den Poren; dabei wird ein Teil durch den Frost ausgetrieben.

Geotechnische Folgerungen für den Dammbau. 1. Die wechselnden klimatischen Verhältnisse beeinträchtigen in keiner Weise die Güte der festen Erdarten (Kies, Sand usw.) als gute Baustoffe für den Dammbau. Sie können bei jedem Wetter und Klima als Dammaterial verwendet werden, auch besonders während strenger Frostperioden. In Schweden werden z. B. Steindämme bei Temperaturen von —30° C geschüttet.

2. Auch gefrorener Sand und Kies können unbedenklich in Dämme eingebaut werden, da sie niemals so viel Wasser enthalten können, daß bei entsprechender

Vorflut infolge der guten Durchlässigkeit dieser feinkörnigen Baustoffe eine Auflockerungsgefahr oder gar ein Dammrutsch eintreten könnte.

3. Starke Niederschläge (Wolkenbrüche) führen leicht zu Auswaschungen von steilen, ungeschützten Dammböschungen, Trockenheit zum Abwehen von Sand. Dies ist für die schmalen Verkehrsanlagen von Bedeutung. Zum Beispiel wurde an der Autobahn in Ostpreußen Sandabtrieb durch Wind bis zu einem Meter Breite gemessen.

Von groben Sanden bis zu 0,5 mm ⌀ abwärts wird bei heftigen Niederschlägen Wasser spontan abgegeben.

e) Der Sättigungsgrad

errechnet sich nach der einfachen Beziehung:

$$\varepsilon = \gamma_s w$$

Das bedeutet: Bei gleichem Wassergehalt verhalten sich die Porenvolumina zweier Erdproben wie die spezifischen Gewichte der Erdproben. $w =$ Wassergehalt, $\gamma_s =$ spez. Gewicht der Trockensubstanz.

f) Dichte des Sandes und Wassergehalt.

Über den Einfluß des verschieden hohen Wassergehaltes auf die jeweilige Dichte eines Sandes ist folgendes für die Geotechnik des Dammbaues von praktischer Bedeutung:

Staubtrockener Sand kann etwa 1 % seines Gewichtes an Wasser aufnehmen, ohne sein Volumen zu ändern. Bei weiterer Zunahme des Wassergehaltes erweitert sich das Volumen um etwa 7 % für je 1 % Wasser, so daß mit 2 % mehr Wasser eine Volumenzunahme von 14 %, bei 4 % etwa abnehmend 23 % zu verzeichnen ist. Erst bei 14 % Wasser ist das ursprüngliche Volumen wieder erreicht.

Dieses Verhalten ist für die optimale Dichte sehr wichtig. Auch daher empfiehlt sich, Sand stets im angenäßten Zustand einzubauen, der eine gleichmäßige kapillare Durchfeuchtung gewährleistet, um außer der allseitig verspannenden Kapillardruckwirkung die größte Dichte zu erzielen.

B. Das Dreistoffsystem der veränderlichfesten (bindigen), haftenden Erdarten (Lehm, Ton, lehmiger Kiessand usw.).

a) Die Gefügeformen.

Die physikalischen Eigenschaften werden durch die Struktur und Gefügeverhältnisse der einzelnen Teilchen als feinste Bauteilchen und durch die verschiedenartige, mehr oder weniger lose Verbindung dieser kleinsten festen Bauteilchen untereinander in den verschiedenen Gefügearten bestimmt.

Gegenüber den festen Baustoffteilchen mit vorherrschend kantigen, eckigen und gedrungenen Strukturformen herrschen schuppen-, blättchenförmige, tafelige Bauformen der kleinsten veränderlichfesten Mineralteilchen vor. Sie weisen in ihren verschiedenen Richtungen verschiedene Festigkeitswerte auf. Diese Strukturformen sind als feinste Einzelteilchen auch für die Festigkeit der Gefügeformen bestimmend. Die veränderlichfesten Felsgesteine waren ursprünglich feinkörnige Erdarten dieser besonderen Gefügeform, weshalb sie sich von den festen Felsgesteinen durch ihren meist hohen Porositätsgrad unterscheiden, soweit nicht gebirgsbildende Einflüsse eine durchgehende Umprägung des Gefüges verursacht haben.

Es sind im einzelnen folgende drei Gefügeformen zu nennen:

1. Das Einzelkorn-, Schlämmgefüge,
2. das Wabengefüge,
3. das Flocken- oder Krümelgefüge.

Für die Entstehung dieser verschiedenen Gefügeformen, die ausschließlich unter Wasser gebildet wurden und noch werden, ist der Elektrolytgehalt des Wassers, die Korn-

Abb. 187a, u. b. Darstellung des Ablagerungsvorganges an Erdkörnchen, an denen die Schwerkraft überwiegt, a z. B. Sand und b an feineren Erdarten, an denen die Adhäsionskraft größer als die Schwerkraft in der Nähe feinster Bodenteilchen ist.

größe und der Mineralchemismus der feinsten Einzelteilchen maßgebend. Überwiegt die Schwerkraft bei der Ablagerung (Abb. 187a), dann entsteht das Einzelkorn-Schlämmgefüge, die dichteste Kornpackung relativ höchster Festigkeit. Überwiegt indessen infolge der Adhäsionskraft und Kornfeinheit die Nahkraftwirkung die Schwerkraftkomponente (Abb. 187b), dann entsteht das Flocken- oder Wabengefüge.

1. Das Einzelkorngefüge (Abb. 188a). Die Teilchen bilden die praktisch dichteste Packung der natürlichen „Böden". Die Textur unterscheidet sich von den

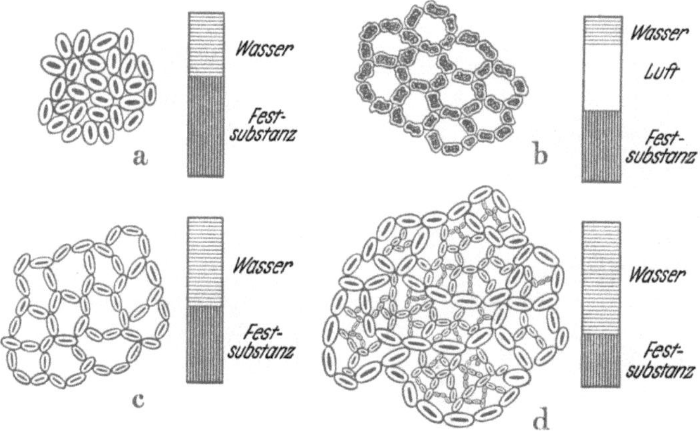

Abb. 188. Schematische Darstellung a des Einzelkorngefüges und der rel. Verhältniswert zwischen Festsubstanz an einer haftenden Erdart, b des Wabengefüges an einer schwach bindigen Erdart, c an einer stark bindigen Erdart und d Flocken- oder Krümelgefüge an einer stark bindigen Erdart [173].

Sanden als festen Lockergesteinen nur durch die Anwesenheit von Wasser in größeren, die Gefügefestigkeit bestimmenden Anteilen. Das Porenvolumen beträgt etwa 20 bis 40% und entspricht dem eines Sandes weitgehend. Die Durchlässigkeit ist am geringsten, die Scherfestigkeit gegenüber den anderen Gefügearten unter sonst gleichen Bedingungen am größten.

Als sekundäres „Einzelkorngefüge" entsteht durch gewaltsame Umlagerung (Gebirgsdruck) ein gepreßtes, gerichtetes Einzelkorngefüge, die sog. Schiefertextur (z. B. an Schieferton!).

2. Das Wabengefüge (Abb. 188b u. c). Die feinsten Teilchen, umhüllt von Adhäsionswasser, stehen nicht unmittelbar miteinander in Berührung. Sie umschließen wie eine Zellenwand größere Poren. Sie können mit Gewölbewirkung um kleine Hohlräume wie die Wandungen einer Wabe gruppiert sein. Dementsprechend ist die Scherfestigkeit bei größerem Porenvolumen geringer als am Einzelkorngefüge.

3. Das Flocken- und Krümelgefüge (Abb. 188 d). In dieser, auch Wabentextur 2. Ordnung genannten, Gefügegruppierung umschließen einzelne Zelleneinheiten noch größere Hohlräume, so daß der Porenraum am größten, die Stabilität am geringsten wird. Das Porenvolumen schwankt zwischen 40 bis 65%. Durch mechanische Eingriffe wird dieses Gefüge „gestört" („gestörte Bodenproben"). Stets entsteht dabei ein dichtes Gefüge (mechanische Verdichtung im Dammbau). Die Durchlässigkeit nimmt bis etwa 1⁰/₀₀, z. B. am Löß, ab. Eine wirksame Verdichtung setzt ein homogenes Einzelkorngefüge voraus.

Raumgewicht:
Löß, Ton 1,6
Lößlehm 1,85
Geschiebelehm 2,1

Porenvolumen:
weicher Ton . . . . 40 ··· 70%
steifer   ,, ... 35 ··· 50%
fester   ,, ... 18 ··· 35%
Lehm . . . . 20 ··· 35%
Lößlehm . . . . 25 ··· 35%
Löß . . . . 40 ··· 65%

b) Die Wasserführung im Dreistoffsystem.

In der Natur kommen diese veränderlichfesten Erdarten, die infolge der. soeben beschriebenen verschiedenen lockeren Gefügeausbildung mit Recht als wahre „*Lockergesteine*" bezeichnet werden müssen, niemals wasserfrei vor. Nur die veränderlichfesten Felsgesteine sind wasserfrei und zerfallen zu einem Lockergestein bei Wasserzutritt. Daher sind veränderlichfeste Felsgesteine nur druckverfestigte und stets mehr oder weniger poröse, indessen dicht erscheinende „steinharte" Lockergesteine verschiedener Wasserempfindlichkeit.

Wasser tritt im Gegensatz zu den festen Lockergesteinen (Sand) in verschiedenartiger und zugleich verschieden fester Bindung um die feinsten innendispersen, also wassereinlagerungsfähigen, d. h. stark quellfähigen Mineralien (z. B. Montmorillonit mit seinem ziehharmonikaartig ausweitbaren Schichtgitter) (Abb. 189) oder um die innenkompakten, aber an den Außenflächen stark wasseranlagerungsfähigen Mineralien der veränderlichfesten Gesteinsgruppen auf (Abb. 190).

Infolge dieser starken Wasserbindung an den Außenflächen stehen niemals die Festteilchen unmittelbar miteinander in Berührung, stets ist ein feiner Wasserfilm zwischengeschaltet. Infolge dieser hohen Wasseraffinität, des mineralchemischen Diagnostikums gegenüber den festen feineren Bodenarten (Abb. 190, Endell [*83*]), die vor allem durch die unabgesättigten Ionen an den Grenzflächen dieser Mineralien verursacht wird, sind diese feinstkörnigen Erdarten vielfach wassergesättigt. In den Porenräumen fehlt Luft so gut wie vollständig. Die Möglichkeit des Lufteinschlusses ist um so geringer, je feiner die Körnung und je mehr echte Tonmineralien die Erdart zusammensetzen. In den gröberen

Lockergesteinen, z. B. Löß mit einem sehr hohen Porenvolumen von 40 bis 65%, ist der Luftanteil stets sehr beträchtlich, da dieses Gestein zu 86% aus Quarzstaub besteht, der nur sehr geringe Wasseraffinität besitzt, die geringste neben

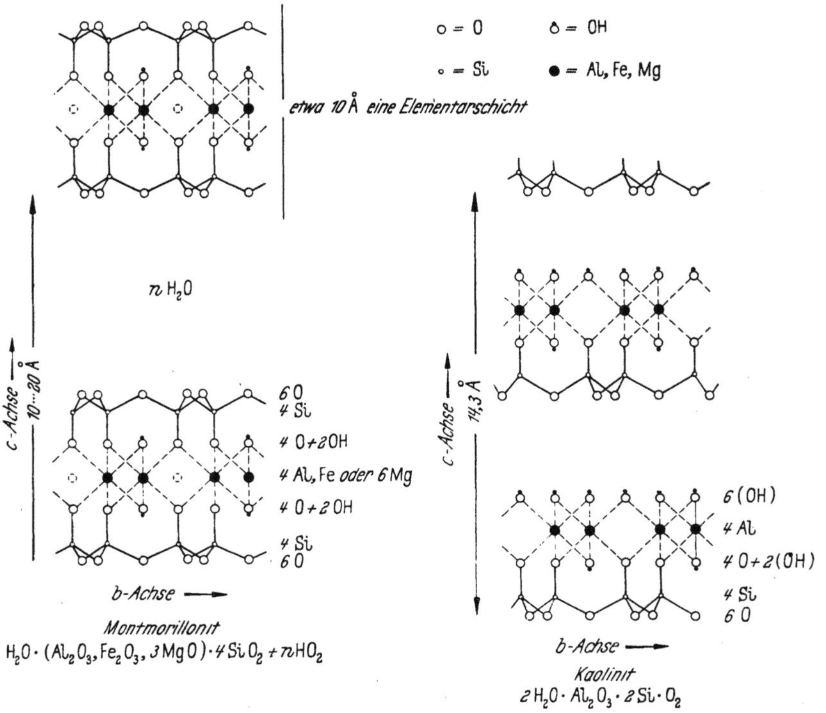

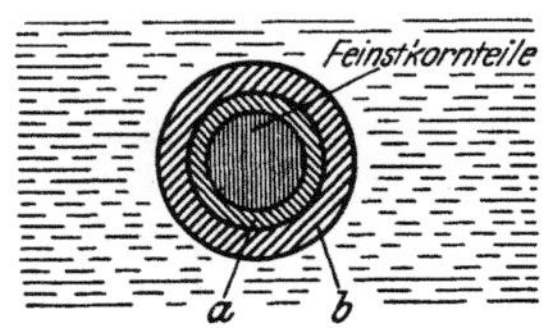

Abb. 189. Schichtgitter-Kristallgefüge am Montmorillonit (strukturelastisch) und am Kaolinit (strukturstarr). (Nach ENDELL [129].)

Feldspat im Vergleich zum Ton. Dieser Luftgehalt begünstigt die Meniskusbildung und damit die Entwicklung hoher kapillarer Druckkräfte, die für die Dichte und damit die Stabilität (Scherfestigkeit) eines Dammes bestimmend sind. Infolgedessen ist bereits durch die Gefügeausbildung der gröberen Bestandteile und des starken Gehaltes an Luft in den Poren die Voraussetzung spezifisch größerer Stabilität geschaffen. Es ist jedenfalls nicht richtig, wenn es in der [214] heißt: Die dichteste Lagerung ist dann erreicht, wenn der gesamte Luftgehalt durch Boden- oder Porenwasser ersetzt wird. Dann wäre die verfestigende kapillare Druckkraft ausgeschaltet.

Abb. 190. Verschiedene Wasserbindung um ein feinkörniges Bodenteilchen. *a* innere, hygroskopische Wassererosion, *b* außer Adhäsionswasserhülle inmitten freien Porenwassers.

Die geotechnisch wichtigen Erscheinungsformen des Wassers. Für den Dammbau sind folgende Erscheinungsformen des Wassers im Korngefüge der veränderlichfesten Erdarten von Bedeutung:

1. das freie Porenwasser,
2. das kapillargebundene (Porenzwickel-) Wasser,
3. das Adhäsionswasser des äußeren und inneren Haftwasserbereiches (äußeres Adhäsions-, inneres hygroskopisches Wasser).

1. Das freie Porenwasser (Abb. 190). Je nach der Ausbildung verschiedener Gefügeformen ist der Porenraum und damit auch die Wasserkapazität in diesem freien Raum verschieden groß. Das Porenwasser stellt das frei bewegliche, nur dem Schwerkrafteinfluß unterworfene Wasser dar, das durch keinerlei Bindung an die Festteilchen gehemmt ist. Es unterliegt somit dem Schwerkrafteinfluß in einer der Durchlässigkeit entsprechenden, relativ guten Bewegungsfreiheit und Sickergeschwindigkeit. Ebenso wird es bei Verdunstung relativ rasch abgegeben. Allerdings ist der Bereich dieses freien Porenwassers nur auf die gröberen Körnungen und Erdarten, wie z. B. den porenreichen Löß, beschränkt, denn die feineren Erdarten enthalten nur Poren kapillarer Größenordnung. Die die Wassermoleküle beeinflussende und mehr oder weniger bindende Oberflächenenergie reicht nach BESKOW (Abb. 192) sehr weit. Somit ist der freie Spielraum auch an gröberen Körnungen mineral-chemisch (bei Quarz am größten, bei Ton am kleinsten) und durch die Porosität bedingt.

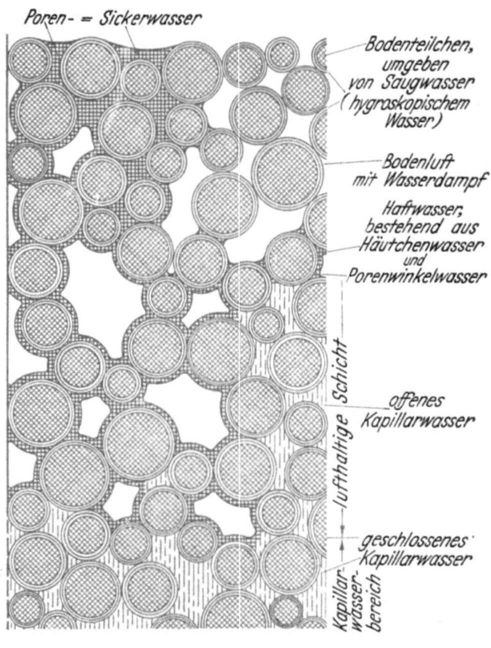

Abb. 191. Arten der Verknüpfung des Wassers und des verschiedenen Aggregatzustandes von Wasser in einer feinkörnigen Erdart. (Nach ZUNKER [173].)

2. Das Porenzwickelwasser. In den Porenzwickeln haftet das Wasser auch im Löß und unterliegt hier der Adhäsion. Es leitet daher schon zu dem kapillargebundenen und dem Adhäsionswasser im engeren Sinne über.

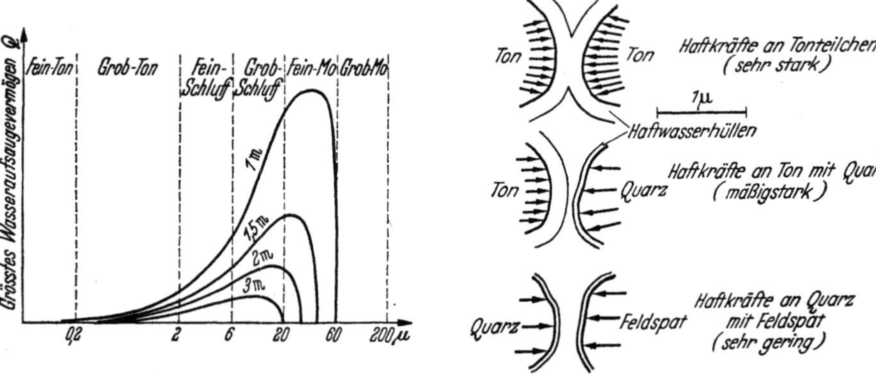

Abb. 192. Ergebnisse der Untersuchungen über das Wasseraufsaugvermögen feinkörniger Korngruppen. (Nach BESKOW.)

Abb. 193. Schematische Darstellung der verschiedenen starken Haftkräfte der Mineralien untereinander an ihren Berührungsstellen.

3. Das Adhäsionswasser (Abb. 192 bis 197). Es ist physikalisch und erdbaumechanisch das wichtigste. Mehr oder weniger sind die so verschiedenen labilen

Erscheinungsformen der Erdarten bestimmende Wasseradhäsion (Haftung) und Adsorptionskraft die Folge der Anziehungskräfte zweier verschiedener Medien (Abb. 193). Diese ist mineralchemisch begründet und daher an den verschiedenen Mineralien ebenfalls verschieden groß. Infolge verschiedener Korngröße und Affinität zu Wasser gruppieren sich Wasserfilme und Wasserhüllen in verschieden starkem Ausmaß um die feinsten Bodenteilchen (Abb. 194). Dadurch wird die unmittelbare Berührung der festen Mineralteilchen aufgehoben. Die Berührung und die Bindung — vergleichbar einer elastischen Leimschicht — vermittelt das Adsorptionswasser. Man unterscheidet dabei die äußere und innere Haft-

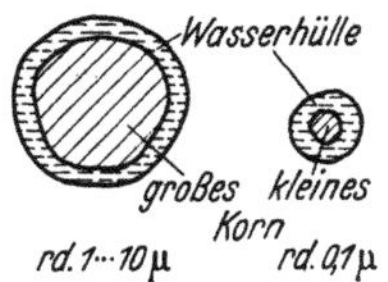

Abb. 194. Schematische Darstellung der Beziehung zwischen Stärke des Adhäsionswasserfilmes zur jeweiligen Korngröße gleichartiger Erdart unter Vermittlung der inneren (hygroskopischen) Adhäsionswasserhülle.

wasserhülle. Die äußere leitet über zu dem kapillaren Porenzwickel- und Porenwasser und weiter zum freibeweglichen Porenwasser, ohne daß dabei eine scharfe Trennung, allein durch die Trocknung, möglich ist, aber auch hier verfließen die Grenzen zwischen beiden Wasserarten im Boden. Leichter ist die Trennung zwischen der inneren im halbfesten Zustand befindlichen hygroskopischen Wasserhülle auf thermischem Wege, denn wie die Abb. 195, 196 erkennen

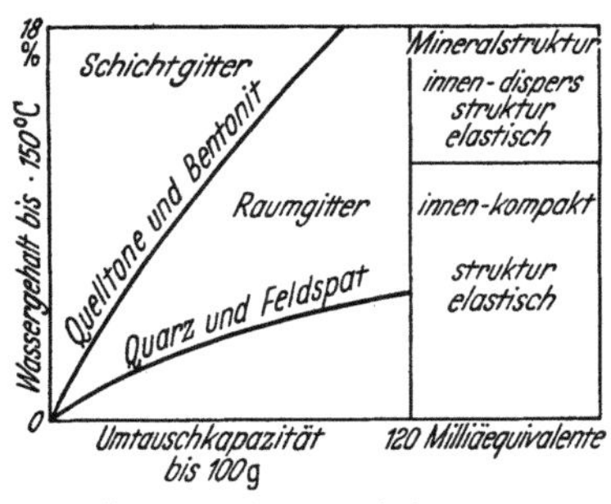

Abb. 195. Zusammenhang zwischen Wassergehalt und Umtauschkapazität an innendispersen und innenkompakten Mineralien. (Nach KELLEY, JENNY und BROWN.)

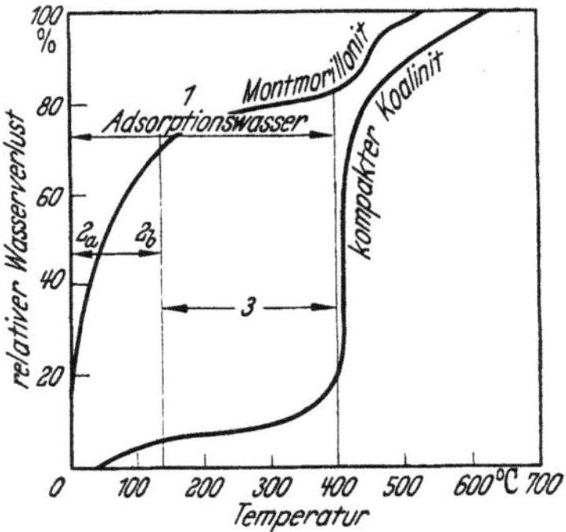

Abb. 196. Zusammenhang zwischen Temperaturen und Entwässerung am Montmorillonit und Kaolinit. (Nach KELLEY, JENNY und BROWN.)

lassen, entweicht dieses Wasser erst bei höheren Temperaturen und auch hier unterschiedlich bestimmt durch den Grad der mineralchemischen Beschaffenheit des Mineralteilchens. Ganz roh gesagt, werden die feinsten Teilchen von einer umgekehrt zur Größe des Korndurchmessers wachsenden Haftwasserhülle umschlossen. Insbesondere werden die feinsten Körnungen < 0,075 mm ∅ von dem hygroskopischen Wasser umgeben. Äußere Spannungen, z. B. wie Atmosphärendruck, Belastung, Nässe und Trockenheit, beeinflussen dabei die feineren Unterschiede in der Stärke dieser Wasserfilme.

Die Veränderung der äußeren Adhäsionswasserhülle wird bestimmt durch

1. den jeweiligen Kapillardruck und die äußere Belastung,

2. den Porenwasserdruck, die Temperatur und die relative Feuchtigkeit bei Strömung,

3. den Einfluß von Elektrolyten auf die Oberflächenspannung.

Das Adhäsionswasser in seinem wechselnden Anteil im Korngerüstsystem beeinflußt stark den Grad weiterer, für den Dammbau wichtiger bodenphysikalischer Eigenschaften. So wird die Konsistenz, die Steifeziffer, die Plastizität (Ausroll- und Fließgrenze), das Schrumpfen, die innere Verfestigung des Kornsystems durch dieses Wasser weitgehend bestimmt (Abb. 197). Ebenso wird die Volumenänderung, die Zu- und Abnahme durch Schwellen und Schrumpfen durch dieses Adhäsionswasser bedingt. Als Folge hiervon ist aber auch die Scherfestigkeit von dem jeweiligen Anteil vor allem an Haftwasser abhängig. Damit wird letzten Endes das gesamte erdbaumechanische Verhalten vom Wasser beherrscht. Es ist untrennbar mit diesen wichtigen Erdbaustoffen verknüpft, deren spezi-

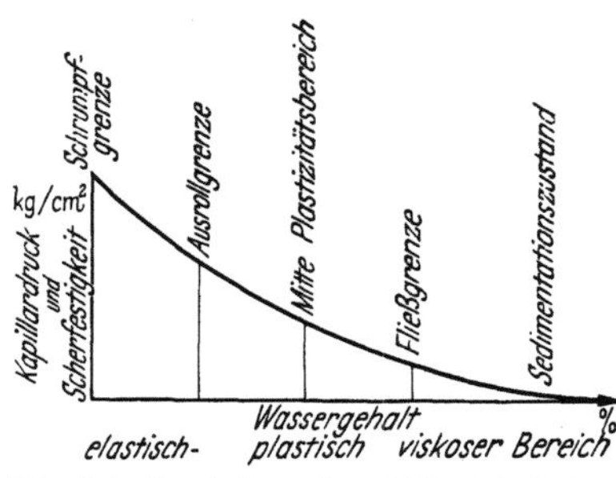

Abb. 197. Darstellung der Abhängigkeit des Kapillardruckes und der Scherfestigkeit an haftenden Erdarten vom Wassergehalt. (Nach Keil.)

fische Eignung und Güte beim Einbau allein durch das Verhältnis feste Stoffgruppe zur flüssigen festgelegt ist.

Der Wassergehalt hat gewisse, für jedes Kornsystem und einen bestimmten Dichtegrad festliegende Grenzwerte, denen ein besonderes physikalisches Verhalten dieser Dammbaustoffe zukommt, das wiederum für die Geotechnik des Dammbaues von großem Einfluß ist.

Es sind vor allem folgende Kennziffern zu unterscheiden:

1. Steifeziffer,
2. die Plastizitäts- (Fließ- und Roll-) Grenze,
3. der optimale Wassergehalt.

c) Die Konsistenz (die Steifeziffer).

Während bei der Plastizität charakteristische Grenzwerte des Wassergehaltes vorliegen, die einen bestimmten Zustand des Dreistoffsystems erkennen lassen, werden alle davon im Bereich der Wasserführung abweichenden Wassergehalte, die einem Zwischenstadium entsprechen, durch die Steifeziffer ausgedrückt.

Sie läßt sich formelmäßig folgendermaßen festlegen [*170*].

$$K_z = \frac{\text{Wasser der Fließgrenze} - \text{Wasser in der Probe}}{\text{Plastizitätszahl}}.$$

Nur Erdarten mit einer Konsistenzzahl größer als 0,75 lassen sich im Dammbau erfolgreich mechanisch verdichten. Man unterscheidet an den veränderlichfesten Erdarten, ihr vom Wasser bedingtes veränderlichfestes Verhalten aufs nachdrücklichste kennzeichnend, folgende Konsistenzformen:

flüssig-breiig,	halbfest,
breiig-plastisch,	hart, fest (Abb. 198).
steifplastisch,	

Diese Zustandsformen sind an diesen Erdarten beliebig reversibel und durch Veränderung des Wassergehaltes im beliebigen Umfange zu variieren. Zur Charakteristik dieser verschiedenen Zustandsformen gelten im Sinne der DIN 1054 [*65a, 339a*] folgende Erläuterungen:

Breiig ist ein Boden, der, in der geballten Faust gepreßt, zwischen den Fingern hindurchquillt.

Weich ist ein Boden, der sich leicht kneten läßt.

Steif ist ein Boden, der nur schwer knetbar ist, sich aber in der Hand zu 3 mm dicken Walzen ausrollen läßt, ohne zu zerreißen und zu zerbröckeln.

Halbfest ist ein Boden, der beim Versuch, ihn zu 3 mm dicken Walzen auszurollen, zwar zerbröckelt und zerreißt, der aber doch noch feucht genug ist und deshalb dunkel aussieht.

Hart ist ein Boden, der ausgetrocknet ist und deshalb hell aussieht und dessen Schollen in Scherben zerbrechen. (Poren- und äußeres Adhäsionswasser sind völlig verschwunden.)

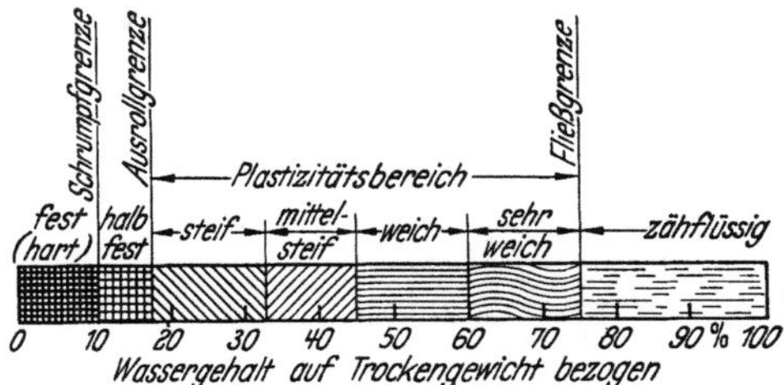

Abb. 198. Die Konsistenzbereiche haftender (bindiger) Erdarten in Abhängigkeit vom Wassergehalt.

Einen Eindruck von dem Verformungswiderstand, dem der Scherfestigkeit der veränderlichfesten Erdarten verschiedener Konsistenzgrade, vermittelt Abb. 176, S. 134. Daran ist zugleich die gefährliche Auswirkung des Einbaues weicher Bodenarten mangelnder Steife zu erkennen, da sie zum Rutschen neigen. Nur durch Wechseleinbau mit trockenem Material lassen sich diese Schüttstoffe unmittelbar verwenden (vgl. S. 151).

Die *Plastizität* ist eine spezifische Eigenschaft der feinkörnigen, veränderlichfesten Erdarten. Man unterscheidet die obere Grenze, die *Fließgrenze*, an der die feinsten Teilchen unter dem Einfluß der Schwerkraft auseinanderzufließen beginnen, den eigentlichen *Plastizitätsbereich*, in dem die Stoffe sich ohne wesentliche Volumenveränderung verformen lassen, und die mit abnehmendem Wassergehalt sich einstellende untere Verformungsgrenze, *die Ausrollgrenze*, bei der feinste, 3 mm starke Erdwalzen zu zerbröckeln beginnen (Abb. 199). Der jeweilige Grad der Plastizitätsziffer ist eine Folge der spezifischen Adhäsionswasserbindung der verschiedenen Mineralteilchen. Sie ist an den feinstkörnigen Tonmineralien mit Schichtgitterstruktur (Montmorillonittyp) mit einer Korngröße unter 0,001 mm ⌀ am stärksten entwickelt, an feinstem

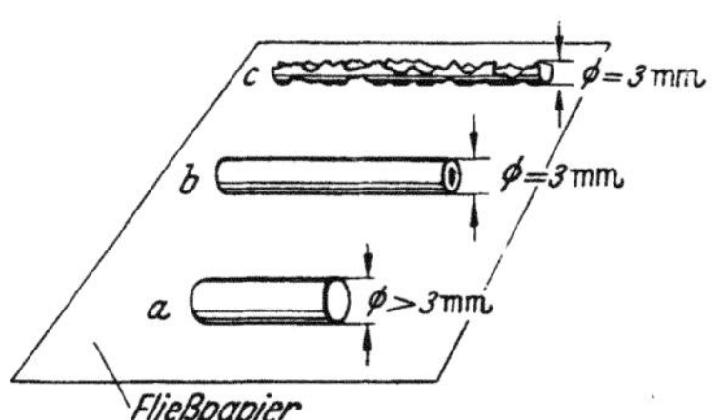

Abb. 199. Darstellung des Vorganges bei der Ermittlung der Ausrollgrenze.

a Probe beim Beginn, *b* unversehrte 3 mm starke ausgerollte Bodenprobe mit zu hohem Wassergehalt, daher unversehrt. *c* Zustand der Probe beim Erreichen der Ausrollgrenze.

Quarzabtrieb gleicher Größenordnung dagegen am schwächsten. Die Plastizität ist nicht nur zahlenmäßig verschieden, sie ist auch ihrem inneren Wert nach verschieden zu beurteilen. Erdarten geringer Plastizität (z. B. Lößlehm) mit Werten unter 10 neigen zu einer hohen Wasserempfindlichkeit. Sie verlieren bei Wasserzutritt sehr rasch ihre Gefügefestigkeit und beginnen zu fließen. Sie trocknen aber auch sehr rasch aus (Abb. 162, S. 122). Sie zeigen daher bei relativ geringen Wassergehaltsschwankungen die stärksten Gefügeänderungen zwischen fest und flüssig. Nur feinkörnige Erdarten mit geringem Gehalt aktiver Tonmineralien gehören hierher, ferner gröbere Erdarten dieser Dammbaustoffe. Diese Eigenart ist von größter geotechnischer Bedeutung, da hierbei der Wassergehalt sehr gut abgestimmt und der schädliche Wassereinfluß am Löß im Dammbau möglichst unterbunden und ausgeschaltet werden muß.

Ausgesprochen „hoch"plastische Tone haben stets hohe Plastizitätsziffern mit Werten von 50 und mehr (vgl. S. 122). Sie verändern ihre Konsistenz gegenüber den schwach plastischen sehr langsam. Sie sind daher gegenüber Wassereinfluß weniger empfindlich; sie sind aber auch schwerer zu behandeln, denn das Wasser haftet hier viel stärker, daher stellen diese Bodenarten als Schüttstoffe einen schwierigeren, mechanisch zu meisternden Dammbaustoff dar als die weniger plastischen. Sie schmieren leicht, sind allerdings bei etwaigen, stets sich langsam auswirkenden Wassergehaltsschwankungen weniger rutschgefährlich. Indessen erfahren sie bei starker Belastung einen sich im gewissen Zeitabstand einstellenden gefährlichen Porenwasserüberdruck mit der Folge der Nullreibung, die im Gegensatz zu den weniger plastischen Böden dann die Gleitung sehr rasch auslösen kann, während die weniger plastischen Erdarten diesen kritischen Zustand seltener aufweisen, denn diese sind meist durchlässiger, ein Spannungszuwachs führt zum rascheren Druckausgleich des gespannten Porenwassers. Zwar sind die plastischeren Erdarten bei plötzlichem Wasserzutritt weniger rutschgefährdet als die schwach plastischen; so ist indessen die für den Dammbau wichtigere Erscheinung des Rutschverhaltens bei wachsender Belastungszunahme von ebenso großer Bedeutung, und hierin sind die plastischeren Erdarten gefährlicher als die weniger plastischen (vgl. S. 122).

A. Casagrande benutzt zur Kennzeichnung der geotechnischen Eigenschaften der haftenden Erdarten die Plastizitätszahl und unterstreicht damit ihre hohe praktische Bedeutung.

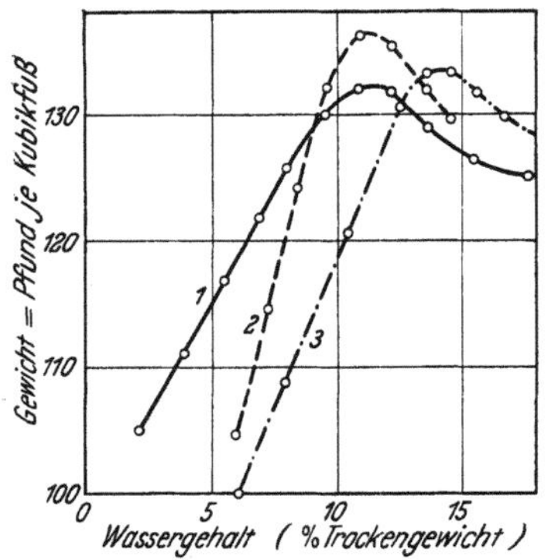

Abb. 200. Feststellung des optimalen Wassergehaltes, typische Kurven für die Dichte und Wassergehalt. (Nach A. Casagrande und Fadum [43].)

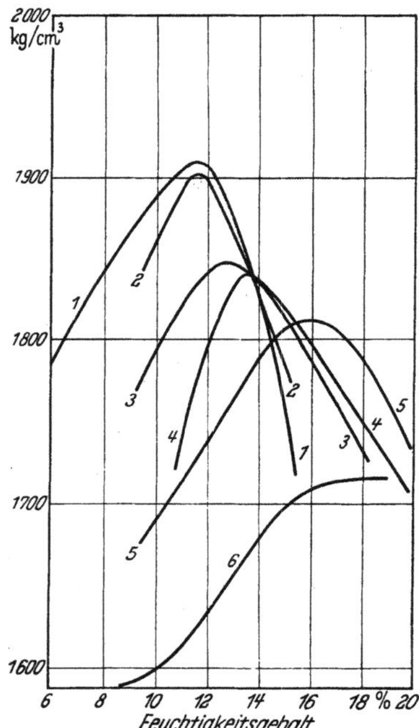

Abb. 201. Einfluß des Wassergehaltes auf die Dichte an einen in 20 cm Schüttstärke verdichteten sandigen Ton unter Anwendung verschiedener Verdichtungsgeräte. (Nach Neumann.)

1 Leichte Glattwalze 2,3 t Gewicht. 2 Mittelschwere Glattwalze 8,7 t Gewicht. 3 Mittelschwere Gummiwalze, 9 Reifen, 12,5 t Gewicht. 4 Schaffußwalzen mit Klumpfüßen. 5 Schaffußwalze mit Kegelstumpffüßen (Igelwalze). 6 Delmagfrosch (für dieses Gerät ist die Schüttung zu niedrig, daher der wenig gute Verdichtungserfolg).

d) Der optimale Wassergehalt
(Abb. 200, 201) [173, 313—319, 474].

Zwischen Schrumpf- und Ausrollgrenze liegt der optimale Wassergehalt. Hierfür ist das Adhäsions-, und zwar das den höchstmöglichen Dichtegrad entscheidend bestimmende Kapillarwasser verantwortlich. Es hat für den

Dammbau die größte geotechnische Bedeutung. Erfahrungsgemäß, durch die experimentelle Nachprüfung erhärtet, stellt er denjenigen günstigsten (optimalen)

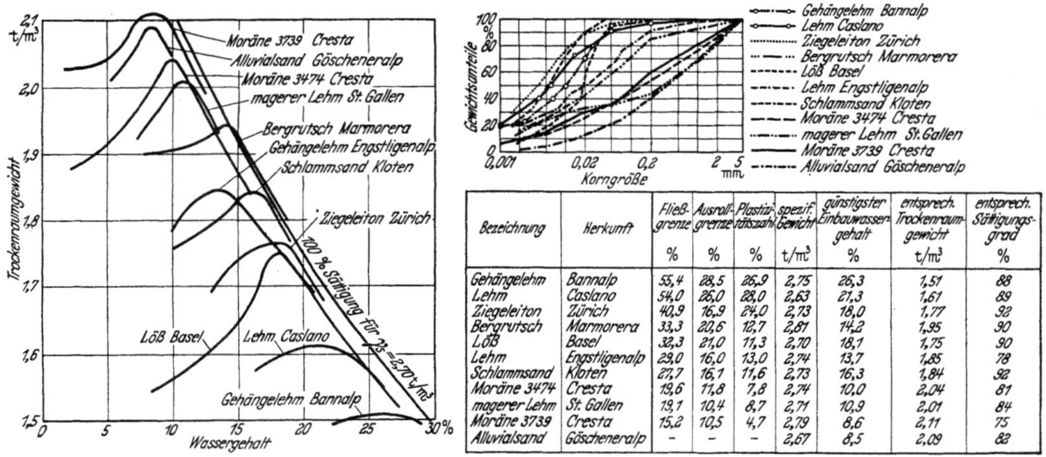

Bezeichnung	Herkunft	Fließgrenze	Ausrollgrenze	Plastizitätszahl	spezif. Gewicht	günstigster Einbauwassergehalt	entsprech. Trockenraumgewicht	entsprech. Sättigungsgrad
		%	%	%	t/m³	%	t/m³	%
Gehängelehm	Bannalp	55,4	28,5	26,9	2,75	26,3	1,51	88
Lehm	Caslano	54,0	26,0	28,0	2,63	21,3	1,61	89
Ziegeleiton	Zürich	40,9	16,9	24,0	2,73	18,0	1,77	92
Bergrutsch	Marmorera	33,3	20,6	12,7	2,81	14,2	1,95	90
Löß	Basel	32,3	21,0	11,3	2,70	18,1	1,75	90
Lehm	Engstligenalp	29,0	16,0	13,0	2,74	13,7	1,85	78
Schlammsand	Kloten	27,7	16,1	11,6	2,73	16,3	1,84	92
Moräne 3474	Cresta	19,6	11,8	7,8	2,74	10,0	2,04	81
magerer Lehm	St. Gallen	19,1	10,4	8,7	2,71	10,9	2,01	84
Moräne 3739	Cresta	15,2	10,5	4,7	2,79	8,6	2,11	75
Alluvialsand	Göscheneralp	–	–	–	2,67	8,5	2,09	82

Abb. 202. Verdichtungskurven verschiedener Erdarten der Schweiz. (Nach BJERRUM [26 b].)

Wassergehalt dar, der bei gegebener Verdichtung den höchstmöglichen Dichtegrad einer verdichteten Schüttung ermöglicht, d. h. das höchste Trockenraumgewicht der Schüttung. Da aber die Dichte, d. h. hohes Raumgewicht, entscheidend für die Stabilität ist, ist er bei allen neuzeitlichen Dammbauten das wichtigste

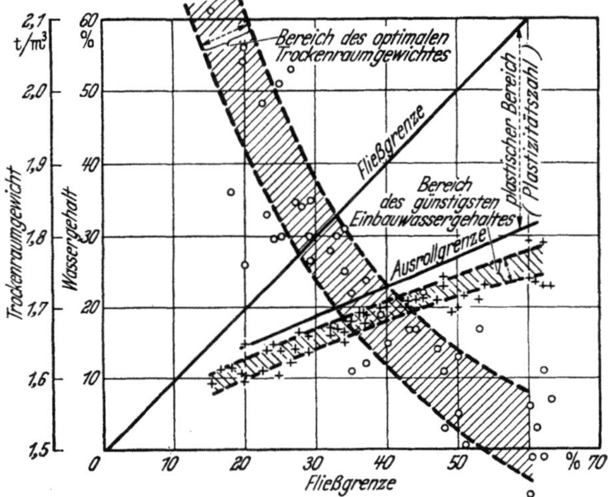

Abb. 203. Abhängigkeit des günstigsten (optimalen) Einbauwassergehaltes und des Trockenraumgewichtes von den Alterbergschen Konsistenzgrenzen. (Nach BJERRUM [26 b].)
○ optimale Trockenraumgewichte, + günstigste Einwassergehalte Verdichtungsversuche mit Körnungen < 5 mm Ø, Alterbergsche Konsistenzgrenzen mit Körnungen > 0,5 mm (Nach BJERRUM [26 b].)

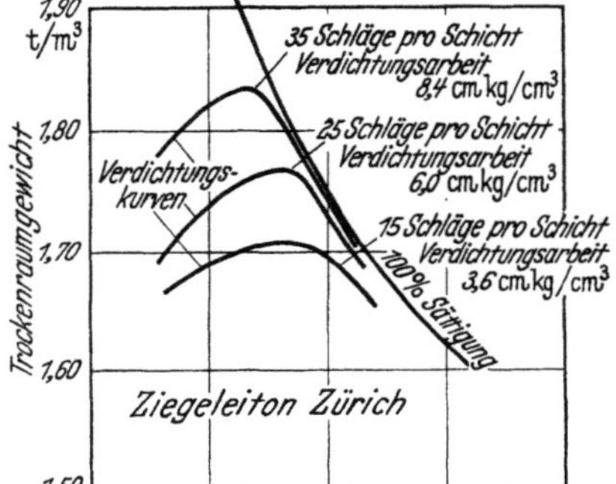

Abb. 204. Verdichtungskurven gleicher Erdart nach verschiedener Anzahl von Verdichtungsschlägen. (Nach BJERRUM [26 b].)

Hilfsmittel, um bindige Erdarten unter den bestmöglichen stofflichen Bedingungen dieses Dreistoffsystems zu der höchstmöglichen Verfestigung zu verdichten, und ist im neuzeitlichen Dammbau unentbehrlich. Er wird ausgedrückt in Hundertteilen des Trockengewichtes. Seine spezifische Größe wird beeinflußt von dem Mineralgehalt der Schüttstoffe, von der Kornfeinheit des

Materials, je feinkörniger, um so höher, je gröber, um so niedriger, und von dem jeweiligen Verdichtungsgrad bzw. bei verschiedenem Verdichtungsgerät durch den jeweiligen Wirkungsgrad der Verdichtung verschiedener Geräte. Er ist daher an derselben Schüttung, je nach dem erreichten Dichtegrad, verschieden groß. Er ist stets um so kleiner, je dichter die Kornpackung des festen Stoffgerüstes ist. Daher unterliegt der optimale Wassergehalt zweierlei Einflüssen:

1. der von Natur gegebenen Kornzusammensetzung und

2. dem durch ein Verdichtungsgerät erzielten oder erzielbaren Verdichtungsgrad (Abb. 201).

Die Feststellung des optimalen Wassergehaltes im Prüfraum als Bezugs- und Vergleichsgröße zu dem in der Schüttung, im Dammbau, erreichten — stets in gewissen Grenzen davon abweichenden, da schwankendem Wassergehalt —, ist rein konventionell und stellt auch hier keinen absoluten Grenzwert, sondern den dieser Vergleichsmessung zugrunde liegenden Verdichtungsgrad dar [173]. Werte für optimalen Wassergehalt:

Tabelle 21. *Optimale Wassergehaltsbereiche verschiedener Erdarten.*

Sand	6 ··· 12%
Magerer Lehm	13 ··· 14%
Schluff	14 ··· 17%
Schluffton (Lößlehm)	17 ··· 21%
Ton	21 ··· 35%
Flugasche	bis 55%

e) Die Kapillarität (vgl. S. 136).

Sie wächst mit der Kornfeinheit und nimmt Beträge von mehreren Metern bis mehr als 100 m (theoretisch) an. An den Porenöffnungen steigt der verfestigende Kapillardruck beim Austrocknen auf Werte von mehr als 100 bis 200 atü, der eine außerordentlich starke verspannende Belastung und Zusammenpressung auslöst (Abb. 205), die für die Verfestigung, zugleich aber auch für die Sicherung gegenüber Erweichen durch Wasserzutritt (Niederschlagswasser) an einer ausgetrockneten und gleichmäßig dichten Schüttoberfläche derartiger feinster Bodenarten von großer praktischer Bedeutung ist (vgl. S. 137).

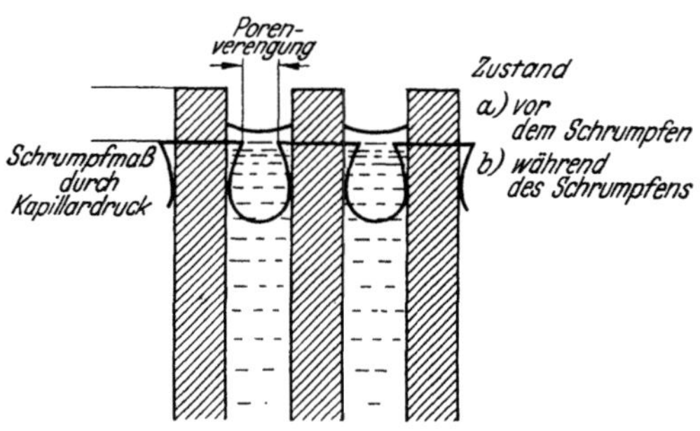

Abb. 205. Schematische Darstellung der Wirkung des Kapillardruckes beim Schrumpfen. Die Kapillaren werden verengt, das Korngerüst wird fest zusammengepreßt.

Die Kapillarität setzt einen Unterdruck voraus, sonst kann sie nicht wirksam sein. Deshalb muß in den Poren stets Luft eingeschlossen sein. Sind die Poren zur Gänze mit Wasser erfüllt, dann herrscht kein Unterdruck. Die Erdschüttung ist vollständig mit Wasser gesättigt. Jede Belastung erzeugt dann hydromechanische Spannungen infolge des Porenwasserüberdruckes und gefährdet die Stabilität der Schüttung. Voraussetzung für den Kapillardruck als wesentliche Einflußgröße des optimalen Wassergehaltes ist daher ein gewisses Luftvolumen in der

Schüttung selbst. Damit wird aber auch der Lufteinfluß im Dreistoffsystem für die innere Verfestigung maßgebend, denn nur unter der Voraussetzung eines günstigen Verhaltens zwischen Porenwasser- und Luftvolumen bei einer bestimmten dichten Korngerüstpackung kann die physikalische Wirkung des Kapillardruckes, die durch kein Verdichtungsgerät ersetzt, sondern nur gesteigert werden kann, ihren günstigsten Wert erhalten.

Nachfolgende Zahlenangaben bilden einen relativen Maßstab für die Einschätzung des effektiven Kapillardruckes in einem Damm aus diesen feinkörnigen Erdarten:

Tabelle 22. *Beziehung zwischen Körnung und kapillarer Steighöhe.*

Bodenart	Körnung	Kapillare Steighöhe
Grober Schluff	0,06 ··· 0,02 mm $\varnothing$	··· 3 m
Mittlerer Schluff	0,02 ··· 0,006 mm $\varnothing$	3 ··· 10 m
Feiner Schluff	0,006 ··· 0,002 mm $\varnothing$	10 ··· 30 m
Ultraschluff	0,002 ··· 0,0002 mm $\varnothing$	größer als 30 m

Die geotechnische Bedeutung der Kapillarität. In noch erheblich größerem Ausmaße als an den Sanden (vgl. S. 137) ist die Kapillarität für den neuzeitlichen Dammbau und überhaupt für den Erdbau von überragender praktischer Bedeutung:

1. Bei verschiedenen Feuchtigkeitsgraden mehrerer aufeinanderfolgender Lagenschüttungen findet durch die kapillare, der Schwerkraft nicht unterliegende allseitige Wasserbewegung ein Feuchtigkeitsausgleich statt, der eine rasche Stabilisierung des Dammkörpers in allen Teilen erleichtert. Infolgedessen

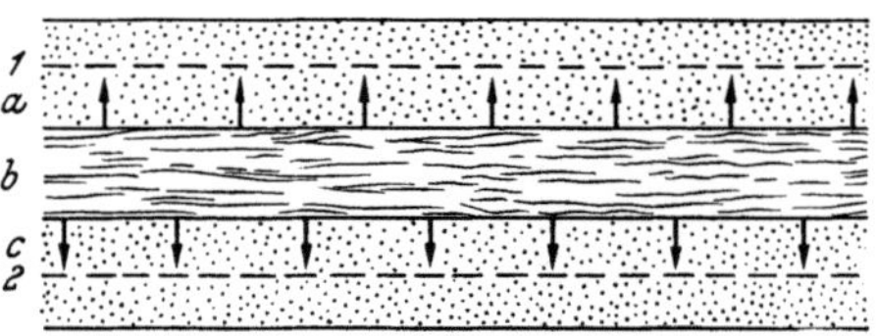

Abb. 206. Darstellung des kapillaren Wasserausgleiches einer zu feuchten Lagenschüttung bei entsprechender Wechselschüttung mit trockenen Erdarten. Das überschüssige Wasser wird in die Lage *a* durch kapillaren Anstieg und Verdunstung, in die Lage *c* durch Schwerkraft und Kapillarität aufgenommen.

kann man bei feuchtem Wetter oder feuchten, regenschweren Erdmassen durch entsprechende Lagenschüttungen trockener und feuchter Schüttmassen weitgehend den Einbau auch bei wechselndem Wetter durchführen und braucht nur in selteneren Fällen zusätzlich entfilternde Zwischenlagen anzuwenden (Abb. 206, 207).

2. Der Nutzeffekt in der Verdichtung feinkörniger Erdarten — insbesondere im Bereich der Dichtungskörper im Staudamm — hängt wesentlich von der höchstmöglichen Ausnutzung des wie ein räumliches verspannendes Gitternetz wirkenden Kapillardruckes ab. Der optimale Wassergehalt gibt hierfür die beste Voraussetzung.

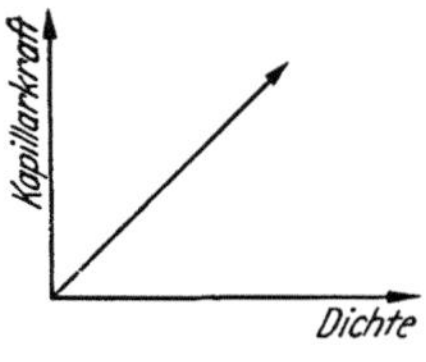

3. Durch die lückenlose (parkettgleiche) Glättung feinkörniger Erdarten wird der höchstmögliche Kapillareffekt

Abb. 207. Schematische Darstellung der Zunahme der Kapillarkraft in einer erdigen Schüttung mit wachsender Dichte.

im Schrumpfdruck erreicht. Die Porenöffnungen an der Erdoberfläche stehen unter dem Druck von mehr als 100 atü und verhindern bei starken Niederschlägen das Erweichen der Schüttung, da erst die Kapillardruckwirkung allmählich an den Porenöffnungen überwunden werden muß, eine Parallelerscheinung beim Eindringen von Wasser in völlig trockene Kornsysteme (vgl. S. 136).

Beispiel. Am Staudamm Stollberg wurde trotz meterhoher Überflutung des Herdgrabens nach achttägiger Wasserbenetzung nur ein geringes oberflächliches Erweichen von etwa 20 mm Stärke des festverdichteten schluffigen Verwitterungslehmes festgestellt. Durch die lückenlose Verdichtung wurde das Erweichen verhindert.

4. Diese feinkörnigen Erdarten sind ausnahmslos frostgefährlich, d. h. sie saugen im Frostbereich bei Frosttemperaturen zusätzlich Wasser auf und dehnen ihr Volumen durch das Eiskristallwachstum der sich dabei bildenden zahlreichen Eisbänder und Eislinsen erheblich aus. Infolge der Kapillarität sind auch niedrige Dämme davon nicht verschont. Ebenso gefahrdrohend ist natürlich das Niederschlagswasser. So konnte an der vom Verfasser betreuten Frostversuchsstrecke der Autobahn bei Dresden (Zellwald) im zersetzten Tonschiefer eine Wasseranreicherung von 18% auf nicht weniger als 290% festgestellt werden. Die Frostschädengefahr ist in diesem Falle außerordentlich hoch. Insofern unterliegen alle nicht gegen Wasserzutritt geschützten Dämme der Gefahr der Frostveränderung des dichten Gefüges. Man kann durch Abdecken mit Dachpappe (Abb. 208) oder durch chemisch-anorganische Behandlung des Dammplanums dieses gefährliche Niederschlagswasser im weiteren Umfange ausschalten (Abb. 209). Der ungünstige Einfluß kapillarer Durchfeuchtung bei Stauspiegelschwankungen und Standsicherheitsfragen an Erddämmen wurde S. 84 ff. erörtert.

Abb. 208. Abdeckung 1950/51 einer wasserseitigen Böschung und Planums während des Winters am Dichtungskörper des Staudammes Cranzahl, um die Frostauflockerung durch Sickerwasser zu verhindern. Diese Maßnahme hat sich einwandfrei bewährt. (Bauzeit 1949—1951).

Abb. 209. Chemische Dichtung des Planums, des Dichtungskörpers vor der winterlichen Ruhepause zur Verhinderung des Auffrierens und Eindringens von Sickerwasser am Staudamm Cranzahl nach dem Hydratonverfahren.

f) Der Porenwasserüberdruck und seine geotechnische Bedeutung (vgl. S. 94).

1. Wassergehalt und Verdichtungsfähigkeit. Jeder Beanspruchung durch Verdichtungsenergie entspricht ein Gleichgewichtszustand im Dreistoffsystem der Schüttung. Je höher die Beanspruchung, um so dichter das Gefüge, um so mehr Wasser wird aus dem sich verengenden und schwindenden Porenraum herausgepreßt. Erfolgt dieses Wechselspiel, wie z. B. an gröberen Erdarten, Zug um Zug, entsprechend der raschen Beweglichkeit des Wassers bei entsprechender Durchlässigkeit, dann wird in einem Punkte der maximale Kapillardruck erreicht, der die beste Verdichtung ermöglicht.

2. Ist dieses Wechselspiel durch die geringe Wasserströmung im Kornsystem, der Schüttung, des Dammes infolge geringer Durchlässigkeit gehemmt, dann erzeugen diese Beanspruchungen hydrodynamische Spannungen im Kornsystem, welche die bei der Verdichtung im Dammbau nicht selten zu beobach-

tenden gummiartigen weichen Dammstellen, besonders an schwach plastischen Erdarten, zeigen.

Nach Untersuchungen von amerikanischer Seite nahm die Scherfestigkeit bei Veränderung des optimalen Wassergehaltes folgendermaßen ab:

$\tau = 20$ kg/cm² bei 18,5% Wassergehalt (optimal),
$\tau = 10$ kg/cm² ,, 20,5% ,,
$\tau = 5$ kg/cm² ,, 22,5% ,,

Die Ursache hierfür ist ein Porenwasserüberdruck des aus den Poren herausgetriebenen, aus dem Kornsystem aber noch nicht ausgeströmten, daher überspannten Porenwassers, wodurch die Stabilität bis zur sog. Nullreibung verlorengehen kann. Die Massen werden rutschempfindlich. Dieser Zustand hält so lange an, bis sich wieder ein stabiles Gleichgewicht zwischen überspanntem Porenwasser, dem Porenwasserüberdruck und dem Belastungsdruck eingestellt hat. Die zusätzliche Last

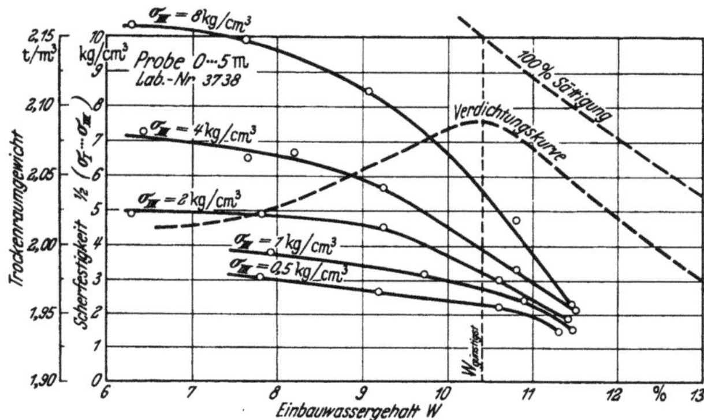

Abb. 210. Scherfestigkeit eines künstlich verdichteten Moränenlehmes in Abhängigkeit vom Einbauwassergehalt. (Nach Bjerrum [26 b].)

ruht dann wieder ausschließlich auf dem Korngerüst; im Dreistoffsystem herrscht wieder Unterdruck. Auch die Abb. 210 gibt in diese Zusammenhänge einen Einblick (vgl. auch [26 a, 59 a, 302 b, 677 a].

Praktisch hat dieser für die Dammsicherheit gefährliche überkritische Porenwasserzustand bei plötzlichen Stauspiegelsenkungen an Staudämmen mit wasserseitiger Dichtung eine große Bedeutung (vgl. S. 95). Er tritt ferner an den kerngespülten Staudämmen auf Jahre hinaus auf und bestimmt deren labiles Gleichgewicht (vgl. S. 29). Die größte Dammbruchkatastrophe der neueren Zeit (September 1938) am größten gespülten Damm der USA, dem Fort Peck-Damm, ist nach [148, 219] auf diesen Porenwasserüberdruck zurückzuführen, wobei mehrere Millionen m³ fließgefährlicher Massen in Bewegung gerieten und abrutschten [173]. Nach neueren Ansichten wird allerdings der veränderlichfeste Baugrund für diese Katastrophe verantwortlich gemacht. Daher liegen jeder erdstatischen Berechnung für die Sicherheit wasserseitiger Böschungen bestimmte Annahmen zugrunde, unter welchen Verhältnissen, in welcher Zeit und in welchem Umfang der Stauspiegel gesenkt werden darf, um die kritische Grenze der Böschungssicherheit durch Porenwasserüberdruck nicht zu gefährden.

Zum Schutze gegen diese Katastrophengefahren werden die Dichtungen zumeist im Kern angeordnet oder bei wasserseitiger Lage durch eine entsprechend stark bemessene Deckschicht so stark belastet, daß damit eine weitgehende Sicherheit gegen Stabilitätsveränderungen bei Stauspiegelschwankungen gegeben ist.

g) Die Durchlässigkeit.

Wie sich aus den bisherigen Ausführungen ergibt, ist die geringe Durchlässigkeit infolge zu hoher Belastungen für diese kritischen Stabilitätsverhältnisse weitgehend verantwortlich. Die Durchlässigkeitswerte liegen in weiten Grenzen. Sie schwanken zwischen 10^{-4} cm/s und 10^{-10} cm/s. Ihre Bedeutung ist für den Staudammbau sehr groß (vgl. Tabelle 4, S. 50).

Die Ursachen der verschiedenen Durchlässigkeit liegen in der Kornfeinheit und den Adhäsionsverhältnissen, die den freien Porenraum, in dem das Wasser sonst frei ohne Beeinflussung der Schwerkraftwirkung zirkuliert, völlig beherrschen. Andererseits gibt es keine „undurchlässigen" Erdarten. Die These: Ton ist undurchlässig, hat nur einen relativen, keinen absoluten Gültigkeitsanspruch, denn unter entsprechendem Druck ist jeder Ton in entsprechendem Maße durchlässig. Dadurch werden die Bremskräfte: die Strömungswiderstände, die in der Adhäsion (der Kapillarität) und, hierdurch sich gegenseitig bedingend, in der Feinheit der Poren kapillaren Durchmessers liegen, überwunden. Denn im Staudammbau sollen unveredelte feinkörnige Erdarten (vgl. S. 48) unmittelbar nur dann verwendet werden, wenn sie auf Grund experimenteller Nachprüfung zumindest eine Mindestdurchlässigkeit von etwa $1 \cdot 10^{-7}$ cm/s aufweisen. Durchlässigere Erdarten werden daher nur in Verbindung mit zusätzlichen Dichtungsanlagen angewandt (vgl. S. 59).

Nach dem jeweiligen k-Wert des Dichtungskörpers richten sich der Verlauf der Sickerlinie, der Grundwasserspiegel im Damm und die Auftriebswirkung. Die Durchlässigkeit bestimmt das hydrostatische Druckgefälle im Staudamm, den Umfang der Verluste durch Sickerwasser durch unmittelbare Durchströmung. Da Wasser ein kostbarer Stoff, ja eine Mangelware ist, wird eine möglichst sehr hochwertige Dichtung angestrebt, die zumindest im Bereich von 10^{-8} cm/s liegt, wobei im übrigen durch geschickte, zweckmäßige Gliederung des Dammes die Sickerlinie und der Auftrieb in ihrer unerwünschten Wirkung weitgehend ermäßigt werden. — Die Abhängigkeit der Durchlässigkeit bei verschiedenem Einbauwassergehalt und steigender Auflast zeigt Abb. 211.

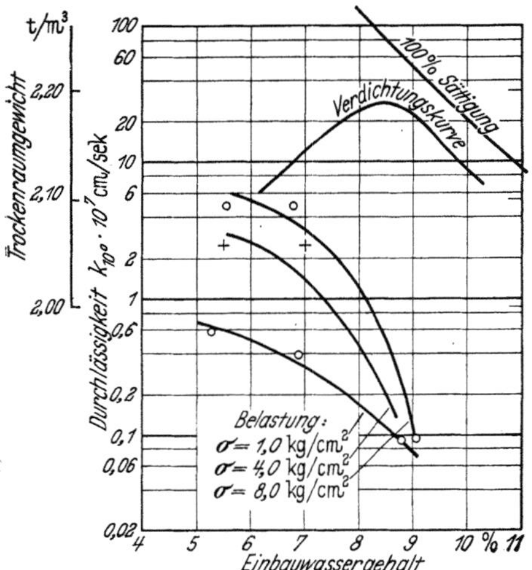

Abb. 211. Durchlässigkeit eines Moränenlehmes bei verschiedenem Einbauwassergehalt und steigender Belastung, (Nach Bjerrum [26 b].)

Berechnung der Sickerwassermengen. Zur Berechnung der durchsickernden Wassermenge gilt das Darcysche Gesetz. Die Wassermenge

$$Q = k\,F\,i.$$

F ist der Bruttoquerschnitt der durchströmten Fläche, k die Durchlässigkeitsziffer in cm/s, i das Gefälle $H/h =$ Wasserdruckhöhe zu durchströmter Erdschichthöhe. Die geotechnische Bedeutung der Durchlässigkeit zeigt sich somit in folgenden Auswirkungen:

1. Die Querschnittsausbildung in der Anordnung und Bemessung der verschiedenen Dammglieder: Deckschicht-, Dichtungs-, Füllkörper und Stützkörper werden maßgebend durch die von der Durchlässigkeit verursachten hydrostatischen und hydrodynamischen Einflüsse bestimmt.

2. Die Anwendung des Spülverfahrens im Dammbau ist weitgehend von der guten Durchlässigkeit der eingespülten Erdbaustoffe abhängig, um keine unzulässigen und damit zu hohen hydrodynamischen Spannungen zu verursachen, die die Stabilität gefährden.

3. Druckwasser wird infolge starker Durchlässigkeit zur alleinigen Verdichtung von Felsschüttungen erfolgreich verwendet [*383, 499*].

h) Verhalten zu Wasser und gegen klimatische Einflüsse (Abb. 159, S. 120).

Die für den praktischen Dammbau überragende Bedeutung des schwankenden Wassergehaltes läßt erkennen, wie wichtig und zugleich unentbehrlich die jeweilige Kenntnis des Wassereinflusses auf Grund der physikalischen Kennziffern ist. Sie zeigt aber zugleich auch die Möglichkeiten der schöpferisch gestaltenden Dammbaukunst zu einem stabilen Bauwerk auf. Wenn in diesem Zusammenhang auf das Verhalten gegen Wasser kurz eingegangen werden soll, so betrifft dies vor allem die Veränderungen, die die veränderlichfesten Gesteine im Zustand als trockene, harte Gesteine bei Wasserzutritt erfahren können. In der wichtigsten Eigenschaft des elastischen Ausdehnungsvermögens (Schwellen, Quellen) ist das Verhältnis zu Wasser, die hohe Oberflächenspannung (Adhäsionskraft und Wasserbindevermögen) und auch die auf der hohen Oberflächenentwicklung begründete leichte und auf den Erdbaustoff entscheidende Einflußnahme in der Verwendbarkeit begründet. Bringt man diese Gesteine in Berührung mit Wasser, so zerfallen die feinporösen Steine trotz ihres felsigen Charakters sehr rasch in einen Schlamm, der seine bisherige Festigkeit damit zugleich endgültig verliert (Abb. 212, 213). Er wird zur lockeren, veränderlichfesten Erdart geringer Haftfestigkeit.

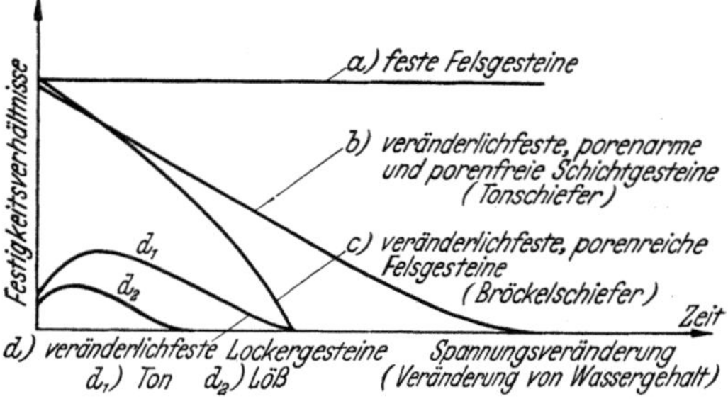

Abb. 212. Schematische Darstellung der Festigkeitsänderungen an verschiedenen festen und veränderlichfesten Steinen und Erdarten bei Berührung mit Wasser. (Nach KEIL [*173*].)

Abb. 213. Schematische Darstellung der Wasserbeständigkeitsprüfung an veränderlichfesten Gesteinen. Links ein sehr empfindliches Gestein, z. B. sprengfester Lettensandstein, rechts ein widerstandsfähigeres schwer zu benetzendes Material, z. B. fetter Ton, im gleichen Zeitraum der Untersuchung.

Die veränderlichfesten Felsarten. Während man also durch die bodenphysikalischen Kennziffern in den Erdarten ihre spezielle Eignung als Erdbaustoffe feststellen kann, ist an den Felsarten die Wasserprobe, die Zerfallsprobe, maßgebend.

Demgegenüber durchlaufen die Erdarten rückläufig durch entsprechende Volumenvergrößerung die verschiedenen Konsistenzformen und erhalten durch

Austrocknung auch wieder ihre feste Gefügebeschaffenheit. Sie sind somit im Gegensatz zu den veränderlichfesten Steinen (z. B. tonigen, glimmerreichen Sandsteinen) „reversibel" veränderlichfest, während die Steine nur „irreversibel" veränderlichfest sind; sie erhalten bei Wasserentzug ihre ursprüngliche Härte und damit Eigenschaft als „Stein" nicht wieder. Die Ursache hierfür liegt darin, daß die Erdarten ihre verschiedenen Konsistenzformen ohne wesentliche Belastung durchlaufen, während die Steine durch hohen Auflage- bzw. Gebirgsdruck zu Steinen verfestigt werden. Dieses verschiedene Verhalten ist für die Bewertung unter dem Einfluß klimatischer Wechselfälle von Bedeutung.

Nasses Wetter. Die hohe Affinität zu Wasser, insbesondere die spontan in kurzer Frist sich auswirkende Zerfallsempfindlichkeit der Steine, zwingt zu weitgehendem Wasserschutz durch Einbau dieser Erdbaustoffe in Dammteilen, wo dieser Wassereinfluß unter einer starken Deckschicht oder Auflast im Verkehrsdamm nicht stören kann. Sie sind daher als Massen für den Stütz- und Füllkörper im Staudamm, vor allem über der Sickerlinie, sehr gut zu verwenden. Aber auch im durchsickerten Kern können sie erfolgreich eingebaut werden, denn die Untersuchungen an den Deichen der Emschergenossenschaft haben gezeigt, daß die Kerne aus veränderlichfestem Tonschiefer sich im Laufe einer Zeit von 25 Jahren nicht verändert hatten [263]. Die Auflast der äußeren Dammteile hatte eine weitgehende Zersetzung verhindert.

Diese Steine können eher bei Regenwetter eingebaut werden als die erdigen Stoffe. So konnte an der Autobahn München nach Salzburg ein Moränenkiessand mit nur 5% Lehm nicht eingebaut werden, weil infolge starken Regens die Massen zu weich waren und sich nicht verdichten ließen.

Trockenes Wetter. Jeder klimatische Einfluß entspricht einem Spannungszustand. Trockenes Wetter verändert daher auch den Wassergehalt. Denn durch die Verdunstung schrumpfen die erdigen Massen, trocknen aus und bilden einen vorübergehend festeren Baustoff. Infolgedessen lassen sich alle anorganischen, auch noch zu weichen (nassen) Erdbaustoffe bei Abtrocknung als geeignete Erdbaustoffe in den ihnen zukommenden Dammgliedern verwenden. Gerade im Sommer ist die Trockenheit, der Windeinfluß, die Verdunstung von größter Bedeutung, um zu feuchte Massen kurzfristig in einen einwandfreien Baustoff zu verwandeln und einzubauen. So konnte an einem Staudamm im Jahre 1952 sehr nasser Verwitterungslehm von Phyllit mit einem natürlichen Wassergehalt von mehr als 30% unmittelbar in den Dichtungskörper erfolgreich eingebaut werden; die Durchlüftung auf dem 3 km langen Transportweg und während des Einbaues in dünnen Lagen von nur 20 cm Stärke genügte, um bei Temperaturen von 25 bis 30° C die unmittelbare erfolgreiche Verdichtung durch 1 t schwere Delmag-Rammen zu gewährleisten, wobei eine Überverdichtung gegenüber dem gewachsenen Zustande (infolge der hohen Wasserführung) von im Mittel 18% erreicht wurde und der optimale Wassergehalt nur etwa 10% unter dem der eingebauten Massen lag. Auf das Hilfsmittel der lagenweisen Wechselschüttung bei feuchtem Wetter und zu feuchten, nicht rasch genug abtrocknenden Massen wurde bereits hingewiesen (Abb. 206, S. 151). Trockenheit fördert auf jeden Fall die Stabilisierung, die auch hier in der Scherfestigkeit ihren überzeugenden Ausdruck findet. Nässe gefährdet sie.

Frosteinfluß. [*72—74, 154—156, 162, 346*]. Durch Frost werden sämtliche blockartigen oder stückigen, veränderlichfesten Felsmassen in eine feine körnige Erdart zersetzt. Diese reichern während des Frostes sehr stark Wasser an und bilden dann bei Tauwetter einen geotechnisch nicht unmittelbar verwertbaren Erdschlamm. Um dieses Wechselspiel zwischen Nässe und Kälte, vor allem in unmittelbarer Nähe der Dammkrone, an Verkehrsdämmen mit ihrer Forderung eines unveränderlichen Tragkörpers oder im Bereich des Dichtungskörpers von Staudämmen zu verhindern, können diese Stoffe durch chemische Behandlung (Hydratonverfahren) weitgehend gegen den Wassereinfluß und damit gegen die Frostauflockerung geschützt werden (Abb. 209, S. 150).

Einbau bei Frost. Bisher galt die Ansicht, daß bei Frost der Einbau frostempfindlicher, als Frostballen vorliegender Erdbaustoffe, also der veränderlichfesten Erdarten, nicht statthaft ist. Diese Ansicht bedarf insofern einer Revision, als der Begriff „Frostballen" zu definieren ist. Liegen gefrorene Erdballen vor, die aus einem sehr trockenen Material bestehen, dann besteht keine Veranlassung, sie vom unmittelbaren Einbau auszuschließen. Nur ist allerdings die unerläßliche Voraussetzung, diese völlig zu einer homogenen Masse zu verdichten, was angesichts der Härte dieser Brocken nur mittels schwerer Stampfgeräte oder Rammen erfolgreich gelingt. Zum Beispiel wurden an der Talsperre Cranzahl im Winter 1950/51 bei nur 20 cm Schütthöhe Lehmfrostballen von 10 bis 15 cm $\varnothing$ erfolgreich eingebaut (Abb. 214, 215).

Nur wenn die Massen bereits durch Frost sehr viel Wasser in Eisbändern usw. angereichert haben, sind sie als Dammbaustoffe nicht unmittelbar zu verwenden.

Abb. 214. Gefahrloser Einbau von Frostballen trockener Erdschollen im Deckschichtbereich einer Talsperre.

Abb. 215. Völlige Zermalmung (Mitte) der Frostballen (Rand) bei Lagenschüttung von 20 cm Stärke und Verdichtung durch den 1-t-Frosch.

i) Die Scherfestigkeit (vgl. S. 132).

Die wichtigste erdbaumechanische Eigenschaft, die Scherfestigkeit, setzt sich aus dem Reibungs- und dem Gefügewiderstand und im Gegensatz zu den festen Schüttstoffen der Haftfestigkeit (Kohäsion) zusammen. Das COULOMBsche Gesetz für die veränderlichfesten Erdarten lautet in der allgemeinen Form:

$$\tau = c + \sigma \, \mathrm{tg}\varrho.$$

Die Werte von c für die Kohäsion und von ϱ hängen vom Wassergehalt ab. Bei starker Belastung steigt der Porenwasserdruck zum Überdruck an. Die Scherfestigkeit nimmt daher ab. Daraus ergibt sich, daß bei der Ermittlung der

Scherfestigkeit an diesen Erdarten vor allem der Wassergehalt und die verschiedenen Spannungszustände in ihrem kombinierten Einfluß auf die Gefügefestigkeit zu berücksichtigen sind. Ferner ist eine Veränderung der Scherfestigkeit durch Belastung des spannungsfreien Korngerüstes festzustellen. Allerdings nimmt die Scherfestigkeit nicht im gleichen Maße wie die Druckbelastung zu, denn bei Zunahme des Druckes wächst der von der Kohäsion abhängige Teil des Scherwiderstandes nur geradlinig (mit der ersten Potenz), während die anderen Massenkräfte mit der 2. Potenz ansteigen. Daher dürfen die Dämme mit wachsender Höhe nur eine Böschung erhalten, bei der unter Berücksichtigung der verschiedenen Belastungsfälle und der Druckausbreitung nach den Seiten die Scherfestigkeit und damit die Stabilität des Dammes bleibt (vgl. S. 416).

Der dreiaxiale Druckversuch. Beim dreiaxialen Druckversuch wird eine zylindrische Bodenprobe mit einer wasserdichten, dünnen Gummihülle (vgl. Abb. 473a, S. 398) ummantelt und zwischen zwei Platten in einer Druckzelle einem allseitigen Flüssigkeitsdruck unterworfen. Dieser Druckversuch besteht darin, den Bruchzustand bei allmählicher Erhöhung des Vertikaldruckes zu erreichen und festzustellen. In diesem Belastungsstadium bilden sich schräge durch die Probe verlaufende Scherflächen aus, oder die Probe beginnt plastisch zu fließen, sich zu verformen. Die beiden Platten besitzen Filterplatten, die nach außen über einen Absperrhahn zu einer Kapillare führen. Auf diese Weise kann man jederzeit die Wasserzufuhr regeln. Man unterscheidet dabei Versuchsdurchführung im „offenen System". Hierbei gibt die Probe ihr Wasser frei an, oder das „geschlossene System", eine Wasserabgabe ist hierbei unmöglich. Mit Hilfe des dreiaxialen Druckversuches wird die Scherfestigkeit an Staudämmen mit Erfolg überwacht [*23b, 111*]. Dieser Druckversuch gewinnt immer mehr an Bedeutung für die Gütekontrolle im Staudammbau (vgl. S. 398), um mit Hilfe ungestörter Proben aus der fertigen Schüttung und Damm die Stabilitätsbedingungen in Abhängigkeit von den Porenwasserspannungen festzustellen und zu überprüfen.

Unter Berücksichtigung des Porendruckes gilt nach GLYNN [*111*] für die Anwendung des Dreiaxialprüfverfahrens für die Scherfestigkeit

$$\tau = c + (\sigma - n) \cdot \mathrm{tg}\,\varrho.$$

   c Kohäsion,
   σ gesamter Normaldruck,
   n Porendruck,
  tg ϱ Reibungsbeiwert.

Bei diesem Versuch wird nach [*272*], [*379*] für beliebige Wertepaare des waagerechten Druckes p und des senkrechten Druckes q die senkrechte Längenänderung der Probe seitlich verfolgt. (Vgl. S. 398.)

Scherfestigkeit und Belastungsfälle. (Poren sind wassergesättigt.) Die verschiedenen physikalisch-mechanischen Verhältnisse verschiedenen Stabilitätsgrades und damit auch verschiedener, in der unterschiedlichen Dichte begründeter Scherfestigkeitswerte ergeben sich aus folgender Darstellung.

Abb. 216 stellt schematisch den Vorgang des Abscherens dar. Diese mehr schematische Darstellung genügt, um das Grundsätzliche für die Dammbaufestigkeit zu erklären, und dies ist ja das wesentliche [*299*]. Je höher die Auflast auf einer Schüttung mit Druckaufnahme durch das Korngerüst ist, um so größer muß die auf Abscheren gerichtete Schubkraft sein (modifiziert in ihrem Größenausmaß bei konstantem Belastungsdruck durch die Dichte der Kornpackung, ihrer Zusammensetzung, Korngröße und Kornformen). Der Widerstand setzt sich nach der Beziehung

$$\tau = \sigma \, \mathrm{tg}\, \varrho_s; \quad \varrho_s = \varrho_0 + \varrho_g + k_e + k_s$$

zusammen: aus dem Reibungswiderstand gegen Gleiten $= \varrho_0$, aus dem Widerstand der Gefügeauflockerung $= \varrho_g$, aus der echten Haftfestigkeit $= k_e$, und der durch den jeweiligen Wassergehalt bedingten, durch Adhäsions- und Kapillardruckwirkung speziell bestimmten vorübergehenden sog. scheinbaren Haftfestigkeit $= k_s$.

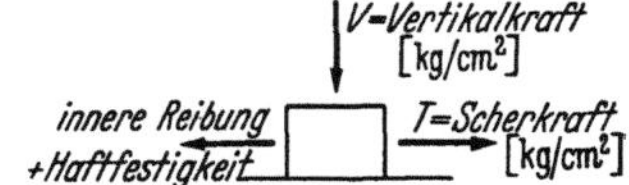

Abb. 216. Schematische Darstellung der Beziehung zwischen Auflast (Vertikalkraft) und Scherkraft an einem Masseteilchen „m" beim Abscheren.

Diese Werte wachsen, nehmen mit steigendem Belastungsdruck zu, solange spannungsfreier Porenraum (kein Porenwasserüberdruck) herrscht. Die Dichte ändert sich nach Maßgabe der wachsenden Belastung, des Verformungswiderstandes gemäß Abb. 217, die in der einfachsten schematischen Form das Druckporenzifferdiagramm wiedergibt. Bei Entlastung folgt die Kurve dem Verlauf von 2 bis 3, ist somit niemals völlig reversibel elastisch. Kurve 1 bis 2 stellt den Zusammendrückungsast, Kurve 2 bis 3 den Entlastungs-(Schwell-) Ast dar. Die Bodenteilchen erfahren bei Entlastung durch Ansaugen von Wasser eine Auf-

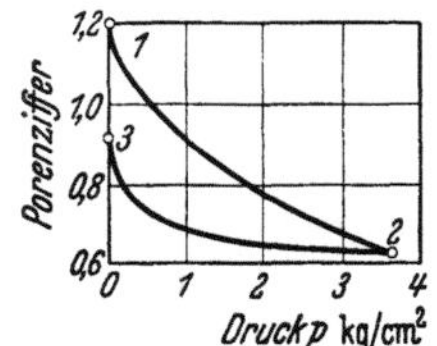

Abb. 217. Schematische Darstellung der Zusammendrückbarkeit und Schwellkraft einer haftenden Erdprobe im Verdichtungsgeräte (Oedometer) bei Be- und Entlastung. (Porenzifferdiagramm).

lockerung. Die Scherfestigkeit nimmt dabei zwar ab, behält aber einen dichteren und damit allein durch die Haftfestigkeit bestimmten Festigkeitswert im Punkt 3, während die Reibung auf Null zurückgeht.

Tabelle 23. *Scherfestigkeit und Plastizität* [*173*].

Erdart	Reibungswinkel	Plastizität
Grobsand	35 ⋯ 36	0
Feinsand	33 ⋯ 35	0
Schluff (Löß)	31 ⋯ 33	0 ⋯ 10
Lehm.	27 ⋯ 31	10 ⋯ 15
Magerer Ton	23 ⋯ 27	10 ⋯ 25
Fetter Ton	16 ⋯ 23	25 ⋯ 50

Folgende Einflüsse begünstigen oder mindern die Scherfestigkeit.

Tabelle 24.

Einflußart	Begünstigen	Mindern
Mineralstruktur	innenkompakt, gedrungen	innendispers, schuppig
Korngröße	grobes Korn (Quarz)	feines Korn (Ton)
Gefüge	richtungslos-körnig	schiefriges, feinschichtiges Gefüge
Verhalten zu Wasser	abweisend	ansaugend
Durchlässigkeit	sehr hoch	sehr gering
Plastizität.	gering bis 0	hoch

Abschließend ist festzustellen: entscheidend für die Größe der Scherfestigkeit ist stets der Winkel der inneren Reibung, d. h. der Gefüge- und Reibungswiderstand. Die Wirkung der Haftfestigkeit tritt demgegenüber zurück.

Geotechnische Folgerungen für den Dammbau. Die für den Dammbau daraus resultierenden Stabilitätsverhältnisse mit schwankenden Belastungszuständen, die auch einem verschiedenen Wassergehalt entsprechen, zeigt Abb. 218 in der grundsätzlichen Darstellung. Im Zustand *1* ist das Material völlig gestört, Reibung und Haftfestigkeit ist Null (Fließzustand). Durch allmähliche, sich dem Wasseraustritt anpassende Laststeigerung wird ein Festigkeitswert im Punkt *2* erreicht, der entsprechend der größten erzielten Verdichtung (niedrigste Porenziffer) den höchsten Reibungswert anzeigt. Er entspricht dem Quotienten aus Scherkraft und Vertikalkraft. Damit ist seine Größe eindeutig im Diagramm bestimmt. Durch mehrere Zwischenbestimmungen erhält man eine nach rechts oben sich verflachende Kurve, an der sich ergibt, daß die Scherkraft und damit die Scherfestigkeit mit wachsender Belastung nicht proportional, sondern stets abnehmend ansteigt.

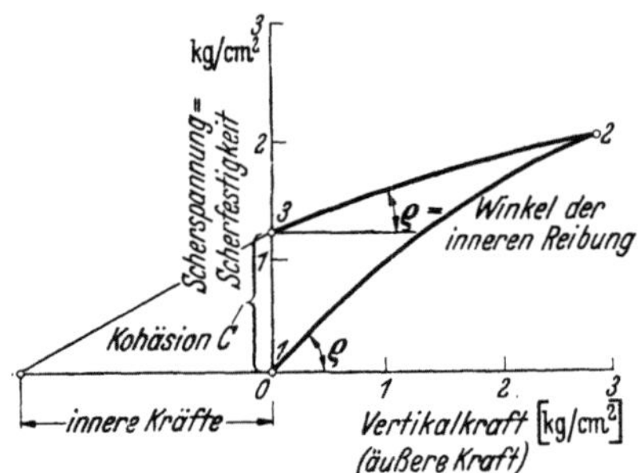

Abb. 218. Darstellung der einzelnen Phasen in ihrer Wirkung auf die Veränderung von Reibung und Haftfestigkeit. Scherfestigkeit bei Be- und Entlastung einer Probe nach Abb. 217.

Bei Entlastung erhält man entsprechend dem abweichenden Verlauf des Entlastungsastes (Schwellkurve) im Porenzifferdiagramm auch im Scherfestigkeitsdiagramm den korrespondierenden und abweichenden Festigkeitswert. Punkt *3* zeigt einen niedrigen inneren Winkel der Reibung, jedoch eine gewisse Haftfestigkeit. Durch die Druckverfestigung hat die Probe somit eine Haftfestigkeit erhalten, die bisher nicht vorlag.

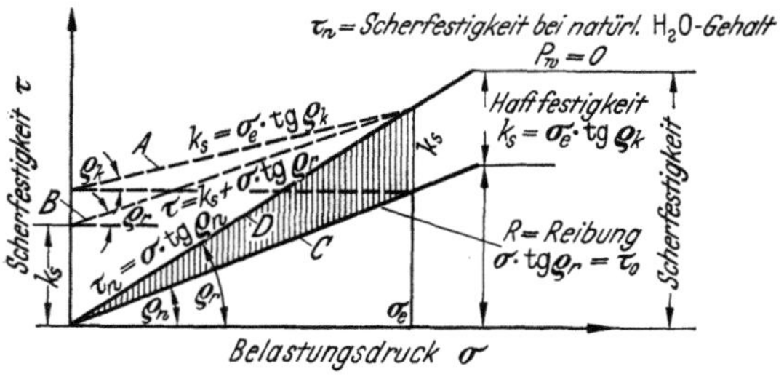

Grundbedingung für die störungsfreie Steigerung des Belastungsspieles, also der raschen Aufeinanderfolge der Schüttungen im Dammbau, ist

1. dafür zu sorgen, daß kein Porenwasserüberdruck verursacht wird, wodurch die Gleitgefahr entsteht, und

2. daß die Luft aus den Poren entweichen kann.

Denn bei rascher Einbaufolge besteht die Gefahr, daß die Luft nicht vollständig entweichen kann. Sie bildet ein die Konsolidation und den höchsten Festigkeitswert hemmendes Druckpolster, das erst im Laufe der Zeit zur endgültigen Stabilität führt, aber ähnlich wie der Porenwasserdruck die Stabilisierung verzögert.

Abb. 219. Scherfestigkeit in Abhängigkeit von Reibung und Haftfestigkeit. (Nach TIEDEMANN.)
A Haftfestigkeitskurve nach der Erstbelastung des Bodens mit σ_e, *B* Scherfestigkeitskurve, besteht aus der Haftfestigkeit k_s und der Reibung *R* bei der Entlastung, *C* Kurve der Reibungsfestigkeit *R*, *D* Scherfestigkeitskurve bei natürl. H_2O-Gehalt, *R* Anteil der Reibung, k_s Anteil der Haftfestigkeit, $R = \sigma \, tg\, \varrho_r = \tau_0$, $k_s = \sigma_e \cdot tg\, \varrho_k$, σ_e = Vorbelastung des Bodens.

Im Punkt *3* entsteht ein Unterdruck, da das Gleichgewicht zwischen Auflagedruck und Wasserbindevermögen im Kornsystem gestört ist. Falls kein Wasser
nachströmen kann, wirkt sich nunmehr der Kapillardruck verfestigend aus. Es
stellt sich somit ein Verfestigungsvorgang ein, der im neuzeitlichen Dammbau
geotechnisch durch die Beschränkung des natürlichen Wassergehaltes auf sein
der Verdichtung und der kapillaren Unterdruckverfestigung günstigstes Ausmaß, den optimalen Wassergehalt, bewußt und sorgfältig angestrebt wird. Bei

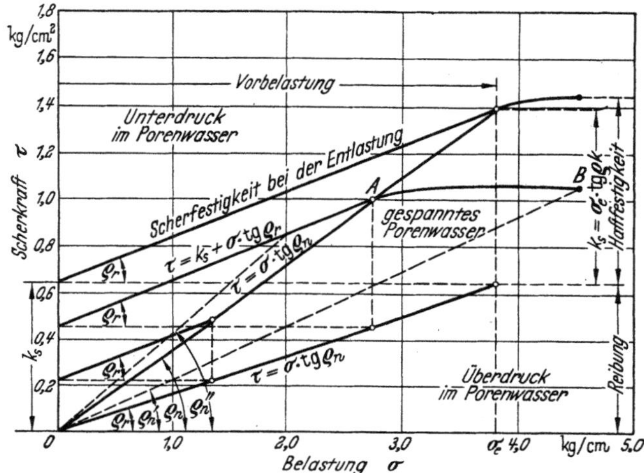

Abb. 220. Scherfestigkeit bei vorbelastetem Boden, (Nach KREY-TIEDEMANN.)
A Belastungspunkt, Poren mit spannungsfreiem Wasser gefüllt (natürl. H_2O-Gehalt), *B* Belastungspunkt,
Porenwasser zusätzlich gespannt. Es gilt: $\varrho_{n'} < \varrho_n$; $\varrho_{n''}$ = scheinbarer Winkel der inneren Reibung bei
Kapillardruckwirkung.

gleichen Erdbaustoffen ist somit allein die Größe der wirksamen Haftfestigkeit,
bedingt durch das Ausmaß der Kapillardruckkraft, für die Stabilität in ihrer
von äußeren Einflüssen nur von der gleichmäßigen Verdichtung abhängigen
Größe entscheidend. Abb. 219, 220 zeigen die Beziehungen unter Berücksichtigung der Haftfestigkeit und der verschiedenen Porenwasserdruckverhältnisse.

Die praktische Bedeutung der Scherfestigkeit
ergibt sich ferner aus folgendem nach WINKEL [494].

Die Abb. 221 zeigt schematisch die Auf-
tragung der Werte von τ und σ; die τ-Werte sind
durch die Linie *I* verbunden. Zur richtigen Bewertung ist dazu festzustellen: 1. Mit zunehmender Normalbeanspruchung in lotrechter Richtung
nimmt auch die Scherspannung zu. 2. In den Poren

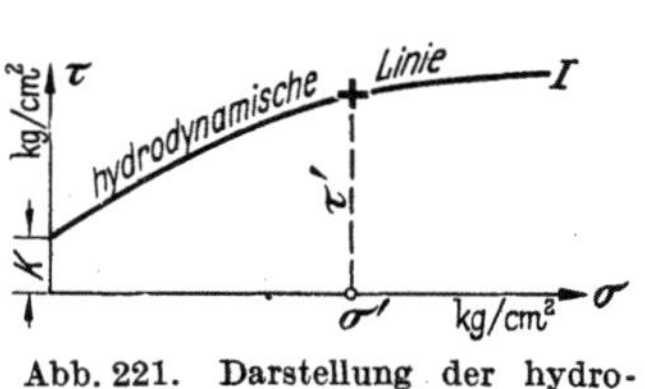

Abb. 221. Darstellung der hydrodynamischen Linie.
(Nach WINKEL.)

des untersuchten Erdstoffes befindet sich Wasser, dessen Menge durch die ständig
vorhandene Spannung σ_0 begrenzt wird. 3. Bei zunehmender Spannung $\sigma > \sigma_0$
muß ein bestimmter Teilbetrag des Porenwassers aus dem Erdstoffe ausgeschieden werden; dieses erfolgt bei bindigen Böden nur sehr langsam, weil die engen
Porenräume der Wasserbewegung einen großen Widerstand entgegensetzen.

Das bei einer Laststeigerung $\sigma_2 > \sigma_1$ normalerweise abzustoßende Porenwasser kann noch nicht herausfließen. Es wirkt gleichsam als Schmiermittel,
das die Scherfestigkeit kleiner ausfallen läßt, als sie nach Einstellen des natür-

lichen Wassergehalts bei σ_2 sich ergeben würde. Daher wird die bei schneller Messung gewonnene Linie I als *hydrodynamische* Linie bezeichnet (Abb. 221).

Anders ist es, wenn nach einer Spannungserhöhung $\sigma_2 > \sigma_1$ so lange gewartet wird, bevor die Scherspannung τ_2 bestimmt wird, bis der natürliche Wasser-gehalt in den Poren unter Ausscheiden des überschüssigen Wassers erreicht wird, was bei engen Porenräumen (Lehm oder Ton) zuweilen 24 Stunden und länger dauern kann. Wenn nun die Folge der erhaltenen Wertepaare (σ, τ) aufgetragen

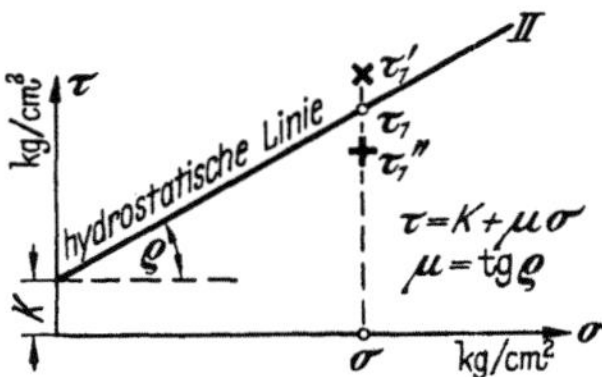

Abb. 222. Darstellung der hydro-statischen Linie. (Nach WINKEL.)

wird, dann ergibt sich die Gerade II der Abb. 222. Da die Linie II eine Gerade sein muß, ergibt sich folgendermaßen: Die Scherfestigkeit setzt sich aus zwei Teilen zusammen: 1. der Kohäsion oder Haft-festigkeit k und 2. der Reibung $\mathrm{tg}\,\varrho\,P = \mu P$, sofern ϱ der Reibungswinkel und P die normale Bean-spruchung ist.

Die Haftfestigkeit ist nun von der betreffenden Fläche F abhängig $K = F\varkappa$, worin $\varkappa$ die Haft-spannung ist. Somit ist die Scherfestigkeit $T = F\varkappa + \mu P$ und die Scherspannung $\tau = T/F$. Ebenso ist die Normalspannung $\sigma = P/F$. Hiernach ist also $\tau = \varkappa + \mu\sigma$.

Ersetzt man τ durch y und σ durch x, dann ist $y = \varkappa + \mu x$. Dieses ist aber die Gleichung einer Geraden, die auf der y-Achse die Ordinate $\varkappa$ einschneidet. Ferner ist dann die Neigung der Linie II gleich $\mu = \mathrm{tg}\,\varrho$.

In der Abb. 222 sind nun noch zwei von τ_1 abweichende Scherwerte ein-getragen. Auch diese sind beide möglich, wenn eine Abweichung des Poren-wassergehalts von dem natürlichen Wassergehalt eintritt; z. B. durch Ver-dunstung bei großer Lufttrockenheit kann τ_1' noch etwas größer als τ_1 werden, offenbar bedeutet das eine Zunahme der Sicherheit gegen innere Bewegungs-erscheinungen (z. B. gegen Rutschungen). Andererseits kann ein Gewitterregen oder noch mehr eine langsam abschmelzende Schneedecke das Porenwasser

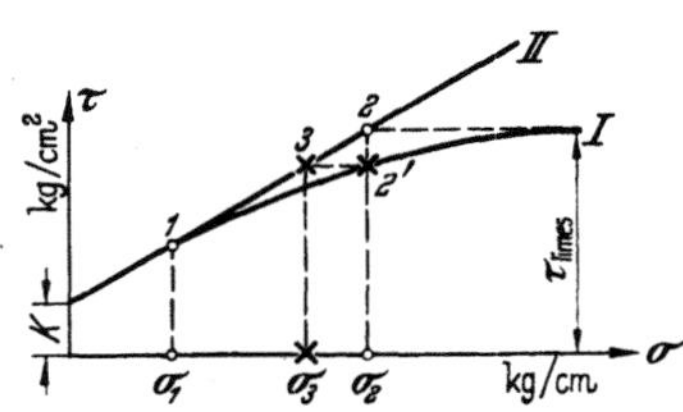

Abb. 223. Beziehung zwischen hydro-dynamischer und hydrostatischer Linie. (Nach WINKEL.)

so sehr anreichern, daß wieder die Schmiermittel-wirkung $\tau_1'' < \tau_1$ werden läßt; jetzt kann unter Umständen eine Bodenbewegung entstehen, die in einem Damm zu Böschungsrutschungen An-laß geben kann.

Somit haben beide Linien I und II in gleicher Weise für den Dammbau Bedeutung; nach dem Vorschlage von WINKEL sind beide Linien I und II gemeinsam so auszuwerten, wie es schema-tisch in der Abb. 223 dargestellt ist.

Linie I strebt asymptotisch einem Grenzwerte zu, der τ_{limes} heißen soll; wenn wir diesen Wert auf II übertragen (bis Punkt 2), dann erhalten wir mit σ_2 ebenfalls einen Grenzwert, der nicht überschritten werden darf, wenn die Gefahr starker Anreicherung des Porenwassers (unter Umständen durch Hochwasser eines Flusses, durch steigendes Grundwasser, Kapillarwirkung u. a.) besteht. Die Spannung σ_2 wird z. B. durch eine Höhe h des Dammes bei einem Raum-gewichte γ verursacht: für die Flächeneinheit $F = 1$ ist

$$1 \cdot \sigma_2 = 1 \cdot \gamma\,h_2 \quad \text{oder} \quad \gamma = \frac{\sigma_2}{h_2}\,;\; h_2 = \frac{\tau_2}{\gamma}$$

Bis zum Punkt *1* (Abb. 223) fallen die Linien *I* und *II* noch ziemlich zusammen, demnach ist für die Werte $\sigma \leqq \sigma_1$ eine Standsicherheit wohl hinreichend gewährleistet. Zwischen *1* und *2* ist sie nicht mehr unbedingt vorhanden, sie nimmt für σ-Werte, die sich dem kritischen Werte σ_2 nähern, mehr und mehr ab. Will man deshalb nicht ganz bis an diesen kritischen Wert herangehen, dann kann man in rein willkürlicher Annahme nochmals den Schnittpunkt *2* mit der Linie *I* sinngemäß auf *II* übertragen und erhält dann durch *3* den etwas kleineren kritischen Wert σ_3 und damit $h_3 = \dfrac{\sigma_3}{\gamma}$. Bei der Berechnung ist zu beachten, daß 1 kg/cm² der Größe 10 t/m² entspricht, da $\dfrac{10000 \text{ kg}}{10000 \text{ cm}^2} = 1$ kg/cm² ist.

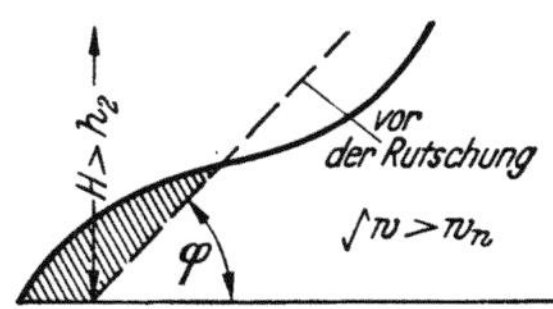

Abb. 224. Auslösung einer Rutschung infolge Porenwasserüberdruckes an einer zu steil ausgeführten Dammböschung. (Abb. 221 bis 224 nach WINKEL [493].)

Bei der Abb. 224 ist vorausgesetzt, daß ein Damm mit möglichst großem Böschungswinkel φ so hoch geschüttet war, daß nach der Linie *II* bei natürlichem Porenwassergehalt w_n noch Standsicherheit zu erwarten war. Durch langsames Abschmelzen einer hohen Schneedecke kann der Wassergehalt $w > w_n$ werden, so daß nun die Linie *I* Bedeutung hat; es kann daher eine Böschungsrutschung entstehen, wenn die Höhe der Böschung größer als h_2 ist. Die geschwungene Böschungslinie (Abb. 224), die sich nach beendeter Rutschung eingestellt hat, bietet erfahrungsgemäß einen Schutz gegen weitere Bewegungen an diesem Ort der Rutschung. Hieraus kann die Lehre gezogen werden, bei rutschgefährdeten hohen Dämmen von vornherein eine geschwungene Böschung anzulegen (Abb. 225) (vgl. S. 99)."

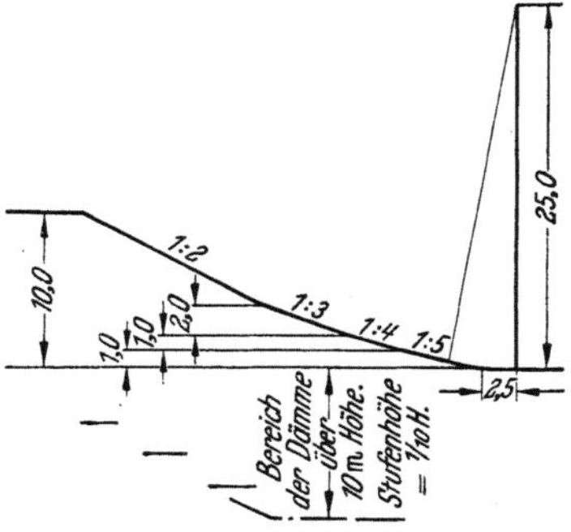

Abb. 225. Gesetz der Böschungsgestaltung. (Nach SCHLUMS [373].)

k) Das Schrumpfen.

Im Wechselspiel zwischen Festsubstanz und Wasser ist der größte Kapillardruck an der Schrumpfgrenze erreicht. An dieser Grenze werden die veränderlichfesten Erdarten „steinhart". Die Größe des Kapillardruckes erreicht dabei 3 bis 12 atü. Ist der Schrumpfdruck erreicht, dann (Abb. 226, 227) ist das Volumen des Erdkörpers konstant. Zwei Vorgänge sind beim Schrumpfen bemerkenswert:

1. Der Wasserverlust (Abbildung 226) und

2. der mit diesem Verlust sich

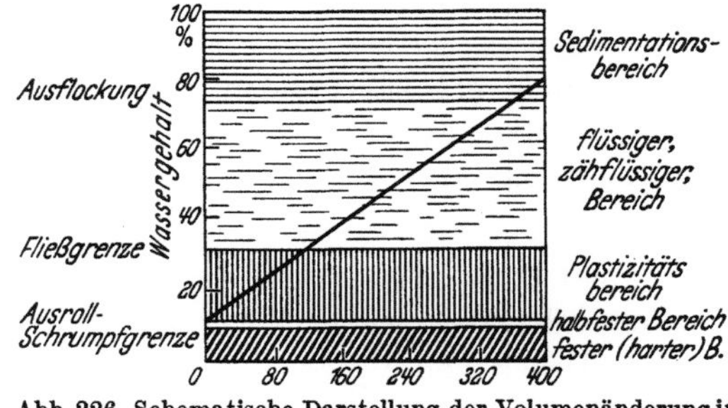

Abb. 226. Schematische Darstellung der Volumenänderung in Abhängigkeit vom Wassergehalt an einer haftenden Erdart.

in zunehmendem Ausmaße abzeichnende Verfestigungsprozeß der Erdart bis zur Steinhärte, der auf den von äußeren Spannungseinflüssen unabhängigen, also ausschließlichen Kapillardruck (Schwinddruck) zurückzuführen ist.

Der Schrumpfdruck. An der Schrumpfgrenze ist Volumenkonstanz erreicht (Abb. 226). In diesem Zustande herrscht die größte innere Verfestigung durch den Kapillardruck, der hier sein Größtmaß erreicht.

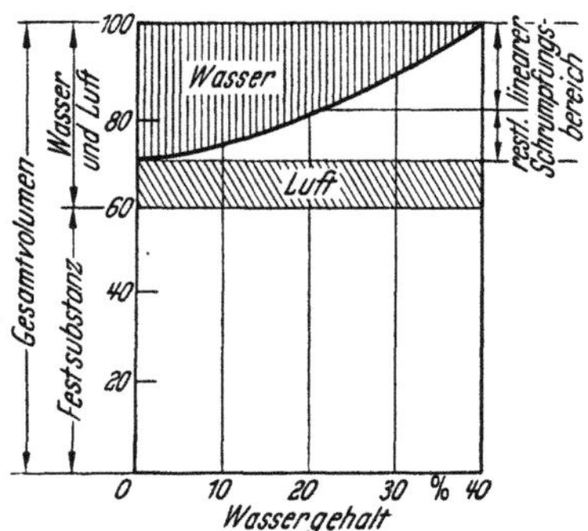

Abb. 227. Das Schrumpfdiagramm haftender Erdarten (bindiger Böden [173]).

Geotechnische Folgerungen für den Dammbau. Für den Einbau eignen sich steinharte Erdmassen nicht. Sie lassen sich sehr schwer gleichmäßig verdichten, zermalmen. Infolgedessen ist die günstigste Verdichtung zwischen Ausroll- und Schrumpfgrenze in der Nähe des optimalen Wassergehalts gegeben. Wenn auch die steinharten Brocken zermalmt werden, so sind die Berührungsdichte und Festigkeit des Schrumpfdruckes nicht mechanisch zu erreichen. Indessen verbürgt ein Wassergehalt, der dem sog. optimalen Wassergehalt in der Nähe der Ausrollgrenze entspricht oder ihm nahesteht, die praktisch höchstmögliche, allein durch mechanische Verdichtung erzielbare feste Einbauweise im Damm.

1) Das Schwellen [84].

Jede Wasseranlagerung entspricht einem Gleichgewichtszustand zwischen äußerem Belastungsdruck und innerem, auf Oberflächenenergie beruhendem Spannungsbild. Steht genügend Wasser zur Verfügung, so vergrößern sich bei Entspannung die Wasserfilme um die feinsten festen Stoffteilchen, der Boden „schwillt", er vergrößert sein Volumen. Die Eigenschaft des Schwellens und Schrumpfens ist indessen nur auf die veränderlichfesten Erdarten beschränkt und dokumentiert zugleich den sehr labilen, um nicht zu sagen, veränderlichen (bedingtfesten) Festigkeitscharakter dieser feinkörnigen Erdarten, der stets von dem Verhältnis Druck, Festsubstanz und Wasser bestimmt und beherrscht wird.

Die Schwellfähigkeit hat dort ihre Grenze erreicht, wo die Möglichkeit zur elastischen Ausdehnung durch den Einfluß der Schwerkraft begrenzt wird. Beim Überschreiten dieser Grenze beginnen die Massen auseinanderzufließen, sie ist daher im wesentlichen identisch mit der Fließgrenze (vgl. S. 147). Das Schwellen hat eine gewisse Bedeutung für die Selbstdichtung im Staudamm [171].

Schwellen und Schrumpfen. Beide Vorgänge verändern Wassergehalt und Festigkeit. Der zeitliche Ablauf des Schwellens geht bei einem bestimmten Schrumpfmaß, also etwa unter der Ausrollgrenze, erheblich langsamer vonstatten als der Schrumpfprozeß. Infolgedessen ist der Vorgang für die gleiche Zeiteinheit unabhängig vom Belastungsdruck (Abb. 217, S. 159) nicht gleichartig.

Folgendes Beispiel diene zur Erläuterung: Ein Stück Ton kann bei einem inneren Druck von $^1/_{10}$ at unmittelbar zusammengedrückt werden, da an den Porenmündungen ein Kapillardruck von 100 at erreicht wird und das Wasser bei einem Druckabfall von 100 at/cm schnell aus den Poren herausgepreßt werden kann [304]. Legt man eine Tonprobe ins Wasser, so wird Wasser zunächst mit entsprechendem Druck angesaugt. Aber der Druck nimmt sehr rasch ab und nähert sich, bevor das ursprüngliche Spannungsverhältnis wiederhergestellt ist,

$^1/_{10}$ at. Die große Wassermenge wird bei erheblich geringerem Druckgefälle bewegt, d. h. sehr langsam.

Geotechnische Bedeutung für den Dammbau feinkörniger Erdarten. 1. In der Praxis gewinnt diese Tatsache insofern an Bedeutung, als völlig ausgetrocknete Erdarten im verdichteten Zustande nicht sofort bei einem kräftigen Regenguß erweichen können, sondern nur allmählich und in einer dünnen oberflächlichen Schicht (vgl. S. 170).

2. Jede mechanische (dynamische) Beanspruchung begünstigt die gleichmäßige Wasserverteilung im Dreistoffsystem und erhöht damit die Adhäsionswirkung (Haftfestigkeit durch den Kapillardruck). Allerdings darf man durch Erschütterungen allein diese Wirkung nicht erwarten, sondern nur im Verein mit einer intensiven Durchknetung, die ein homogenes Gefüge schafft.

3. Vielfach macht man sich im Zusammenhang mit dem wechselnden Wassereinfluß falsche Vorstellungen über die Güte des Dammes. Schwellen tritt nur dann ein und in dem Umfange, wie der Belastungsdruck die entsprechende Voraussetzung für die Anlagerung, die Volumenausweitung, durch Wasserfilme ermöglicht. Im Damm selbst ist daher nur eine Wasseraufnahme durch Schwellen bei vorheriger Entspannung, Entlastung möglich. Am stärksten erfolgt dieser gefügeauflockernde Vorgang durch das Auffrieren. Infolgedessen ist stets dafür zu sorgen, daß der Frosteinfluß durch Verhinderung des Wasserzutrittes auf ein Minimum beschränkt bleibt.

4. Abweichend von den feinkörnigen Erdarten verhalten sich die Mischungen mit einem Gehalt an gröberen festen Bestandteilen oder gar die druckverfestigten, veränderlichfesten „Steine". Sie unterscheiden sich insofern von den feinkörnigen Erdarten, als sie dem Elastizitätsgesetz nur in sehr geringem Maße folgen. Dieses Gesetz besagt, daß einem bestimmten Spannungszustand nicht nur ein bestimmter Verformungsweg, sondern auch jedem Verformungsweg ein bestimmter Spannungszustand entspricht. Die inneren Haftkräfte sind an den Steinen und Mischgesteinen bedeutend geringer. Die Festigkeitsgrenze ist dort erreicht, wo der Schwelldruck die Adhäsionsfestigkeit zerstört. Die festen gröberen, nichtbindigen Bestandteile verhindern ein gleichmäßiges Schrumpfen. Zwischen der feinkörnigen wirksamen Stoffgruppe und den gröberen festen Körnungen besteht ein ungleiches Adhäsionsverhältnis, nicht aber ein Kräftezug zweier gleichwertiger Stoffteilchen, so daß hierin die größere Zerfallsempfindlichkeit begründet sein dürfte (Abb. 193, S. 144).

Geotechnische Folgerungen für den Dammbau. 1. Infolge dieser höheren Wasserempfindlichkeit sind die veränderlichfesten Erdbaustoffe ausnahmslos dem Einfluß des Wassers durch einen sofortigen dichten Einbau zu entziehen.

2. Sie sind dann „*regenfest*", wenn die feinen Erdarten ein dichtes Planum aufweisen, das durch die glättende Wirkung von Walzen erreicht werden kann.

Spezielle Prüfungen der Erdarten.

Der Staudammbau stellt an *die Dichtungsstoffe* aus natürlichen unveredelten Erdarten hohe und gleichbleibende Anforderungen. Diese erstrecken sich auf eine hohe Dichtigkeit von mindestens $1 \cdot 10^{-7}$ cm/s (vgl. S. 48), auf eine hohe Gleitsicherheit beim wasserseitigen Einbau als Dichtungskörper (vgl. S. 91), auf eine hohe Erosionsfestigkeit gegenüber hydrodynamischen Beanspruchungen, ferner wird hohes plastisches und elastisches Verhalten vorausgesetzt, um etwaigen unterschiedlich sich auswirkenden Dammsetzungen und Verschiebungen, ohne undicht zu werden, sich anpassen zu können. Schließlich wird aber auch eine homogene Einbauweise zur Erfüllung dieser Forderungen verlangt. Diese Prüfungen erfordern eine sehr eingehende Arbeit, sie verlangen insbesondere eine engmaschige Untersuchung der in Frage kommenden Dichtungsstoffe nach gleichmäßiger Beschaffenheit und Umfang der etwaigen Ungleichmäßigkeiten. Sie verzeichnen indessen sehr oft — wie die Erfahrung erwiesen hat — große Unterschiede und ungünstige Abweichungen zwischen der in der Praxis im Einbau erzielten Güte und der auf Grund der Prüfstellenuntersuchungen möglichen. So kann die Dichtigkeit auf Bruchteilen von 1% der verlangten abnehmen, z. B. von $1 \cdot 10^{-7}$ cm/s bis zu $1 \cdot 10^{-5}$ cm/s. Diese hängt auch nicht selten, wie z. B. an einer vor mehreren Jahren vollendeten, etwa 40 m hohen Stauanlage, von der allmählichen Verschlechterung des Dichtungslehmes ab. Jedenfalls hat sich ergeben, daß die im Laboratorium an Dichtungsstoffen ermittelten guten Dichtigkeitsziffern fast nur unter günstigeren, in der Praxis selten und nur annähernd erreichbaren Bedingungen zustande kommen.

Mit dieser Tatsache muß man sich, bedingt durch die wechselnden Wetterverhältnisse, bedingt durch wechselnde Zusammensetzung eines noch so gleichförmig erscheinenden Materials, bedingt ferner durch die technischen Mängel eines einwandfreien, von den jeweiligen Bauverhältnissen abhängigen Betriebes, abfinden. Daraus erklärt sich nicht zuletzt die außerordentlich hohe Stärke des Dichtungskörpers und Dichtungskernes, wie er in den USA z. B. an dem Anderson-Staudamm gewählt wurde (Abb. 9, S. 9). Dieser soll die in den unvermeidlichen Ausführungsfehlern begründeten Gefahren der erhöhten Durchlässigkeit auf einem entsprechend langen Sickerweg kompensieren und die Schleppkraft des Wassers brechen, zugleich dem schleichenden Erosionsspiel langfristig entgegenwirken.

Der Einbau der Dichtungsstoffe, ihre Bereitstellung und Verwendung bedeutet daher über die physikalischen Kennziffern hinaus ein besonders schwieriges technisches Problem, das an den hierfür üblichen natürlichen Stoffen fast stets zu einem örtlichen Engpaß führt.

Nach ALLEN [5] werden folgende physikalischen Kennziffern zur Beurteilung der Erdarten in den USA für Straßenbahnzwecke benutzt:

1. Kornverteilung,
2. Fließgrenze,
3. Rollgrenze,
4. Plastizitätszahl,
5. Schrumpfgrenze und Schrumpfwert, lineare Schrumpfung,
6. Feld-Feuchtigkeits-Äquivalent, volumetrische Schrumpfung,
7. Zentrifugalfeuchtigkeits-Äquivalent.

Die Kennziffern 1 bis 4 wurden beschrieben.

Der Schrumpfwert ist die Volumendifferenz vor und nach der Trocknung unter Berücksichtigung der verschiedenen Gewichte.

Lineare Schrumpfung ist derjenige Wassergehalt (Wassergewicht geteilt durch Gewicht der Festmasse), bei dem ein Tropfen Wasser auf der ebenen Oberfläche der Probe nicht sogleich absorbiert wird, sondern sich ausbreitet und der

Oberfläche ein glänzendes Aussehen gibt. Diese und die andere Kennziffer sind wenig bekannt in Deutschland und werden nicht angewandt.

Auf der Baustelle wird der tatsächliche Wassergehalt — Abweichung vom im Labor ermittelten optimalen — durch die Wassergehalts-Eindringungswiderstandskurve festgestellt [*139, 483*]. (Vgl. S. 396.)

Schwierig wird die Beurteilung der Erdarten dann, wenn das für die Prüfung vorgesehene Material sehr grobe Steine enthält. Liegt der Anteil des groben Materials unter $^1/_3$ der Gesamtmenge, dann hat das Schüttmaterial ähnliche Eigenschaften wie das Material ohne das Überkorn > 12 mm. Bei einem Anteil von $^1/_3$ bis $^2/_3$ der Gesamtmenge wird mit zunehmendem Anteil an grobem Material die Durchlässigkeit größer, die Konsolidierung geringer, die Scherfestigkeit erhöht. Bei mehr als $^2/_3$ grobem Material sind die Hohlräume nicht mehr durch feines Material gefüllt, die Durchlässigkeit ist dann verhältnismäßig groß, die Konsolidierung klein, der Reibungswinkel groß.

OHDE empfiehlt [*290*] folgende „Erdstoff-Kennwerte", die durch Schnellprüfungen gefunden wurden:

1. Die aus der Kornanalyse ermittelte wirksame Korngröße und den Ungleichförmigkeitsgrad;

2. den Rauhigkeitsgrad sandiger Proben;

3. den Humusgehalt und das Stoffgewicht;

4. genormte Wasserzahl-Kennwerte: Fließgrenze oder Breiwasserzahl;

5. natürlichen Wassergehalt;

6. Eindringungswiderstand einer Schlag- oder Drucksonde als Vergleichzahl der relativen Dichte sandiger Erdschichten;

7. die Säulen-Druckfestigkeit ungestörter Erdproben. Darüber hinaus sind die „bautechnischen Zahlenwerte" oder „erdstatischen Grundwerte": Reibungsbeiwert, Zusammendrückungszahl und Wasserdurchlässigkeit zu nennen. Sie sind jedoch nur auf umständliche Weise zu bestimmen.

Für natürliche Dichtungsstoffe sind zu klären:

1. Physikalische Eigenschaften, Kornaufbau, Wassergehalt, Plastizitätsgrenze, Raumgewicht, spezifisches Gewicht;

2. Widerstandsfähigkeit gegen Druck- und Scherkräfte, Verlagerung und Eindringung;

3. Kapillarität und Durchlässigkeit;

4. Verdichtung und Setzung unter verschiedenem Druck und bei Änderung des Wassergehaltes (opt. H_2O), Feststellung des Schwindens und Schwellens;

5. Ermittlung der löslichen Teile und besonderer chemischer Einflüsse;

6. Untersuchungen über Fortschrittsgeschwindigkeit beim Anwachsen und Abfall des Druckgefälles, verfolgt durch Selbstschreiber;

7. Druckverhältnisse im Dreistoffsystem Fest-Wasser-Luft unter Druck-, Stoß- und Schwingungskräften. Zweck: Feststellen des Einflusses eingeschlossener Luft. Eine Druckzelle wird in der Mitte eines Probestückes eingebaut. Ihr Verhalten bei verschiedenen Kräftespielen und Belastungsformen wird beobachtet;

8. die Gleitsicherheit am Dammaterial muß möglichst unter denselben Spannungs- und Porenwasserdruckverhältnissen untersucht werden, wie sie für die Praxis gelten. Deshalb empfiehlt A. CASAGRANDE neuerdings den Einbau von

feinkörnigen Erdarten mit etwas höherem Wassergehalt als dem optimalen entspricht, im Gegensatz zum Büro of Reclamation, das einen etwa 1 bis 2% geringeren Wassergehalt als dem optimalen entspricht, anwendet (Vgl. S. 397).

II. Die mechanischen Eigenschaften der Gesteine als Dammbaustoffe.

Grundsätzliches [*118, 155, 173, 264*]. Die besonderen Einbauverfahren im Dammbau verlangen nicht nur eine genaue Kenntnis der physikalischen Eigenschaften, um insbesondere das Verhalten dieser verschiedenen Baustoffe im voraus, z. B. im Wasser und unter wechselnden statischen Beanspruchungen, im Damm bestimmen zu können und sie danach sachgemäß zu verwenden, sie fordern auch eine eingehende Klärung des bodenmechanischen Verhaltens, um sie mit den zweckmäßigen technischen Mitteln in ein festes Gefüge im Damm einzubauen.

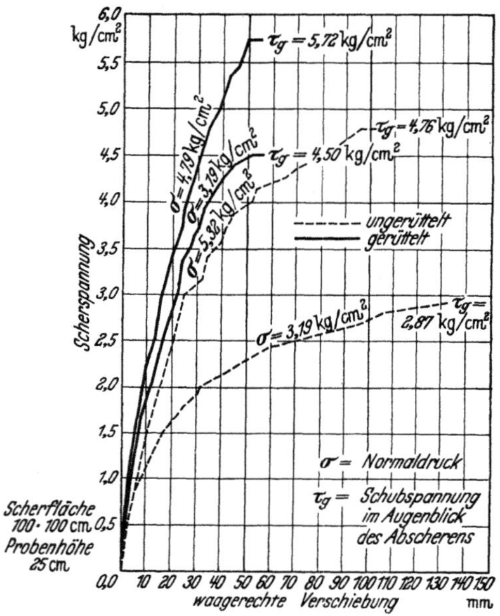

Abb. 228. Dreiaxiale Druckversuche mit Moränenkies an der Baustelle des Staudammes Roßhaupten. (Nach BRETH [*32*].)

Die erdbaumechanischen (geotechnischen) Eigenschaften stellen hierbei die Grundlagen dar, die in der Verdichtungstechnik ihre zweckmäßige geotechnische Auswirkung finden, mit dem Ziel, auf dem Wege vergleichender Messungen zugleich das Ergebnis dieser technischen Maßnahmen zu überprüfen, d. h. den technisch-wirtschaftlichen Wirkungsgrad als Folge der richtigen erdbaumechanischen Behandlung der Dammbaustoffe möglichst günstig zu gestalten. Der Erfolg dieser Dammbautechnik spiegelt sich in der Unveränderlichkeit des Dammbaugefüges wider. So liegen in der Darstellung der physikalischen, der erdbaumechanischen, der Abklärung der zweckmäßigen Verdichtungstechnik und schließlich in der Überprüfung der Verdichtungstechnik die Grundlagen einer neuzeitlichen erfolgversprechenden Geotechnik des Dammbaues und auch der Organisation begründet. Die Erdbaustoffe sind die Werkstoffe, deren Güteeigenschaften in der geotechnisch richtigen Behandlung den Erfolg eines Dammbaues bestimmen. Der derzeitige Stand der Entwicklung ist gekennzeichnet durch die mechanische Verdichtung der Erdbaustoffe beim Einbau in den Damm mit dem Ziel, die Stabilität eines Dammes nicht nur zu sichern, sondern zugleich ein unveränderliches Höchstmaß zu gewährleisten. In welchem Umfange diese Maßnahme an Moränenkiessand z. B. durch Anwendung des Rütteldruckverfahrens (vgl. S. 133) geschehen kann, hat BRETH in [*32*] eingehend beschrieben. (Abb. 228, 229, vgl. Abb. 174, 175, S. 133.) Inwieweit dieser Aufwand wirtschaftlich zu vertreten ist, ist eine besondere Frage, die nicht generell, sondern stets zumindest für die Verkehrsdämme und die Staudämme auch im Hinblick auf die Beanspruchungsfragen und Sicherheitsansprüche beantwortet werden muß. Indessen darf schon heute mit gewisser Vorsicht gesagt werden, daß auf Grund neuester Dichtungs-verfahren im Staudamm künftig, zumindest an Dämmen bevorzugt, felsiges Schüttmaterial die trockenmechanische Verdichtung nicht mehr die entscheidende Rolle spielen wird, wie sie an Dämmen der feinkörnigen Erdarten als unerläßlich angesehen wird.

Es sind zweierlei Arten der mechanischen Beanspruchung zu unterscheiden:

1. die trockenmechanische,
2. die naßmechanische.

1. Die trockenmechanische Beanspruchung.

Einzelbeanspruchung.

a) Die Druckbeanspruchung (statische Kraft),

b) die Stoßbeanspruchung (dynamische Kraft),

c) die Rüttelbeanspruchung (kinetische Kraft),

d) die thermische Beanspruchung (Schrumpfwirkung),

Kombinierte Beanspruchungen (a + b + c + d).

Die naßmechanische Beanspruchung.

a) Statische Wirkung des Wassers (Einsümpfen),

b) kinetische Wirkung des Wassers (Einspülen, Einschlämmen),

c) dynamische Wirkung des Wassers (Druckstrahlverfahren).

Diese Grundformen der mechanischen Beanspruchungsmöglichkeiten sind selten allein wirksam, vielmehr wird in den letzten Jahren vorwiegend die

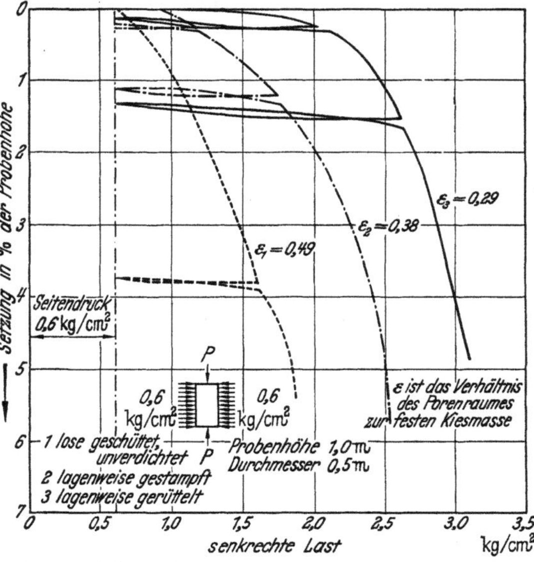

Abb. 229. Scherfestigkeit von Moränenkies bei Roßhaupten angestellt mit einem Großschergerät. (Nach Breth [32].)

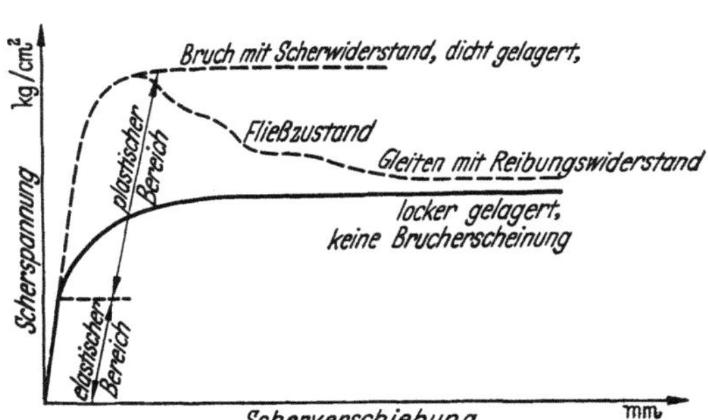

Abb. 230. Scherspannung und Scherverschiebung an festen und veränderlichfesten Erdarten. (Nach Bendel [19].)

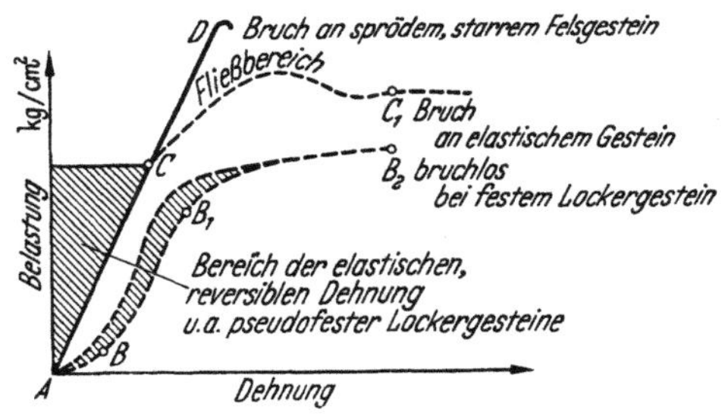

Abb. 231. Dehnungsdiagramm an verschiedenen Gesteinsproben unter Belastung. (Nach Bendel [19].)

gleichzeitig kombinierte Anwendung verschiedener, sich gewissermaßen in der Wirkung ergänzender Energieäußerungen erfolgreich angestrebt und angewandt (vgl. S. 180).

Um die unterschiedliche Wirkung der verschiedenen mechanischen Beanspruchungen in ihrem Erfolg auf die Erdbaustoffe mit dem unabdingbaren Ziel der Verdichtung zu verstehen, ist es wichtig zu berücksichtigen, daß die Erdbaustoffe je nach ihrer Zusammensetzung, Wassergehalt und auch Stückgröße verschiedene Festigkeitsbereiche umfassen und diese auch bei der mechanischen Beanspruchung mehr oder weniger vollkommen durchlaufen. Grundsätzlich scheidet man (Abb. 230, 231) folgende Bereiche, ähnlich wie an einem Stahl:

den elastischen Bereich,
den plastischen Bereich,
die Bruchgrenze,
den Fließzustand,
den Gleitvorgang.

Von der verschiedenen Ausdehnung und dem Geltungsbereich des elastischen und plastischen Bereiches werden auch die übrigen Grenzbereiche und -zustände beeinflußt. Das Ziel der mechanischen, auch naßmechanischen Beanspruchung ist indessen darauf gerichtet, stets sich den jeweilig gegebenen Zustandsbereichen anzupassen, ohne zugleich die Dichte zu verschlechtern, denn grundsätzlich sind ja zwei Folgen der mechanischen Beanspruchung möglich:

1. Erhöhung der Dichte, damit Zunahme der Gefügefestigkeit,

2. Herabsetzung der Gefügefestigkeit.

Das Verhalten der Dammbaustoffe gegenüber den Energieformen. Wie verhalten sich die Dammbaustoffe gegenüber den verschiedenen Energieformen?

Es lassen sich fünf Wirkungen in mehr oder weniger kombinierter Form auf die verschiedenen Dammbaustoffe feststellen.

a) Die mehr oder weniger plastischen, veränderlichfesten erdigen Schüttstoffe werden zerdrückt, plastisch verformt, durchgeknetet, zusammengepreßt, zerrieben, zerkrümelt, zerquetscht (feinkörnige Erdarten, z. B. Lehm, auch Mischgesteine, wie lehmiger Gehängeschutt, grusreicher Verwitterungslehm u. dgl.) (Abb. 232, 233).

b) Die weichen, feuchten bis nassen, veränderlichfesten Erdarten (Lehm, Ton, Schluffton) weichen aus, bilden gummiartige Massen, gleiten unter dem Gerät zur Seite.

c) Harte, feste und veränderlichfeste Steine werden zertrümmert, zerstoßen, zermalmt, zermahlen, zerkleinert, ohne plastische Verformung und Knetarbeit (z. B. feste und veränderlichfeste Steine).

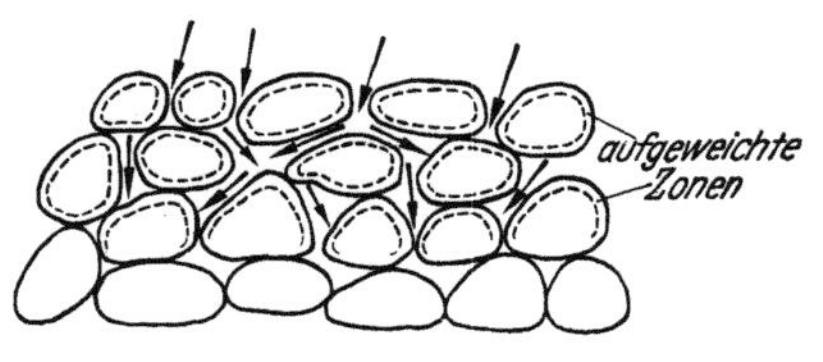

Abb. 232. Lose gelagerte, nicht oder ungenügend verdichtete haftende Bodenschollen. Niederschlagswasser dringt spontan und tief ein und weicht allseitig auf.

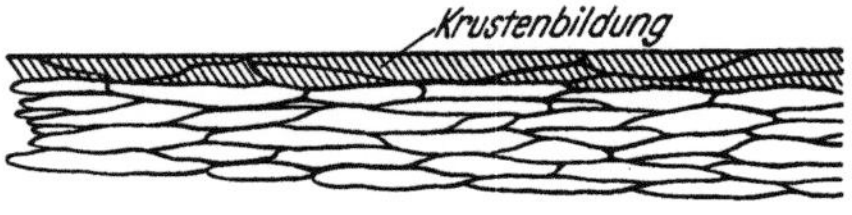

Abb. 233. Völlig breitgedrückte und dicht miteinander verbundene Bodenbrocken nach der Verdichtung. Wasser kann nicht eindringen, oberflächlich bildet sich eine schützende Kruste durch Verengung der Kapillaren. Wasser kann erst langsam nach Erweichen dieser Trockenkruste eindringen, es fließt daher meist ab oder verdunstet ohne Gefahr für diese verdichtete Schüttung.

d) Weiche, feste und vor allem veränderlichfeste Steine und Bodenschollen, z. B. weiche Schiefergesteine, werden zertrümmert, zermalmt und verformt.

e) Kohäsionslose Erdarten (Sand und Kies) werden ausschließlich ohne Kornveränderung bewegt, eingerüttelt, und unter Zunahme der Dichte verdichtet (Abb. 234, 235).

Mit Bezug auf die obengenannten verschiedenen Energieformen lassen sich die Wirkungen der verschieden verdichtenden Kräfte folgendermaßen umreißen:

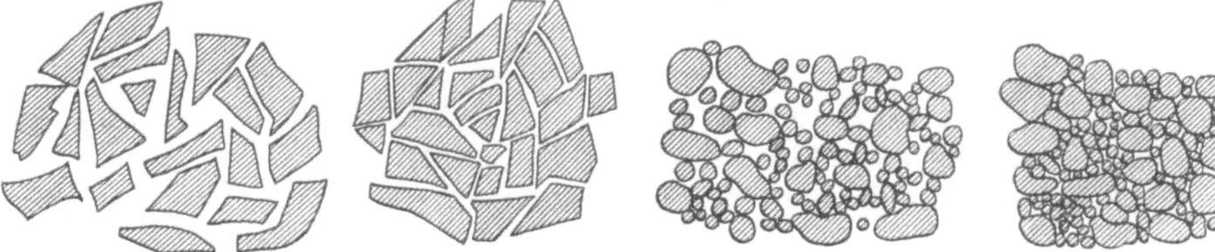

Abb. 234 a u. b. Felsgestein, Flächenberührung mit hoher Scher- und Bruchfestigkeit (fest verzwickt) a unverdichtet, b verdichtet.

Abb. 235 a u. b. Kiessand (Erdart), punktförmige, nicht flächenhafte Verstützung und Berührung der Einzelkörnchen, Scher- und Bruchfestigkeit geringer, a unverdichtet, b verdichtet.

a) Die Wirkung von Druckkraft.

1. Die festen Lockergesteine. Ihre geringe Elastizität, ihre mangelnde Plastizität, ihre hohe Bruchgrenze gerade der feinkörnigen Lockergesteine beschränken die verdichtende Wirkung der Druckkraft als alleinige Wirkkomponente sehr stark. Nach Abb. 236 wird durch die Druckbeanspruchung wohl die innere Spannung in der Schüttung innerhalb des Druckkörperbereiches erhöht, aber keine dichtere Lagerung erreicht. Bei genügender Reibung und auch bei Gewölbewirkung verharren die Teilchen im großen ganzen in der bisherigen lockeren Lagerung, soweit nicht feinere Teilchen seitlich verschoben werden und in die Hohlräume gleiten, dies aber nur unmittelbar unter der Druckfläche. Die zusammenpressende Wirkung ist minimal, Kornzertrümmerung, zumal an den feinkörnigen Sanden und Kiesen, ist nicht vorhanden. Zudem wirkt sich die gute Druckausbreitung durch die sich gegenseitig, wenn auch nur lose, abstützenden Einzelteilchen weitgehend nach den Seiten aus, so daß auch die Tiefenwirkung (Abb. 363, S. 283) sehr rasch abnimmt und wirkungslos bleibt.

Beispiel. Bei einem Staudamm wurden die felsigen Massen aus verwittertem Gneis im Stützkörper in einer 50 cm hohen Schüttung mittels 13 t schwerer Kemna-Vierradwalze verdichtet. Die geringe Verdichtungswirkung ergab

Abb. 236. Harte und spröde feste Gesteine lassen sich durch noch zu hohe Druckkraft beim Dammbau nicht wirkungsvoll zusammendrücken.

sich aus dem hohen Setzungsbetrag, der zum Teil als Setzungssprung zu bewerten ist, von mehr als 4% in diesem Bereich des Dammes. Die Walze hatte glatt versagt.

Denn nimmt man an, ein Walzenkörper belaste einen 1 m langen, nur 10 cm breiten Streifen mit einem spezifischen Bodendruck von 5 kg/cm² — fälschlicherweise bezieht man den im Straßendeckenbau zum Teil geltenden hohen Lineardruck auch auf lockere Schüttungen —, dann ermäßigt sich bei Annahme einer Druckausbreitung unter einem Winkel von 45° der Sohldruck in 10 cm Tiefe auf $^1/_3$, d. h. 1,67 kg/cm². Daß bei einem derartig geringen Druck gerade an den festen Gesteinen mit einem hohen Verformungswiderstand von mehr als 100 bis viele Tausende kg/cm² Selbstsperrung ohne Änderung des labilen Gleichgewichtes in der Schüttung vorherrscht, ist ohne weiteres verständlich. Druckkraft allein kann niemals eine genügende Stabilität an diesen Schüttmassen verursachen.

Da die festen Erdarten je nach der Kornform und Korngröße sehr bewegungsempfindlich sind, werden im neuzeitlichen Dammbau stets die typischen Vertreter der Druckgeräte, die Walzen, in entsprechender Ausführung eingesetzt, die zwar nicht auf die Druckbelastung verzichten, sie aber stets nur als zusätzlich belastende Energieform verwerten, z. B. Rütteldruckgeräte, schwingende Walzen, Schaffußwalzen, Gürtelwalzen (vgl. S. 281ff.).

Geotechnische Folgerungen für den Dammbau. Es ist zwecklos, lose Schüttungen fester Lockergesteine im Bereich von grobstückigen Felsbrocken bis zum Feinsand allein durch Druckenergie zu verdichten. Es ist daher auch nicht wirtschaftlich, diese Verdichtungsform anzuwenden, solange nicht, wie im Deckenbau, abgestimmte Körnungen verwendet werden (wassergebundene Schotterdecke, Asphaltbetondecke usw.).

2. Die veränderlichfesten Gesteine. Die felsigen Schüttmassen. Hier gilt dasselbe wie für die festen Gesteine.

3. Die vorwiegend feinkörnigen Erdmassen. Die Druckkraft durch Walzen ist nur in einem Bereich wirksam und daher geotechnisch vertretbar, der über die plastische Verformung ohne Gefahr eines Fließzustandes, begründet in zu hohem Porenwassergehalt (Porenwasserüberdruck) der verdichteten zusammengedrückten Schüttung, die Verdichtung ermöglicht, ohne eine Gleitgefahr zu verursachen.

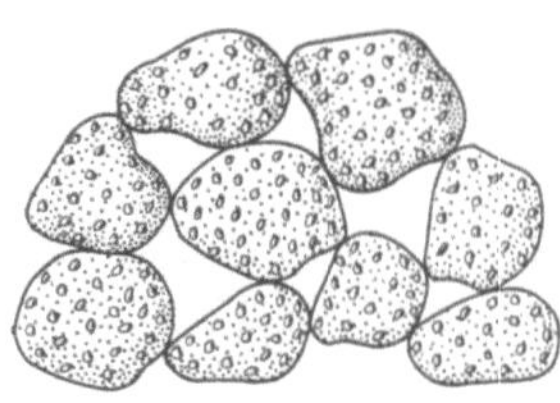

Abb. 237. Sperrige Schüttung von Brocken haftender Lockergesteine mit großen Hohlräumen und feinsten Poren in den Brocken (z. B. Lehm, Lößlehm.)

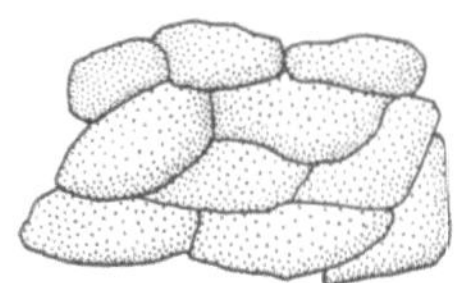

Abb. 238. Völlig dichtes Einzelkorngefüge der haftenden Bodenbrocken nach einwandfreier Verdichtung. Die schädlichen Hohlräume sind vermieden, nur die Kapillaren sind vorhanden und für die innere Verfestigung unbedingt erforderlich.

An diesen Schüttstoffen ist also die Druckkraft, wenn auch unterschiedlich, nach Maßgabe der jeweiligen Größe und Steifeziffer wirksam. Sie verlangt für jede Steifeziffer ein bestimmtes Maß an Druckenergie, ferner ein genau abgestimmtes Verhältnis von fester Stoffgruppe, Luft- und Porenwasseranteil, um bei der bestmöglichen Zusammendrückbarkeit das Höchstmaß an Verdichtung und Stabilisierung durch die dabei vergrößerte Oberflächenenergie (Kapillardruckkraft) zu erzielen.

Folgendes Beispiel möge dies näher erläutern: Abb. 237 zeigt einen Ausschnitt aus einer Schüttung erdfeuchter, loser, aneinanderlagernder Erdschollen. Die feinen Punkte stellen die Poren kapillaren Durchmessers dar, daneben treten als gröbere Poren sog. teilweise auch fälschlich bezeichnete Wurzelröhrchen auf.

Um die oben betonte Kapillardruckkraft als Verdichtungsfaktor auszunutzen, müssen die durch die sperrige Lagerung bedingten großen Hohlräume und auch die sog. Wurzelröhrchen in der Schüttung verschwinden und nur die Poren kapillaren Durchmessers erhalten bleiben (Abb. 238). Diese lassen sich auch niemals durch äußere Kraft beseitigen. Sie sind eine für die Kapillardruckverfestigung unerläßliche Voraussetzung.

Die Bedeutung des Einsatzes von Druckkraft in diesem Falle, oder allgemein gesagt, äußerer verdichtender Kraftmittel beruht allein darin, ein dichtes Gefüge zu schaffen, um die im Stoff vorhandenen, gerade an den veränderlichfesten Stoffteilchen im höchsten Ausmaße vorhandenen latenten Nahkräfte im Sinne einer durch die mechanische Verdichtung ermöglichten hohen dauernden Verfestigung im Schüttgut zur Geltung zu bringen, wodurch die Stabilität ungemein erhöht und gesichert wird.

Voraussetzung für diese günstige und im Dammbau erforderliche Wirkung ist:

1. Eignung der Massen für Druckverfestigung nach Konsistenz (Härte und Wassergehalt).

2. Abstimmen der Druckkraft auf die günstigste, für die homogene Verdichtung zweckmäßige Wirkung.

Beispiele für das Verhalten gegenüber Druckkraft:

1. *Mischgesteine: steiniger Boden, lehmig felsige Massen.* Ausschließliche Druckkraft, z. B. durch glatte Walzen, ist ungenügend. Jedoch in der Anwendung der zermalmenden und knetenden Wirkung der Schaffußwalzen sehr geeignet.

2. *Halbfeste bis feste Bodenschollen.* Wassergehalt unter Ausroll- und Schrumpfgrenze. Glatte Walzen versagen, nur Schaffußwalzen schwerer Ausführung mit Flächendrücken bis 70 kg/cm² und höher können dafür eingesetzt werden.

3. *Felsige Massen.* An ausgesprochen felsigen Massen fester und veränderlichfester Beschaffenheit versagen sämtliche vorwiegend drückenden Geräte: z. B. glatte und Schaffußwalzen.

4. *Weiche, krümelige Erdarten* (schwachbindige lehmige Sande, Löß, Lößlehm, lehmiger Gesteinsgrus usw.). Bei Abstimmen des Schüttgutes auf den optimalen Wassergehalt sind hierfür jede Art von Druckgerät, d. h. alle Walzentypen, zu verwenden.

Geotechnische Folgerungen für die Praxis. Der Wirkungsbereich der glatten Walzen der überwiegend mit Druckwirkung verdichtenden Geräte bleibt auf wenige weiche und leicht zerdrückbare Erdarten beschränkt.

Faustregel: Bodenbröckchen, die sich nicht zwischen den Fingern zerdrücken lassen, warnen vor der ausschließlichen Verwendung von Druckkraft.

b) Die Wirkung der Stoßkraft (dynamische Kraft).

1. Begriffliches. Während beim dynamischen Kräftespiel der abrupte Stoß, die unelastische Stoßwirkung für die Zertrümmerung und auch Verformung von Gesteinsbrocken verwendet wird, wird die kinetische, die Bewegungskraft allein für die bruchlose Umlagerung, d. h. Ortsveränderung und Verlagerung ohne Kornzertrümmerung, jedoch Gefügeveränderung des leicht beweglichen Schüttgutes unter Anwendung meist hochfrequenter Schwingungen eingesetzt.

Jedoch erfahren auch die feinkörnigen festen Erdarten, wie Kies und Sand, keine Zertrümmerung bei dynamischer Beanspruchung, sondern werden nur umgelagert.

Die Veränderung der Massen unter dem Einfluß abrupter Stoßenergie:

Die Massen werden dabei beansprucht auf:

1. Zertrümmerung, Zermalmung, Zerkleinerung (Felsen, Stein).

2. Plastische Verformung: Zerquetschung, Zusammenpressung (Erdschollen) (Abb. 233, S. 170).

3. Erschütterung: Umlagerung, festere Verspannung und Abstützung (Sand, Kies) (Abb. 234, S. 171).

1. Zertrümmerung ist vor allem an den brüchigen, sperrigen, stark zersetzten, mittelharten, felsigen, meist veränderlichfesten Schüttstoffen, wie Schiefer, plattig-tafelig brechenden, wenig bruchfesten Massen erforderlich und auch notwendig (Abb. 239).

2. Elastische Verformung bis zur dichtesten Zusammenpressung wird an den gemischtkörnigen Schüttmassen, aber ebenso an den harten, trockenen Lehmschollen, den steifen und zähen Tonklumpen allein durch diese Energieform erreicht. Keine andere Kraftwirkung ist imstande, gerade die in den Dichtungskörpern erforderliche homogene strukturlose Einheit der verdichteten Massen in diesem Maße zu gewährleisten. Dabei wird neben der sperrigen Lagerung der einzelnen Erdschollen auch das weitporige Krümelgefüge zugunsten eines dichten Einzelkorngefüges beseitigt.

Abb. 239. Brüchiger Phyllitschiefer rechts vor der Verdichtung durch Delmag-Rammen, links nach der wirkungsvollen Verdichtung.

3. Erschütterung mit dem Ergebnis eines festen Kornverbandes wenig oder gar nicht zu zertrümmernder harter Schüttmassen (Felsbrocken bis Feinsand) kann ersatzweise durch diese Energieform dort — wenn auch unter bedeutend ungünstigerem Wirkungsgrad — erzwungen werden, wo die günstiger wirkende Bewegungsenergie nicht zur Verfügung steht. Jedenfalls werden diese Massen im Gegensatz zu früher heute zweckmäßiger durch hochleistungsfähige, neuere, trockenmechanische Verfahren oder auch im Naßverfahren verdichtet. Es kommt an den Felsmassen nicht so sehr auf eine Zertrümmerung als vielmehr auf eine gegenseitige stabile Abstützung an, die aber auch durch andere Energieformen unter geringerem Energieaufwand mit gleich günstigem Ergebnis erreicht werden kann.

2. Anwendungsbereich der Stoßkraft. Stoßkraft wird überall dort angewendet, wo durch andere Energieformen kein stabiles Gleichgewicht auf dem Wege der Verdichtung der Schüttmassen erreicht und gewährleistet werden kann. Bisher vertrat man die Ansicht, die Stoßkraft als universale Verdichtungsenergieform überall mit höchstem Wirkungsgrad anwenden zu können, da sie alle auf S. 170 gekennzeichneten günstigen Veränderungen des labilen Gleichgewichtes in der Schüttung der verschiedensten Massen bewirkt. Heute ist diese Ansicht: die dynamische Energieform = wirksamste Verdichtungsart nicht mehr aufrechtzuerhalten, ihr universeller Geltungsbereich wird dabei nicht berührt, nur eingeschränkt.

Ihre Anwendung erstreckt sich besonders auf folgende Schüttmassen:

a) stark zersetzte, felsige und sperrig sich ablagernde Massen (verwitterter Schiefer mit Lehmgehalt);

b) stark gemischtkörnige Massen: felsige Massen mit starkem Anteil feinkörniger bindiger Erdarten;

c) harte Erdschollen (H_2O-Gehalt meist im Bereich zwischen fester [harter] und halbfester Konsistenz);

d) ausgesprochen felsig-stückige frische Massen als Ersatz von Rütteldruckenergie;

e) grobkörnige feste Erdarten: Talschutt, Kiessand, Moränengerölle und Kiessand als Ersatz für Rüttel- und Rütteldruckenergie.

3. Beispiele. 1. Weiche krümelige Schüttmassen: Löß, Lößlehm, sandiger Lehm lassen sich sehr gut mit dieser Energieform zweckentsprechend verdichten, wenn der Wassergehalt dem optimalen entspricht.

2. Harte, halbfeste Bodenschollen: harte trockene Lehmschollen, zähe, steifplastische Tonschollen sind erfolgreich mit dieser Energieform zu verdichten.

3. Gemischtkörnige Schüttmassen: Gehängeschutt, Verwitterungslehm und -schutt werden erfolgreich nur mit dieser Energieform behandelt, da es hierbei auf die Erzielung einer möglichst dichten erdbetonartigen Masse ankommt.

4. Weiche, sperrige, brüchige, vor allem schiefrige Massen werden zur Erzielung eines dichten und stabilen Gefüges ebenfalls mit dieser Energieform am besten behandelt.

5. Felsige stückige Massen bis einschließlich Feinsand können mit Stoßenergie bei geringem Wirkungsgrad wie mit anderen trocken- und naßmechanischen Verfahren erfolgreich verdichtet werden.

4. Geotechnische Folgerungen für die Praxis. 1. Die Massen werden durch die unelastische Stoßkraft nach Maßgabe des Wirkungsgrades

$$\eta = \frac{m_1}{m_1 + m}$$

m stoßende,
m_1 gestoßene Masse

beansprucht (vgl. S. 215).

2. Diese Beanspruchung ist zur Erzielung des dichtesten Korngefüges an allen wasserempfindlichen Schüttmassen, also allen Erdarten und Gesteinsmassen, notwendig, die einen das physikalische Verhalten bestimmenden Gehalt von wirksamer Stoff- und Korngruppe besitzen, also an allen gemischten lehmigen oder stark zersetzten, veränderlichfesten, felsig-brüchigen Massen.

3. Diese Stoßkraft ist das beste zweckmäßige Mittel, um gerade diese veränderlichen Massen auf die sicherste und beste Weise gleichmäßig und stabil zu verdichten.

c) Die Sprengverdichtung [*129, 402*].

Hinsichtlich der Wirkungsweise, nicht jedoch des technischen Aufwandes, entspricht die Sprengverdichtung der abrupten, der dynamischen Stoßverdichtung.

1. Wesen der Sprengverdichtung. Bei diesem Kräfteeinsatz werden Sprengkörper innerhalb des Dammkörpers zur Entladung gebracht. Die gebildeten Sprenggase suchen sich impulsartig dabei auszudehnen, lockern das Gefüge der umgebenden Dammassen auf und heben schließlich die Massen unter Umständen um mehrere Meter in die Höhe. Unter der Wucht der sich nach dem Gesetz der Schwerkraft setzenden Massen werden die Dammassen und der Untergrund in hohem Grade verdichtet. Die verdichtende Wirkung beruht überwiegend in der Umlagerung und Verformung bei dem unter der Gesamtauflast sich setzenden und leicht beweglichen Massen.

2. Anwendungsbereich (vgl. S. 335): 1. Die Sprengverdichtung empfiehlt sich, fast ausschließlich an leichtbeweglichen, also wasserunempfindlichen, feinkörnigen Schüttmassen, z. B. Sand, Kies, anzuwenden. Trotz der außerordentlich großen (Wucht-) Energie werden nur in beschränktem Bereich des unmittelbaren Sprengkreises eckige, plattige oder plastische Massen zertrümmert oder plastisch verformt.

2. Das Verfahren hat in Verbindung mit dem Torfmoorsprengverfahren, wo es in erster Linie zur Beruhigung des Untergrundes in Anwendung kommt, eine große praktische Bedeutung. Die dabei untrennbar verbundene Sprengverdichtung der auflagernden Sandmassen ist eine sehr zweckdienliche und planmäßig zu lenkende Folgeerscheinung, die auch ohne Untergrundverfestigung allein an Dämmen, auf gutem Baugrund sich auswirken kann.

3. Es scheiden aus: erdig-bindige Massen, veränderlichfeste Mischgesteine, auch felsige, also eckige, sperrige und grobstückige Massen.

4. Es kommt vor allem für hohe Verkehrsdämme in Frage, wo die mechanische Verdichtung im unteren Teil erheblich zugunsten der Sprengverdichtung im oberen Teil zurücktreten kann (vgl. S. 335).

d) Die Wirkung der Rüttelbewegung (kinetische Beanspruchung).

1. Einleitung. Das im Betonbau zur Verdichtung übliche Einrütteln mittels hochfrequenter Schwingungen wird mit gleichem Ziele seit einer Reihe von Jahren zugleich mit großem Erfolge an schwingungsempfindlichen, d. h. leichtbeweglichen, möglichst gedrungenen kohäsionslosen feinkörnigeren Schüttstoffen angewandt. Ohne zusätzliches Bindemittel (Zement) soll und wird allein durch Einregelung der Massen auf den kleinsten Raum mit dem dabei zwangsläufig sich ergebenden dichtesten Gefüge die höchste Scher- und Gefügefestigkeit erreicht, wobei grundsätzlich und bewußt auf eine Kornveränderung oder gar Zertrümmerung verzichtet wird.

2. Begriffliches. Jede leichte, in rascher Aufeinanderfolge ausgelöste Schlag- oder Stoßbewegung beansprucht das Gefüge der lose geschütteten Massen, ohne daß eine Kornzertrümmerung stattfindet (Abb. 240, 241). Im Gegensatz zu den beiden bisher beschriebenen Energieformen werden die einzelnen festen Teilchen des Schüttgutes nicht verändert, nur ihre gegenseitige Lagerungsdichte wird größer.

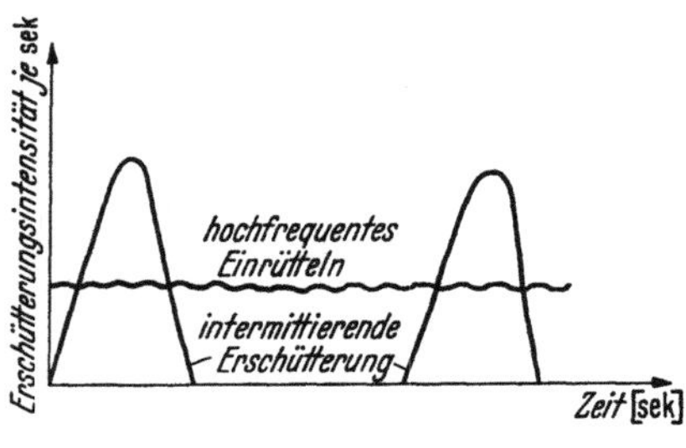

Abb. 240. Schematische Darstellung der Beziehung zwischen Erschütterungsintensität bei intermittierender und harmonischer hochfrequent erfolgender Erschütterung.

3. Wesen der Verdichtung durch Schwingungsenergie. Da die Schwingungsenergie in der Geotechnik des Damm- und im Erdbau immer größere Bedeutung gewinnt, soll an dieser Stelle etwas ausführlicher auf die Vorgänge der Verdichtung und Gefügeverfestigung durch reine Bewegungskraft eingegangen werden.

Die Schwingungen für dieses Bewegungsspiel erfolgen mit 16,7 Hertz (LOSENHAUSEN!). Sie lockern zunächst das Gefüge der Schüttmassen auf. Die Gesteinsteilchen befinden sich dabei anfänglich in einem gewissen Schwebezustand. Die vorübergehende Aufhebung der Reibung ermöglicht ihre Einregelung in die dichteste Kornpackung, wobei jeder weitere Impuls diesen Vorgang unter zunehmender Dämpfung des Bewegungsspieles als Folge der wachsenden Widerstandskraft (Trägheit) der verdichteten Massen dieses Verdichtungsspiel unterstützt und somit beschleunigt. Die ein-

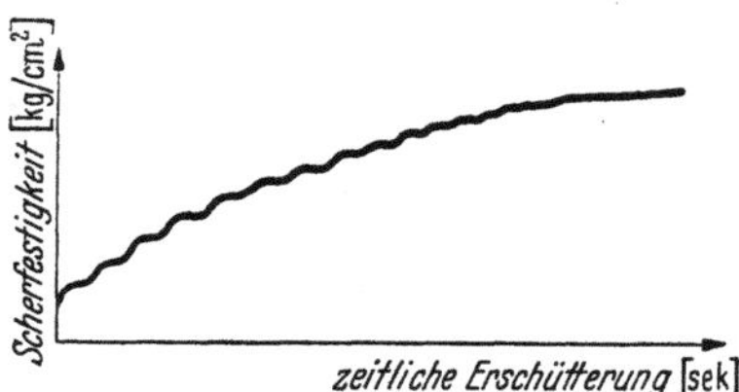

Abb. 241. Beziehung zwischen Zunahme der Scherfestigkeit in einer Schüttung kohäsionsloser Erdarten und ihrer zeitlichen Steigerung durch Rüttelkräfte.

zelnen Körnchen lösen sich aus dem bisherigen Gefügeverband, und das beobachtende Auge nimmt ein Fließen und fortwährendes Gleiten, gewissermaßen Abströmen der Körnchen nach unten wahr. Es hat den Anschein, als ob eine unsichtbare Kraft die leicht beweglichen Erdarten in einen Trichter einsaugt. Die Verdichtung ist dann am größten, wenn die Erregerenergie und die erregte Masse in Resonanz schwingen. Dies ist aber nur zeitlich beschränkt möglich. Dadurch entsteht das dichteste Einzelkorngefüge ohne irgendwelche schädliche Gewölbebildung. Im Gegensatz hierzu nimmt die verfestigende Wirkung der Druck- und Stoßbeanspruchung — bei letzterer etwas weniger — von oben nach unten ab.

4. Anwendungsbereich der kinetischen Kräfte. Diese Energieform empfiehlt sich nur, für den Schüttstoff anzuwenden, an dem das unveränderliche Gefüge des festen Stoffteilchens jeder äußeren Beanspruchung als Bauglied eines Stau- oder Verkehrsdammes vollauf gewachsen ist. Hierfür kommen im wesentlichen nur die festen Lockergesteine, die festen Erdarten, wie Sand und Kies, und die Gerölle, die frischen, unveränderlichfesten, felsigen Schüttmassen in Frage (vgl. S. 230).

Im einzelnen gilt für den Anwendungsbereich:

Festigkeitsanspruch. 1. Zunächst überall dort, wo eine Kornzertrümmerung infolge der hohen Bruchfestigkeit nicht erforderlich ist und ein gegen alle hydrodynamischen Beanspruchungen mehr oder weniger beständiges Material vorliegt.

2. Ferner dort, wo infolge der Kornfeinheit eine Zertrümmerung der Struktur unmöglich ist (feinkörnige Erdarten: Sand, Kies), und

3. schließlich dort, wo die jeweils nach dem technischen Stand der Entwicklung leistungsfähigen Rüttelgeräte vorhanden sind, die durch ihren Einsatz die Gewähr eines stabilen Erdbauwerkes durch die Verdichtung grobstückiger felsiger Massen bieten.

Wenn auch gedrungene gleichkörnige Massen auf die jeweilige Erregerenergie am besten und mit dem größten Wirkungsgrad ansprechen, so können indessen auch kohäsionslose Schüttstoffe mit davon abweichenden Kornformen, z. B. schiefrige, plattige, stückig-kantige Massen, wenn auch nur unter entsprechend höherem Energieaufwand, erfolgreich eingerüttelt werden. Die Erregerenergie, d. h. die einrüttelnde Bewegung, muß imstande sein, die Trägheit der Massen zu überwinden, sie in einen festeren Kornverband einzuregeln, zusammenfließen zu lassen. Dafür sind gedrungene Steine leichter geschaffen als sperrige, plattige, die sich zudem als Folge dieser Bewegung schuppenartig-plattig gegenseitig aneinander einzuordnen suchen, wodurch Flächen geringerer Scherfestigkeit gegenüber solchen höheren Gleitwiderstandes entstehen (Abb. 242, 243).

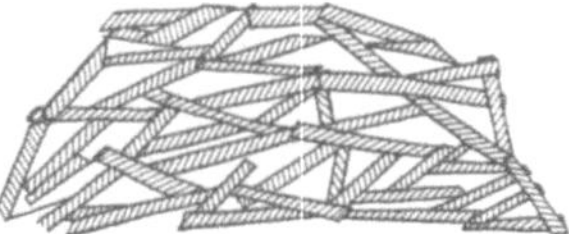

Abb. 242. Schematische Darstellung der sperrigen Anordnung von schiefrig-plattigen Gesteinsteilchen in einer losen Schüttung.

Abb. 243. Schematische Darstellung der schuppigen Einregelung schiefrig-plattiger Gesteinsteilchen durch Rüttelkräfte.

Sie regeln sich — wie die Erfahrung bestätigt hat — senkrecht zur bewegenden Kraft, d. h. horizontal schuppenförmig ein. Soweit jedoch die ausgesprochen feinschichtigen und schiefrig felsigen Massen veränderlichfest sind, beschränkt sich der Anwendungsbereich vor allem auf die festen, und diese sind seltener feinschichtig-dünnschiefrig. Da aber die einzelnen Teilchen in ihren Formen stark abweichen, kann auch dann eine hohe Gleitsicherheit erreicht werden, wenn die Einregelung der Massen zu einer mehr oder weniger schuppigen Anordnung im gesamten Verband der Schüttung führt. Dadurch wird die Scherfestigkeit theoretisch senkrecht höher als in waagerechter Richtung, d. h. verschieden hoch ausfallen. Indessen ist nicht einzusehen, daß bei der unregelmäßigen Größe und den Formen dieser einzelnen Teilchen eine Gefahr für die Gefügefestigkeit des Dammes entstehen sollte, denn unvermeidlich werden sich auch feinere Teilchen in die Lücken zwischen den Stücken mit anderer als der schuppigen Übereinanderfolge einregeln. Diese geben dem Gesamtgefüge Verspannung und hohe Festigkeit.

Die Technik in der neuesten Entwicklung zeigt, daß keine Schwierigkeiten bestehen, alle von den Sanden und Kiesen gleicher Körnung abweichenden festen Gesteine unterschiedlicher Größe erfolgreich einzurütteln.

Je ungleichförmiger die Schüttstoffe (vgl. S. 132) sind, um so dichter kann durch die einrüttelnde Bewegung, durch das Einsaugen und Einregeln der feineren Teilchen in die Lücken zwischen den gröberen Teilchen das Gefüge werden und das Porenvolumen auf Werte unter 25% der dichtesten Packung einer Schüttung aus gleich großen, kugelförmig gedachten Körnern verringert werden.

Der durch diesen Kraftaufwand erzielte hohe Verdichtungsgrad gewährleistet jede Sicherheit gegenüber Gleitbeanspruchungen, auch außergewöhnlicher Art, die daher gerade für sehr setzungsempfindliche Dammbaustellen im Verkehrswesen, z. B. Übergang von Brücke zum Damm (vgl. S. 349), als das beste und zweckmäßigste Verdichtungsverfahren angewendet wird.

e) Die Einrüttelung durch Stoßverdichtung.

Eine ähnliche, jedoch nicht so tiefgreifende und im Wirkungsgrad dem Kraftaufwand nicht entsprechende Verdichtung wird durch die nicht in rascher Aufeinanderfolge, also durch unterbrochene Stoßerregung größerer Intensität,

d. h. bei der dynamischen Beanspruchung, erzielt. Die Massen kehren jedesmal in den Ruhezustand zurück (Abb. 240, S. 176). Diese Unterbrechung der Verdichtung setzt die Verdichtungswirkung stark herab und erfordert einen erheblich größeren Kraftaufwand, weil stets die Reibung der Ruhe zu überwinden ist, ohne zugleich im Endergebnis dem der Rüttelbewegung nur annähernd gleichzukommen. An den leicht beweglichen Sanden wird durch das harmonische Bewegungsspiel das dichteste Gefüge, das höchstmögliche Raumgewicht mit Werten um 2,0 und höher erhalten. Der Erfolg dieses Energieeinsatzes wird im wesentlichen von der Größe, der Dauer und der Art der Erschütterung, der Kornzusammensetzung und der Beweglichkeit der Schüttmassen selbst bestimmt. Bei Anwendung der Bewegungsenergie allein läßt sich eine bleibende Auflockerung an der Oberfläche der Schüttung nicht vermeiden. Sie wird bei kombinierter Kraftanwendung (vgl. S. 180) trocken- und naßmechanisch ausgeschaltet. Die Grenze der Verdichtung liegt in einer Schüttung dort, wo die Wirkung der erzwungenen Schwingungen durch das Gewicht der auflastenden Schüttmassen ausgeglichen wird.

1. Beispiele für Massen. a) *Steine.* Steine aller Größenordnungen bis zu einem Durchmesser von 50 cm und größer können erfolgreich eingerüttelt werden.

b) *Feste Erdarten (Sand, Kies, Schotter).* Diese Massen sind der ideale Dammbaustoff dieser verdichtenden Energieform.

c) *Mischgesteine.* Derartige Erdbaustoffe eignen sich infolge des mehr oder weniger hohen, im allgemeinen aber stark schwankenden Gehalts an wasserempfindlicher wirksamer Substanz (Stoffgruppe: Lehm, Schluffkorn usw.) infolge der hohen Trägheit und infolge der starken Haftfestigkeit oder geringen Beweglichkeit nicht für diese Verdichtungsform. Ein dichtes Einzelkorngefüge ist niemals zu gewährleisten. Dieses ist aber mit Rücksicht auf die Erosionswirkung, insbesondere im Staudammbau, unbedingt erforderlich.

d) *Harte Erdschollen und weiche, krümelige, feinkörnige Erdarten.* An beiden Schüttstoffarten versagt die Rüttelenergie zur Erzielung eines festen Gefüges für Verkehrs- und Staudamm aus gleichem Grunde wie unter c.

2. Geotechnische Folgerungen für den Dammbau. 1. Diese Energieform läßt sich im Verkehrs- und Staudammbau nur dort erfolgreich anwenden, wo leicht bewegliche, wasserunempfindliche Schüttmassen allein durch die Verlagerung in einen festen Gefügeverband gebracht werden können, der jeder Beanspruchung am jeweiligen Bauglied gewachsen ist und somit die Stabilität eines Dammes an den verschiedenen Gliedern entsprechend der jeweiligen Aufgabe gewährleistet.

2. Gleichmäßige Dichte zur Erzielung eines hohen inneren Gefügewiderstandes im Verein mit Wasser (Kapillardruckwirkung) läßt die feinkörnigen Erdarten in besonders hohem Maße für die Anwendung bruchloser Verdichtung geeignet erscheinen.

3. Jedoch scheiden alle erosionsempfindlichen, veränderlichfesten Schüttmassen für diesen Energiebereich aus.

f) Die thermische Beanspruchung.

1. Begriffliches. Unter thermischer Beanspruchung und Verdichtung versteht man die Behandlung der Schüttstoffe durch Wärme. Wärme verändert nur an feinkörnigen, veränderlichfesten Erdarten die Festigkeit, indessen an den kohäsionslosen Erdarten die Dichte. Unter Verlust eines Teiles des Poren- und Haftwassers schrumpfen die haftenden Massen zusammen, und die Kapillardruckverfestigung wird beschleunigt. Die thermische Beanspruchung tritt stets als Begleiterscheinung des Dammbaues bei trockenem, windigem oder warmem Wetter infolge der Verdunstung der dünnlagig eingebauten Massen mit hoher Verdunstungsoberfläche ein und ist z. B. an feucht gewonnenen Massen eine notwendige Begleiterscheinung, um derartige Massen erfolgreich mechanisch zu verdichten. Zum Beispiel wurden im nassen Sommer 1952 an einem Staudamm im Dichtungskörper Massen eingebaut, deren natürlicher Wassergehalt weit über 35% lag. Während des Transportes und Einbaues trockneten die Massen in 20 cm hohen Lagen so weit aus, daß eine Verdichtung mit einem optimalen Wassergehalt von etwa 16 bis 19% ohne weiteres möglich war. Am Staudamm Marmorera (Schweiz) wurden die Massen für den Dichtungskern infolge des ungünstigen Klimas und des hohen Wassergehaltes künstlich getrocknet, eine umständliche und teuere Zubereitung, die z. B. bei Anwendung des Hydratonverfahrens hätte vermieden werden können (vgl. S. 51 ff.).

2. Geotechnische Folgerungen für den Dammbau. Die thermische Behandlung ist an allen zu nassen wasserempfindlichen Erdarten für den Einbau mit dem optimalen Wassergehalt zweckmäßig und auch erfolgreich. Jedoch ist es nicht empfehlenswert, hierfür zusätzliche Geräte zu verwenden, vielmehr liegt die Hauptaufgabe darin, unter zweckentsprechender Ausnützung der Wetterlage die günstigen Voraussetzungen für die verdichtend wirkende Verdunstung, also den thermischen Effekt, der sich in der hohen Kapillardruckwirkung äußert, zu schaffen. Sie ist auch nur an diesen Massen erforderlich, an den kohäsionslosen kann die Austrocknung schädlich sein (vgl. S. 475).

g) Kombinierte Verdichtungsenergie.

Grundsätzlich tritt — wie bereits angedeutet wurde — niemals eine Energieform als verdichtende Kraft allein auf. Stets ist eine andere mehr oder weniger stark beteiligt. Ihre Mitwirkung ist auf jeden Fall dann erwünscht, wenn dadurch ein höherer Wirkungsgrad in der mechanischen Verdichtung erzielt werden kann. Man hat diese kombinierte Wirkung z. B. seit Jahrzehnten in den naßmechanischen Rütteldruckverfahren der Firma J. Keller praktisch verwendet. Bei der trockenmechanischen Verdichtung zeichnen sich aber die Erfolge der kombinierten Anwendung verschiedener Energieformen erst in den letzten Jahren, speziell im Dammbau, ab.

Als Verfahren mit kombinierter Verdichtungsenergie wendet man systematisch Druckenergie und Bewegungsenergie (Schwingungsenergie) an.

Die Wirkung der kombinierten, in selbstbewegenden Geräten (z. B. schwingenden Walzen) und zu bewegenden Geräten (Korbrüttler) angewandten Verfahren beruht in erster Linie in der starken einrüttelnden Bewegung von festen Gesteinsmassen aller Korn- und Stückgrößen, also in der Verdichtung beweglicher und bewegungsempfindlicher Massen mit dem Erfolg, durch die gleichzeitige Druckbelastung die zwangsläufige und den Verdichtungseffekt stark herabmindernde Auflockerung an der Oberfläche der Schüttung der im Erregerkreis befindlichen und erfaßten Massen zu verhindern, somit den Verdichtungseffekt auf eine größtmögliche Stärke des Dammbereiches auszudehnen.

Anwendungsbereich. Im wesentlichen eignen sich dieselben Massen für dieses kombinierte Verdichtungsspiel, die auch durch die reine Schwingungsenergie erfolgreich verdichtet werden können: Steine, Kiese, Sande, also ausschließlich feste, möglichst wenig wasserempfindliche Massen.

Tabelle 25. *Übersicht über die zweckmäßige Verwendung von:*

a) dynamischer (Stoß-) Kraft	b) kinetischer (Bewegungs-) Kraft	c) Rütteldruck
alle verdichtungsfähigen Gesteine bis zu etwa 25 cm Ø, z. B. felsige, plattige, gedrungene usw. Massen	nur feste Lockergesteine von 0,06···50 mm Ø, Geröll, Kies, Sand	feste Gesteine aller Gefügeformen bis zu etwa 60 cm Ø

h) Zusammenfassung für die Geotechnik des Dammbaues.

Das verschiedene mechanische Verhalten der verschiedenen Dammbaustoffe verlangt eine verschiedene Behandlung dieser Schüttstoffe, die niemals allein durch das gerade zur Verfügung stehende Gerät erzwungen werden kann. Auch hier gilt es, die Schwächen der Schüttmassen, dieses so verschiedenartigen Werkstoffes, geschickt auszunutzen und sie durch zweckentsprechende mechanische Behandlung auszumerzen, um ein stabiles Gefüge für den Verkehrsdamm und Staudamm zu erzielen.

Bewegungskraft sollte daher nur dort eingesetzt werden, wo eine Kornzertrümmerung unzweckmäßig ist, da sie die Verdichtungsenergie und deren Tiefenwirkung stark herabsetzt, Stoßkraft vornehmlich dort, wo ein dichtes Gefüge nur durch abrupte plastische Verformung und Zertrümmerung der verschiedenen Massen notwendig ist, Druckbeanspruchung auf nur leicht zusammendrückbare, erdige Massen beschränkt werden.

2. Die naßmechanische Beanspruchung.

Wasser begünstigt die Verdichtung feinkörniger fester Erdarten im Bereich kapillarer Porenbildung. Die verdichtende Wirkung kann ohne oder unter Einsatz zusätzlicher mechanischer Kraft folgendermaßen erreicht werden [*173, 437*]:

    a) statisch (Druckwirkung),
    b) bewegend (Umlagerung),
    c) statisch-kinetisch mit mechanischen Hilfsmitteln.

a) Die statische Wirkung des Wassers. (Das Einsümpfen.)

Benäßt man eine Schüttung loser fester Erdarten mit einem Wasserstrahl, dann sickert dies rasch ein und fließt nach unten ab. Infolge der Schleppkraft des senkrecht durchsickernden Wassers werden vornehmlich die feineren Teilchen mitgerissen und in den größeren Poren nahe der Oberfläche unter Verstopfung dieser feinen und feineren Hohlräume abgesetzt. Darin beruht die in Umlagerung beruhende Verdichtung. Die Massen werden nur in sehr geringem Maße und vor allem an der Oberfläche umgelagert, verdichtet. Als Verdichtungsdruck wirkt indessen zusätzlich zum Auflagedruck der Kapillardruck. In den Teilen, in denen er allein wirksam ist, herrscht ausschließlich „statische Druckwirkung".

Die Stabilität, die sich in der Zunahme der Scherfestigkeit ausdrückt, wird von der Größe der spezifischen Kernoberfläche (Berührungsdichte und Kornfeinheit) beeinflußt und ist um so größer, je feiner und zugleich ungleichmäßiger die Kornverteilungskurve und je dichter das Korngefüge in der Schüttung ist.

Die Scherfestigkeit wird außerdem durch den wirksamen Kapillardruck, also den optimalen Wassergehalt (unterhalb des Sättigungsgrades), den hydrodynamischen Vorgang der Durchsickerung, das Strömungsdruckgefälle, und den zeitlichen Verlauf der Versickerung beeinflußt. Schließlich wirkt noch die Gewichtszunahme des versickernden Wassers als verfestigende Einflußgröße. Der zusammenpressende und belastende Druck sinkt auf einen konstanten, dem effektiven Kapillardruck entsprechenden Wert herab, sobald der Strömungsvorgang abgeschlossen ist.

Geotechnische Folgerungen für den Dammbau. 1. Das Verfahren ist nur beschränkt anwendbar und nur auf feine Körnungen fester Erdarten mit einem Mindestmaß kapillarer Wirksamkeit: Sande!

2. Es findet Anwendung, um Auflockerungen leicht beweglicher Massen an und in der Nähe der Oberfläche bei mechanischer Verdichtung zu verhindern und zu dämpfen.

3. Für besonders sorgfältig zu verdichtende Dammglieder genügt dieses Verfahren, das als Einsümpfen in der Praxis bekannt ist, nicht. Es hat daher allein kaum noch Bedeutung.

b) Die kinetische Wasserwirkung. (Das Einspülverfahren.)

Bei diesem naßmechanischen Kräftespiel handelt es sich weniger um einen senkrechten als vorherrschend horizontalen Strömungsvorgang und Einfluß gespannten, also Druckwassers, auf ausschließlich feinkörnige feste Erdarten, wie Sand und Kiessand.

Erst nach Beendigung der Strömungsenergie wird das Kräftespiel zum Einsümpfen, wobei sich die oben beschriebenen Vorgänge abzeichnen. Da jedoch der Wasserzusatz sehr hoch ist und auch die Druckbeanspruchung stark ist, die Strömung also unter relativ hoher Geschwindigkeit stattfindet, ist auch dann noch eine stärkere Umlagerung als bei dem mit geringerem Druck erfolgenden Einsümpfen gegeben.

Wesen der kinetischen Wasserwirkung. Die Massen schwimmen im Wasserstrom. Die Reibung wird durch Auftrieb aufgehoben. Die Massen können sich in die dichteste Packung am Ablagerungsort erst dann einregeln, wenn die Auftriebskraft in einen Sogstrom verwandelt wird. Die Massen werden mehr oder weniger schichtig abgelagert, so daß in jedem Niveau des Dammes eine gleich hohe Dichte und Scherfestigkeit erreicht wird. Die kinetische Zugkraft und Einregelungsgeschwindigkeit hängt von der Strömungsgeschwindigkeit, von der Beweglichkeit der Massen, vom Verhältnis von Wasser zur festen Stoffgruppe, ferner dem Druckgefälle, der Kornzusammensetzung und -feinheit und schließlich dem Ablagerungsweg — Neigung und Entfernung — ab (Abb. 48 bis 50, S. 29). Die Stabilisierung des inneren Gleichgewichtes wird in doppelter Weise erreicht und angestrebt. Durch:

1. die horizontale Verfrachtung, das Abfließen der Massen von der Kippe zum Ablagerungsort im Damm,

2. die Einsümpfung der Massen am Ort der Ablagerung, den Sogstrom.

Die kombinierte Wirkung und der hervorragende Anteil des Bewegungsspiels auf die Umlagerung und Einregelung ist das Entscheidende für die wirkungsvollere Verdichtung. Dieses Kräftespiel ist dem des Einsümpfens überlegen.

c) Die hydrodynamische Wirkung (dynamische Druckstrahlwirkung).

Als weiterer Fortschritt in der Ausschöpfung der Verdichtungsmöglichkeiten von Schüttungen ohne trockenmechanischen Kraftaufwand gewinnt das Druckstrahlverfahren an wachsender Bedeutung, insbesondere bei der Anlage und Verdichtung von Staudämmen aus felsigen Massen.

Wesen der Druckstrahlverdichtung. Im Gegensatz zum kinetischen, auf dem Verfrachtungswege sich abzeichnenden Verdichtungsspiel werden die Massen an Ort und Stelle, also am Einbauort im Damm selbst, einem starken Druckwasserstrahl von mehreren (5 bis 10 atü) Druck ausgesetzt. Es ist somit die Fortentwicklung des statischen Druckwasserverfahrens, des Einsümpfens, unter erheblicher Steigerung der Druckenergie des Wassers, des hydrostatischen Gefälles und der hydrodynamischen Wirkung. Durch dieses Verfahren können auch felsige Massen umgelagert werden.

Unter erheblicher Steigerung des hydrodynamischen Gefälles und unter gleichzeitiger Beschränkung dieses Kräftespieles auf in Absätzen von mehreren Metern erfolgende Dammlagen wird an Staudämmen die nach dem Einstau zu erwartende geringere Strömungsenergie auf die felsigen Massen vorweggenommen. Dadurch wird — ebenfalls auf dem Wege der Einschlämmung, der Verdichtung — eine höhere Stabilität erreicht, als sie durch das Einsümpfen — das an den gröberen Körnungen wirkungslos ist — erzielt werden kann. Setzungssprünge, wie sie am St.-Gabriel-Damm auftraten und hier zur Beschädigung der Betonaußendichtung führten, werden dadurch vermieden. Dieser Energieaufwand nimmt dabei auch das umlagernde Spiel des durchsickernden Wassers vorweg und gewährleistet durch die erhöhte Vorbelastung eine weitgehende Stabilisierung und Stabilität, denn auch die durch die wachsende Dammauflast sich abzeichnenden, in der Zerberstung von Gesteinsbrocken und in der Zusammenpressung dieser Teile beruhenden Setzungen werden weitgehend ausgeschaltet, wobei der wesentliche Vorteil des Kräftespieles auf Verzicht umständlicher mechanischer Kräftemittel beruht.

Durch die hohe Druckenergie und Strömungskraft des Wassers werden selbst Felsbrocken umgelagert und gröbere Massen in die Hohlräume zwischen ihnen eingespült. Der Wirkungsbereich erstreckt sich vor allem auf grobstückige feste, felsige Massen. Ebenso sollen Löß und Lößlehm zur Verhinderung von erheblichen Setzungssprüngen in möglichst feuchtem Zustand in Staudämme eingebaut werden (vgl. Abb. 344, S. 256).

Da der Druckstrahl linear und auf die Schüttung punktförmig, nicht flächenartig wie beim Einspülen auftrifft, findet die größtmögliche Konzentration von Wasserdruck und Strömungsenergie, also bewegender, verfrachtender und umlagernder Energie statt. Diesem konzentrierten Kraftangriff halten selbst größere Brocken nicht stand und werden je nach dem Grad des losen Gefüges der unverdichteten Schüttung durch Umlagerung und Zerstörung von labilen Gewölbebildungen, durch Einspülen der leicht zu verfrachtenden Gesteinsteilchen aufs wirkungsvollste verdichtet. Durch das „Bestreichen" der oft mehrere Meter hohen Schüttungen von Punkt zu Punkt wird nicht nur eine gleichmäßige Flächen-, sondern eine hohe gleichmäßige Tiefenwirkung erreicht.

Eine Aufbereitung in verschiedene Körnungen, also eine Entmischung der verschiedenen Körnungen und Trennung in verschiedene Kornklassen, wie sie beim kinetischen Bewegungsspiel eine latente Gefahr bei zu großer Entfernung zwischen Kippe und Damm, ferner bei zu großer Wasserzugabe oder zu geringer Strömungsgeschwindigkeit und zu großer Kornverschiedenheit besteht, ist nicht möglich. Die im losen Gefüge im Damm vorhandenen Massen erfahren die größtmögliche Verdichtung, wie sie nur noch durch kombinierten naßmechanischen Energieaufwand übertroffen werden kann.

Anwendung. *Schüttmaterial.* In erster Linie grobstückige, eckige, kantige, auch sperrige Felsmassen wenig oder wasserunempfindlicher Beschaffenheit. Wirksamer Ersatz mechanischer Verdichtungsspiele.

d) Zusammenfassung für die Geotechnik des Dammbaues.

Der Erfolg dieser drei Naßverfahren wird wesentlich durch die Vorflutverhältnisse beeinflußt. Ungehinderte, rasche Entwässerung ist daher eine wesentliche Voraussetzung für das reibungslose Gelingen dieses Energieaufwandes.

3. Die naßmechanische Verdichtung (Wasser und zusätzliche mechanische Kräfte).

a) Prinzip.

Diese Verdichtung stützt sich ebenso wie der bisherige Energieeinsatz des Wassers auf die Tatsache, daß die Massen selten durch mechanisches Energiespiel allein wirkungsvoll verdichtet werden können. Wie die „Naßverfahren" ausschließlich das Bewegungsspiel für die Verdichtung verwenden, verzichtet dieser Kraftaufwand ebenfalls grundsätzlich auf die Zertrümmerung der Gesteinsteilchen, also auf die Veränderung der vorhandenen Kornstrukturen. Dies ist überall dort zweckmäßig, wo eine Zertrümmerung nicht möglich ist (feinkörnige, feste Erdarten) oder eine Zertrümmerung keinen technisch-wirtschaftlich vertretbaren Verdichtungseffekt gewährleistet. Daher wird die naßmechanische Kraft dort ausgenützt, wo

1. die günstigsten Voraussetzungen in der leichten Beweglichkeit, Umlagerungsfähigkeit und Einregelung der vorwiegend gedrungenen rundlichen, also feinkörnigen Massen bestehen, wo

2. die mechanische zusätzliche Kraft die Gewähr eines höheren Verdichtungserfolges verbürgt.

3. Das Verfahren ist dort notwendig, wo die geringste Veränderung des Gefüges nach dem Einbau verhindert werden muß (Dammanschlüsse an Bauwerke im Verkehrsdammbau).

b) Arten der Bewegungsspiele.

Es sind folgende drei verschiedene naßmechanische Bewegungsspiele möglich:

1. Wasser fließt stationär von oben durch die Schüttung, eine zusätzliche Kraft bewegt die Massen gleichförmig durch hochfrequentes Einrütteln oder ungleichförmig von oben aus.

2. Die bewegende Kraft wirkt von oben, Wasser im Gegenstrom zur von oben ausstrahlenden Energie von unten.

3. Mechanische Kraft und Wasser wirken vereint in beliebiger Lage in der Schüttung.

1. Wasser dämpft die Auflockerung der kohäsionslosen Erdarten an der Oberfläche der Schüttung und vergrößert die einregelnde Wasserkraft des durchsickernden Wassers in den in leichter Bewegung befindlichen Massen. Gegenüber der trockenmechanischen Einregelung wirken die verspannenden und verfestigenden Kapillardruckkräfte und die die Verdichtung beschleunigenden, durchfließenden Wasserfäden.

Meniskuskraft (Kapillarkraft) gegen die freie Oberfläche und in den Poren in der Schüttung verspannen die fest eingerüttelten Massen.

2. Der aufsteigende Wasserstrom beschleunigt die Einregelung und ermöglicht die größere gleichmäßige Tiefenwirkung der kombinierten Verdichtung. Der Trägheitswiderstand der Massen wächst nicht von oben nach unten, wie unter 1., sondern von unten nach oben. Dadurch wird die Einrüttelarbeit erleichtert. Die Verdichtung ähnelt einem von unten nach oben fortschreitenden Setzungsprozeß, wie er z. B. bei der Aufbereitung durch die naßmechanische Trennung eine wichtige Rolle spielt. Dieses Verfahren ist technisch schwer zu lösen.

Die stärkste Ortsveränderung und damit Verdichtung wird am jeweiligen Angriffspunkt der verbundenen Energiewirkung erreicht. Sie ist in den tieferen Lagen mit gleichem Erfolg wie in der Nähe der Oberfläche möglich. Die neuere Technik ermöglicht den Einsatz an jedem beliebigen Punkt im Damm und kommt damit dem Ziel der gleichmäßigen und setzungsfreien Verdichtungsmöglichkeit im gesamten Damm aus diesen Massen sehr nahe. Sie ist gerade an den leicht beweglichen Massen *das* praktisch erprobte, beste, die höchstmögliche „setzungsfreie" Verdichtung verbürgende Verfahren.

c) Einzelheiten der Vorgänge und Wirkung.

Je dichter sich im Verlauf der Erschütterung die Massen einregeln, um so größer ist der Kraftaufwand, um die Trägheit der Massen zu überwinden

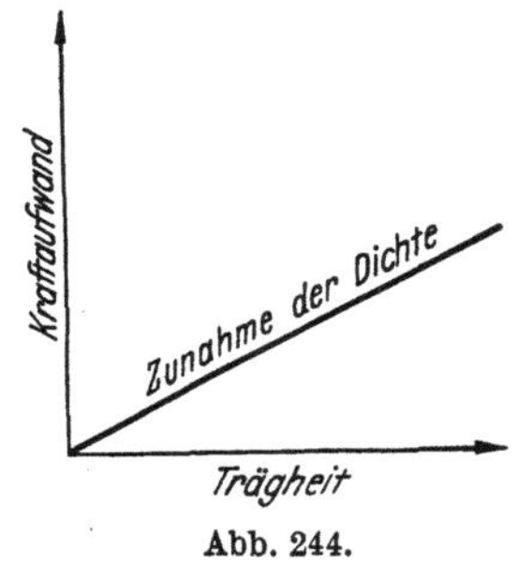

Abb. 244.

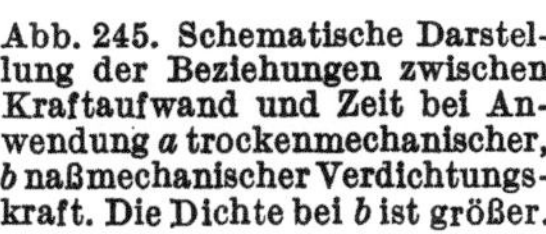

Abb. 244. Schematische Darstellung der Beziehungen zwischen Kraftaufwand und Trägheit in einer Schüttung mit wachsender Verdichtung.

Abb. 245. Schematische Darstellung der Beziehungen zwischen Kraftaufwand und Zeit bei Anwendung *a* trockenmechanischer, *b* naßmechanischer Verdichtungskraft. Die Dichte bei *b* ist größer.

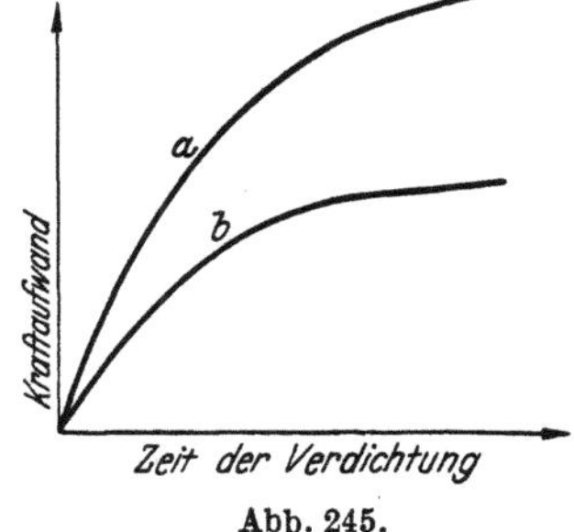

Abb. 245.

(Abb. 244). Gemessen an dem trockenmechanischen Kräftespiel vollzieht sich an gleicher Masse dieser verfestigte Vorgang erheblich rascher und intensiver in der Wirkung (Abb. 245). Die dichteste Packung entspricht dem optimalen Wassergehalt und dem größten Wert an Oberflächenspannung, damit dem größten Scherfestigkeitswert.

d) Anwendungsbereich.

In erster Linie wiederum nur an feinen, festen Erdarten: Sanden, Kiesen usw.

Der Wirkungsgrad ist bei rhythmisch erregten Schüttungen größer als bei stoßweisen, d. h. zeitlich unterbrochenen Bewegungen.

e) Geotechnische Folgerungen für den Dammbau.

1. Wasser kann allein nur unter Anwendung der Druckstrahlenenergie jene hohe Verdichtung an festen felsigen Massen erreichen, die im gleichen oder ähnlichen Umfange durch mechanische oder durch Verbundwirkung von Wasser mit mechanischer Energie erreicht werden kann.

2. Wasser ist ein notwendiges Hilfsmittel in der Entfaltung der Kapillardruckkraft, wie sie im „optimalen Wassergehalt" an den feinkörnigen, veränderlichfesten Erdarten unentbehrlich ist.

3. Wasser beschleunigt im Verein mit mechanischer die dichteste, bruchlose Einregelung fördernde Druck- (Druckstahl-), Stoß- oder vibrierende Bewegungsenergie, die Verdichtung an allen gröberen festen Erd- und Felsmassen.

4. Die alleinige Anwendung im sog. Einsümpf-, weniger im Einspülverfahren ist durch die neuere technische Entwicklung weitgehend überholt, wird indessen im Saugbaggerverfahren zum Massentransport größten Stils in der hydraulischen Einbauweise für Staudämme noch angewandt (vgl. S. 339).

5. Der Erfolg dieses naß- oder naßmechanischen Einbaues wird durch die Durchlässigkeit, die Vorflut- und den Wirkungsgrad durch die Kosten für die Wasserhaltung wesentlich bestimmt.

6. Zur höchstmöglichen, praktisch setzungsfreien Verdichtung feinkörniger, fester Erdarten ist der kombinierte naßmechanische Energieeinsatz unentbehrlich (vgl. S. 349).

7. Veränderlichfeste Erdarten eignen sich keinesfalls für diese naß- oder naßmechanischen Verdichtungsarten. Nur im beschränkten Umfange sind sie für die veränderlichfesten Felsarten geeignet, da durch die Wassereinwirkung die Zerfallserscheinungen die erstrebte Verfestigung schädigen oder gar in Frage stellen.

5. Abschnitt.

Die Grundlagen der Dammbauorganisation.

Allgemeines
[27, 123, 170, 193, 255, 260, 269, 303, 403, 467, 468].

Die Zielsetzung der neuzeitlichen Geotechnik im Dammbau, absolut stabile und den verschiedenen Ansprüchen gewachsene Erdbauwerke zu errichten, die

1. im Verkehrswesen hochempfindliche Decken kurzfristig auf setzungsfreiem Unterbau aufzulegen gestatten,

2. im Staudammbau die Gewähr absoluter Standfestigkeit, Erosionssicherheit und Gleitsicherheit verbürgen,

3. die Verwendung sämtlicher nicht wasserlöslicher anorganischer Erdbaustoffe als Baumaterial erlauben,

begründet in engstem Zusammenhang mit den Fortschritten der Erdbaumechanik bei verfeinerter und spezialisierter Dammbautechnik die richtunggebenden Grundlagen der Dammbauorganisation, die als wesentlich vertragsbildende Teile jeder Bauausführung zugrunde gelegt werden müssen, um Auftraggeber und Auftragnehmer vor Entschädigungsansprüchen beider Teile zu schützen.

Insofern ist, wie im Kunstbau, auch hier der Weg zum Kunstbauwerk beschritten, bei dem jede Einzelleistung, angefangen von der Qualität und Behandlung der verschiedenen Erdbaustoffe bis zur Lösung aller geotechnischen Spezialaufgaben, genau fixiert und vertraglich geregelt ist. Diese Organisation stellt nach den Konstruktionsaufgaben und stofflichen Fragen den 2. Pfeiler der neuzeitlichen erfolgreichen Geotechnik im Dammbau dar. Während im letzten Abschnitt die Wechselbeziehungen zwischen Kraft und Stoff behandelt wurden, besteht die Aufgabe der Dammbauorganisation von der Gewinnung bis zum Einbau mit Verdichtung darin, die Voraussetzungen des besten Wirkungsgrades in diesem Zusammenspiel zwischen Stoff und Kraft zu gewährleisten. Der Erfolg dieser Organisation spiegelt sich schließlich in den Ergebnissen der Baukontrolle wider.

Die Dammbauorganisation beschäftigt sich vor allem mit zwei Fragen:

1. den materiellen des Baustoffes und

2. den betriebstechnischen der Gewinnung, Massenverteilung, Fördertechnik, Einbau und Verdichtung.

Die dabei notwendige Kontrolle ist die zwangsläufige Folge eines planmäßig geleiteten Dammbaues und bezweckt die reibungslose Gewähr für die Durchführung der organisatorischen Maßnahmen. Die planmäßige Überwachung der einzelnen Arbeitsvorgänge: Gewinnung, Förderung, Einbau und Verdichtung der Massen, ist eine wesentliche Neuerung des neuzeitlichen Dammbaues. Sie entspricht durchaus den Gepflogenheiten des sonstigen Bauwesens.

In den USA verwendet man 10 m³-Bagger und belädt damit z. B. 18 m³-Euclidwagen. Wenn keine großen Steine vorhanden sind, werden Flachbagger (z. B. Tournapull) eingesetzt. In Deutschland sind Bagger von ³/₄ bis 2 m³ gebräuchlich.

1. Die Gewinnung der Massen.

Bereits hier zeigt sich die Auswirkung einer neuzeitlichen Geotechnik im Dammbau.

Beispiel. Verschiedenartige Massen: z. B. Sand oder Lehm über Felsschutt, sind getrennt zu gewinnen, da sie Baustoffe verschiedener Wertigkeit und Eignung für die einzelnen Dammglieder bilden. Unter Umständen müssen Flach- oder Greifbagger diese Erdarten vor der eigentlichen Gewinnung der nur durch erschwerte Baggerarbeit oder nach Auflockerung durch Sprengung zu gewinnenden Felsmassen abräumen. Für diese Arbeiten gewinnen die Universalbagger wachsende Bedeutung.

a) Der Universalbagger [*334, 442*].

Als *Universalbagger* bezeichnet man Raupenbandbagger, die schnell in verschiedene Maschinen umgebaut werden können. Zum Antrieb eines solchen Baggers dient entweder eine Dampfmaschine oder ein Benzin-, Diesel- oder Elektromotor, die meistens gegeneinander austauschbar sind. Die Arbeitsgeräte, welche den verschiedenen Maschinen auch die ihnen charakteristische Bezeichnung geben, sind die:

Bezeichnung Bodenklasse	Hackboden		Stichboden	
	I sehr locker (leichter Boden)	II locker	III bindig (mittlerer Boden)	IV gebräch
VOB DIN 1962	b		c	
Lösegerät	Schöpf- gerät, Schaufel u. Spaten	Keile und Schlägel, Schaufel, Spaten	Breithacke, Keile und Schlägel	Spitzhacke, Kreuzhacke, Brecheisen, (Geißfuß), Keile
Bodenart	Schlamm- boden, Mutter- boden Sand u. Kies ohne Lehm	Lehmsand, Humuston und Seeton, lehmiger Kies	Schwerer Ton u. Lehm, Letten, Mer- gel, lehmiger Ton und Gerölle	Weiche Sendsteine, Trümmer- gestein und grobes Gerölle
Böschungsverhältnisse { Einschnitt. . . .	1 : 1,5	1 : 1,5	1 : 1,25	1,25
Damm	1 : 2 (1,5)	1 : 2 (1,5)	1 : 1,5	1 : 1,5
Gewinnungsfestigkeit mkg/m³	10000	15000	20000	26000
Relative Gewinnungsfestigkeit	1	1,5	2	2,5
Raummetergewicht für 1 m³ Abtrag				
erdfeucht	1,5	1,6	1,8	1,8
gestampft	1,65	1,7	1,9	—
naß	1,85	1,9	2,1	2,0
1 m³ Abtragsmasse erfordert an Raum im				
Fördergefäß	1,1	1,2	1,25	1,3
1 m³ Abtragsmasse ergibt einen bleibenden				
Rauminhalt in der Aufschüttung . . .	1,03	1,035	1,05	1,075
Durchschnittsleistung eines Arbeiters in				
m³/Std. für Lösen				
geübt	1,5	0,9	0,7	0,4
ungeübt	0,5	0,35	0,25	0,15
Durchschnittsleistung eines Arbeiters in				
m³/Std. für Laden oder Werfen				
geübt	1,6	1,0	1,6	1,3
ungeübt	0,55	0,4	0,55	0,4
Durchschnittsleistung eines Arbeiters in				
m³/Std. für Lösen und Laden				
geübt	1,0	0,8	0,65	0,40
ungeübt	0,30	0,25	0,20	0,15
Leistung in m³ für Handschachtbetriebe				
(1 Schachtmeister, 30 Mann) je Std. .	30	24	20	12
Leistungsfähigkeit in m³ eines Löffelbaggers				
(2 m³ Löffelinhalt) je Gesamtbetriebs-				
stunde (5000 m³) (1 Baggermeister, 1 Löf-				
felführer, 1 Heizer und 6 Mann) . . .	90	75	55	35
Leistungsfähigkeit in m³ eines Eimerbaggers				
(250 l) je Gesamtbetriebsstunde (15000 m),				
1 Baggermeister, 1 Maschinist, 1 Heizer,				
1 Schachtmeister, 26 Mann	200	150	100	—
Leistung in m³ einer Kippmannschaft von				
10 Mann je Std.	60	50	30	20
Bohrlochtiefe für 1 m³ Fels	—	—	—	—
Stundenverbrauch für 1 m³ Fels	—	—	—	—
Dynamitbedarf für 1 m³	—	—	—	—
Sprengkapselverbrauch für 1 m³ Fels . . .	—	—	—	—
Zündschnurverbrauch für 1 m³ Fels . . .	—	—	—	—

Brech- und Sprengboden			Bemerkungen
V fester Boden	VI fest	VII sehr fest	
		Fels	
d	e		= Schlammboden
Brecheisen, Treibkeile, Spitzhacke, Bohrung und Sprengmittel	Handbohrer o. Bohrmaschine u. Sprengmittel, Keile	nur Handbohrer Bohrmasch. mit Sprengmittel	1. Eimerkettenbagger für Bodenart I-III 2. Löffelbagger für Bodenart I-VII
Gebrächer Fels in Bänken geringer Mächtigkeit	Fester Felsen aus Sedimentgestein, Findlinge	Fester Felsen aus Erstarrungs- und Ergußgestein	Bodenuntersuchung: 1. Durch Aufschlüsse aus geologischen Karten, Steinbrüche, Flußufer und Brunnen 2. Durch Schürfgruben und Schlitze 3. Durch Bohrungen 4. Durch Schürfregister und geologische Längs- und Querprofile
1 : 1,00 (1,25)	1 : 0,50	1 : 0,50	Lose, dem Wasser ausgesetzte Bodenarten 1 : 3 ⋯ 1 : 4
1 : 1,5	1 : 0,75	1 : 0,75	bis zur Hochwassergrenze, dann Berme 1 m breit,
	f. Packung	f. Packung	auch zwischen Dammfuß und Grabenkante
	1 : 0,50	1 : 0,50	Profilierungsarbeiten: 162 ⋯ 164
70000	100000	150000	Ton mit 22⋯30 % Wassergeh. größte Gew.-Festigkeit
7	10	15	Mergel und Lehm mit 18 % Wassergehalt größte Gew.-Festigkeit
2,2	2,5	2,8	
—	—	—	$\text{Hohlräume} = 1 - \dfrac{\text{Raummetergew. (eingerüttelt)}}{\text{Raumgew. (gewachsen)}} \cdot 100$
2,7	2,8	3,0	
1,35	1,4	1,5	= Anfängliche Auflockerung Für die Massenberechnung:
1,1	1,12	1,15	Dammasse = Abtragsmasse + bleibende Auflockerung
0,2	0,2	0,10	
0,1	0,07	0,03	bei erdfeuchter oder trockener Bodenart
1,0	1,0	1,0	Zuschlag für Laden in hohe Gefäße = 50 %
0,3	0,30	0,30	Zuschlag für nassen Boden = 25 %
0,25	0,15	0,10	
0,10	—	—	Ladehöhe 2 m
			einschl. Böschungsplanie (3 ⋯ 5 m² = 1 Arbeitsstunde)
7	—	—	und Anlage der Seitengräben (1 lfd. m = 1 Arbeitsstunde)
			Spurweite des Fahrgleises 90 cm, Wageninhalt = 2 bis 4 m³, Kippen je Wagen = 1,5 ⋯ 2 min, Fahrgeschwindigkeit = 12 km/Std., Umsetzen auf Kippe
24	22	19	und am Bagger = 3 min, Kohlen- und Wasserfassen = 10 min
			Einfache Seiten- und Stufenbaggerung; Transport: 1 Führer, 1 Heizer, 1 Bremser und 4 Gleisrichter
—	—	—	je Transportzug
15	10	10	Dammkippe, 1 Arbeiter verteilt 3,3 m³/Std.
0,38 ⋯ 0,8	0,5 ⋯ 1,6	1 ⋯ 2,5	Meißelschneidebreite: 0,3 ⋯ 0,8 m = 42/37/32 mm
2 ⋯ 3	3 ⋯ 5	3 ⋯ 5	Masch.-Betrieb mit Bohrhämmern und Freifallbohrer
0,10 ⋯ 0,20	0,20 ⋯ 0,30	0,25 ⋯ 0,4	kg siehe auch Ziff. 5 und 162 ⋯ 169
0,4	0,6	0,6	Stück
0,50	0,70	1,00	m Schärfen für 1 Stück Bohrer = $^1/_2$ Lohnstunde

a) Hochlöffelbagger-Einrichtung,
b) Greifbagger-Einrichtung,
c) Schürfkübelbagger- (oder Eimerseilbagger-) Einrichtung,
d) Tieflöffelbagger-Einrichtung,
e) Planierlöffelbagger-Einrichtung,

f) Kran-Einrichtung,
g) Ramm-Einrichtung,
h) Stampfer-Einrichtung,
i) Schrapper-Einrichtung und
k) Wippgreifbagger-Einrichtung.

Getrennte Gewinnung hat meist getrennten Einbau zur Folge. Die Gewinnung wasserempfindlicher Erdbaustoffe verlangt deren restlose Verladung, beschleunigten Abtransport und Einbau. Es entspricht dem wissenschaftlich-technischen Fortschritt im Sinne der Zumutbarkeit, daß jeder Bauausführende sich über die Folgen einer unsachgemäßen Gewinnung und Abförderung derartiger Massen mit dem Ergebnis unangenehmer Verzögerungen des Dammbaues bei Nichtbeachtung dieser Maßnahmen im klaren ist. Bodenkundliche Kenntnisse der Erdbaustoffe gehören zu seinem Wissensbestand ebenso, wie die Kenntnis der Vorschriften über den Betonbau im Kunstbau vorausgesetzt werden muß.

b) Leistungsziffern nach Wieland-Stöcke.

Die Übersicht in Tab. 26 nach [400, 491] (Wieland-Stöcke) gibt die für die Gewinnung der Erdbaustoffe nach ihrem verschiedenen Festigkeitscharakter wichtigen betriebstechnischen Daten wieder.

Wenn auch in der Bezeichnung der Bodenklassen nach den Beispielen zweckmäßiger die nachfolgende Unterteilung für die Gewinnbarkeit der Erdbaustoffe angewandt wird, so geben doch die betrieblichen Leistungsziffern eine geeignete Grundlage für die Beurteilung und Preisbildung der verschiedenartig zu gewinnenden Massen, deren Schwierigkeitsgrad [200, 201] durch Voruntersuchungen erschöpfend dargestellt sein muß (vgl. S. 110ff.).

Tabelle 27. *Die Gewinnungsklassen der Gesteine nach Vorschlag von* Keil *[173].*

	Bodenklasse (Gewinnungsklasse)	Gewinnungsgeräte	Bezeichnung der Arbeit	Mindestleistung Handarbeit, Kopf und 8 Std. m³	Preis DM/m³
1.	Schöpfboden	Schöpf- (Hohl-) Gerät	Schöpfarbeit	8 ··· 12	0,80 ··· 1,00
2.	Stichboden	Spaten und Schaufel	Schaufelarbeit	8 ··· 12	1,00 ··· 1,30
3.	Leichter Hackboden	Breithacke, Spaten und Schaufel	leichte Hackarbeit	6 ··· 8	1,30 ··· 2,50
4.	Schwerer Hackboden	Breit-, Spitzhacke und Schaufel	erschwerte Hackarbeit	4 ··· 6	2,50 ··· 5,00
5.	Hackfelsen	Spitzhacke und Meißel	schwere Hackarbeit	2 ··· 3	5,00 ··· 8,00
6.	Leichter (Keil-) Sprengfelsen	Spitzhacke, Meißel, Keil, Brechstange (Pickhämmer)	leichte Schießarbeit	1 ··· 1,5 1	8,00 ··· 12,00
7.	Schwerer (Schieß-) Sprengfelsen	Bohrhämmer, Sprengstoff, Meißel, Keile, Handbohrer	schwere Schießarbeit	$^1/_2$	16,00

2. Der Transport.

Die Anförderung der Dammbaustoffe in ihrer zeitlichen Aufeinanderfolge zum Dammkörper ist für den Dammbaufortschritt sehr einflußreich, gleichgültig, welches Transportmittel gewählt wird. Durch die bestmögliche Organisation des Transportes soll die Zufuhr der jeweils erforderlichen verschiedenen Dammbaustoffe sichergestellt werden. Es besteht somit letzten Endes ein untrennbarer Zusammenhang zwischen der Gewinnung und dem Transport der verschiedenen Dammbaustoffe nach den verschiedenen Bedürfnissen der verschiedenen Dammglieder.

Die Wahl der Förderart hängt von folgenden Faktoren ab [197]:

1. Umfang der zu bewegenden Massen,
2. Entfernung zwischen Gewinnungsort und Dammbaustelle,
3. von der zur Verfügung stehenden Zeit,
4. von örtlichen Verhältnissen
   a) bezüglich des Geländes,
   b) bezüglich der Arbeitsweise und Löhne,
5. Wirtschaftlichkeit der zur Wahl stehenden Verkehrsmittel,
6. dem Gerätepark des Bauausführenden,
7. von den besonderen Vorschriften des Bauherrn,

1 bis 3 bestimmen dabei die Transportleistung in tkm/h.

Anzustreben sind:

1. Kurze Förderstrecken,
2. gute Neigungsverhältnisse.

Die Förderwege sollen sich zwischen 300 m und 3 km bewegen.

Für die Organisation dieses Massentransportes, der täglich Höchstleistungen an den Staudämmen der USA von nahezu 50000 m³ zu verzeichnen hat, müssen die beiden Förderarten: der gleisgebundene, starre und der gleislose, bewegliche Förderbetrieb auseinandergehalten werden.

a) Gleisgebundener Transport: Leistungsermittlung.

Für den reibungslosen Förderbetrieb ist die Leistung des Gleisbetriebes maßgebend. Nach [197] gelten für die Leistungsbestimmung des Gleisbetriebes folgende Ansätze:

Die stündliche Leistung $= L$ eines Muldenkippers mit 3,6 km/h mittlerer Fahrgeschwindigkeit ist

$$L = \frac{3600\,J}{(2\,l + l_w + l_s)\,\beta} \ \text{in m}^3/\text{h}.$$

J 0,75 m³ Inhalt des Muldenkippers,
β Auflockerungsbeiwert, wenn die Leistung in m³ gewachsenen Bodens angegeben wird,
l Förderweg in m,
l_w virtuelle Länge für Wartezeit (480 m),
l_s Steigerungszuschlag für 1 m Höhendifferenz gleich 50 m,
n erforderliche Wagenzahl,
n $2\,M/L$.

Unter Berücksichtigung der Unterhaltung gilt: $n = 2{,}2\,M/L$,
$M =$ stündliche Massenförderung in m³.

Der Bedarf an Zügen $= z$ rechnet sich nach der Formel

$$z = \frac{\beta\,M}{n\,J} = \frac{t}{t_u} = \frac{\text{Schichtzeit}}{\text{Beladezeit}}.$$

Zuggarnituren $= u = t_u/t_b$, dabei ist u stets auf ganze Zahlen anzuwenden.

Für den Zugbetrieb gilt grundsätzlich, daß

1. die Loks voll ausgenutzt werden sollen, daher ist es besser, mit wenig, aber langen Zügen zu fördern,

2. die Züge sollen auf der Dammbaustelle stets gedrückt werden, sie sollen also rückwärts den Damm befahren.

b) Leistung gleisloser Erdbaugeräte (Flachbagger) [197, 344, 358].

Die theoretische Leistung beträgt nach KRAUT-VOSBERG [197]

$$L_t = \frac{60\,J}{t_s + t_f + t_k} = \frac{60\,J}{t_g}\ \text{in m}^3/\text{h}.$$

Die effektive stündliche Leistung

$$L_e\ \frac{n}{100}\ \frac{60\,J\,\dfrac{f}{100}}{a\,(t_s + t_k) + b\,t_g}\ \text{in m}^3/\text{h}.$$

J Kübel in m³,
t_s Schurfzeit in min,
t_f Förderzeit $= 2\,l/v$ in min,
v Fördergeschwindigkeit in m/min,
t_k Kippzeit in min,
t_g $t_s + t_f + t_k =$ Zeit eines Arbeitsspieles in min,
n Geräteausnutzungsgrad in %,
f Füllungsgrad des Kübels in %,
a Beiwert zur Berücksichtigung des Einflusses von Wetter und Bodenart auf die Schurf- und Kippzeit,
b Beiwert zur Berücksichtigung des Einflusses von Neigung und Wetter auf die Fördergeschwindigkeit.

Der Bedarf an gleislosen Fahrzeugen für eine bestimmte stündliche Massenförderung M in m³ ergibt sich

$$n = \frac{M\,t_u}{J\,60}.$$

$t_u = t_b + t_h + t_e + t_r + t_s =$ Umlaufzeit vom Beladen bis zum Wiederbeladen.
   t_b Ladezeit in min,
   t_h Zeit zur Hinfahrt in min,
   t_e Zeit für Entladen in min,
   t_r Zeit für Rückfahrt in min,
   t_s Zuschlag für Wartezeiten, Brennstoffaufnahme in min (Verlustzeiten).

Nach der Baggerleistung ergibt sich

$$n\,t_b = t_u.$$

Wenn $n\,t_b$ größer als t_u ist, ist die Baggerleistung zu klein, die Fahrzeuge werden nicht voll ausgenutzt.

Wenn $n\,t_b$ kleiner als t_u ist, wird die Baggerleistung nicht voll ausgenutzt.

Die reibungslose Betriebsorganisation verlangt daher eine völlige Abstimmung der Bagger- und Förderleistung aufeinander und zugleich der Förderleistung auf die Einbauleistung, um den Nutzeffekt im höchsten Maße zu erzielen.

Eine weitere Leistungsbestimmung gleisloser Erdbaugeräte wird in [*198*] aufgezeigt.

Die Rundfahrzeit (Abb. 246) setzt sich zusammen für ein Arbeitsspiel aus

T Ladezeit + Wenden (+ evtl. Schaltzeit) + Vollfahrzeit + Wenden (+ evtl. Schaltzeit) + Entleerungszeit + Leerfahrzeit oder getrennt nach „zeitkonstanten und variablen Anteilen der Rundfahrzeit",

Lade- + Entleerungszeit + 2 mal Wenden = zeitkonstanter (evtl. Schaltzeit) + Vollfahrzeit + Leerfahrzeit = zeitvariabler Anteil oder

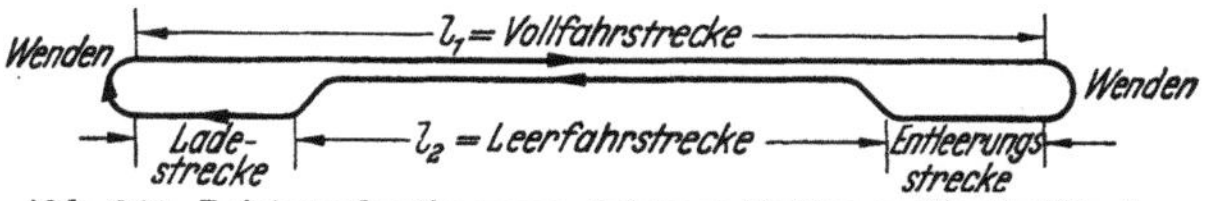

Abb. 246. Leistungsbestimmung gleisloser Erdbaugeräte für Flachbaggergeräte. (Nach KRIEGER [*199*].)

T zeitkonstanter Anteil in min $\dfrac{l_1 + l_2}{60\,v_m}$, l in km, v in km/h.

Mit den Bezeichnungen

J_w Kübelinhalt gestrichen voll in m³,

f Füllungsgrad des Kübels, <1 = nicht voll, >1 = gehäuft voll,

δ Auflockerungsgrad des Bodens = $\dfrac{\text{m}^3 \text{ lose}}{\text{m}^3 \text{ fest}} \geqq 1$,

T Rundfahrzeit in min,

k Ausnutzungsgrad <1 ergibt sich die Leistungsformel

$$L = k\,\frac{J_w\,f}{\delta}\,\frac{60}{T}\ \text{ in m}^3/\text{h fest.}$$

Für Bagger mit Autokippern stellt sich (Abb. 247)

T Beladezeit + Kippzeit + Wenden = zeitkonstanter, Bereitstellen + Vollfahrtzeit + Leerfahrzeit = zeitvariabler Anteil.

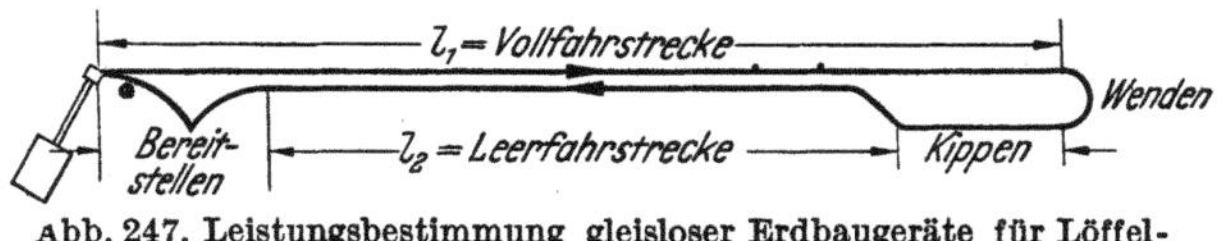

Abb. 247. Leistungsbestimmung gleisloser Erdbaugeräte für Löffelbagger (oder allgemein Lademaschinen) mit Autokippern. (Nach KRIEGER [*199*].)

Beladezeit = nach Leistungsfähigkeit des Baggers und der Kübelgröße des Kippers.

Kippzeit = nach Kippart des Kippers (bei Bodenentleerung = 0).

Bestimmung der Rundfahrzeit und der Leistung der Geräteeinheit (Bagger + $x \cdot$ Kipper) wie unter a).

Der Ausnutzungsgrad gibt dabei $k = \dfrac{\text{produktive Arbeitszeit}}{\text{Schichtzeit}}$ der Geräte. Kein Gerät ist zu 100% ausnutzbar. In den USA rechnet man im allgemeinen mit 80%, was jedoch die obere Grenze im praktischen Betrieb darstellt. Die Ladezeit dauert in den USA 0,5 bis 1 min, die Entladezeit Bruchteile davon. Die Leistung eines Schleppwagens von 6 m³ Inhalt bei 1,3 km Förderweite stellte sich 1938 bereits auf 720 m³/Tag.

Zu diesen vorgenannten Formeln nach KRIEGER [*199*] gelten

1. für Flachbaggergeräte folgende Richtwerte:

a) *Raupen:*

v_m = 6 bis 7 km/h zeitkonstanter Anteil der Rundfahrzeit etwa 2,5 bis 3 min,

k = 0,55 bis 0,60 einschl. Unterbrechungen,

k = 0,70 bis 0,75 bei sehr günstigen Wetterverhältnissen,

f = im Mittel 79%.

b) *Luftbereift:*

v_m = 13 bis 14 km/h, zeitkonstanter Anteil der Rundfahrt etwa 2 bis 3 min,

k = 0,25 bis 0,30 einschl. aller Unterbrechungen,

k = 0,75 bis 0,83 bei sehr günstigen Wetterverhältnissen,

f = im Mittel 84%, allerdings nur mit Schubhilfe zu erreichen.

2. *Bagger mit Lkws:*

v_m = nach Art des Fuhrparks verschieden. Der zeitkonstante Anteil richtet sich nach der Leistung des Beladegerätes und Fassungsvermögens (Inhalt) des Wagens,

k = 0,35 bis 0,50 einschl. aller Unterbrechungen,

k = 0,77 bis 0,83 bei voller Geräteausnutzung und günstigen Wetterverhältnissen (untere Werte für Bagger, obere für Lademaschinen).

Vorstehende Werte verstehen sich für einen Löffelausnutzungsgrad f = 0,62 bzw. eine Dauerleistung des Laders bei 0,55 der oberen Leistungsgrenze. Neuerdings werden die Geschwindigkeiten während des Transportes auf 40 bis 50 km/h, während des Einbaues auf 15 bis 25 km/h gesteigert. Die Ausnutzung der Wagen beträgt 75 bis 80%.

Der der reibungslosen Einbautechnik zugeschnittene kontinuierliche Zustrom der verschiedenen Dammbaustoffe ist die Voraussetzung eines pausenlosen Fließbetriebes, der bei der Bewältigung dieser umfangreichen Erdbaumassen von oft vielen Millionen m³ allein den technisch-wirtschaftlichen Wirkungsgrad im Einbau gewährleistet. Die USA bieten Musterbeispiele für die bis zur letzten Konsequenz durchgeführte Vollmechanisierung des gleislosen Förderbetriebes, der in seiner Beweglichkeit und hohen Anpassungsfähigkeit, in seiner leichten Lenkung und Steuerung sowie raschen Umstellung auf jeweils wichtige Schwerpunktlagen und -arbeiten wohl das Vollkommenste bietet, was in dieser Weise bisher erzielt und erreicht werden kann. Nur der vollhydraulische Transport beim naßmechanischen Dammbau, wie er in der Sowjetunion angewandt wird, kann hier vergleichsweise herangezogen werden.

Sind so die Schwächen, die Leistungsverhältnisse und damit die Vorzüge und Nachteile der Transportorganisation vom technischen Standpunkt an der Leistungsfähigkeit der beiden Betriebsarten dargelegt worden, so verlangt die Durchführung eine stete Kommandostelle, die die Leitung der Transporte regelt.

c) Die Langstreckenförderbänder [96].

Begriffliches. Unter Langstreckenförderbändern werden Transportbänder für Strecken von 1 bis 10 km Länge, die meist aus mehreren Teilstrecken bestehen, verstanden.

Die Transportbänder können Neigungen bis zu etwa 34° überwinden, ohne daß das Fördergut rutscht.

Sie wurden bisher im Wasserbau für Staumauermaterialtransport eingesetzt und bewältigen mehrere Millionen t Baustoffe. Die Förderkosten je t und 1,6 km (1 engl. Meile) betragen 4 Cents = 0,10 DM.

Beispiel: Anderson-Range-Damm. Für diesen zur Zeit höchsten Staudamm der USA wurden die Massen aus 3 km Entfernung durch ein 90 cm breites Förderband zur Baustelle gebracht. Die stündliche Leistung betrug 1100 m³. Die mittlere Geschwindigkeit 19 m/min. Bewältigt wurden: 3 Millionen m³.

d) Transportfahrplan.

Ohne einen klar durchdachten Fahrplan (Abb. 248) unter Anwendung von Leitzetteln für die Lok- bzw. Baggerführer zur reibungslosen Lenkung und Zuleitung der verschiedenen Massen zu den verschiedenen Einbaustellen, ohne Telephonverbindung für stete enge Fühlung zwischen Gewinnungs-, Transport- und Einbauaufsicht ist die reibungslose Verteilung nicht denkbar. Diese straffe Organisation ist besonders beim gleisgebundenen Transportbetrieb notwendig, bei dem keine stete und gleichmäßige Zufuhr der Massen, sondern ein stoßweiser Anfall der Massen in den Zügen erfolgt. Durch rechtzeitige Verständigung zwischen den verschiedenen Betriebspunkten läßt sich bei straffer Aufsicht und klarer Disposition der verschiedenen Arbeiten an Hand des täglichen Gewinnungsplanes, der sich vornehmlich auf den Massenplan und die Massenübersicht stützt, sowie des Einbauplanes eine reibungslose Regelung finden, die den störungsfreien Betrieb erleichtert und auch gewährleistet. Abweichungen infolge des störenden Einflusses schwankender Wetterverhältnisse, bei denen die wasserempfindlichen Massen schwer oder vorübergehend überhaupt nicht einbaufähig sind, zwingen zu einer

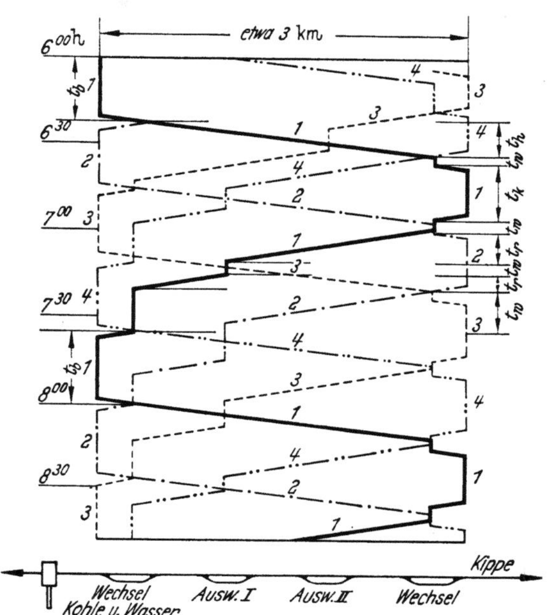

Abb. 248. Zeichnerischer Fahrplan für einen Bagger und 4 Bauzüge nach KRAUTH-VOSBERG [197]. Bei Schichtbeginn steht Leerzug *1* unter dem Bagger, Leerzug *2* im Wechsel vor dem Bagger, Vollzug *3* im Wechsel vor der Kippe, Vollzug *4* in der Ausweiche *I*. Die Loks der Vollzüge werden vor der Kippe umgesetzt, um den Zug auf die Kippe zu drücken. Der längere Aufenthalt vor dem Bagger wird zur Wagenkontrolle und Wasser- und Kohlennahme benutzt. Für Zug *1* ist beispielsweise: $t_u = t_b + t_h + t_k + 2\,t_r + 4\,t_w$. Dieser Fahrplan ist für einen störungsfreien Betrieb am Bagger und auf der Kippe aufgestellt.

elastischen Transportorganisation, um durch Schwerpunktverlagerung und vorübergehende Verstärkung des Einbaues anderer Massen die tägliche Gesamtmindestleistung sicherzustellen, die je nach dem Leistungsplan feststeht und eingehalten werden muß.

3. Der Einbau der Baustoffe im Damm.
Grundsätzliches.

Die Ausführung der Dammkörper, insbesondere im Wasserbau, kann sich nach zwei Verfahren abwickeln:

1. Man führt den Damm in allen Gliedern gleichzeitig hoch oder
2. man baut die verschiedenen Dammglieder mit dem Stützkörper an der Luftseite beginnend nacheinander auf.

1. Bei der erstgenannten Bauweise kann man die verschiedensten konstruktiven Lösungen in der Anordnung, Gliederung und Begrenzung der verschiedenen

Dammglieder ohne weiteres ausführen Diese Bauweise verlangt weitgehende bauliche Disposition in der Bereitstellung der Baustoffe nach Umfang und Beschaffenheit für die einzelnen Bauglieder. Dies ist mehr oder weniger ein Kunstbau. Die Ausführung verlangt Sauberkeit und Genauigkeit, besonders aber hinreichende sorgfältige Verdichtung der verschiedenen Bauglieder, um keinerlei unerwünschte Verlagerungen in den einzelnen Gliedern wie im gesamten Dammbau zu erfahren.

2. Bei der zweiten, zeitlich getrennten Einbauweise werden die verschiedenen Glieder nacheinander ausgeführt. Die erstgebauten Glieder können sich weitgehend setzen, z. B. der Stützkörper. Man kann in der Ausführung ohne Schaden für den Damm längere Bauzeiten einlegen, z. B. winterliche Unterbrechungen. In der gegenseitigen Begrenzung der aufeinanderfolgenden Bauglieder ist die jeweilige Dammböschung maßgebend. Sie wird bestimmt durch die Art der Verdichtung und das Material. Böschungen steiler als 1:1,5 sind dann aber nicht mehr möglich. Der Vorteil beruht darin, sich mit aller Sorgfalt auf das jeweilige Bauglied in der speziellen Ausführungsart konzentrieren zu können. Abb. 24, S. 13 und Abb. 249 geben einen Einblick in die erste und in die zweite Ausführung. In

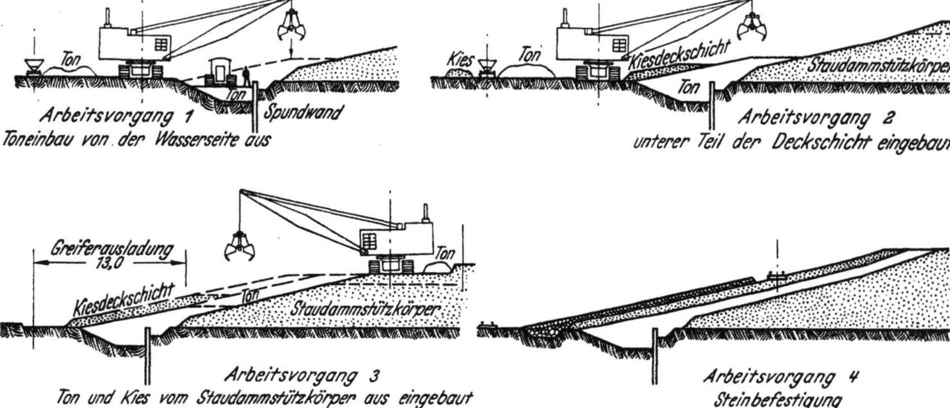

Abb. 249. Ausführung eines Staudammes in zeitlicher Aufeinanderfolge der Bauausführung der einzelnen Dammglieder: Stützkörper, Füllkörper, Dichtungsteil, Deckschicht.

beiden Fällen wendet man Einbau mit Verdichtung an, der allerdings bei der zweiten Bauweise auch ohne Verdichtung erfolgen kann. Man trennt grundsätzlich in Einbau

a) ohne Verdichtung,
b) mit Verdichtung.

Bekanntlich werden die verschiedenen Baustoffe für verschiedene Bauwerke, entsprechend Form und Beanspruchung der Bauwerke, in bestimmter Anordnung der einzelnen Bauelemente und Baustoffe zusammengefügt. Der Einbau im Damm entspricht daher einer sinngemäßen festgefügten Einbauweise im Kunstbau.

a) Einbau ohne Verdichtung.

Soweit die Dämme nicht nach einem der „Naßverfahren" ausgeführt werden, werden die Massen nur lose geschüttet und nur im Talsperrenbau mit etwas mehr Sorgfalt, zum Teil auch mit großer Vorsicht eingebaut. Jedoch waren hier bisher Erfahrung und Überlieferung in der Gestaltung des Einbaues bestimmend. Insofern wurden grundsätzlich Dämme für Verkehrsanlagen niemals kunstgerecht verdichtet. Die Gründe hierfür sind ohne weiteres verständlich:

1. Man nahm die Setzungen im Ausmaß von 10% der jeweiligen Dammhöhe als nahezu zwangsläufige Folgeerscheinungen in Kauf, die durch entsprechende Überhöhung ausgeglichen wurden.

2. Es genügte, die Dammassen durch mehrjähriges Überwintern und durch den Verkehr, insbesondere im Eisenbahnbau, zu stabilisieren.

3. Man verwendete ausschließlich wasserunempfindliche, also mehr oder weniger sichere Massen.

4. Es gelang, sich einstellende Abweichungen von der Gradientenlage durch Unterstopfen der Gleise im Eisenbahnbau und durch entsprechenden Deckenauftrag im Straßenbau rasch, bequem und billig zu beheben. Man begnügte sich zunächst mit einer provisorischen leichten Fahrbahndecke.

5. Es fehlten die hochwertigen dünnen Deckenbeläge des neuzeitlichen Straßenbaues, die einen festgefügten Unterbau verlangen.

6. Es fehlten die entsprechenden erdbaumechanischen Kenntnisse für die zweckentsprechende Behandlung der Massen, mit Ausnahme des Spülverfahrens.

7. Es fehlten schließlich die Erfahrungen über das mechanische Verhalten der verschiedenen Dammbaustoffe bei Einsatz der leistungsfähigen neueren Verdichtungsgeräte.

8. Nur im Staudammbau bediente man sich als einzigen Verdichtungsgeräts der im Straßenbau üblichen glatten Straßenwalze, wenn es galt, erdige Massen möglichst festgefügt einzubauen.

Mangel an Geräten, an Kenntnissen der Qualität der Dammbaustoffe und nicht selten mangelndes Verständnis für eine festgefügte Dammbauweise bei den bevorzugten sandigen und kiesigen Schüttstoffen waren daher auch im Hinblick auf den für den endgültigen Beruhigungszustand von vornherein eingeplanten Zeitfaktor die wichtigsten Gründe, daß der Dammbau in der Regel sehr stiefmütterlich behandelt wurde. Wenn heute wieder im Staudammbau beim Einbau felsigen Schüttmaterials weitgehend auf die mechanische Verdichtung verzichtet werden kann, so liegt dies daran, daß die Dammbautechnik große Fortschritte zu verzeichnen hat. Auf Grund von langjährigen Setzungsbeobachtungen kann an diesen Dämmen bei Anwendung veredelter hochelastischer Dichtungsstoffe allen Verlagerungen unter Wahrung der absoluten Dichtigkeit und Stabilität voll begegnet werden. Man soll aber nicht schematisch vorgehen und von einem Extrem — dem völligen Verzicht auf Verdichtung — in das andere Extrem, die ausschließliche Verdichtung, verfallen. Stets ist unter genauer Analyse der möglichen ungünstigen Einflüsse auf die Erdbauwerke der Einbau wirtschaftlich und sicher zu gestalten. Die mechanische Verdichtung ist nicht in allen Fällen das unabdingbare Allheilmittel, um stabile Dammschüttungen auszuführen, wenn sie auch für die meisten Dammanlagen, insbesondere für die Verkehrsdämme und für hierfür in Frage kommende feinkörnige wasserempfindliche Erdmassen notwendig und unentbehrlich ist.

13a

Die Schüttung. Bei dem Einbau ohne Verdichtung können die Massen durch

1. die Vorkopfschüttung (Gerüstschüttung),
2. die Seitenschüttung,
3. die Lagenschüttung im Damm

eingebaut werden.

Die Vorkopfschüttung. Die Massen werden in Richtung zur Dammachse in voller Breite der zukünftigen Dammkrone unter einem steilen Winkel, der an den nichtbindigen Massen dem natürlichen Böschungswinkel entspricht, entweder vom Gleiskopf bei schienengebundenem Betrieb oder von einem Gerüst — daher der Name Gerüstschüttung — geschüttet und eingebaut.

Die Seitenschüttung. Die Massen werden parallel zur Dammachse unter ähnlichen Bedingungen, aber mit wesentlich längerer Schüttfront, wie bei der Vorkopfschüttung, eingebaut.

Die Lagenschüttung. Bei der Lagenschüttung werden die Gesteine in einer nur wenig von der Horizontalen abweichenden Ebene geschüttet. Man kann hierfür den gleisgebundenen, aber auch den gleislosen Betrieb wählen. In letzterem Falle erfahren die Massen eine teilweise Verdichtung durch die Belastung der hierfür üblichen Raupenfahrzeuge oder gummibereiften Transportfahrzeuge, beim gleisgebundenem Betrieb nur bei nacheilender Gleislage und in sehr beschränktem Umfang.

b) Verhalten der Massen beim Einbau.

1. Vorkopfschüttung. Wie die Abb. 250 deutlich zeigt, erfahren die verschiedenen Schüttstoffe je nach ihrer Kornform, Gewicht und damit Größe eine längs des Fallweges der Kippe sich auswirkende Klassierung in grobkörnige am Dammfuß und feinkörnige Massen längs der Dammkrone. Rollige Massen werden davon am stärksten betroffen. Nur im Bereich der zusätzlichen geringen Belastung durch die Transportanlagen auf dem Damm werden die Massen etwas verdichtet. Diese Verdichtung ist unzulänglich und führt z. B. im Kippenbetrieb der Braunkohlentagebaue zu unerfreulichen, durch die Witterung stark beeinflußten Gleisstörungen und Verlagerungen der seitlich geschütteten Massen. An den Böschungen können sich leicht Gleitflächen ausbilden, die zu stufenförmigen, einem Grundbruch ähnelnden Abrissen führen, insbesondere dann, wenn der Baugrund aus nachgiebigen, rutschsüchtigen Massen besteht. Jedenfalls sind hierbei gerade die Wetterverhältnisse für die stabile Gleisanlage und den störungsfreien Betrieb sehr von Einfluß. Insbesondere ist die Stabilität sehr gering, mit Sackungen und auch Rutschungen ist daher noch jahrelang zu rechnen, soweit vorwiegend wasserempfindliche, feinkörnige Massen geschüttet werden. Diese Rutschgefahr ist um so größer, je höher die Dammschüttung ist.

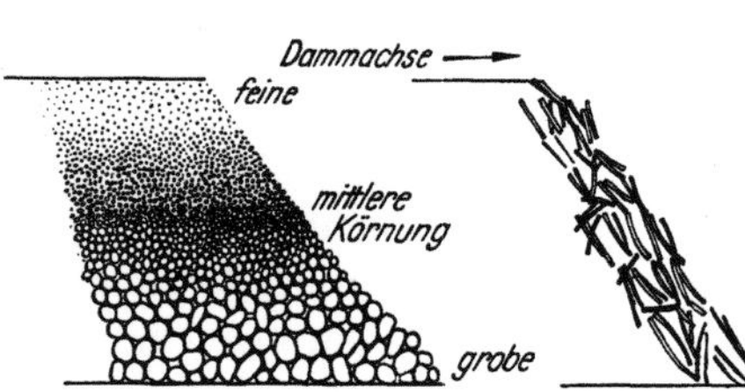

Abb. 250. Klassierung des Schüttmaterials bei (hoher) Vorkopfschüttung links an körnigem Material, rechts Ablagerung bei Vorkopfschüttung schiefriger Massen in sperriger Anordnung.

2. Die Gerüstschüttung (Abb. 251). Die Massen werden von einem Gerüst geschüttet, das früher in der Schüttung verblieb, Neben fördertechnischen Gesichtspunkten bezweckt man eine zusätzliche Verdichtung oder eine Beschleunigung der Baugrundverfestigung. Man hat darauf zu achten, daß die Massen dabei unmittelbar auf den Baugrund auftreffen, seitliche Ablenkung der niederfallenden Massen beim Auftreffen auf den bereits vorhandenen Schütt führt zur erheblichen Verminderung der effektiven Energie.

Geotechnische Folgerungen für den Dammbau. Die Vorkopfschüttung ist nur dort empfehlenswert, wo wetterbeständige, möglichst gleichförmige oder gleich große Massen geschüttet werden, weil sich dann Setzungen gleichmäßig auswirken, Rutschungen mehr oder weniger ausgeschlossen sind oder nur in sehr beschränktem Umfange ohne nachhaltige Gefährdung des Dammes vorkommen können.

1. Verkehrsdamm. Die Vorkopfschüttung ist auch heute noch anwendbar:

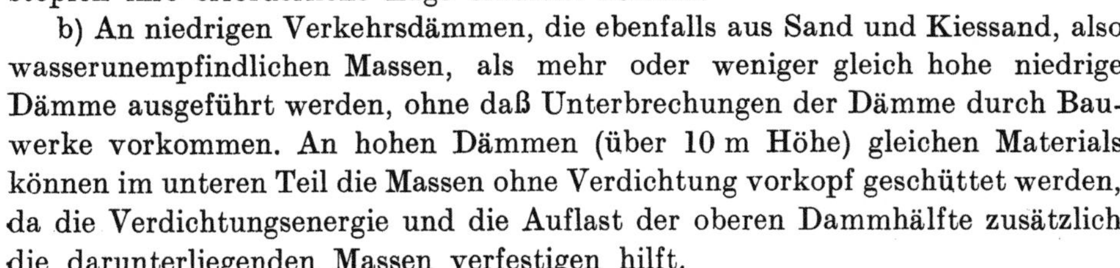

Abb. 251. Gerüstschüttung an der Talsperre Cranzahl.

a) An Eisenbahndämmen, die ausschließlich aus Sand oder Kiessand ausgeführt werden: Beispiel Verkehrsspinne bei Berlin 1950/51, wo durch das Gewicht der schweren Bauzüge der Eisenbahn die Verdichtung weitgehend beschleunigt wurde und die Gleise ohne Gefährdung des Verkehrs durch bequemes Unterstopfen ihre erforderliche Lage erhalten können.

b) An niedrigen Verkehrsdämmen, die ebenfalls aus Sand und Kiessand, also wasserunempfindlichen Massen, als mehr oder weniger gleich hohe niedrige Dämme ausgeführt werden, ohne daß Unterbrechungen der Dämme durch Bauwerke vorkommen. An hohen Dämmen (über 10 m Höhe) gleichen Materials können im unteren Teil die Massen ohne Verdichtung vorkopf geschüttet werden, da die Verdichtungsenergie und die Auflast der oberen Dammhälfte zusätzlich die darunterliegenden Massen verfestigen hilft.

2. Staudamm. Vorkopfschüttung ist weniger üblich als die Seitenschüttung, jedoch ist sie bei niedrigen Dammhöhen und felsigem Material durchaus möglich, wenn für ein starkes, sehr elastisches, wasserseitiges Dichtungselement gesorgt wird.

3. Die Seitenschüttung (Abb. 252). Die Seitenschüttung ist vorherrschend im Staudammbau und im Braunkohlentagebau. Die Gefahren für die Gleitflächenbildung sind durch die langgestreckte Kippe und die im Braunkohlentagebau übliche hohe Kipphöhe von mehr als 20 bis ausnahmsweise mehr als 100 m größer als im Staudammbau, wo die Seiten-

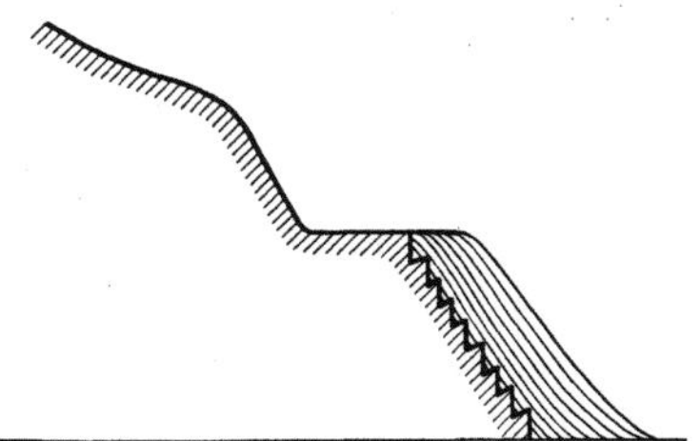

Abb. 252. Schema einer Seitenschüttung.

schüttung mehr in einer Kombination zwischen einer mächtigen Lagenschüttung und Seitenschüttung erfolgt. Die Massen werden dabei in bis zu 6 und 8 m hohen Lagen terrassenähnlich abgelagert. Diese „Terrassenschüttung" ist sehr verbreitet an felsigem Schüttmaterial.

13a*

Soweit im *Straßenbau* eine seitliche Dammschüttung erfolgt, muß für eine schersichere, gleitfeste Verzahnung mit dem gewachsenen Baugrund gesorgt werden (vgl. S. 492). Diesen Übergang setzungsfrei zu gestalten, ist nicht ohne weiteres möglich. Im Straßenbau tritt dieses Problem bei teilweisem Verlauf der Neuanlage im Einschnitt und Damm (Hanganschnitt) auf oder auch bei Verbreiterung einer bestehenden Straßenanlage am Hang über die natürliche Böschung hinaus.

Geotechnische Folgerungen für den Dammbau. *1. Straßenbau.* Infolge der unausbleiblichen Gefahren für die hochempfindlichen neuzeitlichen Deckenbeläge und die erhöhten Ansprüche an die Verkehrssicherheit bei gesteigerten Geschwindigkeiten des Kraftverkehrs ist die unverdichtete Seitenschüttung im

Abb. 253. Planierraupe älterer Ausführung im Einsatz beim Bau der Autobahn Dresden–Berlin (Menck & Hambrock). Verteilen der Massen in dünnen Lagen.

Abb. 254. Zerkleinern großer Felsbrocken vor der Verdichtung beim Bau der Autobahn Dresden–Görlitz.

Straßenbau heute als Mittel zur Verbreiterung bestehender Straßen nicht möglich. Indessen kann sie bei Neuanlagen niedriger oder auch hoher Dämme in gleichem Maße Anwendung finden, wie sie für die Vorkopfschüttung in der Verwendung geeigneter Massen oder in einer Teilschüttung der unteren Dammteile zulässig ist.

Die Seitenschüttung hat eine gewisse Berechtigung dort, wo es gilt, nachgiebigen und untragbaren Untergrund auf dem Wege des seitlichen Verdrängens zu konsolidieren. Sie wird daher in Holland zur Verdrängung von Faulschlamm und Torf vielfach angewandt. Insbesondere wendet man dabei die Gerüstschüttung an, um durch die Wucht der niederfallenden Massen die Verdrängung zu beschleunigen.

2. Eisenbahnbau. Obwohl infolge des schmalen Profils der normalen Eisenbahndämme diese Seitenschüttung weniger üblich ist, kann sie unter gleichen Voraussetzungen wie bei der Vorkopfschüttung angewendet werden, namentlich bei breiten Dämmen (Bahnhofsanlagen).

3. Staudammbau. Nur dort, wo felsige Massen als vorherrschendes Dammmaterial verwendet werden, kann eine kombinierte Seiten- und Lagenschüttung, also „Terrassenschüttung", gewählt werden. Sie erfordert eine sehr elastische wasserseitige Dichtung, erspart die mechanische Verdichtung dieser Massen oder beschränkt diese auf ein Mindestmaß.

4. Bergbau. Die Seitenschüttung ist in den meisten Tagebauen unter sehr schwankenden Schütthöhen bis zu mehr als 100 m Höhe üblich. Durch

Abb. 255. Ausbreiten feinkörniger grusiger Gesteinsmassen auf die vorgeschriebene Schütthöhe, Gefahr des Einschlusses ungleich verteilter zu großer Felsbrocken.

Abb. 256. Vorschriftsmäßige Gleislage und Lagenschüttung vor der Verdichtung an einer Dammschulter, rechts Schüttlehre.

Abb. 257. Schüttlehren für das Einhalten der geforderten niedrigen Schütthöhe beim Dammbau Cranzahl.

Abb. 258. Getrennter Lageneinbau, zuunterst Fels, darüber Sand.

die große Fallhöhe werden die Massen in höherem Maße verdichtet als im sonstigen Dammbau.

4. Die Lagenschüttung (Abb. 253 bis 260). a) *Der Vorteil* der Lagenschüttung besteht in folgendem:

1. Die Massen werden in verschieden starken, meist dünnen Lagen bis zu etwa 2 m Mächtigkeit, meist jedoch unter 1 m Stärke mit von der Horizontalen nur wenig abweichender Neigung (2 bis 5°) eingebaut und dabei nicht entmischt.

2. Die Massen werden während der Ausbreitung durch die verschiedenen Geräte und durch die Gleisanlagen, den Förderverkehr, verdichtet.

3. Rutschflächen können sich weniger als an den anderen Schüttarten bilden, die Gleitsicherheit ist besonders hoch.

4. Die Massen können eine beliebig starke Verdichtung erfahren, wie sie an den anderen Schüttungen nicht oder an der Terrassenschüttung nur beschränkt durch dynamische Einwirkungen bzw. die Sprengverdichtung möglich ist.

Abb. 259. Unzweckmäßiger plötzlicher Wechsel von Schüttmassen, links Erdart, rechts Felsschüttung,

Abb. 260. Übersichtsbild vom Einbau der Massen in einen Staudamm parallel zur Dammlängsachse. Links frisch geschüttete Massen im Dichtungskörper, Mitte verdichtete Massen im Füllkörper, vorschriftsmäßig aufgerauht, rechts fertige Schüttung vor der Verdichtung im Füllkörper.

5. Der Aufbau erfolgt mit größter Sorgfalt nach Möglichkeit an jedem Einbaupunkt.

b) *Nachteil* der horizontalen Schüttung für den Staudammbau ist bei ungenügender Verzahnung aufeinanderfolgender Schüttlagen auch als Folge der Überverdichtung [*148*] die Ausbildung von Sickerebenen, längs deren das Wasser durch den Damm sickern kann, wodurch sich die Verluste bei unsachgemäßer Verdichtung und Verzahnung zu einer Gefahr für den Staudamm auswachsen können.

Geotechnische Folgerungen für den Dammbau. 1. Überall, wo es auf ein hohes Maß an stabiler Verfestigung des Dammes ankommt, ist die Lagenschüttung die beste Voraussetzung, um im Verein mit der nachfolgenden Verdichtung auf trocken- oder auch auf naßmechanischem Wege dieses Ziel zu erreichen und zu gewährleisten.

2. Sie ist in der bisherigen Trockeneinbauweise der Dichtungskörper unter Verwendung natürlicher bindiger Massen die ausschließliche Voraussetzung, um dieses wichtige Dammelement vorschriftsgemäß zu verdichten.

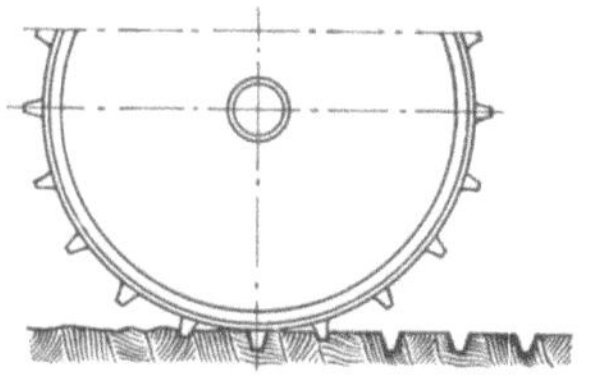

Abb. 261. Herstellen von Verzahnungsspuren durch eine Walze zum dichten Anschluß aufeinanderfolgender Schüttlagen.

3. Sie ist an allen wasserempfindlichen, also veränderlichfesten Erdarten und -empfindlichen Felsschüttungen das einzige Mittel, um diese Massen sicher und als hochwertige Dammbaustoffe im Damm zu verarbeiten.

4. Sie verlangt im Staudammbau eine sehr gute Verbindung (Vernutung) der aufeinanderfolgenden Schüttlagen (Abb. 261 u. 262).

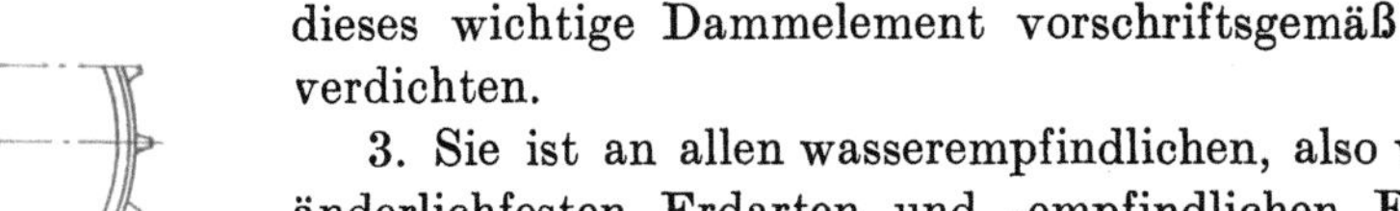

5. Sie ist im neuzeitlichen Straßenverkehrsdamm die wichtigste und im *Staudammbau* die unabdingbare Voraussetzung für das Gelingen eines setzungsfreien, mechanisch verdichteten Dammes, auch als stabiles Fundament für hoch-

empfindliche Deckenbeläge, höhere Verkehrsgeschwindigkeiten und damit sichere Gleis- und Deckenlage. Sie ist im Staudammbau notwendig, wo feinkörnige Schüttmassen eingebaut werden.

Im Zuge der Entwicklung des gleislosen Förderbetriebes unter Einsatz von Straßenhobel, Bodenverteiler- und Planierraupen können aus den anderen Schüttungen gleichmäßige Lagenschüttungen entwickelt werden. Dabei werden die Massen vorverdichtet und die bisherige Entmischung wird zum Teil wieder rückgängig gemacht.

5. Beispiele für die Organisation an gewalzten Erddämmen.

1. **Staudamm Julia-Marmorera (Schweiz)** [*499*]. Damm von mehr als 2 Millionen m³ Inhalt, Dammhöhe 70 m. Dichtungskern.

Abb. 262. Gute tiefwirkende Aufrauhung des Dichtungskörpers durch eine schwere Stufenkernnawalze am Staudamm Cranzahl.

Massenübersichtsdiagramm unterteilt nach Dichtungs-, Filter-, Stützkörper-, Deckschichtmassen (Abb. 263) bildet den Zeitplan für Organisation:

Zone 1 in   20 cm Stärke Schichten gewalzt auf 15 cm ⎫
Zone 2 in   40 cm Stärke Schichten gewalzt auf 30 cm ⎬ 340 Arbeitstage.

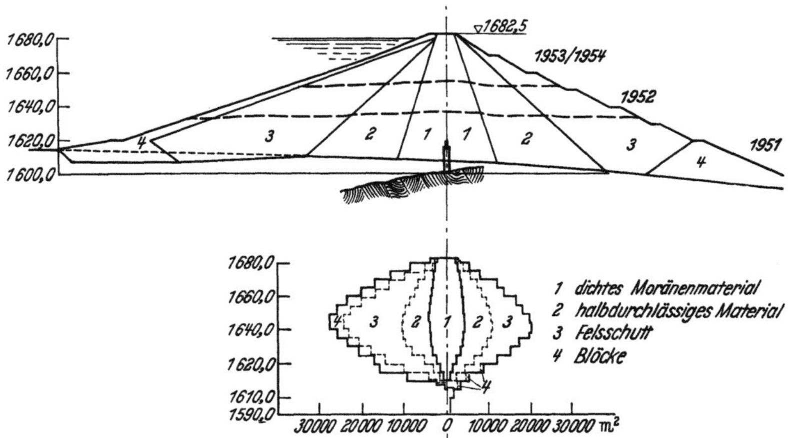

Abb. 263. Querschnitt und Massenprofil des Staudammes Marmorera bei Tiefencastl in der Schweiz. (Nach ZINGG [*499*].)

Zone 3 in 100 cm Stärke Schichten vorverdichtet durch Transportfahrzeuge und Druckstrahlverfahren.

Im Jahr in Zone 1 und 2 an 110 Tagen Einbau möglich.

Im Jahr in Zone 3 und 4 an 140 Tagen Einbau möglich.

Tagesleistungen in Zone 1 und 2 3100 m³,

Tagesleistungen in Zone 3 und 4 3000 m³.

Gerätepark für 6000 bis 8000 m³ (25% Reserve!).

2. **Staudamm Bonny, Colorado** [*467*]. 25 Positionen in den Ausschreibungsunterlagen zu 200 engen Druckzeilen. 7 Millionen m³ Erdmassen einzubauen. Dafür ein Gerätepark von rd. 1,6 Millionen Dollar nötig.

Optimaler Wassergehalt 17%, Bodenfeuchtigkeit 11%.

Vorbewässerung 5 Tage durch Rohrsystem (Abb. 264), 2600 m Rohrleitung. Die Durchfeuchtung reichte 3 m tief. Außerdem fuhren Sprengwagen auf Damm. Messereggen zur Vorzerkleinerung der großen Erdschollen waren zusätzlich eingesetzt.

765 m³/h gewonnen durch Schürfwagen.

Genauer Arbeits- und Einbauplan (Abb. 265) regelte den zügigen Dammbaufortschritt.

Bulldozer (Planierwagen) ebnen ein auf 20 cm.

Verdichtungsvorschrift auf 15 cm = 25% durch Schaffußwalzen in 12 Rollgängen;

geforderter Preßdruck 23,6 kg/cm²,
effektiver Preßdruck 26,8 kg/cm².

Jede Lage wurde abgesprengt (Sprengwagen 40 m³ Inhalt).

12 Rollgänge wurden erreicht durch

einen Walzenzug von 6 Walzen von 4 Traktoren und
einen Walzenzug von 3 Walzen von 2 Traktoren und

zweimal einer Walze, von einem Traktor gezogen, Walzgeschwindigkeit 6,4 km/h.

Jede 4. Lage wurde mit Bodenhobel begradigt.

Bei Regen wurde der Einbau unterbrochen!

Kontrolliert wurde die Dichte je 1530 m³ eingebauter Massen.

Dammbau:

1. Materialgewinnung durch 2,5 bis 10 m³ Löffelbagger oder durch Schürfwagen.
2. Transport mittels Trailers mit Bodenentleerung. Inhalt 18 bis 24 m³.
3. Verteilen durch Planierraupen (Bulldozer), Vorzerkleinern durch Messereggen.
4. Verdichten durch Schaffußwalzen von mindestens 18 t von 1,5 bis 2 m ∅.
5. Glätten durch glatte Walzen.
6. Aufeggen.
7. Tankwagen für Befeuchten.

Überwachung:

1. Größtmögliche Auslastung der Geräte und Motoren.
2. Systematische, großartige, dauernde Gerätepflege und Kontrolle der empfindlichsten Abnutzungsstellen.

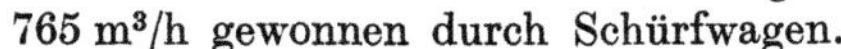

Abb. 264. Schema der Vorbewässerung von erdigen Bodenarten vor der Gewinnung zur Abstimmung auf den optimalen Wassergehalt. (Nach Tofani [467].)

Abb. 265. Schema des Transportspieles an der Talsperre Bonnet-Colorado. (Nach Tofani [467].)

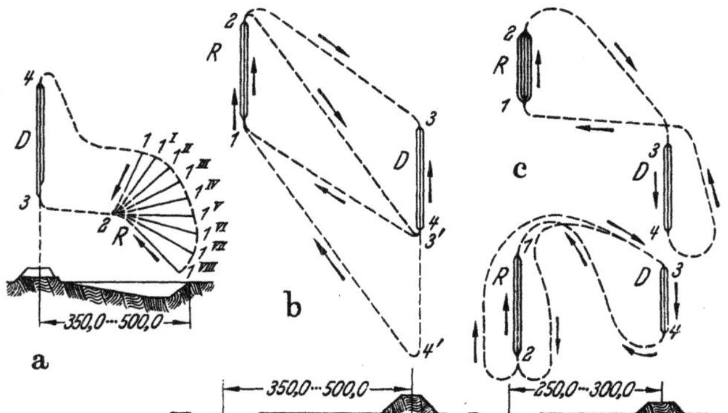

Abb. 266. Arbeitsweise der Schürfwagen beim Aufschütten von Dämmen aus Erdreserven.

a Aufschütten eines Dammes aus einer einseitigen und tiefliegenden Erdreserve, b Aufschütten eines Dammes aus einer einseitig liegenden Erdreserve. c Aufschütten eines Sanddammes aus einer Reserve. *D* Damm, *R* Reserve.

1···2 Füllen des Schürfwagens.
2···3 Transport des beladenen Schürfwagens,
3···4 Entladen,
4···5 Transportweg des unbeladenen Schürfwagens.

(Nach Dejnego [62].)

3. Dauernde Überprüfung der täglichen Erfolge. Radiotelephon-Verständigung an Stelle von Telephonleitungen, Scheinwerfer statt Glühbirnen. Flugzeugüberwachung beim Einbau.

Führt man noch an, daß u. a.

$$
\begin{array}{ll}
7 & \text{Laplant Choate- \quad Flachbaggerfahrzeuge,} \\
3 & \text{Caterpillar- \qquad\qquad\qquad ,,} \\
2 & \text{Tourneau Super C- \qquad\quad ,,} \\
1 & \text{\quad ,, \quad E 35- \qquad\qquad\quad ,,} \\
1 & \text{Euclid-Lader,} \\
16 & \text{,, \ -Wagen von 10 bis 17,6 m}^3 \text{ Inhalt,} \\
12 & \text{,, \ -Wagen von 19,10 bis 20,6 m}^3 \text{ Inhalt,}
\end{array}
$$

mehrere Bulldozer als Planierraupen, für die zahlreichen Schaffußwalzen eine entsprechende Vielzahl Traktoren benötigt wurden, ferner

$$
\begin{array}{ll}
1 & \text{Carterpillar für Einebnen der Entnahmestelle,} \\
1 & \text{\quad ,, \qquad für die Wegeunterhaltung}
\end{array}
$$

eingesetzt wurden, so zeigt diese Geräteliste die hohe Belastung eines Walzdammes bisheriger Ausführung durch diesen Gerätepark. Dabei ist ein Gerätepark von 1,6 Millionen Dollar noch sehr bescheiden. An anderen Walzdämmen wurden Geräte von 4 Millionen Dollar bei nur 150 bis 180 Arbeitstagen im Jahr investiert. Hier ist nur die von LEWIN [216] vorgeschlagene Lösung des Dammbauproblems bei gleichzeitiger Anwendung des Hydratonverfahrens imstande, eine radikal vereinfachende, vom Wetter, Massen und Geräten unabhängige, sehr verbilligende Geotechnik einzuleiten und diesen zweifellos überlaterten Feinmosaikaufbau abzulösen, die Geräteinvestition auf Bruchteile zu beschränken und die Bauzeiten noch mehr zu kürzen, wie der Vorschlag (Abb. 106 S. 61) für den Staudamm Wemmershoek in Südafrika und Abb. 351 S. 269 ganz allgemein zeigen.

6. Beispiel für Preise des Erdbaues in den USA [326].

Jahr 1938	Mengen m³	Einbaupreis $
1. Abräumen an der Dammsohle................	,,	0,29 ⋯ 0,46
2. Einbau dieser Massen und Verdichten im Dammkörper . . .	,,	0,08 ⋯ 0,14
3. Abdecken der Deckschicht der Seitenentnahme	,,	0,20 ⋯ 0,33
4. Einbau in den Dammkörper und Verdichten aus der Seitenentnahme	,,	0,11 ⋯ 0,16
5. Steinpackung an der Wasserseite	,,	0,46 ⋯ 0,75
6. Steinschicht an der Luftseite	,,	0,20 ⋯ 0,40

Angebotspreise und Selbstkosten [467]:

1. Bewässerung, Gewinnung, Transporte	0,11 /0,765 m³
2. Einbau und Verdichten......................	0,029/ \quad m³
3. Amortisation des Materials	0,107/ \quad m³
4. Amortisation der Baustelle und Installation	0,007
	0,253/0,769 m³

Angebot 0,34 bis 0,38 im Mittel = 0,36 $ /0769 m³,
dabei Einbau und Verdichtung = 0,154 $ /0765 m³.
Überschuß 10,7 = rd. 30%.

Neuere Preise 1951 [467] *in* $:

	USA	Ceylon
Einbau......................	0,196/m³	0,22 /m³
Verdichtung bei 12 Rollgängen		0,00457/m³
je Rollgang über oder darunter.		
Transport	4,97 Millionen m³ zu 0,392/m³	
1600 m zwischen beiden Schwerpunkten	3,058 \quad ,, \quad m³ zu 0,418/m³	

Welche Auswirkungen in der Baustelleneinrichtung auf Grund der Leistungen entstehen, zeigen nachstehende Ausführungen nach [296].

Baustelleneinrichtung. Der Umfang der Baustelleneinrichtung für die Söse ergibt sich aus folgenden Vertragsunterlagen: Gewinnung, Transport und Einbau von 1,8 Millionen m³ Boden; Brechen und Aufbereiten von etwa 100000 m³ Steinen; Herstellung und Einbringung von 80000 m³ Beton. Infolge der starken Bodenverdichtung, die während des Baues erreicht wurde, mußten jedoch über

2 Millionen m³ Boden gewonnen werden. An der Odertalsperre waren die Massen etwa die gleichen bis auf die Bodenmengen, die infolge der dichteren Lagerung an den Gewinnungsstellen geringer waren (1,4 Millionen m³).

Für den Betontransport auf der Baustelle wurde eine Kabelkrananlage der Firma Bleichert mit 516 m Spannweite eingebaut. Durch diese Anlage konnte der Betonbetrieb unabhängig und unbehindert vom Erdbetrieb in jedem Abschnitt des langgestreckten Baukörpers beliebig durchgeführt werden. Außerdem ließen sich mit ihm noch die Schalungen, das Eisen u. a. m. befördern. Um das eine Fundament des Kabelkrans war die Betonfabrik, bestehend aus Zementschuppen, Brecherwerk und Mischanlage, angeordnet.

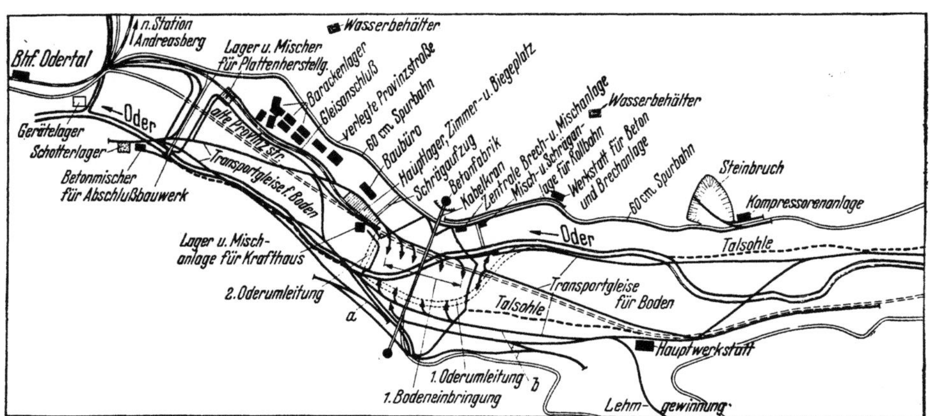

Abb. 267. Einrichtung einer Großbaustelle. Odertalsperre. Baustelleneinrichtung mit Darstellung der für die verschiedenen Schütthöhen erforderlichen Gleisanlagen. *a* Luftseitige Gleisrampe zur Verbindung des wasserseitigen Bodenbetriebes und der Werkstatt mit dem Hauptlager und dem Anschluß an die Reichsbahn, *b* Wasserseitige Gleisrampe, die den gleichen Zwecken dient, von der aus aber vor allem die Schüttung des wasserseitig gewonnenen Bodens geschah. (Nach PAUCK [296].)

An Großgeräten wurden u. a. eingesetzt: 5 Schienenlöffelbagger von je 2 m³, 6 Raupenlöffelbagger mit Greifer- bzw. Rammgeschirr, 1 Auslegergleisrückmaschine, 3 eiserne Planierpflüge, 1 fahrbarer 3 t-Gleiskran, 31 Dampf- und 3 Benzollokomotiven, 330 Holzkastenkipper, 25 km Spurgleise auf Holzschwellen. Dazu kamen die Druckluft- und Aufbereitungsanlagen für die Beton- und Felsarbeiten sowie eine große Anzahl von Werkstätten. Die Hauptwerkstatt wurde im Schwerpunkt des Bagger- und Transportbetriebes so hoch angelegt, daß ein Einstau der Sperre vor Beendigung des Baubetriebes und der Schlußreparatur bis zu 25 m möglich wurde. Baubüro, Unterbringungs- und Verpflegungsbaracken wurden als leichte Massivbauten unterhalb des Sperrdammes ausgeführt. Die gesamte Anordnung der Baustelle ist übersichtlich in Abb. 267 dargestellt.

c) Der Einbau mit Verdichtung

[*35, 37—39, 71, 104, 125, 126, 152, 158—160, 207—209, 213, 214, 233—238, 247, 249—251, 256, 257, 259, 267, 270, 274, 277, 281, 313—320, 351, 414, 434, 436, 443, 477, 497*].

1. Geschichtliches. Der Einbau von Erdmassen in Dämme unter Anwendung planmäßiger Verdichtung, gekennzeichnet durch den Einsatz von für diese Bauten mehr oder weniger ausschließlich entwickelten und bestimmten Verdichtungsverfahren und Geräten mit dem Ziele der möglichst setzungsfreien Verdichtung des Dammkörpers, ist im Dammbau und überhaupt im Erdbau als bedeutendster technischer Fortschritt der vergangenen 25 Jahre zu verzeichnen.

Vor dieser Zeit war die Ansicht verbreitet, daß mit den üblichen Handstampfern oder glatten Straßenwalzen zwar eine gewisse, aber keine genügende Verdichtung zu erreichen wäre, die im übrigen als ausreichend angesehen wurde, indessen selten oder nur sehr schwer zu erreichen war, wenn sie der Dichte des gewachsenen Bodens entsprach.

In Deutschland ist der Bau der Sösetalsperre und wenige Jahre später der Bau der Autobahnen der äußere Anlaß gewesen, beide Male, bedingt durch den kurz befristeten Ausführungstermin, sich von dieser Lösung zu trennen und zielstrebig das Verdichtungsproblem unter Berücksichtigung des mechanischen Verhaltens der Erdbaustoffe durch neue Verdichtungsgeräte und -verfahren zu lösen, wobei bisher noch kein Ende der Entwicklung erreicht ist.

Bei der Vielzahl der verschiedenen Erdbaustoffe, der verschiedenen Stabilitätsansprüche und Verdichtungsgeräte und -verfahren ist zunächst folgendes festzuhalten:

1. Die Forderung der setzungsfreien Verdichtung, unabhängig von der Ausgangsdichte der hierfür gewonnenen und verwendeten Massen, ist im weitesten Umfange bei Anwendung einer entsprechenden laufenden Dammbaukontrolle ohne weiteres so weit möglich, daß bei Vollendung der Dammschüttung mit schädlichen Setzungen nicht zu rechnen ist.

2. Es gibt kein allgemeingültiges Verfahren, um alle Massen in gleicher Weise zu verdichten, ebenso wie es kein Universalgerät gibt, um alle Werkstoffe (Holz, Stahl, Stein) des Bauwesens mit einem Gerät in gleicher Weise zu behandeln, zu bearbeiten und zu formen.

Die Wege für die Entwicklung der Verdichtungsgeräte sind in Deutschland verschieden, z. B. von denen der USA. Der Vielfalt [173] der verschiedenartigen, vorwiegend die Stoßenergie, ohne Rücksicht auf die Beweglichkeit und rasch fortschreitende Verdichtung bevorzugenden deutschen Ramm- und Stampfgeräte setzen die Amerikaner die Fließarbeit der hohen Massenbewältigung in ihren Großerdbauten der riesigen Staudämme, die rasch fortschreitenden Verdichtungsverfahren in ihren dort wohl als universell geltenden „Schaffuß"- und neuerdings den stark konkurrierenden Gummiwalzen entgegen. Vielfalt der Massen zwingen in den deutschen Mittelgebirgslagen neben ungünstigeren klimatischen Einflüssen zur Wahl dieser Geräte. Auswahl und trockenes Klima begünstigten in den USA die Verwendung der dünnen Lagenschüttung und des pausenlos kreisenden Walzeneinsatzes mit Leistungen bis zu nahezu 50000 m³ Einbauleistung je Tag.

Indessen ist es wichtig, daß nicht allein die Massen, sondern die klimatischen Verhältnisse wie bei keinem anderen Bauwerk die Art der Verdichtung entscheidend mitbestimmen, wenn man einigermaßen wirtschaftlich arbeiten will. Wenn es z. B. in [469] heißt, daß an der Ostküste der USA die Schaffußwalzen nur 150 Arbeitstage eingesetzt werden können, so besagt das, daß man den klimatischen Verhältnissen Rechnung tragen muß. Der Einsatz von Mehrzweck-Verdichtungsgeräten in Deutschland und den USA bekundet das ernste Bestreben, mit einem einzigen Gerät den Anwendungsbereich auf einen möglichst großen

Baustoffbereich auszudehnen, sich also dem Ziele des universell wirkenden Verdichtungsgeräts weitgehend zu nähern.

2. Aufgabe der Verdichtung. Die Verdichtung hat die Beseitigung aller gefährlichen Hohlräume als Ausgangspunkte von Gefüge- und Stabilitätsveränderung zu verbürgen. Man soll das größtmögliche Raumgewicht an den veränderlichfesten Schüttmassen, die feste Verzwickung an den festen Erdarten und Felsgesteinen durch gleichmäßige allseitige Umlagerung und Gefügeverdichtung oder durch teilweise Umlagerung leichter beweglicher Teilchen zwischen die Hohlräume gröberer Teilchen erreichen. *Ziel* der Verdichtung ist die dichteste Packung der festen Stoffteilchen als Vorbedingung einer stabilen verlagerungssicheren Bauweise nach dem Prinzip des kleinsten Hohlraumes (Abb. 234 u. 235, S. 171). Dieses Ziel kann nur durch Vernichtung aller *Unsicherheiten* erreicht werden in der losen Schüttung, die als Gewölbebildung die Labilität, in der Bewegungsfreiheit die Verlagerungsmöglichkeit und in der Undichtigkeit die schädliche Einflußnahme einsickernden Wassers (Erosion, Zersetzung, Gleitgefahr) in sich schließen. Unter Ausnutzung der latent vorhandenen Energien im Erdbaustoff, einer optimalen, im Erdkörper gleichmäßig im Höchstmaß entwickelten Oberflächenenergie, wird die Verlagerungsfestigkeit, der günstigste Verfestigungsgrad unter Anwendung einer gleichmäßigen und höchstmöglichen Verdichtung, im Sinne eines fest zusammengefügten Erdbauwerkes wie bei jedem anderen Kunsthandwerk angestrebt.

3. Vorteile der Verdichtung. Sie bestehen u. a. 1. in einer höchstmöglichen Scherfestigkeit und Standfestigkeit gegen alle äußeren und im Damminnern wirksamen und angreifenden Kräfte: Rutsch- und Erosionsgefahr an Staudämmen, Setzungen an allen Dammarten, Abwehr der von außen wirkenden verschiedenen klimatischen Einflüsse strömenden (erodierenden), einsickernden (entweichenden) und gefrierenden (gefügeauflockernden) Wassers.

2. In der *Regenfestigkeit* der durch Wasser benetzten oder durch Wasser belasteten wasserempfindlichen Massen.

Beispiele. 1. An der Talsperre Stollberg/Sa. waren die an der Sohle des wasserseitigen Dichtungssporns verdichteten Massen acht Tage lang durch einströmende Wasserfluten mehrere Meter hoch bedeckt. Die Erweichung betrug nur wenige Millimeter. Der Einbau konnte nach Sümpfen der Baugrube unmittelbar fortgesetzt werden.

2. Verdichteter Lößlehm war bei einem Niederschlag von 30 mm innerhalb 24 Stunden nur 5 mm, der anstehende jedoch 30 mm durchnäßt.

3. Überflutungen von verdichteten Talsperrendämmen sind wiederholt in der Literatur beschrieben und verzeichnet. Die Strömungsenergie und Erosionskraft der an der steilen luftseitigen Böschung abfließenden Wassermassen hatte keine nennenswerten Schäden, niemals Dammbrüche, zu verzeichnen.

4. Grundsätzliche Fragen der Verdichtungstechnik. Drei Fragen drängen sich auf:
a) Wie soll verdichtet werden?
b) Wann soll verdichtet werden?
c) Was soll, kann und muß an den losen Schüttmassen erreicht werden?

a) **Wie soll verdichtet werden?** Die richtige Verdichtung liegt an der Abstimmung der drei wichtigen, den Verdichtungserfolg begründenden Faktoren: 1. der Massen — 2. der Schüttung — 3. der Geräte und Verfahren aufeinander.

Die Massen. Ihr verschiedenes mechanisches Verhalten wurde auf Seite 168ff. dargestellt. Sie müssen daher dem jeweiligen Gerät und Verfahren angepaßt sein. Wesentlich ist die Vernichtung schädlicher Hohlräume an allen wasserempfindlichen und eine möglichst sehr hohe Verstützung aller festen Massen.

b) **Wann soll verdichtet werden?** Überall dann, wenn der Damm in seiner besonderen Zusammensetzung und Gestaltung nicht die Gewähr eines stabilen Bauwerkes gibt. Ferner dann, wenn die bei ungenügender Verdichtung oder Verzicht auf Verdichtung unausbleiblichen Dammgefügeveränderungen zu einer latenten (Verkehrswesen) oder zu einer akuten (Staudamm- und Wasserbau) Gefahr anwachsen können.

Die Schüttung (Gesetz der Schüttung). Im Sinne eines höchstmöglichen Wirkungsgrades der Gefügeverdichtung und Stabilisierung der Schüttmassen kommt es stets darauf an, das richtige Verhältnis von Gerät zu den Massen in der zweckmäßigen, die geforderte Verdichtung ermöglichenden Schütthöhe bei entsprechender Kornzusammensetzung und Korngröße und Feuchtigkeitsgrad zu finden.

Regelmäßigkeit der Massenverteilung (Abb. 253, S. 200; 255, S. 201; 257, S. 201) und Gleichmäßigkeit der Korngrößenverteilung in der Schüttung (Abb. 239, S. 171; 254, S. 200; 266, S. 204), der Konsistenzform sind wesentliche Bedingungen für eine gleichmäßige Verdichtung. Sie ist nur in einer gleichmäßigen Schüttung gemäß der Lagenschüttung zu erreichen. Sie gilt heute in der ganzen Welt als eines der wesentlichen Elemente neuzeitlicher trockenmechanischer Verdichtungstechnik.

Die Geräte. Jeder Werkstoff läßt sich je nach seinem Verwendungszweck nur mit einem Gerät besonders gut oder we-

Abb. 268. Ausführung eines Steinsetzdammes aus Granitbrocken an der Autobahn bei Bautzen.

nigen anderen weniger vollkommen bearbeiten. Bei der großen Mannigfaltigkeit der Schüttstoffe ist es nicht möglich, durch bewegende Kräfte für jedes Gestein ein besonderes wirkungsvolles Verdichtungsgerät zu entwickeln. Der zweckmäßigste Geräteeinsatz ist daher in der bestmöglichen Anpassung eines Gerätes an die bodenmechanischen Eigenschaften bei gegebener Schütthöhe zu suchen.

d) Die Verdichtung

Bei der mechanischen Verdichtung entspricht jedem Druck ein Gegendruck, jedem Stoß und jeder Bewegung ein Trägheitswiderstand der gestoßenen und bewegten Massen, dessen Größe sich im Erfolg der erstrebten Verdichtung ausdrückt: Ausweichen, Verlagerung, Verdichtung.

Wenn in der Verdichtung die größtmögliche Dichte in der praktisch dichtesten Kornpackung nach dem Prinzip des kleinsten Hohlraumes unter bruchloser, plastischer Verformung und Umlagerung oder durch Zertrümmerung beim Überschreiten der Bruchfestigkeit zu verstehen ist, so bestehen grundsätzlich drei Möglichkeiten für das Verhalten der Massen bei einem Verdichtungsversuch.

1. Sie lassen sich nicht verdichten. Die Verdichtungsenergie ist zu gering, es besteht ein Mißverhältnis zwischen Geräteeinsatz und Massen. Zum Beispiel Felsstücke von mehr als 10 cm ∅ lassen sich nicht durch einen leichten Stampfer verdichten (Abb. 269).

2. Sie weichen aus. Die Konsistenzform oder die verdichtende Energie entspricht nicht einer zweckmäßigen Verdichtung.

Beispiel 1. Zu weiche erdige Massen weichen unter Druck und Stoß aus.

Beispiel 2. Hohe Stoßbeanspruchung bei geringer Stoßfläche wirkt wie ein Pfahl, die leicht beweglichen Massen weichen aus (Abb. 269).

3. Die Massen werden verdichtet. Schütthöhe, Geräteeinsatz und Beschaffenheit der Schüttmassen sind mehr oder weniger günstig aufeinander abgestimmt, denn nicht jede Verdichtung entspricht den gestellten Anforderungen.

Diese drei Möglichkeiten im Verhalten des Stoffes bei der Wirkung eines Geräteeinsatzes entsprechen einem bestimmten Kräfteverhältnis zwischen Stoff und Verdichtungsgerät. Der Gesamtwirkungsgrad eines Verdichtungsverfahrens setzt sich daher aus dem Wirkungsgrad eines Gerätes, der Massen (Verdichtbarkeit, Widerstand oder Ausweichen) und der Schütthöhe zusammen. Der Wirkungsgrad der Schütthöhe bei sonst günstigen übrigen Voraussetzungen zwischen Gerät und Massen wirkt sich in der Über-,

Abb. 269. Zu leichtes Verdichtungsgerät, ältere 100 kg schwere Delmag-Ramme für die Verdichtung von Felsbrocken, geringe Leistung, Pfahlwirkung, ungenügende Verdichtung.

Unter- oder der richtigen, d. h. fehlerfreien, wirtschaftlich-technischen Verdichtung aus.

1. Die Überverdichtung (Abb. 270) [*155*]. Zu geringe Schütthöhe und leicht bewegliche Massen führen dazu, daß die volle Wirkung des Verdichtungsgerätes in der 1. Schüttlage zur Geltung kommt. Sie kann bei gewissen Verdichtungsaufgaben, z. B. Sand als Hinterfüllung von Bauwerksanschlüssen, wünschenswert und erforderlich sein. Sie verlangt Mehrleistung und ist daher teurer als die normale Verdichtung. Durch die Überverdichtung wird bei Anwen-

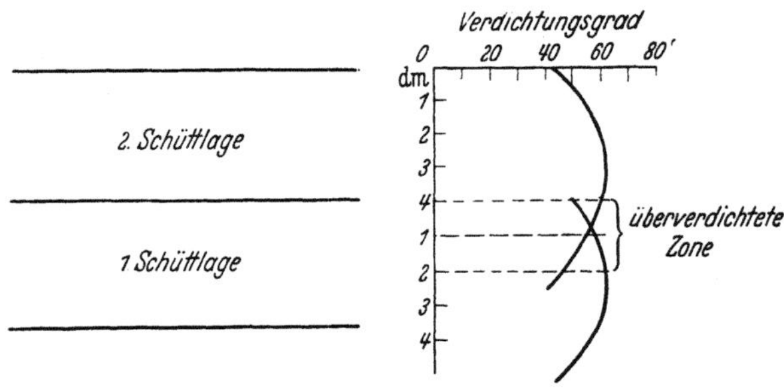

Abb. 270. Schematische Darstellung der Überverdichtung. Die Grenzzonen zweier aufeinanderfolgender Schüttlagen werden mehr als erforderlich verdichtet.

dung trockenmechanischer Verdichtungsenergie auf Sand und Kies die unausbleibliche Auflockerung während der Verdichtung der nächstfolgenden Schüttlage wirksam beseitigt. (Überverdichtung tritt auch durch Resonanzwirkung auf — vgl. S. 213.)

Da Dammauflast und auch Stoßenergie, also Erregerenergie, bei der Verdichtung höherer Dammteile nachweislich beschleunigend und ausgleichend auf tiefere, wenig oder nicht genügend verdichtete Dammschüttungen ist, wird man auf die Überverdichtung als unwirtschaftliche Lösung nur bei einer absolut setzungsfreien Verdichtung an Brückenwiderlagern und sonstigen Anschlüssen an Kunstbauten Wert legen. Sie kann nach S. 213 auch schädlich sein.

2. Die Unterverdichtung (unvollständige, sog. Zwischenverdichtung, Abb. 271). Unterverdichtung ist gleichbedeutend mit ungenügender Verdichtung. Verantwortlich hierfür können verschiedene Mängel sein: zu hohe Schüttung, zu schwaches Gerät, zu weiche Konsistenz, nachgiebige Unterlage, zu grobes Korn, zu geringe Verdichtungsarbeit. Alle vom optimalen Wassergehalt um mehr als 10% abweichende eingebaute und sonst wirksam verdichtete Massen sind in diesem Sinne als unterverdichtet anzusprechen.

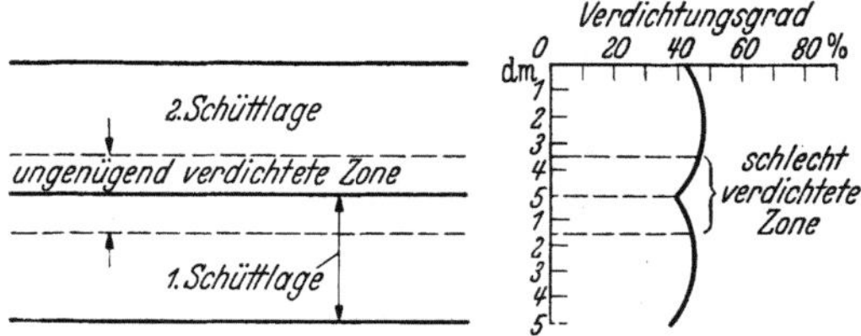

Abb. 271. Die Unterverdichtung. Die Grenzzonen zweier aufeinanderfolgenden Schüttlagen werden zu wenig verdichtet.

Beispiele. 1. Zu weiche Lößlehmmassen: Ein Verhältnis von Wassergehalt: Porenvolumen kleiner als 1 : 2 führt zur Unterverdichtung [*155*].

2. Schütthöhen von 80 cm und 1 m bei Anwendung von schweren Delmag-Fröschen auf alle Massen verursachten Unterverdichtung.

3. Anwendung von schweren Druckwalzen auf felsigem Schüttmaterial bei mehr als 40 cm Schütthöhe löst Unterverdichtung aus.

Beispiel. Ein fast 40 m hoher Damm wurde im Stützkörper bis nahe zur halben Dammhöhe durch eine Vierradwalze von 13 t Gewicht verdichtet. Die Massen bestanden aus felsig-stückigem verwittertem Gneis. Nach Einsatz der schweren Delmag-Rammen von 1 t Gewicht setzte sich im Verein mit der anwachsenden Dammlast dieser unvollkommen verdichtete Dammteil erheblich rascher und in größerem Umfang als die abgerammten Teile.

Folgen der Unterverdichtung (Abb. 272 u. 273). 1. Die Unterverdichtung braucht nicht gefahrdrohend zu sein. Sie ist es dann, wenn nach Dammabschluß

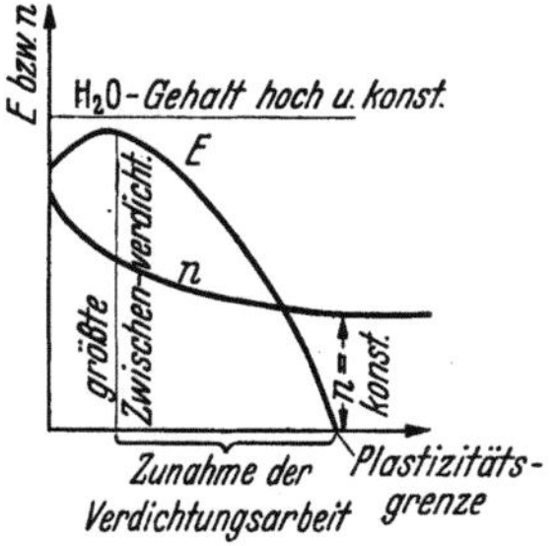

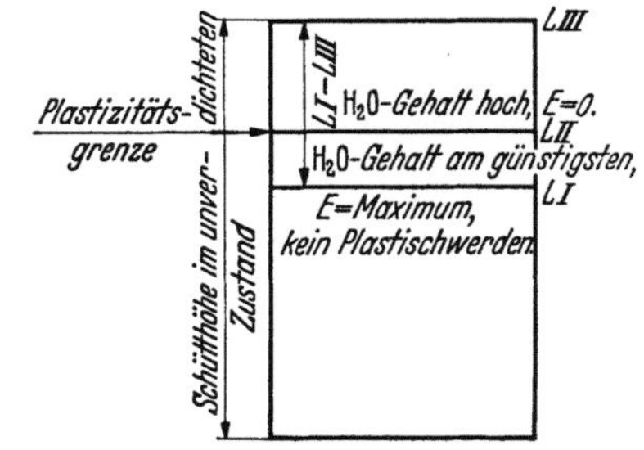

Abb. 272. Beziehung zwischen *E* und Verdichtung innerhalb der Zone der Zwischenverdichtung (*E* Steifeziffer, *n* Porengehalt).

Abb. 273. Abhängigkeit des Verdichtungsgrades von der Plastizität und dem Wassergehalt *LI* bis *LIII* = Zone der Zwischenverdichtung, abhängig vom Wassergehalt, je höher der Wassergehalt, um geringer die Verdichtung um so größer Dammsetzung.

die Stabilität des Dammes auf lange Sicht geschwächt ist und insbesondere im Staudammbau die Möglichkeit der inneren Auszehrung des Dammes auf dem Wege des durchsickernden Wassers infolge starken Strömungsdruckgefälles gegeben ist.

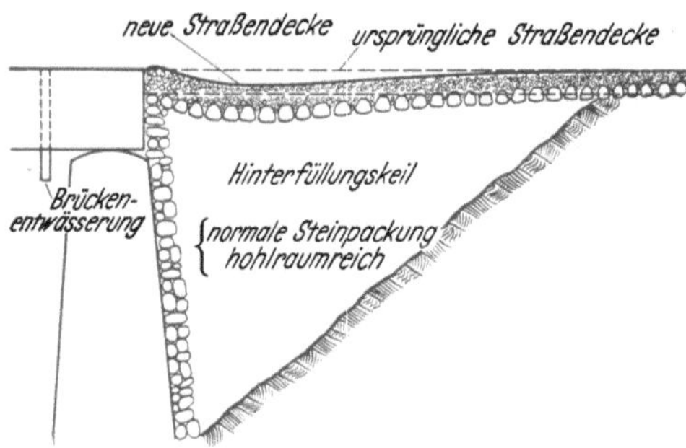

Abb. 274. Die gefürchtete Setzungsmulde bei Dammanschlüssen an Bauwerke (Nach SCHAIBLE.)

2. *Im Verkehrsdammbau* entstehen Schäden am Oberbau, der Decke. Wenn diese sich wiederholt zeigen und im Verein mit Setzungsbeobachtungen jahrelang wiederholen, dann liegt ein baukonstruktiver Fehler vor, selbst wenn die Massen einwandfrei eingebaut wurden (Abb. 274). Wasserzirkulation in einem zum Tal geneigten Damm mit einer Brücke ohne Widerlager (Abb. 275) war ein derartiger Anlaß. Die Dammbauorganisation verlangt daher auch die baukonstruktiven Voraussetzungen.

Die Unterverdichtung ist bei der Ausführung dann ohne weiteres zulässig, wenn durch die Pegelbeobachtungen im Damm sich ergibt, daß die Setzungen als eine Folge der Unterverdichtung bis zur Dammvollendung im wesentlichen abgeschlossen sind und keine nennenswerten Nachsetzungen zu erwarten sind, die für die Verkehrssicherheit und die Stabilität der Fahrbahndecken im

Abb. 275. Dauernde starke Setzungen eines etwa 8 m hohen Dammes infolge Verzichtes von eingefangenden Flügelmauern am Bauwerk.

Abb. 276. Wirkung der auflockernden Schiebewellen bei zu starker abrupter Stoßverdichtung, Auflockerung am stärksten unmittelbar am Gerät. Sie klingt rasch ab.

Straßenbau, für die Gradientenlage im Verkehrswesen überhaupt und die Standfestigkeit der Staudämme unter Volleinstau bedrohlich werden können.

Die Unterverdichtung als nicht setzungsfreie Verdichtung läßt sich in normalen Fällen infolge der schwankenden Wetterverhältnisse nicht vermeiden. Sie zeigt sich z. B. darin, daß die Dichtungskörper gegenüber der im Prüfraum erzielten Dichte stets nur zu Bruchteilen sich verdichten lassen.

Zu hohe Stoßenergie (zu hohe Aufschlagwucht) auf leicht bewegliche Massen erzeugt auflockernde Schiebewellen (Abb. 276) und vereitelt die fehlerfreie Verdichtung infolge falscher Abstimmung von Verdichtungsenergie in ihrer Größe auf die Massen. Der Wirkungsgrad der Verdichtung ist relativ gering.

3. Die fehlerfreie (richtige) Verdichtung. Die fehlerfreie Verdichtung vermindert die genannten Mängel und Gefahrenpunkte. Unter Berücksichtigung aller günstigen und störenden Einflüsse auf den Verdichtungserfolg wird der größtmögliche Wirkungsgrad zu erreichen versucht. Allerdings sind die klimatischen Einflüsse oft sehr störend, so daß dieser Wirkungsgrad sehr verschieden ausfällt und daher das Ergebnis stets durch die Bezugnahme auf die klimatischen

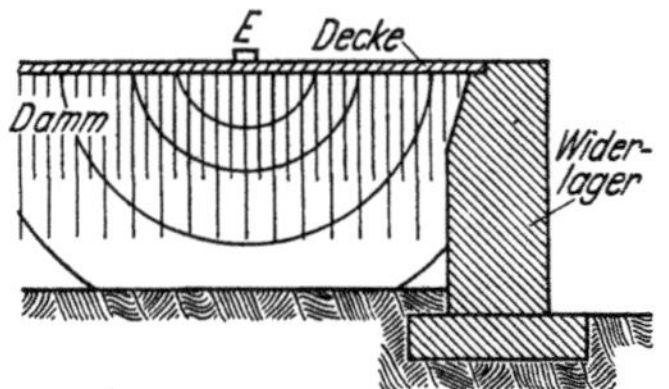

Abb. 277. Schematische Darstellung der Wirkung von Erschütterungswellen des Verkehrs vom Erregerzentrum E aus auf den Damm und das Widerlager ohne Berücksichtigung der Interferenzwirkung. Nur ein Bruchteil der Erschütterungsenergie trifft bei diesem Standort von E die Widerlagerrückwand.

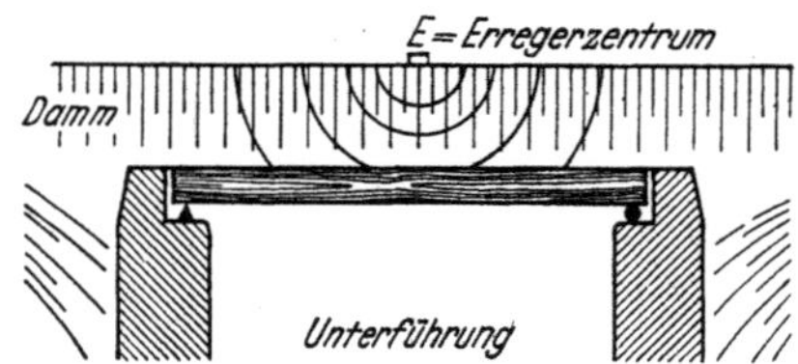

Abb. 278. Die Überschüttung eines Dammes auf einer Unterführung wird bei diesem Standpunkt von B bedeutend stärker erschüttert, da die Wellen senkrecht auftreffen und daher einen bedeutend höheren Wirkungsgrad auf das Bauwerk ausüben. Hinzu tritt noch die hier wesentlich stärkere Interferenzwirkung.

Verhältnisse bewertet werden muß. Grundsätzlich verlangt die richtige Verdichtung eine gegenseitige Abstimmung der Massen nach Kornzusammensetzung, optimalem Wassergehalt und Korngröße in einer zweckmäßigen Schütthöhe für ein bestimmtes Verfahren und Gerät. Der Wirkungsgrad drückt sich in dem relativ geringsten Kraft- und Kostenaufwand bei bestmöglicher Verdichtung aus.

Technische Voraussetzungen einer fehlerfreien Verdichtung. Das schwierigste Problem in den Beziehungen von Gerät zu Stoff und Schüttung besteht darin: jede Energiezufuhr unter Beschränkung von Energie und Beseitigung von Verlustquellen in der richtigen, d. h. zweckmäßig-fehlerfreien Verdichtung der Massen auszunutzen und entsprechend wirkungsvoll umzusetzen.

Gerätewahl und -einsatz. Wichtig ist bei der Beantwortung dieser Frage, daß die Verdichtungswirkung mit wachsender Tiefe stärker als linear abnimmt. Die Widerstandskräfte gegen die Verdichtung nehmen daher nicht geradlinig mit der Tiefe, sondern stärker zu. Bei Erregung der Massen durch Stoß- oder kinetische Erschütterung breiten sich die Wellen nach allen Richtungen, also kugel-

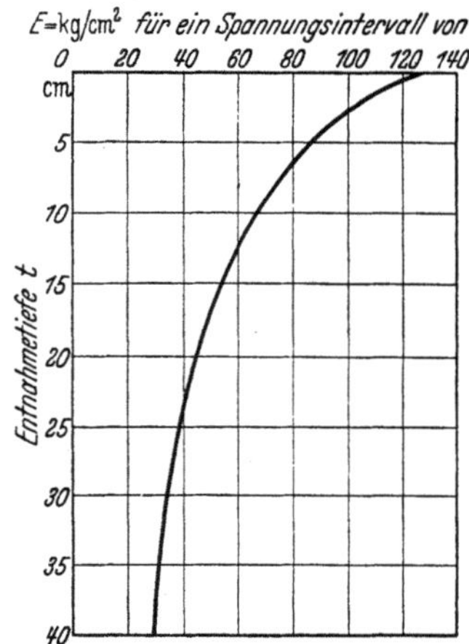

Abb. 279. Abnahme der Verdichtung mit wachsender Tiefe schematische Darstellung auf Grund von Untersuchungen an Lößlehm.

schalig radial (Abb. 277 u. 278) ausstrahlend, aus und begründen daher die rasche Abnahme des Energieaufwandes in einer in größerer Tiefe wirksamen Verdichtung (Abb. 279).

Druckenergie verteilt sich sehr rasch nach der Tiefe, zumal wenn, wie Abb. 363, S. 283, zeigt, niemals mit einem linearen Auflagedruck, sondern stets mit einer relativ hohen Flächenauflage der unverdichteten Massen zu rechnen ist, soweit nicht die Konstruktion der Druckgeräte einen hohen spezifischen Auflagedruck auch an diesen lockeren Massen ermöglicht (Unterschied zwischen glatten Straßenwalzen und den Schaffußwalzen). Der Druckunterschied erreicht hierbei nicht selten den zehn- bis zwanzigfachen Betrag.

Die Abnahme der Verdichtungswirkung wird außer der durch die kugelschalenförmig sich verteilende Energie durch die Trägheit der Massen, ihre unterschiedliche Beweglichkeit: Sande, Felsstücke, haftende Lockergesteine (Lehm), durch Verlust an Verdichtungsenergie bei Zertrümmerung sperriger Steinmassen, durch die plastische Verformung harter Erdbrokken (Ton, Lehm) unterschiedlich bewirkt. Der Anteil, der wirklich auf bruchlose Verdichtung und Verdichtung im Sinne des kleinsten Hohlraumes wie beim Betonbau fällt, wobei die hierfür erforderliche verdichtende Vorarbeit der Zertrümmerung und Zerquetschung eingeschlossen ist, läßt sich schwer abgrenzen,

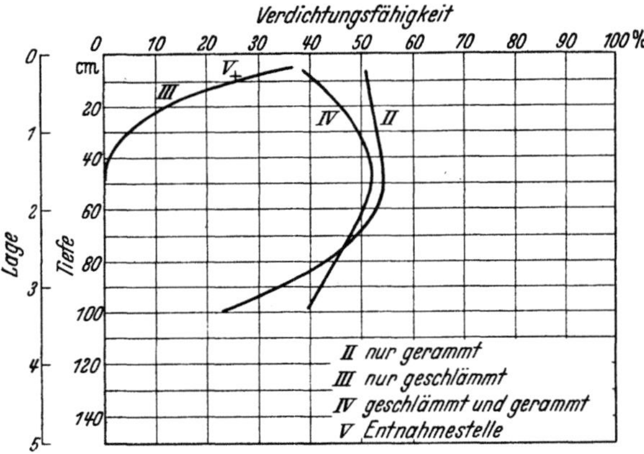

Abb. 280. Verdichtungskurven an sandigem Schüttmaterial. (Nach Loos.)

auch sie ist ja eine wesentliche Hilfe für die stabile Verdichtung. Die Widerstandskräfte einer losen Schüttung verhindern, insbesondere an den bruchfesten Erd- und Felsschüttungen, eine spontane Verdichtung, nicht aber die

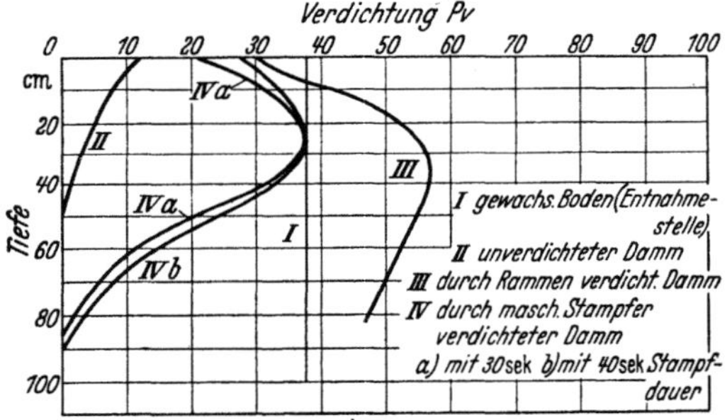

Abb. 281. Wie Abb. 280. In beiden Abbildungen ist die rasche Abnahme der Verdichtungswirkung an verschiedenen Verfahren mit wachsender Tiefe sehr bemerkenswert. *Pv* Verdichtungsziffer. (Nach Loos.)

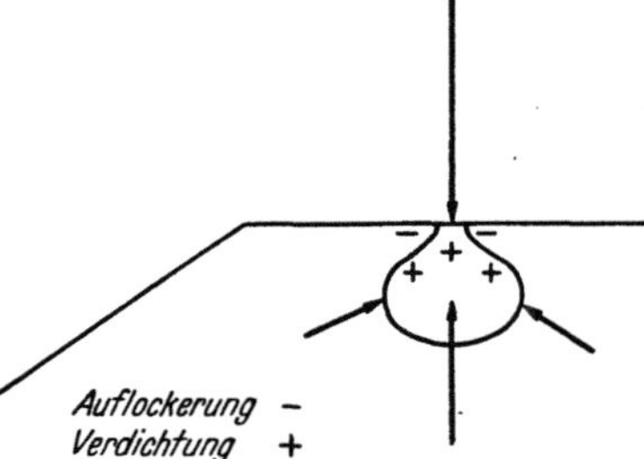

Abb. 282. Verdichtungswirkung im Kern des Verdichtungsraumes. Neben dem Gerät ist die Verdichtung negativ (Auflockerung).

zeitlich langsam fortschreitende Konsolidierung: die in der Setzung mit dem Ziele der endgültigen Verfestigung sich auswirkt.

Stoßkraft und richtige Verdichtung. Wie die Nachprüfung der Verdichtung (Abb. 280 u. 281) beweist, erstreckt sich die höchste Verdichtungswirkung bei der Stoßkraft auf einen Teilbereich der Schüttlage, eine Zwischenzone. Oberhalb dieser Zone tritt unvermeidlich Auflockerung ein (Abb. 282), unterhalb von ihr verhindern Massenträgheit, Reibung und Haftung eine vollwirksame Verdichtung bei verminderter Stoßwirkung. Nach oben stellt sich in der Auflockerung das Gleichgewicht dort ein, wo die Auflast der Massen den zurückstrahlenden, senkrecht wirkenden Erschütterungswellen das Gleichgewicht hält. In der

Dammtiefe erhöhen die Resonanzerschütterungen die Verdichtungswirkung. Unmittelbar am Gerät ist die Auflockerung am stärksten ausgeprägt.

Die horizontal verlaufenden auflockernden Schiebewellen (Transversalwellen) sind dann am meisten störend, wenn ihre Wirkung nicht durch schwere Auflasten (Druckenergie) in zweckmäßige Verdichtungsarbeit umgesetzt wird (Rütteldruckverfahren Losenhausen, Keller).

4. Vor- und Hauptverdichtung (Abb. 283 u. 284). Um überhaupt die Stoßenergie zur größtmöglichen Wirkung zu bringen, muß man davon ausgehen, daß

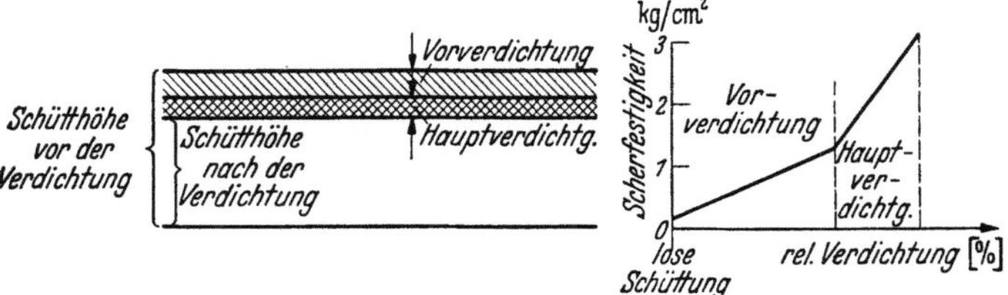

Abb. 283. Darstellung der stufenförmigen Verdichtung und der Einwirkung auf den Zuwachs der Verdichtung (links Verringerung der Schütthöhe, rechts Darstellung der Zunahme der Scherfestigkeit durch die Vor- und Hauptverdichtung.

die Beweglichkeit der Massen verschieden groß ist. Damit hängt das Ausmaß der Auflockerung von der Zusammensetzung und dem Gerät ab. Ausweichen und Auflockerung [*394*] besagt im Sinne von

$$\eta = \frac{m_1}{m_1 + m},$$

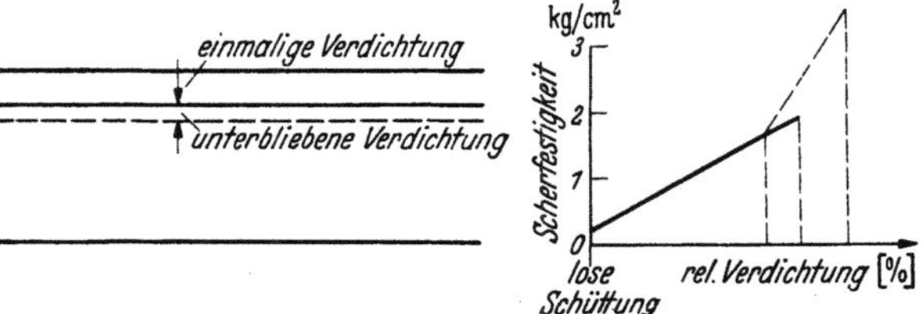

daß die Scherwiderstände der zu verdichtenden Massen in keinem Verhältnis zur Größe der Verdichtungsenergie stehen. Die Scherwiderstände müssen

Abb. 284. Darstellung der abrupten, d. h. nicht stufenförmig sich auswirkenden Verdichtung links in der Verkürzung der Schütthöhe, rechts in der Beschränkung Zunahme der Scherfestigkeit unter Andeutung der erreichbaren Scherfestigkeit bei stufenförmiger Verdichtung.

wachsen, sie können es nicht abrupt, sie müssen allmählich durch das Verdichtungsspiel selbst gesteigert werden. Einen treffenden Vergleich bilden die Bremskräfte. Die größte Wirkung der Bremsen in der Energieumwandlung, d. h. die volle Ausnutzung der Bremsen, ist nur dann möglich, wenn sie sich allmählich in wachsendem Maße auswirken können. Durch die „Vorverdichtung" (im gewissen Sinne auch als Unterverdichtung zu verstehen) werden die Nahkräfte (Reibung und Haftfestigkeit) an den Berührungsstellen und -flächen der Schüttmassen vergrößert. Bei der nunmehr folgenden Hauptverdichtung können die Massen sich nicht mehr dem Einfluß der vollwirksamen Verdichtungsenergie entziehen, ausweichen.

Mit geringer technischer Lenkung kann daher der Verdichtungserfolg an den Stampf- und Rammgeräten erheblich im Sinne einer fehlerfreien Verdichtung ausgenutzt werden.

Die Vorverdichtung nimmt einen Teil der Gesamtverdichtung weg. Jede Vorverdichtung findet ihre Grenzen als Teilverdichtung an der dabei wachsenden Massenträgheit. Eine Gesteinsschüttung kann dabei nur einen bestimmten Scherfestigkeitswert erhalten, wie ja eine trockene harte Tonscholle niemals die Festigkeit eines Granites erreicht.

Infolge der raschen Abnahme der Verdichtungsenergie mit wachsender Tiefe wäre es daher falsch, durch größere Energiezufuhr, also spezifisch höheren Energieaufwand, in der Vollverdichtung die Verdichtungsleistung steigern zu wollen, wenn nicht gleichzeitig bei wenig verspannten oder nachgiebigen, ausweichempfindlichen Massen die Auflockerung und die seitliche Verlagerung vermindert werden kann oder der Verformungswiderstand entsprechend zunimmt. Insofern bestätigen die Versuche von Loos durch Einsatz von schwersten Stampfgeräten von mehr als 4 t Gewicht an den leichtbeweglichen Sanden die Richtigkeit dieser These, denn sie führen zu einer Abnahme der Verdichtungswirkung, anstatt zu einem Zuwachs [*233—238*].

Geotechnische Folgerungen für den Dammbau. Um im Sinne der fehlerfreien Verdichtung den Geräteeinsatz zum höchsten Wirkungsgrad auszunutzen, muß jede lose Schüttung, von einer Anfangsverdichtung ausgehend, allmählich bis zur Vollverdichtung behandelt werden. Die Verdichtung hat stufenförmig sich steigernd zu erfolgen. Dieses Grundprinzip gilt auch für die übrigen mechanischen Verdichtungsverfahren.

5. Genügende und gleichmäßige Verdichtung. In der Praxis des Dammbaues hört man häufig die Frage: Genügt die Verdichtung für diesen Zweck? Abgesehen davon, daß durch die Prüf- (Test-) Verfahren (vgl. S. 375ff.) erfahrungsgemäß genügende Nachweismittel für die genügende Verdichtung vorliegen, so hat diese Frage doch eine grundsätzliche Bedeutung. Sie soll stets im Hinblick auf eventuelle Dammschäden oder -gefahren beantwortet werden. Sie ist gleichbedeutend mit fehlerfreier Verdichtung, schließt indessen an Verkehrsdämmen gleichmäßige, verkehrsungefährliche Verlagerungen nicht aus.

6. Gleichmäßige Verdichtung. Unter gleichmäßiger Verdichtung ist die Wirkung ebenso zu verstehen wie der gleichbleibende technische Vorgang des Verdichtungsspieles. Maßgebend ist der gleich hohe Stabilitätsgrad in einer Schüttung. Die gleichmäßige Verdichtung ist nicht einfach zu erreichen. Unvermeidliche Streuungen werden durch wechselnde Schütthöhe, ungleichartige Schüttmassen und verschiedenen Wassergehalt verursacht. Gleichmäßige Verdichtung ist aber dann im Sinne genügender Verdichtung erreicht, wenn diese Streuungen sich nicht in der Dammfestigkeit nachteilig auswirken. Ebenso wie bei der Bemessung der Stärken der Dichtungskörper unveredelter Bodenarten im Staudamm

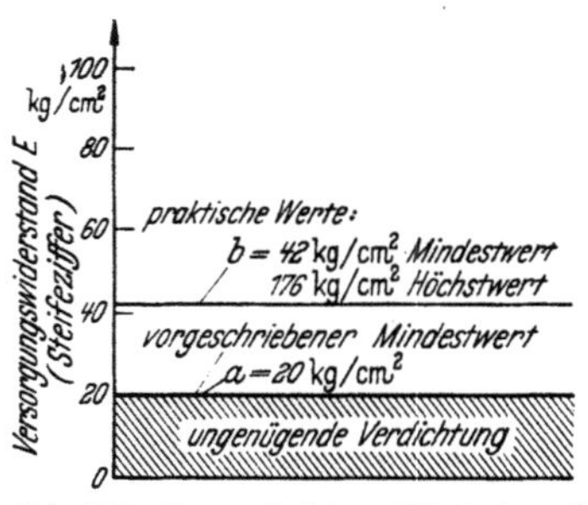

Abb. 285. Vorgeschriebene Mindest- und tatsächlich erreichte Verdichtungswerte am Kaljecodamm [*173*].

wird man auch stets bestrebt sein, die Verdichtungstechnik so weit zu steigern, daß mit einer gewissen Sicherheit gegenüber unausweichbaren Schwankungen in dem Verdichtungseffekt zu rechnen ist. Dies führt somit stets zu einer Überverdichtung, wenn man die Grenzlinie zwischen Gefährdung und Sicherheitsbereich nicht einhalten will oder auch kann, jedoch im Sicherheitsbereich bleiben will (Abb. 285).

Gleichmäßige und damit zugleich *richtige Verdichtung* hat für bestimmte Dammglieder und Dammteile eine große Bedeutung.

Beispiele. Im Verkehrsdammbau sind es die Dammschultern von Straßendämmen und die Bauwerksanschlüsse oder deren Überschüttungen. Im Staudammbau ist es außerdem vor allem der Dichtungskörper bei wasserseitiger Anordnung (vgl. Abb. 24, S. 13).

7. Dammschulterverdichtung und Verdichtung von Böschungen (Abb. 286 bis 289). Gegenüber der Kernverdichtung eines Dammes sind die Massen gegen Verlagerungsbeanspruchung, die jeder Verdichtungsakt auslöst, nur einseitig gesichert.

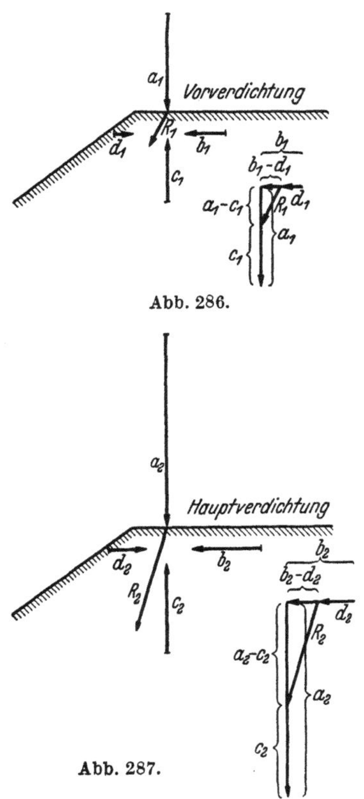

Abb. 286.

Abb. 287.

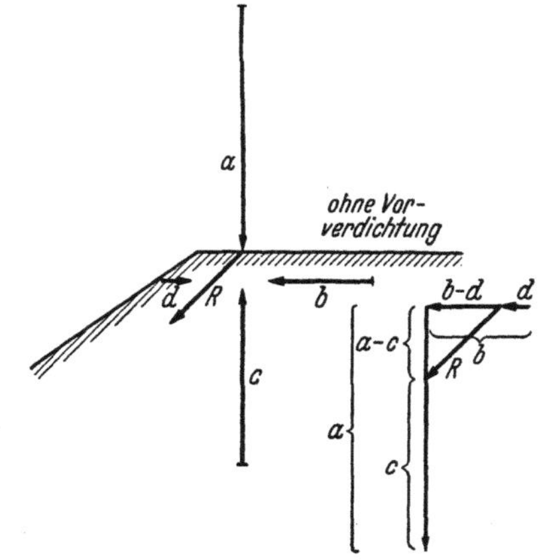

Abb. 288. Darstellung der Auswirkung nichtstufenförmiger Verdichtung und der Wirkungslinien der resultierenden Kraft an den Dammschultern bei stoßartiger abrupter Verdichtung. Im Vergleich zu 286 u. 287 drückt diese Kraft die Massen nach außen und verhindert die erforderliche Verdichtung.

Abb. 286 u. 287. Darstellung der Kräftespiele an den Dammschultern bei stufenförmig fortschreitender Verdichtung. Wesentlich ist die Steigerung der d-Kraftkomponente, damit Resultierende bei der Hauptverdichtung mehr in Richtung des Dammkernes verläuft.

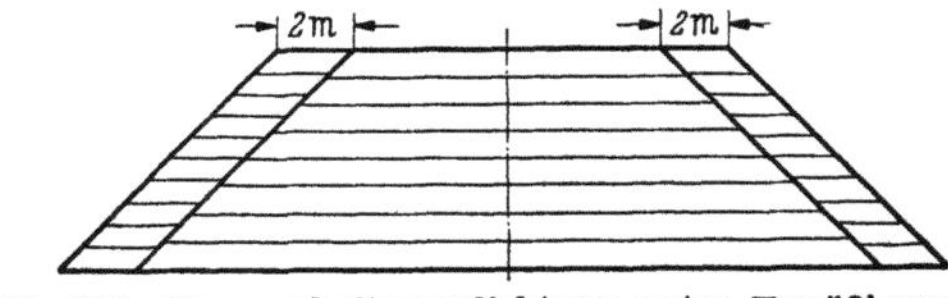

Abb. 289. Dammschulterverdichtung unter Ermäßigung der Schütthöhe in einem mindestens 2 m breitem Streifen, um die Dammschultern durch mittelschweres Gerät verdichten zu können.

Bei der Dammschulterverdichtung ergibt sich ein Kräftedreieck mit der kleinsten Widerstandskraft in Richtung zur Böschung. Da aber in den Straßen mit Rechtsverkehr die Schwerlast der Verkehrsbeanspruchungen in der Nähe der Dammschultern liegt, muß auf eine besonders sorgfältige und stabile Verdichtung der Dammschultern besonderer Wert gelegt werden. Die Anwendung der vor- und nachfolgenden Hauptverdichtung kann hier allein Abhilfe schaffen (Abb. 286 u. 287). Ohne die Vorverdichtung ist keine setzungsfreie Verdichtung möglich. Aber diese ist nicht allein mit Rücksicht auf die nach außen drängenden dynamischen Erschütterungen des wechselnden Verkehrs, sondern auch infolge der Erosionskraft und des Erweichens der Massen durch über die Böschungen nach außen abfließende Niederschlags- und Tauwässer notwendig. Daher ist auch die Forderung des bevorzugten Einbaues fester Schüttmassen gerade an diesen so gefährdeten Stellen der Verkehrsdämme voll berechtigt. Die Verdichtung von Dammböschungen ist eine der wichtigsten Aufgaben beim Einbau von natürlichen Dichtungsstoffen an Kanalböschungen im Einschnitt und Auftrag.

Die zahlreichen Aufsätze hierüber kennzeichnen die Bemühungen der Wasserbauer, zu einer befriedigenden Lösung zu kommen. Vor allem haben sich CANISIUS, KIRCHHOFF, GERSTENBERGER und TODE [461] um die Lösung des Problems bemüht. Auch HOLTZ geht in [139a] darauf ein. Die Schwierigkeit beruht in der geringen Wirkung der Resultierenden verdichtender Kräfte senkrecht zur Böschung. Zwar hat Hochtief und haben andere Firmen eine Lösung in der Führung der Stampfkörper senkrecht zur Böschung am Stampfbagger gefunden, die sich auch an hohen Stau- und Verkehrsdämmen bewährt hat (vgl. Abb. 391, S. 308), indessen verlangen die dünnen Dichtungsschalen eine individuellere Behandlung. Die Verdichtung der in dünnen Lagen eingebauten Dichtungsstoffe durch Walzen oder Traktoren ist das übliche, bisher noch unbefriedigende Verfahren. Die Dichtungsstoffe müssen daher hier in Lagen unter 20 cm Stärke eingebaut und mehrfach in Richtung der Böschungsneigung befahren oder gewalzt werden und vor dem Neuauftrag einer weiteren Lage zur gleitsicheren Verbindung wieder aufgerauht werden. Diese Arbeit verlangt außerordentlich viel Sorgfalt, ist zeitraubend und daher teuer. Welchen Zeitaufwand man am Mittellandkanal dafür einplante, zeigt treffend die Abb. 105, S. 61, die zugleich den Einbau und das wechselnde Verdichtungsspiel übersichtlich erkennen läßt.

Durch das Hydratonverfahren wird diese rückständige Einbau- und Verdichtungsart großzügig gelöst, denn durch den Verzicht auf eine umständliche mechanische Verdichtung fallen alle die bisherigen Schwierigkeiten weg, zugleich wird eine ebenso flüssige wie gleichmäßige Einbauweise bei gleichmäßig hoher Dichtung erreicht.

Schwerstes Gerät anzuwenden, ist untunlich, vielmehr muß die empfindliche Randzone nach folgendem Schema verdichtet werden (Abb. 289).

8. Dammanschlüsse und Überschüttungen von Bauwerken. Verschiedene Festigkeitswerte, verschiedene Gründungstiefen, verschiedene Stabilitätsverhältnisse und Leitfähigkeit von Erschütterungswellen führen zu besonderen Maßnahmen bei der Ausführung der Verdichtung von Massen an und über

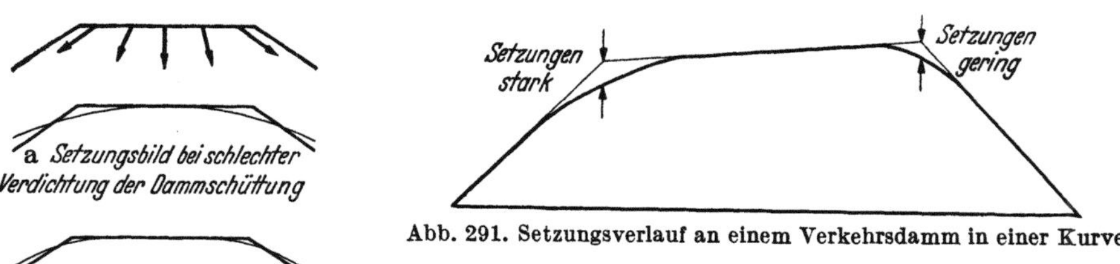

Abb. 291. Setzungsverlauf an einem Verkehrsdamm in einer Kurve.

Abb. 290. Darstellung der Quersetzungen an Verkehrsdämmen an schlecht und gut verdichteten Dämmen.

Bauwerken. Durch die unvermeidlichen auflockernden Resonanzerscheinungen der sich ausbreitenden Transversalwellen werden der Dammanschluß und die Überschüttung dauernd auf seitliche Verlagerung, auf Verflachung (Abb. 290) des Dammkörpers mit der Folge unvermeidlicher, sehr gefährlicher Verlagerungen der Deckenanschlüsse (Abb. 274 u. 275, S. 212]) [180, 211, 360] beansprucht.

9. Der Dichtungskörper im Staudamm. Seine Ausführung ist für die Stabilität eines Staudammes von größter Bedeutung. Höchstmaß an Sorgfalt der auf einen bestimmten optimalen Wassergehalt abgestimmten Dichtungsmassen, Verdichtung auf Grund und unter Beobachtung der vorhandenen Prüfverfahren,

Gewährleistung der erforderlichen Dichte und Herstellung eines homogenen, gleichmäßig dichten Körpers sind Aufgaben, die neben Erfahrung auch die nötige Umsicht und Aufsicht bei bester Sorgfalt in der Verdichtung fordern. Ganz besondere Sorgfalt erfordert der Einbau von Tondichtungen an Stau- und hier auch Kanaldämmen [*105, 463*].

Beispiel. Mittels besonders entwickelter Dieselwindenwagen wurden die mit 15 cm Schubhöhe bemessenen Schüttlagen am Elster-Saale-Kanal in vier aufeinanderfolgenden Lagen eingebaut (vgl. auch S. 270).

Geotechnische Folgerungen für den Dammbau. Der Dammbau verlangt seinen Aufgaben, seiner Gliederung und seiner Sicherung gemäß eine verschiedene Verdichtungstechnik, die niemals schematisch, sondern stets unter Berücksichtigung des Spannungszuwachses, der Kraftwirkungen während und nach Dammvollendung zu verwirklichen ist. Am leichtesten ist die Verdichtung im Kern, am schwierigsten an den Dammschultern (Abb. 291) und beim Einbau der Dichtungsmassen.

10. Verdichtung und gewachsener Boden. Während man noch früher genügende Verdichtung erreicht zu haben glaubte, wenn man die des gewachsenen Bodens erzielte — die Verdichtungsvorschriften der Sösetalsperre verlangten dies zum Beispiel —, ist heute nicht die Dichte des anstehenden Materials maßgebend. Die erforderliche Dichte wird im Prüfraum festgestellt. Sie liegt am Löß mit dem höchsten Porenvolumen beträchtlich über der des anstehenden Löß, bei kompaktem Sprengfels naturgemäß darunter.

Es sind folgende Richtwerte zu beachten, die aber stets an den Erdarten von dem Wassergehalt abhängen; denn starke Niederschläge weichen und lockern z. B. Gehängelehm auf, Trockenheit läßt ihn zusammenschrumpfen.

Tabelle 28. *Richtwerte bleibender Auflockerung und mögliche Überverdichtung.*

Gesteinsart (Fels, Erdart)	Vorübergehende Auflockerung in %	Bleibende Auflockerung in %
	— Überverdichtung, + Auflockerung	
1. Gewachsener Felsen	35 ··· 50	+10 ··· 20
2. Geschiebelehm, stark kiessandig	20 ··· 25	± 0 ··· +5
3. Tonige Kiessande des Tertiärs	20 ··· 25	etwa ± 0
4. Geschiebelehm, wenig sandig	25 ··· 30	etwa +2 ··· 10
5. Schluffton aus Phyllit	20 ··· 30	+ 2 ··· —10
6. Gehängelehm aus Schiefer	10 ··· 20	+ 2 ··· — 5
7. Dünensande trocken, Lößlehm	15 ··· 25	— 5 ··· —15
8. Löß	~20	—20 ··· —30

Beispiel. Danach verlangt ein Lößdamm ~ 25% mehr Massen, als seinem Volumen in gewachsenem Zustand entspricht. Dies ist für den Massennachweis wichtig. Dasselbe gilt für jüngste feinkörnige Ablagerungen am Rand von Flußufern (Talauen).

Diese Werte bedürfen für jeden Einzelfall mit Rücksicht auf die Abrechnung der gelösten Massen einer eingehenden Überprüfung. Sie müssen an der Entnahmestelle und an der Einbaustelle der betreffenden Massen unter Feststellung des Wassergehaltes und der optimalen Verdichtung sowie des Raumgewichtes durchgeführt werden und sichern Auftraggeber und Auftragnehmer vor überhöhten Forderungen und unzureichender Vergütung der Leistung. Jedenfalls sind zweckmäßigerweise stets die Massen im gewachsenen und im verdichteten Zustande getrennt zu berechnen, wobei Rücksicht auf eventuelle Baugrundsetzungen zu nehmen ist.

Zweiter Teil

Geotechnik.

6. Abschnitt.

Der Einbau der Dammbaustoffe.

I. Die Anförderung der Erdbaustoffe und Ausführung der Schüttung.

1. Der gleisgebundene, starre (Schienen-) Förderbetrieb.

Hierfür werden Spurweiten von 60, 75, und 90 cm verwendet, je nach Entfernung, Umfang der Massenverfrachtung und Größe des Dammes sowie der vorgeschriebenen Leistung. Kurvenreiche Strecken empfehlen die kleineren, lange Strecken dagegen die größeren Spurweiten. Die Kipper: Mulden-, Kasten- und Selbstentlader fassen die Muldenkipper in der Vollstahlbauweise gewöhnlich etwa 1 bis 2 m³, allerdings sind ähnlich dem Abraumbetrieb im Braunkohlentagebau Großraumwagen bis zu 16 m³ im Einsatz und konkurrieren damit mit den schwersten gleislosen Transportgeräten von mehr als 20 m³ Inhalt.

a) Die kleinen, die großen Spurweiten.

Die kleineren Spurweiten, insbesondere von 60 cm, sind wohl empfindlicher in der Abnutzung, in der stabilen Lage und gegen Verlagerungen, auch Verbiegungen, sie lassen sich aber im Handbetrieb auf dem Damm leichter verlegen und verschwenken und ermöglichen einen rascheren, beweglicheren Einbau der Dammassen als mit den schweren Gleisen. Bei feuchter Witterung wird der Förderbetrieb wasserempfindlicher Erdarten weniger gefährdet als bei Verwendung von großspurigen schweren Gleisen. Die Entscheidung für die Wahl der Spurweiten hängt somit, außer von den bautechnischen Belangen, wesentlich von den Baustoff- und klimatischen Verhältnissen ab.

Beispiel. Beim Bau der Autobahnen durften für Dämme von mehr als 100 000 cm³ Inhalt nur die 90 cm-Spurweiten verwendet werden.

Die großen Spurweiten und die hier üblichen schweren Kipper sind im Betrieb entschieden klimaempfindlicher als die schmäleren, leichteren Gleise. Diese können beim Fehlen leistungsfähiger Gleisrückmaschinen den Dammbaufortschritt bei ungünstigem, feuchtem Wetter infolge erheblich höheren Aufwandes für die Säuberung die Unterhaltung und das Rücken der Gleise beeinträchtigen anstatt ihn zu beschleunigen.

Die wesentliche Voraussetzung zur Sicherung eines störungsfreien Schienentransportes ist die festverlagerte, ausgeglichene Gleislage, die genaue Einhaltung der Spurweite, besonders in den oft sehr stark gekrümmten Kurven, die planebene Verbindung der Schienenstöße, wofür bei fest verlagerter Schwellenunterlage die Verlaschung notwendig ist. Zweckmäßigerweise wird hierfür ausschließlich eine eingearbeitete Gleiskolonne eingesetzt, deren Aufgabe nach der Gleisverlegung im wesentlichen der dauernden Überwachung und der fortlaufenden gesicherten Verlegung der Gleise gewidmet ist. Diese Gleisbaukolonne ist somit verantwortlich für die dauernde Betriebssicherheit sämtlicher Gleisanlagen. Es empfiehlt sich im einzelnen, die Kurvenstücke möglichst oft zu wechseln, um eine einseitige Dauerbeanspruchung und Abnutzung zu verhindern, die auch bei entsprechender Überhöhung der Kurven nicht vermieden werden kann. Insbesondere ist es wichtig, Zug- und Transportlängen auf ein bestimmtes günstiges Verhältnis abzustimmen, wobei die Dammlänge zu berücksichtigen ist. Es ist oft besser, im bewegten Gelände einen Umweg von mehreren hundert Metern unter Verzicht auf die störenden und hemmenden Spitzkehren in Kauf zu nehmen, dabei mit geringeren, wechselnden Neigungsverhältnissen zu verfrachten und eine größere Durchschnittsgeschwindigkeit auf betriebssicherer Gleislage zu erreichen. Die Leistung beim Massentransport (vgl. S. 191) bestimmt die Wirtschaftlichkeit dieses Transportmittels. Der reibungslose Betrieb ist nur auf einer gesicherten Basis, dem einwandfreien Gleis, möglich.

b) Die Gleislage auf dem Damm (Abb. 260, S. 202; 292, 293) [*152*].

Man hat [*152, 173*] die nacheilende und dem Einbau voraneilende Gleisanlage zu unterscheiden. Vorteile und Nachteile der einen und anderen Lage sollen im folgenden abgewogen werden, um dem Praktiker zu zeigen, welche Gleislage unter den jeweiligen Verhältnissen am zweckmäßigsten anzuwenden ist.

Abb. 292. Nicht weniger als 10 Mann sind in dieser Gleiskolonne gebunden, um das leichte Gleis (60 cm Spurweite) dauernd auf dem Damm zu verlegen.

Abb. 293. Falsche Gleislage an der Dammschulter eines Staudammes.

1. Die nacheilende Gleislage beim Einbau (Abb. 294 u. 295). Vorteile. Liegt das Gleis auf der frischen Schüttung, so werden die Massen von oben nach unten eingebaut. Die Massen, insbesondere felsige, sperrige Brocken, können leichter geschüttet werden, da größere Freiheit für das Entleeren der Kipper vorliegt und etwaige anhaftende Bodenmassen leichter zu entfernen sind, auch wird das Breitziehen der Massen unter Wahrung der vorgeschriebenen Schütthöhe begünstigt.

Nachteile. Die groben Brocken (Abb. 294 u. 295) werden leicht bedeckt und lassen sich beim Einbau schlecht oder nur unvollkommen zerkleinern. Sie

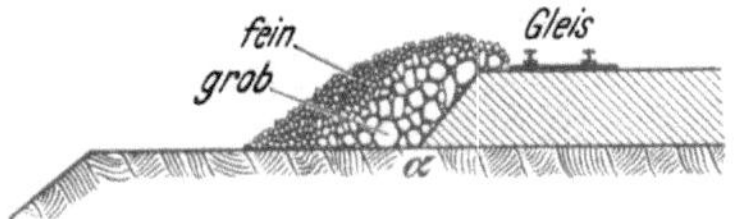

Abb. 294. Gleislage auf dem Damm. Die gröberen Brocken fallen neben das Gleis und werden leicht verschüttet, ohne vorschriftsmäßig eingebaut zu sein.

fallen, der Schwerkraft folgend, vor allem unmittelbar neben den Schienen nieder. Die Schütthöhe kann dann schwer eingehalten werden, wenn die frisch geschütteten Massen auf die noch nicht verdichteten geschüttet werden, zumal wenn Schüttlehren (Abb. 296) fehlen.

Besondere Gefahren und Nachteile ergeben sich für den zügigen Einbau an den wasserempfindlicheren, veränderlichfesten Erdarten. Der vom Gleis bedeckte

Abb. 295. Praktisches Beispiel für Abb. 294 an einem Staudamm.

Abb. 296. Schüttlehre für eine 50 cm hohe Lagenschüttung, gemessen bis zum oberen Rand des Querholzes oben, sehr gute Abstimmung.

Streifen ist unverdichtet. Er bleibt bei größeren und längeren Betriebspausen (Sonntag, Regenwetter oder gar über Winter) unverdichtet. Die Massen saugen sich bei nassem Wetter voll Wasser (Abb. 297), die Gleisstränge versinken und

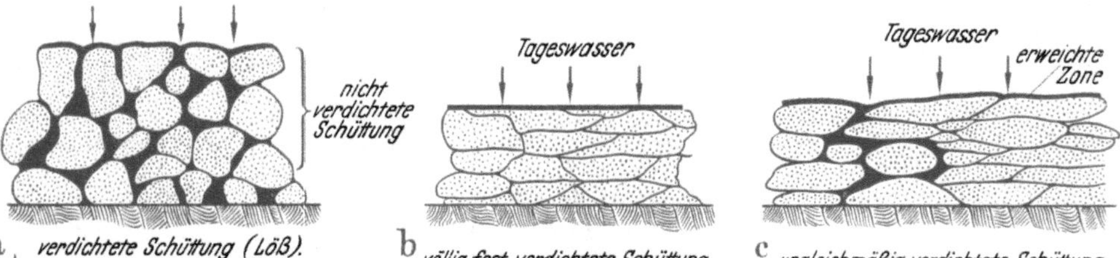

Abb. 297. Folgen der Durchfeuchtung für schlecht verdichtete, und günstige Folgen für eine fehlerfrei verdichtete Schüttung aus haftenden Erdarten.

kleben in den erweichten haftenden Bodenmassen fest. Verschmutzung, Betriebsstörungen, Schwierigkeiten in der Gleisverlagerung sind unvermeidlich. Die Schwellenlöcher sammeln örtlich das Niederschlagswasser in erhöhtem Maße an.

Bei einem stetig fortschreitenden Einbau der Massen an den Dammschultern besteht die Gefahr, daß die Massen unvorschriftsmäßig vom Kern nach der Böschungskante der Schulter geschüttet werden (Abb. 252, S. 199), weil es unbequem ist, die Randzonen rechtzeitig zu schütten und zu verdichten. Die Dammschultern werden unsachgemäß, mangelhaft verdichtet. Aus diesem Grunde ist z. B. der schienengebundene Verteilerpflug (Abb. 298) nur für wetterfeste Massen

vorteilhaft und nur dann empfehlenswert, wenn die Gewähr besteht, daß der Einbau an den Dammschultern sachgemäß nach dem Schema (Abb. 299b) erfolgt.

2. Die Dammschüttung mit voraneilender Gleislage (Hochkippe) (Abb. 300). Der Gleisstrang liegt stets auf der jeweils verdichteten Schüttlage. Dadurch ist eine wetterunempfindliche stabile Gleislage im weitesten Ausmaße verbürgt. Schweres und leichtes Fördergerät kann in gleichem Maße verwendet werden,

Abb. 298. Der Planierpflug, Bodenverteiler für starren Förderbetrieb zur Abstimmung der Schüttung auf die vorgeschriebene Schütthöhe.

da die Bettungsziffer sehr gering ist. Gleisunterstopfen, Gleissäuberung, Hebungen und schwierige Gleisrückarbeiten entfallen. Überschüttungen werden weitgehend vermieden. Durch entsprechende Wahl des Gleisabstandes kann die Schüttlage genau eingehalten werden. Schwere Brocken fallen an die Außenseite und lassen sich bequem und restlos zerkleinern. An den Dammschultern kann das Gleis (Abb. 299b) rechtzeitig unter Wahrung dieses Einbau-

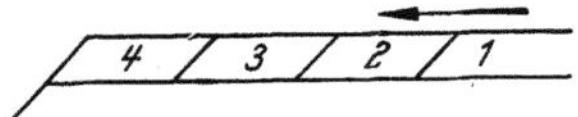

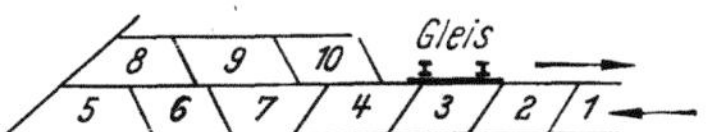

Abb. 299a. Darstellung einer falschen Einbauweise: Die Massen werden zur Dammschulter anstatt von ihr weg geschüttet. Die Zahlen geben die Reihenfolge der einzelnen Schüttungen, der Pfeil den Verlauf an.

Abb. 299b. Einbaufolge der einzelnen Schüttstreifen mehrerer aufeinanderfolgender Schüttlagen mit voraneilender Gleislage am Wendepunkt (Dammschultern).

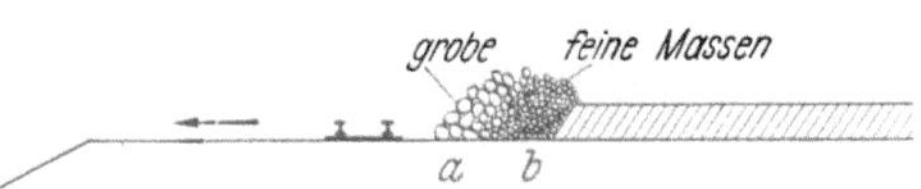

schemas verlegt werden, ohne daß die sachgemäße Verdichtung der Massen gefährdet wird. Schüttungen können bei unmittelbar folgender zügiger Verdichtung nicht unver-

Abb. 300. Ablagerung der Massen bei voraneilender Gleislage (Hochkippe). Die groben Brocken lassen sich ausnahmslos gut zerkleinern.

dichtet liegenbleiben. Die sichere Einbauweise wird gewahrt, das Risiko für eine stabile Dammausfüllung ausgeschaltet, auch wenn die sperrigen Brocken infolge geringerer Fallhöhe sich nicht so bequem aus dem Kipper lösen.

Kritik. Der starre Förderbetrieb ist auch heute noch, selbst auf dem Damm, in Deutschland für die Anförderung und den Einbau umfangreicher Massen vorherrschend. Obwohl noch relativ viel Schienenmaterial vorhanden ist, dürfte sich, abgesehen von den S. 224ff erörterten Gründen, in absehbarer Zeit jedoch immer mehr der gleislose Betrieb durchsetzen, seitdem in Deutschland leistungsfähige Transportgeräte hergestellt werden.

Der Damm wächst bei dem starren Förderbetrieb auf der Dammstelle in serpentinartig verlaufenden Schüttungen von rechts nach links, nach links-rechts und sofort allmählich immer höher. Dieser umständliche, Zeit und wertvolle Menschenkraft erfordernde mosaikartige Streifenaufbau fällt bei dem gleislosen Betriebe weg.

2. Der gleislose Betrieb. — Die Flachbaggergeräte und Bandförderung
[96, 140, 210, 305, 331—334, 357, 401, 446, 448].

Den Übergang zu dieser neuzeitlichen Förderart im Erdbau, die von jeher in den USA angewandt wurde, angefangen vom Pferdefuhrwerk über die LKWs zu den modernsten Spezialfahrzeugen und zur Langstreckenbandförderung,

Abb. 301. Ältere Planierraupe Baujahr 1938 der Hannomag.

bildet die Unterteilung des Transportes bis zur Dammbaustelle auf dem Schienenwege und von dort allein die Verteilung, der lagenweise Einbau durch die Boden-

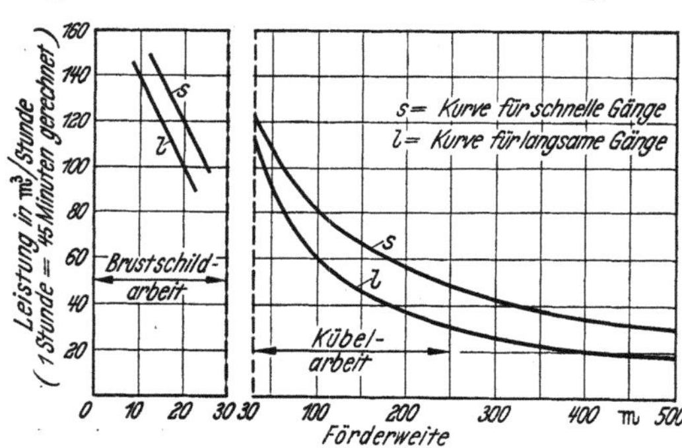

Abb. 301 a. Ergebnisse der Leistungsermittlungen gleisloser Fördergeräte. (Nach CORDES.)

verteiler, insbesondere die sehr leistungsfähigen Planierraupen für kürzere Streckenlängen (vgl. Abb. 301 u. 302). Gleisrück- und Gleisverlegungsarbeiten entfallen (Abb. 292, S. 221). Dieses Einbauverfahren eignet sich auch für felsige Massen. Die Bodenverteiler verschiedenen Typs gewährleisten eine sehr gleichmäßige Schütthöhe, wobei die Massen durch die schweren Gleisketten (Raupen) oder Riesenballonreifen wirkungsvoll vorverdichtet werden. Gegenüber dem umständlichen Gleisbetrieb erfährt der Einbau eine, jeder Schwerpunktbildung voll entsprechende, z. B. für die Dammschulterverdichtung und Widerlagerhinterfüllung im Verkehrsdammbau wünschenswerte Erleichterung. Die Massen können, insbesondere bei Verwendung von Walzen, zügiger und rascher eingebaut werden.

Störende, die Dammbaufläche unterteilende Gleisstränge entfallen. Der schienengebundene starre Einbaubetrieb gestaltet die Transportfrage oft sehr schwierig, und zwar besonders im bewegten bergigen Gelände. Diese Frage wird dann besonders prekär, wenn in befristeter Bauzeit erhebliche Massen zu bewältigen sind, wie es der neuzeitliche Staudammbau verlangt. Da der Erdbau Massenarbeit im wei

Abb. 302. Leistungsfähige Planierraupe System Kaelble.

testen Sinne des Wortes ist, verlangt er vor allem Bewegungsfreiheit, ohne hemmende Engpässe (Spitzkehren) und Hindernisse (Gleisstränge auf der Kippe).

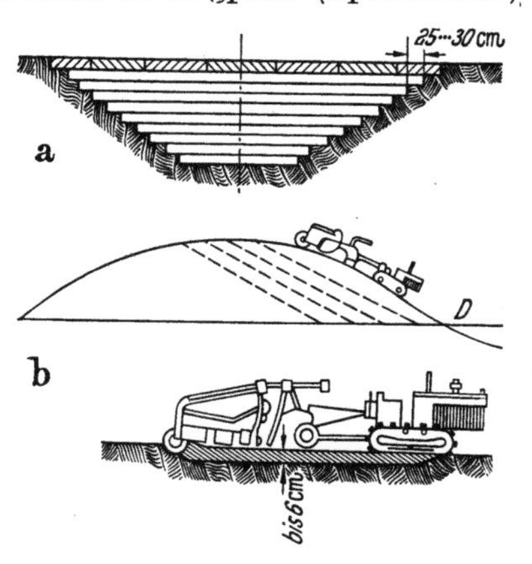
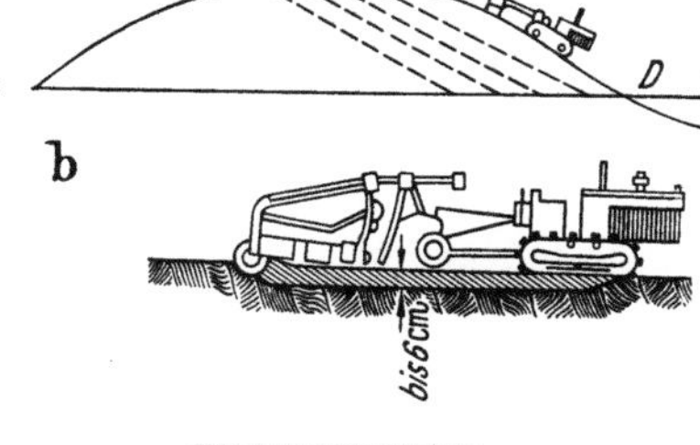

Abb. 303. Einsatz und Leistungsfähigkeit eines Schürfkübelwagens der Type D 147 der SU. a Einschnitt, der bearbeitet wird, b Schürfvorgang, beladen, c Querschnitt des geschütteten Dammes. [264.]

Die Leistungsfähigkeit des Schürfkübelwagens D 147 beträgt bei den oben angedeuteten konkreten Voraussetzungen (vgl. Abb. 320).

$$Q = \frac{480}{5,85} \cdot 0,85 \cdot 6 \cdot 0,85 \cdot 0,8 = 284,6 \text{ m}^3 = \text{rund } 285 \text{ m}^3.$$

Darin ist
480 die Anzahl der Minuten in einer Schicht,
5,85 die Zeit in Maschinenminuten für ein vollständiges Arbeitsbeispiel,
0,85 der Ausnutzungsfaktor des Schürfkübels nach Zeit im Verlauf einer Arbeitsschicht,
6 m³ das Fassungsvermögen eines Schürfkübels,
0,85 der Füllfaktor des Kübels,
0,8 der Faktor der Bodenauflockerung.

Keil, Dammbau. 2. Aufl.

Für den Massenbetrieb ist Sinnbild nicht nur in Fabriken, sondern gerade im neuzeitlichen Erdbau, der kontinuierliche Fließbetrieb mit

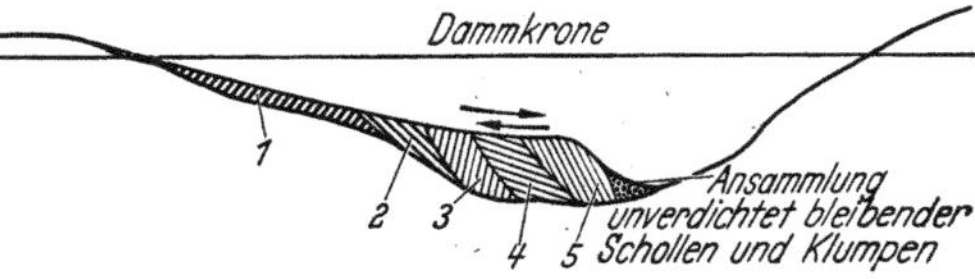

Abb. 304 a. Fehlerhafte Einbauweise mittels Flachbaggers.

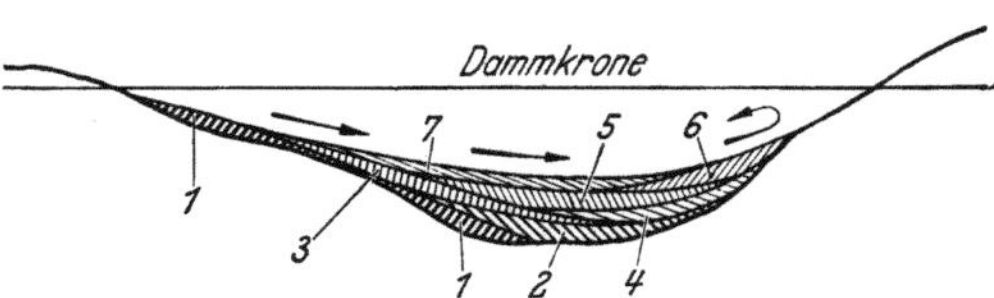

Abb. 304 b. Richtiger lagenweiser Einbau mittels Flachbaggers.

seiner leichten Steuerung je nach den jeweiligen Massen- und Schwerpunktverhältnissen. Er paßt sich allen schwankenden Bedürfnissen in der Frage der Massenbewältigung am leichtesten ohne größere Betriebsstörungen an und gestattet die erforderliche größtmögliche Bewegungsfreiheit auf den weiten Dammflächen sowie spontane Steigerung der Leistungsfähigkeit. Menschenleere und umlaufende Fahrzeuge sind das äußere Kennzeichen einer neuzeitlichen Großbaustelle, z. B. Staudämme. In den USA hat der gleislose Einbaubetrieb mit Tagesförderungen bis zu fast 50000 m³ und Leistungen von mehr als 3 Millionen m³ in wenigen Monaten seine hohe Leistungsfähigkeit [*499*] bewiesen.

Die Einbauweisen sind sehr unterschiedlich; sie werden durch die Abb. 266, S. 204, und Abb. 303 bis 305 am besten erläutert. Abb. 304 a u. b geben einen Überblick über die fehlerhafte und richtige Einbauweise mittels der Planierraupen.

Abb. 305. Gleisloser Einbau mit kreisenden Geräten in den USA an Großstaudämmen.
(Nach RABE [*326*].)

Die Abb. 305 zeigt die Einbauweisen an amerikanischen Staudämmen [*336*]. Man erkennt die großen Arbeitsflächen und in der punktförmig verteilten Massenschüttung den Arbeitsrhythmus [*467*].

Schließlich zeigt Abb. 303 die in der Sowjetunion angewandten Verfahren des gleislosen Gewinnungs-Förderbetriebes und Einbauweisen an Kanaldämmen [*62*].

Bei allen drei Beispielen liegt das Schwergewicht der Ausführung in der Wahrung der Gleichmäßigkeit des Einbaues unter Sicherung der Kontinuität der Ausführung.

Für diese hohen Leistungen werden Spezialfahrzeuge, sog. Flachbaggergeräte, eingesetzt.

a) Die Flachbaggergeräte

[*52, 91, 95, 97, 102, 189, 219, 255, 261, 335, 338, 343, 345, 348 349, 354, 360, 430, 432, 434, 435, 442, 448*].

Folgende Zusammenstellung gibt einen Ausschnitt über die Arten und Typen der gleislosen Einbaugeräten vor allem in den USA und der Sowjetunion, aber auch der neuerdings in den letzten Jahren auch in Deutschland entwickelten. Eine sehr gute Übersicht mit den technischen Daten 9 verschiedener in- und ausländischer Planierraupen findet sich auf S. 62 bis 64, H. 2 (1951) Straße und Autobahn.

Neben diesen hauptsächlichen Geräten für den gleislosen Betrieb gibt es noch andere, wie den Bodenhobel, den Grader, den Verteilerpflug, den Schürfwagen-

Tabelle 29.

Beispiele	Firma	Leistungsfähigkeit
1. *Planierraupen* (Bulldozer)	Deutschland:	
	Menck & Hambrock	50 ⋯ 55 PS
	Fritsch-Hannomag	
	Demag	85 u. 130 PS
	Kaelble	100 ⋯ 150 PS
	USA:	70 ⋯ 75, 150 PS
	Caterpillar	70 ⋯ 75 PS
	Hautvester	90 PS
	Vender	100 PS
	Tourneau usw.	185 PS
2. *Schürfkübel* (Schrapper, Auto-Raupen-traktoren)	USA:	Fassungsvermögen
	Tourneau	5,0 ⋯ 23 m³
	La Plante Chloate	meist 10 ⋯ 12 m³
	Euclid	meist 10 ⋯ 12 m³
	Caterpillar	meist 10 ⋯ 12 m³
	Deutschland:	
	Kaelble, Menck & Hambrock	2 ⋯ 10 m³
	England:	
	Goliath	∼ 6 ⋯ 12 m³
	Sowjetunion:	
	D 147 ⋯ 180	∼ 4 ⋯ 12 m³
3. *Kipper*	Art	
	Rückwärts-	Leistung 6,5 ⋯ 10,7 m³ ⎫
	Seiten-	Leistung 9,5 m³ ⎬ Euclid-USA
	Boden-	Leistung bis 24,5 m³ ⎭
	Vorder-	2 und 7,2 m³ Zettelmayer-Deutschland
	Hinter-	10 m³ Meiller-Kaelble-Deutschland
	Seiten-	3 m³ Mercedes

zug u. a. Im Transcavator ist die Tendenz für ein Universalgerät für Bau- und Förderzwecke zu erblicken. Aus dieser Vielzahl ergeben sich die in Abb. 306 dargestellten drei Haupttypen der Flachbaggergeräte.

In den USA haben die Firmen Caterpillar, Euclid und Le Tourneau sich eine Führung in der Fabrikation leistungsfähiger gleisloser Mehrzweckgeräte mit dem Bestreben zum Universalgerät gesichert. In dieser Beziehung sind die Greif- und die in Deutschland seit Jahren bekannte Schürfraupe von Menck & Hambrock zu nennen. Die Greifraupe

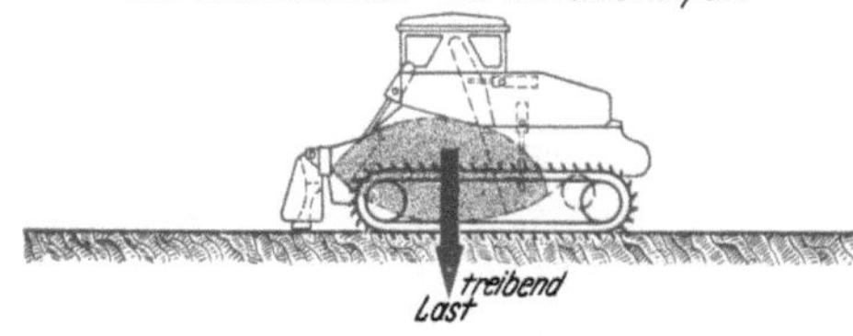

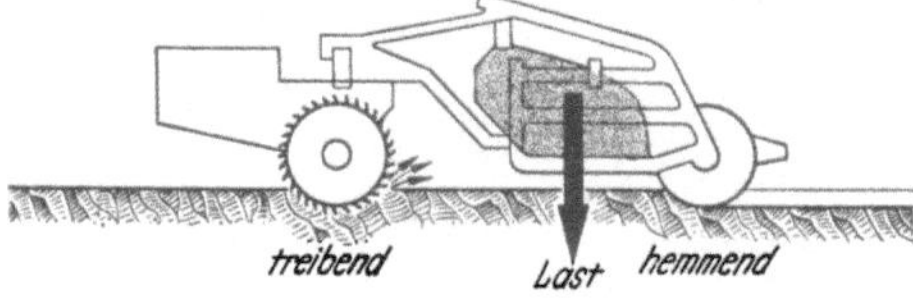

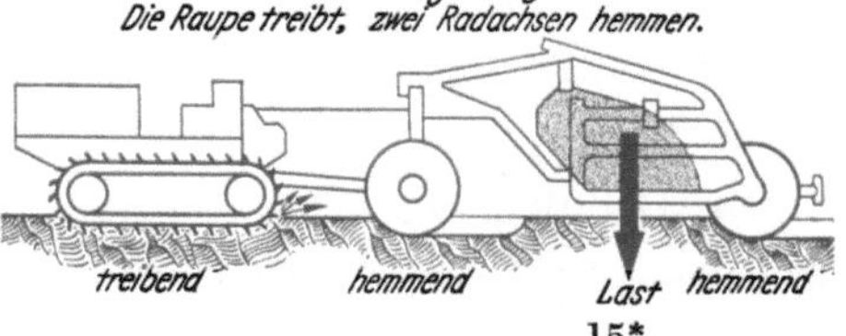

Abb. 306. Die drei Haupttypen der Flachbaggergeräte. (Nach CORDES [52a].)

mit 2,3 m³ Kübelinhalt kann für alle Erdbewegungen über Kurz- und Mittel-
strecken verwendet werden und dient auch zur Beförderung von Schienen, Fels-

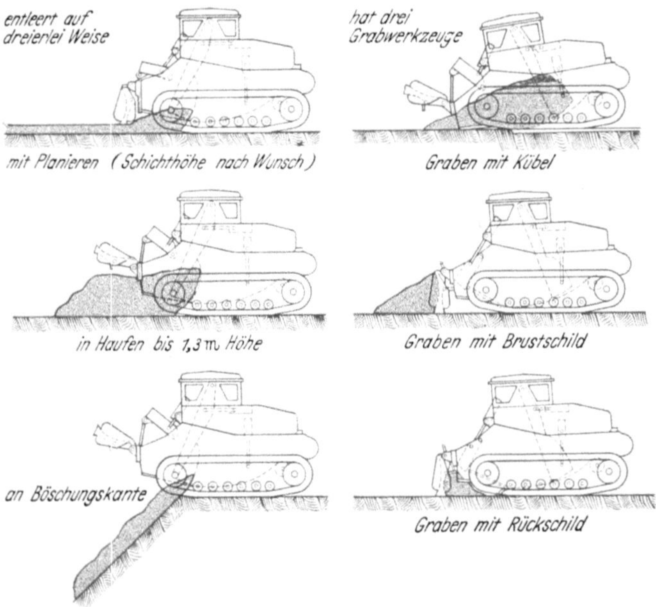

Abb. 307. Die Schürfraupe nach Menk & Hambrock. Darstellung der verschiedenen Arbeitsgänge und Ver-
wendungsmöglichkeiten. Kübelfassungsvermögen 6,5 m³, Kübelschneidbreite 1900 mm, Zugkraft am Haken
max. 10000 kg, Konstr.-Gew. 20000 kg, Dieselmotor 120 PS. (Nach RATHSMANN [355].)

stücken, Steinplatten, Baumstämmen usw., sie eignet sich auch zur Rode-
arbeit für Wurzeln und Baumstümpfe. Die Abb. 306 bis 318 vermitteln einen
Überblick über diese neuzeitlichen
Geräte des gleislosen Erdbaues,
die eine ungeahnte Entwicklung
in den letzten Jahren erfahren
haben.

Wenn man berücksichtigt, daß
in den USA in den letzten 10 Jahren
nicht weniger als 120 größere Erddämme für Talsperren mit vielen
hundert Millionen m³ Inhalt allein als
sog. Walzdämme unter ausschließ-
lichem Antransport der Massen
durch diese gleislosen Geräte ausgeführt wurden, so ist darin der
stärkste Anreiz, zu großen leistungsfähigen Transportfahrzeugen als
Mehrzweckgeräten zu gelangen, ge-

Abb. 308. Schürfkübelraupe Menck & Hambrock nach
dem Entleeren. Bauart 1951.

geben. Der Mehrzweck liegt in der Möglichkeit, Transport-, Einbau- und Verdichtungsarbeit durch diese Geräte ausführen zu lassen.

1. Besondere Kennzeichen.

Aus der Vielzahl der im einzelnen nicht zu beschreibenden Typen und Gerätearten kristallisieren sich folgende wichtige Kennzeichen für den Dammbau heraus:

1. An die Stelle der Raupen- und Kettenfahrzeuge (Abb. 306, 307 u. 308) tritt in den letzten 10 Jahren der Niederdruck-Riesenluftreifen (Abb. 310 bis 315), nachdem die Reifenindustrie diesen besonderen Ansprüchen trotz erhöhter Geschwindigkeit und Lasten gerecht werden konnte.

2. Anstatt des Benzinmotors herrscht der Dieselmotor vor.

3. Die kombinierte Konstruktion, z.B. von Autoschrapper mit Schrapper (Abb. 311, 313 bis 315), (kombiniertes einachsiges Zug- und Schürfaggregat), der Raupentraktoren (Abb. 309, 310) mit Schrapper, der Traktoren mit Bandbeschicker, wobei, wie beim Euclid-Belt-Lader diese Maschine die Massen schürft und lädt, während der Traktor die Fortbewegung ausführt.

Bei schwer gewinnbaren Bodenmassen ist neuerdings der Schubtraktor unentbehrlich geworden. Dafür dient ein Planiergerät auf Rädern für den 2. Schürfkübel. Dadurch wird die Transportleistung während der Spitzenbeanspruchung, nämlich des Lösens der Bodenmassen, erheblich gesteigert und damit die Schürfarbeit stark verkürzt. Die Zeitersparnis beträgt bis zu 25% des Arbeitsspieles.

4. Hohe Geschwindigkeit von mehr als 20 bis über 40 km gegenüber den sehr geringen und weniger als 8 km/h Geschwindigkeiten des Zugverkehrs.

5. Hohe Kapazität der Förderwagen bis zu 24,5 m³ Ladeinhalt (Abb. 316 bis 318).

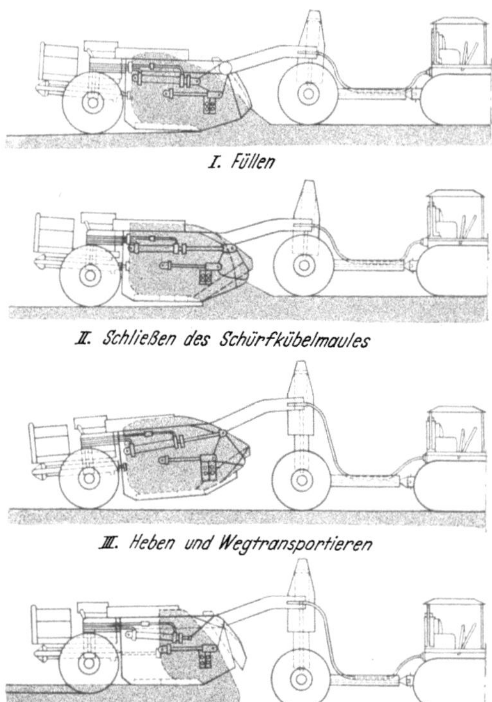

Abb. 309. Arbeitsweise des 9 cbm Kaelble-Schürfwagenzuges.

Abb. 310. Schürfwagenzug mit Raupenantrieb. Bemerkenswert die Riesenballonniederdruckreifen des Schürfwagens. Raupenschlepper mit angehängtem Schürfkübelwagen (Inhalt bis 14 m³) bei Straßenbauarbeiten (Fabrikat: Caterpillar Tractor Co.).

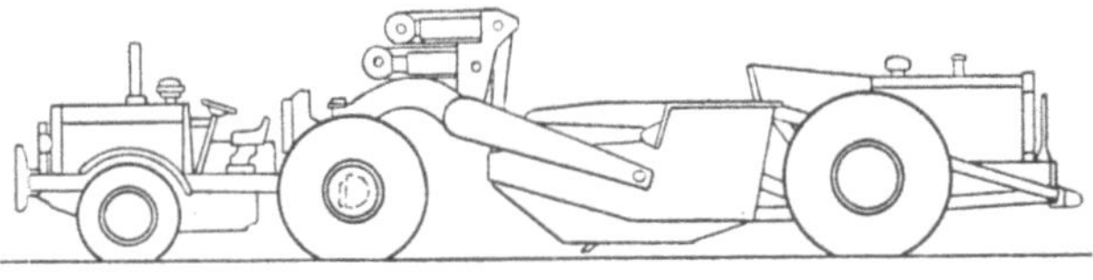

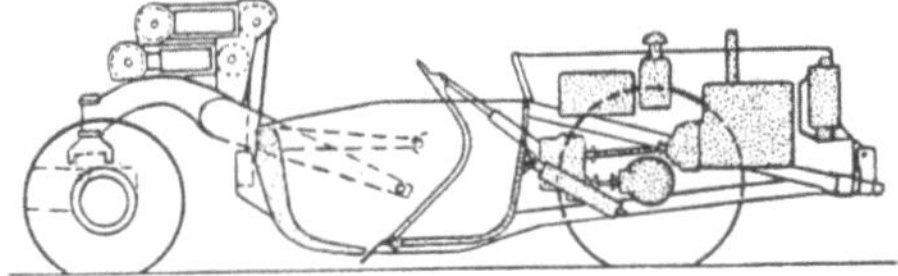

Abb. 311. Konstruktiver Aufbau des Euclid-Twin Power Schrappers als drei- und zweiachsiges Fahrzeug. Gummibereift. (Nach KÜHN [204b].)

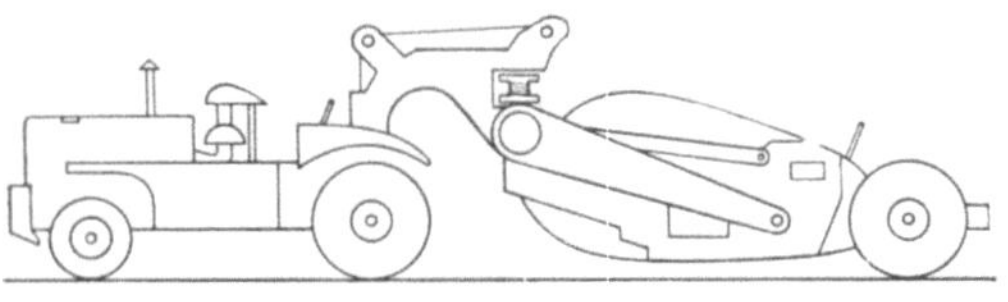

Abb. 312. Autoschrapper mit 4-Radschlepper System Caterpillar [199].

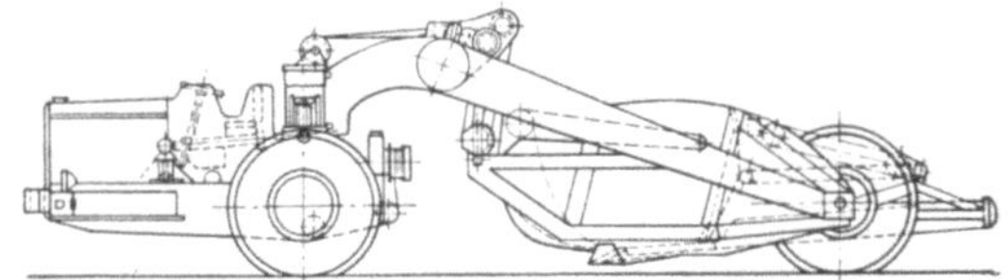

Abb. 313. Goliath-Schrappermodell der Blaw-Knox London, 11,5 m³ mit Einachsschlepper 150 PS, Gesamtgewicht 19 t [199].

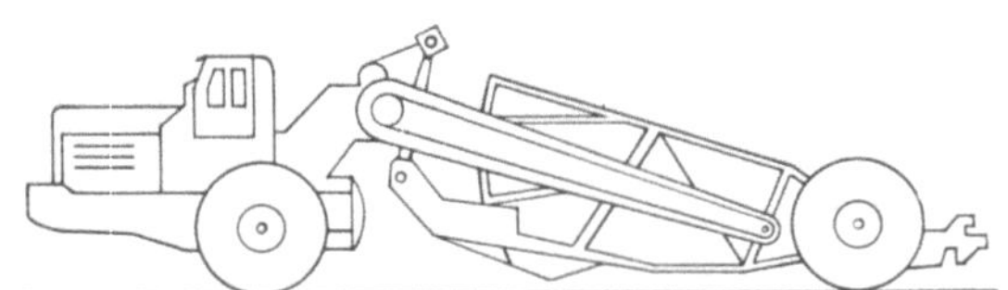

Abb. 314. Autoschrapper mit 2-Radschlepper System Tournapull. Nach KRIEGER [199].)

Abb. 315. Zweiachsiger Autoschrapper im Einsatz, System La Plante Choate. Inh. 10,7—13 cm³ ~ 30 km/h. 225 PS Leistung.

Abb. 316. Hinterkipper mit 4 cbm Inhalt. (Autoschütter). (Nach ZETTELMEYER.)

Abb. 317. Mittlerer zweiachsiger Hinterkipper von 20 t Ladefähigkeit, System Meiller

Abb. 318. Euclid-Bodenentleeranhänger, 10 bis 24,5 m³ Inhalt.

2. Beispiele der Leistungsfähigkeit. Folgende Betriebsdaten der Praxis mögen über die Massenbewältigung genannt werden [*499*]:

1. Auf der Baustelle Staumauer Rätherichsboden wurden Rückwärtskipper mit 13,5 t Ladefähigkeit auf einer Rundstrecke von 1,2 km bei 80 m Steigung mit einer regelmäßigen Überbeladung bis zu 30% täglich 20 Stunden eingesetzt. Verfrachtet wurde runder und gebrochener Kies. Die stündliche Leistung betrug 39,0 m³.

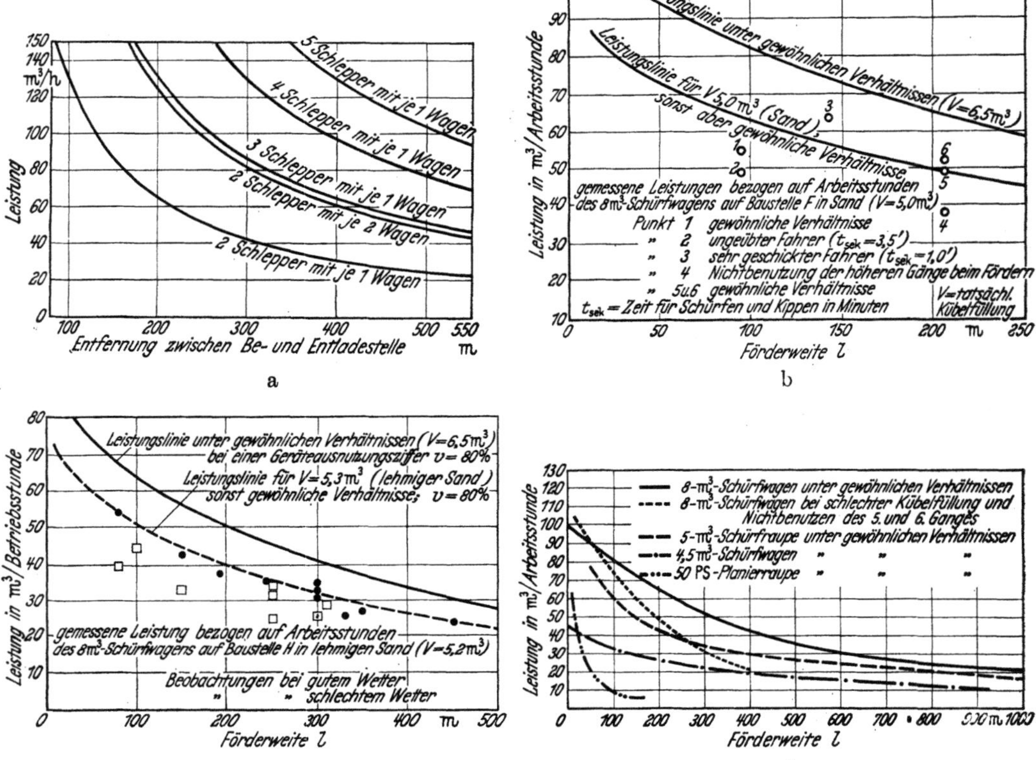

Abb. 319 a—d. Mittlere Förderleistungen von Raupenwagen.
Beispiel: Bei 60 m³/h Leistung werden zwei Schlepper mit je einem 4,00 m³-Wagen vollbeschäftigt, wenn der Förderweg 210 m beträgt. Mit drei Schleppzügen lassen sich bei derselben Leistung 425 m Förderweg erreichen. b Leistung eines 6,5 m³-Flachbaggers in reinem Mittel-Feinsand. c Leistung eines 6,5 m³-Flachbaggers in Sand und lehmigem Sand. d Leistungsschaubild verschiedener Flachbagger auf Grund von Baustellenversuchen. (Nach Leussink [*210*].)

2. Auf der Baustelle Kraftwerk Wildegg-Brugg wurden Bodenentleerer mit 15,2 t Ladefähigkeit (mit 190 PS-Dieselmotoren) verwendet. Die tägliche Arbeitszeit betrug 9,5 Stunden. Beim 1,6 m³-Löffelbaggerbetrieb beträgt die Rundstrecke 360 m. Die Ladezeit für das Fahrzeug betrug 6 bis 7 min. Täglich wurden je Fahrzeug 40 Fahrten ausgeführt. Die tägliche Leistung belief sich auf 400 m³.

Beim Eimerkettenbetrieb betrug die Rundstrecke 2000 m, die Ladezeit je Fahrzeug 3 bis 4 min. Täglich wurden je Fahrzeug 25 Fahrten mit einer Leistung von 250 m³ vollbracht.

3. Der Tourneautrailer von 10 bis 12 m³ Inhalt unterer Beladung durch Raupenbagger bei 400 m mittlerem Förderweg leistet 34,5 m³/h einschließlich aller Pausen.

4. Über die Leistungsverhältnisse der vor 15 Jahren üblichen Raupenwagen und Flachbagger von nur 6,5 m³ Inhalt geben (Abb. 319a—d) die auf Grund von Untersuchungen von LEUSSINK ermittelten Diagramme nähere Auskunft. Die Leistungen der Schürfwagen älterer Bauart sind in den Tabellen 30 und 31 wiedergegeben.

Tabelle 30.

Förderweite m	4 m³-Schürfwagen deutscher Bauart m³/h	9 m³-Schürfwagen amerikanischer Bauart m³/h	Leistungs-verhältnis
50	37	65	1,7
100	22	55	2,5
150	18	43	2,4
200	14	41	2,9
300	10	30	3,0
400	8	27	3,4

Die größeren Schürfwagen sind den kleineren wirtschaftlich überlegen.

Das Kostenbild, damit die Wirtschaftlichkeit eines 4 m³-Schürfwagens, ergibt nachfolgende Übersicht:

Tabelle 31.

Mittlere Entfernung zwischen Laden und Entladen	Leistung m³/Schicht	Kosten DM/m³
25	340	0,17
50	310	0,18
100	280	0,20
150	240	0,24
200	208	0,28
300	160	0,36
400	140	0,41
500	120	0,50
600	105	0,57
800	85	0,70
1000	75	0,76

Die Abb. 320 [*62*] und 321 bis 324 nach [*401*] zeigen Leistungsdiagramme verschiedener neuerer schwerer Flachbagger.

Nachstehende Leistungsangabe stellte Herr Prof. Dr.-Ing. ESSERS, Aachen, dem Verfasser in entgegenkommender Weise zur Verfügung.

1. Leistungsklassen der Planierraupen, 55 bis 150 PS, die zur Zeit in Deutschland gebaut werden.

2. *Anhaltswerte* für bewegte Bodenmengen je Netto-Arbeitsstunde auf angeschüttetem Boden (Kies-Sand-Lehm-Erdstraßengemisch) bei etwa waagerecht verlaufendem Transportweg (Förderweite gemessen von Schwerpunkt abgetragener zu Schwerpunkt aufgetragener Massen) (s. Tab. 32, S. 235).

3. *Kraftstoffverbrauch* je nach Leistung und Förderweite: 8 bis 20 kg/h.

spez. Kraftstoffverbrauch bei $s = 20$ m 0,1 bis 0,2 l/m³,

$\qquad\qquad = 50$ m 0,17 bis 0,33 l/m³,

$\qquad\qquad = 70$ m 0,25 bis 0,425 l/m³.

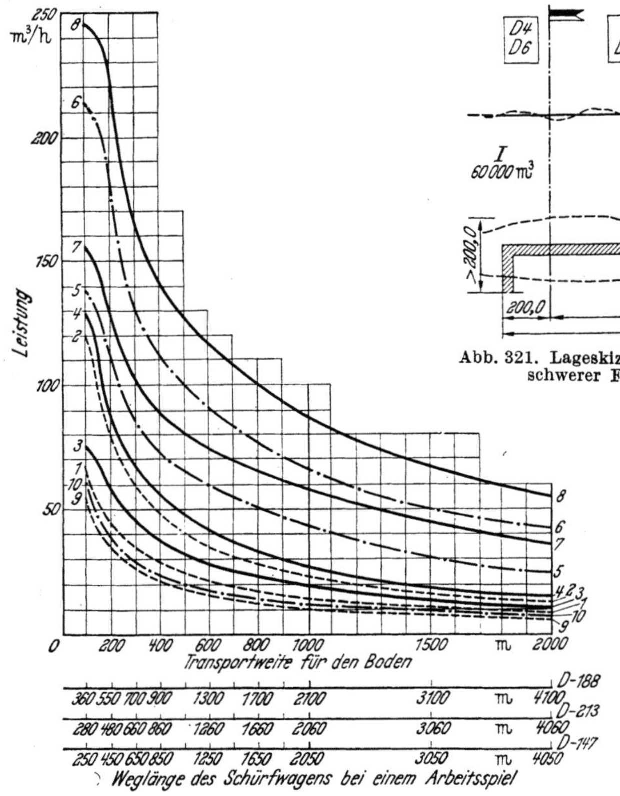

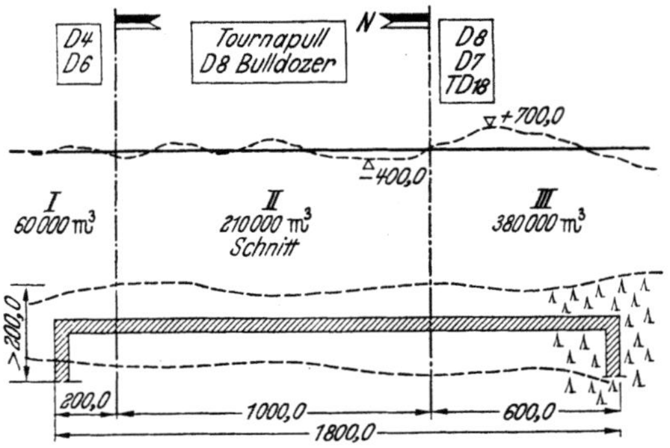

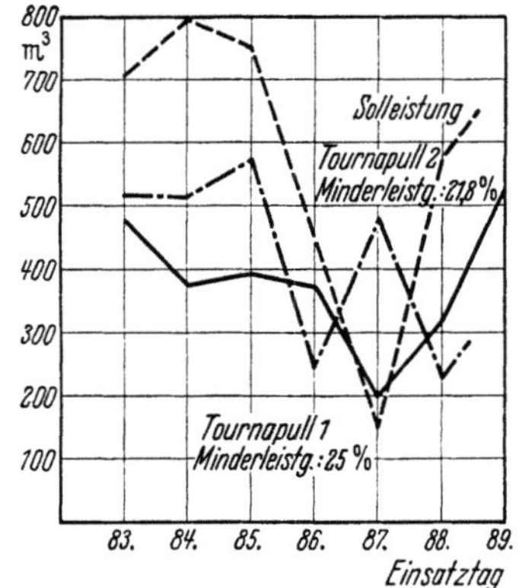

Abb. 320. Leistungsfähigkeit von Schürfwagen der SU verschiedener Bauart. (DEJNEGO [62].)

——————— trockener Lehmboden,   — — — feuchter Lehmboden,
— · — · — · — Sand.

(Nähere Angaben fehlen leider in der angegebenen Literatur.)

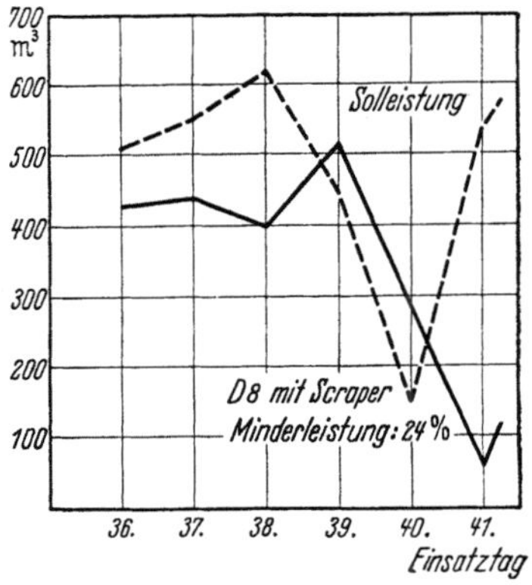

Abb. 321. Lageskizze einer Versuchsbaustelle zur Erprobung schwerer Flachbaggergeräte. (Nach STOLZ.)

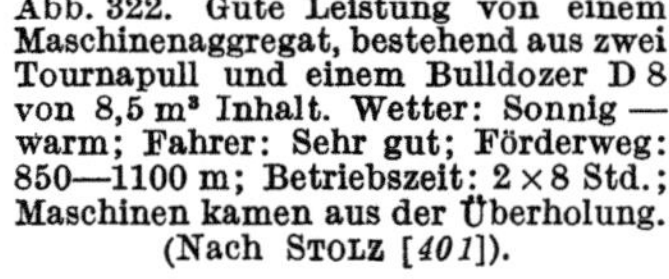

Abb. 322. Gute Leistung von einem Maschinenaggregat, bestehend aus zwei Tournapull und einem Bulldozer D 8 von 8,5 m³ Inhalt. Wetter: Sonnig — warm; Fahrer: Sehr gut; Förderweg: 850—1100 m; Betriebszeit: 2 × 8 Std.; Maschinen kamen aus der Überholung. (Nach STOLZ [401]).

Abb. 323. Leistung eines Traktors D 8 mit Schürfkübel mit 8,5 m³ Fassungsvermögen unter den gleichen Bedingungen wie bei Abb. 322 mit Ausnahme der Förderweite = 550 — 750 m. (Nach STOLZ [401].)

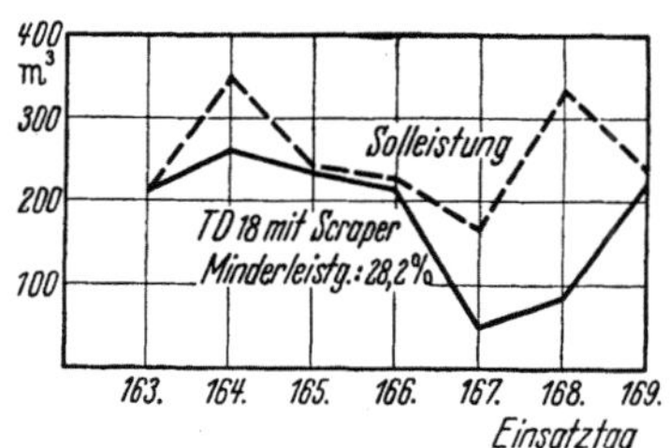

Abb. 324. Leistungskurve eines TD 18 mit Schürfkübel im Winter von 6,5 m³ Inhalt bei einer 8-Stunden-Schicht. Wetter: Naßkalt; Fahrer: Sehr gut; Förderweg: 400—550 m; Betriebszeit: 7 Std.; Maschine kam aus der Überholung. (Nach STOLZ [401].)

Tabelle 32. *Förderleistung.*

Förderweite s (m)	Bewegte Bodenmenge/Netto-Arbeitsstunde für Planierraupen-Klassen		
	55 PS	75 bis 90 PS	130 bis 150 PS
20 m	40 ··· 75 m³/h	115 ··· 150 m³/h	115 ··· 200 m³/h
30 m	35 ··· 60 m³/h	85 ··· 115 m³/h	90 ··· 150 m³/h
40 m	30 ··· 50 m³/h	50 ··· 90 m³/h	75 ··· 115 m³/h
50 m	25 ··· 42 m³/h	45 ··· 75 m³/h	65 ··· 95 m³/h
60 m	22 ··· 35 m³/h	40 ··· 65 m³/h	60 ··· 80 m³/h
70 m	20 ··· 30 m³/h	35 ··· 55 m³/h	55 ··· 70 m³/h

Bem.: Erfahrungsgemäß ist im Baustellenbetrieb das Verhältnis

$$\frac{\text{Netto-Arbeitsstunden}}{\text{Betriebsstunden}} = \text{rd. } 0,65 \text{ bis } 0,7.$$

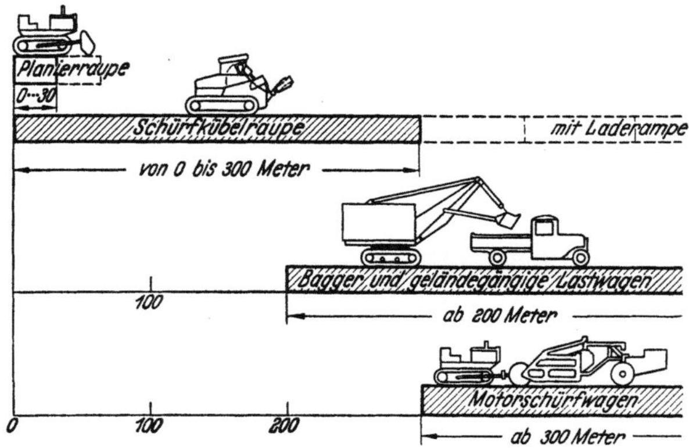

Abb. 325. Die wirtschaftlichsten Förderweiten der verschiedenen Flachbaggergeräte. (Nach CORDES [52a].)

4. *Techn. Daten für Planierraupen:*
Gesamtgewicht: 6   bis 18 t,
Schildbreite: 1,90 bis 3,50 m,
Schildhöhe: 0,90 bis 1,20 m,
Schildfläche: 1,8 bis 3,5 m²,
Schildfüllung: 1,8 bis 3,0 m³.

5. *Zur Steigerung der Leistungsfähigkeit empfiehlt sich:* Abkürzen der Schaltzeiten; Ausnutzung des Bodens als Seitenschildvergrößerung durch „Fahrrinne" (besonders bei großen Förderweiten zur Verringerung der Schildfüllungsverluste); bei großer Förderweite mehrere kurze „Schürfhübe" mit *einem* anschließenden langen „Transporthub"; allgemein nur so viel Boden lösen, wie im Arbeitsspiel wegbefördert werden kann; Fahrbahn zur Verbesserung der Fahrtrichtungshaltung eben halten.

6. Vor mehreren Jahren sind auf der Baustelle der Strabag neuere Versuche mit neueren leistungsfähigeren deutschen und ausländischen Planierraupen ausgeführt worden, die durch das Maschinentechnische Institut der Technischen Hochschule Aachen ausgewertet wurden.

3. Die Fahrgeschwindigkeit und Steigfähigkeit. Die Geländegängigkeit äußert sich in der Steigfähigkeit und der Geschwindigkeit.

Beispiel. An den Euclidfahrzeugen, die sich in Europa einzuführen beginnen, liegen die Geschwindigkeiten je nach der Steigung zwischen 3,8 bis 55 km je Stunde, die Steigfähigkeit beträgt dabei 35% [116].

4. Günstigste Förderweiten von Flachbaggergeräten. Auf Grund der Abb. 325 bis 335 nach Kühn und Cordes [204a und 52a] ergeben sich, gestützt auf umfassende Untersuchungen im Erdbau, die günstigsten Förderweiten für verschiedene gebräuchliche Flachbagger- und Transportgeräte im gleislosen Erdbau. Der Wechselpunkt zwischen gleisgebundener und gleisloser Förderung liegt bei amerikanischen Dammbauten in der Regel bei 10 km, während er in Deutschland schon ab 2,3 km anzusetzen ist. Wenn indessen feste Schienenwege vorhanden sind, dann rückt auch der Wechselpunkt in den USA auf 6,2 nach Kühn

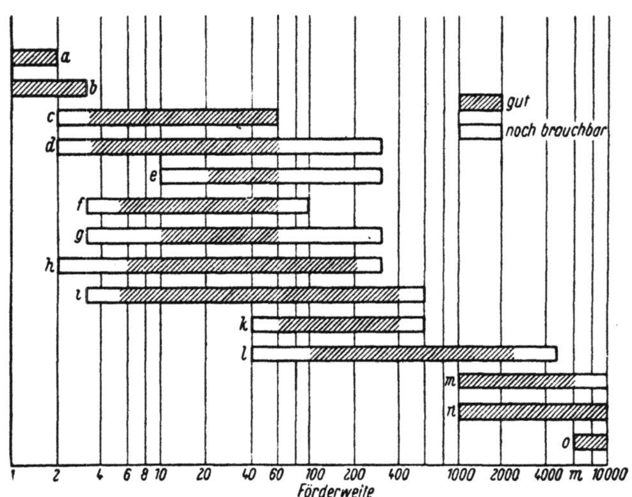

Abb. 326. Günstigste Förderweiten von Erdbewegungsgeräten. (Nach Kühn.)
a Planierraupe mit Schwenkschild, *b* Erdhobel, *c* Schaufellader, vor Kopf arbeitend, *d* Schaufellader (Lodover), *e* Schaufellader, über Kopf arbeitend, *f* Planierraupe mit Querschild, *g* Greifraupe, *h* Tournadozer, *i* Schürfraupe, *k* Schürfkübelanhänger, *l* Motorschürfwagen, *m* Pflugbagger und LKW, *n* Raupenbagger und LKW, *o* Raupenbagger und Gleisförderung.

zurück. Der Wechselpunkt ist indessen niemals unveränderlich, vielmehr ist im Sinne von Kühn jeder Fall verschieden, da er von den Einsatzbedingungen stark abhängt. „Im Hinblick auf die bei deutschen Baustellen nur geringen zu fördernden Massen wird der Preis für den einzelnen Kubikmeter ungleich höher belastet als beim gleislosen Betrieb. Die Wechselpunkte dürften sich daher noch weiter zuungunsten des Gleisbetriebes verschieben."

5. Die Schürftiefe. Die Schürftiefe der vielfach durch Kreuzgelenk mit der Zugmaschine (Abb. 309 bis 315, S. 329, 330) (Traktor, Auto usw.) verbundenen Flachbagger (Schrapper) reicht an den sowjetischen bis zu 30 cm, am englischen Goliath bis zu 25,4 cm. Im allgemeinen beschränkt man sich auf Einschnittiefen von wenig mehr als 20 cm. Die Schürfwiderstände und damit die Zusammenhänge zwischen Gerät und Boden sind sehr verschieden. Nach Kühn kann man die Lockergesteine in drei Klassen gruppieren: rolligen, bindigen und Gewebeboden. Die Schürfwiderstände für diese verschiedenen Erdarten sind verschieden und sind in den Abb. 327a bis c nach Kühn dargestellt.

6. Klimaeinfluß auf die Leistungsfähigkeit. Nässe macht sich an den Reifenfahrzeugen mit einer Leistungsminderung bis zu 55% der normalen bemerkbar.

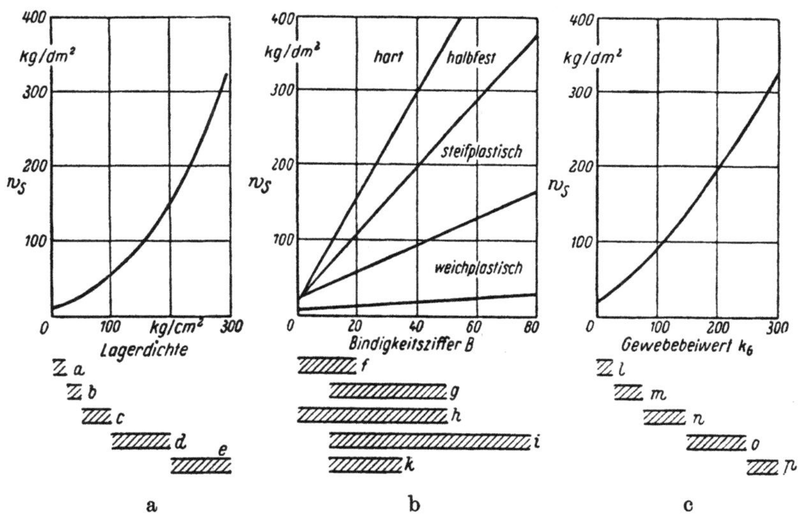

a   b   c

Abb. 327a. Schürfwiderstand bei rolligem Boden, abhängig von der Lagerdichte.
a sehr lockerer Boden, *b* lockerer Boden, *c* mitteldichter Boden, *d* dichter Boden, *e* sehr dichter Boden.

Abb. 327b. Schürfwiderstand bei bindigem Boden, abhängig von der Kohäsion (Bindigkeitsziffer) bzw. Konsistenz des Bodens.
f sandiger bis fester Humus, *g* sandiger bis fester Schluff, *h* sandiger bis fester Lehm, *i* sandiger bis fester Ton, *h* sandiger bis fester Lehm, *i* sandiger bis fester Ton, *k* Mergel,

Abb. 327c. Schürfwiderstand bei Gewebeboden, abhängig vom Gewebebeiwert.
l sehr lockerer Boden, *m* lockerer Boden, *n* mäßig fester Boden, *o* fester Boden, *p* sehr fester Boden.

An den Raupenschleppern beträgt sie nur 25%. Das Diagramm (Abb. 331) gibt für die Leistungsbestimmung gleisloser Förderung zugleich in Abhängigkeit von der Durchlässigkeit des Bodens den Wetterfaktor „w" an für verschieden hohe monatliche Niederschlagsmengen. Über die Leistungsfähigkeit der sowjetischen Schürfkübel vermittelt das Leistungsdiagramm (Abb. 320) einen guten Überblick [62].

Gegenüber den Diagrammen (Abb. 319a—d) zeigt sich dabei ein beträchtlicher Fortschritt. Über das Schema der Arbeitsweise dieser Flachbagger am Wolga—Don-Kanal vgl. Abb. 303, S. 225. Als Bodenmassen wurden gewonnen: Sand, Lehm, Ton. Im wesentlichen fielen mittelschwerer bis stark bindiger (schwerer) Lehm an. Die verkrustete Lehmoberfläche mußte dabei künstlich aufgelockert werden.

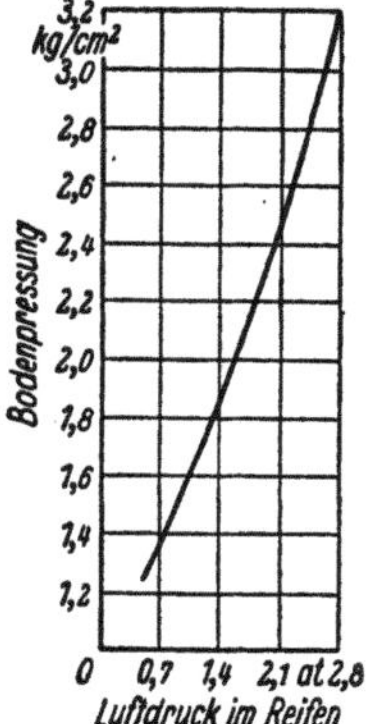

Abb. 328.
Bodenpressung bei Reifen in Abhängigkeit vom Luftdruck im Reifen.

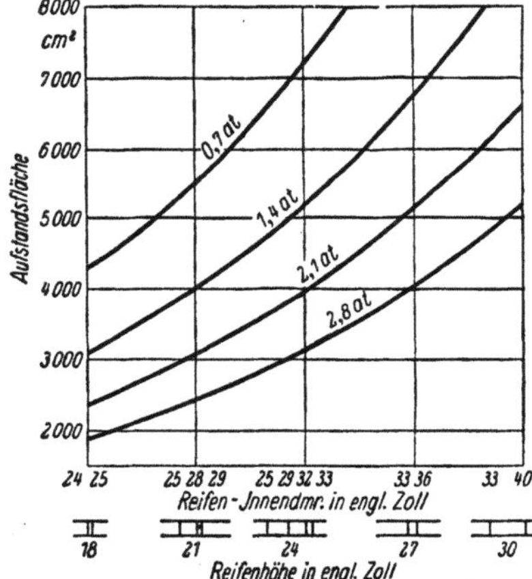

Abb. 329. Aufstandsflächen verschiedener Geländereifen bei Nennlast.

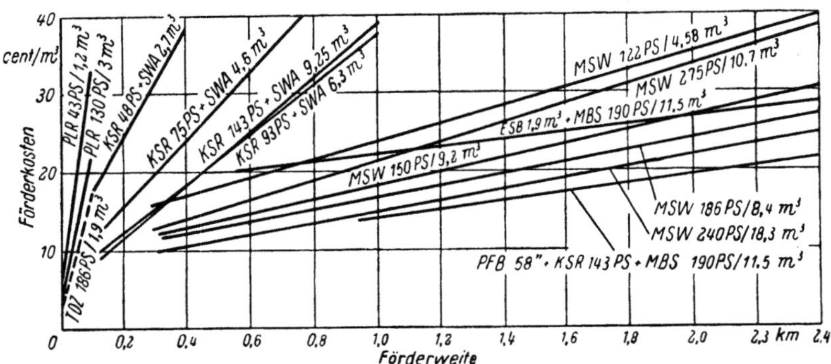

Abb. 330. Förderkosten bei gleisloser Erdbewegung.

PLR Planierraupe, *TDZ* Tournadozer, *KSR* Kettenschlepper, *SWA* Schürfwagenanhänger, *MSW* Motorschürfwagen, *ESB* Eimerseilbagger, *FBP* Pflugbagger, *MBS* Motortransportwagen (Bodenschütter).

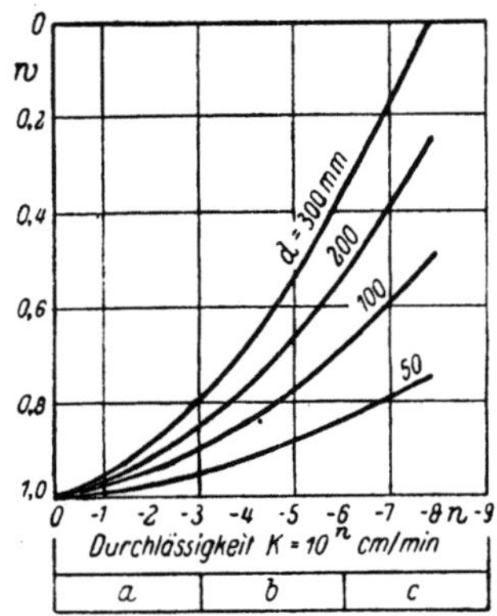

Abb. 331. Ermittlung des Wetterfaktors *w* für die Leistungsbestimmung beim gleislosen Erdbau.

a Rolliger Boden (Kies bis Schluff), *b* magerer bis fetter Lehm, *c* magerer bis fetter Ton, *d* monatliche Niederschlagsmenge.

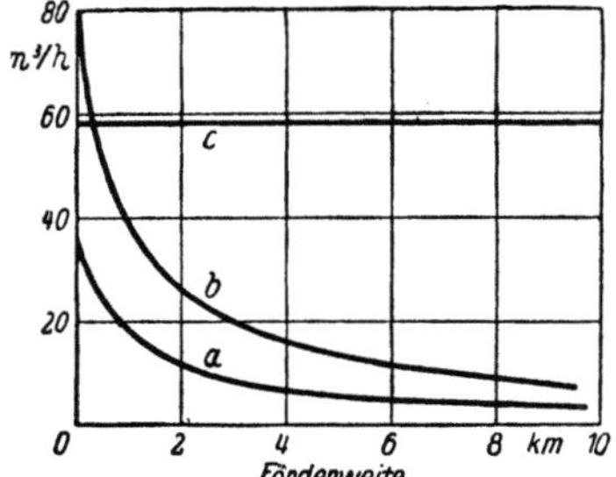

Abb. 332. Leistungen bei voller Geräteausnutzung.

a Tournapull ohne Schubraupe, *b* Tournapull mit Schubraupe, *c* Gleisförderung mit Verlegen.

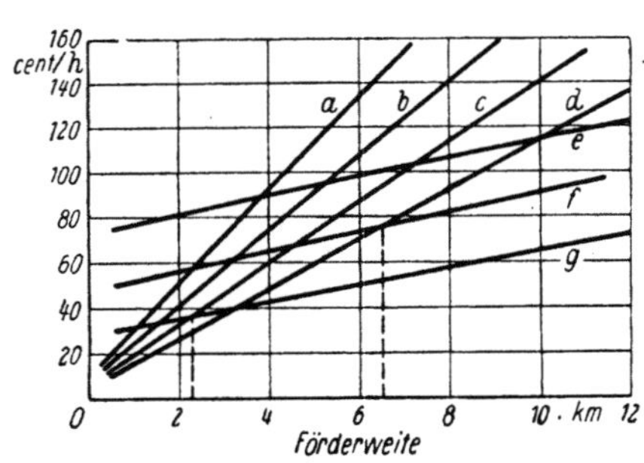

Abb. 333. Kosten bei voller Geräteausnutzung.

a Tournapull ohne Schubraupe ⎫
b Tournapull mit Schubraupe ⎬ deutsche Lohn- und Betriebsstoffkosten,
c Tournapull mit ¼ Schubraupe ⎭

d Tournapull mit ¼ Schubraupe ⎫
e Gleisförderung mit Verlegen der Gleise ⎬ amerikanische Lohn- und Betriebsstoffkosten,
f Gleisförderung mit festen Gleisen ⎭

g Gleisförderung mit Verlegen der Gleise ⎫ deutsche Lohn- und Betriebsstoffkosten.

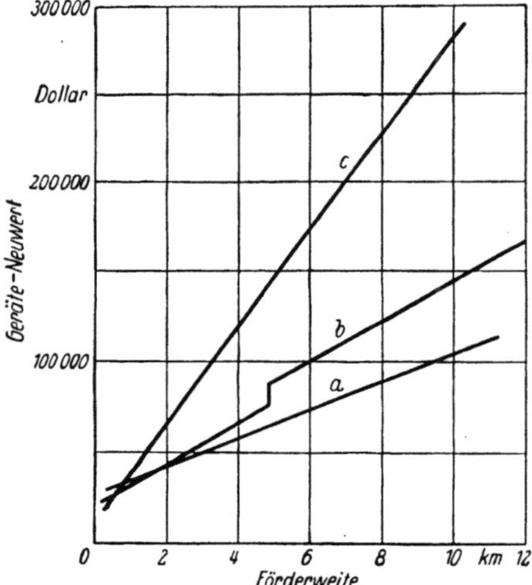

Abb. 334. Kapitalbedarf in Dollar für gleiche Förderleistung (58 m³/h).

a Gleisförderung, *b* Motorschürfwagen mit Schubraupe, *c* Motorschürfwagen ohne Schubraupe.

Die Leistungskurve wird, wie die Verdichtungskurve an den haftenden Erdarten, durch den jeweiligen Feuchtigkeitsgehalt maßgebend beeinflußt. Je größer die Feuchtigkeit des Bodens, um so geringer die Leistung, die bei zu großer Bodenfeuchtigkeit zum Stillstand führt. Die Niederdruckreifen haben sich besonders bewährt, um die Förderung auf dem laufenden zu halten.

7. Steigerung der Wirtschaftlichkeit. Wie (Abb. 335) angedeutet, ist es erforderlich, für die kurze Schürfperiode den Spitzenenergiebedarf durch geschickten und damit wirtschaftlichen Einsatz von Hilfsmaschinen auszugleichen, um eine hohe mittlere Dauerleistung zu erzielen. Überdimensionale Motoren zu verwenden, ist abwegig [*116*]. Man verwendet hierfür die sog. „Stoßlader" und „Stoßtraktoren". Diese arbeiten als Zusatzgerät und stoßen die Flachbagger beim Schürfen in der gleichen Weise, wie die Schiebeloks die großen Steigungen von Zügen überwinden helfen. Die wirtschaftlichste Lösung bei dieser Zusatzkraft wurde darin gefunden, zwei Schürfkübel hinter ein Zugaggregat in Tandemweise zu schalten. Dadurch hat man erreicht, daß ein Zugaggregat eine doppelte Ladung bewegen kann.

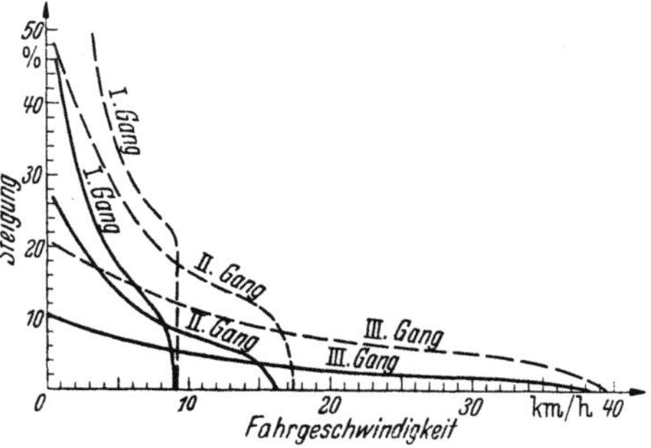

Abb. 335. Geschwindigkeitssteigerungsdiagramm des Twin Power-Schrappers. (Nach KÜHN.)

Tabelle 33. *Leistungsvergleiche von Schürfkübeln mit verschiedenen Antriebsformen.*

Gerätegruppe A:
    1 Motorschürfwagen mit 4-Rad-Antrieb, Kübelnenngröße . . . . . 13,7 m³

Gerätegruppe B:
    2 Motorschürfwagen mit 2-Rad-Antrieb, Kübelnenngröße . . . . . 11,5 m³
    1 Motorschürfwagen mit 2-Rad-Antrieb, Kübelnenngröße . . . . . 6,6 m³
    1 Schürfwagenanhänger hinter 145 PS-Raupenschlepper, Kübelnenngröße . . . . 10,3 m³
    1 Schubraupe (167 PS-Schlepper)

	Maßzahlen	Gerätegruppe A	Gerätegruppe B
Anzahl der Geräte	7	1	6
Kübelinhalt, gestr.	m³	13,7	39,9
Motorleistung.	PS	380	877
Zahl der Maschinisten	6	1	5
Stundenleistung	m³/h	195	245

Tabelle 34. *Leistungsvergleiche zwischen Motorschürfwagen mit 2- und 4-Rad-Antrieb.*

Gerät I: Motorschürfwagen mit 4-Rad-Antrieb, Kübelnenngröße . . . . . . 13,7 m³
Gerät II: Motorschürfwagen mit 2-Rad-Antrieb, Kübelnenngröße . . . . . . 11,5 m³
Durchschnittliche Förderweite. . . . . 700 m

	Maßzahlen	I	II
Motorleistung.	PS	380	225
Kübelinhalt, gestr.	m³	13,7	11,5

Tabelle 34. (*Fortsetzung.*)

	Maßzahlen	I	II
Ladezeit	min	1,30	0,90
Fahr- und Entladezeit	min	2,70	3,60
Wartezeit für Schubraupe	min	—	0,90
Umlaufzeit	min	4,00	5,40
Fahrten/Std.	—	15,0	11,1
Nutzladung	m³	13,0	11,7
Förderleistung	m³/h	195,0	118,0

8. Einfluß von Gleisketten (Raupen) und von Gummibereifung auf die Leistung [199]. Der größeren Druckverteilung durch die Raupen, also dem niedrigeren Bodendruck der Raupenfahrzeuge, steht die größere Beweglichkeit und Geschwindigkeit der gummibereiften Fahrzeuge gegenüber, die auch von den Geländeverhältnissen weitgehend unabhängig sind und zudem auf den Straßen fahren können, ohne die Decke zu verletzen oder zu zerstören. Dasselbe gilt für die Planiergeräte. Der gummibereifte Bodenverteiler ist der normalen Planiergrenze überlegen, wie folgende Gegenüberstellung beweist:

Tabelle 35.

	Planiergeräte mit Gummirädern	Planiergeräte mit Raupen (Planierraupe)
Transportweite bei mittlerem Lehmboden	31	31
Planierzeit	0,66 min	0,66 min
Rückweg 31 m	0,17 min	0,33 min
Laden bei zweimaliger Richtungsänderung	0,3 min	0,5 min
Dauer des Arbeitsspieles	1,13 min	1,49 min
Anzahl der Arbeitsspiele in einer Stunde zu 50 min Arbeitszeit	44,2 min	33,6 min
Leistung je Arbeitsspiel	1,5 m³	1,5 m³
Leistung je Stunde	67,6 m³	51,3 m³

9. Leistungsermittlungen verschiedener Flachbaggergeräte. Nach Tabelle 36 sind die gummibereiften Flachbaggergeräte größeren Störungen unterworfen und daher nicht so leistungsfähig wie die Raupenfahrzeuge.

Leistung der Euclid-Belt-Belader. Als Zugmaschine dient ein schwerer Traktor. Der Anhänger schabt und schürft den Boden und beschickt über ein schwenkbares Förderband den Wagen bzw. LKWs. Die mittlere stündliche Leistung ohne Wagenwechsel beträgt ohne Unterbrechungen 800 m³, mit Unterbrechungen 540 m³.

Vergleich zwischen Gleisbetrieb und Einsatz von Motorschürfwagen. Nach KÜHN gilt auf Grund mehrerer Großversuche folgendes: Abb. 332, S. 238. „Während die Motorschürfwagen über alle Strecken volle Geräteausnutzung gewährleisten, tritt sie beim Baggerbetrieb mit Zugförderung nur bei bestimmten Entfernungen ein, und zwar immer dann, wenn die für eine volle Baggerausnutzung erforderliche Zahl von Zuggarnituren die Gleisförderung ohne zusätzliche Wartezeiten durchführen kann. In der wirtschaftlichen Notwendigkeit, die Zahl der Züge jeweils auf die größte Förderweite abstimmen zu müssen, liegt ein empfindlicher Nachteil des Gleisbetriebes."

Tabelle 36.

Geräteeinsatz	Gesamt-schicht-zeit %	Größere Unterbrechungen		Netto-Arbeitszeit		Kleinere Unterbrechungen		Tatsächl. prod. Arbeitszeit	
		%	Mittel	%	Mittel	%	Mittel	%	Mittel
Hochlöffelbagger u. LKW, 16 Bagger, 1640 Betriebsstunden	100	4 ⋯ 80	42	20 ⋯ 96	58	5 ⋯ 42	21	14 ⋯ 70	37
Schrapper (Autoschrapper mit gummibereiften Traktoren, 2 ⋯ 4 Rad, 6 ⋯ 10 m³ Inhalt) (Abb. 311 bis 315, S. 230).	100	28 ⋯ 85	65	15 ⋯ 72	35	3 ⋯ 12	7	12 ⋯ 21	18?
Schrapper mit Raupentraktoren (Schürfwagen oder Schürfkübel 6 bis 14,5 m³ Inhalt) (Abb. 309, 310, S. 229).	100	14 ⋯ 66	37	34 ⋯ 86	63	3 ⋯ 12	4	31 ⋯ 78	59

Tabelle 37. *Zergliederung der Rundfahrzeit* (vgl. Leistungsermittlung S. 193).

	Mit gummibereiften Zugtraktoren	Mittel	Mit Raupen-traktoren	Mittel
Laden	0,9 ⋯ 2,2 min	1,36 min	1,1 ⋯ 2,9 min	1,68 min
Entleeren und Wenden. .	0,4 ⋯ 0,7 min	0,56 min	0,4 ⋯ 1,3 min	0,75 min
Wenden zum Laden . . .	0,2 ⋯ 0,4 min	0,3 min	0,37 ⋯ 0,7 min	0,42 min
Zeitkonstanter Anteil . .	1,8 ⋯ 3,3 min	2,33 min	1,9 ⋯ 4,2 min	2,85 min
Förderweg.	130 ⋯ 575 m	270 m	40 ⋯ 400 m	165 m
Transportgeschwindigkeit, beladen	9,3 ⋯ 22 km/h	13,5 km/h	3,3 ⋯ 9,6 km/h	6,5 km/h
Transportgeschwindigkeit, leer	7,4 ⋯ 24 km/h	14,3 km/h	4,6 ⋯ 9,6 km/h	6,9 km/h
Füllungsgrad	68 ⋯ 94 %	84 %	56 ⋯ 100 %	79 %

Bei Benutzung des zweiten Ganges steigert sich die Leistung im Mittel auf 88,0 m³/h.

Nimmt man nach [401] ein Stoßladegerät mit hoher Grabgeschwindigkeit und einer Ladezeit von einer Minute und vergleicht es mit dem Planiergerät unter der Voraussetzung, daß ein Arbeitsspiel einer Schürfkübeleinheit 6 Minuten dauert, dann erhält man folgende Vergleichszahlen:

Tabelle 38.

Arbeitsspieldauer	Minuten	Gummibereift	Gleiskette (Raupe)
Das Verhältnis der Arbeitsspiele beider Fahrzeuggattungen beträgt also		4:3	

An den Stoßladern wurde eine Rekordzeit bei 10,4 m³ Inhalt von 87 m³/h einschließlich Ladearbeit ermittelt [198].

Die Leistungsfähigkeit des sowjetischen Schürfkübelwagens D 147 (Abb. 320,
S. 225) wurde zu

$$Q = \frac{480}{5,85} \cdot 0,85 \cdot 6 \cdot 0,85 \cdot 08 = 285 \text{ m}^3$$

ermittelt.

Darin bedeuten:

480 Anzahl der Minuten je Schicht,
5,85 Zeit in Maschinenminuten für ein vollständiges Arbeitsspiel,
0,85 Ausnutzungsfaktor des Schürfkübels nach Zeit im Verlauf einer Arbeitsschicht,
6,0   m³ Fassungsvermögen eines Kübels,
0,85 Füllfaktor des Schürfkübels,
0,8   Faktor der Bodenauflockerung.

10. Die Vorteile der gummibereiften Flachbaggergeräte (Bodenverteiler,
Planiergeräte usw.) lassen sich wie folgt zusammenfassen:

1. Die Anförderung der Massen geht schneller und zügiger vonstatten.

2. Die erhöhte Geschwindigkeit und größere Geländegängigkeit erlaubt eine
höhere Leistung und verringert damit die unproduktive Leerlaufzeit.

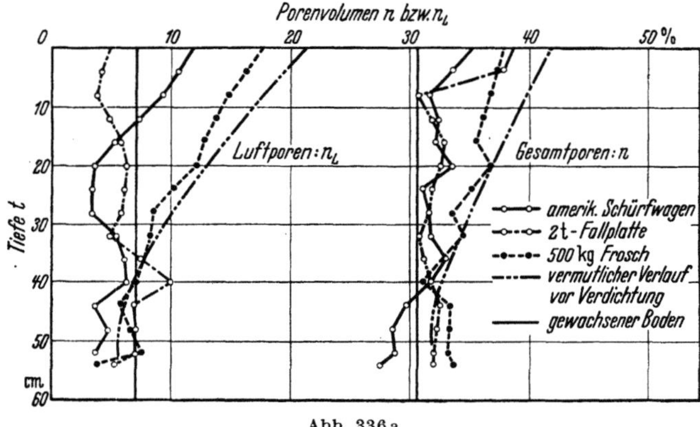

Abb. 336 a.

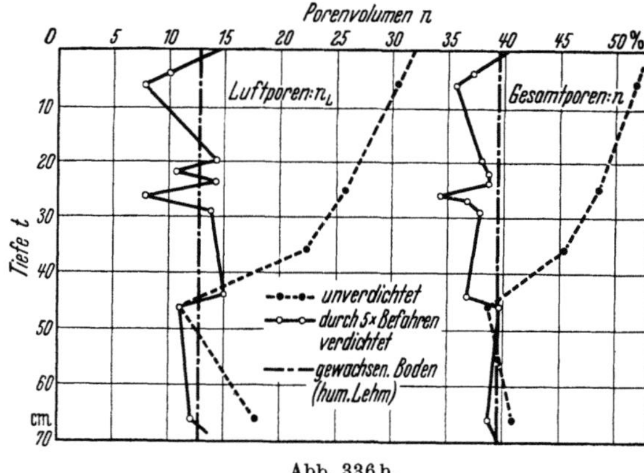

Abb. 336 b.

Abb. 336 a u. b. Einfluß der Verdichtung als Vorverdichtung
durch 8 m³-Flachbagger im Vergleich zu Verdichtungsgeräten
nach Versuchen von LEUSSINK. a) im mittelfesten Lehm
$Pl=26$; b) in steinigem Mergel.

3. Es bestehen keine Beschränkungen zur Straßenbenutzung wie an den Gleiskettengeräten, den echten Planierraupen.

4. Die Dammassen werden weitgehend vorverdichtet (Abbildung 336 a u. b).

Diese Ausführungen stellen eine praktisch wertvolle Ergänzung zu den Grundlagen der Dammbauorganisation und den dabei sich ergebenden kleineren Störungen und Unterbrechungen beim Einsatz gleisloser Erdbaugeräte nach KRIEGER [199] dar.

Wägt man das Für und Wider des gleislosen Förderbetriebes gegenüber dem
gleisgebundenen ab, so ergibt sich folgendes [398/399]:

1. Die Bauabwicklung und die Bauorganisation ist günstiger, Gleisauf-, -um- und -abbauten entfallen als technischer und wirtschaftlich belastender Aufwand.

2. Der Baubeginn bedeutet im Gegensatz zum gleisgebundenen Betrieb: Beginn der produktiven Arbeit.

3. Behelfsmaßnahmen, wie Anfahrtsrampen, langgezogene Kurvenwege, Spitzkehren, entfallen und sind gegebenenfalls im geringeren Umfang bei Neigungsverhältnissen bis mehr als 30° erforderlich.

4. Die große Kurvenwendigkeit der gleislosen Fahrzeuge paßt sich allen bewegten Geländeverhältnissen besser an.

5. Der Bedarf an Arbeitskräften für Gleisbau (Gleiskolonnen) und Unterhaltung für die Gleisrückarbeiten, Transport und schließlich Abbau entfallen.

6. Das Tempo des Baubetriebes kann im großen und ganzen kurzfristig gesteigert werden. Auf jeden Fall wird der Transport beschleunigt.

7. Der gleislose Einbau paßt sich allen besonderen Einbauleistungen rascher an. Er ist daher elastischer als der gebundene Gleisbetrieb.

8. Geländeschwierigkeiten: Löcher, Steinbrocken, Unebenheiten werden leichter überwunden.

9. Auf der Dammbaustelle können beliebig viele Schwerpunkte in stets wechselnder Lage gebildet werden.

10. Die Bewegungsfreiheit auf der Dammbaustelle ist unbehindert und unbeschränkt.

11. Der Stundenaufwand für 1 m³ Massen ist geringer.

12. Durch die gleislosen Erdbaugeräte wird eine höhere Vorverdichtung als mit Gleisbetrieb erzielt (Abb. 328 u. 329, S. 237, Abb. 336a, b).

11. Nachteile der gleislosen Flachbagger- und Transportgeräte. 1. Der Transport wird bei nassem Wetter und schweren (bindigen) Erdarten sehr stark behindert. Die Transportleistung wird stark herabgesetzt.

2. Die gleislosen Fahrzeuge sind empfindlicher gegen Betriebsstörungen: Motorschaden, Getriebeschaden, Reifenpannen.

3. Die Ausnutzung des Ladebaggers beim Gleisbetrieb ist vollkommener.

4. Der An- und Abtransportrangierbetrieb am Bagger belastet die Leistungseinheit stärker als beim Gleisbetrieb.

12. Wirtschaftliche Vorteile des gleislosen Betriebes [*344, 358*]. 1. Der Kostenaufwand je m³ Erdarbeit bleibt unter dem des Gleisbetriebes. Er wird in seiner Höhe von den Lohn-, Reifen- und Kraftstoffkosten bestimmt.

2. Der Lohnaufwand ist bei Gleisbetrieb drei- bis viermal so hoch wie beim gleislosen Betrieb. Der Gleisbetrieb ist mit 70% gegenüber nur 25% beim gleislosen Betrieb lohnintensiver.

3. In Zeiten von Arbeitermangel (Wirtschaftsaufschwung, auch Krieg) ist der gleislose Betrieb günstiger.

4. Der Gesamtkostenaufwand stellt sich infolge der hohen Betriebskosten, wenn auch nur um 10%, günstiger als beim Gleisbetrieb.

Die Förderkosten bei gleisloser Erdbewegung sind für verschiedene Fördergeräte in Abhängigkeit von der Förderweite in der Abb. 330 nach KÜHN zusammengestellt. Die Kostenkurven für die Kurz-, Mittel- und Langstreckengeräte heben sich deutlich voneinander ab. Ferner fördern in jeder Gruppe die schwersten Geräte zu den geringsten Kosten auf der Grundlage amerikanischer Verhältnisse.

Tabelle 39. *Zusammenstellung der Erdbaugeräte für die günstigste Erdbewegung und im Zusammenhang mit der Geländegängigkeit nach* GUTBERLET *u. a. Autoren [117a].*

Art der Arbeit	Anzuwendendes Gerät	Bemerkungen
A. *Räumen und Roden* 1. leichte Arbeit Beseitigung vereinzelter Büsche, kleiner Findlinge usw.	*1. Planierraupen* mit festem und beweglichem Brustschild mit Seilzug oder Hydraulik *Schürfkübel* vom Traktor gezogen	
2. mittelschwere und schwere Arbeit Beseitigung von dichtem Buschbestand, Bäumen, größeren Findlingen, Dämmen, Mauern, Zäunen, Gräben usw.	*2. Planierraupen* mit schwerer Schleppwinde, sonst wie A 1 Traktoren mit Winde, Baumraupen, Stubbenräumer	Spezialgeräte für Forstarbeiten Sprengung bei starken Bäumen, großen Steinen, Dämmen usw.
3. leichtes Schälen von Laub, Zweigen, Rasen, Torf, Mutterboden, Heidekraut usw.	*3. Planierraupen* aller Art *Schürfkübel* auf Raupen oder Rädern *Schürfkübelbagger* *Ladeschaufel* *Planiergerät* (Erdhobel)	Raupen: kurzer Transportweg Räder: langer Transportweg Transportgerät erforderlich bei engen Baustellen, bei denen Materialanhäufung möglich
B. *Gräben und Wasserwege* 1. kleine Entwässerungsgräben	Alle von Traktoren gezogene *Grabenpflüge* *1. Schürfkübelbagger* mit Seitenausleger *Planiergerät* (Erdhobel)	nicht anpassungsfähig an die Grabengröße schnellarbeitend, nicht geeignet für Sumpf, Moor und Marsch
2. größere Gräben und bestehende Wasserwege	*2. Schürfkübelbagger* *Greifbagger* *Planiergeräte* aller Art *Schürfkübel*	bei Arbeit unter Wasser, besonders für den Ausbau neuer Gräben und Wasserwege und bei Arbeiten größten Umfanges. Planiergerät mit Förderband meist geeignet
3. Baggern allgemein, Aushub von tiefen, schmalen Gräben mit senkrechter Böschung	*3. Eimerkettenbagger* *Greifbagger* *Tieflöffelbagger*	
4. Hinter- bzw. Auffüllung von Baggermaterial oder Hinterfüllen von Bauwerken	*4. Planierraupen* *Planiergerät* (Erdhobel) *Ladeschaufeln Schürfkübelbagger Löffelbagger* *Greifbagger*	für Seitenarbeit
C. *Baggerung und Dammschüttung* Baggern, Laden, Transport, Kippen und Verteilen jeglichen Materials	*1. Schürfkübel* Räder gezogen	am günstigsten für langen Transportweg, erfordert Stoßtraktor zur Unterstützung beim Laden am günstigsten
	2. Schürfkübel, Raupen gezogen	für mittleren Transportweg und bei schwerem oder nassem Boden
	3. Planierraupen aller Art	am günstigsten für kurzen Transportweg. Geräteart abhängig von den Arbeitsverhältnissen

Tabelle 39. (Fortsetzung.)

Art der Arbeit	Anzuwendendes Gerät	Bemerkungen
	4. *Schürfkübelbagger* *Schreitbagger* *Greifbagger*	für weiträumige Baggerung im tiefen Einschnitt, vorzüglich mit Kippvorrichtung innerhalb ihrer Reichweite
	5. *Schürfkübelbagger* *Greifbagger* *Löffelbagger*	am günstigsten für beschränkte Flächen und tiefen Einschnitt, erfordern Abtransportgerät
	6. *Schürfbagger*	für beschränkte Baustellen
	7. *Planiergerät* (Erdhobel) oder Pflug) mit Band oder *Bandlader*	für weiträumige Baustellen mit geeignetem Boden, erfordern Abtransportgerät
	8. *Schürfkübel* *Kabelbagger*	
	9. *Aufreißer*	für sehr harten Boden, um den Untergrund für obige Geräte vorzubereiten und aufzulockern
D. *Bodenverteilung* Verteilen von Auffüllungen in gleichmäßige Lagen	*Planiergeräte* aller Art *Planierraupen* und *Planiergeräte* (Erdhobel) in Verbindung mit Kippern, Lastwagen oder Loren	
	Planiergeräte oder *Schürfgeräte*	nur Materialverteilung auf kurze Entfernungen
E. *Aufreißen und Schälen* Lockern des Untergrundes und genaues Einplanieren der Oberfläche	*Planiergerät* (Erdhobel) mit *Aufreißer* einschl. *Eggen Pflüge, Planierraupen*	
F. *Laden* Verladen von gebaggertem oder losem Material in Transportgeräte	*Schürfbagger, Greifbagger, Ladeschaufel, Eimerkettenbagger, endloses Förderband*	
G. *Transport* Bewegen von Material vom Bagger oder der Gewinnungsstelle zur Kippe 1. auf der Baustelle	1. *Kipper, Lkw-Schürfkübel geschleppte Kipper Förderbahn, Bänder*	für flache Baustellen
2. von der Baustelle weg	2. *Kipploren, Kipper, Lkw Schürfkübel*	
3. auf und von der Baustelle	3. *Mischung von Kippern, Förderbahnen* usw. wie unter 1 und 2	
H. *Verdichtung* Verdichten und Verfestigen schwacher Lagen von gekipptem Material	Transportgerät als zusätzlich anfallende Arbeit bei dessen Anwendung	Verdichtet oft *nicht* ausreichend Raupen-Traktoren und Planiergeräte ergeben die besten Erfolge
	Gummireifenwalzen	erfordern Verteilen des Materials in dünnen Lagen
	Stampfer, Rammplatten	besonders geeignet für bindige Erdarten und höhere Lagen
	Dampfwalzen oder Motorwalzen, Vibratoren	nur für schwache Lagen ergeben den höchsten Verdichtungsgrad, haben aber nur geringe Leistung

Tabelle 40. *Gruppeneinteilung der Erdbaugeräte Einsatzbedingungen und Einsatzbegrenzungen Gruppe I. Hauptgeräte nach* GUTBERLET *u. a. Autoren* [117a].

Einsatzbedingungen	Einsatzbegrenzungen
a) Grab- und Fördermaschinen oder alle Arten von Baggern, Grabenbaggern mit Eimern, Bandlader usw.	
Arbeit in schlechtem und weichem Boden Arbeit unter beschränkten Verhältnissen Ist die Kippe außerhalb des eigentlichen Arbeitsbereiches der Maschinen, ist zusätzlicher Einsatz von Hilfsgeräten erforderlich Bei schwerem Material Einsatz anderer Gerätearten erforderlich Kann gut unter Niveau arbeiten (nur bestimmte Arten) Baggern langer Gräben (nur bestimmte Arten) Kann höhergelegene Kippen bearbeiten (nur bestimmte Arten) Hohe Leistungen (besonders Bandlader)	Durch Fassungsvermögen Schwieriges Manövrieren Langsam in der Bewegung Verlagerung des Materials nur auf kurze Entfernungen Leichte Arbeit in Verbindung mit Transportgeräten Erfordern große Arbeitsflächen Erfordern eine große Anzahl von Transportgeräten (nur bei Bandladern)
b) Grab- und Schubmaschinen oder alle Arten von Planiergeräten.	
Höchste Leistung bei kurzen Entfernungen und kleinen Mengen Arbeitsweg bis zu 60 m Am besten für Schälen und Reinigen der Oberfläche Am besten für seitlichen Anschnitt Gute Manövrierfähigkeit Arbeiten auf unebenem Gelände und an steilen Hängen	Bewegen Material auf dem Untergrund Geringe Geschwindigkeit Besondere Vorarbeiten bei schwer bearbeitbarem Material erforderlich
c) Grab- und Fördermaschinen oder alle Arten von Schürfkübeln.	
1. Langsam bewegliche Gleiskettenarten Gut für mittlere Entfernungen (60,0 bis 275,0 m) Laden, Transport und Verteilung mit nur einem Gerät Verteilung in regulierbaren Stärken Wenig Unterhaltung des Transportweges Schnelle und sichere Verteilung des Materials	Langsame Arbeitsgeschwindigkeit Besondere Vorarbeiten bei schwer bearbeitbarem Material erforderlich Bei kleinen oder beschränkten Baustellen nicht überall geeignet
2. Schnell bewegliche Räderarten Am besten für mittlere und große Entfernungen, bei großen Arbeiten (275,0—1500,0 m) Weitere Vorteile wie bei den langsam beweglichen Gleiskettenarten	Hilfe von Raupentraktoren als Schubmaschinen zur Erreichung schneller und voller Beladung erforderlich Einsatz wie bei langsam beweglichen Arten infolge schlechter Untergrundverhältnisse oft nicht möglich
d) Fördermaschinen und Kipper oder alle Arten von Transportgeräten.	
Am besten für lange Transportwege Höchste Leistung bei allen langen Transportwegen Schnellste Entladung, teilweise mit beschränkter Kippmöglichkeit Hohe Manövrierfähigkeit	Ladegeräte erforderlich Transportstraßenbau oft erforderlich und zweckmäßig Von Wetterbedingungen abhängig (Die beiden letzten Bedingungen beziehen sich nicht auf Raupenfahrzeuge, doch haben diese geringe Geschwindigkeiten)

Tabelle 40. (Fortsetzung.)

*e) Maschinen zur Verdichtung und Fertigstellung oder alle Arten
von Walzen und Planiergeräten (auch Erdhobeln).*

Vorteile und Einsatzgrenzen sind den Ziffern E und H der Tabelle 39 zu entnehmen,
die auch für jede Art der Arbeit generell das zweckmäßigste Gerät nennt. Man kann
also dort die richtige Geräteart wählen (vgl. hierzu S. 358 ff.).

Gruppe II. Hilfsgeräte.
(Geräte, die die Geräte der Gruppe I unterstützen und ergänzen.)

a) Spezialbaggereinrichtungen an Grundbaggern, Planiergeräten und Transportgeräten
b) Aufreißer, Baumraupen, Stubbenräumer, Rodemaschinen, Ladeschaufeln, Planiergeräte,
   Erdhobel
c) Aufreißer, Planierraupen, Pflüge, Planiergeräte, (Erdhobel), Walzen und in einigen
   Fällen Bagger
d) Bagger, Planierraupen, Planiergeräte (Erdhobel), Walzen
e) Planierraupen, Planiergeräte (Erdhobel), Verteilungs- und Fördergeräte

Literatur

(1) Lachlan, J., M. I. Sturrock and E. Plant: The Selection of Earthmoving Plant
Public Works. Muk Shifter.: London Oktober 1951. (2) Ackermann, A. J. and C. H. Locher:
Construction Planning and Plant. McGraw-Hill Book Co. Inc. (3) Civil Engineering
Code of Practic No. 1 (1950), Site Investigation of Civil Engineers Standards Institute.
(4) Collins, H. J. and C. A. Hart: Principles of Road Engineering. Arnold. (5) Mit-
chell, C. T.: Some Economical Aspects of Earthmoving Equipment. Road Paper No. 20,
Institution of Civil Engineers. (6) Park, R. C. and F. Kenneth: Principles of Modern
Earthmoving. Le Tourneau Inc. (7) Performance Handbook, Caterpillar Tractor Co.
(8) Rubber Tyred Scraper Units. The Contract Journal, Vol. CLXI (1949), No. 3,673,
Page 1616.

Anmmerkung. Mit Tabelle 39 und 40 kennt man die hauptsächlichsten Eigenschaften
der Geräte. Damit sind alle Grundlagen für eine richtige Gerätewahl gegeben.

Ohne in allen Einzelheiten mit dem Einteilungsprinzip der Tabellen 39
und 40 übereinzustimmen, mag sie doch dazu dienen, eine Übersicht über die
Erdbaugeräte in ihrem Einsatz im Erdbau zu geben.

Sie geben insbesondere einen Hinweis für den wirtschaftlichen Einsatzbereich
der einzelnen Gerätearten. Die Grenzen liegen für die Planierraupen bei etwa
57 m, für die Schürfkübelanhänger bei 300 m und für die Motorschürfwagen bei
1500 m. Bei größeren Entfernungen empfiehlt sich der getrennte Einsatz von
Lade- und Fördergeräten.

13. Wirtschaftliche Nachteile des gleislosen Betriebes. 1. Der Aufwand an
Reparaturen und Ersatzteilen, Betriebsstoff ist zwei- bis dreimal so hoch wie
beim gleisgebundenen.

2. Der Nutzungsgrad ist mit 5 Jahren erheblich geringer als beim Gleisbetrieb
mit 10 bis 20 Jahren.

3. Hinsichtlich der Kosten und des Kapitalaufwandes sind nach Kühn
bei der Forderung nach voller Geräteausnutzung die Motorschürfwagen unabhängig von den jeweiligen Entfernungen, während beim Gleisbetrieb die erforderliche Gleislänge und die Zahl der Züge mit den Entfernungen ansteigen,
der Gerätepark somit umfangreicher wird, wenn der Bagger voll ausgenutzt
werden soll (Abb. 333). Geht man von der Forderung gleicher Leistungen aus,
dann sind beide Förderarten abhängig von der Entfernung. Aus dem Diagramm
Abb. 334 geht ferner hervor, daß bei der Frage „gleislos oder gleis-
gebunden" die veränderliche Größe der unterschiedliche Bedarf wertvoller
menschlicher Arbeitskraft ist, die im Einzelausmaß von der Höhe der Löhne

bestimmt wird. In dieser Hinsicht wird der Gleisbetrieb in folgenden Ländern
unterschiedlich angewendet:

Amerika . . . . von   8 km,
Schweiz. . . . . „   4,5 km,
England . . . . „   3 km,
Deutschland. . . . . „   1,5 bis 2,0 km,
Italien . . . . „   1,0 bis 1,5 km an.

In diesem Zusammenhang sind die Bemerkungen Kühns [204a] bedeutungsvoll: „Im Zeitalter der fortschrittlichen Mechanisierung aller Arbeitsvorgänge
bildet der gleislose Förderbetrieb einen seltsamen Kontrast zur allgemeinen
Tendenz, indem er nicht zu einer Ausschaltung, sondern zu einer Betonung des
Menschen, zu einer Höherbewertung seiner Fähigkeiten führt."

14. Geotechnische Folgerungen für den Dammbau. Trotz dieser vielen Vorteile bestehen die Folgerungen nicht in einer radikalen Abkehr von dem auch in
Deutschland noch vorherrschenden Gleisbetrieb, denn die Frage über die Entscheidung: Gleis- oder gleisloser Betrieb kann nur von Fall zu Fall angesichts der
hohen Kraftstoffkosten in Deutschland beantwortet werden. In jedem Einzelfalle ist die Leistungsfähigkeit, die Unempfindlichkeit der gleislosen Geräte, ihre
Betriebssicherheit und damit letzten Endes ihre auch von den klimatischen Verhältnissen stark beeinflußbare Wirtschaftlichkeit maßgebend (vgl. S. 238). Hierüber bestehen jedenfalls für den gleisgebundenen Betrieb auf Grund jahrzehntelanger praktischer Erfahrungen genauere Unterlagen als für den gleislosen. Ganz
abgesehen davon läuft in Deutschland bemerkenswerterweise die Entwicklung
eigener, robuster, betriebssicherer und hochleistungsfähiger Erdbaugeräte erst an.
Bisher bediente man sich vor allem amerikanischer. In dem Autoschütter bis zu
4 m³ Inhalt (Abb. 316/317) und 10 m³ von Meiller ist der erste Weg zu einer
selbständigen deutschen konstruktiven Lösung beschritten. Noch fehlen die
schweren Großgeräte von 10 bis 20 m³ Ladefähigkeit (Abb. 318, S. 231). Infolge
der andersgearteten klimatischen Verhältnisse und der in erheblich geringerer
Anzahl und Ausmaß hierfür in Frage kommenden Bauwerke wird die Entwicklung
in Deutschland langsamer fortschreiten.

In Deutschland sind die Kosten für die Unterhaltung, für die Bereifung und
für den Kraftstoffaufwand viel höher als in dem klassischen Lande des gleislosen
Betriebes, den USA. Daß aber das ernstliche Interesse am gleislosen Betrieb in
Deutschland auch an maßgebenden Stellen vorhanden ist, beweisen die wiederholten grundlegenden Versuche, deren Ergebnisse zum Teil die Tabellen S. 238
und Leistungskurven S. 232, 234 und 236 wiedergeben. Bemerkenswerterweise
wurden die felsigen Schüttmassen an der Genkelbachtalsperre in Westfalen im
Jahre 1951 bei einem Umfang von mehreren hunderttausend m³ bei einem Förderweg von 2,5 bis 3,0 km ausschließlich durch den bewährten dreiachsigen Hinterkipper „Euclid" zum Damm gebracht. Die Leistung wurde innerhalb von weniger
als 3 Monaten vollbracht.

3. Der Einbau nach dem Prinzip größtmöglicher Stabilität.

Der neuzeitliche Dammbau stützt sich zur Stabilisierung auf zwei Haupt-
merkmale:

a) Dünne Lagenschüttung von wenigen dm (Abb. 254 bis 258, S. 200/201) und
mechanische Verdichtung,

b) höchstmögliche Dichte (Abb. 234b, S.171) (Prinzip des kleinsten Hohlraumes wie beim Beton) und an den feinkörnigen Erdarten optimaler Wassergehalt:

Diese vier Elemente und Grundbedingungen der Geotechnik des Dammbaues verbürgen im allgemeinen hinreichende Stabilität des Dammes, soweit diese Bedingungen restlos eingehalten werden können, was ja je nach den klimatischen Einflüssen und daher dem vom optimalen Wassergehalt abweichenden Feuchtigkeitsgrad erdiger Schüttstoffe selten möglich ist. Auch sind die Einbaugrößen der Massen von Einfluß, denn zu große Stückgröße verhindert eine wirkungsvolle Verdichtung. Um die Stabilität weitgehend zu wahren, sind daher folgende Gesichtspunkte mit Rücksicht auf das verschiedene physikalisch-mechanische Verhalten der Schüttstoffe zu beachten:

c) Der Wechseleinbau in dünnen Lagen.

Alle verschiedenartigen, nach Härte, Konsistenzform und Körnung (Stückgröße) und Stückform unterschiedlichen Massen dürfen niemals gemischt, sondern müssen stets in dünnen Lagen getrennt eingebaut werden. Die sog. „Magerung" zu feuchter erdiger Massen mit steinigem Material ist grundfalsch, da die erdigen Massen die wirksame Stoff- und Korngruppe darstellen und die Magerung mit Sand und Steinen hieran nichts ändert.

Beispiele. Felsige Massen und Sand (Sand und Lehm, Lehm und felsiges Material) sind in getrennten Lagen zu schütten.

Alle in ihrem Wassergehalt und Wasserverhalten verschiedenartigen Massen sind somit stets als besondere Baustoffe zu behandeln.

Der Wechseleinbau schafft die günstigsten Voraussetzungen der größtmöglichen Verdichtbarkeit und des raschesten unf größtmöglichen Spannungsausgleiches sowie der besten scherfesten Verbindung verschiedener stofflich getrennter Lagen gegeneinander. Er ermöglicht auch den Einbau zu feuchter Erdarten, bietet somit jene günstigen Bedingungen, die es gestatten, den Dammbau bei ungünstigem Wetter weitgehend fortzuführen. So kann zu feuchter Lehm im Wechseleinbau auch dann noch verwendet werden, wenn der Lehm sehr weich ist und sich nur teilweise verdichten läßt. Die durchlässigere Deck- und Basislage (Abb. 337) sorgt für eine rasche Entspannung und Entfilterung, damit für eine rasche Stabilisierung auch dieser wenig

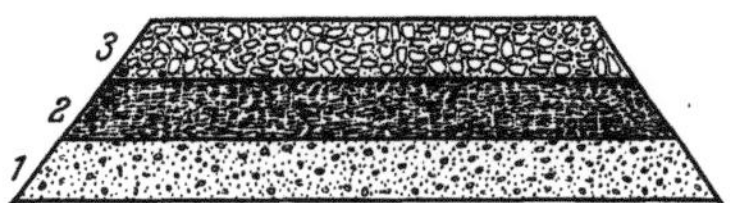

Abb. 337. Einbau kapillarbrechender Basislagen aus Kies gegen Vernässung von Dammschüttungen, Prinzipskizze. *1* unterste Schüttlage, *2* feuchtigkeitsempfindliche Schüttlage, *3* grobe Decklage.

feste Schüttlage. Unter der wachsenden Auflast eines Dammes wächst auch in diesem Falle Reibung und Kohäsion, ohne daß der Porenwasserüberdruck mit der Folge der gefürchteten Nullreibung sich gefahrdrohend auswirken kann.

Dieser Wechseleinbau sollte besonders bei klimatisch ungünstigen Verhältnissen im Verkehrsdammbau und im Staudammbau im Bereich des Zwischenkörpers bei ungünstiger Witterung angewandt werden.

d) Stückgröße.

Es gibt für jedes mechanische Verdichtungsverfahren eine obere Grenze, die eine stabile Lagerung und Verfestigung der verschiedenen Dammbaustoffe:

felsige Massen und Erdarten ermöglicht. Dabei ist am Felsen weniger die Zertrümmerung als die feste gegenseitige Verlagerung im Gegenteil zu den wasserempfindlichen Erdarten erforderlich.

Die obere Stückgröße der felsigen Massen liegt für Stampfplatten bei etwa 25 bis 30 cm ⌀, je nachdem ob weichere Felsmassen und zugleich schwerste Stampfgeräte verwendet werden. Bei Einsatz des schwersten Mammutrüttlers, des schwersten Rütteldruckgerätes, kann die Stückgröße den doppelten Durchmesser (50 bis 60 cm) annehmen.

Größere Felsmassen werden auch heute noch vielfach in den Steinsetzdämmen wie im Mittelalter kunstvoll als Trockenmauerwerk, allerdings unter Einsatz von Kränen, gesetzt, wobei die untere Grenze stets von der Möglichkeit bestimmt wird, ein oder das andere der schwersten trockenmechanisch arbeitenden Verdichtungsgeräte zu verwenden.

Beispiel. Das klassische Beispiel für die Steinsetzdämme ist die Ghribtalsperre in Nordafrika [*223, 224*]. Hier wurden dreierlei Gewichtsklassen felsigen Materials verbaut. Der Staudamm setzt sich zusammen aus

je einem Drittel Blöcke von 1,5 bis   8 t (max. 15 t),
  ,,   ,,   ,,   ,,   ,, 1,5 ,, 0,2 t,
  ,,   ,,   ,, Steine ,, 0,2 ,, 2 kg.

Dadurch wurde eine Beschränkung des Hohlraumgehaltes auf rd. 26 % erreicht.

II. Der Einbau der Massen auf trockenem Wege.

1. Grundlagen.

Unter dem Einbau ist die Anordnung der Schüttstoffe im Dammkörper, die im Sinne neuzeitlicher Geotechnik die Möglichkeit einer festgefügten Bauweise ergibt, zu verstehen. Zu diesem Zwecke werden Massenübersichts- und Massenverteilungspläne stets auf der Basis der Eignung und Zweckmäßigkeit nach Stabilitätsansprüchen gegeneinander abgestimmt. Früher bestand dagegen die Hauptaufgabe darin, den Massenausgleich unter Beschränkung auf die geringsten Massenbewegungen zugleich auf kürzestem Wege zu ermitteln. Weder Massenausgleich noch Einbau der Massen auf kürzestem Wege sind heute noch anwendbar.

Wie notwendig ein Eingehen auf diese Frage ist, ergibt sich aus der Tatsache, daß im deutschen Schrifttum so gut wie keine Hinweise vorhanden sind und nur in früheren, einem beschränkten Kreis zugänglichen Anweisungen für die Ausführung von Erddämmen, jedoch nicht in den Richtlinien für Staudämme [*341*], diese Frage gestreift wird. Sie ist aber ebenso wichtig wie der richtige Geräteeinsatz für die erfolgreiche Verdichtung. Denn nur, wenn das Material entsprechend seiner Eignung richtig verteilt wird, kann es richtig behandelt werden. Bisher beschränkte man sich grundsätzlich auf die Untersuchungen der Wechselbeziehungen zwischen Verdichtungsgeräten und Schütthöhen. Notwendig und wichtig ist es, Fehler in der Einbauweise zu vermeiden.

Hierin unterscheidet sich die Dammbauweise in Deutschland von der in den USA. In den sog. AC-Klassen sind nur die fein- bis mittelkörnigen Erdbaustoffe berücksichtigt (vgl. S. 101). In Deutschland spielen indessen die felsigen und gemischten Erdarten eine große Rolle. Die nachfolgenden Ausführungen berücksichtigen daher typische, auf jahrzehntelangen Erfahrungen beruhende praktische Fälle und befassen sich vor allem mit den schwierigeren Beispielen der Baupraxis, wobei — und dies gilt hauptsächlich für den Verkehrsdammbau — besonders der gleichzeitige Einbau extrem zusammengesetzter und erdbaumechanisch weitgehendst verschiedener Dammbaustoffe behandelt wird.

2. Geotechnische Aufgaben für den Verkehrsdammbau.

Für den Verkehrsdammbau im Straßenwesen sind daher folgende Gesichtspunkte zu beachten:

1. *Sicherung gegen Frostschäden*, daher Einbau von frostempfindlichen, Frostschäden verursachenden Bodenarten unterhalb der Frosteindringungstiefe. In der Frostzone bis zu etwa 60 und 80 cm Tiefe unter Deckenoberkante frostsicheres Material.

2. *Sicherung gegen Rutschgefahr*. Gleitsichere feste Bodenarten möglichst im Bereich der Dammschultern einbauen.

3. *Sicherung gegen Setzungen*. Setzungsempfindliche weiche Bodenarten im unteren Dammteil einbauen, um sie im Zuge der Zeit mit der wachsenden Dammauflast zu verfestigen, soweit diese Maßnahme mechanisch nur unvollkommen möglich ist und auch der Wechseleinbau (vgl. S. 249) keine sofortige Abhilfe schafft.

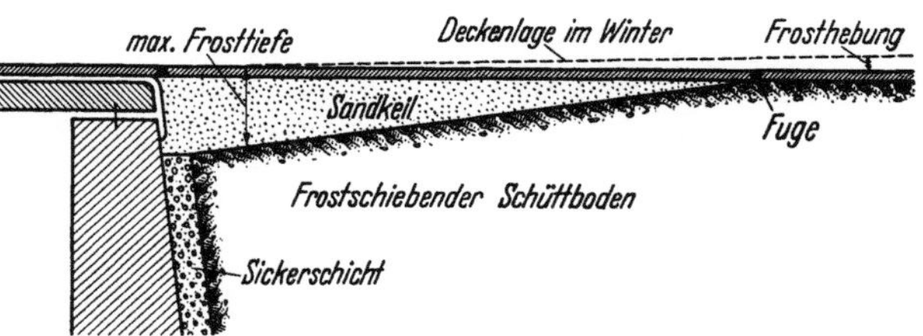

Abb. 338. Anordnung eines Frostschutzkeiles aus Kiessand zur Verhütung von Froststufen am Übergang von Bauwerk zum Damm.

4. *An Bauwerksanschlüssen nur wasserunempfindliche Erdarten* (Abb. 338) einbauen, bei denen die Gewähr einer setzungsfreien Verdichtung gegeben ist.

Diese Disposition bricht mit der herrschenden Meinung der Praxis, daß der Gesteinsausschuß, die bunt zusammengesetzten Erdbaustoffe, beliebig eingebaut werden kann.

3. Geotechnische Aufgaben für den Staudammbau.

Für den Staudammbau ergibt sich die in der konstruktiven Lösung begründete Unterteilung des Staudammes zumindest in den Stütz- und in den Dichtungskörper, wozu nicht oft als Ersatz für die Filterschichten der Zwischenkörper oder bei Anwendung des Hydratonverfahrens eine schwache Ausgleichsschicht tritt. Die Trennung der Massen erfolgt daher

1. nach den Ansprüchen der Dichtigkeit,
2. nach der Durchlässigkeit für den Zwischenkörper,
3. nach der festen stückigen Beschaffenheit der Massen für den Stützkörper.

Bei Anordnung von Filterschichten müssen die Körnungen (vgl. S. 68) genauestens nach Durchlässigkeitsindex eingebaut und damit auf mehr oder weniger weitgehende Gleichförmigkeit und Sauberkeit geprüft werden.

Bei wasserseitigem Dichtungskörper sind auch die in filterförmiger Ausführung aufzubringenden Deckschichtmassen (sog. Erd- oder Steinbewurf): feines, erdiges Material, gröberes und felsiges zu untersuchen und entsprechend zu verteilen.

4. Die Schüttung = Lagenschüttung.

a) Fehler in der Schüttung.

Fehler in der Ausführung der Schüttung, d. h. beim Einbau der verschiedenen Dammbaustoffe, können auf verschiedene Weise entstehen:

1. Verkehrsdamm. 1. Felsiges Material wird unmittelbar neben erdige Schüttmassen geschüttet (Abb. 259, S. 202), die sich unterschiedlich gegen Verdichtung und Wasser verhalten, daher unterschiedliche Satzungen verursachen können. Im Staudammbau tritt dazu die Gefahr des Ausspülens.

2. In der richtigen Einbaufolge bei gleisgebundenem Einbau sind Fehler dann zu erwarten, wenn die nicht leicht verdichtungsfähigen Massen nach Abb. 299a, S. 223, eingebaut werden. Hier drücken die bereits verdichteten Massen die lose an den Dammschultern angeordneten nach außen ab. Daher ist das Schema des Masseneinbaues grundsätzlich bei gleisgebundenem Einbau nach Abb. 299b, S. 223, durchzuführen.

3. Tote Winkel an den Dammenden oder an den Widerlageranschlüssen müssen vermieden werden. Der Ausgleich wird dann meist in doppelter Schütthöhe vollzogen, wobei mangelhafte Verdichtung die unvermeidliche Folge ist.

4. Zu hohe Ausführung der im allgemeinen dünnen Schüttlagen ist der Hauptfehler jeder Dammausführung. Sicherung dagegen

Abb. 339. Anschlagtafeln mit verpflichtenden Hinweisen über die Ausführung des Dammbaues für jedermann.

bieten in bestimmtem Umfange die Schüttlehren (Abb. 296, S. 222), die längs der Streifenschüttung beim Gleisbetrieb in angemessenen Abständen von etwa 25 m anzuordnen sind. Eine weitere Sicherung besteht darin, den Einbau der Massen nicht nach m³, sondern nach Flächenleistung, d. h. nach m² zu vergüten.

5. Trotz richtiger Schütthöhe können die Massen in zu großer unzulässiger Stückgröße eingebaut werden. Daher müssen durch Anschlagtafeln (Abb. 339) alle beachtenswerten Einbauvorschriften stichwortartig, am besten durch Skizzen, angedeutet, jedermann sichtbar dargestellt und deren Befolgung zur Pflicht gemacht werden.

6. Die Dammfläche soll und muß eine mehr oder weniger auf gleichem Niveau verlaufende Schüttung ermöglichen. Unruhige, wellige oder übermäßig geneigte

Schüttflächen führen im Ausgleich zu überhöhten Schüttungen. Unebene Planierflächen sind bei Niederschlägen Ursache örtlicher Wasseransammlungen, die die Wiederaufnahme der Schüttungen verzögern. Die Neigung soll nach auswärts gleichmäßig etwa 3° aufweisen.

7. Abweichungen von einer schwach geneigten, planebenen Dammfläche oder zu große Neigungen entstehen dann, wenn der Damm nicht von der tiefsten Stelle aus zügig lagenweise nach oben geschüttet wurde.

8. Örtlich weiche Stellen entstehen durch die Verdichtung oder Wasseransammlung in erdigen Schüttmassen mit zu hohem Wassergehalt. Infolge des Porenwasserüberdruckes bilden die Schüttstoffe bei dem Versuch, diese zu verdichten, eine gummiartige Masse, die den weiteren Einbau hemmt. Die weichen Stellen versagen als mangelhaft verfestigte Grundlage für die nächst höhere Schüttlage, wenn diese nicht aus trockenen und festen Massen besteht. Im Dichtungsteil ist daher eine Abhilfe nur möglich, wenn trockene und zugleich krümelige Erde eingebaut wird, die den Überschuß an Feuchtigkeit aufzusaugen imstande ist. Einhalten des optimalen Wassergehaltes ist daher stets unerläßlich, um derartige Schwierigkeiten von vornherein auszuschalten.

9. Unzulässige Massen: erdige Schüttmassen im Stützkörper, zu grobe Massen im Dichtungskörper lassen auf mangelhafte Trennung bei der Gewinnung und Fehler in der Leitung und Verteilung der Massen zu den verschiedenen Dammgliedern schließen. Sie sind zurückzuweisen.

10. Sind zu weiche Massen bereits Ursache falscher Konsistenz, so können ebenso zu trockene Massen ein fehlerhaftes Dammgefüge verursachen. Der

Abb. 340. Einsümpfen und Besprengen trockener Erdarten für den Einbau im Dichtungskörper unter Abstimmung auf den optimalen Wassergehalt. Im Hintergrund kreisende Beregnungsanlagen. (Nach RABE [326].)

optimale Wassergehalt ist daher durch vorherige Bewässerung an der Gewinnungsstelle weitgehend anzustreben Abb. 340, sonst kann kein homogener, strukturloser Dichtungskörper entstehen.

11. Es ist zwecklos, zu feuchte, erdige Massen durch Dränagen entwässern zu wollen. Wechseleinbau gibt noch die beste Gewähr eines notwendigen Spannungsausgleiches (vgl. S. 249).

12. Fehler im Einbau entstehen besonders bei Wechselkurs der verschiedenen Kipper. Diese müssen sorgfältig gesäubert werden, um zu verhindern, daß im Kipper zurückbleibende Lehmteile in den Stützkörper oder felsige Massen in den Dichtungskörper gelangen.

13. Ebenso müssen die Kipper und sonstigen Transportfahrzeuge dicht sein, denn während des Transportes gehen sonst stets die wichtigsten, die feinkörnigen Bestandteile verloren. In einem Falle wurden bis zu 4% Verluste gerade der feinkörnigen Bestandteile festgestellt.

14. Die Transportorganisation hat sich daher außer mit der straffen Trennung der verschiedenen Massen und deren planmäßiger Lenkung zu den beiden Hauptteilen: Stütz- und Dichtungskörper auch mit der gesicherten Zufuhr sauberen Materials zu befassen. Wie im übrigen der Einbau mit verschiedenen Massen am zweckmäßigsten ausgeführt wird, dafür mögen folgende praktische Beispiele Anhaltspunkte für neue Dammbauten liefern.

5. Zehn Beispiele für den zweckmäßigen Einbau verschiedener Massen.

Folgende Beispiele werden gebracht: der Einbau
1. überwiegend felsiger, grobstückiger Massen,
2. vorherrschend trockener, harter Erdschollen (bindige Erdart),
3. weicher, krümeliger, schwach plastischer Dammbaustoffe,
4. weicher, stark plastischer Erdarten,
5. vorwiegend sandiger Schüttstoffe,
6. vorwiegend gemischtkörniger fester Schüttmassen,
7. gemischtkörniger fester und wasserempfindlicher Massen,
8. von Steinen und bindigen Erdmassen,
9. von Steinen und Sand,
10. von Lehm und Sand.

1. Felsige, grobstückige Massen. a) Diese Schüttmassen werden bis zu 25 bis 30 cm ⌀ mit schweren und schwersten Stampfgeräten in Lagen von 60 bis 100 cm (1,50 m) Höhe eingebaut und mechanisch verdichtet, zertrümmert und fest verzwickt.

b) Sie werden bis zu einem Durchmesser von 60 cm durch Mammutrüttler von 20 t Gewicht (Abb. 341) bei Lagenschüttung von mehr als einem Meter verdichtet.

c) Sie werden bei Mangel an Rüttlern durch Druckstrahlverfahren in Lagen von mehreren Metern Höhe (bis zu 8 m), besonders bei verschiedenem Durchmesser und festem Gesteinsmaterial verdichtet (vgl. S. 344).

d) Sie werden schließlich in mühseliger Handarbeit (Abb. 268, S. 209) gesetzt; besonders in Italien und Nordafrika ist dieses Verfahren stärker ausgeprägt. Die Staudämme werden dann als Steinsetzdämme bezeichnet.

e) Sie werden bei Anwendung erosionssicherer und stark elastisch wasserseitiger Dichtungskörper auch nicht verdichtet.

Geotechnische Folgerungen für den Dammbau. Der Einbau dieser Massen ist bei jedem Klima möglich: Größte Hitze und Kälte (z. B. in der Arktis Nordschwedens im Winter bei 30° Kälte). Die Handarbeit ist zeitraubend und teuer, verbürgt bei gewissenhafter Trockenmauerung die Gewähr stabilster Bauausführung. Um beim packlageartigen Aufbau die Verlagerungssicherheit zu verbürgen, empfiehlt sich die Zwischenschaltung von dünnen Schichten und die Ausfüllung der Zwickel durch Felsklein bis Schottergröße (vgl. S. 262). Beim Druckstrahlverfahren erhöht die Gemischtkörnigkeit felsigen Materials die Stabilität ebenso wie beim Einsatz schwerster Stampfgeräte: Mammut- und Korbrüttler.

2. Vorwiegend trockene, harte Erdschollen (Wassergehalt unter Ausrollgrenze; z. B. Lehm, lehmige Massen bis Erdbeton: Gemisch von Lehm mit Steinen!) Sie sind wasserempfindlich, daher nur bedingt fest. Ihr Einbau hat, wie bei allen wetterempfindlichen Erdarten, nach dem Prinzip des kleinsten Hohlraumes zu erfolgen: entsprechende Vorzerkleinerung und peinlich genaue Beachtung der Schütthöhe sind hierfür unerläßliche Voraussetzungen.

Geotechnische Folgerungen für den Dammbau (insbesondere Dichtungskörper). 1. Weitgehende Vorzerkleinerung der stückigen Erdschollen auf ein im Mittel kleineres Maß als bei entsprechend großen Felsbrocken. Verdichtung nur durch Stampfbagger oder schwere Rammen!

2. Beschränkung der Schütthöhe auf höchstens 75% des für gleich große steinige Massen zulässigen Maßes.

3. Völlige Homogenisierung durch tiefwirkende völlige Zermalmung oder Zerquetschung (Verformung).

4. Abstimmung des Stoffsystems auf den optimalen Wassergehalt am besten bereits vor der Gewinnung (Abb. 340).

Abb. 341. Mammutkorbrüttler von 20 t Gewicht bei der Einrüttelung grober Felsstücke an der Versetalsperre in Westfalen. System KELLER (Werkaufnahme).

5. Wasserschutz des Planums durch eine gleichmäßige dichte Oberfläche unter Einsatz von Walzen bei möglichst planebenen, schwach nach außen geneigten Schüttflächen.

3. Weiche, krümelige, erdfeuchte, schwach bindige bis plastische Erdarten (Löß, Lößlehm, schwach lehmige Sande, Kiese, stark grusiger Gehängelehm) [*473, 500*]. Das Schrifttum zeigt, daß entgegen der Ansicht weniger Fachgeologen auf Grund jahrzehntelanger Erfahrungen gerade diese so wasserempfindlichen Erdarten, wie Löß und Tallehm schluffiger Zusammensetzung, einwandfreie Baustoffe, auch als Dichtungskörper im Wasserbau: Deiche, Staudämme usw. bilden. Die unter dauernder Kontrolle des Verfassers vor rd. 18 Jahren bis zu 20 m Höhe ausgeführten Lößdämme der Autobahn in Sachsen haben ihre Bewährungsfrist glänzend überstanden. In vier Berichten der II. Internationalen Konferenz für Bodenmechanik und Grundbau in Rotterdam 1948 wird die Verwendbarkeit von Löß als Dammaterial besprochen [*473*]. Es wird festgestellt, daß man auch wichtige Ingenieurbauwerke sicher *mit* und *auf* Löß gründen kann. Jedoch müssen große Setzungen erwartet werden

(Abb. 342 bis 344), ferner ist ein bemerkenswerter einheitlicher Wassergehalt nötig, um Risse während der Setzung zu vermeiden [*240*]. (Vgl. auch Abb. 426b, S. 336.)

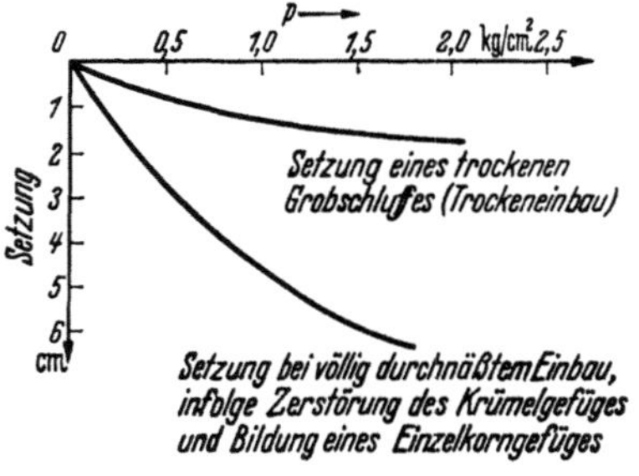

Abb. 342.

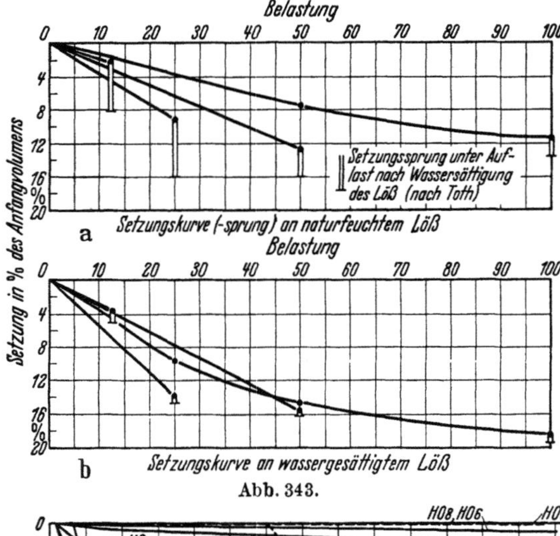

Abb. 343.

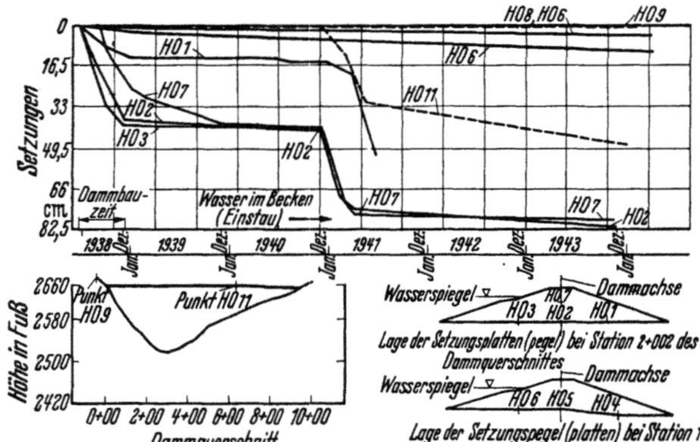

Abb. 344.

Abb. 342 bis 344. Einflußlinien starker Durchnässung von großporigem Löß und Schluff auf das Setzungsverhalten. Es zeigt sich, daß beim Einstau trockenmechanisch verdichteter Lößmassen erhebliche Setzungssprünge an Staudämmen eintreten, deren Gefährlichkeit nicht übersehen werden darf. Daher stets Einbau im feuchten Zustand. (Nach Turnbull und Toth [*468, 473*].)

Nur die geringe Plastizitätsziffer, die selten über 10 hinausgeht, bestimmt ihre hohe Wasserempfindlichkeit, also den relativ raschen Übergang vom bröckelig-krümeligen zum fließgefährlichen Zustand. Diese im bodenmechanischen Verhalten so empfindliche Konsistenzveränderung zwingt zu entsprechenden, sichernden, erdbautechnischen Maßnahmen, um allen Wechselfällen der Konsistenzveränderung unter Einfluß klimatischer Einflüsse gewachsen zu sein. Folgende Maßnahmen sind zu beachten.

Geotechnische Folgerungen für den Dammbau. 1. Genaue Einhaltung der im Mittel sehr mäßigen Schütthöhe. Beispiel: In den USA werden diese sehr weit verbreiteten und bevorzugten Schüttstoffe nur in Höhen von im Mittel 20 cm eingebaut. Verdichtung durch Ramm- und Druckknetgeräte.

2. Abstimmen auf den optimalen Wassergehalt vor dem Einbau.

3. Bei zu feuchter, die Verdichtung hemmender Konsistenz: Wechselschüttung: abwechselnd 20 cm Löß und 10 cm magere trockenere Erdarten gleicher Körnung, um unter der nunmehr möglichen Verdichtung die Masse weitgehend zu homogenisieren und unter Verteilung des Wassergehaltes zu verdichten.

4. Ersatz zu weicher, plastisch-gummiartiger Stellen durch trockeneres gleichkörniges Material nur bei Schwierigkeiten der

Verdichtung infolge dauernd schwankender Grundlage (Porenwasserüberdruck und Nullreibung).

5. Rascher Einbau, sofortige wirkungsvolle Verdichtung und anschließend unmittelbare Glättung mit völlig dichtem Planum (Abb. 345). Niemals Massen vorübergehend stundenlang unverdichtet liegen lassen!

6. Falls keine entfilternden und entfeuchtenden Massen, z. B. im Frühjahr nach langen Tauperioden, vorliegen: Gewinnung der nassen Massen, Verfrachtung zur Einbaustelle auf Kippe, bei Gewähr von trockener Witterung, allmählicher Einbau durch Bodenverteiler an sonnigen oder windigen Tagen, dabei sofortige Verdichtung infolge der im Gegensatz zu Ton und schwerem Lehm bemerkenswerten sehr raschen Austrocknung.

Beispiel. An einer Talsperre in Sachsen wurden 1950 im Herbst bereits die schluffigen Gehängelehmmassen auf Halde gefahren, um sie im zeitigen Frühjahr in den Dichtungssporn der Talsperre einzubauen. Nach Einsetzen des trockeneren März-wetters konnte das anscheinend

Abb. 345. Mustergültig regenfest geglättetes Dammplanum.

für den Einbau ungeeignete Material zügig in dünnen Lagen von 20 cm eingebracht werden und erweichte auch nach einem Wassereinbruch mit mehrere Meter hoher Überflutung in einer Zeit von 8 Tagen nicht.

Diese Massen sind infolge ihres raschen Zerfalls bei Wasserüberschuß die besten Grundstoffe für eine chemische Veredelung nach dem Hydratonverfahren, um sie unabhängig von den natürlichen Dichtungsstoffen zu hochwertigen, die natürlichen Dichtungsstoffe in ihrer Qualität übertreffenden Dichtungsmassen zu veredeln. Die Steigerung der Undurchlässigkeit bis zum Bereich von $5 \cdot 10^{-9}$ cm/s kann dabei um das Vielhundert- bis Mehrtausendfache erreicht werden. Sie lassen sich dann mit einem im Gegensatz zum naturreinen Zustand mit einem Wassergehalt im Fließbereich mit Neigung von 37° (1 : 1,5) gleit-sicher einbauen [*181, 182*].

4. Stark plastische Dammbaustoffe (Schluffton, z. B. Verwitterungslehm von quarzarmen Gesteinen: Phyllit, Tonschiefer, Auelehme, Geschiebelehm in den geschiebfreien, sandarmen Partien usw.). Diese Dammbaustoffe, die idealen Erdarten für die Dichtungskörper, -kerne und Dichtungsbeläge (Tonschalen für Kanäle), sind in ihren, diesen besonderen Zwecken entsprechenden Einbauweisen sehr schwer zu behandeln. Ihre hohe Plastizität, Zähigkeit und damit Trägheit erschweren die Einbauarbeiten, zumal sie meist sehr stückig, klumpig anfallen und dann einer sehr sorgfältigen Behandlung bedürfen. Jedenfalls erfordern sie beim sorgfältigen Einbau eine sehr weitgehende Vorzerkleinerung und eine völlige Homogenisierung durch entsprechende plastische Verformung. Sie lassen sich meist sehr schwer auf die gerade im Kanalbau und im Staudammbau zur Sicherung absoluter gleichmäßiger Dichte und auf die hierfür erforderliche geringe Höhe von nur 2 bis 3 dm abgleichen. Wenn sie sehr feucht gewonnen werden, ist ein zügiger Einbau auch während heißem, trockenem Sommerwetter nicht möglich, da diese Klumpen schwer zu zerkleinern sind. Diese Massen weisen bei gleichmäßiger Dichte eine sehr geringe Durchlässigkeit auf, die stets im Bereich von 10^{-8} cm/s liegt. Sie rechnen daher zu den besten Dichtungsstoffen. Eine Veredelung durch das Hydratonverfahren bedarf sehr schwieriger Zerkleinerungsarbeit durch Knetmischer. Wenn auch die Dichtigkeit nicht erhöht werden kann, so steigt indessen die Gleitsicherheit an diesem meist rutschsüchtigen Stoff um den doppelten Betrag von etwa 17° auf 34° C und höher. Dabei wird er immun gegen Ausschlämmen bei durchsickerndem Wasser.

Geotechnische Folgerungen für den Dammbau. Der Einbau erfolgt grundsätzlich nach folgenden Gesichtspunkten: 1. Für sämtliche Dämme ist der optimale Wassergehalt möglichst einzuhalten.

2. Die Stückgröße ist auf 10 bis 20 cm ⌀ bei Verwendung von Stampfgeräten oder stark durchknetenden tiefwirkenden Walzen mit hohem spezifischem Flächendruck (Schaffußwalzen: jedoch Gefahr der raschen Verschmierung) zu beschränken.

3. Durch die genau vorgeschriebene Verdichtung (Vor-, Hauptverdichtung, Anzahl der Verdichtungsgänge) müssen die zähen Massen ein strukturloses, gleichmäßig dichtes Gefüge erhalten.

4. Durch Glättung des unebenen Planums ist eine narben- und lochfreie Oberfläche zu erstreben.

5. Bei zu feuchter Konsistenz: Einbau der feuchten, zähen Massen zunächst in $^2/_3$ der normalen Schütthöhe, Abgleichen des oberen Drittels durch fast trockene Erdarten gleicher Körnung möglichst feinbröckeliger Beschaffenheit mit Ziel einer gleichmäßig starken und ebenen Schüttung.

6. Nachprüfen der durchgreifenden Verdichtung.

Für Verkehrsdämme. *Anordnung.* 1. Einbau der Massen im unteren Drittel im Dammkern, bei nassem Dammuntergrund möglichst erst von etwa 1 m Höhe an über trockene und kapillarbrechende Schüttmassen.

2. Einbau nicht an den Übergängen zu den Bauwerken, also nicht für Hinterfüllung und Überschüttung von Brücken, Schleusen, Widerlagern usw.

3. Einbau nicht unmittelbar im Frostbereich, d. h. 0,80 bis 1,0 m unter Planum, da Auffrieren und Erweichen und somit Gefährdung des tragfähigen Baugrundes für hochwertige Straßendecken unausbleiblich ist.

4. Einbau nicht an den Dammschultern.

Für Staudammbau. *Anordnung der Massen, Verbindung der Schüttlagen, Geräteeinsatz.* 1. Einbau in der Regel nur im Dichtungskörper, ferner als Tonschalen auf Böschungen von Kanaldämmen aus durchlässigem Material.

2. Beschränkung der Schütthöhe auf etwa 20 cm bei horizontalem Planum, auf 10 bis 15 cm auf Böschungen (von Kanälen!).

3. Wirksame Verzahnung der dünnen, aufeinanderfolgenden verfestigten Schüttlagen unerläßlich (vgl. S. 202) durch Aufrauhen in mindestens 2 bis 5 m Tiefe (Abb. 261 u. 262, S. 202 u. S. 203).

4. Stampfgeräte, am besten Rammen von 1 t und höherem Gewicht oder Schaffußwalzen mit mindestens 21 kg spezifischer Bodenpressung bei Beschränkung der Schütthöhe auf evtl. nur 15 cm.

5. Auf Böschungen: Schwere Raupenfahrzeuge, glatte Walzen unter Beschränkung der Einbauhöhe. Auch hier Aufrauhen.

Das Arbeitsspiel verläuft somit folgendermaßen: Schütten, Zerkleinern, Abgleichen, Verdichten, Dichteprobe, Aufrauhen, Schütten usw.

5. Sande: fein- bis mittelkörnig (Beispiele: Dünen-, Strand-, Heide). Diese nichtbindigen feinkörnigen Erdarten waren früher die bevorzugten Dammbaustoffe bei der Ausführung von Verkehrsdämmen in der Vorkopfschüttung unter Verzicht auf unmittelbare Verdichtung.

Vorzüge und Eigenschaften. 1. Sie bilden für den neuzeitlichen Dammbau frostbeständige und frostsichere Baustoffe.

2. Ihre absolute Wasser- und Wetterbeständigkeit ordnet sie unter die bevorzugten Erdbaustoffe, insbesondere auch für Filterteppiche, Filterschichten usw. ein. Sie sind daher im Staudammbau für diese Aufgaben unentbehrlich.

3. Sie lassen sich bei jedem Wetter schütten, einbauen und verdichten, auch bei Frost. Indessen sollen sie auch stets nur mit dem optimalen Wassergehalt eingebaut werden.

4. Sie eignen sich vorzüglich als Grundstoffe für hochwertige Dichtungsstoffe nach dem Hydratonverfahren. Die Dichte $= k$ nimmt dabei von 10^{-2} auf 10^{-8} bis 10^{-9} cm/s zu, d. h. das Mehrmillionenfache [*181, 182*].

5. Ihre hohe Durchlässigkeit ermöglicht die Verdichtung durch besondere Verfahren auch unter Wasser (Rütteldruck).

6. Sie sind die idealen Erdarten für den naßmechanischen Einbau im Sümpf-, Spül- oder Rütteldruckverfahren

Geotechnische Folgerungen für den Dammbau. Verkehrsdämme. Beachte:
1. Schütthöhe genau einhalten!
2. Nur im feuchten bis nassen Zustande einbauen!
3. Möglichst nur kinetische Energie zur Verdichtung verwenden!
4. Bevorzugte Dammbaustoffe für die Bauwerkshinterfüllung, für die Dammkrone als Frostschichten gegen Oberflächenwasser, als Filterschichten und frostunveränderliche Tragkörper, als Sauberkeitsschichten, als Filtermaterial in Längsrigolen, als Frostschutzkeile an Brückenwiderlagern, als kapillarbrechende Schichten unter der Dammsohle in Talauen, als ausschließliche Hinterfüllungen für Schleusen, Bauwerksanschlußkeile.
5. Schutz gegen Abwehen bei reinen Sanddämmen, gegen Ausspülen bei Regenfällen, gegen Abrieseln bei Trockenheit durch Grasnarbe und Mutterbodenauflage.

Für Staudämme. 1. Unentbehrliche und bevorzugte Stoffe für die Filterschichten zwischen Stütz- und Dichtungskörper. Als Filtermaterial für Hinterfüllungen von Rohrleitungen, Sohlendränagen usw. mit Kies und Splitt in stufenförmiger Gliederung oder als Mischfilter (vgl. S. 70).

2. Ausgezeichnete Grundstoffe für das Hydratonverfahren und Verwendung als Dichtungsteppiche, Dichtungskerne, Dichtungskörper unter Verzicht auf zusätzliche Lehm- und Filterschichten gegen anschließende Deck- und Stützkörper im Staudamm: Vorzüge: hochelastisch, erosionsfest, hohe Gleitsicherheit, höchstmögliche Dichtigkeit, bequeme Herstellung im Betonmischer (Betonpumpen!) und Einbauweise, ohne umständliche mechanische Verfestigung in der Betonbauweise, auch ohne Schalung.

3. Möglichkeit, Staudämme und Kanäle ohne natürliche Dichtungsmaterialien in Sandwüstengegenden aus Sandmassen unter Anwendung des Hydratonverfahrens zu dichten unter Beschränkung des natürlichen Dichtungsmaterials auf den denkbar niedrigsten Anteil Ton(mehl)zusatz. Je größer die Dichte des Sandmaterials im Sinne der Fuller-Kurve ist, um so geringer sind die Zusätze an veredelnden Stoffen.

6. Vorwiegend gemischtkörnige, feste Gesteinsmassen (z. B. Steinbruchabraum, Geröllkiessandmischung). *Vorzüge und Eigenschaften.* Diese Massen gehören zu den besten natürlichen Dammbaumaterialien. Sie sind im Verkehrsdammbau, aber auch im Staudammbau sehr gut zu verwenden und hier, besonders als Stützkörpermaterial, geradezu unentbehrlich.

Die sog. „Gerölldämme" bestehen vorwiegend aus diesen Massen und werden hier nicht selten in Verbindung mit Steinsetzdämmen in den lehmarmen Ländern des Mittelmeergebietes ausgeführt. Ihre natürliche oder künstliche Aufbereitung macht eine weitere Zerkleinerung überflüssig. Je mehr die Kornzusammensetzung der Fuller-Kurve gleicht, um so stabilere Böschungen und Schüttungen sind möglich.

Geotechnische Folgerungen für den Dammbau (Schütthöhe, Geräteeinsatz, Stückgrößen). 1. Schütthöhe an den rolligen Massen größer als an den kantigen $\sim 20\%$.

2. Möglichst Rütteldruckgeräte großer Tiefenwirkung und Schwere (Mammutkorbrüttler) verwenden.

3. Überdimensionale Blöcke ($> \frac{1}{4}$ m³) auf Schütthöhe abstimmen. Zerkleinern nur dann, wenn sie nicht allseitig in Gesteinsklein eingebettet werden können.

4. Gleichmäßige Verteilung der Massen in der Lagenschüttung anstreben, die die größte Schütthöhe an diesen Massen erhalten kann (bis mehr als 1,5 m bei trockenmechanischer, bis mehr als 6 m bei Druckstrahlwasserverdichtung).

5. Hydratonverfahren auch an diesen gröberen Massen bis zu Körnungen von etwa 100 mm ∅ anwendbar, wenn im übrigen genügend feinkörniges Material vorliegt und die Dichtungskörper mehr als 1 m stark ausgeführt werden.

Verkehrsdämme. Bevorzugte Verwendung

a) für Bauwerkshinterfüllung bei verlagerungssicherem Einbau,

b) besonders längs der Dammschultern,

c) ferner als Basisschichten an Dammsohle,

d) als Deckschichten von Dämmen zur Sicherung des Unterbaues der Decke im Straßenbau gegen Niederschläge und Frostbeanspruchungen und zur Abwehr von Grundfeuchtigkeit zur Stabilisierung der Dammschüttung in nassen Talgründen.

Staudämme. 1. Bevorzugt für Filteranlagen: gemischtkörnige Mischfilter für die gröberen Körnungen der Stufen- und Längsfilter.

2. Bevorzugt und unentbehrlich für Stützkörper, Felsschütt- und Gerölldämme.

3. Unentbehrlich bei größeren Dimensionen der Felsstücke für Steinsetzdämme.

4. Mit diesem Material sind die einfachsten und billigsten Dammkonstruktionen in Verbindung mit dem Hydratonverfahren möglich (vgl. [*111*]).

7. Gemischtkörnige, veränderlichfeste und feste Gesteinsmassen (Beispiel: Lehmiger Felsschutt, tonig-schluffig-kiesige Sande mit Geröllen, lehmiger Abraum über Steinbrüchen bei Felsgewinnung, diluvialer Blockschutt, zersetzte Schiefer).

Grundregel: Stets bestimmt der Anteil wasserempfindlichen Gesteinsmaterials (Fels oder Erdart) das Verhalten als Dammbaustoff (Abb. 171, S. 130). Die Massen mögen noch so mager erscheinen, sie sind grundsätzlich von den rein felsigen Massen zu trennen.

Geotechnische Folgerungen für den Dammbau. 1. Soweit getrennte Gewinnung nicht möglich ist — was meist der Fall sein dürfte — möglichst mit nur 10 bis 20% geringerer Schütthöhe im Vergleich zum rein felsigen Material einbauen.

2. Gleichmäßige Verteilung des Schüttgutes nach Korngröße und -stück anstreben.

3. Rasch einbauen, sofort verdichten und bei stärkerem Anteil feinkörniger Erdarten so gut wie möglich glätten.

4. Vorwiegend Verdichtung trockenmechanisch mit Stampfgerät und schweren Rammen.

Verkehrsdamm. Gutes Schüttmaterial für alle Dammglieder mit Ausnahme der Widerlagerhinterfüllungen, bei guter Verdichtung auch für die Dammschultern geeignet, jedoch nicht als Unterbau im Frostbereich der Dammkrone verwendbar.

Staudammbau. Sehr geeignetes Material für den Zwischenkörper als Ersatz von Filterteppichen und Mischfiltern.

8. Steine und bindige Erdarten (Lehm über Fels). 1. Getrennte Gewinnung und Transport.

2. Wechselbau ohne sog. Magerung (vgl. S. 249).

3. Gleichmäßige Verteilung nach Korn und Schütthöhe im Wechseleinbau.

4. Sehr geeignete Gesteinsbasis für die Steingerüsttonbauweise (vgl. S. 46) für den Talsperrenbau ohne oder mit Veredelung der feineren Erdarten nach dem Hydratonverfahren.

Verkehrs- und Staudammbau. Im Verkehrsdamm für den Dammkern ohne frostgefährlichen Unterbau, im Staudammbau für Füll- und Zwischenkörper geeignet.

Die Massen sollen im verdichteten Zustand die Hohlräume zwischen den Felsbrocken der Steinzwischenlagen ausfüllen. Dann können sie auch als selbständiges Dichtungselement als Kern- und wasserseitiger Dichtungskörper im Staudammbau bei hoher Gleitsicherheit, Beschränkung der Stärke und hoher Dichtigkeit jeden Anspruch voll erfüllen. Die Steinmassen stellen ein stützendes Felsgerüst dar, das in seiner festgefügten Verstützung der Felsbrocken eine hohe Gleitsicherheit verbürgt.

Beim Wechseleinbau ist für die Güte des Dammes die Konsistenz der erdigen Massen und die Stärke der einzelnen Schichten maßgebend. Hierfür müssen zweckmäßigerweise Vorversuche für das richtige Verhältnis in den Schütthöhen durchgeführt werden, um dabei bei vorherrschendem Anteil des lehmigen oder des felsigen stets das Optimum für die Dammstabilität und damit auch den besten wirtschaftlich-technischen Wirkungsgrad in der Durchführung des Dammes zu erreichen.

Praxis der Wechselschüttung. Die Steine werden — im Gegensatz zu der Steintongerüstbauweise — stets zuunterst, nur bei Anwendung des Rütteldruckverfahrens auf den Lehm geschüttet (vgl. S. 47): Bei Stampf- oder Walzverdichtung jedoch deckt der Lehm das Gesteinsgerüst ab und wird tief in dieses hineingedrückt.

9. Steine und Sand (Abb. 346). Alle unveredelten Massen im Wechselbau, aber auch als veredelte Massen mit geringem Tonmehlzusatz als hochwertiges Dichtungselement im Staudammbau möglich. Hier allerdings nur ein Sonderfall für die Dichtung beim Fehlen anderer Erdbaustoffe.

Verdichtung (Stau- und Verkehrsdämme). Im Staudammbau möglichst Druckstrahlverfahren anwenden (vgl. S. 344). Im Verkehrsdammbau Einsatz von Verdichtungsgeräten wohl meist unentbehrlich.

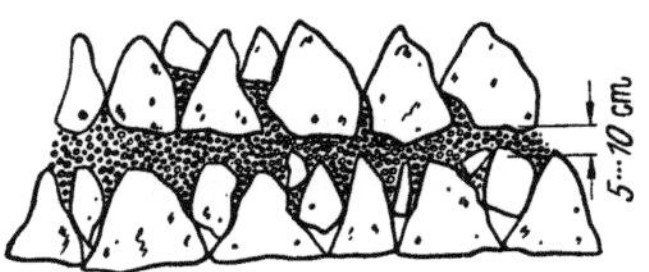

Abb. 346. Schematische Darstellung des packlageartigen Einbaues felsiger Massen unter Einbettung und Verzwickung durch reibungerhöhenden dichtenden Gesteingrus.

10. Lehm und Sand. Wie an den bisherigen Beispielen verschiedener stofflicher Zusammensetzung gezeigt wurde, verbürgt der Wechseleinbau die stabilste Bauweise bei verschiedener Konsistenz des Lehmes, bei wechselnder Witterung und zugleich die größtmögliche Arbeitsdauer. Der Sand erhöht die Gleitsicherheit und entfiltert, entfeuchtet rasch und entspannt (Porenwasser- und Luftdruck) unter der wachsenden Dammlast die feuchten Erdmassen bei etwaigem Regenwetter. Die Arbeit kann daher auch bei starken Niederschlägen meist ohne längere Wartezeit wieder aufgenommen werden.

Geotechnische Folgerungen für den Dammbau. 1. Vor allem im Verkehrsdammbau Einbau empfehlenswert, im Staudammbau für Zwischenkörper. Hier kann aber das Aufrauhen der Lehmschichten vor dem Auftrag des Sandes unterbleiben. Im Verkehrsdamm sind diese Massen in allen Gliedern, wo Wasser und Frost das Gefüge verändern können, möglich. Daher soll der frostempfindliche Unterbau möglichst eine stärkere Deckschicht aus Sand erhalten. Ebenso sollen sie nicht als Hinterfüllungen von Bauwerken eingebaut werden.

2. Abstimmen der Schütthöhen aufeinander ist notwendig

3. Der Lehm soll bei längeren Betriebspausen stets die oberste, zugleich verdichtete und geglättete Schicht bilden. Würde man umgekehrt verfahren, dann saugt sich der Sand voll Wasser und durchfeuchtet schließlich auch den darunterliegenden Lehm.

Beispiel einer Talsperre. Zur Frostsicherung eines Dichtungskörpers eines neueren Staudammes waren lehmige, durchlässige Massen in 1 m Stärke in loser Schüttung aufgebracht worden. Durch Anreicherung des Schnee- und Tauwassers verzögerten sie die Arbeitsaufnahme bei mühseliger Beräumungsarbeit um mehrere Wochen, erhöhten durch die Doppelarbeit die Kosten. Besser wäre die Oberflächenveredelung gewesen (Abb. 209, S. 152) oder Verzicht und Abdecken allein durch Dachpappe (Abb. 208, S. 152), die das schädliche und allein frostgefährliche Niederschlags- und Tauwasser verhindert hätte, in den Boden einzudringen.

Kritik. Vorstehende 10 Beispiele geben einen summarischen Querschnitt der verschiedenen und im Verkehrs- und Staudammbau am häufigsten vorkommenden Baustoffverhältnisse. Sie können bei der Vielfalt der möglichen Zusammensetzung nur einen Rahmen hierfür bilden, niemals erschöpfend sein. Aber gerade in dieser Darstellung extremer Fälle liegt bereits der Schlüssel für ähnliche Fälle. Sie weisen darauf hin, daß auch im Erdbau zur Sicherung gegen stoffliche Schwächen der Erdbaustoffe beim Einbau planmäßig unter Berücksichtigung der Wasserempfindlichkeit, in der Massendisposition in ihrer Anordnung im Damm und Schütthöhe gearbeitet werden muß. Klare Einsicht und Kenntnis der verschiedenen Qualitäten der Dammbaustoffe ist daher eine unerläßliche Voraussetzung, zumal infolge der großen Unterschiede der Massen eine physikalische Prüfung sehr erschwert ist. Die Befolgung des damit aufgezeichneten, bisher ungeschriebenen, weder in Normen noch Richtlinien erfaßten „Gesetzes des zweckmäßigsten Einbaues" gibt die beste Gewähr und Grundlage für eine erfolgreiche mechanische Verdichtung im Sinne höchstmöglicher Dammstabilisierung nach den Prinzipien der Geotechnik.

6. Die Ermittlung der Schütthöhe im Dammbau.

a) Begriffliches.

Jede Lagenschüttung weist eine bestimmte Höhe gemessen im senkrechten Abstand zwischen Basis und Oberfläche auf. Sie ist die Schütthöhe (Abb. 347). Nur an der Lagenschüttung spricht man im Gegensatz zu den übrigen Schüttarten von einer Schütthöhe. In sämtlichen Beispielen wurde als wesentliche Voraussetzung und zugleich Voraussetzung einer fehlerfreien Geotechnik des Dammbaues die strenge Begrenzung der Schütthöhe auf das hierfür zweckmäßige Maß wiederholt betont. Bei der mechanischen Verdichtung ist die Schütthöhe bestimmend für die festgefügte Bauweise, um weder die Überverdichtung (vgl. S. 210) auf ein unerträgliches und damit belastendes Ausmaß zu steigern, noch infolge unsachgemäßer Überhöhung der Schüttlage die Stabilität des Dammes bei Anwendung eines bestimmten Verdichtungsverfahrens in Frage zu stellen.

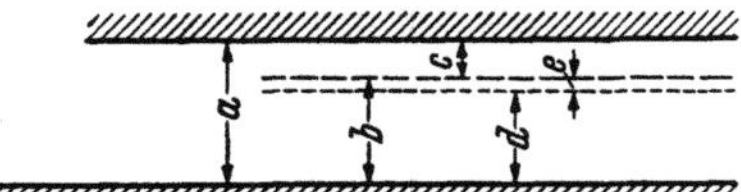

Abb. 347. Darstellung der Schütthöhe einer Lagenschüttung. *a* die ursprüngliche Schütthöhe, *b* die Stärke der verdichteten Lage. *a—b* gleich *c* die durch Verdichtung erreichte Verkürzung, *b—d* gleich *e* die durch Konsolidation, Setzungen, Verkehrserschütterung, Umlagerung und Dammauflast erreichte endgültige feste Lage *a—d* das zur dauerhaften Verfestigung erforderliche Verdichtungsmaß.

Die Endsetzungen „*e*" können als Funktion dieses Gleichgewichtsstrebens (Konsolidation) folgendermaßen ermittelt werden:

$$e = b - d$$

darin bedeutet *b* die praktisch erreichte Dichte = *a — c*, *d* die Dichte durch Konsolidation nach der Verdichtung.

b) Grundlagen der Bemessung der Schütthöhe.

Die Bemessung der Schütthöhe ist abhängig von den Massen (Zerkleinerungsgrad, Körnung), dem Geräteeinsatz, den Verdichtungsansprüchen, somit bestimmt durch die Sicherheit gegen die angreifenden Kräfte und bedingt durch den in der Verdichtungswirkung möglichen verfestigenden und für die Stabilisierung notwendigen Energieaufwand. Weiter ist die Art der von außen angreifenden Kräfte nach Größe und Richtung, aber ebenso die Art der durch diese Kräfte ausgelösten inneren Kräftespiele im beanspruchten Dammkörper maßgebend.

1. Schütthöhe und Verdichtbarkeit der Massen. Die Schütthöhe richtet sich bei einem bestimmten Gerät oder Verfahren nach der Verdichtbarkeit der Massen.

Die Verdichtbarkeit ist eine Frage des Umsatzes der Verdichtungsenergie in stabilisierende Gefügeverdichtung der lose geschütteten Massen, kurzum der Trägheit der Massen.

Je träger die Massen sind, um so mehr bremsen sie die Verdichtungsenergie nach der Tiefe zu ab. Bewegliche Massen leiten diese Energie am tiefsten, da sie viel stärker auf Verdichtungsimpulse spontan ansprechen. Träge (lehmige oder felsige, grobe Massen) beschränken die Tiefenwirkung erheblich. Daraus ergibt sich zunächst, daß grundsätzlich niemals eine einheitliche Schütthöhe für ein bestimmtes Gerät bei verschiedenen Massen festgelegt werden kann. Andererseits folgt daraus, daß infolge der Auflockerung und der Resonanzwirkungen gegenüber festen Medien (Abb. 277, S. 213) (Baugrund und Brückenwiderlagern) der Endeffekt der Verdichtungswirkung auch bei gleichen Massen verschieden sein kann, aber niemals in dem Sinne, daß mit der Stärke des Verdichtungsspieles oder -impulses auch ein zwangsläufiger Zuwachs an Tiefenverdichtung anzusetzen wäre. Daraus leiten sich die nachstehenden **Geotechnischen Folgerungen für den Dammbau** ab:

1. Eine rechnerische Erfassung der Verdichtungswirkung und damit Vorausberechnung der zweckmäßigen Schütthöhe für bestimmte Geräte und bestimmte Schüttstoffe ist nicht möglich.

2. Die Schütthöhe ist an den veränderlichfesten und festen, vor allem feinkörnigen Schüttstoffen durchaus verschieden, d. h. im allgemeinen wird sie an den veränderlichfesten etwas geringer sein.

3. In der als richtig erkannten und praktisch festgelegten, als solcher zweckmäßig erwiesenen Verdichtung ist zugleich der Tiefenbereich der Verdichtungsgeräte bei bestimmten Massenverhältnissen nachgewiesen, d. h. die Gewähr des hinreichenden Verdichtungserfolges gegeben.

2. Verdichtbarkeit. Unter Verdichtbarkeit ist die Zunahme des Raumgewichtes der Volumeneinheit (Abb. 348) zu verstehen. Sie kann linear und kubisch und durch Zunahme der Ausbreitungsgeschwindigkeit elastischer Wellen ermittelt werden. Grundlage für die Ermittlung der zweckmäßigen Schütthöhe in Praxis ist das lineare Verdichtungsmaß (Abb. 347, S. 263), d. h. jene Schütthöhe, die die größte Verkürzung der Schütthöhe als lineares Ausmaß unter Voraussetzung unnachgiebiger Grundlagen und verhinderter Seitenentweichen liefert. Sie sollte bei Lagenschüttung je Lage stets im Bereich von etwa 25% liegen. Jedenfalls sind Werte von 10 bis 15% auch an gleichem Schüttmaterial nicht genügend, selbst wenn diese Schüttstoffe verhältnismäßig fest abgelagert werden. Wird

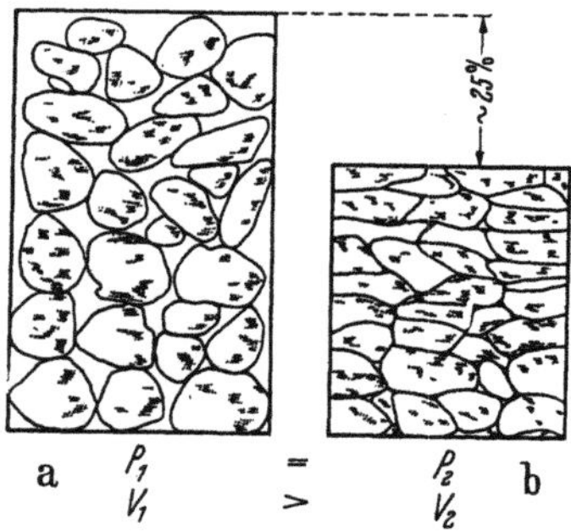

Abb. 348. Darstellung des linearen Verdichtungsmaßes einer guten verdichteten Schüttung etwa 25% an Lockergesteinen.

dieses Maß z. B. an sperrigen, felsigen Massen nicht erreicht, dann besteht zwar hier infolge der hohen Verlagerungssicherheit weniger Gefahr für Setzungen, zumal im übrigen sich felsige Massen von Natur sperriger lagern als die feinkörnigen Erdarten. Indessen ist aber doch eine gewisse Labilität vorhanden. Daher darf generell die obige Forderung aufrechterhalten bleiben, die durch zahlreiche praktische Versuche des Verfassers bestätigt wurde (vgl. S. 379).

3. Schütthöhe und Nachprüfung der Güte der Verdichtung. Ermittelung der Schütthöhe und Nachprüfung der Verdichtung stehen im unmittelbaren Zusammenhang — wie Ursache und Wirkung — und sind praktisch nicht zu trennen. Daher werden die verschiedenen Verfahren hierfür im Abschnitt: „Nachprüfung der Verdichtung" gebracht (vgl. S. 375). Die Ermittlung der Schütthöhe dient im Sinne eines wirtschaftlichen Wirkungsgrades mit höchstmöglichem, stabilisierendem Energieumsatz, ohne Über- oder Unterverdichtung befürchten zu müssen, der wirtschaftlichen Lösung des größtmöglichen Masseneinbaues.

7. Spezielle Fragen des Einbaues der Massen im Staudamm.

a) Die Erddämme.

1. Beispiele:

Gewalzte Erddämme [219, 239, 493]. 1. *Merriman-Damm.*

1. Nur 150 bis 180 Tage Einbau möglich.
2. Selten im Winter ausführbar.
3. Nach jedem Regen mehrtägige Unterbrechungen.
4. 4000000 Dollar an Maschinen investiert, konnten nur während der Hälfte der Bauzeit arbeiten und verteuerten die Kosten der Erdarbeiten erheblich.

1942 1. Hälfte kostete 0,50 Doll/m³, 1948 Neversink-Damm 2,00 Doll/m³.
1947 2. Hälfte kostete 1,00 Doll/m³,

Er wurde von derselben Firma mit denselben Geräten ähnlich Merriman-Damm ausgeführt.

5. Wirtschaftlichkeitsgrenze dieser Ausführung fast erreicht, daher sind die Vorzüge der Steinschüttdämme begründet.

Namen der Dämme	Höhe	Kronen-länge	Steinschüttung
Merriman 5250000 m³ gewalzt . . . . . Ähnliche Dämme:	61	762	765000 m³
1a. Neversink 6400000 m³ gewalzt	61	854	840000 m³
1b. Downsville 7000000 m³ gewalzt	61	747	1000000 m³
1c. Watauga 2640000 m³ gewalzt (Abb. 349) (zum Teil!)			

2. *Anderson-Range-Damm [466].* Bauzeit . . . . . . 1942 bis 1950 (Abb. 9, S. 9)
Höhe 138 bis 139 m. . . . . 7 Millionen m³
Länge an Dammkrone 410 m . . . . Gründung 35 m Tiefe
Basisbreite 912 m.
Gegliederte (Filter-) Bauweise.
20 cm Lagenschüttung: Dichtungsmaterial: Unterkorn 6 mm $\varnothing$,
16% < 1/200 mm $\varnothing$.
Optimaler Wassergehalt 12,5,
Durchsickerung 0,015 m/Jahr.
Schaffußwalzen 20 t: 12 Rollgänge. Dabei jede Lage aufgerauht und angefeuchtet.
30 cm-Lagen: Zwischenkörper: Kiessand: 44% > 6 mm $\varnothing$ eingeschlämmt und gewalzt.
Optimaler Wassergehalt: 10,5%.
Durchsickerung 240 m/Jahr, $k = 10^{-3}$ bis 10^{-4} cm/s.
Steinschüttung: 100 bis 1000 kg schwere Steine unverdichtet. 1 m hohe Schüttung, abgedeckt an Böschungen mit 60 cm starken Lavasteinen.
Erddamm [292, 417].

3. *Damm Watauga* (USA) (Abb. 349):

       Höhe . . . . 100 m
       Kronenlänge . . . . 300 m
       Kronenbreite . . . . 10 m

1 350 000 m³ gewalzte Erdmassen (Kerndichtung),
   200 000 m³ Schotter für Filtermassen, getrennt in 2 starken Lagen.
2 m stark in Korngröße bis 30 mm ∅ gegen nächste Lage.
4 m stark in Korngröße bis 300 mm ∅ gegen Steinschüttung.

4. *Damm Nottley* (USA).

Relativ wenig Erde, aber viel Felsmaterial führte zu der Lösung eines *gemischten Querschnittes*.

Kern: Erde gewalzt.

Seiten: Felsschüttungen durch Filter getrennt, ähnlich Watauga!

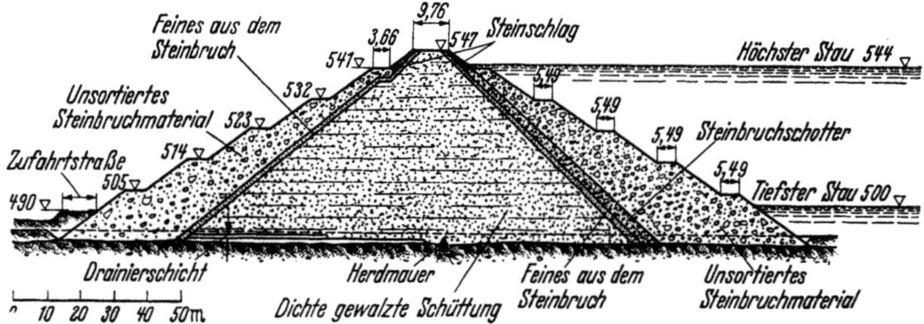

Abb. 349. Querschnitt über den Aufbau des Staudammes Watauga. Mächtiger Dichtungskern filterförmig ummantelt gegen die beiderseitigen relativ schmalen Stützkörper. Bemerkenswert sind die stark ausgeprägten Bermen an beiden Dammböschungen.

5. *Kiesdamm Hölleforsen* (Schweden):

40 m hoch, 1 : 3 wasserseitig, 1 : 2 luftseitig, 20 m Schlitz bis auf Granit. Betonkörper abgetreppt von 1,5 m Stärke. Darauf Stahlbetonplatte gelenkig eingelagert (0,25 bis 0,50 m stark).

6. *St. Valentin* (Italien):

Höhe 31,5 m, gestreckter Verlauf, nicht auf Moränenmassen. Kronenlänge 447 m. Anschluß nicht an undurchlässige Schicht.

600 000 m³ in 15 cm dünnen Lagen mit optimalem Wassergehalt eingewalzt (gesiebtes Material: Unterkorn < 60 mm ∅ mit Bentonitzusatz). Dichtungskörper gegen rückschreitende Erosion mit umgekehrtem Filter versehen. Stützkörper-Flanken-Dämme: Lagen von 20 cm Höhe, Körnung bis 150 mm ∅.

7. *Vernago-Damm* (Italien) (Abb. 60, S. 34) [*227, 287, 468*]:

40 m hoch, Schüttmasse 120 000 m³, 3 m dicke Herdmauer, 25 m tief und 15 m zusätzlicher Dichtungsschleier (aus Lehm, Bentonit, Zement). Lehmkern mit 3% Bentonitzusatz, Sohlenbreite 20 m, Vertikal- und Horizontalfilter.

8. *Der Staudamm Dorena* (Oregon) [*424*]:

Inhalt 2,5 Millionen m³.

    Der Damm besteht von der Wasser- zur Luftseite aus
1. einer Zone von Kies mit weniger als 10% Tonkorn,
2. dem undurchlässigen Kern mit mehr als 20% Tonkorn (40 bis 60%),
3. dem Stützkörper aus Kies und etwas Ton, örtlich auch aus Ton allein.

Die Dränage erstreckt sich über die Hälfte des luftseitigen Teiles.

Der Einbau des Dichtungskerns erfolgte in 20 cm-Lagen mit einem optimalen Wassergehalt von 20 bis 30%.

9. *Hansendamm* (USA) (Abb. 58, S. 33) [*408, 410*]:

Höhe 37 m, Länge 280 m, 10 Millionen m³ Massen.

Filterförmiger Aufbau nach Proctortest im Kern ausgeführt.

Mindest 8 Walzgänge mit Schaffußwalze.

Zone 4, 5 in Stärken von 1,20 m geschüttet.
Zone 6 ausgesuchte Felsbrocken von 30 bis 500 kg Gewicht.
Zone 4 eingeschlämmt.

2. Baustoffe. Wenngleich in den verschiedenen Beispielen der Staudamm mit seinen besonderen und strengen Ansprüchen bereits weitgehend berücksichtigt wurde, so treten doch hier noch verschiedene wichtige Gesichtspunkte in der verschiedenen Kräftewirkung des gestauten Wassers gegenüber den senkrecht wirkenden Verkehrsbeanspruchungen im Verkehrsdamm hervor. In der Gliederung des Staudammes der Erddämme in Stütz-, Zwischen- und Dichtungskörper sind die Grenzen für die Einbaumöglichkeiten der verschiedenen Dammbaustoffe eng vorgezeichnet. Daher ist es bei der besonderen Bedeutung, die der Staudammbau besitzt, notwendig, diesen Verhältnissen noch einige Betrachtungen zu widmen. Sie führen dazu, daß für den Dichtungskörper als ,,unveredelte‘‘ Dammbaustoffe nur die nach Beispiel 4 und 8 S. 257 u. 261 weniger und nur in großer Stärke die nach Beispiel 3 S. 255 in Frage kommen. Im ,,veredelten Zustande‘‘ (nach dem Hydratonverfahren) können praktisch alle gemischtkörnigen festen und veränderlichfesten allein oder in gegenseitiger Vermischung zu einem hochwertigen Dichtungsstoff, der infolge seiner einfachen Einbauweise, seiner besonderen, bereits behandelten Vorzüge jedem natürlichen Dichtungsmaterial überlegen ist, verwendet werden. Wesentlich ist vor allem auch die fugenlose Verbindung der aufeinanderfolgenden dünnen Lagen bei Verwendung der unveredelten Schüttstoffe für den Dichtungskörper (vgl. S. 203).

Abschließend lassen sich die besonderen Anforderungen des Staudammbaues mit seinen verschiedenen Gliedern folgendermaßen darstellen:

3. Zusammenfassung der geotechnischen Folgerungen für den Staudammbau der Erddämme. *Dichtungskörper* (vgl. Abb. 105, S. 61). 1. Überwachung der Güte des Dichtungsmaterials der eingehend bodenphysikalisch-erdbaumechanisch geprüften, in ihrer ausreichenden Qualität und Quantität genau nach Lage (Tiefe und Fläche) begrenzten Entnahmestellen während der Gewinnung und auf der Dammbaustelle während des Einbaues.

2. Um den Verlust der feinsten, wichtigsten Bestandteile zu vermeiden, sollen die Kipper dicht sein und nicht übermäßig überladen werden.

3. Einbau nur unter Wahrung der Qualitätsansprüche: Daher sind unzulässige Bestandteile: gröberes Kornmaterial, Holzteile, Pflanzenreste abzulehnen und zurückzuweisen.

4. Strenge Befolgung der niedrigen Schütthöhe (Lehren in 25 m gegenseitigem Abstand aufstellen. Vergütung des Einbaues nach Flächenleistung).

5. Einbau erst nach restloser, genügend tiefer Aufgrubberung der jeweils zuletzt verdichteten Schüttlage.

6. Gleichmäßige Zerkleinerung zu grober Erdschollen.

7. Abgleichen der evtl. ermäßigten Schüttlage bis zur vorgeschriebenen Schütthöhe durch krümeligeres und trockeneres Material bei zu feuchtem Grundmaterial.

8. Sorgfältige zügige Aufeinanderfolge des Einbaues: Ausbreiten, Zerkleinern, Auslese, Abgleichen, Dichten, Aufrauhen, Dichtekontrolle usw.

Zwischen- oder Füllkörper. 1. Genaue Beachtung der zulässigen Schütthöhe und Stückgröße.

2. Auslese fremder organischer Bestandteile (Holz, Wurzeln).

3. Verzahnen aufeinanderfolgender Schüttlagen.

4. Verwendung gemischtkörnigen Schüttmaterials (Beispiel 7, 8, 10).

Stützkörper. 1. Bevorzugte Verwendung stückiger Felsmassen (Beispiel 6, 9).

2. Ersatzweise gemischtkörnige gute Durchlässigkeit zulässig unter Aufgliederung und Anordnung der gröberen Bestandteile an der Luftseite oder durch Zwischenschaltung eines senkrechten Filters.

3. Auslese unzulässiger, vor allem organischer Bestandteile.

4. Gleichmäßige Schütthöhe.

5. Vorzerkleinerung übergroßer Felsbrocken bei Stampfgerätverdichtung.

6. Verzahnen im allgemeinen nicht erforderlich.

4. Die chemische Dichtung von Erddämmen (Abb. 350 bis 354). (Anwendung des Hydratonverfahrens vgl. S. 52.) Für zwei oder dreigliedrige Erddämme sind

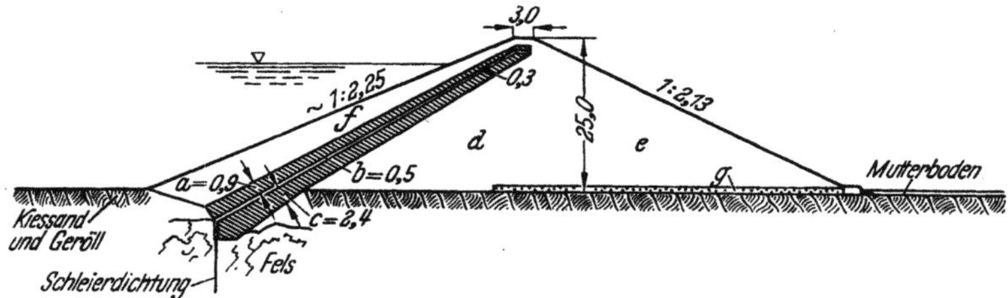

Abb. 350. Querschnitt über die Anwendung des Hydratonverfahrens für einen dünnen wasserseitigen Dichtungsteppich an einem etwa 25 m hohen Staudamm in Mitteldeutschland. *a* Lehmdeckschicht, *b* Chemikalteppich, *c* Lehmunterlage steinig für Chemikalteppich, *d* Füllkörper, lehmiger Talschutt, *f* Deckschicht aus Geröllen und Kies, *g* Sohlenfilterteppich.

beim Einbau der natürlichen Dichtungsstoffe die Ausführungen S. 267 maßgebend.

Die Anwendung der chemisch veredelten Erdarten nach dem Hydratonverfahren verbilligt und vereinfacht die Ausführung unter Verzicht auf teure, umständliche und zeitraubende Filter- oder Zwischenschicht in der zweigliedrigen Bauweise. Die Vorzüge dieser veredelten Dichtungsmasse bestehen in folgendem:

1. Verwendung aller gröberen und feineren Erdarten, d. h. Unabhängigkeit von natürlichen Dichtungsstoffen.

2. Bequeme Herstellung des Materials im Betonmischer.

3. Verzicht oder Beschränkung des tonigen Materials auf Bruchteile des bisher üblichen Anteils.

4. Erosionssicherheit gegenüber unveredelten Dichtungsmassen.

5. Höchstmögliche Gleitsicherheit mit Neigungen bis 1 : 1,5 unabhängig vom Ausgangsmaterial und dem Wassergehalt.

6. Gewährleistete Dichtigkeit im Bereich von 10^{-8} cm/s und höher.

7. Hoher Verformungswiderstand im Bereich von etwa 20 bis 40 kg/cm².

8. Leichter Einbau ohne Beschränkung durch feuchtes Wetter und ohne umständliche mechanische Verdichtung bis zu Bodentemperaturen von 0° C.

9. Beschränkung der Dichtung auf Bruchteile der bisherigen Dichtungskörper aus natürlichen Baustoffen.

10. Vereinfachung der Dammkonstruktion unter weitgehendem Verzicht der mechanischen Verdichtung des Stützkörpers und zugleich Vereinfachung.

11. Einbau in Baugruben unter Wasser im Gegensatz zu Ton und Lehm möglich.

12. In der wiederholt erwähnten Steingerüsttonbauweise (vgl. S. 46) ist ein weiteres Dichtungsverfahren entwickelt worden, das den Anteil des Tonbedarfs in gleicher Weise beschränkt und bei Anwendung veredelter Erdarten überhaupt auf den geringstmöglichen Bedarf herabsetzt.

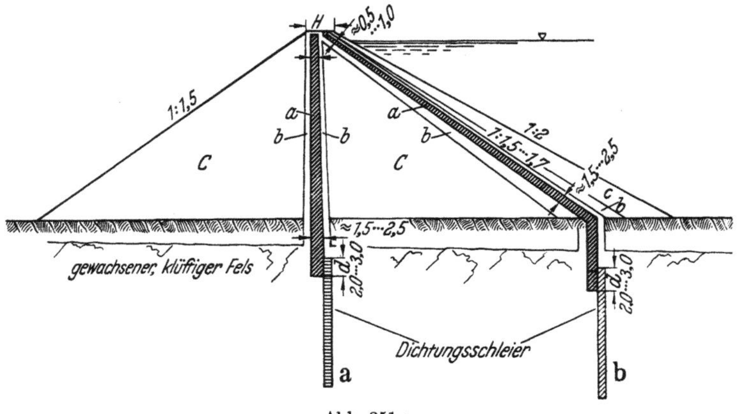

Abb. 351 a.

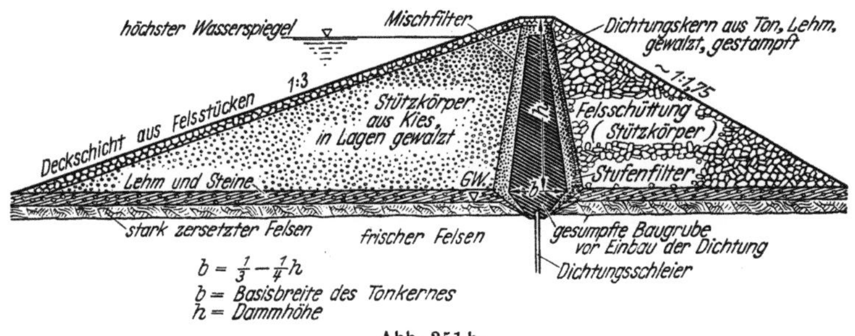

$$b = \tfrac{1}{3} - \tfrac{1}{4}h$$

b = Basisbreite des Tonkernes
h = Dammhöhe

Abb. 351 b.

$$b = \tfrac{1}{10} - \tfrac{1}{20}h$$

b = Basisbreite des Hydratonkernes
h = Dammhöhe

Abb. 351 c.

Abb. 351a—c. Prinzipskizzen für Anwendung der natürlichen und Hydratondichtung als Kerndichtung an Staudämmen unter Berücksichtigung der weitgehenden Vereinfachung der Dammkonstruktion.

b) Die Gerölldämme.

Baustoffe. Für die Gerölldämme werden hauptsächlich rollige, feste Lockergesteine: Moränen-, Flußkies- und -schotter, Gerölle usw. verwendet.

Abb. 352a. Ausbreiten von Tonbrocken vor dem Zerschlagen.

Abb. 352 a—d. Kanal mit Tonschalendichtung. Flache Neigung, starke Mächtigkeit, hoher Verbrauch an Dichtungston. Nur trockenmechanischer Einbau auf trockenem Untergrund. Sonst Einschlämmen von Schuten aus mit allen Unsicherheiten des Dichtens.

Abb. 352 b. Zerschlagen von Tonschollen vor dem Stampfen mit Handrammen.

Abb. 352 c. Primitives Stampfen von Ton an einer Kanalböschung (1 : 3) Herbst 1953.

Die Steingerüsttonbauweise. 1. Begriffliches. Die Steingerüsttonbauweise wird als Dichtung besonders an diesen und Felsschüttdämmen angewendet und in Frage kommen, d. h. dort, wo von Natur wenig Dichtungsstoffe vorliegen und die felsigen Massen selbst für die Dichtung als „Steingerüst" mit satter Verfüllung durch „Ton" (daher der Name) verwendet werden.

Abb. 352 d. Primitives und ungenügendes Verdichten von Ton an einer Böschung mit Holzstampfern — oben vor, unten im Bild nach der Verdichtung.

Im Prinzip handelt es sich bei dieser Bauweise um eine Wechselschüttung auf der Basislage aus Lehm, worauf in gleicher Schütthöhe die Lage felsigen Brockenmaterials geschüttet wird; die Massen werden anschließend durch Rütteldruckgeräte zu einem festen Erdbeton vereinigt (Abb. 72, S. 47.) Die

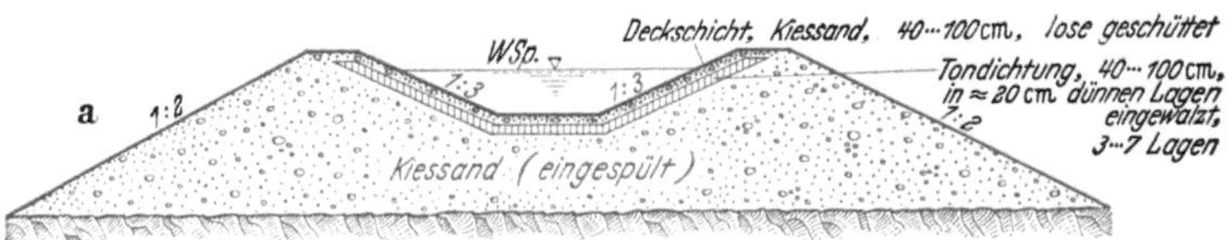

Abb. 353 a. Kanaldichtung mit starker Tonschale.

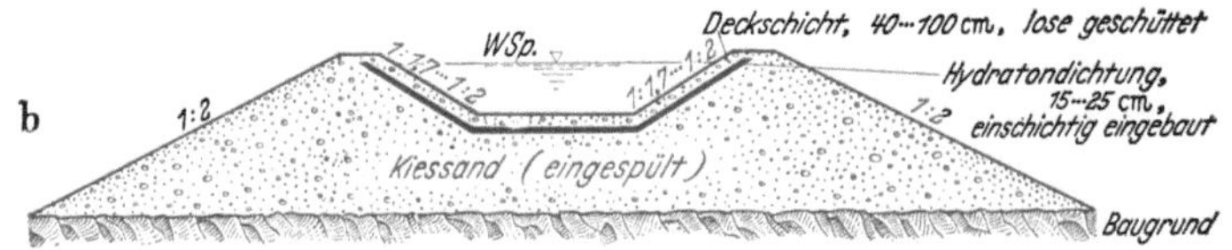

Abb. 353 b. Kanaldichtung mit Hydraton.

1. Steilere Neigung wie Asphaltdichtung, mit ihr gleich günstiger Nutzquerschnitt gegenüber Tondichtung. 2. Keinerlei durch Klima oder Feuchtigkeit des Baugrundes — im Gegensatz zu Ton und Asphaltbasis — beschränkte Einbauschwierigkeiten. 3. Einschichtiger einfacher Einbau beliebiger Stärke: Gegensatz zu Asphalt und Tonbauweise, zugleich sehr robust im Gegensatz zu Asphaltdichtung.

Brocken werden nach unten durchgerüttelt, der weichplastische Lehm steigt im Gegenstromprinzip durch die Lücken — diese zugleich satt ausfüllend — nach oben. Dieser dichtende Mischvorgang wird bei Anwendung veredelter Dichtungsstoffe infolge ihrer thixotropen Beschaffenheit beschleunigt und durch die besondere Qualität des Dichtungsstoffes mit einfacherer und dichterer Qualität des erosionssicheren Dichtungsstoffes erreicht und verbürgt.

Durch Anwendung der *Steingerüsttonbauweise wird* versucht, ein absolut dichtes und zugleich festgefügtes Erdbauwerk zu erreichen, das in seiner Zusammensetzung im wahrsten Sinne als ein „Erdbetonwerk" anzusprechen ist, denn die bindigen Massen bilden dabei den verleimenden und dichtenden Zement.

Beispiel der Versetalsperre. Die Untersuchungen der Versetalsperre [194a] haben insofern zu befriedigenden Ergebnissen geführt, als damit erstmalig der Nachweis wirtschaftlicher Folgerungen für den Dichtungskörper erbracht wurde.

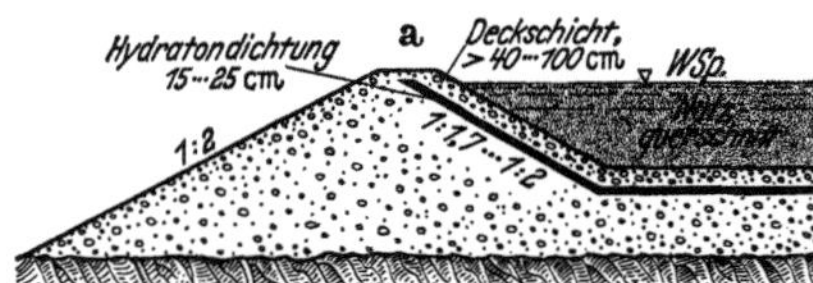
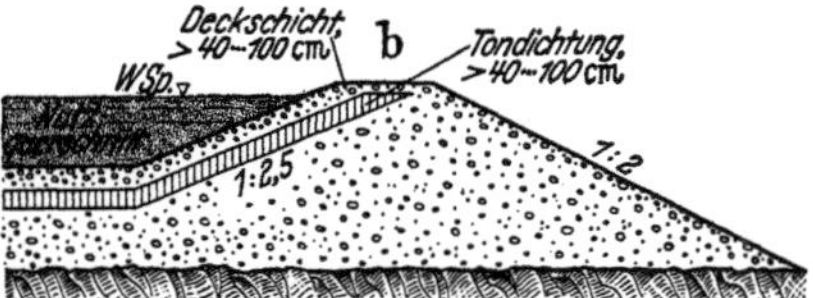

Abb. 354. Vergleich zwischen Nutzquerschnitt eines Kanaldammes (Kanaleinschnittes) bei Anwendung a der Hydratondichtung ▬▬; b der Tondichtung ▯▯▯▯. a und b sind gleiche horizontale und vertikale Maße. d = Deckschicht > 40 cm aus grobkörnigen Erdarten (Steinbewurf).

Vorteile der Hydratondichtung:
1. Einschichtiger durch Klima kaum beeinflußbarer Einbau in beliebiger Stärke.
2. Schnellste Einbaumöglichkeit.
3. Dichter, leichter Einbau im und unter Wasser.
4. Keine Verdichtungsschwierigkeiten.
5. Kein optimaler Wassergehalt.
6. Kein gefährlicher Porenwasserüberdruck bei Wasserspiegelschwankungen.
7. Höchste Gleitsicherheit auch bei Porenwasserüberdruck.
8. Steilere Böschungsneigung als mit Ton; größerer Nutzquerschnitt bei gleicher Dammbreite.
9. Höchste Dichte.
10. Keine Ausschlämmung durch Sickerwasser.
11. Geringste Sickerverluste.
12. Sand und Kies bis mehr als 70% als Grundstoff verwendbar.
13. Geringe Massenbewegungen.
14. Geringe Kosten.
15. Störungs- und einwandfreier Unterwassereinbau möglich, da nicht ausschlämmbar: Kontraktorverfahren, Greifbagger, Pumpen, Schüttverfahren.

Nachteile der Tondichtung:
1. Umständlicher Einbau und Verdichtung in mehreren dünnen Lagen.
2. Einbauempfindlichkeit bei wechselnden Wetterverhältnissen.
3. Einbau nur mit optimalen Wassergehalt.
4. Gefahr des Porenwasserüberdruckes bei plötzlichen Wasserspiegelschwankungen.
5. Höhere Rutschgefahr als am Hydraton.
6. Flachere Neigung als am Hydraton.
7. Geringerer Nutzquerschnitt bei gleicher Dammbreite.
8. Größere Massenbewegung für gleichen Nutzquerschnitt.
9. Sickerverluste schwankend.
10. Höherer Massenbedarf an Ton.
11. Nur ausgesuchte feinkörnige Erdarten (Lehm, Ton) verwendbar.
12. Höhere Gesamtkosten.
13. Schwieriger Unterwassereinbau, da leichter Zerfall und Ausschlämmung, sowie Trübung.

2. Vorteile. 1. Der Tonbedarf ermäßigt sich auf etwa $^2/_5$.

2. Die Durchlässigkeit wird nicht durch das stabile Steingerüst beeinträchtigt.

3. Die Gleitsicherheit wird erhöht.

4. Die Versteilung des Dichtungskörpers beschränkt den Massenaufwand.

5. Die Dichte kann bei unveredelten Lehmmassen auf $< 1 \cdot 10^{-6}$ cm/s gewährleistet werden.

Durch Anwendung veredelter Dichtungsstoffe wird die Dichtung erheblich gesteigert und zugleich der Bedarf an Ton noch weiter herabgesetzt. Unter steiler Neigung von 1 : 1,5 bis 1 : 2 kann die Stärke des Dichtungselementes beschränkt werden, weil die Masse nicht ausschlämmbar ist.

Man rechnet allein bei Anwendung und Verwendung nicht veredelter Dichtungsstoffe auf eine Kostenersparnis von 35%. Diese kann indessen auf mindestens 50% gesteigert werden. Mit beiden Verfahren in getrennter oder vereinigter Anwendung ist zugleich praktisch eine vereinfachte Lösung für die

Neugestaltung und Sicherung der Dichtung an Staudämmen überall dort gefunden, wo die natürlichen Dichtungsstoffe — wie in Gebirgslagen — weder nach Qualität noch nach Menge den gestellten Anforderungen genügen können.

In dieser neueren Dichtungsweise scheint ein Widerspruch zu der bisher als unumstößlich angesehenen Forderung der Praxis vorzuliegen, wonach nur feinkörnige natürliche Erdbaustoffe — abgesehen von den verschiedenen Kunstprodukten und künstlichen Dichtungselementen: Asphaltbeton, Bitumenbahnen, Kunststoffolien usw. — für die Dichtung im Wasserbau, besonders an Stau- und Kanaldämmen, in Frage kommen, die eine hohe Plastizität und zugleich eine Dichte von $1 \cdot 10^{-7}$ cm/s bis $3 \cdot 10^{-8}$ cm/s aufweisen müssen. Diese Forderung, die nur von ganz bestimmten Erdarten mit einem bestimmten Gehalt an Unterkorn unter 20 mm und $2\,\mu$ zu erfüllen ist, ist durch dieses und das Hydratonverfahren überholt. Darin besteht ein entschiedener technischer Fortschritt, der sich besonders abzeichnet

1. *in der Beschränkung des Anteils dieser feinkörnigen und immer seltener werdenden Baustoffe (Dichtungslehm und -ton) im Verhältnis zu den an Dammausdehnung, Höhe und Breite, damit an Bedarf an diesen Dichtungsstoffen wachsenden neuzeitlichen Erdbauwerken und*

2. *bei Verwendung veredelter Baustoffe auf den denkbar geringsten Bedarf an tonigen Bestandteilen unter Gewährleistung unvergleichlich besserer Dichtungsstoffe.*

Kritik. Wesentlich ist somit nicht die Feinkörnigkeit der Dichtungsstoffe schlechthin, sondern die aktive Wirkung der feinsten Bestandteile in ihrer natürlichen oder künstlich gesteigerten und gesicherten Oberflächenenergie, welche die Durchsickerung mindestens im gleichen Umfange unmöglich machen wie die besten natürlichen Dichtungsstoffe.

Allerdings wird eine gleichmäßig hohe Dichte durch beide Verfahren im höheren Grade als auf trockenmechanische Weise erreicht und gewährleistet. Die hohe Gleitsicherheit wird durch das Steingerüst und die stabile Bindung auf dem Wege der Hydratation verbürgt. Es sind wasserseitige Böschungen von 1 : 1,5 möglich. Der Fortschritt beider Verfahren liegt aber nicht nur in der Verwendung bisher nicht geeigneter gröberer Erdmassen, als vielmehr in einer grundsätzlichen Vereinfachung und technischen Erleichterung der Dammbauausführung, also in einer Verkürzung des Dammbaues bis zu einem Jahr (vgl. S. 61). Die praktisch hohe Bedeutung ist zunächst schwer abzuwägen. Man kann sie wohl nur vergleichsweise an zwei Beispielen deuten:

Wenn an einem Damm täglich 30000 bis 45000 m³ Dichtungsmassen eingebaut werden sollen, so ist dies vor allem eine schwer zu lösende technische Aufgabe, wenn dabei die Schütthöhen nur 20 cm betragen dürfen. Der Aufwand an Verdichtungsgeräten, an Bodenverteilern, der beträchtliche Bedarf an Dichtungsmaterial, die starke Beschränkung der Einbaumöglichkeiten bei schlechtem Wetter, z. B. im Osten der USA, fallen als belastender Aufwand weg. Der Dichtungskörper schrumpft auf ein Ausmaß von wenigen Prozent der bisherigen Stärke, d. h. auf eine Stärke von wenigen Metern bei steiler Neigung von mindestens 1 : 2 an Dämmen bis zu 150 m Höhe zusammen. Die Unabhängigkeit von Wetterunbilden ermöglicht den kontinuierlichen Fließbetrieb, ermöglicht damit schließlich die sehr zeit- und kostensparende Ausführung.

c) Felsschüttdämme.

Beispiele.

1. *Harspränget* (Schweden) (Abb. 42a, b, S. 25) [*438, 492*]:
   1,6 Millionen m³ Felsmassen.
   Höhe 50 m, Länge an der Krone 1350 m.
   Wasserseitige Neigung 1 : 1,75.
   Luftseitige   Neigung 1 : 1,25.
   Dichtungskern in Dammitte.
   Lehmkulisse von 4,40 m.
   Stahlbetonplatte von 0,8 bis 0,4 m.

2. *Genkeltalsperre* (Westfalen), Baujahr 1951 (Abb. 67 bis 69, S. 44/45) [*232, 293*]:
   300000 m³ Massen.
   Dammhöhe 40 m.
   Länge an Dammkrone 180 m.
   Steinschüttung aus Grauwacken.
   Größe, Abmessungen 25 bis 30 cm.
   Lagenschüttung 0,5 m.
   Stampfbaggerverdichtung: 2,5 t, 3 bis 4 m Fallhöhe.
   Jede Lage durch Straßenwalze eingeebnet. Stampfbagger liefen auf kurzen Gleisen.
   Doppelte Asphaltaußendichtung.
   Wasserseitige Böschung: 1 : 2,25.
   Luftseitige   Böschung: 1 : 1,75.
   An der Wasserseite sind die grobstückigen, an der Luftseite die feinkörnigen Fels-
   massen eingebaut (Abb. 69).

3. *St.-Gabriel-Damm* Nr. 2 in Kalifornien [*148*]:
   80,8 m hoch, Krone 177 m lang. Kronenbreite 5,5 m; Sohlenbreite 229 m.
   Steinblöcke: 10%   45 bis   225 kg.   Überhöhung 2,1 m.
             50%   225 bis 1350 kg.   40 cm   Seitenverschiebung   senkrecht
             40% 1350 bis 6300 kg.   zur Wasserfläche durch Einstau.
             Mindestgewicht 2,55 t/m³,   27 cm Setzungen gemessen.
             Schichten von 7,6 m.
   Jede Schicht setzte sich beim Schütten um 30 cm.
   Durch Schotter abgeglichen und befahrbar.
   An Wasserseite Schicht von Felsblöcken gesetzt. Breite am Fuß 7,6 m auf 3 m an
   Krone verjüngt.
   Nicht eingeschlämmt, daher trat infolge schwerer Regenfälle ein Setzungssprung auf.
   Betonabdeckung 14000 m², Tafeln 9,15 × 9,15 m, 15 cm stark. Unterbeton ver-
   ankert mit Kernschüttung. Darauf im unteren Teil 4, im oberen Teil 2 Schichten
   Feinbeton aufgeblasen. Durch den Setzungssprung wurde die Betonaußendichtung
   stark beschädigt.

4. *Nantahala-Damm* (Abb. 43, S. 25) [*219*]:
   Fels- und Steinschüttung.
   Erdschürze an der Wasserseite.
   Erdschürze mit Steinschüttung überdeckt und geschützt.
   Zwischen Fels- und Erdschicht eine Filterschicht wie am Staudamm Schwammen-
   auel (Abb. 13, S. 10).
   Vorteil: 1. Damm kann ohne Rücksicht auf Wetterverhältnisse ganzjährig gebaut
          werden.
       2. Er kann große Setzungen des Untergrundes aushalten.
       3. Er scheint gegen Luftangriffe widerstandsfähiger als alle anderen Stau-
          werke. zu sein.

5. *Salt-Spring-Damm*, 99 m hoch [*148*]:
   Wasserseitige Stahlbetondichtungsplatte.
   Relativ große Setzungen. Seit 1931 (Fertigstellung) schon dreimal in 18 Jahren
   instand gesetzt. Dies bedeutet Ablassen des Beckens und hohe Kosten infolge Be-

triebsunterbrechung. Insofern ist die Erddichtung des Nantahala-Dammes eine Neuentwicklung. Die Einführung einer plastischen (elastischen) Erdschürze, die den Setzungen vollkommen gewachsen ist, ist dabei von besonderer Bedeutung.

Bei Felsschüttdämmen ist felsiges Steinbruchsmaterial vorherrschend; Beispiele liefern vor allem die Staudämme in der Arktis Nordschwedens, wo die bei der Anlage unterirdischer Kraftwerke gewonnenen Felsmassen verwendet werden [108]. Sie unterscheiden sich als nichtverdichtete Schüttdämme auch heute noch durch ihre allein durch die Auflast verursachte mäßige Verdichtung oder durch die im Druckstrahlverfahren teilweise durch Umlagerung erzielte Verdichtung.

Die Felsschüttdämme werden dabei in bis zu 8 m hohen „Terrassenschüttungen" ausgeführt. Eine mechanische Verdichtung im üblichen Sinne ist hier nicht mehr möglich. Man wendet, soweit man nicht überhaupt auf Grund des Kräfteverhältnisses zwischen Gewicht des Dammkörpers zu Staudruckhöhe auf eine Verdichtung verzichtet, das Wasserdruckstrahlverfahren an (vgl. S. 344). Soweit weiche Felsmassen verwendet werden, werden diese mit schweren Gummiwalzen wirkungsvoll verdichtet. Bei Anwendung des Wasserdruckstrahlverfahrens rechnet man 1 bis 2 m³ Wasser je m³ Felsschüttung. Die an diesen Dämmen gemessenen geringeren Dammsetzungen (vgl. S. 437) [141] rechtfertigen diese Bauweise und zeigen sehr stabile Dämme. Allerdings wird dabei ein sehr elastisches und etwas stärkeres Dichtungselement verlangt, das allen Dammbewegungen (Setzungen und Verschiebungen), ohne an Dichte einzubüßen, folgt. Praktisch kann ein Damm zumindest zu 90% aus Felsmaterial ausgeführt werden. Durch Anordnung einer Dichtungsschürze auf mäßiger Ausgleichsschicht von etwa 100 cm Stärke unveredelter Erdarten, gesichert durch einen starken Steinbewurf (Abb. 43, S. 25), kann dieses sonst schwer zu bewältigende und meist in Setzdämmen oder umständlich mechanisch verdichtete Material ohne Bedenken unter Verzicht auf weitgehende Verdichtung für den Staudammbau verwendet werden. Es fehlt in diesem Zusammenhang nicht an Stimmen einflußreicher amerikanischer Dammbauingenieure, die in dieser Dammbauweise, die bereits, allerdings mit unveredelten Dichtungsstoffen und mit starken Filterteppichen, am Nantahala-Damm in den USA angewandt wurde, die zukünftige erfolgreiche Dammkonstruktion erblicken und diese auch befürworten. Durch das Hydratonverfahren dürfte die Bauweise und Ausführung dieser Dämme sehr billig und technisch gesichert und einfach gelöst werden, denn die Filterteppiche entfallen dabei. Ihre Kosten betrugen an Schwammenauel, dem bekannten größten Staudamm Deutschlands, mehr als ¹/₂ Millionen DM gegenüber bei 6,6 Millionen DM Gesamtkosten.

Geotechnische Folgerungen für den Bau von Felsschüttdämmen. 1. Für diese Dämme eignen sich in erster Linie frische, feste, harte Felsmassen gleichstückiger oder noch besser verschiedener Stückgröße.

2. Die Anwendung des Druckstrahlverdichtungsverfahrens, des Rütteldruckverfahrens mit schwersten Mammutrüttlern oder der völlige Verzicht unter gleichzeitiger stark überhöhter Lagenschüttung als Terrassenschüttung ermöglichen den Einbau der Felsmassen bis zu mehreren dm Stückgröße (maximal 60 cm ⌀) (vgl. S. 181) und eine stabile Ausführung von Felsschüttdämmen.

3. Bei Verzicht auf trockenmechanische Verdichtung kann eine stabile Ausführung durch die Anwendung einer hochelastischen, erosionssicheren, stark

dichtenden, wasserseitigen Dichtungsauflage unter Verzicht auf Filteranlage, gesichert durch eine schwache Ausgleichsschicht gegen den Felsstützkörper und gestützt durch einen starken wasserseitigen Bewurf, die Stabilität verbürgen, die Ausführung gefahrenlos ermöglichen und die Bauweise in bisher ungeahntem Ausmaß vereinfachen, beschleunigen, vom Wetter unabhängig machen und daher verbilligen.

In der Tat sind von den in den USA registrierten Dammbrüchen am wenigsten die Felsschüttdämme betroffen worden, die sich nach MIDDLEBROOKS [262a] am besten bewährt haben und denen man daher, gesichert durch eine wasserseitige Dichtung, unter einem Erdbewurf die größten Aussichten für die Zukunft einräumt, eine Perspektive, die ihre besondere Berechtigung vor allem bei Anwendung des Hydratonverfahrens erhalten dürfte.

4. Der Einsatz schwerer Stampfgeräte tritt zurück, auch die mechanische Verdichtung kann weitgehend bei entsprechender Profilierung und Ausbildung des Dichtungselementes entfallen, da das Felsmaterial allein durch das Gewicht die Stabilität bei hoher Gleitsicherheit und hohem Reibungsbeiwert und damit Gleitsicherheit gewährleistet.

5. Dieser konstruktiven Lösung dürfte eine weitere Verbreitung in allen Gebieten mit billiger Felsgewinnung beschieden sein.

d) Steinsetzdämme.

Beispiele:

1. *Setz-Steindamm Gela* (Abb. 34, S. 21) [*227, 468*]:
   Höhe 42 m. Baugrund: Kalkbänke im Tonmergel, deshalb Steindamm.
   Länge (gekrümmter Grundriß) 286 m. 50% billiger als Staumauer.
   Inhalt 382000 m³.
   Neigung 1 : 0,8 Wasserseite im Mittel.
   Neigung 1 : 1 Luftseite.
   Kronenbreite 6 m. Breite : Höhe = 2 : 1 nach Vorschrift.
   Basis: Betonplatte.
   Dichtung: Bewehrte Dichtungsplatten auf Unterbeton, in ihr mit schwalbenschwanzförmiger Verstärkung verankert. Zwischenfugen entwässern in 3 Prüfgängen. Gekrümmter Teil gemäß senkrechter Fugen als Vieleck gestaltet mit trapezförmigen Einzelfeldern.
   Setzungen: Bei Volleinstau 34 cm ~1% der Dammhöhe.
   Waagerechte Zusammendrückung konstruktiv bis zu 30 cm vorgesehen, tatsächlich 8 cm gemessen.
2. *Setz-Steindamm Pian Palù* (Abb. 35, S. 22) [*227*]:
   Trockenmauerwerk ruht in einem Betonbett.
   Zulässiger Hohlraum Wasserseite 20%.
   Zulässiger Hohlraum Luftseite 30%.
   Dichtung: Stahlbetondichtungsplatten 12 × 11 m durch Fugen unterteilt auf Bruchsteinmauerwerk, gut dräniert.
   Stufenförmiger Aufbau nach Erprobung des vorhergehenden Ausbauzustandes.
3. *El-Ghrib-Steindamm* (Nordafrika) (Abb. 45 u. 46a, S. 26/27) [*223, 224, 406*]):
   71 m Höhe.
   Zyklopentrockenmauerwerk mit Steinsetzkran gesetzt und zusätzlich eingerüttelt.
   1/3 Blöcken von 1,5 bis 8 t, maximal 15 t Gewicht.
   1/3 Blöcken von 0,2 bis 1,5 t Gewicht.
   1/3 Steinen von 2 bis 200 kg Gewicht.
   Hohlraumgehalt <26%, Setzungen 13 cm = 0,2% infolge Zerberstung der Kalkblöcke.

Bei diesen Dämmen, die vor allem in den mediterranen Ländern: Nordafrika, Italien, Frankreich [*228*], Spanien, Portugal infolge Mangels an genügend Erdarten bevorzugt ausgeführt werden, werden die Felsmassen mehr oder weniger kunstvoll in Art Trockenmauerung (Abb. 39, S. 24) gesetzt. Beispiele der älteren Zeit sind die Talsperre Bakhadda (300000 m³) und Bou Hanifia (700000 m³) Felsmassen (Abb. 38, S. 23), besonders aber die El Ghrib-Talsperre in Nordafrika [*223, 224*]. Ihre verschiedene bauliche Gestaltung vermittelt einen Einblick in die verschiedenen Möglichkeiten gesicherter Lösungen.

An diesen Talsperren wird im Sinne des Prinzips des kleinsten Hohlraumes durch geschickte Abstufung (Klassierung) der Steingrößen die höchstmögliche Dichte, die an der Ghribtalsperre (vgl. S. 26) auf 26% Porenraum beschränkt werden konnte, zu erreichen versucht, um in einer bemerkenswert gedrungenen, aber gewichtigen Ausführung die erforderliche Stabilität zu erreichen. Alle diese Talsperren besitzen steile Neigungen von meist unter 1 : 1 an der Wasser- oder nur bis 1 : 1 an der Luftseite. In Italien sind in letzter Zeit nicht weniger als 18 Talsperren, in Portugal 2 [*232*] in Trockenmauerung ausgeführt worden. An Stelle der Dichtung durch natürliche Dichtungsteile wird die halbelastische oder mehr oder weniger starre Dichtung aus Asphaltbetondichtungen oder Stahlbetonplatten in einfacher oder doppelter, durch Filterschicht getrennter Ausführung (Genkeltalsperre) gewählt. Die Bauausführung, das Aufhängen der zu verankernden Dichtungsplatten, bereitet meist technische Schwierigkeiten und muß von Fall zu Fall gelöst werden (Abb. 46a, S. 27).

Ihre unmittelbare Lage an der Wasserseite verlangt Sicherung in der Zusammensetzung gegen alle klimatischen Einflüsse und mechanische Korrosion (Eisschollen), also Korrosionsbeständigkeit gegen Wasser und mechanische Verletzungen, auch durch Wellengang.

Kritik. Durch die Anwendung reiner Felsschüttdämme, durch die Druckstrahlverdichtung und durch den Einsatz leistungsfähiger Rütteldruckgeräte (Mammutrüttler) wird die zeitraubende Arbeit des Steinsetzens an Wert verlieren, denn die steilen Neigungen von mindestens 1 : 1 an der Wasserseite können nach den Untersuchungen von BRETH [*32, 34*] auch an eingerüttelten Gerölldämmen mit geringerem Reibungswert erreicht werden. Wahrscheinlich wird man sich in der Zukunft einer kombinierten Bauweise der Gerölldämme und Steinsetzweise nähern, wobei nur der Kern gesetzt wird. Dies bedeutet zugleich den Übergang zu den reinen Felsschüttdämmen [*219*]. Wählt man für diese Dämme eine Kunstdichtung: Asphaltbeton, Stahlbeton, so kann auf eine noch so schmale wasserseitige Trockenmauer nicht verzichtet werden, um eine möglichst ebene, mehr oder weniger kunstvoll gesetzte und abgeglichene stabile Unterlage zu bekommen.

Geotechnische Folgerungen für den Staudammbau. 1. Die Steinsetzdämme haben in Gegenden mit reichlich felsigem Material und großem Mangel an dichtenden Erdarten bisher den Vorrang.

2. Durch die neueren geotechnischen Fortschritte: Verdichtung und Dichtung durch die Steingerüsttonbauweise und das Hydratonverfahren ist eine technisch einfachere und zugleich wirtschaftlichere Lösung vorgezeichnet.

3. Da jede Bodenart veredelt werden kann, ist künftig die Trockenmauerung als zeitraubende und teure, wenn auch stabilste Ausführung hinsichtlich der Setzungen und Verlagerungen weniger erforderlich.

4. Die Trockenmauerung der Steinsetzdämme leitet zu den Staumauern (Abb. 10 u. 11, S. 10) über. Das wirtschaftliche Verhältnis ist in Konkurrenz zur Staumauer aber nur dann gegeben, wenn der Materialaufwand gegenüber der Staumauer sich nicht höher als 3 : 1 stellt.

5. Der Vorzug der Geröll-, Steinschütt- und Steinsetzdämme besteht in der Unempfindlichkeit der Ausführung unter allen klimatischen Verhältnissen.

6. Diese Steindämme ermöglichen eine krisenfeste Beschäftigung zahlreicher Arbeitskräfte.

e) Kritik der verschiedenen sog. „Erd- und Steindämme".

Die technische Vereinfachung unter Wahrung der hohen Stabilitätsansprüche im Staudammbau drängt nach neuen Lösungen der Ausführung und vereinfachten konstruktiven Querschnittsgestaltung und Ausbildung, wobei indessen die bisherigen Ansprüche an Stabilität in jeder Weise beachtet und gewahrt werden müssen. Sie müssen daher, wie bisher, in ihrer Zielsetzung allen hydrostatischen und hydrodynamischen Wirkungen gewachsen sein. Sie müssen also Erosionssicherheit und Standfestigkeit mit Gleitsicherheit in allen Teilen des Dammkörpers verbürgen.

Eine Neuorientierung in der Ausführung der Dichtungen und Notwendigkeit der Verdichtung ist durch das Hydratonverfahren und die Steingerüsttonbauweise aufgezeigt. Die hohe Elastizität und Gleitsicherheit, die hohe Undurchlässigkeit und absolute Erosionssicherheit schaffen für eine vereinfachte Dammkonstruktion die besten Voraussetzungen, denn die Dichtungsfrage wird auch für diese Dammart in der eleganten Lösung wasserunempfindlicher Fließarbeit unter Beschränkung der Stärke des Dichtungskörpers vereinfacht, verbilligt und beschleunigt. Hierin liegt der Ansatzpunkt für eine den gesamten Dammquerschnitt und Dammkörper umfassende konstruktive Vereinfachung in der Beschränkung der umständlichen Verdichtung des Stützkörpers auf ein Mindestmaß, im grundsätzlichen Verzicht auf teure Filteranlagen, in der weitgehenden Ermäßigung der oft ungewöhnlich starken Dichtungen, im völligen Verzicht des Einbaues in dünnen Schüttlagen und der kreisenden Verdichtungsgeräte im Bereich des Dichtungskörpers. Durch diese technische, verbilligende und zeitsparende Erleichterung, vor allem infolge des weitgehenden Verzichtes auf natürlichen Ton und der Veredelungsmöglichkeit sämtlicher natürlicher Erdarten großer Durchlässigkeit, ist auch die Konkurrenzfähigkeit der Staudämme gegenüber den Staumauern in gebirgigen Gegenden stark in den Vordergrund getreten. Man wird künftig von diesen Lösungen Gebrauch machen müssen, die bereits von Lewin [216] empfohlen sind und nunmehr an Bedeutung gewinnen. Das Ziel nähert sich daher dem Einheitstyp der Staudämme aus Stützkörper, schmaler Ausgleichschicht und chemisch veredelten Dichtungselementen geringsten Ausmaßes unter einer starken Deckschicht üblicher Ausbildung.

III. Die Geräte für die künstliche Verdichtung.
Grundsätzliches.

Zu den weiteren Voraussetzungen einer sachgemäßen Geotechnik des Dammbaues auf trockenmechanischem Wege unter (und ohne) Geräteeinsatz gehören neben der richtigen Konsistenz der Massen und der Korn- (Stück-) Größe als weitere Einflußgröße das richtige Verdichtungsgerät und damit -verfahren. Die Abstimmung dieser vier Grundbedingungen (Schütthöhe, Konsistenz, Stückgröße, Gerät) zu einem höchstmöglichen technischen und wirtschaftlichen Wirkungsgrad ist bei der Entscheidung über die Wahl des einen oder anderen Gerätes bzw. Verfahrens unerläßlich.

Entsprechend den verschiedenen Möglichkeiten, Kräftespiele für die Verdichtung der Dammbaustoffe unter Einsatz von Verdichtungsgeräten auf verschiedene Weise zu verwenden, sind zahlreiche neue Geräte und Abänderungen altbewährter entwickelt und im neuzeitlichen Dammbau eingeführt worden, um sie den verschiedenen Materialeigenschaften in der Erzielung einer bestmöglichen Verdichtung anzupassen und damit den Mindestanforderungen der neuzeitlichen, rasch fortschreitenden Entwicklung der Geotechnik des Dammbaues voll zu entsprechen. Der Dammbaustoff ist der Werkstoff, seine Formgebung als festgefügtes Bauelement im Damm muß durch Geräte und Verfahren erfolgen, die sich für die jeweiligen Materialqualitäten und -ansprüche eignen. Darin liegt letzten Endes der Erfolg eines Geräteeinsatzes begründet, wobei die Schütthöhe die Grenzlinie des richtigen, zu geringen oder zu unwirtschaftlichen Verdichtungsspieles regelt. Auf der Grundlage der Druck-, Stoß- und Schwingungsenergie versuchen die Geräte in verschiedener Weise die Massen zu verdichten. Auf dem Prinzip der umlagernden, einregelnden Strömungsenergie arbeiten die naßmechanischen Verfahren allein oder mit zusätzlichen Schwingungsgeräten.

Je vielseitiger und intensiver die Verdichtungswirkung, also der Wirkungsgrad nach Stoff und Schütthöhe ist, um so größer ist ihr Anwendungsbereich, um so billiger stellen sie sich.

1. Die Entwicklung neuzeitlicher Verdichtungsgeräte.

Grundsätzlich lassen sich zwei Richtungen bei der Entwicklung neuzeitlicher Verdichtungsgeräte herausstellen:

1. Anwendung alter, im Straßenbau bewährter Geräte unter konstruktiver Anpassung der Geräte an die besonderen Belange und Verhältnisse einer Dammverdichtung, nämlich der andersgearteten Massen unterschiedlicher Zusammensetzung und zugleich auch größerer Nachgiebigkeit des Fundamentes, der Unterlage.

2. Neuentwicklung von bisher im Erdbau nicht oder nur in der Grundlage als Handgeräte vorhandenen maschinellen Verdichtungsgeräten mit dem Ziel:

a) universeller Wirkungsweise, d. h. des Einsatzbereiches für verschiedene bodenmechanisch ansprechende Massen mit möglichst mechanisch vielseitigem, hohem Verdichtungsgrad. Zweifellos ist das ernste Bestreben, nur mit einem Gerät, d. h. mit einem einzigen Verfahren, allen Verdichtungsansprüchen nach Art und Einbau, Ort der Massen zu entsprechen, nicht zu verkennen. Daraus leitet sich das konstruktive Bemühen um Verwirklichung des Mehrzweckgerätes ab, das z. B. im Rütteldruckgerät, in der schwingenden Walze zu erkennen ist und hier zu einer erfreulichen technischen Fortentwicklung und zweckmäßigen Walzenart geführt hat.

b) Parallel zu diesen Fortschritten ist das Konstruktionsprinzip auf hochleistungsfähige setzungsfreie Verdichtungsmöglichkeit an einzelnen Geräten gerichtet und zum Teil auch bereits gelöst worden. Der Nachteil dieser, z. B. im

Innenrüttler von J. KELLER verwirklichten Gerätekonstruktion von beschränkter Einsatzfähigkeit, z. B. für nur nichtbindige, kiessandige Massen, wird wettgemacht durch die Unentbehrlichkeit für die Verdichtung bei unbedingt erforderlichen setzungsfreien Dammanschlüssen an Bauwerke im Straßenbau.

Die Verdichtungsgeräte. Nach der Art der verschiedenen, für die Verdichtung verwendeten Energieformen unterscheidet man folgende Ausführungen:

1. Die Druckgeräte,
2. die Stampfgeräte (Rammen),
3. die Schwingungsgeräte (Rüttelgeräte).

Im Betrieb beanspruchen die Rüttelgeräte am geringsten, die Druckgeräte schwach, die Stampfgeräte am meisten die Festsubstanz (Schüttmassen) auf Bruchfestigkeit. Trotz dieses Unterschiedes soll mit diesen verschieden wirkenden Geräten ein Höchstmaß von Gefügeverfestigung nach dem Prinzip des kleinsten Hohlraumes erzielt werden. Da die Energieäußerung sich dem Auge meist nur unvollkommen zu erkennen gibt und auch teilweise Vorurteile über Wirkungsweise und Zweckmäßigkeit der verschiedenen Geräte geäußert werden, ist es erforderlich, sich über die Wirkungsweise der Geräte auf die Schüttmassen zu unterrichten.

a) Die Walzen [*161*].

Wirkungsweise (vgl. S. 171). Folgende Wirkungen strahlen von einer je nach der Bauart (Glatt-, Schaffuß-, schwingenden Walze) verschiedener Intensität aus: Walzen drücken, pressen zusammen, schieben, verlagern, verformen, durchkneten, zermahlen, scheren ab, quetschen, vernichten lockeres Gefüge (Krümelgefüge) (Abb. 237, S. 172), verzahnen (verklemmen), drücken breit und rütteln ein.

b) Die Stoß-Stampfgeräte.

Wirkungsweise. Ihre Energie äußert sich in der impulsartigen abrupten Beanspruchung der Massen, d. h. in der Beanspruchung auf Bruchfestigkeit unter Zerstörung, Zertrümmerung, Zermalmung, Zerquetschung, Verkeilen und Verklemmen, Verzahnung, in Zusammenpressung und auch Einrütteln.

c) Die Schwingungs-Rüttelgeräte.

Ihre in die lockeren Schüttungen abströmenden und sich verteilenden, vibrierenden Bewegungen bewegen und lockern zunächst auf, lagern um, rütteln zusammen, regeln die Massen ein, saugen zusammen und lassen die beweglichen Massen in die dichteste Kornverpackung ohne Kornzertrümmerung zusammenfließen.

Man erkennt daran die Vielseitigkeit der anscheinend nur auf eine bestimmte Verdichtungsart gerichteten Wirkung der für den Dammbau in Frage kommenden Verdichtungsgeräte.

A. Aufgabe und Wirkung der Walzen im Straßen- und im Dammbau.

Die alte bewährte glatte Straßenwalze hat im Dammbau eine andere Aufgabe zu erfüllen, als sie im Straßenbau als das spezifische Verdichtungsgerät bei der Herstellung von Oberbau und Deckenbelägen verlangt wird. Sie dient im Deckenbau in erster Linie zum „Anschweißen" dünner Beläge auf einen unnachgiebigen, starren Untergrund, den Unterbau. Diese Fahrbahndecken verbürgen daher in ihrer genau vorher bestimmten Zusammensetzung die höchstmögliche Dichte.

Der grundlegende Unterschied zum neuzeitlichen Dammbau besteht indessen darin, daß ein starres Widerlager gegenüber dem sog. und hier am meisten wirksamen hohen linearen Walzendruck fehlt. Im Gegenteil, die Walze muß erst das fehlende Fundament durch die Lagenverdichtung für die folgende Schüttlage herstellen. Daher ist infolge der ausgesprochenen Flächenverdichtung mit geringem spezifischem Bodendruck und geringer Verdichtungswirkung die Druckverdichtung der Walze vielfach unvollkommen oder auch ungenügend. Seitliche Verdrückung der Massen ist bei dem geringen Steifewert (Verformungswiderstand) weicherer Massen öfters zu beobachten. Der zunächst mangels anderer Geräte, z. B. beim Baubeginn der Autobahnen vor rd. 20 Jahren, unumgänglich notwendige Einsatz der Straßenwalzen führte bald zur Erkenntnis ihrer beschränkten Anwendbarkeit in der bisherigen Konstruktion. Sie war in Amerika allerdings bereits in der Anpassung auf die besonderen Verhältnisse des Dammbaues durch die Schaffußwalze ersetzt worden. Diese konstruktive Fortentwicklung mit dem Ziel der gesteigerten Tiefenwirkung aller mit der Walze möglichen verdichtenden Vorgänge (vgl. S. 280) unter Wahrung des durch kein anderes Gerät zu ersetzenden raschen kreisenden Bewegungsspieles ist Vorbedingung hoher Leistungen bei auffallend niedrigen Schütthöhen. Der Mangel an Tiefenwirkung wird ersetzt durch die hohe Geschwindigkeit dieser von Traktoren gezogenen Walzenkörper.

Diese übertrifft die der alten um das Zehn- und Mehrfache. Konkurrenzfähigkeit und Erfüllung der Leistung wird durch hohe spezifische Flächenleistung verbürgt. Hierin wird sie voraussichtlich durch kein Gerät verdrängt werden können. Sie wird daher im Erdbau gerade der großflächigen Staudämme überall dort unentbehrlich bleiben, wo die höchstmögliche Verdichtung von erdigen Dammbaustoffen unerläßlich ist, z. B. bei Anwendung der bisherigen trockenmechanischen Einbauweise der erdigen Dichtungsstoffe. Ersetzt man indessen diese Dichtungsmassen durch die Steingerüsttonbauweise oder das Hydratonverfahren (vgl. S. 52), dann entfällt der stark belastende Gerätepark, der nach [216] z. B. allein 4 Millionen Dollar an der Merriman-Talsperre betrug, wobei infolge der klimatisch bedingten ungünstigen Wetterverhältnisse diese Kapazität nur zur Hälfte ausgenützt werden konnte. Walzen versagen indessen für den Einbau von felsigen Massen. Den Walzen entsteht dadurch eine sehr starke Konkurrenz durch Rütteldruckgeräte.

1. Die Wirkungsweise der glatten Walze (Abb. 355 bis 357). Die glatten Straßenwalzen drücken und verschieben und glätten in erster Linie, wie die Abbildungen 358 bis 361, S. 283, erkennen lassen.

Wie stark die Druckwirkung variieren kann, zeigt die Abbildung (Abb. 363), die die Vorstellung eines linearen Spitzendruckes zunichte macht, die aber auch erkennen läßt, daß die Druckwirkung bei einer sehr günstigen Druckverteilung unter 45° sehr rasch mit der Tiefe abnimmt. Während an erdigen Schüttstoffen an der Oberfläche eine leichte wulstartige Stauung und zugleich Knet- und Scherbeanspruchung der Massen unter starker Gefügeverdichtung stattfindet (Abb. 364a u. b), wird bereits wenige cm darunter der erdige Schüttstoff bei zu hoher Schüttung nur mangelhaft verdichtet.

Die wirksame Richtung, die Resultierende der Druckkraft, weicht infolgedessen von der Schwerkraftwirkung etwas ab (Abb. 358). Dieser Winkelwert ist um so größer, je kleiner der Druck (Gewicht der Walze) ist. Der spezifische Flächendruck wird in seinem Ausmaß bestimmt durch die Auflagefläche, diese ist aber um so größer, je weicher und nachgiebiger die Massen in einer losen Schüttung sind und je höher die Schütthöhe ist (Abb. 359). Daher ist die Vorstellung irrig, daß eine schwere Walze nachhaltiger verdichtet und tiefer wirkt als eine leichtere, die nicht so tief einsinkt.

Da indessen jede Lage mehrfach abgewalzt werden muß, ergibt sich dabei der Vorteil, die Verdichtung durch die wachsende Widerlagerwirkung der vorverdichteten Schüttlage in einem mehrfachen Walzenspiel über die Vorverdichtung zu der notwendigen Hauptverdichtung zu steigern.

Durch die Drehmomentwirkung der Schubkomponente werden an den knetempfindlichen Massen Knetwirkungen, Umlagerungen, Vernichtung labiler Gefügeverhältnisse ausgelöst, deren Wirkung durch die Kneteisen — aufgeschweißte Winkeleisen — erhöht und durch die Stufenwalzen auch auf größeren Tiefenbereich ausgedehnt werden; denn, wie die Abb. 366 zeigt, wird durch die bis zu 17 cm tief reichende Knetwirkung die Schüttlage zumindest auf einen Tiefenbereich von 20 cm erfaßt und dabei — soweit die Kanteisen nicht zu ungünstig liegen — werden die Massen stark verdichtet. Es besteht aber auch die Gefahr einer unzulässigen Auflockerung, und zwar dann, wenn die Kanteisen zu hoch sind und in zu engem Abstand stehen.

Abb. 355. Schwere glatte Dreiraddampfwalze System Hentschel.

Abb. 356. Schwere glatte Diesel-Dreiradwalze System Hentschel.

Abb. 357. Schwerste Ausführung der Dreiraddieselwalze mit hydraulischer Steuerung des Kräftespieles (Bauart Scheidt).

Diese auflockernde Wirkung ist für die lückenlose Verbindung aufeinanderfolgender Schüttlagen im Dichtungskörper des Staudammbaues und an Kanalböschungen unerläßlich. Jedoch darf man nicht kritiklos die Kneteisen und

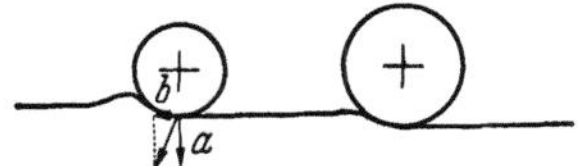

Abb. 358. Darstellung einer glatten Straßenwalze während der Verdichtung.

Abb. 359. Verhalten zu weicher Bodenarten beim Abwalzen durch glatte Walzen: wulstförmige Stauung der Massen vor dem vorderen Walzenkörper erschweret und verunmöglicht unter Umständen den Einsatz von glatten Walzen zum Verdichten.

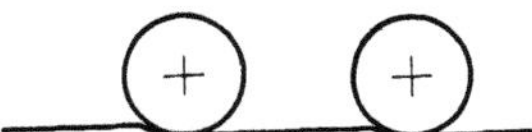

Abb. 360. Einsatz glatter Walzen auf zu harten (felsigen) Massen. Die Walze fährt auch bei schwerster Bauart ohne sichtbare wirkungsvolle Verdichtung über diese Massen.

Abb. 361. Richtiges Verhältnis zwischen Konsistenz der Massen und Gewicht der glatten Walzen. Die Walze drückt ohne hinderliche Wulstbildung die Massen zusammen, verdichtet sie.

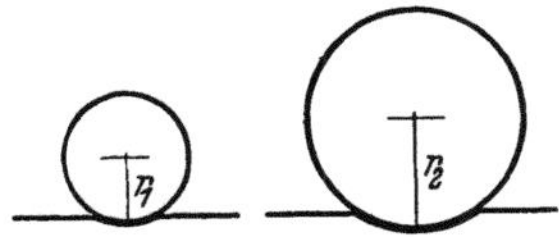

Abb. 361a. Beziehung zwischen Größe der Walzenauflage bei verschiedenen Durchmessern und gleichen Bodenverhältnissen; die Druckwirkung einer Walze nimmt nicht proportional mit den Radius der Walze zu.

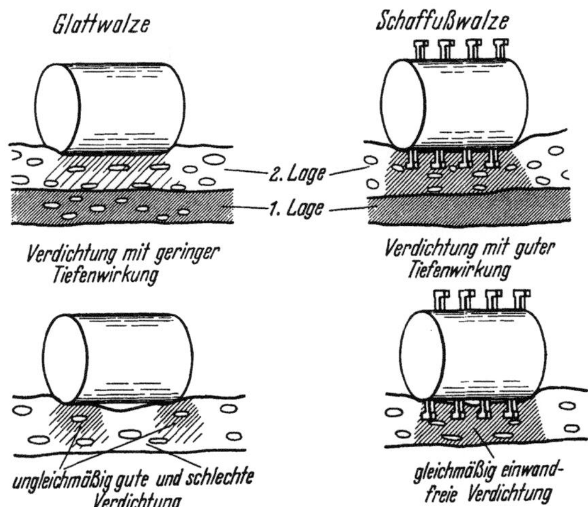

Abb. 362. Gegenüberstellung der Wirkung einer glatten und einer Schaffußwalze bei der Verdichtung von lockeren Massen. (Nach KRÄTZER.)

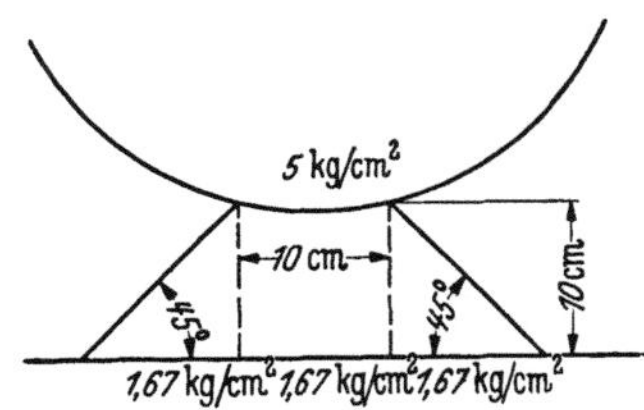

Abb. 363. Beziehung zwischen Walzendruck und Verdichtungswirkung. Auflagedruck und Abnahme des Druckes bei nur 45° Druckverteilung nach den Seiten. Man erkennt die außerordentlich geringe spezifische Belastung.

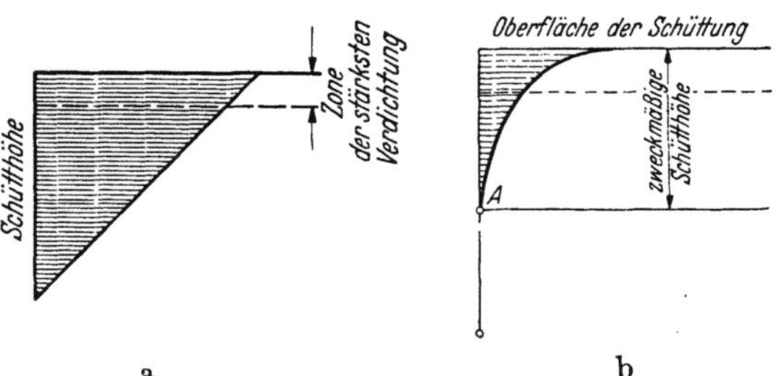

Abb. 364a u. b. Skizze über die Druckverteilung unter der Wirkung des Walzenkörpers. Schematisches Spannungsdiagramm beim Einsatz von Walzen zur Begründung der abscherenden Wirkung.

beliebig anwenden und über die Walzenkörper verteilen. Steghöhe, Anordnung und Anzahl stehen in bestimmten Beziehungen zum Durchmesser der Walzenkörper.

Der Vorteil der Kanteisen ist besonders darin zu erblicken, daß eine Walze sich in erdigen Massen auch bei vorübergehend größerer Feuchtigkeit leichter vorwärtsbewegen kann, ehe durch die Stauwirkung sich hemmende Wulste bilden, die im weiteren Verlauf zu einer wellenförmig sich vertiefenden und ansteigenden unebenen Dammfläche führen.

2. Die dreiachsigen Straßenwalzen [*312, 353*]. Die gewöhnlichen glatten Straßenwalzen besitzen zwei Walzenkörper, daher auch nur zwei Achsen.

Abb. 365 a u. b zeigt die Prinzipskizzen der in den USA und in Dänemark entwickelten dreiachsigen oder Triplexwalzen [*213*]. Gegenüber den zweiachsigen

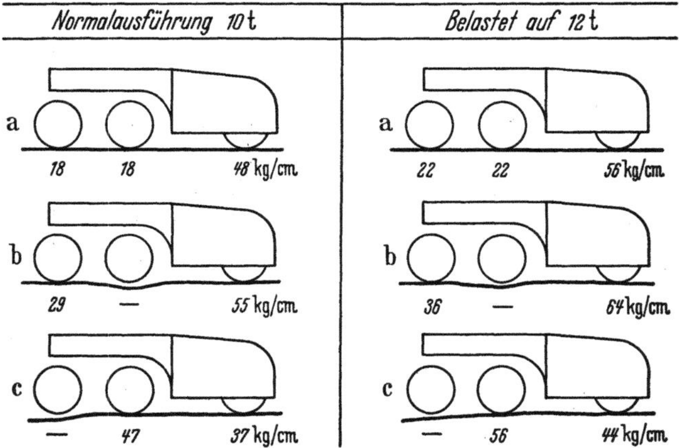

Abb. 365 a. Arbeitsweise einer Dreiachswalze mit Antrieb der Hinterachse und leer laufenden Vorderwalzen.

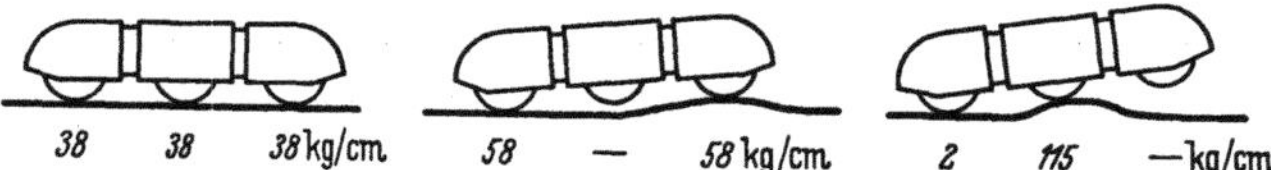

Abb. 365 b. Verdichtungswirkung einer 15 t-Dreiachswalze (Dänemark) mit Antrieb der drei Achsen (PRESSER).

Walzen, die meist nur den Hinterradantrieb aufweisen und an denen als Schiebewalze mit der Gefahr von Wulstbildung bei mangelhafter Vorverdichtung zu rechnen ist, werden sämtliche drei Achsen angetrieben. Die amerikanischen Typen unterscheiden sich von der dänischen Bauart dadurch, daß die Walzenkörper verschiedenen Durchmesser aufweisen.

Der Vorteil der dänischen Konstruktion ist die Steigerung des Walzendruckes bei Unebenheiten durch die dabei erfolgende Entlastung des vorderen Walzenkörpers und die alleinige Belastung durch die beiden hinteren, wodurch in sehr geeigneter Weise die zur Glättung erforderliche maximale Verdichtung gewährleistet wird. Dies bedeutet unter Umständen eine Drucksteigerung von 50%. Bei Unebenheiten, z. B. Erhöhungen, drückt infolge der günstigen Schwerpunktverteilung in Nähe der Mittelwalze diese allein mit einem Druck, der bei etwa 100 kg/cm liegt. Diese Konstruktion vereinigt somit in sehr wirksamer Weise die Möglichkeiten der erhöhten stufenweisen Verdichtung über die Vorverdichtung zur maximalen Hauptverdichtung. Im Endergebnis führt der Einsatz der dreiachsigen Walze dazu, daß Unebenheiten leichter ausgeglichen werden und ein ebenes Planum leichter an den Schüttmassen hergestellt werden kann, die sich leicht zerdrücken lassen, als mit den üblichen zweiachsigen Walzen. Die Abb. 365a u. b lassen die verschiedene Wirkungsweise der beiden Walzenarten erkennen, vor allem die verschiedene Druckwirkung bei verschiedener Beschaffenheit des Planums.

Auf Grund dieser günstigen Verhältnisse, die durch eingehende vergleichende Untersuchungen zwischen den zweiachsigen Tandem- und den Triplexwalzen in Dänemark durchgeführt wurden, hat sich z. B. die dänische Straßenbauverwaltung zur bevorzugten Anwendung dieser neuen aussichtsvollen mittelschweren bis schweren Walze entschlossen.

Wenn sie auch bevorzugt für den Deckenbau angewendet wird, so dürfte ihr Einsatz, wie der der übrigen Walzen, auch im Dammbau durchaus möglich und vorteilhaft sein.

Die Fortentwicklung der glatten Walze über die Stufenwalze mit schmäleren Walzenkörpern weiter über die Gürtelwalze führt zur Schaffußwalze, die sich letzten Endes durch die geringste Flächenberührung der schaffußartig ausgebildeten Druck- und Knetstempel auszeichnet und somit an Stelle des breiten minimalen Flächendruckes den auf geringe fast punktförmig erscheinende Auflagefläche der Druck- und Knetkörper beruhenden hohen spezifischen Flächendruck und Pressung besitzt. Alle diese Walzentypen versuchen, der Forderung einer größeren Tiefenwirkung unter Wahrung des einzigartigen Bewegungsspieles der Walzen mit höchstem Wirkungsgrad zu entsprechen.

3. Die Stufenwalzen (Abb. 366 u. 367). Begriffliches und Prinzip. Man bezeichnet unter Stufenwalzen ursprünglich glatte Walzen, die durch stufenförmiges und zugleich schmäleres Walzbandprofil eine spezifisch höhere Flächenpressung und damit Verdichtung der Walzen zu erreichen versuchen. Durch ein Kippmoment, wodurch die Vorderradwalze als Leitradwalze entlastet wird, verhindert sie die Wulstbildung vor der Walze und sichert dabei weitgehend ein ungestörtes Bewegungsspiel. Die Stufenprofilierung der hinteren Walzenkörper, zuerst von der Firma Kemna in Breslau für die Autobahndämme entwickelt, gestattet eine ideale Verdichtung der Massen unter Steigerung der Tiefenverdichtung bei Geschwindigkeiten von

1. Gang: 1,3 km/h,
2. „   2,1   „ ,
3. „   4,0   „ , vor- und rückwärts.

Schwartzkopff hat zur Erhöhung der Stufenverdichtung hinter der Vorderradwalze am starren Rahmen ein Paar starre, seitlich verschiebbare Ausgleichs-

Abb. 366. Schwere 13 t Vierradwalze mit Kanteisen an den vorderen Walzenkörpern und Stufenprofil an den hinteren Walzenkörpern, System Kemna.

Abb. 367. Schwere Dreiradstufenwalze, System Zettelmayer.

walzen angebracht, die das Gewicht des vorderen Walzenkörpers aufnehmen und entlasten können und somit die Vorverdichtung ermöglichen.

Geotechnische Folgerungen für den Dammbau. 1. Die glatten Walzen haben die geringste Bewegungsmöglichkeit bei erdig-bindigen Massen wechselnder Konsistenz.

2. Die mit Winkeleisen versehenen glatten Walzen erhöhen diese Bewegungsmöglichkeit. Sie sind im Staudamm für die Verzahnung aufeinanderfolgender Dichtungslagen unentbehrlich. Doch dürfen diese nur wenige cm hoch sein, um die verdichteten Lagen nicht wieder aufzureißen und aufzulockern; 2 bis 3 cm Steghöhe genügt erfahrungsgemäß für diesen Zweck.

3. Die profilierten glatten Walzen gestatten in der beschriebenen Ausführung nach Kemna oder nach Schwarzkopff ein Höchstmaß von Vor- und Hauptverdichtung unter weitgehender Angleichung der Walzarbeit an die verschiedene Konsistenz und den verschiedenen Verformungswiderstand der Massen gegenüber der Druckbeanspruchung.

4. Alle glatten Walzen haben indessen nur eine sehr beschränkt wirksame Tiefenverdichtung. Die Schütthöhe darf keinesfalls 30 cm überschreiten und muß bei der Verdichtung von Dichtungsmassen im Stauraum auf 20 cm ermäßigt werden.

5. Jede Schüttlage muß mehrmals, mindestens drei- bis viermal, abgewalzt werden.

Vier besondere *Vorteile* zeichnen die Walzen vor sämtlichen anderen, insbesondere den Stampfgeräten, aus:

1. Sie laufen gewissermaßen als endloses Band.

2. Sie weisen eine verhältnismäßig hohe Flächenleistung auf, was bei allen langgestreckten Dämmen, bei denen in der Regel sehr viel Massen untergebracht werden müssen, ein erheblicher Vorteil ist.

3. Sie sind als glatte Walzen das einzige und damit unersetzliche Mittel, die sehr wasserempfindlichen, erdigen Schüttmassen, Lehm, Löß, Ton usw., völlig zu glätten. Bei diesem Vorgang werden Unebenheiten und Löcher einer Schüttlage weitgehend ausgeglichen und verstopft. Bei einigermaßen trockenem, windigem oder sonnigem Wetter verkrustet die Oberfläche rasch, die feinen Poren verengen sich, und es entsteht dadurch eine Schutzschicht gegen aufweichende Niederschläge. Das sehr gefährliche Aufweichen, das unterschiedliche Setzungen, mangelhafte nachfolgende Verdichtung der daraufgeschütteten Massen oder gar unkontrollierbare Rutschungen auslösen kann, wird weitestgehend unterbunden.

Aus diesem Grunde sind die Walzen früherer Ausführung, insbesondere aber die Einradwalzen, als glatte Walzen noch heute, besonders zum Nachglätten erdiger Schüttungen nach Verdichtung durch schwere Stampfgeräte, unentbehrlich.

4. Sie verdichten infolge ihrer konstruktiven Durchbildung und ihres meist leichteren vorderen Walzenkörpers die Erdmassen in allmählich sich steigender Verdichtungsarbeit, wie sie sonst in diesem Umfange von anderen Verdichtungsgeräten nur selten erreicht wird. Plötzliche Stampfkraft auf lose Massen sprengt dieselben auseinander, anstatt zu verdichten. Die Walzen gestatten, allgemein gesprochen, in fast idealer Weise durch streifenförmiges Überdecken der Walzspur eine allmähliche Steigerung der Verdichtung unter größtem Wirkungsgrad.

4. Die Gürtelradwalze [*352*]. Begriffliches und Arbeitsprinzip. Ihre Bezeichnung ergibt sich aus der gürtelartigen Gestaltung der hinteren Walzenräder. Die Koppisch-Gürtelradwalze (Abb. 368 u. 369) vereinigt Druckplatten- und geißfußartige Druckstempel mit dem kreisenden Bewegungsspiel. Sie verkörpert eine besondere und einzigartige deutsche Konstruktion. Daran sind die schmalen Walzenräder dieser Vierradwalze sehr bemerkenswert und erklären auch ihre gegenüber den bisherigen Walzen größere Tiefenwirkung. Das Planum verliert im geradlinigen Verdichtungsspiel nicht an Ebenflächigkeit, wie es auch mit den glatten Walzen erreicht wird. Andererseits besteht die Aufwühlgefahr durch die schmalen Gürtelräder und damit einer unebenen unruhigen Dammfläche ganz im Gegensatz zu den bisher besprochenen glatten Walzen bei Kurvenbewegungen.

Konstruktive Einzelheiten. Diese Walze ist aus der Kaeble-Straßenwalze entwickelt worden. Die Gürtelkette an den als Gürtelräder ausgebildeten Hinterrädern ist mit dem Rad so verbunden, daß sie infolge ungleichmäßiger Teilung in Fahrtrichtung stets senkrecht um das Treibrad umläuft. Hierdurch wird erreicht, daß die auf dem Gürtel befestigten Druckplattenkörper stets senkrecht und mit einem gewissen Stoß auf den Boden aufsetzen. Durch diese an diesem Walzenkörper allein ver-

Abb. 368. Schwere Koppisch-Vierradgürtelwalze (Werkaufnahme).

Abb. 369. Koppisch-Gürtelwalze mit Druckstempeln an den hinteren Walzenkörpern.

wirklichte, wenn auch relativ geringe Stoßbeanspruchung, die einen Übergang zu den Stampfgeräten erkennen läßt, wird ebenfalls eine größere Tiefenwirkung ermöglicht.

Die zur einwandfreien Steuerung und zur Verhinderung von Wulstbildungen und Verdämmungserscheinungen sehr schmal gehaltenen Vorderräder tragen lediglich gelenkig gelagerte, jedoch im Gelenk fest mit dem Radkranz verbundene Druckplatten. Die Größe dieser Platten ist für beide Achsen so bemessen, daß ein gleichmäßiger Bodendruck von 3,25 kg/cm² bei rd. 12,6 t Hinterraddruck und 3,1 t Vorderraddruck erzielt wird. Die Geschwindigkeit mit 1,5 km/h ist relativ gering. Die Verdichtung erfolgt nach dem Prinzip der Stufenverdichtung derart, daß die Walze auf den zu verdichtenden Massen hin- und herfährt, wobei jedesmal ein Viertel der Druckplattenbreite seitlich gesteuert wird. Hierdurch wird die mehrmalige Verdichtung (vier- bis achtfache) jedes Punktes erreicht und verbürgt. Die Tiefenwirkung ergibt sich zu 97% relativer Dichte in 30 cm, so daß eine Schütthöhe von 40 cm durchaus möglich erscheint.

In der Fortentwicklung der Gürtelwalze wird die Tiefenwirkung durch die kegelförmig besetzten Druckplatten zu erhöhen versucht. Abb. 369 zeigt eine neuere Ausführung mit Druckstempeln auf der Druckplatte, um die Tiefenwirkung und Knetarbeit zu erhöhen. In der Flächenleistung erreicht die Gürtelradwalze diejenige einer 1000 kg schweren Delmag-Ramme (vgl. S. 310).

Nachteile an dieser Walze sind die geringe Geschwindigkeit und damit diejenige Flächenleistung, die auch nicht mit einer etwa 25% größeren Tiefenwirkung gegenüber den bisher besprochenen Walzen konkurrenzfähig ist.

5. Die Gummiwalzen [*431,432*] (Abb. 370 bis 375). **Begriffliches.** Bei dieser Walzenart handelt es sich um eine weitere Fortentwicklung des Walzenprinzips, nämlich der rasch fortschreitenden Verdichtung durch walzenartig wirkende, in

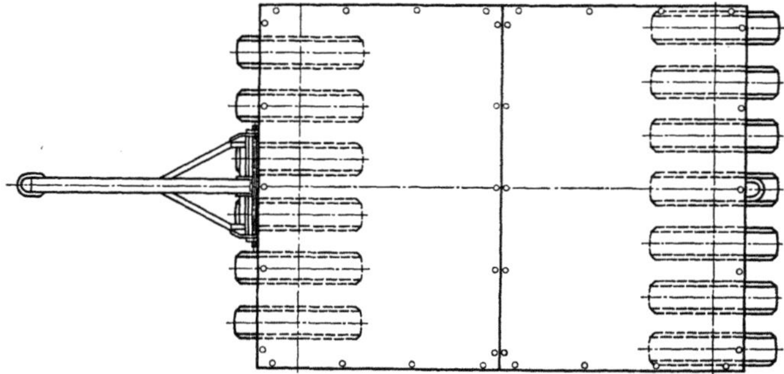

Abb. 370. Grundriß der zweiachsigen Gummiwalze System Scheidt mit 13 Gummirädern (Werkzeichnung).

steter fortschreitender Bewegung befindliche und einem endlosen Band vergleichbare Gummiräder von überdimensionaler Ausbildung in Breite und Durchmesser.

Konstruktive Einzelheiten. Zu jeder Achse gehören mindestens vier breite Gummiräder, die bis auf acht vermehrt werden können. Diese Walze gleicht mehr einem LKW-Anhänger und hat mit der ursprünglichen Walzenform und dem Walzentyp nichts mehr zu tun. Durch den kastenförmigen Überbau auf dem Fahrgestell können die Lasten beliebig gesteigert werden. Mit 60 t Höchstgewicht ist es eine außergewöhnlich schwere Walze, denn die schwersten Straßenwalzen sind 20 bis etwa 25 t schwer. Gummiradwalzen stellt in Deutschland die Firma W. und J. Scheidt her (Abb. 370 bis 372). Sie besitzt sechs Vorder- und sieben Hinterräder. Das maximale Gewicht der Walze beträgt 10 t, der maximale Reifendruck 2 kg/cm². Die Anordnung der paarweise beweglich gelagerten Vorder- und Hinterräder (Abb. 370 bis 372) auf Spurlücke ermöglicht das gleichmäßige Abwalzen der Gesamtfläche.

Denselben technischen Fortschritt verzeichnet die Bros-Gummiwalze in USA. Sie besitzt ebenfalls sechs Vorder- und sieben Hinterräder (Abb. 373 u. 374). Damit wird die gleichmäßige Verdichtung der gesamten Fläche erstrebt. Das

Gewicht dieser Walze beträgt 12 t. Mit zwei- und vierrädrigen Gummiwalzen wird ein Reifendruck von 6,3 kg/cm² erreicht.

In den USA werden in der neuesten Fortentwicklung mehr als 45 bis 180 t schwere zwei- oder vierrädrige Gummiwalzen mit mehr als 11 bis 45 t Raddruck verwendet, deren Entwicklung nach MIDDLEBROOKS maßgebend durch das Corps of Engineers beeinflußt wurde (Abb. 375, S. 290).

Abb. 371. Scheidt-Gummiwalze beim Einsatz (Werkaufnahme).

Abb. 372. Scheidt-Gummiwalze zum Glätten nach der Verdichtung (Werkaufnahme).

Paarweise gekoppelte, oszillierend aufgehängte Gummiräder.

Folgende Eigenschaften dieser neueren Walzenart sind besonders hervorzuheben:

1. Sie eignen sich besonders für die Verdichtung von haftenden Erdbaumassen, wobei die bisher sehr niedrige Schütthöhe mindestens verdoppelt werden kann auf 45 bis 60 cm.

2. Es genügt für eine vorschriftsmäßige Verdichtung in der Regel die Hälfte der bei Schaffußwalzen üblichen Verdichtungsgänge (vgl. S. 358 ff).

3. Die Kostenersparnis beträgt dabei 2,5 bis 5 Cents für 0,83 m³.

4. Sie eignen sich auch zur Verdichtung von Felsschüttungen an Felsschüttdämmen aus weichem Felsmaterial.

Nach MIDDLEBROOKS werden diese Walzen in ab

Abb. 373. Gummiwalze der Fa. Bros (USA).

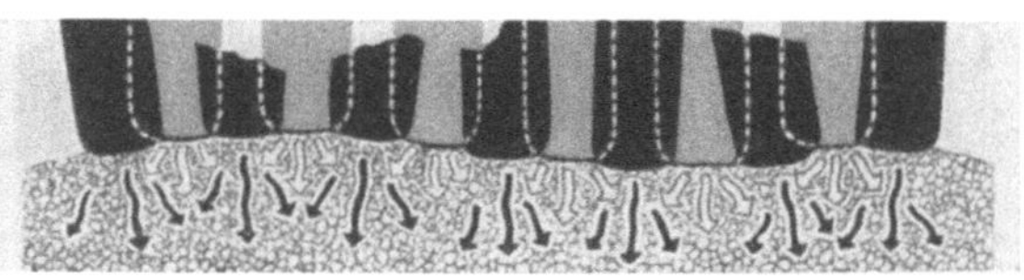

Abb. 374. Verdichtungswirkung der beweglich gelagerten Gummiräder der Gummiwalze. Bauart Bros (USA).

sehbarer Zeit das bisherige Wahrzeichen der amerikanischen Staudämme, die fast 50 Jahre bewährte Schaffußwalze, ersetzen und vollständig verdrängen.

1. Die sehr elastisch wirkenden gummibereiften Riesenräder, die ganz und gar dem starren Prinzip der Walzenkörper auch in der Gürtelwalze widersprechen und eine sehr bemerkenswerte technische Lösung darstellen.

2. Die hohe Tiefenwirkung dieser schweren Walzenart, die trotz der Gummibereifung als Walzenkörper verbürgt wird und mit 60 cm Tiefe angegeben wird.

Abb. 375. Zwei- (bis vier-) rädrige Gummiwalzen schwerster Bauart bis etwa 65 t Gewicht der Fa. Bros (USA) (Techn. Bericht aus Straße und Autobahn H. 12, 52.)

3. Die Möglichkeit beliebiger Entlastung oder Belastung, also bequeme Anpassung des Walzengewichtes an die jeweilige Konsistenz der Massen, ohne dadurch grundsätzlich die Walzarbeit, allerdings auf Kosten einer unterschiedlichen Tiefenwirkung, zu beeinträchtigen.

4. Die außerordentlich hohe Geschwindigkeit, die selbst die relativ sehr rasch laufenden Schaffußwalzen um ein Vielfaches übertrifft. Die Geschwindigkeit der Walzen beträgt etwa 40 km/h und übertrifft damit die Höchstgeschwindigkeit der neuesten amerikanischen Selbstlader als Transportgeräte auf dem Damm mit einer mittleren Geschwindigkeit von 25 km/h.

5. Wie an allen Walzen wird die erforderliche Verdichtung *nur* durch Steigerung der Verdichtungsenergie in einem mehrfachen Verdichtungsspiel und damit in der Erhöhung der spezifischen Verdichtungswirkung zum Höchstmaß erreicht.

Untersuchungen [*278, 414, 434, 444*] haben ergeben, daß die Verdichtung am stärksten im Spiel vom 1. bis 12. Walzgang zunahm, daß die weitere Verdichtung indessen bis zum 24. Walzgang gesteigert werden konnte.

6. Mit der Steigerung der Geschwindigkeit untrennbar verbunden wird das Schüttmaterial dynamisch beansprucht.

Im Sinne des Energiegesetzes $= \dfrac{m\,v^2}{2}$ nimmt die dynamische Verdichtungswirkung an jeder Walze mit der Geschwindigkeit zu und ist ein zusätzlicher Verdichtungsfaktor.

Abb. 376. Schwingende (Vibrations-) Gummiwalze beim Einsatz. Gewicht bis zu 30 t.

Der Vorteil dieser Walzen beruht somit vor allem in folgendem:

6. Vibrationswalzen (Abb. 376) [*431, 445*]. Begriffliches — Konstruktionswirkung. Im Gegensatz zu den zwei- und dreiachsigen Walzen liegt hier (Abb. 376) eine einachsige Walze vor. Die Vibrationswalzen vereinigen Druck mit Rüttelbewegung. Sie stellen einen leicht beweglichen Typ der sog. Rütteldruckgeräte leichtester Bauart dar. Ihr Einsatzbereich erstreckt sich auf

Abb. 377. Schaffußwalze mit schaffußartigen Druckkörpern 3 bis 20 t.

die nichtbindigen Erdarten. Ihre verdichtende Wirkung bei einem Gewicht bis zu 27 t wird gesteigert bei Einhaltung des optimalen Wassergehaltes. Sie können bei Körnungen bis zu 75 mm ∅ eingesetzt werden.

In diesem Walzentyp spiegelt sich noch mehr als an den Gummiwalzen (Dynamik und Druck) die kombinierte Verdichtungsenergie (Bewegung und Druck) wider. Daher können diese Walzen relativ geringeren Gewichtes eine größere Tiefenverdichtung an den festen Erdarten erzielen, als sie mit den gewöhnlichen Walzen zu erreichen ist. Besonders an den sperrigen, nichtbindigen Erdarten ist dieser Wirkungsgrad sehr günstig. Ihr Einsatz hat sich besonders bei der möglichst setzungsfreien Verdichtung von Widerlagerhinterfüllungen bewährt.

Abb. 378. Schaffußwalze mit kegelstumpfartigen Druckkörpern, sog. Igelwalze. Gewicht 3 bis 20 t. (Abb. 377 u. 378 nach [*434, 443*]).

7. Die Schaffußwalzen (Abb. 377 u. 378) [*319, 434, 443, 450*]. Begriff — Konstruktion — Anwendung. Ihr Name erklärt sich aus ihrer besonderen Konstruktion, die völlig von der der bisher besprochenen Walzentypen abweicht. Diese Walze wird stets als Walzenkörper von einem Motorfahrzeug gezogen. Der Walzenkörper ist mit schaffuß- oder kegelstumpfähnlichen Druckstempeln verschiedener Ausführung versehen, die auf Grund 50jähriger Erfahrungen in dem klassischen Anwendungsland, den USA, *das* bevorzugte und,

19*

man möchte sagen, das Universalverdichtungsgerät für Staudämme größten Ausmaßes aus erdigen Massen geworden ist. Sie wurden erstmalig 1905 eingeführt
Diese Schüttstoffe werden durch die Druckstempel durchgearbeitet, durchgeknetet, zerdrückt, zermahlen, zermalmt und verdichtet. Das gesamte Gewicht

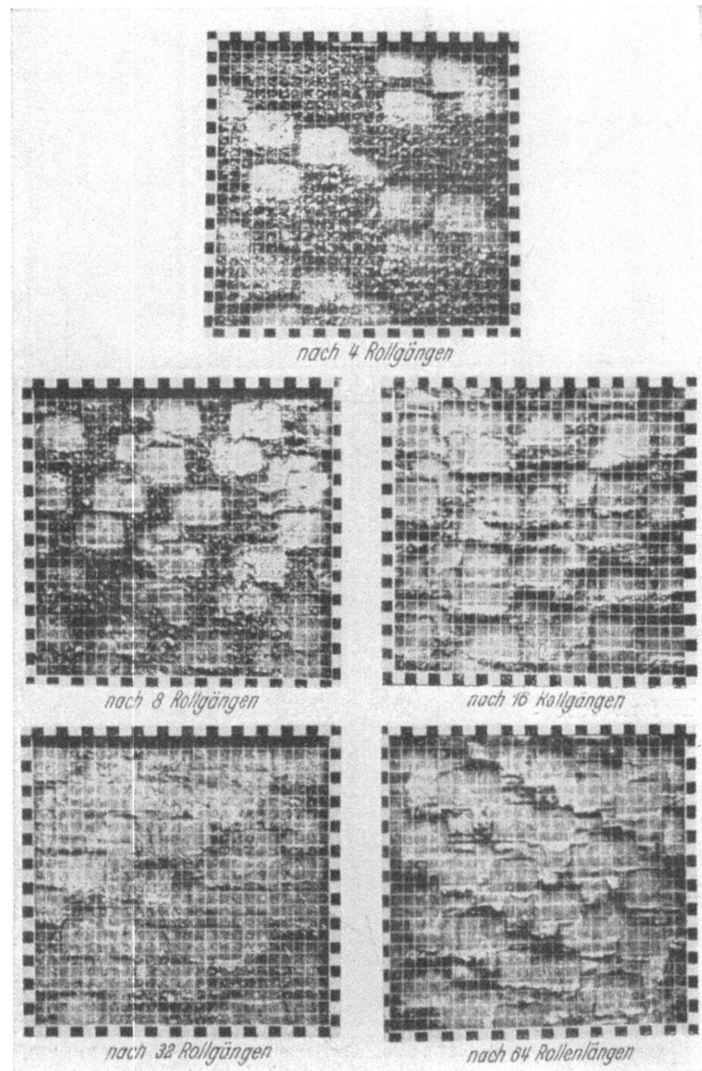

Abb. 379. Verdichtungswirkungen der Walze (Abb. 377) nach verschiedenen Verdichtungsgängen (nach [443].)

der zwischen 3 und 20 t schweren Walzenkörper konzentriert sich stets auf die
schmalen Druckflächen weniger Stempel, die daher einen bedeutend höheren
spezifischen Flächendruck aufweisen, als dies durch eine glatte Walze mit streifenartiger Flächenbelastung möglich ist. Die Anordnung der Stempel auf der Walze
läßt stets nur 4 bis 5 der mit 64 bis 240 Stempeln besetzten Walze gleichzeitig

zur Wirkung kommen. Daraus erklärt sich die hohe verdichtende Wirkung. In
den USA werden neuerdings nur 19 t schwere Schaffußwalzen verwendet [262a].

Die Wirkung der Druckstempel zeigen die Abb. 379 u. 380. Es ergibt sich dabei,
daß erst eine Vielzahl von Walzgängen, 12 bis 64, für jeden Punkt die erforderliche

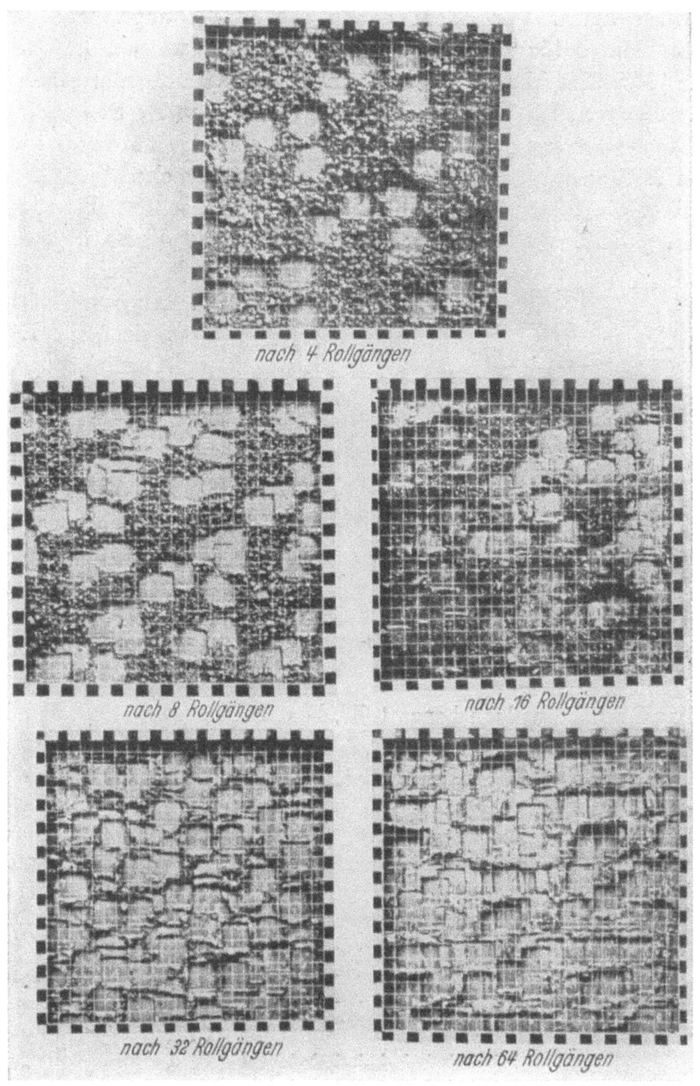

Abb. 380. Verdichtungswirkungen der Walze (Abb. 378) nach verschiedenen Verdichtungsgängen (nach [445].

Verdichtung bewirkt. Nur in Ausnahmefällen kann die Verdichtung abgekürzt
werden.

Es bestehen besondere Vorschriften über die Ausbildung und die Abnutzungs-
dauer der Stempel. Die Mindestlänge beträgt 17,6 cm und höchstens 26,6 cm.
Die Druckfläche soll 38,7 cm² groß sein. Sinkt die Querschnittsfläche unter

23,2 cm², so ist der Stempel zu erneuern. Die Köpfe der Stempel bestehen aus gehärtetem Stahl. Der Stempeldruck schwankt je nach Größe der Walzen zwischen 7 bis 80 kg/cm². Trotz dieser erprobten Vorschriften sind weitere Bestrebungen und Versuche im Gange, die Entwicklung dieser Walzen so weit zu vervollkommnen, daß ein Höchstmaß von Verdichtung in der Zeiteinheit erreicht werden kann. Vor allem gehen die Bestrebungen dahinaus, gröbere Massen, die bisher bis zu 120 mm ∅ verarbeitet werden können, damit zu verdichten [319]. Die Versuche, die Stempel über das oben angegebene Längenmaß zu verlängern, die Tiefenwirkung zu erhöhen unter Steigerung der spezifischen Flächenpressung über 80 kg/cm² hinaus, haben noch nicht den erwünschten Erfolg gebracht. Bei Nachweis einer Druckwirkung bis zu 1,25 m Tiefe blieben die Massen auf die gesamte Tiefe der Druckstempellänge von 4,5 dm mangelhaft verdichtet und ließen sich mit dieser überdimensionalen

Abb. 381. Segmentwalze der Fa. Buffalo Springfield (USA).

Schaffußwalze nicht vorschriftsmäßig verdichten. Insofern besteht eine enge Beziehung zwischen Konstruktion, Schütthöhe, Verdichtungsenergie und Verdichtungsspiel. Die Geschwindigkeit dieser von Raupentraktoren gezogenen Walze beträgt etwa 4,5 km/h, man setzt sie meist in mehrfacher Hintereinanderschaltung (Tandem-Anordnung) ein. Um die Oberfläche gegen Niederschlagswasser zu schützen, wird meist als letzte Walze eine glatte Walze angehängt. In Deutschland hat zunächst die Firma Menck & Hambrock in Hamburg Schaffußwalzen hergestellt. Neuerdings werden sie von M. Schmitz in Mechernich (Eifel) gebaut. Sie ähneln weitgehend amerikanischen Vorbildern. Die Druckfläche der Schaffußwalze beträgt 40 cm², der spezifische Druck leer:

Tabelle 41. *Technische Daten der Schaffußwalzen: Menck & Hambrock.*

	Einzel-schaffußwalze	Doppel-schaffußwalze
Länge über alles	3250 mm	3460 mm
Breite über alles	1464 mm	2960 mm
Grunddurchmesser der Walze	1290 mm	1290 mm
Durchmesser der Walze über die Füße gemessen. .	1650 mm	1650 mm
Breite der Walzentrommel	1250 mm	1250 mm
Anzahl der Füße	112	2 × 112
Höhe der Füße	180 mm	180 mm
Druckfläche eines Fußes	34 cm²	34 cm²
Konstruktionsgewicht, leer (bei 112 Füßen je Walze)	1910 kg	4100 kg
Gewicht, mit Wasser gefüllt	3210 kg	6700 kg
Gewicht, mit nassem Sand gefüllt	4310 kg	8900 kg
Flächendruck, leer	14 kg/cm²	15 kg/cm²
Flächendruck, mit Wasser gefüllt.	24 kg/cm²	25 kg/cm²
Flächendruck, mit nassem Sand gefüllt	32 kg/cm²	33 kg/cm²

Die Walzen können mit 88, 112 oder 128 Füßen je Walze versehen werden.

11 bis 16 kg; mit Wasserfüllung 15 bis 30 kg, mit Sand 18 bis 38 kg/cm². Eine bemerkenswerte Fortentwicklung bildet die „Segmentwalze" von Buffalo Springfield (USA) (Abb. 381). Die Verdichtungswirkung ist 3 bis 7% größer als die der glatten Walze. Sie steht zwischen der glatten und der Schaffußwalze.

Der Rohölverbrauch des Schleppers beträgt 200 g/h.

Die Vorzüge der Schaffußwalzen. Sie bestehen in folgendem:

1. Hohe Fahrtgeschwindigkeit, leichte Wendigkeit, robuste Bauart und stete Einsatzbereitschaft.

2. Vielseitige Verdichtungsart und -wirkung der Druckstempel: Kneten, Drücken, Zermahlen, Umlagern, Einrütteln.

3. Hohe Flächenleistung, wodurch der Nachteil niedriger Schütthöhen weitgehend ausgeglichen wird.

4. Leichte Kontrolle der Verdichtungsbahnen, damit der erforderlichen Rollgänge und vorgeschriebenen Verdichtung.

5. Mehrfache Hintereinanderschaltung von Schaffußwalzen beschleunigt die durch Raupentraktoren eingeleitete Verdichtung.

6. Bequeme Glättung der planebenen, aufgerauhten Oberfläche durch Verwendung einer glatten Walze am Ende des Walzenzuges.

7. Eine weitgehend gleichmäßige, da mehrfache Verdichtung einer sehr dünnen Schüttlage.

8. Die Fließarbeit: Die Walzen laufen in dauernd kreisenden Bewegungen, gewissermaßen am endlosen Band und sind daher leicht zu überwachen.

9. Sie gestatten eine beliebige Verstärkung der Zahl der Walzen und daher eine spezifisch hohe Verdichtungsleistung in weitem Ausmaße.

10. Sie bewirken eine gerade für den Staudamm erforderliche weitgehende Homogenisierung der Massen und Verzahnung aufeinanderfolgender Schüttlagen.

11. Die Schütthöhe von 15 bis 25 cm Höhe ermöglicht große Flächenleistungen.

12. Es läßt sich ohne Schwierigkeiten eine relative Dichte von mehr als 90% erreichen. Eine derartige Verdichtung von mehr als 95% läßt die Deckenarbeiten an Straßendämmen nach Beendigung der Dammarbeiten zu, zumal Setzungen nur im Betrage von wenigen mm gemessen wurden.

Die Nachteile der Schaffußwalzen. Sie beruhen:

1. In ihrer großen Empfindlichkeit bei Nässe. Größere, das investierte Kapital belastende erzwungene Ruhepausen sind unvermeidlich. Sie sind daher in erster Linie beständig für Trockenklima geeignet, da dann ihre Kapazität voll ausgelastet werden kann. In den östlichen Gebieten der USA sind sie z. B. nur an 150 bis 180 Arbeitstagen einsatzfähig; gegenüber den günstigeren Verhältnissen in den Weststaaten nach Niederschlägen infolge der Verschmierung der Walzen im mitteleuropäischen Klimabereiche mit feuchten Jahreszeiten sind sie weniger zu verwenden. Nachteilig ist die leichte Verklebegefahr an den feuchten Erdmassen für die Schaffußwalzen, weshalb ihr Einsatz sich in Europa und speziell auch in Deutschland nicht durchsetzen konnte.

2. In ihrer beschränkten Verwendungsmöglichkeit für felsiges Schüttmaterial.

3. In der Notwendigkeit, große Flächen mit niedrigen Lageschüttungen zur Verfügung zu stellen.

Die überragende Bedeutung dieser Walzen in der Geotechnik des amerikanischen Staudammbaues spiegelt sich vor allem darin wider, daß die Dammbaustoffe nach ihrer Verdichtbarkeit durch Schaffußwalzen eingeteilt werden (vgl. S. 102). Dies bedeutet bei jeder derartigen Stauanlage Bereitstellung von Massen, die sich in besonderem Maße von diesen Walzen verdichten lassen. Diese Forderung ist in Deutschland und auch anderen europäischen Ländern teilweise nur schwer oder überhaupt nicht zu erfüllen.

8. Kritik zur Frage des Walzeneinsatzes im Dammbau. Der Einsatz der Walzen empfiehlt sich nur bei feineren, weichen, krümeligen, lockeren Erdarten, die sich unter der vorherrschenden Druckwirkung als Verdichtungsenergie wirkungsvoll verdichten lassen: Alle diese Massen wurden dabei zur Steigerung der dauerhaften inneren Gefügeverfestigung am zweckmäßigsten unter Beachtung des optimalen Wassergehaltes verdichtet. Nur an den Schaffußwalzen lassen die Amerikaner Körnungen bis 120 mm ∅ zu, während LEUSSINK [214] hierfür 20 mm ∅ als Höchstmaß fordert. In der Mitte dürfte je nach dem Steifegrad die beste Lösung liegen, d. h. wenig steife, ausgesprochen weiche, mürbe Massen können bis zu 120 mm ∅ eingebaut werden, trockene, harte Erdmassen mit etwa 20 mm ∅.

Wenn auch kein Universalrezept in der genauen Abgrenzung der Beschaffenheit der Schüttmassen gegeben werden kann, so sind indessen folgende Tatsachen beachtenswert und richtunggebend:

1. Je steiniger und grobstückiger das Schüttmaterial ist, um so weniger lassen sich auch die Walzen mit bester Druckwirkung verwenden.

2. Je zäher die Massen sind, um so weniger sind diese auf die gesamte Tiefe gleichmäßig zusammenzudrücken.

3. Je härter die Erdbrocken sind, um so kleinstückiger (< 7 mm ∅) müssen die Erdmassen bei Verwendung evtl. unter zusätzlichem Einsatz von Scheibenwalzen als wirksamsten Walzen die Verdichtungswalzen sein.

4. Stets soll ein Anteil der feinkörnigen Erdarten von etwa 30 % im gemischtkörnigen Schüttgut enthalten sein, um so die Massen unter weitgehender Beschränkung des schädlichen Hohlraumes fest zusammendrücken zu können.

5. Feste und pseudofeste felsige Massen sind ebensowenig wirksam zu verdichten wie weichplastische Erdarten.

6. Je mehr Rüttelenergie, also Schwingungen, mitwirkt, um so weiter erstreckt sich der Wirkungsbereich auf das Gebiet der festen Erdarten, so daß es verfehlt ist, z. B. nur sehr schwach haftende Erdarten mit den Rütteldruckwalzen zu verdichten (nähere Angaben s. Tab. 44, S. 358ff.).

7. Je höher die Mitwirkung dynamischer Kraft an der Verdichtung, um so härter, stückiger dürfen die Schüttmassen sein.

B. Geotechnik des Walzensatzes.

1. Walze und Schütthöhe. Das hervorstechendste Merkmal aller Walzen ist ihre geringste Tiefenwirkung gegenüber sämtlichen anderen Verdichtungsgeräten, die nur in der kombinierten Anwendung der *Rütteldruck-* (schwingenden) und *dynamischen (Gummi-) Walzen* mit bis zu 60 cm Höhe durchbrochen wird. Sowohl an den glatten wie an den Schaffußwalzen ist die höchstzulässige Schüttung bei etwa 25 cm erreicht. Während man an den *schweren glatten Walzen* $>$ als 10 t Gewicht in Deutschland im Mittel 30 cm zuläßt, beschränken die Amerikaner die Schütthöhe für die *Schaffußwalzen* bisher auf 15 bis 25 cm, im Mittel auf

20 cm, wobei durch die schweren Typen die Grenze sich mehr nach 25 cm verschiebt unter gleichzeitiger Bemessung des Durchmessers der Erdbrocken auf 12 cm.

An den *Gürtelradwalzen* kann die Schütthöhe auf 30 bis 40 cm, an den schwingenden und dynamischen Walzen auf 20 bis 50 cm erhöht werden, wobei im einzelnen das Gewicht und die Beschaffenheit der Massen eine variierende Einflußnahme gewinnen.

Vergleichende Untersuchungen an verschiedenen Bodenarten sind wiederholt in England [*255, 257, 434, 443*] und gründlich mit verschiedenen Walzen (Schaffuß-, Gummiwalzen — in beiden Fällen verschiedene Typen —, mit glatten Walzen usw.) angestellt worden, um die besondere Wirkungsweise in der Tiefenverdichtung, gemessen an der relativen Verdichtung, gegenseitig abzuklären. Die Bilder (Abb. 474a bis e, S. 401) geben hiervon einen Ausschnitt. Die Untersuchungen lieferten sehr befriedigende Verdichtungergebnisse, besonders an feuchten erdigen Stoffen, an denen derselbe Verdichtungseffekt mit anderen Geräten unter sonst gleichen Bedingungen nicht erreicht werden konnte [*281*].

2. Verdichtungsspiel. Alle Walzen verdichten nicht in einem Verdichtungsgang, sondern steigern die Verdichtung durch eine Mehr- bis Vielzahl der Rollgänge auf das erforderliche Maximum. An den schweren gewöhnlichen Walzen und bei mäßiger Schütthöhe kann mit einem etwa 4- bis 6maligem Überrollen die Verdichtung in der Regel als genügend angesehen werden.

An den Schaffußwalzen ist die Mindestzahl der Verdichtungsgänge in den USA mit 12 bis 16 festgelegt und kann bis auf 64 erhöht werden. An den schwingenden Walzen ermäßigt sich je nach der Zusammensetzung nichthaftender und haftender Massen die Zahl der Verdichtungsgänge je Punkt auf 4 bis etwa 16.

Alle Walzen zeichnen sich aus in der Steigerungsfähigkeit der Verdichtung durch mehrmaliges Überrollen und damit in der zweckmäßigen Verdichtung über die Vor- zur endgültigen Hauptverdichtung.

3. Walzen und Dammgröße. Die Walzen lassen sich für alle Dämme beliebiger Größe und Höhe verwenden: Beispiele bilden die Riesenerddämme der USA mit einem Massenbedarf bis zu fast 100 Millionen m³ und einer Höhe von mehr als 150 m.

In der außerordentlich hohen Flächenleistung, wie sie die riesigen Stauanlagen in den USA und der Sowjetunion verlangen, sind sie von keinem anderen Verdichtungsgerät infolge ihrer außerordentlich hohen Flächenleistung, in ihrer flüssigen, auf robuster und einfacher Bauart beruhenden Betriebsweise zu übertreffen.

4. Walzen und Dammteile. Der Einsatz der Walzen läßt sich an allen Dammteilen, auch an den Widerlagerhinterfüllungen, durch Wahl eines wendigen Walzentypes, z. B. einachsige schwingende Walze und Abstimmung der Massen hierauf, ermöglichen.

5. Kombinierter Einsatz verschiedener Walzen. Hinsichtlich der Eignung der verschiedenen Walzen für die verschiedenen Schüttmassen sind folgende Ermittlungen [*281*] aufschlußreich: „Glatte Walzen haben an Sand mit einem optimalen Wassergehalt von 9% und Kies mit optimalem Wassergehalt von 7% eine größere Verdichtungswirkung als Schaffuß- und Gummiwalzen zu ver-

zeichnen. Die Luftreifen- (Gummi-) Walze von 11 t Gewicht ist an losen Schüttmassen den glatten Walzen unterlegen, dagegen an stark bindigen Erdarten
(Ton) mit relativ hohem Wassergehalt sehr erfolgreich. Die Schaffußwalzen
kommen nur für die schwach haftenden Erdarten in Frage."

Da aber die Massen meist sehr wechselnd zusammengesetzt sind, empfiehlt
sich durchaus eine Kombination von Schaffuß- und schwingenden oder auch
glatten Walzen, was auch insofern ratsam ist, um wasserempfindliche Massen
bei der Verdichtung zu glätten, sie regensicher zu machen.

6. Schüttmassen und Wassergehalt. Bei Einsatz der Walzen ist nach lang-
jähriger Erfahrung des Buro of Reclamation an erdigen Massen stets ein Wassergehalt (2%) etwas unterhalb des optimalen Wassergehaltes einzuhalten [*216*].
(Vgl. S. 148.)

7. Einfluß des Klimas auf die Verdichtung [*278*]. Walzen sind im allgemeinen
sehr empfindlich gegen Feuchtigkeitsveränderungen (Niederschläge). Nach
britischen Untersuchungen trocknen die stark haftenden Erdarten in England
infolge des dauernden feuchten ozeanischen Klimas nicht so weit aus, um diese
mit dem geringeren optimalen Wassergehalt, der ja dicht unter der Ausrollgrenze
liegt, zu verdichten. Soweit daher nicht Dichtungskörper ausgeführt werden,
müssen entfilternde Zwischenlagen eingeschaltet werden, um nach dem Wechseleinbau die Massen weitgehend zu verfestigen und zu entfeuchten.

Können sich Walzen auf diesen zu feuchten Massen nicht von selbst fortbewegen, dann kann man Raupenschlepper vorspannen; diese verhindern die
Schiebewülste, verdichten vor und erleichtern auch dann noch eine Walzarbeit,
wenn die Walze sich von selbst nicht mehr fortbewegen kann. Zum Beispiel
konnte in dem sehr nassen Sommer 1951 Schluffton mit einem mittleren optimalen Wassergehalt zwischen 18 und 19% trotz wiederholter heftiger Niederschläge erfolgreich im Dichtungskörper einer Talsperre durch geschickte Arbeits-
disposition unter behelfsmäßiger Verwendung eines Traktors eingebaut werden.
Infolgedessen gelten die Beschränkungen, die für England wohl auch nur teilweise
zutreffen dürften, in der Regel für deutsche Verhältnisse nicht. Niemals darf
man indessen auf den Fehler verfallen, zu weiche Massen nur leicht mit einem
leichten Raupenschlepper verdichten zu wollen. Dies wäre eine verhängnisvolle
Selbsttäuschung. Die Walzarbeit ist erst dann auszusetzen, wenn der Raupenschlepper versagt.

8. Geotechnische Folgerungen für den Dammbau. 1. Die Walzen haben nach
wie vor eine beherrschende Stellung im Erdbau und besonders im Dammbau zu
verzeichnen. Diese Selbstbehauptung verdanken sie der verschiedenartigen Anpassung der Walzenkonstruktionen an die veränderten Bedingungen des Erdbaues im Stau- und Verkehrsdammbau.

2. Indessen stellen sie nur dann ein „universelles" Verdichtungsgerät dar,
wenn, wie z. B. in den USA, die Massen auf den Grenzbereich des Wirkungs-
kreises der Walzen abgestimmt sind.

3. Leichte Knetarbeit, Zusammendrückbarkeit, Mahlfähigkeit und geringe
Druckfestigkeit sind wesentliche Voraussetzungen für einen zweckentsprechenden Einsatz der Walzen im Dammbau.

4. In der Glättung wasserempfindlicher Erdarten sind sie im Dammbau
unentbehrlich.

5. Für die Knetverdichtung und Verzahnung aufeinanderfolgender Schüttungen im Staudammbau sind sie sehr gut zu verwenden, wobei die glatten Walzen zumindest mit Kanteisen versehen sein müssen.

6. Da die Schütthöhen bei Walzenverdichtung sehr mäßig sind, liegt darin ein Nachteil. Soweit man nicht die Einbauleistung in Flächenleistung vergütet, besteht daher die dauernde Gefahr zu hoher Schüttlagen.

7. Der Einbau dieser Dichtungsmassen im Staudammbau nach diesem umständlichen und überalterten dünnschichtigen Lageneinbau ist nach Einführung des Hydratonverfahrens technisch überholt, denn trotz der vollständigen Ausschöpfung der Mechanisierung der Arbeitsvorgänge ist [139a] angesichts der niedrigen Lagenschüttung im Vergleich zur Dammhöhe ein unüberwindliches Hindernis der geotechnischen Fortentwicklung zu erblicken. Hier sind die möglichen Grenzen erreicht. Sie können nur durch die neueren Dichtungsverfahren gebrochen werden. Man bedenke im einzelnen, daß bei einer im Mittel 25% Verdichtung einer Schüttung von 25 cm Höhe für einen Damm von 100 m Höhe nicht weniger als 500 Schüttlagen erforderlich sind, die sich mit den Schaffußwalzen bei 20 Rollgängen und dreifacher Hintereinanderschaltung insgesamt auf 30 000 Verdichtungsspiele stellt. Man kann geradezu von einer bemerkenswerten Dammbauakrobatik sprechen, deren Höhepunkt nunmehr überschritten ist.

8. Die Massen erfordern die größte Anzahl von Einzelverdichtungen im Vergleich zu den anderen Verdichtungsgeräten. Am meisten müssen die Rollgänge an den Schaffußwalzen, weniger an den schwingenden Walzen und am wenigsten an den schweren langsamen glatten Walzen wiederholt werden.

9. Die Verdichtung dieser dünnen Lagen wird wirksam unterstützt durch die Flachbaggergeräte. Diese wirken ähnlich den schweren Gummiwalzen, denn ihre Riesenballonniederdruckreifen verdichten die erdigen Schüttmassen außerordentlich weitgehend vor (Abb. 310, S. 229). Die Auflagefläche erfaßt Streifen von 70 cm, begründet in dem Niederdruck und der schweren Last der Transportfahrzeuge. Ähnlich günstige Wirkungen sind bei den Gleiskettenfahrzeugen zu verzeichnen. Diese Vorverdichtung gestattet aber gerade an den haftfesten Erdarten auch den wirkungsvollen Einsatz von Stampfgeräten, ohne eine weitgehende Auflockerung an der Oberfläche befürchten zu müssen.

10. Wo es bisher nicht auf den wirkungsvollen, fehlerfreien Einbau von Dichtungsmassen wie im Staudammbau ankommt — das Hydratonverfahren und die Steingerüsttonbauweise dürften indessen hier eine grundsätzliche Änderung herbeiführen —, steht die Walze nach wie vor in schwerer Konkurrenz gegen die dynamischen und Rütteldruckgeräte auch dort, wo erdige Massen vorliegen.

C. Die Stampfgeräte oder Rammen.

Zu diesen im neuzeitlichen Erd- und speziell Dammbau in Deutschland bedeutungsvollen und weitverbreiteten Verdichtungsgeräten gehören alle Verdichtungsaggregate, die durch unelastisch wirkende Stoßkräfte Schüttmassen auf Bruch- und Zertrümmerungsfestigkeit, weniger auf Druck beanspruchen. Da die Wucht des unelastischen Stoßes stärkere Veränderungen an den Massen als nur reine Druckkräfte verursacht, ist die Wirkung einer Stoßbeanspruchung einer Druckbelastung in jedem Falle überlegen, denn sie wächst mit dem Quadrat der Geschwindigkeit im Sinne der Energieformel $= \dfrac{m\,v^2}{2}$.

Zu den Gerätetypen gehören alle Handstampfer, Pflasterrammen, Stampfbagger, Stampfmaschine „Elefant", Pfahlrammen, Stampfgeräte, automatisch
springende Rammen (Delmag-Frösche), umgebaute Stampfbagger mit Fallplatten
usw. Die Vielzahl der Typen nach Gewicht und Größe vom leichten Handstampfer bis zur 5 t schweren Stampfplatte des Umbaubaggers ermöglicht eine
mehr oder weniger vollständige Befriedigung der Verdichtungsansprüche im
Dammbau.

**1. Die Wirkungsweise und Problematik der Verdichtung durch Stampf- und
Rammgeräte** (Abb. 382a bis c). Die Wirkung ist eine Funktion des Gewichtes

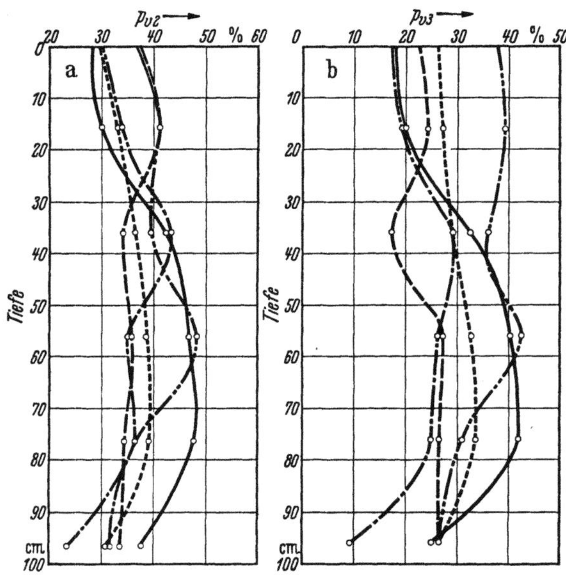

Abb. 382a. Verdichtung- ($p_{v\,2}$-) Kurven eines mit der Demag-Stampfplatte verdichteten Dammes

Abb. 382b. Zunahme der Dichte (p_v) durch Abstampfen mit der Demag-Stampfplatte.

(Nach Loos.)

··········	mit Demag-Stampfplatte, Gewicht	2,0 t	2 Schläge/Fläche		Feld	7
—··—··—	„ „ „	„ 2,0 t	4 „	„	„	6
—·——·—	„ „ „	„ 4,5 t	2 „	„	„	9
——————	„ „ „	„ 4,5 t	4 „	„	„	3
—————	„ „ „	„ 3,0 t	4 „	„	„	10

und der Fallhöhe, also der Geschwindigkeit im Sinne der Beziehung: $\dfrac{m\,v^2}{2}$ und

$v = \sqrt{2\,g\,h}$, worin m die Masse, g die Erdbeschleunigung in m/s² und h die Fallhöhe in m ist. Je nach Gewicht und Fallhöhe ist die Wirkung der Stampfgeräte sehr unterschiedlich, aber stets mehrseitig: zertrümmernd, umlagernd,
einrüttelnd usw. Obige Abbildungen lassen die Tiefenwirkungen Sand mit
Walzen und Stampfbagger erkennen [236]. Während in den Materialprüfungs-
ämtern Kennwerte über die Festigkeit verschiedener Kunstbaugesteine vorhanden sind und laufend festgestellt werden, fehlen für den Erd- und
Dammbau entsprechende Kennziffern über ihr Verhalten bei verschiedener
Aufschlagwucht und die für den Dammbau erforderliche Größe in Abhängigkeit
von der Stückgröße, der Schütthöhe, der Gesteinsart. Daher fehlen auch genaue
Kennziffern über die unbedingt erforderliche Verdichtung bei Einsatz dieser

Geräte für eine stabile Gefügeausbildung von Staudämmen aus z. B. felsigen Schüttungen bestimmter Stückgrößenbereiche. Ja, es ist noch nicht einmal auf Grund der sehr günstigen Setzungsbeobachtungen an Staudämmen unverdichteter Felsschüttungen in den USA erwiesen, daß der bisher übliche feinmosaikartige Aufbau der Stützkörper von Staudämmen, z. B. in Deutschland in dieser weitgehenden Feingliederung, erforderlich ist. Hier herrscht noch sehr viel Unklarheit. So viel dürfte indessen feststehen, daß die Staudammverdichtung in der

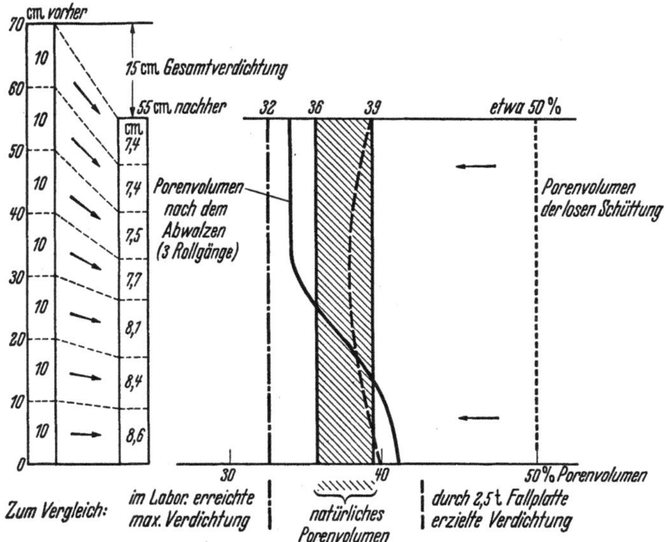

Abb. 382c. Darstellung der Verdichtung mit Hilfe des Porenvolumens bei Einsatz eines Stampfbaggers im Vergleich zum 3maligen Abwalzen. (Nach Loos.)

Regel anders zu beurteilen, auch anders zu gestalten ist als etwa die Verdichtung von schmalen niedrigeren Verkehrsdämmen, z. B. an den Anschlußstellen von Dämmen an Bauwerken.

Insbesondere muß geklärt werden, inwieweit eine Zertrümmerung auf Kosten einer tiefgreifenden Felsverklemmung und -verzwickung durch die Stampfgeräte erforderlich ist, denn die Zertrümmerung verzehrt in einer dünnen Zone den weitaus größten Teil der Aufschlagwucht, ohne zu einer gleichmäßigen durchgreifenden und tiefreichenden Gefügeverfestigung auf Grund der Selbstsperrung felsiger Massen zu führen. Man darf daher wohl vor einer Selbsttäuschung in der „enormen Verdichtungswirkung" der bisher in Deutschland als Universalverdichtungsgeräte zu geltenden Stampfbagger warnen. Die günstigen, d. h. geringen Setzungen mechanisch nicht verdichteter Felsmassen [148] gegenüber den niemals setzungsfrei verdichteten Felsschüttungen geben entschieden zu denken und zwingen zur Klärung der Frage des zweckmäßigen und wirtschaftlichen Energieeinsatzes in der Verfestigung felsiger Schüttungen an allen Staudämmen. Wie Druckfestigkeit nicht mit Zertrümmerungsfestigkeit verwechselt werden darf, so darf auch nicht ohne weiteres aus der großen Zertrümmerungsfestigkeit auf eine damit zwangsläufig verbundene Tiefenwirkung geschlossen werden, wenn diese auch normalerweise größer als an den Walzen ist. Immerhin bedingt die kugelschalig ausstrahlende und sich vom Zentrum des Aufschlagpunktes rasch vermindernde Aufschlagwucht, daß der Anteil der verdichtenden Energie mit der Entfernung nach den Seiten und der Tiefe rasch abnimmt und daß diese indessen um so tiefer fortwirkt und festgestellt werden kann, je dichter ein Medium ist. Insofern sind hier genau dieselben Rückwirkungen wie bei der Fortpflanzungsgeschwindigkeit elastischer Wellen zu verzeichnen, die z. B. für die Untersuchung der Baugrundgüte verwendet werden können [327, 328]. Auch die Seismik ist als Parallele anzuführen. Die Ausbreitungsgeschwindigkeit elastischer Wellen ist eine Funktion der Dichte, damit der Güte der Verdichtung. Sind daher die Massen bereits weitgehend vorverdichtet, so wirkt ein neuer Stoßimpuls in etwas größerer Entfernung stets noch stark auf die weiteren Punkte ein. Daraus erklärt sich auch die Tatsache, daß unabhängig von der wachsenden Auflast und der damit verbundenen Drucksteigerung auf tiefere Dammteile die Stoßverdichtung sich hier noch stärker auswirkt, als es den Anschein hat. Jedenfalls wäre die Ansicht irrig, daß sich die Verdichtung durch Stoß oder auch durch elastische Schwingungen jedesmal auf die unmittelbare Schüttlage beschränkt. Darin ist ein wesentlicher Unterschied gegenüber der Wirkung der Walzen zu erblicken. Die Strahlen werden somit an jeder Grenzfläche gebrochen, und ihre Fortpflanzungsgeschwindigkeit nimmt mit wachsender Tiefe einen kurvenförmigen Verlauf an.

In dieser Tatsache ist durchaus ein Ansatzpunkt für eine elastischere Gestaltung des Verdichtungsspieles in der Ausführung der Verdichtung gegeben. Wenn daher die Energie der Aufschlagwucht in große Tiefen ausstrahlt und auch festgestellt werden kann und diese mit der wachsenden Auflast infolge der damit zusammenhängenden, als Dammkonsolidation und Dammsetzung zu bezeichnenden Gefügeverdichtung in größerem Bereich sich bemerkbar macht, so ist ohne weiteres klar, daß die Anwendung der Stoßverdichtung am Staudammbau nach anderen Gesichtspunkten zu bewerten und anzuwenden ist als etwa an den Verkehrsdämmen. Sie kann hier unter Erhöhung der Schüttlagen über das an Verkehrsdämmen übliche Maß beschränkt werden, denn welche Gefahren drohen dem Staudamm und hier in erster Linie dem Stützkörper? Dynamische Verkehrserschütterungen in den seltensten Fällen, nur hydrostatische Druck- und hydrodynamische Strömungsbeanspruchungen. Erstere sind durch eine entsprechende Gestaltung des Dammprofils, unter Berücksichtigung des Auftriebes (vgl. S. 509), also durch das Gewicht der Massen, leicht auszugleichen.

Wir gehen wohl nicht fehl, wenn auf Grund dieser eindeutigen Verhältnisse und der neuartigen Geotechnik bei Gestaltung der Dichtungskörper (Hydratonverfahren) die Verdichtung im Staudammbau, an den Felsschüttungen zumindest, nicht mehr die ausschließliche Forderung auf eine ebenso gründliche Feinmosaikarbeit wie an den wasserempfindlichen Massen erheben kann und auch wird. Daher ist an den Staudämmen künftig die Stoßenergie weitgehend zu beschränken, solange in der Masse des Stützkörpers allein ein hohes Maß an Sicherheit gegenüber den hydrostatischen und hydrodynamischen Beanspruchungen gewährleistet ist. Die Stoßgeräte sind aber in erster Linie für felsige, spröde und sperrige Massen gedacht. Somit ist ihr Einsatz auf eine feste Verklemmung, nicht aber, wie bisher, auf eine weitgehende Zertrümmerung abzustellen, diese sind indessen nur dort, wo der mürbe Felsen oder leicht veränderliche Felsmassen verwendet werden sollen, erforderlich.

Verkehrsdamm. Im Gegensatz zum nicht durch dynamische Verkehrsansprüche dauernd erschütterten Staudamm gilt hier universell die Forderung eines möglichst dichten, weitgehend verlagerungssicheren Gefüges als beste Sicherung gegen alle so verschiedenartig am schmalen Verkehrsdamm geringer Höhe wirksamen Kräfte, ohne daß insbesondere im Laufe der Zeit ein langsamer, aber stetig fortwirkender, langsam fortschreitender Umlagerungsprozeß der festesten Gesteinsteilchen möglich ist.

Hier ist daher die Verdichtung im Sinne des „Prinzipes des kleinsten Hohlraumes" stets anzustreben, denn Steinsetzdämme, die diesen Grundsatz weitgehend befolgen, sind hier selten vertreten.

Die Dynamik des Verkehrs ist ein intermittierender und in seiner auf- und abschwellenden Intensität dauernd wirksamer stabilitätsgefährdender Faktor. Daher ist hier grundsätzlich ein strengerer Maßstab als an den Staudämmen anzulegen. Denn hier gilt als Grundforderung, daß der Damm zumindest in der Gesamtsumme der Vorbelastung, also der Verdichtung, mit einem Aufwand behandelt werden muß, der dem jeweils stärksten Verdichtungs- und Beanspruchungsimpuls im Laufe der Zeit durch die Verkehrsbeanspruchungen im Verein mit dem Faktor Zeit, also den schwankenden klimatischen, am Gefüge stärker wirkenden Einflüssen gewachsen ist. Insofern soll die Verdichtung — gewissermaßen als zeitraffender verdichtender Arbeitsprozeß — die schädlichen Wirkungen und daraus sich ergebende Gefahren auf den Verkehrsdamm ausschalten. Allerdings ist dieses Ziel nur an den

Abb. 383. Gedrungener nach unten gewölbter Stampfklotz bedingt starke Verdichtung unter der Aufschlagfläche, Stampffläche und starke Aufwölbung unmittelbar daneben.

Straßendämmen, weniger an den Eisenbahndämmen zu erreichen, denn die Energie der schweren Güter- und rasch fahrenden Schnellzüge ist durch die Verdichtungsgeräte nicht zu erreichen.

Die Wirkung eines Stampfgerätes zeigt größte Unterschiede im unmittelbaren Bereich der Aufschlagfläche (Abb. 383). Während unmittelbar unter der Rammfläche infolge der impulsartig erfolgenden Stoßbeanspruchung der Schüttstoff die größte Formänderungsbeanspruchung erfährt, die entweder in Zertrümmerung, Umlagerung oder Verformung mit der zwangsläufigen Folge einer Gefügeveränderung und Gefügevergütung ausmündet, wird unmittelbar neben der Aufschlagfläche der Schüttstoff weitgehend aufgelockert, denn hier fehlt die einzwängende, zusammenhaltende Auflast des Verdichtungsgerätes, um die Wirkung der Wucht in Verdichtungsarbeit umzusetzen. Infolgedessen ergibt sich neben einem Maximum an Verdichtung unmittelbar ein Minimum. Die Auflockerung ist um so stärker, je geringer die Schubwiderstände in dem Schüttstoff sind, denn sie werden mehr oder weniger einseitig auf „Verschiebung" beansprucht, weshalb nicht selten wulstförmige Massenanhäufungen um das

Gerät entstehen. Diese Aufwölbungserscheinungen gehen aus der Abb. 384 sehr gut hervor.

Trotz dieser Auflockerung werden die Massen darunter mehr oder weniger abrupt eingerüttelt. Insofern wirkt sich diese an der Oberfläche abzeichnende

Abb. 384. Abgerammte Schüttung mit unruhiger Oberfläche im Gegensatz zur Walzenverdichtung.

Aufwölbung als Folge einer seitlichen Verdrückung der Massen für die nachfolgende Verdichtung günstig aus. Denn sie schafft die Voraussetzung für die allmählich sich steigernde Verdichtungswirkung. Allerdings setzt dieser jähe Wechsel von Verdichtung und Auflockerung eine zweckmäßige Steigerung der Verdichtung in der stufenweise fortschreitenden Verdichtungstechnik voraus, die — wie an allen anderen Verdichtungsgeräten — in der allmählichen Steigerung der Verdichtungsarbeit ausmündet. Die Verdichtungstechnik ist dem jeweiligen Gerät entsprechend dieser Forderung anzupassen und bedarf an allen Stampfgeräten, die in ihrer Konstruktion dieses Arbeitsspiel nicht gewährleisten, besonderer sorgfältiger Führung, wie sie schematisch für die Stampfplatten in Abb. 385 in richtiger und falscher Ausführung gezeigt wird.

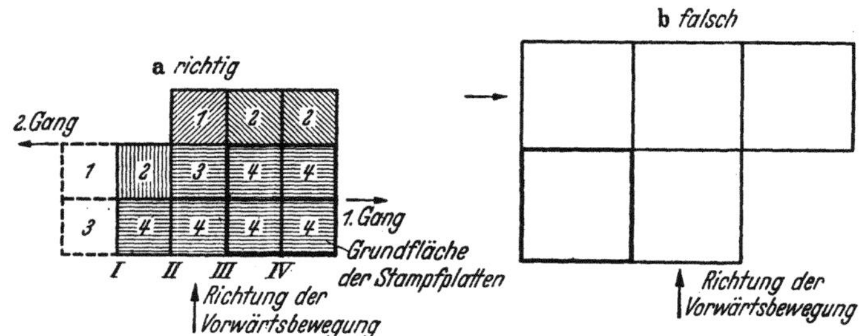

Abb. 385 a u. b. a Verdichtungsschema für die fortschreitende stufenförmige Verdichtung bei Einsatz von Stampfplatten, b falsches Verdichtungsschema, die Massen werden von den benachbarten Stellen wieder aufgelockert. Die Zahlen *1* bis *4* geben an, wie oft ein Punkt in dem jeweiligen Feld bei stufenförmiger Verdichtung verdichtet ist.

Die Stampfgeräte und Verdichtungsrammen. Folgende Geräte haben in der Praxis während der letzten Jahrzehnte ihre Bewährungsprobe abgelegt und damit eine beherrschende Stellung bei der Verdichtung im Erdbau erlangt:

1. Der Stampfbagger,

2. die schweren und mittelschweren Delmag-Explosionsrammen.

2. Der Stampfbagger (Abb. 386). Geschichtliches. Dieses bislang schwerste und zugleich wirkungsvollste Verdichtungsgerät felsiger Massen ist eine Abwandlung des Universalbaggers. Diese konstruktive Entwicklung verdankt er dem Bau der Sösetalsperre vor etwa 25 Jahren [133]. Er ist zugleich das älteste schwere deutsche Stampfgerät. Die besonderen Massenverhältnisse und Zeitnot einer termingerechten Ausführung veranlaßten die Erprobung und Anwendung dieses bisher unbekannten Stampfgerätes unter Erhöhung der Schüttung gegenüber der vorgesehenen Walzenverdichtung um den fünf- bis zehn-

Abb. 386. Kreissegmentartige Verdichtung unter erhöhter Verdichtung der Randzonen (vgl. Abb. 389) durch Stampfbagger.

fachen Betrag an dieser Talsperre. Der außerordentliche Erfolg dieses Ersteinsatzes am Damm spiegelt sich in den äußerst geringen Setzungen an dieser und der gleichfalls auf diese Weise verdichteten Odertalsperre im Harz wider (vgl. S. 436).

Abb. 387. Stampfkörper gedrungen als Klotz für stückige, harte, felsige und harte Tonschollen usw.

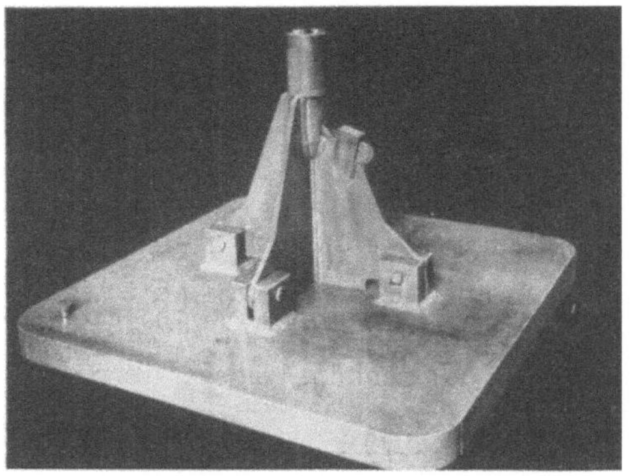

Abb. 388. Stampfkörper breitflächig als Platte für weichere Massen, Sande, Löß usw.

Beschreibung des Stampfbaggers. Über den etwas verkürzten Ausläufer gleiten auf verstärkten Seiltrommeln an sehr beweglichen (drei) Seilen stählerne Stampfklötze, vorwiegend gedrungener (Abb. 387), weniger platten-

artiger (Abb. 388) Formgebung mit einer etwa 0,75 bis mehr als 1 m großen
Grundfläche, die freifallend aus verstellbarer Fallhöhe von mehr als 2,5 m bis
auf wenige dm mit nach unten flachgewölbter Aufschlaghöhe die losen Schüttmassen treffen. Das Gewicht der Stampfklötze schwankt in der Regel zwischen
2 bis 3 t, kann indessen auch bis auf etwa 5 t Gewicht erhöht werden. Der
Antrieb und die Auslösung des Stampfklotzes aus der normalerweise 2 m hohen
Fallhöhe erfolgt automatisch. Dadurch ist der Stampfbaggerführer in der Lage,
das Verdichtungsspiel sorgfältig zu lenken und zu überwachen. Zwei Seile dienen
zum Anheben, eins zum Führen und Verhindern einer Verdrehung des Stampfklotzes. Durch eine besondere Hubtrommel können die Stampfkörper beschleunigt gehoben und kann die Stampfleistung gesteigert werden. In der Regel
rechnet man in der Minute mit 15 bis 20 Schlägen. Zur Abschwächung der Stauch-
wirkung und damit zur Schonung der stark beanspruchten Seile sind die Stampfbagger mit Schwingen ausgerichtet, deren Aufgabe es ist, die Stauenergiewirkung
beim Aufschlag des Klotzes elastisch auszugleichen. Man kann hierfür auch
Gummischeiben verwenden. Trotzdem ist die Lebensdauer der Seile bei vollem
Betrieb mit etwa 8 bis 14 Tagen sehr gering und daher das schwächste Glied
in dem an sich sehr robusten Verdichtungsgerät. Der Schwenkbereich der
Stampfbagger beträgt 180°. Zur Ermäßigung der Bodenpressung läuft der
Bagger auf breiten Raupen, die durch Bohlen noch weiter unterstützt werden
können, um den Einsatz des Stampfbaggers auch auf tonigen Böden zu er-
möglichen.

Die Arbeitsweise und Vergleich mit Walzarbeit. Der Stampfbagger arbeitet,
wie die Abb. 385 zeigt, diskontinuierlich und verdichtet dabei die Schüttung
in sich überlagernden Kreissegmenten, wobei die Randzonen bei unveränderlicher Auslagerlänge stärker verdichtet werden als die inneren Teile des
Sektors. Im Vergleich zu den Walzen ist
die Flächenleistung erheblich geringer, die
glatte Walze hinterläßt ebene Flächen, die
Stampfbagger und die Schaffußwalze rauhe,
die Ansammlungen von Niederschlagswasser
ermöglichen. Der Nachteil geringer Flächen-
wirkung wird im Vergleich zu den Walzen
durch eine mehr- bis vielfache Tiefenverdichtung wettgemacht. Durch Veränderung

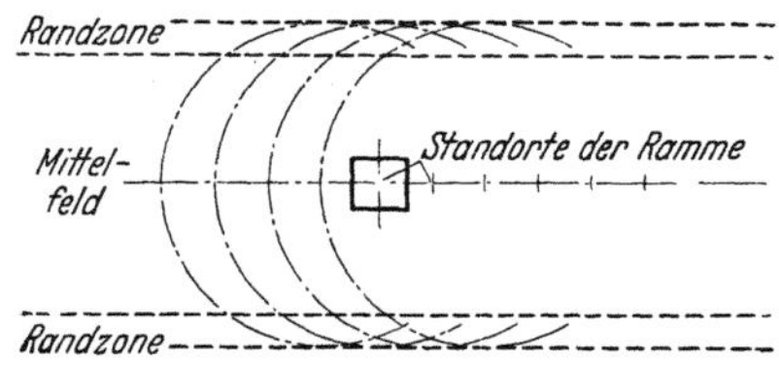

Abb. 389. Verdichtungsschema des Stampfbaggers mit stark verdichteten Randzonen.

der Fallhöhe kann die Verdichtung den jeweiligen Bauzwecken, z. B. an Kunstbauten, angepaßt werden. Nachteilig ist die besondere Sorgfalt beim Versetzen
des Stampfkörpers, eine Arbeit, die beim Walzen nicht soviel Genauigkeit infolge
breiterer Walzenbänder gegenüber der sehr beschränkten Fläche des Stampfklotzes verlangt.

Stampfbagger und Schütthöhe. Die Tiefenwirkung wurde mittels Druckdosen bis zu mindestens 3 m Tiefe nachgewiesen. Die Erschütterung ist indessen auf mehr als 10 m Entfernung vom Aufschlagpunkt zu verspüren und
wirkt sich daher auch entsprechend tief im Dammkörper selbst aus. Um eine
wirtschaftliche Verdichtung zu erreichen (vgl. S. 213), und das gilt vor allem
im gleichen Maße für Stau- und Verkehrsdämme (Straßen- und Eisenbahnen),
sind folgende Voraussetzungen zu erfüllen:

1. Abstimmung der Wucht (Stampfwirkung) auf Schütthöhe,
2. ,, ,, ,, ,, ,, Stückgröße (Massen),
3. ,, ,, ,, ,, ,, Konsistenz der Massen,
4. ,, ,, ,, ,, ,, Härte und Trägheit der Massen,
5. ,, ,, ,, ,, ,, Verdichtungszweck.

Das verlagerungssichere Gefüge entsprechend den verschiedenen Ansprüchen, Belastungen und laufenden Einwirkungen ist für die Bemessung der Schütthöhe maßgebend. Sie ist daher an den Verkehrsdämmen der Straßenanlagen mit einer hochwertigen Deckenbelägen und den Trassierungselementen vollauf entsprechenden Deckenlage geringer als am Staudammbau zu wählen, denn Höchstmaß an Verdichtung durch dichteste Packung ist im Straßenbau das Grundprinzip. Daher empfiehlt sich, die Schütthöhen auf etwa die Hälfte gegenüber den Staudämmen zu beschränken. Sie liegen an den Staudämmen meist über 1 bis 2 m Höhe an beweglichen Massen des Stützkörpers, verringern sich im Straßenbau und im Bereich der Dichtungskörper auf Bruchteile eines Meters, um möglichst den Wert von 1 m Schüttstärke nicht zu überschreiten. Es ist in diesem Zusammenhang zumindest irrig, die Schütthöhe mit der Gewichtszunahme der Stampfklötze steigern zu wollen. Für die beweglichen Erdarten ist dies sogar falsch [*233* bis *236*]. Dies beweist, daß der technische Wirkungsgrad eines Stampfgerätes in einem bestimmten Verhältnis von Schüttmassen zur Aufschlagwucht steht. Nach EMPERGER [*392*] ist die Wirkung gleicher Wucht verschieden, z. B. verursacht ein Wurfkörper von 95 kg aus 3 m Höhe gegenüber einem 53,5 kg schweren aus 6 m Höhe, d.h. bei gleicher Wucht, unterschiedlich bleibende Formänderungen. Soweit nämlich sehr träge oder sehr spröde, felsige Massen vorliegen, die imstande sind, die Formänderungsarbeit zu schlucken, sie in Verdichtungsarbeit umzusetzen, mag man mit dem schwersten Stampfklotz und entsprechender Schütthöhe erfolgreich sein. Sobald aber bewegliche Massen, wie Sand und Kies, von dieser Wucht getroffen werden, bedeutet dies glatte Vergeudung des technischen Kraftaufwandes. Diese Massen entweichen nach den Seiten [*159, 160*]. Die Ursachen

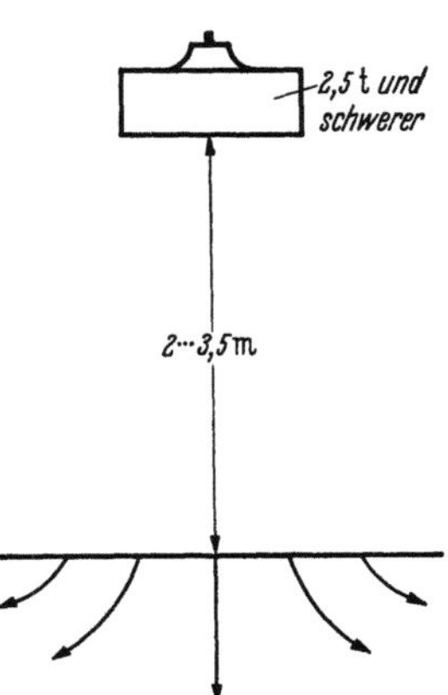

Abb. 390. Mißverhältnis zwischen Stampffläche und Stampfhöhe, die gedrungene Platte wirkt wie ein Pfahl, der Verdichtungserfolg ist mehr punkt- als flächenförmig.

liegen aber dabei nicht nur an der Wucht, sondern auch an der Pfahlwirkung der für diesen Wuchteinsatz an beweglichen Massen zu kleinen Aufschlagflächen (Abb. 390).

Stampfplatte und Stückgröße der Massen. Wie in der Schütthöhe je nach dem Zweck: Verklemmung oder Zertrümmerung, völlige plastische Verdichtung oder Zermalmung das Maß in einem Grenzbereich variieren kann, so gibt es für die Größe der eingebauten Massen ebenfalls Grenzen nach oben, die nur auf Kosten der Güte der Verdichtung für den wirkungsvollen und notwendigen Umsatz der impulsartigen Energiezufuhr in Verdichtungsarbeit überschritten werden darf. Es besteht ein untrennbarer Zusammenhang zwischen Schütthöhe und Stück- oder Korndurchmesser der einzubauenden Massen mit der Einschränkung, daß gewisse Varianten je nach der Härte und dem Ziel der Verdichtung möglich sind. Immerhin ist nach den bisherigen Erfahrungen die obere Grenze — auch beim Bau von Talsperren nicht wesentlich — über 30 cm hinausgegangen. Dabei kann dieses Maß bei weichen, in ihrer Gefügeausbildung leicht zur Zertrümmerung und Zerkleinerung neigenden Schiefermassen erhöht, an den festen kompakten Felsgesteinen, wie Granit, Syenit, Basalt usw., muß sie möglichst darunter bleiben, soweit es sich um Verkehrsdämme handelt und das Stampfgerät nicht überbeansprucht werden soll.

Beispiele für den erfolgreichen Einbau der Massen mit Stückgrößen bis zu etwa 30 cm bilden die Söse-, die Odertalsperre im Harz und die Genkeltalsperre bei Gommern im südlichen Westfalen; letztere wurde 1950/51 gebaut.

Für die Stabilität eines Dammes liegt in der Beschränkung dieser Stückgrößen dann ein Sicherheitsmaß, wenn durch die Stampfbaggerverdichtung die Summe der Berührungspunkte und -flächen auf ein bisher günstigstes Höchstmaß gesteigert werden kann, denn je kleiner die Massen, um so größer ist die gegenseitige spezifische Berührungsmöglichkeit und damit Schubfestigkeit. Dies gilt in erster Linie für die Verkehrs-, weniger für die Staudämme. Soweit die Gefügefestigkeit als Widerstandsgröße gegen Druckbeanspruchungen an den Felsgesteinen bei der Entscheidung der Frage der zulässigen Stückgröße maßgebend ist, ist zu unterscheiden zwischen den plutonischen und den meist weicheren, weitgehend feingegliederten Schichtgesteinen (Kalkstein, Schiefer aller Art). Zum Beispiel barsten an der mehr als 60 m hohen Chribtalsperre in Nordafrika die gesetzten Kalksteinblöcke, da sie der Druckbeanspruchung der Dammauflast nicht gewachsen waren. Veränderlichfeste Erdschollen und -brocken sollen eine Steifeziffer in Nähe und der Ausrollgrenze aufweisen.

Stampfplatte und Dammgröße und Dammhöhe. Der Stampfbagger ist ein sehr leistungsfähiges Gerät. Es beansprucht am wenigsten Vorbereitungs-

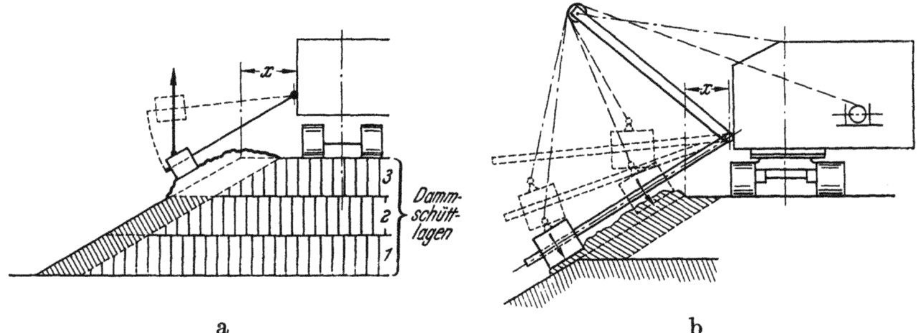

Abb. 391a u. b. Stampfbagger mit Vorrichtung zum Verdichten von Böschungen [Patent Hochtief (Essen)].

arbeit bei dem Einbau stückiger Massen (Zerkleinerung, Auslese und gleichmäßige Verteilung) in größtmöglicher Schütthöhe und mit sehr beträchtlicher Stückgröße. Damit wird der Einbau beschleunigt und verbilligt. Nach den vorliegenden Erfahrungen bewältigt ein Stampfbagger im zweischichtigen Betrieb 800 bis 1000 m³ Massen. Der Bedarf an Rohöl beträgt hierfür in 16 Stunden 120 kg und etwa 8 kg Schmieröl.

Stampfbagger und Dammteile. Dammschultern und Dammböschungen. Neuerdings hat die Firma Hochtief eine besondere Vorrichtung für die Seilführung bei der Verdichtung der Dammböschungen entwickelt, die ihre Verdichtung bei ermäßigter Fallhöhe bei senkrechter Aufschlagfläche auf die Böschungen einwandfrei gestattet (Abb. 391a u. b).

Die Dammschultern können ohne Bedenken bei stark ermäßigter Fallhöhe mindestens auf die Hälfte (0,50 bis 1,0 m) einwandfrei verdichtet werden, ohne daß diese Massen nach den Seiten verdrückt werden. Allerdings erfordern an hohen Dämmen die inneren Kurvenbögen mehr Sorgfalt als die äußeren. An den Staudämmen wird der wasserseitige Dichtungskörper am zweckmäßigsten etwas nach der Wasserseite verbreitert. Die weniger fest verdichtenden Massen rechnen dann zur Deckschicht. An den Verkehrsdämmen empfiehlt sich ebenfalls die Verbreiterung. Die über das vorgesehene Böschungs- und Breitenmaß eingebauten Massen werden dann zur Ausrundung der Knickpunkte abgezogen (Abb. 391c), so daß der Dammkörper in beiden Fällen bis an die Böschungskante ein gleichmäßiges dichtes Gefüge erhält (vgl. S. 217).

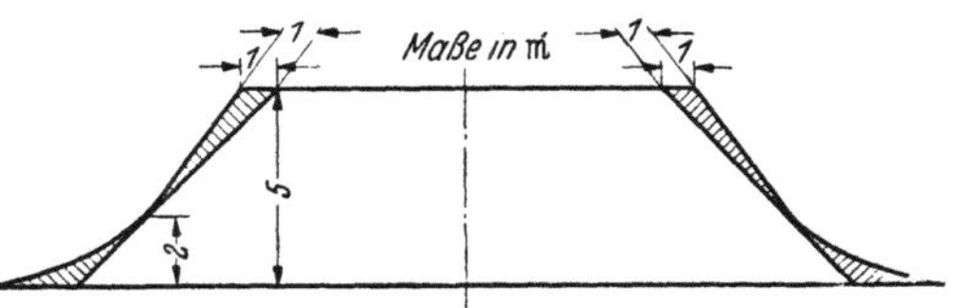

Abb. 391c. Zweckmäßige Profilgestaltung zur wirkungsvollen Verdichtung der Randpartien durch schweres Stampfgerät: zunächst breiter schütten, dann die Ränder profilgerecht abgleichen und die Dammfüße ausrunden.

Verdichtung der Hinterfüllungen von Widerlagern [355]. Die Widerlagerhinterfüllungen lassen sich durch Einsatz der Stampfbagger einwandfrei verdichten. Allerdings darf der Stampfbagger sich nur bis etwa 5 m an die Schwergewichtsmauern der Widerlager nähern. Der Zwischenstreifen muß durch schwächeres Gerät verdichtet werden. Die Fallhöhe wird dabei auf mindestens 1 m ermäßigt, die Schütthöhe beträgt nur wenige dcm. Man wird für diese Arbeit nur im Notfalle Stampfbagger verwenden, da ihr Einsatz unwirtschaftlich ist.

Überschüttung von Bauwerken. Stampfbagger können hier unter Beachtung nachfolgender Vorsichtsmaßnahmen verwendet werden. Die ersten 2 bis 3 m der Bauschichten müssen durch schwächeres Gerät verdichtet werden. Im Notfalle kann bei einer Fallhöhe von nur 20 cm und leichtem Stampfklotz etwa 2 t Gewicht, sowie einer Schütthöhe von 100 cm der Stampfbagger ebenfalls eingesetzt werden. Die Aufschlagwucht beträgt dann etwa 4 mkg/cm².

Stampfbagger und Witterungseinflüsse. Jedes feinkörnige Gestein unter 2 mm ⌀ läßt sich am besten nur mit dem optimalen Wassergehalt verdichten. Die Grenze der Einsatzfähigkeit unter Beachtung der durch die jeweilige Klimalage kurzfristig veränderlichen Konsistenz an den veränderlichfesten Erdarten liegt dort, wo sich bei der Verdichtung infolge des Porenwasserüberdruckes gummiartige Stellen bilden und zeigen. Davon abgesehen, kann der Stampfbagger so lange eingesetzt werden, bis die Fortbewegung auf den verbreiterten Raupen nicht mehr möglich ist. Da die Stampfbagger selten glatte Oberflächen, d. h. glatte Planie, hinterlassen (Abb. 384, S. 304), empfiehlt sich die zusätzliche Anwendung einer glättenden Walze, um die Bildung der den Dammbaubetrieb hemmenden Wasserlachen und örtlichen stärkeren Durchfeuchtungen bei Niederschlägen zu verhindern.

Geotechnische Folgerungen für den Dammbau. 1. Der Stampfbagger ist das wichtigste und wuchtigste Verdichtungsgerät des neuzeitlichen Dammbaues. Er ist das zugleich universellste und zur Zeit noch leistungsfähigste, auch älteste der deutschen schweren Verdichtungsgeräte im Dammbau für Zertrümmerungsarbeit mittels abrupt wirkender Stoßenergie.

2. Mit dem Stampfbagger lassen sich durch Auswechslung der Stampfklötze und Veränderung der Schütthöhe fast alle Ansprüche des neuzeitlichen Dammbaues auch in der Nähe stoßempfindlicher Kunstbauten, wie Rohrschleusen usw., erfüllen.

Abb. 392. Delmag-Ramme 100 kg neuerer Bauart beim Einsatz.

3. Sein Einsatz kommt vor allem dort in Frage, wo es gilt, Massen in sperriger Schüttung durch gleichzeitige weitgehende Gesteinszertrümmerung und Verformung zu beseitigen.

4. Wo felsige Massen wirkungsvoll zertrümmert werden müssen, ist das Stampfgerät unentbehrlich.

5. Es war bis vor kurzem das einzige Gerät, das größere Felsstücke von 12 bis 30 cm ⌀ wirkungsvoll verdichten konnte. Eine starke Konkurrenz ist ihm im Mammutkorbrüttler entstanden (vgl. S. 330).

6. Es ist das beste Verdichtungsgerät zur wirkungsvollen plastischen Verformung zäher und harter Schlufftonbrocken u. ä.

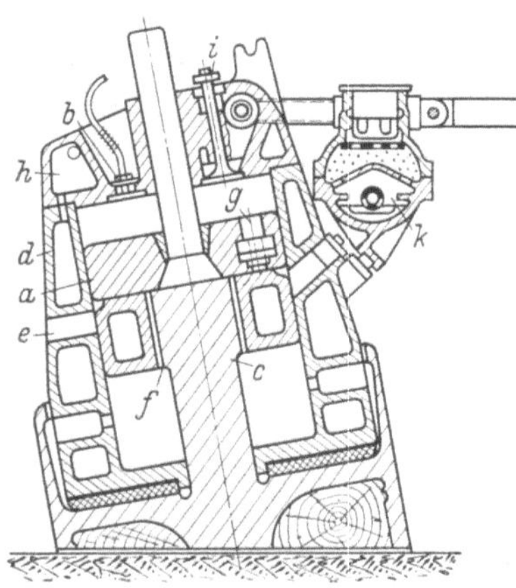

Abb. 393. Schnitt durch eine mittelschwere Delmag-Ramme (Frosch).

a, c Kolben, b Zündkerze, d Zylinder, e Auspuffschlitze, f Bohrungen für den Luftdurchlaß, g Auspuffventil, h Zylinderdeckel, i Ansaugventil, k Vergaser.

Über die Möglichkeiten der Weiterentwicklung und daher auch größeren Einsatzbereichs vgl. S. 353. Über seine vielseitige Verwendbarkeit vgl. die tabellarische Übersicht S. 358 ff.

3. Die Delmag-Explosionsrammen (,,Frösche"). Allgemeines. Die von der Firma Delmag (Eßlingen) entwickelten und seit fast 20 Jahren in großem Umfange im Dammbau zur Verdichtung von Erdmassen eingesetzten Explosionsrammen sind aus der Pfahlramme hervorgegangen. Von den verschiedenen Typen und Baumustern haben sich in erster Linie die schweren: der 0,5 (500 kg-), aber noch mehr der 1 t- (1000 kg-) Frosch, weniger die 100 kg schwere Ramme und der etwas unbeholfen wirkende 2,5 t-Frosch durchgesetzt. In der Bezeichnung ,,Frosch" kommt die hüpfende, selbsttätige Fortbewegung zum Ausdruck. Alle diese Geräte verwenden nichtverdichtete Gasgemische, und zwar ein Benzolluftgemisch.

Beschreibung (Abb. 393). Diese Rammen bestehen im wesentlichen aus der eigentlichen Stampfplatte, dem Fuß der Ramme mit starkem Holzfutter und Stahlblechmantel, dem Zylinder mit Arbeits- und Pufferkolben, dem Zylinderdeckel mit Einlaßventil und dem Oberflächenvergaser. An Stelle der ursprünglichen Batteriezündung ist die Magnetzündung getreten.

Die leichte Ramme mit senkrechtem Zylinder wird nur für Spezialzwecke bei Raumbehinderung und für leichte Verdichtungsarbeit an empfindlichen Rohrleitungen verwendet.

Die schweren Rammen, größer als 500 kg, besitzen eine zur Zylinderachse schräge Stampffläche von 70 cm am (500 kg) (Abb. 394), 80 cm am (1000 kg) (Abb. 395) und 100 cm ⌀ am (2,5 t) (Abb. 395) [347] Rammflächendurchmesser. Sie arbeiten also mit einer Stampffläche von 0,333 m² (500 kg-Frosch), 0,50 m² (1000 kg-Frosch) und 1,25 m² (2,5 t-Ramme). Diese Größe und ihre günstige Beziehung zur Sprung- und Fallhöhe (Abb. 397) hat sich als sehr günstig erwiesen, denn die Gefahr der seitlichen Verdrückung, die an dem Stampfbagger ohne weiteres infolge des ungünstigen Verhältnisses von Gewicht, Fallhöhe und Größe der Stampffläche gegeben ist, besteht hier nicht.

Arbeitsspiel bei der Verdichtung. Sprungweite und Sprunghöhe. Bei der Zündung führen die Rammen mit schräger Achse einen Sprung von mehreren dm Weite aus. Sprungweite und Sprunghöhe sind dabei sehr verschieden.

Die **Sprungweite** steht aber im unmittelbaren Verhältnis zur Sprunghöhe, soweit ebene Flächen vorliegen. Nur an geneigten Flächen verschiebt

Abb. 394. 500 kg schwere Delmag-Explosionsramme (kleiner Frosch)

Abb. 395. 1000 kg schwere Delmag-Explosionsramme (großer Frosch), die verbreitetste.

Abb. 396. 2500 kg schwere Delmag-Ramme, schwerste Bauart.

sich das Verhältnis etwas, denn bei fallenden Strecken ist der Sprung größer als bei horizontalen, bei ansteigenden Flächen indessen geringer.

Die **Sprunghöhe** wird bestimmt durch die Hubkraft des Gerätes, sie wird aber weitgehend modifiziert durch die Außentemperatur, durch die Betriebsdauer, durch die Haftfestigkeit der zu verdichtenden Massen und die Elastizität

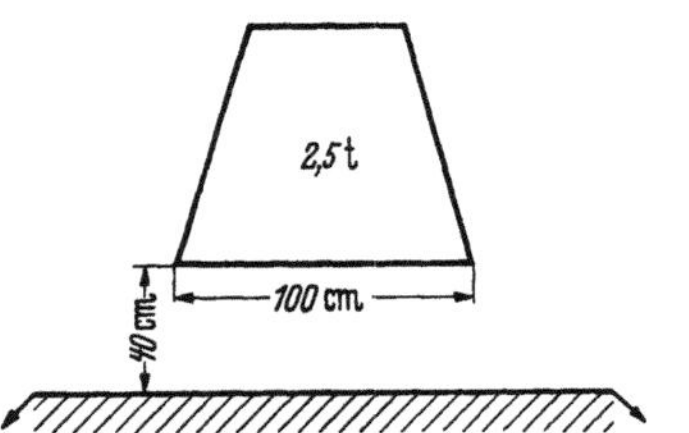

Abb. 397. Gute Übereinstimmung zwischen Rammflächengröße und Sprunghöhe der Delmag-Frösche.

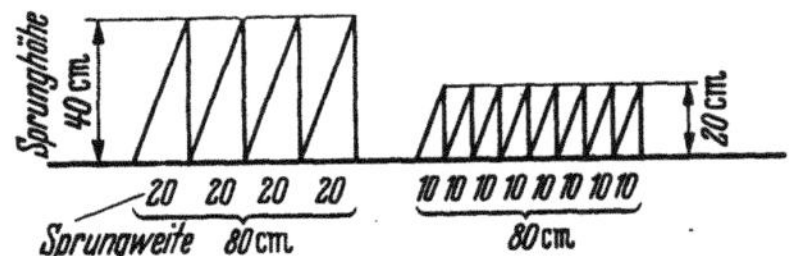

Abb. 398. Schematische Darstellung der Beziehung zwischen Sprunghöhe und Sprungweite und der Anzahl der Punktverdichtungen.

(Steifeziffer). Je größer die Steife und je kühler die Außentemperatur ist, um so höher springt die Ramme. Je weicher und haftender die Massen sind, um so geringer ist die Sprunghöhe. Damit steht aber auch die jeweilige Sprungweite

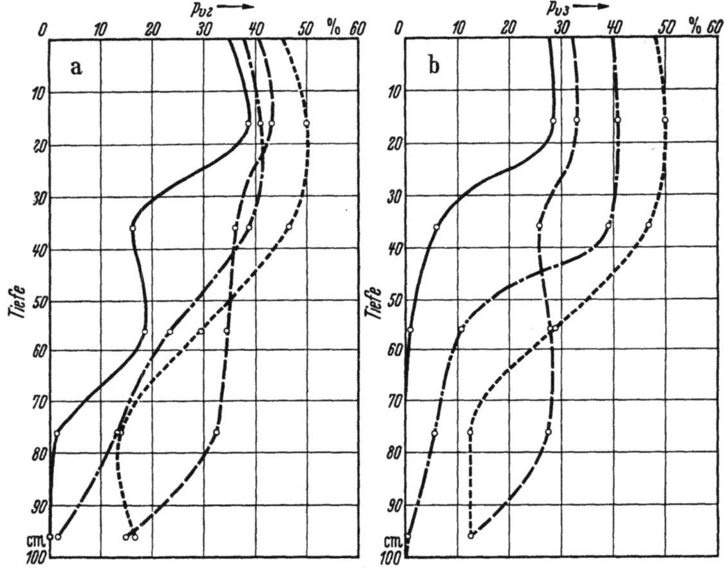

Abb. 399a. Verdichtungskurven eines mit dem Delmag-Frosch verdichteten Dammes.
Abb. 399b. Zunahme der Dichte durch Abstampfen mit dem Delmag-Frosch.
(Nach Loos.)

————— mit Delmag-Frosch Gewicht 500 kg 2 mal abgestampft Feld 3
—·—·— „ „ „ „ 1000 kg 2 „ „ „ 2
————— „ · „ „ „ 1000 kg 3 „ „ „ 5
············ „ „ „ „ 1000 kg 4 „ „ „ 4

in Beziehung. Die Sprunghöhe variiert dabei etwa zwischen 15 bis 40 cm im günstigsten Falle (Abb. 398). Die Sprungweite wechselt zwischen etwa 15 bis 20 und mehr cm an derselben Ramme. Das bedeutet, kleine Sprungweiten bedeuten eine spezifisch höhere Verdichtungsarbeit als größere Sprungweiten. Die Verdichtungsleistung hält sich dabei aber ungefähr die Waage, denn bei größeren Sprunghöhen genügt in der Regel weniger Verdichtungsarbeit je Punkt als bei geringeren Sprunghöhen. Allerdings setzt dieses Wechselspiel eine entsprechende, nicht zu grobe Körnung oder zu weiche plastische Konsistenz der Massen voraus. Jedenfalls ist dieses wechselnde Verhalten vorteilhaft, denn gröbere und härtere Massen müssen stärker beansprucht werden als weichere und feinkörnigere. Somit kommt dieses unterschiedliche Verhalten weitgehend den jeweiligen geotechnischen Belangen des Dammbaues entgegen.

Die Wirkung der Delmag-Rammen auf die Schüttmassen (Abb. 399a u. b). Die Verdichtungswirkung beruht weniger in einer Zertrümmerung als in einer Stoßverformung, denn an dem kleinen Frosch beträgt die Verdichtungsenergie etwa 0,33 bis 0,67 mkg/cm², an den beiden größeren dagegen 0,4

Abb. 400. 500 kg schwerer Delmag-Frosch im Rückwärtsgang.

0,8 mkg/cm². Die Stampfbagger äußern dagegen eine Aufschlagwucht von 6,25 bis bis 20 mkg/cm² je nach Gewicht und Fallhöhe und -größe des Stampfklotzes. Daher scheiden diese Rammen überall dort aus, wo rein felsige oder spröde Massen verdichtet werden sollen; sie würden als empfindliche Geräte diesen Ansprüchen nicht gewachsen sein.

Verdichtungsspiel und -technik der Delmag-Rammen. Die Rammen verdichten in ihrem automatisch hüpfenden Bewegungsspiel stets einen Kreissektor (Abb. 401), allerdings im fortschreitenden Verdichtungsspiel und nicht auf einem Kreissektor, wie etwa die Stampfbagger. Die Beschränkung der Sprunghöhe und damit der Sprungweite gewährleistet im ungünstigsten Falle eine mehrfache, sich stets von der Vorverdichtung zur Hauptverdichtung steigernde Rammarbeit an den Schüttmassen. In diesem automatischen, nicht ungünstig zu beeinflussenden, sich allmählich in der Verdichtungsarbeit steigernden Verdichtungsspiel der größeren Delmag-Explosions-

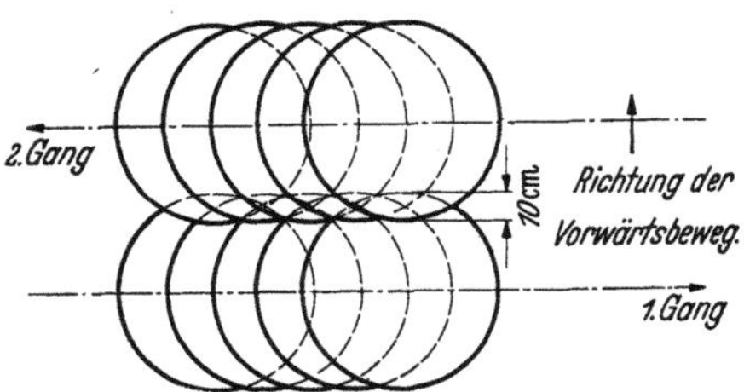

Abb. 401. Verdichtungsschema bei streifenförmiger Verdichtung unter Überlappung eines etwa 10 cm breiten Streifens.

rammen, das von keinem anderen Rammgerät in dieser geradezu idealen allmählichen Steigerung erreicht wird, liegt ihr besonderer Vorzug. Durch die auch hier stärkere randliche Verdichtung (Abb. 401) wird die schädliche auflockernde Aufwölbung vermieden, wozu die randliche Überdeckung bei der Ausführung der streifenartigen Verdichtung wesentlich beiträgt.

Durch kreuzweises Verdichten kann die Verdichtung in verschiedenen Richtungen gefördert und auch etwas gesteigert werden, da hierbei die Erschütterungswellen um 90° versetzt wirken und die Massen infolge der Interferenzwirkung der Schiebewellen in jeder Richtung beansprucht werden. Allerdings ist diese Verdichtungsart nur bei gleislosem Betrieb und breiten Schüttflächen ungehindert möglich.

Die Delmag-Explosionsrammen und Schütthöhe (Abb. 353a u. b). Durch die Prüfsonde wurde vom Verfasser als zweckmäßigste Schütthöhe etwa 30 bis 40 cm, die an den zähen, schweren Dichtungsmassen für den Dichtungskörper auf weniger als 30 bis 20 cm ermäßigt werden muß, um ein homogenes dichtes Gefüge zu gewährleisten, ermittelt. Diese Ansprüche in der Verdichtungswirkung sind an den Dichtungskörpern der Stauanlagen im weitesten Maße eine unabdingbare Forderung. Es hat nicht an Versuchen gefehlt, die Schütthöhe bis zu einem Meter, zumindest an Sanden, zu erhöhen und den begründeten Nachweis hierfür zu liefern. Bei derartigen Versuchen und Untersuchungen ist indessen stets von Fall zu Fall zu entscheiden und keine Verallgemeinerung statthaft. Stets richtet sich die Wahl der Schütthöhe nach dem Dammglied, dem Dammanspruch und den Stabilitätsbedingungen. Auch hier gilt wie für den Stampfbagger, daß die Schütthöhe an den Verkehrsdämmen, an den Dichtungskörpern von Staudämmen niedriger zu bemessen ist, entsprechend den besonders hohen Stabilitätsansprüchen, als an diesen Dämmen und Dammgliedern.

Es hat sich beispielsweise an einer Talsperre gezeigt, daß nach Ersatz der Walzenverdichtung durch die schweren Delmag-Frösche die Verdichtung auch in die tiefere Dammzone ausstrahlte und hier eine wesentliche Beschleunigung der Konsolidation im Verein mit der wachsenden Dammauflast erzielt werden konnte.

Explosionsramme und Massen (Art und Stückgrößen). Bereits oben wurde bei der schwächeren Wirkung auf die beschränkte Einsatzfähigkeit gegenüber den Stampfbaggern hingewiesen. Nur leicht zu zertrümmernde, z. B. stark beanspruchte und leicht zu zerbröckelnde Schiefermassen (Abb. 239, S. 174) werden ohne Überbeanspruchung der Rammen sehr gut verdichtet werden. Auch größere, trockene, veränderlichfeste Erdschollen sollen möglichst nicht durch diese Rammen verdichtet werden. Hier muß durch eine weitgehende Vorzerkleinerung die Möglichkeit eines wirksamen und lohnenden Einsatzes gegeben sein. Die Stückgröße soll möglichst 10 bis 12 cm Kantenlänge oder Durchmesser nicht überschreiten (Abb. 269, S. 210). Jedenfalls sollen diese Massen durch die Delmag-Ramme völlig homogenisiert werden. Sind diese aber infolge eines leichten Niederschlages oberflächlich erweicht und haftend, dann sinkt die Sprunghöhe und die Zertrümmerungsarbeit im Quadrat der Fall- (Sprung-) Höhe ab. Dabei kann unter Umständen die Verdichtung nicht genügen. Dann wird auch die oben angedeutete Kompensierung durch die öftere Punktverdichtung nichts helfen. Daher ist stets die höchstmögliche Sprunghöhe anzustreben.

Leistungsangaben über die Delmag-Rammen. *100 kg Stampfer* bei einmaligem Überstampfen 120 m² je Stunde, bei zweimaligem Überstampfen 70 m² je Stunde, bei dreimaligem Überstampfen 50 m² je Stunde. Zulässige Schütthöhe: Schwerer lehmiger Boden 15 bis 20 cm, sandiger Boden 20 bis 30 cm.

500 kg-,,Frosch" bei einmaligem Überstampfen 160 bis 180 m² je Stunde, bei zweimaligem Überstampfen 80 bis 100 m² je Stunde. Zulässige Schütthöhe: Schwerer lehmiger Boden 20 bis 25 cm, sandiger Boden 30 bis 40 cm.

1000 kg-,,Frosch" bei einmaligem Überstampfen 220 bis 250 m² je Stunde, bei zweimaligem Überstampfen 100 bis 150 m² je Stunde. Zulässige Schütthöhe: Schwerer, lehmiger Boden 25 bis 30 cm, sandiger Boden 40 bis 50 cm.

Die Verdichtungsarbeit ist Massenarbeit: je größer daher die stündliche Verdichtungsleistung ist, die nur im kontinuierlichen Betrieb durch die Erhöhung der Schüttlagen gewährleistet werden kann, um so größer die Leistung.

In den Sommermonaten leidet die kontinuierliche Einsatzbereitschaft durch das Heißlaufen der Ramme. Dann müssen die Rammen in mehrstündigem Abstande durch Reserverammen ausgewechselt werden, um die kontinuierliche Verdichtungsarbeit zu gewährleisten.

Das Sprungbrett für Delmag-Rammen. Bei zu feuchten Massen, auch nur oberflächlich durch leichte Tau- und Nebelbildung bedingte, stark durchfeuchtete Planie, ebenso aber auch bei schwach steigendem Gelände bewegen sich die Rammen meist nicht gut vorwärts. Dies gilt auch für zu hohe Schüttungen, in denen sie so weit versinken, daß die Sprunghöhe nicht ausreicht, um die erforderliche Sprungweite und damit Fortbewegung zu ermöglichen. Das von der Firma Delmag in diesen Fällen gelieferte Sprungbrett (Abb. 395, S. 311) erleichtert auf Kosten eines ebenen Planums die Fortbewegung, ohne daß, wie die neueren Untersuchungen des Verfassers ergeben haben, ungenügende Verdichtungsarbeit geleistet wird. Fehlerhaft wäre es indessen, die Rammen vorwärts zu ziehen. Ebenso ist ihr Einsatz dann nicht möglich, wenn sie sich festfahren und zu versinken drohen, also die Fortbewegung trotz der Sprungbretter und des Rückwärtsganges unmöglich ist. Erleichternd wirkt die Bestreichung der Sprungfläche mit Öl. Dies ist aber meist im Staudammbau für Trinkwasserzwecke nicht statthaft.

Delmag-Explosionsrammen und Dammgröße, Dammhöhe. Die Verdichtungsleistung eines Frosches beträgt je Tag und Schicht bei störungsfreiem Betrieb etwa 250 bis 350 m³. Er verbraucht in einer $8^{1}/_{2}$stündigen Schicht 18, 40, 80 l Benzol (500 kg-, 1000 kg- und 2,5 t-Frosch). Die Explosionsrammen lassen sich in einer Vielzahl für Dämme aller Größen und für beliebige Dammhöhen einsetzen. Allerdings wird man an großen Dämmen infolge der geringen Einbauleistung auf stärkere und leistungsfähigere Geräte zurückgreifen und diese für Spezialaufgaben: Verdichtung von Bauwerksanschlüssen, von Dammschultern usw. beschränken. Daher hat sie auch in den USA als einziges deutsches Verdichtungsgerät Eingang gefunden. Diese Rammen sind zu Hunderten bereits vor dem 2. Weltkrieg nach der Sowjetunion geliefert worden und darüber hinaus in aller Welt verbreitet.

Delmag-Explosionsrammen und Dammglieder bzw. -teile. *I. Verkehrsdammbau.* Folgende Dammglieder und Dammteile werden durch diese ungemein wendigen, anpassungsfähigen und vor allem handlichen Verdichtungsgeräte besonders gut verdichtet:

I. Verkehrsdämme.

1. Die Dammschultern,
2. Die Widerlagerhinterfüllungen,
3. Die Überschüttungen von Bauwerken.
4. Kleinere und unterschiedlich ausgebildete Dammschüttungen.

II. Stauanlagen.

1. Dichtungskörper.
2. Bauwerksanschlüsse.
3. Deckschichten.

Verkehrsdämme. 1. Die Dammschultern. Um das seitliche Ausweichen der Massen ohne Beschränkung der Schütthöhe zu verhindern, empfiehlt sich dort der Einsatz der Delmag-Rammen besonders. Bei gleichzeitiger Verwendung der Stampfbagger und zur ungehinderten Ausnutzung der Kapazität dieser schweren

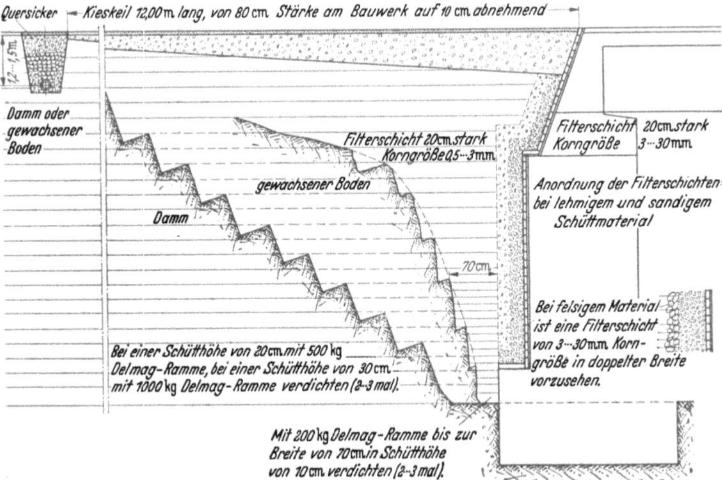

Abb. 402. Vordichtung von Widerlagerhinterfüllungen im Einschnitt und Damm mit Angabe der Entwässerungs- (Filter-) Anlagen und Frostschutzkeil.

Geräte ist es ratsam, einen mehrere Meter breiten Streifen längs der Dammschultern durch die Delmag-Frösche, den eigentlichen randferneren Dammkörper indessen durch die Stampfbagger unter Anwendung verschiedener Schütthöhen zu verdichten (Abb. 289, S. 217).

Ihre Verdichtung erfordert höchste Sorgfalt, um an den empfindlichen Decken neuzeitlicher Straßenanlagen einen setzungsfreien Übergang bereits durch eine unveränderlich feste Gefügebeschaffenheit der Massen zu gewährleisten. Hierbei können die Delmag-Frösche infolge ihrer Wendigkeit, ihrer Einsatzfähigkeit auch in engen Zwickeln wertvolle

Abb. 403. Frosch und kleine Delmag-Ramme bei der Verdichtung eines Kastenwiderlagers (aufgelöstes Widerlager) (Aufn. Dr. Schulz).

Verdichtungsarbeit leisten. Sie werden dafür besonders erfolgreich in den USA eingesetzt, da die Schaffußwalzen hier versagen.

2. Widerlagerhinterfüllungen. Die Abb. 402 bis 404 zeigen Beispiele für den Einsatz in der Nähe der Widerlager. An den zahlreichen Bauwerksanschlüssen der Autobahn in Sachsen mit Schwergewichtsmauergründungen konnte der

Verfasser die besten Erfolge mit diesen Geräten ohne Gefährdung und Verlagerung der Mauern erreichen. Allerdings sollen die 500 kg-Frösche an Hinterfüllungen ähnlicher Brücken in Ostpreußen zu Verlagerungen der Flügelmauern geführt haben (Mitteilung von Dr. ERLENBACH).

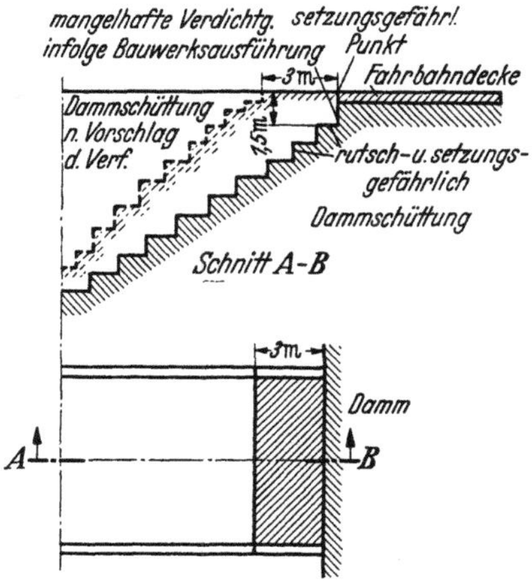

Die kleinen Frösche (500 kg-Rammen) verdichten am zweckmäßigsten auch die Lücken der Dammschüttungen an Bauwerken, die nicht mit dem Stampfbagger (vgl. S. 309) verdichtet werden können.

Überschüttungen an Bauwerken. Bei einer Überschüttungshöhe von 75 cm kann man die Frösche an Unterführungen von Straßenanlagen erfolgreich und ohne Nachteil für das Kunstbauwerk einsetzen, da dann die Wucht nur höchstens 0,8 mkg/cm² gegenüber von 4 bis 6 an der Stampfplatte beträgt.

Kleinere Dämme mit niedriger Höhe. Für derartige Dämme lohnt sich meist kein schweres Gerät, hier wird der Delmag-Frosch als leicht zu transportierendes Gerät stets den Vorrang verdienen, zumal wenn die Massen mit diesem Gerät sich gut verdichten lassen.

Staudammbau. In den schmalen wasserseitigen Dichtungskörpern, den Lehmschürzen, die eine sehr gute und homogene Gefügeverdichtung beanspruchen, hat sich der Delmag-Frosch infolge seiner leichten Handlichkeit unter ungünstigsten Witterungsverhältnissen und auch bei verschiedener Konsistenz der Massen (steif, zäh usw.) bestens bewährt. Die Beobachtungen des Verfassers an Staudämmen der Talsperren Cranzahl und Stollberg im Erzgebirge (Sachsen) in den Jahren 1950 bis 1952, die unter seiner laufenden Kontrolle ausgeführt sind, ergaben einwandfrei, daß die Verdichtungsarbeit infolge des feuchten Wetters und der Massenbeschaffenheit nur mit den Delmag-Fröschen bewältigt werden konnte. Die Schütthöhe betrug nur 20 bis 25 cm. Dadurch konnte auch zähester und sehr steifer Schluffton völlig homogenisiert, d. h. einwandfrei gleichmäßig verdichtet werden.

Abb. 404. Zweckmäßiger Einbau der Massen und Ausbildung der Decke bei Verdichtung der Massen am aufgelösten Widerlager [15].

Abb. 405. 100 kg Delmag-Ramme beim Verfüllen von Kabelkanälen im Damm.

Bauwerksanschlüsse. Für Rohrleitungen und ähnliche stoßempfindliche leichte Bauwerksteile eignet sich die Delmag-Ramme (Abb. 405) im gleichen Maße wie für die Widerlagerverdichtungen. Nach anfänglich höher als Puffer wirkender höherer Schüttung von 50 bis 75 cm wird der Einbau mit Höhen von 20 bis 30 cm fortgesetzt [*159, 160*].

Deckschichten. Es ist meist nicht üblich, die Deckschichten, den dreiteilig gegliederten Erd- und Steinbewurf, im Staudammbau zu verdichten. Aber auch hier hat sich die Delmag-Ramme bei der Verdichtung dieser Massen sehr bewährt.

Einfluß von Wasser und Klima. Die Rammen sind gegen die Unbilden der Witterung, insbesondere Nässe, in der Beschränkung der Einsatzmöglichkeit unempfindlicher als Walzen und Stampfbagger. Sie sind leichter als diese Verdichtungsgeräte und lassen sich daher auch auf verhältnismäßig feuchten und weichen Schüttmassen erfolgreich einsetzen.

Die Rammen glätten sehr gut und schaffen eine regensichere Oberfläche und Schüttung. In mehreren Fällen konnte der Verfasser im Dichtungssporn an Talsperren feststellen, daß trotz eines mehrtägigen Wassereinbruches die mit den Delmag-Rammen verdichteten Schüttlagen nur auf wenige Millimeter Tiefe aufgeweicht waren. Sie vergüten daher auch die wasserempfindlichen Massen für längere Zeit (winterliche Pause und Regenperioden). Die Delmag-Rammen sind daher besonders für europäische Klimaverhältnisse der nördlichen gemäßigten Zone besonders geeignet. Wo daher diese Ramme nicht verdichten kann, versagt schon vorher jedes andere Verdichtungsgerät.

Delmag-Ramme und Stampfbagger. Die Ramme setzt das gesamte Gewicht in Verdichtungsarbeit um, der Stampfbagger nur einen kleinen Bruchteil. Die Ramme ist empfindlicher, der Stampfbagger infolge der Zweiteilung zwischen Verdichtungs- und Antriebsaggregat robuster. Der Stampfbagger ersetzt 3 bis 4 leistungsfähige Delmag-Rammen. Der Vorteil beruht nicht in den Anschaffungskosten, denn eine 2,5 t-Delmag-Ramme kostet 25 % eines Stampfbaggers. Der Vorteil beruht speziell für die Verdichtungsaufgabe in der leichten Handlichkeit, in der hohen Anpassungsfähigkeit, in dem geringen Raumbedarf auf dem Damm, in der leichten Abweichungsmöglichkeit und Umdisposition, in der Verdichtungsarbeit, in der Ausbildung von Schwerpunkten — je nach Bedarf, ohne daß die Rammen sich gegenseitig hindern. Die automatische Regelung des Verdichtungsfortschrittes, die damit mögliche hohe Stetigkeit der Verdichtungsarbeit im robusten Baubetrieb sind unverkennbare Vorzüge dieser Verdichtungsgeräte. Sie stehen dem Stampfbagger in der Leistung, in dem Bereich der verdichtungsfähigen Felsbrocken, in der Beschränkung von Schütthöhe und Stückgröße nach, stellen daher in der Beschaffenheit der Schüttmassen größere Ansprüche und können dadurch unter Umständen den Einbau und die Verdichtung verteuern. Die Bagger lassen sich als Universalbagger jederzeit anderen Aufgaben ohne teuren Umbau zuführen, die Delmag-Rammen nicht!

Delmag-Ramme und Walzen. Bei den vergleichenden Untersuchungen [*277*] über den Erfolg der Verdichtung mit verschiedenen Walzenarten und der Delmag-Ramme schneidet die Delmag-Ramme überraschenderweise am schlechtesten ab. Die Schütthöhe betrug indessen nur 20 cm, das Material war ein sandiger Ton. Beide Voraussetzungen sind wohl für die Walzen, nicht aber für die Rammen günstig. Daher kann man diesen Ergebnissen keine größere Bedeutung für die vergleichende Bewertung beider Verdichtungsgeräte beimessen.

Die Walze ist in der Flächenleistung den Delmag-Rammen bei weitem überlegen, in der Tiefenwirkung ist sie nur zu 50 bis 75 %, in einigen wenigen Spezialausführungen zu 100% der Rammverdichtung gleichzustellen. Dasselbe gilt für die Verdichtungsfähigkeit der verschiedenen Massen. Die gewöhnliche Schaffußwalze leistet soviel wie eine Delmag-Ramme von 2,5 t Gewicht. Da aber die Walzen mehrfach hintereinandergekoppelt sind, läßt sich die Leistung beliebig steigern. Die Stückgröße ist für beide Gerätearten gleich, die Voraussetzung eines optimalen Wassergehaltes ebenfalls. Zugunsten der Rammen spricht die hohe Wendigkeit, ihr bevorzugter Einsatz an allen beengten Stellen, daher auch beim gleisgebundenen Dammbau, an kleineren Dammflächen, an Dammgliedern, wie Deckschichten, wo die Walze versagen würde. Mürbe felsige Massen, wie zersetzter Phyllit und Tonschiefer, lassen sich mit diesen schweren Rammen besser als mit den schwersten Walzen aller Typen verdichten. Für den großflächigen Staudammbau ist sie indessen weniger geeignet, da hier hohe Flächenleistungen verlangt werden, die nur durch eine relativ hohe Anzahl von Rammen bewältigt werden könnte, was aber unwirtschaftlich ist. Die Walzen sind robuster, die Rammen dagegen sehr betriebsempfindlich, besonders im heißen Klima.

Geotechnische Folgerungen für den Dammbau. 1. Die Delmag-Ramme in ihren verschiedenen Ausführungen und Größen ist ein unentbehrliches, wirkungsvolles, für kleinere Dämme und unterschiedliche Schüttmassen sehr geeignetes Verdichtungsgerät, das infolge seiner leichten Bedienung und Anpassungsfähigkeit, Betreuung und Arbeitsweise auch gerade für sonst für schwere Verdichtungsgeräte, schwer oder nicht zugängliche Dammteile und Anschlußstücke hervorragend geeignet ist und sich daher als typisches deutsches Verdichtungsgerät in den USA und der Sowjetunion als unentbehrlich erwiesen hat.

2. Sie kommt weniger für großflächige als für kleinere und gedrungene Dämme mit beengten und rasch fortschreitenden Schüttverhältnissen in Betracht, auch besonders für die gegliederten Staudämme mittlerer Höhe als wirkungsvolles Verdichtungsgerät.

Beispiel. Sie hat sich bei der Verdichtung der Staudämme von Cranzahl und Stollberg i. Sa. in den letzten Jahren als unentbehrlich erwiesen, zumal kein Stampfbagger dafür bereitgestellt werden konnte. Die erzielte Verdichtung mit Ramme entsprach mit Werten des Setzungsmaßes unter 1% der Dammhöhe den zu stellenden Gütevorschriften.

3. Sie ist im Bedarfsfalle das Ersatzgerät für die schweren Stampfbagger und muß hier stets in einer Mehrzahl (drei und mehr) bereitgestellt werden.

4. Der 1000 kg schwere Frosch ist das gebräuchlichste und zuverlässigste Gerät der Explosionsrammen.

5. Ihre Anwendung beschränkt sich auf mürbe und weichere Gesteine und nicht zu harte und grobstückige Erdarten. Auch Sande lassen sich sehr gut einrütteln und gestatten bei Anwendung von Wasser eine Erhöhung der Schüttstärke auf 50 bis 60 cm.

6. Wie an den Stampfbaggern gilt: Die Bemessung der Schütthöhe hängt wesentlich vom Umfang, von dem Zweck des Dammes, seinen Sicherheitsansprüchen und seinen Belastungen ab.

Beispiel. Im Staudammbau wurde z. B. an der Talsperre Cranzahl stückiger fauler Gneisfelsen mit der 1 t und 2,5 t schweren Ramme bei 50 cm Schütthöhe einwandfrei verdichtet, während eine 13 t Kemna-Stufenwalze nicht genügte, da noch 4% Setzungen zu verzeichnen waren.

In Mittelgebirgsstrecken mit kurzen und hohen Dämmen und mit wechselndem Schüttmaterial ist die Delmag-Ramme unentbehrlich.

4. Die Stampfmaschine „Elefant". Dieses nach Pochwerkprinzip arbeitende schwere Verdichtungsgerät mit dem im Gegensatz zu dem Stampfbagger großen Vorteil der konstanten Fortbewegung hat sich leider im Dammbau nicht einführen können. Im Prinzip entspricht dieses Gerät den für den Dammbau zu stellenden Anforderungen, nämlich der automatischen Fortbewegung unter gleichmäßiger fortschreitender Verdichtung. Vier Stampfklötze von je 1,5 t Gewicht sind nebeneinander angeordnet und verdichten abwechselnd. Die Hubhöhe ist regelbar zwischen 0,5 bis 1,2 m. Man kann dieses Gerät als eine Parallelschaltung mehrerer Stampfklötze auffassen. Es vereinigt den kontinuierlichen Arbeitsgang der Walzen und Delmag-Rammen mit der hohen Stoßverdichtung schwerer Stampfgeräte und dürfte in der Tiefenwirkung, der Leistung und Einsatzfähigkeit nach Schütthöhe und Stückgröße zwischen dem schwersten Delmag-Frosch (2,5 t) und dem leichten Stampfbaggergerät stehen. Durch Anschuhen kann die im übrigen nicht sehr große Aufschlagfläche der Stampfklötze vergrößert werden.

D. Die Schwingungsgeräte: Rüttel- und Rütteldruckgeräte.

1. Prinzip. Diese Verdichtungsgeräte setzen ohne wesentliche und unter Zusatz erheblicher Lasten leichte vibrierende Erschütterungen, die durch in rascher Aufeinanderfolge wirkende Schlagarbeit erzeugt werden, in Bewegungsenergie um. Der grundsätzliche Unterschied zu den bisher besprochenen Geräten besteht in dem Verzicht auf jede Kornzertrümmerung und Zerstörung der Gesteinsmassen und in der ausschließlichen Verwendung der Bewegungsenergie zur Verdichtung der hierauf ansprechenden Schüttmassen durch sinusförmige Erregung und kontinuierliche Schlagfolge bei sehr geringer Stoßenergie. Damit ist zugleich eine Grenze gegen die trägen, nicht oder durch die Rüttelarbeit niemals im gleichen Umfange verdichtungsfähigen, trägen, wasserempfindlichen Massen gezogen.

Infolge der leichten Drücke auf die Oberfläche und der raschen Folge der Schläge spricht man eher von Schlägen und Erregungen als von Stößen. In erster Linie werden also vorwiegend bewegende Kräfte als wirksamste Verdichtungsmittel dort eingesetzt, wo mit Rücksicht auf die Kornbeschaffenheit: Form und Größe, ihre hohe Strukturhärte und Gleichförmigkeit, es zwecklos wäre, eine Verdichtung durch Zertrümmerung oder gar Zermalmung erzwingen zu wollen. Die Rüttelgeräte arbeiten somit nach dem Verfahren der gewaltverzichtenden Gefügeverdichtung der Einzelteilchen in der Schüttung rein bewegungsmechanisch. Das Besondere bei diesem Verdichtungsspiel ist, daß bei der schon vorhandenen sehr lockeren Anordnung der Schüttmassen in der unverdichteten Schüttung es noch eines zusätzlichen auflockernden Bewegungsimpulses — wenn auch nur für Bruchteile der Zeiteinheit — bedarf, um damit durch Aufhebung der Reibung und Eintritt des vorübergehenden Schwebezustandes, durch die fortwährende Vibration die dichteste Kornpackung zu erreichen.

„Der Vorgang der Einrüttelung [327, 328, 329] wird durch eine Schwingungsmaschine bewirkt, in der unausgewuchtete Massen paarweise in gegenläufige Umdrehungen versetzt werden. Dabei kann die Drehzahl in weiten Grenzen beliebig eingestellt werden. Durch die paarweise Gegenläufigkeit werden die waagerechten Fliehkräfte aufgehoben, so daß nur lotrechte Kräfte für die Schwingungserregung übrigbleiben. Ist m die gesamte unausgewuchtete Masse, r der Abstand ihres Schwerpunktes von der Achse, $\omega =$ die Kreisfrequenz, so gilt die lotrechte Wechselkraft:

$$p = m\,r\,\omega.$$

Durch diese Wechselkraft werden Schwingungsmaschine und der Boden in Schwingungen versetzt, deren Schwingweite, gemessen am Schwinger selbst, gegeben ist durch

$$A = \frac{p}{\sqrt{(\alpha^2 - \omega^2)^2 + 4\,\lambda^2\,\omega^2}} \cdot \frac{1}{M},$$

wenn M die Masse des Schwingers, α die Eigenschwingungszahl des Schwingers auf die betreffende Bodenart und λ eine Dämpfungskonstante ist. Die Größe der Beschleunigung, die ein Bodenteilchen infolge der Schwingungen erhält, ist bestimmt durch den Ausdruck A. Die Trägheitskraft p_t eines Bodenteilchens, das gerade die Raumeinheit ausfüllt, ist, wenn D die Dichte des Bodens ist:

$$p_t = D\,A\,\omega^2.$$

Soll durch die Schwingungen das Teilchen aus seinem Verbande gelöst und in eine andere Lage gebracht werden, so muß die Trägheitskraft p_t größer sein als die Summe aller Kräfte, die das Teilchen in seiner ursprünglichen Lage festzuhalten bestrebt sind. Solche Kräfte sind die Reibung, die Kohäsion und die Schwerkraft. Werden alle von der Drehzahl unabhängigen Kräfte in die Kraft K zusammengezogen, so bleibt als Bedingungsgleichung für die Loslösung des Teilchens aus seinem Verbande übrig

$$p_t > K + \sigma_1\,\omega^2\,\mathrm{tg}\varrho.$$

$\sigma\,\mathrm{tg}\varrho =$ Reibung, ϱ ist der Reibungswinkel, σ der Normaldruck auf die Fläche, längs der das Teilchen sich bewegen soll. Dieser Normaldruck setzt sich aus zwei Teilchen zusammen. Er ist zu einem Teil, der mit σ_0 bezeichnet wird, auch dann vorhanden, wenn keine Schwingungen erregt werden. Ein zweiter Teil wird durch die Wechselkräfte des Schwingers bestimmt, er muß daher von ω^2 abhängen. Für ihn gilt der Ausdruck $\sigma_1\,\omega^2$. Setzt man $\dfrac{K}{D} = a = \dfrac{\sigma_1\,\mathrm{tg}\varrho}{D} = b$, so erhält man die Bedingung $A\,\omega^2 > a + b\,\omega^2$.

Diese Bedingung wird im allgemeinen nur zwischen zwei Grenzen und ω_2 erfüllt sein, die durch die Gleichung

$$(A - b) \cdot \omega^2 = a$$

gegeben sind.

Abb. 406 zeigt schematisch den Verlauf der Funktion $A\omega^2$ und $a + b\omega^2$ und ferner in willkürlichem Ordinatenmaßstab die Schwingungsweite A und damit den Bereich, in dem die Bedingungen für die Bodenverdichtung erfüllt sind. Sie zeigt ferner, daß die beiden Grenzen ω_1 und ω_2 den Punkt $\omega = \alpha$ einschließen, daß also eine Bodenverfestigung durch Schwingungen im allgemeinen nur in der Umgebung der Eigenschwingungszahl des Schwingers auf den Boden möglich ist. Da die Eigenschwingungszahl α gegeben ist durch

$$\alpha = \frac{\sqrt{\beta\,F}}{M},$$

wobei β die dynamische Bettungsziffer des Bodens, F die Grundfläche und M die Masse des Schwingers ist, so hängt die Lage des Drehzahlbereiches, in dem eine Verfestigung möglich ist, ab von der Bodenart und den Abmessungen und der Masse des Schwingers [327 bis 329]."

Auf keinem Gebiete der Verdichtungsgeräte sind gerade in der allerneuesten Zeit so erfreuliche Fortschritte in der Konstruktion leistungsfähiger Verdichtungsgeräte zu verzeichnen als bei diesem Gerätetyp. Diese Fortschritte stellen ihre Anwendbarkeit auf eine breitere Basis, gemessen an den zu bewältigenden Massen, sie bedrohen dadurch zugleich die beherrschende Stellung der schweren Stampfbagger als ausschließlichen Verdichtungsgeräts der grobstückigen felsigen Massen.

2. Die Arbeitsweise der Geräte. Grundsätzlich hat man zu unterscheiden zwischen den Geräten, die a) die vertikal wirkenden periodischen Schwingungen und b) die horizontalen Fliehkräfte als Verdichtungswellen für die Verdichtung ausnutzen.

Geräte mit vertikaler Verdichtungswirkung [330]. Bei der vertikalen Beanspruchung (Prinzip der Verdichtungsmaschinen von Losenhausen-Düsseldorf) werden ausgewuchtete Massen paarweise in gegenläufige Bewegungen, Umdrehungen, versetzt. Dadurch werden die bei dieser Konstruktion der Verdichtungswirkung schädlichen horizontalen Fliehkräfte ausgeschaltet. Die Verdichtung erfolgt ausschließlich durch senkrechte Kräfte. Die Erregerenergie für die Schwingungen beträgt etwa 16,7 Hertz. Durch Steigerung der Fliehkräfte über das Eigengewicht der Masse wirken diese Geräte als Stampfgeräte.

Geräte mit Verdichtung durch Schiebewellen. Das Arbeitsprinzip der 2. Gattung von Rüttelgeräten gründet sich auf folgende Überlegungen:

a) Die Verdichtungswirkung wird verbessert, wenn die Schüttmassen außer durch Schwingungen zusätzlich durch eine senkrecht ruhende Auflast beansprucht werden.

b) Der Wirkungsgrad der Verdichtung muß sich erhöhen, wenn das das Gerät berührende Schüttgut über einen Reibungsschluß in eine feste Verbindung mit dem Rüttler gebracht wird, so daß es praktisch selbst zu einem Bestandteil der Schwingungsrüttler wird.

c) Die Verdichtungswirkung wird erhöht, wenn das Gerät sich bei der Erzeugung der Schwingungen nicht vom Schüttgut trennt.

d) Die Verdichtungswirkung ist dann bei Anwendung der horizontalen Schwingungen (Schiebewellen) besonders gut, da Geräte und Massen in ständiger gegenseitiger Verbindung bleiben.

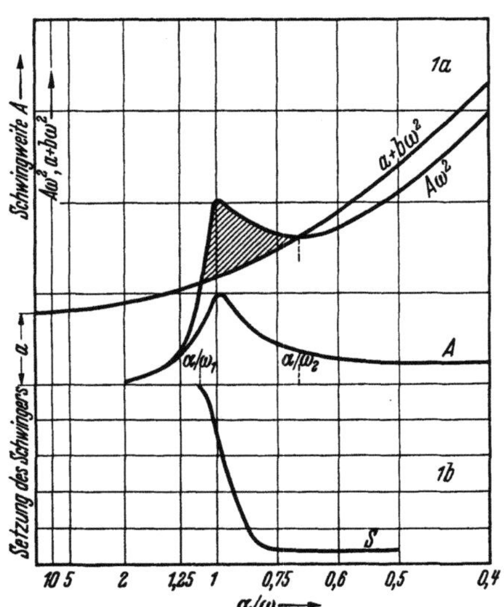

Abb. 406.
Schematische Darstellung des Setzungsverlaufes eines Schwingers auf nichtbindigem Boden. *1a* Schwingweite A und die Funktionen $A\omega^2$ und $a + \omega b^2$; in dem schraffierten Teil ist die Bedingung $A\omega^2 > a + b\omega^2$ erfüllt. *1b* Setzungsverlauf. (Nach Ramspeck.)

Die sich anscheinend widersprechenden Ansichten über die verdichtende
Wirkung der vertikalen und horizontalen Schwingungen haben in der konstruktiven Lösung der Geräte in beiden Fällen zu sehr leistungsfähigen Verdichtungsgeräten geführt, bei denen die Geräte von LOSENHAUSEN nach dem ersten, die
Rütteldruckgeräte von J. KELLER nach dem zweiten Prinzip arbeiten.

Auf ähnlicher Basis wie diese Geräte sind die kleineren Rüttler der Firma
Bohn u. Köhler (System LORENZ) und Wacker entstanden. Auch im Ausland
ist eine Anzahl ähnlicher Rüttelgeräte (Sowjetunion, Schweden, Schweiz) entwickelt worden, die sich eng an die
deutschen Konstruktionen anlehnen.

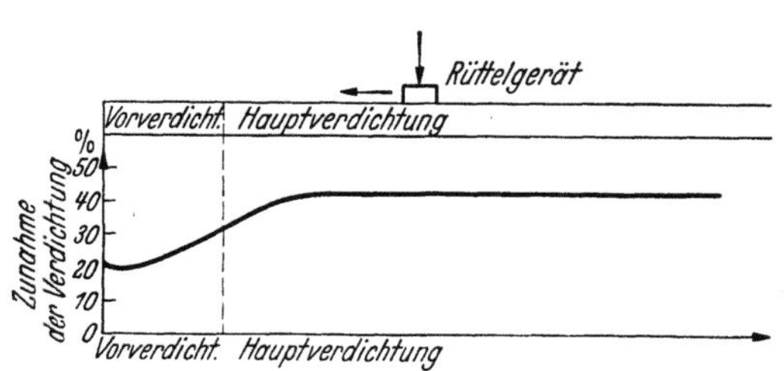

Abb. 407. Schematische Darstellung der allmählich
anwachsenden Verdichtungswirkung bei Verwendung
von Rüttelgeräten. Vor- und Hauptverdichtung
gehen ineinander über.

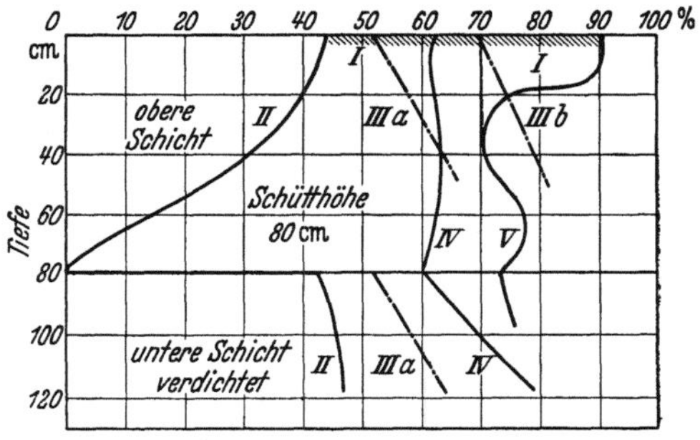

Abb. 408. Verdichtungsergebnisse mit Rüttelgeräten.
(Nach LOOS.)

I Entnahmestelle, *II* Unverdichteter Damm, *III a*
dreimal trocken abgerammt (Mittelfeld), *III b* sechs-
mal trocken abgerammt (Randzone), *IV* durch
Rüttelgeräte verdichtet, $v = 50$ m/h, *V* durch Rüttelgeräte verdichtet, 5 min stehend.

3. Die Bodenverdichtungsmaschine von LOSENHAUSEN. Beschreibung,

Wirkungsweise, Leistung (Abb. 407 u. 408). Das Gewicht der großen
Maschine beträgt 25 t, die Grundfläche 7,5 m². Die Drehzahl schwankt mit der
Bodenart. In die stabile Stampfplatte für die Erzeugung der periodischen
Schwingungen ist der Schwingungsschlagerzeuger eingebaut. Ein kräftiges
Spannlager spannt die Schwingachse und gewährleistet die sichere Verbindung
zwischen Stampfplatte und Schwingungsschlagerzeuger. In seinem oberen Teil
laufen in Rollenlagern zwei exzentrische Schwungmassen, die von der Schwingachse angetrieben werden und gleichgerichtet sind. Durch Umlauf der Schwungmassen erzeugt der Schwingungsschlagerzeuger vertikal gerichtete Schwing-
kräfte auf die Stampfplatte. Dabei erschüttert die schnellschlagende Arbeits-
platte die ruhig (unbeweglich) stehende Motorplatte. Die Stöße können in rascher
rhythmischer Aufeinanderfolge bis zu 1500/min betragen. Ein Dieselmotor von
100 PS treibt die schwere Maschine an, die eine Geschwindigkeit von 0,6 bis
0,8 m/min erreicht. Die Flächenleistung beträgt 80 bis 90 m²/h. Bei einer Ver-
dichtungstiefe von mehr als 1 m beträgt die Leistung 100 bis 150 m³ und übertrifft damit an Sanden diejenige der schwersten Stampfbagger (Abb. 408).

4. Der Vibromax AT 5000 (Abb. 409). **Beschreibung.** Dieser Bodenver-
dichter ist gleichfalls als Zwei-Massenschwinger gebaut, dessen eine Masse die
Fuß- und Stampfplatte, die andere den Oberbau nebst Dieselmotor bildet. Über
Keilriemen mit Spannlager treibt der Motor ein Paar gegenläufige Umwuchten.
Dadurch entsteht eine geradlinige auf- und abschwingende Kraft von etwa 5000 kg
mit einer Schwerkraft von 200 kg, deren Richtung zur Stampfplatte verändert
werden kann. Das Gewicht beträgt 1500 kg. Bei einer Drehzahl von 1500 und

3000 Schwingungen/min schwingt die Fußplatte im überkritischen Schwingungszustand 25mal/sec auf den Boden, wobei senkrechte oder schräggerichtete Schläge ausgeübt werden können. Die Schwingungszahl ist von 6 bis 12 Hertz regelbar. Für den Antrieb wird ein Dieselmotor von 11 PS verwendet.

Leistung. Das sehr bewegliche Gerät leistet je Stunde etwa 300 m² bei einmaliger Verdichtung, bei zweimaliger vermindert sich die Leistung um 25 bis 50 %. Die Schütthöhe kann an Sand etwa 40 cm betragen. Diese Maschine AT 5000 eignet sich auch als Zugmaschine.

Von den verschiedenen, nach diesem Prinzip entwickelten Rüttelgeräten dieser Firma ist dieses das größte und leistungsfähigste. Kleinere Rüttler von 100 kg Gewicht (AT 1000) haben sich besonders bei der Verdichtung von Hinterfüllungen von Rohrschleusen usw. bewährt. Die Schwingungszahl beträgt 48 Hertz. Bei jedem Schwingungsimpuls wird eine Kraft von 1000 kg erzielt.

Abb. 409. Verdichtung beweglicher Dünensande bei Dresden durch Vibromax 1937.

Die besonderen Vorzüge beruhen in der Regelung der hochfrequenten Schwingungsschläge zwischen

Abb. 410. Wacker-Elektro-Rüttelstampfer ES 60 im Einsatz beim Verdichten von Sickergräben (Werkaufnahme).

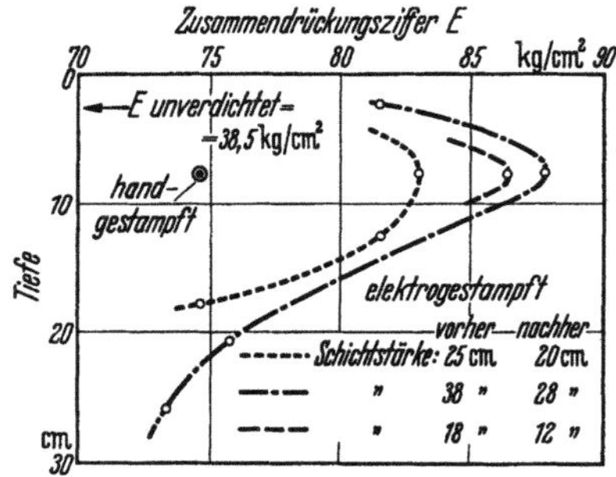

Abb. 411. Verdichtungsversuche von Gehängelehm mit Wacker Elektro-Rüttler E SK.

750 bis 1500/min, ferner in der selbsttätigen Fortbewegung und in der leichten Bedienung durch einen Mann. Es ist ein ausgesprochenes Spezialgerät für kohäsionslose Lockergesteine. Über ihre Einsatzmöglichkeit vgl. S. 358 ff.

5. Der Elektrorüttelstampfer ES 60 der Firma Wacker (Abb. 410 u. 411). Dieses Gerät erteilt dem Boden etwa 530 Schläge/min. Die Stampfplatte mißt 30 cm im ⌀ oder als rechteckige Stampfplatte 30 × 40 cm. Mit Vibratorplatte von 0,24 m² Größe beträgt die Geschwindigkeit 1,5 m/min, die Frequenz 150 Hertz. Er übt senkrechte Stöße mit einer Schwingungszahl von etwa 10 Hertz bei 60 mm Hubhöhe aus. Das Betriebsgewicht beträgt 60 kg, es ist daher ein leichtes Rüttelgerät. Trotz seiner für Dammbauten geringen Größe und leichten Bauart ist es ein unentbehrliches Verdichtungsgerät für schwer zugängliche Zwickel, für ausweich-empfindliche Dammteile (Dammschultern), und zwar als wirkungsvolles alleiniges Gerät in dünnen Lagen oder zur Vorverdichtung. Nach den Er-mittlungen des früheren Erdbau-laboratoriums der Bergakademie in Freiberg i. Sa. ist es infolge seiner Handlichkeit und der ein-stellbaren Stoßwirkung (durch Veränderung des Gewichtes und der Größe der Stampfplatte) be-sonders geeignet für die Verdich-tung von Widerlagerhinterfüllun-gen, von Dammschultern und Dammböschungen, allerdings wohl nur kleinerer Dämme. Ferner kann es für die Verdichtung von Lehm und Ton in nicht zu schwerer Konsistenz im Wasserbau bei sehr geringer Schütthöhe (10 bis 15 cm), für Rohr- und Kabelgrabenfüllun-gen verwendet werden, desgleichen

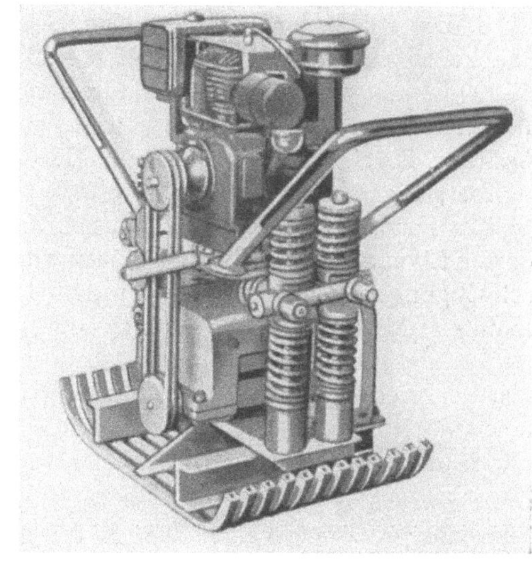

Abb. 412. Schwingungsverdichter Storrer (Schweiz).

für andere Zwecke des Straßen- und Tiefbaues, in denen eine gründliche Ver-dichtung durch ein leichtes und leicht zu bewegendes Gerät gefordert werden muß.

6. Der Schwingungsverdichter (Abb. 412) [*439*]. Der in der Schweiz gebaute Schwingungsverdichter der Firma Storrer u. Co., Zürich, ist dreimal schwerer als der Wacker-Vibrationsstampfer. Wie bei den Losenhausen-Geräten wird die Schwungkraft exzentrisch drehen-der Massen auf eine Stampfplatte übertragen. Sein Gewicht beträgt etwa 200 kg. Die Tiefenwirkung wird mit 40 cm angegeben. Die stündliche Leistung beträgt 60 m², d. h. 24 m³.

7. Das Stampfrüttelgerät. Ein ähnliches Gerät beschreibt Riedig [*415*]. Das Gewicht beträgt 120 kg.

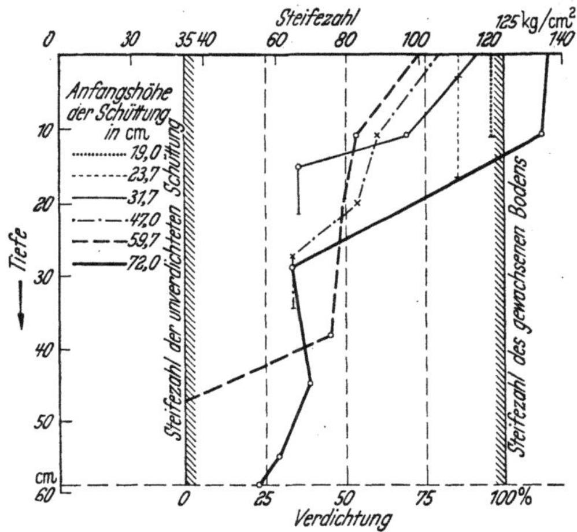

Abb. 413. Steifezahl verdichteter Bodenschichten von verschiedener Anfangshöhe in Abhängigkeit von der Tiefe.

Es wird von einem luftgekühlten Benzinmotor mit 2,5 PS-Leistung angetrieben. Die Hubhöhe beträgt 70 mm. Es führt 350 bis 400 Schläge/min aus. Die Stampf-platte ist 40 × 40, auch 30 × 30, und unten ballig. Da die Stampfeinrichtung auf der Platte schräg steht, bewegt sie sich im Betrieb selbsttätig mit 6 m/min vorwärts und kann bei 1 l Benzinverbrauch eine Fläche von etwa 200 m/h abrammen. Über die zulässige Schütthöhe liegen am Lößlehm die in den Diagrammen dargestellten Ergebnisse vor (Abb. 413). Bis etwa 30 cm Tiefe wird Lößlehm gleichmäßig verdichtet. Bei einem strengen Maßstab für die erforderliche Verdichtung darf die Schütthöhe indessen 20 cm nicht übersteigen.

8. Die Hochfrequenzinnenrüttler. Als Hochfrequenzrüttler hat die Firma Wacker weitere Geräte entwickelt, die mit der sehr hohen Schwingungszahl von 15000/min zugleich als Innenvibratoren innerhalb des leicht zu verdichtenden kohäsionslosen Schüttgutes wirken und auch für den Betonbau große Bedeutung besitzen. Sie sind für Spezialzwecke (Rohrschleusen in Dämmen) kleineren Ausmaßes geeignet.

Ein neueres Gerät Bauart LORENZ beschreibt ERLENBACH [89a] und hebt dessen Eignung hervor. Die Verdichtung erfolgt unter Ausnutzung der Resonanzschwingungen. Diese Maschine unterscheidet sich gegenüber den bisher bekannten deutschen Rüttelgeräten durch die bequeme Seitensteuerung. Die Maschine kann Kreisbögen mit einem Radius von 90 cm beschreiben. Ferner arbeitet diese Bodenrüttelmaschine im Gegensatz zu den bisherigen mit nur einer Welle. Die Steuerung wird durch ein Differential erzeugt. Man ist dadurch in der Lage, je nach Erfordernis und Bedarf die lotrechte, verdichtende Kraftkomponente in ein wünschenswertes Verhältnis zur vorwärtsdrängenden, horizontal wirkenden zu setzen. Durch geringfügige Handradverstellung kann auch bei unebenem Boden die gewünschte Fahr- und Verdichtungsspur streng eingehalten werden. Das handliche Gerät arbeitet mit einer 1 m² großen Stahlplatte, die Stundenleistung beträgt etwa 500 bis 600 m². Im Gewicht dürfte sie etwa das der Storrer-Maschine erreichen, der sie allerdings nur äußerlich etwas gleicht.

Dieser Rüttelverdichter hat sich nach der Literatur zur Verdichtung von Trümmersplittschüttungen, von Schotterbett im Straßenbau als Ersatz von

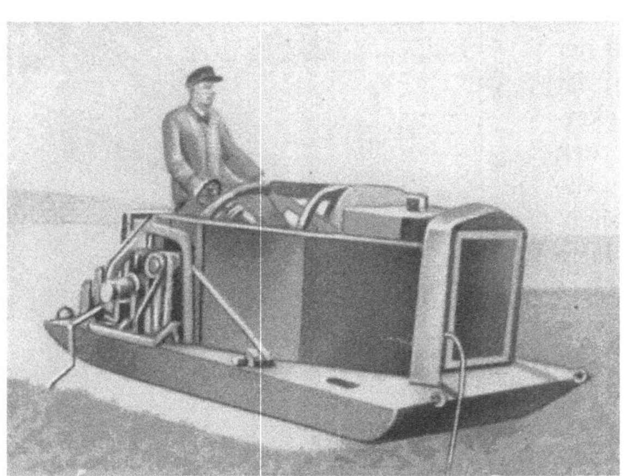

Packlage sehr gut bewährt und eine merklich gleichmäßige Verdichtung erreicht.

9. Sowjetischer Bodenrüttler (Abb. 414). Um die verschiedenen Mängel der Oberflächenrüttler: Verhinderung der Auflockerung der verdichteten und planierten Schüttung, die geringe Bewegungsmöglichkeit auf frischen Schüttungen, schwierigen Einsatz auf schmalen Flächen

Abb. 414. Rüttelmaschine der SU. (Nach NEIMANN [277].)

und die Änderung von Größe und Richtung der wirkenden Kraft, wodurch der Erfolg der Verdichtung herabgesetzt wird, zu beseitigen, ist in der Sowjetunion eine selbstfahrende Rüttelmaschine ohne diese genannten Mängel konstruiert worden.

Beschreibung. Diese Rüttelmaschine besteht nach [277] aus einer starren Eisenplatte mit einer Grundrißfläche von $2 \times 1{,}5$ m, auf der in einem geschlossenen Gehäuse die Rüttelvorrichtung aufgestellt ist. Auf einem gedämpften Rahmen ist ein Vergasermotor mit 25 bis 30 PS-Leistung angeordnet. Der Rüttler wird durch Keilriemen angetrieben. Die Drehzahl der Welle der Rüttelvorrichtung wird durch die Arbeitsweise des Motors und des Getriebes geregelt. Zur Verbesserung der Arbeitsweise der Rüttelvorrichtung dient ein kleines Schwungrad. Zum Versetzen wird der Rüttler auf drei Räder gesetzt, von denen eins lenkbar ist.

Arbeitsweise. Die Verdichtungswirkung der Rüttelmaschine beruht auf der Wirkung von Kräften, die unter einem Winkel auf die Grundfläche der Maschine gerichtet sind. Die senkrechte Komponente führt im wesentlichen die Verdichtung durch, die waagerechte versetzt den Rüttler auf der Oberfläche. Als besondere Merkmale sind zu erwähnen:

Die krummlinige Bewegungsmöglichkeit infolge eines wirksamen Drehmomentes, ferner die Möglichkeit, die Richtung und Größe der waagerechten und senkrechten Kräfte zu ändern, ein Vorzug, der bei unebener Oberfläche besonders wichtig ist. Schließlich wird als weiterer Vorzug die konstruktive Lösung der Rüttelvorrichtung, die das Zusammenwirken der unausgeglichenen Massen gewährleistet, hervorgehoben. Dadurch tritt eine Vereinfachung der Maschine und Verbilligung ein.

Maße. Gewicht 2,8 t, Rüttelplatte 3,0 m², Frequenz 1440/min, Geschwindigkeit 4 m/min, Kraftbedarf 25 bis 30 PS.

10. Schwingungsmaschinen und Schütthöhe. Nach den Ergebnissen an der schweren Verdichtungsmaschine von LOSENHAUSEN kann man mit einer sehr guten Verdichtung an Sanden, also feinkörnigeren, kohäsionslosen Erdarten, bis zu 2 bis 3 m Tiefe rechnen. Der Vibromax wirkt etwa 40 bis 60 cm tief. Letztere Zahl gilt für Stau-, erstere für Straßendämme. Nach LEUSSINK [215] läßt sich eine Verdichtungsziffer $D = p_v$ an Sand und Kies bis zu 80 cm Tiefe zu mehr als 90%, bis etwa 1,30 m zu $66^2/_3$ % erreichen. Beide Angaben dürften etwas hoch angegeben sein. Die gleichmäßige Verdichtung ist im Gegensatz zu den Walzen und Rammen bemerkenswert, ebenso die fehlende Auflockerung an der Oberfläche, da die Schlageinrüttelung sehr gedämpft und unter dem Zwang der Auflast erfolgt.

Tiefenwirkung, Einrüttelungserfolg und damit Güte der Verdichtung hängen von der Beweglichkeit, also Korngröße und Kornform, wesentlich ab. Die richtige fehlerfreie Verdichtung wird dann erreicht, wenn die Maschine und Massen synchronisiert sind, d. h. die Schüttung muß mit der Frequenz in Schwingungen versetzt werden, die der Eingenschwingungszahl der Geräte gleichkommt. Sie liegt bei etwa 13 bis 16 Hertz. Die Verdichtung ist dann genügend, wenn durch die Verdichtung eine Punktberührung und Abstützung der einzelnen Körnchen erzielt ist, die jeder späteren dynamischen Belastung gewachsen ist, d. h. unveränderlich bleibt.

Schwingungsmaschinen und Schüttmassen. Wie bereits angedeutet wurde, eignen sich für die Verdichtung nur nichthaftende, möglichst gedrungene und feinkörnige Lockergesteine: Sand, Kiessand und Kies.

Versuchsergebnisse mit dem sowjetischen Bodenrüttler (Abb. 415 bis 419). Sowohl für die Schütthöhe wie für die zu verdichtenden Massen geben nachfolgende Ausführungen Einblick über die Verwendungsmöglichkeit des oben beschriebenen Rüttelgerätes. Abb. 415 zeigt den Grad der Verdichtung an Sand in Abhängigkeit von der Schütthöhe, der Sand bestand zu 42% Korn aus 5 bis 0,5 mm ∅, 47% Korn aus 0,6 bis 0,15 mm ∅, 9,2% Korn aus 0,15 bis 0,005 mm ∅, 1,8% Korn unter 0,005 mm ∅ (Tonkorn).

Abb. 416 zeigt den Erfolg der Verdichtung in ein und zwei Durchgängen an einem Sand, der zu 98% aus der Körnung (1 bis 0,05 mm ∅ Mittel- bis Feinsand) und zu 2% aus bindigen Bestandteilen bestand gegenüber der losen Schüttung.

Abb. 417 bringt den Grad der Verdichtung in Abhängigkeit von der Schütthöhe und der Anzahl der Verdichtungsgänge an einem Sand, der zu 10% aus Kies, zu 55% aus grobem bis mittlerem Sand (2 bis 0,25 mm ∅), zu

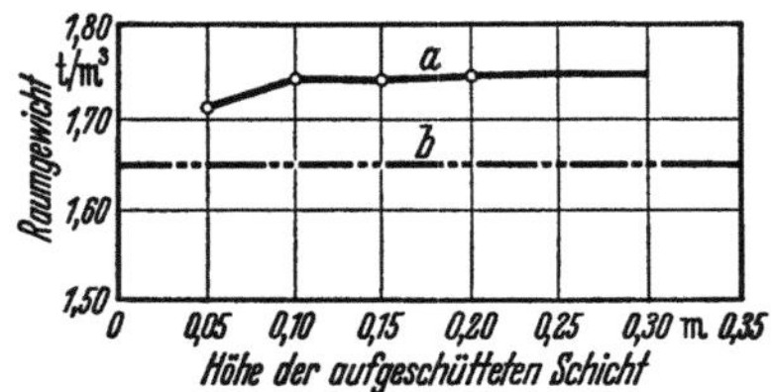

Abb. 415. Grad der Verdichtung von Sand in Abhängigkeit von der Höhe der Aufschüttung.
(Nach Neimann.)
a Boden, durch einen sich selbst fortbewegenden Rüttler verdichtet, b Boden von natürlicher Struktur.

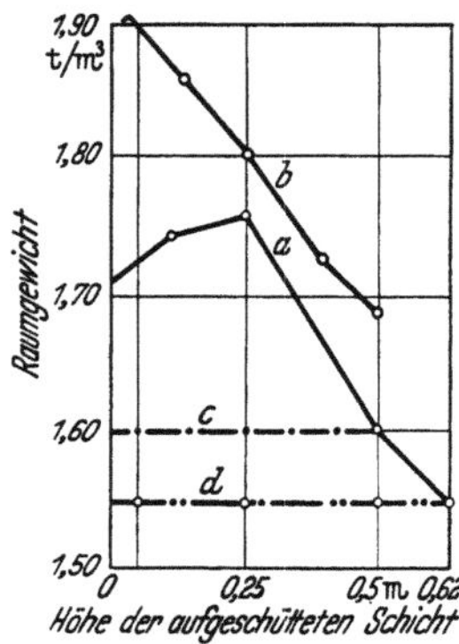

Abb. 416. Grad der Verdichtung von Sand in Abhängigkeit von der Höhe der Aufschüttung und der Zahl der Durchgänge der Maschine.
a bei einem Durchgang, b bei zwei Durchgängen, c natürlicher Zusammensetzung, d gelockerter Boden.

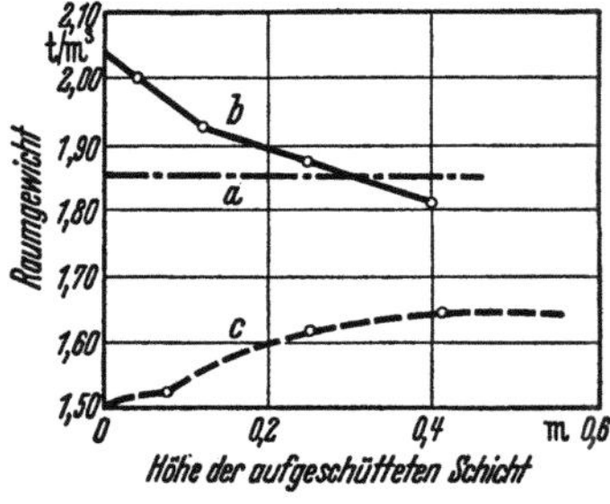

Abb. 418. Grad der Verdichtung sandigen Bodens in Abhängigkeit von der Höhe der geschütteten Schicht.
a Boden natürlicher Beschaffenheit, b Boden nach dem Verdichten bei eigenen Durchgang, c lose geschütteter Boden.

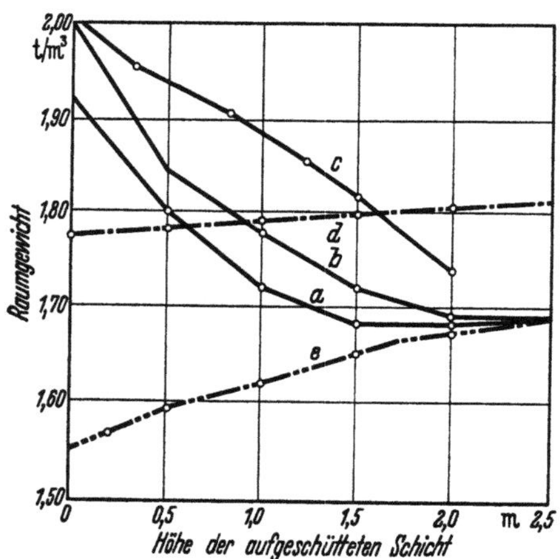

Abb. 417. Grad der Verdichtung des Bodens in Abhängigkeit von der Höhe der aufgeschütteten Schicht und der Zahl der Durchgänge der Maschine.
a bei einem Durchgang, b bei zwei Durchgängen, c bei vier Durchgängen, d Boden natürlicher Beschaffenheit, e aufgeschütteter Boden vor dem Verdichten.

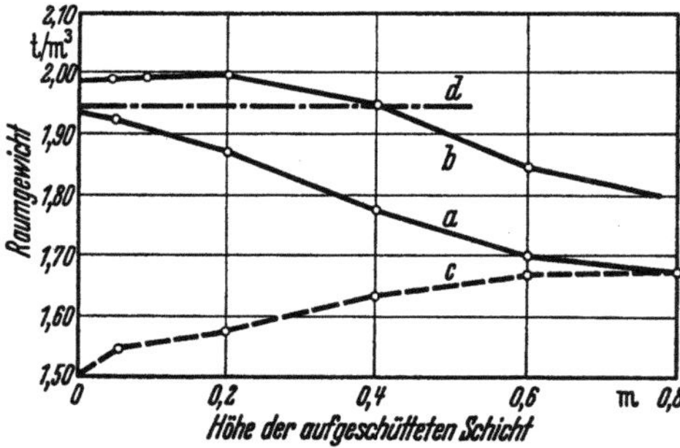

Abb. 419. Grad der Verdichtung von lehmhaltigem Boden in Abhängigkeit von der Höhe der aufgeschütteten Schicht und der Zahl der Durchgänge der Maschine.
a bei einem Durchgang, b bei zwei Durchgängen, c aufgeschütteter Boden bis zum Verdichten, d Boden natürlicher Beschaffenheit.

13% aus Feinsand und nur zu 2,5% aus bindigen Bestandteilen zusammengesetzt ist.

Versuche an sandhaltigem Schüttgut. Schüttgut: 55% grober bis mittelkörniger Sand, 2 bis 0,5 mm ∅, 36,7% Feinsand und Schluff (0,5 bis 0,05 mm ∅), 8,3% Tonkorn, dazu 17% Feuchtigkeit.

Abb. 418 gibt die Veränderung der Dichte in Abhängigkeit von der Schütthöhe.

Versuche mit lehmhaltigem Sandboden. Schüttgut: 49% Sand aller Körnungen, 27,4% Schluff, 23,6% Tonbestandteile, 27,7% Feuchtigkeit, 1,96% Raumgewicht in natürlicher Beschaffenheit.

Abb. 419 zeigt, daß erst bei zweimaligem Verdichten bis zu 40 cm Tiefe die Dichte des gewachsenen Bodens überschritten wird.

Auf Grund dieser Versuche wurde folgende größte Schütthöhe für möglich gehalten.

Bei einem Durchgang:

1. Sand fast feuchtigkeitsgesättigt . . . . 80 cm Höhe
2. Sand mit optimalem Wassergehalt . . . . 60 cm Höhe
3. Lehm . . . . 40 cm Höhe

Bei zwei und drei Verdichtungsgängen:

1. Sand nahezu gesättigt . . . . 150 cm Höhe
2. Sandiger Boden mit optimalem Wassergehalt . . . . 100 ⋯ 120 cm
3. Lehmboden . . . . 80 ⋯ 100 cm

Die Leistung beträgt für diese Schütthöhen:

1. für Sand mit nahezu feuchtigkeitsgesättigter Beschaffenheit . . 290 m³/h
2. für sandigen Lehm mit optimalem Wassergehalt . . . . 215 m³/h
3. für Lehmboden . . . . 145 m³/h

Kritik. Die Höhen erscheinen zu groß, vor allem für den Lehmboden. Stets ist ja der Festigkeitsanspruch entscheidend und nicht allein das Raumgewicht. Raumgewichte von 1,85 genügen nicht den Ansprüchen. Außerdem besitzt die verfestigte Schicht nicht die Kohäsion des unveränderten gewachsenen Bodens.

Beim Lehm muß man die Gefügeausbildung, den Grad der Feinkrümelung usw. kennen. Jedenfalls können derartige Werte, wenn sie kritiklos übernommen werden, dem Verfahren schaden und zu falschen Vorstellungen einer universellen Einsatzfähigkeit an feinkörnigen Erdarten ohne Rücksicht auf Konsistenz und Stückgröße führen. Nur leicht bewegliche, in der Schüttung lose aneinandergelagerte Erdarten und Erdkörnchen, die eine hohe eigene Strukturhärte besitzen, sind dafür geeignet.

Tabelle 42.

Kennwerte einiger Verdichtungsgeräte im Vergleich zur Rüttelmaschine der nach SU [277].

Maschinengattung	Leistung m³/h	Tiefe d. Verdichtung cm	Spez. Brennstoffverbrauch kg/m³	Energiebedarf PSh/m³	Stahlaufwand kg/m³/h
Motorwalzen mit Glattwalzen 2 t Gewicht . .	2,5	5 ⋯ 7	0,72 ⋯ 0,84	2,4	800
Motorwalzen mit Glattwalzen 5 t Gewicht . .	15	10 ⋯ 15	0,53 ⋯ 0,84	1,80	333
Schaffußwalze	110	25 ⋯ 35	0,06 ⋯ 0,07	0,35 ⋯ 0,29	37,8 ⋯ 31,5
Rüttelmaschine der Sowjetunion	290?	80?	0,04 ⋯ 0,05	0,1	9,6

11. Der Korbrüttler, Rütteldruckgeräte der Firma J. Keller, Frankfurt.

Arbeitsprinzip (Abb. 341, S. 255). Wie bereits angedeutet, werden an diesen Geräten die horizontalen Schiebewellen für die Verdichtung der Massen ausgenutzt. Die erst vor wenigen Jahren als Großgeräte konstruierten, sehr viel versprechenden Verdichtungsgeräte besitzen einen senkrechten Zylinder, der durch elektromotorbetriebene Umwuchter Erschütterungen auf den bierflaschenkorbähnlichen, den meist felsigen Massen unmittelbar aufsitzenden Rüttelkorb überträgt. Abb. 420 zeigt den Querschnitt und daher das Konstruktionsprinzip. Die Steine werden durch den Rüttelkorb (Abb. 421) erfaßt und wirken selbst als einrüttelnde Masse. Der Strombedarf beträgt 10 bis 30 Watt.

Frequenz der Rüttler [330]. Die Ansicht, daß die Eigenfrequenz des zu verdichtenden Materials und die von der Verdichtungsmaschine erzeugten Schwingungen übereinstimmen, ist nicht richtig:

a) Die Eigenfrequenz des Bodens ändert sich abhängig von der Lagerungsdichte ständig während des Einrüttelns. Die Frequenz müßte dauernd nachgestellt werden.

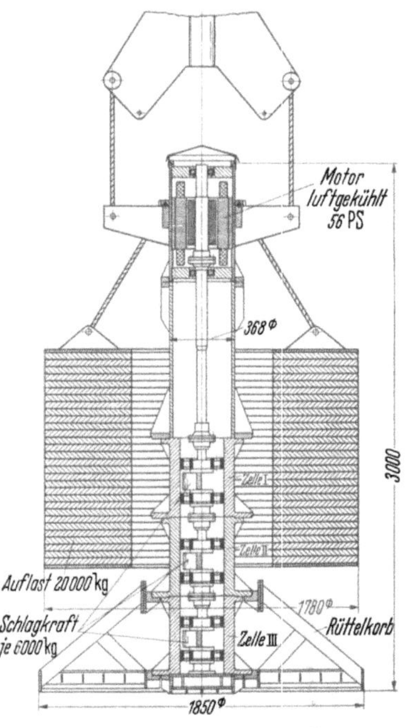

Abb. 420. Schwerer (Mammut-) Korbrüttler der Fa. J. Keller (Werkaufnahme).

b) Sandböden werden bei 3000 Schwingungen/min stets die beste Verdichtung erhalten, unabhängig von der Eigenfrequenz.

Frequenz und Amplitude. Bei hoher Schwingungszahl wird die Amplitude unter sonst gleichen Verhältnissen kleiner, bei kleinem Ausschlag ist aber auch die Reichweite der Verdichtung nur gering. Eine Frequenz, bei der die Größe der Amplitude so gewählt wird, daß die Schwingungen nicht in unmittelbarer Nähe des Rüttlers bereits aufgezehrt werden, muß deshalb ohne Zweifel hochfrequenten Schwingungen mit kleiner Amplitude vorgezogen werden.

Nach unten wird der Frequenz eine Grenze gezogen durch die Eigenschwingungen der Maschine. Sobald aufgegebene Frequenz und Eigen-

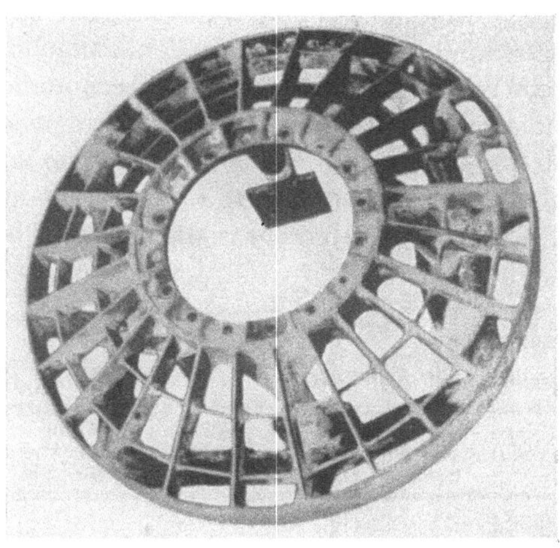

Abb. 421. Bierflaschenkorbartiger über einen Meter im Durchmesser messender Rüttelkorb.

schwingungen sich nähern, kommt es zu Zerstörungen am Gerät. Daher sind Schwingungen von etwa 3000/min zweckmäßig. Durch den Kräfteschluß zwischen Rüttelkorb und Material wird sowieso zwangsläufig eine Abstimmung der Schwingungen zu Material und Maschine erreicht.

Die Korbrüttler werden ausschließlich als schwere Geräte von mehreren bis zu vielen t (20) und mehr t Gewicht hergestellt. Der Nachteil besteht in dem

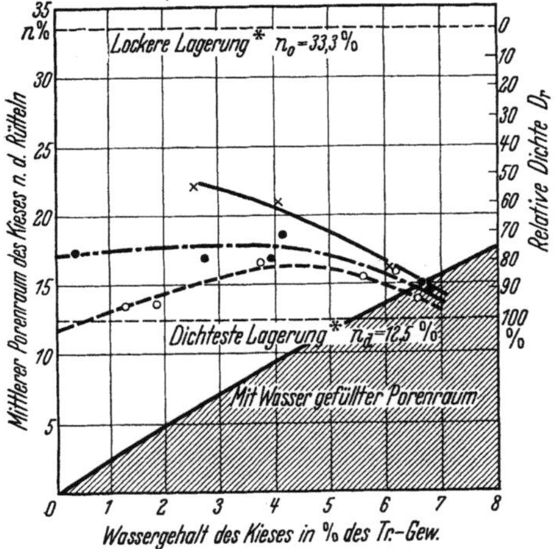

Abb. 422a. Rüttelversuche mit dem Großrüttler der Firma Keller. Gewicht des Rüttlers 8 t, Durchmesser des Rüttlerkorbes 1,30 m, Rüttelzeit: 1 Minute. Versuchsmaterial: Moränenkies. (Nach Breth [32].)

×——————× Schütthöhe vor dem Rütteln 1,20 m
●—·—·—·—●   ,,   ,,   ,,   ,,   0,80 m
○—————○   ,,   ,,   ,   ,   0,40 m

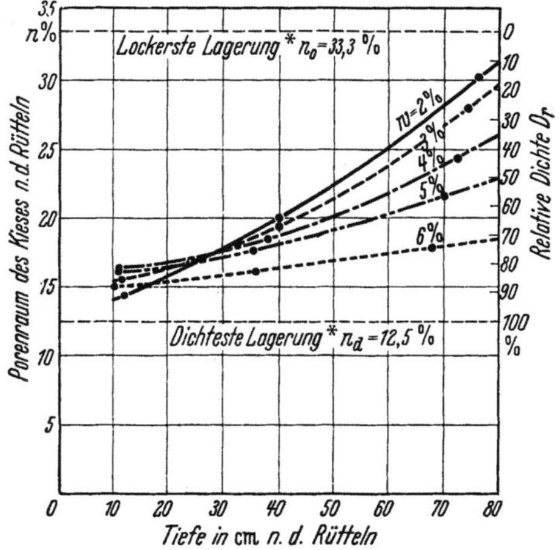

Abb. 422b. Rüttelversuch mit dem Großrüttler der Firma Keller. Einfluß des Wassergehaltes des Moränenkieses auf die Tiefenwirkung des Rüttlers 8 t, Korbdurchmesser 1,30 m, Schütthöhe vor dem Verdichten 1,20 m.

Mangel selbständiger Fortbewegung. Sie müssen an einen Schleppkran (Abb. 341, S. 255) aufgehängt und fortgerückt werden.

Verdichtungswirkung: Stückgröße und Schütthöhe. Die Untersuchungen an der Baustelle Roßhaupten [32] ergaben eine Rütteldruckverdichtung von 1,50 auf 1,20 an einem groben Moränenmaterial, also eine Verdichtung um 30%. Die größten Brocken besaßen einen Durchmesser von 30 cm. Die

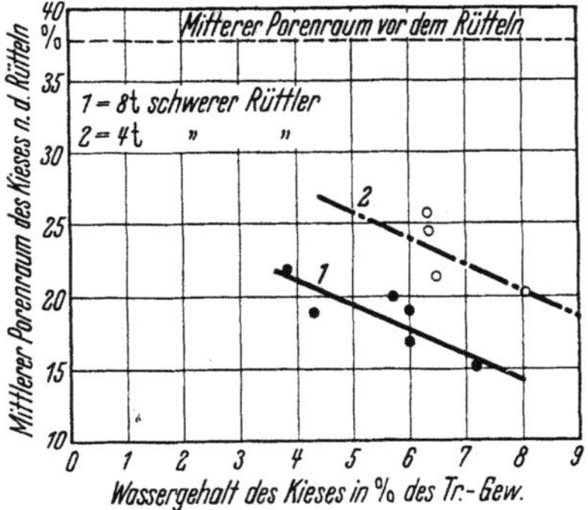

Abb. 422c. Vergleichsversuche mit 4 t und 8 t schweren Rüttlern. Versuchsmaterial: Gewaschener Kiessand. Rütteldauer 1 Minute, Schütthöhe vor dem Rütteln 1,20 m.

Diagramme (Abb. 422a bis c) zeigen die Ergebnisse von Baustellenversuchen in Abhängigkeit von der Tiefe, dem optimalen Wassergehalt unter Angabe der Verringerung des Hohlraumgehaltes (Porenvolumens). Die Rüttler dieser Baustelle sind verhältnismäßig leicht. Die Verdichtungswirkung der 8 t schweren Rüttler genügt etwa bis 80 cm, darüber müssen die sog. Mammutrüttler von 15 bis 20 t Gewicht verwendet werden. Ergebnisse der Rüttelversuche an gebrochenem Sandstein zeigt nach Breth die nachstehende Tabelle. Interessant ist die Einwirkung des verschiedenen Wassergehaltes auf die Rütteldruckwirkung, obwohl das Material nur etwa 17% Körnung mit kapillarer Steigfähigkeit besitzt. (Wirksame Korngröße!) Versuche in den USA mit leichten Rütteldruckgeräten (Fibroflot) zeigen die Zunahme des Eindringungswiderstandes (Abb. 423).

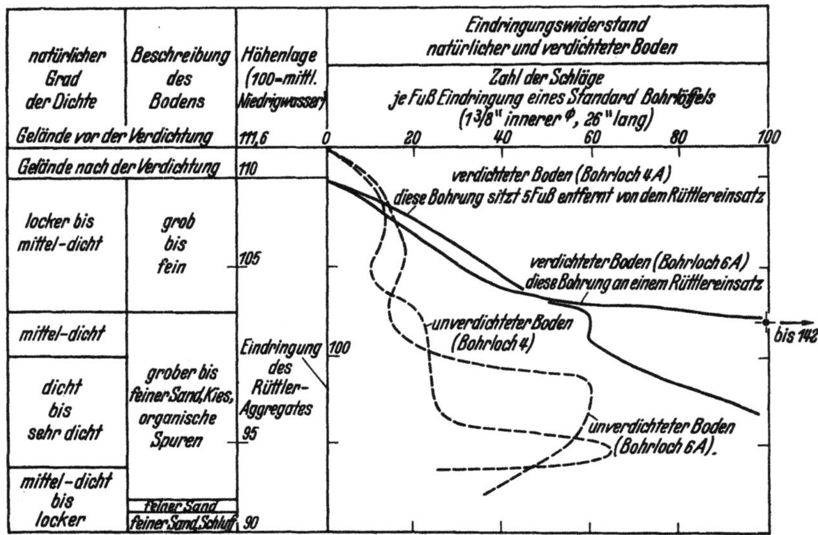

Abb. 423. Eindringungswiderstand unverdichteter und verdichterter Bodenarten bei Behandlung mit dem Rütteldruckverfahren (Fibroflot) [*396, 436*].

Tabelle 43. *Rüttelversuche mit gebrochenem Sandstein.*

Schütthöhe in cm	Mittlerer Hohlraum in %		Mittlere Hohlraumverringerung in %
	vor	nach	
	dem Rütteln		
40	47,8	34,1	13,7
80	45,8	35,3	10,0
120	44,6	39,2	5,4

Rüttelgewicht 8 t, Rütteldauer 1 Minute.
(Nach BRETH.)

Für die erzielte Verdichtung ist weniger die Hohlraumverringerung allein als vielmehr die Erzielung einer scherfesten Verlagerung maßgebend.

Werte für die Scherfestigkeit. Lose geschütteter Moränenkies: Reibungswinkel 37,5° (natürliche Böschung 1 : 1 ¹/₂), lagenweise gestampfter Moränenkies: Winkel der inneren Reibung wenig mehr als 39,5° (Böschungswinkel etwas steiler als 1 : 1¹/₂). Lagenweise eingerüttelt: Reibungswinkel 45° (Böschungsmaß 1 : 1!).

Daraus geht zunächst die Überlegenheit des Korbrüttlers in der Erzielung einer erheblich höheren Scherfestigkeit gegenüber der losen und lagenweise gestampften Schüttung eines Moränenkieses hervor (Abb. 174 u. 175, S. 133).

Dieses günstige Ergebnis spiegelt sich noch deutlicher im Verhalten beim dreiaxialen Druckversuch wider (Abb. 227 u. 228, S. 168/169).

Die Versuche an der Versetalsperre. Bei diesen Versuchen wurden erstmalig Steine bis zu mehr als 50 cm ⌀ erfolgreich eingerüttelt. Diese Gesteinsbrocken konnten bisher nur in Setzdämmen verwendet werden, selbst die schweren Stampfbagger versagten. Weder über die maximale Tiefenwirkung der schwersten Mammutrüttler wie über die stündliche Leistung, die mit etwa 50 m³ noch niedrig sein dürfte, liegen endgültige Ergebnisse vor. Immerhin zeigen doch die obigen Diagramme nach BRETH und die Tabelle 43 die gute Wirkung bereits an den leichteren dieser schweren Korbrüttler, denn die Verdichtung von Felsbrocken von 10 bis 50 cm ⌀ in diesem Umfang bedeutet schon eine sehr bedeutende Leistung, denn diese müßten sonst größtenteils im Handsetzverfahren eingebaut werden. Mit der Stampfplatte ist diese Leistung geringer. Wenn auch der Energieaufwand bei abweichenden Stückgrößen, gedrungenen gegenüber sperrigen Felsbrocken, eine größere Rolle bei der Verdichtung spielt, so ist doch sehr wichtig, daß die Kornform für die endgültige Verdichtung für diese Geräte wohl im Unterschied zu der LOSENHAUSEN-Maschine für feinkörnigere und gedrungenere Körnungen nicht ausschlaggebend ist. Inwieweit indessen bereits fest eingerüttelte Massen beim Versetzen des Korbrüttlers infolge der Schiebewellen im Gegensatz zu den LOSENHAUSEN-Maschinen in unerwünschtem Umfange wieder aufgelockert werden, bedarf noch der Abklärung.

Dieses neue Verdichtungsgerät dürfte berufen sein, im Bereich der Stützkörper von Staudämmen den schweren Stampfbagger abzulösen, soweit man nicht überhaupt auf die mechanische Verdichtung in Anbetracht der fortschreitenden Dichtungstechnik teilweise verzichten will oder andere Verfahren anwendet

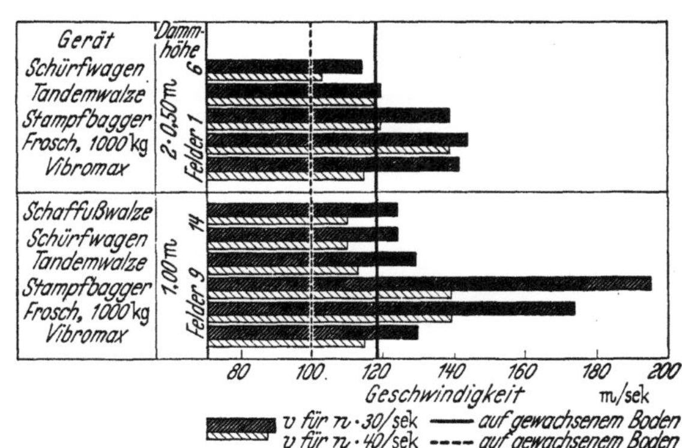

Abb. 424. Auswertung der dynamischen Messung.

(Druckstrahlverfahren). (Vgl. S. 344.) Über die Erfolge der nassen Einrüttelung von Sand mit dem Rütteldruck (Fibroflot) vermittelt die Abb. 423 einen sehr instruktiven Eindruck [*396, 436*].

12. Geotechnische Folgen für den Dammbau. Der Vorteil der Rütteldruckgeräte. Er beruht gegenüber allen anderen Verdichtungsgeräten: Stampfbagger, Schwingungsmaschinen und Walzen:

1. In der Verdichtungsmöglichkeit aller Arten von Felsstücken bis zu etwa 60 cm ⌀.

2. Die Kostenermäßigung des Staudammes wirkt sich bei Einsatz dieser Großrüttler in der Versteilung der luftseitigen und wasserseitigen Böschungen, in der Beschränkung der Stärke der verschiedenen Dammglieder infolge ihrer erhöhten Scherfestigkeit und vor allem infolge der Stabilität des Dichtungskörpers auf mindestens $^2/_3$ der bisherigen Baukosten aus, wobei insbesondere der Verzicht und die Unabhängigkeit von natürlichen Dichtungsstoffen ganz wesentlich in gebirgigen und sonstigen lehmarmen Gegenden ins Gewicht fällt.

3. In der Beschränkung des Bedarfes an Dichtungston bei Anwendung der Steingerüsttonbauweise auf der Basis des Hydratonverfahrens unter Erhöhung der Sicherheit des Dichtungselementes und damit der völligen Unabhängigkeit des Dichtungskörpers von dem Nachweis von natürlichem Dichtungston.

4. Durch die thixotrope Konsistenz der Hydratonfüllung bei Anwendung der Steingerüsttonbauweise wird die Trägheit während des Einrüttelns sehr leicht überwunden, während die nicht veredelten erst eine weichplastische Konsistenz erhalten müssen und dann niemals den hohen Dichtewert wie an dem Hydratonverfahren erreichen.

5. Daher können die Dichtungskörper bei Verwendung veredelter Massen schwächer gehalten werden.

13. Die schwingenden Walzen (vgl. S. 290). Grundsätze über die Abgrenzung der verschiedenen Energieformen und Geräte.

Zu den Rütteldruckgeräten im weiteren Sinne gehören auch die sog. „schwingenden Walzen" oder Vibrationswalzen. In dem Maße, wie diese vor allem die Verdichtung durch die dem Boden erteilten Stöße und Schwingungen herbeiführen, gehören sie hierher, denn die Fortbewegung und die Form spielen dabei keine Rolle. Ebenso leitet ja die schwere Verdichtungsmaschine von LOSEN-HAUSEN (vgl. S. 323) zu den Stampfgeräten über, wie überhaupt die Stampfwirkung sich vor allem in der minutlichen Schlagzahl und Schlaghärte auf das Schüttmaterial auswirkt. Je nachdem, welche Energieform maßgebend für die Verdichtung ist, wechselt eine Geräteart in den Bereich der anderen über. An dem Mammutrüttler kann bei der sperrigen Lagerung der Felsschüttungen beispielsweise noch so hoher Druck keine nennenswerte Verdichtung erzielen, allein in dem entscheidenden Zusammenspiel zwischen Bewegungsenergie und der damit unter hohem Druck erzwungenen, möglichst dichten Einregelung liegt der Erfolg und besondere Vorzug. Die Auflast verhindert die Auflockerung und verbürgt damit eine gleichmäßige, von der Oberfläche bis in größere Tiefe wirkende Verdichtung einer Schüttung. Die Parallele zwischen schwingenden Walzen und Korbrüttler ist im Verdichtungsspiel bei völlig verschiedener konstruktiver Lösung ohne weiteres erkennbar. Die Gründe für diese verschiedene Ausführung liegen im Bestreben der deutschen Konstrukteure, eine höchstmögliche Tiefenwirkung, bei dem der angelsächsischen in der Sicherung einer hohen Bewegungsmöglichkeit, damit hoher konstanter Flächenleistung, die zweifellos an dem Korbrüttler noch nicht im befriedigenden Ausmaße gelöst ist und unbestreitbar als ein Mangel empfunden wird.

E. Weitere Verdichtungsverfahren ohne mechanische Geräte.

In diesem Zusammenhang sind zwei Verfahren zu erwähnen, bei denen ‚bewegliche' Geräte nicht eingesetzt werden. Sie gehören beide zu der großen Gruppe trockenmechanischer Verdichtungsverfahren.

1. Das FRANKI-Verfahren [*135, 273*]. „Bei diesem Verfahren wird ein Stahlrohr von etwa 50 cm ⌀ mit einer Ramme besonderer Bauart und einem im Rohr geführten Rammbären von großem Gewicht mit großer Fallhöhe in den Boden gerammt (Abb. 425). Dabei treffen die Rammschläge nicht unmittelbar das Rohr, sondern einen an der Spitze des unten und oben offenen Rohres gebildeten Bodenpfropfen aus Sand oder Kiessand usw. Dieser verspannt sich durch das Zusammenstampfen derartig im Rohr, daß im weiteren Verfolg der Rammschläge das Rohr mit in die Tiefe gezogen wird. Dort wird der verspannende Pfropfen herausgeschlagen und das Rohr unter Fortsetzen von Einfüllen und Rammschlägen langsam gezogen." — Die Wirkung der Verdichtung beruht in der seitlichen Verdrängung des lockeren Erdreiches, in der Rüttelbewegung und dem Zusammenschlagen des Kernes. Wenn dieses Verfahren auch vor allem für die Verdichtung und Erhöhung der Tragfähigkeit locker gelagerten (sandigen) Baugrundes anzuwenden ist und z. B. für die Hinterfüllung nachgiebiger Stützwände nicht anwendbar ist, so hat es doch als allgemeines Verdichtungsverfahren, das z. B. bei der Baugrundverdichtung für die ehemalige Kongreßhalle in Nürnberg [3] erfolgreich angewendet wurde, eine grundsätzliche Bedeutung und daher auch für lose geschüttete Dammassen.

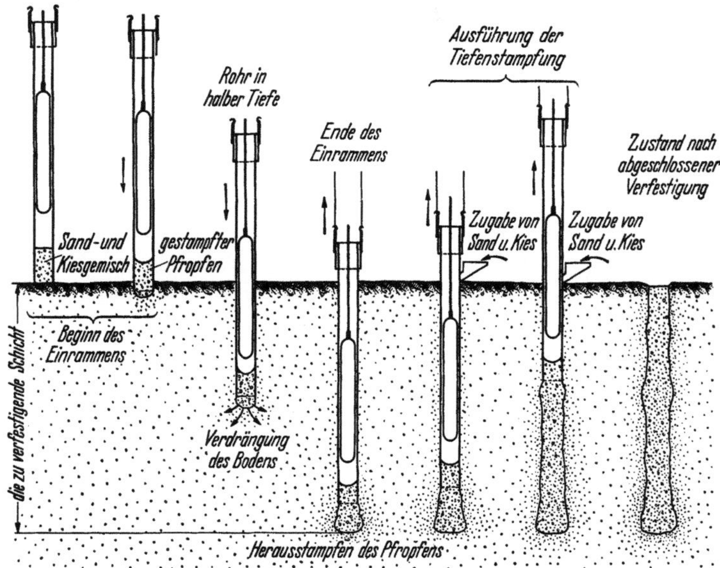

Abb. 425. Arbeitsvorgang bei der Bodenverfestigung nach dem FRANKI-Verfahren.
(Nach HOFFMANN-MUSS [135].)

2. Das Sprengverdichtungsverfahren (Abb. 426) [129]. Prinzip. Die Einführung des Sprengverdichtungsverfahrens beruht in dem Bestreben, an Stelle der langwierigen Verdichtung zahlreicher dünner Schüttlagen die Verdichtung großzügig *mit einem Male* zu lösen und den feinmosaikartigen, zeitraubenden und teuren Geräteeinsatz und Dammbau zu vereinfachen. Hierfür liegen ja bereits vom Bau der Autobahndämme u. a. an der Berliner Ringstrecke, Ostpreußen, Kanaldamm Paretz-Niederneundorf günstige Vorbilder vor. Diese Dämme werden bei der Hauptsprengung mehrere Meter hoch gehoben und erfahren dabei eine so gute Verdichtung, daß nur noch die obersten 2 m Schüttung mittels Fallplatte abgerammt zu werden brauchen. Zugleich werden die Faulschlammassen im Untergrund verdrängt.

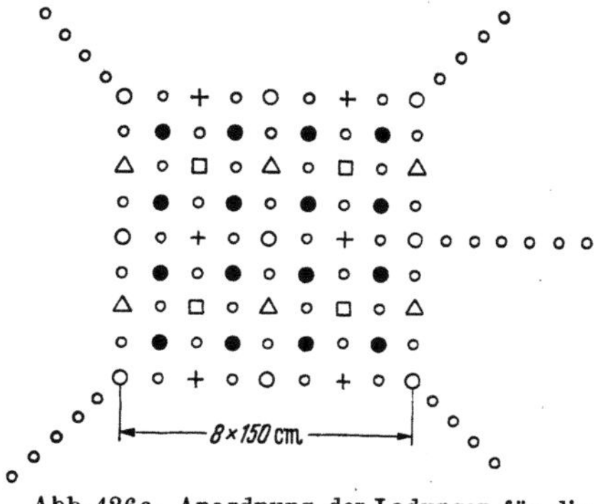

Abb. 426a. Anordnung der Ladungen für die aufeinanderfolgenden Sprengungen.
□ erste Sprengung,   △ vierte Sprengung,
○ zweite Sprengung, ● fünfte Sprengung,
+ dritte Sprengung,   o Gründungspfähle.

In der Anordnung und der Bemessung der Sprengladung und ihrer gleichmäßigen Verteilung über eine lose Schüttung ist grundsätzlich folgendes zu sagen. Die Größe der Sprengladung richtet sich nach der Überlagerungshöhe und auch nach dem gegenseitigen Abstand, wobei unter allen Umständen die Ausblasgefahr der Sprenggase verhindert werden muß. Diese Gefahr besteht bei zu großer Sprengladung, bezogen auf eine hierfür zu niedrige Dammauflast

(Schüttung). Ebenso ist hierfür die Massenträgheit mitbestimmend. Jedenfalls sind sperrige Massen weniger beweglich als feinsandige.

Über die *Anwendung des Sprengverfahrens*, das besonders für hohe Verkehrsdämme des Eisenbahnverkehrs eine Bedeutung haben dürfte, wie sie z. B. durch die Verlegung der Geiseltalbahn westlich Merseburg in Höhe von mehr als 100 m geschüttet werden müssen, kann folgendes gesagt werden. Seine Anwendung kann hier bei vorwiegend rolligem Schüttgut als billigstes, bestes und jeder nachfolgenden Verkehrserschütterung überlegenes Verfahren empfohlen werden, denn nur durch die Sprengerschütterung kann die dynamische Beanspruchung in einem jeden nachfolgenden Betriebseinfluß gleichmäßigen und größeren Ausmaßes vorweggenommen werden, um zugleich eine weitgehend setzungsfreie Gefügeverdichtung zu erreichen. Dabei kann diese Verdichtung auf die am stärksten dem Zugverkehr ausgesetzten oberen Zonen von etwa 10 m Stärke beschränkt werden.

Einzelheiten des Sprengverdichtungsverfahrens. Im einzelnen besteht das Verfahren darin, daß eine Reihe von Sprengladungen, die waagerecht und senkrecht in den losen Schüttmassen verteilt sind, gleichzeitig gezündet werden. Allerdings sind bisher nur wenig wirklich brauchbare Zahlen über den Sprengstoffbedarf und die Verdichtungsleistung wie für die Moorbeseitigung bekannt. Bei einem Versuchsfeld lag ausschließlich Sand als Schüttstoff vor. Versuchssprengungen [*129*] mit Dynamitladungen von 0,9 und 3,6 kg in Tiefen von 3 bis 4,9 m Tiefe unter der Oberfläche lieferten die beste Verdichtung, mit einer Ladung von 3,6 kg 60proz. Dynamites in 4,57 m Tiefe.

Bei einem weiteren Versuchsfeld mit 6 Sprengladungen wurde eine durchschnittliche Verdichtung von 61 cm erreicht, wobei die Verfestigung sich über eine Tiefe von 6,10 m auswirkte. Auf Grund dieses Versuches wurde eine Schüttung von 122 × 259 m durch nicht weniger als 12000 Sprengladungen verfestigt.

Verdichtungsergebnisse: Westseite des aus Sand bestehenden Dammes 61 cm Oberflächensenkung bei 6,10 m Dammhöhe, Ostseite 76 cm Senkung bei 7,62 m Dammhöhe, d. h. beide Male 10%. Dies entspricht vollständig der früher bei unverdichteten Sanddämmen üblichen Überhöhung, um allen Setzungen vollständig begegnen zu können. Insofern nimmt die Sprengverdichtung diese Setzung durch einen einmaligen Sprengvorgang vollständig vorweg, die zu Lasten einer sich allmählich auswirkenden Setzung über viele Jahre hinaus sich auswirken würde. 57 untersuchte Proben ergaben ein durchschnittliches Porenvolumenverhältnis von 0,78 an der Westseite und 0,736 an der Ostseite.

Kritik. Zweifellos liegt hier ein besonders für feinkörnige kohäsionslose oder auch nur schwachbindige Massen brauchbares und entwicklungsfähiges Verdichtungsverfahren vor, dem man für Verkehrsdämme und auch Staudämme mit steinigen Massen grundsätzlich mehr Beachtung beimessen sollte.

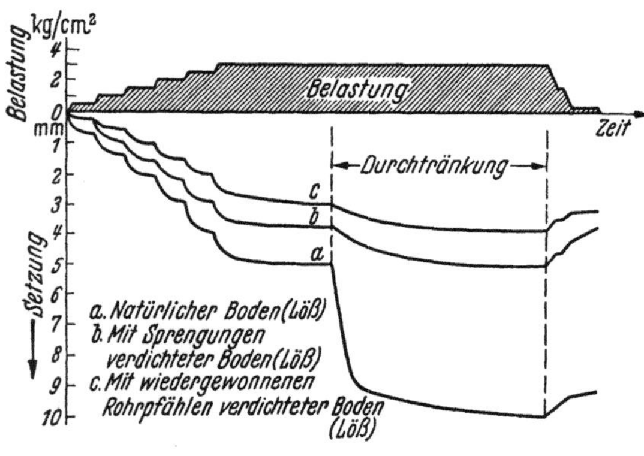

Abb. 426 b. Tiefenverdichtung von makroporösem Löß nach KARAFIATH [149 a].

IV. Der Einbau und die Verdichtung auf naßmechanischem Wege.
1. Begriff und Wesen.

Begriff. Unter mechanischem Einbau werden alle Verfahren verstanden, bei denen der Geräteeinsatz stets mit einem erheblichen, über den optimalen Wassergehalt weit hinausgehenden Wasserzusatz erfolgt und der Verdichtungserfolg in dieser Kombination am besten gewährleistet wird (S. 347). Die Geräte können dabei mehr oder weniger in den Hintergrund treten.

Wesen. Bei diesem Verfahren gehören Einbau und Verdichtung untrennbar zusammen, denn jeder naßmechanische Einbau hat zwangsläufig eine erhebliche Verdichtung zur Folge, die, verglichen an den entsprechenden Schüttstoffen, derjenigen der geländegängigen Erdbaugeräte allein erheblich überlegen ist. Durch planmäßigen und zweckentsprechenden Einsatz neuzeitlicher Geräte kann die Verdichtung zu einem fast idealen Höchstmaß gesteigert werden.

Der naßmechanische Einbau ist zwangsläufig an die Verwendung von Wasser gebunden. Wasser hat daher nach den Ausführungen S. 144 die Aufgabe, die Scherfestigkeit durch die Entwicklung der Kapillardruckkräfte zu vergrößern. Da diese Oberflächenenergie in ihrer allseitig verspannenden und verfestigenden, zusammenpressenden Wirkung erst an Körnungen unter 2 mm $\varnothing$ stärker in Erscheinung tritt, beschränkt sich die Anwendung auf nichtbindige (nichthaftende) oder schwachbindige (schwachhaftende) Erdarten, an denen ein bestimmter wirksamer Anteil als wirksame Korngruppe dieser feineren Körnung vorhanden ist oder diese Erdarten wie Dünensande, Heidesande ausschließlich vorliegen.

Der Naßeinbau mit oder ohne zusätzlichem, vorwiegend vibrierendem Verdichtungsspiel stützt sich auf die Tatsache, daß feinkörnige Lockergesteine oder leicht haftende Gesteinsmassen durch die mechanische Verdichtung nicht zerkleinert werden können, daß ein stabiles Gefüge daher im Damm nur in der dichtesten Gefügeausbildung (Prinzip des kleinsten Hohlraumes) gewährleistet werden kann. Denn hier genügt dafür eine dichte Kornpackung, die in sich durch die Oberflächenenergie des Wassers verspannt wird, um das erforderliche Maß an Stabilität zu verbürgen.

Die älteren naßmechanischen Verfahren werden trotz der fortgeschrittenen trockenmechanischen Einbau- und Verdichtungsweise so lange ihre Berechtigung unverändert beibehalten, als die die Massenträgheit bestimmende Kapillardruckenergie in dem allseitigen, durch das feinmaschige System der zusammenpressenden Adhäsionswasserhüllen und damit die Verdichtungswirkung das höchstmögliche Ausmaß auf anderem Wege in einfacherer Weise nicht erreicht werden kann. Dies erscheint aber unmöglich, denn mit dem Zuwachs der Dichte nimmt die gegenseitige Verspannung des sonst sehr leicht aufzulockernden Kornsystems erheblich zu, d. h. mit der Zunahme der Verdichtung wächst die Massenträgheit ohne Gefahr der Wiederauflockerung oder gar Abwehung durch Wind infolge der Kapillardruckenergie an Sanddämmen. Die eindrucksvolle Größe des verfestigenden Kapillardruckes zeigen kapillardurchfeuchtete Sandböschungen in Sandgruben, die, ohne abzurieseln und zu verflachen, viele Meter hohe senkrechte Wände ermöglichen. Es gibt keine Kraft, die mit dieser Gleichmäßigkeit nach Maßgabe gleichmäßiger Berührungsdichte die gesamte Schüttung so fest zusammenhalten kann, unabhängig vom Schwerkrafteinfluß und der Auflast, wie das benetzende Kapillarwasser. Dies ist der bleibende Vorteil der naßmechanischen Verdichtung, wobei der Geräteeinsatz in seiner den Massen abgestimmten Energiezufuhr und Massenerregung nur die Wirkung erhöhen und beschleunigen kann.

Da diese Schüttstoffe sich am besten durch periodische Schwingungen, also eine rhythmische Dauerbewegung verdichten lassen, ist die Anwendung des Verfahrens in erster Linie eine Wasserfrage, aber auch eine Materialfrage. Während z. B. in Deutschland hierbei stets reine oder fast ausschließlich reine Sande verwendet werden, werden im Auslande, vor allem in den USA (Abb. 427), aber auch in der Sowjetunion, Körnungen des Schluffbereiches, wenn nicht sogar zum Teil des Tonkornbereiches auf diese Weise zu stabilisieren versucht. Die Stabilität derartiger „Spüldämme" kann dabei unter Umständen auf Jahre hinaus gefährdet sein, da sich die wasserübersättigten Massen während dieser Zeit wie eine Flüssigkeit verhalten.

Je feiner die Körnung, um so größer die Haftwasserhülle, um so langsamer der hydrostatische Druckausgleich des gespannten Porenwassers, um so labiler ist nach Betrag und Zeit das Gefüge dieser Spüldämme, und zwar so lange, als keine völlige Konsolidation erfolgt ist, die in einer porenwasser- und spannungsfreien Korn-an-Kornlagerung der einzelnen Teilchen besteht.

Allerdings kann man neuerdings diese Stoffe künstlich stabilisieren. Ausgehend von der Tatsache, daß bei Körnungen bis herab zu einem Feinheitsgrad von 0,1 mm ⌀ die Feinteile durch die mechanische Wirkung des Wassers: Schwerkraft, Oberflächenspannung, Einregelungsdruck des abströmenden Wassers festgelagert werden, so hat sich unter Beachtung der Koagulationsmöglichkeiten gezeigt, daß das Dispersitätsgleichgewicht für die feinstkörnigen Kornsysteme unter $^1/_{10\,000}$ mm ⌀ — wenn auch abgestuft, so doch wie bei den gröberen Fraktionen — gilt. Zum Beispiel kann durch Zusatz von KCl eine Teilchenvergrößerung des ganzen feinkörnigen Systems erreicht werden, wobei

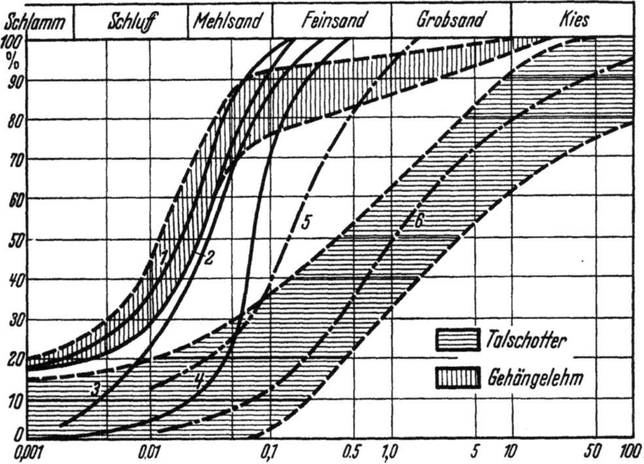

Abb. 427. Die Kornzusammensetzung der für gespülte Dämme in Amerika verwendeten Böden im Vergleich mit den Grenzlinien der Kornzusammensetzung des Talschotters und Gehängelehms an der Söse- und Odertalsperre. Zwischen *1* und *2*: Analysen aus 5 Kernen gespülter amerikanischer Dämme, zwischen *3* und *4*: wie vorher aus sechs anderen Kernen. Zwischen *5* und *6*: Kornanalysen von 6 Gewinnungsstellen für dieselben Dämme, deren Kerne durch die Linien *3* und *4* dargestellt sind.

die feinsten Teilchen zusammengeflockt werden. So kann aus einem Ton-Schluff-Sand-Gemisch ein Gemisch von Sand und Schluff erhalten werden. Durch weitere Steigerung des Zusatzes von KCl kann schließlich die Kornvergröberung bis zum Sandkorn erreicht und fortgesetzt werden.

Indessen zeigen die vom Internationalen Kongreß in Stockholm genehmigten Sieblinien (Abb. 427), daß Bedenken gegen die Verwendung feinerer Körnungen als des Sandkornes kaum bestehen.

2. Die Naßverfahren.

Man unterscheidet folgende Verfahren:

1. Einbau mit Wasser ohne zusätzliche Geräte: Einsümpfen, Einspülen, Druckstrahlverdichtung.

2. Einbau mit zusätzlicher Verdichtung von Geräten als Oberflächen- und Innenrüttler.

a) Das Einsümpfen (vgl. S. 181).

Die durch Quer- und Längsdämme unterteilten Schüttungen werden mit Wasser so lange benetzt, bis die Oberfläche unter Wasser steht (Abb. 340, S. 253). Das nach unten abströmende Wasser bewirkt nur in geringem Umfange eine Kornumlagerung durch Einspülen feinerer Teilchen in die Zwickel zwischen die gröberen.

Kritik. Die Verspannung tritt nur bedingt, d. h. teilweise ein, denn es fehlt die grundsätzlich günstige Voraussetzung für das mögliche Höchstmaß. Die verspannende Wirkung erreicht daher nur den Bruchteil der höchstmöglichen. Am höchsten ist sie nahe der Oberfläche, weil hier der in der Abströmung sich äußernde Kräftezug am stärksten in einer Umlagerung von Kapillardruckwirkung ausmündet. Das labile Gleichgewicht bleibt daher grundsätzlich erhalten. Im neuzeitlichen Dammbau (Verkehrs- und Staudämme) ist dieses Verfahren überholt. Um die optimale Feuchtigkeit in trockenen Erdmassen zu erhalten, wendet man es bei der Gewinnung der erdigen Massen in den USA noch an.

b) Das Einspülen.

1. Allgemeines. Im Sinne der Ausführungen S. 182 ist das horizontale Bewegungsspiel, die Verfrachtung auf dem vorwiegend horizontalen Wege, entscheidend für die Erzielung höchster Dichte, denn die hydrodynamische Strömungsenergie besitzt ebenso wie die entsprechende dynamische beim trockenmechanischen Verfahren einen unvergleichlich höheren verdichtenden Wirkungsgrad als etwa reine Druckbelastung durch Wasser oder Gewicht. Die Bezeichnungen: Spülspritzverfahren, Hydroerdbauverfahren, Spülkippverfahren oder Wasserstrahlverfahren oder kurz: Einspülverfahren, sind verschieden, der Vorgang ist der gleiche.

2. Die Praxis des Einspülverfahrens ist folgendermaßen (Abb. 428 bis 430). Zu beiden Seiten der einzuspülenden Dammkernmassen werden die Spüldämme geschüttet, die als Anfuhrwege und Ablagerungsplätze für die einzuspülenden Massen dienen. Durch die Bauzüge werden die schützenden Seitendämme, die zugleich die Dammschultern der vollendeten Dämme bilden, teilweise vorverdichtet. Durch ein Netz von Rohrleitungen mit in regelmäßigen Abständen eingeschalteten Druckrohrstutzen für die unmittelbare Einspülung oder den Anschluß von Schlauchleitungen oder unter Einschaltung eines mehr als 20 m langen Spülkippwagens (wie er am Mittellandkanal erfolgreich verwendet wurde), werden die Massen zum Kern mehr oder weniger gleichmäßig eingespült. Je nach der Dammneigung sind gegebenenfalls Querdämme vorzusehen.

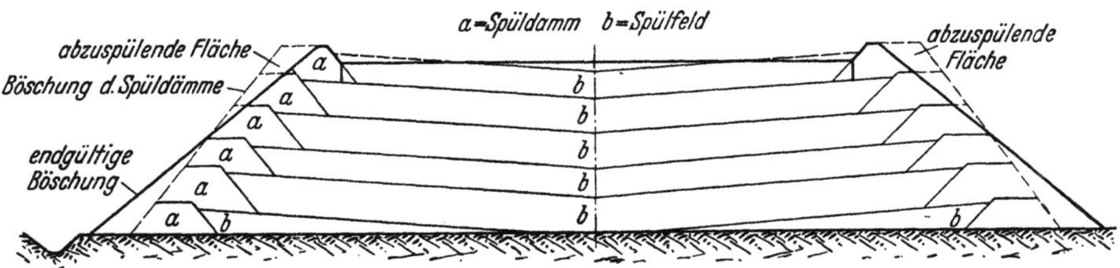

Abb. 428. Schematische und grundsätzliche Darstellung des Einspülverfahrens von Kanaldämmen, z. B. Mittellandkanal.

Abb. 429. Darstellung der Klassierung der eingespülten Massen bei ungenügender Wasserzugabe, Strömungsgeschwindigkeit und zu unterschiedlich großem Mischgut beim Einspülen.

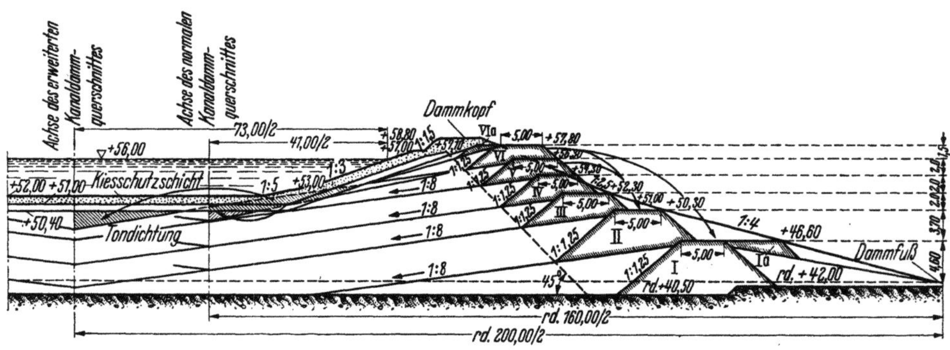

Abb. 430. Darstellung des fortschreitenden Dammbaues am Mittellandkanal bei Magdeburg unter Anwendung des Spülkippverfahrens [173].

Der Spülerfolg hängt weitgehend von der Körnung, der Wassergeschwindigkeit und der Breite des Spülfeldes ab. Der Druck beträgt gewöhnlich mehrere atü (5 bis 8 at). Bei Anwesenheit von bindigen Stoffteilchen muß er gegebenenfalls auf 10 at und mehr erhöht werden. Der Wasserbedarf beläuft sich auf etwa 1 bis $1^1/_2$ m³ Wasser je m³ Trockenmasse.

3. Beispiel für die Anwendung dieses Verfahrens. Bei dem Spülkippverfahren am Mittellandkanal wurde dem auf Gleisen entlang der Spülkippe fahrenden 25 m langen Wasserwagen aus in Abständen von je 21 m angeordneten starren Standrohren von 350 mm ⌀ laufend Wasser zugeleitet. Der Vorteil dieses beweglichen gegenüber dem starren Spülbetriebe besteht darin, daß die Massen, ohne Rippen in den toten Winkeln zwischen zwei Rohrstutzen zu hinterlassen, gleichmäßig abgespült werden. Die Neigung der sich ablagernden Massen betrug 1 : 16, die Leistung 20 m³/h. Stündlich wurden 625 m³ bei einem Gesamtbedarf von 7,2 Millionen m³ Kiessandmassen eingespült.

Über die Aufspülung eines 200 m langen Erddammes im Gebiet der oberen Wolga berichtet Dehnert[1]. Die Arbeiten wurden vom 17. Juni bis 10. September 1940 ausgeführt. Bemerkenswert sind hierbei die sorgfältige Vorbereitung, Ausführung und Überwachung des Spülvorganges, ferner die Ergebnisse von Bohrungen, die man in dem fertigen Dammkörper vorgenommen hat, um die tatsächliche Lagerung des eingespülten Bodens gegenüber dem Entwurf nachzuprüfen.

Der geplante Dammquerschnitt ist in Abb. 51a, S. 30, dargestellt. Er weist bei einer Höhe von 16 m eine Kronenbreite von 15 m auf. Aus den weiteren Abmessungen des Dammes ergibt sich bei einer Fußbreite von rd. 100 m eine Querschnittfläche von rd. 1000 m² und danach ein Inhalt des ganzen Dammkörpers von etwa 200000 m³, die aufzuspülen waren. Die Mitte des Dammes füllte ein Dichtungskern von trapezförmigem Querschnitt mit 13 m Höhe aus. Der höchste Wasserstand lag rd. 10 m über der Sohle; er schwankte um etwa 1,5 m.

Das Baggergut stand nach dem Bericht in zwei Schichten zur Verfügung, einer gröberen Schicht Nr. 1 mit Korngrößen von vorzugsweise 0,1 bis 1,0 mm ⌀ und geringen feinsten Beimengungen bis zu 0,005 mm herab sowie gröberen Bestandteilen bis zu 5 mm, und einer feineren Schicht Nr. 2, die vorzugsweise Korngrößen von 0,01 bis 0,25 mm mit geringen Beimengungen bis 1,0 mm, vereinzelt bis 3,0 mm, enthielt (Abb. 51b, S. 30).

„Da der dichte Kern des Dammes nahezu gleichzeitig mit den geböschten Außenteilen, den aus gröberem Material bestehenden Stützprismen, aufgebaut werden sollte, ergaben sich für den Arbeitsvorgang drei Bauteile, nämlich die beiden Außendämme, auf denen die Spülrohre lagen, und der dazwischen, stets tieferliegende und mit Spülwasser gefüllte Kernraum, in dem das feinere Material zur Ablagerung kam. Die Bodenverteilung innerhalb des Bauwerks war folgendermaßen vorgesehen: Stützprismen, bis zur Höhe von 3,5 m höchstens 10% Körner mit $d < 0,1$ mm, darüber bis 12 m Höhe alle Korngrößen über $d > 0,06$ mm. Die oberste Lage bis zur Dammkrone sollte Boden der erwähnten Schicht Nr. 2 ausfüllen. Für den Kern wurden Böden mit einem Gehalt von mindestens 10% Körnern unter 0,02 mm vorgesehen, worin jedoch nur 5% Teilchen unter 0,005 mm sein durften. Diese Bedingungen bezweckten sowohl eine ausreichende Stützung der geböschten Dammteile und ihrer Entwässerung als auch eine genügend dichte Lagerung des Bodens innerhalb des Kerns.

Zur Ausführung der vor Beginn der eigentlichen Bauarbeiten notwendigen umfangreichen Bodenanalysen stand ein reich ausgestattetes Laboratorium zur Verfügung. Ihm lag später während der Bauausführung auch die laufende Überwachung der richtigen, d. h. der planmäßigen Bodenverteilung ob. Die Zusammensetzung der „Hydromasse" im Spülrohr wurde alle 2 h, die Kornverteilung im ausgeschiedenen Baggergut in Abständen von 4 bis 6 h geprüft. Das ergab

---

[1] Vgl. die sowj.-russische Zeitschrift „Gidrotechnitschekoje stroitjelstro" (Wassertechnisches Bauwesen) Nr. 2 (1948) S. 20.

insgesamt 573 bzw. 218 Untersuchungen. Außerdem wurde noch eine große Anzahl von Fraktionsbestimmungen der Hydromasse durchgeführt.

Entscheidend ist natürlich das Ergebnis der Spülung, d. h. die tatsächliche Ablagerung des Bodens innerhalb des Dammkörpers. Die dafür notwendigen Entnahmen und Analysen fanden ein- bis zweimal in 24 h statt, um Kornzusammensetzung und Dichte festzustellen. Dies erfolgte stets an derselben Stelle, nämlich an den Innenseiten der äußeren Spüldämme (Stützprismen) und damit an den Kerngrenzen sowie in der Achse des Kerns. Zu diesem Zweck wurden Profile über das Spülfeld durch 10 m voneinander entfernte Latten abgesteckt. Jede Latte bezeichnete die Entnahmestelle für eine Probe. Weitere Untersuchungen erstreckten sich auf die Bestimmung der Bodendichte D nach TERZAGHI und auf Ermittlungen des Bodengewichtes.

Nach Beendigung der Spülarbeiten wurden 19 Bohrlöcher abgeteuft. Die Untersuchung der aus ihnen entnommenen Proben erstreckte sich auf Feuchtigkeitsgehalt, Volumengewicht bei dichter und lockerer Lagerung, ferner Korngröße und Winkel der inneren Reibung.

Die täglichen Leistungen, die im Aufbau des Dammes erzielt worden sind, haben naturgemäß sehr stark geschwankt. Als Durchschnitt der ganzen Bauzeit von 86 Tagen ergibt sich bei 24stündigem Betrieb eine Leistung von rd. 2300 m³. Da die Arbeiten aber allein nach der Fertigstellung des Kerns 9 Tage lang unterbrochen werden mußten, um das überflüssige Wasser aus der Kernzone abzuleiten, außerdem der laufende Umbau der Spülleitungen große Zeitverluste mit sich brachte, betrug der Tagesdurchschnitt etwa 3000 m³.

Bis zur Höhe von 3,5 m wurde die Bodensorte Nr. 1 verspült mit dem beabsichtigten Erfolg, daß man durch Absetzen der gröberen Bestandteile standfeste äußere Dämme bekam (Abb. 51c, S. 30). Über 3,5 m hinaus wurde die feinere Bodensorte Nr. 2 zum Aufbau des Kernes verwandt. Die inneren Böschungen der Außendämme hielten sich, da die feineren Sande in den Kernraum geschlämmt wurden und die gröberen sich in den Zwischenzonen ablagerten, ziemlich stabil. Die Wassertiefe im Kernraum wechselte je nach der Auffüllung mit Boden zwischen 1,2 und 3,8 m. Erklärlicherweise waren die Schwankungen in der Breite sehr stark, da eine auch nur annähernd scharfe Trennung der Bodensorten weder möglich war noch beabsichtigt sein konnte. Es ergaben sich daher Wasserlachen im Kernraum, die 4- bis 6,5mal breiter waren als der Kern und 37 bis 60 % des ganzen aufzuspülenden Querschnitts einnahmen (Abb. 51d, S. 30). Selbstverständlich verringerten sich diese Verhältniszahlen im oberen Teil des Dammes.

Um in größerer Höhe des Dammes (bis 11 m) und damit bei kleinerem Querschnitt Außenseiten und Kern zugleich aufspülen zu können, wurde hier ein Bodengemisch aus mittel- und feinkörnigen Sanden eingebracht (Abb. 431a). Dabei wurde über dem Kern zunächst in einer Lage von 1 m Dicke mittelkörniger Boden der Schicht Nr. 1 verspült mit dem Ziel, eine gute Entwässerung und damit eine ausreichende Stabilität des oberen Dammteils zu erreichen. Hierdurch wurde dann bis zur Kronenhöhe von 16 m die feinere Bodensorte Nr. 2 aufgebracht.

Das Spülgut im Rohr zeigte, wie meist bei ähnlichen Arbeiten, Schwankungen in der Zusammensetzung von 5 bis 14 %. Korngrößen und Dichte der Böden von 11 bis 15,5 m Höhe sind aus Abb. 431b ersichtlich. Besonders auf-

schlußreich und bemerkenswert sind die Abb. 51d, S. 30, und 431c, die den
Aufbau und die endgültige Form des Kerns sowie die Verteilung der Sande
im Querschnitt wiedergeben. Die Proben ergaben für den Kern, daß er aus
staubförmigen Sanden, vermischt mit dünnen Lagen von Ton und Lehm, aufgebaut war.

Der fertiggespülte Damm wurde auf der Wasserseite am Fuße mit Steinpflaster auf einer Kieslage, darüber bis zur Höhe von 14 m mit Betonplatten
von 0,4 bis 0,5 m Dicke befestigt.

Zwei Monate nach Beendigung der Arbeiten haben sich sämtliche Teile des
Dammes im Zustande mittlerer Dichte befunden. Das Bauwerk wurde bald

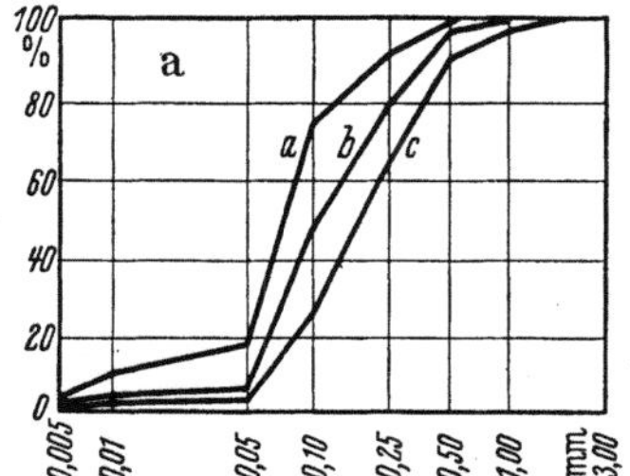

Abb. [431a. Korngrößenzusammensetzung der aufgetragenen Böden in der Höhe von 3 bis 11 m.
a Kern, *b* Zwischengrenze, *c* Stützprismen.

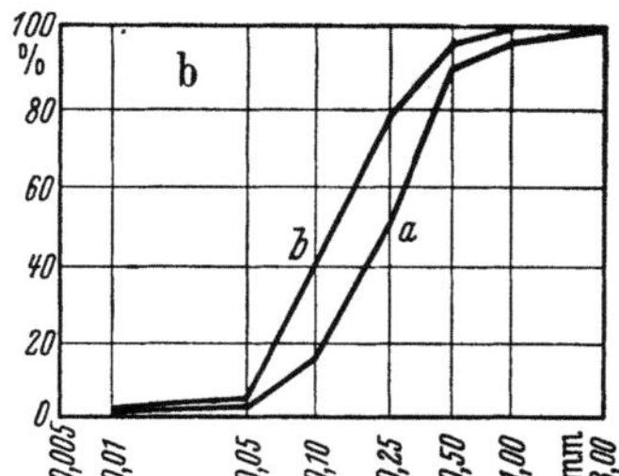

Abb. 431b. Korngrößen der aufgetragenen Böden.
a in Höhe vom 11 bis 12 m., *b* in Höhe über 12 m.

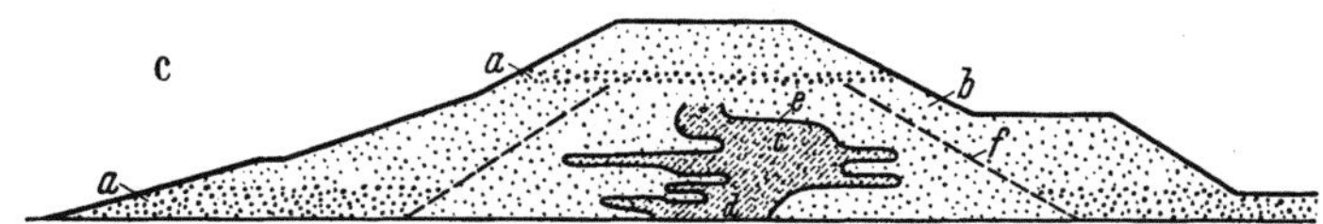

Abb. 431c. Querschnitt des aufgeschwemmten Bauwerkes.
a mittelkörnige Sande, *b* feinkörnige Sande, *c* staubförmige Sande, *d* feinste Sande, *e* tatsächliche
Grenze des aufgeschwemmten Kernes, *f* geplante Grenze der Zwischenzone.

nach seiner Fertigstellung in Betrieb genommen und hat seitdem keinerlei
Schäden gezeigt [60].“

Über die tatsächliche Struktur eines derartigen Spüldammes und die Verschiebung der verschiedenen Dammgliedergrenzen (Seitendämme zu Spülkern)
gibt Abb. 51d, und 431c einen sehr interessanten Aufschluß.

Kritik. Dieser Querschnitt zeigt die für den Damm oft sehr gefährliche
Grenzverschiebung zwischen Spülkern und Stützkörper. Diese Verschiebung
begründet ein labiles Dammgefüge und führt schließlich zu Dammbrüchen, da
die Seitendämme nicht gleichmäßig genügend breit sind.

4. Die Breite der Spülkerne im Staudamm [479, 482]. Bei Verwendung von Schluff
als Spülgut < 0,02 mm ⌀ darf der gespülte Kern nur ein Viertel bis ein Fünftel
der gesamten Dammbreite betragen. Die eingespülten, sich erst sehr langsam
konsolidierenden Erdmassen üben einen beträchtlichen hydrostatischen Druck
aus (Abb. 432) und sind im Zusammenhang mit plötzlichen Stauspiegelsenkungen vorwiegend die Ursache von Dammbruchkatastrophen gewesen. Indessen
wirkt dieses Material nur wenige Wochen auf reine Flüssigkeit, ist aber noch oft
auf Jahre hinaus sehr labil.

Nach Ablauf dieser Zeit sinkt der Seitendruck auf weniger als 50%, wie die Druckmessungen an zahlreichen Spüldämmen [482] ergeben haben. In diesem Zustand übt der Spülkern einen Druck wie eine Flüssigkeit von entsprechend hohem spez. Gewicht aus. Material von 0,002 mm ∅ (Tonkorn) hat 70% Wasser. Mit 50% Wasser übt dieses Material noch einen vollkommen hydrostatischen Druck aus. Erst bei weniger als 40% läßt der Druck nach.

Kennt man den vom mehr oder weniger flüssigen Spülkern ausgeübten Seitendruck und die Größe der gegenwirkenden Stützkräfte der umgebenden Dammteile, dann können diese nach auswärts drängenden Kräfte durch Verzögerung des Spülverlaufes, durch Verstärkung und Beschleunigung der seitlichen Stützdämme weitgehend kompensiert werden. Die Größe der gefährlichen Drücke muß zu diesem Zweck durch fortlaufende Seitendruckmessungen registriert werden, die dann Grundlage für die erforderlichen Gleitwiderstände der Seitendämme sind.

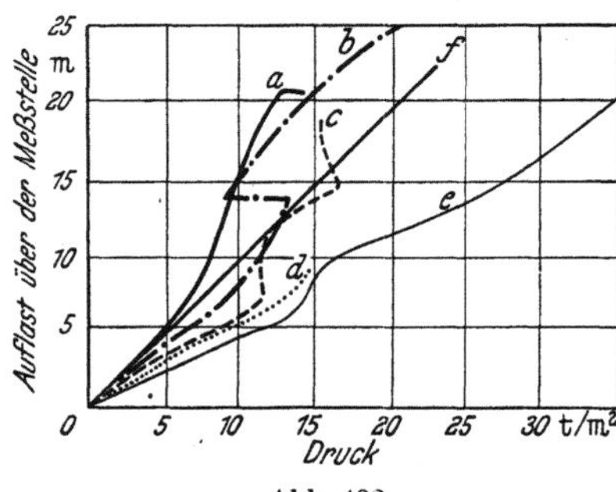

Abb. 432.

a Horizontaldruck (Taylorsville-Damm), *b* Horizontaldruck (Tieton-Damm), *c* Horizontaldruck (Germantown-Damm), *d* Vertikaldruck (Germantown-Damm), *e* Vertikaldruck (Taylorsville-Damm), *f* Wasserdruck zum Vergleich.

Kritik. Dieses Verfahren ist vor allem dort zu empfehlen, wo das Wasser sehr billig und in genügendem Umfange zur Verfügung steht. Ein Wasserpreis von 20 Pfg./m³ und mehr macht es unwirtschaftlich. Auch für breite Dämme ist es sehr geeignet. Allerdings steigt mit der Breite, d. h. der Spüllänge der Wasserdruck, ungenügender Druck ist nachteilig, da eine unregelmäßige Verteilung und Verfrachtung, eine Klassierung stattfindet (vgl. S. 340).

Nach Einführung der trockenmechanischen Verdichtung hat es indessen an Bedeutung verloren. Es wird u. a. heute noch in der Sowjetunion angewandt, während seit der Dammbruchkatastrophe am Fort Peck-Damm der USA im Jahre 1938 es geradezu verpönt ist. Von 130 Erddämmen sind in den Jahren 1939 bis 1949 in den USA einschließlich des Fort Peck-Dammes nur zwei gespült worden. Allerdings hat sich diese Ablehnung in neuester Zeit etwas gemildert.

c) Das Druckstrahlverfahren.

1. Allgemeines. Ausgehend von der Tatsache, daß die verfrachtende Wirkung von der Höhe des hydrodynamischen Druckgefälles abhängt, daß also auch gröbere Gesteine unter Umständen durch einen starken Wasserstrahl unter erheblichem Druck eingespült werden können, wird das Druckstrahlverfahren für die Verspülung der felsigen Massen an reinen Felsschüttdämmen mit Erfolg angewendet.

2. Betriebsdurchführung (vgl. S. 183). Zu diesem Zwecke werden die Dämme in mehrere Meter hohen Lagen (Terrassenschüttung) ausgeführt und anschließend durch bewegliche Druckstrahlleitung Punkt für Punkt durch den Wasserstrahl von 5 bis 10 atü bestrichen. Auf diese Weise wird eine gewisse Umlagerung, die Einspülung beweglicher Teile zwischen die gröberen Brocken erreicht und zugleich das im Damm wirkende Strömungsspiel (Umlagerung, Erosion) des sich nach Austritt aus dem Dichtungskörper unter dem vorhandenen Druckgefälle entspannenden Wassers in seiner dynamischen Wirkung mit einem vielfachen Sicherheitsgrad durch diese zeitraffende, kurzfristige Vorbelastung vorweggenommen, so daß der Stützkörper von Umlagerung und Erosion weniger betroffen wird und Setzungssprünge wie am St. Gabrieldamm mit starken Schäden an der wasserseitigen Betondichtung vermieden werden. Dieses Verfahren wird erfolgreich u. a. in Schweden und den USA angewandt, und zwar überall dort, wo durch den festen Charakter der felsigen Massen, z. B. in Schweden Granit, und durch genügend Druckwasser — das auch in Schweden reichlich zur Verfügung steht — und Vorflutverhältnisse die entsprechenden günstigen technisch-wirtschaftlichen Voraussetzungen gegeben sind.

Kritik. Mit diesem Verfahren ist ein wirkungsvolles Verfahren gegeben, um umfangreiche Felsmassen für die Stützkörper von Stauanlagen unter Verzicht auf den schwierigen, teueren, zeitraubenden Feinmosaikeinbau in stabiler Weise einzubauen, zu verdichten. Es verdient daher größere Beachtung und dürfte durchaus mit den teureren mechanischen Verdichtungsverfahren erfolgreich in Wettbewerb treten können.

d) Das Vollspülverfahren.

1. Prinzip. Bei dem vollhydraulischen Betrieb werden die Massen auf hydraulischem Wege mit Drücken bis zu 20 at und mehr gelöst, in Spülleitungen zur Baustelle transportiert und hier ebenso vollhydraulisch eingebaut. Man verwendet hierzu Saugbagger oder Spülbagger größten Ausmaßes, die Tausende von m³ Massen in der Schicht bewältigen können.

2. Beispiel. Beim Bau des fast 100 Millionen m³ großen Staudammes Fort Peck in den USA wurden durch vier Saugbagger täglich 120000 m³ Massen eingespült. Diese wurden durch elektrisch betriebene Spülpumpen von 2500 PS-Leistung bedient. Die Rohrleitungen hatten einen Durchmesser von 710 mm. Die Dammfüße und Seitendämme wurden durch Steinschüttungen zur raschen Entwässerung ausgeführt, die aber versagten, denn hier vollzog sich die wohl bisher größte Dammkatastrophe, indem im September 1938 mehrere Millionen m³ Massen abrutschten. Durch künstliches Gefrieren wurde das Ausmaß der Katastrophe beschränkt.

In der Sowjetunion wird dieses Verfahren zur Zeit im Zuge des Don-Wolga-Kanalbaues und anderer großartiger Bauvorhaben in fast dem gleichen großen Ausmaße angewandt. Charakteristisch ist der pausenlose Fließbetrieb in des Wortes wahrster Bedeutung.

3. Geotechnische Folgerungen für den Dammbau: 1. Das halbhydraulische Verfahren und das Vollspülverfahren behaupten dort unveränderlich ihre Berechtigung, wo die Spülmassen eine rasche Konsolidierung, wie am Mittellandkanal, verbürgen, also bei Verwendung rein sandigen oder kiessandigen (lehmfreien!) Materials.

2. Durch die vollhydraulische Einbauweise können die höchsten Leistungen im Dammbau erzielt werden, wie sie durch die zeitraubende mechanische Verdichtung niemals erreicht werden können.

3. Die Gefahren gespannter Porenluft und damit der nur beschränkten Verdichtung im Dammbau auf trockenmechanischer Grundlage sind nicht vorhanden.

4. Das hydraulische Verfahren verlangt um so größere schützende und aus verlagerungssicheren Steinen aufgebaute Flankendämme, je feinkörniger das Spülgut ist.

5. Das hydraulische Verfahren erfordert dauernde Messung und fortlaufende Registrierung der hydrostatischen Seitendrücke und Abstimmung der Stärke und Scherfestigkeit der Flankendämme auf die Dicke des labilen Spülkerns.

6. Im Straßenbau sind die Spüldämme infolge der beschränkten Breite und der für diese Zwecke nicht genügenden Verdichtung und ungleichmäßigen Setzung meist nicht zu verwenden.

e) Naßmechanische Verdichtungsverfahren.

1. Allgemeines, Prinzip. Die naßmechanischen Verfahren gründen sich auf den Einsatz von Verdichtungsgeräten unter gleichzeitiger Verwendung von Wasser. Infolgedessen können nur wasserunempfindliche, insbesondere leicht bewegliche Massen durch dieses Verfahren in wirkungsvoller Weise dicht eingebaut werden, deren Umlagerung und Einregelung in den dichtesten Kornverband durch die Geräte und den Spülstrom des Wassers gewährleistet werden. Je nach der Art des Geräteeinsatzes unterscheidet man Oberflächen- und Innenverdichtung. Als Energie wird in erster Linie die Bewegungsenergie, weniger Stoßenergie, angewandt.

Die Kombination von naß- und trockenmechanischen Verfahren gründet sich auf die besonders rasch wirksame Verdichtung der feinkörnigen, sehr beweglichen und durch jeden Stoß (an der Oberfläche) aufgelockerten Massen. Wasser verspannt durch die durchdringende Kapillardruckwirkung das Kornsystem.

2. Vorteile. 1. Die Anwendung dieses kombinierten Verfahrens ist technisch sehr einfach. Zunächst fallen alle beim Einspülen erforderlichen Vorrichtungen eines starren Betriebes weg.

2. Der Bedarf an Wasser ist bedeutend geringer und beträgt nur etwa 10 bis 20% je m³ Trockenmasse.

3. Die Verdichtung ist indessen auch unter Wasser möglich.

4. Durch das Einrütteln werden die Massen rascher in die dichteste Kornpackung gebracht.

Je nach der Wasserzuführung und der Gerätelage beim Betrieb unterscheidet man:

A. Geräte und Wasserzugabe von oben auf die Schüttung.

B. Geräte auf der Schüttung, Wasserstrom von unten nach oben aufsteigend.

C. Geräte als Innenrüttler, in der Schüttung untrennbar mit Wasserzuleitung verbunden.

A. Geräte und Wasserzugabe von oben.

1. Prinzip und Betrieb. Dieses Verfahren ist das älteste der kombinierten Anwendung von Verdichtungsgeräten. Dabei wurde die Schüttung kohäsionsloser Erdarten, insbesondere der gleichförmigen feinen Sande, durch einen kräftigen Wasserstrahl zunächst angenäßt und anschließend durch Rammen und Rüttelgeräte verdichtet (Delmag-Rammen, Stampfbagger, Vibromax usw.).

Die naßmechanische Verdichtung hat sich an einem Damm der Autobahn aus Heidesand in der Nähe von Dresden mit mehr als 100 000 m³ Inhalt sehr zweckmäßig erwiesen. Die Schüttlagen wurden durch reichlich Wasser befeuchtet und anschließend durch Stampfbagger verdichtet. Die auf Packlage gesetzte Pflasterdecke erhielt dadurch einen stabilen Unterbau.

2. Kritik. Dieses Verfahren hat noch heute dort Berechtigung, wo große Massen bewältigt werden müssen und es sich um eine besonders wirkungsvolle Verdichtung an den feinkörnigen Dünensanden handelt. Man kann hiermit setzungsfreie Rampen und Widerlagerhinterfüllungen herstellen, wie es durch Einspülen oder trockenmechanische Verdichtung allein nicht möglich wäre.

3. Geotechnische Folgen für den Dammbau. 1. Es ist unter allen Umständen anzustreben, Sanddämme stets kräftig anzunässen, bevor die Schüttung mechanisch verdichtet wird.

2. Bei dem Geräteeinsatz sollte man den Rüttelgeräten vor den Stampfern und Rammen den Vorzug geben oder allenfalls schwingende Walzen einsetzen.

<h3 style="text-align:center">B. Geräteeinsatz mit Wasserzugabe von unten.</h3>

1. Oberflächenrüttler: System KELLER [376].

Prinzip und Betrieb. Bei diesem im Prinzip (in Abb. 433 u. 434) dargestellten Verfahren wird Wasser durch ein Rohrnetz, an der Sohle der Schüttung austretend, nach oben geleitet, während gleichzeitig ein Oberflächenrüttler die Schüttung erschüttert. Dieses Verfahren ist der Aufbereitungstechnik nachgeahmt, denn bei der naßmechanischen Aufbereitung mittels Setzkästen wird

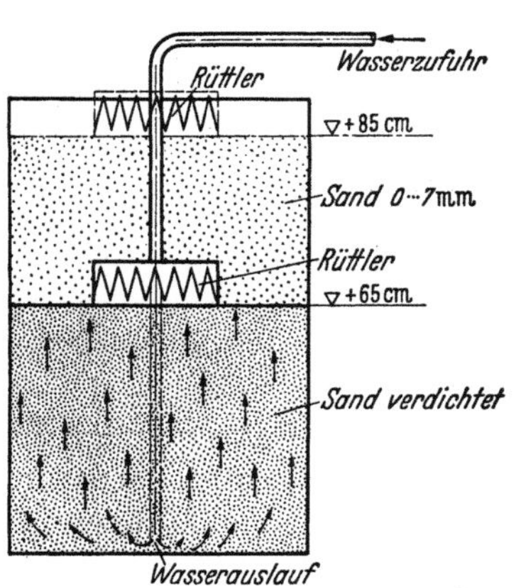

Abb. 433. Verdichtung von Sand durch Oberflächenrüttler älterer Bauart System J. KELLER. Die Wasserzuführung erfolgt an der Basis der Schüttung.

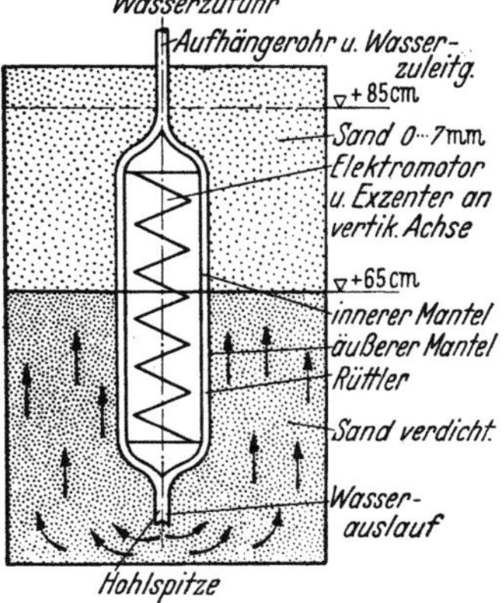

Abb. 434. Verdichtung mittels Innenrüttlers nach System J. KELLER. Gerät und Wasserzuleitung bilden ein Ganzes. Beste Verdichtungswirkung, Verdichtungsort beliebig, z. B. am Möhne-Damm 17 m unter Wasserspiegel erfolgreich eingerüttelt.

nach gleichem Prinzip gearbeitet. Da hierbei eine Klassifizierung nach dem Gewicht und der Korngröße stattfindet — die schweren größeren Teilchen reichern sich an der Sohle der Schüttung an, die feineren, leichteren wandern nach oben —, empfiehlt sich, dieses Verfahren nur für gleichkörnige Sande nur kurze Zeit anzuwenden, denn die dichteste Packung setzt eine gleichmäßige Mischung voraus.

Geotechnische Folgerungen für den Dammbau. Dieses Verfahren verdient gegenüber dem unter 1 genannten den Vorzug, da die Massen durch das

Gegenstromprinzip rascher und wirkungsvoller in die dichteste Packung ein-
geregelt und eingerüttelt werden können, wobei durch die Aufschwemmung der
unteren Teilchen auch eine weitgehend gleichmäßige Dichte über die gesamte
Schüttung im Gegensatz zum ersten Ver-
fahren erreicht werden kann.

C. Innenrüttler.
(Nach J. KELLER [135, 215, 273].)

Prinzip und Betrieb. Abb. 435 stellt
eine neuere Ausführung des Innenrüttlers
dar. In der neueren konstruktiven Lösung
besteht das Rütteldruckgerät aus einem
länglichen Rüttelkörper (Abb. 436), in
welchem mit zwei Umwuchten versehene
Elektromotoren an einer lotrechten Welle
eingebaut sind. Der etwa 3 m lange Rüttler von 0,25 bis 0,40 cm ⌀ ist mit einer
elastischen Kupplung an das aufgehende
rohrförmige Gestänge angeschlossen. Das
Rohrgestänge enthält die elektrischen
Kabelleitungen und dient zugleich zur
Wasserzufuhr, die unmittelbar oberhalb
und am unteren Ende des Rüttlers in Düsen
endet. Zum Absenken des Rüttlers werden
nur die unteren Düsen geöffnet, denen
ein starker Wasserstrahl zugeführt wird. Die Spül-
wirkung ist so stark, daß
die gewünschte Tiefe bis zu
35 m und mehr auch ohne
Einschalten der Motoren
im allgemeinen in wenigen
Minuten erreicht wird.
Dann beginnt die Ver-
dichtung nach Abb. 436.

Der Vorteil dieses Verfahrens beruht darin,
daß die unvermeidliche
Auflockerung bei dem
„Bestreichen der Schüt-
tung" durch den Ober-
flächenrüttler vermieden
wird. Der Innenrüttler

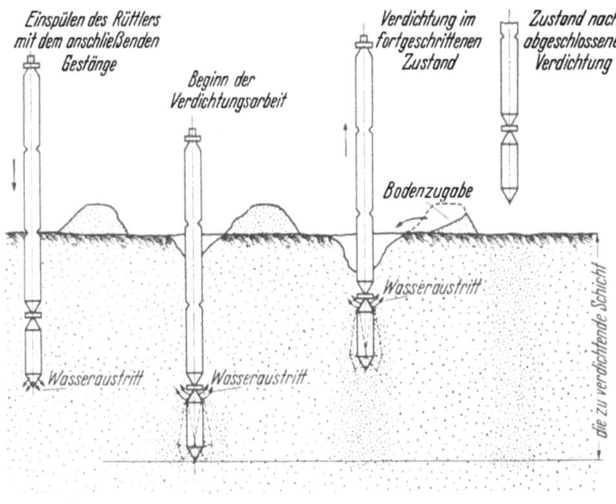

Abb. 435. Innenrüttler neuester Bauart System
J. KELLER. (Werkaufnahme.)

Abb. 436. Prinzipskizze des Einrüttelvorganges mittels Innenrüttlers
nach J. KELLER. (Nach HOFFMANN-MUSS [135].)

bunden mit der Wasserleitung, in die Schüttung, auch unter Wasser, beliebig tief
eingeführt und kann an jedem Ort eingesetzt werden. Wesentlich für den Verdichtungserfolg ist die Abstimmung von Erregerenergie mit Wasserzuleitung.

Der aus den Düsen austretende Wasserstrom bewirkt eine Auflockerung des umgebenden Schüttgutes, eine örtliche Aufschwemmung und Schwebezustand im Zusammenwirken mit den hochfrequenten Schwingungen, die zwischen 3000 und 5000/min betragen. Dieser Schwebezustand ist indessen die notwendige Voraussetzung, um im Zuge des nach unten abströmenden Wassers die dichteste Einrüttelung der Gesteinskörnchen zu ermöglichen und zugleich zu gewährleisten. Dazu gehört auch die Abstimmung der Wasserzufuhr auf die Durchlässigkeit des jeweiligen Schüttmaterials. Durch die Verdichtung entstehen Trichter an der Oberfläche, die laufend aufgefüllt werden müssen.

Verdichtbarkeit — Verdichtungsleistung [*135, 273*]. Versuchsfeld von 400 m², 105 Rüttelkerne. Durch die Einrüttelung wurden für ein Gesamtvolumen von 8000 m³ Sandmassen zusätzlich 925 m³ benötigt. Vergleichweise wurden an einem Versuchsfeld von 325 m² unter Anwendung des FRANKI-Verfahrens (vgl. S. 334) mit 49 Pfählen von je 20 m Länge, mit 26 Pfählen von je 14 m Länge und 84 Pfählen von je 7,20 m Tiefe 700 m³ zusätzlich in das Feld gerammt.

Abstand der Rüttelkerne. Der Wirkungskreis der Innenrüttler reicht in etwa 1 bis 2 m Umkreis. Auf Grund dieser obigen Ergebnisse wurde der Abstand auf 1,5 festgelegt. Der Sand wird dann annähernd gleichmäßig verdichtet.

Einfluß des Grundwassers. Die Verdichtung ist vom jeweiligen Stand des Grundwassers unabhängig und kann dadurch nicht beeinträchtigt werden. Der Zeitaufwand für die Versenkung der Rüttler beträgt im Mittel eine Meter/min. Die Verdichtung beansprucht 10 min/m.

Durch Probebelastungen wurde die Verfestigung nachgeprüft und Werte von 15 bis 24 kg/cm² erzielt, während die Tragfähigkeit zuvor 1,25 kg/cm² betrug.

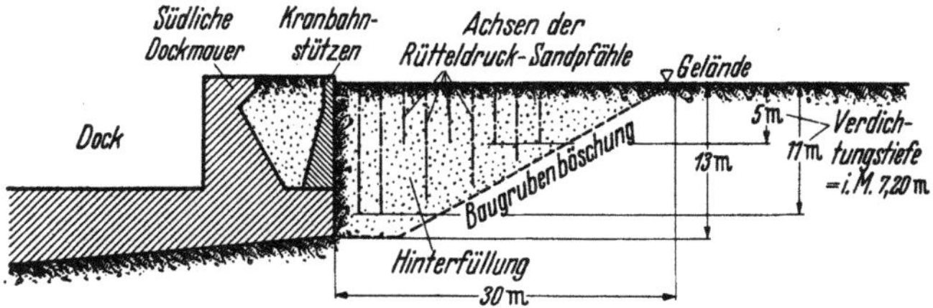

Abb. 437. Rütteldrucksandpfähle für setzungsfreie Verdichtung der Widerlagerhinterfüllnng.

Anwendungsbereich. *Lockergesteine.* Es können mit diesem Verfahren alle nichtbindigen Lockergesteine zwischen Mehlsand und Geröllgröße, also zwischen 0,06 bis 20 cm ⌀ verdichtet werden.

Dieses Verfahren ist in besonders hohem Maße geeignet, die Widerlagerhinterfüllung an setzungsempfindlichen Fernverkehrsstraßen und Bauwerken aller Art: Rampen usw. (Abb. 437 u. 438) mit dem praktisch erreichten Höchstmaß zu verdichten und sollte deshalb hier angewandt werden.

1. **Einrüttlung unter Wasser.** Bei der Errichtung einer Brücke an der Möhnetalsperre wurde die Widerlagerhinterfüllung 35 m unter Wasser erfolgreich durch den Innenrüttler verdichtet.

2. **Fangedämme.** Verdichtet man den Füllboden innerhalb der Wände über die kritische Dichte hinaus, so wirkt die Konstruktion wie ein massiver Verbundkörper. Dadurch kann zumeist an Breite des Fangedammes gespart werden, zugleich wird die Kipp- und Gleitsicherheit des Bauwerkes erhöht.

Beispiele. a) Beim Elbedock 17 in Hamburg wurde in der *Mauerhinterfüllung* ein Rohrkanal notwendig. Die Verdichtung ermöglichte die Einsparung einer Pfahlgründung. Außerdem konnten hohe Bodenpressungen zugelassen werden (Abb. 437).

b) Die südliche Kammerwand der 3. Schleuse Klein-Machnow in Berlin war dem hohen Erddruck nicht gewachsen und hatte sich nach der Schleusenachse zu bewegt. Die im Jahre 1942 durchgeführte nachträgliche Verdichtung der *Hinterfüllung* bewirkte eine Entlastung der Spundwand und eine gleichmäßig feste Einspannung der Verankerung. Die Verdichtung hatte einen vollen Erfolg (Abb. 438).

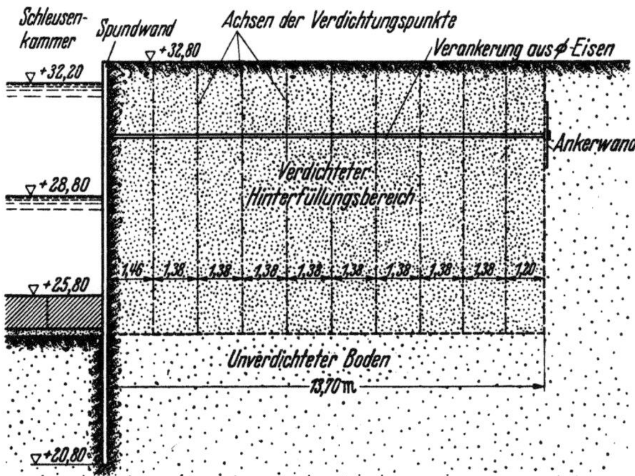

Abb. 438. Verdichtete Rampenaufschüttung hinter Spundwand durch Rütteldruck. (Nach Sonderdruck aus „Hansa" 15. 9. 1951.)

Geotechnische Folgerungen für den Dammbau. Das naßmechanische Verfahren mittels Innenrüttlers ist ein Spezialverfahren. Es ist nur unter folgenden Bedingungen und dann als bestes geeignet.

Kleine Bauvorhaben größtmöglicher Dichte: Widerlagerhinterfüllungen sowie sämtliche anderen Bauwerksanschlüsse unter Verwendung nichtbindiger Erdarten. Es kann dabei auch zur Baugrundverdichtung verwendet werden.

V. Entwicklungsfragen der Verdichtungsgeräte [159].

Grundlagen.

Für die weitere Entwicklung der Verdichtungsgeräte müssen die konstruktiven Lösungen mit den dammbautechnischen Belangen weitgehend abgestimmt werden, um wirklich einen technischen Fortschritt zu erzielen.

Soweit das Geräteproblem berührt wird, müssen drei Forderungen im Dammbau von einem Verdichtungsgerät weitgehend erfüllt werden:

1. Vielseitigkeit und Anpassungsfähigkeit (Mehrzweckgerät).
2. Gewähr einer robusten Bauart und damit beständigen Leistung.
3. Hoher technischer Wirkungsgrad.

1. Vielseitigkeit.

Die *Vielseitigkeit* ist an den Stampfbaggern und Rammen am weitesten verwirklicht. Abb. 439 a und b zeigt in schematischer Darstellung die Überlegenheit dieser Geräte an verschiedenen Schüttmassen. Sie erfüllen daher auch am meisten die Forderung nach einem hohen technischen Wirkungsgrad der Massenverdichtung. Jedoch erfüllen die neuesten Walzenkonstruktionen schon weitgehend diese Forderung, an denen die reine Druckwirkung gegenüber früheren Ausführungen zurücktritt.

2. Beständigkeit der Leistungen.

Robuste Bauart ist an dem Stampfbagger und auch an den Walzen gesichert, an den Explosionsrammen weniger. Hier sind die Zündkabel, der Schlagfuß, die Gefahr des Heißlaufens, der zwangsläufigen Betriebspausen; an den

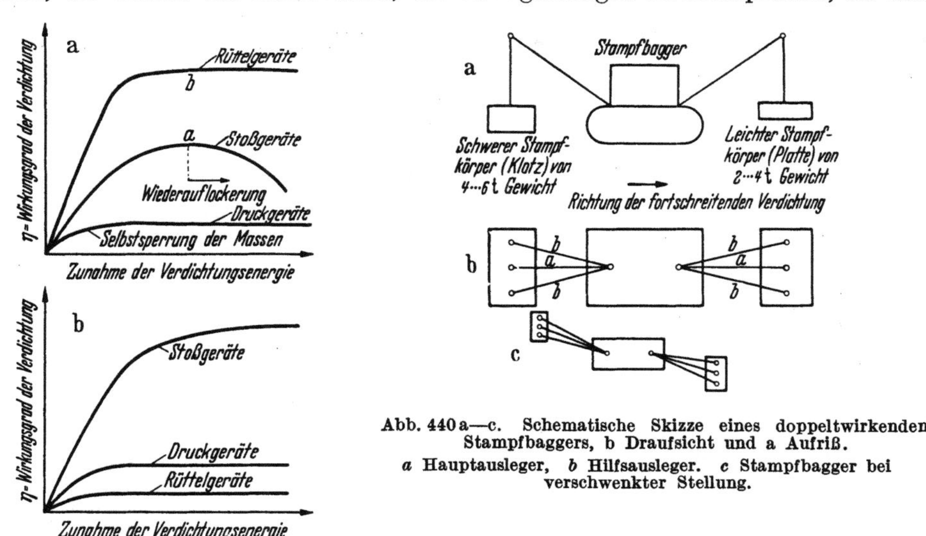

Abb. 440 a—c. Schematische Skizze eines doppeltwirkenden Stampfbaggers, b Draufsicht und a Aufriß.

a Hauptausleger, *b* Hilfsausleger. *c* Stampfbagger bei verschwenkter Stellung.

Abb. 439. Verdichtungswirkungsgrad bei Einsatz verschiedener Geräte an nichtbindigen Massen, a *b Rüttelgeräte* praktisch beste Verdichtung, bei feinkörnigen Sanden liegt *b* mehr links, bei gröberen nichtbindigen Massen mehr rechts. *Stoßgeräte.* a Optimum abhängig von Korngröße und Materialfestigkeit, bei feinkörnigen Massen liegt *a* links, bei gröberen und stückigen mehr rechts. *Druckgeräte.* Die Massen sperren rasch ohne nennenswerte Verdichtung. b Verdichtungswirkungsgrad bei Einsatz verschiedener Geräte an haftenden Erdarten (bindigen Bodenarten).

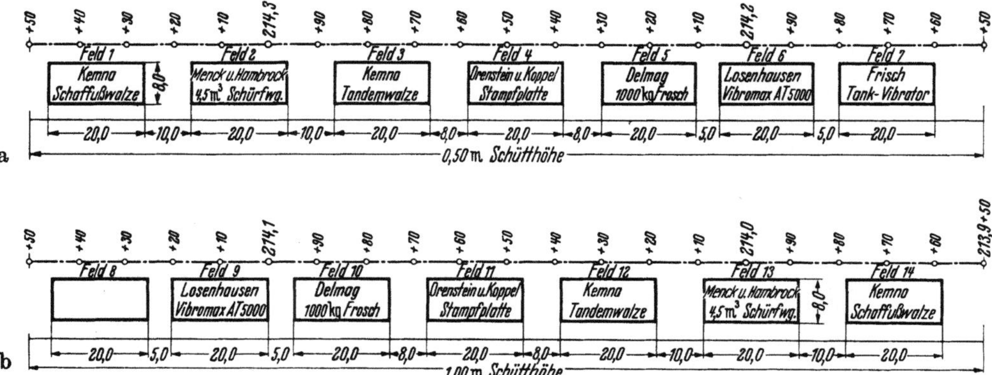

Abb. 441. Grundriß einer größeren Versuchsschüttung zur Erprobung verschiedener Verdichtungsgeräte. (Nach LANGE [209].)

a an kohäsionsfreien Massen, b an bindigen Erdarten.

Stampfbaggern sind die Seile und Ausleger empfindliche, konstruktiv noch nicht befriedigend gelöste Fragen.

3. Hoher Wirkungsgrad (Abb. 439 a u. b, 440 a bis c und 441 a u. b).

Der Wert jeder Maschine, daher auch der Verdichtungsgeräte, steigt mit dem Wirkungsgrad. Beurteilt man den Wirkungsgrad als Funktion des Gewichtes, so ergibt sich, daß die Explosionsrammen und Innenrüttler zur Gänze ihr Gewicht für die Verdichtung einsetzen, ebenso die Walzen. Allerdings ist der Verdichtungsgrad sehr verschieden, was sich an den verschiedenen zulässigen Stückgrößen und Schütthöhen äußert.

Mit diesen kurzen Hinweisen ist angedeutet, daß die Frage eines angemessenen Verhältnisses zwischen Gewicht und Schütthöhe einer besseren Lösung

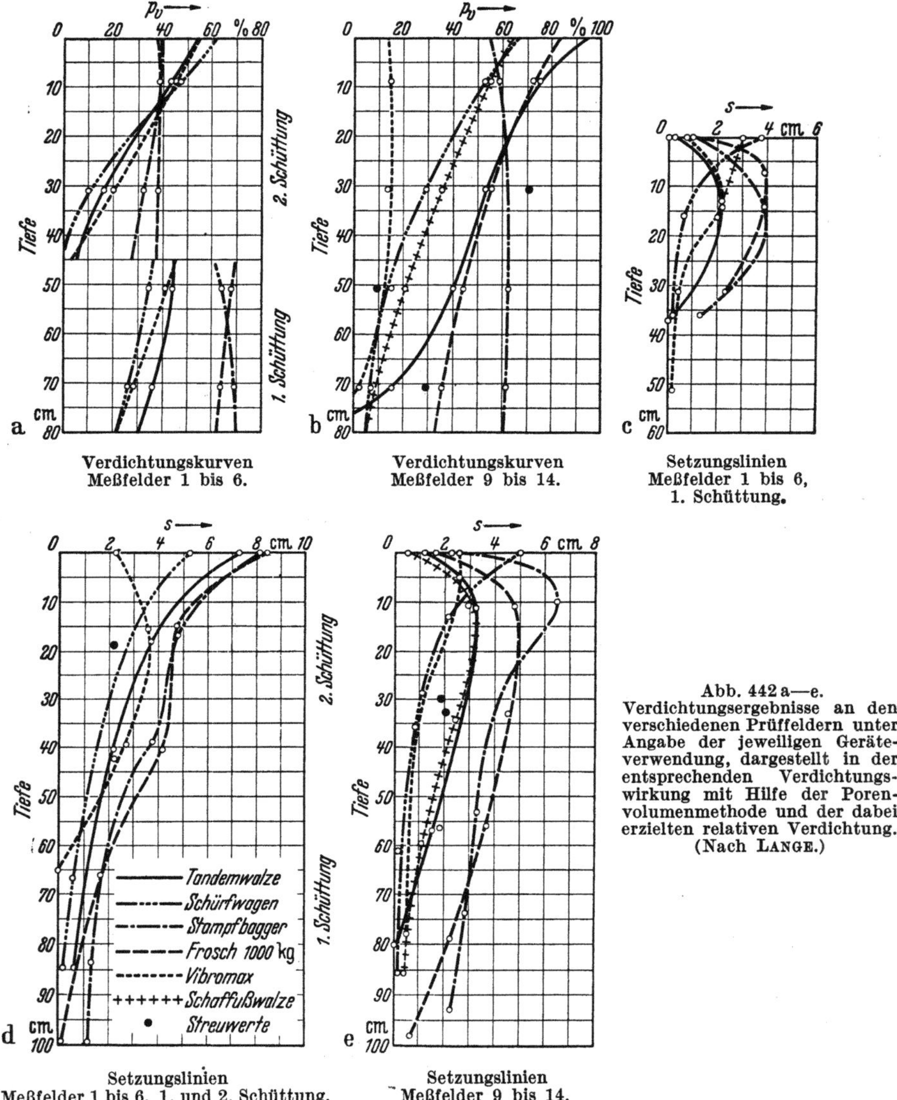

Abb. 442 a—e. Verdichtungsergebnisse an den verschiedenen Prüffeldern unter Angabe der jeweiligen Geräteverwendung, dargestellt in der entsprechenden Verdichtungswirkung mit Hilfe der Porenvolumenmethode und der dabei erzielten relativen Verdichtung. (Nach LANGE.)

bedarf. Jeder Zuwachs an toter Last beeinträchtigt den technischen Wirkungsgrad. Allerdings ist an den Stampfbaggern eine gewisse tote Last nicht zu umgehen, indessen ist das hohe Gewicht der Mammutrüttler ein sehr bemerkenswertes Beispiel dafür, daß die gesteigerte Last unmittelbar zur Verstärkung der Verdichtung angewandt wird und nur dieser dient, nämlich der wirkungsvollen

Einrüttelung von Felsbrocken bis zu mehr als 50 cm ∅ und entsprechend hoher Schüttungen, unter gleichzeitig hoher Auflast. An den Walzen ist die Wirkung durch die schwingenden und durch die Schaffußwalzen in einer besseren Abstimmung von Gewicht auf Tiefenbereich verwirklicht worden. Durch die konstruktive Lösung, durch Anwendung mehrerer Energieformen kann daher an einem Gerät ein besserer Wirkungsgrad erzielt werden. Indessen wäre es durch-

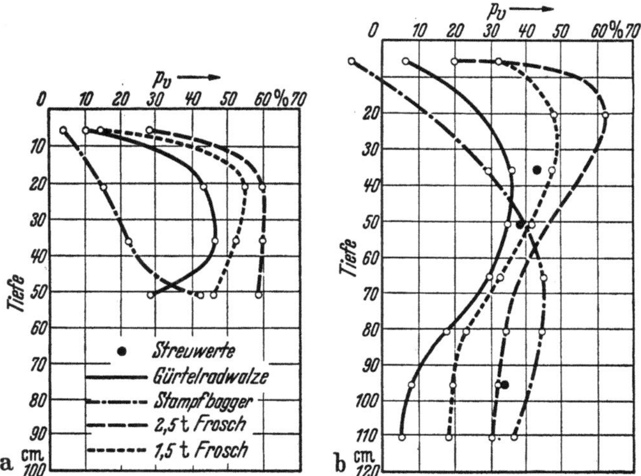

Abb. 443. Verdichtungslinien für a eine 60 cm und b eine 120 cm starke Schüttung bei Verdichten mit verschiedenen Geräten.

aus verfehlt, allein von einer Gewichtserhöhung des Gerätes bei der Lösung dieser Aufgabe sich leiten zu lassen; denn ein Stampfbagger mit 4 bis 5 t schwerem Stampfklotz leistet an Sanden weniger als ein leichter Stampfklotz. Allerdings vermag eine Gummiwalze von 40 bis 60 t Gewicht eine doppelt so hohe Schüttung in erheblich kürzerer Zeit zu verdichten als die schwersten Schaffußwalzen von 20 t Gewicht.

4. Die Fortentwicklung der Verdichtungsgeräte.
a) Stampf- und Rammgeräte.

Folgende Fragen bedürfen einer genauen Abklärung:

1. *Stampfhöhe* (Fallhöhe und Stampffläche), um die Pfahlwirkung zu verhindern und den höchstmöglichen Wirkungsgrad zu erzielen (Abb. 390, S. 307 u. Abb. 337, S. 312).

2. *Eindeutige stufenweise fortschreitende Verdichtung.* An Stelle des sektorenmäßigen Verschwenkens und Abstampfens muß das lineare Bewegungs- und Verdichtungsspiel treten. Diese Forderung bedeutet praktisch eine Verbreiterung des Stampfklotzes auf 2 bis 3 m und 1 bis 2 m Breite und eine Koppelung zwischen Stampfarbeit und Fortbewegung des Stampfbaggers nach dem Vorbild der Stampfmaschine Elefant.

3. *Erhöhung der Verdichtungsleistung.* Neben auswechselbaren, den jeweiligen Massen anzupassenden Stampfklötzen: plattenförmige für sandige, lehmige: klotzartige für felsig-stückige, härtere Massen müßte es möglich sein, die Verdichtungsgeräte dieser Art als doppelwirkende Stampfgeräte zu konstruieren.

Der Vorteil dieser Lösung besteht in der Vor- und gleichzeitigen Verwirklichung der Hauptverdichtung, getrennt durch die Glättung der vorverdichteten Massen durch die breiten Raupenbänder des Baggers (Abb. 440a u. b). Dadurch dürfte die Leistung eines Stampfbaggers um das Doppelte bis Mehrfache sich steigern. Der Stampfbagger wird dann das bevorzugte und leistungsfähige Gerät für stark bindige, harte und mittelgroße steinige Massen werden, während der Mammutrüttler ausschließlich die Verdichtung der größeren Felsbrocken übernimmt, soweit noch mechanische Verdichtung hierfür angewandt wird (vgl. S. 254) und die schweren Gummiwalzen bevorzugt für die feinkörnigen Lockergesteine eingesetzt werden können.

b) Die Rüttelgeräte.

Durch den erst vor wenigen Jahren entwickelten „*Korbrüttler*" hat diese Gattung von Rüttelgeräten einen sehr starken Auftrieb erfahren. Man darf sagen, daß in diesem Gerät die Anforderungen an diese Gattung Verdichtungsgeräte weitgehend erfüllt sind und ihre beschränkte Anwendung, ihre Verdichtung aller nicht zu zertrümmernden stückigen Felsmassen bis zu mehr als 50 cm $\varnothing$ wettgemacht wird. In der Steingerüsttonbauweise haben sie ihre Bewährung an in getrennten Lagen geschütteten, gemischtkörnigen, besonders vorbereiteten Massen bewiesen.

c) Die Druck-Knetgeräte (Walzen).

Auch hier sind in den letzten Jahren hervorragende Geräte entwickelt worden, wobei vor allem die kombinierte Druckrüttelwirkung und die dynamische Verdichtungsmöglichkeit durch *die schwingenden Walzen* und die mit hoher Geschwindigkeit rollenden 40 bis 60 t schweren *Gummiwalzen* bemerkenswert sind. Wenn vor mehr als 10 Jahren dem Stampfgerät die größten Aussichten als Universalverdichtungsgerät eingeräumt wurden, so hat sich doch gezeigt, daß sowohl die Walzen wie die Rüttelgeräte sich den höheren Anforderungen weitgehend angepaßt haben, so daß man eigentlich dem Stampfbagger wünschen kann, daß er ebenfalls vervollkommnet wird.

Heute ist die Frage der Fortentwicklung der Verdichtungsgeräte nicht mehr eine unausweichliche Forderung der Geotechnik. Gegen die Energieverschluckung bei der Verdichtung, die dadurch zwangsläufig begründete rasch abnehmende Verdichtungswirkung in der Tiefe läßt sich kein grundsätzlich neues Verfahren erfinden, wenn man von der Sprengverdichtung absieht.

Vielmehr kommt es darauf an, die Verdichtungsgeräte so einzusetzen, daß sie die jeweilig geforderte Güte der Verdichtung erfüllen und gewährleisten. An Verkehrsdämmen werden die Anforderungen mit Rücksicht auf die stärkere Beanspruchung schmaler, also empfindlicherer Dammkörper stets höher bleiben als an den massigen Staudämmen.

Die Frage der Fortentwicklung muß sinnvoll mit der Frage der Notwendigkeit der mechanischen Verdichtung an den massigen Dammkörpern gelöst werden. Sie ist daher stets mit der Frage zu lösen: inwieweit durch technische Fortschritte, Gliederung und Ausführung der Dammarbeiten eine größere Sicherheit für die Dammkörper ermöglicht wird, die zugleich einen weitgehenden Verzicht auf einen feinmosaikartigen Aufbau in dünnen Lagen unter peinlich genauer Verdichtung fordert. Zweifellos sind in dem neueren Dichtungsverfahren der Steingerüsttonbauweise und dem Hydratonverfahren Ansätze in dieser Richtung vorhanden.

Daher darf das Problem der „Fortentwicklung der Verdichtungsgeräte", niemals allein unter dem Blickfeld gesteigerter Leistungsfähigkeit, sondern auch unter dem Gesichtspunkt der Notwendigkeit und Zweckmäßigkeit mit Rücksicht auf die Möglichkeiten stabiler Dammbauweisen, wie sie durch die neuen Dichtungsverfahren im Staudammbau zweifellos verwirklicht werden können, betrachtet und gelöst werden [216].

VI. Künstliche Verdichtung und Kostenfrage.

Die mechanische Verdichtung der Verkehrsdämme ist in Deutschland als Folge der kurzbefristeten Ausführung der Dämme für die Autobahnen und deren unmittelbare Deckenausführung zu betrachten. In dem Staudammbau ist die mechanische Verdichtung auf neuzeitlicher geotechnischer Grundlage ebenfalls nicht alt. Die Trockenbauweise löste in den USA, dem Land der zahlreichsten und umfassendsten Erdbewegungen, die hydraulische Dammbauweise vor etwa 15 Jahren ab und führte zu einem ungeahnten Aufschwung in der Entwicklung leistungsfähiger Verdichtungsgeräte. In beiden Fällen gelten grundsätzlich gleiche Ansprüche an die Stabilität: nämlich festgefügte Dammkonstruktionen stabil gegen alle Beanspruchungen. Die Belastungen eines Verkehrsdammes unterscheiden sich von denen am Staudamm, so daß diese Frage grundsätzlich nicht nach gleichem Gesichtspunkt zu beantworten ist.

1. Verkehrsdämme.

Es sind relativ schmale und selten hohe Dämme. Trotz der weitgehenden Anpassung an die umgebende Landschaft steht ihre Breite zur Höhe, vor allem die Böschungsneigung, in keinem Verhältnis zu dem an den Staudämmen. Die Dämme werden durch die schweren Verkehrsstöße von Eisenbahnen, Lastzügen und PKWs in unaufhörlichem Ausmaß und zugleich wechselnder Intensität beansprucht. Diese Dynamik in ihrem dauernden Wechsel und Auf und Ab beansprucht einen schmalen Verkehrsdamm ungemein stark. Die festeste Gefügeform ist daher gerade gut genug, um auf lange Sicht betrachtet, den Dammkörper als stabiles Fundament und Unterbau für den oft sehr verlagerungsempfindlichen Oberbau zu sichern. Ein weiterer Grund für die Bejahung der uneingeschränkten Verdichtung von Grund auf ist die Verwendung technisch sonst minderwertiger und ungeeigneter Baustoffe und Erdarten, die sich sehr verschieden gegenüber klimatischen und mechanischen Ansprüchen verhalten. Größtmögliche Dichte ist daher ebenso wie im Betonbau beste Sicherungsmaßnahme einer weitschauenden Bauausführung, Diese dichteste Kornpackung nach dem Prinzip des kleinsten Hohlraumes gewährleistet unter allen Umständen höchstmögliche Verlagerungssicherheit und Dammstabilität, besonders an den Dammschultern, an den Bauwerkshinterfüllungen. Grundsätzlich ist daher die Verdichtung an Verkehrsdämmen gemischtkörniger Massen mit hochwertigen Deckenbelegen als unabdingbar zu fordern. Sie kann an Dämmen gleichartigen kohäsionslosen Materials (Sand und Kies) und gleicher Dammhöhen sowie für Straßen auf ein Mindestmaß, d. h. auf die obersten 2 m im Sinne einer Vorschrift für den Bau von Autobahnen Ende der dreißiger Jahre beschränkt werden. An Eisenbahndämmen kann sie infolge der bequemen Gleis-stopfarbeiten unter diesen Voraussetzungen wegfallen. Sie ist aber bei Ver-wendung wasserempfindlicher Massen grundsätzlich zu verlangen, da sonst latente Gefahren sich über Jahre hinaus erstrecken, die nur dauernde Verkehrs-schwierigkeiten verursachen, wenn Wasser in den Dammkörper eingedrungen ist, wie S. 421 an einem hierfür instruktiven Beispiel (Abb. 497) gezeigt ist.

Die Kosten für die Verdichtung betragen höchstens 10% des gesamten Dammbaues, sind aber, gemessen an dem Zuwachs an Sicherheit, nicht hoch genug zu bewerten. In den USA rechnet man grob mit rd. 12 Pf./m³ bei 12 Roll-gängen der Schaffußwalzen, ein im Vergleich zur erreichten Sicherheit unver-gleichlich geringer Aufwand. In Deutschland sind die Preise bedeutend höher und dürften etwa 50 Pf./m³ betragen. Die Verdichtung ist im Hinblick auf die stetige Steigerung des Lastverkehrs, der schon heute in der Größe, Schwere und in der Frequenz der Autobahnen Ausmaße angenommen hat, die im Ver-hältnis für die geringe Deckenstärke von 20 cm zu weitgehenden Befürchtungen Anlaß geben. Liegt aber die 20 cm starke dünne Decke auf einem ungenügend verfestigten Dammkörper-Unterbau, so wird ihr Bestand sehr rasch gefährdet.

Verkehrssicherheit, Lebensdauer der Fahrbahndecken, stabile Bahnlage und Widerstandsfähigkeit gegen die wechselnden klimatischen Einflüsse befürworten eine weitgehende Verdichtung hochwertiger Verkehrsanlagen mit kostbaren Deckenbelägen. Nur im Eisenbahnverkehr kann hiervon weitgehend abgewichen werden, soweit kohäsionslose Massen als Dammbaustoffe verwendet werden.

2. Der Staudammbau.

a) Begründung für Notwendigkeit der Verdichtung.

Hier sind der hydrostatische Druck des gestauten Wassers (Horizontaldruck und Auftrieb) und die hydrodynamische Strömung im Dammkörper Anlaß und Ursache einer weitgehenden mechanischen Verdichtung, besonders der auf trockenmechanischem Wege eingebauten Dichtungskörper, um den statischen Anforderungen unter Materialbeschränkung zu genügen. Der hydrostatische Seitendruck allein läßt sich durch Verbreiterung eines Dammkörpers weitgehend mit erheblicher Sicherheit kompensieren. Der Auftrieb infolge Unterströmung und Umläufigkeit kann durch Dichtungsschleier in entsprechender Tiefe weit-gehend neutralisiert werden. Der hydrodynamische Strömungsverlauf im Damm, die Durchsickerung und die Erosionsgefahr lassen sich, abgesehen von den Filteranlagen, indessen nur durch eine mehr oder weniger vollkommene Dich-tungsanlage ermäßigen. Das Wasser darf unter keinen Umständen an den luft-seitigen Böschungen austreten, die Sickerlinie muß abgesenkt werden und eine Grundentwässerung für rasche Entspannung und Ablauf dieses Wassers aus dem Dammkörper sorgen (Abb. 121, S. 76). Höchstmögliche Dichte des Dichtungs-körpers und zugleich stabiles Gefüge des Stützkörpers sind daher Forderungen, die bisher nur auf dem Wege einer geradezu feinmosaikartig anmutenden Verdich-tungsarbeit gewährleistet werden konnten. Indessen sind schon Felsdämme — wie z. B. der Nantahala-Damm — unter Verzicht auf Verdichtung des Stützkörpers und Beschränkung auf den Dichtungskörper selbst ausgeführt worden, während der Anderson-Range-Damm in den USA ein unvorstellbares Ausmaß an Verdich-tungsarbeit an dem überdimensionalen Dichtungskern und -körper verschlang.

Betragen die Kosten für die Verdichtung der Walzendämme in den USA bei 12 Walzgängen je m³ nur 12 Pfennige, so ergeben sich Kosten bei einer Verdichtung von etwa 20 Millionen m³ Massen an einem riesigen Staudamm von mehr als 2,5 Millionen DM. Abgesehen davon ist der Aufwand an investierten Maschinen und Geräten, der an der Talsperre Merriman mit 4 Millionen Dollar bekannt wurde, sehr belastend, insbesondere wenn durch ungünstige Witterung die Verdichtung öfter unterbrochen wird und der Einbau nicht planmäßig kontinuierlich ausgeführt werden kann.

Die Kosten können durch die neueren Dichtungsverfahren (Steingerüsttonbauweise, Hydratonverfahren) zum weitaus größten Teil, insbesondere die Investierung für die Verdichtungsgeräte, ausgeschaltet und auch einschließlich der Transportgeräte auf ein Mindestmaß von wenigen Prozent verringert werden, wie am Beispiel des Staudammes Wemmershoek (Abb. 106) gezeigt wird (vgl. S. 61). Ebenso kann auf die Verdichtung der Stützkörpermassen weitgehend verzichtet werden. Insofern läßt sich infolge der Anwendung neuerer Dichtungsverfahren zum Vorteil der Sicherheit des Dammgefüges auch an Verdichtungskosten erheblich einsparen. Wenn indessen keine veredelten Dichtungsmassen eingebaut werden, wird man auf eine weitgehende Verdichtung nicht verzichten können. Indessen sind die Anregungen des bekannten amerikanischen Wasserbaufachmannes Lewin [216] sehr beachtlich, der für die Beschränkung der mechanischen Verdichtung eintritt und ein elastisches, wasserseitiges starkes Dichtungsglied vorschlägt, das nunmehr nicht mehr eingewalzt zu werden braucht, sondern sich ohne weiteres im Fließverfahren als ein relativ sehr dünnes Element nach Prinzip der Betonherstellung und des mechanischen Betontransportes und -einbaues (Betonpumpen) lösen läßt.

Für die Frage der Verdichtung ist allein der Sicherheitsanspruch des Staudammes, die jeweilige Lösung des Dichtungsproblems, die dabei erreichte Dichte und Qualität des Dichtungselementes und ferner die Stabilität des Dammkörpers maßgebend; es ist nicht allein eine reine Kosten- als vielmehr eine Frage der weitgehendsten Sicherung der Stabilität eines bestimmten Dammgefüges gegenüber wechselnden und in ihrer Intensität verschieden schwankenden Einflüssen.

Die Verdichtung als Voraussetzung einer festen Bauweise von Dämmen aller Art und Zwecke ist daher die beste Sicherung gegen mehr oder weniger stoßartige und plötzlich schwankende Belastungs- und Spannungsunterschiede im Dammkörper, ein Grundsatz, der für den Kunstbau allgemein in der festgefügten Bauweise eine Selbstverständlichkeit ist. Die Verdichtung ist eine Aufgabe, die in jedem Einzelfall an verschiedenen Dammkörpern verschiedener Zweckbestimmung bedarf. Jedenfalls liegt in der mechanischen Verdichtung eine Möglichkeit, das Dammgefüge weitgehend unter durchaus vertretbaren Kosten zu sichern.

b) Geotechnische Folgerungen für den Dammbau.

Auf die künstliche Verdichtung kann aus folgenden Gründen nicht oder nur teilweise verzichtet werden:

1. Der Kreis der als Dammbaustoffe verwendeten Schüttmaterialien schließt vor allem die wasserempfindlichen ein. Ein Verzicht auf Verdichtung würde den Wasserzutritt begünstigen und damit die größten Gefahren heraufbeschwören.

Tabelle 44. *Übersicht über den zweckmäßigen Einsatz der Verdichtungsgeräte*

Geräte	Art und Gewicht des Verd.-Körpers Fallhöhe	Bau-stoff*	Schütthöhen			Anschluß an Kunst-bauten
			Bauwerk		Überschüttung von und an Kunstbauten a) 1. Schüttung b) weit. Schüttung.	
			Verkehrs-damm	Stau-damm		
1	2	3	4			
a) Leichte Geräte:						
1. Handstampfer	5···15 kg individuell bis bis 50 cm	b···c	—	—	a) 30 cm b) 10···20 cm	10···15
2. 100 kg Delmag-Ramme	100 kg ~20···40 cm	b···c	—	—	a) >1,0 m b) 20 cm	15···<20
3. Elektrostampfer 60 kg	60 kg 60 mm	c	—	—	a) >30···80 cm b) 20 cm	20
4. Oberflächen-rüttler	50 kg 20···30 mm	c	20···30	30	a) >30···60 cm b) 20 cm	20
5. A. T. 100	100 kg —	c	20···30	30	a) >1,0 m b) 30 cm	20
6. Stampfrüttler 120 kg	120 kg 70 mm	b, c	20···25	30	a) >1,0 m b) 30 cm	20
7. Schwingungs-rüttler 200 kg	200 kg —	b, c	20···30	30	a) >1,50 m b) 30 cm	20
8. Raupenfahr-zeuge	>2 t —	b···d	20···25	25	a) >1,50 m b) 35 cm	—
9. Luftreifen-geländegängige Fahrzeuge	>2 t —	b···d	20···30	30	a) >1, 50 m b) 30 cm	—
10. Dreiachsige Walze	>3 t	c, d	20···25	30	a) >1,00 m b) 25 cm	20
11. Zweiachsige Walze < 8 t	4···8 t	b···d	20···25	20···25	a) >1,00 m b) 25 cm	(20)

.* a) Felsen, fest, hart; b) veränderlichfest, weich; c) nicht haftende Erdarten; d) haftende, veränderlichfeste Erdarten *unter Berücksichtigung der Erdbaustoffe und Bauwerke.*

Zerkleinerungsgrad (Korn- und Stückgröße)	Umfang der Verdichtung (jeden Punkt x-mal behandeln Arbeitsgänge A. G.)	Leistungen in m²/h	Einsatzmöglichkeit	Dammgröße	Kritik und Bemerkungen
5	6	7	8	9	10
< 6 cm ⌀	4 ··· 6	sehr gering	überall dort, wo andere Geräte nicht eingesetzt werden können	—	auch für Verzahnungsstufen an Böschungen
< 6 cm ⌀	4	~ 50	für enge Schlitzverfüllungen	—	für die Erstüberschüttung von empfindlichen Rohrleitungen, Schleusen mit anfänglich mehreren dm Schutzschichten, je nach der Wandstärke [160]
< 4 cm ⌀	2 ··· 3	~ 60	für enge Widerlagerhinterfüllungen	—	auch für weiche krümelige Erdarten
< 4 cm ⌀	2 ··· 3	~ 100	für Widerlagerhinterfüllungen und für Kabelkanäle, Schleusenanschlüsse	—	für setzungsfreie Verdichtung von Sanden mit optimalem Wassergehalt
< 6 cm ⌀	2 ··· 3	~ 100	wie unter 4.	—	
< 6 cm ⌀	2 ··· 3	~ 150	für Sande und krümelige Massen	kleine Dämme wenige 1000 m³	setzt wenig zähe, keine spröden und harten, kleinkörnige Massen voraus
< 8 cm ⌀	2 ··· 3	~ 150	vor allem grusige, kiessandige Massen	kleine Dämme wenige 1000 m³	verlangt leicht bewegliche und zerdrückbare Massen Löß, Sande, anlehmige Sande
< 10 cm ⌀	Meist nur Vorverdichtung	—	für alle leichtzerdrückbaren, nicht zu harten Erdmassen		als Vorverdichtung im gleislosen Einbaubetrieb
< 10 cm ⌀	für Dammschüttungen		wie unter 8.		wie unter 8.
< 8 cm ⌀	2 ··· 3	—	wie unter 8.		für Oberflächenglättung und Verdichtung haftender Erdarten: Lehm, Lößlehm, Schluffton usw.
< 8 cm ⌀	3 ··· 4	150 ··· 200	wie unter 8.		zum Glätten in Verbindung mit aufrauhenden Verdichtungsgeräten (Schaffußwalze, Gürtelwalze, Stampfbagger)

Tabelle 44.

Geräte	Art und Gewicht des Verd.-Körpers Fallhöhe	Bau-stoff *	Schütthöhen			Anschluß an Kunst-bauten
			Bauwerk		Überschüttung von und an Kunstbauten a) 1. Schüttung b) weit. Schüttung.	
			Verkehrs-damm	Stau-damm		
1	2	3	4			
12. Innenrüttler	<500 kg	c	—	—	—	—
b) *Mittelschwere*						
1. 500 kg Delmag-Explosions-ramme (kl. Frosch)	500 kg 20···40 cm Fallhöhe	b ··· c	25 ··· 40 (b, d) (c)[3]	20^1 ··· 40	a) $>$1,00 m b) 0,30 m	20
2. 1000 kg Delmag-Explosions-ramme (gr. Frosch)	1000 kg 20···40 cm Fallhöhe	b ··· c	30 ··· 50 (b, d) (c)	25^1 ··· 50 (b,d) (c)	a) $>$1,50 m b) 0,40 m	25
3. Vibromax A. T. 5000	1500 kg 1,5 kg/cm²	c	40 ··· 60	60 ··· 80	a) $>$2,00 m b) 40 ··· 60 cm	30
4. Rüttelmaschine SU	2,8 t 0,5 kg	c, d[1]	30 ··· 60 (d) (c)	30 ··· 80 (d) (c)	a) $>$2,00 cm b) 50 ··· 60 cm	30
5. Glatte Walzen, Tandem, 3-Rad	8 ··· 12 t $\sim$5 kg/cm²	b[1], c,d	25 ··· 30 (d) (c)	30 ··· 40 (d) (c)	a) $>$1,50 m b) 30 cm	—
6. Segmentwalze	<6 $>$5 kg/cm²	c, d	(25 ··· 30)	(20 ··· 40)	a) $>$1,00 m b) 30 cm	—
7. LeichteSchaffuß-walze	<3 t bis $\sim$22 kg/cm² Bodenpressung	b ··· d	20 ··· 30	15 ··· 20	a) $>$1,00 m b) 20 cm	—

* a) Felsen, fest, hart; b) veränderlichfest, weich; c) nicht haftende Erdarten; d) haftende, veränderlichfeste Erdarten.

(Fortsetzung.)

Zerkleinerungsgrad (Korn- und Stückgröße)	Umfang der Verdichtung (jeden Punkt x-mal behandeln Arbeitsgänge A. G.)	Leistungen in m²/h	Einsatzmöglichkeit	Dammgröße	Kritik und Bemerkungen
5	6	7	8	9	10
< 6 cm ⌀	—		nur für leicht bewegliche Sande mit und unter Wasser		unentbehrlich für setzungsfreie Verdichtung von Bauwerksanschlüssen
< 10 cm ⌀	2	75 ⋯ 120	1. an schweren bindigen Erdarten (Dichtungskörper) 2. Widerlagerhinterfüllungen 3 beengten Flächen 4. Dammschultern 5. über Rohrleitungen[2]	kleine Dämme bis 20000 m³	[1] im Bereich der Dichtungskörper [2] dünne Wand: 2,0 m Überschüttung >10 cm ⌀ 1,0 m Überschüttung >20 cm ⌀ 0,75 m Überschüttung [3] nicht zu harte Massen, keine festen Erdschollen
< 12 cm ⌀	1 ⋯ 2	100 ⋯ 150	1. für Dichtungskörper 2. alle nicht zu spröden, harten Massen 3. Widerlagerhinterfüllung[2] 4. Dammschultern[3]	bis 30000 m³	[1] im Bereich des Dichtungskörpers [2] nur bei Schwergewichtsmauergründungen [3] an größeren Dämmen
< 6 cm ⌀	1 ⋯ 2	100 ⋯ 150	wie unter 2.	wie unter 2	
< 6 cm ⌀	2 ⋯ 3	∼ 300	1. leichte Erdarten (wenig bindig), sonst wie unter 2.	kleine Dämme	[1] keine harten und stark haftenden Erdarten, Glätten nicht nötig
< 10 cm ⌀	3 ⋯ 4	400 ⋯ 500	1. leicht bindige Erdarten 2. grusige, gemischte Massen, mürbe, steinige Massen	mittlere Dämme	für Glätten wasserempfindlicher Massen unentbehrlich. Keine harten, trockenen, klumpigen Erdbrocken [1] stark zersetzte, anlehmige, verwitterte, kleinstückige Felsmassen
< 10 cm ⌀	>8	300 ⋯ 500	wie unter 5.	wie unt. 5.	Glätten durch Walzen wie unter 5. oder 8.
< 6 cm ⌀	>8	300 ⋯ 500	1. (leichte) bindige Massen 2. Vorzerkleinern durch Scheibenwalze	große Dämme in Vielzahl	hohe Flächenleistung, jedoch niedrige Schüttungen, Vorzerkleinern und Glätten gegebenenfalls erforderlich und zweckmäßig

23 a

Tabelle 44.

Geräte	Art und Gewicht des Verd.-Körpers Füllhöhe	Bau-stoff *	Schütthöhen			Anschluß an Kunstbauten
			Bauwerk		Überschüttung von und an Kunstbauten a) 1. Schüttung b) weit. Schüttung.	
			Verkehrs-damm	Stau-damm		
1	2	3	4			
8. Gummiwalze, 2 ⋯ 13 Räder	8 t 1,5 ⋯ 6,5 kg/cm²	b ⋯ d	20 ⋯ 30	20 ⋯ 40	a) >2,00 m b) 30 cm	—
9. Schwingende Walzen	<6 t >2 kg/cm² Bodenpressung	c ⋯ d	30 ⋯ 40	30 ⋯ 50	a) >2,00 m b) 40 cm	—
10. Korbrüttler	6 ⋯ 10 t	a, b, c	80 ⋯ 100	80 ⋯ 120	—	—
c) *Schwere Geräte:*						
1. 2,5 t-Delmag-explosionsramme	2,5 t	b ⋯ d	40 ⋯ 50	30 ⋯ 60	a) 2,50 m b) 40 cm	bis 5 m an Wider-lager (Schwer-gewichts-mauer)
2. Stampfmaschine Elefant	10 t	a ⋯ d	40 ⋯ 50	50 ⋯ 60	a) >2,50 m b) 40 cm Hubhöhe 20 cm	bis 10 m an Wider-lager
3. Stampfbagger	2 ⋯ 2,5 t	a ⋯: d	60 ⋯ 80	80 ⋯ 120	a) >2,50 cm b) 60 cm Hubhöhe 20 cm	bis 20 m an Wider-lager
	2,5 ⋯ 4,5 t	a ⋯ d	80 ⋯ 100	100 ⋯ 150		
	4,5 ⋯ 6 t	a ⋯ d	100 ⋯ 120	150 ⋯ 200		
4. Schwere glatte u. Stufenwalze	>12 ⋯ 20 t 5 ⋯ 7 kg/cm²	b ⋯ d	30 ⋯ 35	30 ⋯ 50	a) >1,50 m b) 30 cm	—
5. Gürtelwalze	>6 t 5 ⋯ 7 kg/cm²	b ⋯ d	30 ⋯ 40	40 ⋯ 50	a) >1,50 m b) 30 ⋯ 40 cm	—

* a) Felsen, fest, hart; b) veränderlichfest, weich; c) nicht haftende Erdarten; d) haftende, veränderlichfeste Erdarten.

(Fortsetzung.)

Zerkleine-rungsgrad. (Korn- und Stückgröße)	Umfang der Verdichtung (jeden Punkt x-mal behandeln Arbeitsgänge A. G.)	Leistungen in m²/h	Einsatz-möglichkeit	Damm-größe	Kritik und Bemerkungen
5	6	7	8	9	10
<10 cm ∅	>8	500··· >1000	wie Schaffußwalzen	wie unt. 7.	hohe Geschwindigkeit und Flächenleistung übertrifft darin die Schaffußwalze. Einhalten einer bestimmten Fahrspur notwendig
<10 cm ∅	3	>100··· >300	Widerlagerhinterfüllung vorwiegend nicht oder nur leichthaftende und kleine, stückige, steinige Massen	Dämme jeder Größe	
~30 cm ∅	—	75 ··· 150	vorwiegend Felsschüttungen		Nachteil: besonderer Fahrkran zur Fortbewegung nötig
<12 cm ∅	2	150 ··· 200	für alle Dämme (Dichtungskörper)	50000 m³ oder in Mehrzahl f. größere Dämme	bei Rohrleitung nur unter Verwendung eines Betonmantels von 20 cm Stärke. Weniger geeignet für Dammschulterverdichtung
<20 cm ∅	2 ··· 4	150 ··· 200	für alle Dämme, weniger für Dammschultern und beengte Stellen	50000 m³ oder in Mehrzahl f. größere Dämme	etwas schwerfällig, für langgestreckte Dämme besonders geeignet. Glätten evtl. erforderlich
<20··· 25 cm ∅ <25··· 30 cm ∅ <30··· 35 cm ∅	Jeder Punkt 4 ··· 6mal gestampft	100 ··· 150 100 ··· 150 100 ··· 150	für alle Schüttmassen und Dämme, an Dammschultern und Dammböschungen ermäßigte Fallhöhe, ebenso an Widerlagerhinterfüllungen (Stützkörper)	jede Größe	*das Spezialgerät* für Zermalmung, intensive Verformung und Verfestigung spröder oder zäher, harter Massen. Glätten erforderlich
inDeutschld.: ~120 mm ∅	3 ··· 4	300 ··· 400	für bröckelige, erdige, weniger für spröde, klumpige, selbstsperrende und zähe Massen (Dichtungs- und Füllkörper)	langgestreckte Dämme jeder Größe	für erdig-sandig-grusige, auch für kleinstückig mürbe Felsmassen
~120 mm ∅	3 ··· 4	250 ··· 300	wie unter 4.	wie unt. 4.	wie unter 4. Glätten erforderlich

23 a*

Tabelle 44.

Geräte	Art und Gewicht des Verd.-Körpers Füllhöhe	Bau-stoff *	Schütthöhen			Anschluß an Kunst-bauten
			Bauwerk		Überschüttung von und an Kunstbauten a) Schüttung b) weit. Schüttung.	
			Verkehrs-damm	Stau-damm		
1	2	3	4			
6. Schwere Schaf-fußwalze	>3 ··· 20 t 22 ··· 80 kg/cm²	b ··· d	20 ··· 25	20 ··· 30	a) >1,50 m b) 25 cm	—
7. Schwere Gummi-walze 8 ··· 180 t 2 ··· 13 Räder	>8 t 5 ··· 10 kg/cm²	b ··· d	30 ··· 40	20 ··· 50	a) >1,50 m b) 30 cm	—
8. Schwere Vibra-tionswalze	>2 t	a ··· c	30 ··· 40	40 ··· 60	—	—
9. Losenhausen schwere Verdich-tungsmaschine	>20 t	a ··· c	80 ··· 200	100 ··· 250	—	—
10. Schwerer Mam-mut-Korbrüttler	>10 ··· 30 t	a ··· c	100 ··· 150	120 ··· 250	—	—
Einspülverfahren	—	c	—	—	—	nur mit Rüttel-druckver-fahren
Druckstrahl-verfahren	—	a, c (b)	2 ··· 8 m	2 ··· 8 m	—	—
Sprengverfahren	—	a, b, c	7 ··· 20 m	?	—	—

* a) Felsen, fest, hart; b) veränderlichfest, weich; c) nicht haftende Erdarten; d) haftende, veränderlichfeste Erdarten.

2. Die Verwendung aller nicht wasserlöslichen Stoffe verbilligt indessen die Massenbeschaffung zugunsten der Verdichtung.

3. Unterschiede stofflicher und Kornzusammensetzung verlangen möglichst gleichmäßige Dichte, die nur durch die Verdichtung weitgehend erreicht werden kann.

4. Die mit der Verdichtung verbundene Dammbaukontrolle sichert die best-mögliche stabile Ausführung der Dämme.

5. Die Entwicklung schneller und hochleistungsfähiger Verdichtungsgeräte verbilligt die Einbaukosten.

6. Die hohen Ansprüche an den Unterbau im Straßenbauwesen verlangen infolge gesteigerter Geschwindigkeiten, größerer Lasten, also erheblich höherer

(Fortsetzung.)

Zerkleine-rungsgrad. (Korn- und Stückgröße)	Umfang der Verdichtung (jeden Punkt x-mal behandeln Arbeitsgänge A. G.)	Leistungen in m²/h	Einsatz-möglichkeit	Damm-größe	Kritik und Bemerkungen
5	6	7	8	9	10
in USA: 12···15 cm⌀ in Deutschld.: 2···6 cm ⌀	4···16 und mehr	300···600	besonders für Erd-staudamm. Dich-tungskörper, auch Füllkörper	jede Größe und Höhe	für leicht knetbare, mahl-, zerkleinerungs-fähig mürbe Erd- und Steinmassen. Glätten erforderlich
~15 cm ⌀	4···6	600··· >1200	wie unter 6. Dichtungs- und Füll-körper	wie unt. 6.	wie unter 6.
~12 cm ⌀	1···2	200··· >250	für alle vorwiegend kleinstückigen, nicht zu spröden und har-ten Massen (Füll-körper)	wie unt. 6.	für nicht zu harte, nicht zu unterschiedlich kör-nige und harte Erd-schollen
~10 cm ⌀	1	100···150	Spezialgerät f. Sande und Kiese, weniger für Steine (Stütz-körper)	wie unt. 6.	für lange Sanddämme
bis 60 cm⌀	1	100···150	Spezialgerät f. grobe, spröde Felsmassen. Stützkörper	Fels-schütt-dämme aller Art	besonders für Stützkör-per aller Staudämme
<40 mm	1	—	Widerlager, Sand-dämme		für setzungsfreie Ver-dichtung von Bauwerks-anschlüssen
<300 mm	1	—	Felsschüttdämme		
<300 mm	1 Flächen-sprengung	—	>20 m hohe Ver-kehrsdämme		

dynamischer Beanspruchungen ein stabiles Fundament für die kostbaren, dünnen Deckenbeläge.

7. Der Staudammbau soll ein erosionssicheres Gefüge aufweisen. Daher kann nur dann auf eine Verdichtung weitgehend verzichtet werden, wenn durch ent-sprechende elastische Dichtung der Erddämme und durch die Bemessung der Stützkörper entsprechend dem Staudruck des Wassers die entsprechende Sicher-heit und Stabilität verbürgt ist.

8. Im Verkehrsdammbau für Straßenanlagen müssen Bauwerksanschlüsse und Dammschultern stets besonders sorgfältig verdichtet werden.

Gemessen an den Anstrengungen des Kunstbaues, besonders im Betonbau (vorgespannter Beton!) wäre es eigentlich unverständlich, wollte man im Dammbau mit seinen so verschiedenen und wasserempfindlichen Schüttstoffen nicht auch eine möglichst weitgehende, der Vorspannung sich ähnelnde Verdichtung anwenden. Jedes Mittel, das die Stabilität erhöhen und sichern hilft, ist hier ohne weiteres unerläßlich, soweit wie im Staudammbau nicht neuere Bauweisen diese bisher notwendige mechanische Verdichtung teilweise beschränkt und allmählich gänzlich überflüssig macht. Im Verkehrsdamm der Straßenanlagen ist sie jedoch weitgehend beizubehalten und daher nur in seltenen Fällen teilweise oder gänzlich zu unterlassen. Ebenso kann auch im Eisenbahnbau an sandigen Dämmen, also wasserunempfindlichem Dammaterial, die Verdichtung weitgehend eingeschränkt werden.

VII. Das Leistungsverzeichnis.

Das Leistungsverzeichnis ist ein wesentlicher Teil eines Vertragsabschlusses zwischen Bauherrn und Bauausführenden. In ihm sind die verschiedenen Bauarbeiten nach ihrer besonderen Ausführungsart und ihrem Umfang unter Berücksichtigung des Schwierigkeitsgrades aufgegliedert, um einen gerechten Preis für die verschiedenen Arbeiten und Leistungen zu bekommen und um zugleich eine bestimmte, für den technisch-wirtschaftlichen Erfolg zweckmäßige, zeitlich engbegrenzte Aufeinanderfolge der Damm- und damit verbundenen Arbeiten an Kunstbauwerken festzulegen.

Mit den wachsenden Erkenntnissen über die Güteeigenschaften der verschiedenen Dammbaustoffe, die geotechnischen Eigenschaften und das Verhalten hat das Leistungsverzeichnis mehr denn je die Aufgabe, die geotechnischen Einzelheiten unter Berücksichtigung des jeweiligen Bauwertes und der entsprechenden Behandlung des Baustoffes für den Güteerfolg eines festgefügten Dammes festzulegen. Infolgedessen ist es unerläßlich, unter verschiedenen Dammbauverfahren stets dasjenige herauszustellen, das diesem Zweck am besten entspricht. Ein Leistungsverzeichnis wird damit zugleich zum Gradmesser der Wertschätzung der Fortschritte bodenphysikalischer Forschungen auf dem Gebiete der Geotechnik und deren weiterer praktischer Anerkennung und Anwendung. So spiegelt sich in der Formulierung eines Leistungsverzeichnisses nicht nur der Einfluß einer Behörde als Bauherr — denn Dämme sind meist Aufgaben der öffentlichen Hand — in ihrer Beherrschung der Materie wider, es wird zugleich zu einer zeitbedingten Urkunde über den Stand der jeweiligen Geotechnik. Mehr denn je steht im Vordergrund nicht die rasche Massenbewältigung, also das „Was", sondern das zweckmäßige „Wie" in der Ausführung.

Infolgedessen war es bei der Bearbeitung der Leistungsverzeichnisse beim Bau der Autobahnen Vorschrift, stets den verantwortlichen Baugrundingenieur für die zweckentsprechende Verteilung der Massen (Massenverteilungsplan) und Verdichtungsverfahren heranzuziehen. Bei der Förderung durfte für umfangreiche Dämme lt. genereller Regelung [7] nur schweres Gleis von 90 cm Spurweite verwendet werden. Desgleichen wurden Stampfgeräte bevorzugt. Alle diese Fragen müssen von Grund auf durchdacht und berücksichtigt werden: angefangen von dem Massennachweis und seiner für die verschiedenen Dammabschnitte zweckmäßigen Unterteilung über die Anförderung auf schwerem oder leichtem Gleis oder unter Einsatz der Flachbaggergeräte zum Einbau in Lagen-

schüttungen verschiedener, dem
jeweiligen Dammglied und Anspruch entsprechender Stärke
unter Verwendung des dafür geeigneten Verdichtungsgerätes,
unter genauer Vorschrift des
Verdichtungsspieles und der
Behandlung der Massen nach
Stückgröße und Verteilung und
Anfeuchtung, sowie des laufenden Prüfganges durch Registrierung der Dammarbeiten im
Dammbautagebuch (vgl. S. 372)
oder der Kontrollen über Verdichtung und Setzungen nach
den verschiedenen Verfahren
(vgl. S. 375 ff.). Der Dammbau
gewinnt darin in einer in erster
Linie dem Werkstoff, d. h.
den materialtechnischen Eigenschaften angepaßten Ausführung mehr denn je zuvor die
Bedeutung eines Kunstbau-
werkes, das allein in der bestmöglichen Ausnutzung der
Qualität des Baustoffes und
seiner zweckmäßigsten Verwendung an den Stellen, wo es die
beste Stabilität verbürgt, einen
Erfolg verspricht.

1. Frostschutz
(Abb. 444—446) [77, *157*].

Jeder wasserempfindliche
Baustoff: Erd- oder Felsart ist
frostgefährlich (vgl. S. 103 u.
113). Daher gilt es, im Leistungsverzeichnis die zweckmäßige
Einbaufolge und Anordnung
der frostveränderlichen Massen
unterhalb der Frosteindringungstiefe, also etwa 0,80 bis
1,0 m unter der Fahrbahnoberkante im Straßenbau, vorzusehen. Bekanntlich sind Niederschläge die Ursache für die

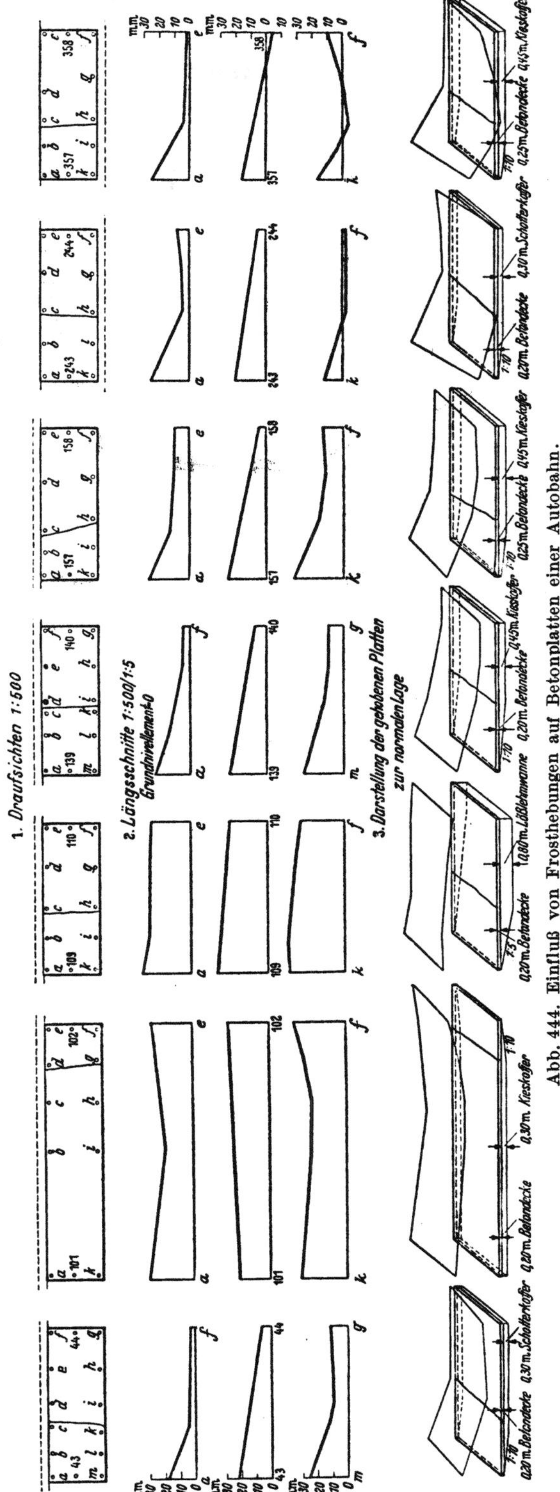

Abb. 444. Einfluß von Frosthebungen auf Betonplatten einer Autobahn.

Frostschäden bei undichten Deckenbelägen, bei Einbau von frostempfindlichem Material unter der Decke, auch auf höchsten Dämmen. Die Sicherung des Wasserablaufes und seiner unschädlichen Wirkung auf den Oberbau einer hochwertigen Verkehrsanlage gehören daher zu den Fragen einer vorschauenden Planung und sicheren Dammausführung.

Besonders wirksam werden diese Schäden in Gefällestrecken und beim Wasserstau an Bauwerken (Abb. 446).

2. Rutschgefahr.

Rutschgefahr besteht bei ungenügender Sicherung des Dammfußes gegen den zur Rutschung neigenden Untergrund (Abb. 447). Diese Frage ist durch eingehende Untersuchung zu prüfen und bautechnisch im Leistungsverzeichnis durch entsprechende Sicherung festzulegen.

Auf folgende wichtige Punkte bei der Aufstellung eines Leistungsverzeichnisses, bei dem ja mehr als früher üblich die geotechnische Ausführungsart vorgeschrieben wird, sei an dieser Stelle nur andeutungsweise eingegangen.

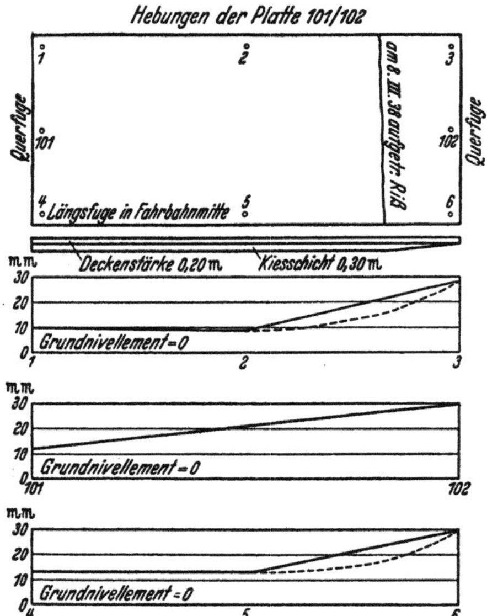

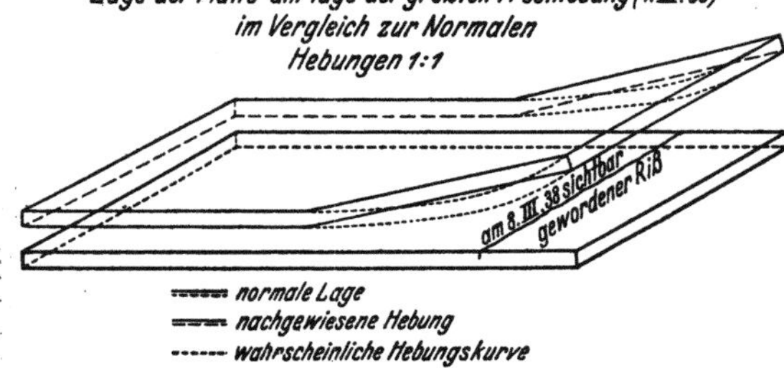

Abb. 445. Verlagerung von Betondecken einer Autobahn unter Frosteinfluß mit Einzelbild.

Abb. 446. Trotz mehrerer Meter hoher Dammlage Bildung einer 3 cm hohen Frosthebung an der anschließenden Betonplatte zum Unterführungsbauwerk an der Autobahn in Sachsen.

3. Der Einbau.

Lagenschüttung, Korn- bzw. Stückgröße, Konsistenzgrad (optimaler Wassergehalt), zulässige Schütthöhe sind in engen Grenzen durch Zahlenangaben vor-

Abb. 448. Undichte Rohrleitungen längs der Dammschultern führen zur Vernässung und Auflockerung sowie
Abgleitungen.

Abb. 447. Sicherung des Dammfußes im gleitgefährlichen Geländes des Jura durch Anlage
einer breiten Stützmauer in Trockenmauerung.

Abb. 449. Ungenügende Entwässerung und Vorflut des
Mittelkoffers einer Autobahn führt zur dauernden Wasseranreicherung, starker Binsenwuchs zeigt die Gefahr an.

Abb. 450. Überhöhung des Mittelkoffers
verhindert die Verbinsung und erleichtert
die Ableitung von Niederschlagswasser.

zuschreiben. Ebenso wird die Einbaufolge parallel zur Dammachse und unter
Sicherung der Dammschulterverdichtung (vgl. S. 217) festgelegt. Auf die Siche-
rung gegen Niederschläge bei wasserempfindlichen Erdarten wird besonderes
Augenmerk gelegt (Abb. 448 bis 450), die Glättung und eine Neigung der

Schüttflächen nach den Dammschultern verlangt (Abb. 451). Für den *Dichtungskörper* der Staudämme wird das Arbeitsspiel: Verdichten, Aufrauhen, Einbau, Verdichten in allen Einzelheiten: Stückgröße, Zahl der Verdichtungsgänge, Verdichtungsmaß nach Raumgewicht, Steifegrad oder als lineares Maß, Feuchtigkeitsgehalt, stein-, wurzel- und humusfreies Material vorgeschrieben. Ebenso bestehen Richtlinien für das Material der Zwischen-, Stütz- und Filterkörper sowie Deckschichten.

Abb. 451. Auch während der Bauausführung muß bei irgendwelchen kürzeren oder längeren Arbeitspausen besonders während des Winters alles Niederschlagswasser auf kürzestem Wege in Holzrinnen oder dergleichen und ohne Beschädigung und Verwässerung des Planums nach außen. abgeleitet werden.

4. Verdichtungstechnik.

Die Wahl, die Anzahl und die Art der Verdichtungsgeräte für jedes Dammglied: Kern, Dammschulter, Widerlagerhinterfüllung und Verdichtung an Verkehrsdämmen: Dichtungskörper, Füllkörper und Stützkörper im Staudammbau werden vorgezeichnet, wobei für jedes Gerät die Schütthöhe, die Stückgrenze begrenzt wird und die Zerkleinerung mit Hand, die Auslese usw. verlangt wird. Insbesondere werden die Einbauarbeit bei nassem Wetter und Frost: z. B. unbedingte vollständige Verdichtung und Glättung erdiger wasserempfindlicher Massen sowie die Einbauweisen frostsicheren Materials im Bereich der Frostzone für Straßendämme vorgeschrieben. Somit bedeutet die Geotechnik des Dammbaues heute Beherrschung der stofflichen Qualitäten bei Klimaeinfluß und Anwendung der hierfür entsprechenden technischen Hilfsmittel und des Geräteparks. Zwar ist der Massenausgleich nicht mehr erforderlich, doch bedingt die bestmögliche Verarbeitung der verschiedenen Dammbaustoffe in ihrer verschiedenen zeitlichen Folge aus verschiedenen Entnahmepunkten eine straffe Organisation der Dammarbeiten.

In welchem Umfange in den USA diese Fragen gelöst werden, zeigt das Beispiel 2 [*467*], (S. 203).

7. Abschnitt.

Die Gütekontrolle des Dammbaues (Dammbauüberwachung).

Aufgabe und Grundlagen.

Die Gütekontrolle hat zwei Aufgaben zu erfüllen:
[*5, 10, 17, 24, 26, 59, 71, 98, 104, 112, 139, 146, 153, 205, 207, 208, 233—238, 267, 270, 271, 313—320, 339, 386, 396, 474, 475*].

I. Während der Ausführung.

1. Die Nachprüfung der Güte des Dammbaustoffes und

2. Die Überprüfung einer vorschriftsmäßigen Verwendung der Baustoffe nach den für die verschiedenen Bauglieder vorgeschriebenen Güteansprüchen, hier der Verdichtung und Konsistenz. Damit hat die Kontrolle zwei Aufgaben zu erfüllen:

    a) Sicherung der geordneten Dammbauausführung,

    b) Nachprüfung der Güte der Dammbautechnik.

Die beim Bau von Staudämmen infolge des Bodendruckes und Vorhandenseins gespannten Bodenwassers auftretenden Bewegungen im Dammkörper: Setzungen, waagerechte Verschiebungen, Verkantungen müssen sorgfältig beobachtet und gemessen werden, damit der Bau ohne Störungen fortschreiten kann [*179*].

Zeitlich gesehen gliedert sich die Gütekontrolle in die

1. Voruntersuchungen vor Baubeginn. Sie umfaßt die Grundlagenerforschung.

2. Überwachung während des Dammbaues an Entnahme- und Einbaustellen.

3. Schlußbeobachtungen nach Dammvollendung. Diese Messungen erstrecken sich unter Umständen über mehrere Jahre (Setzungen z. B. 10 bis 20 Jahre).

Bedeutung.

Es gibt, abweichend von sämtlichen anderen Kunstbauten, keine bestimmte Norm [*454*], um die Dämme in eine bestimmte feste Form zu bringen, wenn auch die Standardisierung der Dammarbeiten in den USA [*326*] sehr weit fortgeschritten ist. Indessen ist das Material verschieden, so daß infolge der unterschiedlichen Qualität des Werkstoffes stets Unterschiede in der Festigkeit und Stabilität möglich sind. Die Gütekontrolle kann daher unter Rücksichtnahme auf die Qualität der zulässigen Baustoffe sich nur auf die Überwachung der einwandfreien Geotechnik des den jeweiligen stofflichen Verhältnissen angepaßten Einbaues und insbesondere der Verdichtung der Baustoffe erstrecken, nicht aber auf eine Abnahmeprüfung im üblichen Sinne. Im übrigen muß der Erfolg der Verdichtung davon abhängig gemacht werden, wie sich die Dammbaustoffe bei Anwendung aller notwendigen Sorgfalt unter den jeweiligen klimatischen Verhältnissen einbauen lassen. Infolgedessen weicht die Gütekontrolle von den üblichen Prüfverfahren ab, bei denen vor allem eine gesetzmäßige, vielfach genormte Verbindung einzelner Bauteile bestimmter Einzel- und Gesamtfestigkeit verlangt wird und diese auch genügt, um bei entsprechender Güte des Baumaterials die genügende Festigkeit des Gesamtbauwerkes zu gewährleisten. Die Kontrolle zerfällt in zwei Arbeitsgänge:

II. Überwachung der Arbeitsvorgänge.

1. *An den Entnahmestellen.* Prüfung des Materials nach den bestehenden Vorschriften, insbesondere Kontrolle der Trennung und Auslese (wo nötig), ferner

2. *auf dem Damm* (Einbauort) des Einbaues in seiner zweckmäßig vorgeschriebenen Ausführung, Höhe, Zerkleinerung und Verdichtung unter Bezugnahme auf die jeweiligen Wetterverhältnisse: Temperaturen, Regen, Frost, Wind und Sonnenschein usw.

3. *Tägliche Registrierung.* Sie registriert gleichzeitig in Lageplänen und Querschnitten den täglichen Dammfortschritt in den verschiedenen Gliedern und sorgt dafür, daß die Dammbaustelle einen geordneten und sauberen Eindruck in dem zügigen Aufbau macht: möglichst niveaugleicher Aufbau aller verschiedenen Dammglieder.

Täglich werden die in den verschiedenen Gliedern eingebauten Massen vermerkt.

a) Das Dammbautagebuch.

Alle diese Aufzeichnungen, Feststellungen und Beobachtungen finden ihren Niederschlag im Dammbautagebuch (Abb. 452 u. 453). Das Dammbautagebuch will die fehlenden baupolizeilichen Vorschriften einer geordneten Kontrolle ersetzen und zugleich die dauernde Überwachung des Dammes gewährleisten. Dies ist aber nur möglich, wenn bestimmte, für den Dammbau wichtige tägliche Eintragungen, wie sie angedeutet wurden, den Tatsachen entsprechend sinngemäß aufgezeichnet werden. Es ist nach Abschluß des Dammbaues die wichtigste Urkunde über das „Werden und Wachsen" eines derartigen Erdbauwerkes. Es zwingt dazu, sich täglich und stündlich mit der Ausführung zu befassen und hierfür eine geeignete Kraft einzusetzen, die Kontrolle also ununterbrochen auszuführen. Einzelne Dammglieder, besonders die Widerlagerhinterfüllungen und die Dichtungskörper im Staudammbau, verlangen eine dauernde Aufsicht.

Dammbautagebuch einer Talsperre (Staudamm).

Lfde. Nr. *53*   a) *Füllkörper (I und II)*

Datum: *18. und 19. Juli 1951*

Ausführender: ....   Auftraggeber: ....

Beginn der Schüttung: *am 18. und 19. Juli 1951, 5 Uhr*

Unterbrechung der Schüttung: ....

Ende der Schüttung: *am 18. und 19. Juli 1951, 23 Uhr*

---

1. Schüttmaterial: *Verwitterungslehm von Phyllit, durchsetzt mit grusig-kleinstückigem, faulmürbem Phyllit aus dem alten Lehmentnahmegebiet*

2. Einbauweise: *Schütthöhe h = 25 cm*
Verdichtungsgerät: 12 t-Dreirad-Dampfwalze (jeder Punkt mindestens viermal gewalzt)

3. Witterungsverhältnisse: *Trübe und bedeckt regnerisch und kühl*

	18. Juli	*19. Juli*
	8 Uhr = + 10°	*8 Uhr = + 10°*
	16 Uhr = + 21°	*16 Uhr = + 15°*
	24 Uhr = + 11°	*24 Uhr = + 9°*

4. Beschaffenheit der verdichtenden Fläche: *Oberfläche stark erdfeucht! Nach Abwalzen Oberfläche glatt (sonst eben und ausgeglichen)*

5. Ausführung der verdichteten Fläche: *Die Lage wurde 25 cm hoch geschüttet und mittels Walze verdichtet. Vor Schüttungsbeginn wurde Fläche mittels von Walze gezogener Egge gut aufgerauht. Steine von unzulässiger Größe wurden beim Einebnen der geschütteten Massen ausgeharkt und entfernt.*

6. Alle Schnitte und Grundrisse auf der Rückseite

Bemerkungen: *Vom 12. bis einschließlich 17. Juli 1951 wurde der Füllkörper (Zone I und II) nicht beschüttet (Schlechtwetter, teilweiser Ausfall des LR-8-Baggers, da dieser eingesetzt zum Umsetzen von Mutterboden im Seitental 1).*

Schnitte und Grundrisse: *1:1000*   Nr. der Schüttlage: *15*

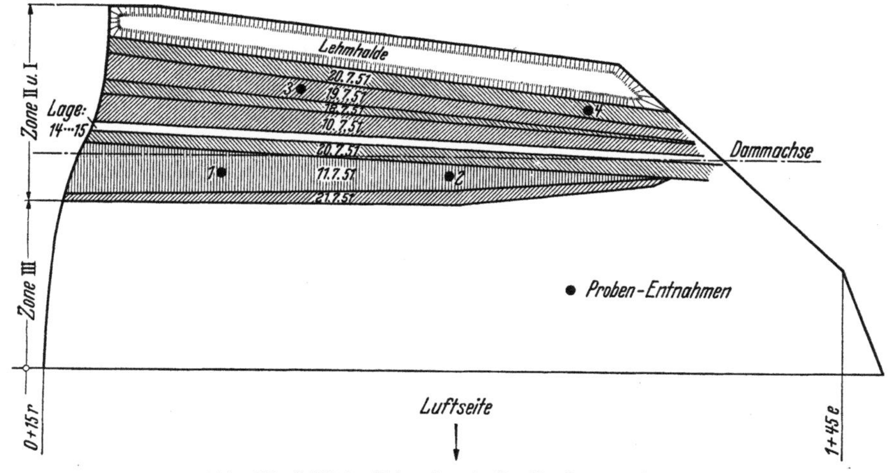

Abb. 452. Zeitliche Folge des streifenförmigen Einbaues.

Datum	*Massen m³*
10.7.1951	*157,6 m³*
11.7.1951	*138,0 m³*
18.7.1951	*45,8 m³*
19.7.1951	*122,4 m³*
20.7.1951	*100,8 m³*
21.7.1951	*93,2 m³*
Summe:	*657,8 m³*

7. Eingebaute Massen pro Tag: am 18. Juli 1951 = 45,8 m³
am 19. Juli 1951 = 122,4 m³

8. Verdichtungsziffern: (s. Grundriß)

Frischgewicht kg/l	*Trockengewicht kg/l*	H_2O %
1. 1.795	1,590	12,9
2. 1,755	1,520	15,5
3. 1,785	1,570	13,7
4. 1,810	1,520	19,0

9. Durchlässigkeitswerte: (s. Grundriß)

10. Pegelstand:

Verantwortlich:

Anlage zum Abnahmeprotokoll.

Stand am 29. 7. 1952

Lehmschürze:

Geschüttet wurden 22 Lagen zu je 20 cm

Nivellem.: am 29. 7. 1952 . . . . 437,64 m ü. N. N.
am 26. 6. 1952 . . . . 434,08 m ü. N. N.
3,26 m verdichtete Höhe
4,40 m Schütthöhe

Verdichtung = 26,0 %

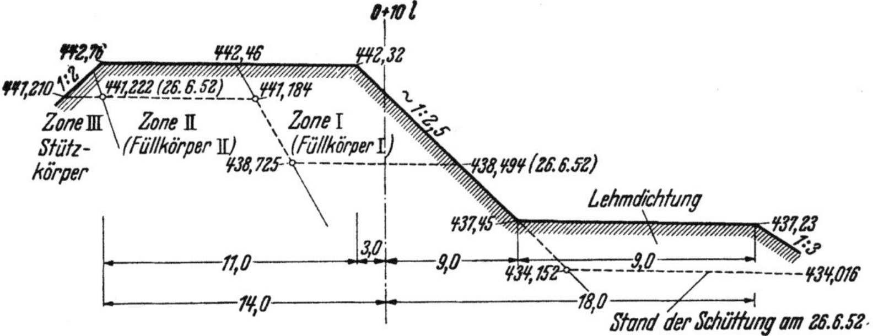

Abb. 453. Dammquerschnitt zum Abnahmeprotokoll von 29. 7. 1952.

Zone II:

Geschüttet wurden 8 Lagen zu je 25 cm

Nivellem.: am 29. 7. 1952 . . . . 442,61 m ü. N. N.
am 26. 6. 1952 . . . . 441,20 m ü. N. N.
1,41 m verdichtete Höhe
2,00 m Schütthöhe

Verdichtung = 29,5 %

Zone I:

Geschüttet wurden 20 Lagen zu je 25 cm

Nivellem.: am 29. 7. 1952 . . . . 442,39 m ü. N. N.
am 26. 6. 1952 . . . . 438,61 m ü. N. N.
3,78 m verdichtete Höhe
5 00 m Schütthöhe

Verdichtung = 24,4 %

Die Zone III hat im Berichtsmonat die geplante Höhe erreicht und wurde abgeschlossen.
Stand am 30. 7. 1952.   *gez.:* ________________________________

Die Unterteile eines Dammbautagebuches berücksichtigen vor allem: Herkunft, Art und Zusammensetzung der Massen, Einbauverfahren und Verdichtungstechnik, Wetterverhältnisse und Beschaffenheit der verdichteten Massen und Flächen, Ergebnisse der Güteprüfungen verdichteter Schüttlagen.

Die täglich auszuführenden Lageskizzen der eingebauten Massen unter fortlaufender Numerierung der Schüttlagen vertiefen die Kenntnis über den fortschreitenden Dammbau. Das Dammbautagebuch bedeutet in jedem Falle eine wertvolle Unterlage während des Baues auch für die zentrale Bauleitung, die damit in gewissen Zeitabständen, zumindest monatlich, einen Überblick über den Baufortschritt und den dabei erzielten Masseneinbau und die Güteergebnisse erhält.

Bei eventuellen Schäden, größeren Setzungen usw. bildet es bei lückenloser Registrierung aller wichtigen Vorkommnisse eine unabdingbare Grundlage für die Feststellung der Ursache. Es wurde in dieser Form auf Vorschlag des Verfassers erstmalig vor etwa 20 Jahren im Bereich der Autobahn Sachsens eingeführt und an verschiedenen, vom Verfasser betreuten Staudämmen in den letzten Jahren mit Erfolg wieder angewandt. Der Erfolg einer derartigen Kontrolle spiegelt sich nicht nur in dem Verhalten der Dämme und deren festem Bestand wider, er führt auch zu einer Vertiefung und Bereicherung der Kenntnisse über die Behandlung der verschiedenen Erdbaustoffe im Rahmen neuzeitlicher Geotechnik des Dammbaues und ist daher nur geeignet, hier die praktische Erfahrung zu festigen und zu erweitern. Dafür ist eine wichtige Voraussetzung, eine mit den Grundzügen des Dammbaues vertraute Person zu beauftragen, um den Erfolg zu sichern.

III. Die Nachprüfung der Verdichtung.

1. Allgemeines.

Kein Gebiet des Dammbaues hat in den letzten 2 Jahrzehnten [179] eine derartig eingehende Bearbeitung und Erforschung erfahren als gerade die Kontrolle der Verdichtung in ihrer zweckmäßigen Ausführung. Es sei hier nur an die grundlegenden Arbeiten eines PROCTOR [313—321] und an andere wie DIETERT, an die Untersuchungen von LOOS und seiner Mitarbeiter [233—238], an die von KÖGLER, PETERMANN, KEIL und anderer erinnert, um die verschiedenen und jahrelangen Bemühungen um eine befriedigende Lösung nur anzudeuten.

2. Wesen und Ziel.

Im Gegensatz zu den Normen im Betonbau besteht im Erdbau die Nachprüfung in einer vergleichenden Registrierung der tatsächlichen, zu bestimmten als verbindlich angenommenen, aber nicht in Normen erfaßten Festigkeits- und Gütewerten. Dieses Ziel kann aber, ebenso wie an den Probewürfeln im Betonbau, nur durch *dauernde* Überprüfung erreicht werden.

Da das Prüfergebnis bei wechselnden Kornzusammensetzungen und ganz allgemein verschiedener Beschaffenheit der Dammbaustoffe verschieden ist, gibt jedes Prüfergebnis nur einen bestimmten Gütewert für einen bestimmten Schüttstoff bestimmter Beschaffenheit. Infolgedessen können keine Normen für Prüfbedingungen aufgestellt werden, die alle Schüttstoffe gleichermaßen erfassen, höchstens für einen bestimmten Stoff. Nur auf dem Wege des Näherungsverfahrens kann man zu praktisch wichtigem Erfahrungsmaterial kommen, ebenso wie die Ermittlung der zweckmäßigen Schütthöhe stets nur im Näherungsverfahren möglich ist.

Die Bestimmung der elastischen Kennziffern der verdichteten Dammassen würde für die Frage der Stabilität nur dann von Wert sein, wenn diese unveränderlich wären. Diese Voraussetzung gilt indessen für die Erdarten nur selten. Daher muß als Ausgangspunkt immer wieder die größtmögliche Dichte als Voraussetzung einer am besten gesicherten Bauweise gefordert und diese nachgeprüft werden.

Trotz der Unvollkommenheit dieses Verfahrens ist die Nachprüfung nicht Selbstzweck, sondern die unerläßliche Folge der mit der Verdichtung verbundenen erhöhten Aufwendungen zur Kontrolle des dabei erzielten Erfolges und ihrer planmäßigen Lenkung. Die Nachprüfung der Verdichtung dient aber auch zur vorbeugenden Kontrolle aller Sicherungsmaßnahmen gegen eventuelle Dammschäden.

Im Verkehrsdamm ist dabei besonders die Setzungsgefahr zu beachten.

3. Beziehung zwischen Verdichtungskontrolle und Schütthöhe.

Alle diese umfangreichen Untersuchungen münden darin aus, eine bestimmte Güte der Verdichtung für ein Gerät zu finden und daraus die erforderliche Schütthöhe und Einbaugröße der verschiedenen Massen zu bestimmen. Daher ist die Nachprüfung der Verdichtung zugleich eine Kontrolle der zulässigen Schütthöhe und umgekehrt, denn die bei einem bestimmten Verdichtungsspiel und einer bestimmten Schüttung gleichartiger Massen erzielte beste Verdichtung ist zugleich Maßstab der zweckmäßigen Schütthöhe, die dann bei späteren Verdichtungsarbeiten und gleichen Massen und Geräteeinsatz nur befolgt zu werden braucht, um grundsätzlich die Voraussetzungen einer einwandfreien Verdichtung zu schaffen.

4. Grenzen und Gültigkeitsbereich der Kontrolle.

Nach mehr als 20 Jahre währenden Kontrolluntersuchungen sind die Verfahren einer zweckmäßigen Gütekontrolle weitgehend festgelegt. Allerdings darf man nicht zuviel von einem Verfahren verlangen. Man muß stets das eigentliche Ziel: die Güteprüfung des verdichteten Dammes im Auge behalten, ohne darüber hinaus die Folgerungen für die Stabilität des Dammkörpers in zu weitgehenden Annahmen und Ansichten zu vertreten. Alle Verfahren liefern nur Vergleichswerte zu einer willkürlich festgelegten Bezugsgröße: gewachsener Boden oder im Prüfraum erzielte höchstmögliche Dichte. Auch die erreichten Festigkeitswerte geben keinen Aufschluß darüber, ob eine genügende dauerhafte Festigkeit des Dammes erzielt wurde. Es gibt schließlich auch keine allgemein gültigen Unterlagen für die verfestigende Wirkung der verschiedenen Verdichtungsgeräte. Daher sind stets, auch bei noch so genauen Maßzahlen und Gütewerten, diese nur relative, niemals absolute Festigkeitswerte für die Güte eines Dammes.

5. Die Setzungsgefahr.

Größere Setzungen sind stets dann unvermeidlich, wenn die Massen unvorschriftsmäßig verdichtet wurden (falsche Schütthöhe, falsches Gerät, falsche Konsistenz). Sie lassen sich nur dann verhindern, wenn durch die Verdichtung eine Dammfestigkeit erreicht wird, die jeder nachfolgenden mechanischen Beanspruchung gewachsen ist. Daher dient die Kontrolle besonders der einwandfreien Bauweise und Verdichtung der Dammbaustoffe, um diese Gefahr soweit wie möglich trotz Einflusses höherer Gewalt auszuschließen. Sie hat um so geringeren Einfluß auf die Decke an Straßendämmen, wenn diese erst geraume Zeit nach Abschluß der Dammarbeiten aufgebracht wird.

Für diese Fragen ist das beste, dichteste Dammgefüge zugleich die beste Sicherung, der beste Schutz. Es verhindert die Bildung von Gleitflächen, ferner, die Durchfeuchtung und Anreicherung von Niederschlagswasser im Dammkörper, es gewährleistet schließlich einen mehr oder weniger in sich unveränderlich gefestigten Dammkörper.

Staudammbau.

Im Staudammbau gelten die Sicherungsmaßnahmen gegen Schäden, insbesondere der einwandfreien Ausführung des Dichtungskörpers, Auswahl des Materials, Einbau mit fast optimaler Konsistenz (vgl. S. 298), genügende Verdichtung, um die Durchlässigkeit und die Erosionsmöglichkeit auf ein Minimum zu beschränken. Diese Maßnahmen erfordern einen Stab von Kontrollorganen, wofür nach den Erfahrungen in den USA in der Regel zwei Beamte des Bauherrn eingesetzt werden, die nur den Einbau kontrollieren, während zwei weitere die Verdichtung überprüfen, wobei an den riesigen Dämmen in der Regel je 1500 m³ eingebauter Massen eine Prüfung durchgeführt wird [468]. Die gesteigerten Ansprüche an die Stabilität der Dämme, die immer kühneren Ausführungen nach Umfang und Material, zwingen dabei zu einer scharfen und dauernden Kontrolle, die sich während des Einbaues an allen Dammgliedern auf die Erfordernisse einer höchstmöglichen Stabilität erstrecken.

6. Die Prüfverfahren.

Es gibt eine Anzahl verschiedener Prüfverfahren, die seit den letzten 20 Jahren mit mehr oder weniger großem Erfolg angewandt werden. Man kann diese in verschiedene Gruppen einteilen. Die Unterteilung erfolgt nach ihrem Geltungsbereich und der damit verbundenen Eigenart des Verfahrens selbst. Unter Geltungsbereich ist die Anwendungsmöglichkeit auf den Baustoff und das Bauwerk zu verstehen. RUCKLI [361] unterscheidet bei der Erörterung der erdbaumechanisch-statischen Probleme, die für die Dimensionierung der Straßenbefestigung ausreichend sind, vier Gruppen.

Die Baustoffe. Von der Baustofffrage ausgehend, müssen die Verfahren unterteilt werden in diejenigen

1. für grobe Dammbaustoffe (felsige, steinige Massen),
2. für feinkörnige Erdarten (Sand und feiner),
3. ohne Berücksichtigung des Wassergehaltes im Damm,
4. mit Berücksichtigung des Wassereinflusses im Schüttstoff.

Bauwerke. Es sind hierbei zu trennen die Verfahren

1. für die Verkehrsdämme,
2. für die Staudämme.

Im einzelnen können folgende Verfahren zur Überprüfung der Dichte folgendermaßen unterschieden werden:

a) Verfahren: Ermittlung des vertikalen Setzungsmaßes durch Verdichtung.

1. Die Prüfsonde (Prüfstab KEIL),
2. das Nivellement,
3. der Setzungspegel.

b) Verfahren: Ermittlung der Veränderung des Hohlraumgehaltes.

1. Das Porenvolumen,
2. die Porenziffer,
3. die Verdichtungsziffer.

c) Verfahren: Feststellung des elastischen Verhaltens, Ermittlung des Verformungswiderstandes, ohne Berücksichtigung des Wassergehaltes.

1. Der Dichteprüfer,
2. der Dichtemesser,
3. der Plattendruckversuch,
4. der Oedometerversuch,
5. die Kegeldruckprobe.

d) Verfahren: Ermittlung des Raumgewichtes mit Berücksichtigung des Unterschiedes zwischen optimaler Dichte und Wassergehalt.

e) Verfahren: Feststellung des Raumgewichtes und des elastischen Verhaltens unter Berücksichtigung des Wassereinflusses (optimaler Wassergehalt).

1. Das CBR-Verfahren,
2. der PROCTOR-Test,
3. der DIETERT-Test,
4. der AASHO-Test.

f) Verfahren: Ermittlung der Dichte aus der Fortpflanzungsgeschwindigkeit elastischer Wellen: Die dynamisch-elastischen Messungen. Für alle Verfahren gilt:

Diese Verfahren erstreben Kennziffern für die Güte, keine gestattet indessen, daraus ein bestimmtes Verhalten des Dammes vorherzusagen. Stets sind es Relativwerte der Güte.

Abb. 454. Im Vordergrund der Prüfstab, dahinter der Dichteprüfer bei der Arbeit.

a) Verfahren: Ermittlung des vertikalen Setzungsmaßes durch Verdichtung.

1. Die Prüfsonde (Prüfstab) [155, 272, 379].
Prinzip. Auf eine verdichtete Fläche werden gemäß Abb. 456 mehrere, wenige mm starke, etwa 30×30 cm große Eisenbleche gelegt, ihre Lage genau seitlich fixiert und darauf die Schüttung gebracht. Durch Messung der Verdichtung als Setzmaß, Verringerung des Abstandes zwischen Oberfläche der Schüttung und dem Blech, kann das lineare Verdichtungsmaß (Verkürzungsmaß), bezogen auf die gesamte Schütthöhe, festgestellt und aus mehreren Vergleichsschüttungen für eine im praktischen Betrieb günstige Anzahl von Verdichtungen die zweckmäßigste Schütthöhe für ein bestimmtes Dammbaumaterial und Verdichtungsgerät sehr genau festgelegt werden. Der unten zugespitzte Prüfstab aus Stahl besitzt einen Durchmesser von etwa 5 mm, um auch bei ausgesprochen steinigem Material verwendet zu werden.

Die Genauigkeit der Messung beträgt 1 bis 2 cm, der prozentuale Fehlereinfluß nimmt daher mit der Höhe der Schüttung ab.

Vorteile. 1. Das Verfahren ist für den robusten Dammbaubetrieb sehr geeignet.

2. Es ermöglicht in einfacher Weise die Festlegung der jeweils erforderlichen Schütthöhe und damit auch Verdichtungsarbeit (Anzahl der Verdichtungs-gänge je Punkt), um eine bestimmte Verdichtung von etwa 22 bis 25% der linearen Verkürzung der Schütthöhe zu erzielen.

3. Es ist unabhängig vom Einfluß der Körnung, ein Vorteil, der an steinigen Massen sehr wichtig ist, ferner vom Porenvolumen und Wassergehalt.

4. Es ist daher besonders für grobkörniges, nicht zu felsig-stückiges Material sehr geeignet, bei dem der Wassereinfluß ohne Belang für die Güte der Schüttung und Verdichtung ist, und es nur

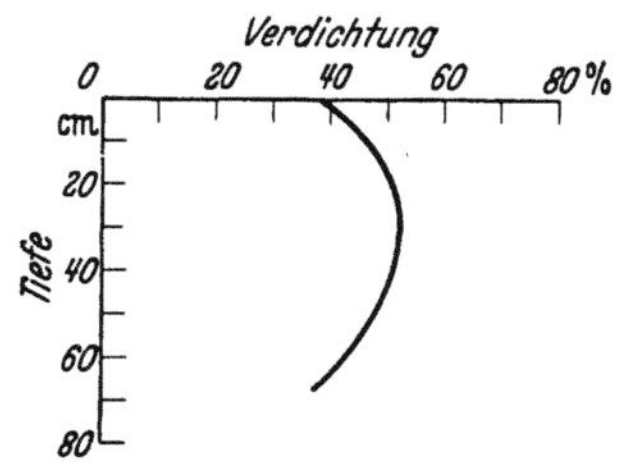

Abb. 455. Schematische Darstellung des Verdichtungsverlaufes im Boden.

darauf ankommt, ein höchstmögliches lineares Verdichtungsmaß zu erzielen.

Kritik. Nach [390] wird eine Eichung der Meßergebnisse gewünscht, um die vielfach verwendbare Sonde nicht als gefühlsmäßiges Prüfmittel zu verwenden.

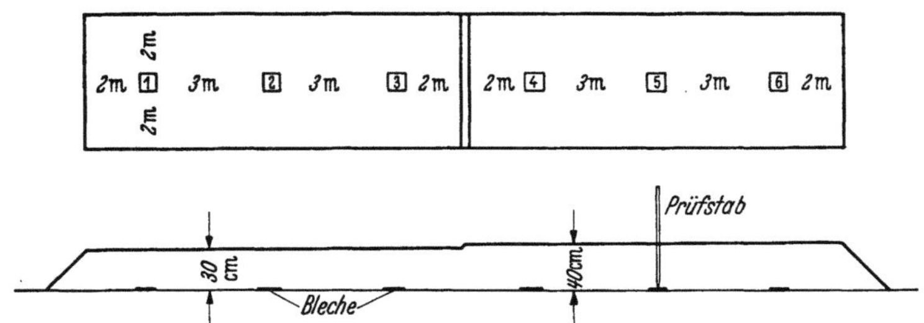

Abb. 456. Versuchsanordnung für die Prüfung der Verdichtung mittels Prüfstab.

Die Eichung läßt sich in engen Grenzen ermöglichen. Nach des Verfassers viel-fachen Untersuchungen liegt das für die Verdichtung erforderliche Eichmaß zwischen 22 und 25% linearer Verkürzung bei Schüttungen (je nach Körnung und Stückgröße 22% für Erdarten, 25% für sperrig ablagerndes Schüttgut) bis etwa 50 cm und Einsatz der hierfür üblichen mittleren Verdichtungsgeräte. Die Sonde hat daher die Aufgabe, nachzuprüfen, ob dieses Mindestmaß von 22 bis 25% erreicht wurde. Natürlich setzt die Kontrolle voraus, daß eine seitliche Verdrückung der Massen nicht möglich ist.

Beispiel. Wie sehr sich diese „Eichwerte" mit der praktischen Erfahrung decken, ergibt das Beispiel des Staudammes Schwammenauel [366]. Dort be-gnügte man sich mit einer Mindestverdichtung von 18%. Die Schichten wurden 1,0 bis 1,5 m hoch geschüttet. Die Verdichtung lag bei Lehm und Ton zwischen 12 bis 18%, bei Schotter und Felsausbruch zwischen 18 bis 25%, im Mittel also bei 18%. Unter der wachsenden Dammauflast wurde eine weitere Verdichtung durch Setzung von 6% beobachtet. Der Vorschlag von SIEDEK, es als Eich-instrument zu verwenden, kann daher für die vielfach sehr steinigen Schütt-massen im Dammbau nur begrüßt werden, da die Messung sehr bequem, billig und einfach ist. Seine Bewährung wurde praktisch nach [379] bestätigt. Es ist in den Richtlinien für Schwingungsverdichtung als Prüfgerät aufgenommen [339].

2. Das Nivellement. Ausführung. Bei der allgemeinsten Art der Ausführung werden rechts und links außerhalb des Dammes Baken aufgestellt und jede

Schüttung vor und nach der Verdichtung eingemessen. Dadurch kann für jede Schüttung und für den gesamten Damm fortlaufend das lineare Verdichtungsmaß nachgeprüft werden, was allerdings einen peinlich genauen, planebenen Einbau der Massen und weitgehende Abgleichung der Oberfläche der Schüttung verlangt. Nach diesem Verfahren wurde z. B. die Nachprüfung der Verdichtung der Schüttlagen beim Bau der Sösetalsperre durchgeführt.

Ähnlich wie durch die Prüfsonde KEIL wird durch das Nivellement mit größerer Genauigkeit und ohne Verwendung von Blechen an beliebig vielen Punkten einer Schüttung das lineare Verdichtungsmaß einer oder mehrerer Schüttungen übereinander — dies im Unterschied zu den Prüfstabsondierungen! — ermittelt. Man kann dabei in beliebigen Abständen unter genauer Registrierung der Anzahl der Schüttungen gleicher Höhe, die durch die Schüttlehren dauernd kontrolliert werden müssen (vgl. S. 222), in wöchentlichen oder monatlichen Abständen und zuletzt für die gesamte Dammbauzeit das lineare Setzmaß durch die Verdichtung unabhängig von etwaigen Setzungsbeobachtungen verfolgen. Nach diesem Verfahren wurden die monatlichen Dammkontrollen an den vom Verfasser betreuten Erddämmen in Sachsen durchgeführt. Dabei wurde stets ein Maßstab für die erzielte „Über"verdichtung erhalten. Vorgeschrieben war ein Verdichtungsmaß von 25%. Die Meßpunkte und damit Meßprofile blieben stets gleich, so daß stets dieselben Dammstellen nachgeprüft wurden.

Das Nivellement sollte nur im Zusammenhang und Ergänzung einer dauernden Überprüfung des Einbaues, insbesondere der Schütthöhe, erfolgen, da bei zu niedriger Schütthöhe ein zu hohes Verdichtungsmaß registriert wird. Genauigkeit theoretisch Bruchteil von 1 mm, praktisch jedoch auch nur 1 bis 2 cm, da niemals ein absolut ebenes Planum möglich ist.

Vorteile. 1. Unabhängigkeit vom Dammbaubetrieb. 2. Größere Anzahl von Messungen an den jeweiligen Meßtagen möglich. 3. Keine vorbereiteten Maßnahmen erforderlich (Eisenbleche).

Nachteile. 1. Falsche Meßergebnisse bei abweichenden Schütthöhen. 2. Dauernde peinlich genaue Kontrolle der Schütthöhen notwendig. 3. Planum muß für Nivellement vorbereitet werden.

3. Das Schichtennivellement [*379*]. Prinzip. Das Schichtennivellement überprüft das Verhalten mehrerer aufeinander folgender Schüttlagen, an deren Basis Blechstreifen eingelegt sind. Diese werden nach Beendigung der Verdichtung vorsichtig freigelegt, um daran die Verdichtung für jede Lage getrennt zu ermitteln [*233 bis 238, 273*].

Vorteil. Es ist möglich, den Verdichtungseinfluß auf tiefere Schüttungen bei der Verdichtung höherer Schüttungen festzustellen. Diese Analyse ist wichtig, um die Frage der Überverdichtung zu beantworten. Wie sehr dieser Einfluß beachtet werden muß, läßt das wiederholt erwähnte Setzungsdiagramm (Abb. 455) erkennen. Für zwei bis drei mittlere Schüttungen läßt sich das Schichtennivellement auch mit dem Prüfstab feststellen.

Nachteil. Umständliche Grabarbeit und peinlich genaue Verfüllung und Dichtung der Prüfstellen.

Kritik. Durch beide Verfahren (Prüfsonde, Nivellement) wird das vertikale Maß der Verdichtung unter der Voraussetzung unbehinderten seitlichen Ausweichens nachgeprüft und die Meßergebnisse können bei der Festlegung der

Schütthöhe verwendet werden. Beide Verfahren sind leicht und ohne viel Zeit und Personalaufwand durchzuführen und haben sich als unentbehrlich für die Gütekontrolle im Dammbau erwiesen.

4. Der Setzungspegel. (Abb. 527, S. 447.) Der Setzungspegel zeigt als „die Setzungsmeßuhr" fortlaufend das Maß der Setzungen am bestimmten Ort eines Dammes im Laufe der Zeit an. Er registriert daher den Betrag der Setzungen unabhängig von dem jeweils erzielten linearen Setzungsmaß während der Verdichtung. Je kleiner die Setzungsbeträge ausfallen, insgesamt wie in den einzelnen Abschnitten eines Dammes, um so vollkommener registriert der Pegel die einwandfreie Ausführung für den Fall, daß die Massen in seiner unmittelbaren Umgebung in gleicher Weise zusammengesetzt und verdichtet sind wie im übrigen Dammkörper. Er ist daher das Eichmaß für eine Eichung, z. B. der Meßergebnisse des Prüfstabes, da er die tatsächliche Verlagerungsfestigkeit des Dammes angibt. (Beispiel Schwammenauel: mittlere Verdichtung 18%, zusätzliche Setzungen 6%. Die Verdichtung entsprach zu 75% der setzungsfreien!)

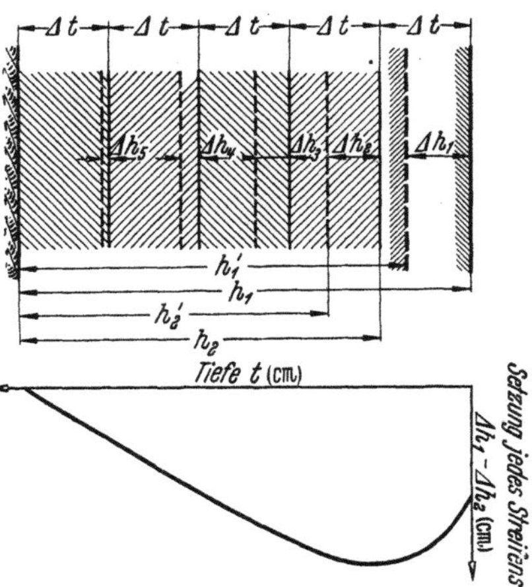

Abb. 457. Veränderung der Setzung (Verdichtung) jeden Streifens mit zunehmender Tiefe. (Nach SCHULTZE-MUHS [379].)

$\Delta h_1 = $ Gesamtsetzung des obersten Streifens (Schüttlage $= h_1 - h_1'$;

$\Delta h_2 = $ Gesamtsetzung des nächstfolgenden Streifens (Schüttlage) $= h_2 = h_2'$;

$\Delta t = $ urprüngliche Schüttlagenhöhen.

b) Ermittlung der Veränderung des Hohlraumgehaltes.

1. Begriff und Wesen. Im Gegensatz zu dem Verfahren unter 1. ist nicht das lineare Verdichtungs-Setz-Maß, sondern die Verringerung der Hohlräume Maßstab der Verdichtung und der dabei gewonnenen Verdichtungsziffer, der Dichte. Die Durchführung der Entnahme ist aus den nachstehenden (Abb. 458a, b u. c)

a   b   c

Abb. 458a—c. Darstellung der Entnahme ungestörter Proben. a Einschlagen des Entnahmestutzens, b gefüllter und freigelegter Entnahmestutzen in situ, c Fehlereinfluß bei der Entnahme durch Einschluß winziger Steine, die ein zu geringes Raumgewicht verursachen.

unschwer zu erkennen. Die entnommenen Proben werden im Prüfraum genau gewogen und getrocknet und die Porenziffer usw. nach den üblichen Verfahren ermittelt. Man hat hierbei folgende sechs verschiedene Dichtegrade und -zustände zu unterscheiden (Abb. 459).

1. Die Dichte der anstehenden, nicht gelösten Massen, des sog. gewachsenen Bodens: Natürlich $n = $ Porenvolumen (Abb. 459a).

2. Die Dichte der losesten, lockersten, unverdichteten Schüttung: $= n_{\text{unverd}}$. Es ist am größten $= n_{\text{max}}$ (z. B. nach der Gewinnung und dem Einbau der Massen) (Abb. 459b).

3. Die Dichte der verdichteten Massen: n_{verd}.

Das Porenvolumen ist kleiner als unter 2., kleiner, gleich oder größer als unter 1. (Abb. 459c).

Dabei ist zu berücksichtigen, daß trotz bester Verdichtungsarbeit die Massen stets etwas seitlich ausweichen und mangels genügenden Widerstandes der verdichteten Massen, des schwankenden E-Wertes mehr oder weniger gut zu verdichten sind.

4. Die Dichte der im Prüfraum bei seitlicher Behinderung und festem Widerlager (Probezylinder) lagenweise verdichteten, praktisch höchstmöglichen Dichte:

$n_{\text{min p}} = n_0$ (Abb. 459d).

Das Porenvolumen ist stets kleiner als unter 1. bis 3. an Erdarten, an Felsgut ist es meist größer als unter 1.

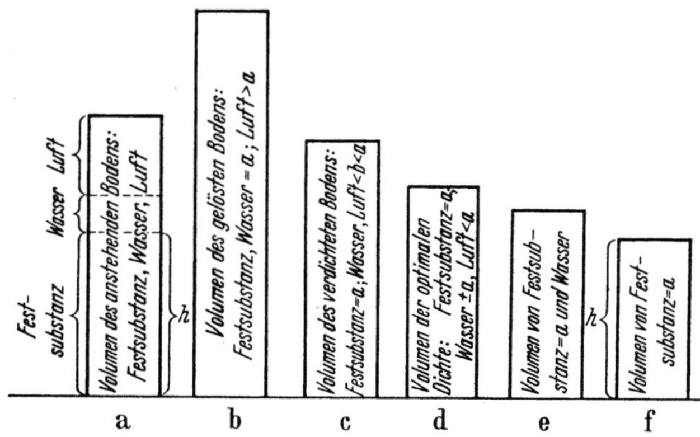

Abb. 459a—f. Die verschiedenen Dichtegrade einer Bodenprobe mit Wasser und Luft, ohne Luft und ohne Wasser.

5. Die theoretisch höchstmögliche, luftporenfreie Dichte: $n_{\text{min th}}$ (Abb. 459e).

Das Porenvolumen ist an allen Schüttstoffen: Erd- oder Felsart stets kleiner als bei 1. bis 4.

6. Die vollkommene luft- und wasserfreie Dichte: n_0. Das Porenvolumen beträgt 0 (Abb. 459f).

Maßstäbe für die Dichte sind das Porenvolumen n oder die praktisch weniger gebräuchliche Porenziffer ε (vgl. S. 127/128).

2. Das Porenvolumen $= n$, die Porenziffer $= \varepsilon$. Ausgehend von der Verdichtungsfähigkeit eines Schüttstoffes nach 4. im Prüfraum besteht die Beziehung

$$s = \frac{d\,h}{h} \cdot 100 = \frac{n_{\text{max}} - n}{n_0 - n} \cdot 100 .$$

Die im Betrieb erreichte Verdichtung, das Verdichtungsmaß oder der Grad der Verdichtung ergibt sich dann aus der Beziehung:

$$D = p_v = \frac{n_0 - n}{n - n_d} \cdot 100 .$$

$D = p_v$ gibt an, in welchem Ausmaß das Verdichtungsverhältnis infolge der Verdichtung verändert, gewachsen ist. Die Werte schwanken zwischen 0 und 100%. Im Zustande D_0 ist keine Dichtung erzielt worden; ist der Wert auf D_{100} gestiegen, dann ist praktisch die in dem Prüfraum erreichte Verdichtung auch erreicht worden. Werte größer als D_{100} gibt es daher nicht, sie sind aber dann möglich, wenn man nicht auf die Prüfraumdichte, sondern auf den gewachsenen Boden bezieht.

Mit $D(D_r) = $ *relative Dichte*, Lagerungsdichte, wird nach [173] die entsprechende Porenziffer bezeichnet (vgl. S. 128).

$$D = (D_r) = \frac{\varepsilon_0 - \varepsilon}{\varepsilon_0 - \varepsilon_n} = \frac{(n_0 - n) \cdot (1 - n_m)}{(1 - n) \cdot (n_0 - n_{\min})} \, .$$

Nach TERZAGHI gilt:

$$\text{für locker gelagerten Sand} \quad 0 < D < {}^1/_3 \quad 0 \text{ bis } 0,33,$$
$$\text{für mäßig dichten Sand} \quad {}^1/_3 < D < {}^2/_3 \quad 0,33 \text{ bis } 0,67,$$
$$\text{für dichten Sand} \quad {}^2/_3 < D < 1 \quad 0,67 \text{ bis } 1,00.$$

Hier bedarf es einer einheitlichen Begriffsklärung. TERZAGHI wendet, wie auch der Verfasser, „D" an, in [379] wird sie als Dr bezeichnet, die Degebo führte in den zahlreichen, nach diesem Verfahren durchgeführten Dichteuntersuchungen stets das Symbol „pv" ein. (Diese Formel gilt nur für nichtbindige Erdarten und Schüttstoffe.)

Die in zahlreichen Berichten der Degebo niedergelegten Prüfergebnisse der Verdichtung geschütteter Dämme basieren auf folgendem Verfahren:

Porengehalte „n"

1. der gegebenen Lagerung (n_1 vor, n_2 nach der Verdichtung),
2. der lockersten Lagerung (n_0),
3. der dichtesten Lagerung (n_d),

$$D = p_v = \frac{n_0 - n}{n_0 - n_d} \cdot 100 \, .$$

Aus n_1 und n_2 werden γ, die Verdichtungsziffern p_v für unverdichtete Lagerung und p_{v2} für verdichtete Lagerung ermittelt. Das Maß der effektiven Verdichtung

$$p_{v3} = \frac{p_{v2} - p_{v1}}{100 - p_{v1}} \cdot 100 = \frac{n_1 - n_2}{n_1 - n_d} \cdot 100 \, .$$

Wendet man den Ausdruck

$$p_{v3} = p_{v2} - p_{v1}$$

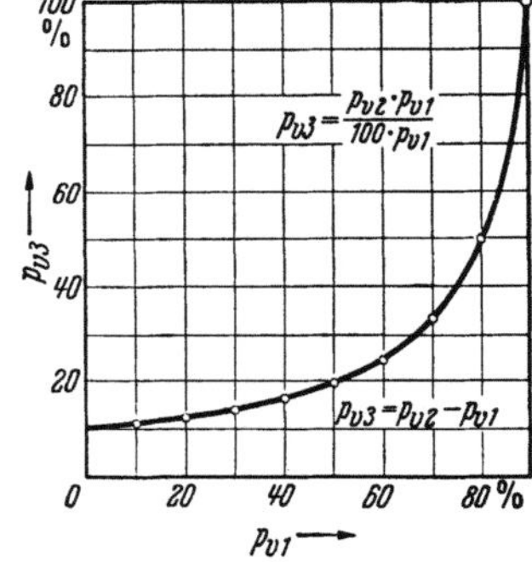

Abb. 460. Vergleich der alten und neuen Auswertungsmethode der Verdichtungsziffer. (Nach LOOS.)

an, dann ergibt auch die in Abb. 460 dargestellte Divergenz für den Wert p_{v3}

$p_{v1} = $ das Verdichtungsmaß des unverdichteten Dammes,

$p_{v2} = $ das Verdichtungsmaß des verdichteten Dammes,

n_d und n_0 sind versuchsmäßig ermittelte Werte, n wird auf dem Prüffeld gefunden.

LEUSSINK regt [214] an, ein Mindestmaß genügender Dichte bei $D \cong 90\%$ festzulegen. Im Staudammbau in den USA liegen die entsprechenden Werte über 90%.

Loos schlägt vor, an sandigen Schüttungen

bei gleichförmigen Sanden 40 bis 50%,
bei ungleichförmigen Sanden 50 bis 70%

als Mindestmaß zu verlangen.

Für bindige Bodenarten kann die Formel dann angewendet werden [*379*], wenn der Luftgehalt in der dichtesten Packung mit null angesetzt wird. Dann gilt folgende Beziehung:

$$n_{\text{Luft}} = 100 - \frac{100}{V}\left(Gn - Gtr\left(1 - \frac{1}{\gamma_s}\right)\right).$$

Darin bedeuten:

Gn Gewicht der entnommenen Probe,
Gtr Trockengewicht der Probe,
V Volumen der natürlichen Probe,
γ_s Artgewicht.

Kritik. Während bei den Verfahren unter 1 eine sichtbare Verdichtung in einer Maßzahl und Verhältnisgröße zur Höhe der ursprünglichen Schüttung erscheint, wird hier ein Verhältniswert zur praktisch dichtesten Kornpackung als Gradmesser höchster Verlagerungsfestigkeit gewonnen. Je näher daher die relative Dichte, der Verdichtungsgrad zur optimalen liegt, um so stabiler und vollkommener ist die Verdichtung. Man muß indessen folgende Tatsachen berücksichtigen:

1. Die Porenvolumina verschiedener Schüttstoffe schwanken in den Grenzen zwischen 0,45 und 0,65, sind also niemals feststehende Werte für eine lockere Lagerung, sie sind von der Kornzusammensetzung im Sinne der FULLER-Kurve und den Umständen bei den Ablagerungsbedingungen in einer losen Schüttung abhängig.

2. Die verdichteten Massen weisen schwankende Porenvolumina zwischen 25 und 35% auf. Sie besitzen indessen — wenn auch einen geringen — doch einen Streubereich. Daher drücken diese Dichtewerte einen verschiedenen Festigkeitswert aus, d. h. er ist nur relativ, nicht absolut. „D" gibt also bei gleichem Zahlenwert niemals gleiche Festigkeitswerte an, ebensowenig sind gleichlautende Werte der Lagerungsdichte gleichwertig, wobei noch die Elastizitätswerte mit Rücksicht auf die verschiedene Eigenfestigkeit der festen Teilchen unberücksichtigt bleiben.

Daher muß u. a. zwischen der Dichte eines festen Steines und den veränderlichfesten Erdarten im verdichteten Zustande unterschieden werden, die verschiedene Elastizitätswerte besitzen.

Beispiel. Bei gleicher Dichte einer Fels- und einer Lößschüttung besitzen beide Schüttungen einen verschiedenen Grad an Stabilität, gemessen am Verformungswiderstand. Ja, man darf aus diesem Grunde sogar mit Recht behaupten, daß eine Felsschüttung oder eine Schüttung aus Kiessand einen bedeutend höheren Sicherheitsgrad in der stabilen Lagerung aufweist als ein einwandfrei verdichteter Löß.

Es gibt aber auch keine Grenzwerte für die dichteste und lockerste Lagerung einer Schüttung. Beide Zustandsformen werden, wie oben gezeigt wurde, durch die Kornzusammensetzung, Kornform und Korngröße bestimmt. Auch hier kann z. B. an einem Löß ein erheblich höherer Dichtewert erreicht werden, ohne dabei der stabilsten Lagerungsdichte = Festigkeitswert, wie an einem Kiessand oder einer Felsschüttung, annähernd gleichzukommen, da die elastischen Konstanten verschieden sind und der Gleitwiderstand u. a. von der Strukturhärte, Kornform und Korngröße entschieden beeinflußt wird.

Um die nach der Maßzahl unterschiedliche, in Praxis aber am Fels ebenso gute Verdichtung zu zeigen, seien folgende Beispiele gebracht:

1. Löß $\dfrac{80 - 40}{80 - 25} = 0,73$ Verdichtungsgrad,

2. Felsmaterial $\dfrac{50 - 35}{50 - 25} = 0,60$ Verdichtungsgrad.

Zweifellos dürfte trotz des niedrigen Verdichtungsmaßes am Felsen der Damm aus Felsen stabiler als der Lößdamm sein. Andererseits dürfte es schwieriger sein, einen Verdichtungsgrad von 60 auf 80% als von 20 auf 40% zu erhöhen. Zunahme der Dichte bedeutet Erhöhung des Raumgewichtes. Bei Kenntnis des Artgewichtes können aus dem Raumgewicht die Kurven zugehöriger Porenvolumina im trockenen Zustande errechnet werden.

Auch aus diesem Grunde bildet der Stützkörper aus vornehmlich grobstückigem, felsigem Material, abgesehen von der guten Durchlässigkeit und der Entspannung des Sickerwassers im Damm ein besseres und stabileres Widerlager als bei Verwendung feiner Erdarten.

Aus den zahlreichen Berichten von Loos und seinen Mitarbeitern [232 bis 236] geht das ernsthafte Bemühen hervor, die Versuchsbedingungen auf eine für die Praxis wichtige und verbindliche Grundlage abzustimmen. Zugleich sind aber die großen Schwierigkeiten zu erkennen, die mit diesem Programm verbunden sind und deshalb die praktische Anwendung als leicht durchführbares unempfindliches Prüfverfahren, wie etwa die Sondenprüfung, erschweren.

Der Wert dieser von der Degebo in den Berichten über die Verdichtung von Dämmen durch Loos und seine Mitarbeiter veröffentlichten Untersuchungen [207, 208, 233—238, 267, 270] nach diesem Verfahren beruht daher im wesentlichen in der Feststellung der Verdichtungswirkung verschiedener Geräte.

Vergleich mit Prüfsonde und Nivellement. Vorteile. 1. Gegenüber der Sonde und dem Nivellement, die beide nur summarisch das Verdichtungsmaß über die gesamte Schüttung erkennen lassen, ist es mit diesem Verfahren an den feinkörnigen, vor allem bindigen Bodenarten möglich, die Verdichtungswirkung in verschiedenen Tiefen (Abb. 457, S. 381) einer entsprechend langen Probe festzustellen und danach die Verdichtungskurve genau aufzutragen. 2. Dieses Verfahren dient zur genaueren Feststellung der Grenze der wirksamen Verdichtung, die gerade an den so empfindlichen, feinkörnigen Erdarten praktisch sehr wichtig ist.

Nachteile. 1. Dieses Verfahren eignet sich in der Praxis infolge der Umständlichkeit weniger für tägliche Untersuchungen. 2. Bei der Durchführung sind Fehler durch die unvermeidliche Randauflockerung während der Probeentnahme unvermeidlich. Daher

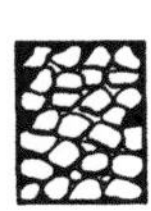

Abb. 461. Einfluß der Größe des Entnahmegerätes auf die Größe des Fehlereinflusses bei der Ermittlung des Porenvolumens in Abhängigkeit von der Kornzusammensetzung der Bodenprobe (vgl. auch Abb. 458c).

empfiehlt es sich, möglichst Probezylinder mit großem Durchmesser zu verwenden, um dann aus diesem Probekern eine möglichst unveränderte und ungestörte Probe für die Untersuchung zu entnehmen (Abb. 461).

c) Verfahren: Ermittlung des Verformungswiderstandes
(statisch-elastisches Verfahren)

ohne Berücksichtigung des Wassergehaltes (Dichteprüfer, Dichtemesser, Plattendruckversuch, Kegeldruckprobe, Oedometerversuch, Bodenprüfer usw.) [*112, 155, 173, 379, 390*].

1. Begriff und Wesen. Mit „statisch-elastisch" soll im Gegensatz zu „dynamisch-elastisch" das elastische Verhalten der Schüttmassen unter Druckbeanspruchung, also der Verformungswiderstand, die Steifeziffer in kg/cm², d. h. in Maßzahlen, ermittelt werden. Diese Maßzahlen sind relativ und geben, wie auch an den anderen Verfahren, keinen unmittelbaren Festigkeitswert für das Verhalten des Dammes wieder.

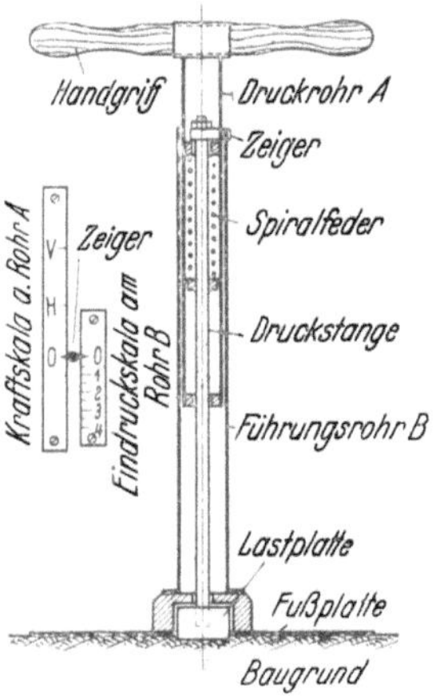

2. Anwendung und Bereich des Verfahrens. Der zu prüfende Boden (verdichtete Schüttung) wird einer Druckbeanspruchung unterworfen. Diese kann sich

a) auf die Oberfläche,

b) auf die gesamte Schütthöhe,

c) auf Teilabschnitte einer verdichteten Lage erstrecken.

Es gibt eine größere Anzahl von Prüfgeräten für dieses Verfahren, die mit wechselndem Erfolg in der Praxis eingeführt wurden.

3. Der Dichteprüfer. Der im März 1934 auf Anregung des Verfassers und in Zusammenarbeit mit der früheren Autobahnleitung in Dresden vom Erdbaulaboratorium Freiberg (Prof. Kögler) konstruierte „Dichteprüfer Freiberg" besteht im wesentlichen aus der Fußplatte (Abb. 462), der Meß- und Druckfeder sowie der Meßskala. Die breite Fußplatte verhindert das seitliche Entweichen der zu prüfenden Massen und dient zugleich als Standpunkt des Prüfenden (Belastung). Durch sinnvolle Verbindung von Meß- und Ablesevorrichtung wird bei einer Belastung von etwa 1 kg/cm² die Einsenkung als Maß des Verformungswiderstandes angegeben. Unter Bezugnahme auf die Einsenkung am gewachsenen Boden gleichen Materials kann die Güteziffer ermittelt werden.

Beispiel. Einsenkung im gewachsenen Boden 4 m, im verdichteten 2 mm, Güteziffer 2.

Einsatzbereich. Bereits an Kiessand oder steinigem Boden werden falsche Werte infolge der großen Druckverteilung, der Selbstsperrung und damit der ungleichmäßigen Auflage möglich.

Seine praktische Anwendung beschränkt sich in erster Linie auf feine Erdarten (Abb. 463), die durch Druckverdichtung allein eine zweckmäßige Dichte erhalten. Voraussetzung hierfür ist eine gleichmäßig gute Tiefenverdichtung, denn — wie die Erfahrung zeigt — ist bei bröckeligem Material und der dabei unvermeidlichen, durch den Dichteprüfer indessen nicht feststellbaren

Abb. 462. Schnitt durch den Dichteprüfer.

Abb. 463. Anwendung des ersten Dichteprüfers 1934 auf einer Baustelle der Autobahn bei Dresden.

Selbstsperrung der Einsatz durchaus fraglich. Gleichmäßig dichte Lagerung ist somit Voraussetzung.

Vorteile. 1. Das Gerät ist sehr handlich, leicht zu bedienen und an allen beliebigen Meßpunkten ohne besondere Schwierigkeit auf ebenem Planum anzuwenden.

2. Die Erfahrung hat gezeigt, daß der Einsatz des Dichteprüfers eine sehr günstige Wirkung auf die Arbeitsmoral hatte und er auch deshalb dort empfohlen werden kann, wo die Grenze des Geltungsbereiches durchaus strittig ist.

Nachteil. Die Dichtewerte werden meist zu günstig angezeigt, da ja bekanntlich an diesen Erdarten — wie Lehm — die Partien nahe der Oberfläche am besten verdichtet sind. Dasselbe gilt für den Plattendruckversuch.

4. Der Plattendruckapparat. Prinzip. Nach dem gleichen Meßprinzip wie der Dichteprüfer arbeitet der in den USA für die Untersuchung des Baugrundes und der Dammschüttungen entwickelte Plattendruckapparat.

Kritik. Die Einsenkungswerte hängen von der Steife und dem Lastzuwachs ab, die Sohldruckverteilung ist bei Anwendung einer steifen Platte verschieden. Infolge dieses schwankenden Einflusses macht Siedek [390] den Vorschlag, elastische Platten zu verwenden, um zumindest eine mehr oder weniger gleichmäßige Sohldruckverteilung zu bekommen. — Indessen dürfte es schwer sein, das Ausmaß seitlicher Verdrückung dabei gegenüber dem tatsächlichen Setzmaß zu bestimmen, das ja mit der spezifischen Belastung zunimmt.

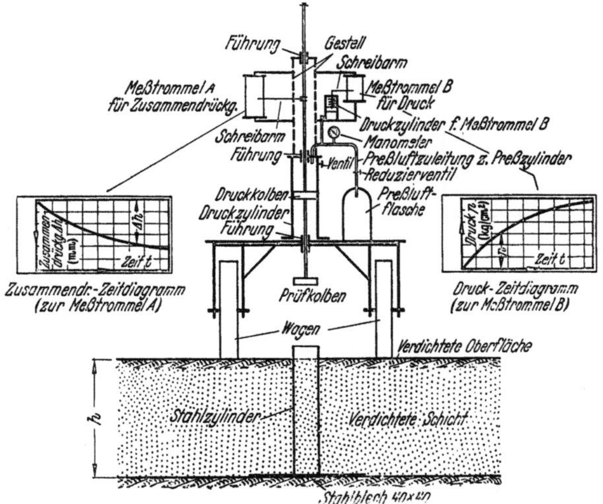

Abb. 464. Der Dichtemesser „KEIL" Konstruktions- und Meßprinzip.

5. Der Dichtemesser „Keil" (Abb. 464) [155, 273, 379]. Prinzip. Im Gegensatz zu den beiden, an der Oberfläche prüfenden Geräten versucht der nur für feinkörnige Erdarten anwendbare „Dichtemesser", den E-Wert über die gesamte Schütthöhe zu prüfen.

Anwendung. Die in dem Probezylinder aufgenommene Probe der gesamten Schüttungslage wird einer Druckbeanspruchung ausgesetzt und nach dem HOOKEschen Gesetz

$$E = \frac{P}{\varDelta L / L}$$

E Steifeziffer, Elastizitätsmodul kg/cm² (= S),
F Belastung = kg/cm,
L Probenlänge,
$\varDelta L$ Setzung (Zusammendrückung),

die Steifeziffer in kg/cm² errechnet.

Durch Verwendung mehrerer Entnahmestutzen können die von beliebig viel Punkten entnommenen verdichteten Proben in der zentralen Stelle untersucht werden.

Im Prinzip ist der Meßvorgang dem Oedometerversuch gleich, bei dem allerdings unter Wasser nur dünne, mehrere cm starke Ausschnitte aus seiner Schüttung geprüft werden können, ein Verfahren, das zu teuer und zu umständlich für den Erdbaubetrieb ist. Die Versuche wurden an schwach verwittertem Löß vom Verfasser durchgeführt. Mit dem Dichtemesser konnte dabei festgestellt werden, daß bei sachgemäßer Verdichtung mindestens der zwei- bis dreifache E-Wert am Löß im Damm gegenüber dem gewachsenen Zustande erreicht werden muß. Wenn hiermit auch einschließlich der Mantelreibung reale Festigkeitswerte erreicht und nachgewiesen werden können, so steht doch die Frage offen, liegen diese unter oder über dem notwendigen Minimum, um eine setzungsfreie Verdichtung zu gewährleisten.

Kritik. 1. Diese Prüfung ist nur an leichthaftendem Material möglich. 2. Die Durchführung leidet unter dem störenden Einfluß der Mantelreibung, die mit der Länge des Druckstutzens erheblich zunimmt und dadurch zu günstige Festigkeitswerte angibt.

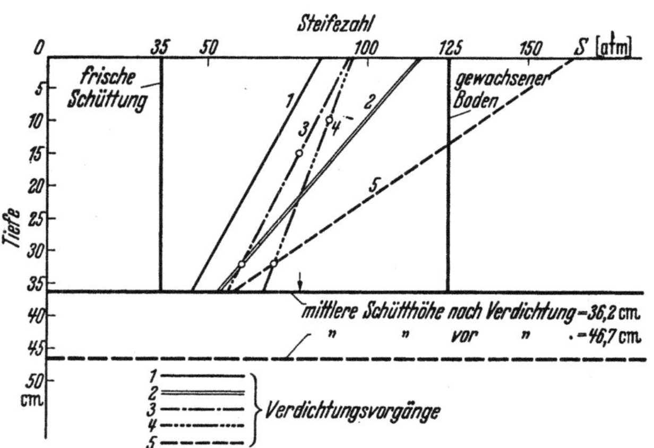

Abb. 465. Beziehung zwischen Steifezahl und Tiefe für verschiedene Zahlen von Verdichtungsgängen bei einem Lößlehm. Gerät: Elektro-Stampfer SSB. Nach Versuchen von LEUSSINK.

6. Der Oedometerversuch. Prinzip. Er gibt für jeden Abschnitt einer verdichteten Lage unter weitgehender Ausschaltung der Reibung den E-Wert an, und aus einer Aufteilung einer ganzen Bodensäule kann in sehr instruktiver Weise die Ab- und Zunahme, der Einfluß etwaiger Resonanzwirkung in der Verdichtung in der Nähe der unteren Grenzfläche untersucht und festgestellt werden. Bereits im Jahre 1934 regte der Verfasser derartige Untersuchungen an, die auf seine Veranlassung im Erdbaulaboratorium von Prof. KÖGLER an Lößlehm der Dresdener Gegend durchgeführt wurden. Abb. 465 gibt Ergebnisse gleicher Erdart nach LEUSSINK [214] wieder. Sie verdienen weiter im Rahmen der Grundlagenforschung eine Klärung, um auch in Abhängigkeit von dem jeweiligen und optimalen Wassergehalt zuverlässige Unterlagen über die bei bestmöglicher Verdichtung erzielbaren Festigkeitswerte zu bekommen, die im Verein mit Pegelmessungen als Grundlage der einengenden Diagnose zu zuverlässigen Erfahrungswerten über das Maß der erforderlichen Verdichtung, den Kernpunkt jeden Dammbaues, im Interesse von Sicherheit und Stabilität führen. Allerdings erfordern diese Versuche Zeit.

Kritik. 1. Das Verfahren ist sehr genau, aber umständlich. 2. Es sollte indessen aus grundsätzlichen wissenschaftlichen Erwägungen für die feinkörnigen Erdarten im Schluff- und Schluffton-Kornbereich angewandt werden.

7. Der Federwaagekegel (der Kegeldruckversuch) nach GODSKESEN [*112*].
Prinzip und Beschreibung. Der Federwaagekegel der dänischen Staatseisen-
bahnen (Abb. 466) ist „ein Taschengerät", mit dem man leicht und schnell eine
Reihe von Festigkeitsmessungen an ausreichend großen Bodenproben oder auf

dem Boden (Schüttungen) oder an den Wänden
einer Baugrube vornehmen kann [*112*]. Die
Festigkeit wird durch die „Federwaage-Kegel-
zahl" oder den „Kegeldruckwert" angegeben:
*Die Kraft in kg, die erforderlich ist, um einen
60°-Kegel 10 mm tief in die Schüttung hineinzu-
drücken.* Die 10 mm werden an einem feststehen-
den Maßstab an der Kante des Kegels abgelesen
und die zum Eindrücken erforderliche Kraft an
dem Maximumzeiger auf dem Schaft des Federwaagekegels.

Seitdem der erste Federwaagekegel[1] vor
20 Jahren hergestellt wurde, hat dieses Taschengerät sich zur schnellen Feststellung der Festigkeit von Kohäsionserde vorzüglich in Baugruben
und an frisch entnommenen Bodenproben, während diese noch im norwegischen Stempelbohrer
oder in Bodenprobenrohren ($\varnothing$ 4 cm) sitzen, gut
bewährt.

Die in den späteren Jahren meist verwendete
„kleine Ausgabe" des Federwaagekegels ist in
Abb. 466 ersichtlich.

Ein Kegel aus rostfreiem Stahl mit 60° Spitze
(gleich den schwedischen Fallkegeln) wird in
eine unbeschädigte Lehmoberfläche gepreßt und
die *Federwaagekegel-Zahl „Fjvk" ist der Druck
in kg, der um den Kegel 10 mm einzupressen notwendig ist.*

Die Festigkeit des dänischen Baugrundes
wechselt so stark, daß man in einer gewöhnlichen

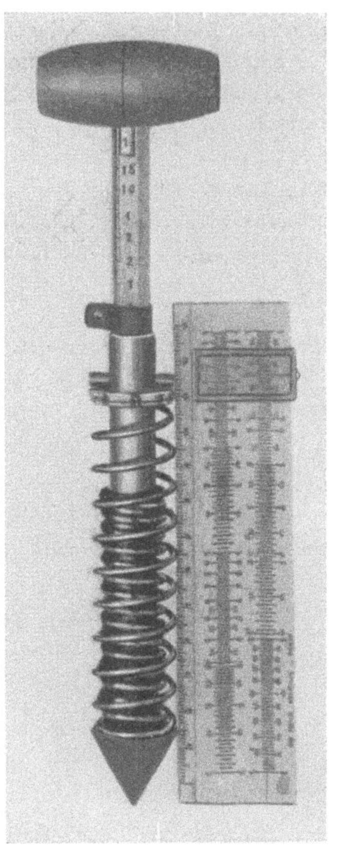

Abb. 466. Der Federwaagekegel.
(Nach GODSKESEN) (Dänemark)

Baugrube von wenigen m² mit augenscheinlich gleichmäßig sandhaltigem Lehm
weit verschiedene Festigkeiten, z. B. Fjvk. = 3 bis 5 bis 8 kg/10 mm, finden kann.
Viele grobe Messungen sind deshalb nützlicher als wenige genaue Messungen.

Erfahrungsgemäß scheint die Federwaagekegel-Zahl etwa doppelt so groß
als die in gewöhnlicher Praxis erlaubte Belastung des Baugrundes (innerhalb
der Grenzen 1 bis 4 kg/cm²) zu sein.

Unter Voraussetzung, daß vorhergehende Bohrungen mit belastetem Spitz-
bohrer (siehe „Die Bautechnik" 8/10, 1937) gezeigt haben, daß sich in größerer
Tiefe keine weichen Ablagerungen anfinden, dürfte man somit oft:

$$\sigma_{zul} = \text{etwa } \tfrac{1}{2} \text{ „Fjvk"}$$

rechnen können.

---

[1] Ingeniøren 13. Juni 1936 und 15. Juni 1940, Seite B. 84, Conf. soil mech. Harvard
1936 II, Seite 38, und L. BENDEL: Ingenieurgeologie II 1948, Seite 108 und 233.

Die Bruchbeanspruchung eines Baugrundes aus Lehm hängt von vielen Verhältnissen ab, u. a. von der „Setzungsempfindlichkeit" des projektierten Bauwerkes[1], aber rein praktisch scheint „Fjvk" in der Nähe der vermuteten Bruchbeanspruchung des Lehmes zu liegen oder etwas kleiner zu sein.

Diese groben Annäherungen stimmen gut mit einigen Untersuchungen, die vom „Imperial College" ausgeführt[2], überein.

Die Kraft P, welche notwendig ist, um einen Kegel ϱ cm in friktionslosen Boden zu drücken, wird mit:

$$P = k \, \tau_{\mathrm{Bruch}} \, \pi \, \mathrm{tg}^2 \, \frac{B}{2} \, \varrho^2$$

angegeben. wo $\tau_{\mathrm{Bruch}} = \tfrac{1}{2} \times$ der Druckfestigkeit einer nicht eingeschlossenen Bodensäule, $B =$ Kegelwinkel und k ein Kegelfaktor ist.

Dies ergibt bei Eindrückung eines 60°-Kegels um 1 cm:

$$\text{„Fjvk"} = k \, \tau_{\mathrm{Bruch}} \, \pi \, \mathrm{tg}^2 \, \frac{60°}{2} \cdot 1^2,$$

$$\text{„Fjvk"} \sim k \, \tau_{\mathrm{Bruch}} \, .$$

Der Kegelfaktor k wechselt mit der Art des Ton- und Lehmbodens und wird für London clay und Ton von Shellhaven um 7 herum liegend angegeben, während k für (weichen) Ton von Horten (in Norwegen) in der Nähe von 3 gefunden ist.

Hugh Q. Golder und W. H. Ward[3] schreiben, daß es gewöhnlich ist, die Bruchbeanspruchung unter Fundamenten mit

$$\sigma_{\mathrm{Bruch}} = 7{,}7 \, \tau_{\mathrm{Bruch}}$$

zu rechnen (für friktionslosen, weichen Ton).

Wenn dies auf die obengenannten Resultate übertragen wird, erhalten wir

für London clay: $\sigma_{\mathrm{Bruch}} =$ etwa „Fjvk",
für Horten Ton: $\sigma_{\mathrm{Bruch}} =$ etwa 2,5 „Fjvk".

Diese Resultate können natürlich nicht auf dänischen sandhaltigen Lehm übertragen werden, es scheint aber eine gewisse Übereinstimmung vorzuliegen.

Kritik. Im wesentlichen gelten für den Anwendungsbereich dieselben Einschränkungen und auch Vorzüge, die für den Dichteprüfer genannt wurden. Sie setzen vor allem ein homogenes und feinkörniges Material voraus, verlangen also eine vollständige Zerdrückung und damit gleiche Gefügeverdichtung über die ganze Schütthöhe.

Die bequeme Anwendung, die Handlichkeit sind Vorzüge, die nicht zu unterschätzen sind, wenn auch der Anwendungsbereich beschränkt ist.

8. Der Kegeldruckmesser (Penetrometer). Prinzip. In einem $^3/_4{}''$ und 1 m langen Rohr befindet sich eine Stahlstange, die unten eine Kegelspitze trägt. Der Kegel hat eine Fläche von 10 cm². Das Rohr wird in Stufen von je 0,5 m in den Boden getrieben. Bei jeder Stufe wird dann die innere Stange mit dem Kegel 15 cm tiefer getrieben, und zwar etwa 12 mm/s. Der erforderliche Druck wird an einem Manometer abgelesen. Wichtig ist gleichmäßiges Eindringen. Durch Vergleiche kann auf die Dichte und Steife des Bodens geschlossen werden.

---

[1] Ingeniøren 15. Juni 1940, Seite B 89 u. 90.
[2] Skempton, A. W., u. A. W. Bishop; Geotechnique 1950, Dez. S. 99.
[3] Golder, Hugh G., u. W. H. Ward: Geotechnique 1950, Dez. S. 126.

Beispiel. In Dänemark wurde festgestellt, daß eine Verformung des Tonbodens eintrat, wenn die Last des Straßendammes $^3/_8$ der beim Versuch am Manometer abgelesenen betrug. Wenn diese letztgenannten und das folgende Gerät auch in erster Linie für den Baugrund selbst angewendet werden können, so sind sie indessen auch für die Güteprüfung im Dammbau geeignet.

9. Der Bodenprüfer (Abb. 467). Auf ähnlicher Basis und nach gleichem Prinzip arbeitet das vom Verfasser für die Prüfung der Geländegängigkeit von schweren Raupenfahrzeugen vorgeschlagene Zylinderprüfgerät. Durch Eintreiben eines Rohrstutzens soll die schädliche und unkontrollierbare seitliche Verdrängung gerade der weicheren Bodenarten verhindert werden und der Verformungswiderstand des Schütt- und Bodenmaterials unter Druckbelastung festgestellt werden. Auch dieses Gerät ist sehr handlich und sehr bequem anzusetzen. Ähnlich ist das Gerät von GALWITH [103].

10. Sondenversuch an Sanden nach OHDE [290]. Um *die Lagerungsdichte sandiger Schichten* zu ermitteln, empfiehlt OHDE das Einschlagen von Sonden mit verdickter Spitze oder Stempeldruckversuche. Der Widerstand P nimmt mit der Dichte stark zu. Es bildet daher einen brauchbaren Vergleichsmaßstab für die Lagerungsdichte.

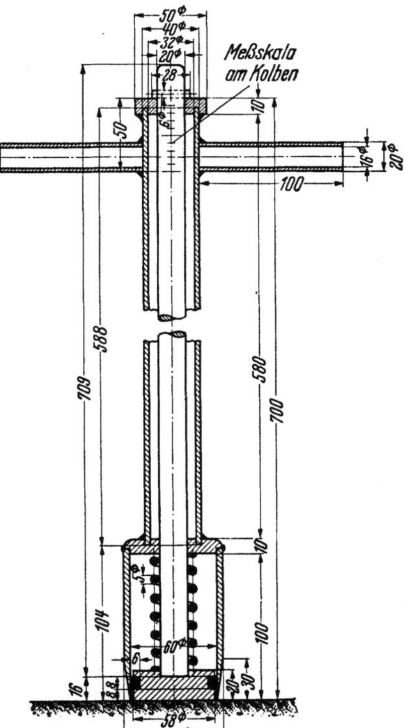

Abb. 467. Der Bodenprüfer „KEIL".

Wird $P = \bar{e}\,\dfrac{d^2\,II}{4}$ mit $\bar{e}$ als Eindringungszahl gesetzt ($d \geqq$ Kegeldurchmesser), so gilt nach den bisherigen spärlichen Versuchswerten:

$\bar{e} =$	25	25 ⋯ 30	50 ⋯ 100	100 ⋯ 200	200 ⋯ 300 kg/cm²
Lagerung	sehr locker	locker	mitteldicht	dicht	sehr dicht

11. Zusammenfassung. Abschließend muß festgehalten werden: Mit den beschriebenen Prüfgeräten sollen durch eine Druckbelastung die Steife, der Verformungswiderstand und damit die Güte der Verdichtung dünner Schüttlagen oder des ausstehenden Baugrundes geprüft werden. Ihre durchaus empfehlenswerte praktische Anwendung wird beeinträchtigt durch die geringe Tiefenwirkung und die Körnung, wobei Selbstsperrung zu falschen Werten führt.

d) Verfahren: Prüfung des Raumgewichtes unter Berücksichtigung des Unterschiedes zwischen optimalem Wassergehalt und optimaler Dichte.

1. Prinzip. Wie bereits S. 329 angedeutet wurde, können auch aus dem Raumgewicht Rückschlüsse auf die Güte der Verdichtung erhalten werden.

Wird nämlich der optimale Wassergehalt vorher ermittelt, so genügt auf der Baustelle die einfache Wassergehalts- oder Raumgewichtsbestimmung. Der optimale Wassergehalt gibt aber, ebenso wie die Bestimmung des Verdichtungsgrades, allein die Möglichkeit, die Tragfähigkeit des Bodens zu bestimmen.

Man setzt das Raumgewicht der verdichteten Schüttung in Verhältnis zu dem bei optimalem Wassergehalt erreichbaren, und zwar werden die zugehörigen Trockengewichte der bei 105° getrockneten Proben verglichen.

Die Prüfung des Raumgewichtes ist bei den Güteprüfungen in den USA und England üblich [*219, 255—257, 326*].

Dabei werden Mindestgewichte am Feuchtraumgewicht unter Beachtung des optimalen Wassergehaltes von 2,0 bis 2,20 verlangt und die Verdichtung so lange wiederholt, bis dieses Feuchtgewicht erzielt wird.

Man erhält das Porenvolumen aus der doppelten Beziehung:

$$V_{pr} = \frac{\gamma_{tr}}{\gamma_s},$$

$$\gamma_{tr} = \text{Trockengewicht der Probe,}$$
$$\gamma_s = \text{spezifisches Gewicht.}$$

Das Porenvolumen errechnet sich dann nach

$$n = \frac{V_{zyl} - V_{pr}}{V_{zyl}} = \frac{\text{Zylindervolumen} - \text{Volumen der Probe}}{\text{des Zylindervolumens}}.$$

Tabelle 48 a.
Feldprobe für Nachprüfung der Verdichtung.

Die Proben wurden am   *23. Juli 1952 um 18 Uhr*   entnommen.
Gewinnungsort: *Lehmentnahme.*

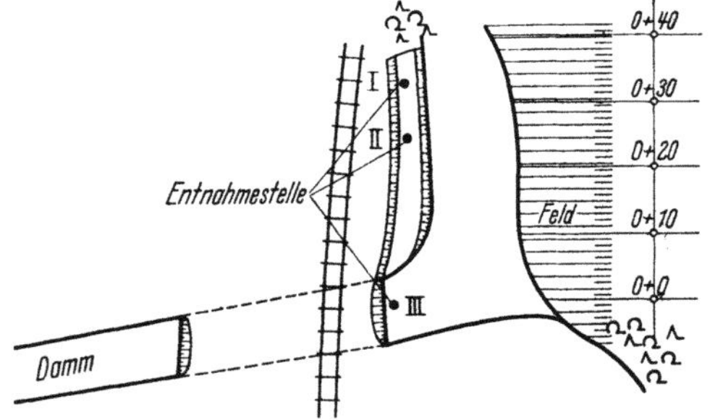

Abb. 468a. Lageskizze der Bodenproben an der Entnahmestelle.

Probe Nr.	Frischgewicht (kg/l)	Trockengewicht (kg/l)	Wassergehalt (%)
I	1,591	1,267	25,5
II	1,793	1,448	23,8
III	2,097	1,743	20,3
	Mittel: 1,486	Mittel: 23,2

Tabelle 48 a enthält die verschiedenen Gewichte und Wassergehalte der Proben an der Gewinnungsstelle (Abb. 468 a).

Tabelle 48 b.
Laboruntersuchung.

Ermittlung des optimalen Wassergehaltes:
Mittleres Trockengewicht   *1,797 kg.*

Nr.	Trockengewicht (kg)	Zugesetztes Wasser (g%)	Frischgewicht (kg)	Volumen (cm³)	Frisch-Raumgewicht (kg/l)	Trocken-Raumgewicht (kg/l)
1	0,700	15 % = 105 g	0,805	396	2,041	1,768
2	0,700	16 % = 112 g	0,812	386	2,111	1,813
3	0,700	17 % = 119 g	0,819	383	2,143	**1,827**
4	0,700	18 % = 126 g	0,826	393	2,100	1,781

Abweichen des tatsächlichen H_2O vom optimalen H_2O 36,4 %.
Abweichen der tatsächlichen Dichte von der optimalen Dichte   18,7 %.

Tabelle 48 b enthält die Ergebnisse der Laboruntersuchungen der obigen Proben: optimalen Wassergehalt und optimale Raumgewichte.

Die Auswertung, bezogen auf die Dichte des gewachsenen Bodens und des optimal verdichteten Probematerials ist aus den Tabellen 48a u. 48b und den Abb. 468a u. b leicht zu erkennen. Man kann in der Regel damit rechnen, daß Abweichungen von 5% des optimalen Wassergehaltes der Verdichtung nicht schaden. Ebenso kann eine Abweichung von 10% der optimalen Dichte für die Praxis als zulässig in Kauf genommen werden. Diese Karenz von 5% ist auch in den USA üblich, einem Lande, in dem diese Kontrolle zur höchsten Vollendung und Standardisierung durchgeführt ist.

Tabelle 49.

Feldprobe für Nachprüfung der Verdichtung.

Die Proben wurden am *24. Juli 1952 um 17 Uhr* entnommen.
Dammbaustelle: Schüttlage Nr. *66, 67, 55 im Dichtungskörper.*

Probe Nr.	Frischgewicht (kg/l)	Trockengewicht (kg/l)	Wassergehalt (%)
I	1,935	1,631	18,6 %
II	2,097	1,798	16,6 %
III	2.151	1,881	14,3 %
		Mittel: 1,770	Mittel: 16,5 %

Tabelle 49 enthält die Gewichte und Wassergehalte der Proben 48a u. b aus dem verdichteten Dammkörper.

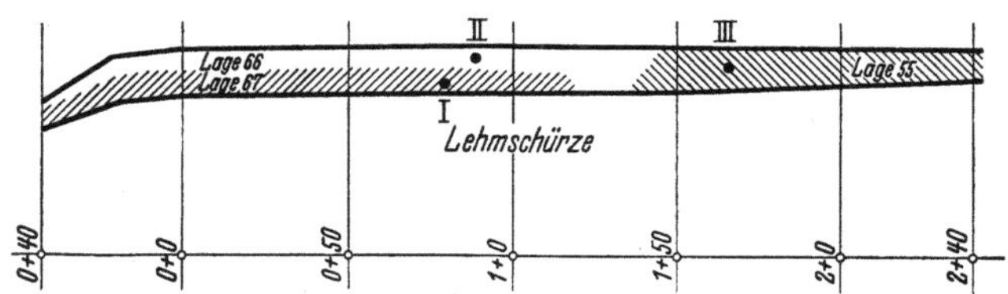

Abb. 468b. Lageskizze der Bodenproben an der Einbaustelle.

Tabelle 50.

Laboruntersuchung.

Ermittlung des optimalen Wassergehaltes:
Mittleres Trockengewicht *1,805* kg.

Nr.	Trockengewicht (kg)	Zugesetztes Wasser (%)	Frischgewicht (kg)	Volumen (cm³)	Frisch-Raumgewicht (kg/l)	Trocken-Raumgewicht (kg/l)
1	0,700	15 % = 105 g	0,805	393	2,043	1,781
2	0,700	16 % = 112 g	0,812	382	2.126	1,832
3	0,700	17 % = 119 g	0,819	377	2.178	**1,856**
4	0,700	18 % = 126 g	0,826	400	2,061	1,750

Abweichen des tatsächlichen H_2O vom optimalen H_2O 3,0%.
Abweichen der tatsächlichen Dichte von der optimalen Dichte   4,7%.

In Verbindung zu bringen mit der Lehmentnahme vom 23. 7. 1952.

$$\text{Überverdichtung:} \quad \frac{1{,}770 \cdot 100}{1{,}480} = 19{,}1\%.$$

Tabelle 50 enthält die für diese Proben mögliche optimale Verdichtung und Wassergehalte. Sie stimmen mit denen der Feldproben weitgehend überein. Bemerkenswert ist die hohe Überverdichtung von 19,1%.

25a

Die Untersuchungen nach diesem Prüfverfahren erstrecken sich, wie die der unter 2 und 3 angeführten, hauptsächlich auf die feinkörnigeren Bodenmassen. Abb. 454, S. 378, zeigt den sehr starken Fehlereinfluß, sobald steinige Massen damit geprüft werden sollen. Auf Grund dieser Tabellen ist es auf diese Weise möglich, dabei den Faktor der Überverdichtung zu ermitteln, der dann für die Abrechnung maßgebend ist, wenn die Massen nicht nach verdichteten Massen gemäß Inhalt eines Dammes, sondern nach dem Umfang ihrer Gewinnung und Verfrachtung vergütet werden.

Dieses Verfahren hat sich bei der laufenden täglichen Kontrolle mehrerer Staudämme, die

Tabelle 51.
I. Bestimmung des tatsächlichen Wassergehaltes.
Die Proben wurden am 1. September 1951 entnommen.
Schüttlage Nr. 96.

Probe Nr.	Zusätzlich verdichtet (cm³)	Frischgewicht (kg/l)	Trockengewicht (kg/l)	Wassergehalt, auf Trockengewicht bezogen (%)
3	933	1,815	1,555	16,7
5	933	1,840	1,595	15,4
6	933	1,835	1,595	15,0
9	933	1,835	1,580	16,1

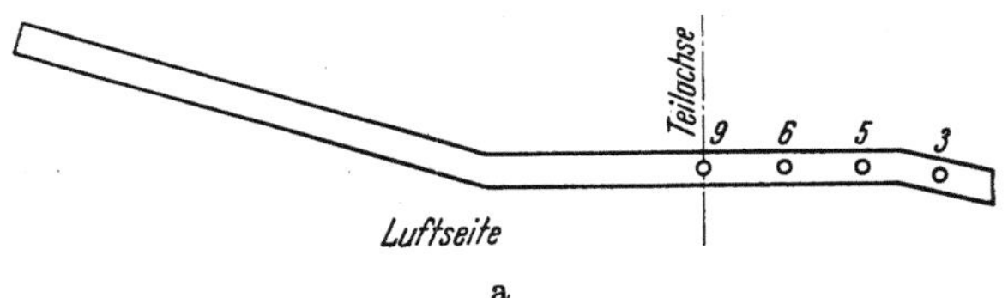

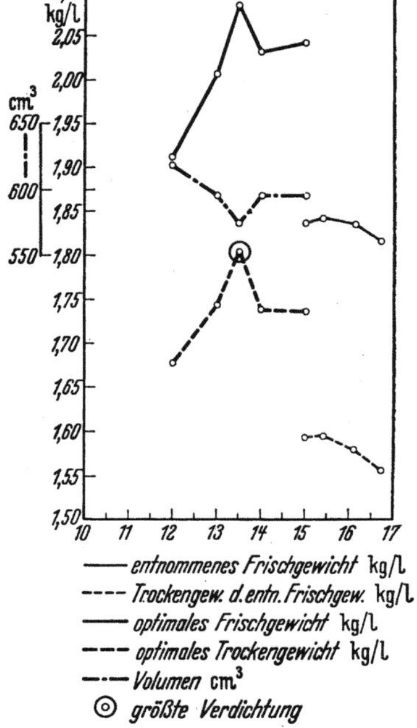

Abb. 469 a u. b. Proben aus verdichtetem Damm (Cranzahl) (Verwitterungslehm von Gneis). a Entnahmestellen der verdichteten Bodenproben aus dem Damm. b Ergebnisse der Feldprüfstellenuntersuchung über die erzielte Verdichtung im Vergleich zur optimalen Verdichtung.

erst vor kurzem in Sachsen abgeschlossen wurden, sehr gut eingeführt und dient zugleich als Abrechnungsgrundlage sowie für die laufende Gütekontrolle des Einbaues der Dichtungsmassen. Zu diesem Zwecke wurden ungestörte Proben aus den verschiedenen Entnahmestellen mit denen nach vollendeter Einbauverdichtung verglichen und Überverdichtungswerte bis zu mehr als 18 % erhalten.

Tabelle 52.
II. Bestimmung des optimalen Wassergehaltes an obigen Proben.
Mittleres Trockengewicht 1,054 kg.

Nr.	Trockengewicht (kg)	Zugesetztes Wasser (g=%) bezogen auf das mittlere Trockengewicht	Frischgewicht (kg)	Vol. (cm³)	FrischRaumgewicht (kg/l)	TrockenRaumgewicht (kg/l)
1	1,054	126 g = 12,0	1,180	618	1,909	1,680
2	1,054	137 g = 13,0	1,191	594	2,005	1,744
3	1,054	142 g = 13,5	1,196	574	2,084	1,803
4	1,054	148 g = 14,0	1,202	594	2,024	1,741
5	1,054	158 g = 15,0	1,212	594	2,040	1,734

Abweichen des tatsächlichen Wassergehaltes vom optimalen Wassergehalt 2,3 (%H₂O) = 17,03%.

Abweichen der tatsächlichen Dichte von der optimalen Dichte 0,159 (kg/l) = 10,06%.

des Einbaues der Dichtungsmassen. Zu diesem Zwecke wurden ungestörte Proben aus den verschiedenen Entnahmestellen mit denen nach vollendeter Einbauverdichtung verglichen und Überverdichtungswerte bis zu mehr als 18 % erhalten.

2. Anwendung. Die Proben wurden mit verschiedenem Wassergehalt (in der Nähe des optimalen Wassergehaltes) getrocknet in einem etwa 1000 ccm großen Zylinder in drei Lagen mit einem eisernen Stampfer von 2,8 kg bei je 50 Schlägen und 10 cm Fallhöhe eingestampft. Das höchste Raumgewicht entspricht dem optimalen Wassergehalt. Es zeigte sich bei den unter Leitung des Verfassers durchgeführten Kontrollen, daß die Verdichtung mit optimalem Wassergehalt zumindest ein Raumgewicht von 1,9% aufweisen muß, um bei einem spezifischen Gewicht von 2,65% des Stoffes den Ansprüchen zu genügen. Nicht selten wurden indessen Werte von 2,1 und mehr erreicht. Im allgemeinen streuten die Werte zwischen 1,8 bis 2,2. Die entsprechenden Trockengewichte lagen zwischen 1,6 bis 1,86 (vgl. Abb. 468a u. b, Abb. 469a u. b).

3. Kritik. Dieses Prüfverfahren verzichtet auf eine konstruktive Verbesserung des Dreistoffsystems Fest—Flüssig—Gasförmig im Sinne eines in der Nähe des optimalen Wassergehaltes höchstmöglichen Dichtegrades. Es deckt Mängel im Schüttmaterial nach dem Einbau auf und registriert diese. Es nimmt dabei Abweichungen bis zu 10% vom optimalen Gütewert in Kauf. Dies ist — wie an beiden Baustellen — dann möglich, wenn die Dämme geringer Höhe (20 bis 40 m) in einer Bauzeit von 2 Jahren ausgeführt werden und die Konsolidation am Ende der Bauzeit weitgehend eingetreten ist. Daher ist die Abweichung — unabhängig von der Frage der Gleitsicherheit — im Gütewert in um so größeren Grenzen zulässig, je länger die Bauausführung dauert.

Die Anwendung des Verfahrens beschränkt sich auf feinkörniges und gemischtkörniges Schüttmaterial mit einem vorherrschenden Anteil der feinkörnigen Erdarten.

Dieses Verfahren ist ferner nur anwendbar an einem Schüttmaterial, das durch den Wassereinfluß eine Veränderung von Dichte und Festigkeit erfährt. Es scheidet daher an allen gröberen Erdarten und besonders an felsigem Material aus. Dieses Verfahren stützt sich auf das Raumgewicht unter weitgehender Beachtung des optimalen Wassergehaltes. Allerdings wird er beim Einbau nicht künstlich herzustellen versucht. Nur bei zu großer Trockenheit werden die naturfeuchten Massen angefeuchtet. Im übrigen werden nur die Abweichung des Feuchtigkeitsgehaltes vom optimalen und die dabei zu verzeichnenden Raumgewichte und Trockengewichte ermittelt und die entsprechenden Abweichungen vom optimalen Wassergehalt berechnet und registriert. Diese „passive" Kontrollmethode gibt dann für jede Schüttlage den spezifischen Mindestwert an Güte an.

e) Verfahren: Ermittlung des Raumgewichtes, des Verformungswiderstandes mit Bezug auf den optimalen Wassergehalt.

1. Grundlagen. Bei diesen Prüfverfahren wird der optimale Wassergehalt als Maßstab bestmöglicher Verdichtung angewandt, das zugehörige Raumgewicht ermittelt und zusammen mit dem Ergebnis des Nadeleindringungsversuches (vgl. S. 396) dargestellt (Abb. 470 bis 472). Außerdem wird der Luftporengehalt berücksichtigt. Wird eine Schüttung feinkörniger Erdarten mit optimalem Wassergehalt verdichtet, so werden die Bodenteilchen mit dem höchstmöglichen spezifischen Kapillardruck fest aneinander zusammengepreßt. Sie besitzen dann ihr höchstes Trockengewicht, Dichte und zugleich Stabilität.

Die höchste Lagerungsdichte und damit der hierfür geltende optimale Wassergehalt sind praktisch nur von der Bodenart, der mineralchemischen Konstitution und der Kornzusammensetzung abhängig.

25a*

Wenn daher auf Grund vergleichender Verdichtungsversuche festgestellt wurde [*281*], daß der optimale Wassergehalt an gleichartigen Erdarten, die mit verschiedenen Geräten verdichtet wurden, verschieden ist, daß der optimale

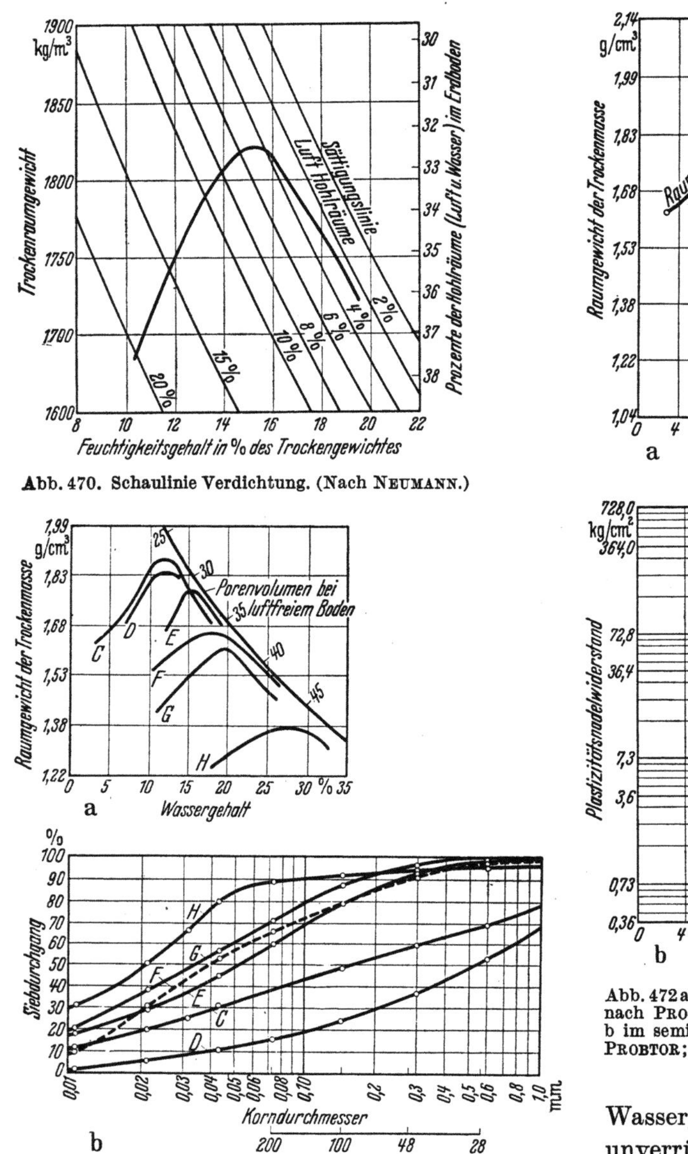

Abb. 470. Schaulinie Verdichtung. (Nach Neumann.)

Abb. 471a u. b. a Proctor-Kurven einiger Böden; b Die zugehörigen Körnungskurven (aus Proctor, a. a. O.)

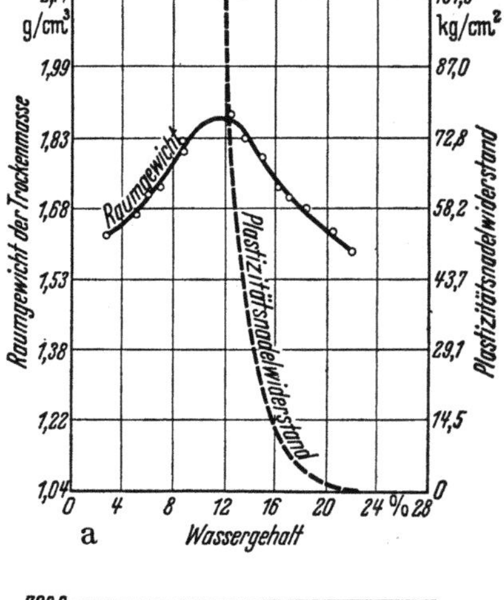

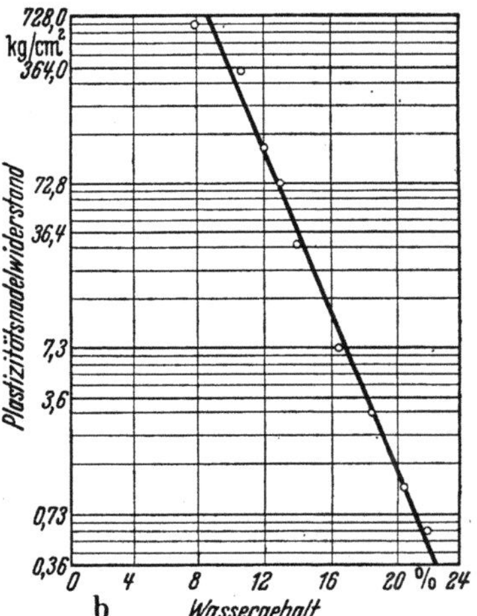

Abb. 472a u. b. Plastizitätsnadel-Versuch nach Proctor a im linearen Maßstab, b im semilogarithmischen Maßstab (aus Probtor; Engineering News Record 1933, Nr. 9).

Wassergehalt somit keine unverrückbare Größe ist, so beweist dies nur, daß er stets zu einem bestimmten Verdichtungsgrad, Dichte der Lagerung in Beziehung gesetzt werden muß. Die Standardversuche stellen daher nur auf Grund stillschweigender Übereinkunft festgelegte willkürliche Bezugsgrößen dar, die indessen den Anforderungen der Praxis weitgehend bei der Prüfung der Stabilität des verdichteten Dammaterials genügen. Diese Tatsache ist indessen besonders herauszustellen, da man leicht geneigt sein könnte, den optimalen Wassergehalt als eine feststehende Kennziffer anzusprechen. Jeder praktisch auch auf dem Versuchswege ermittelte optimale Wassergehalt stellt somit nur einen Teilbetrag und Annäherungswert an einen theoretischen Höchstwert dar. Daher verhält sich der optimale Wassergehalt genau so wie die verschiedenen Formen der Dichte (vgl. Abb. 470), denn sie korrespondieren einander.

2. Der Einfluß des Luftporenanteils. An den feinkörnigen Schüttstoffen nimmt die Dichte in dem Maße zu, daß im Stoffsystem Fest—Flüssig—Gasförmig nur noch 3% oder weniger Luft enthalten ist. Der Anteil eingeschlossener Luft ist dabei [127] eine Funktion des Wassergehaltes in einem verdichteten feinkörnigen Boden, wobei der jeweilige Luftgehalt als komprimiertes Gasgemisch den Schubwiderstand des Bodens während einer bestimmten Zeit herabsetzt. Dieser Einfluß wird größenmäßig duch den Anfangs- und Endwassergehalt, die Art und Weise des Einbaues (Tempo, Schütthöhe, Güte der Verdichtung und Höhe des Wassergehaltes im Schüttstoff) bestimmt.

An den Dammböschungen beeinflußt nach [110] eingeschlossene komprimierte Luft die Rutschgefahr in den verdichteten Massen stärker als Porenwasser allein. Da die Massen mit der wachsenden Dammlast weiter zusammengedrückt werden, entstehen nach dem Gesetz von HENRI [vgl. 469] ungünstige Druckverhältnisse, vor allem, wenn — wie beim Staudammbau in den USA — täglich bis fast zu 50000 m³ eingebaut und verdichtet werden. Daher wendet sich den Druckverhältnissen der im Dammkörper komprimierten Luft neuerdings das besondere Interesse der Fachleute der USA zu.

3. Der Luftporendruck [110, 127, 131, 132, 468, 469]. Eine Erdart bildet nach S. 135 ein Dreistoffsystem. Unter Auflast (Damm) wird die Luft zusammengedrückt. Wenn das anfängliche und Endvolumen der Luft bekannt sind, kann das BOYLEsche Gesetz für die Zusammenpressung der Luft und das HENRYsche Gesetz für die Löslichkeit der Luft in Wasser bei konstanter Temperatur angewandt werden. Die Gleichung des Porendruckes, basierend auf diesen beiden Gesetzen, unter der Voraussetzung, daß kein Entweichen möglich ist, lautet

$$P = \frac{Pa\,\Delta}{Va + hVh\,w - \Delta}$$

P Porendruck,
Pa Atmosphärendruck,
Va Luftvolumen der anfänglich überbelasteten Luft,
Vw Volumen des Wassers,
Δ Änderung des Luftvolumens unter Druck,
h KRT; K = Koeffizient der Gesetze von HENRY,
$\quad R$ = „Gaskonstante" für Luft,
$\quad T$ = absolute Temperatur.

Für einen gegebenen Wert von Δ, der nicht entweichen kann $= Va$, zeigt die Gleichung, daß der Porendruck P groß für ein schwaches Luftvolumen und klein für anfängliches großes Luftvolumen ist. Der Ausdruck hVw ist gewöhnlich klein im Vergleich zu Va, etwa $^1/_{15}$.

Um den Porendruck möglichst wirkungslos zu machen, wird als praktische Folgerung ein Wassergehalt von $\sim 2\%$ unter dem optimalen vom Bureau of Reclamation in den USA vorgeschrieben, da der Porendruck sich durch die

Setzungen sonst in unerwünschtem Maße vergrößern und dadurch die Stabilität gefährdet werden kann (Luftpolster!).

Dies ist auch für die Nadeleindringung besonders günstig (Abb. 472a u. b). Anfechtbar ist jedoch der Standpunkt [214], daß der günstigste Dichtezustand dann erreicht ist, „wenn gerade so viel Wasser im Boden ist, als dem Porenvolumen im verdichteten Zustand entspricht." Dann scheidet die verdichtende Oberflächenenergie aus. Es bestände nämlich keine Möglichkeit zur Entwicklung des Unterdruckes, also des Kapillareffektes und der Kapillarenergie. Dabei ist die Frage, ob dieses gewisse „Etwas" an Porenluft sich bei der Verdichtung austreiben läßt oder nicht, zunächst ohne Bedeutung. Indessen steht fest: ohne diese Porenluft kein optimaler Wassergehalt und keine optimale Dichte! Gespannte Luft im Stoffsystem erhöht im übrigen das Druckgefälle in Staudämmen.

Die genaue Bestimmung des Porendruckes, besonders an im Bau befindlichen Dämmen, ist schwierig. In [131] gibt HILF ein Verfahren an, um den Porenwasserdruck mit Hilfe eines Nomogrammes abzuschätzen. Er benutzt dabei obige Formel für den Luftporendruck. Bei der Ermittlung der Scherverhältnisse hat sich der Dreiaxialdruckversuch insofern als zweckmäßig erwiesen, als er unter Beachtung des Porenwasserdruckes in erster Annäherung dem effektiven Scherwiderstand des Dammes entspricht. Allerdings gelten diese Stabilitätsverhältnisse nicht für den nach Einstau wassergesättigten Dammkörper, also nur für die Zeit vor dem Einstau. Indessen zeigt die Erfahrung, daß ein erheblicher *Überdruck* im Innern eines *ungesättigten* Dammes vorhanden sein kann.

In einer neueren Arbeit hat BJERRUM eine sehr wertvolle Methode zur praktischen Bestimmung des Porenwasserüberdruckes und zugleich die Beziehungen zwischen Porenwasserspannungen und optimalem Einbauwassergehalt an Erddämmen angegeben [23b].

Ausgehend von der Tatsache, daß die Porenwasserspannungen mit dem Einbauwassergehalt so rasch zunehmen, daß es an haftenden Bodenarten notwendig wird, diesen oberen Einbauwassergehalt im Interesse der Dammstabilität zu begrenzen, empfiehlt er als zuverlässigste Methode die unmittelbare Messung des Porenwasserdruckes. Das Grundprinzip besteht darin, eine Probe mit gleichem Wassergehalt und Trockenraumgewicht wie im Damm unter undränierten Versuchsbedingungen gemäß Abb. 473a in eine Triaxialzelle luftdicht einzubauen. Die

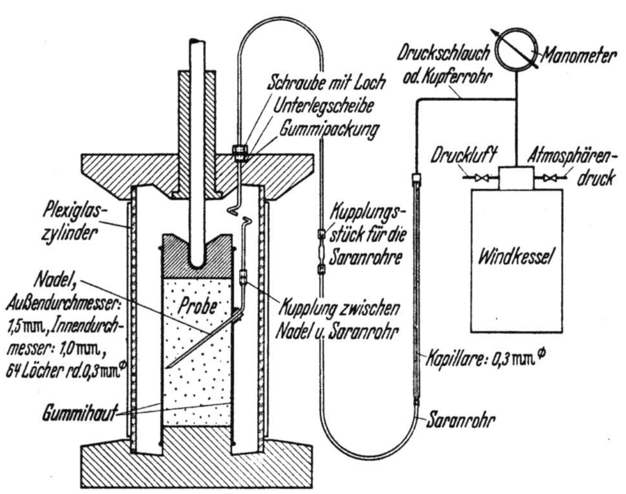

Abb. 473a. Prinzipskizze zur Messung der Porenwasserspannung. (Die Neigung der Nadel entspricht ungefähr der Neigung der Scherflächen). (Nach BJERRUM [23b].)

Porenwasserspannung wird an der unteren Fläche der Probe gemessen, indem der Luftdruck in der oberen Hälfte der kupfernen Kapillare einen gleichbleibenden Meniskus gewährleistet; dann ist der Porenwasserdruck gleich dem Luftdruck. Da die so gefundenen Porenwasserdrücke größer als die im Dammkörper ermittelten sind, denn die Vertikalspannungen sind im Sinne eines anisotropen Spannungszustandes im Dammkörper größer als die horizontalen, liegt im Versuchsergebnis ein beträchtlicher Sicherheitsgrad für die Dammstabilität. Durch zusätzliche Belastung kann jedoch ein isotroper Spannungszustand in der Triaxialzelle erzeugt werden. Die Ergebnisse von Versuchen in Abhängigkeit vom Einbauwassergehalt ohne Seitenausdehnung zeigt die Abbildung 473 b. Für die versuchsweise Ermittlung der in einem Erddamm zu erwartenden Porenwasserspannungen kann nach BISHOP [26] die Probe so belastet werden, daß das Verhältnis der effektiven Hauptspannungen entsprechend einem bestimmten Sicherheitsfaktor konstant bleibt. Eine weitere Methode, die der Wirklichkeit

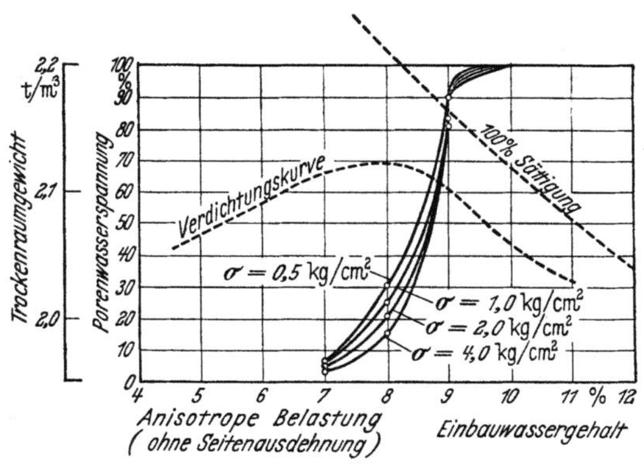

Abb. 473b. Abhängigkeit der bei anisotroper Belastung gemessenen Porenwasserspannungen vom Einbauwassergehalt der Proben. (Nach BJERRUM.)

sehr nahe kommt, besteht darin, die Probe so weit zu belasten, daß keine seitliche Ausdehnung eintritt. Diese Belastungsprobe entspricht nach BJERRUM einem Sicherheitsfaktor von 1,5.

Über die für die Geotechnik des Dammbaues wichtigen Zusammenhänge zwischen Porenwasserdruck und optimalem Wassergehalt gibt die Abb. 210, S. 159. sehr wertvolle Aufschlüsse, die doch beweisen, daß es etwas gewagt erscheint, den optimalen Wassergehalt an der nassen Seite zu wählen (vgl. S. 403). Diese Abbildung zeigt folgendes: wird das Material beim optimalen Wassergehalt von 8% oder etwas trockener im Damm eingebaut und verdichtet, so betragen die Porenwasserspannungen weniger als 30% des Überlagerungsdruckes. Ist jedoch der Einbauwassergehalt nur 1% höher, d. h. 9%, so schnellt die Porenwasserspannung bereits auf 90% herauf und liegt an der Grenze des gefährlichen Porenwasserüberdruckes. Diese Tatsache dokumentiert in sehr eindeutiger Weise die Wichtigkeit und absolute Notwendigkeit, den optimalen Wassergehalt in engen Grenzen von Bruchteilen eines Prozentes einzuhalten, der nur wenig höher, jedoch unter 1% liegen sollte. Die Begründung für das rasche Anwachsen liegt in dem ebenso raschen Anwachsen des Sättigungsgrades einer verdichteten Schüttung. Sättigung bedeutet Anfang des Porenwasserüberdruckes. Demzufolge sinkt der Anteil des Überlagerungsdruckes, der durch das Korngerüst aufgenommen werden kann. Der kritische Sättigungsgrad unter Berücksichtigung des anwachsenden Überlagerungsdruckes infolge wachsender Dammhöhe liegt nach BJERRUM (s. S. 153) an sandigen Erdbaustoffen im Bereich von 80 bis 90%, dieser darf nicht erreicht werden.

Je inniger die Kornpackung, um so geringer der optimale Wassergehalt, je gröber das Korn, je mehr Gehalt an Quarz und Feldspatkörnchen und ähnlichen Mineralteilchen, um so geringer und niedriger, je mehr Tonmineralien, und je feiner das Korn, um so größer der optimale Wassergehalt.

Damit kommt klar zum Ausdruck, daß der jeweilige optimale Wassergehalt allein eine spezifische, in seinem Ausmaß von der Wasseraffinität und der Porenziffer (Porenvolumen) bedingte veränderliche (nach stofflicher Zusammensetzung und nach Dichte der Schüttung) Größe ist (vgl. S. 396). Daraus folgt weiter: Je höher dieser Wassergehalt bei gleichen Erdarten, aber verschiedenen Verdichtungsgeräten ist, um so weniger entsprechen diese Verdichtungsgeräte und -verfahren mit höherem optimalen Wassergehalt den Stabilitätsansprüchen, wobei die Ursache in der Beziehung von Geräteeinsatz und Schütthöhe ohne weiteres begründet sein kann (Abb. 474a bis e).

Insofern ist es notwendig, in Verbindung mit dem optimalen Wassergehalt ein bestimmtes Mindestraumgewicht und einen Tragfähigkeitsindex (E-Wert) durch den Eindringungsversuch mit der sog. Plastizitätsnadel von PROCTOR zu verbinden und zu fordern (Abb. 472a u. b und 474, 475). Nur in Abstimmung und bei einem bestimmten Verhältnis dieser drei Meßgrößen ist der optimale Wassergehalt in seiner veränderlichen Größe für die Praxis als Richtwert festgelegt.

Darum enthalten sämtliche Diagramme dieser Testversuche der USA stets das Raumgewicht, den Nadelwiderstand, die Sättigungsgrenze und meist auch die zugehörigen Kurven des Luftporenraumes (Gehaltes).

In einer sehr aufschlußreichen Arbeit hat DERVIEUX nach einem Bericht von PETERMANN [*299a*] darauf hingewiesen, daß im Sinne der bisherigen Ausführungen der optimale Wassergehalt nicht ein absoluter Wert ist, sondern variiert und daher bei den Ausschreibungen folgende Voraussetzungen erfüllt sein müssen, 1. die Dichte des gewachsenen (entnommenen) Bodens, 2. der natürliche Wassergehalt des gewonnenen Erdbaustoffes, 3. die optimale Proctorkurve (Proctor-Dichte), 4. der optimale Proctor-Wassergehalt, 5. die sog. „Plastizitätsschwelle", 6. Art des Verdichtungsgerätes und erforderliche Mindestanzahl der mit diesem Geräte erforderlichen Verdichtungsgänge je Punkt einer Lagenschüttung.

Zu der neuen Begriffsbildung „Plastizitätsschwelle" ist folgendes zu bemerken. Jedem Praktiker ist durch seine Erfahrung im Dammbau das Auftreten sog. gummiartiger Stellen an den mit zu hohem Wassergehalt eingebauten und verdichteten Erdbaustoffen bekannt. Diese Erscheinung beruht auf der Erscheinung des Porenwasserüberdruckes, der durch die sog. Plastizitätsschwelle als untere Grenze eingeleitet wird. Die Abb. 474f bis i zeigen die Zusammenhänge nach DERVIEUX [*299a*]. Abb. 470f zeigt die Sättigungskurve an einer Erdart mit einem spez. Gewicht von 2,65. Nun unterscheidet DERVIEUX nach Abb. 470g bei einem maximalen Wassergehalt in der lockersten Lagerung von 62% eine „Unterdichte" und die „Überdichte", die nach der Gleichung lautet:

$$d_s = \frac{\delta}{1 + a\,\delta}\,;$$ darin ist a der Wassergehalt der gesättigten Bodenprobe, d_s die Dichte im trockenen Zustande (bei 105° C getrocknet), $\delta = $ das spez. Gewicht der Probe. Man sieht zunächst, daß mit abnehmender Dichte der Wassergehalt nach dieser Hyperbel zunimmt. Nur der im Bereich des Dreieckes *DOA*

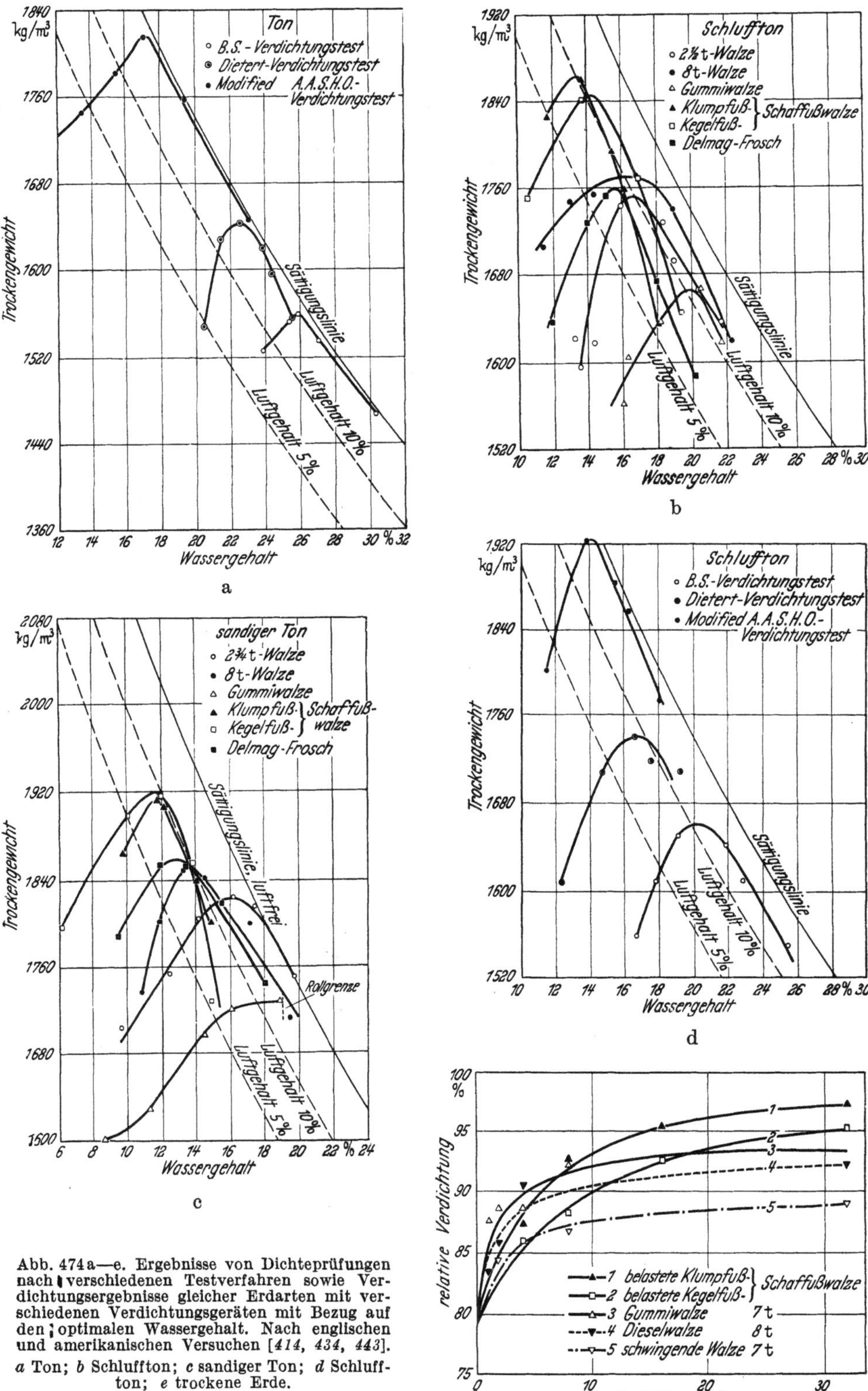

Abb. 474 a—e. Ergebnisse von Dichteprüfungen nach verschiedenen Testverfahren sowie Verdichtungsergebnisse gleicher Erdarten mit verschiedenen Verdichtungsgeräten mit Bezug auf den optimalen Wassergehalt. Nach englischen und amerikanischen Versuchen [414, 434, 443].

a Ton; b Schluffton; c sandiger Ton; d Schluffton; e trockene Erde.

Keil, Dammbau. 2. Aufl.   26

umrissene Bereich ist einer mechanischen Verdichtung zugänglich. Je dichter daher ein Boden lagert, um so weniger Wasser wird zur optimalen Verdichtung benötigt. Um nun die in Abb. 470h angegebene PROCTOR-Kurve zu erreichen, muß man in Praxis mit gleichen Voraussetzungen in der Verdichtungsarbeit vorgehen und die Verdunstung nicht außer acht lassen.

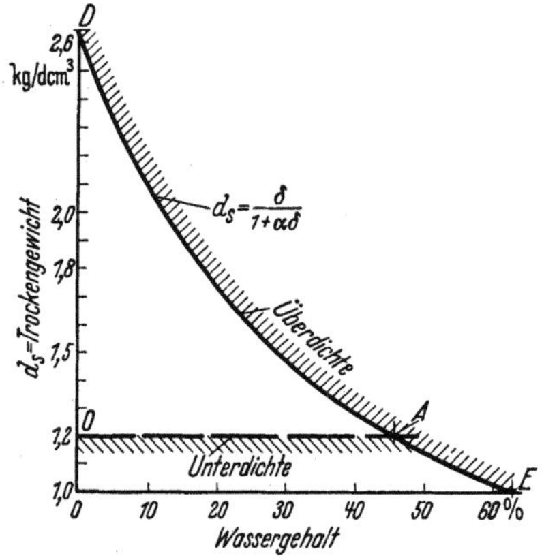

Abb. 474f. Sättigungskurve für ein Bodenmaterial mit einem spez. Gewicht von 2,65.

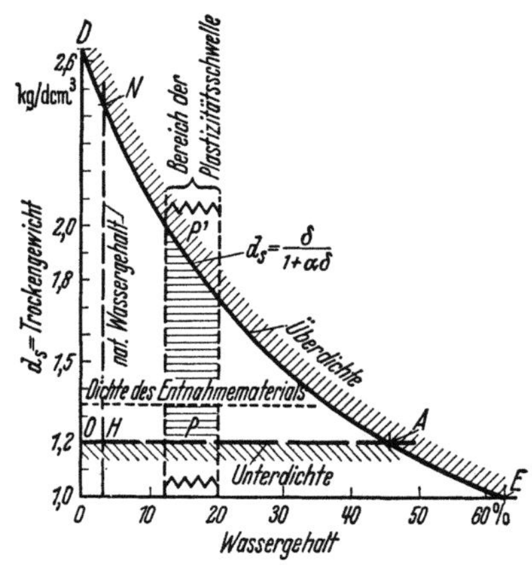

Abb. 474g. Auswertung der Kurve der Abb. 474f.

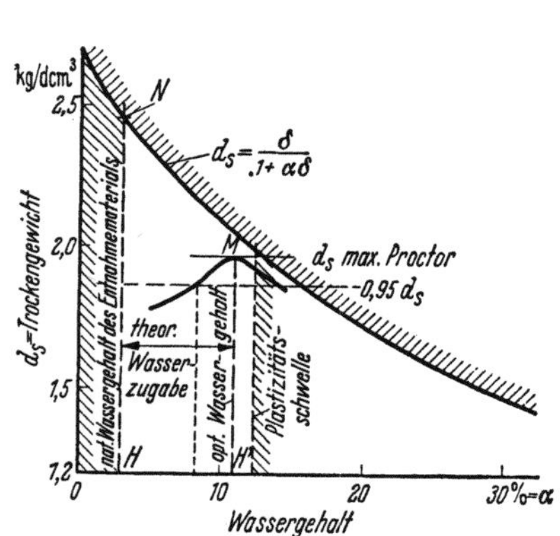

Abb. 474h. Eintragung der PROCTOR-Kurve in die Kurve der Abb. 474f.

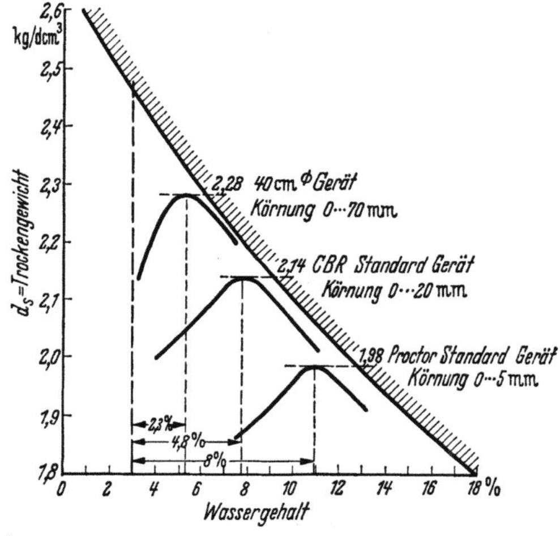

Abb. 474i. Einfluß des Kiesanteiles auf die Verdichtungsfähigkeit eines Bodens.

Zur Erzielung des im Laboratorium erzielten Maximums muß vor allem eine intensive Verdichtungsarbeit einsetzen.

In neuester Zeit unterscheidet man in den USA zweierlei Maßstäbe bei der Bemessung des optimalen Wassergehaltes, entweder man bleibt auf der *trockenen* Seite, um den Luftporendruck auszuschalten, muß aber dann das Risiko einer Nachsetzung des Dammes bei vollständiger Durchsickerung, also Sättigung des Dammkörpers in Kauf nehmen. Die andere Auffassung, die entgegen dieser bisher allgemein üblichen und vorherrschenden Praxis beim Einbau der Massen sich mehr und mehr Geltung auf Grund des Nachweises von A. CASAGRANDE, daß Dammbrüche bei der vom Bureau of Reclamation angewandten Methode nicht ausgeschlossen sind, verschafft und daher auch von Corps of Engineers angewandt wird, baut die Massen mit einem Wassergehalt an der *nassen* Seite der Kennlinie für den optimalen Wassergehalt ein, um durch diese vollständige Sättigung der Poren — zwar auf Kosten eines evtl. geringeren, jedoch die Stabilität in den Dichtungskernen nicht gefährdenden Porenwasserüberdruckes — ein Nachsetzen des Dammes bei Sättigung unter dem Einfluß der Sickerlinie im Damm unter allen Umständen zu vermeiden. Jedoch muß dies unter Berücksichtigung genauer Untersuchungen über die Dammstabilität unter dem Einfluß des Porenwasserdruckes ausgeführt werden.

4. Der Proctor-Test [*313—320*]. Die Durchführung der optimalen Dichtebestimmung. Er zerfällt in

a) die Prüfung auf dem Damm,

b) die Prüfung im Laboratorium.

Proctor verwendet einen konischen Stahlzylinder von 10 cm ⌀ und 14 cm Höhe = 1,415 l

Abb. 475a. Felduntersuchungen mit Hilfe der Proctor-Nadel.

Inhalt (Abb. 477), der durch Aufsetzringe verlängert werden kann. Die auf Unterkorn von 7 mm (6,3) abgesiebte Bodenprobe (etwa 2,5 bis 20 kg) wird

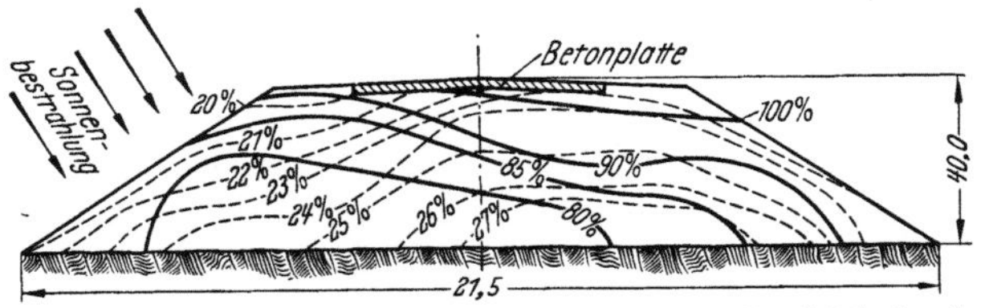

Abb. 475b. Einfluß der Sonnenstrahlung auf die Verteilung des Feuchtigkeitsgehaltes in einem Straßendamm.

so weit angefeuchtet und gut durchmischt, daß die Probe leicht zusammenhaftet. Der auf einer stählernen Platte stehende Zylinder wird in drei Schichten mit diesem Boden gefüllt. Jede Schicht wird mit einem 2,5 kg schweren freifallenden Stampfer aus 30 cm Höhe durch 25 Schläge verdichtet.

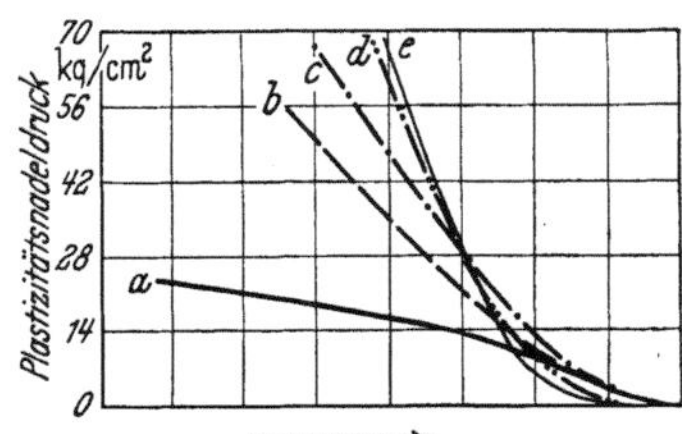

Abb. 476. Beziehungen zwischen Nadeleindringung und dem Wassergehalt der Bodenproben. (Nach Bendel [*19*].)

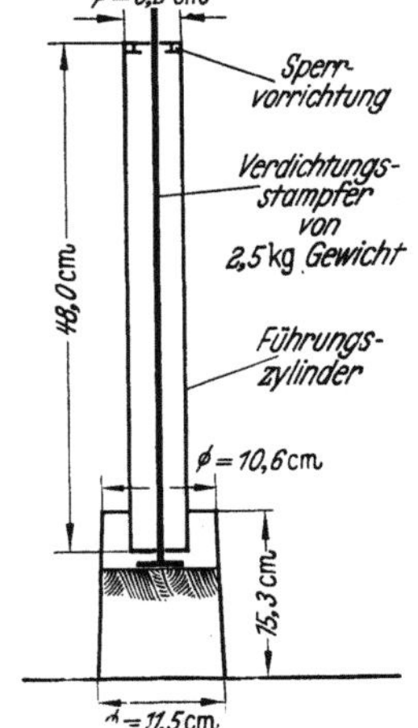

Abb. 477. Prinzipskizze des Proctor-Versuches im Laboratorium. (Nach Toth [*468*].)

26*

Der Stampfer hat einen Durchmesser von 5 cm. Dieser Versuch wird mit verschiedenem Wassergehalt (wie nach Tabelle 50, vgl. S. 393), steigend um je 1 bis 2% Wassergehalt wiederholt. Danach wird die Raumgewichtskurve (Dichtekurve) in Abhängigkeit vom Wassergehalt aufgetragen. Das größte Raumgewicht entspricht dem optimalen Wassergehalt.

Der Nadeleindringungsversuch nach PROCTOR (Abb. 472a u. b, S. 396, Abb. 476, S. 403). Mit diesem Versuch zur Ermittlung des größten Raumgewichtes (größte Dichte) in Beziehung zum hierfür besten Wassergehalt ist stets der Nadeleindringungsversuch verbunden. Dieser liefert den Eindringungswiderstand und damit die Festigkeitskurve. Dieser Versuch ergibt Widerstandswerte, die sehr rasch und empfindlich mit jeder geringen $< 1\%$ Wassergehaltsveränderung unterhalb des optimalen Wassergehaltes sich ändern (Abb. 472a). Man kann daher die Güte der verdichteten Schüttung mit der im Prüfraum genommenen Probeschüttung vergleichen. Die Eindringungswiderstände sollen gleich sein.

Der Nadelwiderstand ist deshalb besonders wichtig, weil abweichend vom optimalen Wassergehalt stets zwei Porenvolumina verschiedener Wasserführung, aber gleichen Rauminhaltes, indessen mit verschiedenem Nadelwiderstand vorhanden sind. Nur bei dem unteren Grenzwert ist der Nadelwiderstand hoch. Die Güte der Verdichtung muß mit der genormten Verdichtung gleichen Nadelwiderstand ergeben. Es ist somit ein Kriterium für die Wassergehaltsabweichungen vom optimalen Wassergehalt. Allerdings beschränkt sich die Prüfung wie auch die auf S. 386 angegebene nur auf den Oberflächenbereich. Daher sollten Abweichungen im Wassergehalt stets unter dem optimalen, nicht darüber liegen.

Man unterscheidet fünf Nadeln verschiedenen Querschnittes von 0,16 bis 6,5 cm² in Gewichtsgrenze zwischen 4,53 bis 59 kg.

Beispiel. Bei der Ausführung des Staudammes Kaljeco wurde ein Nadelwiderstand von 21 kg/cm² vorgeschrieben (Abb. 285, S. 216). Die erreichten Werte schwankten zwischen dem doppelten und achtfachen Werte (42 bis 176 kg/cm² Steifeziffer).

In dieser standardisierten Gütekontrolle, die wohl als mustergültig angesehen werden kann, ist die beste Voraussetzung für eine wirklich einwandfreie Ausführung von Staudämmen gegeben, die gerade auch für europäische Verhältnisse, nicht zuletzt für Deutschland selbst, als Vorbild dienen kann, zumal sie keinen besonderen Aufwand erfordert, indessen jede Fehlerquelle unsachgemäßer Dammausführung fast unmöglich macht.

Versuchsausführung. Die Nadel wird mit einer Geschwindigkeit von 10 bis 12 mm/s bis etwa 7,6 cm Tiefe in die verdichtete Probe oder Schüttung eingepreßt und der in dieser Tiefe erforderliche Preßdruck ermittelt. Für eine Untersuchung werden zur Mittelwertbildung stets drei Versuche durchgeführt. Die spezifische Pressung schwankt in den Grenzen zwischen 2,5 bis 50 kg/cm², die auch dem Verformungswiderstand des untersuchten Bodens entspricht.

Der „PROCTOR-Testversuch" beherrscht seit mehr als 20 Jahren die Gütekontrolle des amerikanischen Erdbaues und ist als Grundlage ähnlicher amtlich verbindlicher Gütekontrollmittel im dortigen Staudammbau unerläßlich.

Weitere amerikanische Testversuche auf der Grundlage des Proctor-Testes.

5. Der „AASHO-Test". Er ist als sog. verbesserter AASHO-Versuch (American Association of State Highway Officials) amtlich eingeführt. Bei dieser Versuchsdurchführung wird ein Zylinder von 15 cm Höhe, 13 cm ⌀, ein Stampfer von 4,5 kg Gewicht bei genau eingehaltener Fallhöhe verwendet. Diese An-Abwandlung des Proctor-Testes in der Verwendung größerer Versuchszylinder in dem kombinierten AASHO-Proctor-Test verlangt in Praxis den Einsatz vorwiegend schwererer Verdichtungsgeräte. Denn während bei dem Proctor-Test mit einem Stempel von 2,5 kg bei 30 cm Fallhöhe drei Lagen von je 3,6 cm verdichtet werden, entsprechend einem mechanischen Äquivalent von 5,5 kg/cm², müssen bei diesem AASHO-Proctor-Test 5 Schichten von 2,2 cm mit einem Stampfer von 4,5 bei 45 cm Fallhöhe verdichtet werden, was einem mechani-

schen Äquivalent von 25 kg/cm² entspricht. Die erforderliche Verdichtungs-energie wächst aber mit dem Quadrat der Stärke einer Schüttung, d. h. bei einer Schüttung von 20 cm Stärke muß der vierfache Betrag an Verdichtungs-energie als bei einer 10 cm dünnen Lage geleistet wer-den, um dasselbe Verdich-tungsergebnis zu erhalten.

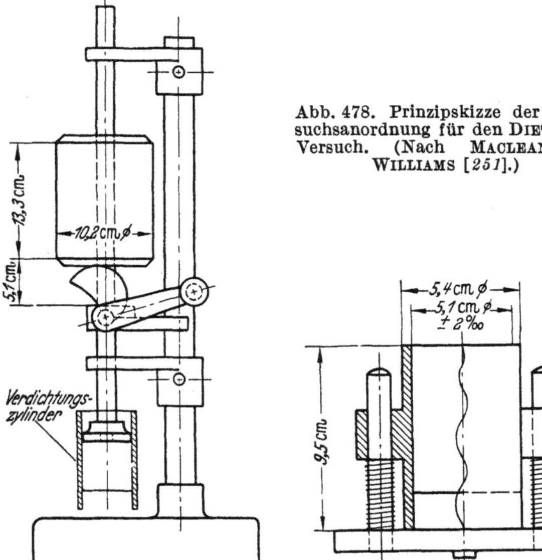

Abb. 478. Prinzipskizze der Versuchsanordnung für den DIETERT-Versuch. (Nach MACLEAN u. WILLIAMS [251].)

Es ist daher verständ-lich, daß die Amerikaner die leichten Verdichtungs-geräte verlassen haben und nunmehr schon mit Gummiwalzen von 180 t Gewicht und Schaffußwalzen von 70 kg/cm² arbeiten. Dabei leistet eine 60 t schwere Walze das Doppelte in der Verdichtungswirkung wie eine nur 40 t schwere Gummiwalze.

6. Der „DIETERT-Test". In neuerer Zeit [230, 251] ist neben dem PROCTOR-Versuch das DIETERT-Testverfahren in der amerikanischen Gütekontrolle ein-geführt worden. Der Unterschied besteht zunächst einmal darin, daß weniger Probematerial erforderlich ist. 150 g der trockenen Probe werden im Zylinder (Abb. 478) durch 10 Schläge eines freifallenden, durch eine Nockenwelle an-gehobenen Stempels verdichtet. Darauf wird der Zylinder umgekehrt und die Verdichtung in gleicher Weise von der anderen Seite verdichtet und anschließend die Dichte (Raumgewicht nebst Wassergehalt) bestimmt. Dieser Versuch ähnelt sehr dem amerikanischen Standardversuch.

Beispiele. Folgende Übersicht nach [230] zeigt die gegenseitigen Beziehun-gen der verschiedenen amerikanischen Testverfahren am gleichen Material (Tabelle 53 und Abb. 479).

Man erkennt dabei eine weitgehende Übereinstimmung, die für den an sich robusten Betrieb des Dammbaues als genügend angesehen werden muß.

Vergleich zwischen PROCTOR- und DIETERT-Testversuch [230]. DIE-TERT verwendet 150 g, PROCTOR 1500 g (Abb. 478). Bei einem Laborversuch läßt

Tabelle 53.

Erdarten:	AASHO-Vers. Trockengewicht kg	Optimaler Wassergehalt %	DIETERT-Vers. Trockengewicht kg	Optimaler Wassergehalt %
Sand	1950	13	1870	13
Lehmiger Sand	1850	15	1860	14
Schwerer Ton	1650	22	1730	20

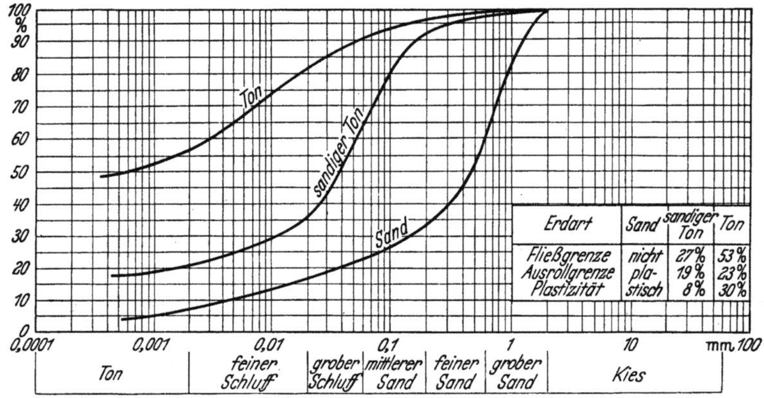

Abb. 479. Kornverteilungskurven verschiedener Erdarten für die vergleichenden Untersuchungen verschiedener Teste. (Nach MACLEAN u. WILLIAMS [251].)

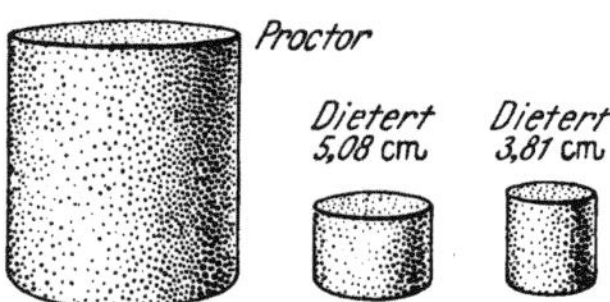

Abb. 480. Größe der Proben für den PROCTOR-Test und den DIETERT-Test. (Nach LITTLE [230].)

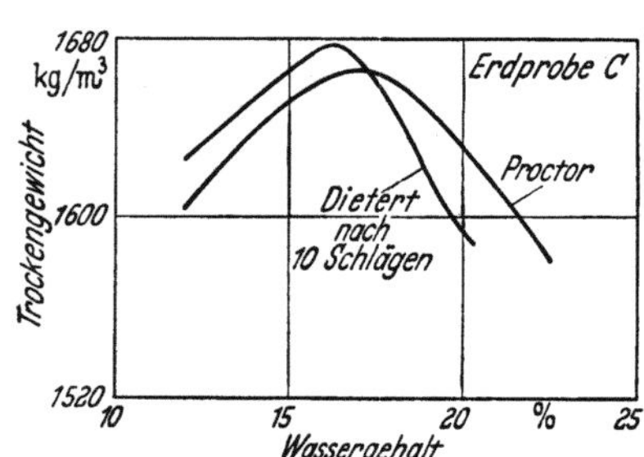

Abb. 481. Vergleich zwischen optimalem Wassergehalt nach dem gewöhnlichen PROCTOR- und dem DIETERT-Test. Letzteres Verfahren benötigt außer geringerem Probenmaterial weniger Schläge. (Nach LITTLE [230].)

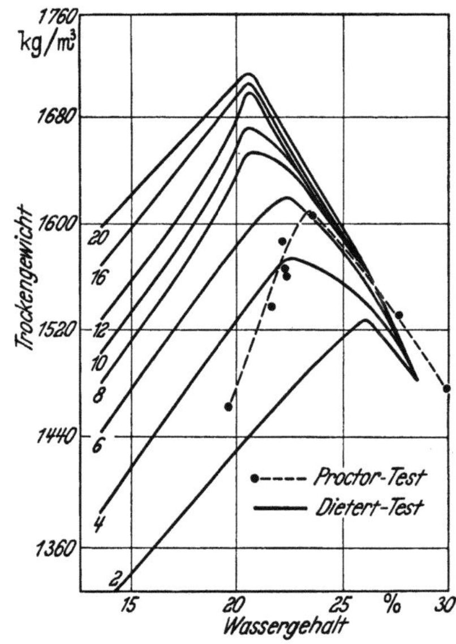

Abb. 482. Beziehungen zwischen optimaler Dichte nach dem PROCTOR-Test und dem DIETERT-Test unter einem zwischen 2 bis 20 Schlägen wechselnden Verdichtungsspiel. (Nach LITTLE [230].)

sich die kleinere Menge leichter verarbeiten. Der Vorteil des DIETERT-Versuches liegt ferner darin, daß infolge der bedeutend geringeren Probe bereits bei 5 Schlägen die Güte des PROCTOR-Versuches (25 Schläge) erreicht wird (Abb. 480 bis 482).

Um gröberes Korn in diesen Testverfahren einwandfrei zu erfassen, wurde beispielsweise in Kalifornien ein Gerät mit 15 cm ⌀ entwickelt, das Körnungen bis zu 20 mm ⌀ zu prüfen gestattet [476]. In Frankreich benutzt man ein Prüfgerät mit 40 cm⌀, 15 kg Stempel und 190 Schlägen je Schicht für das Unterkorn von 20 mm ⌀.

Man sieht, daß die Entwicklung dieser Prüfgeräte durchaus noch nicht abgeschlossen ist. Wie stark der Kiesanteil, also das Überkorn über 2 mm ⌀ die Verdichtungsfähigkeit im Rahmen dieses Testverfahrens beeinflussen kann, zeigt die Abb. 474i nach DERVIEUX [299a].

Kritik. Diese Prüfverfahren sind ausschließlich für feinkörnige Erdmassen geeignet; sie werden daher besonders bei der Überprüfung der Güte der Ausführung von Dichtungskörpern angewandt, wo sie — solange der trockenmechanische Einbau angewandt wird — (vgl. S. 375) besonders notwendig erscheinen. Sie sollten indessen auch dort Anwendung finden, wo feinkörnige, schwer und richtig zu verdichtende Erdarten in eine feste Bauweise gebracht werden sollen. Hier fehlen in Deutschland noch verbindliche Richtlinien, die nur für die Schwingungsverdichtung im Straßenbau erstmalig aufgestellt wurden [339].

Diese Testverfahren zeigen: 1. daß die erhaltenen Gütewerte von den Apparaten abhängen und nur durch diese bestimmt, also nicht absolute sind. Sie verlangen 2. eine ununterbrochene Prüfarbeit, die in den USA bestens durch die Feldlaboratorien organisiert und dauernd sichergestellt ist.

Der Vorteil für die Anwendung dieser drei Verfahren in den USA liegt in der sehr schwachen Schütthöhe der einzubauenden Dichtungsmassen, wofür in erster Linie die Prüfung in Frage kommt. Bei einer Schütthöhe, die zwischen 15 und 25 cm schwankt, die eine Verdichtung von 25% als Mindestmaß erfährt, ist eine größere Abweichung der Dichte an der unteren Schüttfläche infolge der vielfachen durchknetenden Verdichtungsarbeit der Schaffußwalzen als universales Verdichtungsgerät durchaus unwahrscheinlich. Daher hat der Nadeleindringungsversuch nach PROCTOR im Verein mit der Ermittlung des optimalen Wassergehaltes seine besondere Berechtigung, denn er prüft die Widerstandskraft der unteren Schüttlagenhälfte im Gegensatz zu den Verfahren der Seite 386. Man verlangt auf Grund der Voruntersuchungen in den USA nicht nur einen optimalen Wassergehalt mit einer mittleren Karenz von 5% nach oben und unten, man setzt auch neuerdings die Mindestverdichtung in der Bemessung der Höhe des Nadelwiderstandes fest, d. h. eine Schüttlage von im Mittel nur 20 cm Stärke gilt erst dann als ausreichend verdichtet, wenn außer dem optimalen Wassergehalt des Schüttgutes auch der vorgeschriebene Nadeleindringungswiderstand erreicht wurde.

7. Der CBR-Versuch (California-Bearing-Ratio). Grundlagen [271, 273, 339, 379, 390]. Während die bisher besprochenen Testverfahren der USA im Staudammbau Amerikas für die Festlegung der erforderlichen und für zweckmäßig gehaltenen Verdichtung maßgebend und richtunggebend sind, verwendet man das CBR-Verfahren, den sog. „Kalifornischen Trägheitsziffer-Versuch" als empirischen Maßstab vor allem für die Prüfung der relativen Tragfähigkeit des Untergrundes

von Straßen und Flugplätzen. Dieses Verfahren stützt sich auf die Erfahrung, daß der Verdichtungsgrad durch die plastische und elastische Verformung des Bodenmaterials in hohem Maße beeinflußt wird, die wiederum von der Höhe des Feuchtigkeitsgrades des Bodens abhängig ist. Der CBR-Test befaßt sich daher mit der Frage der Unveränderlichkeit des Unterbaues hochwertiger Decken von Straßen und Flugplätzen. Auch dieses Verfahren dient der Bestimmung der größtmöglichen Verdichtung, die ja Grundlage der Tragfähigkeit ist. Dabei werden die Tragfähigkeitsverhältnisse eines Unterbaues: „gewachsener" Boden oder „verfestigter" Damm unter verschiedenen günstigsten und ungünstigsten

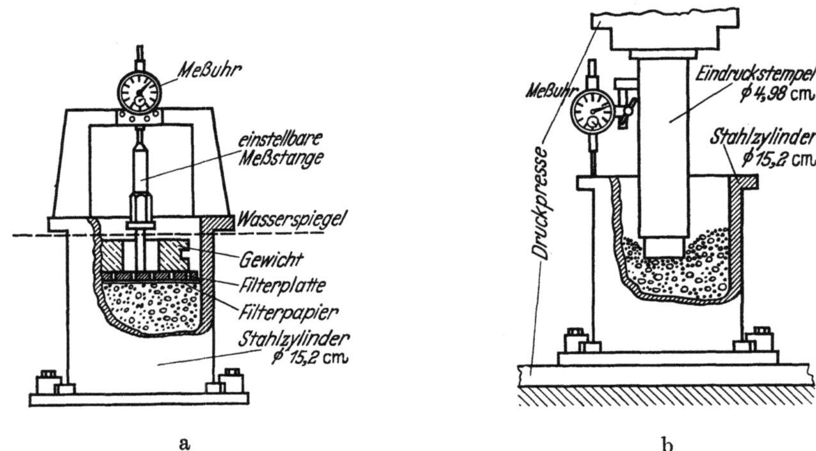

Abb. 483a u. b. Prinzipskizzen für die Anwendung des CBR-Versuches. a Die Bestimmung der Quellfähigkeit, b der Eindringungsversuch an einer Erdart. (Nach MÜLLER [271].)

Wasserverhältnissen geprüft. An Hand von empirischen Kurven wird auf Grund der gefundenen Trägheitsziffer die zweckmäßige Deckenstärke festgelegt.

Versuchsausführung [271]. Der Versuch zerfällt in zwei Abschnitte, begründet dadurch, daß der Verdichtungsgrad in hohem Maße von dem jeweiligen Feuchtigkeitsgehalt des Schüttgutes beeinflußt wird. Dann wird der in einem Stahlzylinder verdichtete Boden belastet, wobei der optimale Wassergehalt zur Erzielung höchster Dichte entscheidend ist (Abb. 483a, b), die Quellfähigkeit bei bestimmter Feuchtigkeitsaufnahme und im zweiten Teil des Versuches der Eindringungswiderstand nach bestimmter Feuchtigkeitsaufnahme festgestellt. Abb. 484a bis c zeigen das Prinzip des Untersuchungsganges.

Die Tragfähigkeit wird dabei durch den Vergleich des Druckes, der für eine bestimmte Einsenkung, meist 2,5 mm eines Stempels von 18 cm² (4,98 cm ∅) Grundfläche, in eine Bodenprobe natürlicher Lagerung notwendig ist, mit einer weiteren Bodenprobe, die nach einer genormten Methode in einem Zylinder sehr stark verdichtet wurde, ermittelt. Abb. 485 zeigt den ermittelten typischen CBR-Wert für eine Anzahl charakteristischer Böden im Vergleich zu dem CBR-Wert = 100 des Standardbodens, der aus steinigem Material besteht. Je geringer diese Werte sind, um so geringer ist die Tragfähigkeit. Mit einem besonderen

Gerät können bis zu 30 Proben/Tag entnommen werden, davon jeweils drei
Proben an einer Stelle.

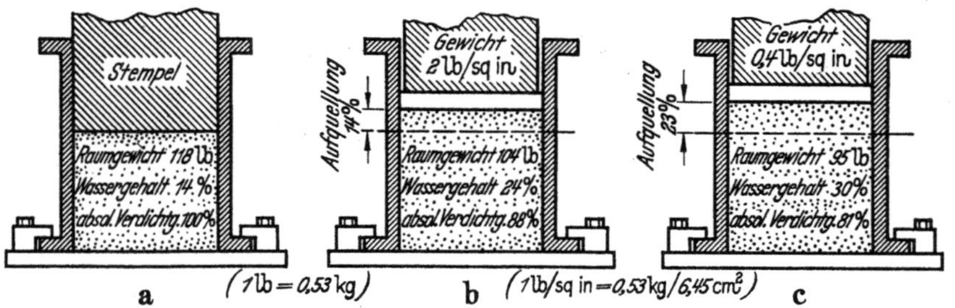

Abb. 484a—c. Die Aufquellungen der Erdart unter verschieden hohen Belastungen. (Nach Müller [271].)

„Bei Baustellenversuchen mit dem CBR-Gerät stellte man ein starkes Anwachsen des CBR-Wertes mit der Dichte des Bodens fest. Beispielsweise ergab eine Bodenart bei einer Lagerungsdichte von etwa 94% der Proctor-Dichte einen CBR-Wert von 10,6, bei einer Lagerungsdichte von etwa 100% dagegen 15,3. Das bedeutet bei einer Straßenbefestigung von 21 cm Dicke (16 cm Kiesunterbau und 5 cm Asphaltbelag) eine Verdoppelung der Tragfähigkeit, wenn die Dichte um 6% gesteigert wird. Diese höhere Verdichtung hat die gleiche Wirkung wie eine Erhöhung der Tragschichtdicke um 7,5—10 cm. Die große wirtschaftliche Bedeutung einer guten Verdichtung geht aus diesen Zahlen deutlich hervor."[1]

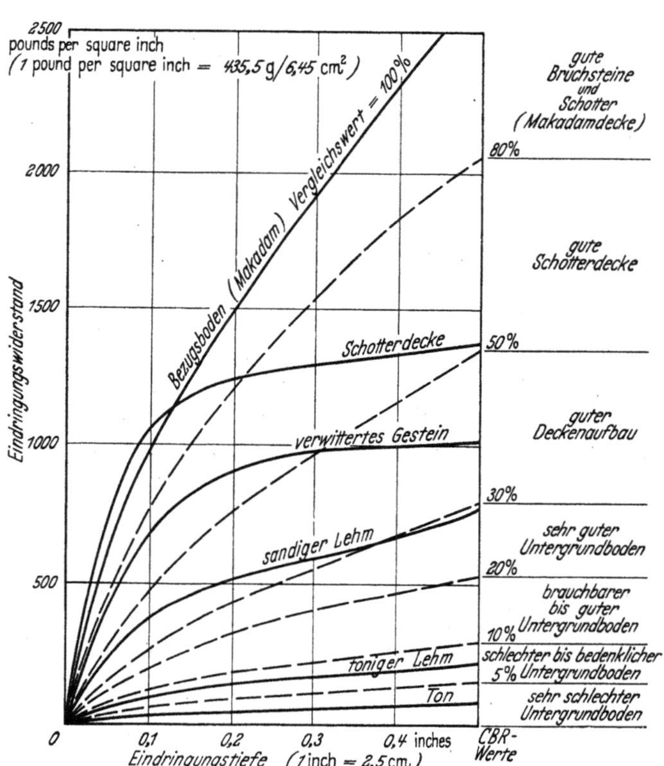

Abb. 485. CBR-Werte für verschiedene Gesteinsarten mit Angabe ihres
spezifischen Wertes für Straßenbauzwecke. Der Eindringungswiderstand
verdichteter und unverdichteter anstehender Gesteinsarten.
(Nach Müller [271].)

Ein anderes Prüfverfahren, die sog. „North-Dakota-Kegelmethode" benutzt
statt des zylindrischen Stempels einen Kegel bestimmter Abmessungen.

Anwendungsbeispiel. Erhält man bei dem genormten Verdichtungsversuch, z. B. für die Einsenkung des Druckstempels um 2,5 mm, einen Druckwert

---

[1] Nach W. E. Winnitoy: Deviation from Standard Compaction Methods Roads and
Bridges October 1949.

von 80 kg/cm² und für die Probe bei natürlicher Lagerung den Wert von 10 kg/cm², dann ist der CBR-Wert 8%, der einen schlechten Baugrund anzeigt. Der CBR-Testwert errechnet sich folgendermaßen:

$$\text{CBR} = \frac{\text{Versuchsdruckbelastung}}{\text{Normendruckbelastung}} \cdot 100 \quad [379].$$

Die genormten Kennziffern des CBR-Versuches sind (Tab. 54):

Tabelle 54.

Eindringung mm	Belastungsdruck kg/cm
2,54	0,0703
5,08	0,1055
7,62	0,1336
10,16	0,1617
12,70	0,1828

CBR-Werte und Baugrundgüte:

2 ··· 5% . . . . . sehr schlechter Baugrund,
5 ··· 10% . . . . . schlechter Baugrund,
10 ··· 20% . . . . . mittelmäßiger Baugrund,
20 ··· 40% . . . . . guter Baugrund.

Als Beispiel wird ein Boden A 3 (vgl. S. 103) in [271] angeführt, dessen Lagerungsdichte in 12,5, 25, 27,5 und 40 cm Tiefe jeweils um 0,02 t/m³ abnahm. Die CBR-Werte lagen bei 50 bis 17, die CBR-Werte der mit gleicher Lagerungsdichte eingebrachten gestörten Proben bei 21 und 8. Bei Verdichtung der Proben, entsprechend der Lagerungsdichte der obersten 2,5 cm, wurden 54 und 16 ermittelt."

Kritik. 1. *Der Anwendungsbereich* erstreckt sich nur auf feinkörnige Erdarten zwischen Grobsandgröße und geringer. Er versagt an stark frostgefährdeten Böden, da die Wasseranreicherung unter Frosteinwirkung und die dabei stark herabgesetzte Tragfähigkeit nicht erfaßt werden können.

In Deutschland dürfte dieses Verfahren wahrscheinlich infolge des ungünstigen Klimas und der vielfach zu groben Bodenarten nicht aussichtsreich sein.

2. Durch den CBR-Versuch werden die Eigenschaften untersucht, die in erster Linie vom Scherwiderstand abhängen. Der Stempel preßt die Bodenprobe nicht nur senkrecht zusammen, er verdrängt sie trotz der seitlich aufgelegten Gewichte nach der Seite in einem Maße, das nicht der Wirklichkeit entspricht.

3. Wie an allen anderen Prüfverfahren, werden auch mit diesem Verfahren nur Vergleichswerte, nicht aber Werte erhalten, die in irgendeiner meßbaren Beziehung zu den physikalischen Eigenschaften des Bodens stehen. Die CBR-Werte ermöglichen somit nur einen Vergleich ihrer relativen Tragfähigkeit an verschiedenen Bodenarten.

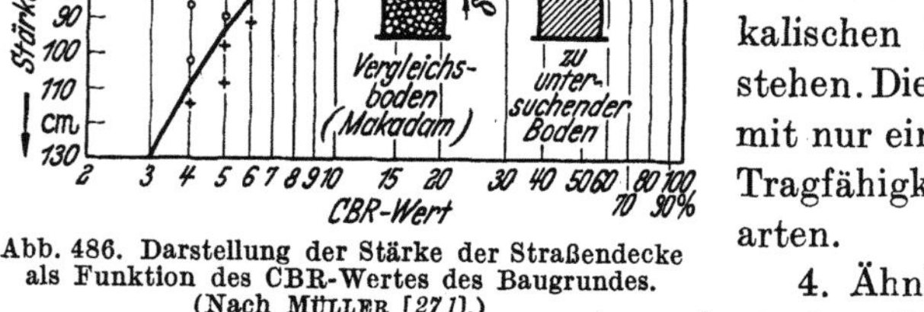

Abb. 486. Darstellung der Stärke der Straßendecke als Funktion des CBR-Wertes des Baugrundes. (Nach MÜLLER [271].)

4. Ähnlich dem PROCTOR-Versuch werden die Verdichtungsversuche mit verschiedenem Feuchtigkeitsgehalt an den Proben solange durchgeführt, bis beim optimalen Wassergehalt die größte Dichte, das höchste Trockengewicht, erreicht ist. Abb. 486 gibt praktische Beispiele dieser Versuche unter Unterteilung als Baugrund und mit Bezugnahme auf die günstigste Deckenstärke nach dem CBR-Test.

5. Infolge der geringen Tiefenwirkung wird der elastische Bereich des Bodens nicht erfaßt.

6. Der *Vorteil* dieses Prüfverfahrens zur Bestimmung der erforderlichen Dekkenstärke liegt nach amerikanischer Erfahrung in folgendem: Von der betreffenden Bodenprobe wird der CBR-Wert ermittelt, mit dessen Hilfe an Hand von Standarddiagrammen (Eichkurven) die für die vorgesehene Belastung erforderliche Stärke der Straßendecke abgelesen werden kann, ohne daß zeitraubende und unhandliche Prüfgeräte und Feldversuche notwendig werden, sondern allein eine einzige kleine Bodenprobe, die an Ort und Stelle auch aus großen Entfernungen von der Baustelle im Prüfraum geprüft werden kann.

f) Das dynamisch-elastische Verfahren [*327, 328*].

Grundlagen. Bei diesem Prüfverfahren wird der zu untersuchende Boden oder die Dammschüttung an bestimmten Punkten durch periodisch wirkende Impulse in gedämpfte Schwingungen versetzt. Nach dem Gesetz der Elastizitätstheorie ist die Ausbreitungsgeschwindigkeit bis auf einen Zahlenwert

$$c = \sqrt{\frac{\text{Schubmodul}}{\text{Dichte}}}$$

(Abb. 487, S. 320 ff.). Da mit Zunahme der Verdichtung auch die Ausbreitungsgeschwindigkeit wächst, ist sie ein relativer Maßstab für die Veränderung der Lagerungsverhältnisse vor und nach der Verdichtung und damit der Festigkeit. Nach [*270*] ist an gut verdichtetem Sand mit einer Ausbreitungsgeschwindigkeit von 150 bis 200 m/s zu rechnen. Hohe Ausbreitungsgeschwindigkeit entspricht hoher Dichte und großem Verformungswiderstand.

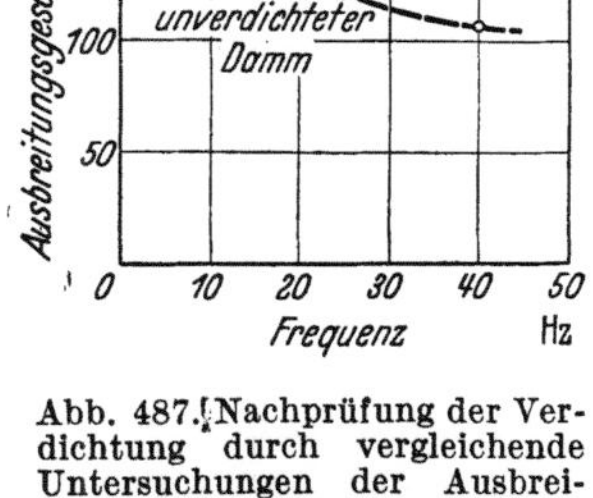

Abb. 487. Nachprüfung der Verdichtung durch vergleichende Untersuchungen der Ausbreitungsgeschwindigkeit gedämpfter Schwingungen in nicht und verdichteten Schüttungen. (Nach RAMSPECK [*327*].)

Kritik. 1. Solange der optimale Wassergehalt nicht wesentlich überschritten wird, bildet es ein geeignetes Mittel, mit Hilfe der Geschwindigkeitsdiagramme einen Rückschluß auf die Höhe des Verfestigungsgrades und damit des Verformungswiderstandes zu ziehen.

2. An den nassen und veränderlichfesten feinkörnigen Erdarten berücksichtigt es — wie auch die anderen Verfahren — nicht die Setzungen.

3. An zu feucht eingebauten Erdarten gibt es zu hohe Werte an.

4. Durch umfassende Vergleichsmessungen an nach Aufbau und Alter bekannten, in sich verfestigten Dämmen kann mit diesem Verfahren elegant und leicht die zweckmäßige Ausbreitungsgeschwindigkeit festgestellt werden, um ein festes, stabiles Dammbaugefüge, vor allem für den so empfindlichen Dammbau der neuzeitlichen Straßenanlagen zu erhalten. Man darf daher nur wünschen, daß mit diesem Verfahren jene Eichkennziffern festgestellt werden, die als zuverlässige Maßzahlen die Gütewerte eines verfestigten Dammes erkennen lassen.

5. Es ist ohne Rücksicht auf Körnung, Stückgröße, also Schüttmaterial, als einziges Prüfverfahren geeignet, hier eine fühlbare Lücke zu schließen, während die bisher beschriebenen, sich stets auf dieselbe Lage, also einen feinmosaik-

26a*

artigen Dammabschnitt, und mit Ausnahme der ersten Verfahren auf feinkörnige, wenn auch die wichtigsten Dammbaustoffe, erstrecken.

6. Ebenso wie das Feinnivellement ist es für bestimmte Dammbauabschnitte wie für den gesamten Damm als summarisches Prüfverfahren anwendbar und in dieser Hinsicht mit den Spezialprüfverfahren stets zu kombinieren, um durch die Untersuchung nach verschiedenen Methoden im diagnostisch einengenden Verfahren die Stabilitätsverhältnisse nach allen verschiedenen Seiten zu erforschen und zu klären.

7. Allerdings können damit örtlich unterschiedliche Verdichtungswerte nicht festgestellt werden. Indessen empfiehlt es sich, dieses Verfahren im Verein mit den Pegelmessungen anzuwenden.

Geotechnische Folgerungen für den Dammbau. 1. Die systematische Nachprüfung der Dammbauausführung, insbesondere des Einbaues und der Verdichtung so verschiedenartiger Dammbaustoffe, erfordert eine straffe Organisation in der Gütekontrolle.

2. In den beschriebenen Verfahren sind geeignete Prüfmittel vorhanden, die sich an Hunderten von Stau- und Verkehrsdämmen als zweckmäßig und unabdingbar erwiesen haben.

3. Eine unmittelbare Bestimmung der elastischen Kennziffer mit den beschriebenen Verfahren kann auch mit dem für feinkörnige Böden anwendbaren Dichtemesser nicht einwandfrei erreicht werden.

4. Der Dammbau, besonders in Deutschland, erfordert eine straffe Ausrichtung der Gütekontrolle nach Verfahren, die den besonderen klimatischen Verhältnissen angepaßt sind und die nach Richtlinien, z. B. wie sie bei der Anwendung der Schwingungsuntersuchungen im Straßenbau vorgezeichnet sind, allgemein umschrieben und eingeführt werden sollten.

Genau, wie z. B. der Betonbau in jeder Phase laufende Kontrolluntersuchungen verlangt und diese auch vorgeschrieben sind, müssen auch für die Ausführung der Erddämme derartige Prüfverfahren festgelegt werden, um nach dem jeweiligen Stand der Erkenntnis und Erfahrung zweckmäßig und mit der höchstmöglichen Sorgfalt und Sicherheit derartige umfangreiche Kunstbauwerke aus dem Baustoff „Erde" zu errichten.

Hier erwachsen den zuständigen Normenausschüssen und Fachverbänden ebenso wichtige wie verpflichtende, verantwortungsvolle Aufgaben in naher Zukunft.

Achter Abschnitt

Die Dammsetzungen und Dammverschiebungen.

Allgemeines

[70, 81, 114, 196, 205, 217, 284, 294, 297, 308, 311, 368].

Der Erfolg einer jeweiligen Verdichtungstechnik im Dammbau zeigt sich in dem Verhalten des Dammkörpers, d. h. seiner Verlagerung unter Wahrung der Form unter Eigenlast und zusätzlichen Beanspruchungen. Die Beanspruchungen der Verkehrsdämme sind abrupt dynamisch, intensiver, unregelmäßiger, die der Staudämme sind mehr oder weniger gleichartig, Druck- und Strömungsenergie aufnehmend.

I. Dammsetzungen.

Begriff und Wesen.

Unter Setzungen sind die unmittelbar dem Schwerkrafteinfluß folgenden Verlagerungen, Niveau-, Lage- und Formveränderungen unter und ohne Vergrößerung der Dichte des Dammgefüges zu verstehen. Sie sind daher als Folge der unausgeglichenen Stabilitätsbedingungen, die sich entweder während und im Zuge der Ausführung oder, wie z. B. an den Dammschultern und Dammböschungen, im Laufe der Zeit unter dem auflockernden Einfluß von Klima, Wasser und Verkehr auswirken, zu erklären. Setzungen im Untergrund und Damm können nur auftreten, wenn

1. der Baugrund der Dammauflast nicht gewachsen ist oder

2. die Stabilität des Dammgefüges dem eigenen Lastzuwachs und den äußeren Beanspruchungen mit wachsender Dammhöhe nicht genügt (Abb. 488.)

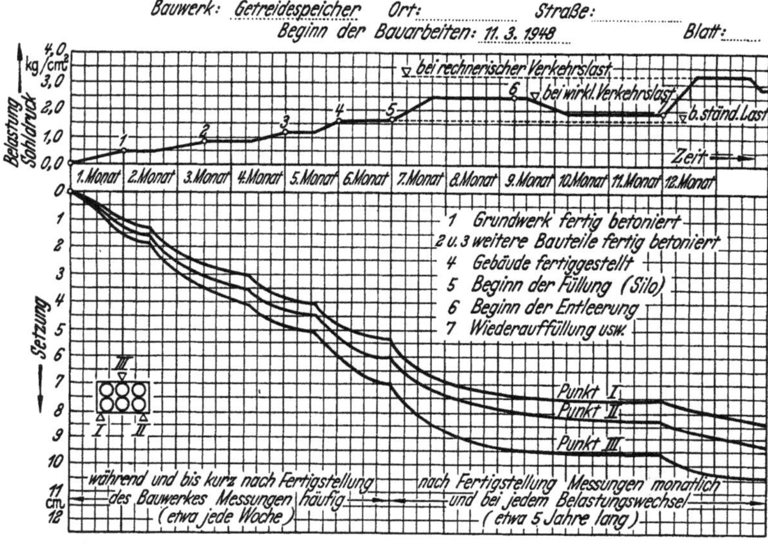

Abb. 488. Muster für die Darstellung des Setzungsverlaufes nach DIN 4017.

Sie führt an den Böschungen zu Abflachungen, zu dem langsamen Boden-„creep", zu Aufwölbungen oder im schlimmsten Falle zu Aufbauchungen.

Folgen. Jede Setzung bedeutet Formänderung.

1. Ursachen der Setzungen.

Als Ursachen für die Dammsetzungen aller Art sind zu nennen:

1. mangelhafte Verdichtung (falsches Gerät, falsche Schütthöhe, falsche Körnung und Stückgröße, falscher Wassergehalt im erdigen Material,

2. Einbau zu feuchter Massen geringer Durchlässigkeit, also zeitlich verzögerte Eigenkonsolidation unter der Auflast (Abb. 489 u. 490),

3. störende Wetterverhältnisse während des Einbaues und bei der Verdichtung, störende Regenperioden, Eindringen von Nässe in nicht oder nur mangelhaft verdichtete, wasserempfindliche Erdmassen, in Trockenrisse, Wühllöcher usw.

Setzungen können somit Folgen fehlerhafter Einbau- und Verdichtungs-

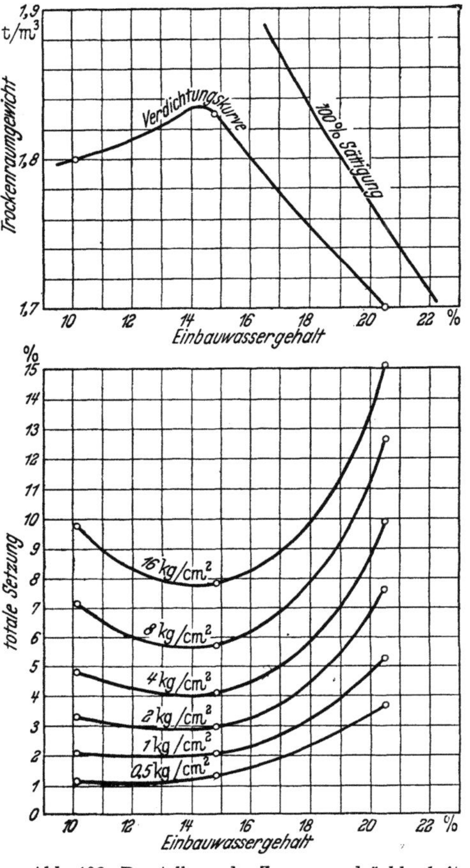

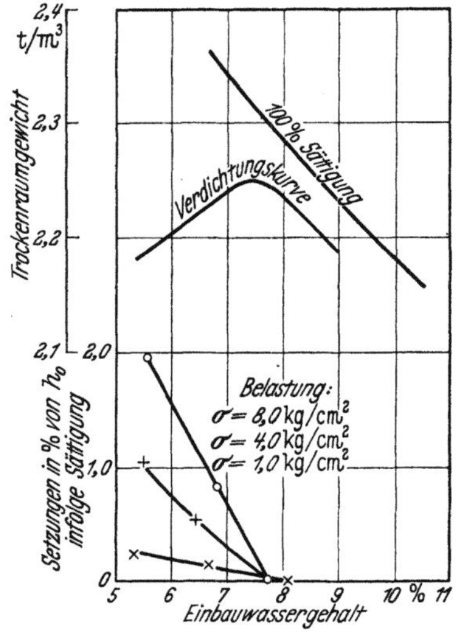

Abb. 489. Setzungen eines verdichteten Lehmes infolge Sättigung dargestellt als Funktion des Einbauwassergehaltes. (Nach BJERRUM [23 a].)

technik, fehlerhaften ungeeigneten Materials und auch vor allem klimatischer Störungen sein. Letztere sind trotz einwandfreier Organisation der Gütekontrolle die häufigsten, da sie plötzlich auftreten. Sie sind daher auch zum Teil dem Einfluß höherer Gewalt

Abb. 490. Darstellung der Zusammendrückbarkeit verdichteten Lehmes bei verschiedenem Einbauwassergehalt (Gehängelehm der Engstligenalp. (Nach BJERRUM [23 a].)

zuzuschreiben. Dies ist der grundlegende Unterschied, daß bei Erdbauten und den großflächigen Dammbauten im Gegensatz zu dem übrigen Kunstbau derartige Einflüsse unvermeidlich sind und sich zwangsläufig in der Güte der Ausführung und in den Setzungen auswirken (Abb. 3, S. 4).

2. Die Auswirkungen der Setzungen.

Auflast der höheren Dammlagen auf die unteren und die Verkehrseinwirkungen auf die höheren Dammteile können Setzungen an den Dämmen auslösen. Da der Scherwiderstand bei ruhenden Lasten und ausgeglichenem Porenwasserdruck größer ist als bei dynamischer Beanspruchung, beeinflussen Verkehrserschütterungen die Setzungserscheinungen, den Drang nach Dammverflachung nachhaltiger als statische Lasten. Der Widerstand gegen die Erschütterungen ist geringer. Während daher statische Lasten einen stetigen Setzungsverlauf auslösen, können dynamische Beanspruchungen auch zu Setzungssprüngen, plötz-

lichen stärkeren Setzungen, führen, die bei mangelhafter Dammfestigkeit
Dammbrüche zur Folge haben können. Die dynamisch-kinetischen als die am
stärksten gefügeverändernden Kräfte bilden für die Dämme aus kohäsionslosen
Erdarten einen Maßstab für die unmittelbare Setzungsgefahr.

Eine an einem jahrzehntelang stabilen Damm auftretende Setzung ist an
Staudämmen infolge einer langsamen Auszehrung eher möglich als an Verkehrsdämmen. Sie kann an beiden Dämmen unter Umständen auf seismische Erschütterungen der Erdrinde (Erdbeben) zurückgeführt werden.

Wirkungen der Setzungen auf das Gefüge:

Der Tendenz der Gefügeverdichtung im Kern geht die einer geringen Auflockerung an den Schultern und Böschungen mit der Folge einer Verflachung
parallel.

3. Die Bedeutung der Setzungen für die Verkehrsdämme.

Setzungen sind für die Verkehrsdämme von größerer Bedeutung als für Staudämme, denn der Gradientenverlauf und die Kurvenüberhöhungen sind für eine
bestimmte Höchstgeschwindigkeit vorgesehen. Eine Veränderung birgt daher
Verkehrsunsicherheit in sich, zumal ein Damm sich niemals ebenflächig setzt,
sondern neben den weniger einflußreichen Längssetzungen die gefährlicheren
Quersetzungen in Erscheinung treten. Quersetzungen in Kurven dürfen weniger
als etwaige geringe Setzungen in Längsrichtungen auftreten. Die Ursachen der
Quersetzungen beruhen darin, daß an den Böschungen, den Dammschultern
auch bei größter Sorgfalt niemals dieselbe bleibende Verdichtung erreicht werden
kann wie im Kern. Aber auch bei anfänglich einwandfreier Verdichtung beanspruchen bei Rechtsverkehr die dynamischen Verkehrsstöße gerade diese verlagerungsempfindlichen Dammteile besonders stark und sie arbeiten zerstörend
an dem Gefüge der Dammschultern. Diese sind empfindlicher als der Dammkern,
der allseitig geschützt ist, ganz abgesehen davon, daß die Scherfestigkeit mit
Annäherung an die Dammschultern nicht linear, sondern stärker abnimmt. Für
das Ausmaß der durch Setzungen möglichen Gradienten- und Querschnitts-
änderungen sind insbesondere Höhe, Breite der Straße (an zweibahnigen Verkehrsstraßen), Links- oder Rechtsverkehr auf diesen zweibahnigen Anlagen, der
Abstand der Hauptverkehrsbahn von den Böschungen, Dammassen, Kurven-
lage (Abb. 290 u. 291, S. 218) usw. von Bedeutung. Dammschultern an Innenbögen
erfahren leichter Setzungen als Außenbögen. In geraden Dammstrecken wirken
sich Setzungen harmonisch im Querprofil aus. Setzungen im Querprofil sind der
beste und empfindlichste Maßstab für das Verhalten der Dämme und ein weiteres
Kriterium im Verein mit den Kernsetzungen für die Güte der Verdichtung bei
sonst einwandfreien Voraussetzungen des Materials.

Da die Verkehrslage in der Nähe der Dammschultern sehr ungüstig für die
Dauerfestigkeit eines Dammes ist, empfiehlt es sich, die Dammschultern durch
breite Bankette aus dem unmittelbaren Einflußbereich der dynamischen Belastungen zu ziehen, solange an zweibahnigen Verkehrsstraßen der Rechtsverkehr aufrecht erhalten bleibt.

a) Gefährliche und ungefährliche Setzungen.

Die Frage, ob Dammsetzungen gefährlich sind, hängt von der Stetigkeit der
Linienführung, der Gradientenlage, ab. Zum Beispiel kann jede Stufe an Beton-

decken (Abb. 446, S. 368) bei Übergängen von Damm zu Bauwerk gefährlich für Schnellverkehr sein. Ebenso sind verkehrsstörende Setzungsmulden an starren Decken sehr nachteilig. Wenn sich die Dammsetzungen ohne Beeinträchtigung der Verkehrssicherheit einer Decke auswirken, spielen mehrere Zentimeter Setzungen keine Rolle.

b) Folgen der Setzungen für Verkehrs- und Staudämme.

1. Die hochwertigen Fernverkehrsstraßen: Autobahnen usw., sind mit ihren dünnen kostbaren Deckenbelägen hoch empfindlich gegen Verlagerungen. Die Behebung dieser Schäden ist meist umständlich und verursacht hohe Kosten.

2. An den Eisenbahndämmen ist die Setzungsfrage nicht so einflußreich, weil es möglich ist, durch Gleisunterstopfungen etwaige größere und störende Senkungen des Bahn- und Gleiskörpers ohne große Kosten zu beheben.

4. Die Bedeutung der Setzungen für die Staudämme.

Günstiges Verhältnis von Breite zur Dammhöhe allein im Hinblick auf die Dammverflachung unter Einfluß der Druckausbreitung unter der statischen Dammauflast (Abb. 491), ist für die Frage der Dammsetzungen von nicht geringer Bedeutung. Alle die den Verkehr störenden und ihn nicht selten an Kurven stark beeinträchtigenden oder an Bauwerksunterbrechungen auch gefährdenden Setzungen sind hier nicht als störende Erscheinungen zu verzeichnen. Dazu kommt als bedeutend stärkerer Einfluß die Verkehrsdynamik.

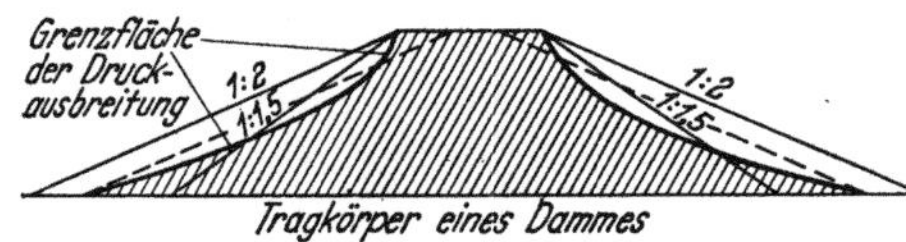

Abb. 491. Verlauf der Druckausbreitungsgrenzkurven bei statischer Belastung mit Bezug auf verschieden geneigte Dammböschungen.

Folgen der Setzungen an Staudämmen.

Im Gegensatz zu den Verkehrsdämmen sind Setzungen an Stauanlagen für die Sicherheit und den Betrieb weniger störend, solange nicht durch die Verlagerungen die Dammkrone unter die vorgesehene Stauhöhe sinkt und damit die Gefahr einer unmittelbaren Überflutung eintritt. Desgleichen dürfen die seitlichen Verschiebungen nicht zu Rißbildungen im Dichtungselement führen.

Infolgedessen sind etwaige Setzungen der Dammkrone stets im Verhältnis zur Hochwasserentlastungsanlage auszugleichen, um das unmittelbare Überströmen unbedingt zu verhindern.

Allerdings sind auch Beispiele bekannt, daß gut verdichtete, noch im Bau befindliche Erddämme eine durch vorübergehende Überflutung verursachte Überströmung keinen Schaden verursachten [173, 467]. Somit sind Intensität, Dynamik, Dauer der Überströmung bei bester Ausführung des Dammes für seine Standfestigkeit entscheidend. Jedenfalls bedeutet Überströmen nicht mehr, wie früher, unmittelbare Dammkatastrophe an gut verdichteten Dämmen.

Die im Vergleich zu den Verkehrsdämmen mit wachsender Auflast zunehmende Pressung auf die tieferen Dammteile eines hohen Staudammes ist unvergleichlich höher als an den in der Regel selten höheren Verkehrsdämmen. Allein an dem Setzdamm der El-Ghrib-Talsperre mit rd. 60 m Höhe wirkte sich die statische Auflast in Zerberstungserscheinungen, explosionsartigen Geräuschen am mittelharten Kalkstein und Sandstein aus und damit die starke Preßwirkung in ihrem verdichtenden Einfluß auf das Dammgefüge selbst.

Bedenkt man, daß der Anderson-Damm in den USA mit 139 m Höhe und einem mittleren Raumgewicht des Dammkerns von etwa 2,0 einen Bodendruck von mehr als 27 kg/cm² bei gleichmäßiger Sohldruckverteilung aufweist, die indessen im Kern erheblich höher ist, so wird hierdurch zugleich auch die stark verdichtende Wirkung (vgl. S. 263) deutlich, die nicht allein auf den Untergrund, sondern auch in mehr oder gleichem Umfange auf die unteren Dammpartien sich auswirken muß (Abb. 492a u. b).

Nachgiebige, plastische Erdarten, aber auch mittelharte Felsmassen, Schiefergesteine als Schüttgut usw., erfahren dadurch eine weitgehende Verfestigung, die durch den Druck gewöhnlicher Walzen niemals erreicht und nur durch den der schweren Schaffußwalzen — allerdings ohne Dauerverspannung — überschritten wird.

Durch die Vorverdichtung der Walzen wird unter dem anwachsenden Dauerdruck der Dammauflast der Verlauf der Setzungen beschleunigt und zugleich ermäßigt. Wenn es daher in [148] heißt, daß an den Felsschüttdämmen bereits die Setzungen 5 Monate nach Beendigung des Dammbaues im wesentlichen ausgeglichen sind, so ergibt sich die vorbereitende Wirkung der mechanischen Verdichtung in dem hierbei erzielten, weitgehend dichten Einzelkorngefüge für die anschließende Drucksteigerung der Dammauflast.

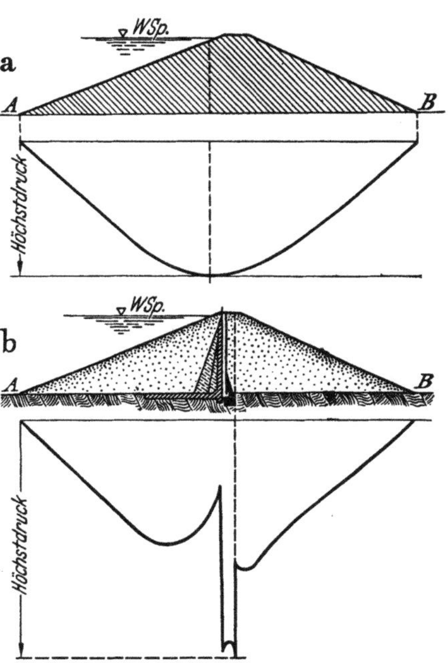

Abb. 492 a u. b. a) senkrechte Spannungen in der Sohle *A—B* eines gleichmäßig aufgebauten Dammes. b) Senkrechte Spannungen in der Sohle *A—B* eines ungleichmäßig aufgebauten Dammes mit Kernmauer. (Nach EHRENBERG [80].)

Welchen Einfluß die Verdichtungstechnik hierbei spielt, zeigt das Verhalten des Staudammes Cranzahl von 37 m Höhe: Die 13 t schwere Vierradwalze wurde vom Unternehmer auf Grund angeblich gleicher Baustoffverhältnisse und einwandfreier Dammausführung an einem anderen Damm bei allerdings fünfjähriger Dammbauzeit als völlig ausreichend und für die Dammverdichtung geeignet vorgeschlagen. Der vorliegende Damm mußte in knapp 2 Jahren ausgeführt werden. Die Setzungen im unteren Teil, der durch Walze verdichtet wurde, betrugen indessen 4% und ließen die ungenügende Verdichtung, gemessen am Setzungspegel, erkennen. Nach Ersatz der Walze durch 1000 kg schwere Delmag-Frösche wurden die Setzungen auf etwa 1% beschränkt und zugleich die Verdichtung und Setzung des unvollkommen verdichteten unteren Teiles beschleunigt. Diese günstige Wirkung zeigt zugleich den dynamischen, weitausstrahlenden Verdichtungserfolg mit diesen Rammen und rechtfertigt daher die Anwendung höherer Schüttlagen bei diesen Stampfgeräten für Staudämme.

Keil, Dammbau. 2. Aufl.   27

5. Verhütung von Setzungen und setzungsfreie Verdichtung [205].
Die setzungsfreie Verdichtung an Verkehrsdämmen.

a) Begriffliches.

Bei der setzungsfreien Verdichtung darf der Damm als festgefügtes Bauwerksfundament und Unterbau und mit ihm die Fahrbahndecke als Oberbau unter stärkster Verkehrsbeanspruchung keine Setzungen erfahren.

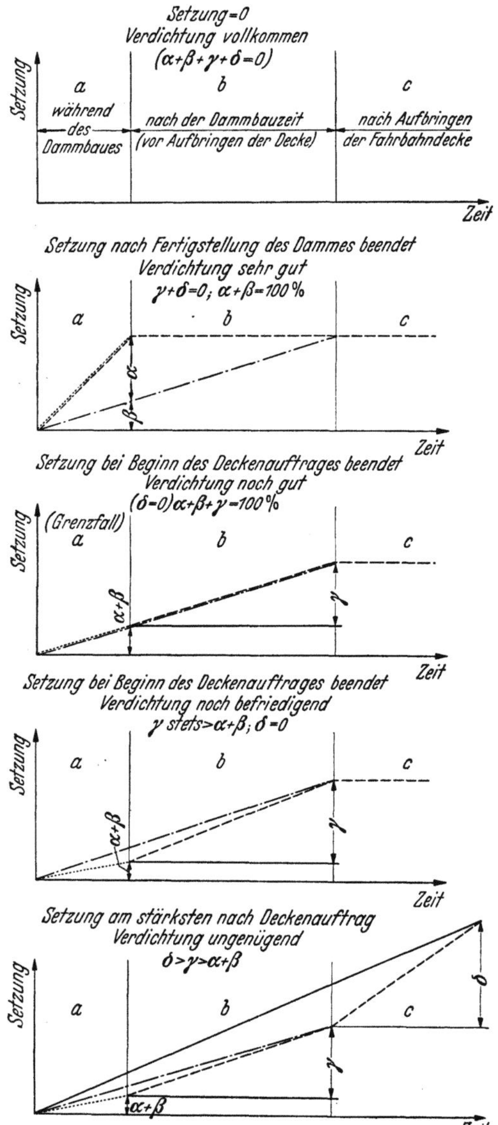

Es kann bei der Klärung dieser Forderung zwischen dem Setzungsprozeß während der Dammausführung, dem in der Zeit bis zum Deckenauftrag und dem bis zur Verkehrsübergabe, unterschieden werden. Praktisch genügt die Stabilisierung eines Dammes bis zur Verkehrsaufnahme (Abb. 493). Nach Feststellungen der Amerikaner an allerdings hohen und zeitlich sich über längere Dauer erstreckenden Dammausführungen treten die Hauptsetzungen während der Zeit des Dammbaues und innerhalb des ersten halben Jahres nach der Dammvollendung auf. Daher sollte man, soweit die Dammbauzeit nicht ausreicht, um die Setzungen weitgehend ausklingen zu lassen, diese — wenn nicht durch andere Maßnahmen — möglichst durch eine einwandfreie Verdichtung zu beschränken versuchen.

Über das Verhalten des Bodens unter Wechsellasten geben folgende Untersuchungen Aufschluß:

Abb. 493. Darstellung der möglichen Setzungen in ihrem zeitlichen Verlauf als Standardbilder für eine mehr oder weniger gute Verdichtung.

a Zeit während des Dammbaues; *b* Zeit nach Beendigung der Dammschüttung vor Aufbringen der Decke, *c* Zeit nach Aufbringen der Decke; α + β Setzungen während des Dammbaues, Setzungen nach Beendigung der Dammschüttung, vor Aufbringen der Decke, Setzungen nach Aufbringen der Decke. .... Setzungsverlauf während des Dammbaues. — — — Setzungsverlauf nach Beendigung der Dammschüttung. —·—·— Setzungsverlauf bei gleichmäßiger zeitlicher Setzung bis zum Aufbringen der Decke. ———— Setzungsverlauf bei gleichmäßiger zeitlicher Setzung während der Beobachtungszeit, *u* unterer, *m* mittlerer, *o* oberer Dammabschnitt.

L. BENDEL berichtet [380] über seine neuen Versuche zur Erforschung des Verhaltens des Baugrundes, insbesondere der Setzungen, unter Wechsellasten aus Straßenfahrzeugen, Flugzeugen, Maschinenschwingungen u. a.: Zu diesem

Zweck wurde ein dreiachsiger Druckapparat konstruiert, der einen raschen Wechsel der senkrechten Belastung bis zu 50 Hz ermöglichte und auch zum Eindrücken von Versuchspfählen benutzt werden konnte. Außerdem wurden 12 m lange Pfähle von 30 cm $\varnothing$ und Gründungsplatten von 2000 und 10000 cm² Fläche im Gelände belastet und Filme von Modellversuchen aufgenommen.

BENDEL unterscheidet drei Arten von Bodendeformationen (Abb. 494):

a) die elastisch-plastische als logarithmische Funktion $s = K \log$

$$s = K \log \left(\frac{\sigma_0 + \sigma_z}{\sigma_0} \right),$$

b) die elastische als Gerade (HOOKEsches Gesetz) und

c) die plastische als Exponentialfunktion $s = s_0 (\sigma_0 + \sigma_z) K_0$,

wobei s = Setzung, σ_0 = Vorbelastung des Bodens, σ_z = zusätzliche Belastung, $s_0 = s_1$ = Setzung unter einer Belastung $\sigma_1 = 1 \text{ kg/cm}^2$, $K = s_{10} - s_1$ und $K_0 = \log(s_{10}/s_1)$ ist (s_{10} = Setzung und $\sigma_{10} = 10 \text{ kg/cm}^2$ usw.). Diese Beziehungen gelten sowohl für statische als auch für dynamische Belastungen.

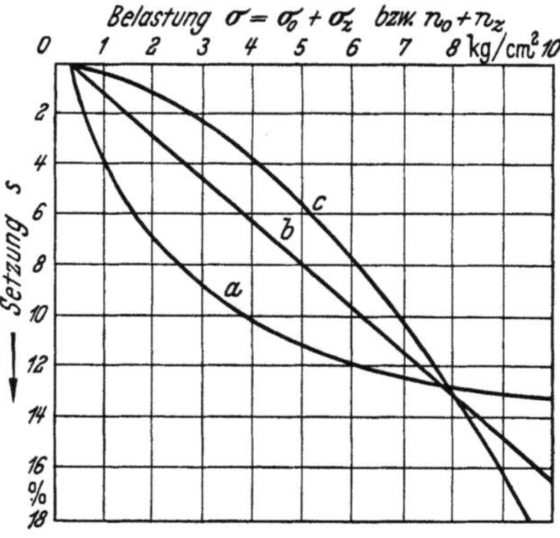

Abb. 494. Gestalt der Kurven für elastische, elastisch-plastische und plastische Formänderungen des Bodens.
(Nach BENDEL, SCHULTZE [*18, 380*].)
a elastisch-plastische Formänderung: *b* elastische Formänderung (HOOKEsches Gesetz): *c* plastische Formänderung.

Form a findet man bei allen Zusammendrückungsversuchen wie im Gelände unter geringen Bodenpressungen — viele Probebelastungen beginnen mit einer solchen Hohlkurve —, Form c ist typisch für den eigentlichen Verlauf der Probebelastungen von Platten und Pfählen, wo also relativ große Bodenpressungen auftreten.

Zwischen den dynamischen und statischen Setzungen besteht die Beziehung s dyn = αs/stat. Der Faktor α, der unter oder über 1 liegen kann, hängt von der Vorbelastung und dem Wassergehalt des Bodens, der Frequenz und der Anzahl der Lastwechsel ab, und zwar wächst α mit steigendem Wassergehalt und abnehmender Vorbelastung der Probe. Läßt man eine Probe sich zunächst statisch unter einer beliebigen Belastung setzen und dann die senkrechte Last mit geradlinig ansteigender Frequenz schwingen, so erhält man zu Beginn der Schwingung und an der Resonanzstelle zwischen der Eigenschwingung der Probe und der Erregerschwingung der Last einen Setzungsdruck, im übrigen aber keine wesentlichen weiteren Zusammendrückungen mehr. Für die Resonanz und Schwingungszahlen darüber ergibt sich demnach ein anderer Wert α als darunter.

Die Abhängigkeit der Setzung s von der Zahl n der Lastwechsel nimmt die gleiche Form an wie deren Beziehungen zum Druck σ. Es ist im Fall a in Abb. 494 $s = N_1 \log[(n_0 + n_z)/n_0]$, im Fall c dagegen $s = N_3 n_z N_0$, wobei N_3 = Setzung s_1 nach *einem* Lastwechsel $n_1 = 1$, $N_0 = \log s_{10} - \log s_1/(\log n_{10} - \log n_1) = \log s_{10} - \log s$; s_{10} = Setzung nach 10maligem Lastwechsel $n_{10} = 10$, s = Setzung nach einmaligem Lastwechsel $n = 1$, n_0 = Anzahl früherer Lastwechsel (Vorbelastung durch Lastwechsel), n_z = zusätzlicher Lastwechsel. Die Beziehung gilt jeweils für eine gleichbleibende Größe des Lastwechsels und eine bestimmte Frequenz.

Aus den Filmaufnahmen geht hervor, daß bei einer dynamischen Belastung der gestörte Bereich des Baugrundes weniger ausgedehnt als bei einer statischen Last ist und eine grundsätzlich andere Begrenzung aufweist. Diese Tatsache ist besonders für die Verkehrsdämme sehr wichtig.

Für die Verfestigung des Dammes, die Stabilisierung des Gefüges sind mit Rücksicht auf die Verhinderung bzw. das Ausmaß der Setzungen die Dammbautechnik unter Beachtung der hierfür erforderlichen Gütevorschriften das Mindestmaß an Raumgewicht (etwa 2,0) entscheidend.

Infolgedessen sind an setzungsempfindlichen Dammteilen und -gliedern: Widerlagern, Schultern in Verkehrsdämmen keine wasserempfindlichen Massen einzubauen, da die Veränderung des Wassergehaltes auch Setzungen wieder aus-

Abb. 495. Einbau felsigen Schüttmaterials und ungenügendes Abrammen mit zu leichten Handrammen als eine Ursache der „üblichen" Setzungsmulden an Bauwerksübergängen zum Damm.

Abb. 496. Dammschultersetzung an Bauwerksüberschüttung im Innenbogen einer Autobahn trotz ingenieurbiologischer sichernder Maßnahmen (Bepflanzung mit tiefwurzelndem Strauchwerk).

lösen kann (Abb. 495 u. 496), die schon abgeschlossen sind, indem durch die „Verwässerung und die Verkehrserschütterung" das Stoffsystem in eine langsam gleitende Bewegung gerät.

b) Verhinderung von Setzungen im Verkehrswesen an Bauwerken.
Einbautempo.

Bauwerksanschlüsse (Abb. 497 u. 498). Diese Frage gilt vor allem für Straßendämme an Bauwerkswiderlageranschlüsse [*79, 173, 363*]. Die Setzungen lassen sich unter folgenden Bedingungen fast völlig verhindern:

1. Verwendung fester Erdarten, ihre Verdichtung durch Innenrüttler, Vibrationswalzen oder lagenweise mit Delmag-Rammen unter strenger Beachtung des optimalen Wassergehaltes.

2. Anwendung des Filterprinzipes bei der Entwässerung der Widerlagerrückleisten, um eine Verschlämmung der feineren Körnungen zu vermeiden.

3. Lange, einfangende Widerlagerflügelmauern, um ein seitliches Ausweichen der Dammassen infolge der verstärkten Resonanzwirkungen der Verkehrserschütterungen zu vermeiden.

4. Stahlbetonfahrbahndecken oder Anwendung von Schlepp-Platten zur Überbrückung selbst kleiner unvermeidlicher, im Witterungseinfluß beruhender Setzungen.

Setzungen sind an Bauwerksanschlüssen unvermeidlich

1. bei Mangel an Widerlagern oder

2. bei zu kurzen Flügelmauern,

3. auch aufgelöste Widerlager bilden ungünstige Voraussetzungen. Trotz sorgfältigster Verdichtungsarbeit ist ein stabiler Dammanschluß infolge der un-

Abb. 497. Verzicht auf Flügelmauern verursachte dauernde schwere Deckenschäden an diesem Dammanschluß der Autobahn bei Dresden.

Abb. 498. Verkehrte (falsche) Anordnung der Stufenfilterschichten an einem Widerlager, bei Lehmanschüttung wäre diese Durchführung richtig.

günstigen Auswirkungen der Verkehrserschütterungen vom Bauwerk zum Damm niemals zu gewährleisten (vgl. S. 213). Daher ist auch der Brückenkonstrukteur dafür verantwortlich, daß die Dammanschlüsse in den Widerlagerflügelmauern sicher und ohne seitliches Ausweichen aufgenommen werden können.

c) Sicherung der Dammschultern und Dammböschungen.

Beschränkung und weitgehende Verhinderung der Dammschultersetzungen an Verkehrsdämmen wird durch folgende Maßnahmen erreicht:

1. Verwendung grobkörniger, klimatisch unempfindlicher Schüttmassen innerhalb der Frostzone und darunter.

2. Angemessene Verbreiterung der Dammschultern, um die Widerlagerwirkung gegenüber den vom Straßenkörper ausstrahlenden Verkehrserschütterungen zu erhöhen.

3. Verhinderung des Eindringens von Wasser (Tau- oder Niederschlagswasser) im Dammschulterbereich durch satten und dichten Anschluß der leicht-

befestigten Seitenbankette an die Fahrbahndecke an Autobahnen usw. (Abb. 499 a u. b), Auftrag der gegen Niederschlagswasser dichtenden leichten Straßenbeläge bis nahe der Dammschultern; hier Fußgänger- und Radfahrwege wasserdicht befestigen und längs der Straßenfahrbahn anordnen.

4. Beschränkung der schweren Verkehrslasten auf den eigentlichen Kern des Straßenkörpers. Nach MÜLLER [268] empfiehlt sich die Anordnung von Ton und überhaupt frostgefährlichen Erdarten nach der Abb. 7, S. 7, d. h. im Kern.

Gesetz der Verkehrsbelastung an zweibahnigen Strecken lautet: Abstufung der Verkehrsbeanspruchungen nach der Verkehrsdynamik. Je größer diese ist, um so stärker ist diese in die Dammitte zu verlegen. Dies bedeutet allerdings eine einschneidende, aber im Hinblick auf die Stabilität der Verkehrsanlagen durchaus erwägbare Änderung der Verkehrsvorschriften für Fernverkehrsstraßen (Autobahnen) mit hohen Dämmen und zweibahnigem Betrieb.

5. Abflachung der Dammschultern und Dammböschungen zugleich im Sinne einer landschaftsverbundenen Bauausführung.

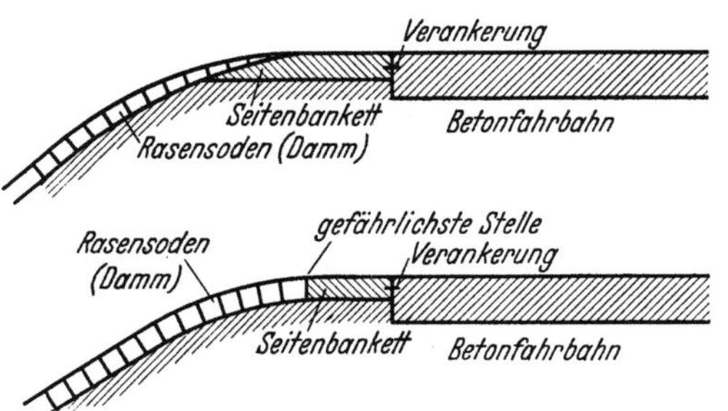

Abb. 499. Sicherung der Böschungsschulter durch Verbreiterung des Seitenbankettes, Verankerung mit der Fahrbahn und Andecken von Rasensoden.

d) Das Gesetz der luftseitigen Böschungen.

Das Gesetz, welches den Forderungen der Geomorphologen und der Landschaftsberater entspricht, lautet nach SCHLUMS [373, 374]: „Bei Böschungsneigungen bis zu einem Meter Dammhöhe beträgt die Neigung 1 : 5, bei Böschungen zwischen 1 und 2 m Höhe hat der unterste Meter die Neigung 1 : 5, der 2. Meter 1 : 4. Die folgenden 2 Meter werden unter 1 : 3 geböscht. Der oberhalb gelegene Böschungsteil ist im Verhältnis 1 : 2 geböscht. Bei Dämmen über 10 m tritt an Stelle der Stufenhöhe von 1 m die Stufenhöhe von $1/_{10}$ der Dammhöhe H. Der Böschungsfuß ist dabei nach dem Kreisbogen ausgerundet" (Abb. 225, S. 163).

Diese Böschungsform vereint Stabilität mit Schönheit der landschaftsgebundenen Gestaltung, erfordert aber an hohen Staudämmen erheblich mehr Massen, weshalb dieses Gesetz in erster Linie für die besonders böschungsempfindlichen Verkehrsdämme Anwendung finden sollte.

Staudämme weisen derartige Gefahrenpunkte nicht auf.

Staudämme. Setzungen werden — wie an den Verkehrsdämmen — weitgehend verhindert durch

1. die bestmögliche Verdichtung,

2. die Ausbildung der Böschungsneigung mit Rücksicht auf die erhöhten Porenwasserdruckbelastungen bei plötzlichen Stauspiegelsenkungen: Ungünstiger, auf Abgleiten und damit teilweise Setzung drängender Porenwasserüberdruck in den wasserübersättigten Dammassen,

3. Berücksichtigung der Druckausbreitung an steilen hohen Dämmen und der dadurch unter klimatischen Einwirkungen: Wechselspiel von Frost und Hitze, Nässe und Trockenheit sich allmählich vollziehenden Verflachung des Dammkörpers.

e) Zeitlicher Verlauf der Setzungen (Abb. 488, S. 413).

Wie bereits oben ausgeführt wurde, ist der zeitliche Verlauf der Setzungen zumeist innerhalb einer durch den Dammbau und die anschließende Zeitspanne begrenzten Periode beschränkt. Der Verlauf und die zeitliche Dauer der Setzungen hängt dabei ab von:

1. den hydrostatischen Druckverhältnissen, der Durchlässigkeit, der Güte der Verdichtung,

2. den Verkehrseinwirkungen an Verkehrsdämmen,

3. der Lastzunahme und dem Einstau bei Staudämmen,

4. den Schüttstoffen selbst. Je dichter diese sind, je höher der Druck ist und je geringer die Durchlässigkeit, um so länger halten die Setzungen an.

5. dem Druckausgleich der eingeschlossenen Luft (Gesetz von HENRY).

f) Überhöhung als Ausgleich etwaiger Setzungen.

Durch die künstliche Verdichtung ist auch die Überhöhung der Dämme neu zu lösen. Auf Grund jahrelanger Beobachtungen gelten die folgenden Richtzahlen. Ein Dammkörper ist schlecht verdichtet, wenn die Setzungen mehr als 1% betragen; denn die Erfahrungen [148] an nicht verdichteten Felsdämmen zeigen nur Setzungsbeträge von etwa 1 bis 3%. Durch zeitweilige Überhöhung kann man bei ungenügender Dammauflast die Untergrundsetzungen vorzeitig zum Abschluß bringen (vgl. S. 496). Allerdings ist zu trennen zwischen den Verkehrsdämmen und den Staudämmen.

Verkehrsdämme. Diese Dämme sind niedriger, daher tritt die Verfestigung im Damm selbst nicht durch die Auflast in Erscheinung wie an den hohen Staudämmen. Hier gilt also, den Einfluß der gefügeverdichtenden Verkehrsbeanspruchungen durch eine weitgehende Verdichtung vorauszunehmen. An den Straßendämmen ist dies durch die mechanischen Verdichtungsgeräte möglich, an den Eisenbahndämmen nur durch die abrupte Kraft der Sprengverdichtung. Gut verdichtete Dämme weisen Setzungen von weniger als 1% auf und gehen hinab bis etwa 0,2%. Nicht berücksichtigt ist dabei der Einfluß des Untergrundes, dessen Größe je nach der Zusammensetzung verschieden ist und hier außer Betracht bleibt.

6. Setzungsbeobachtungen an Verkehrsdämmen [30, 155].

Die Verfestigung durch Ausklingen der Setzungen wird erleichtert durch die erheblich höhere Gewichtsauflast. Indessen sollen und können die Setzungen im gleichen Ausmaß wie an den Verkehrsdämmen beschränkt werden. Differenzen werden jedoch stets zu verzeichnen sein. Diese sind weitgehend begründet durch die verschiedenen elastischen Konstanzen des Dammaterials. So ist es erklärlich, daß Setzungen durch plastische Verformung im Bereich des Dichtungskörpers eher und stärker sich auswirken können als an einem aus Felsstücken zusammengesetzten Stützkörper.

In Tab. 55, S. 428, sind Ergebnisse von Setzungsbeobachtungen an Dämmen der Autobahn Dresden in den Jahren 1935/36 zusammengestellt worden. Leider können die bis zum Jahr 1945 fortgesetzten Pegelmessungen nicht mehr berücksichtigt werden, da sie verlorengegangen sind. Weitere aufschlußreiche Ergebnisse über Setzungsbeobachtungen an Straßendämmen in der Zeit von 1939 bis

1945 hat Lewis [*218*] veröffentlicht. Sie erstrecken sich u. a. auf einen Vergleich der Setzungsvorausberechnungen mit den Maßergebnissen und liefern bis zu 20% Abweichungen. Ferner enthält [*10, 153, 308, 413*] interessante Angaben.

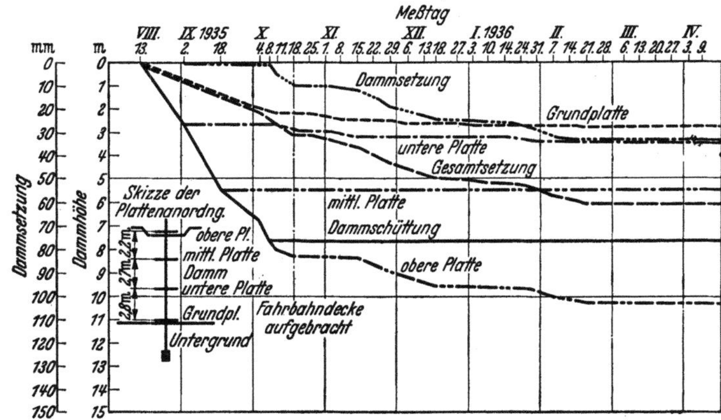

Abb. 500. Art der Massen: Lößlehm und Steinbruchabraum. Schütthöhe: 20 und 10 cm. Anzahl der Schüttungen 40. Verdichtungsgerät: 500 kg Delmag-Ramme, 6 t-Tandemwalze. Verdichtungsverfahren: Abwechselnd walzen und rammen.

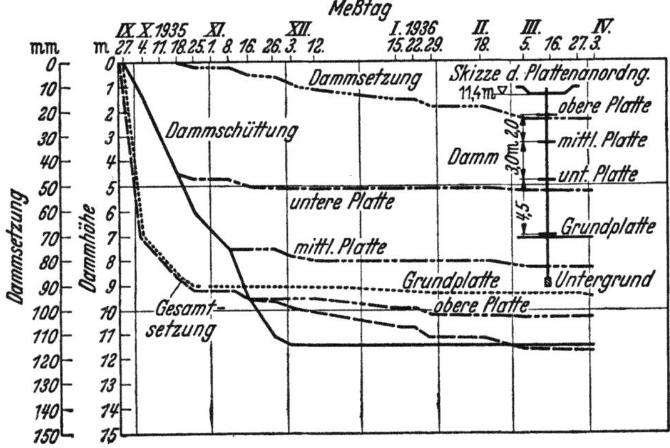

Abb. 501. Art der Massen: Tonschiefer und Granitgeröll, mit wenig Lehm durchsetzt. Schüttstärke: 0,75 m. Anzahl der Schüttungen: 18. Verdichtungsgerät: Stampfplatte 2 t.

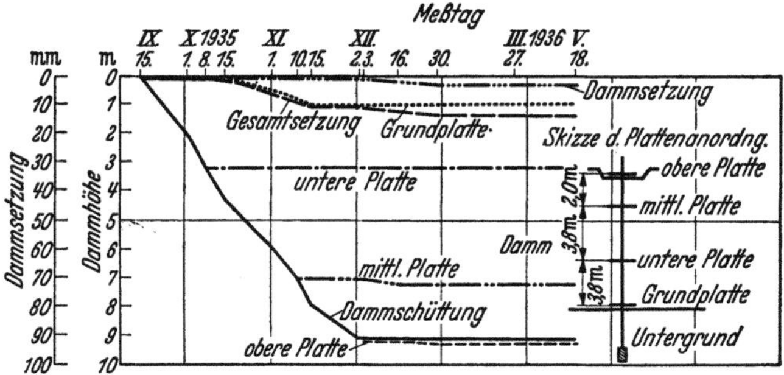

Abb. 502. Art der Massen: Syenitabraum. Schütthöhe: 0,70 m. Verdichtungsgerät: 2 t-Stampfplatte. Verdichtungsverfahren: 3—4 mal abrammen.

Abb. 500 bis 502. Ergebnisse von Pegelmessungen an Hinterfüllungskeilen von offenen und aufgelösten Widerlagern [*153*].

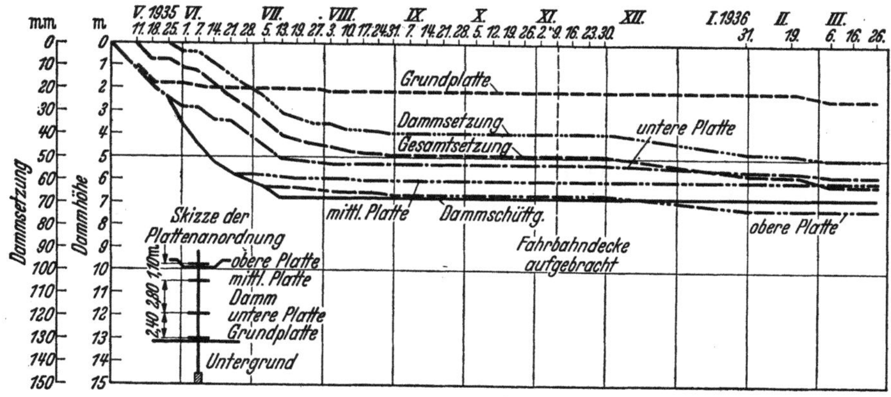

Abb. 503. Art der Massen: verwitterte felsige Massen: Glimmerschiefer und Lehm. Fahrbahndecke aufgebracht vom 8. November 1935 an. Schütthöhe: 0,40 m. Anzahl der Schüttungen: 21. Verdichtungsgerät: Delmag-Ramme 200 kg und 500 kg. Verdichtungsverfahren: Kreuzweises Abrammen. 10 cm Rammvorsprung. Das Bild *zeigt außerdem* sehr deutlich, daß auch nach längerem Stillstand der Winter (Tauwetter) kleinere Nachsetzungen auslöst!

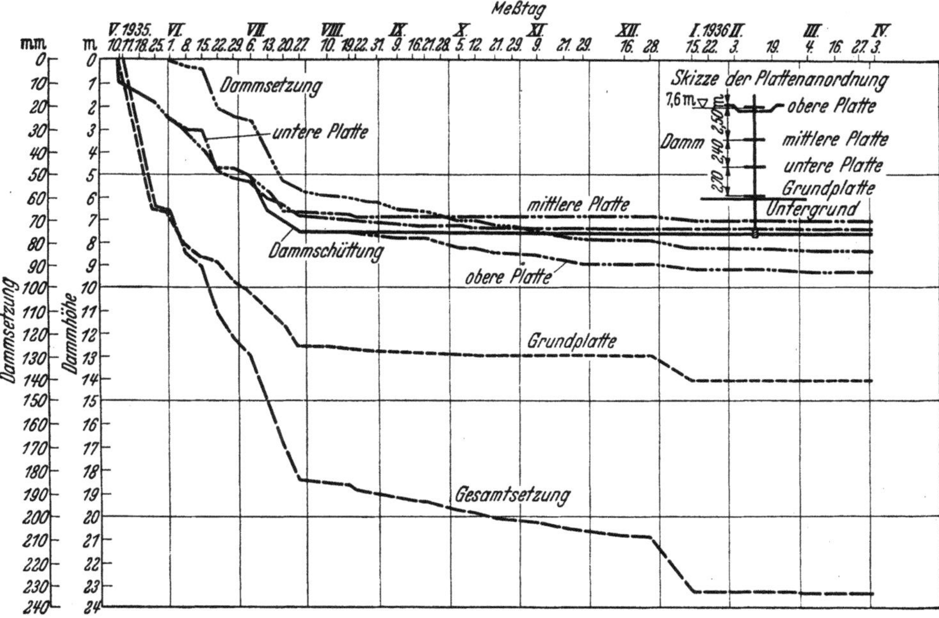

Abb. 504. Art der Massen: Lößlehm und verwitterter Schiefer. Schütthöhe: 0,50—1 m. Anzahl der Schüttungen: 12. Verdichtungsgerät: Stampfplatte 3 t.

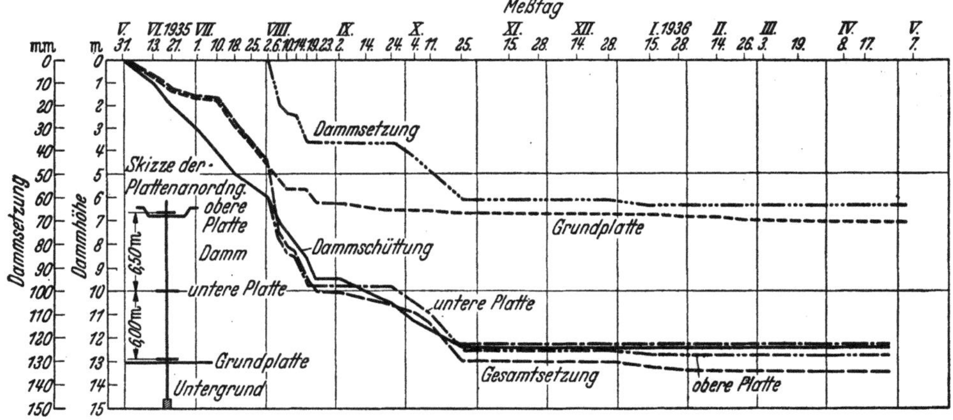

Abb. 505. Art der Massen: Fauler Felsen schotterartig. Schütthöhe: 0,40 m. Anzahl der Schüttungen: 40. Verdichtungsgerät: Verdichtet mit 14 t-Radwalze.

Abb. 503 bis 505. Ergebnisse von Pegelmessungen an Dämmen ohne Berücksichtigung des Untergrundes.

Keil, Dammbau. 2. Aufl.

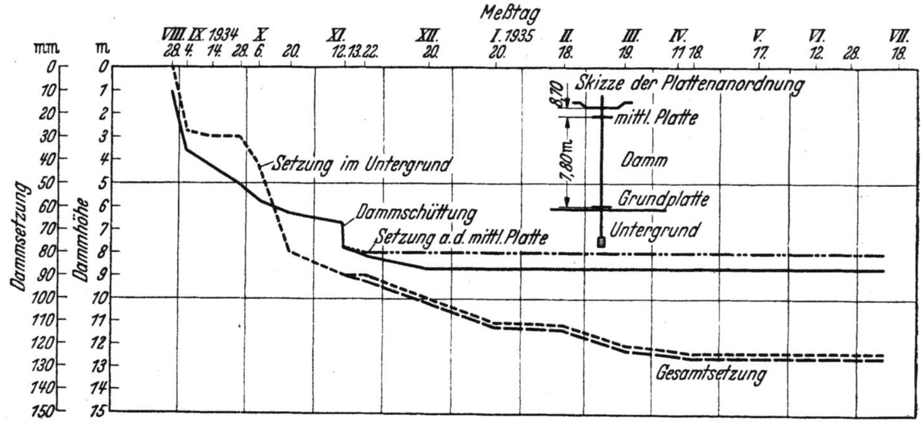

Abb. 506. Art der Massen: Tonschiefer, hack- und sprengfest. Schütthöhe: 30 cm.
Verdichtungsgerät: 200 kg-Delmag-Ramme. Verdichtungsverfahren: doppeltes und kreuzweises Abrammen.

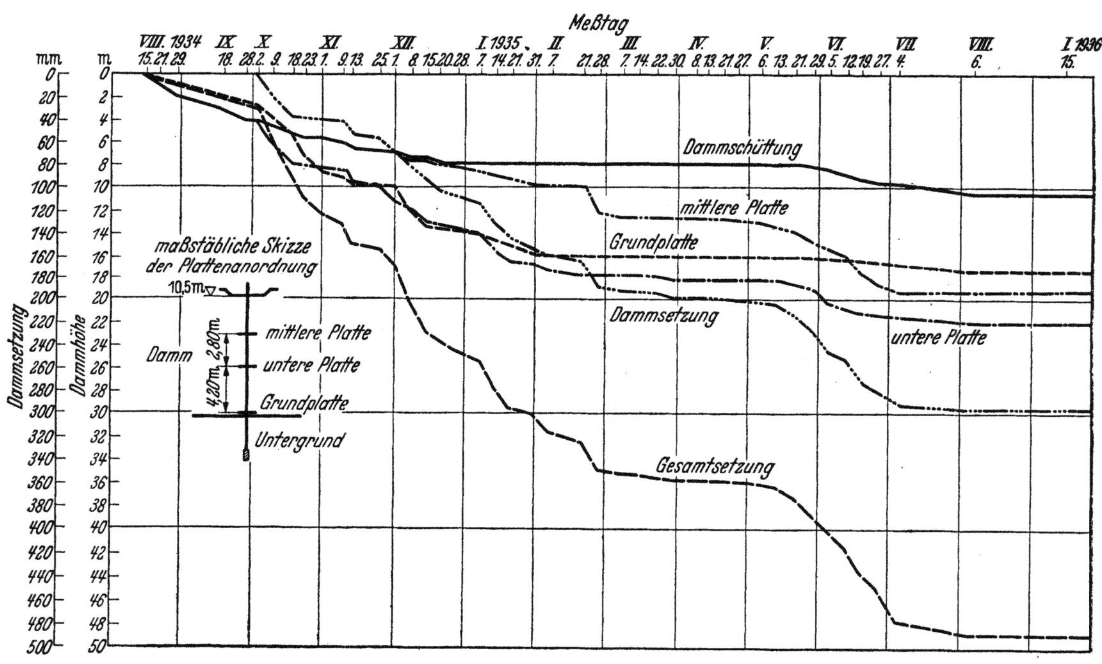

Abb. 507. Art der Massen: Tonschiefer. Schütthöhe: 30 cm. Verdichtungsgerät: Delmag-Ramme, 200 kg
bis zum 20. Dezember 1934, 500 kg vom 21. Mai 1935, Verdichtungsverfahren: kreuzweises Abrammen,
10 cm Rammenvorsprung.

Abb. 506 u. 507. Ergebnisse von Pegelmessungen an Dämmen mit Berücksichtigung der Setzungen im
Untergrund [153].

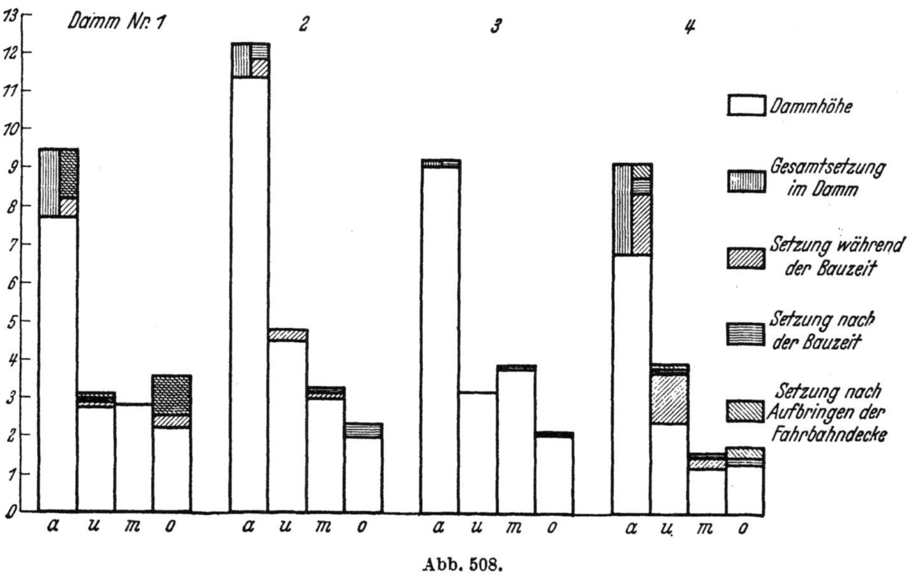

Abb. 508.

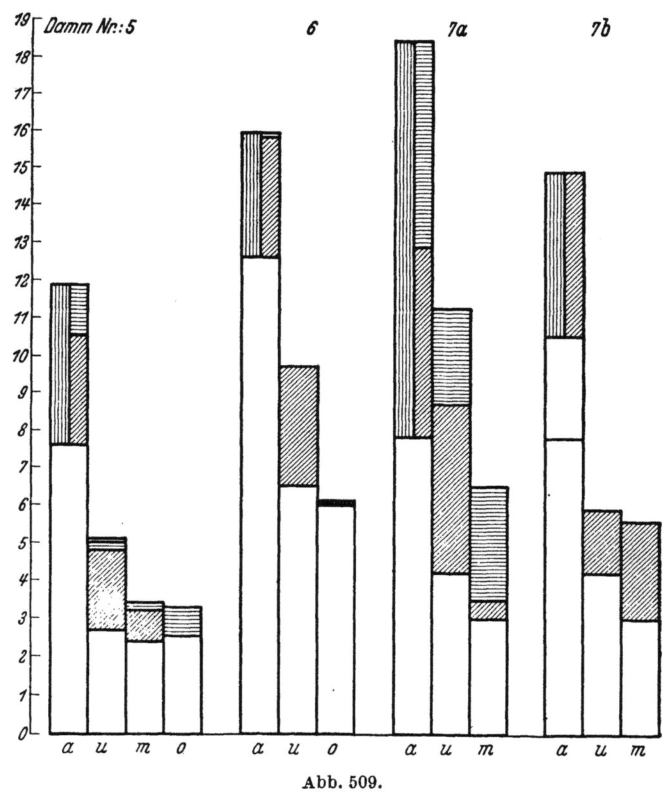

Abb. 509.

a Dammhöhe, u unterer Dammteil, m mittlerer Dammteil, o oberer Dammteil.

Abb. 508 u. 509. Darstellung der verschiedenen Setzungsbeträge bezogen auf die Dammhöhe der in den Abb. 500 bis 507 dargestellten Dammbesetzungsmessungen [153].

28*

Tabelle 55. *Zusammenstellung von Setzungsergeb-*

Damm-Nr. Höhe	Abb. 500 1. 7,7 m	Abb. 501 2. 11,4 m	Abb. 502 3. 9,1 m	Abb. 503 4. 6,8 m
Art der Massen	Lößlehm steinige Massen	steinig-felsige Massen	felsig-steiniger Syenitabraum	fauler Felsen
Schüttstärke . . .	30 cm	75 cm	70 cm	30—40 cm
Anzahl der Schüt- tungen	40	18	20	21
Verdichtungswert .	35,8%	15,6%	35%	8—23,5%
Einbauweise . . .	lagenweise abwechselnd ab- rammen	lagenweise dreimal stampfen	lagenweise mindestens dreimal stampfen	kreuzweises und doppeltes Ab- rammen
Gerät	500 kg-Delmag- Frosch, 6 t-Tandem- walze	2 t-Stampfplatte	2 t-Stampfplatte	200 und 500 kg Delmag-Ramme
Einbauzeit und Ein- baudauer	13. 8.—18. 10. 35 = 67 Tage	27. 9.—3. 12. 35 = 67 Tage	15. 9.—2. 12. 35 = 78 Tage	2. 5.—13. 7. 35 = 73 Tage
Wetterverhältnisse .	bis Anfang Oktober sonnig, trocken, dann Regen, naß	vorwiegend feucht-naß	anfangs trocken, dann feucht naß	anfangs naß, dann von Mitte Mai an trocken
Setzungen im Damm Insgesamte Zeit . . cm . . . . % . . . . bezogen auf die Dammhöhe . . .	2. 9. 35—6. 3. 36 = 6 Monate 3,5 0,415 7,7 m	18. 10. 35—18. 2. 36 = 4 Monate 1,8 0,16 11,4 m	8. 10. 35—27. 3. 36 = 5$^{1}/_{2}$ Monate 0,3 0,033 9,1 m	25. 5. 35—19. 2. 36 = 9 Monate 4,8 0,7 6,8 m
Währ. der Bauzeit . Zeit . . . . cm %	2. 9. 35—18. 10. 35 = 47 Tage 1,0 0,13	18. 10.—3. 12. 35 = 46 Tage 0,9 0,08	8. 10. 35—2. 12. 35 = 55 Tage setzungsfrei	25. 5.—13. 7. 35 = 50 Tage 3,3 0,4
Nach Fertigstellung Zeit . . . . cm %	18. 10. 35—6. 3. 36 = 4$^{1}/_{2}$ Monate 2,5 0,32	3. 12. 35—18. 2. 36 = 2$^{1}/_{2}$ Monate 0,9 0,08	3. 12. 35—27. 3. 36 = 3$^{1}/_{2}$ Monate 0,3 0,033	13. 7.—8. 11. 35 = 4 Monate 0,8 0,12
Nach Deckenauftrag Zeit . . . . cm %	18. 10. 35—6. 3. 36 = 4$^{1}/_{2}$ Monate 2,5 0,33	[1]	[1]	18. 11. 35—19. 2. 36 = 3 Monate 0,8 0,12
Unterer Dammteil währ. der Bauzeit Zeit . . . . cm% . . . . . . Höhe.	2. 9. —18. 10. 35 = 47 Tage 0,3 0,11 2,75 m	18. 10. —3.12. 35 = 65 Tage 0,6 0,13 4,5 m	8. 10. —2. 12. 35 = 78 Tage setzungsfrei 3,2 m	untere Hälfte 25. 5.—13. 7. 35 = 50 Tage 2,6 1,08 2,4 m
Nach Fertigstellung Zeit . . . . cm %	18. 10. 35—6. 3. 36 = 4$^{1}/_{2}$ Monate 0,2 0,07	3. 12. 35—18. 2. 36 = 2$^{1}/_{2}$ Monate setzungsfrei	3. 12. 35—27. 3. 36 = 4 Monate setzungsfrei	13. 7.—18. 11. 35 = 4 Monate 0,3 0,13
Nach Deckenauftrag Zeit . . . . cm %	18. 10. 35—6. 3. 36 = 4$^{1}/_{2}$ Monate 0,2 0,07	[1]	[1]	18. 11. 35—19. 2. 36 = 3 Monat 0,2 0,09
Mittlerer Dammteil währ. der Bauzeit Zeit . . . . cm % . . . . . . Höhe.	19. 9. 35—18. 10. 35 = 30 Tage — 2,75 m	8. 11. —3. 12. 35 = 25 Tage 0,3 0,1 3 m	setzungsfrei — 3,8 m	14. 6.—13. 7. 35 = 30 Tage 0,6 0,2 1,2 m
Nach Fertigstellung Zeit . . . . cm %	18. 10. 35—6. 3. 36 = 4$^{1}/_{2}$ Monate —	3. 12. 35—18. 2. 36 = 2$^{1}/_{2}$ Monate 0,2 0,06	3. 12. 35—27. 3. 36 = 3$^{3}/_{4}$ Monate 0,2 0,05	13. 7.—18. 11. 35 = 4 Monate 0,2 0,09
Nach Deckenauftrag Zeit	18. 10. 35—6. 3. 36 = 4$^{1}/_{2}$ Monate	[1]	[1]	3 Monate setzungsfrei

[1] Decke noch nicht aufgebracht.   [2] Bezieht sich auf Dammabschnitt wie unter Nr. 8.

nissen unter Angabe der zweckmäßigen Überhöhung.

Abb. 504 5. 7,6 m	Abb. 505 6. 12,5 m	Abb. 506 7. 7,8 m	Abb. 507 8. 7,8 — 10,5 m
vorwiegend steinige Massen, im unteren Teil plast. Lößlehm, dann felsige Schiefermassen	vorwiegend felsige, grobschotterartige Massen	Tonschiefer, hack- und sprengfest, doppelte Faustgröße	Glimmerschiefer (wie 7)
3 zu 40 cm 2 zu 50 cm 1 zu 75 cm 6 zu 1 cm	40 — 35 cm	30 cm	30 cm
12	40		
19 %	9 — 22 %		—
mindestens dreimal stampfen	mindestens viermal abwalzen	doppelt und kreuzweise rammen	doppelt und kreuzweise rammen
3 t-Stampfplatte	Vierradwalze 14 t	200 kg-Ramme	200- und 500 kg-Ramme gleichzeitig
10. 5. — 27. 7. 35 = 79 Tage	31. 5. — 25. 10. 35 = 148 Tage	15. 8. — 20. 12. 34 = 120 Tage	21. 5. — 6. 8. 35 = 78 Tage
anfangs naß, dann von Mitte Mai an trocken	bis Ende September trocken, dann feucht naß	bis Anfang Oktober trocken, dann naß	vorwiegend trocken
1. 6. 35 — 19. 2. 36 = 8½ Monate 8,4 1,1	2. 8. 35 — 26. 2. 36 = 7 Monate 6,6 0,55	2. 10. 34 — 21. 5. 35 = 7½ Monate 21,0 2,70	21. 5. 35 — 15. 1. 36 = 8 Monate 8,60 3,0
7,6 m	12,5 m	7,8 m	2,7 m
1. 6. — 27. 7. 35 = 58 Tage 5,8 0,75	2. 8. — 28. 10. 35 = 85 Tage 6,4 0,500	2. 10. — 20. 12. 34 = 80 Tage 10,0 1,3	21. 5. — 6. 8. 35 = 78 Tage 8,6 3
27. 7. 35 — 19. 2. 36 = 6¾ Monate 2,6 0,35	25. 10. 35 — 25. 2. 36 = 4 Monate 0,2 0,02	20. 12. 35 — 21. 5. 36 = 6 Monate 11,0 1,4	6. 8. 35 — 15. 1. 36 = 5½ Monate —
1	1	—	1
1. 6. — 27. 7. 35 = 58 Tage 4,2 1,56 2,7 m	untere Hälfte: 2. 8. — 25. 10. 35 = 2¾ Monate 6,4 1,00 6,5 m	2. 10. — 20. 12. 34 = 80 Tage 9,00 2,1 4,2 m	21. 5. — 6. 8. 35 = 78 Tage 4,2 m 3,4 m 0,8
27. 7. 35 — 19. 2. 36 = 6¾ Monate 0,6 0,22	25. 10. 35 — 26. 2. 36 = 4 Monate setzungsfrei	20. 12. 34 — 21. 5. 35 = 6 Monate 5,0 1,2	6. 8. 35 — 15. 1. 36 = 5½ Monate —
1	1	1	
22. 6. — 27. 7. 35 = 35 Tage 1,6 0,67 2,4 m	Setzungen nur in unterer und oberer Hälfte gemessen	1. 12. — 20. 12. 34 = 20 Tage 1,0 0,3 3 m	21. 5. — 6. 8. 35 = 78 Tage 5,2 1,8 3,0 m²
27. 7. 35 — 19. 2. 36 = 6¾ Monate 0,4 0,17	— — —	20. 12. 34 — 21. 5. 35 = 6 Monate 6,0 2,0	6. 8. 35 — 25. 1. 36 = 5½ Monate —
1	1	—	1

Tabelle 55.

Damm-Nr. Höhe	Abb. 500 1. 7,7 m	Abb. 501 2. 11,4 m	Abb. 502 3. 9,1 m	Abb. 503 4. 6,8 m
Art der Massen	Lößlehm steinige Massen	steinig-felsige Massen	felsig-steiniger Syenitabraum	fauler Felsen
Oberer Dammteil währ. der Bauzeit Zeit. . . . . . . cm % . . . . . Höhe.	4. 10.−18. 10. 35 = 14 Tage 0,7 0,31 2,20 m	16. 11. −3. 12. 35 = 17 Tage 0,0 0,0 2 m	nicht gemessen — 	5. 7. −13. 7. 35 = 8 Tage — (setzungsfrei)
Nach Fertigstellung Zeit . . . . cm % . . . . . Höhe.	18. 10. 35 −6. 3. 36 = 4½ Monate 2,0 0,9 2,2 m	3. 12. 35 −18. 2. 35 = 2½ Monate 0,7 0,35 2,0 m	3. 12. 35 −28. 3. 36 = 4 Monate 0,1 0,05 2,1 m	13. 7. −18. 11. 35 = 5 Monate 0,3 0,21 1,3 m
Nach Deckenauftrag Zeit . . . . cm %	18. 10. 35 −6. 3. 36 = 4½ Monate 2,0 0,9	[1]	[1]	18. 11. 35 −19. 2. 36 = 3 Monate 0,6 0,47
Prozentuale Setzung währ. der Bauzeit Zeit . . . . cm %	13. 8. −18. 10. 35 = 67 Tage 1 28	27. 9. −3. 12. 35 = 28 Tage 0,19 50	15. 9. −2. 12. 35 = 78 Tage keine Setzung	2. 5. −13. 7.35 = 73 Tage 3,1 66
Nach Fertigstellung Zeit . . . . cm %	— 4½ Monate 2,5 72	3. 12. 35 −18. 2. 36 = 2½ Monate 0,9 50	3. 12. 35 −27. 3. 36 = 4 Monate 0,4 100	13. 7. 35 −19. 2. 36 = 7 Monate 1,8 34
Wieviel Über- höhung bezogen auf die Damm- höhe ist erforder- lich?	0,3%	0,08%	—	0,3%

[1] Decke noch nicht aufgebracht.

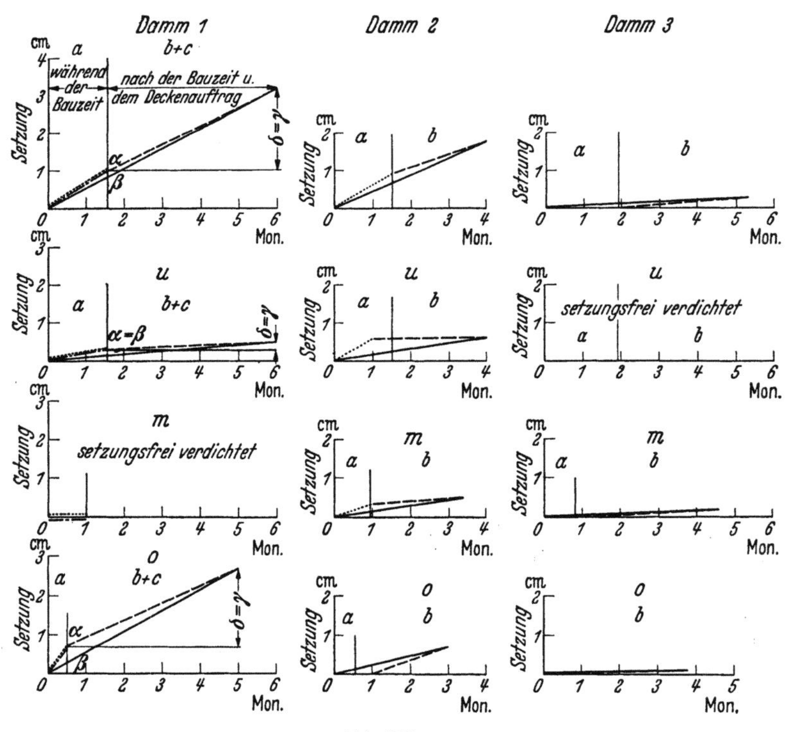

Abb. 510.

(Fortsetzung.)

Abb. 504 5. 7,6 m	Abb. 505 6. 12,5 m	Abb. 506 7. 7,8 m	Abb. 507 8. 7,8 — 10,5 m
vorwiegend steinige Massen, im unteren Teil plast. Lößlehm dann felsige, Schiefermassen	vorwiegend felsige, grobschotterartige Massen	Tonschiefer, hack- und sprengfest, doppelte Faustgröße	Glimmerschiefer (wie 7)
—	—	—	—
19. 8. 35 — 19. 2. 36 = 6 Monate 1,6 0,64 2,5 m 1	25. 10. 35 — 26. 2. 36 = 4 Monate 0,2 0,03 6,5 m 1	nicht beobachtet —	nicht beobachtet 1
1. 6. 35 — 27. 7. 35 = 58 Tage 5,8 70 27. 7. 35 — 27. 2. 36 = 7 Monate 2,5 30	2. 8. — 25. 10. 35 = 85 Tage 6,4 99,5 25. 10. 35 — 26. 2. 36 = 4 Monate 0,2 0,5	2. 10 — 20. 10. 34 = 18 Tage 10,0 49 20. 12. 35 — 21. 5. 36 = 5 Monate 11 51	21. 5. — 6. 8. 25 = 77 Tage 7,8 cm —
0,3 %	—	3 %	3 %

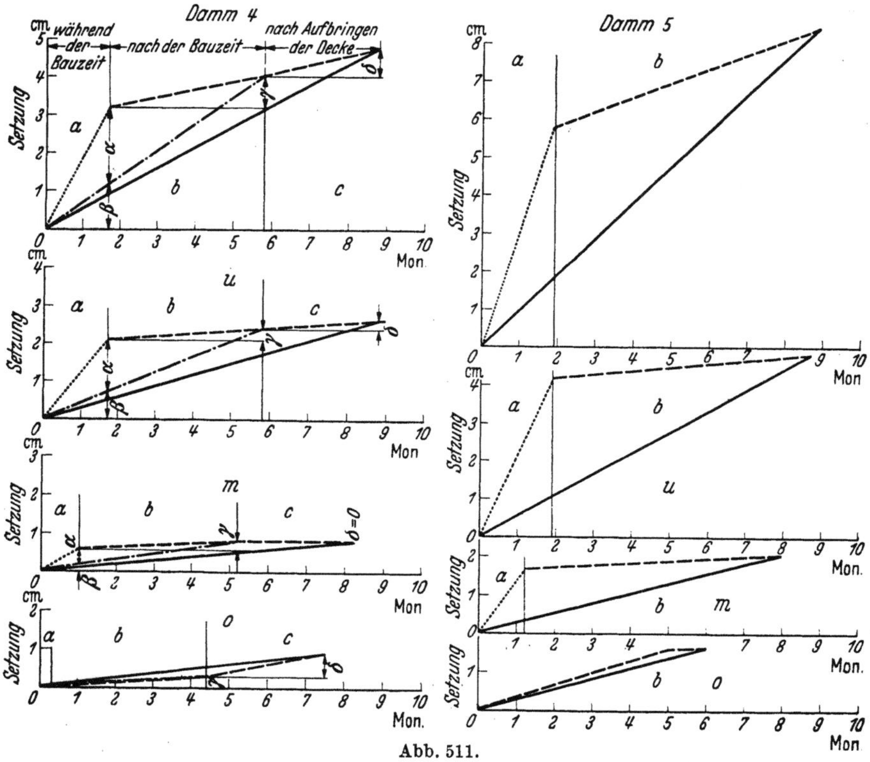

Abb. 511.

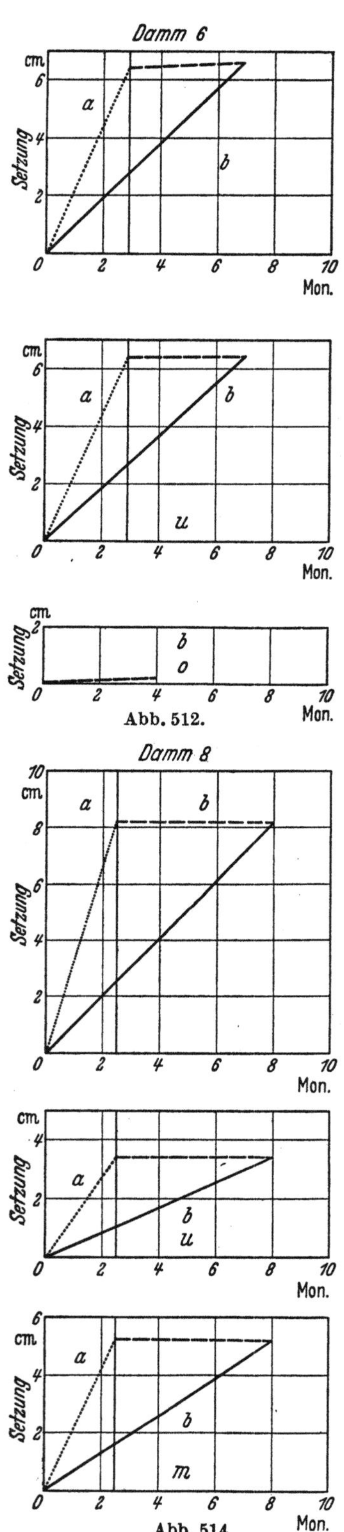

Abb. 512.

Abb. 514.

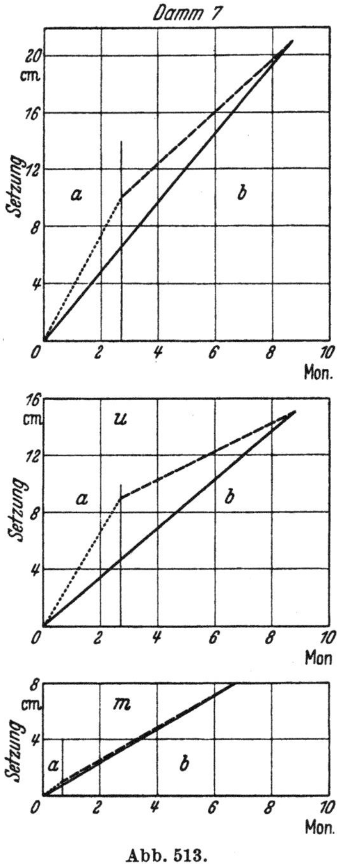

Abb. 513.

Abb. 510 bis 514. Anwendung der Darstellung der Abb. 493, S. 418
auf die Dämme Abb. 500 bis 507.

7. Setzungsbeobachtungen an Staudämmen.

An Staudämmen liegen Setzungsbeobachtungen von verschiedenen älteren (Schwammenauel, Sösetal-, Odertalsperre) und neueren Dämmen vor.

Die Setzungen an den älteren Dämmen sind sehr bemerkenswert:

Beispiele. 1. Schwammenauel. Dieser zur Zeit höchste Staudamm Deutschlands hat größere Setzungen zu verzeichnen als die Beispiele Söse- und Oder-Staudamm (Abb. 519 u. 521, S. 436 u. S. 438). Trotz Einsatzes eines Stampfbaggers von 2,5 t Gewicht und einer Schütthöhe von 1,5 m sind höhere Setzungen als an den beiden anderen genannten Staudämmen zu verzeichnen. Die Ursachen dieser außergewöhnlich hohen Setzungen dürften nicht in einer mangelhaften Verdichtung, sondern in dem Verhalten der

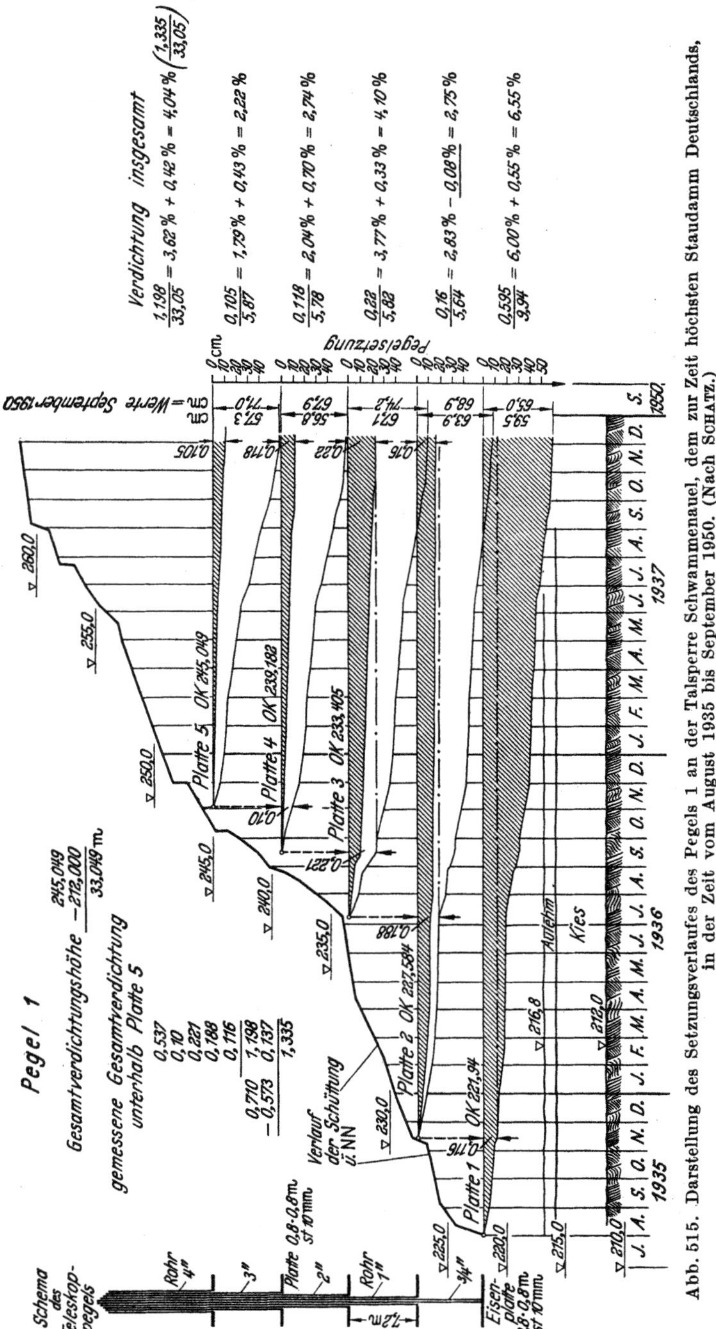

Abb. 515. Darstellung des Setzungsverlaufes des Pegels 1 an der Talsperre Schwammenauel, dem zur Zeit höchsten Staudamm Deutschlands, in der Zeit vom August 1935 bis September 1950. (Nach SCHATZ.)

Massen begründet liegen. Zweifellos darf man, da die Massen zum Teil mit zu hohem Wassergehalt eingebaut wurden, in dem seitlichen Ausweichen der Massen die Ursachen erblicken.

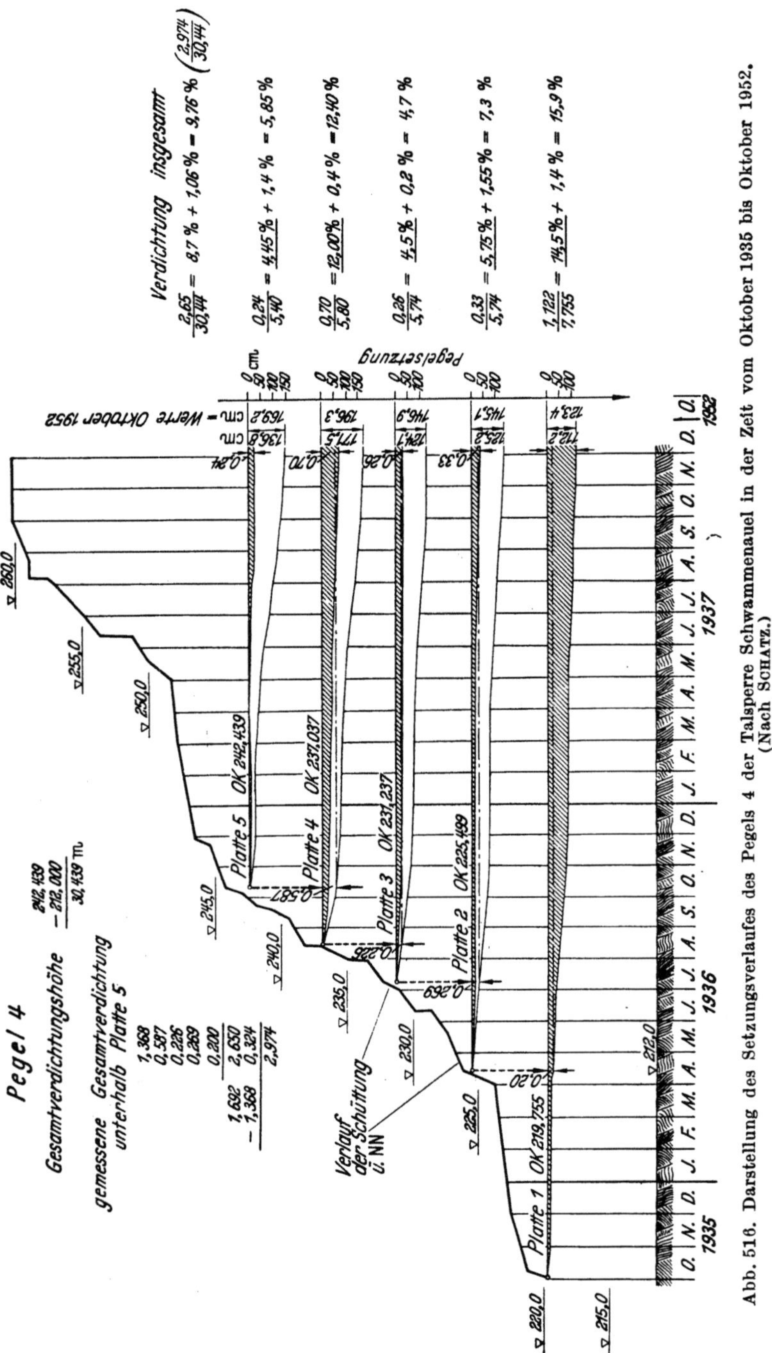

Abb. 516. Darstellung des Setzungsverlaufes des Pegels 4 der Talsperre Schwammenauel in der Zeit vom Oktober 1935 bis Oktober 1952. (Nach Schatz.)

Indessen klingen die Setzungen während der Bauzeit fast aus und sind seitdem nur minimal gewachsen. Sie betragen in dem untersten Abschnitt des Stützkörpers 1937 rd. 6%, Ende 1950, d. h. nach 13 Jahren, haben sich diese Setzungen um nur $1/2$% auf 6,5% erhöht.

Im untersten Abschnitt des Dichtungskörpers stellen sich die entsprechenden Werte auf 14,5% Ende 1937 und auf 15,9% Ende 1950.

In entsprechender Weise haben sich die darüber befindlichen Dammabschnitte verhalten, deren genaue Werte für Ende 1937 die Abb. 515 und 516 erkennen lassen.

Ebenso sind seitliche Verschiebungen durch den Einstau des Wassers nicht zusätzlich beobachtet und registriert worden. Der Dammkörper war in sich gefestigt. Diese Beobachtungen, die durch die neueren Messungen nur bestätigt werden, geben der Erfahrung recht, wonach Setzungen an Staudämmen meist innerhalb eines halben Jahres nach Dammvollendung abgeschlossen sind.

2. Sösetalsperre (Abbildung 518 u. 519 a u. b). Die Diagramme lassen den Verlauf der Setzungen an den Dammbermen erkennen, also an Punkten, die besonders geeignet sind, kleinste Verlagerungen aller Art aufzuzeigen. Die

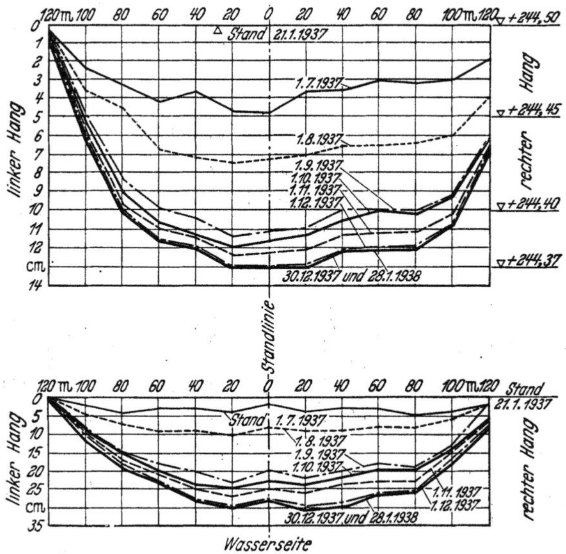

Abb. 517. Setzungen und seitliche Verschiebungen der wasserseitigen dritten Berme (+244,50); oben: Setzungen der Berme +244,50 N.N. wasserseitig, unten: Verschiebung der Berme +244,50 N.N. zur Wasserseite. (Ähnliche Verhältnisse, allerdings nur im Ausmaß von Millimetern, wurden an dem 25 m hohen Staudamm Stollberg Sa. 1952 festgestellt.

Diagramme über eine mehr als 20jährige Beobachtungsperiode zeigen die außerordentlich erfolgreiche Verdichtung, denn die Setzungsbeträge liegen mit Ausnahme der im Einflußbereich der Stauspiegelsenkungen befindlichen Meß

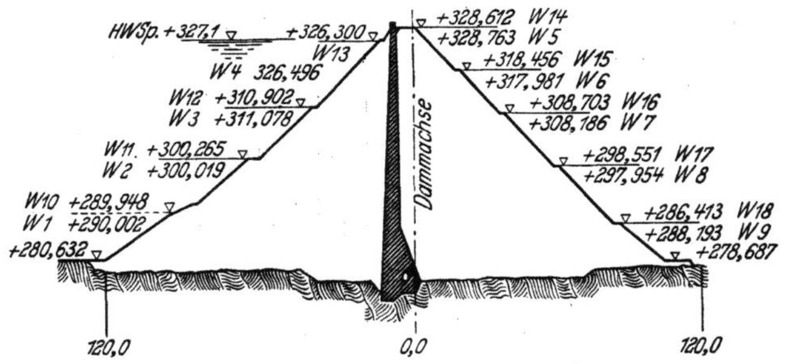

Abb. 518. Querschnitt durch den Staudamm der Sösetalsperre mit Angabe der Lagepunkte der Meßpegel für die Setzungen.

marke 14 unter der 1%-Grenze. Die damalige Lösung der Verdichtung durch Anwendung des Stampfbaggers als Versuchsobjekt hat sich somit glänzend bewährt.

3. Odertalsperre (Abb. 520 u. 521 a u. b). Ähnlich liegen die Verhältnisse an der Odertalsperre im Harz. Auch hier sind die ungünstigsten Punkte beobachtet

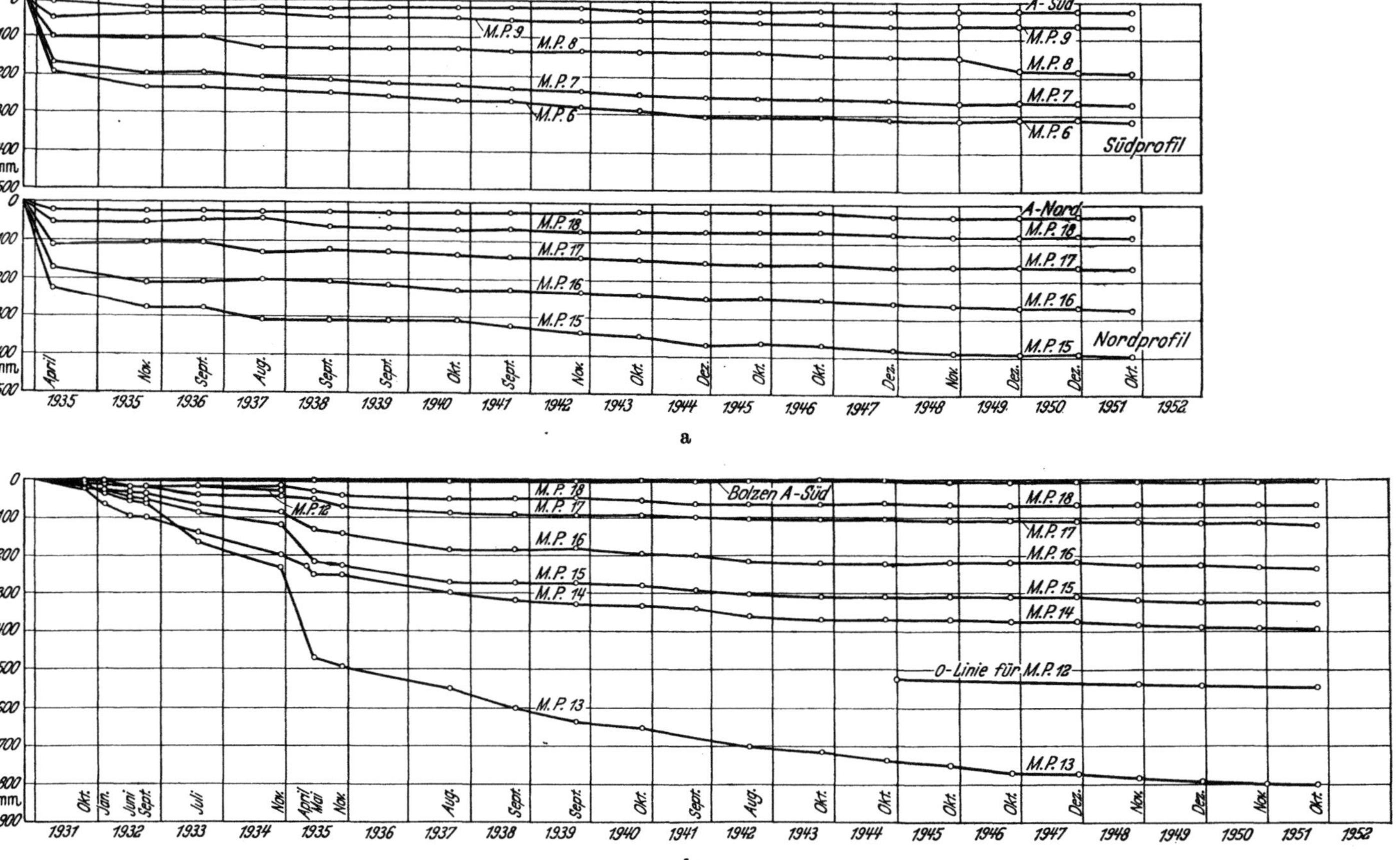

Abb. 519a u. b. a Setzungslinien an den Meßpegeln der Luftseite. b Setzungslinie an der wasserseitigen Böschung der Sösetalsperre in der Zeit von April 1931 bis Oktober 1952. (Nach SCHULZE.)

worden. Die Setzungen sind fast ausnahmslos kleiner als 1%. Ebenfalls sind die Verschiebungen mit wenigen cm bis etwa 0,5 bis 3 dm an dieser, wie der der Sösetalsperre sehr minimal. An beiden Staudämmen dürften die seit-

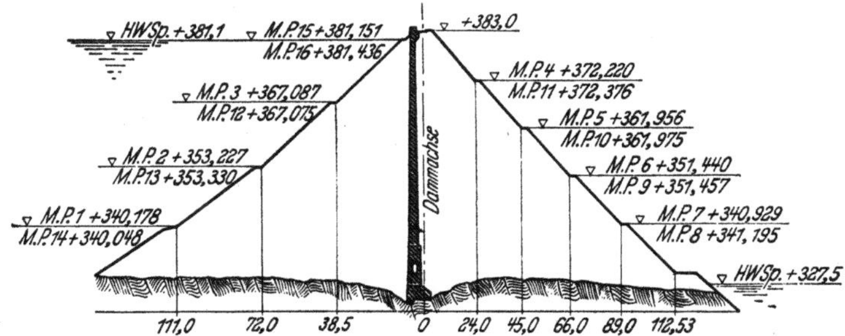

Abb. 520. Querschnitt des Staudammes der Odertalsperre im Harz.

lichen Verlagerungen durch die Lage der Meßpunkte an den Dammböschungen und durch die auf Verflachung abdrängende Dammauflast beeinflußt sein (Abb. 518 u. 520).

Kritik. Diese Ergebnisse sind insofern sehr bedeutungsvoll, als die Sösetalsperre diejenige Staudammanlage Deutschlands ist, an der die mechanische Verdichtung erstmalig mit dem hierfür entwickelten Stampfbagger durchgeführt wurde. Die Ergebnisse der 20 jährigen Beobachtungszeit sind als hervorragend gut zu bewerten. Dabei ist zu bedenken, daß die Messungen an den Dammbermen durchgeführt wurden, also den Teilen des Dammes, die den stärksten Beanspruchungen der nach außen drängenden Dammlast unterworfen sind. Deshalb kann man mit Recht annehmen, daß die Setzungen im Dammkern unter diesem Betrag liegen. Diese Meßergebnisse sind nicht zuletzt die besten Beweise einer vorzüglichen Organisation [*51, 296*] der Geotechnik für diesen Staudamm.

8. Setzungsergebnisse an unverdichteten Felsschüttdämmen [*148*].

Tabelle 56.

Damm (Name)	Höhe m	Beobachtungszeit (Jahre)	Horizontale Bewegungen cm	Setzungen m	Setzung in % der Dammhöhe
First Bowman	32	45	—	0,43	1,33
Mix River	90	11	0,6	0,83	0,92
Strawberry	44	19	0,5	0,68	1,50
Swift	38	22	0,91	0,9	2,34
Forena	45	—	—	0,5	1,1
Qued Kébir	35	—	—	0,94	2,70
Vannino	23	—	—	0,5	2,20
Salt Springs	99	8	0,3	0,6	0,6
Nantahala	80	2	0,13	0,33	0,40

Diese Setzungen an unverdichteten Dämmen sind zweifellos gering; sie dürfen indessen nicht verallgemeinert werden, da sie sich ausschließlich auf Felsschüttdämme, sog. „rock-fill"-Dämme beschränken. An den Dämmen aus nichtfelsigem Material, also den feinkörnigeren festen Erdarten, sind Setzungen größeren Ausmaßes zu erwarten, weil hier die Abstützung, die sperrige, verzahnende und druckverteilende Wirkung wie an den gröberen Felsteilchen fehlt.

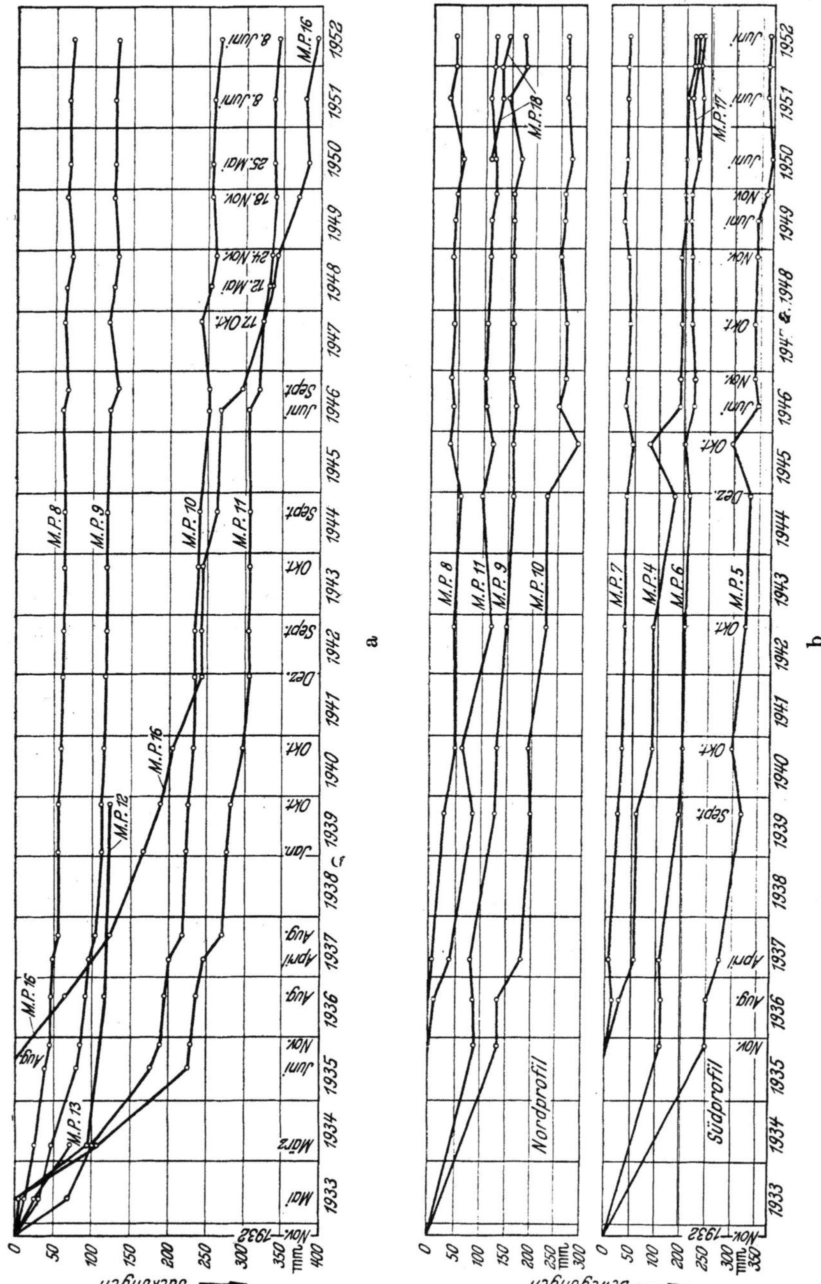

Abb. 521 a u. b. Angabe der Setzungslinien für die wasserseitige und luftseitige Böschung der Odertalsperre in der Zeit von November 1932 bis Oktober 1952. (Nach Schulze.)

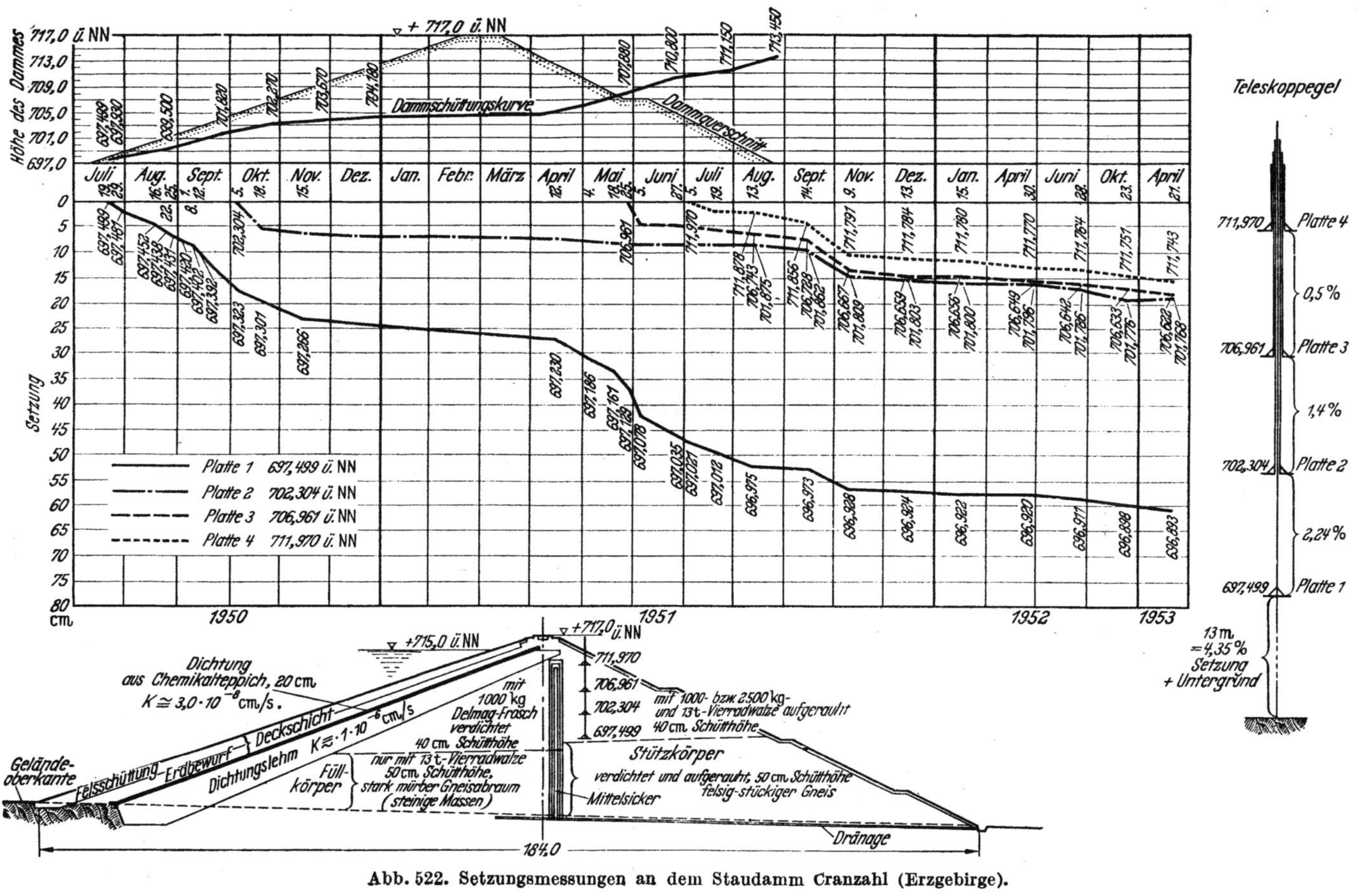

Abb. 522. Setzungsmessungen an dem Staudamm Cranzahl (Erzgebirge).

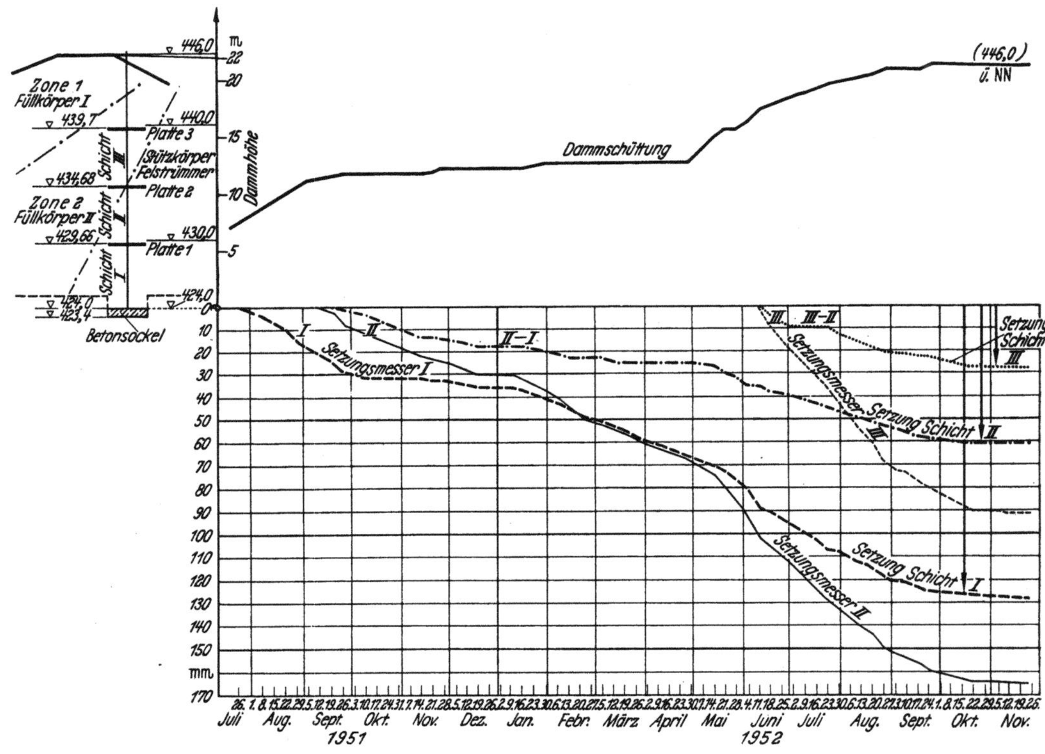

Abb. 523. Setzungen an dem Staudamm Stollberg (Sa). Die Setzungen der Platte II betragen etwa 1,2%, die der Platte III dagegen nur 0,7%. Die Setzungen der Platte I schließen Baugrundsetzungen mit ein, sind daher nicht für den Damm allein auszuwerten. Die Setzungen sind praktisch zu Ende.

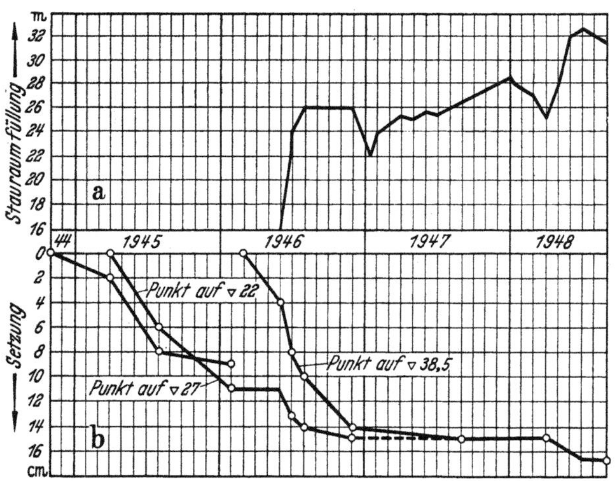

Abb. 524. Setzungen an einem Steinschüttdamm der SU. (Nach [434].)

Wasserempfindliche, veränderlichfeste Erdarten unverdichtet einzubauen, verbietet sich von selbst, zumindest für Staudämme und Verkehrsdämme üblicher Ausführung und empfindlichere Verkehrsanlagen.

9. Geotechnische Folgerungen für den Dammbau.

a) Staudämme.

1. Die praktischen Folgerungen aus dem günstigen Setzungsverhalten der sog. rock-fill-Dämme (Felsschüttdämme) für den Staudammbau liegen zunächst darin, daß man künftig nicht mehr in dünnen Lagen zu schütten braucht, sondern die Schüttlagen erheblich erhöhen darf. Dadurch kann man etwa 50% an mechanischer Verdichtung einsparen und die Ausführung der Dämme erheblich beschleunigen.

2. Die geringen Setzungen an den rock-fill-Dämmen, die geringen Setzungen an den Staudämmen der Söse-, Oder- und Schwammenauel-Talsperren, die praktisch setzungsfreie Verdichtung an der Genkeltalsperre, die nach Auftrag der Asphaltbetondecke keinerlei Setzungen zu verzeichnen hatte — die Schütthöhe betrug 50 cm, die Stückgröße der eingebauten Grauwacke erreichte bis zu 30 cm ⌀ Grauwacke, verdichtet wurde durch Stampfplatten — unterstreichen diese Beobachtungen.

3. Da unverdichteter Moränenschotter, also grobkörniges felsiges, wenn auch gerundetes Material einen Reibungswert von 37° gegenüber verdichtetem von 45° aufweist [32], ist in der unverdichteten Felsschüttung aus eckigem Material eine weitgehende Sicherheit gegen die hohe Setzungs- und Verlagerungsgefahr vorhanden, wie die Tabelle 56, S. 437 amerikanischer unverdichteter Felsschüttdämme zeigt. Ihr Setzungsbetrag ist nur aus dieser festen Verlagerung, dem hohen Scherfestigkeitswert und der Strukturhärte des Materials selbst zu erklären.

4. Das Ausmaß der erforderlichen Verdichtungsarbeit hängt im wesentlichen davon ab, welches Maß von Verlagerungen man in Kauf nehmen kann, d. h. von der Elastizität und Erosionssicherheit der Dichtungskörper, ferner davon, welches Felsmaterial verwendet wird. Je nach der Beschaffenheit der Stückgrößen, sperrig oder gedrungen, starr und fest oder weniger starr und veränderlichfest, wird sich die Verdichtung in großen Grenzen bewegen und sogar die Möglichkeit völligen Verzichtes sich ergeben. Diese Frage ist für jede Anlage zu klären und darnach die Ausführung im Entwurf vorzusehen.

5. Wichtig ist der äußerst geringe Einfluß des Staudruckes auf die Dammverlagerungen, Verformungen und Setzungen. Somit eröffnen sich günstige Aussichten für eine wirtschaftliche Gestaltung der Geotechnik im Staudammbau, wobei in erster Linie die Sicherung gegen Durchsickerung und die Frage eines entsprechend elastischen Dichtungselementes als Kern oder wasserseitige Auflage zu berücksichtigen bleibt, wie sie z. B. durch das Hydratonverfahren gelöst werden kann.

Die Forderung von OHDE, das Dichtungselement möglichst im breiartigen, gleichmäßig dichten Zustand einzubauen, findet ihre Erfüllung und zugleich eine gleitsichere elegante Lösung.

6. Mit Rücksicht auf die im Verkehrsdammbau vorhandene, hier am Staudamm fehlende dynamische Beanspruchung des Dammgefüges darf auf Grund dieser Ergebnisse eine größere Schütthöhe beim Einbau zugestanden werden. Dies ist aber nur dann berechtigt, wenn — wie beim Rütteldruckverfahren und an den Stampfgeräten — die Verdichtungsenergie in größere Tiefe wirkt.

7. Es wäre verkehrt (vgl. S. 417), daraus eine größere Freiheit für die Walzenarbeit abzuleiten.

b) Verkehrsdämme.

1. Eine Beschränkung der Verdichtungsarbeit kann nur an sehr hohen Dämmen mit langer Bauzeit, z. B. den über 100 m hohen Dämmen durch die Braunkohlentiefbaue z. B. im Geiseltal (Thüringen) unweit Halle (Saale) für die Reichsbahn, gestattet werden.

2. Sie kann an reinen Staudämmen für Eisenbahnen infolge der leichten Unterstopfungsmöglichkeit beschränkt oder unterlassen werden, erfordert indessen stets eine fortlaufende Kontrolle der Gradientenlage und Anheben der abgesunkenen Gleise.

3. Sie kann an den Dämmen, die nach dem Schüttsprengverfahren zur Verdrängung der Faulschlammassen, zur Verdrängung von Torf usw. in Urstromtälern geschüttet werden, auf die obersten zwei Meter beschränkt bleiben. Ebenso an hohen Eisenbahndämmen auf die oberen 10 m unter Anwendung der Sprengverfahren.

4. Sie darf niemals bei Verwendung von veränderlichfesten, verschiedenartigen Massen im Straßenbau und befristeter Ausführung hochwertiger Fernverkehrsstraßen außer acht gelassen werden und muß

5. daher stets an den Bauwerksanschlüssen sehr genau ausgeführt werden.

Man erkennt daraus, daß weder die Verdichtung eo ipso das A und O einer sachgemäßen Geotechnik des Dammbaues ist, sondern daß je nach den Beanspruchungen und den Veränderungsmöglichkeiten des Dammgefüges unter den verschiedenartigen, sich vom Baubeginn bis zum Betrieb abspielenden Beanspruchungen das erforderliche Maß in Abhängigkeit vom Gütewert des Werkstoffes, des Dammbaustoffes, gefunden werden muß.

II. Dammverschiebungen.

1. Begriff und Wesen.

Unter Dammverschiebungen sind horizontale Dammbewegungen zu verstehen, die zu einer Lageveränderung mit oder ohne Verdichtung führen.

Dammverschiebungen werden

a) im Damm, vor allem an Staudämmen, bei ungenügender Festigkeit,

b) längs des Baugrundes bei geringem Reibungswiderstand der Sohlfläche und

c) auf Gleitflächen im tieferen Baugrund gegenüber dem standfesten gewachsenen Baugrund verzeichnet. Sie wirken sich nicht allein durch den hydrostatischen Seitendruck aus, sie treten vor allem bereits während des Dammbaues dann ein, wenn die steigende Auflast zu einer dem Auge unsichtbaren Dammverflachung führt, wobei Gleitbewegungen, wenn auch sehr geringen Ausmaßes, bis zur Gleichgewichtslage sich ausbilden, vor allem wenn man berücksichtigt, daß nach Abb. 491, S. 416, die Druckausbreitung nicht mit einer hierzu steilen Querschnittsform eines Dammes in Einklang zu bringen ist. Daher werden verflachende Verschiebungen an den Böschungen bei mangelnder Gefügefestigkeit, bei der Tendenz der Massen nach den Seiten unter dem Einfluß der Resultierenden, der nach außen wirkenden statischen Auflast zu verzeichnen sein. Allerdings sind diese Beträge (vgl. S. 435) sehr gering. „Durch Messungen des gesamten im Boden vorhandenen Druckes und des Porenwasserdruckes erhält man ein ungefähres Bild von den im Boden (Dammkörper) vorhandenen Schubwiderständen. Ob ein Damm zur Ruhe gekommen ist und damit den Beharrungswiderstand hat, läßt sich ohne Messungen überhaupt nicht feststellen. Mißt man dagegen die Größe der Bewegungen, die an den verschiedenen, in den Damm eingebauten Meßpunkten auftreten, so läßt sich der Beharrungszustand eindeutig vor und nach dem Einstau feststellen." Indessen muß diesem Kräftespiel ebenso Beachtung geschenkt werden, wie sie hinsichtlich der Kontaktfuge zwischen Dammsohle und anstehendem Baugrund für die Sicherheitsberechung des Staudammes allein unter dem Winkelwert der inneren Reibung angesetzt werden darf. Jede auf Grund der Verdichtung und der geotechnischen Analyse mögliche Versteilung von Böschungen muß die zusätzliche Kraftkomponente der nach außen wirksamen Druckausbreitung der Dammauflast mit berücksichtigen. Mehrere Faktoren sind daher für das Böschungsmaß entscheidend.

1. Der Winkel der inneren Reibung für die gesamte Verschiebung.

2. Die Gefügefestigkeit des Staudammes für die Verfestigung des Dammes unter hydrostatischem Druck in sich und

3. die wachsende Auflast unter Ausstrahlung der seitlichen Druckverteilung.

2. Ursachen.

Dammverschiebungen, insbesondere längs der Dammsohle, sind nur an Staudämmen unter dem Gewicht des eingestauten Wassers, also dem hydrostatischen Seitendruck, oder an Verkehrsdämmen an ungenügender Verbindung mit geneigten Auflageflächen unter Auflast längs der Sohlfläche oder auch längs einer Gleitfläche zu erwarten. Die geringen Beträge an den obengenannten deutschen Talsperren (vgl. S. 433 ff.) beweisen, daß bei guter Verbindung zwischen Dammsohle und Baugrund und der an Staudämmen gewählten Dammkonstruktion und Dammausführung nennenswerte Verschiebungen nicht zu verzeichnen sind. Besonders ist aber zu bemerken, daß diese nicht durch den Staudruck des Wassers ausgelöst sind, sondern durch die Druckausbreitung der unter der wachsenden Dammauflast sich nach den Seiten geringfügig verlagernden Massen.

3. Folgen für die Bemessung des Dichtungskörpers.

Dieses geringe Ausmaß ist aber für die Güte der Verdichtung belanglos, sie ist auch sehr aufschlußreich für die Bemessung des Dichtungskörpers. Seine Stärke wird bestimmt durch:

1. die Durchlässigkeit,

2. die Erosionsgefahr,

3. ein elastisches Angleichen ohne Gefahr der Undichtigkeit bei etwaigen Verlagerungen (Verschiebung) des Dammes größeren oder unterschiedlichen Ausmaßes.

4. Lage der Gleitebenen.

Diese Verlagerungsgefahr ist zweifellos bisher zu stark in den Vordergrund gerückt worden. Sie kann a) im Untergrund, b) an der Sohlfläche, c) im Damm selbst liegen.

a) Wie gefährlich ein Untergrund mit horizontal verlaufenden Bentonitlagen werden kann, zeigt die Abb. 525. Wenn hier auch kein Damm, sondern eine

Mauer gegründet wurde, so müßte mit Rücksicht auf die hohe Gleitgefahr nach Wassereinstau mit sehr niedrigen Kennziffern für die Gleitsicherheit gerechnet werden.

b) Längs der Sohlfläche treten Gleitungen dann ein, wenn kein kontinuierlicher Übergang zwischen dem Dichtungselement des Baugrundes und dem des Dammkörpers auf einer genügend breiten Brücke geschaffen wird.

Eine Abdichtung durch Verpressung ist zweifellos wirksamer und wirtschaftlicher als die früher übliche Herstellung eines tiefreichenden Spornes an der Wasserseite. Zur Verstärkung des Gleitschutzes dient ein Sporn (Herdmauer) nicht, da mit dem Abreißen gerechnet werden muß.

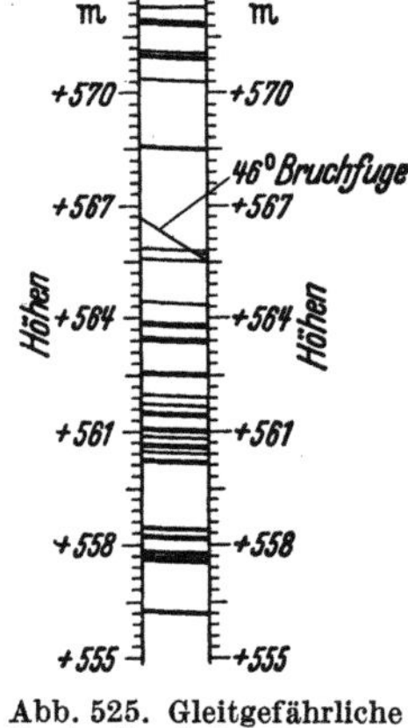

Abb. 525. Gleitgefährliche Bentonitzwischenlagen in Kalkstein.
(Nach Orth [291].)

5. Die Frage der Herdmauern (Sporne) als Schutz gegen Dammverschiebungen.

Generell sieht man noch 1939 in den USA Herdmauern (Sporne) zum Schutze

a) gegen Durchsickerung,
b) gegen Gleitsicherheit

vor. Heute werden diese weitgehend als überflüssig angesehen. Es wurde im Laufe der Zeit festgestellt, daß die sich allmählich setzenden Erdmassen entlang der gesamten Herdmauer durch Reibung lotrechte Kräfte auf die Herdmauern übertragen. Diese Drücke können bis zum fünffachen Betrage des Druckes der Erdlast anwachsen. Daher müßte die Herdmauer breiter als bisher ausgeführt werden, um die zulässigen Bodenpressungen nicht zu überschreiten.

Sie besteht bei festem Verband mit dem Baugrund, also bei Beschränkung der Gleitgefahr auf ein praktisch geringstes Ausmaß, so gut wie nicht. Daher ist es verständlich, wenn in den USA [216] neuerdings die unverdichtete Felsschüttung mit starker wasserseitiger Erddichtung empfohlen wird, und zwar unter der Betonung des Vorteils, daß ein starker Dichtungskörper imstande ist, nicht nur Dammsetzungen an den Felsschüttungen des Stützkörpers, sondern auch etwaigen Verlagerungen vollständig elastisch zu folgen.

An den oben beschriebenen deutschen Staudämmen sind genaue Unterlagen über die horizontalen Bewegungen der Dämme bekannt (vgl. S. 435). Sie sind an der Luftseite geringer als an der Wasserseite. Dies erklärt sich daraus, daß unter dem Wassereinfluß die Dammböschungen leichter nachgeben als unter Dammauflast allein.

Beispiel. Schwammenauel: Dieser größte deutsche Staudamm ist in dieser Hinsicht in mehrfacher Weise sehr aufschlußreich.

1. Bemerkenswerterweise sind an der Talsperre Schwammenauel die entscheidenden Einflüsse nicht im Staudruck, sondern in der wachsenden Auflast und der sich vor dem Einstau auswirkenden Konsolidation des Dammgefüges begründet.

2. Gerade bei Schwammenauel müßte man sonst die stärksten Setzungen an den Dammschultern feststellen können. Das ist aber nicht der Fall. Soweit diese

Bewegungen in der Nähe der Dammschultern, also im Bereich der Bermen selbst, gemessen werden, muß nach S. 417 unterschieden werden zwischen dem Einfluß der Dammauflast, dem Seitenschub der auflastenden Dammassen, dem Staudruck und schließlich dem sog. „creep", als dem unter dem klimatischen Einfluß sich vollziehenden, langsam verflachenden Spiel der klimatischen Faktoren.

Infolge der 3. Drucksummierung in der Dammitte sind die Horizontalverschiebungen an Schwammenauel im Zentrum größer als an den Rändern.

Wenn somit weitgehend ein Schlüssel über das unterschiedliche Verhalten infolge verschiedener Druckwirkungen am Damm zu erkennen ist, so wird dadurch aber kein klares Bild über die mittleren Setzungen erreicht. Mit Recht betont SCHATZ [366]: „Den besten Einblick in das Kräftespiel des Dammes geben die Beobachtungen der Bewegungen der Kernmauer gegen den Sockel des Kernes. Die Verschiebung der Kernmauer in Gelenkhöhe betrug 13—16 cm des Kernkopfes, in den mittleren Abschnitten maximal 22—25 cm. Die Bewegungen waren vor dem Einstau zu Ende und wurden durch den Einstau in keiner Weise wieder wachgerufen."

Das bedeutet, der Horizontaldruck des Wassers, der Staudruck, verursachte nicht die geringste Dammverschiebung. Über Messungen der Dammverschiebungen vgl. S. 454. Der Damm war durch die Verbindung mit dem Baugrund, die Verdichtung, seinen Aufbau und Gestaltung dem Staudruck in jeder Weise gewachsen.

Die Kerndichtungen geben dabei zweifellos sicherere Unterlagen über das Verhalten eines Dammes als die Außenmessungen an Bermen.

III. Die Setzungsmessungen.

1. Begriff und Aufgabe.

Die Beobachtungen der Setzungen dienen dazu, während und nach Vollendung des Dammbaues an einem oder beliebig vielen Punkten das Verhalten eines Dammes vom Beginn der Schüttung im Laufe der Zeit aufzuzeichnen. Sie ergänzen die Dammbaukontrolle und bestätigen je nach dem Dammverhalten mehr oder weniger die zweckmäßige Geotechnik des Einbau- und Verdichtungsverfahrens nach Güte der Verdichtung. Sie liefern dadurch statistisches Vergleichsmaterial für Dämme gleicher Höhe und gleicher Ausführung (Abb. 526).

Für das Setzungsmaß verwendet man in der Sowjetunion vorzugsweise die nachstehende Formel:

$$\Delta h = \alpha\,h\,y^2 = 1{,}0001 \cdot h\,y^2,$$

worin

Δh die Setzung in m,

h die Höhe des Beobachtungspunktes über der Dammsohle,

y die Tiefe desselben Punktes unter der Dammkrone,

α den Kennwert des Schüttungsmaterials (für das angeführte Beispiel $\alpha \approx 0{,}0001$)

bedeuten.

Beim Bau betrugen die waagerechten Verschiebungen durchschnittlich die Hälfte der senkrechten.

Bei gefülltem Staubecken entstehen neue Formveränderungen des Dammkörpers, die im beobachteten Falle der Beziehung

$$\Delta h = c - \beta\,y^2,$$
$$\Delta l = c_1 - \beta_1\,y^2$$

entsprachen.

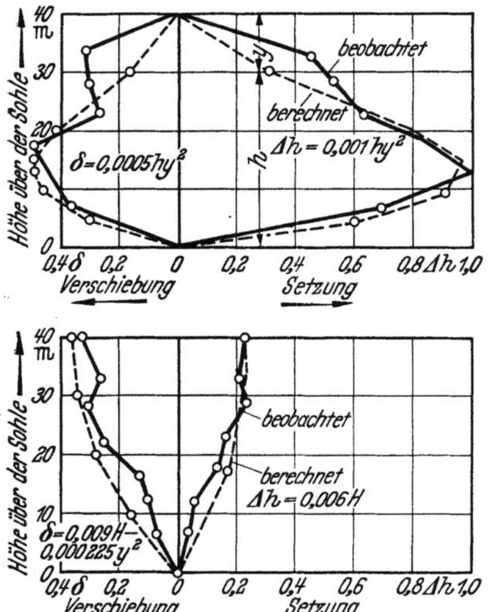

Abb. 526. Diagramme der Formänderung an einem Dammprofil. (Nach [*434*].)

In dieser Gleichung sind

    y die Ordinate des Punktes, gemessen von der Dammkrone in Meter,

    c und c_1 sind Festwerte für das betrachtete Beispiel im ersten Betriebsjahr,

$$c = 0{,}006\,H, \qquad c_1 = 0{,}009\,H$$

(H ist die Dammhöhe)

$$\beta = 0{,}00015, \qquad \beta_1 = 0{,}000225.$$

Die größte Setzung im ersten Jahr war 26 cm oder 0,65 % der Höhe und die größte waagerechte Verschiebung 38 cm oder 0,95 % der Höhe. Im zweiten Jahr waren die Formveränderungen neunmal kleiner. Man kann annehmen, daß in den kommenden Jahren die Veränderungen noch kleiner sein werden, und auf eine lange Zeit werden sie nicht das Doppelte der Formveränderungen des ersten Jahres überschreiten.

Es wurde beobachtet, daß das Verhältnis der waagerechten und senkrechten Formänderungen von der Steilheit der Dammböschung abhängt. Für das Beispiel von Abb. 526 beträgt das Verhältnis 1:1,5, bei einer wasserseitigen Böschungsneigung 1:0,5 erreicht es 2,08. Bei geschütteten Dämmen mit wasserseitiger Böschungsneigung 1:1,1 und auf der Luftseite 1:(1,33 bis 1,4) ist es etwa 1,0, bei Neigungen 1:1,3 und 1:1,4 vermindert es sich auf 0,43. Demnach sinkt der Verhältniswert beider Formänderungen sozusagen linear mit zunehmender Steilheit der Böschung.

2. Art der Messungen.

Die Messungen werden entweder an ortsfesten Pegeln oder in bestimmten Zeitabschnitten durch Nivellements über bestimmte Quer- und Längsschnitte, also an Hand von bestimmten Linienzügen, ausgeführt. Beide Verfahren gestatten die getreue Registrierung der Setzungen in verschiedenen Dammabschnitten zu verschiedenen Zeitpunkten und nach Vollendung des Dammes selbst. Sie ermöglichen dadurch eine Prognose über das voraussichtliche Verhalten des Dammes, seine endgültige innere, d. h. setzungsfreie Verfestigung.

Die Meßergebnisse werden auf Festpunkte außerhalb des Dammkörpers bezogen, die setzungs- und verlagerungssicher sowie frostfrei gegründet sind.

a) Die Pegelmessungen.

1. Aufgaben. Die Pegelmessungen dienen [*155*] folgenden besonderen Aufgaben:

1. Überprüfung des angewandten Einbau- und Verdichtungsverfahrens, um technisch-wirtschaftliche Unterlagen für die Praxis zu gewinnen.

2. Bei nachgiebigem Untergrund und durchgeführten Setzungsberechnungen dient der Pegel zur Überprüfung des berechneten Setzungsmaßes.

3. An Straßendämmen geben die Pegelmessungen eine Diagnose, ob und wann mit dem ungefährdeten Aufbringen setzungsempfindlicher starrer Decken gerechnet werden kann.

4. Die Pegelmessungen geben für teilweise und mangelhaft verdichtete Dämme das erforderliche Maß der Dammüberhöhung an.

5. Die Pegelmessungen sind ein wichtiges Gütekontrollmittel für all jene felsige Dammbaustoffe, die nach den unter a bis f S. 475ff. genannten Prüfverfahren nicht oder nur bedingt geprüft werden können.

2. Die Ausbildung und Anordnung der Pegel (Abb. 527 u. 528). Der Teleskoppegel. 1. Beschreibung, Bewährung. Der Name „Teleskoppegel" ergibt sich aus der konstruktiven Lösung, wobei mehrere Pegelrohre teleskop-

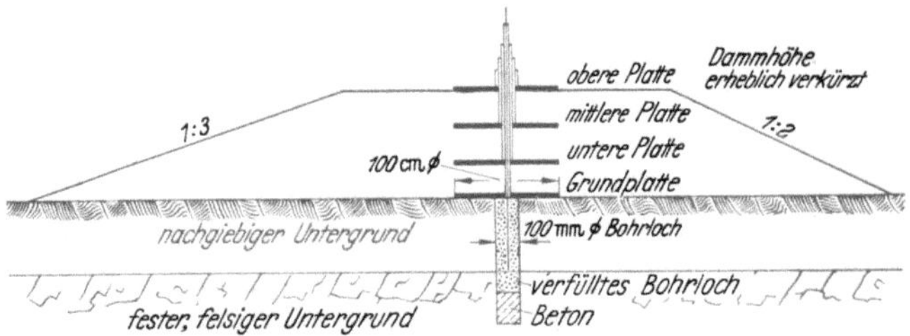

Abb. 527. Teleskoppegel für Setzungsmessungen an Dämmen aller Art unmaßstäblich als Prinzipskizze dargestellt.

artig übereinandergleiten und die Messungen an beliebig viel übereinander angeordneten Meßplatten gestatten. Unter „Schwebpegel" ist jeder nicht mit dem festen Untergrund (Grundpegel) in Verbindung stehende, im Dammkörper gewissermaßen „schwebende" Pegel anzusprechen. Der Teleskoppegel wurde auf des Verfassers Anregung erstmalig im Juni 1934 an einem 13 m hohen Autobahndamm bei Chemnitz eingebaut. Unabhängig davon wurde er in gleicher Ausführung für den Staudamm Schwammenauel 1935 verwendet. Er ist von EHRENBERG [81] 1940 beschrieben und empfohlen worden und wird daher vielfach nach ihm benannt. Im Bereich der Autobahn in Sachsen wurde er mit bestem, d. h. einwandfreiem Erfolg in mehreren Dutzenden Exemplaren für Dämme bis zu etwa 20 m Höhe verwendet. An den Talsperren Cranzahl und Stollberg wurde er auf des Verfassers Veranlassung je einmal 1950 und 1951 eingebaut. In keinem Falle wurde ein Verkanten oder Verklemmen

Abb. 528. Meßplatte mit Pegelrohr fertig zum Einbau im Staudamm.

des Pegels beobachtet. Allerdings mußte er wiederholt durch eine Umzäunung vor der Beschädigung durch schwere Walzen geschützt werden. Der Pegel ist auch in der neueren Literatur empfohlen.

2. Vorteile. 1. Man darf sagen, daß auf diese Weise an beliebigen Dammhöhen gleichzeitig das Verhalten des Dammes für verschiedene Abschnitte und Untergrund nachgeprüft werden kann, wie es in der gegenseitigen Abhängigkeit mit keinem anderen Mittel in ebenso einwandfreier wie bequemer Weise möglich ist.

2. Ein weiterer Vorzug liegt in der Möglichkeit der unmittelbaren Ablesung der Setzungen für beliebig viele Dammabschnitte.

3. In der Anspruchslosigkeit an Raum (nämlich nur den Raum des Rohrdurchmessers), der den fortlaufenden Dammbaubetrieb in keiner Weise stört und

die Ausführung des Dammes unmittelbar am Pegel in gleicher Weise wie im übrigen Damm selbst ermöglicht und daher zuverlässige Unterlagen über das Dammverhalten liefert.

4. Die robuste Bauweise, der teleskopartig, über einem Kernrohr, das im unnachgiebigen Untergrund in einem Betonklotz entsprechend dem Bohrrohrdurchmesser verankert ist, gleitenden Pegelrohre, die jedes auf einer Grundplatte von etwa 10 mm Stärke aus Stahlblech von 1 m × 1 m oder 1 m ⌀ stehen, läßt weitgehend seine Unempfindlichkeit erkennen.

3. Nachteile. 1. Verkantungen und Beschädigungen bei nicht sachgemäßem und sorgfältigem Einbau [311].

2. Beschränkungen der Messungen an Staudämmen, an den nicht benetzten Dammflächen. Allenfalls [366] müßte das Gestänge im Schutze gemauerter Brunnen bis über den Höchststau geführt werden. Die Brunnen müßten entsprechenden Schutz gegen Wind, Druck und Wellenschlag erhalten. Sie stören indessen das Gesamtbild des Dammes.

Man soll zur Kontrolle der Dammschultern neben den Kernpegeln auch Pegel in der Nähe der Dammschultern anordnen, die nicht als durchgehende Grundpegel, sondern als verlorene „Oberflächenpegel" etwa 1 m lang ausgebildet und frostfrei gegründet, im übrigen mit Sand oder Kies ummantelt und vor Verletzung geschützt werden, um zuverlässige Messungen zu erhalten. Sie können in der Querprofillinie mit dem Grundpegel des Dammkernes, also dem Kernpegel selbst, angelegt werden. Sie ermöglichen einen wahren Einblick über die Verformungsarbeit am Damm durch Auflast, Klima und Staudruck. Allerdings müßten sich derartige Pegelmessungen ausschließlich auf die luftseitigen Dammteile beschränken, da die Gefahren auf der Wasserseite durch Eistrift usw. die Zuverlässigkeit derartiger, dann durch das Wasser herausragender Pegel sehr erschweren, wenn nicht sogar in Frage stellen.

4. Einbau des Teleskoppegels. Wichtig beim Einbau ist die senkrechte Auflage und die Anordnung der Meßplatten, deren unmittelbare Einmessung nach dem Einbau und der Einbau auf verdichteter Dammfläche. Der häufigste Fehler und eine das Setzungsbild stark trübende Versäumnis besteht darin, daß man die vorgesehene Einbaulage verfehlt hat und nunmehr den Pegel in Schürflöchern eingräbt, die dann nur lose verdichtet werden. Dies ist unter allen Umständen zu verhindern, da die nachfolgenden Setzungen zu hoch sind und nicht denen des übrigen Dammes entsprechen.

Zu einem Damm, zumindest einem großen Staudamm, gehören mehrere Pegel, etwa 3, die in verschiedenen Dammabschnitten, dem höchsten Dammpunkt, dem Punkt mit der stärksten Mächtigkeit verlagerungsempfindlichen Baugrundes usw., angeordnet werden.

Jedes Zuviel an Pegel stört den Dammbaubetrieb und schadet der dauernden pfleglichen Behandlung während des Einbaues sowie der stetigen Kontrolle. Insofern erscheinen die nach [311] als Ersatz für den Teleskoppegel vorgeschlagenen Pegelanordnungen wenig geeignet, den flüssigen Dammbaubetrieb zu gewährleisten. Sie sind auch überflüssig, da der Teleskoppegel einwandfrei ist. Bei Verwendung des Pegels, der mittels Zollstock zum festen Kernrohr die jeweiligen Setzungen mit genügender Genauigkeit festzustellen gestattet, sind folgende Einzelmaßnahmen erforderlich:

1. Der Pegel muß durch eine Schappenbohrung evtl. Meißelbohrung von nur 150 mm größten ⌀ in festen Felsgrund einbetoniert werden.

2. Das Bohrloch ist ohne übermäßige Verdichtung mit Bohrgut bis an die Oberfläche zu verfüllen, um die Setzungen des mehr oder weniger nachgiebigen Baugrundes im Bereich des Kernrohres nicht ungünstig zu beeinflussen.

3. Die Grundplatte ist durch Winkeleisen soweit fest mit dem jeweiligen Meßrohr zu verbinden (Abb. 528), daß eine Durchbiegung im Bohrbereich gegenüber dem ungestörten Baugrund nicht eintreten kann.

4. Jede Grundplatte ist absolut waagerecht und zentriert aufzusetzen und entsprechend einzumessen. Bei den ersten darauf folgenden Schüttungen muß dieser Standpunkt unbedingt gesichert bleiben. Die Meßrohre sind ebenfalls mit den Grundplatten zu versteifen. Knickung und Verbiegung der Rohre und Platten muß ausgeschlossen sein.

„Man hat diese Gefahr [*366*] z. B. in Schwammenauel dadurch vermieden, daß man das obere Ende des Gestänges in Schichtstärke überschüttete, dann den Boden in normaler Weise durch Walzen verdichtete und schließlich das Gestänge freigrub. Es wurde nun um die Schichtdicke verlängert, mit Boden umstampft und mit einer weiteren Schicht überschüttet. Dieser Vorgang wurde von Schicht zu Schicht wiederholt."

Dieses etwas umständliche Verfahren hat sich gelohnt.

5. Während des Baubetriebes ist darauf zu achten, daß eine Verlagerung, Beschädigung (Umfahren, Anfahren) durch Fahrzeuge oder Verdichtungsgeräte ausgeschlossen ist.

6. Die nachfolgenden Meßplatten (2, 3 usw.) im Dammkörper sollen in möglichst gleichen Abständen von mehreren Metern übereinander zwei bis sechs und mehr, je nach der Höhe und Bedeutung des Dammes angeordnet werden.

7. Die Verdichtung am Pegel darf nicht von der des übrigen Dammes abweichen.

8. Es kann ohne weiteres mit der Walze und dem 1 t-Frosch bis auf 2 dm an den Pegel heran verrichtet werden.

9. Die Pegelrohre sollen mit in gleicher Weise zunehmendem Durchmesser übereinander angeordnet werden, um gleiches und reibungsloses Bewegungsspiel zu ermöglichen.

10. Die Teleskoprohre sind nach den jeweils ersten Schüttungen auf ihrer senkrechten Lage zu überprüfen.

Während an den Staudämmen die Wahl der Pegelstellen nicht schwer ist, wird sie an den Verkehrsdämmen, außer von der Gestalt des Dammkörpers, vor allem von Verkehrsbahnen, bestimmt. An Autobahnen wird die Anordnung daher stets im Mittelstreifen vorgesehen. Außer den höchsten Dammstellen sind hier vor allem die Widerlagerhinterfüllungen bevorzugte Meßstellen.

5. Meßzeiten (Lastsetzungskurven). Man unterscheidet die Messung mit Berücksichtigung des Lastzuwachses, also bei regelmäßigem Dammauflastzuwachs, d. h. die Lastsetzungskurve, die zugleich das Verhalten des Untergrundes und der verschiedenen Dammabschnitte unter dieser sich steigernden Belastung erkennen läßt und

6. die Zeitsetzungskurve. Sie registriert die Setzungen in bestimmten — während des Dammbaues in wöchentlichen, anschließend in monatlichen und

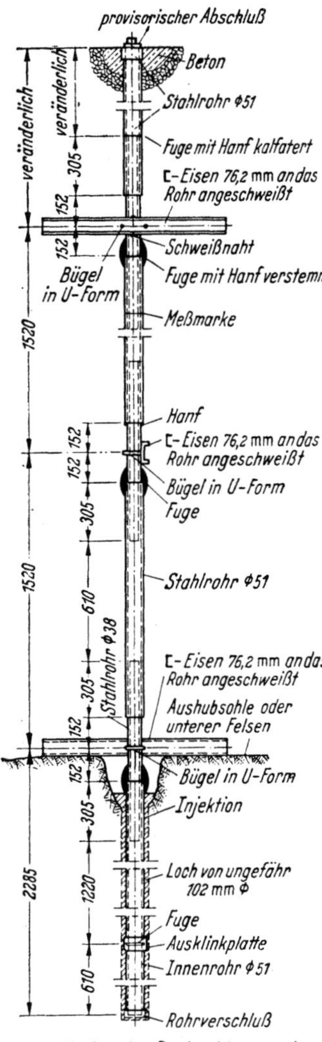

Abb. 529. Neuerer Setzungspegel
nach dem Teleskopprinzip.
(Nach ORTH [*294*].)

später in vierteljährlichen bis jährlichen — Abständen, ohne während des Dammbaues auf die jeweilige Dammhöhe Rücksicht zu nehmen, also auch dann, wenn der Damm vorübergehend keinen Einbau zu verzeichnen hat.

Die Abb. 500 bis 507, S. 424 ff. vermitteln einen Eindruck über Setzungsbeobachtungen an Autobahndämmen, deren Werte in der Tab. 55 (S. 428) dargestellt sind. Sie geben zugleich einen Eindruck von dem hohen Stand der Geotechnik des Dammes, die der Bau der Autobahndämme bereits im Jahre 1935 erreicht hatte.

Das Prinzip des Teleskoppegels findet sich in einer neuartigen amerikanischen Pegelkonstruktion gewahrt [*294*]. Man verwendet (Abb. 529) eine Reihe von Rohrstücken von 28 und 51 mm ⌀. Das dünne Rohr bewegt sich als Teleskoprohr frei im großen. An den Rohrstücken von 38 mm ⌀ sind ⊏-Eisen von 91,4 cm Länge befestigt und darunter Stahlbleche für die Messung der Setzungen angebracht. Die Fugen zwischen dem starken und dünnen Rohr werden mit Hanf verstemmt. Mittels eines sog. Meßtorpedos, der in das Innere des Rohres eingelassen wird und beim Hochziehen bedarfsweise Sperrklinken auslöst, die gegen die jeweils zu messenden unteren Rohrenden anstoßen, kann in beliebigen Abständen die Setzung im Damm gemessen werden. Voraussetzung für ein einwandfreies Meßergebnis ist:

1. die Garantie, daß die Verstemmung weder ein Gleiten verhindert noch beschleunigt,

2. die erforderliche Bewegungsfreiheit des inneren Rohres entsprechend den zu erwartenden Setzungen, also genügend Abstand zwischen der Meßplatte und dem unteren weiteren Rohr,

3. die peinlich genaue Ausführung der Meßapparatur,

4. die Gewähr, daß die empfindliche Apparatur nicht durch den Baubetrieb beschädigt wird,

5. Im übrigen dürfte die Herstellung nicht billiger sein als die der ausnahmslos bewährten bisherigen Teleskoppegel.

b) Das Nivellement.

Sie sind weitgehend vom Dammbaubetrieb unabhängig und können daher, ebenso wie die Pegelmessungen, zu jeder Zeit vom Beginn der Dammarbeiten an durchgeführt werden. Nach Dammabschluß werden Meßplatten möglichst in Nähe der Pegel und an verlagerungsempfindlichen Stellen, an Dammschultern an Verkehrs- und Staudämmen angeordnet, um den höchsten Dammabschnitt, der durch Pegelplatten meist nicht erfaßt wird, zu beobachten. Man verwendet hierzu Betonplatten von 1 × 1 m Größe und etwa 15 cm Stärke, die in der Mitte einen Meßbolzen erhalten. Da diese Messungen erheblich mehr Zeit beanspruchen als die Pegelablesungen mittels Zollstock, dafür auch entsprechend genauer sind, sollten diese Meßpunkte nur an den oben angedeuteten Stellen vorgesehen werden. Diese Messungen lassen sich nach Auftrag der Decke durch Übertrag des Festpunktes auf bestimmte Punkte der Decke auch noch während des Betriebes weiter verfolgen.

c) Die Schlauchwaage (Meßwaage) [81, 368, 456].

Will man Setzungen im Untergrund durch das Nivellement verfolgen, dann sollte man sowohl die höchste und niedrigste Stelle eines Dammabschnittes, z. B. zwischen zwei Bauwerken, gleichzeitig beobachten. Für die Setzung der Kunstbauwerke selbst sollte man die Schlauchwaage verwenden. Das Verfahren hat [81] den Vorzug, daß es auch an jeder Dammstelle angewendet werden kann.

Es bedarf allerdings längerer Rohrleitungen, die mit geringem Gefälle möglichst in einer Dammschicht eingebaut werden.

Einbau [81]. An der Stelle, deren Setzbewegung gemessen werden soll, wird ein kleiner, geschlossener Meßbehälter a (Abb. 530 bis 532) eingebaut, von dem drei Rohrleitungen b, c, d mit leichtem Gefälle zu einer Meßvorrichtung e führen, die zweckmäßig im Beobachtungsgang des Dammes (Abb. 532),

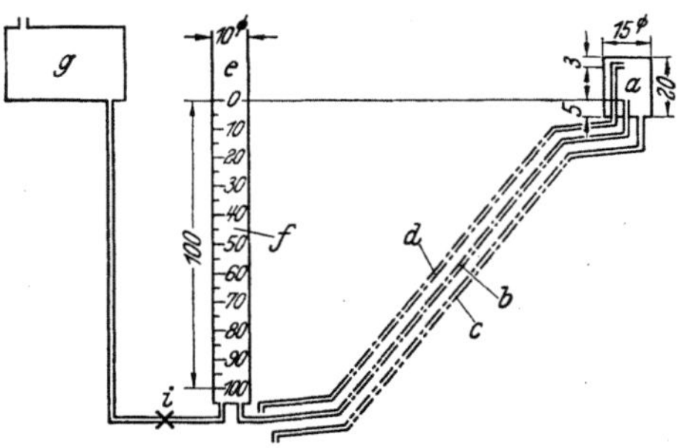

Abb. 530. Einzelheiten der Meßwaage, Maße in cm. (Nach EHRENBERG [81].)

und zwar in gleicher Höhe wie der Meßbehälter a angeordnet wird. Diese Meßvorrichtung e besteht aus einem mit einer Teilung versehenen Glaszylinder f (Abb. 530), von dessen Fuß eine Rohrleitung b zu dem Meßbehälter a führt

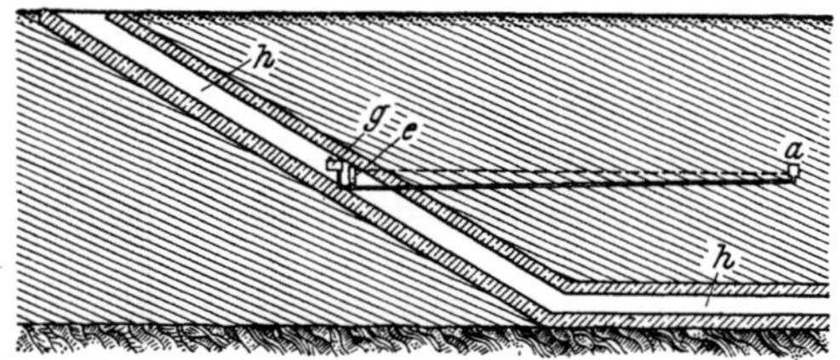

Abb. 531. Anordnung der Meßvorrichtung im Dammlängsschnitt. (Nach EHRENBERG [81].)

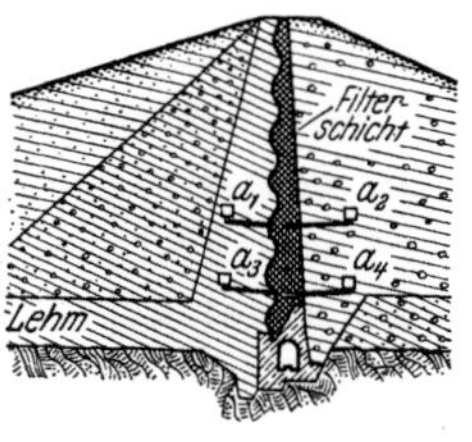

Abb. 532. Lage mehrerer Meßbehälter a_1 bis a_4 im Dammquerschnitt. (Nach EHRENBERG [81].)

Zu Abb. 530 bis 532:
a Meßbehälter, b Überlaufmeßrohre, c Abflußrohr, d Entlüftungsrohr, e Meßvorrichtung mit Beobachtungsrohr f (Glaszylinder), g Wasservorratskessel h Beobachtungsgang, i Absperrventil.

und dort einige Zentimeter über dem Boden austritt. Wird dem Glaszylinder f auf einem über ihm liegenden Vorratskessel g Wasser zugeführt, so wird es sich in dem Glaszylinder in der Rolle des Rohrüberlaufes b im Meßbehälter a einstellen. Das überlaufende Wasser kann bei durchlässigem Boden in diesem versickern. Bei undurchlässigem Boden wird neben die Hinleitung b eine Rückleitung c gelegt, die das Wasser dem Beobachtungsgang wieder zuführt. Neben der Hin- und Rückleitung empfiehlt sich das Verlegen einer dritten Leitung d, die dem Ausgleich des Luftdruckes dient.

Die Höhenlage der Oberkante des Zulaufrohres b im Meßbehälter a kann auf diese Weise an der Teilung des Glaszylinders f jederzeit abgelesen werden. Zum Füllen und zum Nachfüllen der Rohrleitung b wird zweckmäßig abgekochtes, luftwarmes Wasser genommen, um störende Luftausscheidungen in der Rohrleitung zu vermeiden. Die Rohrleitung b muß so verlegt werden, daß auch nach dem Setzen des Dammes der unterste Punkt der Teilung im Meßzylinder f ebenso wie die ganze Rohrleitung unter dem Rohrauslauf im Meßbehälter a liegen.

Ist ein Beobachtungsgang nicht vorhanden, so kann die Meßvorrichtung e an der Luftseite des Dammes auf festem Gelände etwa am Talhang angebracht werden. Die Meßstellen können in diesem Falle nur im Stützkörper des Staudammes angeordnet werden (Abb. 532), da die Dichtungsschicht des Dammes von den Rohrleitungen nicht durchbrochen werden darf. In gleicher Weise würden sich auch Setzungen des Untergrundes von Straßen- oder Eisenbahndämmen messen lassen. Die Meßzylinder werden in dem Falle am besten im Talgrund außerhalb des Dammfußes in gemauerten Schächten oberhalb des Grundwassers frostfrei angeordnet."

Die Schlauchwaage eignet sich weniger für Dämme.

d) Messungen an den Dammböschungen.

Auch Setzungen und seitliche Verschiebungen in den Dammböschungen verlangen eine dauernde Überwachung, damit unzulässig grobe Bewegungen sofort festgestellt und weitere Bewegungen verhindert werden können.

e) Anlage und Beobachtung der Meßpunkte.

Zu diesem Zweck werden auf den Dammböschungen, und zwar am besten auf den zur Unterhaltung und Bewirtschaftung vorgesehenen Banketten Meßpunkte in waagerechtem Abstande von 20 bis 30 m voneinander angelegt. Diese Meßpunktreihen erhalten einen Höhenabstand von etwa 5 bis 8 m. Sie bestehen aus etwa 1,5 m tief im Boden stehenden starken Betonsockeln, die einen Kugelbolzen mit Kerbung in ihrer Stirnfläche tragen. Diese Bolzen werden in die Flucht von Festpunkten eingemessen, die außerhalb des Dammes an den Talhängen angebracht sind.

Durch Nivellement werden die senkrechten und durch Einfluchten die waagerechten Verschiebungen der Böschungspunkte gemessen. Zeitweglinien, die auf Grund dieser Beobachtungen aufgetragen werden, lassen erkennen, ob die Bewegungen allmählich zur Ruhe kommen, ob sie gleichmäßig fortschreiten oder stärker werden. In den letzten Fällen ist das Eintreten einer Rutschung zu befürchten. Durch eine flachere Gestaltung der Böschung wird sich eine stärkere Bewegung in den meisten Fällen vermeiden lassen. Die Meßpunkte in den Böschungen werden zweckmäßig schon während des Baues gesetzt, und ihre waagerechte und senkrechte Lage wird eingemessen, sobald der Damm etwas über die Höhe hinausgeführt ist, in der die Meßpunkte vorgesehen sind, da dann eine Beschädigung der Meßpunkte durch den Baubetrieb nicht mehr zu befürchten ist.

Nach dem Überstauen der auf der Wasserseite angebrachten Böschungsmeßpunkte ist ihre Beobachtung in gewöhnlicher Art nicht mehr möglich. Man hat jedoch folgende Meßvorrichtung auf der überstauten Dammböschung angeordnet, da die Kenntnis ewaiger hier eintretender Verschiebungen wichtig ist [81]. „Durch eine am Meßpunkt auf der Böschung angebrachte Rolle ist ein Draht gezogen, an dessen Ende eine leichte Boje befestigt wird, während das andere Ende des Drahtes an der Böschung aufwärts zu einer Winde verläuft. Durch Anziehen des Drahtes mit der Winde wird die Boje tiefer in das Wasser gezogen und stellt sich bei ruhigem Wasser und ruhiger Luft senkrecht über dem Meßpunkt ein, so daß Bewegungen des Meßpunktes gemessen werden können. Ist der Draht an seinem oberen Ende an der Winde mit entsprechenden Meßmarken versehen, so läßt sich aus dem Beckenwasserstand und der Eintauchtiefe der Boje auch auf die Höhe des Meßpunktes schließen."

Selbstverständlich können diese Messungen wegen ihrer geringen Genauigkeit nur dazu dienen, größere Bewegungen des Meßpunktes festzustellen. Immerhin sollte man auf der Wasserseite großer Dämme doch einige Meßpunkte mit solchen oder ähnlichen Vorrichtungen versehen, die eine Beobachtung der Bewegungen der wasserseitigen Böschung auch nach dem Einstauen gestatten.

Bei sehr mächtigem nachgiebigem Untergrund und niedriger Dammhöhe verschleppen sich die Setzungen über längere Zeit, und die Inbetriebnahme einer Strecke im Verkehrsdamm führt bis zu vollständig verfestigtem Untergrund nicht nur zu Deckenschäden, sondern kann auch zu Dammbrüchen als Folge von Grundbrüchen führen (vgl. S. 497). Längsrisse und klaffende Fugen an Verkehrsdämmen der Straßen lassen auf eine ungleichmäßige Untergrundsetzung oder auch auf eine durch unvollständige Verdichtung durch Verkehr und Klima verursachte stärkere Dammschultersetzung schließen. Die Ursachen sind indessen nicht immer einfach abzuklären, oft liegen mehrere vor. Auch diese Messungen dienen letzten Endes zur Kontrolle über die Güte der Dammbautechnik.

f) Die Ausbreitungsgeschwindigkeit elastischer Wellen.

Da die Ausbreitungsgeschwindigkeit elastischer Wellen ein Kriterium für die Güte der Verdichtung einzelner Abschnitte wie des gesamten Dammkörpers ist, lassen sich beide Meßergebnisse: Nivellements oder Pegel mit diesem Verfahren in Verbindung setzen und daraus statistisches Material für verdichtete und unverdichtete Dammschüttungen erhalten.

g) Kritik der Messungen.

Der Wert und die Brauchbarkeit derartiger Messungen hängt wesentlich von der peinlich genauen Durchführung, dem Verantwortungsbewußtsein der damit betrauten Personen ab. Vor allem sind Messungen während des Dammbaues und nach der Beendigung des Dammes lückenlos durchzuführen. Ferner ist auf eine pflegliche Behandlung und Schutz der dann meist unauffälligen und versteckt liegenden Pegelrohre gegen Verschmutzung und Beschädigung zu achten.

Die Erfahrung hat gezeigt, daß ein Zuviel an derartigen Meßpunkten und Pegelstellen zur Vernachlässigung führt. Daher soll man sich stets auf ein

Mindestmaß beschränken, wofür auch wiederum die Teleskoppegel gegenüber den zahlreichen anderen die denkbar beste und günstigste Lösung sind. Auf ihre Beobachtung kann nicht verzichtet werden, da der Baustoff Erde sich nicht nach bestimmten Normen fest und unveränderlich fest, also verlagerungssicher zusammenfügen läßt und somit die über größere Zeitabschnitte sich erstreckenden Setzungsbeobachtungen im Rahmen der Gütekontrolle und der Dammbaubetreuung unerläßlich sind, wie ja auch die Beobachtung der Setzungen wertvoller Gebäude zur Regel wird (DIN 4107). Im Wasserbau ist die Kontrolle vor allem auch während der Zeit des Einstaues sehr wichtig.

IV. Messungen waagerechter Verschiebungen im Damminnern.

Die Messungen im Damminnern finden entweder von der Oberfläche durch verbindende Leitungen oder auch von eigens hierfür im Damm angeordneten Kontrollschächten und Revisionsgängen aus statt. Für diesen Zweck eignen sich die starren Kerndichtungen aus Beton sehr gut (Abb. 533 bis 535),

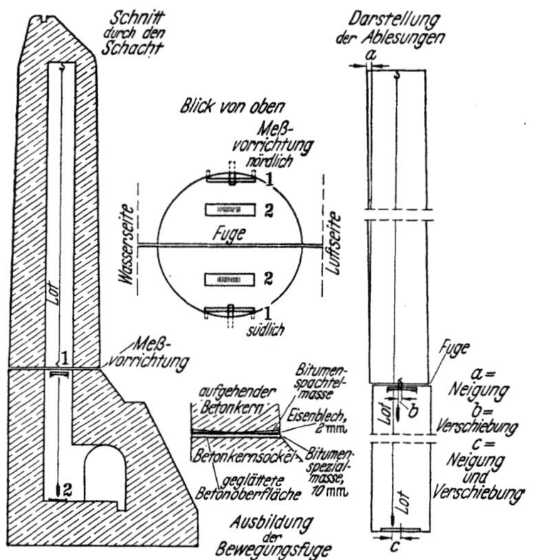

Abb. 533. Meßvorrichtung für die horizontale Bewegung der Kernmauertafel im Staudamm Schwammenauel. (Nach SCHATZ [366].)

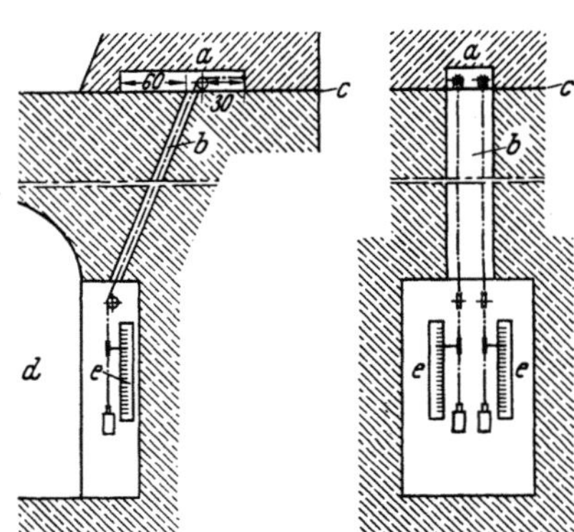

Abb. 534.   Abb. 535.

Abb. 534 u. 535. Meßvorrichtungen für waagerechte Bewegungen im Damminneren der Bevertalsperre. (Nach EHRENBERG [81].)

Maße in cm. a beweglicher Teil der Mauer; b fester Teil der Mauer; c Gleitfuge; d Besichtigungsgang; e Meßeinteilung.

weil sich hierin bei der Anlage die entsprechenden Aussparungen bequem berücksichtigen lassen, und zwar in gleicher Weise wie an einer Staumauer.

Auch bei den Asphaltbetondecken als wasserseitiger Dichtung von Felsschütt- und Steinsetzdämmen sind derartige Kontrollgänge in dem unabdingbaren Fundament der Dichtungen leicht anzuordnen, wie sie z. B. an der Hennetalsperre vorgesehen sind, um hier die Undichtigkeiten bzw. die Bewährung der Asphaltbetondichtung in allen Flächenteilen zu überprüfen.

In den Erddämmen sind derartige Kontrollgänge seltener und wenig bekannt geworden. Bei dem Staudamm Marmorera in der Schweiz mit einem Tonkern finden sich in Verbindung mit zwei nach der Luftseite mündenden Stollen zwei derartige Kontrollgänge in der Nähe der Basis und knapp unterhalb der Mitte. Außerdem ist hier noch im Untergrund in gleicher Achsrichtung ein Entwässerungsstollen vorgesehen. Zweifellos haftet den bisherigen Erddämmen der Mangel der unmittelbaren Zutrittsmöglichkeit innerhalb der erdigen Massen an. In der Lösung von Marmorera ist nunmehr ohne eine Betonkerndichtung unmittelbar von diesen sog. Revisionsstollen auch nach Inbetriebnahme eine Kontrolle des Damminnern und Durchführung von Messungen möglich. Der Dammkern ist und bleibt zugänglich.

Man verwendet folgende Vorrichtungen bzw. Verfahren:

1. waagerecht verlegte Teleskoppegel,

2. einfache Lotvorrichtungen in Dämmen mit Beobachtungsgängen (Harztalsperren, z. B. Söse, ferner Schwammenauel) (Abb. 533) und Steigschächten.

Beispiel. Bevertalsperre (Abb. 534 u. 535). Hier war eine einfache Vorrichtung [*81*] zum Messen der Bewegung eines auf dem Sockel aufgebauten kurzen Spornes angeordnet. Der Sporn sollte das von der Luftseite in den Damm eindringende Wasser von der Filterschicht und damit vom Beobachtungsgang abhalten. Es wurde an zwei Stellen gemessen. Beobachtete Verschiebungen während des Einbaues!

a) Bevertalsperre 3 cm,

b) Sösetalsperre 25 cm,

c) Schwammenauel 25 cm,

d) Sorpetalsperre 200 cm. Der Kern ist völlig dicht geblieben trotz des etwas größeren Betrages.

e) Kallsperre erhebliches Verdrücken der Dammkrone nach der Luftseite,

f) Staudamm Roßhaupten bis zum 9. 9. 1953 7,7 cm.

3. *Die Wasserwaage.* Wo ein Einspannen des Sockels in festen Felsen unmöglich ist, wird Verschiebung oder Verkanten des Sockels gemessen. Man bringt in jedem Sockelabschnitt ein Meßprofil an, um mit Wasserwaage und Lot etwaiges Verkanten und ein Verschieben gegen eine optisch festgelegte Achse zu ermitteln. Diese Messungen beginnen gleich nach dem Ausschalten des Beobachtungsganges und werden in regelmäßigen Abständen fortgesetzt. Vorsicht bei Wassereinstau und Schutz gegen Nässe!

V. Weitere Messungen an den Dämmen
[*16, 29, 30, 81, 107, 114, 134, 368, 381, 397, 413, 451, 457, 458, 483*].

An den Staudämmen, weniger den Verkehrsdämmen, sind noch folgende Messungen zweckmäßig und auch fast stets üblich: Überprüfung

1. des Grundwasserverlaufes,

2. der Sickerwasserströmung und deren Veränderung,

3. des Porenwasserdruckes,

4. des Auftriebes,

5. des Bodendruckes in den verschiedenen Dammabschnitten.

1. Grundwasserbeobachtungen.

Auch für die Verkehrsdämme, nicht nur für die Staudämme, ist die Veränderung des Grundwasserspiegels von Bedeutung. Folgende Gefahren drohen dem Verkehrsdamm bei Veränderung des Grundwasserspiegels, insbesondere bei dessen Erhöhung:

1. Die Frostgefahr an niedrigen Dämmen durch kapillaren Wassernachschub und

2. die Gefügeschwächung unter dem erweichenden, gefügeauflockernden Grundwassereinfluß (Auftrieb).

Dadurch wird die Gleitsicherheit, die Sicherheit gegen Grundbruch verringert. Zum Beispiel wurde durch eine Verdämmung des Grundwasserstromes mit der Folge erhöhten Auftriebes ein Grundbruch an der Eisenbahnstrecke Berlin—Dresden in den dreißiger Jahren verursacht [173, 282].

Daher ist die Frage der Veränderung der Gefügefestigkeit im Untergrund stets in der Richtung zu prüfen, ob durch die Dammauflast eine von Grundwasserspiegelschwankungen unabhängige und dauerhafte Verfestigung erreicht ist, so daß bei Steigerung der Untergrundbeanspruchung (durch erhöhte Verkehrsdynamik) keine Gefahr für den Damm zu befürchten ist. Dies gilt in erster Linie für die veränderlichfesten Gesteine einschließlich der organischen Ablagerungen (Torf, Faulschlamm usw.)

Veränderungen des Grundwasserspiegels können aber nur dann gefährlich werden, wenn zugleich die Beanspruchung des Untergrundes wächst, wie es durch den Einsatz des HENTSCHEL-WIEGMANN-Zuges auf der Strecke Berlin—Dresden der Fall war. Ein ähnlicher Grundbruch ereignete sich nach [204] in der Nähe von Kassel; denn unter der vorhandenen Dammauflast stellt sich ein labiles Gleichgewicht bei Porenwasserdruck ein. Erst wenn nach ähnlicher Auftriebssteigerung die dynamische Beanspruchung der Auflast dieses Gleichgewichtsbild überschreitet, wird der gefährliche Porenwasserüberdruck ausgelöst, der unvermeidlich zu Grundbrüchen führen muß. Insofern sind die Grundwasserbeobachtungen wichtig, als sie eine Veränderung des Stoffsystems Fest—Wasser—Luft und damit des Spannungsverhältnisses in der zusätzlich unter Grundwassereinfluß geratenen Bodenzone zur Folge hat.

Geotechnische Folgerungen für den Dammbau. Der Grundwasserverlauf im Untergrund ist an Verkehrsdämmen von großem Einfluß für die Veränderung der Stabilität des Dammkörpers. Bei Übersteigerung der Beanspruchung durch Verkehr *und* Dammlast ist mit Grundbruchgefahr zu rechnen. Daher ist der Verlauf des Grundwasserspiegels in seiner Einflußnahme auf die Stabilität des Dammes abzuklären.

2. Die Messung der Grundwasserströmung im Staudamm.

Der Verlauf der Sickerlinie, d. h. der Grundwasserströmung in einem Staudamm, wird gewöhnlich an Modellversuchen auf Grund der Durchlässigkeitsuntersuchungen ermittelt. Ihre genaue Kenntnis ist daher notwendig, um die Sicherheit des Dammes in allen Phasen und Abschnitten zu erfassen. Porenwasserdruck, Pegelmessungen sowie Färbversuche dienen dazu, den Verlauf der Sickerlinie in Übereinstimmung mit den Vorausberechnungen unter Berücksichtigung verschiedener Stauspiegelhöhen zu überprüfen.

a) Zweck der Messungen.

Im einzelnen verfolgen die Messungen den Zweck, die Sickerlinie im Staudamm zu beobachten, ihren Abfall oder ihren Anstieg, um daraus die jeweilige Sicherheit mit Rücksicht auf einen Austritt an der luftseitigen Böschungsseite zu beurteilen, die Gefahr der Dammbrüche zu erkennen und ihr rechtzeitig zu begegnen. Abb. 536 gibt derartige an den Staudämmen in den USA und nach EHRENBERG im Querschnitt des Dammes angeordnete Wasserstandspegelrohre wieder. Abnahme der Sickerlinie im Damm bei unverändertem Wasserspiegel im Stauraum [81] spricht für eine Erosionswirkung, Anstieg im Dichtungskörper auf eine wachsende Selbstverdichtung.

Besitzt der Damm einen Kern aus Beton oder Stahlblech mit dahinterliegender Filterschicht,

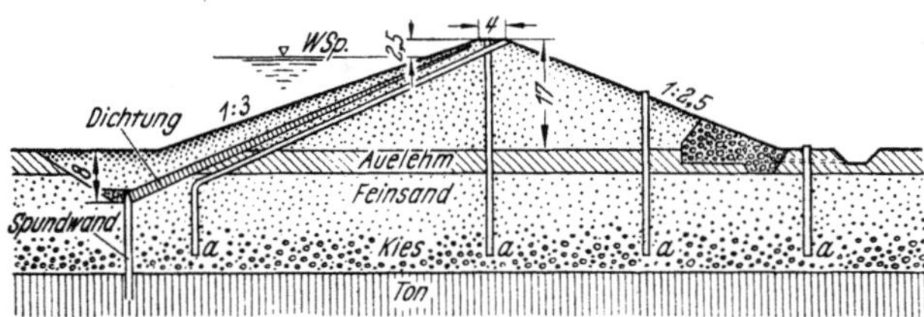

Abb. 536. Anordnung von Grundwasser-Beobachtungsrohren im Damm. Maße in m. *a* Beobachtungsrohre für Wasserstände in Damm und Untergrund.

die in den Besichtigungsgang entwässert, und kann auch ein etwa vorhandener Felsuntergrund sein Wasser diesem Gange zuführen, dann wird man den Hauptanteil des Wassers, das Damm und Felsen durchfließt, in den Rinnen des Besichtigungsganges messen können. Bei Dämmen ohne Besichtigungsgang hat man den Stützkörper und die hinter der Dichtungsschicht liegende Filterschicht durch Sickerrohre entwässert, die bei kurzen Dämmen an den Seiten des Grundablasses verlegt sind. Diese Sickerleitungen fassen das Wasser in ihrem Bereich zusammen und führen es den Meßstellen zu. Solche Sickerleitungen muß man besonders sorgfältig verlegen und mit Kies und Sanden, die nach außen feiner werden, filterartig umgeben, um das Ausspülen feiner Bodenteilchen und damit den Eintritt von Bewegungen im Damminnern zu verhindern. Oft beschränkt man sich darauf, nur den aus grober Schüttung bestehenden Dammfuß nach dem Seitengraben zu entwässern, so daß über den Wasserdurchzug und die Wasserstände im Damm nichts bekannt wird. In diesem Falle sollte man wenigstens die Höhe der Wasserstände im Damm und im Untergrund messen.

In Abständen von 50 bis 100 m (Abb. 537) werden Grundwasser-Beobachtungsprofile eingerichtet. Das erste Beobachtungsrohr wird möglichst dicht hinter der Dichtung oder der Spundwand angeordnet. Es wird vom Dichtungsschlitz aus gebohrt und dann mit der Dichtung in schräger Lage hochgeführt.

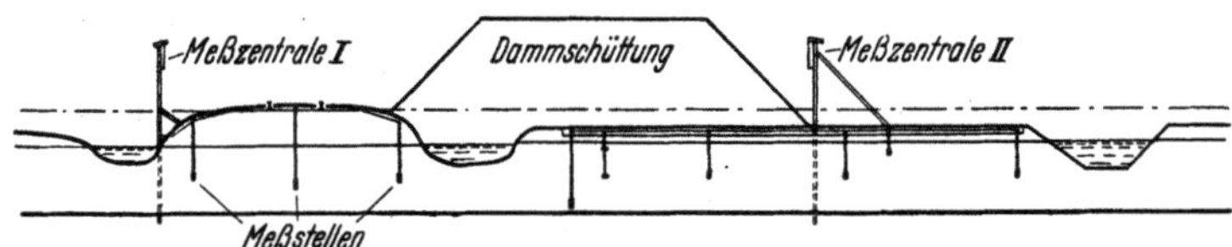

Abb. 537. Anordnung der Meßstellen zum Messen des Porenwasserdruckes unter und neben einem Damm. (Nach RINGELING.)

Es können auch schräge Rohre geschlagen werden, doch empfiehlt es sich nicht, den Rohrdurchmesser zu eng zu nehmen, da in solchen engen Rohren starke Wasserstandsschwankungen beobachtet worden sind, die bei weiten Rohren (10 cm ⌀) nicht eintraten.

Die Rohre sind so tief zu führen, daß der gelochte Teil in den durchlässigen Schichten des Untergrundes liegt, damit der dort auftretende Wasserdruck gemessen werden kann. Sie sind so zu verteilen, daß ein Rohr in der Dammkrone nahe der wasserseitigen Kante, eins in der Mitte der luftseitigen Böschung, eins am luftseitigen Dammfuß und eins (in Abb. 536 nicht gezeichnet) jenseits des Grabens etwa in 30, 40 m Abstand von dem Rohr am Dammfuß steht. Die im Damm stehenden senkrechten Rohre können nach Fertigstellung des Dammes gebohrt werden. Sie können aber auch bei steinigem Dammboden infolge der Schwierigkeit des Bohrens mit dem Damm hochgeführt werden."

Ihre Einmessung erfolgt durch Pegel- bzw. Wasserpfeifen.

b) Anwendung.

Die Wasserspiegelrohre sind sehr sorgfältig einzubauen, gegen Kommunikation mit Oberflächenwasser zu schützen und gegen die Gefahr der Verschmutzung mit Gaze und Kiesfilter zu versehen.

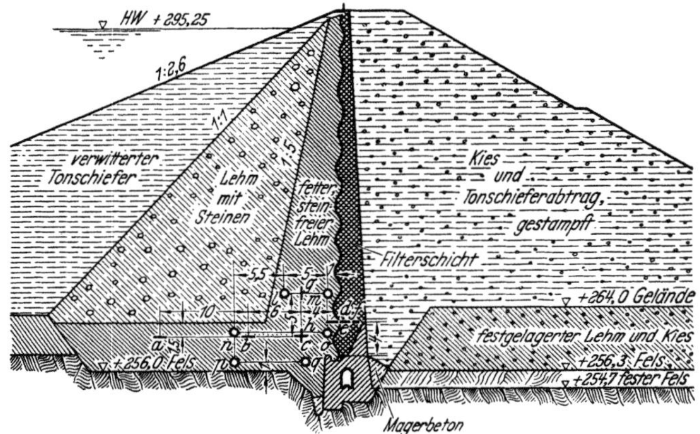

Abb. 538. Vorschlag zur Verlegung der Erd- und Wasserdruck-Meßdosen im Dichtungskörper eines Dammes. (Nach EHRENBERG.)
Maße in m. *a* bis *f* — Meßdosen für senkrechten Druck; *g*, *h* Meßdosen für waagerechten Druck; *l* bis *q* ○ Wasserdruck-Meßpunkte.

Diese Beobachtungen können von der Oberfläche, der Dammkrone und der Luftseite ausgeführt werden. Sie können indessen, wie die Anordnung (Abb. 538) nach EHRENBERG zeigt, auch im Damm von Kontrollgängen erfolgen.

c) Kritik.

Diese Messungen sind unerläßlich, da sie im weitesten Umfange die Sicherheit des Dammes bestimmen helfen, denn durch Veränderung des hydrostatischen und zugleich hydrodynamischen Druckgefälles ändert sich auch die Beanspruchung eines Dammgefüges; daher sind diese Beobachtungen sehr wichtig. Auf ihre Durchführung zumindest an einem oder zwei Dammquerschnitten mittels mehrerer Pegelrohre sollte nicht verzichtet werden.

3. Messung des Porenwasserdruckes [381].
a) Grundsätzliches.

Der Porenwasserdruck ist für die Gleitsicherheit an den wasserseitigen Dammteilen von besonderer Bedeutung (vgl. S. 94). Nach Ansicht des Bureau of Reclamation (Denver, Colorado) haben die Erdbaustoffe eines Erddammes denselben Reibungswinkel im gesättigten wie im trockenen Zustande, solange sich die Dichte nicht ändert. Indessen ändert sich der Schubwiderstand mit dem Porendruck, wie folgende Ausführungen ergeben:

Beispiel. In einer Tiefe z gilt für den Winkel der inneren Reibung

$$R_1 = \gamma\,z\,\mathrm{tg}\,\varrho$$

für eine nichtgesättigte Erdart.

γ = Raumgewicht der ungesättigten Erdart.

Dieser Wert R_1 nimmt auf

$$R_2 = (\gamma_1 - \gamma_w)z\,\mathrm{tg}\,\varrho$$

in einer gesättigten Erdart ab.

γ_1 = Raumgewicht der gesättigten Erdart,

γ_w = Einheitsgewicht des Wassers.

Da $\qquad (\gamma_1 - \gamma_w) < \gamma,\qquad$ ist $\qquad R_1 > R_2.$

Dabei ist die Kohäsion einer nichtgesättigten Erdart (Kapillareffekt) größer als an der gesättigten.

Übersteigt der Winkel der inneren Reibung das zulässige Maß, dann tritt Überdruck und akute Gleitgefahr ein. Man kann daher aus dem Anwachsen des Porenwasserüberdruckes die zulässige Geschwindigkeit von Stauspiegelsenkungen bestimmen. Ferner kann eine praktische Nachprüfung der Durchlässigkeitsberechnung dabei erfolgen, denn Porenwasserdruck und die Durchlässigkeit stehen im engen Zusammenhang. Damit erhält man ein Kriterium für die praktisch zulässige Stauspiegelsenkungsgeschwindigkeit, ohne den Gefahrenbereich einer evtl. Gleitung zu berühren.

b) Meßgeräte (Abb. 539 bis 544a).

Für die Messung des Porenwasserdruckes verwendet man Geräte, die u. a. aus einem kleinen porösen Zylinder, der an beiden Enden hermetisch abgeschlos-

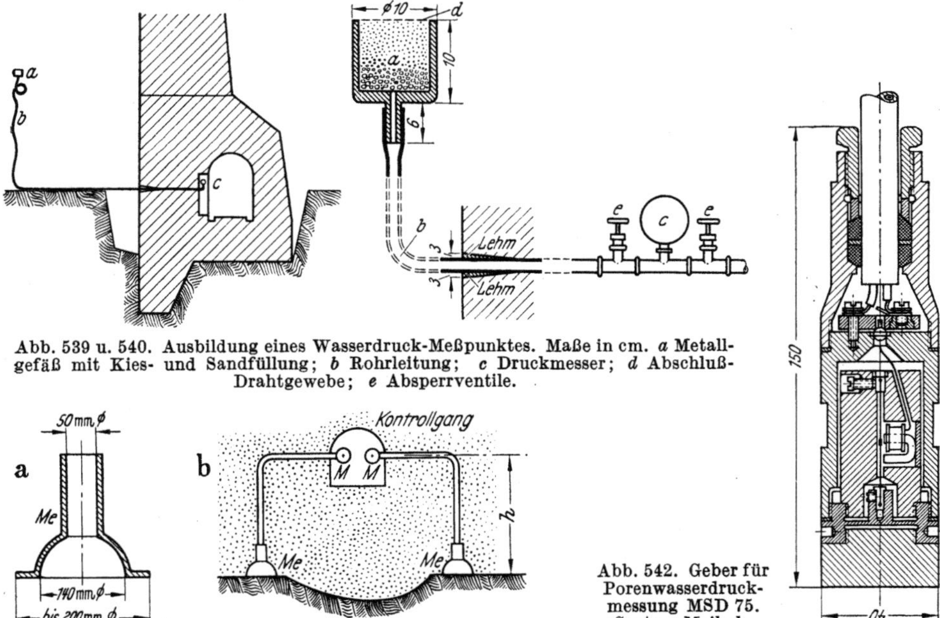

Abb. 539 u. 540. Ausbildung eines Wasserdruck-Meßpunktes. Maße in cm. *a* Metallgefäß mit Kies- und Sandfüllung; *b* Rohrleitung; *c* Druckmesser; *d* AbschlußDrahtgewebe; *e* Absperrventile.

Abb. 541. Anordnung der Meßdosen. (Nach BENDEL [19].)

Abb. 542. Geber für Porenwasserdruckmessung MSD 75. System Maihak.

Abb. 542.

sen ist, bestehen. An einem Ende sind 2 Rohrleitungen angeschlossen, die zu der Luftseite des Staudammes führen. Bei der Messung wird luftfreies Wasser in ein Rohr eingepumpt. Aus der Wasserdruckdifferenz in beiden Leitungen ermittelt man am Manometer den jeweiligen Porenwasserdruck. Abb. 543 zeigt ein Filter für Porenwasserdruckmessungen nach A. CASAGRANDE, Abb. 544 nach DE BAER.

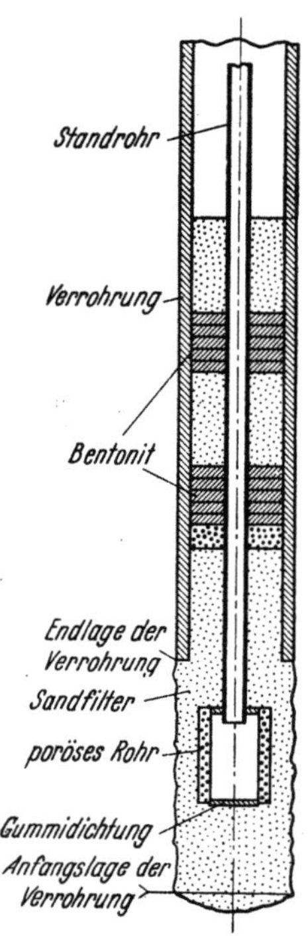

Abb. 543. Filter für Porenwasserdruckmessungen. (Nach A. CASAGRANDE.) Aus A. CASAGRANDE: Soil mechanics in the design and construction of the Logan Airport. Schriftenreihe Bodenmechanik der Graduate School of Engineering, Harvard University Cambrigde, Mass., Heft 33.

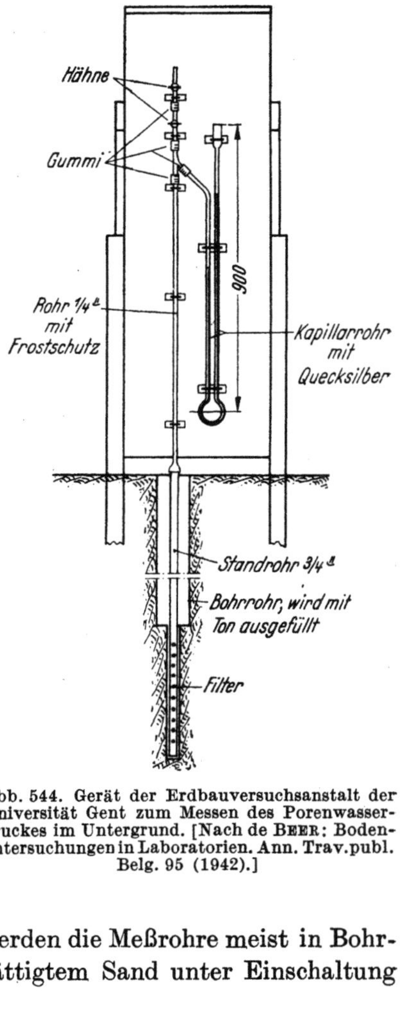

Abb. 544. Gerät der Erdbauversuchsanstalt der Universität Gent zum Messen des Porenwasserdruckes im Untergrund. [Nach de BEER: Bodenuntersuchungen in Laboratorien. Ann. Trav. publ. Belg. 95 (1942).]

Um die Messungen fehlerfrei zu erhalten, werden die Meßrohre meist in Bohrlöcher gesteckt und sorgfältig mit wassergesättigtem Sand unter Einschaltung von Bentonitzwischenlagen verfüllt [381].

Abb. 541 [19] zeigt eine Meßglocke für die Bestimmung des Sohlenwasserdruckes.

Dieser Porenwasserdruck läßt sich in einfachster Weise wie folgt messen [81]:

Ein in Abb. 540 dargestelltes dünnwandiges Metallgefäß a steht durch eine Rohrleitung b in Verbindung mit einem in der Nische des Beobachtungsganges angebrachten Druckmessers c. Das Metallgefäß a ist filterartig mit nach außen feiner werdendem Kies und Sand gefüllt und erhält als Abschluß noch ein feines Drahtgewebe d. Gefäß, Rohrleitung und Druckmesser werden mit möglichst luftfreiem Wasser so gefüllt, daß jeder Wasserdruck, der sich über der Gefäßöffnung bildet, sofort von dem Druckmesser angezeigt wird, der normal

nur den Druck der Wasser-
säule im Gerät anzeigt. Liegt
die Meßstelle im bindigen Boden, so wird mit wachsender
Überschüttung der Druck-
messer infolge Einwirkens des
Porenwasserdruckes steigen
und dann mit der allmählichen
Abnahme des Porenwasser-
druckes sinken.

1. Druckzellen. Diese bestehen aus kleinen, luft- und
wasserdichten Dosen. Diese
stehen je durch dünne Kupfer-
rohre mit einem gemeinsamen
Überwachungsschrank auf der
Dammkrone in Verbindung.
Der Wärter kann den an jeder Einbaustelle herrschenden
Wasserdruck jederzeit während des Betriebes durch Ein-
pressen von Druckluft aus
einem Sammelbehälter prüfen.
Sowie der Luftdruck im Innern der Dose auf die Höhe
der äußeren Spannung an-
gewachsen ist, wird ein Stromkreis unterbrochen. Ein Zeiger
gibt selbsttätig die gemessene
Druckhöhe an. Die Dosen
werden nach Dammvollendung
an den gewünschten Stellen
eingebaut, für die Absenkung
dienen 15 cm-Rohre.

Mit dem Einstauen eines
Staubeckens sollte nicht eher
begonnen werden, als bis das
Porenwasser im Damm mög-
lichst entspannt ist. Die weitere Beobachtung der Druckmesser beim Einstauen zeigt,
in welchem Maße der Druck des
Beckenwassers in der Dichtung
abnimmt. Messungen in einem
Staudamm zeigten während
des Baues bei 32 m Überschüttungshöhe 2,5 at Druck, der

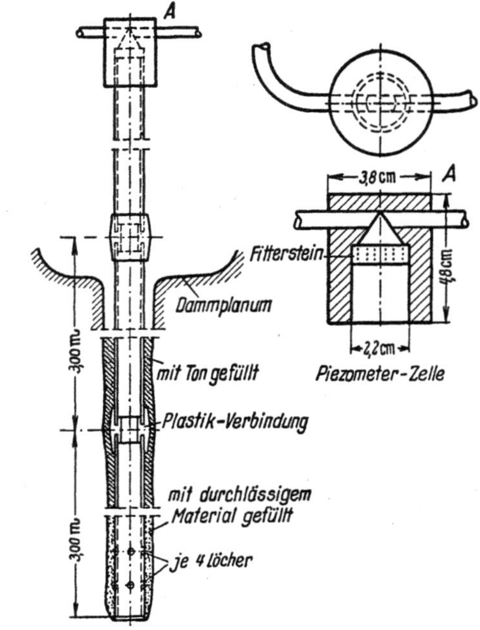

Abb. 544a. Die vom Bureau of Reclamation verwendete Einrichtung für Porenwasserdruckmessungen. (Nach Тотн.)

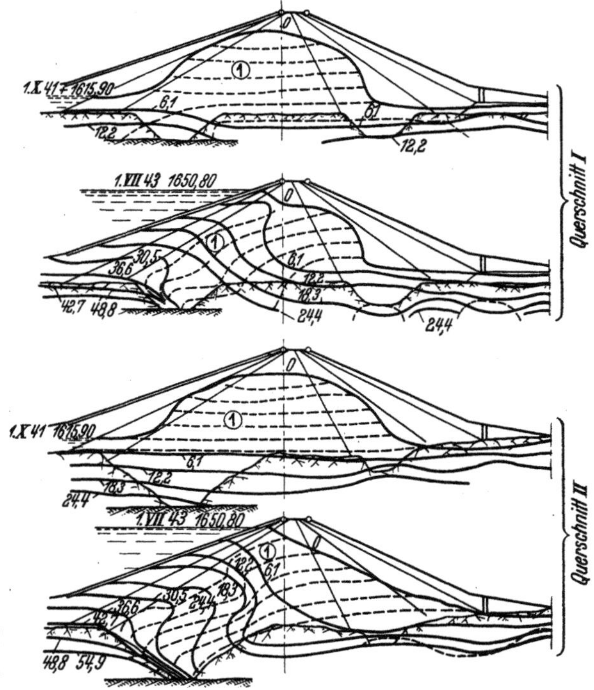

Abb. 545. Gemessene Linien gleichen Wasserdruckes (ausgezogen)
und gleichen Standrohrspiegels (gestrichelt) in einem Staudamm
bei verschiedenen Belastungszuständen, Spiegelunterschiede = 6,1.
(Nach Walker-Daehn [484].)

trotz Vermehrung der Auflast bis zur vorgesehenen Höhe im Laufe von $1^1/_2$ Monaten auf 1,9 at und dann bei gleichbleibender Last in einem weiteren Monat auf 1,3 at sank. In dieser Höhe blieb die Anzeige des Druckmessers stehen. Ein nennenswertes Füllen dieses Beckens ist meines Wissens zur Zeit noch nicht erfolgt. Zwischen Rohrleitung und Druckmesser ist ein Hahn sowie ein Abzweigstutzen mit einem zweiten Hahn einzuschalten, der gestattet, den Druckmesser auszuwechseln und Wasser nachzufüllen.

Einen besonders weiten Bereich umfassen im Ausland die Geräte zur *Messung des Porenwasserdrucks* unter Dammbauten auf weichem Untergrund oder im Innern von Staudämmen [*81*].

2. Elektrische Meßeinrichtungen [*81*]. Zu diesem Zwecke wurden elektrische Meßeinrichtungen eingeführt (Abb. 542). Ein Gerät aus den USA, das ebenfalls an ein Filterrohr angeschlossen wird, besteht im wesentlichen aus einer Membran, auf deren Unterfläche der Porenwasserdruck wirkt und auf deren Oberfläche aus einer Preßluftflasche ein regulierbarer Druck aufgebracht wird. Ein in der Druckluftleitung isoliert liegender Draht, die Membrane, die Wandung des Gerätes und die Rohrleitung selbst bilden einen elektrischen Stromkreis, der eine Lampe zum Glühen bringt. Überwindet der Luftdruck den Porenwasserdruck, so wird der Stromkreis unterbrochen. Der dabei gemessene Luftdruck ist gleich dem Porenwasserdruck.

Die Erfahrungen mit diesem Gerät gehen auseinander. Während ihm auf der einen Seite, wo es in Form einer GOLDBECK-Dose angewendet wurde, eine allzu große Empfindlichkeit und daher viele Ausfälle vorgeworfen wurden, hat es an anderer Stelle jahrelang gut gearbeitet.

Mit einer Membrane arbeitet auch ein Gerät, das in den Niederlanden entwickelt wurde. Die Durchbiegung der Membrane infolge des von unten auf sie wirkenden Porenwasserdruckes wird hierbei durch PHILIPS-Streifengeber gemessen und aus ihr auf den Wasserdruck geschlossen.

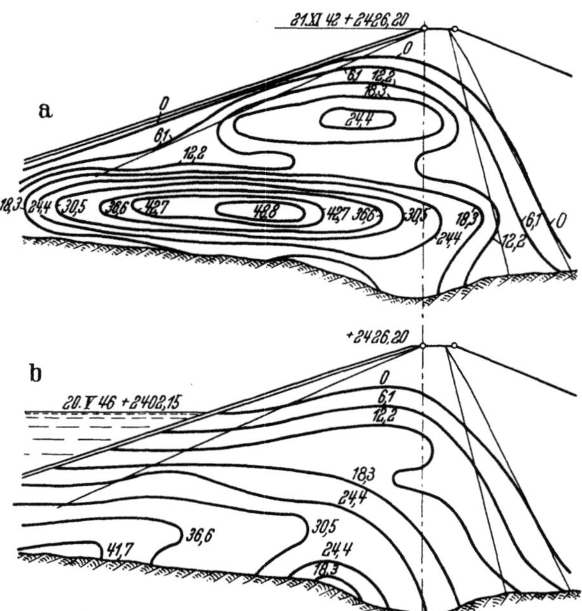

Abb. 546a u. b. Gemessene Linien gleichen Wasserdruckes in einem Staudamm. a nach Schüttung des Dammes und b nach $3^1/_2$ Jahren späterer Stauspiegelsenkung. (Nach WALKER-DAEHN [*484*].)

Kritik. Die Brauchbarkeit der elektrischen Widerstandsmessung ist wegen der Alterungserscheinungen der Streifengeber bei langen Meßzeiten, wie sie bei Porenwasserdruckanzeigen die Regel bilden, noch fraglich.

3. Weitere Meßgeräte. Da demnach die elektrischen Geräte nicht überall befriedigten, ist man in neuerer Zeit wieder auf die primitiveren Anordnungen zurückgekommen. So wurden in Colorado (USA) bei Erddämmen geschlossene

Meßrohre entwickelt, die an der Spitze eine durchlässige Karborundscheibe besitzen. Der Porenwasserdruck wird hier wiederum durch wassergefüllte Verbindungsleitungen auf ein zentrales BOURDON-Manometer übertragen. Die Ein-

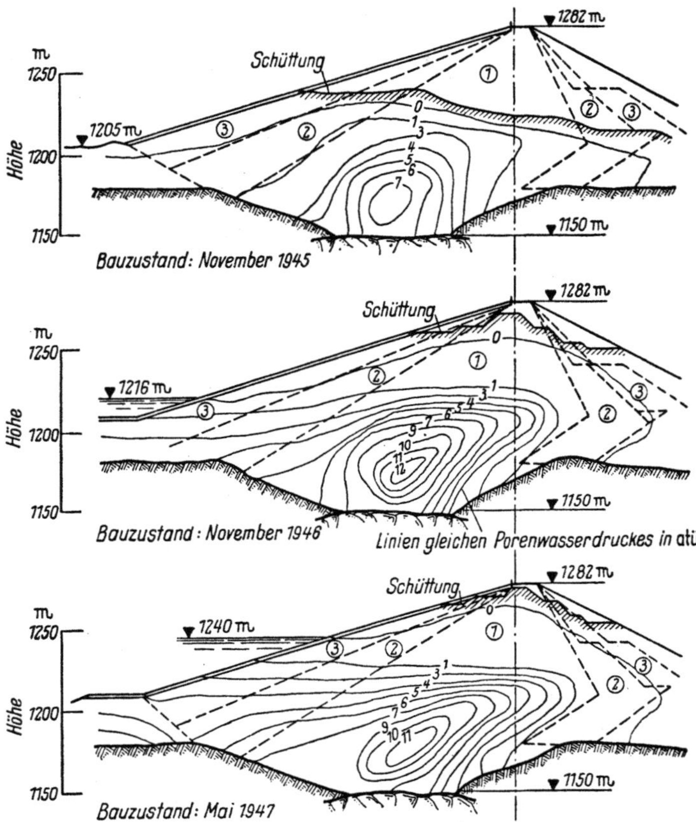

Abb. 546c. Beim Bau des Anderson-Range-Dammes wurden Porenwasserdrucke bis 12 atü gemessen. Dieser Porenwasserdruck entspricht etwa 60% des Überlagerungsgewichtes.

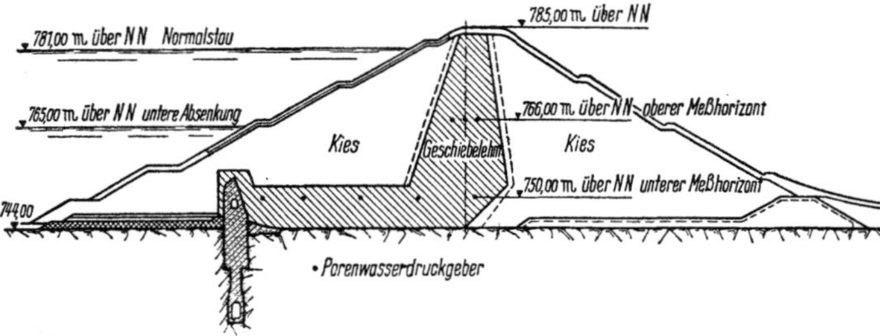

Abb. 546d. Überwachung der Porenwasserdrucke im Lehmkern des Staudammes Roßhaupten während der Bauzeit in zwei Meßhorizonten. Anordnung der Meßstellen. Jede Meßstelle ist mit 2 Porenwasserdruck-gebern ausgestattet.

richtung erlaubt das Umschalten auf ein beliebiges Piezometer, ohne daß ein Fließen des Wassers eintritt.

Beispiel. Abb. 546a bis e zeigen eine Abnahme des Porenwasserdruckes nach $3^1/_2$ Jahren im Stauraum, der am Ende einer dreijährigen Bauzeit noch etwa

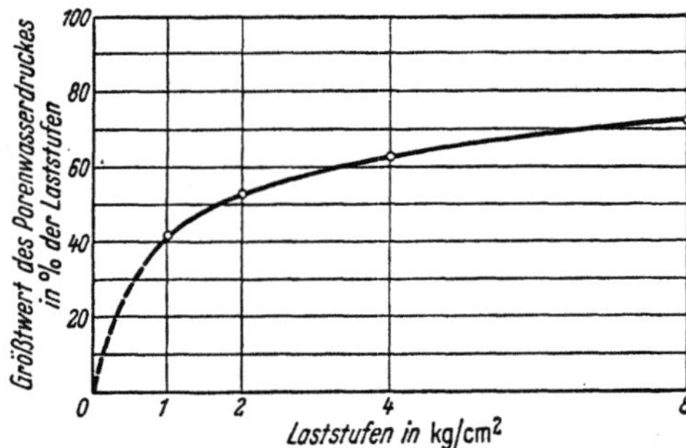

Abb. 546e. Abhängigkeit des Größtwertes des Porenwasserdruckes von der Größe der Laststufen beim Einbau des Dichtungskernes der Stauanlage Roßhaupten. (Nach BRETH-KÜCKELMANN.)

²/₃ der vorhandenen Auflast als Auftriebswirkung zu verzeichnen hatte, ein Zustand, der sehr bedenklich ist.

c) Geotechnische Folgerungen für den Staudammbau.

Die Porenwasserdruckmessungen sind aus zwei wichtigen Gründen für die Stabilität eines Staudammes unerläßlich:

1. Werden Dämme auf nachgiebigem setzungsempfindlichen Baugrund geschüttet, so gestatten die Porendruckwassermessungen im Untergrund, das Ausmaß des zulässigen Lastzuwachses durch die Schüttung festzulegen, bei der Sicherheit gegen Grundbruchgefahr gegeben ist, d. h. diese Messungen verhindern, daß Porenwasserüberdruck und damit Grundbruchgefahr auftritt.

2. Sie gestatten, das Maß der Stauspiegelsenkungen genauestens mit Rücksicht auf die Gleitgefahr an der Wasserseite zu erfahren und dienen dabei zur Kontrolle seiner jeweiligen Größe unter Berücksichtigung des durch die Güte des Dammes ermittelten zulässigen Senkungsbetrages je Zeiteinheit.

4. Die Messung des Auftriebes (Sohlenwasserdruck).

a) Grundsätzliches.

Der Auftrieb vermindert das Gewicht des Dammkörpers, damit die Gegenkraft gegen den Staudruck um das Maß der von dem Wasser benetzten Dammkörperteile. Grundwasser- und Sickerlinienverlauf im Untergrund und Dammkörper sind dabei stets aufs engste mit Auftriebserscheinungen verbunden. Über die Abklärung des Begriffes „Auftrieb in Staudämmen" herrscht noch keine einheitliche Auffassung. Während man bisher alles Wasser in den Hohlräumen aus felsigen Schüttungen darunter verstand, wird neuerdings nur noch das Porenwasser als Auftriebswasser betrachtet [107, 419, 441]. Unabhängig davon bleibt aber das Naturgesetz bestehen, wonach ein allseitig von Wasser benetzter Körper so viel an Gewicht verliert, wie durch sein Volumen an Wasser verdrängt wird. Je höher also die Sickerlinie im Damm verläuft, um so weniger wirkt das Gewicht des Dammkörpers als Stützkraft.

Das beste Mittel gegen diese Kraft beruht in der größtmöglichen wasserseitigen Absenkung der Sickerlinie und in der Wassersperrung im Untergrund durch Abdichtung. Grundsatz der Dammkonstruktion ist Beschränkung des Auftriebes, um die als Kompensation notwendigen größeren Dammlasten auf ein technisch-wissenschaftliches Mindestmaß zu beschränken, daher an allen neueren Dämmen betont angewandter Einbau wirksamer Filter.

b) Durchführung.

Man mißt den Auftrieb als den senkrecht gegen die Dammsohle aufwärts wirkenden Wasserdruck am zweckmäßigsten von Kontrollgängen über die gesamte Damm-

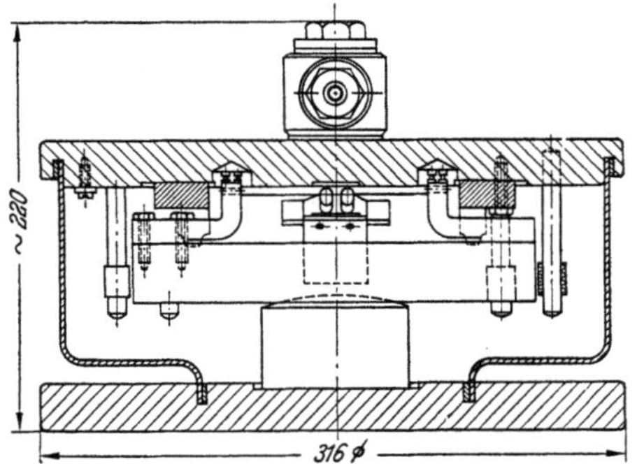

Abb. 547. Meßwertgeber für Bodendruckmessung MDS 71, System Maihak. Der Bodendruck biegt eine Meßfeder durch, auf die eine Meßsaite aufgespannt ist. Ein federndes Kupfergehäuse schützt gegen das Eindringen von Wasser und Feuchtigkeit.

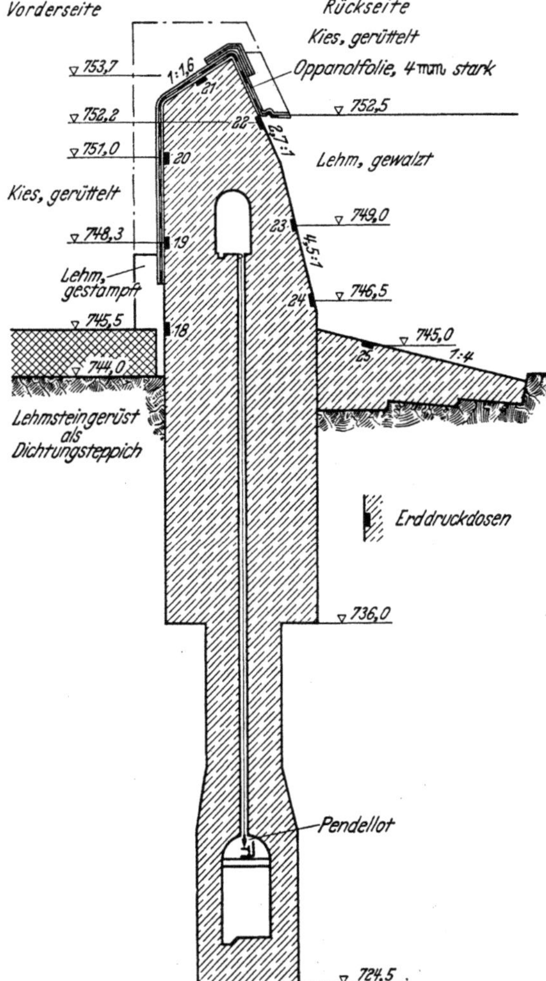

Abb. 547a. Anordnung der Meßstellen in einem Meßquerschnitt am Staudamm Roßhaupten. (Nach TREIBER-BRETH.)

Keil, Dammbau. 2. Aufl.

breite. Sein jeweiliger Druck entspricht der Steighöhe in den Standrohren, der unmittelbar oder durch Manometer gemessen und in seiner Veränderlichkeit durch Stauspiegelveränderungen zu verfolgen ist.

5. Die Bodendruckmessungen (Abb. 547).

a) Grundsätzliches.

In den Rahmen der Gütekontrolle gehören neben der Messung des Porenwasserdruckes im Damm auch die Bodendruckmessungen. Sie werden mit einer Meßdose mit Blechmembranen vorgenommen. Gegen die äußere Belastung wird die Dose mit Druckkraft gefüllt und der Druck gemessen.

Die Bodendruckmessungen wurden erstmalig mit den GOLDBECK-Dosen in den USA durchgeführt. Ihre Aufgabe besteht vor allem darin, den

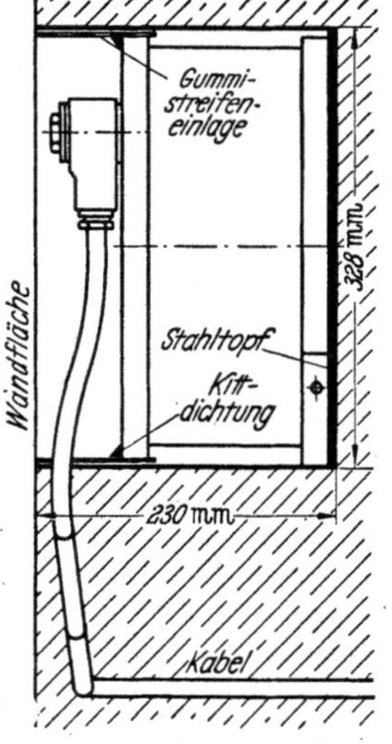

Abb. 547b. Einbau der Druckdose in die Mauer.

30

Seitendruck der eingespülten Massen in verschiedenen Tiefen und Lagen zu erfassen und dient zugleich der Überprüfung der rechnerischen Ermittelungen des zu erwartenden Druckes in Dämmen oder unter Bauwerken aller Art.

„Bei einem annähernd symmetrischen aus gleichmäßigem Boden auf gleichmäßigem Untergrund geschütteten Damm wird die Verteilung der senkrechten

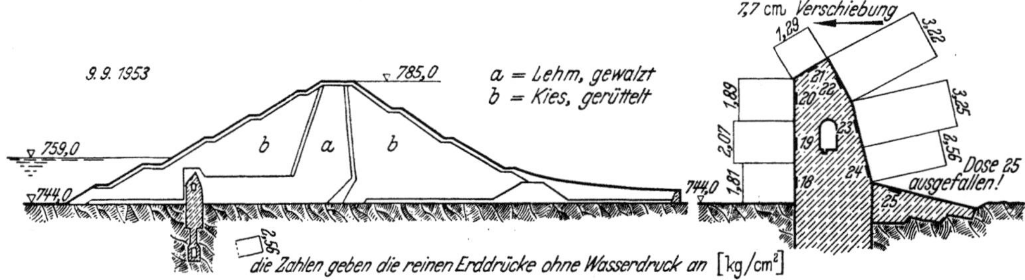

Abb. 547c. Erddruckverteilung um die Schürze des Dammes am Staudamm Roßhaupten. (Nach Treiber-Breth.)

Pressungen zwischen der Dammsohle und dem Untergrund etwa eine Form wie in Abb. 492a, S. 417, zeigen. Ist in der Dammitte ein starrer Kern vorhanden, der sich weniger setzt als die angrenzenden Dammassen, so werden sich diese infolge der Reibung beim Setzen an dem Kern aufhängen. Dieser wird dadurch erheblich belastet, dagegen der Druck der Dammassen auf den Untergrund im Bereich des Kernes entlastet. Die Druckverteilung wird etwa die in Abb. 492b, S. 417 angegebene Form annehmen. Bodendruckmessungen im Beverdamm scheinen das zu bestätigen."

Es ist in diesem Zusammenhang sehr aufschlußreich, das Verhalten nichtverdichteter Felsschüttdämme der Tabelle 56, S. 437 diesen Ergebnissen gegenüberzustellen.

Sie geben Aufschluß über

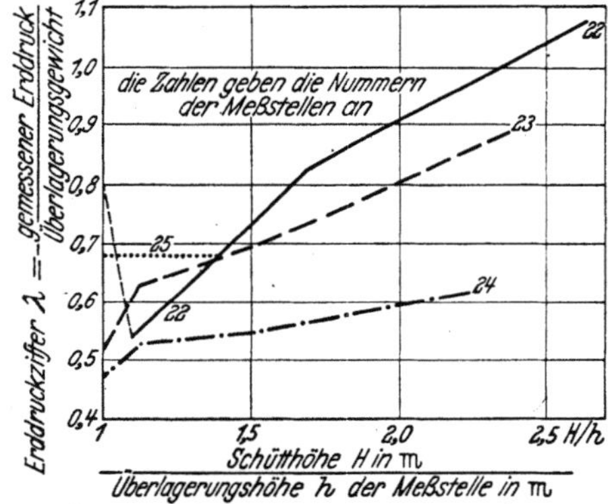

Abb. 547d. Zunahme der Ruhedruckziffer auf der Rückseite der Schürze mit der Schütthöhe.

1. die Spannungsverteilung und Kräfte im Damminnern,

2. den Konsolidierungszustand und -fortschritt,

3. die erzielte Verdichtung und Standsicherheit für die Fortentwicklung der Geotechnik.

Beispiel. Interessante Ergebnisse über Erddruckmessungen veröffentlichen Treiber und Breth [469a]. Abb. 547d und Tab. 57.

Diese Meßergebnisse berücksichtigen allerdings nicht den vollen Wasserdruck. Die Verfasser kommen zu dem Ergebnis, daß durch gründliches Verdichten kohäsionsloser Erdarten der Erddruck auf Bauwerke wesentlich verringert wird. Dies kann bei der Bemessung von nur wenig nachgiebigen Stützbauwerken (Herdmauern) berücksichtigt werden. Ferner wird der Erddruck von Lehm- und Tonschüttungen auf Stützbauwerke weniger von der inneren Reibung als von dem Verformungswiderstand dieser Erdarten und auch der Nachgiebigkeit des Bauwerkes beeinflußt.

Tabelle 57.

Meßtag	Schütt-höhe in m ü. N. N.	Vor-stau in m ü. N. N.	Gemessene Erddrücke in kg/cm²							
			18	19	20	21	22	23	24	25
30. 9. 52	752,0	—	0	0	0	0	0	0,38	0,54	0,94
31. 12. 52	754,5	—	0,39	0,07	0,09	0,38	0,46	0,67	0,91	1,56
25. 5. 53	766,0	753,0	0,36	0,05	0,06	2,12	1,62	2,31	2,19	3,19
29. 7. 53	773,0	760,0	0,70	0,85	0,94	1,46	2,44	2,60	2,27	3,15
9. 9. 53	785,0	759,0	1,81	2,07	1,89	1,29	3,22	3,25	2,56	—

b) Meßdosen für Bodendrücke.

1. Elektroakustische Grundlage. *Elektro-akustische Messung*: Maihak. Diese Meßdose besteht aus dem *Geber- und Empfangsgerät*. Meßprinzip: Jeder Geber enthält eine gespannte stählerne Meßsaite, die durch einen vor ihr angeordneten Magnet durch Betätigen einer Drucktaste am Empfangsgerät zu gedämpften Schwingungen angeregt wird. Dehnung bzw. Spannung ist dem Quadrat der Schwingungsfrequenz proportional. Auf der Empfangssaite befindet sich eine Vergleichssaite, deren Eigenfrequenz mittels Drehknopf auf die der Meßsaite abgestellt ist. Die Verstellung, die an der Skala abgelesen wird, ist ein Maß der Spannungs- und Stromstärke. Schwingungen sind ohne Einfluß auf das Meßergebnis.

Durch die Belastung der Dose wird die Spannung in einem dünnen gespannten Stahldraht verstärkt. Durch magnetisches Anzupfen der Saite wird diese in Schwingungen gesetzt, der hierbei entstehende Ton mit einem Mikrophon abgehört und mit dem Ton einer Probesaite verglichen, die unter bestimmten Spannungen steht. Solange die Schwingungen nicht gleich sind, entsteht durch Überlagerung der akustischen Wellen ein an- und abschwellender Ton. Erst bei gleichen Schwingungen der Saiten und damit gleichen Saitenspannungen entsteht ein gleichbleibender Ton, der auch von nicht geübten Ohren leicht festzustellen ist. An Hand von Eichkurven, die dem Gerät mitgegeben werden, läßt sich der Druck, dem die Dose ausgesetzt ist, durch Abhören leicht feststellen.

2. Optische Grundlage. Neuerdings wird der Verlauf der Schwingungen optisch durch Lichtkurven dargestellt, die gleichmäßig verlaufen, wenn die Schwingungen gleich sind. Schon ein leichter Fingerdruck auf die Dose genügt, um die Lichtkurve dauernd wechselnde Formen annehmen zu lassen. Die Meßdosen sind ferner auch zur Aufnahme waagerechter Drücke eingerichtet.

3. Magnetoelektrische Grundlage. Die magnetoelektrischen Meßdosen arbeiten mit Starkstrom (Wechselstrom). Man muß sie daher sehr sorgfältig verlegen, um besonders im Grundwasser Kurzschlüsse zu vermeiden. Durch den auf die Dosen ausgeübten Druck wird der Luftspalt zwischen dem Dosendeckel als Anker und einem in geringem Abstand von ihm angebrachten Wechselstrommagneten verringert. Die dadurch eintretende Veränderung der Kraftfelddichte erzeugt Induktionsströme, aus deren Spannungen auf die Spaltweise und damit auf den Druck geschlossen werden kann, dem die Dose ausgesetzt ist. Neuerdings wurden durch Anordnung zweier Magnete zwei Luftspalte geschaffen, deren gegenseitige Änderung gemessen wird. Das Gerät ist dadurch gegen Druckänderungen empfindlicher gemacht worden. Es gestattet auch das Messen von Temperaturen

30*

im Boden. Neuere Meßgeräte [*381*] sind in den USA der SR 4-Dehnungsmesser von den Baldwin-Lokomotivwerken in Philadelphia, ferner die WES-Zelle der Waterways Experiment Station, der Philips-Bodendruckaufnehmer, die Carlson-Bodendruckdose u. a.

c) Anordnung und Einbau der Meßdosen (Abb. 532 u. 539, S. 451) [*81*].

Die Dosen werden zweckmäßig in einem, besser zwei Dammprofilen angeordnet. Man sollte an Dosen nicht sparen, um eine einwandfreie Feststellung der Druckverteilung in ein oder zwei waagerechten Ebenen zu erhalten. Besonders an den Stellen, wo im Bereich eines starren Kernes, z. B. eines Betonkernes, starke Druckveränderungen eintreten, müssen die Dosen dichter angeordnet werden. Infolge der hohen Empfind-

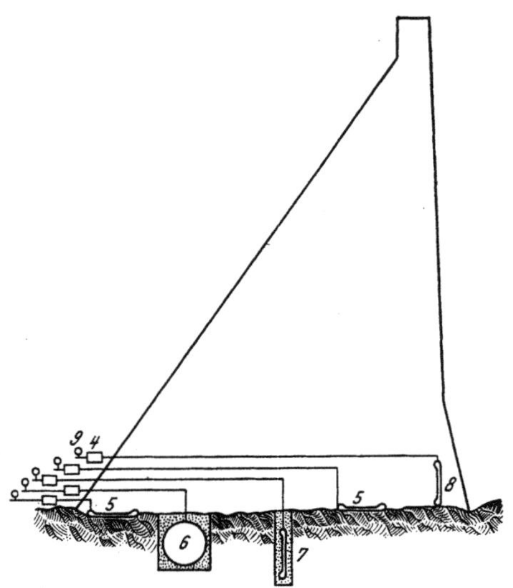

Abb. 548. Anordnung von Druckdosen an der Basis einer Stauanlage.

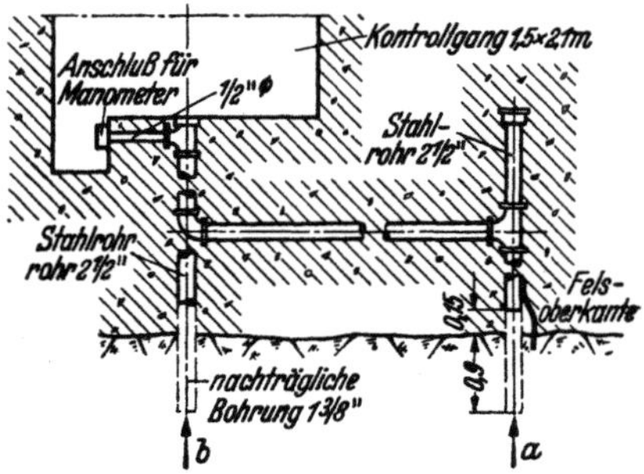

Abb. 549. Typische Anordnung der Meßrohre für den Sohlenwasserdruck (Hungry Horse-Sperre). (Nach [*449*].)
a Meßrohr außerhalb des Kontrollganges; *b* Meßrohr im Kontrollgang.

lichkeit dieser Dosen empfiehlt sich, stets 2 oder besser noch 3 am gleichen Meßpunkt einzubauen. Auch sollte man an einigen Stellen neben den senkrechten auch die waagerechten Drücke zu messen versuchen. In den Betonkern wären ebenfalls Betondruckdosen einzubauen. Abb. 548 bis 552.

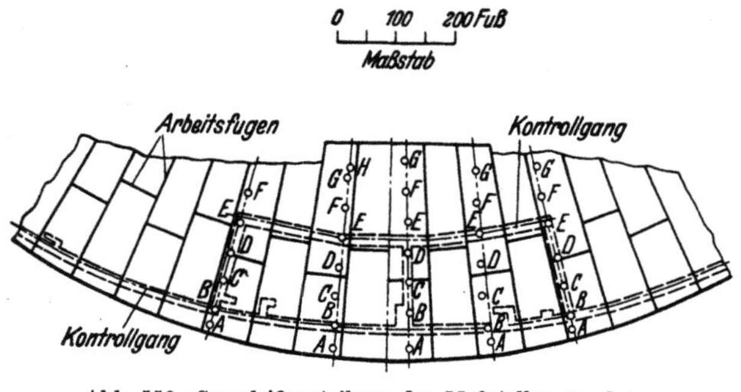

Abb. 550. Grundrißverteilung der Meßstellen an der Hungry Horse-Sperre.

Das Einführen der Kabel und auch der Rohrleitungen in den Beobachtungsgang ist nicht ganz einfach, da besonders in der Dichtungsschicht, wenn sie bei feuchtem Wetter eingebracht wurde, starke Setzungen eintreten können.

Es liegt dann die Gefahr vor, daß Kabel und Rohre an den Einführungsstellen in den Betonkern durch die an ihnen hängenden und sie belastenden Bodenmassen abgerissen werden. Man kann nun, um das zu vermeiden, die Leitungen etwa in gleicher Höhe mit den Meßstellen senkrecht zur Kernmauer und dann an dieser entlang immer in gleicher Höhe bis zum nächstgelegenen Talhang führen und hier dicht über dem Felsen, wo die Setzungen des Bodens gering sind, die Einführung in den Kern vornehmen. Soweit die Leitungen hierbei die Dichtungsschicht durchdringen, müssen sie mit fettem Ton gut umhüllt und eingestampft werden, damit sich den Leitungen entlang keine Sickerwege bilden.

Nach einem anderen Verfahren führt man die Leitungen an der Talsohle dicht über dem Felsen an einer Stelle ein, die im Meßprofil oder in dessen Nähe liegt, schließt die Leitungen unter den Meßstellen zu Rollen auf und überschüttet sie. Nach dem maschinellen Verdichten der ersten Schüttschicht werden die Leitungen freigegraben und bis zur Oberkante der Schicht hochgeführt. Nach sorgfältigem Ausfüllen und Verdichten der Aufgrabungen werden die Leitungen wieder zu Rollen aufgeschlossen und mit der nächsten Schicht überdeckt, die nach Verdichten zum Hochführen der Kabel u. dgl. wieder aufgegraben wird usw. So werden Beschädigungen der Leitungen durch die sich setzenden Dammassen vermieden. An den Einführungsstellen der Leitungen spart man im Beobachtungsgang

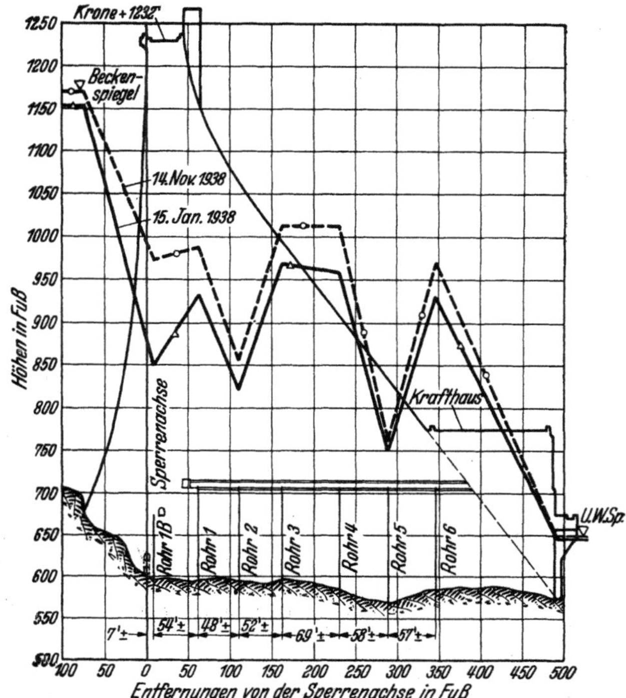

Abb. 551a. Sohlenwasserdrücke in Profil B der Hoover-Sperre vor den zusätzlichen Dichtungs- und Entwässerungsarbeiten.

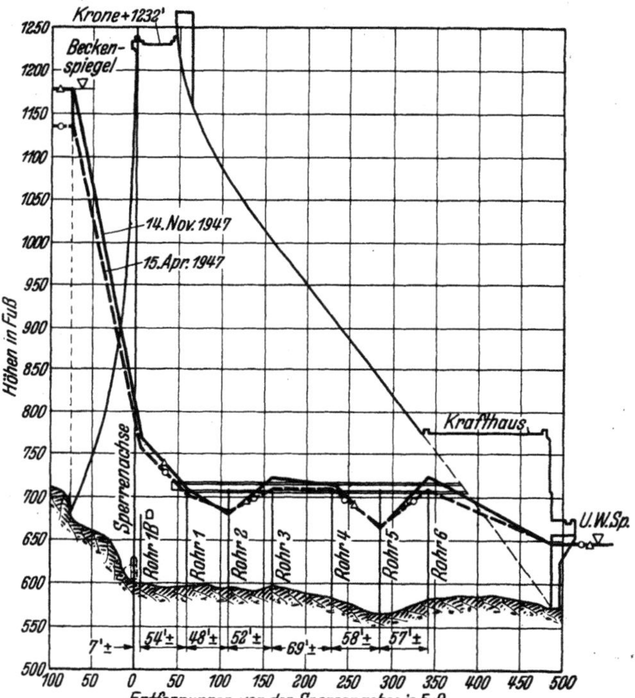

Abb. 551b. Sohlenwasserdrücke in Profil B der Hoover-Sperre nach den zusätzlichen Dichtungs- und Entwässerungsarbeiten.

zweckmäßig Nischen aus, um Raum für die Aufstellung der Schaltkästen und Meßgeräte zu schaffen.

Die Druckmeßdosen messen den Boden- und den Wasserdruck. Von dem Bodendruck, d. i. der Druck im Bodengefüge, ist die innere Reibung des Bodens und damit die Standfestigkeit der Damm-böschung abhängig. Die Kenntnis des Bodendruckes ist daher zur Beurteilung der Standsicherheit des Dammes er-forderlich; er wird als Unterschied zwischen dem in der Meßdose gemessenen Druck und dem Druck im Porenwasser erhalten."

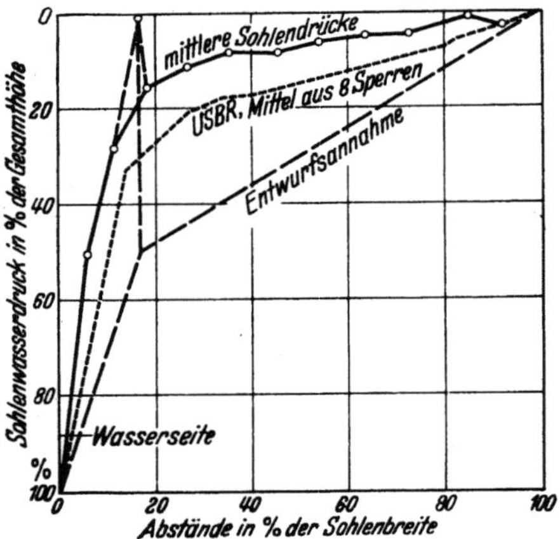

Abb. 552. Mittlere Sohlenwasserdrücke für 4 Sperren der TVA (Fontana, Hiwassee, Cherokee, Douglas). (Nach [449].)

In Deutschland hat sich vor allem die Firma Maihak in Hamburg durch ihre Spezialkonstruktionen eine führende Stellung auf diesem für die Baugrund-forschung und Stabilität der Bauwerke so wichtigen Spezialgebiet erworben. Diese Maihak-Meßdosen registrieren ge-trennt voneinander den Porenwasser-druck und den Korngerüstdruck. Um den Korngerüstdruck zu erhalten, sind die Messungen des Porenwasserdruckes unerläßlich. Ist das Porenwasser gespannt, dann genügt die Ermittlung der Größe des Auftriebes.

Auswertung der Meßergebnisse. Die Auswertung der Meßergebnisse erfolgt bei diesen Druckdosen durch Registrierung der Ablesungen bei der Nulleinstel-lung und den verschiedenen Laststufen. Durch Multiplikation mit den hierfür aufgestellten Eichkonstanten erhält man die jeweiligen Drücke und bezogen auf die Dosenfläche die vorhandene Kraft (Belastung) in kg.

9. Abschnitt.

Die Gefahren und Schäden im Dammbau

[9, 12, 25, 41, 222, 242, 309, 384, 385, 487, 488, 490].

I. Ursachen.

In den verschiedenen Abschnitten ist auf die Gefährdung des Dammbaues andeutungsweise unter Hinweis auf die Möglichkeiten der Sickerverluste, der Setzungen usw. hingewiesen. Im folgenden sollen zusammenfassend Gefahren-quellen und deren Bekämpfung beschrieben werden, die sich

    1. als stoffliche Ursachen (innere Gefahrenquellen),

    2. als klimatische Ursachen (äußere Gefahreneinflüsse),

    3. als tierische Tätigkeit (sonstige Gefahrenquellen)

unterscheiden. Alle folgenden Beispiele beziehen sich vor allem auf die empfind-licheren Verkehrsdämme.

1. Stoffliche Ursachen.

Infolge der besonderen Baustoffverhältnisse, der Verwendung aller Gesteins-massen mit niedrigen Festigkeitswerten und hoher unterschiedlicher Empfind-lichkeit gegen klimatische Einflüsse, also ihrer Unbeständigkeit, erwachsen bei unsachgemäßer Behandlung während der Gewinnung, beim Einbau und der Verdichtung Unsicherheiten und Gefahren für die Dammfestigkeit.

1. Sowohl zu trockene, dabei unvollständig verdichtete, wie zu feuchte, zu weiche Erdbaustoffe bergen die Gefahr von Setzungen, Rutschungen in sich [*326*], wenn man den schädlichen Einfluß des eventuellen Wasserzuflusses bei zu trok-kenen oder den Porenwasserdruck bei zu feuchten und infolge zu rascher Damm-schüttung nicht gebührend berücksichtigt.

2. Frostballen können dann gefahrenlos eingebaut werden, wenn sie normale Feuchtigkeit aufweisen und bei der Verdichtung völlig zu einer homogenen Masse zermalmt werden. Sie verursachen sonst ebenso wie zu trockene Schollen erheb-liche Setzungen, wenn nicht sogar Dammrutschungen, wie nachfolgendes Bei-spiel zeigt:

Bei Bau einer Umgehungsstraße mußten lehmig-tonige Massen einer Halde entnommen und während Frostwetters eingebaut werden, wobei viele Hohl-räume entstanden. Um nach Frostaufgang die Hohlräume — soweit vorhanden — zu beseitigen, wurden in Abständen von 1 m starke Pfähle geschlagen und wieder gezogen. Dann wurde in diese Löcher reichlich Wasser eingepumpt, wobei der Damm sich um 40 cm setzte, indessen stabil wurde.

Folgende, hier im Zusammenhang nochmals zum Teil wiederholte Schutz-maßnahmen sind unbedingt zu beachten:

1. Zu weiche Massen, möglichst im unteren Dammkern in Verkehrsdämmen einbauen, insbesondere zu weiche Massen im Dichtungskörper halbschichtig mit trockneren lagenweise abwechselnd einbauen, stets die weichen, zu feuchten zuerst, dann die trockneren darauf!

2. Zu trockene Erdballen völlig zermalmen durch Stampfgeräte und evtl. etwas annässen, jedoch Verschmierungsgefahr.

3. Frostballen nur einbauen, wenn der Nachweis erbracht ist, daß durch den Frost keine Wasseranreicherung über die steifplastische Konsistenz hinaus erfolgt ist. Dabei völlige Zermalmung durch Rammarbeit unbedingt notwendig!

4. Durch Niederschläge stark durchnäßte Erdmassen bei Wiederaufnahme der dadurch unterbrochenen Dammarbeit (im Frühjahr) austrocknen lassen, auf-rauhen und mit trockneren erdigen Massen als Grundschüttung beginnen.

5. Derartige wasserempfindliche Erdmassen möglichst nicht in Nähe von Bauwerksanschlüssen oder Dammschultern einbauen [*55, 309*].

2. Klimatische Ursachen.

Die hohe Empfindlichkeit der veränderlichfesten Erdarten gegenüber allen Feuchtigkeitsschwankungen der Atmosphäre und des Baustoffes selbst bedeutet eine dauernde Berücksichtigung der klimatischen Faktoren, die z. B. in den heißen Gebieten Kaliforniens dazu führt, den optimalen Wassergehalt je nach der Tageszeit unter Berücksichtigung des Verdunstungsverlustes bei der Gewin-nung und dem Transport sowie Einbau zu variieren. Mittags und am Morgen mehr als am Abend [*326*]. Der Dorena-Staudamm konnte infolge dauernder starker Niederschläge nur an 75 Tagen im Jahr geschüttet, der optimale Wassergehalt konnte nicht eingehalten werden [*424*].

a) Nässe nach dem Einbau (Abwehr von Niederschlagswasser).

Jeder fertige Damm soll in seiner Festigkeit und Dichtigkeit einen hohen Schutz gegen eindringendes Wasser besitzen. Dieser besteht in einer guten Dichtung und Glättung und in einem raschen Auftrag der dem Zutritt des Wassers unmittelbar ausgesetzten, z. B. nicht durch die Fahrbahndecken geschützten Böschungen und sonstigen Dammflächenbanketten, Mittelstreifen an zweibahnigen Verkehrsstraßen.

Im *Staudammbau* sind die Bermen und die hier zusätzlich durchgeführten Entwässerungen besonders wichtig, da mit der Dammhöhe und Dammneigung

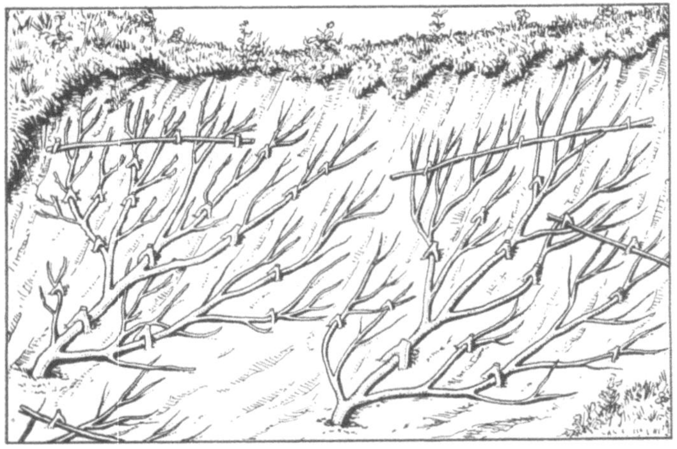

Abb. 553. Ein Böschungsanriß, zu steil, als daß man mit Aussicht auf Erfolg Mutterboden andecken und Rasen säen könnte. Anpflocken von Rasensoden auf Mutterbodenunterlage käme in Betracht, falls diese wertvollen Baustoffe zur Verfügung ständen und falls der Untergrund nicht zu nährstoffarm und zu trocken ist. In jedem Falle kann man sich aber helfen durch Anpflocken flach ausgebreiteter Weidenäste. In diesen fängt sich der weiter noch abgeschwemmte Boden, er deckt sie zu, sie wurzeln an, treiben aus und bilden ein die Böschung schützendes und festigendes Gebüsch.

die Erosionsgefahr wächst. Die Unterteilung der Dammluftseite durch Bermen gehört daher auch fernerhin zu den Sicherungsmaßnahmen gegen die Zerstörung des Dammgefüges. Die Bermen brechen die Kraft des abströmenden Wassers.

Ferner kann die Bepflanzung und eine dichte Grasnarbe die Erosionsgefahr wirksam bekämpfen helfen. Die Begrasung, der Auftrag des Mutterbodens unter Verzahnung mit der Dammböschung gehört daher zu einer der wichtigsten Maßnahmen, die fortlaufend im Zuge der wachsenden Dammhöhe durchzuführen sind. Faschinen und lebendige Flechtzäune können die Dammböschung im Verein mit Rasensoden wirkungsvoll vor der Erosion schützen (Abb. 553 u. 555).

Die eluviale Trübe des erodierenden Wassers muß im Sinne ingenieurbiologischer Erfahrungen und landschaftsgebundener Geotechnik [*13, 14, 202—204*] durch entsprechenden Bewuchs der Böschungen zu ihrem Schutze gefangen werden.

Wasserrinnen längs der Bermen helfen die Wasserabführung (Abb. 554a u. b) sichern. Jedoch läßt sich an Verkehrsanlagen eine völlige Dichtung auch durch die besten Schwarzdecken, durch dichte Fugen der Betondecken usw. nicht gewährleisten. Der die Verlagerung begünstigende, die Planebenheit gefährdende Wassereinfluß auf Dämmen, bei sachgemäßer Verdichtungsarbeit allein begründet in der Knetwirkung des Verkehrs auf erdigem Unterbau, kann nur durch einen verlagerungssicheren, stabilen Unterbau verhindert werden. Dieser muß jede Feuchtigkeit ohne Gefügeveränderung dieser klimatisch beeinflußbaren Zone aufnehmen und ohne Stabilitätsminderung nach außen ableiten. Der Unterbau im Bereich der Dammkrone sollte daher mindestens auf 60 cm Tiefe aus verlagerungsfesten, frost- und wasserunempfindlichen Schüttstoffen bestehen.

Beispiel. Umgehungsstraße Frankfurt—Wiesbaden [86]. Bauwerksrampen bestehen aus Löß. Dünne Lagenschüttung mit Walzen verdichtet, Indessen wurden keine Schutzschichten eingebaut. Die Bankette blieben ungeschützt. In-

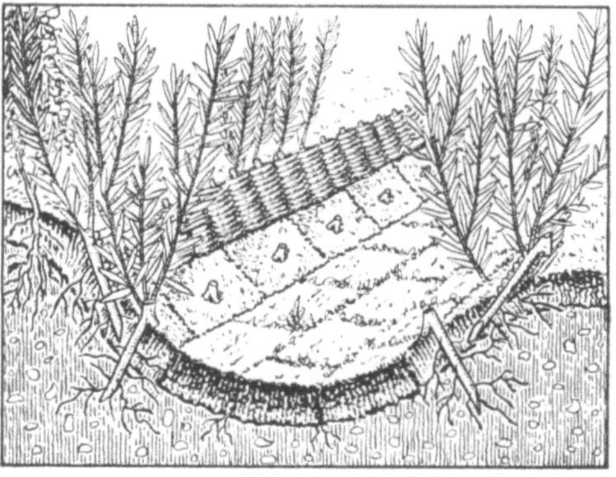

Abb. 554a u. b. Wassergrabenbefestigung mechanisch und biologisch. Oberes Bild: Steinpflaster. Gefahr der Ausspülung, Unterhaltungskosten. Unteres Bild: Sohle mit Rasensoden ausgelegt. Die am meisten gefährdeten Ränder werden zunächst mechanisch mit Weidengeflecht gehalten, das sich bald zu Gebüsch auswächst mit allen Vorteilen der biologischen Befestigung.

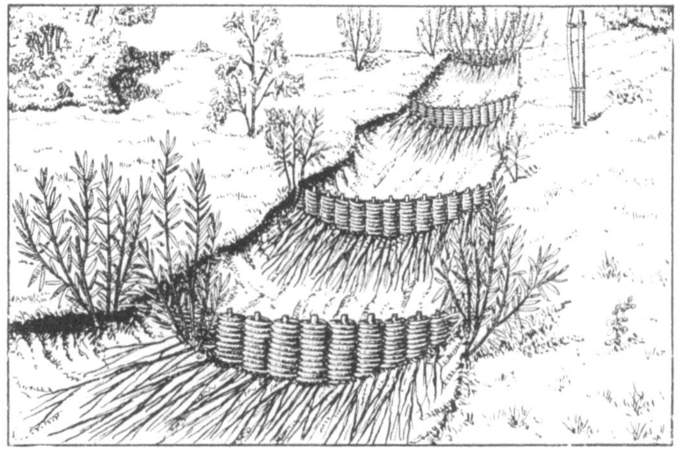

Abb. 555. Eine Böschung ist durch ablaufendes Wasser aufgerissen worden. Korbartige Geflechte aus lebenden Weiden bilden kleine Staustufen, in welchen weiter noch herabgeschwemmter Boden liegenbleibt und den Geländeriß allmählich auffüllt. Die Weiden wachsen zu Büschen und Bäumen heran, die den Boden festigen und — statt Unterhaltungskosten zu fordern, noch Brennholz, Korbflechtmaterial und in der Blüte Bienenweide bieten. (Abb. 553 bis 555 nach KRUEDENER [202].)

folge übermäßiger und sehr unregelmäßiger Wasseranreicherung begannen die Dammschultern und Böschungen zu fließen. Unregelmäßige Sackungen, Ausbuchtungen und Verformungen des Erdkörpers führten dann zum Wandern und Verkanten der Betonplatten und zu Stufenbildungen gegen die nach außen wirkenden Schiebewellen der Verkehrserschütterungen.

Aber auch an den verfestigten Dämmen ist diese Gefahr trotz der Verdichtung latent, sie wird nur im zeitlichen Ablauf und in der Auswirkung verzögert. Daher gilt grundsätzlich, daß die Verankerung und die Verdübelung nur dann an Betondecken der hochwertigen Verkehrsstraßen erfolgreich ist, wenn zugleich der Unterbau diese gegenseitige Sicherung in fester Unterlage auf lange Sicht gewährleistet, wozu der geforderte Einbau von frostsicheren Massen in dem oberen Bereich der Frostzone wesentlich ist.

b) Kälte.

In jedem Erdboden ist Wasser enthalten, das unter dem Einfluß der Frostkraft [*173*] beim Gefrieren des Baugrundes sich in der Frostzone konzentriert, damit anreichert und zu Frosthebungen führt und Plattenverlagerungen, Risse und Verkantungen usw. (Abb. 444, 445, S. 367/368) verursacht. Bei Tauwetter sammelt sich dieses Wasser in erheblichem Maße in Mulden von Dämmen, an den Hinterfüllungen von Bauwerken, und verursacht starkes Erweichen innerhalb der Tauzone. Die Tragfähigkeit von Fahrbahndecken kann durch schweren Lastverkehr so stark auf bindigem Unterbau gefährdet sein, auch auf Dämmen, daß während dieser Tauperiode der Verkehr zum Schutze gegen Bruchgefahr der Decke vorübergehend eingestellt werden muß, denn keine Decke ist so wasserdicht, daß sie diese Anreicherung des Niederschlagswassers zu verhindern imstande wäre [*53, 173, 390*]. Daher ist mit Rücksicht auf die dauernde Gefügebeanspruchung der frostgefährlichen Erdarten zu jeder Jahreszeit, besonders aber während der Tauperioden, mit hoher Wasserübersättigung im unmittelbaren Tragkörper unbedingt die Sicherung des frostgefährdeten Unterbaues durch frostsichere Erdbaustoffe notwendig.

c) Hitze.

Längere Trockenperioden werden einem mit Rasensoden gut belegten Damm nur dann gefährlich, wenn nach längerer Trockenperiode und der dabei unvermeidlichen Rißbildung durch einen Platzregen die Grasnarbe aufgerissen und Erosionsrinnen den Dammkörper freilegen. Im allgemeinen ist jedoch ein fester Damm aus lagenweise

Abb. 556 Tiefgreifender kolkartiger Bodenausriß an einem gewachsenen, aus dem Gelände ohne Verdichtung herausmodellierten Lößdamm nach einem kräftigen Regenguß.

geschütteten verdichtenden Erdarten diesen Beanspruchungen weitgehend gewachsen, jedenfalls im bedeutend höheren Umfange als ein aus Löß herausmodellierter Damm, wie die Abb. 556, S. 474 zeigt, der nach 30 mm Niederschlag tiefe Erosionskolke infolge seines lockeren natürlichen Gefüges hinterließ.

So bietet eine sachgemäße Verdichtung der Dämme an den Dammschultern die beste Sicherungsmaßnahme gegen derartige, durch Zusammenwirken von Hitze und Nässe sich an den Dammböschungen besonders abzeichnende Gefahren.

d) Windeinfluß.

Leicht bewegliche Sandmassen unterliegen, wie es die Dünen (Wanderdünen in der Natur) zeigen, dem dauernden Abtrieb. Dieses Windspiel wirkt sich sehr rasch aus. Zum Beispiel wurde in Ostpreußen nach Beobachtung von ERLENBACH ein Damm der Autobahn während der relativ kurzen Bauzeit um 1 m durch Sandabtrieb seitlich verlagert.

e) Schutzmaßnahme.

Nasser oder naßmechanischer Einbau, Verdichtung und sofortiges Abdecken mit abtriebsicherndem Rasensoden, Mutterboden, unter Umständen durch vorsorgliche, dem wahrscheinlichen Windabtrieb entsprechende Dammschulterverbreiterung um einen Betrag bis zu 10% der Dammkronenbreite.

3. Sonstige Gefahrenquellen.

a) Tiere.

Maulwürfe, Mäuse, auch Kaninchen können den Damm im Bereich der Krone weitgehend auflockern. Dies ist besonders an Staudämmen zu bedenken. An dem Staudamm im Steinbachtal oberhalb Thale/Harz wurde die Dammkatastrophe 1945 im wesentlichen dadurch begünstigt, daß infolge mangelhafter Verdichtung der Dammkronenbereich weitgehend durch diese Tiere zusätzlich unterwühlt, aufgelockert war und daß bei der Überflutung das Wasser rasch in den Dammkern des zu niedrigen Dammes eindringen konnte.

b) An Dammschultern und Dammböschungen.

Jede Dammschulter eines Erddammes ist infolge der zweiflächigen Begrenzung, des „Dammschulterwinkels", besonders durch klimatische Einflüsse gefährdet. Durch den plötzlichen Richtungswechsel in der Fallrichtung, Neigung an der Dammkrone von $1\frac{1}{2}$ bis 3% in geraden Strecken, bis zu 6% und mehr in Kurven zu einem auf mehr als 20° bis 36° ansteigenden Gefälle wird die Erosionswirkung, die Angriffsfront, von zwei Seiten begünstigt und wirkt sich daher besonders im Bereich der Dammschulterbrechpunkte aus. Die Dammschultern, unbefestigte Randstreifen, öffnen sich unter dem Wechselspiel von Hitze und Frost, Nässe und Trockenheit. Infolgedessen kann Wasser eindringen und unsichtbar, unterirdisch das Zerstörungswerk fortsetzen. Im weiteren Verlauf öffnen sich die Mittelfugen an Betondecken und der Bestand der Straße ist, wie die verschiedenen Bilder zeigen, bald stark gefährdet. Abb. 448, S. 369, Abb. 557 bis 560.

c) An Bauwerksüberschüttungen und Bauwerksanschlüsse.

Bauwerksüberschüttungen und ungenügend verdichtete *Bauwerksanschlüsse*
[55, 79, 309, 378, 489] begünstigen dieses Zerstörungswerk in geraden, aber noch

Abb. 557. Dammschultersetzung. Die Dammschultern lösen sich unter Rißbildung von
der Decke.

Abb. 558. Fortschreitender Dammschaden
führt zur Öffnung der Fugen an der Betondecke.

Abb. 559. Die Dammitte wird von den
Schäden der Dammschultersetzungen in
Mitleidenschaft gezogen.

Abb. 560. Undichte Rohrleitung für Deckenarbeiten führt
zur Auflockerung der Dammschulter.

mehr in Kurvenstrecken (Abb. 496, S. 420) [79]. Es fehlt das Widerlager.
Wasserzutritt begünstigt dabei diese sich allmählich vollziehende Zerstörung

während der stoßweise erfolgenden Belastungen des Straßenkörpers. Für die Verdichtung der Widerlagerhinterfüllungen gilt: erfolgt die Verdichtung im elastischen Bereich, dann wird das Widerlager elastisch verspannt, es weicht nicht aus, während bei Verdichtung im plastischen Bereich eine Verlagerung des Widerlagers eintritt. Daraus ist die unterschiedliche Wirkung mittelschwerer Verdichtungsgeräte 500 und 1000 kg-Delmag-Rammen zu erklären (vgl. S. 317). Entscheidend ist dabei die Wirkung unter dem Widerlager. Daher empfehlen sich dynamische Spannungsmessungen.

Abb. 561. Verformung und Rißbildung der wasserseitigen Böschung. Abreißen der porösen Betonabgleichschicht am Steindamm Bou Hanifia. (Nach OTT [294a].)

d) Gefahren eines Mittelstreifens (Abb. 449, S. 369) [45, 168, 170].

In den an den Autobahnen ursprünglich tief ausgekofferten, mit wasseransaugendem Mutterboden zu mehr als 40 bis 70 cm stark ausgefüllten Mittelstreifen, die aus Gründen des Landschaftsbildes ausgeführt wurden, wurde ein großer Gefahrenherd im Dammkörper verankert, denn von diesem Koffer aus verbreitet sich das hier in reichem Maße zirkulierende Niederschlagswasser in die seitlich anschließenden Bahnkörper und verändert an erdigen Massen die Festigkeit. Außerdem muß der Koffer dicht und glatt sein und Dränstränge,

Abb. 562. Stützmauern an Bauwerksüberschüttungen zur Verhinderung des seitlichen Abwanderns der Fahrbahndecken unter Klima- und Verkehrseinfluß.

Abb. 563. Widerlagerbeschädigung an einer Eisenbahnüberführung in England. (Nach [79].)

einwandfreie Kurvenentwässerung überall dort, wo sich eine Überhöhung des Mittelkoffers nicht durchführen läßt, aufweisen.

Der Mittelstreifen muß überhöht werden und in geraden Strecken mit einem beiderseitigen Gefälle von 1 : 7 ausgestattet werden, um das Niederschlagswasser im Kofferbett nicht anzureichern, sondern das abfließende Wasser unmittelbar über die Fahrbahn nach außen abzuleiten. Durch Einfassen des in der Regel auf 20 bis 30 cm Stärke beschränkten Koffers durch Bordsteine wird das schädliche Wasser rasch beseitigt. Schnittgerinne auf Dammstrecken mit Zementmörtel oder elastischem Bitumen wasserdicht verfugt und verstrichen, müssen das Eindringen in den Dammkörper verhindern. Ebenso müssen etwaige Kabelkanäle

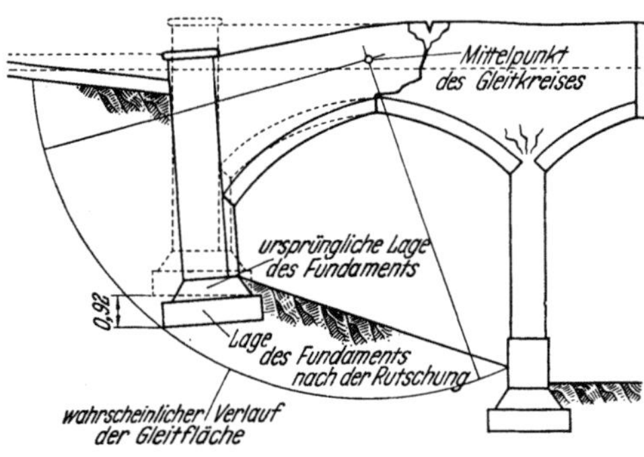

Abb. 564. Darstellung der wahrscheinlichen Gleitfläche an dem beschädigten Bauwerk. Der Schaden ist die Ursache schwerer Regenfälle und ungenügender Sicherung der Dammanschlüsse. (Nach [79].)

längs dieser Anlage wasserdicht und möglichst außerhalb des Dammes, zumindest nicht im Mittelkoffer, verlegt werden.

II. Geotechnische Folgerungen für den Dammbau.

1. Verkehrsdämme.

Ausgehend von der Tatsache, daß beim Erddamm empfindliche Stoffe verwendet werden und der Damm kein unveränderlich festes Gefüge besitzt, sondern, wenn auch langsamer, so doch stetig dem Einfluß des Klimas und den Verkehrserschütterungen ausgesetzt ist, so erfordert dieses unstete Verhalten eine strenge Kontrolle und sofortige Beseitigung kleinster Gefahrenherde, Undichtigkeiten, Schäden. Dabei ist stets das Wasser, das Niederschlagswasser unmittelbar, als Frostwasser, als Tauwasser die Hauptursache im Wechselspiel mit dem Boden und Verkehr selbst.

a) Schutzmaßnahmen an Verkehrsdämmen.

Folgende Schutzmaßnahmen sind daher an den Verkehrsdämmen, vor allem an den hochwertigen Straßenanlagen (Autobahnen) unerläßlich.

1. Ungehinderte beschleunigte Ableitung von Niederschlagswasser (Tauwasser) unter Beachtung aller Vorsichtsmaßnahmen, um das Eindringen des Wassers in den Dammkörper, zwischen die Decken und den Dammschulterbereich zu verhindern und möglichst völlig zu unterbinden (Abb. 451, S. 370).

2. Aufbringen von Rasensoden auf die Dammschultern gemäß Abb. 499, S. 422. Tägliche, zumindest wöchentliche Kontrolle der Dammschultern und Bauwerksanschlüsse auf Undichtigkeiten. Abdichten eventueller Risse, Fugen usw.

3. Verbreitern der Dammschultern, Entzug des unmittelbaren Verkehrseinflusses in einer Breite von mehr als 2 m vom Böschungsrand gerechnet, um die Dammschultern weitgehend zu sichern.

Abschließend kann nur nochmals betont werden: das Wasser in seinem verschiedenartigen Auftreten als *inneres* gefügegebundenes oder von außen einwirkendes Element ist in erster Linie verantwortlich für eventuelle Schäden, die begünstigt werden durch das Wechselspiel des Klimas mit den damit untrennbar verbundenen Gefügeveränderungen des Dammes an der Oberfläche (Schwinden, Rißbildung, Schwellen usw.).

Dammschäden infolge *innerer Ursachen*, d. h. unsachgemäßer Behandlung der Schüttstoffe beim Einbau, sind geotechnische Unterlassungssünden und müssen ebenso geahndet werden wie die Vernachlässigung der Streckenkontrolle und nicht rechtzeitige Beseitigung von klimatisch und tierisch oder sonstigen bedingten Schäden.

Trotz der Empfindlichkeit der veränderlichfesten Dammbaustoffe ist es im Sinne neuzeitlicher Geotechnik möglich, bei entsprechender Sorgfalt den Dammkörper während des Baues und nach der Betriebsübergabe mit verhältnismäßig geringen Mitteln dauernd fest und gesichert zu erhalten.

2. Staudämme.

Infolge der Bauwerksgröße haben von den verschiedenen für den Verkehrsdamm einflußreichen Gefahrenquellen nur die inneren eine größere Bedeutung, die aber, da sie stets — wie ja auch an den Verkehrsdämmen — im Wirken des Wassers ihre Ursachen haben, um so schwerwiegender und gefährlicher werden können.

Der Auftrieb als senkrecht zur Dammsohle aufwärts gerichteter Strömungsdruck, die Sickerwasserströmung in ihrem mehr oder weniger geneigten Verlauf durch den Dammkörper und plötzliche Stauspiegelveränderungen sind die wirksamen Wasserkräfte, denen zu begegnen der Konstrukteur und Dammbautechniker in der Planung wie Ausführung die gesamte Aufmerksamkeit und Sorgfalt zuwenden muß.

Der beste Schutz besteht dabei, außer in der bestmöglichen Ausführung, in der Bemessung der Sicherheit gegenüber den wirksamen Kräften, die stets bei 1,5 liegen sollte, in der Durchlässigkeit indessen erheblich höher anzusetzen ist und praktisch auch angesetzt wird. Die massigen Dichtungskörper, ihre bevorzugte Anordnung im Kern beweisen im Hinblick auf die Erosionsgefahr und die in der Praxis vom Laborversuch stets beträchtlich abweichende Güte, bis zum Mindestwert von nur 1% der vorgesehenen, den Grad an Sicherheit, die besondere Vorsicht in der Ausbildung dieser Dichtungsanlagen.

a) Wasserseitige Böschung.

Dasselbe gilt für die Bemessung der wasserseitigen Böschungen.

Beispiel. Das Speicherbecken Niederwartha bei Dresden wurde täglich gefüllt und entleert. Die Sogwirkung während der täglichen Stauspiegelsenkungen, das Auf und Ab in der hydrostatischen Belastung wurde erfolgreich durch ein flaches wasserseitiges Böschungsmaß gemeistert (Abb. 17, S. 11), obwohl der Staudamm vorwiegend aus dem fließgefährlichen Lößlehm bestand. Für die Sicherheit der wasserseitigen Böschungen gilt nach OHDE das Verhältnis von Einheitswasserzahl zu Breiwasserzahl unter gleichzeitiger Beachtung eines der Böschung angemessenen, vom Baustoff beeinflußten zeitlichen Senkungsbetrages des Stauspiegels, der nicht beliebig erhöht werden darf. Eine gut gesetzte Packlage oder ein mächtiger stützender Steinbewurf hilft dabei entscheidend mit.

b) Luftseitige Böschung.

Für die luftseitige Böschung gilt die Stabilität der Böschung auf Grund des Reibungsbeiwertes und des Verlaufes der Sickerlinie im Dammkörper selbst.

c) Schutz gegen Oberflächenwasser während der Bauausführung.

1. Beendigung der Arbeiten im Herbst [*45, 168, 186, 342*]. Höchstmögliche Verdichtung der wasserempfindlichen Dichtungsmassen vor Einstellung der Arbeiten, die an Erddämmen möglichst im Oktober im mitteleuropäischen Klimabereich, je nach der Höhen- und Wetterlage mit Rücksicht auf die geringe Verdunstungstrocknung abzuschließen sind, Holzrinnen (Abb. 451, S. 370) und flache Abzugsgräben zur ungehinderten Ableitung des Niederschlagswassers auf kürzestem Wege nach außen während der winterlichen Arbeitspause helfen die Stabilität des Dammes sichern. Dagegen sind Felsdämme zu jeder Jahreszeit ausführbar. Bei Arbeitsunterbrechungen infolge winterlichen Wetters muß die Dammbaustelle an jedem Punkt den Eindruck einer den Verhältnissen entsprechend gesicherten Ausführung machen.

2. Böschungsschutz. Der äußere Böschungsschutz im Bau befindlicher Erddämme gegen die Erosionswirkung des abströmenden Wassers, gegen Auffrieren und Frostauflockerung wurde z. B. an dem Staudamm der Talsperre Cranzahl im Erzgebirge im Winter 1950/51 durch Abdecken mit Dachpappe nach dem Vorschlag des Verfassers im geforderten Umfang erreicht (Abb. 208, S. 152).

3. Planumschutz. Ein unfertiges Planum von Dichtungsanlagen kann gegen eindringende Oberflächenwasser nach dem Hydratonverfahren [*174*] wirkungsvoll gedichtet werden (Abb. 209, S. 152). Eine Abdeckung durch Dachpappe ist meist sehr schwierig durchzuführen, da ein Planum selten die hierfür erforderliche Planebenheit und das Gefälle nach außen aufweist. Insofern ist die bestmögliche Verdichtung und Glättung, die chemische Behandlung und die Ausführung von Wasserableitungsgräben eine der möglichen zusätzlichen Sicherungsmaßnahmen.

d) Schutz gegen Durchsickerung von Staudämmen (vgl. S. 75) [*278, 375*].

Aufquellungen an der Dammzehe der Luftseite sind ein Zeichen höchster Gefahr für den Damm, der Dammkatastrophe im statu nascendi, begründet

1. im ungünstigen Verlauf der Sickerlinie,
2. im zu starken Grundwasserauftrieb,

verursacht durch durchlässigen Untergrund, durchlässige und zu schmale Dämme. Absenkung des Stauspiegels der Sickerlinie und Verstärkung des Dammes unter Anwendung entspannender Filter- und Dränleitungen können wirksame Abhilfe schaffen. So konnten im Jahre 1950 neu angelegte, wenige Meter hohe Dämme für Fischereizwecke in der Lausitz nur durch Stauspiegelsenkung vor dieser Dammkatastrophe gerettet werden. Baugrund und Damm bestanden aus feinkörnigem Sand.

e) Schutz gegen durch- und überlaufendes Wasser.

Um den gefährlichen Einfluß des Wassers auf den Dammkörper auszuschalten, werden *Überlauf* und *Grundablaß* grundsätzlich vom Dammkörper getrennt angelegt [*341, 342*].

Allerdings weist MIDDLEBROOKS [*262a*] mit Recht darauf hin, daß es dank der vorzüglichen festgefügten Ausführung der Erddämme, die viele andere Erdbauwerke an Güte übertrifft, in nicht allzu ferner Zukunft möglich ist, die Hochwasserentlastungsanlagen, den Hochwasserüberlauf über die Dammkrone der Erddämme ohne Gefahr für die Stabilität dieser Stauanlagen auszuführen. Dadurch werden die Entlastungsanlagen billiger. Da es außerdem möglich ist, die Dammsetzungen genau vorauszuberechnen und vorauszusagen, ist es mög-

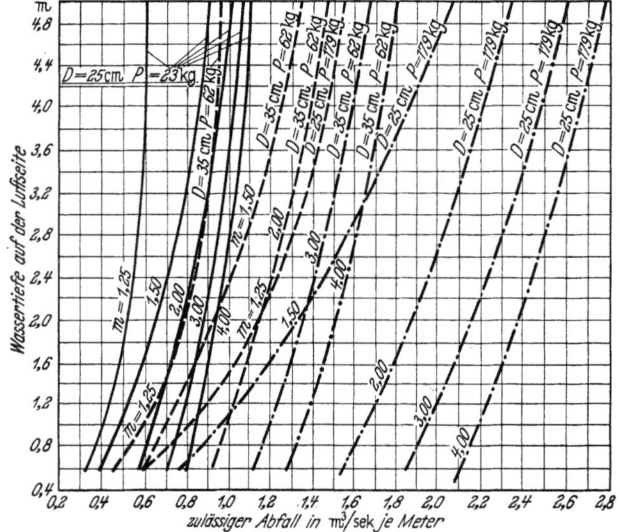

Abb. 565. Zulässige Überfallmengen über einen Steinschüttdamm. (Nach [*451b*].)
1:*m* Böschungsneigung, *D* Steindurchmesser, *P* Steingewicht.

lich, auch die Gründung dieser Entlastungsanlagen auf den Dämmen völlig verlagerungssicher nach Beendigung dieser Setzungen auszuführen.

Nur an niedrigen Dämmen und bei geringer Bedeutung, ferner bei Geländeschwierigkeiten besonderer Art, werden die Grundablaßrohre unmittelbar durch den Dammkörper verlegt. Zum Schutze gegen Durchsickerung und Erosion längs der glatten Rohrleitung werden diese im Bereich des Dichtungskörpers durch mehrere wulstförmige Ringe unter gleichzeitiger Verstärkung des Dichtungselementes im Bereich des Grundablasses verstärkt und dadurch der Sickerwasserstrom erheblich gehemmt.

Um die Gefahren der unmittelbaren Überströmung des Staudammes zu verhindern, werden die Hochwasserüberläufe stets um etwa 2 m unter der Dammkrone angelegt; zugleich wird der Querschnitt so bemessen, daß das erfahrungsgemäß höchste Katastrophenwasser ungehindert abströmen kann (Abb. 565). Bei der Bemessung dieser Anlagen ist in Sachsen das Katastrophenhochwasser vom Juli 1927 im Erzgebirge maßgebend, wobei die Orte

Gottleuba und Berggießhübel stark zerstört wurden und mehr als 152 Menschen den Tod fanden. Es wurde seinerzeit auf Grund der abströmenden Wassermassen eine durchschnittliche Scheitelabflußspende von mindestens 20 m³/s zugrunde gelegt, der Niederschlag betrug 67 m³/s km² während 25 Minuten [*384*].

III. Der Sicherheitsgrad im Dammbau [*212, 452*].

Im Hinblick auf diese verschiedenen Gefahren und Schäden, die einem Damm als Bauwerk in seiner verschiedenen Zweckbestimmung drohen, ist der Sicherheitsgrad von großer Bedeutung. Er wird bestimmt durch das Verhältnis von effektiver Festigkeit zur tatsächlich möglichen Beanspruchung. Seine Größe rechnerisch zu erfassen, kann nur im Annäherungsverfahren gelingen. Hierfür ist vor allem die Gleitsicherheit der wasserseitigen Böschungen maßgebend. Daher werden wasserseitige Böschungen nicht nach der Schubfestigkeit des verdichteten Baustoffes allein, sondern mit Rücksicht auf die gefährlichen Einflüsse und die Gefahr des Eintrittes von Porenwasserüberdruck festgelegt.

Für die Sicherheit der Dammkörper gilt im Dichtungskörper eine bestimmte Mindestdichte, die nicht unterschritten werden soll, um die Erosionswirkung weitgehend längs des Sickerweges auszuschalten. Man muß dabei grundsätzlich den Strömungsweg im Dichtungskörper und am Austritt aus dem Dichtungskörper unterscheiden. Die relativ größte Sicherheit ist erreicht, wenn die durch Ausschlämmung der feinsten dichtenden und quellenden Tonteilchen verursachte Gefügeschwächung an der Wasserseite durch die Sedimentierung dieser Teilchen infolge stark verzögerter Schleppkraft des durchsickernden Wassers möglichst innerhalb der wasserseitigen Hälfte des Dichtungskörpers erreicht wird (Abb. 108, S. 65). Beim Austritt aus dem Dichtungskörper setzt infolge des Gefälleunterschiedes gegen anschließende Filterteppiche erneut Erosion ein, die zwar geringer ist und durch die Ausfilterung der feinsten Bodenteilchen weitgehend verzögert wird, indessen unaufhörlich wirkt.

Bei Anwendung von Kunstdichtungen und veredelten Erdmassen entfällt diese Gefahr und man erhält ein schwächeres, billigeres und zugleich sichereres hochdichtendes Dichtungselement.

Die Sicherheit eines Dammes gegen den Staudruck des Wassers wird durch die Bemessung des Stützkörpers ohne Berücksichtigung des Dichtungskörpers unter Berücksichtigung der effektiven Größe des Reibungswinkels zwischen Baugrundoberfläche und Dammsohle im Stützkörper und den Auftrieb bestimmt. Hier liegt die Sicherheit für den Bestand des Dammes unter Einfluß des wachsenden Staudruckes. Man sollte daher dieses Element stets sehr vorsichtig bewerten und die Verbindung zwischen Baugrund und Dammsohle mit einem Höchstmaß von Sicherheit (Ansteigen der Sohle nach der Luftseite — Widerlagerwirkung — und Verzahnen mit der Dammsohle) ausstatten.

Aus dem Produkt von spezifischer Auflast und dem voraussichtlichen Reibungsbeiwert ($\mu = 0,6$ bis $0,7$ bei Sand, auf etwa $0,3$ bei Ton absinkend, auf $1,0$ und höher an Felsen ansteigend) ergibt sich unter der Voraussetzung einer absoluten Wassersperrung längs der Kontaktfuge durch einen wasserseitigen tiefreichenden Dichtungsschleier die Größe des wirksamen Gegendruckes des Stützkörpers, d. h., es werden die Unterlagen für die erforderliche Sicherheit in der Ausbildung und Bemessung seiner Breite und Tiefe, Böschungsmaß und Böschungsneigung gefunden. Dabei sollte aus Sicherheitsgründen das Raumgewicht der verdichteten Massen nur mit 1,6 bis 1,8 angesetzt werden.

In der allgemeinen Formulierung des Sicherheitsgrades nach S. 74 ist zwar die Problematik umrissen, jedoch kein Hinweis auf die verschiedenen Ansprüche und Fragen, die sich hieraus für die einzelnen Dammglieder ergeben, gebracht, denn schließlich wird eine Filteranlage, werden die teuren Filterteppiche an Staudämmen ebenso im Sinne der Sicherheitsfrage zu bewerten sein. Daher ist in der peinlich genauen Ausführung dieses Zwischenelementes wesentlich eine Voraussetzung für einen hohen Sicherheitsgrad im Sinne des gesamten Wirkungsgrades des Dammes gegeben.

IV. Dammanschluß an Kunstbauwerke.

1. Aufgabe und Problematik [55, 79, 155, 173, 180, 378, 489].

Eine der wichtigsten Aufgaben der neuzeitlichen Geotechnik besteht darin, die Dammanschlüsse an vorgesehenen Kunstbauten so zu gestalten und auszuführen, daß keine Verlagerungen auftreten, die zu irgendwelchen Gefahren führen könnten. So ist im Verkehrsstraßenbau von jeher der Anschluß eines Dammes an die Widerlager von Brücken ein sehr heikles Problem gewesen, dessen Lösung man meist als undurchführbar betrachtete und oft auch nicht mit der erforderlichen Gründlichkeit erstrebte. Aber nicht nur die Anschlüsse, auch die im Damm eingebetteten Bauwerke selbst unterliegen zusätzlichen Spannungen und Belastungen durch die Auflast und infolge des verschiedenen Grades in Nachgiebigkeit des Baugrundes. Dämme werden im Verkehrsdammbau meist auf einigermaßen tragfähigen Baugrund geschüttet, bei Grundwasseranwesenheit unter Einbau eines ableitenden Dränagesystems und einer anfänglichen ersten Schüttung von einigen dm aus wasserunempfindlichen Massen. Im Wasserbau wird mit Rücksicht auf die besondere Größe der Sicherung des Baugrundes eine ganz andere Bedeutung beigemessen, denn von der absoluten Festigkeit des Untergrundes und dessen größtmöglicher Dichte hängt auch die Sicherheit eines Dammes ab. Der Anschluß, die setzungsfreie Verbindung von Damm mit dem Kunstbauwerk ist besonders im Verkehrsdammbau wichtig, denn hier gilt es, bei verschiedener Gründungstiefe und spezifischer Bodenbelastung die aus der Bodenbelastung resultierenden unterschiedlichen Setzungen so auszunutzen, daß der bündige Anschluß dieser beiden Bauwerke davon unberührt bleibt. Andererseits ist aber den, wenn auch minimalen, Verlagerungen im Damm selbst Rechnung zu tragen, die im Kunstbau nicht auftreten, da hier genormte Baustoffe in völlig einwandfreier verlagerungssicherer Weise miteinander verbunden werden, wie es der neuzeitliche Dammbau bei aller Sorgfalt niemals zu erreichen in der Lage ist. Die beste Verdichtungsarbeit ist nicht imstande, ein absolut verlagerungssicheres Gefüge im Damm zu gewährleisten, wie zahlreiche ausgedehnte Setzungsmessungen des Verfassers klar erwiesen haben. Wohl blieben die Setzungsbeträge mit oft nur Bruchteilen eines Prozentes erheblich unter denen bei nicht verdichteten Dämmen mit in der Regel bis zu 10% und mehr zurück, aber gerade diese kleineren Beträge wirken sich mit wachsender

Dammhöhe von 15 bis 25 m doch in einigen cm aus. Mehrere cm Setzungen an einem Bauwerk sind aber in der Fahrbahnoberfläche gefährlich für den Schnellverkehr.

2. Ausführung.

Man hat versucht, diese Frage auf verschiedene Weise zu lösen, und zwar durch besondere Dammkonstruktion wie auch durch veränderte Bauwerkskonstruktion unter Berücksichtigung der Massen, der zweckmäßigen Verdichtung, der Verhinderung der Massenbewegung nach den Seiten unter Ausschaltung des stets verlagernd wirkenden Tagewassers und schließlich in der zweckmäßigen seitlichen Ausführung. Bei flachgegründeten Widerlagern auf nachgiebigem Untergrund stellen sich unter der erheblich stärkeren Belastung durch den Damm die Widerlager schief zum Damm. Es entsteht unter dem Anschluß eine Setzungsmulde (Abb. 274, S. 212). Das Widerlager wird in diese Mulde einbezogen. Diese Erscheinung wirkt sich unter Umständen in einer ungünstigen Veränderung der Sohldruckverteilung durch Verringerung des Erddruckes aus. Die baulichen Dispositionen bezwecken Ausmerzung der Gefahr der Schiefstellung und erfolgreiche Begegnung der Unsicherheit der Erddruckwirkung.

Es kommt daher zunächst darauf an, den Damm in seiner vollen Höhe so früh wie möglich zu schütten und ihn so nahe wie möglich an das nachfolgende Bauwerk heran auszuführen, um die auf der Nachgiebigkeit des Untergrundes beruhenden Setzungen vor Baubeginn des Kunstbauwerkes möglichst zum Ausklingen zu bringen. Dabei kann sich das Bauwerk vorübergehend nach der dammabgewandten Seite hinneigen, weil unter seiner Rückseite der Baugrund bereits durch die Dammschüttung vorbelastet und zusammengedrückt ist, an der abgewandten Seite indessen der Baugrund unbelastet ist.

In der Ausführung des Dammes selbst ist man bestrebt, das Höchstmaß an Verlagerungssicherheit durch Verwendung von Material hoher und bleibender innerer Verstützfestigkeit zu erreichen, d. h. vor allem grobkörnige Sande oder Kies und Geröllmaterial an den Anschlüssen in den Hinterfüllungskeilen einzubauen. Diese können evtl. chemisch durch Injektionen verfestigt werden [180]. Man verwendet bei ausgesprochen niedriger Lagenschüttung von nur 20 bis 25 cm Schütthöhe vornehmlich die vorzüglich verdichtenden Delmag-Rammen von mindestens 500 kg Gewicht oder die Innenrüttler von J. Keller (vgl. S. 348 und Abb. 436, S. 348).

Durch die Anordnung zweier Filterstreifen unmittelbar am Bauwerk soll dem verschlämmenden Einfluß zusätzlichen Tagewassers Einhalt und Abwehr geboten werden (Abb. 402, S. 316); durch Anlage eines Quersickers in mehr als 10 m Abstand vom Bauwerk wird der Zutritt des Niederschlagswassers in den Hinterfüllungskeil verhindert und Abstand zwischen Quersicker und Bauwerksanschluß durch einen Kiessandkeil von erheblicher Stärke bis zu 80 cm am Bauwerke an der Oberfläche ausgeführt, um jeden umlagernden und erweichenden Einfluß von Sickerwasser zu jeder Jahreszeit auszuschließen (Abb. 338, S. 251).

3. Dammschulterverbreiterung und Böschungsverflachung.

Um das seitliche, im allgemeinen infolge der späteren Verkehrserschütterungen unvermeidliche Ausweichen von verdichteten, insbesondere der leicht beweglichen, sandig-kiesigen Massen zu verhindern, werden die Böschungen abgeflacht, die Dammschultern um 1 bis 2 m verbreitert und vor allem der Dammanschluß in mehr als 20 bis 20 cm langen Flügelmauern am Bauwerk eingefangen.

Auf diese einfache Sicherungsmaßnahme achtet man leider viel zu wenig, insbesondere auch bei der Überschüttung von Bauwerken (Abb. 496, S. 420). Neben der Setzung ist das seitliche Entweichen der Massen zu verhindern. Diese Maßnahme ist besonders deshalb erforderlich, da die Erschütterungswellen des Verkehrs eine unterschiedliche Beanspruchung, begünstigt durch die Reflexwirkung am Bauwerk, im Damm auslösen. Diese Erschütterungsenergie ist der wesentliche, die Güte des Dammanschlusses am stärksten verändernde dauernde Einfluß; er lockert, er begünstigt die verlagernden Einflüsse des Sickerwassers nach den Seiten (Abb. 277, S. 213). Infolgedessen hat man konstruktiv diese Stellen zu überbrücken versucht. In Amerika verwendet man lange, besonders stark bewehrte, daher biegeunempfindliche Betonplatten als Verbindungsstück zwischen Damm und Brücke. Diese können evtl. auch hohl liegen, nur müssen sie so weit reichen, daß an ihrem dammseitigen Ende keine Setzung möglich ist.

4. Das Gitterwandprinzip.

Die Gitterwand nach dem Vorschlage von Schröter sucht nicht nur dieselbe Lösung, sondern zugleich den Einfluß des Erddruckes auszuschalten. Schröter verwendet hierfür waagerecht angeordnete Eisenbetonplatten, die am Widerlager bzw. am Dammende aufliegen. Dadurch wird die Stützwand völlig vom waagerechten Erddruck entlastet. Die Lagerung erfolgt statisch bestimmt. Die dammseitigen Platten setzen sich erfahrungsgemäß stärker als die am Bauwerk. Man verzichtet dabei auf die Verfüllung des Widerlagerkeiles. Bei Verwendung von zwei derartig stark bewehrten Stahlbetonplatten läßt man den Damm vom Widerlager als Doppelkeil anwachsen. Ähnliche Wirkungen werden durch Einbau von Konsol- bzw. Schleppplatten in halber Dammhöhe erreicht.

Während die Schröter-Platte weder zum Damm noch zum Bauwerk gehört, sondern als Verbindungsglied dient, sind eine Anzahl Lösungen vorgeschlagen worden, um durch die Gestaltung der Widerlager selbst die Bedingungen eines setzungsfreien Aufschlusses zu erreichen.

5. Das aufgelöste Widerlager.

Bei dem aufgelösten Widerlager bleibt, ähnlich wie bei der Schröter-Platte, ein von der Widerlagerrückseite zum Damm flach ansteigender Keil offen. Man erstrebt dadurch eine von dem anderen Bauwerksteil unabhängige Beeinflussung des Untergrundes. Wie die Erfahrungen des Verfassers bestätigen, ist es bei gewissenhafter Verdichtungstechnik durchaus möglich, einen setzungsfreien Dammanschluß zu erzielen, einen in sich unveränderlichen Dammkörper anzuschließen. Abb. 404, S. 317 zeigt die technische Lösung. Erforderlich ist die Verdichtung mittels Delmag-Frosches und die Verwendung von festen Lockergesteinen in einer Lagenschüttung von nur 20 cm Höhe bei mindestens mehrmaligem Abrammen und Anschüttung der Massen auch auf der Innenseite der hinteren Stirnwand.

6. Das Zellenwiderlager.

Bei der Anwendung des Zellenwiderlagers wird der Erddruck durch ein besonderes Bauwerk aufgenommen, das aus einzelnen Zellen besteht. Infolge der Silowirkung der Zellen beträgt der Erddruck auf der neben dem Tragwerk stehenden Wand nur die Hälfte einer normalen Stützwand.

7. Der geschlossene Rahmen mit besonderen Erddruckstützmauern.

Die Stützwände können als Gitterwände, als Schwergewichtsmauern, als Winkelstützmauern oder als Silozellen gestaltet werden. Der geschlossene Rahmen wird besonders deshalb bevorzugt, weil durch den oberen und unteren Riegel eine Schiefstellung des Tragwerkspfeilers verhindert wird. Gleichzeitig wird der Sohldruck symmetrisch zur Rahmenmittelachse verteilt. Die eigentliche Brücke — der Rahmen — wird bei gleichartigem Untergrund nur lotrechte Setzungen erfahren, während die vom Rahmen gelösten Stützmauern infolge der Setzungsmulde eine Schiefstellung erleiden. Soweit es die Bauzeit erlaubt, wird zweckmäßigerweise zunächst die Stützmauer errichtet, anschließend der Damm geschüttet und schließlich der Rahmen zwischen den Stützwänden ausgeführt. Erst wenn die Setzungen ausgeklungen sind, werden dicht am Bauwerk anschließende Platten angebracht, die die Lücken überdecken.

8. Nachträgliche Hebungen.

Um die erheblichen Spannungen eines auf nachgiebigem Untergrund errichteten Widerlagers eines durchgehenden Stahlbetonträgers mit geringeren Setzungen auszugleichen, kann man diese Hebungen durch entsprechende konstruktive Gestaltung rechtzeitig ausgleichen (hydraulisch!). Auf diese Weise wurden unter Mitwirkung des Verfassers Setzungen von etwa 10 cm an der Talbrücke bei Frankenhausen in Westsachsen behoben.

9. Die Grundablaßleitung in Staudämmen.

Die Grundablaßleitung muß so dimensioniert werden, daß sie biegungssteif alle unterschiedlichen Belastungsmomente ohne Beschädigung, ohne Rißbildung und ohne Verlagerung einzelner Rohrsegmente aufnimmt. Daher muß die Gründung so gewählt werden, daß sie auf möglichst unveränderlichem festem Baugrund liegt und durch entsprechende Bewehrung gegen Durchbiegung und Setzung soweit geschützt ist, daß nur gleichmäßige Verlagerungen möglich sind. Während bei Straßenanlagen die Gründung von Durchlässen auf einem festen Untergrund durchaus nicht so streng zu fordern ist und mit Rücksicht auf die planebene Beschaffenheit der Decke auch mitunter abzulehnen ist, muß hier im Interesse der Sicherung der ungehinderten Wasserableitung diese Starre des Bauwerkes gefordert werden.

Die Leitung muß ferner so weit sein, daß sie schlämmbar ist, daß keine Wassersäcke, keine abflußlosen Stellen entstehen. Sie muß durch Einsteigeschächte zugänglich und mit dicht schließenden Schiebern ausgestattet sein und eine niveaugerechte Lage, die eine gute und stets sichere Ableitung als Grundwasserablauf gewährleistet, besitzen. Sie muß indessen auch gegen Verstopfung beim Einlaßschacht (Schieberturm) gesichert werden (vgl. S. 536ff.).

10. Abschnitt.

Die Beziehungen zwischen Damm und Untergrund.

Grundsätzliches.

[*6, 28, 30, 53, 54, 56, 63, 82, 89, 90, 98, 119, 137a, 138, 164, 165—167, 173, 175, 187, 209a, 216, 218, 270a, 283, 295, 298, 307, 371, 389—391, 407, 411, 428, 452, 473*].

Der Baugrund bildet im Tragkörperbereich das Fundament eines jeden Bauwerkes. Seine Güte, seine Tragfähigkeit mit Berücksichtigung etwaiger Veränderungen durch die Dammauflast muß vor Beginn der Dammarbeiten im Sinne der anerkannten Regeln der Baukunst nach den Richtlinien für die bautechnischen Bodenuntersuchungen im Einklang mit den DIN 4021 bis 4023 [*67—69*] einwandfrei geklärt werden. Die hierfür erforderlichen Untersuchungen sind in den genannten Richtlinien aufgeführt. Ihre Kenntnis muß für jeden Dammbauer ebenso vorausgesetzt werden wie die Kenntnis der Grundformeln der Statik usw. Man kann dabei den geeigneten Baugrund in verschiedene Baugrundtypen in folgerichtiger Anwendung des Festigkeitsprinzips der Gesteine einteilen [*164, 165*].

Die folgenden Ausführungen befassen sich daher nur mit den Maßnahmen, die auf Grund von verschiedenen Baugrundverhältnissen sich ergeben. Sie stützen sich dabei auf:

1. die Gesteinsverhältnisse,
2. die Wasserführung im Baugrund,
3. die morphologischen und tektonischen Verhältnisse.

Diese im Vergleich zu den Verkehrsdämmen erheblich höhere Empfindlichkeit gegenüber dem gestauten Wasser verlangt eine grundsätzlich andere Behandlung und Lösung der Sicherheitsfrage, die zwar mit größeren Kosten verbunden ist und Schutzmaßnahmen dort verlangt, wo sie an Verkehrsdämmen nicht oder auch nur unwesentlich sind. Diese klären zugleich in dieser durchgreifenden Lösung die Sicherheitsfrage des Dammes und Baugrundes besonders an Staudämmen.

I. Verkehrsdämme.

1. Auf dem Lande.

Jeder Fels, jedes anorganische feste Lockergestein stellt einen einwandfreien Baugrund dar, auch die veränderlichfesten Erdarten zählen hierzu. Voraussetzung ist an den Lockergesteinen, daß das Grundwasser und damit die Auftriebswirkung sich in bestimmten Grenzen hält, so daß bei Steigerung der Verkehrsgeschwindigkeit, also einer Zunahme der Baugrundbelastung durch die Verkehrsbeanspruchungen über die durch die Dammauflast erreichte Konsolidation keine Veränderungen im Baugrund sich abzeichnen, die als beginnender Grundbruch in der Ausquetschung, seitlichen Verdrückung, Fließbewegung usw. des Baugrundes sich äußern und zwangsläufig die Sicherheit eines Verkehrsdammes in Frage stellen. Derartige Gefahren sind möglich durch zu geringe Auflast eines Dammes, die unter Verkehrsstößen die Gefügeverhältnisse stören,

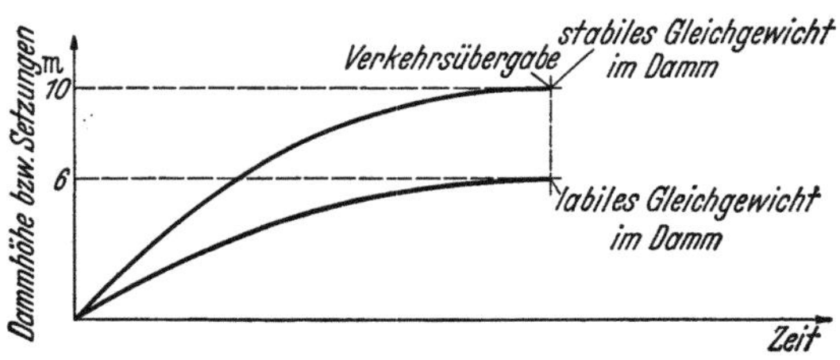

Abb. 566. Darstellung des zeitlichen Setzungsverlaufes bei verschiedenen Dammhöhen und gleichmäßig setzungsempfindlichem Untergrund.

zu verschleppten Setzungen und Rißbildungen an den Dammschultern führen (vgl. Abb. 566 u. 567). Sie sind aber auch während des Betriebes durch Anstau und erhöhten Auftrieb des Grundwassers in Zusammenwirkung mit einer Beanspruchung des Baugrundes durch normale oder überhöhte Verkehrsstöße möglich.

Schutz gegen diese Gefahren bieten die Eindämmung durch Spundwände bei kleineren Strecken und geringen Mächtigkeiten (Beispiel Abb. 568 u. 569), Bankette bei größeren Flächen beträchtlicher Tiefe, soweit nicht Reibungsfüße und teilweiser oder völliger Aushub und Verdrängung sich auf Grund bodenmechanischer vorklärender Untersuchungen als zweckmäßig und notwendig erweisen [*165, 173, 198*].

Soweit in Talauen gleichbleibend hoher Grundwasserstand vorliegt, wird durch eine gute Sohlenentwässerung das Wasser in geordnete Bahnen gelenkt und durch den Damm auf kürzestem Wege in ein gesichertes Bett abgeleitet. Auf die erweichten Massen der Talaue können grobe Felsstücke nach restloser Entfernung der Grasnarbe und des Mutterbodens, evtl. organischer Einschlüsse oder Nester von Faulschlamm, insbesondere bei Beräumung von

Abb. 567. Schäden an einer Autobahnschwarzdecke infolge verschleppter Setzungen. Die Risse traten besonders in Dammschulternähe auf.

Flußschlingen, den Altwässern, und Einbau von Sohlendränagen als Basisschicht des Dammes. Der Zweck dieser ersten Schichten in etwa 30 bis 50 cm Höhe bei mangelndem Schüttmaterial größeren Umfanges dient der scherfesten Ver

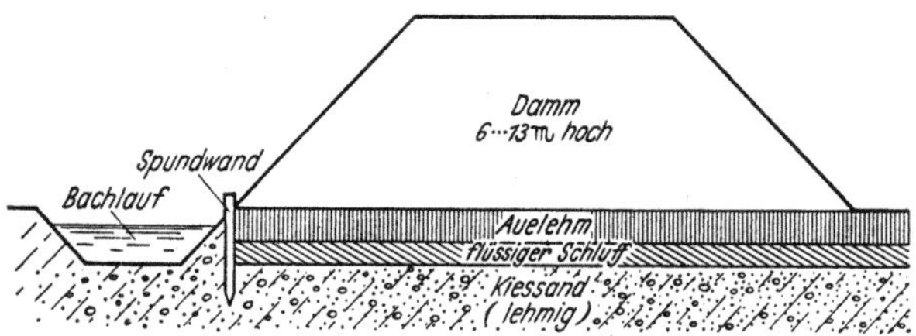

Abb. 568. Sicherung des Dammes gegen Rutschungen beim Anschneiden einer im weichbreiigen Zustande befindlichen Schicht, die durch eine Bachverlegung längs des Dammes angeschnitten wurde.
(Nach Keil.)

bindung und der Unterbrechung des kapillaren Wasseraufstieges, um in dieser Basisschicht ein gleitsicheres Fundament für den aufgehenden Damm zu erhalten.

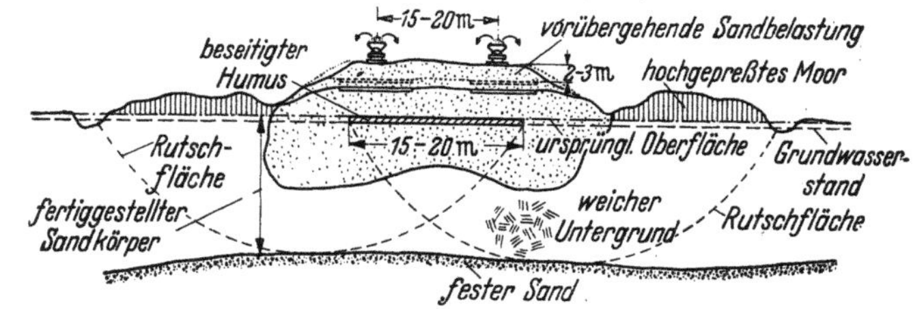

Abb. 569. Straßenbau auf weichem Baugrund in Holland. (Nach DIBBITS [63].)

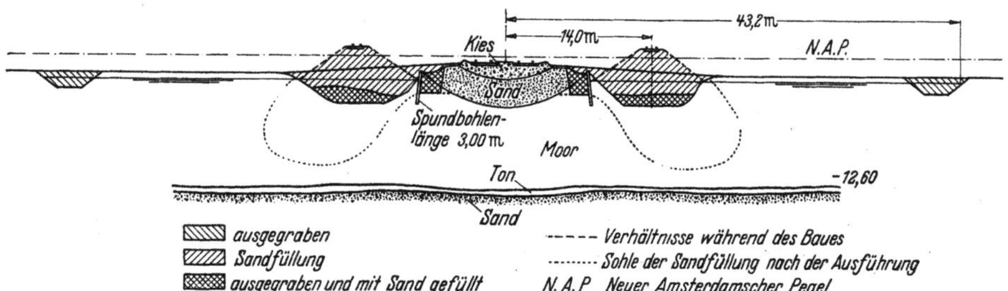

Abb. 570. Sicherung des Straßenkörpers bei tiefgründigem Torf in Holland. (Nach CUPERUS [54—56].)

2. Im Meer (Abb. 571) [25].

Bei Schüttungen im Teichgelände, flacher See oder Meer müssen stets schwere Felsbrocken als seitliche Fangedämme und als unveränderlichfestes Fundament

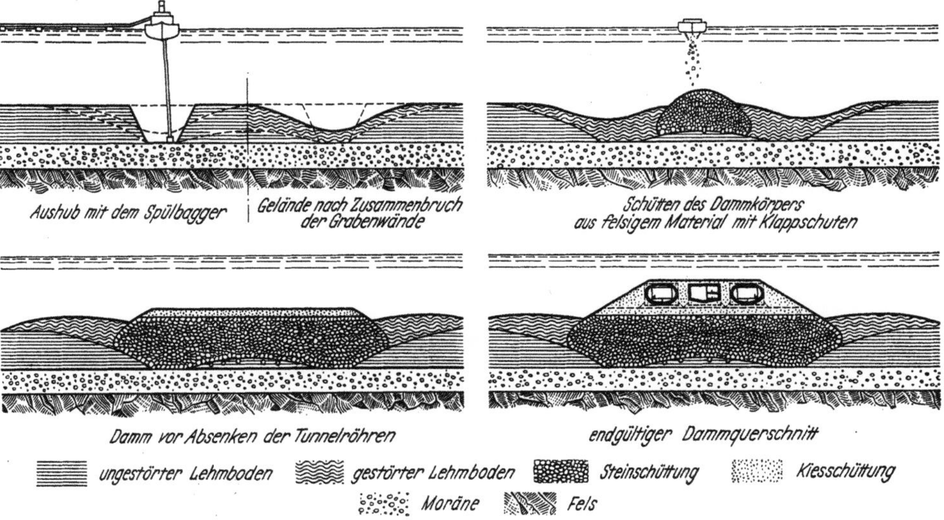

Abb. 571. Gründung und Anlage eines Untermeerdammes als Tragkörper einer Untergrundbahn in Stockholm. (Nach BIEHL und FEUCHTINGER [25].)

gegen Meeresströmungen geschüttet werden; erst über dem in gewisser sicherer Höhe höchsten Wasserspiegel können die weniger stabilen und leicht beweglichen, auch wasserempfindlicheren Massen geschüttet werden.

Schüttungen im Wasser werden als Vorkopf- und Seitenschüttungen bis zur angemessenen Höhe über höchstem Wasserspiegel ausgeführt. Verwendet werden dabei grobe, nicht lösliche und schwer zu verschleppende felsige Massen. Die mechanische Verdichtung ist erst bei angemessener Höhe über Wasser möglich.

Bei Durchquerung größerer Wasserarme wechselnder Tiefe und mit wechselnden Strömungen ist die Baugrundsondierung und Überprüfung der Strömungen erforderlich. Den jeweiligen Strömungen ist das Schüttgut nach Stückgröße anzupassen, um eine Verschleppung, Ausspülung und damit Substanzverlust zu verhindern. Plötzlich und stark schwankenden Grundwasserverhältnissen (Ebbe und Flut) ist durch eine der Dynamik des Wassers auf die Gefügebeanspruchung des Dammes, der Auftriebswirkung des Untergrundes und der Vergrößerung der Gleitgefahr durch Porenwasserüberdruck angepaßte Dammauflast, Böschungssicherung (Faschinen, Spundwände, schwere Felsbrocken, Betonklötze usw.) im Brandungsbereich verbreiterte und schwer belastete Dämme mit entsprechendem Buhnenschutz gegen Erosionsgefahr in jeder Beziehung Rechnung zu tragen [173]. Insbesondere sind die messerscharfen transversalen Meeresströmungen gefährlich und durch Buhnenvorbau und ähnliche Maßnahmen weitgehend auszuschalten.

Im allgemeinen sind bei der Schüttung unter Wasser keine besonderen Schwierigkeiten zu erwarten, allerdings setzen sie eine bestimmte Stückgröße, evtl. künstlich aus Beton gefertigte Klötze, voraus.

An flachem Sandstrand, also dem Beginn von Meeresdämmen (Syltdamm), müssen die Möglichkeiten von Setzungsfließerscheinungen, die plötzlichen, im

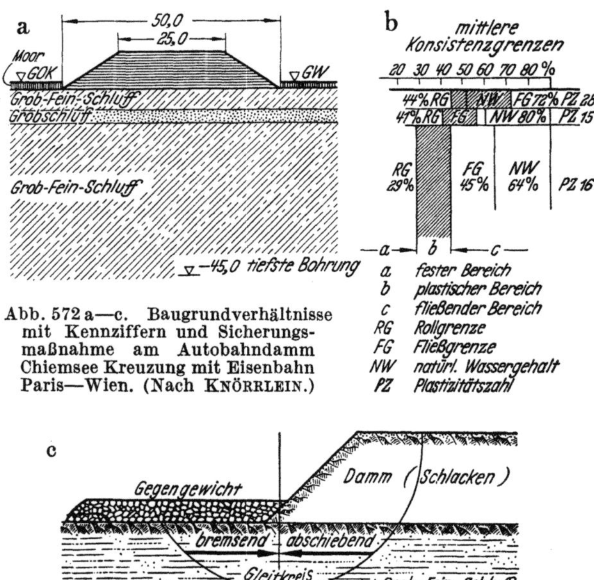

Abb. 572 a—c. Baugrundverhältnisse mit Kennziffern und Sicherungsmaßnahme am Autobahndamm Chiemsee Kreuzung mit Eisenbahn Paris—Wien. (Nach Knörrlein.)

Verlauf des Wechsels von Ebbe und Flut auftretenden Uferabbrüche berücksichtigt werden. Durch Seitenbankette, Spundwände usw. muß die Auftriebswirkung so weit ausgeschaltet sein, daß der Gezeitenwechsel der Stabilität des Dammes nicht schadet und auch die anschließenden Uferflächen davon gesichert werden.

Im Binnenlande dürften derartige Gefahrenzonen nicht vorkommen. Hier tritt der Gezeitenwechsel nicht auf, wenngleich der Wasserspiegel von Gebirgsseen sich stark senken und heben kann und daher auf ufernahen, aus leichtem Schüttmaterial ausgeführten Dämmen (Schlacken [190]) ebenfalls eine erhebliche Beanspruchung auf Abgleiten hervorrufen kann (Chiemsee!) (Abb. 572a, b, c).

3. Gesteinsgrundlagen.

a) Fester Felsen.

Fester Felsen bildet einen sicheren Baugrund, soweit er nicht tektonisch zerrüttet ist und ungünstige flach verlaufende Gleitflächen (Rutschbahnen) in Form von Verwerferzonen aufweist (Klärung durch Bohrungen und Schürfungen im Baugrund).

b) Feste Lockergesteine ohne Grundwasser.

Dieser Baugrund ist auch im geneigten Gelände sehr stabil und bedarf keiner Sicherung. Im übrigen gelten die Maßnahmen wie unter 1.

c) Feste Lockergesteine mit unveränderlichem Grundwasser.

Meist sind die Talauen, Talmulden, Senken mehr oder weniger grundwasserreich. Geordnete Wasserfassung, gesicherte, den möglichen Wasserschwankungen angepaßte Entwässerung sichert Damm und Baugrund vor Schäden, solange die Dammschüttungen sachgemäß unter Berücksichtigung des durch Grundwasserauftrieb aufgelockerten und verwässerten Untergrundes durchgeführt werden. Das Gleichgewicht im Untergrund stellt sich infolge der hohen Durchlässigkeit im Zuge der wachsenden Dammauflast Zug um Zug mehr oder weniger unmittelbar ein. Nachsetzungen sind nicht zu befürchten.

d) Die veränderlichfesten Gesteine.

Sind die festen Gesteine im wesentlichen ungeschichtet und daher nach allen Richtungen mehr oder weniger gleichwertig fest, nur im Bereich von tektonischen Zerrüttungs- und Störungszonen verschiedenwertig, und genügt hier an den Hängen in der Regel eine Verzahnung zur Sicherung gegen Gleitgefahr, so stellen die veränderlichfesten Gesteine, Felsmassen wie Lockergesteine, einen durch die geringere Festigkeit, durch die Tektonik, Schichtung und zugleich Lagerungsverhältnisse in der Sicherheit stark modifizierten Baugrund dar, der zugleich durch seine große Empfindlichkeit gegenüber den schwankenden Wasserverhältnissen niemals das unveränderliche Gleichgewicht aufweist, wie sie an den festen Felsgesteinen ein ebenso sicherndes wie bemerkenswertes Kennzeichen ist.

Daraus ergeben sich die besonderen Gesichtspunkte für die Beurteilung und Sicherung des Baugrundes, die stets untrennbar mit der Tektonik und den Wasserverhältnissen zusammen beurteilt werden müssen, insbesondere den möglichen Veränderungen des Wassereinflusses auf den Tragkörper eines Verkehrsdammes.

4. Die Lagerungsverhältnisse.

Lagerungsverhältnisse und Auflockerungsgrad der Felsgesteine zeigen alle Übergänge zu den Lockergesteinen und bergen nicht selten zahlreiche Rutschflächen in sich, die primär im Gesteinsaufbau und sekundär in der Beeinflussung durch den, den ursprünglichen Gesteinsverband verändernden, zerstörenden und zerrüttenden Gebirgsdruck, tektonische Einflüsse im allgemeinsten Sinn, ihre vielfältigen und daher eingehend zu berücksichtigenden Ursachen haben. Dabei sind die Dammlage im Gelände, die Form des Geländes und die Richtung der Belastungswirkung auf einen derartigen Baugrund von Bedeutung.

Folgende Beispiele dienen dazu, die Vielfalt der Problematik grundsätzlich zu beleuchten:

1. Horizontale oder geneigte Felsschichten im ebenen Gelände. Keine Gefahr für den Dammkörper auch bei starker Felszerrüttung, Rutschzonen, verschiedenem Gesteinsmaterial, verschiedenem Verwitterungsgrad, unterschiedlich hartem, weichem, nachgiebigem oder festem Material. Auch die Wasserführung als Quellen, Spaltenwasser ist, solange keine erhebliche Erosion damit verbunden ist, ohne Einfluß auf die Güte des Baugrundes.

2. Stärker als 10° geneigtes Gelände und Verhältnisse wie unter 1. Verläuft der Damm parallel zum Hang, dann ist die größte Sicherheit beim Einfallen der Schichten gegen den Hang, die geringste beim gleichsinnigen Einfallen zum Geländeverlauf (Abb. 573). Sehr günstig liegen die Verhältnisse bei quer zur Dammachse verlaufenden Schichtenstreichen oder horizontaler Lagerung.

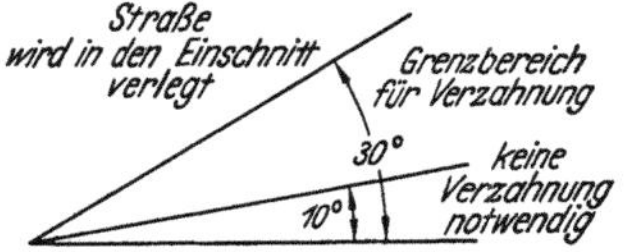

Abb. 573. Grenzbereich für Verzahnung und Einbinden der Verkehrsdämme in den Baugrund bei verschiedenen Neigungsverhältnissen.

Dagegen können beim Übergang vom Damm zum Einschnitt Gefahrenzonen gerade an den hangseitigen Dammanschlüssen entstehen, insbesondere wenn der Baugrund durch Staffelbrüche, Verwerfersysteme und Rutschflächen durchzogen ist, die Schichten abweichend schiefwinkelig zur Dammachse streichen und mehr oder weniger steil zum Tal einfallen. Dann besteht Dammbruchgefahr auf den zum Tal einfallenden Schichten bei Anwesenheit von Rutschflächen durch den mit der Dammauflast möglichen Wasserstau längs toniger Zwischenmittel im Untergrund (Abb. 452). Jede Schichtfläche kann bei mit der Geländeneigung einfallendem Schichtenverband durch späteren, bei der Geländeerkundung nicht vorhandenen Wasserzutritt zu einer Rutschfläche werden, indem durch die Dammauflast sich Lücken schließen und die Wasserzirkulation eindämmen. Aber auch bei gegenfälligem Einfallen ist dann Gleitgefahr vorhanden, wenn Störungszonen zum Tal einfallen.

Der Verwitterungszustand im Untergrund gibt bei Abwesenheit von Grundwasser (Spaltenwasser) während der Baugrunduntersuchung ein Kriterium über die Wege und Intensität der Wasserbewegung, das meist als intermittierendes Spaltenwasser auftritt.

Geotechnische Folgerungen für den Verkehrs-Dammbau.

Sicherungsmaßnahmen. Breitflächige und tief in den Untergrund einschneidende (Abb. 574), unter 1:8 gegen die Horizontale geneigte Stufen, deren Breite und Tiefe im einzelnen vom Grade der Zersetzung, Festigkeit des Untergrundes, voraussichtlicher Belastung (Dammhöhe) und Belastungszuwachs (Zeitdauer der Dammausführung) bestimmt werden und in angemessenen Abständen anzulegen sind.

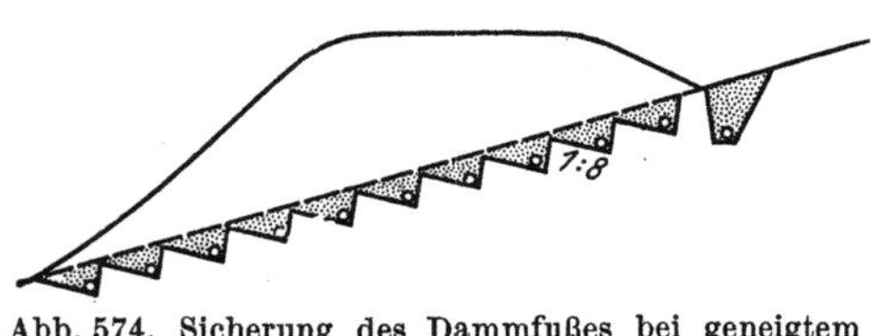

Abb. 574. Sicherung des Dammfußes bei geneigtem Gelände durch Verzahnung mit dem Untergrund.

Durch Einbau von kiessandummantelten Dränröhren muß etwaiges auftretendes Hangwasser ohne Stau- und Quellungsgefahr sicher und damit ohne Baugrundschädigung nach außen abgeleitet werden.

Vorhandene tonige Rutschschichten müssen soweit als möglich oberhalb des Hanges durch einen längs geführten Tiefensicker durchgestoßen werden (Abb. 575), um eine Veränderung des Wasserhaushaltes im Tragkörperbereich auszuschalten. Die Dammlast ist zeitlich so zu gestalten, daß eine Verfestigung des Baugrundes ohne Porenwasserüberdruck erreicht wird. Außerdem ist mit Rücksicht auf die

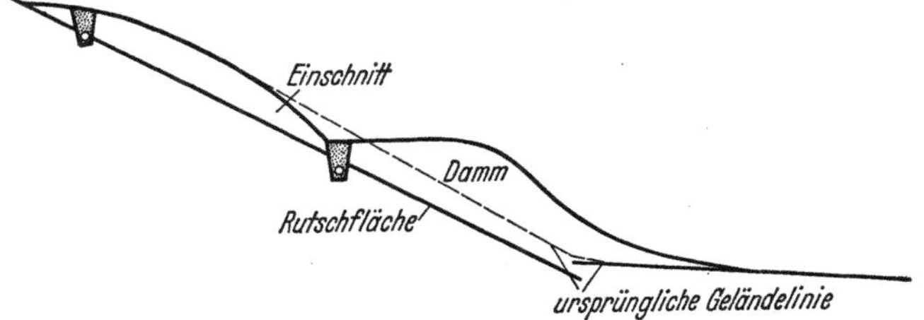

Abb. 575. Ohne Abfangen des Sickerwassers und Durchschneiden der Gleitfläche des Untergrundes durch Tiefensicker besteht Gefahr für Dammrutschungen.

gefügeverändernde, durchknetende Wirkung der Verkehrsdynamik die Gleitsicherheit des Baugrundes zu erforschen. Dabei braucht ein Damm nur zum Teil auf einer derartigen Schicht zu verlaufen, um die Rutschgefahr zu verursachen und die Gleitung, den Dammbruch, auszulösen. Daher kann bei teilweisem Verlauf der Straße auf Damm und im Einschnitt ebenfalls ein Dammbruch infolge dieser Ursachen hervorgerufen werden. Auflast und Dynamik des Verkehrs sind somit stets als stabilitätsgefährdend mit zu berücksichtigen.

Wenn breitflächige Verzahnung mit dem Untergrund keine ausreichende Sicherheit verbürgt, können tiefgreifende, mit Steinpackungen ausgekleidete Querschlitze zum Hang oder auch breite Stützmauern dann erfolgreich angewendet werden, wenn infolge Raumbeschränkung die Sicherung nicht durch

Abb. 576. Böschungssicherung durch Anlage tiefreichender und zugleich entwässernder, stützender Steinrigolen, quer zum Hang.

eine flache Dammböschung erreicht werden kann und der Tragkörper auf eine schmalere Basis gestellt werden muß (Abb. 576).

Alle Maßnahmen dienen allein dem Ziel: den durch den wechselnden Wassereinfluß vorhandenen labilen Festigkeitscharakter des Baugrundes zu stabilisieren und den Dammkörper auf einen Baugrund von bestimmter Bruchfestigkeit zu gründen.

5. Baugrund aus geschichteten, wenig verfestigten veränderlichfesten gleitgefährlichen Gesteinen: Schiefertone, Tone usw. (Opalinus-, Ornatenton, Knollenmergel usw.).

Grundsätzlich ist der Empfindlichkeitscharakter auf Zerstörung, Bruch, Abgleiten größer, daher sind die Sicherungsmaßnahmen im größeren Umfange durchzuführen, auch wenn im Zeitpunkte der Untersuchung und Dammschüttung kein Wasser im Baugrund innerhalb des Tragkörperbereiches, also dem durch die Dammlast neu belasteten Spannungsraum im Baugrund, nachweisbar ist.

Wenn die meist sanften Geländelinien mit Mangel an schroffen Bruchlinien qereits ein Kriterium für die Labilität dieser Ablagerungen zeigen, so läßt das Feingefüge zugleich die latenten Gefahren deutlich werden. Infolge der geringeren Scherfestigkeit und höheren Wasserempfindlichkeit bilden diese oft sehr harten und daher guten Baugrund vortäuschenden, dem Praktiker jedoch meist bekannten Ablagerungen den gefährlichsten Baugrund an Hängen für Dammlagen aller Art. Insbesondere täuschen diese diagenetisch verhärteten, in Wirklichkeit aber durch ein engmaschiges Rißsystem durchsetzten, im höchsten Grade veränderlichfesten Gesteine einen festen Untergrund vor, der durch Wasserzutritt auf den oft nur mikroskopisch feinen Rissen sehr rasch seine Festigkeit besonders unter dem Einfluß dynamischer Beanspruchungen (Verkehrserschütterungen) völlig einbüßt.

Geotechnische Folgerungen für den Dammbau.

Sicherungsmaßnahmen wie unter 1. nur im verstärkten Maße nach entsprechender Untersuchung und Befund und zugleich weitgehendste Verhinderung des Wasserzutrittes in den Tragkörperbereich. Das Ausmaß der Sicherungsmaßnahmen ist in jedem einzelnen Fall abzuklären. Jedoch betonen diese Hinweise die Notwendigkeit eingehender, d. h. weitreichender Untersuchungen und Abklärung aller für die Sicherung notwendiger Fragen bereits auf Grund dieser Baugrundverhältnisse.

6. Ungeschichteter, erdiger Baugrund ohne sichtbares Grundwasser.

Diese meist im steifplastischen oder halbfesten Zustande vorliegenden Massen sind nur dann grundbruchgefährdet, wenn sie in geringer Mächtigkeit über einer als Rutschfläche wirkenden Felsschicht an Hängen vorliegen. In diesem Falle sind die bereits besprochenen Sicherheitsmaßnahmen anzuwenden (siehe S. 491).

Im ebenen Gelände sind diese Massen vor Dammauftrag abzurammen.

7. Aufgelockerte, weiche, flachgründige Erdmassen (stationäres Grundwasser).

Infolge der starken Durchfeuchtung sind die Massen wenig fest, rutschgefährlich und setzungsempfindlich. Auf Grund der bodenmechanischen Untersuchungen wird nach Durchführung der oberflächlichen Entwässerungsmaßnahmen in den Talauen im Einklang mit dem Setzungsverhalten die Frage der Gleitsicherheit und die zur Beruhigung des Baugrundes zweckmäßige Geotechnik des Dammbaues festgelegt.

Geotechnische Folgerungen für den Dammbau. Diese bestehen 1. In der Ausführung vor *Reibungsfüßen [165, 173, 282]* (Abb. 574). Vorteil: Verhinderung der seitlichen Verdrückung, der Konzentration der Dammlast auf den setzungsempfindlichen eingeschlossenen Teil und dadurch Beschleunigung der Setzungen,

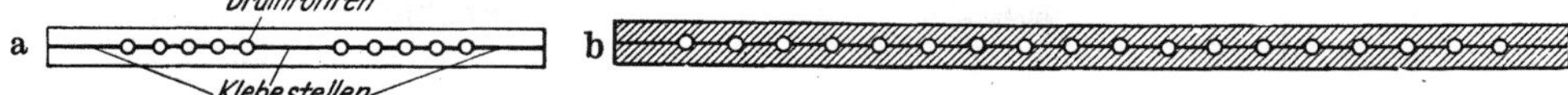

Abb. 577 a u. b. Querschnitt einer Pappdränage, Typ *Kjellmann-Franki*. a ältere Ausführung; b neueste Ausführungsart, die nur aus 2 Teilen besteht.

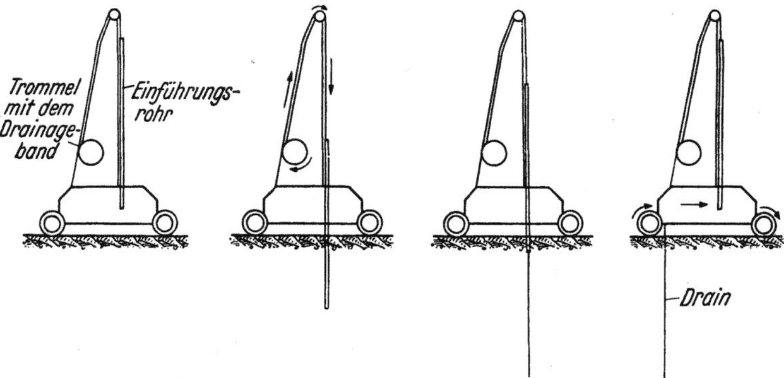

Abb. 578. Einbringungsverfahren der Dränagen in den Boden. Die Maschine arbeitet schnell und ähnelt einer Nähmaschine. Das Kartonband mit der Röhre nach seinem Eindringen in den Boden. Das Rohr wird hochgezogen, das Band bleibt unbeweglich im Untergrund und bildet die Dränage. 1. Maschine in Arbeitsstellung, 2. Rohr und Kartonband dringen zu gleicher Zeit in den Boden ein, 3. das Kartonband bleibt im Boden, bis das Rohr zurückgezogen ist, 4. die Dränage ist fertig, die Maschine geht zum nächsten Arbeitsplatz.

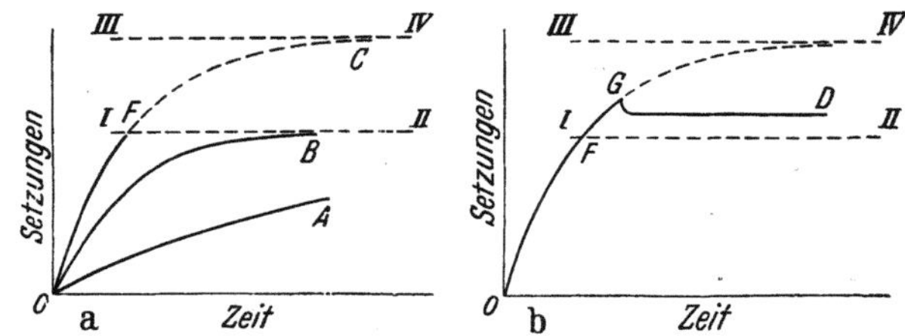

Abb. 579 a u. b. Prinzip der vorübergehenden Auflast.

OA Setzungskurve ohne Dränage und ohne Auflast, *OB* mit Dränage aber ohne Auflast, *OC* mit Dränage und Auflast, *OFGD* mit Dränage und vorübergehender Auflast. Der Punkt *G* entspricht deren Wegnahme.

auch Beschleunigung des Dammbaues, da die Grundbruchgefahr durch die mindestens 2 m breiten, in den festen Untergrund eingreifenden, mit groben, festen, entfilternden Lockergesteinen gefüllten Schlitze weitgehend gesichert ist (vgl. S. 488).

2. Beschleunigung der Verfestigung [8] durch senkrechte *Sanddränagen* oder *Pappdränagen* [184] im Abstand kleiner als die Schichtmächtigkeit und damit raschere Stabilisierung durch Entzug des grundbruchgefährlichen Porenwassers (Abb. 577 bis 580).

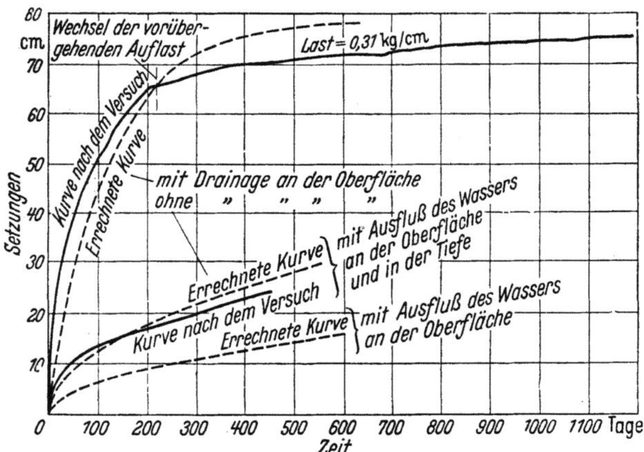

Abb. 580. Vergleichende Darstellung der Bodenverdichtung mit und ohne Tiefdränage. Auflast 4,5 t/cm².

Bei Anordnung einer solchen Tiefdränage geht man von der Berechnung der Dauer der Bodensenkung aus, die sich auf die nachstehenden Formeln stützt:

$$\varepsilon = \alpha \cdot q \left(1 - e^{\dfrac{-kt}{m_\alpha}}\right), \tag{1}$$

$$m = \frac{L^2}{2\pi}\left(\ln \frac{L^2}{\varepsilon \sqrt{\pi}} - \frac{3}{4}\right). \tag{2}$$

Hierin ist:

$t =$ Zeit nach dem Aufbringen der Auflast S,

$\varepsilon =$ Verdichtung während der Zeit t in %,

$q =$ Auflast in kg/cm²,

$a =$ Bodenverdichtbarkeit in cm²/kg,

$k =$ Bodendurchlässigkeit in cm⁴/kg/S,

(Ein von KJELLMANN angegebener, wohl in Schweden entwickelter Wert k. Nach KÖGLER-SCHEIDIG wird dieser Wert mit Dimension $\dfrac{\text{cm}}{\text{min}}$ angegeben.)

$L =$ Dränabstand in cm.

Diese Formeln zeigen, daß die Amplitude der Setzungen im Endwert annähernd asymptotisch in dem Fall verläuft, wenn der Boden nicht dräniert ist. Hieraus ergibt sich, daß es nicht möglich ist, eine absolute Verfestigung des Bodens allein durch Tiefdränage zu erreichen. Vielmehr wird dieser Vorgang durch eine zeitweilige zusätzliche Belastung verbessert, so daß man dann eine praktisch fast vollkommene Bodenverdichtung erreichen kann (nach GUT-BERLET [117b]).

Beide unter 1. und 2. vorgeschlagenen Maßnahmen setzen voraus, daß ein durchlässiger Baugrund unter der setzungsempfindlichen Schicht vorliegt und die kontinuierliche Verbindung hierzu geschaffen wird. Die Erfahrungen mit derartigen senkrechten Sanddränagen in den USA, Schweden, Holland und auch in Torfgebieten Norddeutschlands [8, 75, 184] sind sehr günstig (vgl. S. 501). Sie wurden von deutscher Seite erstmalig vor 20 Jahren von KÖGLER vorgeschlagen [191].

Kritik. Beide Maßnahmen suchen die Beruhigung des Baugrundes durch Verzicht auf Aufhub der labilen Schicht im Baugrund zu beschleunigen und zu sichern.

3. Zwischenzeitliches Überhöhen. Beschleunigt wird die Verfestigung des Baugrundes durch Setzungen, durch zwischenzeitliches *Überhöhen,* und zwar hat diese nur dann Zweck, wenn nach der Entlastung keine nennenswerte Schwellung im Baugrund und durch Labilität wieder eintritt, d. h. bei in der Regel höheren Dammlasten.

Pegelmessungen dienen zur Überwachung dieses Setzungsverlaufs. Die Folgen eines unzulässigen Untergrundes und Unterbaues (Damm) haben CRANTZ und SIEDEK in [53, 389] eindringlich beschrieben. Die Kunst des Dammbaues besteht aber nicht nur in der bleibenden Verfestigung, sondern ebenso in der Beendigung der Setzungen im Zeitpunkt der Dammvollendung.

Bei einseitiger Belastung, insbesondere bei ungleichmäßiger Ausbildung der weichen Schichten und ihrer Lage zum Dammkörper können ferner zur Beseitigung der Grundbruchgefahr

4. *Spundwände* geschlagen werden, wie sie z. B. in dem der Praxis entnommenen Beispiel (Abb. 568, S. 488) dargestellt ist. Die Beseitigung der fließgefährlichen Schlufftonschicht hätte 200000 DM erfordert, die Spundwand kostete nur 10% dieser Summe.

Diese Maßnahme empfiehlt sich indessen nur für kleinere Strecken und bei der Gefahr einseitiger Ausquetschung fließgefährlicher Zwischendichtungen.

5. *Aushub der Massen* als Radikalmittel wird neuerdings meist nur auf örtlich untragbarem Baugrund in Altwässern, verschlammten, abgeschnittenen und zu überschüttenden Flußschlingen, Faulschlammnestern usw. angewandt. Es ist das beste, aber zugleich teuerste Mittel.

6. Durch *Einrammen von Steinen* und Verdichten des Gefüges kann man meist eine gleitsichere Verbindung mit dem Dammfuß herstellen.

Welches Verfahren zur Baugrundberuhigung sich empfiehlt, ob man darauf ganz verzichten und den Dammfuß nur durch eine starke Grundschüttung aus scherfesten groben Steinen sichern will, entscheidet der Einzelfall, das Maß der erforderlichen Sicherung und Sicherheit, zugleich aber auch der Kostenaufwand und die erforderliche Zeit für die Baugrundkonsolidierung.

7. *Offenes Aufschlitzen.* Schließlich kann man auch den Baugrund zu beiden Seiten in erheblicher Breite aufschlitzen, ohne zu verfüllen und in diese Schlitze unter der wachsenden Dammlast die weichen aufgelockerten Massen des Baugrundes verdrängen lassen (vgl. S. 488).

Geotechnische Folgerungen für die Baugrunduntersuchung. Da der Baugrund in den wichtigsten Dammstrecken, den Flußtälern, stets sehr unterschiedlich ausgebildet ist und selten einen eindeutigen Aufschluß ermöglicht, ist

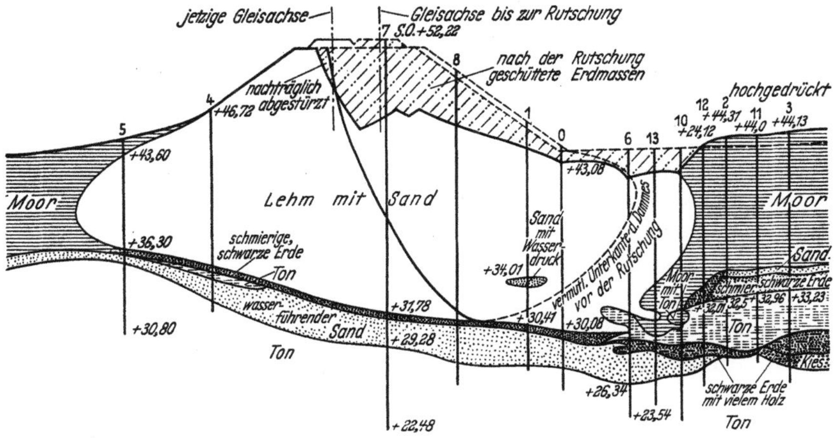

Abb. 581. Rutschung eines Eisenbahndammes in Mecklenburg im Moorgebiet.

die Baugrunduntersuchung engmaschig, netzförmig durchzuführen. Die auf Grund dieser Untersuchungsergebnisse erforderlichen Sicherungsmaßnahmen sind im Rahmen der oben aufgezeigten Möglichkeiten von Fall zu Fall zu klären. Feld-Prüfstellenuntersuchungen und geotechnische Maßnahmen sind hierbei zu einer untrennbaren Einheit abzustimmen. Zu den Untersuchungen in der Prüfstelle gehören in erster Linie die Klärung der Gleitsicherheit, die Abstimmung der Baugrundbelastung mit der Durchlässigkeit (Durchpreßbarkeit des Poren-

wassers), um einen in jeder Phase des Baues unter wachsender Dammlast gleitsicheren, vom Porenwasserüberdruck (Nullreibung) ungefährdeten Tragkörper
zu bekommen.

Nur so gelingt der Dammbau auch bei diesen oft sehr gefährlichen Baugrundverhältnissen (Abb. 581). Die Beruhigung muß indessen so weit durchgeführt sein,
daß auch bei stärkerer dynamischer Belastung die Gleitsicherheit gewahrt wird,
durch den dynamischen stärkeren Einfluß keine Dammschäden an der Dammschulter, der Böschung oder durch Grundbruch am gesamten Körper ausgelöst
werden.

8. Weiche, tiefgründige, großflächiche Ablagerungen.

Weiche, tiefgründige, großflächige im schwimmenden Zustand oder weich-
plastischer, fließgefährlicher Konsistenz befindliche Ablagerungen (Faulschlamm,
Torf, Schlickablagerung) [190].

Folgende Mittel sind zu empfehlen:

1. Prüfen, ob durch Änderung der Trasse dieses Gebiet gemieden werden
kann. Wenn dies nicht möglich ist: Anstreben eines großflächigen Senkungs-
feldes mit gleicher spezifischer Belastung zur Verhütung von Grundbrüchen
unter dem Tragkörper des Dammes.

2. Dämme aus leichten Massen (Schlacken) und seitliche Banketts aus
schweren Massen. Durchführung dieser Maßnahmen nach Ermittlung der Gleitsicherheit unter den verschiedenartigen Belastungsgrößen: Damm und Seiten-
bankett und unter Berücksichtigung der Verkehrsdynamik.

Derartige Baugrundverhältnisse sind außergewöhnlich. Nicht jeder Baugrund ist tiefgründig aufgeweicht. Man darf sich auch bei oberflächlicher starker
Durchnässung mit entsprechender Erweichung des Baugrundes nicht von den
einfachen Hilfsmitteln ablenken lassen. Diese bestehen zur Sicherung des Damm-
fundamentes in der Schüttung einer Grundlage von scherfesten, wasserunempfindlichen festen Lockergesteinen in einer mehrere dm hohen Schüttung. Bei
Anwendung dieser „Schutzschicht" gegen Durchfeuchtung und Erweichen
können auch die wasserempfindlichsten Massen, wie der fließgefährliche Löß,
in Dämmen beliebiger Höhe daraufgeschüttet werden.

Beispiel. 5 m stark durchnäßter Löß, fast schwimmend, Grundschüttung
40 cm Sand, darauf 10 m hoher Lößdamm in Lagen geschüttet und gestampft.
Dieser Damm bewährte sich ohne irgendwelche schädliche Nachwirkungen
durch die Grundfeuchtigkeit. Der zunächst in Aussicht genommene, Zeit und
viel Geld kostende teuere Aushub unterblieb mit Recht.

9. Die organischen Böden als tragende Schichten im Baugrund.
[30, 46, 56, 117, 145, 173, 190, 239, 282, 283, 388, 428, 482].

Die organischen Böden gehören zu dem schlechtesten Baugrund für sämtliche Bauwerke, auch die Erdbauwerke.

a) Begriffliches.

Hierunter gehören alle Erdarten, die einen Rohhumusgehalt von mehr als
8% aufweisen: Torf, Faulschlamm, Schlamm mit Pflanzenfasern usw.

Durch den neuzeitlichen Verkehrsstraßenbau sind die Fragen der zweckentsprechenden geotechnischen Sicherung der Dammschüttungen auf diesem Baugrund ebenso vielseitig wie erschöpfend gelöst worden.

Je nach der Dammhöhe, nach den Ablagerungsverhältnissen, der Zusammensetzung und Konsistenz, der Ausbildung und den Verkehrsansprüchen kommen folgende Verfahren in der Behandlung des Untergrundes und damit der Baugrundsicherung in Betracht:

1. Belassen, 2. Aufschlitzen, 3. Aushub, 4. Sprengen, 5. Verdrängen, 6. Umwühlen.

1. Belassen der organischen Bodenschicht [*56, 173*]: Grundsätzlich kann eine derartige nichttragfähige Schicht belassen werden, wenn keine Gefahr für den Damm und die Decke, den Oberbau für Grundbruch besteht oder durch geeignete Maßnahmen, wie Weidengeflechtmatten oder Holzrostgründungen [*209a*], ein tragfähiges Fundament für den Damm- und Straßenkörper geschaffen war. Die Holzroste werden im Moorwasser konserviert und haben daher eine hohe Beständigkeit.

Beispiele. Hoher Damm, Mächtigkeit der organischen Bodenschicht unter 2 m Mächtigkeit, vollständige scherfeste Konsolidation durch Dammauflast während der Bauzeit in Übereinstimmung mit der Setzungsanalyse und Kontrolle durch Pegelmessungen. Die Beschleunigung der Dammsetzungen kann dabei durch zeitweiliges Überhöhen erreicht und die Massen können zum Teil dabei ausgequetscht werden.

2. Aufschlitzen. Beispiel: Stabilisierung von Eisenbahndämmen bei Gouda (Holland). Im gewissen Abstand vom Dammkörper wurde der Baugrund an beiden Seiten in mehreren Metern Breite durchschlitzt. Durch die möglichst von größerer Höhe (Gerät) geschütteten Massen wurden die unter der Dammsohle befindlichen nachgiebigen und zum Teil verflüssigten organischen Massen seitlich in die Schlitze verdrängt, die dabei verfüllt wurden. Der Dammkörper sollte gleichzeitig auf stabilen Untergrund gesetzt werden. Bei unvollständiger Verdrängung und Verfestigung bestand Grundbruchgefahr. Auch hier konnte durch zeitweilige Überhöhung des Dammes die Verfestigung und seitliche Verdrängung beschleunigt werden. Aufschlitzen ist vor allem in Holland weitverbreitet [*54, 56, 65*] (Abb. 570, S. 489). Die Dämme liegen seit 1855 auf moorigem Untergrund. Der Dammkörper selbst bestand aus aufgespültem Sand. Durch sein Gewicht und die zunehmende Fahrgeschwindigkeit der Züge traten dauernde Setzungen ein, die bis 1930 etwa 3 m betrugen. Die Verstärkung der Dämme wurde in folgender Weise geplant:

1. Allmähliches Auffüllen mit Sand längs der Bahndämme, um Gleichgewichtsstörungen des Untergrundes zu vermeiden.

2. Auffüllen mit Sand, aber auf einer vorbereiteten Bettung von Faschinen.

3. Aufschütten von seitlichen Sanddämmen (Abb. 570, S. 489) mit dem Ziel, den weichen Untergrund so tief wie möglich mit der Sandschüttung zu durchdringen (also dasselbe, was anderswo mit sandgefüllten Schlitzen erstrebt wird).

Zusammenfassend sagte CUPERUS, die Verstärkung eines Bahndammes auf weichem Untergrund muß stattfinden:

1. wegen der Sicherheit des Bahnverkehrs, wenn die Setzung solche Maße angenommen hat, daß oft wiederkehrende Herstellungen des Profils das Gleichgewicht des Bodens stören,

2. wegen der Aufrechterhaltung oder Vergrößerung der Fahrgeschwindigkeiten der Züge, wenn die Schwingungen des Bahnkörpers solchen Umfang annehmen, daß die gewünschte Geschwindigkeit gefährlich wird.

Dieses Ziel kann erreicht werden bezüglich der Sicherheit durch Schütten von Sand in die Gräben beiderseits des Bahnkörpers, zugunsten der Vergrößerung der Geschwindigkeit während des Betriebes durch Einbringen einer druck-

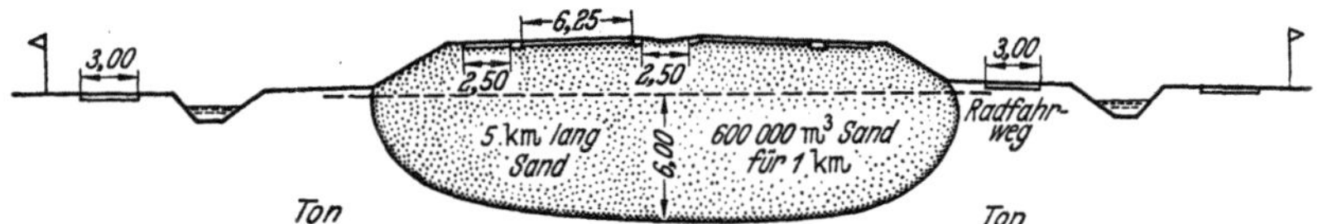

Abb. 582. Schwimmende Sandschüttung im Moor, Autobahn Den Haag—Amsterdam.
(Nach NEUMANN [282].)

verteilenden und dämpfenden Zwischenlage. Daß bei einigermaßen verfilztem, tragfähigem Torf auch „schwimmende" Sanddämme möglich sind, zeigt Abb. 582 [282].

3. Aushub: teilweiser und völliger. a) T e i l w e i s e r. Die organischen Massen werden entlang der beiderseitigen Dammfüße seitlich aufgeschlitzt. Die Schlitze werden aber mit groben festen Lockergesteinsmassen verfüllt. Durch die Dammauflast wird die Konsolidation der eingeengten Massen beschleunigt (vgl. S. 489). Um die Grundbruchgefahr zu verhindern, muß die Schlitzbreite der Dammhöhe (Schubkraft des Dammkörpers) angepaßt werden. Als Mindestbreite rechnet man mit 2 m. Auf diese Weise wurde nach Loos eine Hauptbahn gegen Ausquetschen starker Torfschichten neben einem Braunkohlenlager Mitteldeutschlands 1942 gesichert [239].

b) V o l l s t ä n d i g e r A u s h u b. Örtlich geringfügige und sehr unregelmäßig abgelagerte organische Massen werden ausgehoben: z. B. vertorfte Teichgründe. Als Grenze des wirtschaftlichen Aushubes gilt eine Mächtigkeit von 5 bis 6 m an umfangreicheren Ablagerungen. Zur Verbilligung des Aushubes werden bei entsprechender flüssiger Konsistenz Saugbagger bzw. Cutta-Schwimmbagger verwendet. Mit diesem Bagger werden die Massen durch den Schneidkopf zerkleinert und durch eine Spülleitung mittels Saugkopf in das Spülfeld gedrückt.

4. Umwühlen. Beim Umwühlen werden die oberflächennahen organischen Massen stark verdichtet und im Austausch gegen tragfähigere tiefere Massen nach unten gebracht. Dieses an der Blocklandstrecke (Norddeutschland) vor etwa 20 Jahren von der Firma Rathgens erprobte Verfahren hat sich grundsätzlich geotechnisch als erfolgreich erwiesen.

5. Beschleunigen der Setzungen durch senkrechte Sanddränagen (Abb. 583) [8, 75, 184, 270a, 306, 395, 423, 433, 447, 479]. Man ist neuerdings geneigt, diese verhältnismäßig gut durchlässigen Massen im Baugrund zu belassen, wenn der Untergrund dieser Ablagerungen aus durchlässigen, möglichst groben Sanden besteht, die eine Entwässerung durch ein System von senkrechten Sanddränagen ermöglichen. Grundsätzlich verfährt man dabei ebenso wie bei nicht zu stark undurchlässigen, wenig tragfähigen Erdarten (vgl. S. 494). Nur ist an den organischen Böden die Erfolgsaussicht in größerem Umfange infolge der hohen Durchlässigkeit vorhanden [173].

Beispiel 1. Sandsäulen zur Entwässerung von Marschboden. Tiefe 13 bis 17 m Marschboden. Gelände: 250 m lang und 100 m breit. Abstand 3 zu 3 m im Geviert. Insgesamt werden 3500 Säulen in Längen von 17,20 m erstellt.

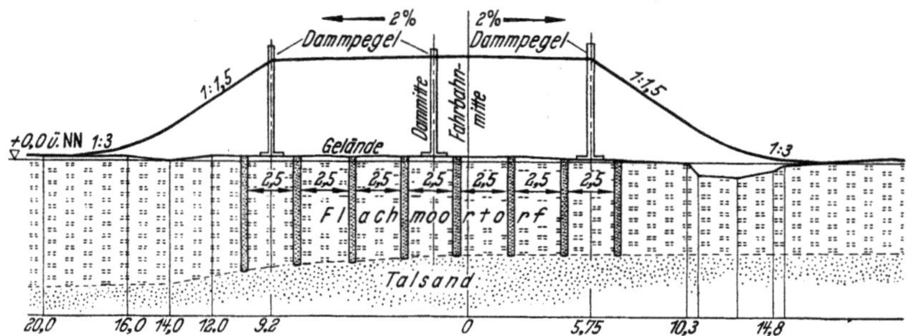

Abb. 583. Anordnung der stehenden Sanddränagen im Normalprofil der Umgehungsstraße Itzehoe (Holstein). Der Abstand der Dränage ist geringer als die Mächtigkeit der Flachmoorschicht. (Nach DÜCKER [79].)

Die Böschungen wurden mit gerammten und 40 cm ⌀ Mantelrohren hergestellt, ohne abzureißen, d. h. kontinuierlich. Sand wurde eingegossen und die Rohre gezogen. Zur Sicherung gegen Verdrücken des Sandes wurde Preßluft angewandt. Das Rohr wurde nach dem Rammen mit Sand gefüllt und luftdicht

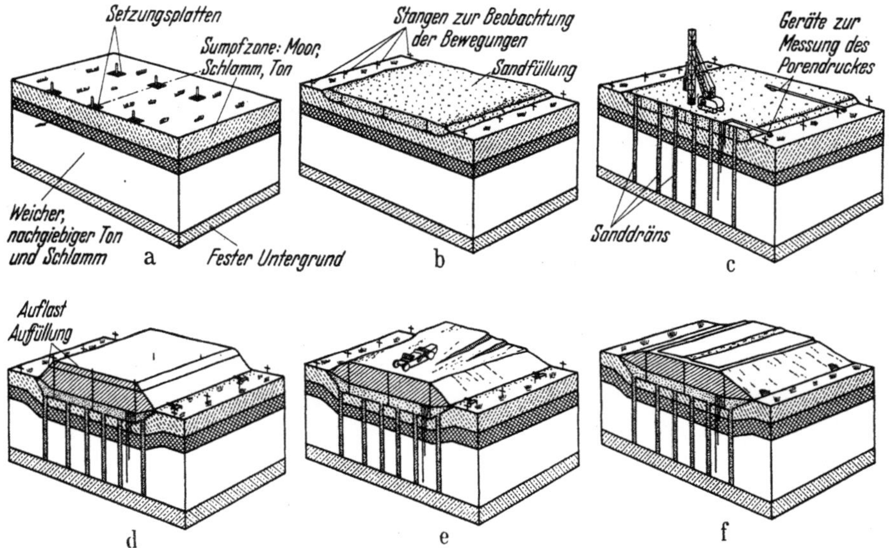

Abb. 584 a—f. Schematische Darstellung der verschiedenen Phasen der Baugrundstabilisierung in einem Moorgebiet in den USA für eine Autobahn mit Hilfe der vertikalen Sanddränagen. (Nach NEUMANN [282].)

verschlossen. Dann wurde Preßluft in das Rohr mit 17 atü eingeblasen. Dieser Druck blieb beim Ziehen konstant. Leistung: 30 Säulen/Tag, d. h. 700 m Sandsäule/Tag.

Beispiel 2. Die Bodenstabilisierung im Moorgebiet mit lotrechten Sandsäulen beim Bau der Autobahn New York—Philadelphia [282] (Abb. 584a—f). Im Norden des Staates New Jersey längs des Hudsonflusses liegt ein großes Moor, durch das die Autobahn gelegt worden ist, um den auf besserem Untergrund liegenden dichtbebauten Gebieten an dieser Stelle aus dem Wege zu gehen. Die Tiefe dieses Moores schwankt zwischen 1 m und 75 m. Es wurden 800 Bohrungen bis zu 63 m Tiefe, im ganzen 8700 lfd. Bohrlochmeter ausgeführt, um die Beschaffenheit von 32 Millionen m³ Moor kennenzulernen. An 18000 Proben wurden Wassergehalt und Dichtigkeit ermittelt und danach die Schichtenfolge aufgestellt, 350 Proben wurden auf Setzung und Wasserdurchlässigkeit und 175 mit dem Triaxialgerät auf Scherfestigkeit geprüft. Danach ergab es sich, daß 16000000 m³ festgelegt werden mußten, wozu 1,5 Millionen lfd. m Sanddräns notwendig waren, bei einer Einzellänge von 3,6 bis 30 m.

Die Entwässerung mit den lotrechten Sanddräns erfolgte in folgenden Abschnitten:

1. Auf die Oberfläche des Geländes wurden 1600 Setzungspegel als quadratische Platten aus Holz oder Stahl 0,9 × 0,9 m gelegt mit einem lotrecht angesetzten Rohr, die dazu dienen sollten, die späteren Setzungen messen zu können. Außerdem wurden 500 Stangen in einiger Entfernung von dem Fuß der späteren Auffüllung in das Moor gesteckt, um etwaiges Ausweichen des Moores anzuzeigen, die mit einer Aufwölbung verbunden gewesen wäre und ein Zusammensacken des Dammes zur Folge haben können (Abb. 584a).

2. Abschnitt (Abb. 584b). Auf das Moor wurde eine Schicht von Sand von 0,9 m oder etwas mehr ausgebreitet, der infolge des Fehlens von feinem Korn eine Dränwirkung besitzt. 100% sollen durch das 7,2 cm-Sieb gehen, 40 bis 100% durch das 1,2 cm-Sieb und von dem Anteil, der durch das Sieb 4 fällt (4,76 mm), sollen 20% das Sieb 80 (0,177 mm) und nicht mehr als 2% durch das 200-Sieb (0,076 mm) passieren. Allerdings hatte ein solcher Sand nicht genügend innere Reibung. Damit er unter den Geräten nicht ausweicht, war zugelassen, noch 15% Feinsand aufzubringen. Aber auch Matten wurden auf der Sandoberfläche ausgebreitet. An einzelnen Stellen wurde die obere Moorschicht auf 3 m unter Mittelniedrigwasser abgehoben und Sand aufgespült.

3. Abschnitt (Abb. 584c). Mit einer Ramme wurden Rohre mit 30 bis 50 cm Durchmesser, die am unteren Ende verschlossen waren, wie schon zuvor beschrieben, eingerammt, durch die losen Schichten bis auf den festen Untergrund. Dann wurden die Rohre gezogen, während Sand eingefüllt und mit Druckluft unten aus dem Rohr ausgeblasen wurde, die am oberen Ende eingepreßt wurde. Der Sand mußte noch gröber sein als der der ersten Schicht, durfte aber keine groben Kiesel haben. Durch diese Sanddräns stieg das Wasser aus dem Moor auf.

Durch vorhergehende Untersuchungen war festgestellt worden, bis zu welcher Tiefe die Sanddräns gebracht werden konnten und mit welchen Setzungsbeträgen man zu rechnen hatte, entsprechend den im Laboratorium beobachteten Verdichtungsvorgängen der einzelnen Schichten.

Ob die Rohre die richtige Tiefe erreicht hatten, wurde — wie üblich — festgestellt, indem der Rammfortschritt aus der Zahl der Rammschläge, die gegeben werden mußten, um das Rohr 30 cm einzutreiben, gezählt wurde.

4. Abschnitt (Abb. 584d). Nach Herstellung der Sanddräns wurde Boden aufgebracht, der in dünnen Schichten verdichtet wurde. Diese Arbeit wurde sehr genau beobachtet. Außerdem wurden Rohre eingebaut, durch die der Porendruck in verschiedener Höhe dauernd beobachtet werden konnte. Wenn ein hoher

Porendruck oder starkes Ausweichen des Moores eintrat, wurde die Schüttung zeitweise unterbrochen, bis eine genügende Setzung eingetreten war.

Der Boden wurde 0,6 bis 2,4 m über die spätere Planungshöhe aufgebracht (Abb. 584e). In der Nähe der Brückenwiderlager, wo die Setzung beschleunigt werden sollte, wurde die Schüttung um 4,5 m überhöht, an einigen Stellen im ganzen bis zu einer Gesamthöhe von 18 m. Durch ihr Gewicht wurde das darunterliegende Moor mehr und mehr zusammengedrückt, dadurch unterstützt, daß das Wasser in die Sanddräns entwich und durch die Sandauflage, die als erste Maßnahme aufgebracht worden war, abgeführt wurde.

6. Sprengen [*117, 173, 480*]. **Prinzip und Durchführung** (Abb. 585). Bei diesem Verfahren handelt es sich grundsätzlich darum, in Verbindung mit einer Dammauflast, die in der Höhe der Tiefe und Mächtigkeit der zu verdrängenden organischen Massen anzupassen ist, unter der Wucht der in genau bemessenem zeitlichen Abstand erfolgenden, auflockernden und verflüssigenden Vorsprengungen und der sekundlich nachfolgenden Hauptsprengung diese nicht tragfähigen Massen aus dem Tragkörperbereich des Dammes möglichst zu beseitigen. Die Kunst des Verfahrens beruht in der Bemessung der Sprengladungen, ihrer zweckmäßigen Anordnung nach Tiefe und gegenseitigem Abstand zugleich von der Dammachse und der gleichmäßigen elektrischen Zündung.

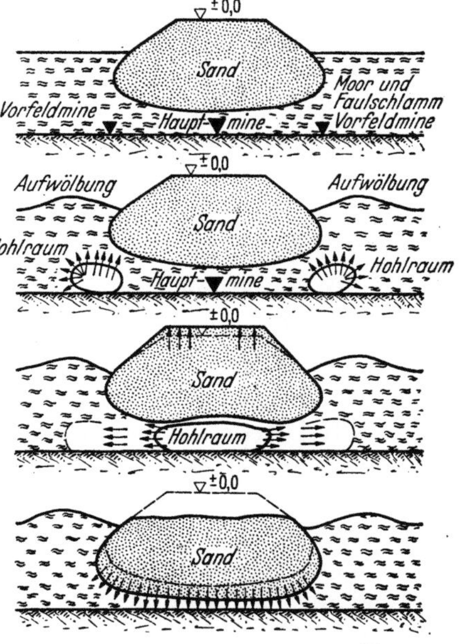

Abb. 585. Schema der verschiedenen Phasen des Moorsprengverfahrens.
(Nach Usinger-Garras [*480*].)

Durch die Expansion der sich augenblicklich entwickelnden Sprenggase wird der organische Baugrund stärkstens beansprucht, weitgehend verflüssigt und anschließend unter der Wucht der um mehrere Meter emporgehobenen und sich setzenden Dammlast spontan aus dem Dammkörperbereich verdrängt. Diese Vorgänge spielen sich in Sekunden und Minuten ab. Je nach der Ausbildung des inneren Reliefes des Baugrundes, der Fließfähigkeit und Verdrängbarkeit unterscheidet man einseitige oder zweiseitige Verdrängungen [*173, 480*].

Es hat sich im Verlaufe wiederholter „Moor"-Sprengungen gezeigt, daß

1. die Verdrängung durch dieses Schüttsprengverfahren in verschiedenen Etappen zum größten Erfolg führt,

2. eine breite, anfänglich den gesamten Damm umfassende Schüttung die Gefahr zu großer belastender Überspannung und Vorverfestigung der Massen in sich birgt, so daß dann auch bei wiederholten Sprengungen die restlose Beseitigung der organischen Massen nicht möglich ist, indessen aber eine weitgehend den Belastungsansprüchen gewachsene Verfestigung.

Die Anwendung verlangt einen Mindestwassergehalt von 500 %, als eine verhältnismäßig flüssige Konsistenz. Das Verfahren kann neuerdings bis zu etwa 30 m Ablagerungen angewandt werden. Die Kosten sind sehr gering und betragen mit im Mittel 1 DM/m³ nur Bruchteile der sonst üblichen Beseitigung, die bei Mächtigkeiten von mehr als 6 m sehr kostspielig und schwierig, wenn nicht unmöglich ist.

Als Sprengstoff dient Gelatinedonarit. Die Sprengladungen für die Vorsprengungen betragen etwa 0,25 kg und stehen in drei Meter gegenseitigem Abstand in etwa ²/₃ Tiefe der Mächtigkeit der verfilzten Torfschicht.

Für die Hauptsprengungen verwendet man Einzelsprengladungen zwischen 10 bis 100 kg Gewicht, die in gegenseitigem Abstand von etwa 7 m bis herunter zu 4 m angeordnet werden. Die Sprengkörper werden durch besondere Spüldüsen versenkt und ausschließlich elektrisch gezündet. Bis zum Absenken muß voller hydrostatischer Druck im Bohrloch herrschen, damit das Bohrloch nicht vorzeitig zusammenbricht.

Das *Schüttsprengverfahren* ist in Deutschland nach Vorbildern ausländischer Beispiele (USA) bei der Ausführung der Autobahn um Berlin und im Bereich von Königsberg auf einen hohen technischen Entwicklungsstand gebracht worden.

10. Baugrund mit natürlichen und künstlichen Hohlräumen [173].

Diese Baugrundschwächen treten auf

1. im Bereich von oberflächennahem Bergbau: Braunkohlentiefbau, Kaolintiefbau, Erzbergbau, Kalksteinbrüchen, seltener im Steinkohlenbergbau,

2. im Bereich von verkarsteten Kalksteinfeldern.

Durch Klärung der Ausdehnung, Tiefe und des Umfanges der Hohlräume, z. B. bei Mehretagenbau im Braunkohlentiefbau und lockeren, wenig mächtigen Deckschichten unter Benutzung amtlicher Grubenrisse, ergänzt durch ein engmaschiges Kontrollbohrnetz, kann man sich ein ungefähres Bild über den Zustand und Bauwert des Baugrundes verschaffen und danach die Frage der Eignung für eine Verfüllung durch das Kontraktorverfahren entscheiden und damit zugleich die Frage, ob ein derartiges Gelände überhaupt geeignet ist. Unter dem üblichen Grenzwinkel von etwa 30° kann das Bruchgelände gemieden werden. In Salzgegenden ist bei einer Mächtigkeit von etwa 10 bis 15 m aus einigermaßen tragfähigen und wasserdichten überspannenden Deckschichten mit einer so weitgehenden Druckverteilung zu rechnen, daß bruchartige Setzungen dann meist nicht zu befürchten sind.

Stets sollte man aber auch hier die Dynamik des von Jahr zu Jahr sich auswachsenden und vergrößernden Verkehrs einplanen und lieber etwas vorsichtiger zu Werk gehen, zumal auch die beste Baugrunduntersuchung nur eine begrenzte Erkundung liefert.

Verpressungen haben im Salzgebirge und in Karstgegenden wenig Aussicht auf Erfolg, zumal da diese Höhlen mit fließenden Gewässern in Verbindung stehen. Auch hier ist das Ausweichen zweckmäßiger als eine in ihrem Ausmaße oft sehr umfangreiche und kostspielige Sicherung.

II. Staudamm und Baugrund.

1. Vergleich zwischen Verkehrs- und Staudamm: Lage und Sicherheitsansprüche.

Während Verkehrsdämme im Zuge der Linienführung einer Verkehrsanlage in ihrer Größe, Höhe, Querschnittsform stets nur aus der Beziehung zwischen

Gradiente und Untergrund resultieren und niemals ausschließlich an Flußtäler gebunden sind, vielmehr auch an Hängen und im ebenen Gelände geschüttet werden, ist die Lage eines Staudammes ausschließlich bestimmt durch die Zweckbestimmung des Wasseranstaues und daher stets auf Flußtäler verschiedenster Ausbildung oder weite Flußniederungen usw. beschränkt. Während ferner an den Verkehrsdämmen nur die statischen Belastungen und Verkehrsdynamik in ihrer Auswirkung auf den Untergrund für die Sicherung bestimmend sind, tritt an den Staudämmen zusätzlich die Sicherheit gegen die Dynamik des unterströmenden Wassers in seinen gefährlichen, im Auftrieb in unzulässigen Wasserverlusten, in Erosionsgefahr und Grundbruchgefahr sich abzeichnenden Folgen und Gefahren beherrschend in den Vordergrund. Insofern ist die Beurteilung eines Baugrundes vielseitiger und zugleich mit entsprechend strengem Maßstab durchzuführen.

2. Aufgaben der Baugrundsicherung.

Grundsätzlich sind die Aufgaben vorgezeichnet:

1. Feststellung einer genauen Diagnose der Baugrundverhältnisse.

2. Darstellung des Umfanges, Ausmaßes und Art der erforderlichen Sicherungsmaßnahmen.

Die ingenieurgeologische Vorarbeit im Felde an und im Umkreis der geplanten Baustelle erstreckt sich auf

1. die stratigraphischen Verhältnisse,
2. die petrographischen   ,,
3. die tektonischen   ,,
4. die hydrologischen   ,,
5. die bergbaulichen   ,,

Die Sicherungsmaßnahmen umfassen alle Maßnahmen zur Sicherung des Baugrundes gegen Grundbruch, Wasserverluste, Erosion und Auftrieb.

3. Die petrographischen Verhältnisse. Grundlagen der Bewertung [173].

Die gesteinskundlichen Untersuchungen erstrecken sich auf die Zusammensetzung des Untergrundes, die Bestimmung der verschiedenen Gesteine, ferner der Erforschung ihres Frischezustandes, der Gefüge- und Verbandsverhältnisse, der Tiefe und des Umfanges, der Oberflächenverwitterung und des Einflusses der säkularen Tiefenverwitterung. Ferner ist der Frage der unterschiedlichen Zusammensetzung der Gesteine größtes Augenmerk zu schenken.

Diese Untersuchungen werden im einzelnen durch die Größe des Bauwerkes, also die Stauhöhe, damit die Veränderung der hydrostatischen Druck- und Strömungsverhältnisse, ferner durch die Festigkeitsverhältnisse und die Veränderungsmöglichkeit der Gesteine im Stauraum vorgezeichnet. Es ist von Bedeutung, ob ein Untergrund aus festem Felsen, aus großem, veränderlichfestem, verhärtetem Felsgestein oder aus festem oder veränderlichfestem Lockergestein besteht, und zwar mit Rücksicht auf die Gründungsverhältnisse, die Tragfähigkeit und nicht zuletzt die Beanspruchung unter den veränderten Wasserverhältnissen. Dabei spielen die Gefügeverhältnisse als kennzeichnende Merkmale bestimmter Gesteine eine besondere Rolle.

Im Wasserbau ist nicht die Druckfestigkeit, sondern das Verhalten zu Wasser, gegen die verschiedenen Wirkungen des gestauten Wassers: Löslichkeit und physikalisch-mechanische Veränderung der Gefügefestigkeit maßgebend. Die Gefügefestigkeit gründet sich auf die mineral-chemische Zusammensetzung und die strukturellen und texturellen Verhältnisse, insbesondere ist sie die Folge der Veränderungen, die die Gesteine durch die säkulare Verwitterung und tektonische Beanspruchung erfahren haben. In jedem einzelnen Falle ist megaskopisch und mikroskopisch die Erforschung des Gesteinszustandes erforderlich, wobei insbesondere der Frischezustand und der Gehalt zerfallsempfindlicher Gesteinskomponenten mit Rücksicht auf die hydrodynamischen Verhältnisse zu berücksichtigen sind.

a) Die festen plutonischen Felsgesteine und kristallinen Schiefer.

Die kristallinen körnigen Gesteine — Tiefen- wie Oberflächengesteine —, auch die kristallinen Schiefer bilden im frischen Zustande durchaus guten, wasserstauenden, tragenden und zuverlässigen Baugrund. Da bei allen größeren Stauanlagen die verwitterte Gesteinslage vor der Gründung abgetragen wird, ist nur der Mineralcharakter nach der Tiefe zu entscheidend. Ist das Gestein frisch, dann ist die Frage der Eignung ohne weiteres zu beantworten.

Somit dient die petrographische Untersuchung dem Nachweis der Schwächen der Gesteinsverhältnisse und deren Ursachen. Diese Untersuchung ergründet damit auch die Tragfähigkeit und die Fragen der Veränderungsmöglichkeit, die insbesondere für die Schubfestigkeit und die Durchlässigkeit, daher letzten Endes für die Standfestigkeit von größter Bedeutung sind.

An den kompakten, vor allem plutonischen Gesteinen und kristallinen Schiefern erstreckt sich die Untersuchung auf:

a) Die Feststellung eines homogenen Gesteinskörpers,

b) die Untersuchung des Frischezustandes, insbesondere auch durch mikroskopische Untersuchungen,

c) die Klärung der Einlagerungen, ihrer Art, Anordnung, Verteilung und Beeinflussung des Gesamtgesteinscharakters,

d) die natürliche Gliederung des Gesteins, ihren in der Entstehung begründeten, auch ohne räumliche Veränderung bedingten Klüftigkeitscharakter, Abstand, Weite, Orientierung zur Talachse.

b) Die Sedimentgesteine (Schichtgesteine!).

Bei den Sedimentgesteinen — fest oder veränderlichfest — sind die tonhaltigen, also veränderlichfesten, streng von den festeren, beständigen zu unterscheiden.

Man kann dabei folgende besonders zu bewertende Gesteinsgruppen trennen:

1. Die Kalksteine
2. die tonfreien Sandsteine $\left.\right\}$ rel. (feste) Felsgesteine,
3. die festen Schiefer
4. die Mergelgesteine und verwandten Gesteine $\left.\right\}$ veränderlichfeste
5. die wasserlöslichen Salze Felsgesteine,
6. die Lockergesteine.

1. Kalkstein (und verwandte Gesteine). Der Kalkstein gehört als Baugrund zu den unzuverlässigsten Gesteinen, besonders innerhalb des Stauraumes, obgleich er nicht so rasch zerfällt wie Schiefer. Er neigt sehr stark zu Auslaugungen, zu Verkarstungen. Daher ist auch am kompakten Kalkstein nicht die säkulare Wirkung der chemischen Auflösung durch Sickerwasser und zirkulierende Kluft- und Spaltenwasser zu übersehen, zu der sich dann die mechanische, besonders an den dünnschichtigen Kalksteinen stark erodierende Wirkung gesellt. In dieser Beziehung werden die Kalksteine nur von den wasserlöslichen Salzgesteinen: Anhydrit, Gips und Steinsalz übertroffen. Die Kalksteine bilden in der Regel einen tragfähigen Baugrund. Dagegen ändert sich die im allgemeinen hohe Durchlässigkeit beim Einstau infolge der um sich greifenden Erosion. Daher ist am Kalkstein nicht der Zustand in situ als vielmehr die leichte Veränderlichkeit für die Beurteilung als im allgemeinen sehr bedenklicher Baugrund entscheidend.

Die Harlan County-Talsperre [291]. Kalkstein mit Bentonitzwischenlagen. Der Baugrund wurde bis 30 m Tiefe untersucht. Die Mächtigkeit der gleitgefährlichen Bentonitschichten betrug insgesamt 45 cm. Es wurden 7,5 m Vertikalschiebung bei 30 m Stauhöhe erwartet.

Kennwerte:	*Gewählte Werte:*
a) Zulässige Belastung für Kalkstein 70 kg/cm²	a) 14 kg/cm² Vertikalbelastung 7 kg/cm² (14 kg) gewählte Schubbeanspruchung) 700 kg/cm² *E*-Wert.
b) Scherfestigkeit mit Bentonit (Kohäsion)	b) 7 kg/cm² Schubbeanspruchung bei 0,20 — 0,28 kg/cm² Kohäsion gewählt 0,18 kg/cm², Reibungsziffer $\mu = 0{,}13$
c) Zusammendrückung: 15%	

Der Entwurf genügte diesen Ansprüchen nicht, da die Gleitgefahr nicht genügend berücksichtigt war und mit unterschiedlichen Setzungen des ungleich stark ausgebildeten Bentonits gerechnet werden mußte.

2. Sandstein. Er kann bei massiger, tonfreier Ausbildung und bei mineralchemischer Verfestigung durch Kalk und besonders Kieselsäure einen sehr guten, auch dichten, tragfähigen und gegen Erosion widerstandsfähigen Untergrund bilden, bei dem nicht so sehr die Frage der Tragfähigkeit als vielmehr der Wasserdurchlässigkeit infolge der tektonischen Auflockerung (Klüftung) und der Sedimentationsvorgänge (Schichtung) und damit auch die Erosionsmöglichkeit unter dem Staudruck des Wassers ins Gewicht fällt.

Bedenklich sind alle veränderlichfesten Sandsteine, wie die Lettensandsteine, wie das Beispiel der Talsperre Bouzeg beweist [*336, 499*].

3. Die festen Schiefer. Sie stellen im Talsperrenbau gewissermaßen den Übergang zu den mergeligen Gesteinen infolge ihres oft sehr unterschiedlichen Festigkeitsverhaltens dar. Die zahlreichen Stauwerke in den paläozoischen Schiefergesteinen des Harzes und Westdeutschlands beweisen jedoch, daß diese Gesteine nicht nur einen tragfähigen, wasserstauenden, sondern auch — wenn auch erst bei entsprechender Behandlung — wenig veränderlichen Baugrund bilden und für die größten Bauwerke einen guten Baugrund darstellen.

4. Die Mergel- und verwandten Gesteine (weicher Tonschiefer). Diese ausnahmslos veränderlichfesten und tonführenden Felsgesteine verhalten sich als Baugrund im trockenen Zustande einwandfrei. Unter Wassereinfluß neigen sie jedoch zu einem raschen und weitgehenden Zerfall und kommen daher ohne umfangreiche Sicherung als Baugrund für Stauanlagen nicht in Frage. Bedenklich ist es besonders, wenn Zersetzungszonen im frischen Gestein vorkommen, die nicht nur Ausspülungen verursachen, sondern auch große Wasserverluste bedingen und, wie das Beispiel der Sösetalsperre beweist, umfangreiche nachträgliche Sicherungsmaßnahmen verlangen, die heute noch anhalten. Bei dem großen Dammrutsch der Fort Peck-Stauanlage im September 1938 gerieten 5 Millionen m³ Dammassen in Bewegung. Die Ursache beruhte zum Teil in der Wasserempfindlichkeit des Untergrundes, eines veränderlichfesten Gesteins, das infolge des Wasserdruckes rasch zerfiel.

Diese Gesteine sind somit nur dann geeignet und als Baugrund zulässig, wenn durch eine tiefreichende Sicherung die Veränderung durch das Wasser unterbunden wird. Vor allem müssen die natürlichen Lücken, wie Klüfte, Spalten, Risse völlig, d. h. hermetisch, abgedichtet werden. Die Gesteinsteile müssen zu einem unangreifbaren Gesteinsblock verkittet, verschweißt werden, insbesondere dann, wenn sie tektonisch stark beansprucht sind oder aus einer Wechsellagerung von festen und weniger festen Gesteinslagen bestehen.

Bei den unter 1. bis 4. genannten Gesteinen ist das Augenmerk auf eine homogene Ausbildung, insbesondere auf einen gesunden, frischen, petrographischen Habitus zu lenken. Da diese Gesteine im veränderten Zustande unterschiedlich zerfallsempfindlich sind, ist bei ihnen im Vergleich zu den plutonischen Gesteinen mit einer raschen Veränderung zu rechnen. Daher spielen Verwitterungspartien und -zonen in derartigen Gesteinen eine erheblich größere, schwächende Rolle als an den widerstandsfähigeren plutonischen Felsgesteinen.

5. Die Salzgesteine. Diese Gesteine bilden als kompakte Massen wie als Einlagerungen einen sehr gefährlichen und für die Stauanlagen untragbaren Baugrund, da sie zum Treiben, zur Volumenänderung, zu rascher Auflösung neigen und durch keine noch so gute technische Behandlung immunisiert und damit geschützt werden können. Derartiger Untergrund schließt die Eignung für Stauwerke aller Art aus, soweit die löslichen Salze nicht restlos entfernt werden können. Daher sind derartige Baustellen unbedingt zu meiden. Aus diesem Grunde wurde z. B. am sog. *Alten Stolberg im Südharz,* einem stark verkarsteten Höhenzug aus Gips, die Anlage eines geplanten Hochwasserrückhaltebeckens im Jahre 1948 fallengelassen, da der Baugrund auf Grund dieses örtlichen Befundes ungeeignet war. Außer dem Zechstein sind die Sedimente der Trias stets auf die Anwesenheit von Salzeinlagerungen (Erdfalltrichter) zu überprüfen.

Über Salzablagerungen können nur dann Staudämme errichtet werden, wenn durch ausgedehnte, tiefreichende geologische und geophysikalische Untersuchungen die Lage der Salze in größerer Tiefe unter einer in jeder Hinsicht schützenden, sehr mächtigen, stark dichtenden Tonschicht nachgewiesen ist, die weder Sickerwasser in die Tiefe dringen läßt noch einen unzulässigen Spannungszuwachs erfährt.

6. Geforener Baugrund. *Beispiel.* In Alaska wurde [407] ein 25,5 m hoher Erddamm auf gefrorenem Boden hergestellt. Um den Baugrund in der infolge des rauhen Klimas kurzen Bauzeit aufzutauen, wurde er mit warmem Wasser bespritzt. Er taute dabei in 24 h 10 bis 15 cm tief auf. Die Dichtungsspundwand im Kern konnte erst nach dem Auftauen geschlagen werden. Der gefrorene Boden erleichterte die Konsolidierung der Böschungsfüße.

c) Unzuverlässiger Baugrund.

1. In Gegenden, in denen sich Erdfälle an der Oberfläche abzeichnen, ist die Anlage von Staudämmen unter allen Umständen unzulässig, eine Tatsache, die von geologischer Seite nicht immer beachtet wird.

2. Unter allen Umständen ist die Stauanlage dort verboten, wo die Beschaffenheit des Baugrundes — gleichgültig ob Fels- oder Lockergesteine vorliegen — in oder unter der Gründungssohle ein Abgleiten, Abscheren oder Ausweichen der Tragkörperzone unter den zu erwartenden Beanspruchungen befürchten läßt und nach den üblichen Verfahren der Baugrundsicherung und Abdichtung der Baugrund nicht verfestigt und gedichtet werden kann.

3. Ebenso verbietet sich eine Staudammanlage dort, wo im Tragkörper- und Unterströmungsbereich innerhalb des Untergrundes zerfalls- und zersetzungsempfindliche salzfreie Gesteinspartien auftreten, die unter der Dynamik des gestauten unterströmenden Wassers unweigerlich zu raschen, durch keine Sicherungsmaßnahmen zu unterbindenden Erosionen, Hohlräumen und damit grundbruchgefährlicher Schwächung des Tragkörpers führen. In diesem Zusammenhang sind Dämme auf Kalkstein nur dann zulässig, wenn nach dem Calixverfahren eine die gesamte Kalkschicht durchstoßende und sichernde Herdmauer hergestellt ist. Der Kalkstein muß außerdem im Tragkörperbereich durch ein engmaschiges Bohrnetz genügender Dichte weitgehend verpreßt und zu einem mehr oder weniger kompakten Gesteinsblock veredelt werden.

4. Wenn durch die Dammanlage volkswirtschaftlich wichtige Bodenschätze überstaut werden, deren Gewinnung sowohl den Abbaubetrieb wie die Stauanlage gefährden.

d) Die Lockergesteine.

Bei ihrer Untersuchung und Bewertung ist zu trennen zwischen Gründungs- und Stauraum.

Der Gründungsraum. Bei der Anlage von niedrigen Staudämmen kann man bei genügender Sicherung gegen Wasserunter- und Wasserumläufigkeit diese Lockergesteine im Baugrund belassen, da ja der Staudamm sich eventuellen unterschiedlichen Setzungen leicht anzupassen imstande ist.

1. Die kohäsionslosen Lockergesteine. Die bodenphysikalischen Untersuchungen klären die Kornverteilungskurve, die Durchlässigkeit, die Gleitsicherheit. Letztere ist die wichtigste geotechnische Kennziffer, da nach ihrem Mindestwert die Dammlast mit Bezug auf die Größe des Staudruckes und der erforderlichen Sicherheit bemessen wird. Im allgemeinen liegen die Werte des Winkels der inneren Reibung bei Werten von 0,5 und größer, d. h. die Auflast eines Dammes mit dem relativ hohen Raumgewicht von 2 setzt je Raumeinheit dem Staudruck einen Widerstand der Größenordnung $2 : 0,5 = 1$ gegen Gleitung entgegen, d. h. Wassergewicht und Raumgewicht des Dammkörpers sind gleich.

Beispiele der Gleitsicherheitsberechnung eines Staudammes längs der Dammsohle.

Beispiel 1 (Abb. 586). Annahme: Dammhöhe 50 m, höchster Einstau 48 m, Reibungsbeiwert $\mu = 0,4$, Gewicht des erdfeuchten

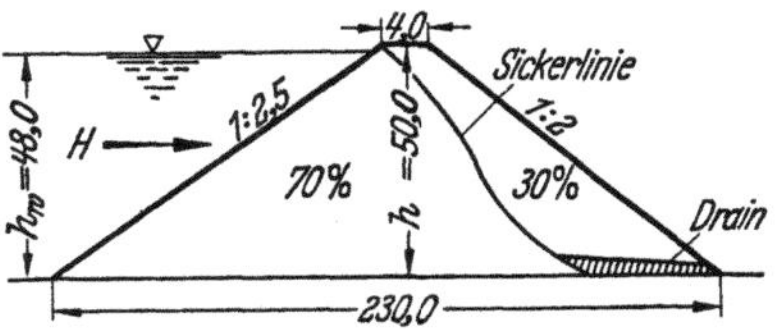

Abb. 586. Beispiel einer Gleitsicherheitsberechnung für einen Staudamm.

Stützkörpers (30%) 1850 kg/m³, Gewicht des unter Auftrieb stehenden wasser-gesättigten Dammteiles (70%) 1200 kg/m³.

1. Querschnitt des Dammes

$$\frac{4+230}{2}\cdot 50 = 5850 \text{ m}^2.$$

2. Raumgewicht des Dammes

$$70 \cdot 1200 = \ \ 840$$
$$30 \cdot 1850 = \ \ 555$$
$$\overline{100 \ \ \ \ \ \ = 1395 \text{ rd. } 1400 \text{ kg/m}^2.}$$

3. Dammgewicht eines 1 m breiten Streifens

$$5850 \cdot 1400 = 8190 \text{ t.}$$

4. Spezifische Bodenpressung

$$\frac{8190}{230} \cong 3,5 \text{ kg/cm}^2.$$

5. Wasserdruck H auf einen 1 m breiten Dammstreifen

$$\tfrac{1}{2} \cdot 48 \cdot 48 = 1056 \text{ t.}$$

6. Scherwiderstand längs der Dammsohle

$$8190 \cdot 0,4 = 3276 \text{ t.}$$

7. Scherdruck je cm² Sohlfläche

$$1056 : 230 = 0,46 \text{ kg/cm}^2.$$

8. Sicherheit gegen Gleiten

$$3276 : 1056 = 3,1\text{fache Sicherheit.}$$

Beispiel 2. Unter der Annahme eines Stoffgewichtes von 2,65, einer Ver-dichtung bis auf 35% Porenvolumen, entsprechend einem Raumgewicht von 1,72 und unter Auftriebswirkung (wassergesättigter Zustand) von 1,07, einem Anteil von 85% wassergesättigtem Damm und 15% erdfeuchtem Dammteil ergeben sich folgende Werte:

1. Dammquerschnitt wie Beispiel 1.
2. Raumgewicht 1,17
3. Dammgewicht . . . . 6840 t
4. Spezifische Bodenpressung . . . . 2,95 kg/cm²
5. Wasserdruck wie oben . . . . · . . . . . 1056 t
6. Scherwiderstand . . . . 2762 t
7. Scherdruck wie oben . . . . 0,46 kg/cm²
8. Sicherheit gegen Gleiten 2,58fach

Man sieht daraus, daß trotz der ungünstigeren Annahme des Beispiels 2 die Sicherheit gegen Gleiten nicht viel geringer ist und über dem Mindestwert von 1,5 liegt.

Das besagt: Je höher das mittlere Raumgewicht der Dammasse ist und je größer der Reibungsbeiwert μ ist, um so gedrungener kann ein Damm ausgeführt werden, um so größer ist die Gleitsicherheit unter Anwendung der üblichen Querschnitte.

2. Die kohärenten (bindigen, haftenden) Erdarten. Begriff. Bei diesem Baugrundtyp liegen z. B. lehmige, mergelige, tonige, sandig-lehmige, kiesig-tonige und ähnliche Erdarten vor. Sie alle zeichnen sich durch ein mit dem Wassereinfluß schwankendes labiles Festigkeitsverhalten gegen Belastungen und Wasserdruckströmung aus. Sie stellen den ungünstigsten Baugrund für Staudämme dar. Er kommt nur für niedrige Dämme in Betracht.

Baugrunduntersuchung. Diese Untersuchung erstreckt sich auf die Frage der Gleitgefahr, also die Scherfestigkeit (Gleitsicherheit), unter der voraussichtlichen Höchstbelastung. Weiterhin ist die Frage etwaiger Setzungen zu untersuchen: Betrag und zeitliche Auswirkung im Zusammenhang mit der Gleitsicherheit.

Physikalische Untersuchungen. Folgende Untersuchungen sind daher zweckmäßig und auch unerläßlich:

1. Die Kornanalyse,

2. die ATTERBERGschen Konsistenzgrenzen (Fließ-Rollgrenze),

3. die Steifeziffer, die Schrumpfzahlen,

4. die Brei- und Einheitswasserzahl nach OHDE,

5. die Durchlässigkeit,

6. die Gleitsicherheit (Winkel der inneren Reibung meist kleiner als 0,45),

7. das Setzungsverhalten (Verdichtungsbeiwert) unter dem langsam wachsenden Staudamm,

8. Grundwasseranalyse (Aggressivität, organische Bestandteile).

Für Erddämme ist bei Lockergesteinen außer der physikalischen Veränderung durch Schwelldruck, Auftrieb, durch Erosion und Erweichen, also Gefügeveränderung, insbesondere die Frage der Schubfestigkeit zu klären. Ausgehoben werden in der Regel alle anmoorigen, organischen, auch in der Konsistenz wenig zuverlässigen weichplastischen, haftfesten Lockergesteine. Nur bei leichten Stauanlagen, wie Fischereiteichen, kann man auf den Aushub minderwertiger Massen verzichten.

Besonderes Augenmerk ist der Wechsellagerung von verschiedenen Festgesteinen mit veränderlichfesten wie auch von haftfesten mit losen Lockergesteinen zu schenken. Tonlagen in größerer Tiefe sind für Erdstaudämme stets erwünscht, dienen sie doch alle als willkommene Anschlußschichten für Spundwandsicherungen und Verfestigungsschleier unter rolligen Massen.

4. Die tektonischen Einflüsse auf die Güte des Baugrundes.

a) Die Rißbildungen usw.

Es gibt kein absolut wasserdichtes Gestein. Ohne Ausnahme werden die kompaktesten Gesteine aller Art und Entstehung von gesetzmäßig oder ungesetzmäßig verlaufenden Rissen, Absonderungsklüften, auch Spalten und breitklaffenden Klüften aller Dimensionen durchzogen.

Diese Tatsache ist für die Beurteilung der Durchlässigkeit wichtig.

Außerdem ist die tektonische Beeinflussung, die Durchklüftung, für die Beurteilung der Durchlässigkeit von überragender Bedeutung.

Klüftesysteme können gesetzmäßig oder unregelmäßig dicht oder im weiten Abstande entwickelt sein. In diesem Falle muß man die bemerkenswerten Kluftsysteme, die Diaklasen, und ihren Verlauf zu dem Stauraum (Achse des Stauraumbeckens) feststellen.

Die tektonisch bedingten und atektonischen Kluft-, Riß-, Spalten- und Fugensysteme werden in eine Kluftrose eingetragen, aus der die Hauptrichtungen der tektonischen Schwächezonen nach ihrem Verlauf und Orientierung zur Talachse des Stauraumes hervorgehen. Diese Aufzeichnung erhält praktische Bedeutung bei größeren Wasserverlusten, die, abgesehen von sonstigen Einflüssen, wie die davon abweichend verlaufenden Zerrüttungszonen, in erster Linie in Richtung der häufigsten Schwächezonen zu suchen sind, wie das Beispiel der Sösetalsperre zeigt. Im Südharz z. B. folgen die beiden Hauptkluftsysteme bei dichter Scharung von oft weniger als 1 dm Abstand der einzelnen Klüfte und sehr geringer Weite von weniger als 1 mm der hercynischen (Nordwest-Südost-Streichrichtung) und senkrecht dazu.

Wichtig ist es, die Dichte der Klüfte, den durchschnittlichen Abstand und auch die Weite der Kluftöffnungen festzustellen. Bei nicht mit bloßem Auge sichtbarer Rißbildung ist diese Untersuchung mikroskopisch durchzuführen. Es hat sich erwiesen, daß nicht sichtbare Risse von 200 μ noch Wasser leiten. Indessen ist bei derartigen feinsten Rissen die Durchflußgeschwindigkeit infolge der Viskosität und der Oberflächenkräfte eine Funktion des Wasserdruckes.

Die Risse als natürliche Wasserbahnen in Felsgesteinen lassen sich nicht ausschließlich durch Bohrungen ergründen, sie lassen sich dadurch bestenfalls nur in großen Umrissen erkennen. Ein Gestein kann daher nur allgemein als stark klüftig, weniger klüftig, somit als stark wasserdurchlässig usw. charakterisiert werden. Ganz abwegig ist es aber, aus dem Grade der Klüftigkeit etwa die voraussichtlichen Wasserverluste festlegen zu wollen, wie gelegentlich von Baupraktikern verlangt wird. Die Klüfte liefern nur einen Anhaltspunkt über die Frage der Zweckmäßigkeit und Notwendigkeit zusätzlicher Verfestigung und Abdichtung.

Alle breiten Klüfte und Spalten sind bei der Anlage der Baugrube von Verwitterungslehm und sonstigem eingeschwemmten lockeren Gesteinsmaterial zu säubern und durch Betonplomben auf eine Tiefe zu verschließen, die mitunter, je nach dem Umfang der Klüftigkeit, mehrere Meter reichen können.

b) Die Lagerungsverhältnisse der geschichteten Gesteine.

Für die Standfestigkeit, Schubfestigkeit, Baugrundsicherheit und Wasserdurchlässigkeit ist die Klärung der Lagerungsverhältnisse der geschichteten Gesteine neben den an allen Felsgesteinen auftretenden Störungen von großer Bedeutung.

Bei den Lagerungsverhältnissen der geschichteten Gesteine, die ja in den Schicht- und Schieferungsflächen besonders empfindliche Wasserbahnen aufweisen, können folgende 5 verschiedene und in ihrer Orientierung zur Talachse

und Stauraum unterschiedlich zu bewertende Lagerungsformen unterschieden
werden.

1. Horizontale Lagerung,
2. Einfallen in Talrichtung,
3. Einfallen gegen die Talrichtung,
4. Streichen in Talachse,
5. Streichen spießeckig zur Talachse.

1. Die horizontale Lagerung erfordert bei sonst geschlossenem Gesteinsverband, also bei Anwesenheit von wenig Klüften und Diaklasen, vor allem eine
Untersuchung über den Aufbau, über die Einlagerung von leicht zersetzbaren
Gesteinsgliedern, wie Mergel oder tonigen Schiefer- und ähnlichen Gesteinslagen,
da die E-Werte dieser einzelnen Schichten die Festigkeit des Untergrundes, sein
Verhalten bei der Bauwerksbelastung stark beeinflussen und auch unterschiedliche Auftriebswirkungen verursachen können.

Wenn man diese beiden Einflüsse nicht berücksichtigt und der E-Wert einzelner Schichtenglieder in der Tragkörperzone kleiner als der des Bauwerkes ist,
kommt es zu unangenehmen Sekundärspannungen in dem Bauwerk, zu Rißbildungen, die bei größerem Ausmaß zu Katastrophen führen können. Es ist
daher erforderlich, die E-Werte der einzelnen Schichtglieder zu prüfen.

2. Einfallen in Talrichtung, Streichen quer zum Tal. Bei dieser Lagerung
besteht die Gefahr eines Abscherens und eines raschen Zerfalls leicht zersetzlicher oder angreifbarer Schichten, so daß das gesamte Bauwerk dadurch zu
Bruch geht. Die Schicht- und Schieferungsflächen begünstigen den Wasserabfluß
aus dem Stauraum und ein Ablösen, eine Verlagerung des Dammes an der Staustelle. Daher müssen die Fundamente und die zusätzlichen Sicherungen sehr tief
reichen, um alle Gefahren auszuschließen.

3. Einfallen gegen den Stauraum. Streichen quer zur Talachse. Diese Verhältnisse sind besonders günstig. Der Wasserdruck trifft die Schicht- und
Schieferungsfläche senkrecht und preßt die einzelnen Schichtglieder gegeneinander, schließt so die Gefahr der Ausweitung allein durch den Wasserstrom weitgehend aus. Die Sicherheit des Gesteins gegen Verlagerungen weist die besten
natürlichen Voraussetzungen auf. Die Fundierung findet sehr gute natürliche
Stützen; dieser Fall kommt indessen sehr selten vor.

4. Streichen in Talachse. Diese Verhältnisse sind ebenso ungünstig wie beim
Einfallen in Talachse, da hier die Schnittflächen, wenn auch nicht als Streichlinien, so doch als eine Schnittebenenschar in Richtung des Wasserdruckes liegen,
der dabei die Möglichkeit hat, sich durch diese natürliche, wie ein Filter wirkende Schichtebenenschar einen bequemen Abfluß zu suchen. Auch ist die
Verfestigung der Stauwerke, besonders an den Übergängen vom gewachsenen
Gestein zur Staumauer, sehr ungünstig, da auf der einen Seite — wenn nicht
eine Unterströmungsgefahr besteht — so doch die Gefahr der Undichtigkeit
besonders groß ist, während auf der anderen Seite, der Fallrichtung, die Dichtung nicht weit genug in den gewachsenen Felsen reichen kann.

5. Spießeckiges (diagonales) Streichen zur Talachse mindert wohl die Gefahren unter 4., schließt aber die Möglichkeit von größeren Wasserverlusten
nicht aus.

c) Die Störungen.

Ganz besondere Aufmerksamkeit ist den sog. Störungen zu widmen. Störungen äußern sich in dem plötzlichen Wechsel des Gesteinscharakters in Festigkeits- und Dichteunterschieden, in der Gesteinsbeschaffenheit, in Hohlräumen und aufgelockerten Zonen, ausschließlich durch Gebirgswirkung bedingte Veränderungen eines homogenen Schichten- oder verschiedenartigen Gesteinsverbandes, oder auch in durch Einschlüsse anderer Gesteinspartien verursachten plötzlichen Änderungen des Gesteinsgefüges. Zum Beispiel können sich an den Grenzen und Randzonen von Massengesteinen bevorzugt Zersetzungspartien ausbilden, die die Wasserdurchlässigkeit fördern.

Gesteinswechsel an Formationsgrenzen begünstigt derartige Zonenausbildung, da es z. B. an den Grenzen eines härteren gegen weicheres Schichtgestein und auch unabhängig davon gegen einen Plutonit, wie es u. a. die Diabaseinschlüsse in den devonischen Schiefern sehr gut erkennen lassen, stets in tektonisch beanspruchtem Untergrund zu einer längs der Grenzflächen verlaufenden mehr oder weniger stark ausgeprägten und umfangreichen Zermürbungszone mit starker Veränderung des weicheren Tonschiefers kommt, die der fortschreitenden Verwitterung starken Vorschub leistet. Von den tektonischen Störungen sind alle infolge äußerer Kräfteeinflüsse flächigen und räumlich-zonalen Auflockerungserscheinungen, vor allem Verwerferklüfte: Sprünge, Zerrungs- und Bruchzonen, Grabenbrüche, ferner Flexuren, Aufblätterungserscheinungen in den Faltenantiklinalen, weniger jedoch Überschiebungszonen für die Festigkeit und vor allem für die Dichte von großem Einfluß. Ganz besonders gilt dies für sich kreuzende Störungssysteme, Zerrüttungszonen und Verwerfersysteme.

Bei allen diesen Gesteinen ist durch die weitgehende, oft feinmosaikartige Gesteinsverbandszertrümmerung und Auflockerung die Widerstandsfähigkeit gegen die lösende und erodierende Kraft des gestauten Wassers erheblich herabgesetzt und bedarf oft umfangreicher Sicherungsmaßnahmen, um den Baugrund einigermaßen zu verfestigen und abzudichten, wie die nachfolgenden Beispiele an den hierfür besonders aufschlußreichen algerischen Stauanlagen beweisen.

Beispiele: In Französisch-Nordafrika ist in den letzten Jahrzehnten eine größere Anzahl bedeutender Steindämme angelegt worden, von denen die meisten auf gesteinskundlich und tektonisch außergewöhnlich *ungünstigem Baugrund* errichtet werden mußten. Die Talsperren stehen auf den Schichten des Jura, der Kreide und des Tertiärs. Der Untergrund besteht aus Kalksteinen, Mergeln, Sandsteinen und Schiefertonen, Gesteinen, die bisher als die schwierigsten Baugrundarten bezeichnet wurden. Alle diese Gesteine weisen in diesem Gebiete sehr ungünstige Eigenschaften auf: Die Kalksteine klüftig, die Mergel veränderlichfest und zusammendrückbar, die Sandsteine mürbe, schlecht, verkittet, porös und stark rissig, von tonigen Lagen und Lassen durchsetzt, die sie zu einem wenig beständigen Gestein stempeln. Die Schiefertone schließlich neigen zu raschem Zerfall an der Luft und zur Zersetzung unter Wasser. Die meisten Gesteine sind stark wasserdurchlässig, so daß umfangreiche Dichtungsmaßnahmen erforderlich wurden. Man hat unter den als Absperrbauwerke gewählten Gewichtsstaumauern, Gewölbereihenmauern und Steindämmen aus Zyklopentrockenmauerwerk Herdmauern von außergewöhnlicher Tiefe 50 und 75 m und ebenso Einpreßschürzen bis zu 120 m Tiefe auf Grund ungünstiger Erfahrungen ausgeführt. Vor allem ist der Baugrund in jedem einzelnen Falle durch sehr umfangreiche Aufschlußarbeiten und Voruntersuchungen vollständig erforscht worden.

1. Die *Untergrundverhältnisse [23, 24]* des 70 m hohen *Steindammes* aus *Zyklopentrockenmauer Ghrib* bestehen an den Talseiten aus regelmäßigen wechsellagernden Bänken eines wenig festen und ungleichförmigen Sandsteins und Mergels. Einzelne Bänke sind hart, die meisten weich, manche sind so schlecht verkittet, daß sie den Eindruck eines schwach zusammengebackenen Sandsteins erwecken. Alle Bänke werden durch dünne Tonzwischenlagen getrennt. Unter diesem Sandstein folgt eine 16 m mächtige Schicht von zusammendrückbarem

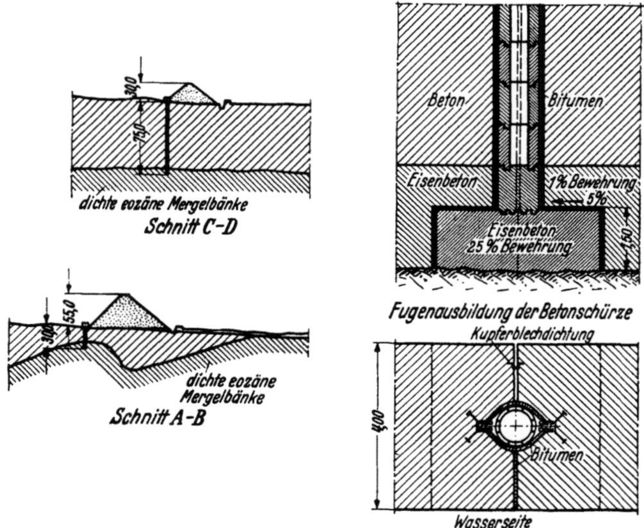

Abb. 587. Ausbildung und Tiefe der Baugrunddichtung an der Talsperre Bou-Hanifia in Algerien. (Nach OTT' [294a].)

blauen Mergel, der an der Luft rasch zerfällt und sich ebenso rasch unter Wasser in Schlamm auflöst. Darunter folgen Sandsteinbänke von 22 m Mächtigkeit derselben Ausbildung wie die obere Gesteinsserie, darunter steht wieder Mergel an. Während sich der Mergel als dicht erwies, zeigten sich die Sandsteine sehr porös und spaltenreich, so daß die Gefahr unterirdischer Ausspülung bestand. Die Dichtungsschürze mußte daher bis in die untere Mergelzone ausgedehnt werden.

Da sich an den Talflanken kein Anschluß an undurchlässige Schichten finden ließ, mußten die Abdichtungsmaßnahmen nach den Seiten sehr weit ausgedehnt werden, um die Sickerlinie so weit zu verlängern, daß infolge des Druckverlustes die Durchtrittsgeschwindigkeit unter der kritischen Grenze blieb. Zu diesem Zwecke wurde der Sickerweg gleich dem Vierfachen der Druckhöhe gewählt.

2. Wohl die größten Schwierigkeiten hinsichtlich der Dichtungsarbeiten waren im Untergrund des Bou-Hanifia-Steindammes (Abb. 587) zu bewältigen. Der Untergrund besteht aus weichen, stark durch Verwerfungen durchsetzten,

durchlässigen Sandsteinen. Einen dichten Abschluß gewährten erst die eozänen Mergelbänke in erheblicher Tiefe (Abb. 587). Die Betonherdmauer wurde bis 75 m Tiefe bei offener Baugrube, eine Meisterleistung der Tiefbaukunst, und außerdem bis zu 100 m Tiefe eine Einpreßschürze hergestellt.

3. Bei dem 26 m hohen Steindamm *Foum el Gueiß* liegt die undurchlässige Schicht, Mergelkalk des Senon, 10 bis 40 m tief, bedeckt von durchlässigen Sandsteinen und weichen Schiefertonschichten.

Wenn daher die tektonischen Einflüsse untersucht werden müssen, so kommt es zunächst ganz allgemein darauf an festzustellen, ob eine Stauanlage in einer Zone beweglicher, unruhiger Erdkrustenteile und labiler Erdnähte (St. Andreaslinie—USA) errichtet wird, z. B. in Armenien, Kalifornien, Kaukasus, Japan, Ländern, die noch heute starke Erdbebenwirkungen zu verzeichnen haben. Auch die besten Felsgesteine können nicht als Kriterium für einen starren unbeweglichen Felsuntergrund herangezogen werden. Selbst in Deutschland gibt es Gegenden, wie das sächsische Vogtland, in denen noch heute tektonische Beben zu verzeichnen sind. Ähnlich liegen die Verhältnisse in Oberschlesien. NIEMCZYK hat nachgewiesen, daß innerhalb weniger Jahre sich der Zusammenschub in nordsüdlicher Richtung um mehrere dm ausgewirkt hat. Es ist zumindest unzulässig, Stauanlagen oberhalb nicht beruhigter Verwerferzonen auszuführen. — Indessen beweist das Beispiel der Harztalsperren, der Söse- wie Odertalsperre, daß heute Verwerfungen nicht unbedingt gemieden zu werden brauchen, insbesondere in „verfestigten" Kratonen, denn die Störungszonen als Schwächezonen können neuerdings durch Zementinjektionen künstlich versteift und gedichtet werden.

Man kann den Gesteinsuntergrund infolge der Verschiedenwertigkeit dieser Verhältnisse in verschiedene Güteklassen und nicht allein nach dem festen und veränderlichfesten Charakter unterteilen, sondern ebensosehr nach dem Grade der natürlichen und tektonisch bedingten Schwächelinien und -zonen, die meist durch die weitere Verschlechterung der Gesteinsgüte gelitten haben, und zwar in

1. petrographisch	2. stratigraphisch	3. tektonisch
a) gute b) schlechte	a) gute b) schlechte	a) gute b) schlechte

Baugrundverhältnisse.

5. Tabellarische Übersicht der Baugrundbeurteilung nach dem Festigkeitsprinzip.

Man sieht daraus, daß ebensosehr wie die petrographischen auch die stratigraphischen und die tektonischen Verhältnisse eine weitgehende Berücksichtigung bei der räumlichen Erforschung des Baugrundes verlangen.

Nachfolgende Tabellen zeigen zusammengefaßt die für die Güte des Baugrundes im Wasserbau maßgebenden Kriterien nach ihrem Festigkeitsprinzip sowie die praktische Auswertung.

Einteilung der Gesteine nach dem genetischen Prinzip.

Eruptivgesteine	Sedimentgesteine	Metamorphe Gesteine
(Granit, Porphyr usw.)	(Kalkstein, Sandstein, Sande, Ton)	(Kristalline Schiefer: Gneis, Glimmerschiefer)

Tabelle 58. *Einteilung der Gesteine nach dem Festigkeitsprinzip.* (Nach KEIL [*173*].)

I. Felsgesteine		II. Lockergesteine	
1. Feste	2. Veränderlichfeste	3. Feste	4. Veränderlichfeste

Beispiele:
a) Eruptiv-
    gesteine:
    Granit
    Porphyre
 	
b) Sedimente:
    Sandstein
    Grauwacke
    Dolomit
 	
c) Metamorphe
    Gesteine:
    Gneis
    Glimmer-
    schiefer
	Sonnenbrennerbasalte, glashaltige Trachyte
	
	lettige Sandsteine, Mergelkalke, Tonschiefer, Kalkstein
		Geröll
		Kies
		Sand
		Talschutt
		Felsgrus
			Schluff, Löß, Lehm, Ton, Mergel, Mischlockergesteine

Ingenieurgeologische Bewertung im Wasserbau (Stauanlagen aller Art)			
Tragfähig: Fest, hart, starr, spröde, sehr widerstandsfähig, keine Setzungen, keine Gefügeschwächung, stark grobfeinklüftig, stark wasserdurchlässig, hohe Sickerverluste, geringe Rutschgefahr (Grundbruch), Wassersperrung unerläßlich	Tragfähig: Wenig elastisch, stark grob und feinporig, klüftig, meist stark zertrümmert, aufgefaltet, aufgelockert, hohe Wasserverluste, tiefgründig zersetzt, stark erosionsempfindlich, kurzfristige Gefügeschwächung, Rutsch- und Grundbruchgefahr, starke Wassersperrung unerläßlich	Tragfähig: Geringe Setzung, außerordentlich auftriebsempfindlich, leichte Grundbruchgefahr, hohe Durchlässigkeit, starke Erosionsgefahr, absolute Wassersperrung nötig	Stark setzungsempfindlich, wenig durchlässig, leicht erweichbar, hohe Erosions-, Rutsch- und Grundbruchgefahr, ungeeignet für Staumauern, nur für Dämme bei starker Baugrundsicherung

Beispiel:

Löß auf Kiessand [*291*]. Laboratoriumsversuche zeigten an, daß der lose Lößschlamm der Terrasse und der Seiten (mittleres Trockengewicht im natürlichen Zustand = 1280 kg/m³) in ganz ungleichmäßiger Weise dicht wird. Die unabsehbare Art der Verdichtung des wassergesättigten Lößbodens hat ein außerordentlich verschiedenartiges Setzen zur Folge, da der Damm teilweise direkt auf Kalkstein gegründet ist und teilweise auf Löß von 11 m Mächtigkeit (Abb. 588).

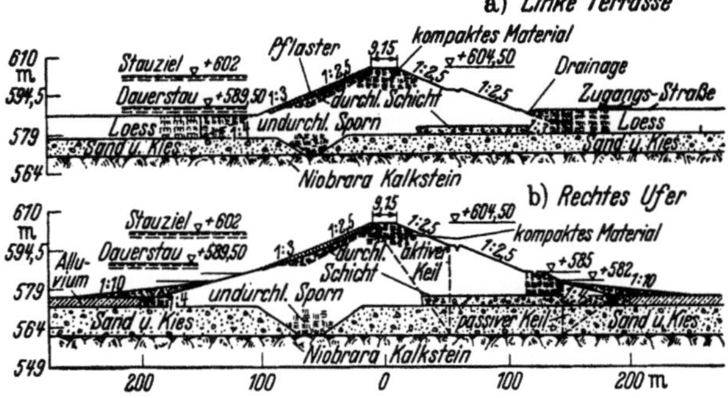

Abb. 588. Dammquerschnitte mit nachgiebigem, mächtigem Untergrund (Löß, Sand-Kies). (Nach ORTH BI 1949, H. 8, S. 244 ff.)

Tabelle 59. *Kriterien für die Unterscheidung der vier Baugrundtypen im Talsperrenbau [173].*

| Gesteinsgruppen / Festigkeit | Felsgesteine | | Lockergesteine | |
	1. Fest	2. Veränderlichfest	3. Fest	4. Veränderlichfest
Mineralführung und Strukturhärte	Quarz, Feldspat, Hornblende, Augit usw., sehr hoch, stabil	Zersetzungsmineralien, Tonmin. Serizit, Kaolin sehr gering, labil verfest.	wie unt. 1.	wie unt. 2.
Kristallgitter	kompakt, fest	zum Teil innendispers, ausweitbar, quellfähig	—	—
Wasserempfindlichkeit	sehr geringe Adhäsion und Affinität	hohe Wasseran- und -einlagerung	—	—
Gefügefestigkeit	meist gleichwertig nach allen Richtungen, sehr fester ·Gefügeverband. Feste mineral. Kittmases	ungleichwertig, schiefrig, schichtig, feinporös, nur druckverfestigt, hart	lose (Punktberührung)	gering, da sehr weitmaschig, sehr labil
Verhalten gegen Wasser	wenig empfindlich (säkulare Zersetzung)	leicht zersetzbar, leicht löslich, stark erosionsempfindlich	auftriebs-, erosionsempfindlich	sehr empfindlich (Druck, Auftrieb, Erosion)
Gliederung	atektonisch (Schichtfugen, Absonderungsklüfte); tektonisch (Schieferung, Diaklasen usw.)	stets stärker gegliedert als 1., meist stark zertrümmert		
Verbandsfestigkeit	hohe Verspannungsfestigkeit (Blockverband), Flächenberührung, unempfindlich gegen Auftrieb	große Angriffsflächen für Wasser, leichter Verlust der Verbandsfestigkeit	—	—
Tektonik	meist kompakt oder dickbankig, Störungen leicht auszuheilen. Im allgemeinen keine wesentliche Einbuße der Güte und Festigkeit	Einfallen flach zum Tal, sehr ungünstig, da Auftrieb- und Gleitgefahr. Labile Erdnähte, sehr gefährlich (St.-Andreas-Linie)	—	—

Der Entwurf sieht die Beseitigung des Lößschlammes unter dem Hauptteil des Dammes vor, ferner die Erstellung eines Spornes durch den darunterliegenden Sand und Kies bis zum Kalkstein. Im linken Teil jedoch liegt ein Teil des Dammes auf ungestörtem Löß und ist daher verschiedenartigen Setzungen ausgesetzt. Es ist geplant, den Löß bis zu einer Neigung von 1 : 3,5 zur Talmitte zu entfernen und den Damm entsprechend zu verbreitern, damit die ungleichmäßige Setzung auf 1 : 100 in der Achse des Dammes beschränkt wird.

Bemerkenswert ist noch, daß der Damm nicht wie üblich in Dichtungskern, Filter- und Stützkörper unterteilt ist. Besonderes Augenmerk wurde auch hier der Frage des Gleitens auf den zahlreichen Bentonitschichten, die nahezu waagerecht verlaufen, gerichtet. Bei der Annahme einer Gleitebene direkt unterhalb der Oberfläche des Kalksteines stellte man eine statische Berechnung auf, worin

der aktive Erddruck eines Keiles des höchsten Querschnittes von dem passiven
Erddruck eines Keiles an der Luftseite des Dammes aufgenommen werden muß.
Das ist tatsächlich nicht immer der Fall, weshalb im Flußlauf und in Teilen der
Seiten eine zusätzliche Anschüttung vorgesehen ist.

6. Die Veränderungsmöglichkeiten des Baugrundes unter dem Einfluß des gestauten Wassers.

Jeder Gesteinsuntergrund gerät im Bereich des Staubeckens und der angrenzenden Zonen unter einen zusätzlichen, von der Stauhöhe abhängigen
Spannungszustand. Diese Spannungen, die infolge der Durchlässigkeit des
Untergrundes sich in erhöhter Beanspruchung des Untergrundes längs der
Wasserbahnen äußern, können zu einer fortschreitenden Veränderung des Baugrundes im Bereich des hydrodynamischen Spannungsraumes führen, die sich
indessen um so weniger auswirkt, je fester ein Gestein ist.

Die zeitlichen Veränderungen, die der Untergrund dabei erfährt, erstrecken
sich auf folgende Erscheinungen:

a) Die chemischen Veränderungen (Lösungserscheinungen).

Sie äußern sich durch Hohlraumbildung an Kalksteinen oder durch stofflichen Umsatz mit der Folge der Volumenänderung: Salzgesteine.

b) Die physikalischen Veränderungen (Zerfallserscheinungen und Quellungen).

Sie werden allein durch die Veränderung an den veränderlichfesten Gesteinen,
durch die Veränderung des Wassergehaltes der wasseraffinen Bestandteile, vor
allem der tonigen Mineralien verursacht. Sie führen zur Veränderung des Rauminhaltes durch Quellungen unter erheblichen Spannungswirkungen oder durch
Herausschlämmen, z. B. toniger Bestandteile, zum Volumenschwund. In beiden
Fällen leidet die Schub-, damit die Standfestigkeit und Tragfähigkeit des Baugrundes.

Durch die wechselnde Belastung im Verein mit schwankendem Wassergehalt
und auch teilweise Frosteinfluß erfahren die veränderlichfesten Gesteine im
Laufe der Zeit in fortschreitendem Maße eine Gefügeauflockerung, wodurch die
Gefüge und Verbandsfestigkeit des Gesteins leidet und die Standfestigkeit und
auch Tragfestigkeit versagen kann.

7. Die Strömungsdruckverhältnisse (Auftrieb) [455].

a) Wirkung.

Ergibt sich aus den bisherigen Ausführungen, wie gefährlich die Strömungs-
druckverhältnisse im Vergleich zu der statischen Druckbeanspruchung des
Untergrundes sind, so sind die Gesteinsklüfte für die hydrologischen Verhältnisse sehr belangreich. Die Durchflußgeschwindigkeit ist eine Funktion der
Größe der Klüfte und der Druckverhältnisse. Man kann annehmen, daß in den
feinen Klüften die abströmende Wassermenge mit dem hydraulischen Gefälle
gradlinig anwächst. In offenen Spalten, die wie offene Gerinne wirken, strömt
das Wasser etwa mit der Quadratwurzel aus dem Gefälle aus, d.h. bei vierfacher
Stauhöhe verdoppelt sich die Menge abströmenden Wassers. Wesentlich ist nun,

daß beim Durchströmen durch die Klüfte die Spannung infolge der Reibung allmählich bei entsprechend langem Wege bis zum freien Austritt auf Null absinkt.

1. Der Auftrieb wirkt praktisch auf die ganze Untergrundfläche bzw. auf die ganze Ausdehnung eines in Betracht gezogenen Horizontalschnittes eines Staudammes.

2. Auf der Wasserseite ist der Auftrieb gleich dem hydrostatischen Druck, auf der Luftseite ist er gleich Null. Zwischen diesen beiden Extremen verläuft er im betrachteten Horizontalabschnitt linear, sofern keine Maßnahmen zur Verminderung des Auftriebes getroffen werden.

3. Es ist danach zu trachten, mit geeigneten konstruktiven Maßnahmen den Auftrieb im Fundament eines Bauwerkes und im Bauwerk selbst soweit wie möglich zu vermindern, indem man sowohl mechanische als auch chemische Einwirkungen des ins Bauwerk gelangenden Wassers und dessen Einfluß auf die Festigkeit des Materials herabzusetzen sucht.

4. Aufsicht und sorgfältige Unterhaltung sollen die Wirksamkeit getroffener Maßnahmen auf die Dauer sichern.

In den Berichten und in der Diskussion kam während der 3. Weltkraftkonferenz besonders die moderne Auffassung zum Ausdruck, nach der der Auftrieb als Porenwasserdruck zu betrachten ist, im Gegensatz zur früheren Auffassung eines in den Fugen oder Rissen wirkenden Wasserdruckes.

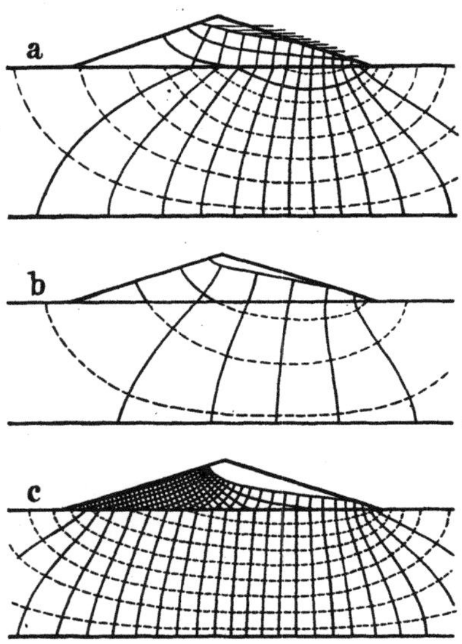

Zusammenfassend kann gesagt werden, daß die Meinungen zwischen folgenden zwei Auffassungen schwanken. Nach der ersten ist die Größe des Auftriebes bekannt, und zwar an der Wasserseite gleich dem hydrostatischen Druck, und mehr oder weniger linear nach der Luftseite abnehmend. Die einzige Frage sei somit, den Anteil der Fläche zu bestimmen, auf die der Druck wirkt. Nach der zweiten Auffassung ist es erwiesen, daß die Fläche, auf die der Auftrieb wirkt, gleich 100% ist. Es ist lediglich die Höhe des Druckes noch zu bestimmen. Die Frage bleibt somit noch offen.

b) Gefahren des Auftriebes [455].

Jeder Überdruck in den Klüften und Kluftsystemen wirkt sich als Auftrieb aus, d. h. als Druck auf die Fundamentsohle gegen die Schwerkraftrichtung, und zwar ändert sich der Auftrieb mit seinem Höchstwert an der wasserseitigen Kluft auf einen minimalen Wert an der luftseitigen Austrittskluft im Sinne eines trapezförmigen Druckdiagrammes. Der Auftrieb verschwindet, wenn die Klüfte auf größere Tiefe an der Wasserseite verschlossen werden, da auf dem erheblich verlängerten Wasserweg nach außen der Strömungsdruck durch die Reibungswiderstände bis auf Null absinkt.

Abb. 589a—c. Strömungsbild im Damm und Untergrund, abhängig vom Verhältnis der Durchlässigkeit im Damm zum Untergrund. a Damm zehnmal durchlässiger als Untergrund; b Damm ebenso durchlässig wie Untergrund; c Damm nur 0,10mal so durchlässig als Untergrund. (Nach CEDDERGREEN [49].)

Je nach der Durchlässigkeit und der Länge des Strömungsweges sowie der Lage der Dränleitung wird das Strömungsbild und damit das Spannungsdiagramm verschiedene Formen annehmen (Abb. 589 und 590). Auf jeden Fall

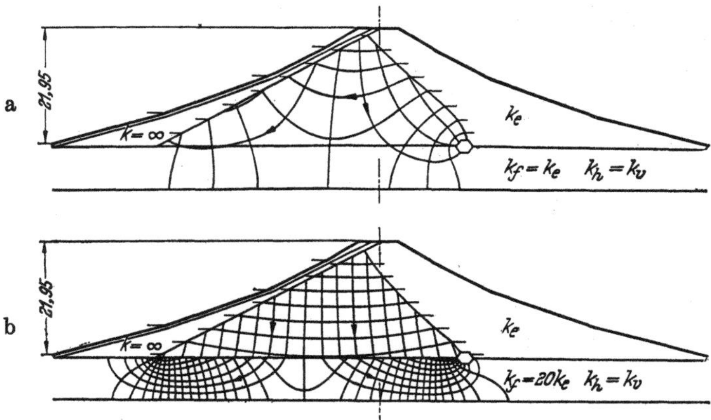

Abb. 590a u. b. Wirkung der Durchlässigkeit des Baugrundes auf den Wasserdruck nach einer Absenkung. a Durchlässigkeit des Dammes entspricht der des Baugrundes; b Durchlässigkeit des Baugrundes zwanzigmal so hoch wie die des Dammes. (Nach CEDERGREEN [49].)

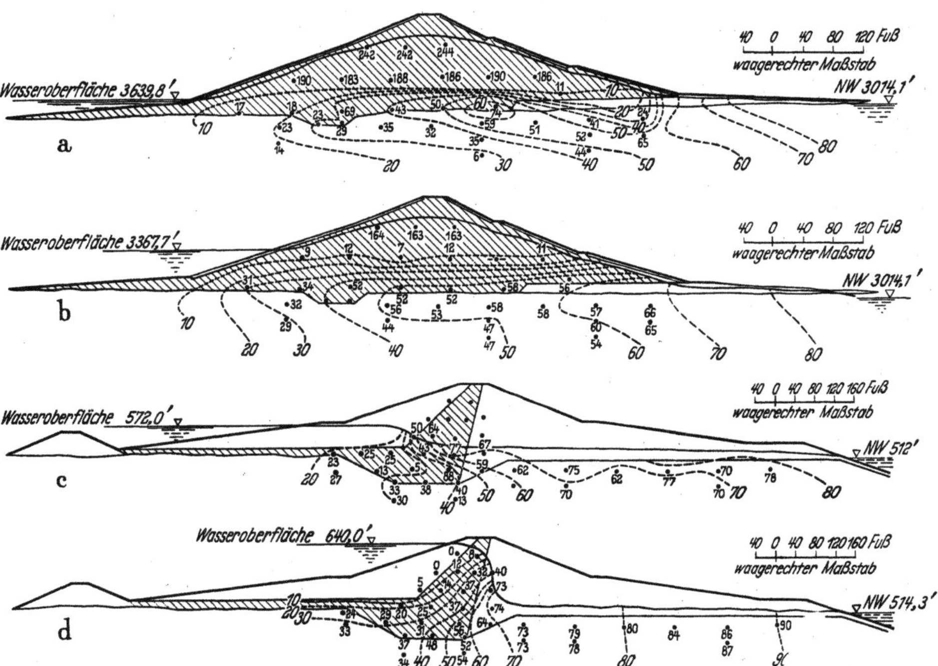

Abb. 591a—d. Staudamm Bonny USA, Verteilung der Hauptsickerverluste durch Damm und Baugrund. a am 30. 9. 1950; b am 30. 6. 1952. Staudamm Davis USA, Verteilung der Hauptsickerverluste durch Damm und Baugrund c am 30. 6. 1950; d am 29. 5. 1952. (Nach F. C. WALKER [484a].)

wird bei unmittelbarem Wasserzutritt am Staudamm der Baugrund unter der Fundamentsohle außerordentlich und auch unterschiedlich beansprucht, so wie es aus dem Spannungsdiagramm unter Staumauern hervorgeht (Abb. 551 und 552, S. 469/470).

Die Wirkungen des Auftriebes sind sehr verschieden. Grundsätzlich gilt, daß alle Veränderungen am Baugrund und Bauwerk, die in einer Gefügeauflockerung einer Erosionswirkung und schließlich im Grundbruch ausmünden, nur als Folge des Auftriebes möglich sind. Infolgedessen sind auch die unter a) und b) besprochenen Veränderungen nur im Zusammenhang mit der Erscheinung des Auftriebes zu erklären.

Solange man die Wasserdurchlässigkeitsverhältnisse nicht gründlich erforscht hat, ist es ausgeschlossen, aus dem Ergebnis des sonstigen Baugrundbefundes bei der Gründung oder an Hand von Schürfungen und Bohrungen, auch geophysikalischen Untersuchungsergebnissen, die Güte und Sicherheit des Baugrundes zu beurteilen. Denn es ist unmöglich, aus dem Augenschein ohne Meßversuche den Grad der Zerklüftung am Felsen und den Grad der Durchlässigkeit in ihren Folgen auf die Druckbeanspruchung der Fundamentsohle zu beurteilen oder gar zu ermessen (Abb. 591a—d).

c) Das Verhalten der Felsgesteine.

Während die festen Felsgesteine unveränderlich hohe E-Werte besitzen, ändern sich diese — niedrigen — in den veränderlichfesten Felsgesteinen unter dem Einwirken des Druckwassers in verhältnismäßig rascher Zeit, und zwar um so mehr, je größer die spezifischen Angriffsflächen sind und die unmittelbare Druckwirkung des Wassers ist. Bei der Wechsellagerung von festen mit veränderlichfesten Lagen, etwa Sandstein mit Mergel, können die anscheinend besonders dichtenden Mergellagen im Laufe der Zeit ausgewaschen werden und der Untergrund kann empfindlich verschlechtert, geschwächt werden.

Dieser Erweichungs-Zerfallsprozeß und die Herabsetzung der Gefügefestigkeit wirkt sich an den konhärenten Lockergesteinen nur als ein zeitlich gradueller Unterschied im Vergleich zu den veränderlichfesten Felsgesteinen aus. In der endgültigen Gefährdung des Bauwerkes sind die Wirkungen gleich. Es besteht z. B. ein erheblicher Unterschied zwischen einem trockenen und einem wassergesättigten Tonschiefer. Letzterer weist einen sehr geringen E-Wert auf. Daher ist nicht der E-Wert des trockenen, sondern der E-Wert des vollständig mit Wasser gesättigten Gesteins für die Berechnung der Standfestigkeit maßgebend. Sobald der E-Wert im wassergesättigten Zustande kleiner ist als der des Bauwerkes, treten Sekundärspannungen im Mauerwerk bzw. Staudamm auf, die schwerwiegende Schäden verursachen können (Fort Peck-Staudamm), z. B. unterschiedliche Setzungen, zusätzliche Spannungen, die zu Beschädigungen, wie Rißbildung, führen, ferner besteht Abgleit- und Einsturzgefahr infolge der Nachgiebigkeit des Untergrundes bei verminderter Schubfestigkeit gegenüber dem gestauten Wasser. Die veränderlichfesten Felsgesteine bilden den Übergang zu den verfestigten kohärenten Lockergesteinen und schließlich den kohäsionslosen Kiesen und Sanden. Während bei den ersteren die durch die Schwellspannungen aufgelockerten Gefügeverhältnisse eine Verminderung der Schubfestigkeit bedingen, bedeutet an den Kiessanden die Auflockerung eine weitgehende Erosion und Umlagerung, eine Herabsetzung des Winkels der inneren Reibung auf Null.

Die Ursache für Spalten, Risse ist besonders bei der Anlage der Baugrube durch den Einsatz von Sprengmitteln gegeben. Man sollte in diesen Fällen von einer Sprengarbeit absehen und vor allem die Pickhämmer verwenden, um nicht den Gesteinsverband gerade an diesen besonders gefährdeten Stellen aufzulockern und der allmählich um sich greifenden Auflösung, dem Erweichen und der Verminderung der Schubfestigkeit auf diese Weise Vorschub zu leisten.

An den Lockergesteinen, wie Ton, Lehm usw., drückt das unter dem Bauwerk durchsickernde Wasser nach oben, läßt den Ton erweichen, lockert ihn auf. Dadurch wird die Tragfähigkeit vermindert. Infolge der geringen E-Werte von Ton zwischen 30 bis 150 kg/cm² im Vergleich zu den festen Gesteinen mit 30000 bis 100000 kg/cm² vollziehen sich die Formänderungen sehr rasch. Schließlich besteht die Gefahr der Unterspülung.

d) Auftrieb und Klüftung (Porosität).

Nach [440] wirkt der Auftrieb nur durch das Poren-, nicht aber Kluftwasser. Indessen dürfte diese These anfechtbar sein (vgl. S. 520).

Der Bruchteil der Fundamentfläche, die von dem hydrostatischen Auftrieb betroffen wird, hängt von der Zahl der Druckstellen je Flächeneinheit ab, also der spezifischen Flächengröße und den spezifischen, an den Druckflächen wirksamen Drücken, außerdem von dem E-Wert einander berührender Materialien und vom Krümmungsradius der einander berührenden Flächen. Bei unregelmäßig und gleichartig zerklüftetem Felsuntergrund dürfte der Höchstwert der vom Auftrieb betroffenen Felsengrundfläche bei etwa 35% liegen. Bei haftfesten Lockergesteinen schwankt der Auftrieb mit dem Kohäsionswert und nimmt entsprechend der Größe der Kohäsion ab. An steifplastischen Tonen rechnet man mit Werten, die unter 30% liegen. Bei Sand- und Kiesuntergrund beträgt der Anteil der vom Auftrag erfaßten Grundfläche fast 100% der Gesamtfläche. Hier kann man also den Auftrieb gleichmäßig verteilt über die gesamte Fundamentfläche annehmen. Erfahrungsgemäß kann man bei nicht oder nur mangelhaft entwässerter Sohlfläche unterhalb der wasserseitigen Kante des Stauwerkes der Fundamentfläche mit der Größenordnung der vollen Stauhöhe, an der luftseitigen Kante mit der halben Stauhöhe rechnen.

8. Zusammenfassung.

Man kann aus den bisherigen Ausführungen die günstigen und ungünstigen Einflüsse für die Anlage von Stauwerken folgendermaßen zusammenstellen.

Tabelle 60 [*173*].

Einflüsse	ungünstige	günstige
Morphologisch	Bruchtäler Zerrungstäler	Gletscherkolke
Petrographisch	Salzgesteine, weiche, veränderlichfeste Gesteine wechsellagernd mit porösen, weichen Gesteinen, ungleichartige Schichtgesteine, veränderlichfeste Schichtgesteine, vor allem Mergelsandstein, Schieferton, Lettensandstein, Kalkstein, Anhydrit, Gips	kompakte, ungegliederte, geschlossene, gleichartige Felsgesteine und Gesteinsverbände, frische Felsen, ungegliederte Massen- und kristalline Felsgesteine

Tabelle 60. (Fortsetzung.)

Einflüsse	ungünstige	günstige
Stratigraphisch, tektonisch	Formationsgrenzen: starke Verbandsauflockerung, Zertrümmerung, Spaltennetze, Rißsysteme, Zermalmungszonen, Zerrüttungszonen, Spalten, Bruchsysteme, Zerrungen, Streichen in Talachse, Einfallen in Talrichtung, unruhige Krustenteile der Erde	Gegenfälligkeit der Schichten zum Tal (talaufwärts). Überschiebungszonen. Starke Verkieselung von Spalten und Klüften. Querrichtung der Spalten zum Tal. Kratone
Chemische Einflüsse	Verkarstung, stark unterschiedliche Zersetzung	Gesteinsfrische
Physikalische Einflüsse	Porosität in tonigen Mischgesteinen	Diagenese

9. Die Sicherungsmaßnahmen.

a) Grundsätzliches.

Während vor 25 Jahren die Sicherungsmaßnahmen noch sehr beschränkt und technisch noch in den Kinderschuhen, nicht ausgereift und entwickelt waren und die Verfahren der chemischen Verfestigung und Abdichtung überhaupt noch nicht existierten, verschiebt sich heute das Schwergewicht immer mehr auf das Gebiet der künstlichen Abdichtung, damit auf eine planmäßige konstruktive Verbesserung auch der schwierigsten Baugrundverhältnisse. Man ist daher nicht mehr wie früher den wechselnden, im ganzen gesehen, unübersichtlichen belastenden Einflüssen des Baugrundes machtlos ausgeliefert und auf Verlegung von Baustellen angewiesen. Heute trifft man die Diagnose, man stellt den Zustand des Baugrundes fest und kann, gestützt auf diese Diagnose oder Probeverpressungen, fast rezeptmäßig die erforderliche Verbesserung durchführen.

Die großartigen Talsperrenanlagen Nordafrikas beweisen, daß die Sicherungstechnik einen derartig hohen Stand der Entwicklung zu verzeichnen hat, daß trotz höchster Ansprüche allein durch die hydrostatischen Druckverhältnisse im Stauraum die unzuverlässig erscheinenden Baugrundverhältnisse gegen die Gefahr des Einsturzes und der Veränderung, abgesehen von den hohen Wasserverlusten, in völlig befriedigendem Maße abgedichtet und gesichert werden können. Diese Tendenz der Sicherung um jeden Preis kann aus volkswirt-

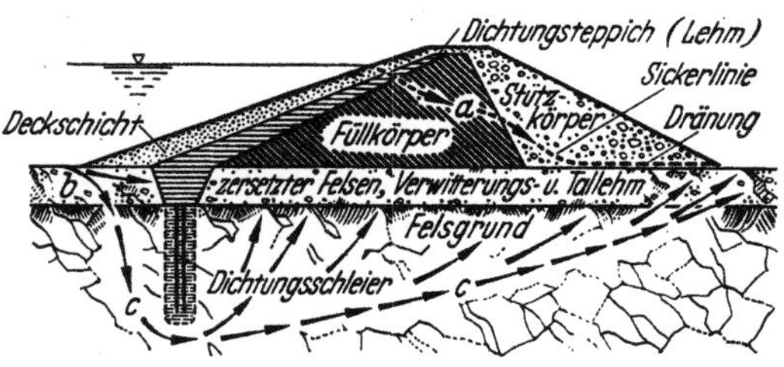

Abb. 592. Absenkung der Sickerlinie durch einen tiefreichenden Dichtungsschleier im unmittelbaren Anschluß an eine wasserseitige Dichtung aus Lehm. Verminderung der Auftriebs-, Erosionsgefahr, der Sickerverluste, der Grundbruchgefahr.

schaftlichen Gründen geboten sein. Sie beweist letzten Endes, daß die Sicherungstechnik heute imstande ist, mit Ausnahme wasserlöslicher Salzgesteine, jeden felsigen Untergrund in einen wasserdichten, tragfähigen, stabilen Baugrund

für Stauanlagen zu verwandeln. Dies ist eine Parallele zum Dammbau, bei dem
auch die schlechtesten Erdbaustoffe bei entsprechender sinngemäßer Behandlung
brauchbare Baustoffe bilden und entsprechende Verwendung finden können.

Die Sicherungsmaßnahmen erfassen alle Gesteine mit Ausnahme der wasserlöslichen Salze. Sie richten sich gegen verschiedene Gefahren (Abb. 592):

1. Sicherung gegen Sickerverluste,

2. Sicherung gegen Auftrieb und Gleitbewegungen,

3. Sicherung gegen Gefügeveränderung (wechselnde Druckverhältnisse) und
gegen Grundbruchgefahr.

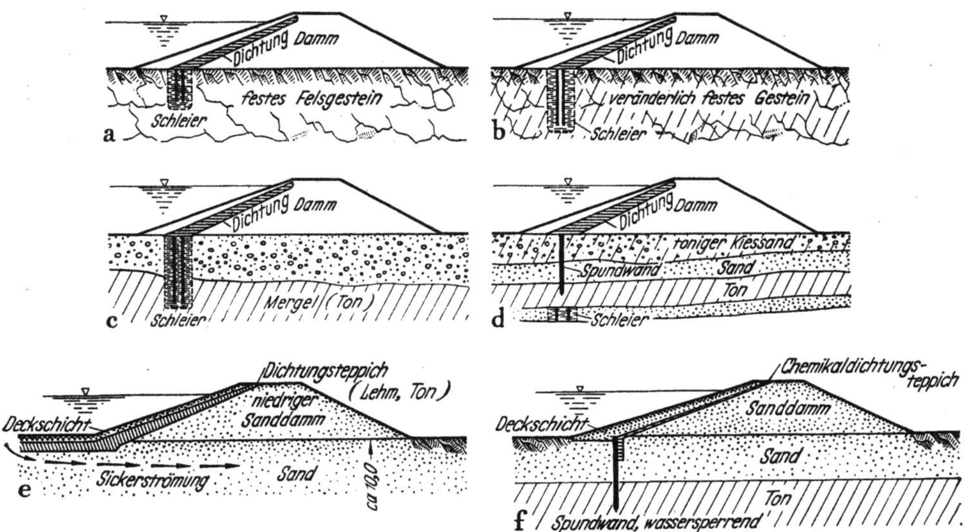

Abb. 593 a—f. Verschiedene Möglichkeiten der kombinierten Staudammbaugrunddichtung bei wasserseitiger Wassersperrung unter Berücksichtigung verschiedener Baugrundverhältnisse.

Alle diese Maßnahmen bedingen sich gegenseitig. Nur ergeben sich bei der
technischen Durchführung Fragen des unterschiedlichen Ausmaßes, je nach den
besonderen Sicherungsansprüchen in Abhängigkeit vom Baugrund und der
Stauhöhe (Abb. 593a—f).

b) Die Sicherung gegen Sickerverluste und Auftrieb.

Sie sind nicht nur infolge der Wasserverluste bedeutsam, sondern als Folge
der mit der Durchsickerung verbundenen größeren Gefahren der Untergrund-
erosion uud des Auftriebes. Sie beruhen auf Undichtigkeiten im Gesteinsuntergrund. Da die Sickerverluste mit der Stauhöhe, dem Staudruck, anwachsen,
ist die Sicherung nach Umfang und Tiefe eine Frage des Staudruckes. Man
rechnet, daß in engen Querschnitten die Abflußmenge mit dem hydraulichen
Gefälle im gleichen Verhältnis anwächst. Danach richtet sich auch die Höhe des
Wasserdruckes bei der Wasserprobe zur Feststellung des Schluckvermögens und
der erforderlichen Abdichtung. Die Sicherung gegen diese Sickerwasserverluste
wird auf zweierlei Weise der Abdichtung ermöglicht.

1. **Dichtungsteppiche** (Abb. 593e, f). Die Abdichtungsmaßnahmen werden
durch die Anlage mehr oder weniger horizontaler Dichtungsteppiche im Bereich

des Stauraumes aus Ton, natürlichem oder chemisch veredeltem Lehm und Ton (Chemikalteppich) in Mindeststärke von mehreren dm im Verein mit einer Verbreiterung der Dammsohle oder mit einer meist aus Spundwänden bestehenden unmittelbaren Abdichtung vor dem Bauwerk wirkungsvoll gelöst.

Die weit in den Beckenraum (Abb. 31, S. 15) vorstoßenden Dichtungsteppiche sollen durch den stark verlängerten Sickerweg den Sickerwasserstrom in seiner gefährlichen Auswirkung auf Damm und Tragkörper weitgehend entspannen. Neuerdings wird die Anlage dieser Teppiche wieder stark empfohlen. Diese Maßnahme läßt sich nach dem Hydratonverfahren durchführen, weil neben einer stark wasserbeständigen Dichtungsmasse jede beliebige anstehende Erdart hierfür verwendet werden kann. Man braucht somit nicht mehr natürliche Dichtungsstoffe besonderer Qualität zu beschaffen. Die Veredelung der vorhandenen Deckschicht empfiehlt sich auf jeden Fall, da diese meist durch Wurzelstubben, durch Wühlgänge und Pflanzenbewuchs und den Baubetrieb undicht geworden ist. Auf jeden Fall sollte diese natürliche Deckschicht sich auf mindestens 50 m Entfernung von der wasserseitigen Dammzehe in den Staudamm erstrecken und nur der Mutterboden entfernt werden.

Besteht der Untergrund bis zu größerer Tiefe aus durchlässigen Sand- und Kiesschichten mit hoher Grundwasserführung, so daß weder durch Dichtungsschlitze, Spundwände und Dichtungsschleier der Wasserdurchfluß verhindert werden kann, so kommen größere Stauhöhen infolge der Unterströmungsgefahr nicht in Frage. Man muß danach streben, das Wasser auf seinem Wege durch den Untergrund möglichst zu entspannen. Das kann man dadurch zu erreichen versuchen, daß man die im unteren Bereich des Stauraumes auf seiner Sohle und an den Hängen vorhandenen natürlichen Lehmablagerungen und Lehmdecken aus Auelehm und Gehängelehm ausbessert und als natürliche oder chemisch veredelte Lehmteppiche benutzt, um damit dem Wasser den Zutritt in den Untergrund zu sperren. (Beispiel Staubecken Lappia bei Danzig).

Kritik. Diese Arbeiten sind meist schwer durchzuführen, vor allem, wenn Baumwurzeln vorhanden sind. Auch wird man nicht mit Sicherheit feststellen können, ob die vorhandene Tal- und Gehängelehmdecke bereits wasserdicht ist und wo nachgeholfen werden muß. Diese Oberflächenschicht ist auch im Bereich des Wasserstandswechsels Beschädigungen durch Witterung, Baumwurzeln, Pflanzenwuchs, Tiere usw. ausgesetzt und daher in der Anlage und Unterhaltung kostspielig. Bei Anwendung des Hydratonverfahrens ist eine ebenso einwandfreie, billige wie rasche Ausführung der Dichtung der Oberflächenschicht als Chemikalteppich möglich.

2. Spundwände (Abb. 593d, f). Der bessere Schutz, die sichere Garantie gegen die verschiedenen gefahrdrohenden Einwirkungen des gestauten Wassers wird durch die unmittelbar vor der Stauanlage angeordnete Spundwand erreicht. Hierzu dienen für geringe Mächtigkeiten und durchlässigen Baugrund hölzerne, bei größeren Mächtigkeiten und festem Untergrund stählerne Spundwände, die eine abdichtende Sperrwand gegen die Wasserseite bilden sollen. Holzspundwände quellen leicht auf, sie sind für weiche Lockergesteine geeignet, stählerne für festere.

Sind die Lehm- und Tonschichten, an die ein Anschluß der Dammdichtung vorgesehen ist, von grobem Geröll überlagert, so ist es zweifelhaft, ob man stählerne Spundwände unbeschädigt rammen kann. Es können Bohlen aus den

Schlössern springen. Auf diese Weise können erhebliche Durchflußöffnungen in der Wand entstehen. Die Schlitzbaugrube ist dann zwar teurer, aber auf jeden Fall zuverlässiger. Das Wasser wird durch die Undichtigkeit der Spundwandschlösser in das Innere des Tonkernes geleitet. Es empfiehlt sich daher, die Schloßfugen der Spundwände, so wie sie im Tonkern liegen, zu verschweißen oder auf andere Weise sorgfältig zu dichten. Bei den Rammarbeiten bei Turawa hat sich folgendes gezeigt:

Streicht man die Nute der Spundwandbohlen vor dem Rammen sorgfältig mit Bitumen und Ton aus, so wird ein Eindringen des Bodens in die Nute verhindert und das Rammen sehr erheblich erleichtert. Auch die Wasserdurchlässigkeit der Schlösser wird dadurch wesentlich geringer.

Bei Lockergesteinen ist die Spundwand allgemein üblich, besonders in gemischten Lockergesteinen, die einer künstlichen Abdichtung durch Suspensionen oder Lösungen schwer zugänglich sind. Als außergewöhnlich ist die Ausführung der Spundwand am Fort Peck-Damm in Nordamerika zu bezeichnen, die bis zu einer Tiefe von 47 m reichte und sich bewährt hat [*405*].

3. Dichtungsschleier (Abb. 592, 593a bis c) [*142, 143, 173, 194, 195*]. In klüftigen Felsgesteinen ordnet man vor der Stauanlage in der Talsohle und den Hängen eine Dichtungsschürze, einen Dichtungsschleier aus Zement, Hydraton (und/oder Bentonit) an, der auf dem Wege der Injektion unter hohem Druck im Felsgestein gebildet wird. Durch die Zementverpressung werden alle Spalten und größeren Hohlräume mit einem Durchmesser von 0,5 mm und größer satt ausgefüllt, verschlossen, abgedichtet und das Gestein im Bereich der Auspreßzone stark verfestigt. Für den Spaltenbereich unter 0,5 mm Weite verwendet man verschiedene chemische Verfahren, Suspensionen und kolloidale Lösungen, labiles Wasserglas, auch Tonsuspensionen allein oder in Verbindung mit den Zement- und/oder Chemikalinjektionen und dichtet somit auf diesem Wege diese feinsten Haarrisse ab.

Bei den Dichtungsmaßnahmen ist besonders in den weniger zuverlässigen felsigen Baugrundarten, wie dem zerrütteten Tonschiefer, auch den Kalk- und Sandsteinen, eine weitgehende Klärung der Baugrundverhältnisse im eigentlichen Stauraum erforderlich, da ja allein durch die in diesem Raum vorhandenen tiefreichenden Klüfte, auch die beste Stauanlage und sicherste Abdichtung vereitelt werden kann. Wenn daher in der Literatur hervorgehoben wird, daß z. B. in Nordamerika und Algerien in einzelnen Fällen mehr als 30000 Bohrmeter abgeteuft wurden, um gerade in dem unzuverlässigsten Untergrund aus zerrütteten, stark klüftigen Kalk- und Sandsteinen die Baugrundverhältnisse zu erforschen und gleichzeitig abzudichten, dann ermißt man nicht nur die Bedeutung der gründlichen ingenieurgeologischen Vorarbeit, sondern auch die Bedeutung, die die Abdichtung auf dem Wege der Verpressung gefunden hat. Auch diese auf die Fläche des Stauraumes ausgedehnte Verbesserung des Baugrundes ist nur erforderlich, wenn es nicht gelingt, den Wasserabfluß zu verhindern. Dieser liegt möglichst in dem Anschluß an eine wasserundurchlässige — wenn auch tief liegende —, aus tonigem Material bestehende plastische, sich zusätzlicher Belastung anpassende Schicht.

4. Luftdruckbetoncaissons wurden in den USA bis 50 m Tiefe, 15 m lang und 3 m breit ausgeführt und anschließend die Fugen gedichtet. Der Baugrund wurde zusätzlich auf 30 weitere Meter verpreßt, so daß die Unterkante des Schleiers 200 m unter Stauspiegel der vollgestauten Anlage verläuft.

Die Technik, die Vorbereitungsarbeiten, die Art und der Umfang dieser Auspreßarbeiten verlangen eine sehr eingehende Voruntersuchung. Nach heutiger Auffassung der maßgebenden Firmen ist der beste Abdichtungserfolg erreicht, wenn in felsigen Gesteinen zumindest ein doppelter Schleier angelegt wird. Er hat eine Stärke von mehreren Metern. Nach der Abdichtung felsigen Baugrundes wirken die talseitigen Klüfte und Risse wie natürliche Dränagen für eventuelle geringe Sickerverluste.

Es ist in diesem Zusammenhang nicht erforderlich, den Dichtungssporn bei wasserseitiger Dichtung bis auf festen frischen Felsen auszuheben, wenn durch Abdichtungsversuche die Abdichtungszone im überlagernden zersetzten Felsen eindeutig bestimmt ist. Der Dichtungssporn soll jedoch mindestens 2 m unter dem obersten Packerstand, d. h. 2 m tiefer als die obere Grenzlinie des Verpreßschleiers reichen, um eine dichte Brücke zwischen Schleier und Dammdichtung zu verbürgen.

Tiefreichende Störungszonen mit Gesteinsgrus und Zersatz sind auszuräumen und durch Betonplomben zu verfüllen. Diese sollen an der Schnittlinie zwischen Schleier und Baugrund mit dem Felsen gedichtet, verfestigt und verheftet werden. Nach Abschluß der Dichtungsarbeiten sollen Gefahren und Wasserverluste, Auftrieb und Erosion ausgeschlossen, zumindest auf ein erträgliches Mindestmaß beschränkt sein.

5. Kohärente Lockergesteine, die ja meist nur sehr schwer wasserdurchlässig sind, sind einer künstlichen Dichtung durch Injektionsverfahren nicht zugänglich.

c) Zusammenstellung der gebräuchlichsten Dichtungen.

1. Spundwände mit meist zusätzlicher chemischer Dichtung für den Tiefenbereich bis etwa 25 m (ausnahmsweise 47 m!),

2. die zum Teil thixotropen Zementinjektionen in allen klüftigen, also felsigen Gesteinen im Verein mit Tonsuspensionen oder den chemischen Abdichtungsverfahren oder mit Hydraton.

3. die chemischen Abdichtungsverfahren auch mit Tonzusatz unter Verwendung kolloidaler Lösungen und des Shellpermverfahrens mittels Bitumenemulsionen, die beide für die feinen Risse und ausschließlich für die sandigen durchlässigen Lockergesteine Verwendung finden.

4. Herdmauern von beträchtlicher Tiefe unter zusätzlicher chemischer Abdichtung, auch Zementinjektionen, wie sie besonders in Algerien verwendet wurden (auch bei der Alcovasperre), in freier Baugrube, unter Anwendung des Calix- und des Gefrierverfahrens (letztere Lösung als ein Vorschlag für den mehr als 100 m mächtigen Untergrund an dem Projekt Sylvenstein mit hoher Grundwasserströmung. Hier würde jede Injektion versagen).

5. Dichtungsvorlagen aus hochplastischem Ton an der Wasserseite (Dichtungskörper) oder im Kern von Erddämmen.

6. Dichtungskörper (Vorlagen, Chemikalteppich, als wasserseitiger Dammteil, als Dammkerne) nach dem Hydratonverfahren (Abb. 590).

7. Betonmembrane als Kerndichtungen im Verein mit Vorlagen aus haftenden, wenig durchlässigen Lockergesteinen in Erddämmen (Abb. 62, S. 34). Diese

unter 5. bis 7. genannten Sicherungsmaßnahmen können mit und ohne Anwendung von Spundwänden, je nach der Mächtigkeit der verbleibenden durchlässigen Baugrundschicht als Untergrundabdichtung bis in den verpreßten Felsgrund hinabgeführt werden und verbürgen damit einen absolut sicheren Anschluß und die erforderliche Wassersperrung.

8. Dichtungsvorlagen, Decken aus Beton-, Gußasphalt, Stahlbeton. Diese werden nicht nur als Sohlenbelag im Stauraum im Sinne der üblichen Bezeichnung der Teppichbeläge, sondern auch als Beläge auf der wasserseitigen Dammböschung selbst angewandt.

Der Erfolg der Abdichtungsmaßnahmen des Untergrundes ergibt sich aus dem Rückgang der Sickerwasserverluste (Abb. 594). Er läßt sich durch die

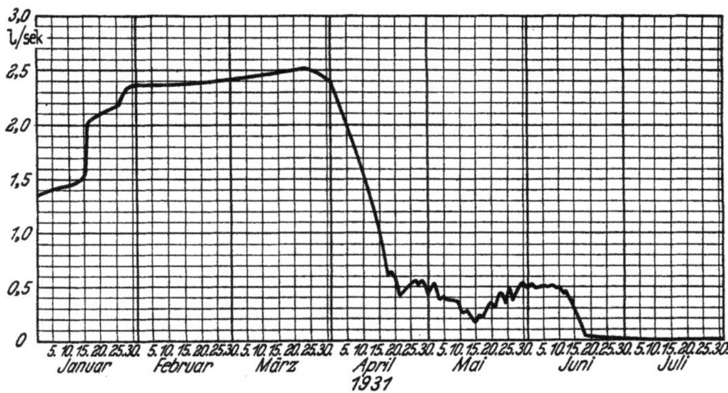

Abb. 594. Ergebnisse der Sickerverluste vor und nach der Baugrunddichtung der Wasserkraftanlage Grodek. (Nach [173].)

unmittelbare Bestimmung der Wasseraufnahme vor und nach der Auspressung in wieder aufgebohrten Auspreßlöchern messen. Als Norm für eine genügende Abdichtung hat man folgende Werte angenommen:

Nach Angaben des Schweizer Spezialisten Prof. Lugeon liegt die Grenze bei Stauwerken über 30 m Höhe und 1 l/min und lfdm. bei einem Druck von 10 atü und 10 min Dauer. Wird dieser höchstzulässige Betrag überschritten, dann muß weiter abgedichtet werden. Bei Stauanlagen unter 30 m Höhe kann man 3 l/min Wasserverlust zubilligen, ehe man weiter verpreßt.

d) Die Baugrubensicherung

gegen Einsturz und Nachfall muß ebenfalls aus den Verbandsverhältnissen und aus dem Grade der Verbandsfestigkeit, dem Drucklüftungsverlauf und dem Einfallen bei geschichteten Gesteinen ermittelt werden. Insbesondere ist an tonigen Gesteinen mit ihrer hohen Wasserempfindlichkeit das Augenmerk auf die Möglichkeit rascher Zersetzung und Rutschungen zu richten. Bei dem Bau der Stauanlage Bakhadda in Algerien stieß man auf Schieferfelsen, der innerhalb weniger Stunden völlig zerfiel. Der Einfluß leicht zersetzlicher Schwefelkiesbänder in Schiefergesteinen verdient genaue Beachtung, weil durch den Zutritt von Luft und Wasser die Zersetzung sehr rasch vor sich geht und unter Umständen der Baugrund sich während der Bauzeit sehr verschlechtern kann.

e) Sicherung gegen Gefügeänderung und Grundbruchgefahr.

1. Die Dränierung. Je empfindlicher ein Gestein gegen Wasser ist, sei es durch Wasseraufnahme, also Schwellen, durch Veränderung der Lage bei den kohäsionslosen Lockergesteinen, um so mehr ist mit Rücksicht auf die Wirkung des gestauten Wassers diesen Verhältnissen bei der Festlegung der Sicherungsmaßnahmen Beachtung zu schenken.

Unter dem Stützkörper können Auelehm oder wenig durchlässige Lehmmassen nach Entfernung des Mutterbodens usw. liegen bleiben. Es empfiehlt sich in diesen Fällen die Anlage von Sickerschlitzen mit 20 m Abstand, die gegebenenfalls die Filterschicht der Dichtung nach dem luftseitigen Dammfuß entwässern und hier an einen außerhalb des Dammes liegenden Querschlitz anschließen.

Außer den obengenannten Maßnahmen ist ein vorzügliches Dränsystem eine weitere Sicherungsmaßnahme an der Rückseite einer Stauanlage, wodurch der Auftrieb weitgehend ausgeschaltet wird.

Grundwasser- und Sickerwasserableitung. Dränstränge sind nur dort anzulegen, wo eine Abführung des Wassers längs der Dammsohle erforderlich ist. Diese Ableitung hat in den veränderlichfesten Felsgesteinen (Tonschiefer, tonige Sandsteine usw.) in der Weise zu erfolgen, daß keine Gefahr für Veränderung des Baugrundes (Erweichen, Zersetzung, Erosion) und damit Schwächung des Baugrundes besteht.

Man sieht daraus, daß man der rückseitigen Entwässerung, der Unterbindung der Grundbruchgefahr und den Auftriebsverhältnissen durch die zweckentsprechende, filtermäßig ummantelte und auch durch Einsteigschrote zugängliche, für die Entschlämmung erforderliche Sicherungsanlage nicht genügend Sorgfalt widmen kann.

2. Der Grundbruch. *Begriff und Wesen.* Unter einem Grundbruch ist „die Bodenabschwemmung" zu verstehen, die durch den Druck der Grundwasserströmung hervorgerufen wird. Bei Eintritt der sog. kritischen Druckhöhe findet zunächst eine Auflockerung und Umlagerung der Bodenteilchen statt und dann gelangt plötzlich der ganze aufgelockerte Boden in rasche Bewegung.

Die Anzeichen eines Grundbruches bilden vereinzelte Quellen, dann kleinere Sandausspülungen, die sich hügelartig anordnen. Die Massen wölben sich schließlich auf und brechen plötzlich explosionsartig hoch. Ein Grundbruch wirkt sich stets plötzlich und mit ziemlicher Gewalt aus. Unter dem Stauwerk, soweit es erhalten bleibt, bilden sich tiefe und breite Erosionsrinnen mit muldenförmigem Querschnitt.

Außer der durch den Auftrieb verursachten kritischen Druckhöhe ist die Erosionswirkung über längere Zeiten, die durch die Grundwasserströmung hervorgerufen wird, Ursache von Grundbrüchen. Dieser Vorgang entzieht sich jeder Berechnungsmöglichkeit, während der kritische Druck sich nach den Regeln der Mechanik und Hydraulik ermitteln läßt.

Für den *Sicherheitsfaktor gegen die Grundbruchgefahr* gibt BLIGH [*28*] folgende Formel an:

$$c = \frac{2\,t + h}{b},$$

t ist die Tiefe der Spundwände, b die Breite der Grundfläche des undurchlässigen Teiles des Stauwerkes, h die Stauhöhe. Es gelten folgende Werte für c:

```
feiner Sand und Schluff . . . . . . . . . . . . 18
glimmerhaltiger Sand . . . . . . . . . . . . . 12
grober Sand . . . . . . . . . . . . . . . . . 12
Schotter bis Sand . . . . . . . . . . . . . . . 9
```

TERZAGHI gibt für Spundwände den Wert 0,57 bis 0,85, für Wehre mit flacher Basis 1,43 bis 2,1 an. Bei vierfacher Sicherheit der Spundwand beträgt der Wert für $c = 2,3$ bis $3,4$, für Wehre 5,7 bis 8,4.

Nach BLIGH gilt ausreichende Sicherheit dann, wenn der Unterschied zwischen Ober- und Unterwasser (H) bei grobem Sand nicht mehr als 0,08 L und bei Kies nicht mehr als 0,11 L beträgt. $L =$ Länge des Sickerweges. $H : L =$ hydraulische Gradiente einer Stauanlage. Mit Rücksicht auf die fortschreitende Erosion wird für die Bestimmung der kritischen Druckhöhe und die dabei erforderliche Sicherheit auf durchlässigem Baugrund die dreifache Sicherheit verlangt.

Die *Grundbruchgefahr* ist bei *Auftrieb* (nach oben gerichtetem Strömungsdruck) nach [*310*] dann gegeben, wenn

$$p_{\text{krit}} = i_{\text{krit}} = \frac{\frac{1}{n} \cdot h}{d\,l} = \frac{v_{\text{krit}}}{k} = 1,$$

p_{krit} der kritische Strömungsdruck,
i_{krit} das kritische Gefälle,
h die Gesamtdruckhöhe,
d_l der Abstand der maßgebenden Stromlinien,
n der Hohlraumgehalt im Untergrund,
k die Durchlässigkeitsziffer,
$v_{\text{krit}} = \dfrac{d\,Q}{d\,F}$ die kritische Strömungsgeschwindigkeit.

10. Die Gründung der Staudämme [*173*].

a) Bedingungen.

Während bei den Mauern unbedingt fester Felsuntergrund Vorschrift für die Gründung ist, müssen bei den Staudämmen folgende Bedingungen erfüllt sein:

1. Soweit nichtfelsige Massen, also Lockergesteine, vorliegen, müssen sie frei von organischen Einschlüssen sein (anmoorige Massen, Torf, Faulschlamm usw. sind auszuheben).

2. Die Konsistenz der veränderlichfesten Lockergesteine soll so steif sein, daß keine starken Setzungen, vor allem keine Ausquetschungen (Grundbruch!) möglich sind.

3. Die Zusammensetzung nach Mächtigkeit und Ausbildung der Schichten soll keine erheblichen und vor allem langwierigen und unterschiedlichen Setzungen in sich schließen.

4. Es soll in nicht zu großer Tiefe eine wasserundurchlässige durchlaufende Schicht vorhanden sein, die nach Mächtigkeit und Zusammensetzung die Gewähr einer Sicherung gegen den Strömungsdruck aufweist.

5. Die zwischenliegenden Massen müssen eine derartige Schubfestigkeit besitzen, daß sie den durch den Wasseranstau entstehenden Horizontalschub aufzunehmen imstande sind.

6. Die Anschlüsse des Dammes sollen eine gut dichtende Wirkung aufweisen.

7. Stärkere, auch zeitlich intermittierende Quellen sollen im Bereich der Dammbaustelle nicht vorkommen.

Die Schubfestigkeitsuntersuchungen sind bei verschiedenen Konsistenzformen durchzuführen aus der Erwägung, daß unter dem Strömungsdruck des Wassers sich die Konsistenz verschlechtern kann. Auch können zunächst wenig erkenntliche Undichtigkeiten in dem Untergrunde vorhanden sein, die zu einer stärkeren Aufquellung des Baugrundes unter Staudruck führen.

Liegt frischer gesunder Felsen in nicht allzu großer Tiefe, dann ist es auf jeden Fall zu empfehlen, den Baugrund bis auf diesen festen Untergrund auszuheben. Für beide Arten der Stauanlagen: Mauer oder Damm, ist die Gründungssohle in gleichem Maße zu behandeln, also Säuberung von lehmigsandigen Massen in Klüften, Spalten, Zerrüttungszonen und Verschließung durch Beton. Zweckmäßigerweise werden Belegstücke von der Baugrundsohle von verschiedenen Stellen wie bei der Gründung von Bauwerken entnommen, um sich ein Bild über den Charakter des Gesteins, seine mineralische Zusammensetzung, Gefügeausbildung, Frischegrad und Feinklüftung neben der megaskopischen sichtbar zu machen, auch um gegebenenfalls Wasserdurchlässigkeitsversuche und Wasserbeständigkeitsversuche durchführen zu können.

b) Die Baugrundabnahme.

Die Baugrundüberprüfung vor der Bauausführung dient der Feststellung der tatsächlichen Qualität des Baugrundes. Sie beantwortet die Frage der Eignung unter Berücksichtigung der möglichen Gefahren, der erforderlichen Sicherungsmaßnahmen und der vermutlichen Folgen der Belastung. Sie untersucht die Grenzen der frischen und verwitterten Felsmassen, ferner die Frage der Inhomogenität und klärt die Gründungstiefe in den verschiedenen Bauabschnitten. Der Baugrund kann nach der Gesteinszusammensetzung, dem Grade der Klüftigkeit und den Lagerungsverhältnissen als einwandfrei, als verbesserungsbedürftig und als gefährlich angesprochen werden. Zu dieser Bewertung gehört ein gerüttelt Maß an Erfahrung, da die Stauhöhe, die Bauwerke in der Ausführung wechseln und die Druckhöhen verschieden sind, aber auch die Qualität allein des felsigen Untergrundes meist in noch größeren Grenzen schwankt. Leider ist man darin meist auf Erfahrungen unter Hinweis auf ähnliche Bauwerke angewiesen, ohne indessen rechnerisch Grenzwerte angeben zu können.

Ferner muß die Frage der Baugrundgüte unter dem Gesichtspunkt der Wasserdurchlässigkeit geprüft werden. Die hierfür erforderlichen Baumaßnahmen sind klarzustellen. Auch eventuelle Verfestigungsmaßnahmen des Untergrundes gegen die Gefahr teilweiser Abscherung, z. B. bei schiefrigen, ungünstig gelagerten Massen, insbesondere bei weitgehender Gesteinszertrümmerung und Auflockerung der Verbandsfestigkeit, sind zu berücksichtigen, ferner der Einfluß in größerer Tiefe zersetzter toniger Schiefermassen.

c) Verhinderung der Umläufigkeit.

Wichtig ist vor allem das seitliche Einbinden und Abdichten in den gesunden Felsen als Maßnahme gegen umlaufendes Wasser. Der böschungsseitige Anschluß soll so tief reichen, daß er die Gefahr einer Umläufigkeit ausschließt. In der Regel wird dies dadurch erreicht, daß beim Vorhandensein von felsigen Massen mindestens bis zum leichten Sprengfelsen (früher Hackfelsen) ausgehoben und eingeschlitzt wird und dabei durch Verzahnungsstufen der scherfeste Anschluß mit dem Kunstbauwerk erreicht wird. Bei Dammanschlüssen ist eine Verzahnung nicht erforderlich.

d) Färbversuche.

Tritt in den Baugruben Wasser aus dem Stauraum auf, dann ist es notwendig, durch Färbversuche die Fließrichtung zu erforschen. Man verwendet dafür entweder Fuchsin oder das in der Färbkraft 10 mal stärkere Uranin, beides sind Anilinfarbstoffe von roter bzw. grüner Färbung. 1 g Uranin läßt sich noch an 100 m³ Wasser nachweisen. Im porösen Untergrund aus Lockergestein wird allerdings Uranin stark durch die engen Poren absorbiert. Auch Lösungen von Phenolphthalein haben sich besonders zum Nachweis des Kalkgehaltes durch eine rote Färbung des Wassers bewährt. Die Wasserzuführung zu der Sperrstelle im Untergrund ist zu beachten. Diese Wasserzuführung konnte z. B. an der Sösetalsperre nach dem Einstau genauestens und erfolgreich erforscht werden. Im gleichen Maße ist auch die Grundwasserbeobachtung an der Talseite vor dem Einstau und nach dem Einstau für die Grundwasserversorgung der Anlieger und der Vegetation wichtig. Der Grundwasserhorizont soll möglichst wenig verändert werden, was aber im näheren Umkreis des Beckenraumes nicht möglich ist.

e) Die Untergrundvorbereitung.

Einer besonderen baulichen Vorbereitung bedarf der Untergrund bei der Ausführung von Staudämmen im geneigten Gelände. Bei stärker als 5% geneigtem Gelände sind Verzahnungsstufen vorzusehen und auszuführen. Bei feuchter Grundsohle sind kiesig-steinige Massen als Filter- und scherfeste Schicht einzuzubauen, die auch sonst zur Ableitung des Filterwassers vorzusehen sind. Eine vorherige Beräumung von Mutterboden zeigt alle natürlichen feuchten bis anmoorigen oder Moorstellen auf, die ebenso wie schlammige Massen sauber beräumt und sorgfältig mit Massen in flacher Lagenschüttung fest ausgefüllt werden, bis der bündige Anschluß an die Oberfläche erreicht ist. Der Verfüllung von abgeschnürten, versumpften Armen, den Altwässern, ist besondere Aufmerksamkeit zu schenken, da sich hier der alte Wasserlauf vielfach unterirdische Bahnen geschaffen hat und so zu unerwünschten und im einzelnen schwer zu kontrollierenden Wasserverlusten führen kann, die der Erosion, dem Grundbruch, Vorschub leisten. Sickerleitungen in veränderlichfestem Felsgrund sind nur bei Anwendung genügender Dichtung statthaft.

f) Die Sicherung gegen Wasserzuflüsse.

Es besteht die Möglichkeit, daß Wasser aus dem Hange zutritt. Soweit dies innerhalb des Beckens geschieht, ist dies eine durchaus erwünschte Erscheinung. Soweit Wasser im Bereich der Dammbaustelle sich einstellt und weder durch die Tonschürze noch sonstige Dichtungsmaßnahmen zu beseitigen ist, durch Färbversuche sich aber als aus dem Stauraum stammend erweist, ist es notwendig, sich je nach dem Ausmaße gegen die Unterspülungsgefahr zu schützen. Ist der Zufluß erheblich, so ist er abzudämmen, evtl. durch besondere Ableitung und örtliche Verpressungen. Ist der Wasserzutritt gering, dann sollte man sich zumindest durch den Einbau von Dränagen sichern, die jedoch nicht die Dichtungsschürze durchstoßen, sondern nur dazu dienen, die Dammsohle soweit zu entwässern, daß im Zuge der Dammausführung und der damit verbundenen Verdichtung des Untergrundes nicht ein Wasserstau unter dem Damm verursacht wird, der sich wiederum zur Auftriebsgefahr auswächst. Diese Gefahr ist z. B. in einem örtlichen allmählichen Erweichen lehmiger, das Wasser adsorptiv bindender Massen gegeben. Daher muß neben einer sauber verlegten Dränagenleitung auch die Verbindung zwischen Damm und Untergrund durch eine kapillarbrechende, reibungserhöhende Schicht aus grobkörnigen Lockergesteinen hergestellt werden. Tritt seitlich Wasser zu, dann ist es leicht möglich, durch Sickerschlitze im filterförmigen Aufbau, durch Dränleitungen und ähnliche Maßnahmen den Zufluß zum Damm zu verhindern. Zur Sicherung des Dammes gehört auch die Sicherung des Rücklandes an der luftseitigen Dammzehe gegen Erweichen. Es genügt daher nicht, den Baugrund im Bereich des Dammes zu schützen und den Rückhalt an der Talseite zu vernachlässigen. Deshalb sind in rutschsüchtigem, geneigtem Gelände fischgrätenartig angeordnete Sickerschlitze auf einer angemessenen Breite einzubauen und sonst für den ruhigen Wasserabfluß und die Beruhigung des Untergrundes zu sorgen. Sonst besteht die Gefahr des Ausquetschens und die Lockerung des Stützkörpers, damit aber die Vorstufe zum Dammbruch selbst.

g) Der Anschluß der Dichtung an den felsigen Untergrund.

Um die Dichtung an der oft reichlich nassen Felsensohle fest und in der gewünschten Konsistenz einzubringen, muß der Dichtungsschlitz mit Gefälle nach der tiefsten Beckenstelle fortschreitend mit dem Dichtungsmaterial verfüllt werden. Daher ist hier in besonders ungünstigen Fällen ein leistungsfähiger Pumpensumpf auszuheben und ein Pumpenaggregat aufzustellen, um die Felssohle einigermaßen trocken zu halten, Rohrleitungen, die die Dichtung durchstoßen, sind mit mehreren dm breiten flanschartigen Ringen zu versehen und mit einer besonders starken Tonvorlage zu ummanteln, um die Durchsickerung sowie die Erosionsgefahr längs der glatten, die Wasserbewegung begünstigenden Rohrwände weitgehend zu unterbinden.

Die Lehm- oder Tondichtung muß sehr sorgfältig an den Felsen angeschlossen werden. Die Vorbehandlung des Felsens ist dieselbe wie die Behandlung beim Anschluß an einen Betonsockel. Für den Anschluß der Lehmdichtung an den Felsen empfiehlt sich u. a. die Verwendung einer nach dem Hydratonverfahren veredelten beliebigen Erdart, da diese eine hohe Haftung besitzt und diese völlig einwandfrei unter Wasser, d. h. ohne Wasserhaltung eingebracht werden kann.

Besitzt z. B. die freigelegte Felssohle Absätze, die in der Talrichtung verlaufen, so kann das Dichtungsmaterial bei seiner geringen Haftung sich während des Setzens von dem überhängenden Teil des Felsabsatzes ablösen. Der Seitendruck im Dichtungskörper wird zwar die Bildung von Falten und Rissen in der Berührungsfläche Ton und Fels im allgemeinen verhindern, doch ist der an den

Talhängen gewonnene Dichtungslehm in den seltensten Fällen steinfrei. Liegen solche Steine in der Berührungsfläche Ton—Fels aufeinander, so kann im Bereich der Steinansammlung der Seitendruck wesentlich herabgesetzt werden. Es treten dann bei Bewegung dieser Steine gegenüber dem Felsen Auflockerungen des Lehmes ein und damit wird ein Weg für den Wasserdurchfluß geschaffen. Wird ein fester, steinfreier Ton von wesentlicher Haftfestigkeit, wenn auch nur in dünnerer Schicht, als Anschluß der Dichtung auf den Felsen aufgebracht, so wird hierdurch eine wesentlich größere Dichtigkeit erzielt als bei Verwendung von Lockergesteinen gröberen Materials im nicht veredelten Zustand an der gleichen Stelle, selbst wenn diese steinfrei sind. Hydraton dagegen haftet sehr stark.

Bei dem Staudamm Niederwartha (Abb. 17, S. 11), dessen Krone 41,50 m über der Felssohle liegt, greift die Dichtung bis zu 12 m in Form einer Verzahnung in den hier anstehenden Syenit ein, der in seinen oberen Lagen sehr stark verwittert ist. Die Wasserdurchlässigkeit der Sperre ist sehr gering und beträgt etwa 2 bis 3 l/s, wenn man von dem Wasser absieht, das von der langgestreckten luftseitigen Böschung und den angrenzenden Talhängen anfällt.

Feste Felsen in größerer Tiefe oder im Anschlußbereich der Bohrungen sind *nicht vorhanden* [80].

Ist im Untergrunde der gesunde und dichte Felsen erst in größerer Tiefe vorhanden und ist auch an den Talhängen ein Anschluß an das feste Gestein möglich, so kann man mit einer in der Dammitte liegenden Dichtung den Anschluß an den Felsen herstellen.

Ist dichtes, festes Gestein in erreichbarer Tiefe nicht vorhanden, so wird man versuchen, die Dammdichtung in tonhaltigen, undurchlässigen Untergrund einzubinden, die sich über der Sohle des ganzen Staubeckens erstreckt und auch an den Hängen zu erreichen ist. Beim Damm Ottmachau (Abb. 21, S. 12) wurde an eine 8,0 m tiefliegende tertiäre Tonschicht eingebunden. Es gelang, die Dichtung auf ihrer ganzen Länge von rd. 7 km mit Hilfe einer geböschten Schlitzbaugrube auf den tertiären Ton hinabzuführen. Wo dieser Ton tiefer lag, wurde der Schlitz im Schutz von Spundbohlen tiefer geführt und überall die Tonschicht erreicht. Sehr häufig haben solche Tonschichten Kies- und Sandnester, die im Staubecken Verbindungen zwischen dem Stauraum und einer unter der Tonschicht liegenden durchlässigen Schicht bilden. Der Damm ist dann trotz des sorgfältigen Anschlusses einer Dichtungsschicht unterläufig. In einem solchen Falle können nur sorgfältige Bohrungen und geophysikalische Messungen Aufschluß geben, ob eine Tonschicht als Staubeckenabschluß geeignet ist. Liegt die Schicht in größerer Tiefe und ist sie von stark wechselnd zusammengesetzten Lockergesteinsschichten überlagert, so können bei geophysikalischen Messungen Überlagerungen der den einzelnen Schichten eigenen Kennzeichen eintreten, die das Gesamtbild dieser Messungen stören und die richtige Deutung der Meßergebnisse erschweren.

Wird es besonders bei langen Dämmen zu kostspielig, die Dichtungsschicht in einen tiefen Schlitz mit senkrechten oder geböschten Wänden bis auf den dichten Untergrund hinabzuführen und dort anzuschließen, so kann man die unter dem Gelände liegenden durchlässigen Schichten mit Stahlspundwänden abschließen.

11. Abschnitt.

Ursachen und Verhütung von Dammbrüchen.
[*244, 365.*]

Die Anzahl der Unfälle ist an Dämmen viel größer als an massiven Talsperren. In einem sehr aufschlußreichen Aufsatz [*365*] über gebrochene Staudämme haben Schatz und Boesten eine Reihe von Beispielen bemerkenswerter Dammbrüche beschrieben.

I. Die Ursachen der Dammkatastrophen.

1. Grundbruch infolge ungenügender Wassersperrung im Untergrund.

2. Grundbruch infolge Ausquetschens weicher, nicht tragfähiger Massen (Fort Peck).

3. Grundbruch infolge allmählich sich zur Katastrophe auswachsender Erosion mit Gleitflächenbildung.

4. Setzungsfließerscheinungen (Porenwasserüberdruck) an Stranddämmen bei zu plötzlichen Stauspiegelsenkungen (zum Teil am Fort Peck-Damm, USA) [*409*].

5. Überströmen der Dammkrone: ungenügend verdichtete und unfertige Dämme, Setzungen unter der Höhe des Stauzieles, Hochwasserentlastung versagt.

6. Rückschreitende Erosion.

7. Austritt der Sickerlinie an der luftseitigen Böschung (Erosion und Auftrieb), ungenügende Dammbreite (rückschreitende Erosion).

8. Porenwasserüberdruck bei Spülkernen (Fort Peck-Damm).

a) infolge zu starker und zu plötzlicher Stauspiegelsenkungen,

b) zu schwacher beiderseitiger Stützkörper als Widerlager gegen diese labilen Kernmassen.

Nach den Ermittlungen von Middlebrooks [*262a*] an den im Verlaufe der letzten 100 Jahre in den USA beobachteten und untersuchten Dammschäden und Dammbrüchen verteilen sich die Ursachen hierfür folgendermaßen:

Überströmen der Dammkrone	30%
Durchsickerung des Dammkörpers	25%
Rutschungen	15%
Bruch der Entnahmerohre oder Grundablässe	13%
Böschungssicherungen	5%
Verschiedenes	7%
Unbekannt	5%

Obwohl dabei keinerlei Schäden durch Erdbeben nachgewiesen werden konnten, selbst nicht an Staudämmen in der Nähe der berüchtigten St. Andreasbruchlinie, einer sog. labilen Erdnaht, ist man doch in den USA dabei zu prüfen, ob die Erdbebensicherheit größer als 1 ist. Für die Dämme auf Felsgrund soll dabei mit 0,05, bei nachgiebigem Baugrund mit 1,10 gerechnet werden ($g = 9{,}81$ m/s^2) [*262a*].

Auf Grund der Zusammenstellung von 119 Dammbrüchen und Rutschungen nach REINIUS [337] werden diese Schäden verursacht:

durch Überflutung 30%
durch Sickerwasser und Grundbruch 40%
durch Porenwasserüberdruck (zumeist Spüldämme) 10%
zu steile Böschungen und ungenügende Verdichtung 10%

Meist wurde empirisch bemessen und gebaut ohne Rücksicht auf Druck- und Strömungsverhältnisse im Damm und ohne Nachweis der Beanspruchung und Festigkeit des Dammaterials.

Nach SCHATZ kommen folgende Ursachen für Dammkatastrophen in Frage:
1. Versagen des Baugrundes (80%).
2. Versagen des Dammanschlusses an Bauwerke (19%).
3. Versagen der Dammkonstruktion der Geotechnik und der Unterhaltung.

1. Versagen des Baugrundes [365].

a) Durchlässiger Baugrund, infolgedessen gefährlicher Auftrieb und Erosion, schließlich Grundbruch.

Beispiele. 1. **Westdamm des Julesburgbeckens bei Sedgwick, Colorado.** Der Untergrund bestand aus sehr weichem porösem, von starken Sandlöchern und -adern durchsetztem Sandstein. Es fehlte die Dichtungsschürze bis an den dichten Untergrund.

Außerdem Schüttung des Dammes in 1,2 m hohen Schichten, keine Verdichtung: Versagen der Geotechnik.

2. **Küddow-Damm** (Abb. 595). Der Dammbruch trat ein, da die Spundwand nur zum Teil die Unterläufigkeit verhinderte. Sie hätte auf die gesamte Dammlänge geschlagen werden müssen.

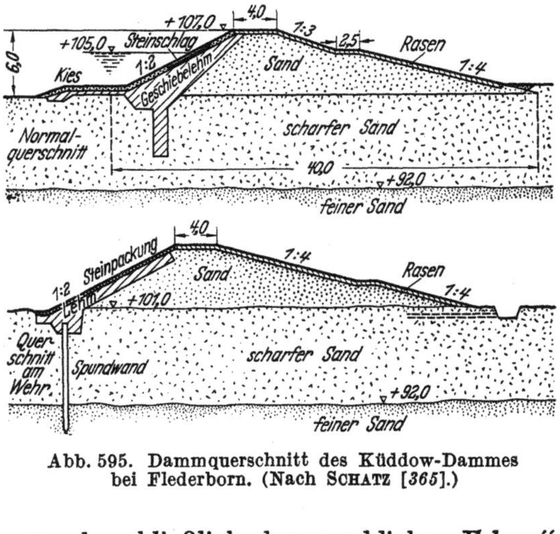

3. **Der Longwalds-Pond-Damm bei Farview.** Untergrund Sand und Lehm. Unterspült wurde der Betonkern. Ursache zu flache Gründung, so daß Quellen und Wasseradern unter dem Kern den Grundbruch einleiteten.

4. **Staudamm von Skottdale.** Der Untergrund an einem Dammende besteht aus schiefrigem, sehr klüftigem „Felsen", der eine Kohleader enthält. Der Felsen ist veränderlichfest.

Abb. 595. Dammquerschnitt des Küddow-Dammes bei Flederborn. (Nach SCHATZ [365].)

Infolge der langsamen Erweichung wurde schließlich der angebliche „Felsen" so weich, daß er unter der Dammlast ausfloß.

Ob eine Herdmauer und die Zementverpressung nach [365] ausreichend gewesen wäre, muß dahingestellt bleiben. Zweifellos wäre aber die Erosion und damit der Grundbruch stark verzögert worden.

5. **Hatchtower-Damm.** Dieser Damm liegt im vulkanischen Störungsgebiet. Die Spundwand war zu kurz. Durch Quellen an einer Hangseite wurde die Dammkatastrophe vorbereitet.

2. Versagen von Bauwerksanschlüssen an Dämme.

Ursachen sind: Glatte Wände, unsachgemäße Durchleitung des Grundablasses durch den Untergrund oder Dammkörper, Gründung auf Pfahlrosten, unterschiedliche Setzungen mit Hohlraumbildungen im Scheitel dieser Rohre. An oben flachen und unten steilen Talhängen kann sich der Damm aufhängen. Alle diese Vorgänge verursachen Undichtigkeiten im Dammkörper, die dem gestauten Wasser die Möglichkeit zu folgenschweren Durchsickerungen, Erosion und Dammbruchkatastrophen geben. Die Zahl der Dammbrüche durch Durchsickerungen längs der Entnahmeleitungen ist auffallend groß.

Beispiele. 1. Daledike-Damm bei Sheffield. Die Ursache für den Dammbruch ist in der undichten, fehlerhaften Verlegung der Entnahmeleitung aus zwei 150 m langen eisernen Kugelgelenkrohren zu erblicken, die in einem Graben unter dem Damm blank ohne die Anordnung zahlreicher Querrippen verlegt und nur durch Ton gedichtet wurden.

2. **Horsecreek-Damm bei Denver.** Bei sehr schlechtem und nicht gedichtetem Baugrund aus durchlässigem Schiefer mit lehmigen Sandschichten und weichen Sandsteineinlagerungen großer Durchlässigkeit wurde die Katastrophe durch die Durchsickerungen entlang der Entnahmeleitung infolge dieser ungenügenden Gründung verursacht. Kern und Herdgräben fehlten.

3. **Lyman-Damm.** Trotz bester Schüttstoffe und einem tiefreichenden Tonkern brach der Damm zwei Jahre nach seiner Vollendung in 16 m Höhe über der

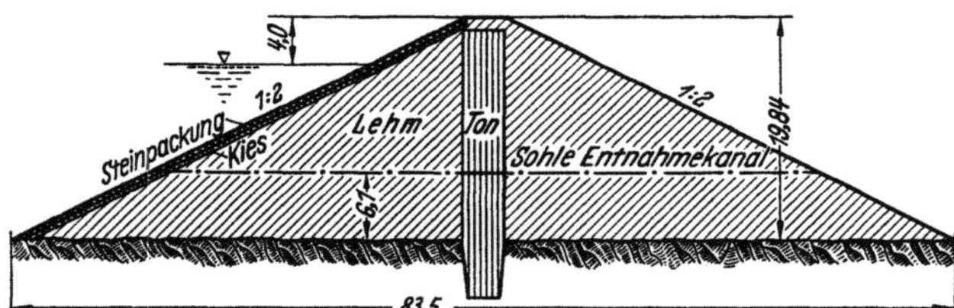

Abb. 596. Querschnitt des Lyman-Dammes am Little Coloradoriver Arizona. (Nach SCHATZ [*365*].)

Sohle. Wahrscheinlich hat die hohe Lage der Entnahmeleitung (Abb. 596) infolge ungenügender Verdichtung zur allmählichen Erweichung des Lehmes und Tones geführt.

3. Versagen der Dammkonstruktion und Geotechnik.

Nicht ausreichende Bemessung der Hochwasserentlastung. Zahlreiche Beispiele aus älterer Zeit sind anzuführen, daß durch unmittelbare Überströmung des Dammkörpers durch regressive Erosion die Dammbruchkatastrophe ausgelöst wurde. In USA sind nicht weniger als 39% der Dammbrüche dadurch verursacht worden. Aus jüngster Zeit ist der Dammbruch im Steinbachtal bei Thale (Harz) zu nennen. Durch einen Wolkenbruch war der Beckenraum überfüllt. Der unsachgemäß angelegte Damm wurde 1945 überströmt. 80000 m³

Wasser stürzten zu Tal, richteten Verwüstungen im Umfange von 500 000 DM in Thale an und verursachten den Verlust von 3 Menschenleben.

Ungeeignete Dimensionierung der einzelnen Glieder, auch ungegliederte Dämme, zu schwache Flanken und zu starke Spülkerne, zu flache Böschungen für die Stützdämme sind in konstruktiver Hinsicht, Verwendung ungeeigneten Materials, ungenügende Verdichtung, unsachgemäßer Einbau in geotechnischer Beziehung die häufigsten Ursachen der früheren Dammkatastrophen gewesen, wovon nachfolgende Beispiele zeugen.

Spüldämme. 1. **Necaxa-Damm in Mexiko.** Die Böschung des zu breiten Lehmkernes war zu flach, das für die Stützdämme vorgesehene Material war ein Tuffgestein, also ein im Gegensatz zur Berechnung der Stützkräfte zu leichtes Gestein. Die Steinschüttung rutschte auf den zu flachen Böschungen ab, die zudem ungenügend konsolidiert waren.

2. **Alexander-Damm (Hawai-Inseln).** Zu flache Böschungen bei Verwendung zu feinen Materials verursachten durch das halbflüssige Kernmaterial in 28 m Höhe bei einer Kernbreite von 1 : 3 (statt nur 1 : 4) der Dammbreite an der Luftseite einen Dammrutsch.

3. **Calaveras-Damm in Californien** (Abb. 28, S. 14). Die Hauptursache für die Dammkatastrophe beruht in zu dichtem Material der Randdämme, so daß der Kern nicht entfiltert werden konnte. Es fehlte hierzu auch die Dränage im Damminnern. Dem zu starken Überdruck im Kern waren die Randdämme nicht gewachsen. Außerdem bestand das Spülmaterial nur aus Tonkorn.

Man kann der Rutschgefahr bei gespülten Dämmen leicht begegnen, wenn die luftseitige Außenzone entwässert und so eine Wasserübersättigung verhindert wird. Für die Entwässerung kommen in erster Linie Steinpackungen oder durchlässige Schüttungen in Frage, die in geeigneten Abständen rigolenartig einzulegen sind.

Wo auch immer Rutschungen an gespülten Dämmen aufgetreten sind, stets waren die Dämme mit sehr ausgedehnten Kernen oder mit dichten luftseitigen Randzonen ohne Abzug. Bei den Abklärungen, die gerade die Rutschungen gebracht haben, müßte es in Zukunft möglich sein, ernstere Bauunfälle zu vermeiden ... Jedenfalls steht ein sachgemäß aufgebauter und hergestellter Spüldamm den übrigen Dammformen an Sicherheit nicht nach.

Andere Dämme. 4. Zu rascher Einbau [9] führte am **Muirhead-Damm** in Schottland zur Ermäßigung der Schubfestigkeit. Sie war beim optimalen Wassergehalt von 18,5 % doppelt so hoch wie bei einem Wassergehalt von 20,5 % und vierfach größer als bei einem von 22,5 % . Infolge zu hohen Wassergehaltes und der zu geringen Schubfestigkeit traten Risse im Dammkörper auf.

5. **Coloradosprings-Damm.** Trotz des anscheinend günstigen Querschnittes (Abb. 597) war die Ursache einer beginnenden Dammkatastrophe infolge unsachgemäßer Verdichtung ungeeigneten Materials, im

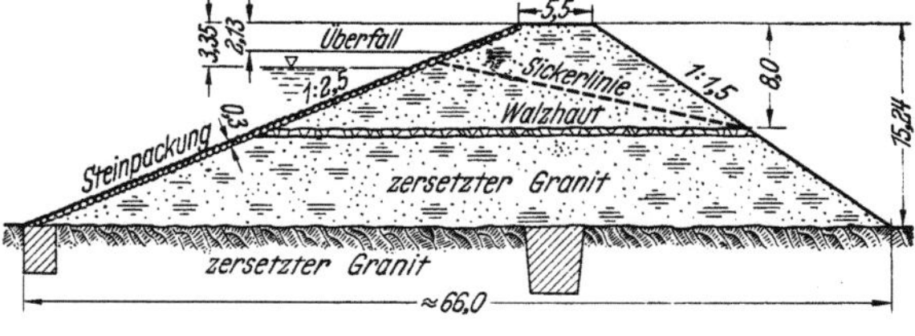

Abb. 597. Dammquerschnitt der Coloradospringswasserwerke. (Nach Schatz [365].)

Dichtungskörper, in dem sich eine Walzhaut ausgebildet hatte zu suchen, die die Durchsickerung begünstigte.

6. **Hebron-Damm in Neu-Mexiko.** Ungünstiges Dammaterial, das an der Bruchstelle völlig erweicht war, veranlaßte diesen Dammbruch.

7. **Apislapa-Damm bei Fowler, Colorado.** Ungenügende und ungleichmäßige Verdichtung wird für den Bruch dieses Dammes, der aus feinem Sand mit bindigen Bestandteilen zusammengesetzt ist, verantwortlich gemacht.

8. **Staudamm Michigan.** Ungenügende Verdichtung durch Befahren von Lastwagen. Beendigung zur Frostbeginnzeit. Es bildete sich eine festgefrorene Außenschale, die glockenförmig stehen blieb, so daß sich wahrscheinlich im Dammkörper Hohlräume bildeten.

Nachdem infolge Auffüllens des Beckens ein Auftauen der gefrorenen Erdschicht eingetreten war, fand das Wasser durch die Setzungshohlräume einen Weg durch den Damm. Ungenügende Verdichtung war Ursache.

9. **Die Katastrophe von Johnstown: 31. Mai 1889.** *Ungenügend konstruiert*, überhöht und gesackt. Hochwasserüberlauf nur 1,2 m unter Dammkrone und für 145 km² Einzugsgebiet mit 22 m Breite ungenügend. Eine 12 m hohe Wasserwand stürzte mit 70 km je Stunde ins Tal. 4000 Menschenverluste. Der Damm wurde nach einer längeren Regenperiode überströmt.

Gut verdichtete Dämme, z. B. Buck Creek-Damm (USA) vertragen auch im Bauzustand eine mehrtägige Überflutung ohne Schaden, allein auf Grund der neuzeitlichen Geotechnik, d. h. der planmäßigen Verdichtung.

10. *Falscher Entwurf.* **Budalsdamm in Norwegen.** Ähnliche Ursache. Steingerölldamm ohne eigentlichen Überlauf. Das Wasser sollte über eine notdürftige Pflasterung abfließen. Durch die Überströmung trat Erosion auf. Der Stahlbetonkern brach durch.

11. **Puddingstone-Staudamm Los Angeles.** Umlaufstollen durch Treibholz verstopft. Damm wurde überströmt und brach durch.

12. **Loch Alpine Staudamm.** Sorgfältig 1925/26 in Trockenschüttung hergestellt, Grundablaß konnte das Wasser nach Schneeschmelze nicht bewältigen, bis 30 cm unter Krone angestiegen.

Materialauflockerung war nachträglich dadurch verursacht worden.

Die Verdichtung blieb infolge zu hoher Schüttung auf die Oberfläche beschränkt, führte zu schieferharten Walzhäuten. An diesem Damm wirkten außerdem noch mit: Die ungünstigen, oben flachen, unten steilen Talhänge führten infolge der Setzungen zu einem Aufhängen des Dammes. Der Einbau magerer lehmiger Kalkmassen im oberen Dammteil und stark setzungsempfindlichen Materials in dem unteren Dammteil ergab beträchtliche Setzungen. Die Unterläufigkeit mangels eines dichten, tiefreichenden Anschlusses an den dichteren Untergrund wirkte entscheidend.

Als Folge des Zusammenwirkens von Einfluß 1 (Untergrund) und 3 (Geotechnik) ist wohl die größte Dammbruchkatastrophe der neuesten Zeit, der Bruch des größten Erd- und Spüldamms der Welt von Fort Peck in den USA anzusehen.

Dieser Damm von nahezu 100 Millionen m³ Inhalt und von mehr als 5 km Länge brach im September 1938. Die eingehenden Untersuchungen führten zunächst zum Ergebnis, daß sehr rasch sich zersetzender Schiefer dem Dammfuß nach dem Einstau die Stütze raubte und der nicht verfestigte Spülkern dadurch einen Dammbruch mit mehreren Millionen m³ Massen auslöste. Durch Gefrieren versuchte man das Ausmaß der Katastrophe einzudämmen. Diese größte geschichtlich bekannte Dammkatastrophe versetzte gewissermaßen dem Spüldamm in den USA den Todesstoß. Es heißt wörtlich [216]: „Seit dieser Katastrophe von Fort Peck wird kein amerikanischer Ingenieur mehr wagen, einen Spüldamm vorzuschlagen." Die Walzdämme dominieren nunmehr neben den weniger in Erscheinung tretenden rock-fill-Dämmen, den Stein-(Fels-)Schüttdämmen.

Die genannten Beispiele für Dammbrüche stammen fast ausnahmslos aus älterer Zeit. Inzwischen ist ein grundsätzlicher Wandel in der Geotechnik des Staudammbaues zu verzeichnen, dessen Erfolge sich unbestreitbar in den kühnen Ausführungen von Staudämmen ungeahnter Höhe auswirken. Stauhöhen von mehr als 150 m Höhe sind keine Schwierigkeit, auch in der Baustoffbereitstellung, insbesondere der Lösung des mit der Dammgröße wachsenden Bedarfs an Dichtungsstoffen sind keine Schranken für die Wahl und Entscheidung Damm oder Staumauer gezogen. Der Staudamm tritt daher mehr als je zuvor als durchaus gleichwertiges Bauwerk größter Standsicherheit, bleibender Dichtigkeit und unbeschränkter Lebensdauer nicht nur ebenbürtig den Staumauern gegenüber. Er ist in der Sicherheit gegenüber kriegerischen Einwirkungen, vor allem Bombenangriffen, unempfindlicher als die Staumauern, wie die Beispiele an den deutschen Talsperren, gerade an den höchsten Staudämmen gezeigt haben [367].

Der Staudamm Schwammenauel [367] wurde an seinen beiderseitigen Böschungen und an seiner Krone mit schweren Bomben belegt, die große Trichter von 20 bis 40 m ⌀, aber nur wenigen Metern Tiefe im Dammkörper verursachten, also dessen Standsicherheit nicht gefährdeten.

Die Sorpetalsperre (Erddamm) hielt 11 Bombenangriffen stand, die Möhne- und Edertalsperren nicht (Staumauern). Um diesen Gefahren künftig erfolgreich zu begegnen, ist am Staudamm Marmorera (Schweiz) eine breite Dammkrone vorgesehen und die Absenkung um 50 m von 12 m bis zu einer Dammbreite von 80 m eingeplant. Ebenso bieten unterhalb der Stauanlagen befindliche Reservebecken wirkungsvoll Schutz gegen Sturzwellen von 8800 m³/s und 10 m Höhe, die alles vernichten, was ihnen entgegensteht.

Beispiel: Möhne mit geschützter Dichtung.

Infolgedessen wird auch mit Rücksicht auf die durch derartige Einwirkungen mögliche Katastrophengefahr der Staudamm mehr als je den Vorzug vor den sehr empfindlichen Staumauern erhalten, zumal ja auch die geotechnischen Voraussetzungen für Dichtung und Stützkörper auf eine einfachere, dabei aber sehr gesicherte Grundlage gestellt werden können, die bisher nicht möglich war. So haben Wissenschaft und Technik den Dammbau unter Anwendung zweckentsprechender Geotechnik zu den wichtigsten Bauwerken höchster Stabilität entwickelt, denen im Leben der Völker, im Verkehrswesen, in der Wasserversorgung und Energiespeicherung Aufgaben größter Bedeutung zufallen, die letzten Endes nur als Gemeinschaftsleistung aller Beteiligten zum Erfolg führen.

4. Sicherungsmaßnahmen gegen Dammbrüche.

Nach Schatz und Boesten [*365*] sollen daher an Staudämmen folgende Maßnahmen beachtet werden:

1. Rechtzeitige gründliche Untersuchung des Baugrundes und dessen Vorbereitung für einen gesicherten dichten und scherfesten Übergang von Damm zum gedichteten tragfähigen Baugrund.

2. Richtige Verteilung der Massen in gegliederten Staudämmen, Ablehnung ungegliederter Dämme.

3. Gleichmäßige und zweckentsprechende Verdichtung.

4. Dammstellen an Talformen vorsehen, wo die Gefahr des Aufhängens nicht gegeben ist. (Diese wird bei der neuzeitlichen Geotechnik infolge der intensiven Verdichtung meist nicht mehr auftreten können [der Verf.]).

5. Dichtungskern in dichten Untergrund einbinden, starren Dichtungskern mit genügend Bewegungsfugen ausstatten, um Setzungen folgen zu können.

6. Grundablaß und Überlauf aus dem Dammbereich herauslösen. Falls nicht möglich, Grundablaß auf tragfähigem Baugrund gründen und ihn mit genügend Rippen gegen Durchsickerung längs der Rohrleitung schützen. Pfahlrostgründung unbedingt ablehnen, um unterschiedliche Setzungen und Bildung von Hohlräumen im Scheitel von Rohrleitungen, auch feinste Risse zu vermeiden.

7. Spüldämme: Starke Flanke, schmaler Kern bei nicht zu feinem Korn des Dichtungsmaterials.

Weitere Maßnahmen zur Verhütung speziell der Grundbrüche sind nach Wehe [*486*]:

a) *Verlängerung des Sickerweges.* Die Grundwasserströmung wird dabei längs der Sohle so weit verlangsamt, daß keine gefährliche Erosion eintritt (flache Böschungen, wasserdichte Abdeckungen des Geländes im Oberwasser; Massen nach Hydratonverfahren, natürlicher Lehm, Ton, Beton, Bitumen).

b) *Wasserdichte Schürzen bis auf undurchlässige Schichten.* Beton, Spundwände bis 47 m (Fort Peck), Dichtungssporne (Lehm, Ton, Hydraton), Betonkästen bis auf 55 m Tiefe. Dichtungsschleier von je 14×5 m (Zement, Chemikal, Tonschlämpe, Tonwände billiger als Zement oder Chemikal).

Die Festigkeitszunahme der Tonschlämpe wird durch eine abgeänderte Vicat-Nadel geprüft.

Zwischen der Tiefe und der Schürze (t) und dem Wasserverlust (V) besteht nach Turnbull und Fisk [*472*] folgender Zusammenhang.

$$
\begin{aligned}
t &= 0\%* & V &= 100\% \\
t &= 20\% & V &= 90\% \\
t &= 40\% & V &= 80\% \\
t &= 60\% & V &= 70\% \\
t &= 80\% & V &= 50\% \\
t &= 100\% & V &= 0\%
\end{aligned}
$$

c) Gute Filteranlagen verzögern die Erosion.

Beispiel. Baugrund: Sand und Lehm und gespanntes Wasser. Filterbrunnen und Filterschichten ermöglichen eine standsichere Anlage des Bauwerkes und Entwässerung des Baugrundes.

---

* Keine Schürze vorhanden.

d) Am Fort Peck-Damm wurden außer Spundwand noch Filterbrunnen angebracht, um Quellen am Dammfuß zu verhindern.

e) Damm auf undurchlässiger Schicht über durchlässiger. Um gespanntes Sickerwasser abzuleiten, legt man einen Drängraben unter dem Dammfuß und gleichlaufend zu diesem an.

f) Am Mohawk-Damm wurde unter dem luftseitigen Dammkeil eine Filterschicht angebracht, daß das nach oben drängende Sickerwasser abgefangen und unschädlich dem Stützkörper zugeleitet wurde.

g) Um die Setzung [356,469, 375] von Löß unter Dammlasten zu erleichtern und um unter der Dammlast einen plötzlichen Grundbruch des mit Wasser gesättigten Lößuntergrundes zu verhindern, hat man mit Erfolg eine Durchtränkung des Bodens vor dem Einbau angewandt. Abb. 342 bis 344, S. 256 zeigen die Unterschiede an natürlichen und benäßten Proben. Während an der ersteren stets Grundbruch auftritt, wird er durch die Bewässerung vermieden.

8. Hochwasserüberlauf auf die doppelte Abflußmenge der höchsten Hochwassermengen dimensionieren.

12. Abschnitt.

Der Deichbau [130, 221, 263, 429].

Der Deichbau ist durch Hochwasserfluten dynamisch und hydrostatisch stärkstens beansprucht.

Der Schutz richtet sich daher nach [130].

1. Wahl der Querschnittsform [41, 130, 263].

Am Mississippi sind folgende Querschnittstypen üblich:

a) Höchstdichtes Material mit optimalem Wassergebrauch eingebaut.
    Neigung: 1 : 3,5 nach Fluß,
             1 : 4,5 ,, Luftseite.

b) Dicht und natürlicher (zu hoher) Wassergehalt
    Neigung: 1 : 4 nach Fluß,
             1 : 5,5 bis 1 : 6 nach Luftseite.

c) Unverdichtet: 1 : 4,5 zum Fluß,
    1 : 6,5 nach Luftseite, für Dammhöhen von im Mittel 8 bis 15 m.

Die bisher üblichen Querschnitte der Deiche der Emschergenossenschaft zeigt Abb. 598. Da die Sickerlinie nach Untersuchungen von STRECK bei gleichmäßig dichter Dammschüttung unabhängig von der Bodenart ist [263], ergibt sich

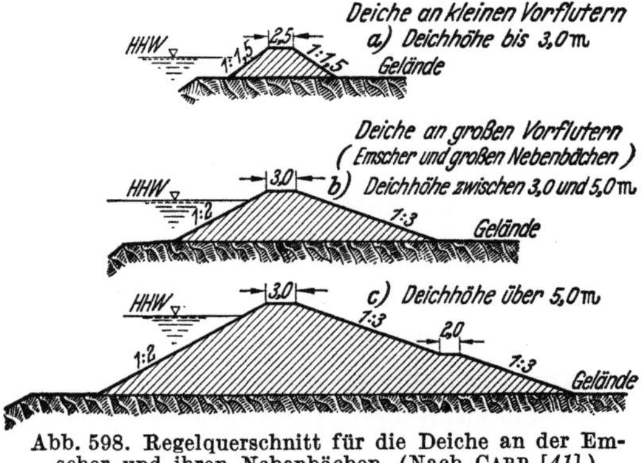

Abb. 598. Regelquerschnitt für die Deiche an der Emscher und ihren Nebenbächen. (Nach CARP [41].)

für Sand und Lehm die gleiche Form. Je flacher die Böschung des Dammes bei sonst gleichen Verhältnissen wird, um so mehr wird die Sickerlinie im Damm angehoben (Abb. 599). Infolgedessen werden nunmehr an der Emscher gegliederte Deiche ausgeführt [263].

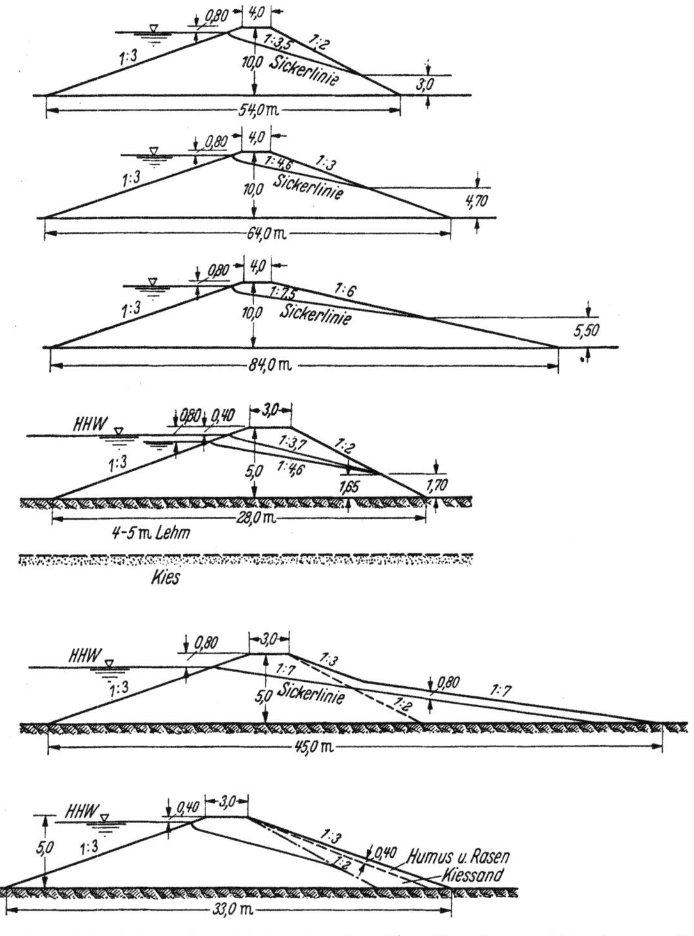

Abb. 599. Verlauf der Sickerlinie in den Deichen der Emscher. Sie wird unabhängig vom Dammmaterial angehoben. (Nach STRECK [263].)

Um Deichbrüche zu behindern bzw. zu beseitigen, sind nach [221] folgende Maßnahmen erforderlich:

2. Material zum Schutz der Deiche (Abb. 599, 600 a, b).

Um die Anlagen gegen Hochwasser verteidigen zu können, ist alles notwendige Material rechtzeitig zu beschaffen. Dieses besteht aus Sandsäcken, Bohlen, stärkeren Rundhölzern, Spickpfählen, Gleis und Loren sowie Handkarren, Schaufeln, Spaten, Bindedraht, eisernen und hölzernen Flechtzäunen, allem notwendigen Handwerkszeug, wie Äxten, Vorschlaghämmern, Handrammen usw., sowie Lohe und Mist.

3. Aufkasten gegen Überflutung der Deiche.

Wenn ein Damm längere Zeit überflutet wird [*12, 222, 490*] und es besteht keine Möglichkeit, diese Überflutung abzuwenden, ist er unrettbar verloren; denn das überströmende Wasser weicht die Rinnenseite auf, es entstehen Ausrisse und schließlich größere Auskolkungen. Dann stürzen größere Teile des Deichkörpers ab, und der Deich bricht. Um dieses zu verhüten, muß der Deich aufgekastet werden. Die beste Ausführung des Aufkastens besteht in zwei Bohlenwänden, die sich gegen eingeschlagene Pfähle stützen und deren Zwischenraum mit bindigem Boden ausgefüllt wird. Weniger gut ist eine einseitige Wand, hinter die der Boden gestampft wird.

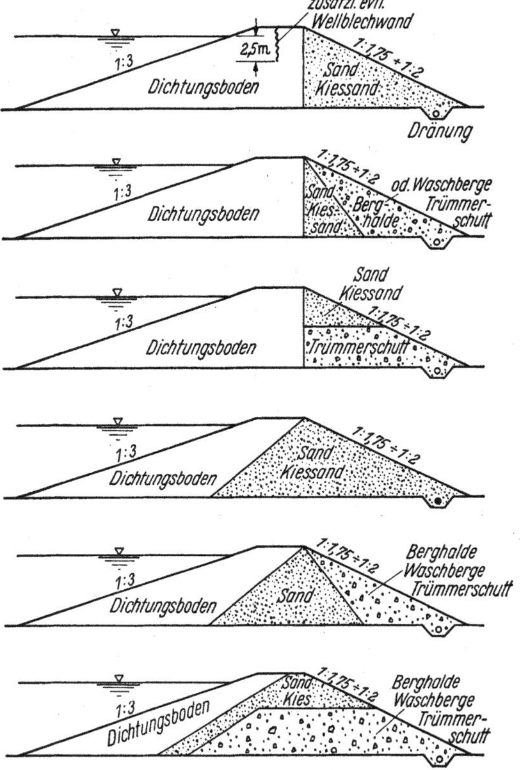

Abb. 600a. Verschiedene Querschnittsformen gegliederter Dämme an der Emscher zur Absenkung der Sickerlinie. (Nach STRECK [*263*].)

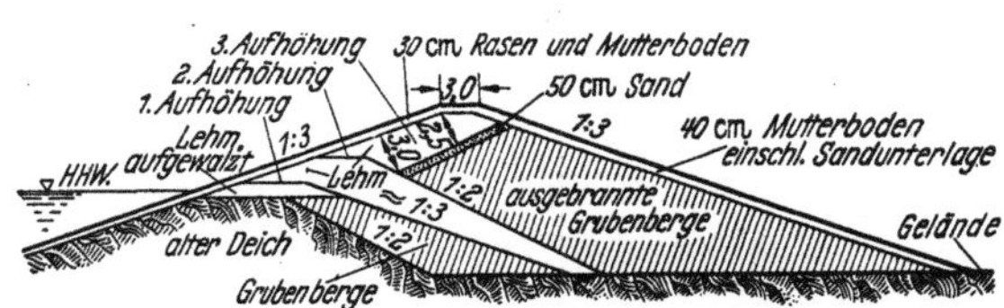

Abb. 600b. Stufenweise Erhöhung eines Deiches infolge des allmählichen Absinkens der Geländeoberfläche. (Nach CARP [*41*].)

4. Maßnahmen gegen Durchquellen des Deiches.

Werden Durchquellungen des Deiches an der Binnenböschung bemerkt und insbesondere solche, durch die Erdteile ausgespült werden, muß auf jeden Fall versucht werden, die Eintrittsstelle der Durchquellung an der Außenböschung zu finden und dann diese durch das Einstopfen von Lohe oder Mist sowie durch Verstopfen mit Planen und Belasten mit Sandsäcken, die nur halb oder zu zwei Dritteln gefüllt sein dürfen und sich daher gut einpassen, zu dichten. Fischernetze sowie jedes andere Netzwerk, das etwas die Strömung aufhält und einen Halt für das Dichtungsmaterial geben kann, sind zu benutzen. Auch in China werden beim Schließen von großen Deichbrüchen seit jeher Netzwerke aus Faserstricken benutzt. Einen guten Schutz für Deichstellen, die durch starke Strömung oder Wellenschlag angegriffen werden, bieten in das Wasser geworfene Bäume mit guter Krone und auch Sträucher, die an ihrem Fußende mittels Kette oder Seil im Deich verankert sind.

5. Maßnahmen bei eingetretenem Deichbruch.

Konnte ein Deichbruch nicht verhindert werden, so ist zunächst am unteren Ende des Polders, wenn keine Auslaßschleusen vorhanden sind, dem eingedrungenen Wasser, das sich bald waagerecht einstellt, Abfluß durch Öffnen des Deiches zu geben und dann möglichst bald die Durchbruchstelle des Deiches durch einen Notdeich abzuschließen.

Die Herstellung des Notdeiches muß mit größter Beschleunigung durchgeführt werden, damit er vor Eintritt des Sommerhochwassers (Juli) wehrfähig ist. Im allgemeinen deicht man die Bruchstelle, die bei schweren Deichbrüchen zumeist ein Grundbruch, d. h. mit tiefem Auskolken der Bruchstelle, ist, aus, weil im weiteren Abstand von der Bruchstelle der Boden noch unversehrt ist und unter Umständen durch Sandablagerungen aus der Bruchstelle noch erhöht werden kann, und hier der Notdeich, wenngleich er erheblich länger als die Bruchstelle sein wird, am leichtesten hergestellt werden kann. Ist somit der Wasserzufluß abgesperrt, und das Wasser fließt wieder im alten Flußlauf weiter, so ist eine Hauptgefahr, die im weiteren Versanden des Polders und des Wasserlaufes bestehen kann, beseitigt.

6. Deiche aus Sand.

Vielfach herrscht bei Deichbrüchen ein Mangel an gutem Bodenmaterial. Man ist dann gezwungen, auch Sandböden zu verwenden. Dann ist es jedoch unbedingt notwendig, den Deich entsprechend breiter herzustellen und an der Außenseite eine Dichtungsschicht von sehr gutem bindigem Boden und bei großen Deichen von wenigstens 1 m Dicke aufzubringen. Die Außenböschung ist sodann durch Rasenboden auf das sorgfältigste gegen Auswaschen bei Hochwasser und Rissebildung bei langer Trockenheit zu schützen. Auch wird zweckmäßig das Vorland mit Bäumen zum weiteren Schutz zu bepflanzen sein.

Überhaupt ist an allen Deichen, besonders an den Stellen, wo sie in der Konkave liegen, Bedacht auf Schutz durch Gebüsch, am besten Erlen und Weiden oder Baumpflanzungen zu nehmen. Auch ist es keineswegs notwendig, auf Deichen kräftig verwurzelte Bäume, wenn sie nicht die Deichverteidigung hindern, zu beseitigen. Stubben auf Deichen sollen nicht gerodet werden, da sie durch ihre starke Verwurzelung den Deich gut sichern.

Welche besonderen Schwierigkeiten in der Vorflutunterhaltung, in der Massenbereitstellung von Dichtungs- und Stützkörpermaterial, in der Gewährleistung dauernder Sicherheit der Deichbau im Ruhrgebiet zu leisten hat, einem Gebiet, in dem 2,5 Milliarden m³ Land unter die ursprüngliche Oberfläche abgesunken sind, hat CARP [41] eindringlich beschrieben. Über die geeigneten Maßnahmen der Deichaufhöhung im bergbaulichen Senkungsgebiet berichtet HESS [130] und zeigt deutlich die gesamte Problematik auf.

Die Grundbruchgefahr ist infolge der Beweglichkeit der kohäsionslosen Lockergesteine an Kiesen und Sanden eher als an den kohärenten gegeben.

Abgesehen von diesen rechnerischen Überlegungen ist aber notwendig, sich gegen die Veränderung der Durchlässigkeit, damit des Baugrundgefüges, zu sichern. Es empfiehlt sich daher, um gleichmäßige Entwässerung und Durchsickerungen zu erreichen, Filter einzubauen. Allerdings muß dafür gesorgt werden, daß keine Verschlämmung stattfindet. Aus diesem Grunde wurde beispielsweise der Boden der Schleppzugschleuse Hemelingen-Bremen drei Jahre nach der Anlage dieser Schleuse gesprengt, da das Filter mit rötlichem Eisenschlamm verstopft war.

Die Dammbaugeschichte.

Sie stützt sich auf alle Urkunden, die mit dem Dammbau irgendwie in Beziehung stehen und die in allen Einzelheiten die Planung, die Ausführung und die Überprüfung sowie das Verhalten des Dammes, alle schädlichen, ungünstigen Maßnahmen und alle zusätzlichen Sicherungsarbeiten enthalten. Insbesondere dienen hierzu das Dammbautagebuch, die Pegelmessungen, die Kontrollmessungen der verschiedenen Messungen, wie Bodendruck, Porenwasserdruck, Verlauf der Sickerlinien an den Staudämmen. Das Tagebuch enthält alle Hinweise auf die Art der Deckenausführung an den Verkehrsdämmen, die besonderen Arbeiten und Sicherungsmaßnahmen bei Dammanschlüssen an Bauwerken. Wesentlich ist nicht ein ungeordnetes Nebeneinander der verschiedenen Messungen und Feststellungen, sondern eine zu einem harmonischen Ganzen gestaltete Geschichte des Dammbaues von seinen Uranfängen bis zu seiner Vollendung auf Grund der hierfür geforderten und vorhandenen als Anlage angeführten Unterlagen. Nur in der sinnvollen Analyse ergeben sich für die Praxis die weiteren sichtbaren Erfolge und Fortschritte.

Literaturverzeichnis.

1. AARON, H.: Classification of Soils for Airport Construction. Proceedings of the 2nd intern. conf. on Soil-Mechanics and Foundation Engineering Rotterdam 1948, Bd. V, S. 190ff.
2. AARON, SPENCER u. MARSHALL: Research on the Construction of Embarkments. (Untersuchungen über den Bau von Dämmen.) Public Roads Bd. 24 (1944) Nr. 1.
3. Abhandlungen über Bodenmechanik und Grundbau. Berlin: Erich-Schmidt-Verlag 1949.
4. ACKERMANN, E.: Thixotropie und Fließeigenschaften feinkörniger Böden. Geol. Rdsch. Bd. 36, S. 10—29.
5. ALLEN: Classification of Soils and Control Procedures Used in Construction of Embarkments. Klassifizierung der Böden und Eignungsprüfungen beim Dammbau. Public Roads Bd. 22 (1942) Nr. 1.
6. AMPFERER: Geologische Probleme des Baues und der Erhaltung von Talsperren. Wasserwirtschaft, Wien 1933, Nr. 17/19, S. 247—256.
7. Anweisung für die Durchführung der bodenkundlichen Vorarbeiten und die Ausführung der Erdarbeiten. Berlin 1938.
8. AHRENS: Tiefdränage zur Konsolidierung bindiger Böden. Bauingenieur 1953, Heft 2, S. 52—53.
9. BANKS, A. J.: Construction of Muirhead Reservoir, Scotland. Proc. 1948, Bd. II, S. 24ff.
10. BARBER, E. S.: Setzungsbeobachtungen an Straßenbauwerken infolge Zusammenpressung von Alluvialböden. (Observed Settlements of Highway Structures due to Consolidation of alluvial Clay.) Public Roads 1951, S. 217—223.
11. —: Structure of disturbed soils. Proc. 1948, Bd. V, S. 24—27.
12. BAUMANN, F.: Earth-Fill Overflow Dams in Flood Control. Proc. 1948, Bd. III, S. 253 bis 256.
13. BECKER: Die Pflanze als Baustoff im Dienste ingenieurbiologischer Wasserführung und Böschungssicherung. Bautechn. 1942, S. 205.
14. —: Über die lebenden Baustoffe. Bautechn. 1943.
15. —, W.: Asphaltbauweisen im Wasserbau Frankreichs. Bitumen 1952, Heft 2, S. 41—49.
16. BEER, DE, u. H. RAEDSCHELDERS: Some Results of Waterpressure Measurements in Claylayers. Proc. 1948, Bd. I, S. 294—299.
17. BENDEL, L.: Comparison between the Penetration-Curve of soundingneedle before and after the placing into position of a pile. Proc. 1948, Bd. II, S. 129.
18. —: Untersuchungen über physikalische und dynamische Eigenschaften des Untergrundes von Straßen, Flugplätzen und Trambahnen. Straße u. Verkehr 1948, Nr. 1, S. 7—16, 27—34 u. 79—88.
18a. —: Problèmes dynamiques de résistance des sols Travaux Bd. 32 (1948) Nr. 166, S. 445.
19. —: Ingenieurgeologie. Bd. I, 1944, Bd. II, 1948. Wien: Springer.
20. BERNATZIK, W.: Grenzneigung von Sandböschungen bei gleichzeitiger Grundwasserströmung. Bautechn. 1940, Heft 55.
21. —: Die äußerste Böschungsneigung mit Grundwasserdurchtritt. Proc. 1948, Bd. V, S. 19—20.
21a. BERNHARD, R. K.: Statische und dynamische Bodenverdichtung (Static and Dynamic Soil Compaction) Proc. HRB 31 (1952), S. 563—592.
22. BESKOW, G.: Amerikansk och Svensh Jordklassifikation. Staten Väginstut. Meddelande 89, 1951.
23. BJERRUM, L.: Fundamental Considerations on Shear Strength of Soils. Géotechnique Bd. II/3/51.

23a. BJERRUM, L.: Künstliche Verdichtung von Böden. Straße u. Verkehr 1952, Nr. 2/5. Zürich.

23b —: Porenwasserspannungen beim Bau von Staudämmen. Schweiz. Bauztg. 71. Jg. (1953), Nr. 8, S. 108—110.

24. BINGER, V. M.: Analytical Studies of Panamacanal Slides. Proc. 1948, Bd. II, S. 54ff.

25. BIEHL, K. O., u. M. E. FEUCHTINGER: Der neue Verkehrsweg Österbedin in Stockholm. Bautechn. 1951, Heft 5, S. 108—110.

26. BISHOP, A. W.: Some Factors involved in the Design of a large Earth Dam in the Thames Valley. Proc. 1948, Bd. 2, S. 13—18.

26a. —: The stability of Earth Dams. Thesis London University 1952.

27. BLEIFUSS, D. J.: Ceylonese learn American Methods quickly on Gal Oya Dam. Civ. Engng. Sept. 1951, S. 45—48.

28. BLIGH: Dams, Barrages and Weirs in Porcus foundation. Engng. News Rec. 1910.

29. BOITEN, R. G., u. G. PLANTEMA: An electrically Operating Pore Water Pressure Cell. Proc. 1948, Bd. I, S. 306—309.

30. BRENNER, T.: Beispiele von Massenverdrängung durch Bodenbelastung. Helsinko-Verlag, Helsingfors 1928, S. 12. Bauingenieur 1929, Heft 16, S. 289.

31. BRETH, H.: Stand und Entwicklungsrichtung des Talsperrenbaues II, Staudämme. Planen u. Bauen 1950, Heft 10/11, S. 325—329, 366—372.

32. —: Die Bedeutung der hochwertigen Verdichtung rolliger Schüttmassen für den Staudammbau. Wasserwirtschaft 1952, Nr. 12, S. 367—371.

32a. — u. G. KÜCKELMANN: Der Porenwasserdruck in Erddämmen, Bautechnik 1954, H. 1, S. 25—29.

33. —: Der Einfluß der Dränagen auf die Sickerströmung in Dämmen. Wasserwirtschaft 1951, Heft 4, S. 89—93.

34. —: Der Porenwasserdruck in Erddämmen. Bautechn. 1954, Heft 1, S. 25—29.

35. BRUZELIUS, N. G.: Verdichtung von Böden (Komprimering av jordanter). Svenska Vägfören. Tidskr. 1952, Nr. 1, S. 17—25.

36. BUDDENBERG: Der Garrison-Staudamm. Bautechn. 1952, Heft 10, S. 255/56.

37. Bureau of Reclamation: Dam and Control Works 1935.

38. Bureau of Reclamation: Uses of Earth as a Construction Material; a Symposium. Denver (USA) 1948.

39. Bureau of Reclamation: Earth Dams 1948.

39a. Bureau of Reclamation; Treatise on Dams. Chapter: Earth Dams Washington, D. C. 1951.

40. BUTZ, G.: Das Wasserkraftwerk am unteren Swir. Bautechn. Bd. 17 (1939) Heft 35 S. 493ff.

41. CARP, H.: Deichbau im Emschergebiet. Bautechn. 1951, Heft 8, S. 192—197.

41a. —; Hydraulische Berechnungen im Arbeitsbereich der Emschergenossenschaft. Wasserwirtschaft 1952, S. 163—172.

42. CASAGRANDE, A., u. R. F. FADUM: Beschreibung der bodenmechanischen Versuche. Deutsche Übersetzung. 1948.

43. —, u. A. CHANNON: A Research on Stress-Deformation Characteristics of Soils and soft Rocks under transient Loading. Schriftenreihe Bodenmechanik der Graduate School of Engineering, Heft 31. Havard University, Cambridge 1947/38.

44. —: Einteilung und Unterscheidung von Böden. (Classification and Identification of Soils.) Proc. Amer. Soc. civ. Engrs. Bd. 73 (1947) S. 783—810.

45. —, L.: Feuchtigkeitsschäden im Straßenbau. Straßenbau 1937, Heft 21.

46. —, u. P. SIEDEK: Moorsprengungen beim Bau der Reichsautobahn. Straße 1935, S. 614—622.

47. —: Neue Erkenntnisse über die Standfestigkeit von Staudämmen. Dtsch. Wasserw. 1939, Heft 3, S. 97—101.

47a. CASAGRANDE, L., Näherungsverfahren zur Ermittlung der Sickerung in geschütteten Dämmen auf undurchlässiger Sohle. Bautechn. 1934, Heft 15, S. 205—208.

48. CASSEL, F. L.: Slips in fissured Clay. Proc. 1948, Bd. II, S. 46—50.

49. CEDERGREN, H. R.: Use of Flow-nets in Earth Dam and Levee Design. Proc. 1948, Bd. V, S. 293—298.

50. CLARKE, C. R.: Stability Analysis in the Design of Earth and Rockfill Dams. Proc. 1948, Br. III, S. 240—245.

51. COLLORIO: Die neuen Talsperren im Harz. Bautechn. 1936, Heft 49/53.

51a. CONTENSINI, F.: Die Gela-Talsperre aus Trockenmauerwerk. Energia Elettrica Nr. 2. Wasserwirtschaft 1953, S. 104—106.

52. CORDES u. RIEDIG: Raupenfahrzeuge für Flachbaggerung. Bautechn. 1935, Heft 1.

52a. CORDES, H.: Erdbau mit Schurfkübelraupen. Straße u. Autobahn 1953, H. 4, S. 118—123.

53. CRANTZ, R.: Die Bedeutung des Untergrundes und des Unterbaues für die Haltbarkeit bituminöser Fahrbahnbeläge. Straße u. Autobahn 1952, Heft 1, S. 20—23.

54. CUPERUS, J. L. A., u. F. C. DE NIE: Strengthening the Roadbed of a Railway, supported by soft Soil and situated, amidst the Buildings of the central Part of a Town. Proc. 1948, Bd. II, S. 1—7.

55. —: Discussion of the Influence of Soil dumped behind the Abutments of a Bridge on the Settlements of this Construction. Proc. 1948, Bd. II, S. 99—100.

56. —, L. A.: Straßenbau auf weichem Boden und Stabilisierung von Eisenbahndämmen bei Gouda. Bericht Bauingenieur 1949, S. 244—250.

57. DACHLER: Der Sickervorgang in Dammböschungen. Wasserwirtschaft 1935, Nr. 4, S. 37—40.

58. —: Grundwasserströmung. Wien und Berlin 1936.

59. DAVIS, E. H.: The California Bearing Ratio Method for the Design of flexible Roads and Runways. Géotechnique Bd. I (1949) Nr. 3.

59a. DAVIS, F. I.: Quality Control of Earth Embankments. Proc. 1953 II, S. 218—224.

60. DEHNERT, H.: Herstellung eines Erddammes durch Spülung. Bauplang u. Bautechn. H. 11 (1948) S. 315/16.

61. —: Die Wiederherstellung des im Frühjahr 1947 zerstörten Oderbruch-Hauptdeiches. Bautechn. 1949, Heft 1, S. 13—16.

62. DEJNEGO, J. B.: Erfahrungen mit Schwerlastschürfwagen. Planen u. Bauen 1951, Heft 21, S. 493—497.

63. DIBBITS, H. A.: Straßenbauten auf weichem Untergrund. Proc. 1948, Bd. VI, S. 42—45.

64. DIEGO, J. A. G.: Obras hidraulicas en los Estados Unidos. (Wasserkraftanlagen in den Verein. Staaten.) Rev. Obras Publ. 1950, Heft 21/22, S. 327b—335b.

65. DIERKENS, E.: Der Talsperrendeich der Vesdre bei Eupen. Sowj. Lit. A, 62, 1950, Okt. 717—747.

65a. DIN 1054 Gründungen, Richtlinien für die zulässige Belastung des Baugrundes.

66. DIN 1962 Technische Vorschriften für Bauleistungen (Erdarbeiten). 1925.

67. DIN 4021 Grundsätze für die Entnahme von Bodenproben zur Untersuchung des Untergrundes für Bau- und Wassererschließungszwecke. 1938.

68. DIN 4022 Einheitliche Benennung der Bodenarten und Aufstellung der Schichtenverzeichnisse. 1938.

69. DIN 4023 Darstellung von Boden- und Gesteinsarten für bautechnische Zwecke. 1950.

70. DIN 4107 Richtlinien für die Beobachtung der Bewegungen entstehender und fertiger Bauwerke. 1937.

71. DUBOSE, A. L.: A Comparison of the physical Properties of an alluvial Silt compacted by Field and Laboratory Methods. Proc. 1948, Bd. V, S. 227—231.

72. DÜCKER, A.: Neue Erkenntnisse auf dem Gebiete der Frostforschung. Schriftenreihe der Straße Bd. 17 (1939).

73. —: Untersuchungen über die frostgefährlichen Eigenschaften der nichtbindigen Böden. Forschungsarbeiten aus dem Straßenwesen Bd. 17 (1939).

74. —: Die Bodenkolloide und ihr Verhalten bei Frost. Bauingenieur 1942, S. 235/37.

75. —: Vertikale Sanddränagen als Mittel zur Beschleunigung von Setzungen und zur Sicherung von Straßendämmen in Gebieten mit organischen Bodenarten. Straßen- u. Tiefbau, Straßenbau u. Straßenbaustoffe 1950, Heft 10.

76. —: Über eine einheitliche Bezeichnung von Bodenarten. Verkehr und Technik. Straßenbau 1949, Heft 10/11.

77. —: Einfache Erkennungsverfahren zur Bestimmung der Frostempfindlichkeit des Straßenuntergrundes. Straße u. Autobahn 1951, Heft 11, S. 380/82.

78. Earth Manual. Denver, Colorado, Juni 1951.

79. Earth Retaining Structures. Civ. Engng. Code of Practice 1951, Nr. 2.

79a. EBERLE, K.: „Über Betonunterbau für Straßen". Straßen- und Tiefbau 1953, H. 4, S. 107—118.

80. EHRENBERG, J.: Wahl der Baustelle und Durchbildung von Staudämmen. Mitt. Reichsverb. Deutsche Wasserwirtschaft Heft 51. Berlin 1939.

81. —: Messungen an Staudämmen. Z. VDI 1940, Nr. 28, S. 495ff.

82. EKLÖF, B.: Sprängnierungsarbeten och dammbyggnad vid Harspränget. (Sprengarbeiten u. Dammbau in Harspränget.) Tekn. Tidskrift 1949, Heft 30, S. 561—564.

83. ENDELL, K., W. LOOS, H. MEISCHEIDER, u. V. BERG: Über die Zusammenhänge zwischen Wasserhaushalt der Tonminerale und bodenphysikalischen Eigenschaften bindiger Böden. Veröff. Degebo 1938, Heft 5.

84. ENDELL: Die Quellfähigkeit der Tone im Baugrund und ihre bautechnische Bedeutung. Bautechn. Bd. 19 (1941) S. 201ff.

85. —, K., u. U. HOFFMANN: Über das Kleben anorganischer Bindemittel und die Plastizität und Thixotropie des Tones. Angew. Chem. 1948, Heft 9.

86. ENGELHARDT: Einteilung der kolloidalen Bodenkomponenten gemäß ihrer Außen- und Innendispersität. Fortschr. Mineralog., Kristallogr. u. Petrogr. 1937, S. 276—340.

87. ENGSTROM, U. V.: Enders Dam completed. Civ. Engng., N. Y. 1951, Heft 1, S. 35—39.

88. ERDMANN, W.: Verwendung thermoplastischer Kunststoffe für die Abdichtung von Bauwerken. Bautechn. 1952, Heft 3, S. 67—72.

89. ERLENBACH, L.: Die Tragfähigkeit vorhandener Straßen bei verschiedenem Unterbau und Untergrund. Bitumen 1951, Heft 1.

89a. ERLENBACH, L.; Bodenverdichtung durch Resonanzschwingungen. Straße u. Autobahn 1953, H. 9, S. 315—315.

89b. —: Ein steuerfähiger, selbstbeweglicher Schwingungsverdichter. Bautechnik 1953, H. 11, S. 337—339.

90. FALCONNIER u. LOMBARD: Etude géologique des terrains de fondation du barrage de Bou Hanifia. Bull. techn. Suisse rom. 1942, H. 13, S. 133—142.

91. FEINER u. SCHMITZ: Förder- und Transportgeräte im neuzeitlichen Erdbau. Straße u. Autobahn 1952, Heft 4, S. 129—134.

92. FELD, J.: Einteilung und Bestimmung von Böden nach Ingenieurgesichtspunkten. 28. Bericht des Highway Research Board Washington 1949.

93. FRANK, M.: Die Anwendung der Geologie im Bauwesen. Bauplan. u. Bautechn. 1948, Nr. 7, S. 216—220.

94. —, J.: Porenwasserdruck bei Talsperren. Bauingenieur 1952, H. 44, S. 127/29.

95. FRANKE, W.: Die Entwicklung amerikanischer Bau- und Fördergeräte zur Universalmaschine. Bauingenieur 1951, Heft 1, S. 13—18.

96. Langstreckenförderbänder auf amerikanischen Großbaustellen. Bauwirtsch. 1952, Nr. 1.
97. S. 17—18.
—: Der „Taxcavator" als Universalgerät für Bau- und Förderzwecke. Bauingenieur 1952, Heft 4, S. 115—118.

98. FRÜHAUF, B.: Report on Vibroflotation, Triboro Authority 1941.

99. GALLOWAY, J. D.: The Design of Rockfill Dams. Trans. Amer. Soc. civ. Engrs. Bd. 104 (1939) S. 1ff.

100. GARBOTZ, G.: Reiseeindrücke vom amerikanischen Erdbau. Bautechn. 1937, Heft 49/50.

101. —: Versuche mit billigen Auskleidungen für die Kanäle des Altus-Projektes (Oklahoma). Bauplan. u. Bautechn. 1949, Heft 1, S. 31/32.

102. —: Aus der in- und ausländischen Baumaschinenindustrie. Bauingenieur 1951, Heft 5, S. 88—90.

102a. —, G.: Geländegängige amerikanische Erdtransportwagen. Baumasch. u. Baugerät 1952, Heft 11, S. 66/68.

103. GAWITH, A. H.: Simple Fields Tests for Soils. Proc. 1948, Bd. I, S. 264/65.

104. —: An improved Soil Compaction Rammer. Proc. 1948, Bd. II, S. 292.

105. GERSTENBERGER, G.: Neuartiges Toneinbauverfahren für einen Schiffahrtskanal. Bd. I, Heft 1/4. 1944.

106. GEUZE, E. C. W. A.: Critical Density of some Dutch Sands. Proc. 1948, Bd. III, S. 125ff.

107. Gicot, H.: Gedanken über den dritten Kongreß für große Talsperren. Stockholm 1948. Schweiz. Bauz. 1948 (66), Nr. 52, S. 718/20.
108. Giesiger, P.: Über die Wasserkraftanlagen der Tennessee Valley Authority. Schweiz. Bauztg. 1948 (66), Heft 45, S. 613—619.
109. Gibson, R. E., u. G. B. Hansen: Undrained Shear Strengths of anisotropically consolidated Clays.
110. Glover, R. E., H. J. Gibbs u. Daehn: Deformability of Earth Materials and its Effect on the Stability of Earth Dams following a rapid Drawdown. Proc. 1948, Bd. V, S. 77 bis 80; Bd. IV, S. 164.
111. Glynn, D. F.: Application of triaxial Compression Tests to Stability Analyses of rolled-fill Earth Dams. Proc. 1948, Bd. III, S. 117—124.
112. Godskesen: 10 Jahre Baugrunduntersuchungen bei den dänischen Staatsbahnen. Bautechn. 1937, Heft 44, S. 569.
113. Golder, H. Q.: Coulomb and Earth Pressure. Géotechnique Bd. I (1948) Nr. 1.
114. Gottstein, E. v.: Warum und wie sollen Setzungsbeobachtungen an Dämmen durchgeführt werden? Straße 1936, S. 280ff.
115. Grim, R. E.: Mineralogical composition in Relation to the Properties of certain Soils. Géotechnique Bd. I (1949) Nr. 2.
115a. Grischin: Erfahrungen mit geschütteten Steindämmen in der SU. Wasserwirtschaft/Wassertechnik 1953, H. 8, S. 312—315.
116. Gutberlet, F.: Erhöhung der Wirtschaftlichkeit der Erdbewegung bei der Anwendung moderner großer Schürfkübel. Straßen- u. Tiefbau 1950, Heft 6, S. 197—201.
117. —: Ausführung eines großen Moorsprengverfahrens beim Bau der Autobahn Washington-Annapolis. Straßen- u. Tiefbau, Straßenbau u. Straßenbaustoffe 1951, Heft 4, S. 91—94.
117a. —: Die Auswahl von Erdbaugeräten in bezug auf anfallende Arbeiten (hier weitere ausländ. Literatur). Straßen- und Tiefbau 1953, H. 5, S. 173—175.
117b. —: Augenblicklicher Entwicklungsstand deutscher Planierraupen. Straßen- und Tiefbau 1953, H. 10, S. 383—392.
118. Haefeli, R.: Mechanische Eigenschaften von Lockergesteinen. Zürich 1938.
119. —: On the Compressibility of preconsolidaded Soil-Layers. Proc. 1948, Bd. I, S. 42 bis 50.
120. —: The Stability of Slopes acted upon by parallel Seepage. Proc. 1948, Bd. I, S. 57 bis 62.
121. —: Investigation and Measurements of the Shear Strength of saturated cohesive Soil. Géotechnique Bd. II (1951) Nr. 3, S. 51.
122. Haller, K.: Verfestigung des Baugrundes und der Aufschüttungen. Straßen- u. Tiefbau 1949, Heft 5, S. 129—133.
123. —: Mehr mechanische Ausrüstung für die Straßenunterhaltung. Straßen- u. Tiefbau 1950, Heft 1, S. 21/22.
124. Havens, J. H., S. L. Joung u. R. F. Baker: Kornfraktionen und mineralogische Eigenschaften von Ton und Böden. 28. Bericht des Highway Research Board Washington 1949.
125. Highway Research Board: Soil compaction. Bulletin 1951, Nr. 42.
126. —: Compaction of Subgrade and Embarkments. Aug. 1945.
127. Heisemann, F. Ch.: Air Entrainment in compacted Earth Embarkments. Proc. 1948, Bd. V, S. 239ff.
128. Hennecke, H.: Gußasphalt und Asphaltmatten im Wasserbau. Bitumen 1952, Heft 2, S. 33—40.
129. Hermann, H.: Billige neue Verfahren der Bodenverdichtung und Bodenverfestigung im Auslande. Bauplan. u. Bautechn. Bd. 3 (1940) Nr. 2.
130. Hess, F.: Wasserwirtschaft und Bergbau im Rhein-Ruhrgebiet. Wasserwirtschaft 1951/52, Heft 1, S. 23—27.
131. Hilf, J. W.: Estimating Construction Pore Pressures in rolled Earth Dams. Proc. 1948, Bd. III, S. 234—240.
132. —: Controlling earthwork during Construction. Colorado 6. 2. 50.
133. Hinrichsen: Vorrichtung zur Bodenverdichtung. Betonstraße 1934, S. 35—37.

134. HÖRNLIMANN, F.: Testing of the Elasticity and stress Property of Rock Soils. Proc. 1948, Bd. I, S. 274—276.

135. HOFFMANN, R., u. M. MUSS: Die mechanische Verfestigung sandigen und kiesigen Baugrundes. Bautechn. 1944, Heft 33/36.

136. HOGENTOGLER, C. A.: Engineering. Properties of Soil 1934.

137. —: Soil Technology in Earth Dam Construction as employed on Baak Creek Dam. Public Works Juni 1935.

137a. —: Soil stabilisation. Roads Streets Bd. 8 (1938) Nr. 2, S. 25—30.

138. HOHENLEITER: Verwendung von Drahtnetzflechtmatten bei Schüttungen von Dämmen auf Schlickböden. Bautechn. 1937, Heft 9.

139. HOLTZ, W. G., u. F. C. WALKER: Comparison between Laboratory Test Results and behaviour compacted Embarkments and Foundation. Los Angeles 1950.

139a. HOLTZ, W. G.: Construction of Compacted Soil Linings for Canals. Proceedings of the Third Intern-Conf. on Soil Mechanics and Foundation. Engineering 1953, Zürich, Bd. II, S. 142—146.

140. HUBER-LEUSSINK: Der gleislose Erdbau, ein Mittel zur Leistungssteigerung. Bautechn. 1943, Heft 13/14.

141. JACOBSOHN, B.: The Design of Embarkments on soft Clays. Géotechnique Bd. I (Dez. 1928) Nr. 2.

142. JÄHDE, H.: Neue Erfahrungen auf dem Gebiet der Verfestigung und Abdichtung des Untergrundes. Bautechn.-Arch. 1949, Heft 5.

143. —: Baugrund-Verbesserung im Talsperrenbau. Wasserwirtschaft-Wassertechn. 1952, Nr. 1, S. 7—14.

144. JELINEK, R.: Über die Standsicherheit von Böschungen aus bindigen Böden und der Sicherheitsgrad gegen Rutschen. Bauingenieur 1941, Heft 11/12, S. 91.

145. JOOSTEN: Absenkung von Straßendämmen durch Moorverflüssigungsverfahren. Wass.- u. Wegebau-Z. 1936, Nr. 7.

146. JOHNSON, S. J., u. A. A. MAXWELL: Subgrades Compaction Test with heavy Rollers. Proc. 1948, Bd. V, S. 216—219.

147. JOURDOIN-PROM, L.: La construction des Barrages en teere aux Etats Unis. Techn. d. Trav. 1950, Heft 3/4.

148. JUSTIN, HINDS u. CREAGER: Engineering for Dams. Bd. III. John Wiley and Sons. New York.

149. IWANOFF, A. I.: Die Gleitsicherheit der Gründung von Wasserbauwerken und der Böschungen von Dämmen unter Berücksichtigung der Sickerkräfte. Bautechn. 1940, S. 498/99.

149a. KARAFIÁTH, L., Tiefenverdichtung von makroporösem Löß. Baupl. u. Bautechn. 1954, Heft 3, S. 100—103.

150. KASTNER, H.: On Capillary Phenomens and the Capillary Pressure in coherent Soil. Proc. 1948, Bd. V, S. 8ff.

151. KEIL, K.: Mittel und Wege zur Prüfung geschütteter Dämme. Straßenbau 1937, Heft 6.

152. —: Verdichtungsfragen im Dammbau. Bautechn. 1935, S. 387/89.

153. —: Ergebnisse von Pegelmessungen an künstlich verdichteten Dämmen. Straßenbau 1936, Heft 22/24.

154. —: Wonach beurteilt man die Frostgefährlichkeit geschichteter Gesteine? Straßenbau 1937, Heft 9.

155. —: Der Dammbau neuzeitlicher Verkehrsstraßen. Berlin: Springer 1938.

156. —: Das Frostschutzproblem des Straßenbaues. Dtsch. Wasserw. 1939, Heft 3, 4, 8.

157. —: Ergebnisse an einer Frostversuchsstrecke unter Verkehrsbeanspruchung. Bauingenieur 1940, Heft 7/8.

158. —: Neuzeitliche Dammbaufragen. Straßenbau 1939, Heft 11.

159. —: Einsatz- und Entwicklungsfragen neuzeitlicher Verdichtungsgeräte im Straßenbau. Straßenbau 1940, Heft 1/2.

160. —: Die planvolle Verwendung von Verdichtungsgeräten im Erdbau (insbesondere im Dammbau). Progressus Aug. 1941, S. 469—475.

161. —: Spezialverdichtungswalzen im Erdbau. Progressus 1942, Heft 6.

162. KEIL, K.: Die Frostschädengefahr im Straßenbau. (Ihre Ursachen und ihre Bekämpfung.) Straßen- u. Tiefbau 1949, Heft 3, S. 382—389.
163. —: Versuch der Klassifikation der natürlichen Gesteine für die Bautechnik. Bauplan. u. Bautechn. 1949, Heft 9, S. 289—292.
164. KEIL, K.: Baugrundtypen. Straßen- u. Tiefbau 1950, Heft 3, S. 83—99.
165. —: Baugrund und Straße. Berlin: Verlag Straßen- und Tiefbau 1950, Abb. 80. S. 96.
166. —: Bewertung von gestörten Felsgesteinen, insbesondere von Schiefergesteinen als Baugrund von Stauanlagen. Bauplan. u. Bautechn. 1950, Heft 3.
167. —: Die ingenieurgeologischen Aufgaben und Mitarbeit im Talsperrenbau. Wasserwirtschaft 1950, Heft 11, S. 315—323.
168. —: Der Einfluß des Wassers im Straßenbau. Straßen- u. Tiefbau, Straßenbau u. Straßenbaustoffe 1950, Heft 10 u. 12.
169. —: Die Eignungsfrage von Löß und Lößlehm als Baustoffe im Erd- und Hydroerdbau. Wasserwirtschaft-Wassertechn. 1951, Heft 2, S. 49—56.
170. —: Qualitätsarbeit im Erd- und Hydroerdbau. Straßen- u. Tiefbau, Straßenbau u. Straßenbaustoffe 1951, S. 95 u. 112ff.
171. —: Selbstdichtung im Wasserbau. Wasserwirtschaft 1951, S. 218—220.
172. —: Die feinkörnigen Lockergesteine als Dammbaustoffe des Straßenbaues. Straßen- u. Tiefbau, Straßenbau u. Straßenbaustoffe 1951, S. 126.
173. —: Ingenieurgeologie und Geotechnik. 2. Aufl. 1954; S. 1132, 1150 Abb. Halle/Saale: W. Knapp 1. Aufl. 1951.
174. —: Die Dichtung und Verfestigung bindiger Bodenarten (haftende Lockergesteine). Bautechn. 1952, Heft 2, S. 42—46.
175. —: Baugrundkarten im Straßenbau. Straßen- u. Tiefbau, Straßenbau u. Straßenbaustoffe 1952, Heft 1, S. 24—27.
176. —: Der Chemikalteppich der Talsperre Cranzahl. Wasserwirtschaft-Wassertechn. 1952, Heft 5.
177. —: Entwicklung eines Verfahrens zur Dichtung von Staudämmen mittels labilen Wasserglases und Tonmehlzusatzes unter Verwendung sonst ungeeigneter Erdbaustoffe. Wasserwirtschaft-Wassertechn. 1952, Heft 3, S. 66—71.
178. —: Ein neues Dichtungsverfahren für den Deich-, Damm- und Kanalbau. Bergbau-Freiheit 1952, Heft 6, S. 28—34.
179. —: Entwicklung, Fortschritte und Richtlinien des neuzeitlichen Staudammbaues. Technik 1952, Heft 8, S. 473—482.
180. —: Damm- und Kunstbauten im Straßenbau. Straßen- u. Tiefbau, Straßenbau u. Straßenbaustoffe 1952, Heft 9.
181. —: Die Dichtung von Staudämmen und Kanälen auf chem. Wege. Wasserwirtschaft-Wassertechn. 1952, Heft 10, S. 334—340; Heft 11, S. 368—372.
182. —: The Hydraton-Method a new Process of stabilizing Soils by inorganic agents. Proc. 1953, Ses. II. Switzerland. Aug. 1953.
183. KELLEY, W. P., H. JENNY u. S. M. BROWN: Soil Science 1936.
184. KJELLMANN: Acceleration Consolidation of fine-grained Soils by Means of Card-Boards Wicks. Proc. 1948, Bd. II, S. 302—305.
185. —: Testing the Shear Strength of Clay in Sweden. Géotechnique Bd. I, II (Juni 1951) Nr. 3.
186. KIND: Die Umgehungsstraße Frankfurt/Main-Wiesbaden. Betonstraße 1935, Heft 11/12.
187. KIRCHHOFF, F.: Straßenbau in Schweden. Straße u. Autobahn 1951, Heft 4, S. 12—17.
188. KIRSTEN, W.: Die Entwicklung der Talsperrenbauten Sosa-Cranzahl zu Volksbauten. Wasserwirtschaft-Wassertechn. 1950, Heft 1, S. 100—110.
189. KNAUTH: Die Entwicklung der Großerdbaugeräte. Bautechn. 1943, Heft 43/47.
190. KNÖRRLEIN-VOGL: Grundbrüche unter Dämmen und ihre Bekämpfung. Forsch.-Arb. Straßenwes. 1939, Heft 19.
191. KÖGLER-SCHEIDIG: Baugrund und Bauwerk. Berlin 1938 u. 1948.
192. —: F.: Erdbaufragen der Reichsautobahnen. Bautechn. 1938, S. 470ff.
193. —-LEUSSINK: Setzungen durch Grundwasserabsenkungen. Bautechn. 1938, Heft 32.
194. KOENIG, H. W.: Neuzeitliche Einpreßtechnik. Wasserwirtschaft 1952, Nr. 4, S. 120—132.

195. Kollbrunner: Foundation und Consolidation. Bd. I, II. Zürich, 1946, 1948.

196. Kozeny, J.: Das Wasser im Boden und seine Bindung. Öst. Bauz. 1952, Heft 2, S. 21/23; H. 3, S. 40—44.

197. Krauth-Vosberg: Erdbau. Stuttgart 1950.

198. Krey: Erddruck — Erdwiderstand. Berlin 1936.

199. Krieger, H.: Zeitstudien — kleinere Störungen und längere Unterbrechungen beim Einsatz gleisloser Erdbaugeräte. Straßen- u. Tiefbau 1951, Heft 6, S. 129—132.

200. Kripner: Bodenfestigkeit und Baggerleistung. Bautechn. 1939, Heft 7/8.

201. —: Der Einfluß der Bodenfestigkeit auf die Leistung eines Baggers. Bauingenieur Bd. 20 (1939).

202. Kruedener, A. v.: Bekämpft Erosionen und Rutschungen durch vorbeugende ingenieurbiologische Maßnahmen schon im Anfangsstadium. Straße 1941, Heft 5/6.

203. —: Atlas standortkennzeichnender Pflanzen. Berlin 1941.

204. —: Ingenieurbiologie, 172 S., 32 Abb. München-Basel: Ernst-Reinhardt-Verlag 1951.

204a. Kühn, G.: Wirtschaftlichkeitsfragen beim gleislosen Erdbau. Z. VDI Bd. 94 (1952) Heft 17/18, S. 506—511.

204b. —: Motorschürfwagen mit zusätzlichem Heckantrieb und ihre Bewährung in der Baustellenpraxis. Straße u. Autobahn 1952, Heft 9, S. 285—289.

205. Lamman: Bau eines gestampften Erddammes ohne Setzung. Engng. News Rec. 7. 3. 1929.

206. Lane, S. K.: Providence vibrated Density Tests. Proc. 1948, Bd. IV, S. 243—247.

207. Lange: Über die Nachprüfung der Verdichtung bindiger Böden. Straße 1940, S. 70—72.

208. —: Die Verdichtung geschütteter Dämme. 7. Bericht über die Prüfung verschiedener Verdichtungsgeräte. Straße 1940, S. 109/10.

209. —: Die Verdichtung von Dammschüttungen. Bauindustrie 1941, Heft 7, S. 231—239.

209a. Lenz, L.: Schüttung von Straßendämmen in Mooren. Straßen- u. Tiefbau 1953, H. 9, S. 324—328.

210. Leussink, H.: Versuche an geländegängigen Erdbaugeräten unter Berücksichtigung der Bodenart. Forsch.-Arb. Straßenwes. Bd. 30 (1940).

211. —: Der Einfluß des Dammes auf flachgegründete Brückenwiderlager bei nachgiebigem Baugrund. Bautechn. 1936, Heft 26.

212. —: Der Sicherheitsgrad im Grund- und Erdbau. Bautechn. 1942, Heft 3.

213. —: Neuere Versuche mit dem Rütteldruckverfahren. Abhandlungen über Bodenmechanik und Grundbau, S. 182—187. Berlin 1948.

214. —: Die Verdichtung von Dämmen, sonstigen Schüttungen und Untergrund. Straße u. Autobahn 1951, Heft 9, 10, 11.

215. —: Anwendung der Schwingungsverdichtung im Straßenbau. Straße u. Autobahn 1952, Heft 4, S. 118—129.

216. Lewin, J. D.: Zehn Jahre Talsperrenbau in den Vereinigten Staaten. Wasserwirtschaft 1949, S. 32—45.

217. —: Übersicht über amerikanische Stauanlagen. Wasserwirtschaft 1949/50, Heft 12, S. 349—357.

218. Lewis, W. A.: The Investigation of Road Foundation Failures. Road Res. Techn. Pap. Nr. 21.

219. —: Untersuchungen über die Setzungen von Kalkböden und Dämmen aus Ton. (An Investigation of the Settlement of Chalk and Clay Embarkments. Highways, Bridges and Aerodromes Bd. 14 (1947) Nr. 698/699.

220. —: P. C.: Die Auswertung von Versuchen an Bodenproben aus dem Untergrund für den Entwurf des Unterbaues von Straßen. Proceedings Int. Konf. on Soil Mechanics and Foundation Engineering Rotterdam 1948, Bd. II, S. 213—217. (Auszug Straßen- u. Tiefbau 1950, Heft 1, S. 24.)

221. Liczewski: Was tut not bei Hochwasser- und Eisgefahr? Bauplan. u. Bautechn. 1949, Heft 1, S. 29—31.

222. Lifanov, I. A.: Organisazija casi vodochranilisca. Zatoplenija i podtoplenija v gidrotechniceskom stroitestve. (Über- und Unterflutung im hydrotechnischen Bauwesen.) Moskva, Leningrad 1948.

223. Link, H.: Die Steindämme in Algerien. Wasserkr. u. Wasserwirtsch. 1939, Heft 11/12.

224. —: Die Dichtung des Untergrundes bei algerischen Talsperren. Wasserkr. u. Wasserwirtsch. 1939, Heft 15/16, S. 180/82.

225. Link, H.: Ist eine Krümmung der Kernmauern hoher Erdstaudämme vorteilhaft? Bautechn. 1941, Heft 44, S. 474—476.

226. —: Neuere Talsperrenbauten in der Schweiz. Staudamm Castilletto d. Juliawerkes Marmorera. Bautechn. 1951, Heft 1, S. 3—9.

227. —: Neuere Talsperrenbauten in Italien. Bautechn. 1951, Heft 12, S. 306—309.

228. —: Neuere Talsperrenbauten in Frankreich. Bautechn. 1952, Heft 8, S. 212—218

229. —: Neuere Talsperrenbauten in Österreich. Bautechn. 1953, Heft 2, S. 42—50.

230. Little, A. L.: Laboratory Compaction Technique. Proc. Bd. II, S. 224—240.

231. Lohmeyer, E.: Die Haltung Ottmarsheim des Elsaß-Kanals. Bautechn. 1951, Heft 8, S. 177—188.

232. —: Steindämme aus Steinschüttung mit Asphaltdichtung auf der Wasserseite, S. 64 bis 70. Bauarchiv 8/1952.

233. Loos, W., u. H. Lorenz: Verdichtung geschütteter Dämme. Nachprüfung der auf Baustellen der Reichsautobahnen angewandten Verfahren. 1. Bericht. Straße 1934, S. 108ff. und Schriftenreihe der Straße 1936, Heft 3, S. 19ff.

234. —: Verdichtung geschütteter Dämme. 2. Bericht. Straße 1935, S. 486 und Schriftenreihe der Straße 1936, Heft 3, S. 23ff.

235. —: Verdichtung nichtbindiger Böden. Straßenbau Aug. 1936, S. 238/39.

236. —: Verdichtung geschütteter Dämme. 5. Bericht über die Nachprüfung der Wirkung verschiedener Verdichtungsgeräte auf der Reichsautobahn in der Nähe von Ketschendorf bei Fürstenwalde. Straße 1936, S. 562ff.

237. —: Praktische Anwendung der Baugrunduntersuchungen bei Entwurf und Beurteilung von Erdbauten und Gründungen. Berlin: Springer 1937.

238. —-Breth: Die Nachprüfung der Verdichtungswirkung von Explosionsrammen an bindigen Böden. Straße 1937, S. 350ff., 6. Bericht.

239. —: Sicherung einer Hauptbahn gegen Ausquetschen starker Moorschichten neben einem Braunkohlentagebau. Bautechn. 1949, S. 161/63.

240. —: Bericht über die II. intern. Konferenz für Bodenmechanik und Gründungen 1948. in Rotterdamm. Bauingenieur 1949, Heft 8, S. 247—259; Heft 9, S. 281—285.

241. —: Prüfung von Dammaterial durch Laboratoriumsversuche. Bauingenieur 1952, Heft 5, S. 176 (nach Proc. Amer. Soc. civ. Engrs. 1951, Nr. 108).

242. Lorenz, H.: Verhindern und Stabilisieren von Böschungsrutschungen. Bautechn. 1948, Heft 25, S. 243ff.

243. Lorenz-Meyer: Staudamm im Niger bei Sansanding. Bautechn. 1942, Heft 16/17, S. 93/95.

244. Ludin: Der Einsturz der Glenotalsperre. Dtsch. Wasserw. 1924, Heft 2.

245. —: Wasserkraftanlagen Berlin 1938.

246. —: Fort Peck-Damm, ein neuer Riesentalsperrendamm. Bautechn. 1936, Heft 26.

247. MacDowell: Relation of Density and Shear Strength to the Classification of Highway subgrade and flexible Base Materials. Proc. 1948, Bd. V, S. 194ff.

248. Maclean, D. J.: Die Anwendung der Bodenmechanik auf Probleme des Straßenbaues. (The Application of Soil Mechanics to Problems in Road Construction.) J. Inst. Munc. Engs. Juni 1945.

249. —, u. R. S. Bailey: Die Verdichtung von Böden. (The Compaction of Soil.) Roads Road Constr. Jan., Febr., März 1947.

250. — —: The Compaction of Soil. Road Res. Techn. Pap. 1951, Nr. 17.

251. —, u. F. H. P. Williams: Laborator. (Great Britain.) Proc. 1948, Bd. IV, S. 247 bis 256.

252. Macleod, N. W.: Die Stabilität körniger und bindiger Materialien. Proc. 1948, Bd. II, S. 110—116.

253. Mallet u. Pacquant: Les Barrages en terre. Editions Eyrolles 61, Boulevard St. Germain Paris 5e.

254. Marcello, C.: Moderner Talsperrenbau in Italien. Schweiz. Bauztg. 1950, Heft 35, S. 476—480.

255. Markwick, A. H. D.: Some Economic Factors relating to Earthwork Machinery. Roads Road Constr. 1941/I.

256. MARKWICK, A. H. D., u. H. S. KEEP: American Equipment for Earthwork Construction on Roads and Aerodromes. Highways, Bridges Aerodromes 1943/III.

257. —: Die Grundlagen der Bodenverdichtung und ihre Anwendung. (The Basic Principles of Soil Compaction and their Application.) Inst. of Civil Eng. Road Paper Nr. 16. London 1945.

258. MARSHALL, A. E.: siehe AARON.

259. MAXWELL, A.: siehe TURNBULL.

260. MAZEL, P.: Aménagement de la chute de la Barre Travaux. Aug. 1948, S. 461—468.

261. MERTZ: Der Wipper, ein Motorfahrzeug für Erdbewegungen. Straße 1940, S. 291.

262. MEYER, F.: Staudamm aus Steinschüttung mit Holzabdeckung. Wasserkr. u. Wasserwirtsch. 1941, H. 5, S. 135/36.

262a. MIDDLEBROOKS, T. A.: Progress in Earth-Dam Design and Construction in the USA. Civ. Engng., Lond. 1952, Heft 9, S. 118—126.

263. Mitteilungen der Hannoverschen Versuchsanstalt für Grundbau und Wasserbau usw. Ferienkursus für Bodenmechanik u. Grundbau 1952, Heft 1.

264. MOOS, A. VON: Geotechnische Eigenschaften der Lockergesteine. Schweiz. Bauztg. Bd. III (1938) Nr. 21.

265. —, u. E. QUERVAIN: Technische Gesteinskunde. Basel 1948.

266. —: Engineering Geology in Switzerland. Géotechnique Bd. I (1948) Nr. 1.

267. MÜLLER, R.: Verdichtung geschütteter Dämme. 4. Bericht über die Nachprüfung eines alten Straßendammes in Oberschlesien. Straße Bd. 3 (1936) S. 520ff.

268. —: Erfahrungen mit Ton und Lehm im Straßenkörper. Straßen- u. Tiefbau 1949, Heft 12, S. 389—391.

269. —, W.: Erdbau-Linienführung, Gestaltung und Erdarbeiten der Verkehrswege. Berlin: Ernst & Sohn 1948.

270. MÜLLER-RAMSPECK: Verdichtung geschütteter Dämme. 3. Bericht. Straße Bd. 2 (1935) S. 648.

271. MÜLLER, H.: Das CBR-Verfahren, ein moderner Testversuch zur Bestimmung der Deckenstärke in Abhängigkeit vom Straßenuntergrund. Straßen- u. Tiefbau 1950, Heft 3, S. 89—94.

272. MUHS, H.: vgl. SCHULTZE-MUHS.

273. MUSS-HOFFMANN: vgl. HOFFMANN.

274. MURDOCK, L. J.: Consolidation Tests on Soils containing Stones. (Verdichtungsversuche mit Böden, die Steine enthalten.) Proc. 1948, Bd. I, S. 169—173.

275. MYSLIVEC, A.: Bau von Straßen und Bahndämmen. Proc. 1948, Bd. IV, S. 222—226.

276. NAMEE, J. MC.: Seepage into a sheeted Excavation. Géotechnique Bd. I (1948) Nr. 449.

277. NEIMANN, M.: Verdichten des Bodens durch Rütteln. Bauplan. u. Bautechn. 1952, Heft 8, S. 202—205.

278. NÉMETH, E.: Experimentelle Untersuchungen über das Durchsickern unter Dämmen. Ung. Verkehrstechn. 1950, S. 34—45.

279. NEUMANN, E.: Grundzüge der Bodenkunde für Ingenieure. Stuttgart 1948.

280. —: Neuzeitlicher Straßenbau, 3. Aufl. Berlin: Springer 1950.

281. —: Eine Studie über die Wirksamkeit von Geräten für die Bodenverdichtung. Straßen- u. Tiefbau 1951, Heft 6, S. 127/29.

282. —: Verkehrsbauten im Moor und auf weichem Untergrund. Straßen- u. Tiefbau, Straßenbau u. Straßenbaustoffe Heft 9/50, S. 229—233.

283. NIE, F. C.: Undulation of Railway Embarkments on soft Subsoil during Passing of Trains. Proc. 1948, Bd. II, S. 8—12.

284. —: Settlements of a Viaduct, a Culvert and the Road-Bed in the Railway Arnem-Zutphen, Near Voorstanden. Proc. 1948, Bd. II, S. 109/10.

285. ODENSTAD, S.: Stresses and Strains in the undrained Compression Test. Géotechnique Bd. I (Dez. 1949) Nr. 4.

286. OGNIBENI, T.: Le dighe del San Gabriele presso Los Angeles USA. Energia elettr. 1941, Heft 4, S. 266—271.

287. —: L'avant-barrages de Vernago, sur le Senales, affluent de L'Adige. (Der Vordamm von Vernago im Senales, Nebenfluß der Etsch.) Techn. d. Trav. 1951, Heft 5/6, S. 189 bis 192.

288. Ohde, Joh.: Einfache erdstatische Berechnungen der Standfestigkeit von Böschungen. Arch. Wasserw. Berlin 1943, Nr. 66/67.

288a. Ohde, Joh.: Die Berechnung der Standsicherheit von Böschungen von Staudämmen. Bauarch. Bd. 8 (1952) S. 14—23.

289. —: J.: Tagung des Deutschen Baugrundausschusses und der Hafenbautechnischen Gesellschaft in Karlsruhe. Straßen- u. Tiefbau, Straßenbau u. Straßenbaustoffe 1950, Heft 11, S. 338—341.

290. —: Neue Erdstoff-Kennwerte. Bautechn. 1950, H. 11, S. 345—251.

290a. Ohde, J.: Druckverteilung in und unter Erddämmen. Wasserwirtschaft-Wassertechn. 1953, Heft 7, S. 248—252.

290b. Olsen: Untersuchungen über den Ersatz von hohen Erddämmen durch Brückenbauwerke aus Eisenbeton. Straße 1935, S. 381—385.

291. Orth, F.: Die Harlan County-Talsperre. Bauingenieur 1949, Heft 8, S. 244/45.

292. —: Der Bau der Watauga-Talsperre. Bautechn. 1950, Heft 6, S. 198/98.

293. —: Die deutschen Talsperren. Bauingenieur 1951, Heft 9, S. 279/81.

294. —: Amerikanische Methoden zur Setzungsbeobachtung in Erddämmen. Bauingenieur 1952, Heft 12, S. 441/42.

294a. Ott, I. C.: La Construction du Barrage de Bou-Hanifia (Algérie). Lausanne 1946, Bull. Tech. de la Suisse Romande, 5. u. 19. Feb. 1954.

295. Paproth: Der Prüfstab Künzel, ein Gerät zur Baugrunduntersuchung. Bautechn. 1943, S. 327—340.

296. Pauck, K.: Erfahrungen auf Großbaustellen für Erd- und Betonbauten. Bauplan. u. Bautechn. 1949, H. 5, S. 159—162.

297. Peck, O. K., u. R. B. Peck: Settlement of Foundation due to Saturation of Loess Subsoil. Proc. 1948, Bd. IV, S. 4/5.

298. — —: Earth Pressure against Underground Constructions Experience with flexible Culverts through Railroad Embarkments. Proc. 1948, Bd. II, S. 95—198.

299. Petermann, H.: Praktische Anwendung der Bodenmechanik im Großerdbau. Bauingenieur 1936, Heft 17.

299a —: Die Verdichtung von Böden. Bauingenieur 1953, H. 10, S. 373—374.

300. Pfeiffer u. Quiring: Sind Löß und Lößlehm zur Deichschüttung geeignet? Zbl. Bauverw. 1930, Heft 32.

301. Pichl: Die Querschnittsbemessung von Hochwasserdämmen aus durchlässigem Material. Bautechn. 1927, Heft 44.

302. Philippe, R. R.: Adaption of locally available Materials for Use in Construction of Earth Dams. Proc. 1948, Bd. IV, S. 267—272.

302a. Plantema, G.: Soil pressure measurements during loading test on a runway. Proc. Bd. II, S. 289—298, Zürich 1953.

303. Pohl: Bewegung großer Erdmassen mit Hilfe von Hochleistungsbaggern und von Traktoren gezogenen Großschrappern im amerikanischen Tagebau. Bautechn. 1938.

304. Pollack, V.: Die Beweglichkeit bindiger und nichtbindiger Materialien. Halle (Saale): Wilh. Knapp 1925.

305. Poppel: Der gleislose Erdbetrieb beim Bau der deutschen Alpenstraße im Allgäu. Straße 1939, S. 181—183.

306. Porter, O. J., u. L. C. Urquhart: Sand Drains expedited Stabilization of Marsh. Section. Civ. Engng., Lond. Bd. 22 (1952) Nr. 1, S. 51—55.

306a. Pötzsch, H.: Verdichtungstechnik und Verdichtungsgeräte im ausländ. Erdbau, Berlin 1953.

307. Press, H.: Der Boden als Baugrund. Berlin 1938.

308. —: Setzungsbeobachtungen. Bautechn. 1938, H. 52.

309. —: Rutschungen an einem Brückenwiderlager. Bautechn. 1940, Heft 17/18.

310. —: Gründung von Stauanlagen. Bauplan. u. Bautechn. 1947, Nr. 7, S. 197—201.

311. —: Grundpegelausbildung. Bautechn. 1952, Heft 2, S. 55/56.

312. Presser, J.: Dreiachsige Straßenwalzen. Straße und Autobahn 1951, Heft 1, S. 12—17.

313. Proctor, R. R.: Fundamental Principles of Soil Compaction. Engng. News Rec. Aug. 1933, S. 246ff.

314. PROCTOR, R. R.: The Design and Construction of rolled Earth Dams. Engng. News Rec. 31. 8., 7., 21., 28. 9. 1933.
315. PROCTOR, R. R.: Earth Dam Design, Construction and Performance as Practised by the Water System of the Department of Water & Power, City of Los Angeles. Proc. 1948, Bd. V, S. 81—84.
316. —: The Preparation of Subgrades of compacted Soils for Paving or Structures. Proc. 1948, Bd. V, S. 201—205.
317. —: The Relationship between the Foot Pounds per Cubic-Foot of Compactive Effort and the Shear Strength of compacted Soil. Proc. 1948, Bd. V, S. 219—223.
318. —: Relationship between Foot Pounds per Cubic-Foot of Compactive Effort to Soil Density and subsequent Consolidation under various Loadings. Proc. 1948, Bd. V, S. 223—227.
319. —: The Relationship between the Foot-Pounds per Cubic-Foot of compactive Effort expended in the laboratory Compaction of Soils and the required compactive Efforts to secure similar Results with Sheepfoot Rollers. Proc. 1948, Bd. V, S. 231—234.
320. —: Laboratory Soil Compaction Methods, Penetration Resistance Measurements and the indicated saturated Penetration Resistance. Proc. 1948, Bd. V, S. 242—247; Bd. VI S. 145/46.
321. —: A suggested modern Engineering Classification of Soils. Proc. 1948, Bd. V, S. 319—322.
322. —: The Elimination of Hydrostatic uplift Pressures in new Earthfill Dams. Proc. 1948, Bd. V, S. 85—89.
323. QUIRING, H.: vgl. PFEIFFER.
324. —: Die Unterscheidung von Löß und Hochflutlehm mit Bemerkungen über die Eignung zum Deichbau. Z. prakt. Geol. 1934, S. 145—156.
325. —: Eignung von Löß und Lößlehm zur Damm- und Deichschüttung. Bautechn. 1952, Heft 2, S. 56.
326. RABE, W. H.: Die neuzeitliche Bauweise von Erdstaudämmen in den USA und ihre Anwendungsmöglichkeiten in Deutschland. Bautechn. 1939, S. 497—501 u. 528—530.
327. RAMSPECK, A.: Dynamische Untersuchungen an Dämmen. Straße 1936, S. 520—522.
328. —: Die Anwendung der dynamischen Baugrunduntersuchungen. Bautechn. 1938, Heft 6.
329. —: Bodenverfestigung durch Schwingungsrüttler. Straße 1940, S. 109/10.
330. RAPPERT, C.: Die Entwicklung von Großrüttlern und ihre Einsatzmöglichkeit im Talsperrenbau. Wasserwirtschaft 1952, Heft 4, S. 148—153.
331. RATHSMANN: Fördereinrichtungen, deutsche geländegängige Fahrzeuge im Erdbau. Bautechn. 1941, Heft 33/34.
332. —: Über den Entwicklungsstand deutscher Planierraupen. Bauwirtschaft 1949, Nr. 5, S. 115; Nr. 8, S. 184.
333. —: Gummibereifte Transportfahrzeuge für den Erdbau. Straßen- u. Tiefbau 1950, Heft 4, S. 175—177.
333a. —: Die neue Demag-Planierraupe. Straßen- u. Tiefbau 1950, Heft 5, S. 177.
334. —: Gummibereifte Universalbagger. Straßen- u. Tiefbau 1950, Heft 6, S. 201—203.
335. —: Über den Entwicklungsstand deutscher Straßenbaumaschinen. Bautechn. 1952, Heft 11, S. 311.
336. REDLICH, TERZAGHI u. KAMPE: Ingenieurgeologie 1929.
337. REINIUS, E.: On the Stability of the Upstream Slope of Earth Dams. Dissertation. Stockholm 1948.
338. RENFERT, B.: Zettelmeyer-Autoschütter, Type K. Straßenbau u. Straßenbaustoffe 1950, Heft 5, S. 171.
339. Richtlinien für Schwingungsverdichtung im Straßenbau. Forschungsgesellschaft für das Straßenwesen e. V. Entwurf 1952.
339a. —: Gründungen, Richtlinien für die zulässige Belastung des Baugrundes DIN 1054.
340. —: für die Verhütung von Frostschäden in Straßen. Straße u. Autobahn 1951, Heft 11, S. 391—395.
341. —: für den Staudammbau, Entwurf für das Ministerium für Land- und Forstwirtschaft der DDR, Hauptabt. Wasserwirtschaft 1950, aufgestellt von Dr.-Ing. KEIL.

342. Richtlinien für den Entwurf, Bau und Betrieb von Stauanlagen I Talsperren. Aufgestellt von der Arbeitsgruppe „Stauanlagen" des Fachnormenausschusses Wasserwesen. Berlin 1952 (DIN 19 700).

343. Riedig: Der Schürfwagen. Bautechn. 1936, Heft 13.

344. —: Die Wirtschaftlichkeit gleisloser Fahrzeuge zum Abtragen und Anschütten geringer Bodenmengen. Bautechn. 1936, Heft 13.

345. —: Betriebskosten des 4 m³-Schürfwagens. Bautechn. 1936, Heft 28.

346. —: Versuche zum Feststellen der Verdichtungswirkung durch Explosionsstampfer. Bautechn. 1937, Heft 43.

347. —: Die 2,5 t-Delmag-Explosionsramme. Bautechn. 1939, S. 260.

348. —: Neuer Raupenschlepper für Baubetrieb. Bautechn. 1940, Heft 55.

349. —: Ein neues Flachbaggergerät. Bautechn. 1943, S. 311.

350. —: Gerät zum Verdichten von Bodenschüttungen. Bautechn. 1942, Heft 10, S. 20/21.

351. —: Maschinen und Geräte zum Verdichten im Straßenbau. Straße u. Autobahn 1952, Heft 4, S. 121—124.

352. —: Gürtelradwalzen. Straßen-, Asphalt- u. Tiefbautechn. 1952, Nr. 6.

353. —: Zwei- und Dreiachswalzen für Verdichtung beim Straßenbau. Straße u. Autobahn 1952, Heft 10, S. 349—351.

354. —: Maschinen und Geräte im Straßenbau. Straße u. Autobahn 1952, Heft 4, S. 121 bis 129.

354a. —: Fortschritte in der Entwicklung der stetig arbeitenden Verdichtungseinrichtungen. Straßen- und Tiefbau 1953, H. 1, S. 10—12.

355. Risch: Die Erschütterungswirkungen bei der Verdichtung des Bodens mit Stampfgeräten. Straße 1937, S. 216/17.

356. Rodriguez, G.: Les barrages en terre et en enrochements. Génie civ. 1948, S. 270 bis 273.

357. Rössert: Erdförderung an der Steilstrecke der Reichsautobahn. Straße 1938, S. 246/47.

358. Rössler: Untersuchungen an Flachbaggergeräten. Forsch.-Arb. Straßenwes. Bd. 28 (1940).

359. Romita, P. L.: Diga e serbatoio sul Cherry Creek presso Denver. (Colorado-Damm und Staubecken Cherry Creek.) Energia elettr. 1950, Heft 1, S. 44—46.

360. Rucki, R.: Die Anwendung von Planierraupen im Baubetrieb. Inzymicria i Budownictwo Bd. 7 (1950) S. 126.

361. Ruckli, R.: Aktuelle Probleme des Straßenbaues. Straße u. Verkehr 1949, Nr. 11/12, S. 327—332 u. 355—360.

362. Rufenacht, A.: Pore Pressure Assumption for Stability Studies of Earth Dams. Proc. 1948, Bd. III, S. 230.

363. Schaible: Setzungen hinter Bauwerken. Straße u. Autobahn 1950, H. 7, S. 6—9.

363a. —: Der Einfluß des Verkehrs auf die Entstehung von Frostschäden. Straßen- und Tiefbau 1953, H. 4, S. 107—112.

364. Schapiro: Die Anwendung der Kowaljow-Methode. Planen u. Bauen 1951, Heft 21.

365. Schatz, O., u. H. Boesten Gebrochene Staudämme. Bauingenieur 1936, Heft 25/26, S. 251 ff.

366. —: Der Bau der Rurtalsperre Schwammenauel. Dtsch. Wasserw. 1938, Heft 7.

367. —: Die Eifeltalsperren, ihre Kriegsschäden und deren Behebung. Bautechn. 1949, Heft 12, S. 365—368.

368. Scheidig, A., u. H. Leussink: Geräte für Setzungsmessungen an Bauwerken und Dämmen. Bauingenieur 1938, Heft 29/30, S. 424 ff.

369. —: Über neue Erddammbauten in der Sowjetunion. Bautechn. 1932, Heft 16.

370. —: siehe Kögler.

371. —: Straßenbauproblem im Schluff- und Lößgebiet. Bautechn. 1933, Heft 41/42.

372. —: Der Löß und seine geotechnischen Eigenschaften. Dresden 1934.

373. Schlums, J. Zweckmäßigstes Verfahren für die Ermittlung der Erdmassen beim Bau von Verkehrswegen. Berlin 1949.

374. —: Ein Verfahren zur Erdmassenermittlung bei veränderlicher Böschungsform. Straßen- u. Tiefbau, Straßenbau u. Straßenbaustoffe 1951, S. 207 ff.

375. Schmid, J.: Die Wasserbewegung im Dammkörper. Berlin: Springer 1928.

375a. Schmitz, P.: Der Lastwagen beim Erd- und Straßenbau. Straße u. Autobahn 1953, H. 4, S. 123—128.

376. Schneider, H.: Das Rütteldruckverfahren und seine Anwendung im Erd- und Betonbau. Beton u. Eisen 1928, Heft 1, S. 4—7.

377. Schocklitsch, A.: Handbuch des Wasserbaues, 2. Aufl., Bd. I/II. Wien: Springer 1950 u. 1952.

378. Schroeter, A.: Der fehlende Übergang zwischen Brücke und Boden als Ursache der Pflastersenkung hinter Brücken. Bauingenieur 1936, Heft 37/38.

379. Schultze, E., u. H. Muhs: Bodenuntersuchungen für Ingenieurbauten. Berlin-Göttingen-Heidelberg: Springer 1950.

380. —: Das Verhalten des Bodens unter Wechsellasten. Bauplan. u. Bautechn. 1948, H. 11, S. 324.

381. —: Einige ausländische Geräte zur Beobachtung von Erd- und Grundbauten. Bautechn. 1951, Heft 5, S. 112—116.

382. Schuster, R.: Asphalt-Wasserbau im In- und Ausland. Bitumen 1950, Heft 3; 1951, Heft 1.

383. Schütter, G.: Einige Betrachtungen über den baulichen Teil schwedischer Wasserkraftanlagen. Schweiz. Bauztg. Bd. 66 (1948) S. 724ff.

384. Schwarzmann: Hydrologisch bemerkenswerte Erfahrungen über katastrophale Unwetterhochwässer in Deutschland. Wasserwirtschaft 1953, Heft 3, S. 57—62.

385. Seifert: Der Bruch des Staudammes bei Küddow bei Flederborn. Wasserkr. u. Wasserwirtsch. 1930, Heft 6.

386. —: Untersuchungsmethoden, um festzustellen, ob sich ein gegebenes Baumaterial für den Bau eines Erddammes eignet. Ber. Intern. Talsperren-Kom. Weltkraft-Konferenz Stockholm 1933, Bd. III, S. 5ff.

387. Sichardt, W.: Kies- und Sandfilter im Grund- und Wasserbau. Bautechn. 1952, Heft 3, S. 72—76.

388. Siedek, P.: Straßenbau im Moor. Straße 1936, S. 490ff.

389. —: Einfluß des Straßenuntergrundes auf den Straßenunterbau. Straßenbau u. Straßenbaustoffe 1950, Heft 1.

390. —: Über die Tragfähigkeit des Straßenuntergrundes. Straße u. Autobahn 1951, Heft 3, S. 67—71.

391. Skempton, A. W.: A study of the geotechnical properties of some postglacial clays. Géotechnique Bd. I (1948) Nr. 1.

391a. —: The colloidal „activity of clay". Proc. 1953, Bd. II, S. 57—61.

392. Speck, A.: Der Kunststraßenbau. Berlin: W. Ernst & Sohn 1951.

393. Spencer, W. T.: vgl. Aaron.

394. Speth: Zur Frage der Erfassung der Eindringungstiefe von Bomben in Beton. Beton u. Eisen 1936, S. 409—416.

395. Stanton, E. Th.: Vertical sand Drains as a Means of Foundation Consolidation and Acceleration, Settlement of Embarkments Proc. 1948, Bd. V, S. 273—279.

396. Steuermann, S.: Silt Consolidation by Vibroflotation. Proc. 1948, Bd. II, S. 297—301.

397. Stevens: siehe Vreedenburgh.

397a. Stini, J.: Innenkern oder wasserseitige Dichtung bei Dämmen. Bautechnik 1939. H. 10.

398. Stocker, J.: Erfahrungen mit gleislosem Erdtransport auf der unteren Isar. Straße u. Autobahn 1951, Heft 2, S. 41—44.

399. —: Die Bauausführung bei den Staustufen der unteren Isar. Bauingenieur 1952, Heft 1, S. 26—32.

400. Stöcke, K.: siehe Wieland.

401. Stolz, G.: Ermittelte Leistungen schwerer Erdbaugeräte. Straße u. Autobahn 1952, Heft 2, S. 58/59.

402. Technischer Bericht: Sprengen zum Befestigen von Dammschüttungen. Bautechn. 1933, S. 510.

403. —: Praktische Anwendung der Bodenmechanik im Großerdbau Muskingum-Damm (USA). Bauingenieur 1936, Heft 49/50.

404. Technischer Bericht: Neuere amerikanische Erfahrungen im Bau von Talsperrendämmen. Bautechn. 1937, Heft 4.

405. —: Der Bau des Fort Peck-Staudammes. Bauingenieur 1937, Heft 51/52.

406. Stolz, G.: Eine Talsperre aus Zyklopenmauerwerk. Bauingenieur 1937, Heft 51/52.

407. —: Ein 25,5 m hoher Erddamm auf gefrorenem Boden. Schweiz. Bauztg. Juli 1948, S. 421—442 (aus Engng. News Rec. 5. Febr. 1938).

408. —: World's largest Dry-Fill-Dam. Engng. News Rec. Juni 1939, S. 58—60.

409. —: Schwere Rutschungen am Fort Peck-Staudamm. Bauingenieur 1939, Heft 51/52.

410. —: Der größte Staudamm der Welt, der Hansendamm bei Los Angeles. Engng. News Rec. 1939, Heft 25, S. 58—60.

411. —: Holländischer Straßenbau. Straße u. Verkehr 1940, S. 230.

412. —: Staudamm aus Steinschüttung mit Holzabdeckung. Wasserkr. u. Wasserwirtsch. 1941, H. 5, S. 135/36.

413. —: Talsperren-Kommission. Messungen, Beobachtungen und Versuche an schweizerischen Talsperren. Bern 1946.

414. —: The Compaction of Soil. Roads and Road Constr. Jan./März 1947.

415. —: Gerät zum Verdichten von Bodenschüttungen. „Stampfrüttelgerät." Bautechn. 1947, Heft 1, S. 20/21.

416. —: L'alimentation en eau de la ville New York. Génie civ. 1948, Heft 10.

417. —: Der Bau des Watauga-Projektes, ein Hochwasserregulierungs- und Wasserkraftprojekt der Tennessee-Valley-Verwaltung. (Constructing the Watauga Project G. K. Leonard and D. H. Mattern.) Civ. Engng., Lond. 1948, Heft 5, S. 21 ff.

418. —: Kura-Staudamm in Transkaukasien (aus Engng. News Rec.). Schweiz. Bauztg. 1948, S. 613.

419. —: Gedanken über den dritten Kongreß für große Talsperren, Stockholm 1948. Schweiz. Bauztg. 1948, Nr. 52, S. 718—721.

420. —: Über die Wasserkraftanlagen der Tennessee-Valley-Authority. Schweiz. Bauztg. 6. Nov. 1948, S. 613—619.

421. —: Die deutschen Autobahnen im Jahre 1946. (German Motor Roads.) Road Res. Techn. Pap. 1948, Nr. 8, Heft 5.

422. —: Le barrage de terre Anderson Idaho, Unids Stats. Génie civ. 1948, Heft 16, S. 311 bis 313.

423. —: Senkrechte Dränagen zur Beschleunigung der Setzung moorigen Untergrundes. Wasserwirtschaft 1948/49, Heft 3, S. 61.

423a. —: Sandsäulen zur Entwässerung von Marschböden. Engng. News Rec. 1949, Nr. 3, S. 142.

424. —: Making the Fill at Dorena Dam. (Herstellung des Kernes am Dorena-Erddamm.) Engng. News Rec. 1949, Heft 22, S. 24—26.

425. —: Das Kraftwerk Marmorera. Schweiz. Bauztg. 1949, Heft 40, S. 565—570.

426. —: Zerstörung und Schutz von Talsperren und Dämmen. Wasserwirtschaft 1949, Heft 3. Aus Schweiz. Bauztg. 1949, Heft 20/21 — O. Kirschmer: Schweiz. Bauztg. 1948, S. 618/19.

427. —: San Angelo Dam. Seven Mile Earthfill. Engng. News Rec. Mai 1950, S. 40/41.

428. —: Bau einer Straße auf schwammigem Untergrund. Straßen- u. Tiefbau, Straßenbau u. Straßenbaustoffe 1950, Heft 9, S. 269.

429. —: Deichquerschnitte in sandigen, lehmigen Böden. Gidrtechnika i Melioracija 7. Juni 1950.

430. —: Ein deutscher Autoschütter. Straßen- u. Tiefbau, Straßenbau u. Straßenbaustoffe 1950, Heft 11, S. 348.

431. —: Schwingende Gummiwalze. Straße u. Autobahn 1950, Heft 11, S. 27/28.

432. —: Fortschrittliche Entwicklung bei Straßenbaugeräten. Straßen- u. Tiefbau, Straßenbau u. Straßenbaustoffe 1950.

433. —: Sandsäulen zur Entwässerung von Marschboden. Bauingenieur 1950, Heft 5, S. 181.

434. —: Erfahrungen mit geschütteten Steindämmen in der Sowjetunion (SU). Wasserwirtschaft/Wassertechnik 1953, H. 8, S. 312—315.

435. —: Aus der in- und ausländischen Baumaschinenindustrie. Bauingenieur 1951, Heft 3 S. 88—90 (Garbotz-Schrapper).

435a. STOLZ, G.: Gründungen durch Bodenverdichtung nach dem Rütteldruckverfahren. Hansa 1950, Nr. 37/38.

436. —: Nasse Einrüttelung erhöht die Tragfähigkeit von Sand. Bauingenieur 1951, Heft 2, S. 59/60.

437. —: Unusual Rock-Fill-Dam Built for Power in Sweden. Engng. News Rec. Jan. 1951, S. 47/48.

438. —: Der Staudamm von Vernago. Wasserwirtschaft 1951, Heft 3, S. 86. Aus Techn. d. Trav. 1951, Heft 5/6.

439. —: Schwingungsverdichter für Gräben. Straße u. Autobahn 1951, Heft 8, S. 265.

440. Le quatrième congrès international des grands barrages. 10.—16. Jan. 1951 (New-Delhi) Génie civ. 1951, S. 285—287.

441. —: Flachbaggergeräte (Abbildungen und techn. Daten). Straße u. Autobahn 1951, Heft 2, S. 63/64.

442. —: Sowjetischer Riesenbagger (Schreitbagger). Planen u. Bauen Bd. 5 (1951) Nr. 4/5, S. 17/18.

443. —: Soil Compaction. Highway Research Board. Bulletin 1951, Nr. 42.

444. —: The Digley Reservoir Scheme of the Huddersfields Corporation Waterworks. Wat. & Wat. Engng. Mai 1951.

445. —: Vibrationswalzen in England. Straße u. Autobahn 1951, Heft 8, S. 264.

446. —: Neuere amerikanische Erdbaugeräte. Straße u. Autobahn 1951, Heft 5, S. 169 bis 171.

447. —: Verfestigung feinkörniger Böden durch Tiefdränagen. Bauingenieur 1951, Nr. 1, S. 27.

448. —: Maschinen der Großbauten. Bauztg. vom 4. 2. 1952.

449. —: Sohlenwasserdruck bei Talsperren. Bauingenieur 1952, Heft 4, S. 127—129.

450. —: Schaffußwalzen und Gummiradwalzen. Straße u. Autobahn 1952, Heft 12, S. 428/29.

451. —: Baugrundtagung in Essen. Bitumen 1952, Nr. 2, S. 50/51.

451a. —: Verdichtung von Dämmen, Untergrund und Unterbau (Compaction of Embankments, Subgrades and Bases) Bull 58. HRB, Washington 1952.

452. TERZAGHI, K., v.: Über den Einfluß untergeordneter Einzelheiten auf die Sicherheit von Dammbauten. Wasserwirtschaft 1930, Heft 10.

453. —: Die Sickerbewegung in Dammböschungen. Wasserwirtschaft 1933, Nr. 4, S. 37—40.

454. —: Prüfung von Baumaterialien für gewalzte Erddämme. Wasserwirtschaft 1932, Nr. 30, S. 408—412; Nr. 32, S. 438—443.

455. —: Auftrieb und Kapillardruck an betonierten Talsperren. Ber. Intern. Talsperren-Komm. Weltkraftkonf. Stockholm 1933.

456. —, u. LANGER: Verbesserte Schlauchwaage zur Setzungsbeobachtung. Bautechn. 1934, S. 291 ff.

457. —: Theoretical Soil Mechanics, 5. Aufl. New York: J. Wiley and Sons 1947.

458. TIEDEMANN, B.: Über die Schubfestigkeit bindiger Böden. Bautechn. 1937, S. 44 ff.

459. —: Über Bodenuntersuchungen bei Entwurf und Ausführung von Ingenieurbauten. Bautechn. 1941, Heft 4/5.

460. —: Über Bodenuntersuchungen bei Entwurf und Ausführung von Ingenieurbauten, 5. Aufl. 1941.

461. TODE: Spülkippverfahren und Toneinbau bei der 17 m hohen Dammstrecke des Mittellandkanals nördlich von Magdeburg. Bautechn. 1932, Heft 44.

462. TÖLKE, E.: Talsperren, Staudämme und Staumauern. Berlin 1938.

463. —: Entwicklungstendenzen im Talsperrenbau. Wasserwirtschaft Sonderheft 1949, S. 46 ff.

464. —: Der Anderson-Range-Damm, der derzeitig höchste Erddamm der Welt. Bauingenieur 1950; Heft 2, S. 60—62 — nach Engineering 1948, S. 145, 169, 265 u. 289 — nach Génie civ. 1948, S. 311 ff. — nach Engng. News Rec. 1948, S. 141.

465. —: Der wasserwirtschaftliche und energiewirtschaftliche Planausbau in den Weststaaten der USA. Bauingenieur 1950, Heft 10, S. 375—378.

466. —: Entwicklungslinien im Talsperrenbau unter besonderer Berücksichtigung der Steindämme und Beton-Staumauern. Wasserwirtschaft 1952, Nr. 4, S. 89—120.

467. Tofani, R.: Les traveaux de trassement au barrage en terre de Bonnet (Colorado). Techn. mod. Mai 1951, S. 183—193.

468. Toth, I.: La construction des barrages aux Etats-Unis. Techn. mod. Febr. 1951, S. 45—52.

469. —: Pore pressure interstitielle. (Porenwasserdruck.) Techn. mod. Constr. 1952, H. 1, S. 37; H. 2, S. 50—52.

469a. Treiber, F. und H. Breth: Das Ergebnis der bisherigen Erddruckmessungen an der Betonschürze des Staudammes Roßhaupten. Bautechnik 1953, H. 12, S. 364.

470. Tropp, W.: Die Prüfung der Lagerungsdichte eines Bodens. Straßen- u. Tiefbau, Straßenbau u. Straßenbaustoffe 1952, Heft 1, S. 14/15.

470a. —: Das Impf- und Vorspannverfahren zur Verbesserung wasserreicher Bodenschichten. Bautechnik 1943. H. 9, S. 253—257.

471. Turnbull, W. J., u. G. McFadden: Field Compaction Test. Proc. 1948, Bd. V, S. 235—239.

472. —, u. H. N. Fisk: Relation of Soils Mechanics and Geology in Foundation Exploration Lower Mississippi Valley. Proc. 1948, Bd. III, S. 3ff.

473. —: Utility of Loess as a Construction Material. Proc. 1948, Bd. V, S. 97—103.

474. —: u. MacNeil: Computation of the Optimum Moisture Content in the Moisture-Density Relationship of Soils. Proc. 1948, Bd. IV, S. 256—262.

475. —: u. G. MacFadden: Field Compaction Tests. Proc. 1948, Bd. V, S. 235—239.

476. —: u. MacNeil: A new Classification of Soils Based on the Particle Size Distribution Curve. Proc. 1948, Bd. V, S. 315—319.

477. —: S. J. Johnson u. A. Maxwell: Factors Influencing Compaction of Soils. Highway Research Board Bulletin 1949, Nr. 23.

477a. Tumbull, W. J.: Field compaction tests on lean Clay. Proc. II 1953, S. 313—316.

478. Urguhard, L. C.: vgl. Porter.

479. U. S. Engineer-Office: Design and Construction of Conchas Dam.

480. Usinger-Garras: Die Wirtschaftlichkeit des Moorsprengverfahrens. Forsch.-Arb. Straßenwes. 1937, H. 48.

481. Vreedenborgh, J., u. O. Stevens: Elektrodynamische Untersuchung von Potentialströmungen in Flüssigkeiten, insbesondere angewendet auf die Grundwasserströmungen. 1. Intern. Talsperrenkongreß 1933.

482. Walch, O.: Stau- und Kanaldämme aus Erde und Fels. Berlin: Springer 1933.

483. Walker, C. F., u. W. E. Collins: Earth Dam Design and Construction Practices of the Bureau of Reclamation. Proc. 1948, Bd. III, S. 250.

484. Walker-Daehn: Ten Years of Pore Pressure Measurements. Proc. 2. Int. Conf. Soil-Med-Found. Engng. Rotterdam 1948, Bd. III, S. 245.

484a. —: The Design of Earth Dams for Pervious Foundations. Proc. 1953, Bd. II, 8/21, S. 294—298. Proc. 3. Int. Conf. Soil Mech. and Found. Engng. Zürich 1953, Bd. II, 8,21, S. 294—298.

485. Ward, W. H.: A Slip in a Flood Defence Bank Constructed on a Peat Bog. Proc. 1948, Bd. II, S. 19ff.

485a. Weber, R.: Der Bau eines Steindammes (des Bear-Creek-Dammes) nach Construction Methods and Equipment 35 (1953) N. 6., S. 52. Der Bauingenieur 1954, H. 2, S. 58/59.

485b. Wechmann: Die Organisation der Beobachtungen über das Setzen von Erdschüttungen und Betonbauten. Techn. Bericht nach Schestopal, Hydrotechnisches Bauwesen, Moskau 1953, H. 2, S. 6—11 in Wasserwirtschaft/Wassertechnik, H. 9, 1953.

486. Wehe, C.: Die Maßnahmen zur Verhütung von Grundbrüchen. Bautechn. 1949, Heft 11, S. 330—332.

487. Weiss, E.: Unterfangung eines abgerutschten Widerlagers. Bauingenieur 1950, Heft 5, S. 181 — nach Engng. News Rec. 1949, Nr. 45.

488. —: A.: Construction Technique of Passing Floods over Earth Dams. Proc. Amer. Soc. civ. Engrs. 1950, Heft 40, S. 1—16.

488a. —: Gewaltiger Erdrutsch in Westschweden. Bauingenieur 1951, S. 58/59.

489. Westerberg, G., u. P. Wittrevk: Harsprängets Kraftverksbygge. Tekn. T. 1949, Heft 22, S. 409—418.

490. White, L.: Cofferdams. Columbia Univ. Press. 1940.

491. Wieland-Stöcke: Merkbuch für den Straßenbau, 4. Aufl. Berlin: Ernst & Sohn 1949.

492. WINKEL, R.: Vereinfachte Baugrund-Untersuchungen bei Straßenbauten. Straßenbau u. Straßenbaustoffe 1950, Heft 4, S. 67/68.
493. —: Die Scherfestigkeit bindiger Erdstoffe und ihre praktische Bedeutung in der Bautechnik. Straßenbau u. Straßenbaustoffe 1950, Heft 6, S. 170/71.
494. —: Standsicherheitsbedingungen für Böschungen in Gräben und bei Erdstaudämmen. Wass. u. Boden 1950, H. 11, S. 257/58.
495. WINTERKRON, H. F.: Physical-Chemical Properties of Soils. Proc. 1948, Bd. I, S. 23 ff.
496. —: Dynamic Properties of Soils. Proc. 1948, Bd. V, S. 4 ff.
497. —: Grundsätzliches zur Verdichtung von bindigen Böden. 28. Ber. des Highway Research Board Washington 1949.
498. ZIEGER: Der Talsperrenbau.
499. ZINGG, W.: Der Staudamm des projektierten Juliawerkes Marmorera der Stadt Zürich, Erddämme in den Vereinigten Staaten. Wass.- u. Energiewirtsch. 1950, Nr. 112, S. 4—14.
500. ZWECK, H.: Kesselflugasche für Dammschüttungen. Straßen- u. Tiefbau 1949, Heft 12, S. 391—393.

Sachverzeichnis.

Verzeichnis der Dämme und Staumauern*.

Berichtigungen.

S. 22, Abb. 36, Unterschrift 3. Z. v. u.: statt Unlage **lies** Unterlage.

S. 23, Abb. 38 a—c, Unterschrift:
 lies 38 a Längsschnitt mit der Angabe der Dichtungsschürzen beträchtlicher Seiten- und Tiefenerstreckung,
 38 b Lageplan.

S. 60, Abb. 104, Unterschrift:
 lies Hydratonteppich 25 cm stark, Grundstoff Lößlehm, w_f (Fließgrenze)
  0,25; eingebaut mit w_n (nat. Wassergehalt) 0,38, völlig gleitsichere
  Lage auf Böschung mit Neigung 1:1$^1/_2$ (37°).

S. 72, Abb. 116 a, Unterschrift: statt Sickerung **lies** Sicherung.

S. 120, Abb. 159, Unterschrift: **lies** a Lettensandstein,
      b Lehm in Berührung mit Wasser.

S. 328, Abb. 418, Unterschrift: statt eigenem **lies** einem.

S. 332, Abb. 423, Unterschrift: statt verdichterter Bodenarten **lies** verdichteter.

S. 362 und 364, Tab. 44, 2. Spalte: statt Füllhöhe **lies** Fallhöhe.

S. 396, Abb. 472 a und b, Unterschrift: statt PROBTOR **lies** PROCTOR.

S. 427, Abb. 509 Unterschrift: statt Dammbesetzungsmessungen
      lies Dammsetzungsmessungen.

S. 580, Sachverzeichnis: statt Bouzeg **lies** Bouzey.